U0923453

ABX 指南
感染性疾病的诊断与治疗

第二版

原著：John G. Bartlett, MD
Paul G. Auwaerter, MD, FACP, FIDSA
Paul A. Pham, PharmD
感染性疾病部
约翰·霍普金斯大学医学院

主译：马小军　徐英春　刘正印

译者：柴文昭　葛　瑛　刘晓清
彭劲民　孙宏莉　侍效春
王　瑶　王　贺　杨启文
叶秋月　张　弘　张　波
张　黎　赵　颖　朱　珠
周宝桐　周　炯
（按拼音排序）

Pharma-service　Buclas·布克 医学教育事业部

科学技术文献出版社
SCIENTIFIC AND TECHNICAL DOCUMENTATION PRESS

出版的各类医学教育图书和各种产品均可在大多数网站及 Buclas·布克网站购买。

若制药公司、医疗器械公司、医学院校、专业协会和其他的认证机构大量购买 pharma-service 的出版物，将会有更多的价格优惠。欲了解具体和详细的信息，可以通过以上的联系信息或者发送邮件 marketing@buclas.com 或联系在 pharma-service 的销售部门。

作者、编者和出版人员已尽力提供准确的信息。然而，对于错误、遗漏或者任何使用书中内容造成的后果概不负责，并且对于书中描述的产品和方法的使用也不负责。在本书中描述的治疗方法和副作用可能并非适用于所有人，同理，部分人群的适宜剂量或者发生的不良反应可能与此书所描述的不完全一致。书中所提及的药物和医疗装置的使用范围可能受到食品药品监督管理局（FDA）的控制，只能用于学术研究或者临床试验。研究结果、临床实践和国家的规章制度经常改变本领域内已被公认的标准。临床上考虑使用某个药物时，医务工作者和读者需参考 FDA 对该药物的审批情况，同时也要阅读药品说明书，浏览和掌握关于用药剂量、预防措施和禁忌证等方面的最新资料和推荐意见，然后做出恰当的临床决策。对于新药和罕用药物，以上做法尤为重要。

我们的目标是以医务人员为重点，提供便捷、系统和准确的核心处方信息。本指南的目的在于支持，而非取代存在于患者或网页浏览者与临床医生之间的纽带。书中的内容有助于读者温习已掌握的知识，而不能够取代培训、实践、继续教育或学习最新文献所起的作用。

图书在版编目（CIP）数据

ABX 指南——感染性疾病的诊断与治疗 /（美）巴特利特 (Bartlett,J.G.)，（美）奥威特 (Auwaerter,P.G.),（美）范 (Pham,P.A.) 著；马小军，徐英春，刘正印译．— 北京：科学技术文献出版社，2012.8（2016.5 重印）

ISBN 978-7-5023-7332-0

Ⅰ．① A… Ⅱ．①巴… ②奥… ③范… ④马… ⑤徐… ⑥刘… Ⅲ．①感染－疾病－诊疗 Ⅳ．① R4

中国版本图书馆 CIP 数据核字 (2012) 第 100394 号

版权登记号：01-2012-3470

书　　名：ABX 指南——感染性疾病的诊断与治疗
著　　者：John G. Bartlett　Paul G. Auwaerter　Paul A. Pham
主　　译：马小军　徐英春　刘正印
总 策 划：刘伟鹏
责任编辑：张炙萍
封面设计：李梦遥　李　天　赵玉国
美编·策划：魏青青　翟睿明　孙绎航　马　昆　任仕冲　徐　颖
出版发行：科学技术文献出版社
地　　址：北京市复兴路 15 号
版　　次：2012 年 8 月第 1 版　2016 年 5 月第 4 次印刷
印 刷 厂：北京画中画印刷有限公司
开　　本：787×1092　1/32
印　　张：32
字　　数：1332 千
定　　价：168.00 元
策划执行：**Pharma-service** Buclas·布克 医学教育事业部
团购电话：+86-10-51284280.87952148
个人订购：布克的礼物（淘宝网）官方网址 buclas.taobao.com（成为布克会员，享受更多优惠）
网 址：www.Buclas.com /www.pharma-service.com.cn
如有质量问题，请直接与我公司联系调换。

参与者名单

编者

John G.Bartlett, MD
Professor
Division of Infectious Diseases
Johns Hopkins University School of Medicine

Paul G. Auwaerter, MD, FACP, FIDSA
Associate Professor
Clinical Director, Division of Infectious Diseases
Johns Hopkins University School of Medicine

PaulA. Pham, PharmD
Research Associate
Division of Infectious Diseases
Johns Hopkins University
School of Medicine

作者

Joel Blankson, MD, PhD
Johns Hopkins University
Assistant Professor
Director, Inpatient HIV Unit
Division of Infectious Diseases
Johns Hopkins University School of Medicine

Chris F. Carpenter, MD
Attending Physician
Fellowship Program Director, Infectious Diseases
Beaumont Hospital, Royal Oak, MI
Associate Professor of Medicine
Wayne State University SchoolofMedicineSaraE.Cosgrove, MD, MS
Associate Professor of Medicine
Division of Infectious Diseases
Director, Antibiotic Management Program
Associate Hospital Epidemiologist
Johns Hopkins University School of Medicine

James DeMaio, MD
Bradenton,FL

Susan E. Dorman, MD
Associate Professor of Medicine and International Health
Division of Infectious Diseases
Johns Hopkins University School of Medicine

Khalil G. Ghanem, MD, PhD
Assistant Professor of Medicine
Division of Infectious Diseases
Johns Hopkins University School of Medicine

Ophir Handzel, MD, LL. B
Fellow, Otology/Neurotology
Massachusetts Eye and Ear Infirmary
Harvard Medical School

Christopher J. Hoffmann, MD, MPH
Assistant Professor of Medicine
Johns Hopkins University SchoolofMedicine

Noreen A. Hynes, MD, MPH
Assistant Professor
Director, Geographic MedicineCenter
Division of Infectious Diseases
Johns Hopkins University School of Medicine

Daniel J. Lee, MD, FACS
Director, Wilson Auditory BrainstemImplant Program
Department of Otolaryngology
Massachusetts Eye and Ear Infirmary Assistant Professor
Department of Otology and Laryngology
Harvard Medical School

Spyridon Marinopoulos, MD
Assistant Professor
Generallnternal Medicine
Johns Hopkins University School of Medicine

Robin McKenzie, MD
Assistant Professor of Medicine
Divisionof Infectious Diseases
Johns Hopkins University Schoolof Medicine

Michael Melia, MD
Associate Fellowship Program Director
Instructor
Division of Infectious Diseases
Johns Hopkins University School of Medicine

Ralph Metson, MD
Clinical Professor of Otology and Laryngology
Massachusetts Eye and Ear Infirmary
Harvard University

Dionissis Neofytos, MD,MPH
Assistant Professor
Transplant and Oncology Infectious Disease Program
Division of Infectious Diseases
Johns Hopkins University School of Medicine

Eric Nuermburger, MD
Associate Professor of Medicine and International Health
Johns Hopkins University School of Medicine

Raj Sindwani, MD, FACS, FRCS

Section Head
Rhinology, Sinus, and Skull
Base Surgery
Clevel and Clinic

Lisa Spacek, MD, PhD
Assistant Professor
Division of Infectious Diseases
Johns Hopkins University
School of MedicineTimothy
Sterling, MD
Professor of Medicine
Vanderbilt University School
of Medicine

Mark Sulkowski, MD
Associate Professor of
Medicine
Division of Infectious
Diseases
Johns Hopkins University
School of Medicine

Aditi Swami, MD
Infectious Diseases Consultant
Detroit, MI

David Thomas, MD, MPH
Professor
Chief of Infectious Diseases
Johns Hopkins University

Joseph Vinetz, MD
Professor of Medicine
Division of Infectious
Diseases
School of Medicine
University of California,
San Diego
Aimee Zaas, MD, MHS
Associate Professor of
Medicine
Division of Infectious
Diseases and
International Health
Institute of Genome Sciences
and Policy
Duke University Medical
Center
POC-IT center
Paul G. Auwaerter, MD,
FACP, FIDSA
Executive Director
Chief Medical Officer

Steven A. Libowitz
Senior Director
Nicole Sokol
Information Project
Administrator
Danielle Meinsler
R.Project Analyst

赠言

我院感染性疾病诊疗及控制团队在马小军医生的带领下，经过共同努力，在不足半年的时间内完成了 Johns Hopkins POC-IT ABX Guide 英文版的翻译工作，由布克（北京）文化传播有限公司旗下医学教育事业部出版的中文版终于同大家见面了，我深感欣慰。

我国医改已经进入攻坚阶段，通过规范化医疗提高患者的诊治水平并尽可能节省资源覆盖更多的患者群是大势所趋。而感染性疾病自然发病率之大、医院感染一旦发生带来的患者健康损失及医疗资源浪费使得感染性疾病的正确、规范化诊治成为医疗质量的重要组成及保障。另一方面，虽然抗菌药物临床合理应用随着行政管理力度的加大已经呈现不断好转的局面，但技术支撑体系的完善仍有很多工作需要落实。

Johns Hopkins POC-IT ABX Guide 英文版是由美国约翰·霍普金斯大学医学院感染性疾病学系立项并成功出版的感染性疾病诊治指南。自 21 年前美国开始医院排名以来，该指南的出版机构——美国 Johns Hopkins 大学医院始终排名第一，这足以表明该指南的权威性。而且，由于该指南始终秉承便捷、易用、全面、常新的特色，使其成为美国临床医师诊治感染性疾病的重要参考工具，即可作为自学教科书，又可作为临床医师在紧迫情况下尽可能合理地做出诊断并制定恰当治疗方案的速查指南。

也许，由于时间紧，全书 74 万余字的翻译不尽完美、甚至有不甚准确之处，但瑕不掩瑜，该指南带给我们的抗感染模式及理念必将成为广大医生的良师益友。我更相信，随着该指南在临床工作中的不断普及，必将进一步规范感染性疾病诊治、控制及抗菌药物的临床应用，为广大患者带来福音。

中国科学院院士

北京协和医院院长

2012 年 3 月于北京

译者序

在译者团队的共同努力下，Johns Hopkins ABX Guide –Diagnosis and Treatment of Infectious Diseases 中文版终于同大家见面了。

Johns Hopkins ABX Guide –Diagnosis and Treatment of Infectious Diseases 英文版是由美国约翰·霍普金斯大学医学院感染性疾病学系立项并成功出版的感染性疾病诊治指南。2000 年，首先推出了网络版，此后分别于 2001 年 –2005 年推出了 PDA 版和纸质版。该指南始终秉承着为临床医生提供易于查询、内容详实、并不断更新的特色，已成为美国临床医师诊治感染性疾病的重要推荐依据。主译者本人有幸从该指南问世的早期接触、并将其运用于临床实践，受益匪浅。更令人兴奋的是，经布克（北京）文化传播有限公司旗下医学教育事业部的引进、支持下，译者团队投入了极大的热情，付出了大量努力，在不足半年的时间内，将该指南译成中文版，使其得以早日与我国广大医务工作者见面了。还有一个信息特别值得与大家分享，从而进一步了解该指南的价值：自 21 年前美国开始医院排名而便于患者挑选就诊医院以来， Johns Hopkins 大学医院始终排名第一。

该指南的突出特点是对感染诊治的各个环节（病原学、诊断、治疗、抗菌药物及疫苗）进行了精练、实用性介绍，便于临床医师在紧迫情况下也能便捷地找到所需要的信息，从而尽可能及时地做出诊断并制定恰当的治疗方案。保证了即使对感染性疾病知之不多的初级人员，也可以通过不断学习、必要时查询，掌握正确应对感染的策略。虽然该指南是基于美国为主的临床研究证据制定的，但译者本人在对该指南的长期学习和应用过程中深切感受到，它同样非常适用于我国感染性疾病的诊治，特别是对诊疗的基础操作（例如，清洁中段尿的留取方法）、经验治疗的策略、目标治疗的疗程确定（例如，反复发作的尿路感染疗程）、病原微生物等都具有极大的借鉴和指导价值。

需要指出的是，由于我们与美国的医疗体系不同，特别是医疗保险、药品商品名、注册适应证以及个别感染的治疗药物推荐剂量（如环丙沙星对复杂性尿路感染治疗的日剂量为 1g，而对铜绿假单胞菌肺炎的治疗剂量应达到 400 mg，每 8 小时 1 次）等都不尽相同，某些药物在我国没有上市或已经撤市，某些药物因未在美国上市等原因而在指南中未予提及（如去甲万古霉素、哌拉西林 – 舒巴坦等），某些检验方法（如尿肺炎链球菌抗原检测作为肺炎诊断方法）在我国并未广泛采用等原因，需要使用者予以注意。只是为最大限度忠实于原著，未做删减或补充。另外，译者对于原文中个别的明确笔误进行了修正。

总之，随着我国医改的不断推进，对感染性疾病正确、及时的诊断并给予恰当治疗不仅涉及到患者的预后，同样关系到医疗机构自身的良性发展。而应对感染性疾病的正确模式、抗菌药物的合理应用、尽快改变我国目前感染科医生培训不足的现状等诸多方面都急需一本符合临床需要的指南。《ABX 指南——感染性疾病的诊断与治疗》注重感染性疾病诊疗各个环节的特色注定其将成为临床抗感染领域的一本 " 圣经 " 。

译者相信，随着本指南带来的应对感染的标准化、合理化诊治路径，势必有利于我国感染领域更多高质量临床研究数据的积累，从而凝炼出我国不同地域特色的抗感染临床指南，为广大临床人员提供参考，最终造福于广大患者。

译者团队在有限的时间内，完成了 74 万余字的翻译及文字审校工作，难免不尽如人意、甚至不甚准确，欢迎同道们批评、指正。

马小军 徐英春 刘正印

2012 年 3 月于北京协和医院

书评

本书主要内容是在感染性疾病的诊断、治疗方面提出了明确的指导性建议，简明扼要，略去了原则方面的冗长阐述。对临床工作具有重要参考价值。如果希望对其中某一个问题进一步了解，还可依据本书提供的推荐依据进一步研究。具有极强的实用性。

——柴文昭

这本指南文字简练，实用性强，较全面的介绍了感染性疾病相关知识，着重于实际应用，同时结合了国际最新指南，并给予解读，能更好的帮助临床医师解决实际问题，是一本实用性强的工具书。

——葛瑛

这本精心编译的手册中无疑能够在短时间内提供当前有关抗微生物药物、感染性疾病病原学、诊断与治疗等权威信息。对于感染科专科医生、内科医生、全科医生、临床药师等这本手册无疑将是工作中的给力助手。

——刘晓清

用“麻雀虽小，五脏俱全”形容它再恰当不过了，几乎所有感染性疾病的内容要点都能在书中找到，而且还有循证医学评价和扩展阅读推荐。书的内容全面而简洁，编排亦很适合快速查找，相信会成为每位临床医生的必备之书。

—— 彭劲民

很幸运能够参加本书的翻译工作。本书不但涵盖了微生物和抗生素使用的经典知识，而且澄清或更新了很多相关的知识点。该书对于临床医生、临床药剂师和微生物实验室工作人员而言无疑是一本难得的权威并好用的工具书。

——孙宏莉

这本书是美国约翰·霍普金斯医学院关于抗感染治疗的指南，从疾病、病原体、药物等不同角度对抗感染治疗提出建议。本书内容详实、系统全面，实用性强，查阅方便。在当今细菌耐药性日益严重以及抗生素严重滥用的时代，该书的翻译出版为中国的临床各科医生做出更合理的抗感染治疗选择提供了有力工具。

——侍效春

Johns Hopkins ABX Guide –Diagnosis and Treatment of Infectious Diseases 是国际权威性的抗菌药物应用指南之一，全面介绍了涵盖细菌、真菌、分枝杆菌和寄生虫在内的各种病原体感染的临床症状体征，系统地介绍了针对不同感染部位、感染类型应采取的实验室诊断方法和抗菌治疗方案。整个指南言简意赅，具有很强的应用性和操作性。能够有幸参加指南的翻译工作，获益良多，鉴于本人专业知识有限，如果有任何错误，还请广大读者不吝指正。希望本书能够真正成为中国临床医师抗感染治疗的有力助手，为感染患者带来福音。

——王瑶

非常荣幸能够参与到 Johns Hopkins ABX Guide –Diagnosis and Treatment of Infectious Diseases 中文版的编译工作中，作为临床微生物工作者在该书的编译工作中感到收获颇丰，我承担的编译部分较为系统的介绍了重要病原菌从微生物学到临床特征再到抗生素治疗等相关要点，条理清晰、简要精炼，希望该书在未来成为临床医生在感染性疾病诊治中的重要借鉴与参考。

——王贺

Johns Hopkins ABX Guide –Diagnosis and Treatment of Infectious Diseases 是国际权威性的抗菌药物应用指南之一，从不同感染症入手，详细介绍了病原菌、感染的临床表现、感染病的诊断以及治疗等各项内容。整个指南具有很强的应用性和操作性。翻译处如有不当，还请广大读者不吝指正。

——杨启文

该手册内容简洁、明了，突出了对肝肾功能受损、孕妇、哺乳期妇女等特殊人群的用药指导；尤为出色的是，对每种药物均有一条具有高度临床实用性、便于记忆的综合评价；整体说来，该手册是非常“临床”的口袋工具书。

——叶秋月

很荣幸能有机会参与这本非常有实用意义的书籍翻译工作，我参与翻译主要是抗分枝杆菌、抗寄生虫、抗病毒药物部分，此部分着重介绍了常用相关每种药物的适应证、用途、剂量、不良反应、药理、药代动力学参数等，内容丰富却言简意赅，在翻译过程中我也学习到了很多，相信并且十分期待此书印刷成册将会成为临床医生口袋里不可或缺的一本工具书。

——赵颖

本指南的最后有 3 个附录，第 3 个附录为 2010 年第二版新增的药物相互作用速查表。它以抗生素名称的字母为序，每个抗生素一个表，逐一列出每个抗生素会与哪些药物发生相互作用、发生相互作用的机制及可能的临床影响、可采取的措施或注意事项等，简明扼要，实现了本书的另一个特点 — 实用性。

——朱珠

ABX 指南，以精练的语言传达给广大医师以丰富的知识，无论是在感染性疾病诊断、鉴别诊断还是药物选用、药物毒副作用等方面均有很好的指导意义。该指南，除了关注疾病药物新进展以外，一些“老药”也在指南中焕发青春，令人耳目一新。ABX 指南，不仅能在争分夺秒的临床工作中为大家提供决定性的指导，也值得在闲暇中仔细研读。

——张弘

2005 年，在华盛顿召开的第 45 届 ICAAC 大会上，有幸见到了第一版的 Johns Hopkins ABX Guide –Diagnosis and Treatment of Infectious Diseases。再版后，该书继续延续着在抗微生物药物、感染性疾病和常见致病菌三方面上的全面、权威和循证的特点，特别是对肥胖、透析等特殊人群的药物剂量给出了明确的建议。

——张波

John Hopkins ABX 指南涵盖了感染性疾病的病原体、诊断与治疗、抗菌药物应用以及预防等信息，内容简明扼、详略得当，是一部具有很高的学术和实用价值的译作，有助于在临床各科医生中普及感染性疾病诊治和抗生素正确使用的知识。

—— 张黎

本书内容及其丰富详实，堪称抗感染药物的百科全书，除通常的药物外，对各类疫苗甚至多种杀虫剂均有详尽介绍，包括适应证、禁忌证、生产厂商、品种规格、药代动力学、剂量用法、价格等各个方面。内容更新及时，主要抗感染药物应用介绍均基于最新医学证据，为医师临床用药提供的非常好的用药信息，目前国内没有同类书籍能与之匹敌。

——周宝桐

对我来说，翻译的过程也是一个学习、升华的过程，其间每每被它的详尽、实用与精彩所感动。渐渐的养成一个习惯，遇到抗感染相关的问题，随手拿来翻一翻，它总不会让我失望。

——周炯

目录

第二部分：病原体

第五部分：疫苗

附录 I：特定诊断及病原体的治疗用表

附录Ⅱ：常用治疗表

附录Ⅲ：药物相互作用表

前言

约翰·霍普金斯的口袋书－网络式 ABX Guide 最初是霍普金斯大学医学院感染疾病部门的项目和产品。它是从 2000 年作为一个网站开始，2001 年 4 月被改造成适用于掌上 PDA 装置，在 2005 年其印刷版公开发行。这个想法当时曾经、如今依然是要以最简洁的形式来呈现针对最常见的感染性疾病的最及时和准确的治疗方法，并使其能够适合掌上装置的小屏幕。该方式力求语言极其简约，促使作者展现临床实践的最实用而重要的重点。结果就是，临床医师通常能够在一分钟内找到、掌握并运用治疗的重点。再编后的新出版物，即《ABX 指南——感染性疾病诊断与治疗》（第二版），拥有这些重要的特征。

在线指南和此印刷版本在我们针对耐甲氧西林金黄色葡萄球菌、不动杆菌、流感病毒和多重耐药的革兰阴性菌正在积累经验的时刻面世，提出了一些热门的话题。人们的最大担忧是耐药性的不断演变，是抗生素使用及滥用的不可避免的结果。新抗菌药的相对缺乏加剧了这种担忧，有时需要使用叫做“枯竭管道”。我们正处在特殊的时期，医师在抗生素的使用上要格外小心。某些特殊情况下，医生需要启用尘封几年甚至几十年未曾使用的抗生素，例如多黏菌素 E，而在其他时期使用相对较新的药物，如特拉万星，替加环素和帕拉米韦。

本书的某些特点值得在此特别强调如下：

可信性：每个观点均出自经验丰富的临床医师，他们中的部分人员从事医学实践，并且要求他们在看过权威和有依据的资源后，对某方面进行讨论，并依据他们从中获得的经验写关于某方面的专文。因此，大多数的建议是基于疾病预防和控制中心和各种专业协会的指导原则撰写而成，并通过科克伦图书馆、英国医学杂志和 HCRQ 审核评论。一旦完成，这些文稿还将由至少三位专家审核，以确保一致性和准确性。

及时性：医学中所有的内容发展迅速，但是没有哪个领域能和感染性疾病这样，在诊断性检验、新病原体的识别、特殊的新型病原体和传染病、治疗指南的改变方面，保持同样的速度。书中大多数章节写于 2000 年－2002 年，但通过每年修订，截至 2009 年 11 月，所有的内容均已经更新。

陈述性：对于从事初级医疗的人来说，本书的信息表述方式是感染性疾病方面最有用的指南，涵盖了 80% 处方中使用的抗生素。其撰写形式和内容的决定源自 12 年来的经验积累，以及客观的评论、使用者的反馈和作者的广泛临床应用。五部分中的任何一个 — 诊断、病原体、治疗方法、抗感染和疫苗，均有标准化的格式，力求提供与患者医疗决策相关的最重要的信息，解答从医者的常见困惑。

总体来说，本书极具权威性，涉及了几乎所有重要的抗菌药物、大量的感染性疾病和经常遇到的病原体。所有 的建议均来自具有可信性的资源，信息及时，格式简明，便于迅速获取临床相关信息。

John G. Bartlett, MD
Professor of Medicine
The Johns Hopkins University School of Medicine
Editor-in-Chief, The Johns Hopkins POC-IT ABX Guide

注释：本书是 Johns Hopkins POC-IT ABX Guide 基于网上版本的印刷版（http://hopkins-abxguide.org)。然而，本书需要顺应更加简洁版本的需求，使其成为口袋书。这些删减的工作由编辑部来完成，删减了很多不是很鲜明的内容或者是很少被网上访问的内容，而且删除了大部分推荐依据。如果你想查看全部的推荐依据及其他信息，可以选择电子版，其包含了更多信息。

序

在治疗病人时，临床医生需要准确、简明和便于使用的信息。《ABX 指南——感染性疾病的诊断与治疗》（第二版），旨在满足时间紧迫的临床医生的迫切需求，通过将较复杂的资料提炼成容易获得的、快速可见的、并时时更新的需要知道的信息，来帮助医务人员提高治疗标准和促进患者安全。

本指南分为五部分，即：诊断，病原体，治疗，药物治疗和疫苗。每一部分为了便于快速查找是按照字母顺序编排的，每一个单元采用共同的顺序、结构以及注解参考。第一部分，诊断，包括诊断标准、常见的病原体、预防、以及包括辅助治疗在内的完整治疗原则。第二部分，病原体，主要以纲来分类，包含了与临床相关的病菌、感染部位和根据感染部位的治疗方法。对于本版来说，新增的“治疗”，是关于在鉴别诊断和治疗中如何利用建议处置相同的症状。第四部分，药物，其中抗感染药包括抗菌药、抗真菌药、抗寄生虫药、抗病毒药和生物制剂。每部分的范围由适应证、剂量和剂量调整、药物相互作用、妊娠期和哺乳期用药信息、重要的注释和药物相关的图表、商品名，给药途径和预计的价格。第五部分，疫苗，罗列了常见疫苗、诊断标准、治疗原则和重要的临床观点。

在本指南中还包括了 3 个附录，第 1 个附录包含了在特定单元里与参考材料相关的图表和规则。附录 II 包含了一般关系的图表，如抗生素敏感性图表，便于了解通常被广泛使用的抗生素是如何治疗多数病原体的。书的最后一部分为一个新增附录，包含药物相互作用表，详细地阐明了相互作用的影响并针对常用抗感染药物提出建议和附注。

药物名称缩略语

缩略语	药物名称
/r	利托那韦 < 400mg/d
3TC	拉米夫定
5-FC	氟胞嘧啶
ABC	阿巴卡韦
ABV	多柔比星 / 博来霉素 / 长春新碱
ADV	阿德福韦
AMB	两性霉素 B
APV	安泼那韦
ASA	阿司匹林
ATV	阿扎那韦
Azithro	阿奇霉素
AZT	齐多夫定
d4T	司他夫定
ddC	扎西他滨
ddI	地达诺新
DLV	地拉韦啶
DRV	地瑞那韦
EFV	依法韦仑
EMB	乙胺丁醇
ENF(T-20)	恩夫韦地
EPO	促红细胞生成素
ETR	依曲韦林
FPV	福沙那韦
FQ	氟喹诺酮
FTC	恩曲他滨
FTV	沙奎那韦软凝胶剂
G-CSF	非格司亭
GAZT3-	叠氮脱氧胸苷葡萄糖醛酸苷
GM-CSF	普罗开恩
HU	羟基脲
IDV	茚地那韦
INF	干扰素
INH	异烟肼
INV	沙奎那韦
IVIG	人免疫血清球蛋白
LPV	洛匹那韦
LPV/r	洛匹那韦 / 利托那韦
NNRTI	非核苷酸反转录酶抑制剂
NRTI	核苷酸反转录酶抑制剂
NSAID	非甾体抗炎药
NFV	奈非那韦
NVP	奈韦拉平
PCN	青霉素
PEG-IFN	聚乙二醇 - 干扰素
PI	蛋白酶抑制剂
PZA	吡嗪酰胺
RAL	雷特格韦
RBT	利福布汀
RBV	利巴韦林
RTV	利托那韦
SM	链霉素
SMX	磺胺甲噁唑
TDF	替诺福韦
TDF/FTC	特鲁瓦达
TMP	甲氧苄啶
TMP-SMX	甲氧苄啶 - 磺胺甲噁唑
TPV	替拉那韦
TZV	齐多夫定 / 拉米夫定
VZIG	水痘带状疱疹免疫球蛋白
ZDV	齐多夫定

药物使用和常用缩略语

μl	微升
μmol	微摩尔
Abnl	异常的
Abx	抗生素
Ac	饭前
admin	给药
ADR	药物不良反应
All	变态反应，过敏性的
ART	抗逆转录病毒的疗法
AUC	曲线下面积
bid	每天 2 次
Bx,Bxp	活组织检查
c	复制份数
ca	癌症
caps	胶囊
CCR5	趋化因子受体 5

cg	公毫
cm	厘米
cm^2	平方厘米
cx	培养
CVVH	持续的血液透析
d/c	停止
Ddx	鉴别诊断
dl	分升
DS	两倍浓度
dx	诊断
Dz	疾病
g	克
H_2O	水
HAART	高效的抗逆转录病毒疗法
Hg	水银（汞柱）
h	小时
hs	睡眠时间
hx	历史（病史）
IM	肌肉注射
Infxn	感染
IU	国际单位
IV	静脉注射
kg	公斤
L	公升
m	米
m^2	平方米
Mc	兆周
mcg or μg	微克
mEq	毫克当量
mg	毫克
min,mins	分钟
ml	毫升
mm	毫米
mm^3	立方毫米
mmol	毫摩尔
mo,mos	月
mU	毫单位
N	标准或总样本大小
ng	纳克
nm	纳米
OI	机会性感染
OTC	非处方
oz	盎司（英两）
PE	物理测试
Plt	血小板
PO	口服
PRNorprn	必要时
PSI	磅 / 平方英寸
Pt	病人
pt–yrs	上了年纪的患者
qd	每天 1 次
qid	每天 4 次
qmo	每月
qod	每隔 1 日
qwk	每周
RBC	红细胞
r/o	除外
Rx	治疗，处方
rxn	反应
s	秒
sol’n	溶液
SQ	皮下注射
SS	单剂量
sx	症状
TAMs	症状
tid	每天 3 次
tiw	每周 3 次
tx	治疗
Txf	输液
Txp	移植
U	单位
vol	容积
w/	用
w/i	在 ...... 之内
w/o	在 ...... 之外
WBC	白细胞
wk,wks	周
wnl	在正常范围内
×	次数
yr,yrs	年

第一部分
诊断

生化防御

炭疽 – 吸入性

John G. Bartlett, MD

病原体

- 炭疽杆菌

临床表现

- 流行病学：在时间及空间上暴露于炭疽病例 / 环境。如果不是细菌战，一般是通过受感染动物的皮制品、兽皮或毛绒制品吸入高密度的炭疽孢子。
- 症状：第一阶段（起初 3~4 天）：发烧、寒战、出汗、胃肠道症状、咳嗽，头痛、身体不适、胸痛，但无鼻炎症状；第二阶段 – 脓毒症。
- 确诊病例（疾病控制中心）：符合临床表现，外加培养阳性或两个其他检测（聚合酶链反应，免疫组织化学，血清学）阳性。
- 疑似病例：符合临床表现，外加一项培养以外的检测阳性，或存在流行病学线索。
- 实验室检查：血液、呼吸道、胸膜或其他体液培养。
- 胸部 X 光：纵膈增宽和血性胸腔积液。CT 扫描：纵隔淋巴结高密度影 + 水肿。

治疗

疗程：60 天

- 环丙沙星 400 mg，IV,q8h 与二线抗菌药物联合应用：克林霉素 600 mg IV q8h 或青霉素 G 4 mU q4~6h 或美罗培南 1 g IV q6~8h 或利福平 300 mg q12h。
- 克林霉素：因其可预防毒素产生，因而强烈建议使用。
- 成人：多西环素 100 mg IV q12h 或左氧氟沙星 750 mg IV q24h，需与二线抗菌药物联合使用。
- 孕妇：避免使用多西环素。可使用环丙沙星并在明确其敏感性后更换为青霉素。
- 糖皮质激素：无明确的作用。
- 可从美国疾病预防控制中心获得人源性炭疽免疫球蛋白（美国国际集团），联系电话：800-232-4636。应在个案评估的基础上决定是否使用 — 必须早期应用。
- 总抗菌药物治疗疗程：60 天，通常在 14~21 天改为口服剂型。

治疗 — 特殊人群

- 怀孕，哺乳期：禁止使用长疗程中的多西环素 / 环丙沙星方案，考虑 14~21 天之后给予阿莫西林 0.5~1 g PO，每天 3 次 ± 利福平 300 mg PO, 每天 2 次，完成 60~100 天的疗程。
- 免疫抑制患者：标准治疗
- 儿童：环丙沙星 10~15 mg/kg IV q12h，不超过 1 g/d 或 8 岁以上体重大于 45 kg 者给予多西环素，100 mg q12h；8 岁以上体重小于 45 kg 者或小于 8 岁者，给予多西环素 2.2 mg/kg，q12h。

随访

- 需要治疗 60~100 天或更长时间，因为炭疽孢子可在体内存活 30 天以上。在灵长动物模型中药物治疗是必需的。环丙沙星、左氧氟沙星、多西环素的疗效相同，优于其他抗菌药物。

旅行

第四部分：抗菌药物

抗菌药物

抗真菌药物

抗分支杆菌药物

真菌

其他

寄生虫

病毒

第三部分：治疗

发热

处置

其他信息

- 诊断关键：暴露史 + 胸部 CT，血性胸腔积液和血培养阳性（治疗前）。
- 治疗关键：早期抗菌药物治疗并引流胸腔积液。
- 立即通知当地感染控制和公共卫生部门；吸入性炭疽 = 生物恐怖主义。

推荐依据

Inglesby TV, O'Toole T, Henderson DA, et al. Anthrax as a biological weapon, 2002: updated recommendations for management. JAMA, 2002; Vol. 287; pp. 2236 - 52.

注释：专家们对更新的建议达成如下共识：之前的建议大都保留，但由于青霉素酶的产生而将青霉素从一线治疗药物中删除（适用于所有菌株，包括体外实验显示敏感者）。与环丙沙星相比，其他喹诺酮类也可能有效，但只有环丙沙星是美国食品药品管理局批准并经过猴子模型实验的药品。

Investigation of bioterrorism-related anthrax and interim guidelines for clinical evaluation of persons with possible anthrax. MMWR Morb Mortal Wkly Rep, 2001 ; Vol. 50; pp. 941 - 8.

注释：吸入性炭疽的实验室检查：WBC，X 线，血培养。考虑 – 胸部 CT, 流感检测。皮肤炭疽的实验室检查：革兰染色和治疗前病损部位培养。如革兰染色及培养阴性，考虑进行活检。

肉毒中毒

John G. Bartlett, MD

病原体

- 产生 A,B,E 和 F 型人类致病神经毒素的梭状芽胞杆菌。
- 已知产肉毒毒素的菌种包括：肉毒梭菌、丁酸梭菌和巴氏梭菌。

临床表现

- 流行病学：美国平均 100~150 例 / 年，其中婴儿 60~100 例 / 年，食源性 10~20 例 / 年，伤口来源和未特指来源的 20~40 例 / 年。
- 高发地区：格鲁吉亚共和国，俄罗斯，中国，美国发生率最高的州为阿拉斯加。
- 食源性：通常是来自家庭自制的腌肉，蔬菜罐头和发酵的鱼。
- 症状：复视，吞咽困难，构音障碍，随后出现对称性下行性瘫痪。
- 体征：易激惹、但上睑下垂，麻痹（对称），反射减弱，不发热。
- 鉴别诊断：格林 – 巴列综合征，肌无力，中风，中枢神经系统抑制剂（乙醇，一氧化碳，有机磷），Eaton Lambert 肌无力综合征（肺癌），“虱”麻痹。
- 临床类型：婴儿，食源性，创伤，医源性，生物恐怖事件。

更多临床信息

- 鉴别诊断要点：格林 – 巴列综合征上行性瘫痪，有近期感染病史，感觉异常；行肌电图检查。
- 肌无力：复发性麻痹，虚弱；进行肌电图检查；观察对抗胆碱酯酶的反应。
- 中风：不对称麻痹；进行核磁共振检查。
- 中毒：暴露于有机磷，一氧化碳，神经毒气，乙醇；测定药物 / 毒素 / 二氧化碳水平。
- Eaton Lambert 肌无力综合征：持久性收缩力进行性下降；肺癌的证据；肌电图表现类似肉毒中毒。

- “虱”麻痹：感觉异常；上行性麻痹；虱叮咬史。

诊断

- 临床疑似最重要，上述类型均显示相同的症状：急性，不发热，下行性弛缓性瘫痪；颅神经常受累。
- 典型表现：视觉障碍，讲话和吞咽困难，随后出现肌张力减退。
- 肉毒杆菌毒素可在血液，呕吐物，胃分泌物，粪便，食物原料（疾病预防控制中心、国家实验室的小鼠实验）中存在。通常的来源是血清和粪便。
- 鼠致死性实验为标准且结果可靠、敏感性高（20 pg/ml，但需要4~6天）EIA方法快速并简单，但敏感性低。
- 肌电图：终末神经疾病；脑脊液分析为阴性。

治疗

成年人

- 美国病死率约6.6%。需要抗毒素和呼吸支持治疗。
- 原则：下列情况则考虑诊断：易激惹、不发烧，松弛性对称性瘫痪+颅神经麻痹；考虑生物恐怖事件时－采用抗毒素（成人）+呼吸支持治疗。
- 疑似/确诊病例应立即向当地卫生部门或疾病预防控制中心报告（404-639-2888）。
- 食源性：采用洗胃、通便药和灌肠剂清除毒素。
- 抗毒素的类型有A、B和E，可从疾病预防控制中心获得（770-488-7100或404-639-2888）。
- 抗毒素的皮肤实验：如为阳性则需脱敏。
- 抗毒素10 ml（5500~8500 IU）生理盐水1:10稀释－缓慢静注；尽可能早的开始使用，其虽不能扭转已经发生的麻痹，但可阻止其进展。
- 马血清抗毒素：5%~10%的接受者出现风疹，血清病等；过敏反应约2%。
- 七价抗毒素(A、B、C、D、E、F和G)可从美国军方获得；对于生物恐怖时出现的不常见类型可能会用到。
- 在等待抗毒素时可给予活性炭，但其有效性尚不确定。

支持治疗

- 监测呼吸衰竭。
- 支持措施：插鼻饲管或使用肠外营养。
- 20%的成年人需要机械通气。
- 抗菌药物：仅对出现感染并发症者使用；避免使用氨基糖甙类（可能使神经肌肉传导阻滞恶化）。
- 伤口肉毒中毒：感染部位必须清创。

预防

- 监测密切接触者，一旦出现肉毒中毒症状立即治疗。
- 抗毒素可起到预防作用，但支持证据很少且过敏的风险很大。
- 未观察到人传人传播方式。
- 食源性肉毒中毒，最可能的食品有：低酸食品，例如绿芦笋、青豆、甜菜和玉米。有记录的暴发来源包括：蒜蓉油、智利胡椒粉、西红柿、处理不当的铝箔包装烤土豆，自制罐头或发酵的鱼。

- 自制罐头生产者在制作过程中应严格遵守卫生流程，避免食品污染。
- 高温可以破坏肉毒杆菌毒素，自制罐头食物应在煮熟后食用。
- 安全自制罐头说明可从美国农业部获取。
- 肉毒梭状芽孢杆菌孢子可存在于蜂蜜中而造成婴儿感染，12 个月内的婴儿不应食用蜂蜜，而对于 1 岁以上人群蜂蜜是安全的。

随访

- 重点：抗毒素不能扭转已有的麻痹，但可防止其进一步进展。

其他信息

- 感染形式：婴儿（食源性），成人（食源性），伤口（注入），医源性（化妆品）和吸入（生物恐怖）。
- 生物恐怖事件的线索：大量患者出现松弛型麻痹；为不常见的毒素类型（不是 A，B 或 E），同一地区出现但没有共同的食物来源。
- 重点关注生物恐怖事件 – 应有充足的呼吸机供应，足够支持大量患者预期超过 3 个月的使用。

推荐依据

Arnon SS, Schechter R, Inglesby TV, et al. Botulinum toxin as a biological weapon: medical and public health management. JAMA, 2001; Vol. 285; pp. 1059 - 70.

注释：具备如下特征时应考虑是否为生物恐怖事件：伴有显著球麻痹的弛缓性瘫痪患者大量出现；不常见的类型：C、D、F、G，或 E 而没有水生食物来源；同一地区但没有共同的食物来源；多点同时爆发。

土拉热弗朗西斯菌见 322 页细菌部分

出血热病毒

Jhon G. Bartlett, MD

病原体

- 埃博拉病毒：非洲。
- 马尔堡病毒：非洲。
- 拉沙热病毒：西非。
- 南新世界腺病毒：南美洲（阿根廷出血热病毒，玻利维亚出血热病毒，胡宁出血热病毒等）。
- 裂谷热病毒：非洲，沙特阿拉伯。
- 黄热病病毒：非洲，美洲热带地区。
- 鄂木斯克出血热病毒：中亚。
- 科萨努尔森林热病毒：印度。
- 克里米亚刚果出血热：东欧，非洲。

登革热病毒

临床表现

- 定义：因感染上述一种病毒而引起的发热和出血倾向疾病。
- 传播：动物（包括人）或昆虫，但埃博拉和马尔堡病毒的传播方式尚不清楚；上述病毒均可作为生物恐怖；其中一些曾被美国和俄罗斯作为生物武器。

- 临床特点：发热，病情危重，出血，血小板减少症。
- 其他常见表现：肌痛，皮疹，脑炎，头痛，腹泻，腹痛，低血压，结膜炎，咽炎。
- 鉴别诊断：流感，登革热，脑膜炎球菌血症，疟疾，沙门氏菌病，鼠疫，中毒性休克综合征，汉坦病毒感染。
- 预后（病死率）：埃博拉 50%~90%，马尔堡病毒 30%~60%，拉沙病毒 15%~20%，黄热病 20%，鄂木斯克出血热 2%，科萨努尔出血热 3%~10%。
- 报告：发现疑似病例立即向国家卫生部门和疾病预防控制中心报告：急性发热持续时间 <3 周，病情危重，没有其他可接受的诊断 + 不明原因出血。

诊断

- 考虑风险因素，到流行区旅行、接触感染病例。
- 标本处理需在 BSL-4 级实验室进行。

治疗

感染控制

- 人传人：埃博拉，马尔堡，拉沙病毒。裂谷，黄热病，鄂木斯克，科萨努尔森林病毒不会发生人传人。
- 没有在美国本土感染的病例，如有 21 天内旅行史或生物恐怖事件时应考虑一立即报告公共卫生当局。
- 在排除马尔堡和埃博拉病毒前，要增强空气传播防护措施和防护屏障。
- 防护屏障：双层手套，防水隔离服，护目镜，面罩，腿套和鞋套。
- 空气传播防护：N-95 口罩或空气净化呼吸器（PAPR）。
- 如果可能：负压隔离病房且 6~12 次换气 / 小时。
- 对暴露于发热性疾病的接触者自接触后监测 21 天。
- 实验室：有气溶胶传播风险；除非必须，应选择床旁分析器，无呼吸道置管。实验室工作人员应采取空气和接触隔离防护措施，血标本 — 应采用聚乙二醇辛基苯基醚预处理。
- 环境：表面 — 家用漂白剂 1:100；衣服 — 双层袋装并加入漂白剂采用热循环方式洗涤；高压或焚化。
- 尸体：由经过培训的工作人员处理，采取空气和接触预防措施，及时土葬或火葬，不要使用防腐剂处理。

患者护理

- 支持治疗：静脉输液，机械通气，透析，升压药，抗惊厥药。
- 避免使用阿司匹林、非甾体抗炎药。
- 利巴韦林：仅适用于拉沙热，裂谷热，IV 2 g 1 剂，之后 1 g/d，6 天，继而 500 mg/d（需要研究性新药的静脉注射剂型，利巴韦林见 841 页）。
- 利巴韦林口服：>75 kg 者 600 mg 每天 2 次；<75 kg 1000 mg/d，分 2 次服用。
- 埃博拉病毒，马尔堡，黄热病，鄂木斯克，科萨努尔病毒，无抗病毒药物可用。
- 密切接触者
- 暴露后 21 天内监测体温，每天 2 次。
- 温度 >38.3℃（101°F）时：给予利巴韦林（上述口服剂量），除非已知为埃博拉 / 马尔堡 / 黄热病 / 鄂木斯克 / 科萨努尔病毒。

· 疫苗 — 只有黄热病疫苗，暴露后使用无效。

推荐依据

Borio L, Inglesby T, Peters CJ, et al. Hemorrhagic fever viruses as biological weapons: medical and public health management.JAMA, 2002; Vol. 287; pp. 2391 - 405.

注释：约翰霍普金斯医学中心对生物防御的建议基于上述指南。

鼠疫耶尔森菌见 417 页病原体部分。

急性风湿热见 75 页发热部分

糖尿病足感染

Eric Nuermberger, MD

病原体

- 金黄色葡萄球菌。
- 肠杆菌。
- 铜绿假单胞菌。
- 肠球菌。
- 厌氧菌。
- 浅部感染（蜂窝织炎，伴水泡和浅溃疡的蜂窝织炎）是金黄色葡萄球菌和 β – 溶血性链球菌引起的典型感染。
- 慢性或既往经过抗生素治疗的溃疡性感染的病原菌可能为需氧的革兰染色阴性杆菌以及金黄色葡萄球菌或链球菌。
- 深部软组织感染，如骨髓炎、坏疽等致病菌可由多种病原菌引起，包括需氧的革兰染色阴性杆菌和厌氧菌（厌氧链球菌、脆弱类杆菌、梭状芽胞杆菌），但金黄色葡萄球菌往往作为单一病原菌引起感染。

临床表现

- 糖尿病的常见并发症（累计占糖尿病住院病人的 25%）；严重者可能需要截肢。
- 感染恶化的危险因素：神经病变、存在足部畸形、周围动脉疾病、既往存在感染、既往存在溃疡。
- 病史：由于糖尿病神经病变，蜂窝织炎和溃疡通常是无痛的。
- 体检：体征包括 :a ）蜂窝织炎；b ）浅表溃疡感染；c ）深部组织感染；d ）骨髓炎（包括侵入骨骼的溃疡）；e ）坏疽（受累组织界限清晰 – 湿性或干性）。
- 评估：包括伤口大小 / 程度，神经病变的程度，血供，血糖控制以及伤口愈合能力。

诊断

- 深部组织标本（如：骨活检，脓液，清除的溃疡基底部标本）能够提供最可靠的培养 / 敏感性数据。浅表培养（如拭子）与深部培养无可靠相关性。
- 影像学：平片对早期的骨感染并不敏感；骨扫描高度敏感但特异性差；MRI 最为可靠（敏感性 95%，特异性 99%），但神经性骨关节炎会出现假阳性结果。
- 白细胞示踪扫描比骨扫描的敏感性和特异性更高。
- 溃疡底部能够探及骨质对骨髓炎具有诊断意义，但也有认为这种检查的阳性预测值较低（0.57），用不能探及骨质来除外骨髓炎可能更好。

治疗

蜂窝织炎或轻度、浅表溃疡感染

- 对蜂窝织炎目标要覆盖链球菌，轻度溃疡可能需要覆盖 MRSA ± 的葡萄球菌以及革兰阴性菌。

- 头孢氨苄 500 mg PO，每天 4 次 ×14 天。
- 阿莫西林 / 克拉维酸 875~1000 mg PO，每天 2 次 ×14 天。
- 氨苄西林 / 舒巴坦 3 g IV q6h×14 天。
- 头孢唑林 1~2 g IV q8h×14 天。
- 萘夫西林或苯唑西林 2 g IV q4h×14 天。
- 克林霉素 300 mg PO，每天 3 次 ×14 天（包括 MRSA）。
- 甲氧苄啶 – 磺胺甲噁唑 2 片（双剂型，即 960 mg/ 片）PO，每天 2 次 ×14 天（包括 MRSA）。
- 克林霉素 600 mg IV q6~8h×14 天。
- 利奈唑胺 600 mg PO，每天 2 次 ×14 天。
- 万古霉素 15 mg/kg IV q12h。

深部组织感染或骨髓炎

- 推荐外科急会诊。
- 考虑血管评估。
- 根据深部组织培养，骨活检的培养结果调整方案。
- 氨苄西林 / 舒巴坦 3 g IV q6h 或替卡西林 / 克拉维酸 3.1 g IV q6h 或哌拉西林 / 三唑巴坦 3.375 g IV q6h。
- 替代方案：克林霉素 600 mg IV q6h+（左氧氟沙星 750 mg PO, 每天 1 次或环丙沙星 750 mg PO（400 mgIV）q12h）。
- 头孢曲松 2 g IV，每天 1 次 + 甲硝唑 500 mg IV q6~8h。
- 厄他培南 1 g IV，每天 1 次。
- 如果中度或高度怀疑 MRSA 感染，或感染很严重，在上述方案中加入万古霉素 15 mg/kg IV q12h 或利奈唑胺 600 mg IV/PO q12h。
- 选择胃肠外给药直至病情稳定，骨髓炎消失后再口服 4 周。
- 对骨髓炎：通常需要对坏死骨组织进行清创，并常需要 ≥ 2 周的静脉药物治疗以及共 4~6 周的抗生素治疗；或不进行清创，使用 2~6 周的静脉药物治疗以及 ≥ 2 个月的口服药物治疗。

肢体 / 危及生命的感染

- 外科急会诊，对血管进行紧急评估。根据敏感性数据（如果已知），如有 MRSA 感染可能（在大多数情况下应该考虑可能存在）以及宿主因素选择治疗方案。
- 克林霉素 900 mg IV q8h+ 环丙沙星 400 mg IV q12h，或妥布霉素 2 mg/kg IV 1 剂，1.7 mg/kg IV q8h 维持治疗。
- 克林霉素 900 mg IV q8h+ 头孢他啶 2 g IV q8h 或头孢吡肟 2 g IV q8h 或头孢噻肟 2 g。
- IV q8h 或头孢曲松 2g IV，每天 1 次。
- 哌拉西林 / 三唑巴坦 3.375 g IV q4h 或替卡西林 / 克拉维酸钾 3.1 g IV q4h。
- 亚胺培南 500 mg IV q6h 或美罗培南 1 g IVq 8h 或厄他培南 1 g IV，每天 1 次。
- 万古霉素 15 mg/kg IV q12h+ 氨曲南 2 g IV q8h+ 甲硝唑 500 mg IV q6h。
- 万古霉素 15 mg/kg IV q12h+ 头孢吡肟 2 g IV q12h 或头孢他啶 2 g IV q8h+ 甲硝唑 500 mg IV q6h。
- 静脉及口服治疗通常需要延长，持续时间根据结果以及骨髓炎是否消失来决定。

随访

- 如果与强制、免负重状态（如支具塑形），控制血糖，伤口的细心护理以及感染骨彻底清创或切除相结合，抗生素治疗的效果才会达到最佳。

其他信息

- 如果存在系统性严重感染或不能口服药物时，选择静脉抗生素。

推荐依据

Lipsky BA, Berendt AR, Deery HG, et al.Diagnosis and treatment of diabetic foot infections. Clin Infect Dis,2004;Vol. 39; pp. 885 - 910.

注释：IDSA 的权威指南主要强调感染的诊断，严重程度的划分，微生物学以及治疗策略，包括外科以及其他的辅助形式。

假体相关化脓性关节炎

Eric Nuermberger, MD

病原体

- 葡萄球菌（凝固酶阴性）。
- 金黄色葡萄球菌。
- 草绿色链球菌。
- 肠球菌属。
- 革兰阴性肠道细菌。
- 铜绿假单胞菌。
- 真菌。
- 痤疮丙酸杆菌（特别是肩部植入物感染）。
- 厌氧菌。
- 分枝杆菌（M. 结核杆菌及非结核分枝杆菌）：罕见。
- 早期感染(前 3 个月)：主要为金黄色葡萄球菌，β－溶血性链球菌，革兰阴性杆菌。
- 迟发感染（3 个月至 2 年）主要病原体为凝固酶阴性的葡萄球菌以及金黄色葡萄球菌。
- 后期感染（大于 2 年）：金黄色葡萄球菌，凝固酶阴性葡萄球菌，草绿色链球菌，肠球菌；革兰阴性杆菌少见。

临床表现

- 美国每年约有 12000 例人工关节感染。
- 感染风险：依次为膝关节(0.5%~2%)、髋关节(0.5%~1%)、肩关节(0.5%~1%)置换。
- 感染因素：手术部位感染或血肿，手术时间延长，类风湿性关节炎，糖尿病，糖皮质激素的使用，既往关节感染，葡萄球菌在鼻腔定植或围手术期其他部位感染。
- 早发感染出现在外科手术 2~3 个月内，伴关节疼痛（95%），发热（43%），肿胀（38%），引流（32%）的病史。体检：红斑，硬化以及切开部位的水肿 ± 伤口引流。
- 迟发感染出现在手术 3 个月以后，伴有进行性关节疼痛和（或）不稳定，通常没有发热或局部感染体征。体检：阳性体征可能很少。

诊断

- 影像学：平片上可能出现骨水泥接触面的透光影，移位，骨水泥骨折或迟发型感染的骨膜反应。
- 影像学：核素扫描更为敏感（三相骨或白细胞扫描）。PET 的使用尚存在争议。
- 实验室：关节吸取物典型表现为混浊液体，WBC > 50 000~150 000/mm^3，以中性粒细胞为主，涂片或培养为革兰阳性菌。
- ESR，CRP 可能会有所帮助，但既不敏感（特别是对于惰性感染）也不特异（如患有炎性关节炎的患者）。
- 手术标本：推荐至少取材于不同部位的 3 个不同的深部拭子或活检标本用于革兰染色，培养，组织病理学检查。
- 伤口或窦道引流的革兰染色 / 培养可能对早期感染的微生物学诊断有所帮助，如果分离到金黄色葡萄球菌价值很大，其他细菌则可能值提示定植。
- 取出假体超声处理及培养有助于微生物学诊断。虽实施起来相对简单，但未被广泛应用。
- 肩部的感染或怀疑痤疮丙酸杆菌感染：必须提醒实验室延长培养时间至 7~10 天，因痤疮丙酸杆菌生长缓慢。

治疗

更换人工关节（分二阶段实施）

- 推荐针对难治性病原菌（如 MRSA）以及迟发型感染的治疗策略，因为在设备相关的生物膜上的细菌仅靠抗生素不能被清除。
- 第一阶段：移除假体并用抗生素浸过的垫片替换，清除感染组织。
- 静脉抗生素治疗 6~8 周。对难治性病原菌（如 MRSA）或复杂病例，考虑停抗生素 2~4 周，然后抽取关节液进行细胞计数及培养。如果阳性，重复冲洗 / 清创，静脉使用抗生素 6 周；然后重复此前推荐方式评估。
- 第二阶段：当没有临床征象 / 症状以和（或）吸取物阴性，植入新的假体以及抗生素浸过的骨水泥。

替代的外科选择

- 早期感染采取清创，静脉使用抗生素 2~6 周以及序贯口服抗生素共 3~6 个月可能会有效，如果早期采取措施（如症状出现的 1~2 周内），关节稳定，以及高度敏感微生物感染（如草绿色链球菌或葡萄球菌），或体弱的老年患者。在这些患者中，通常将利福平和其他药物联用（β – 内酰胺类，万古霉素或氟喹诺酮类）。推荐感染科会诊。
- 一期关节成形术（在同一手术中移除及重置假体）——成功的可能性小。在美国，该方法通常用于抗生素高度敏感的病原菌（如链球菌）感染病例。
- 当组织不足以进行功能性关节成形术或抗生素耐药病原菌感染或既往置换失败时，需要进行关节固定术。
- 对于难治性疼痛，感染不愈合，或大量的骨骼丢失影响固定时，截肢是最后的手段。

抑制性抗生素治疗

- 如果假体不可能移除，假体稳定、病原菌对口服抗生素敏感，可采取抑制性抗生素治疗。
- 长期治疗经常因假体松动，化脓性关节炎和（或）窦道形成，或败血症而不能持续。
- 抑制性口服药物治疗在手术冲洗和清创后最为有效，可能还需要有静脉抗生素的诱导期。

- 链球菌或革兰阴性杆菌：环丙沙星（仅用于革兰阴性杆菌）750 mg PO，每天 2 次，左氧氟沙星 750 mg PO，每天 1 次或莫西沙星 400 mg PO，每天 1 次（+ 利福平 600 mg PO，每天 1 次，仅针对葡萄球菌属）。
- MSSA：头孢氨苄 500 mg PO，每天 4 次或双氯西林 500 mg PO，每天 4 次。
- 链球菌或肠球菌：阿莫西林 0.5~1 g PO，每天 3 次。
- 葡萄球菌（包括 MRSA）：米诺环素 100 mg+ 利福平 600 mg PO，每天 2 次。
- 葡萄球菌（包括 MRSA）：甲氧苄啶 – 磺胺甲噁唑 1 片（960 mg）PO，每天 2 次 + 利福平 600 mg PO，每天 1 次。
- 肠道革兰阴性杆菌或复数菌感染：阿莫西林 / 克拉维酸 875 mg PO，每天 2 次。
- 念珠菌属：氟康唑 400 mg PO，每天 1 次。

其他信息

- 目前尚没有任何有关人工关节感染或治疗的指南发表，尽管 IDSA 可能在 2009 年秋有一个注释出台。
- 可能的话，在取得关节穿刺液或术中培养之前避免使用抗生素（包括围手术期），以期获得可疑人工关节感染的微生物学诊断。
- 如果出现下列情况：革兰染色所见，在琼脂糖上生长（而不是仅是肉汤），并且大于 1 个培养标本阳性，培养出的表皮葡萄球菌或其他常见污染菌很可能是致病菌。
- 穿刺液培养可出现假阴性，特别对于迟发感染。需要进行滑膜的开放性活检以和（或）假体周围组织的培养。
- 在进行选择性人工关节翻新术之前进行培养，可在术野的三个不同部位取 3 个或更多的标本送检。

推荐依据

Pappas PG, Kauffman CA, Andes D, et al. Clinical practice guidelines for the management of candidiasis: 2009 update by the Infectious Diseases Society of America. Clin Infect Dis, 2009; Vol. 48; pp. 503 - 35.

注释：切除并关节成形术是治疗必须的措施，限制活动，适用抗菌药物如氟康唑。如不能实施切除，则需长期抑制治疗。

Zimmerli W, Trampuz A, Ochsner PE.Prosthetic-joint infections.N Engl J Med, 2004; Vol. 351; pp. 1645 - 54.

注释：大量文献复习显示，抗菌药物最优化治疗取决于病原体的早期识别和药敏结果。

莱姆病性关节炎

Eric Nuermberger, MD and Paul G. Auwaerter, MD

病原体

- 伯氏疏螺旋体。
- 其他株：伽氏疏螺旋体（B.garinii），嘎氏疏螺旋体（B.afzelii）。

临床表现

- 高危患者包括户外工作，地区性的蜱叮咬史，或有莱姆病的既往病史（如移行性红斑）。
- 患有早期莱姆病的患者可能有大关节和小关节的关节痛和（或）关节炎。
- 晚期莱姆病：一个或多个大关节的反复（数周或数月）肿胀（通常为承重关节

的单关节或少关节炎：膝关节——肩关节——踝关节——肘关节——蹑下颌关节——腕关节——髋关节），通常可有间断缓解，甚至在没有治疗时。渗出——疼痛。

- 未治疗的患者中超过 60% 可发病。
- 未治疗时，关节炎会持续，伴有特征性的复发 / 缓解，可能会持续大于 6 年。每年约有 10%~20% 的患者未经治疗而受累关节症状自行缓解。
- 持续性莱姆病性关节炎：至少有一段时间的持续的关节炎症持续大于 1 年或更长，尽管既往接受过口服和静脉的抗生素治疗。尽管使用了多种抗生素治疗，5%~10% 的患者可出现培养阴性。
- 患有持续性莱姆病性关节炎的患者通常具有某些免疫遗传学背景：特别是 HLA-、DR4，HLA-DR2 或两者皆有。HLA-DR4 与抗生素治疗无效相关。

诊断

- 滑膜液：WBC10 000~100 000/ml（平均 20~24 000 ml），以 PMN 为主。
- ESR 可能正常或仅轻度升高（约 30 mm/h）。
- 滑膜液中有伯氏疏螺旋体感染的证据：培养阳性（ < 20%），PCR 可明确诊断（取决于实验室，> 85%）。
- 高度支持的证据包括典型的关节炎类型，伯氏疏螺旋体的阳性血清学证据：包括带有免疫印迹的 ELISA 的 IgG（10 个条带中大于≥ 5 个）。血清学（免疫荧光法中的免疫印迹 IgG，但仅有 IgM 不可接受）可为持续阳性。阴性的莱姆病血清学结果是排除莱姆病性关节炎的重要依据。
- 在影像学上很少能看到侵蚀现象。
- 阳性的滑膜 PCR 结果支持采用抗生素治疗。
- 滑膜液的免疫印迹检查并不被认可，不应该使用。

治疗

起始治疗：晚期莱姆病性关节炎。

- 既往未经治疗的患者，建议使用一到两个疗程的口服治疗作为起始治疗。
- 推荐：多西环素 100 mg PO，每天 2 次 ×28 天。
- 阿莫西林 500 mg PO，每天 3 次 ×28 天。
- 替代：头孢呋辛酯 500 mg PO，每天 2 次 ×28 天。
- 治疗 2~3 周内，持续的疼痛通常可以缓解，但肿胀及间歇疼痛可能持续到 8 周。对于口服治疗两个疗程后症状仍然持续或反复的患者，需进行静脉治疗（见下），但如果 PCR 为阴性，这种方法能否改善症状尚不明确。
- 延长口服抗生素的疗程并未显示能够改善预后，并不推荐这种使用方法。
- 静脉治疗：晚期莱姆病性关节炎
- 如关节炎伴随神经症状，包括腰穿阳性，或口服治疗失败，推荐使用静脉治疗。也有推荐用于严重的早期莱姆病性关节炎。
- 头孢曲松 2 g IV q24h×14~28 天。
- 头孢噻肟 2 g IV q8h×14~28 天。
- 青霉素 G 18~24 mU IV q4h×14~28 天。
- 没有证据表明静脉药物治疗超过两个疗程可以带来更好的效果。

辅助治疗：持续性莱姆病性关节炎

- 对于尽管使用了大约 1 个月的静脉治疗，仍存在持续 / 反复的关节炎的患者，免疫介导的机制可能参与其中（关节液中有大量细胞因子的患者）：应进行免疫学评估以辅助进行以下非抗感染治疗。这些药物的选择没有任何实验结果可供借鉴。
- 非甾体抗炎药物，如布洛芬，萘普生等。
- 关节内注射类固醇激素。
- 羟氯喹（可能需要数周或数月才显效）或甲氨蝶呤（同上）。
- 对于持续疼痛以及功能受限的患者可采取关节镜下滑膜切除术（通常定义为抗炎治疗后症状持续超过 6 个月）。
- 严重病例，有些已经使用了 TNF-α 抑制剂，但临床资料有限。

随访

- 抗生素治疗的主要目标是防止远期关节炎(除了最终仍证实有持续关节炎的患者外)。
- 使用客观的临床证据(炎性关节炎，神经系统体征)，而不是非特异性症状(乏力，关节痛)监测治疗效果。
- 尽管有抗生素治疗后 PCR 仍持续阳性的报告存在，大多数研究表明，抗生素治疗 1~2 个月之后，伯氏疏螺旋体 PCR 检测可以转阴。
- 根据莱姆病性关节炎的早期自然史研究，数月或数年后大多数患者的症状能够缓解，关节没有受到长期影响。

其他信息

- 莱姆病主要依靠临床诊断，血清学检测只有辅助诊断作用。仅血清学阳性不能提示疾病活动或因果关系。
- 治疗后莱姆病综合征（PTLD）指的是在莱姆病确诊且经适当抗生素治疗后出现的一些主观症状，如乏力，关节痛，肌痛，神经认知症状以及睡眠紊乱。不鼓励使用“慢性莱姆病”这个名词，因其模糊了 PTLD 以及晚期莱姆病的客观表现之间的界限，如单关节炎。
- 患有晚期莱姆病性关节炎的患者实际上经常出现莱姆血清学阳性（免疫荧光法 +IgG 免疫印迹）。
- 任何与神经系统或认知相关的主诉都应进行追踪（MRI，腰穿，神经 – 精神检测）以评估神经型疏螺旋体病，其可能需要静脉治疗。
- 滑膜液 PCR 可能有助于区别治疗反应不佳的原因。

更多信息

- 适当的抗生素治疗后出现的治疗后莱姆病综合征（肌痛，乏力等）对额外的抗生素治疗没有反应。建议尝试将低强度的有氧锻炼，NSAIDs 类药物，行为认知治疗作为首选的治疗策略。对一些患者而言，尝试文拉法辛 XR（对有明显躯体疼痛的患者，每天 150~225 mg）或选择性 5- 羟色胺再摄取抑制剂 SSRI's（尤其是焦虑）或三环类药物（尤其是对睡眠紊乱的患者）可能有效。

推荐依据

Wormser GP, Dattwyler RJ, Shapiro ED, et al. The clinical assessment, treatment, and prevention of lyme disease, human granulocytic anaplasmosis, and babesiosis: clinical practice guidelines by the Infectious Diseases Society of America. Clin Infect Dis,2006;Vol. 43; pp. 1089 - 134.

注释：上述文献汇集了莱姆病专家组的推荐指南。

急性骨髓炎

Eric Nuermberger, MD

病原体

- 金黄色葡萄球菌。
- 凝固酶阴性葡萄球菌。
- 链球菌。
- 肠球菌。
- 铜绿假单胞菌。
- 大肠杆菌。
- 沙门氏菌属。
- 沙雷氏菌属。
- 其他革兰阴性肠杆菌。
- 更为罕见：厌氧菌，真菌，分枝杆菌，布氏杆菌。
- 典型情况：假体（葡萄球菌），静脉吸毒（金黄色葡萄球菌，假单胞菌，沙雷氏菌），镰刀型红细胞病（沙门氏菌），糖尿病（B 族链球菌），鞋钉损伤（假单胞菌），被人咬伤（艾肯菌属），动物咬伤（巴斯杆菌属），尿道感染或操作（大肠杆菌，变形杆菌，其他革兰阴性杆菌）。

临床表现

- 急性和慢性骨髓炎之间的界限比较模糊："急性"包括第 1 次出现骨髓炎，急性症候群（< 2 周），没有骨质坏死或死骨。
- 急性症状和体征：发热 / 寒战 / 盗汗，局部疼痛 / 压痛，或肿胀 / 红斑（常伴随血行感染）。
- 直视下或经探查发现骨质暴露实质上对起源于邻近病灶的骨髓炎具有诊断意义。
- 实验室：ESR，CRP 可以升高；WBC 和血小板的升高常见。
- 影像学：平片或 CT 表现为骨膜增厚，局部骨质减少，皮质变薄或呈扇形；在 MRI 上表现为骨髓水肿；放射性核素扫描上有示踪剂摄取。
- 微生物学：在提示出现骨性改变部位的病变骨骼（穿刺或活检）或血培养中分离出病原体。
- 急性血源性骨髓炎：常见于儿童（通常为金葡菌）或大于 50 岁，静脉吸毒者，血液透析，糖尿病，镰刀型红细胞病以及具有其他菌血症危险因素的成人。
- 典型部位：脊椎（成人 > 儿童），长骨（儿童 > 成人），轴向关节（胸骨锁骨关节，骶髂关节，尤其在静脉吸毒的患者中）。
- 急性血源性关节炎通常为单病原体，而临近病灶感染倾向于多微生物感染。
- 社区相关 MRSA 菌株可能会导致血行性骨髓炎以及在软组织感染后引起病理性骨折。

诊断

- 根据病史，体格检查以及实验室检查结果可以怀疑急性骨髓炎。
- 影像学对诊断、分期和随访很重要。
- 如果出现典型征象，平片即足以诊断，但对于早期骨髓炎并不很敏感。
- 对于早期或模棱两可的病例，MRI 和放射性核素扫描更为敏感。
- 怀疑脊椎骨髓炎时首选 MRI 以排除椎旁脓肿、脊髓侵犯。

- 在 MRSA 感染高发时期，确定病原学尤其重要（最好在开始抗生素治疗之前）。
- 手术指征：对抗生素治疗无反应，软组织脓肿，关节感染以及脊柱不稳定。

治疗

血源性脊髓炎（病原菌指向）

- 总体推荐 2~6 周的静脉治疗 ± 随后的口服治疗以完成 4~8 周的疗程。
- 使用药敏结果来协助指导抗生素的选择（静脉或口服）。
- 葡萄球菌（MSSA）：萘夫西林或苯唑西林 2g IV q4h 或头孢唑林 2g IV q6~8h。
- 葡萄球菌（MSSA）：头孢曲松 2 g IV q24h（门诊病人选择）。
- 葡萄球菌（MSSA 或 MRSA）：克林霉素 600 mg IV q6h 或 900 mg IV q8h。
- MRSA：万古霉素 15 mg/kg IV q12h（± 利福平 600 mg PO，每天 1 次）万古霉素目标谷浓度超过 15 mg/L。
- MRSA：利奈唑胺 600 mg IV/PO q12h 或达托霉素 6~8 mg/(kg · d) IV （经验较少）。
- 链球菌：青霉素 G 2~4 mU IV q4~6h 或氨苄西林 2g IV q6h（± 妥布霉素 1.0 mg/kg IV q8h 针对无乳链球菌，其他青霉素 MIC 更高的链球菌或肠球菌属）。
- 革兰阴性杆菌：氨苄西林 / 舒巴坦 3g（成分比为 2:1)IV q6h 或替卡西林 / 克拉维酸 3.1 g IV q4~6h 或哌拉西林 / 三唑巴坦 3.375 g IV q4~6h。
- 革兰阴性杆菌：环丙沙星 400 mg IV q12h（可更早转为口服治疗 750 mg PO q12h）或左氧氟沙星 750 mg IV/PO，每天 1 次。其他喹诺酮类也可能能有效。
- 革兰阴性杆菌：头孢曲松 2 g IV q24h 或头孢噻肟 2 g IV q6~8h 或头孢他啶 2 g IV q8h 或头孢吡肟 2 g IV q8h。

临近病灶或种植性骨髓炎

- 腿 / 足溃疡：骨科会诊，存在灌注不足体征时需评估血供。
- 褥疮性溃疡：整形外科会诊。
- 慢性溃疡导致的骨髓炎通常是复数菌感染，如果存在血供不足，治疗时需覆盖厌氧菌。
- 总体推荐：在外科清创后使用 6~8 周的抗生素（至少 2 周的起始静脉治疗或直到临床改善 / 稳定）。
- 根据培养结果指导血源性骨髓炎的治疗方案。下面给出的是经验性的方案。存在 MRSA 的危险因素，加用万古霉素。
- 克林霉素 600 mg IV q6h 或 900 mg IV q8h+ 环丙沙星 400 mg IV 或 750 mg PO q12h 或左氧氟沙星 750 mg IV/PO，每天 1 次。
- 氨苄西林 / 舒巴坦 3 g（成分比为 2:1）IV q6h 或替卡西林 / 克拉维酸 3.1 g IV q4~6h 或哌拉西林三唑巴坦 3.375 g IV q4~6h。
- 厄他培南 1 g IV q24h 或亚胺培南 500 mg IV q6h 或美罗培南 1 g IV q8h。
  头孢曲松 2 g IV q24h 或头孢噻肟 2 g IV q6~8h 或头孢他啶 2 g IV q8h 或头孢吡肟 2 g IV q8h+ 甲硝唑 500 mg IV q6h。
- 人类或动物咬伤：氨苄西林 / 舒巴坦 3 g（成分比为 2:1）IV q6h。

口服方案（静脉治疗的延续）

- 青霉素类以及头孢菌素类的生物吸收度不稳定，且骨骼血管穿透力较低，这些药物并不适合。然而。链球菌常高度敏感，仍可参考药敏结果来指导治疗。

- 葡萄球菌（MSSA,MRSA）或厌氧菌：克林霉素 300~450 mg PO，q6h。
- 葡萄球菌（MSSA,MRSA）：米诺环素 100 mg PO，每天 2 次（± 利福平 600 mg PO，每天 1 次）。
- 葡萄球菌(MSSA)：任何氟喹诺酮类(如果敏感)+利福平 600 mg PO，每天 1 次。
- 葡萄球菌（MSSA,MRSA）或革兰阴性杆菌：甲氧苄啶－磺胺甲噁唑 960 mg 2 片 PO q8~12h（± 利福平 600 mg PO，每天 1 次针对葡萄球菌）。
- 革兰阴性杆菌：环丙沙星 750 mg PO q12h 或左氧氟沙星 750 mg PO，每天 2 次。
- 厌氧菌：甲硝唑 500 mg PO q6~8h。
- 混合感染：克林霉素 + 氟喹诺酮类。
- MRSA 或 VRE：利奈唑胺 600 mg PO q12h。
- 人类或动物咬伤：阿莫西林 / 克拉维酸 875~1000 mg PO，每天 2 次。

随访

- 如果根据生物利用度和细菌药敏结果能够选择良好的口服抗生素，那么所选病人可以在 2 周的静脉治疗后转为口服药物。
- 在停止治疗之前 CRP 应该在正常范围。
- 尽管给予了适当治疗，对随访的影像学的解释需谨慎，因骨骼的改变很慢（尤其在增强 MRI 中），并可在初期可能表现得更差。

推荐依据

Calhoun JH, Manring MM. Adult osteomyelitis. Infect Dis Clin North Am, 2005; Vol. 19; pp. 765－86.

注释：上述文献复习了关于发病机制、临床特征、诊断及包括外科治疗在内的信息。

慢性骨髓炎

Eric Nuermberger, MD

病原体

- 金黄色葡萄球菌。
- 凝固酶阴性的葡萄球菌。
- 链球菌属。
- 肠球菌。
- 铜绿假单胞菌。
- 革兰阴性肠杆菌。
- 厌氧菌。
- 结核分枝杆菌。
- 真菌。

临床表现

- 慢性骨髓炎的临床表现包括：症状持续时间超过 3 周，早期治疗失败，存在死骨片，引流不畅或窦道形成。最重要的是骨坏死。
- 慢性骨髓炎可能是创伤或手术过程中的血源性种植，或持续感染的扩散。
- 临床症状较急性骨髓炎轻。

诊断

- 对于临近部位感染引发的骨髓炎，通过骨、关节局部病灶的检查(直视或棉签探查) 可以诊断。
- 影像学（X 线或 CT）检查发现骨坏死，骨质硬化，骨膜新骨形成，死骨片存在。
- 慢性骨髓炎感染的病原菌比较广泛，应在开始治疗前获得微生物证据。
- 确诊依据是在影响学发现的骨骼变化或骨活检的急性炎症处进行的骨培养、血液培养分离到病原菌。
- 一般来说，窦道或相邻溃疡的浅表组织培养结果不可靠，不能指导临床治疗。尽可能进行骨活检以获得可靠培养结果。

治疗

- 积极的外科清创术后，4~6 周的静脉药物治疗，序贯 8 周的口服药物治疗。参考药敏结果。
- MSSA：萘夫西林或苯唑西林 2 g IV q4h，或头孢唑林 2g IV q8h。
- MSSA，链球菌：头孢曲松 2 g 每天 1 次，方便院外患者的静脉治疗。
- 葡萄球菌（MSSA，MRSA），链球菌，厌氧菌：克林霉素 600 mg IV q6h 或 900 mg IV q8h。
- MRSA：万古霉素 15 mg/kg IV 12 小时 + 利福平 600 mg IV/PO ，每天 1 次。使万古霉素的谷浓度达到 15~20 mg/dl。
- 链球菌属：青霉素 G 2~4 mU IV q4~6h 或阿莫西林 2 g IV q6h 如合并肠球菌或无乳链球菌的感染，加用庆大霉素 1 mg/kg，q8h。
- 革兰阴性菌和厌氧菌：阿莫西林 / 舒巴坦 3 g IV q6h 或替卡西林 / 克拉维酸 3 g IV q4~6h 或哌拉西林 / 三唑巴坦 3.375 g IV q4~6h。
- 革兰阴性菌：环丙沙星 400 mg IV q12h（可早期过渡至口服 750 mg q12h）或左氧氟沙星 750 mg IV， 每天 1 次。
- 革兰阴性菌：头孢曲松钠 2 g IV 每天 1 次或头孢噻肟钠 2 g IV q6~8h, 头孢他啶 2 g q8h, 头孢吡肟 2 g IV q8h。
- 革兰阴性菌混合感染：厄他培南 1 g q24h 方便院外患者治疗使用。

口服治疗方案

- 葡萄球菌（MSSA 或 MRSA）：米诺环素 100 mg PO，每天 2 次；或甲氧苄啶 - 磺胺甲噁唑 960 mg 2 片 PO q8~12h；或利奈唑胺 600 mg PO，每天 2 次。
- 葡萄球菌（MSSA），链球菌、革兰阴性菌、厌氧菌：阿莫西林 / 克拉维酸 500 mg PO q8h。
- 葡萄球菌（MSSA），厌氧菌：克林霉素 300~450 mg PO，每天 4 次（± 利福平 600 mg PO，每天 1 次）。
- 革兰阴性菌：环丙沙星 750 mg PO q12h 或左氧氟沙星 750 mg PO，每天 2 次。
- 革兰阴性菌：甲氧苄啶 - 磺胺甲噁唑 960 mg 2 片，每天 2 次。
- 厌氧菌：甲硝唑 500 mg PO q6~8h。
- 复数菌感染：需联合治疗方案。

外科辅助治疗

- 引流或完全清除死骨不能过度，但或许是唯一有效的外科干预措施。
- 积极处理死腔：以组织瓣、游离瓣或骨松质条填充。

- 抗菌药物预孵珠进行灭菌和临时填充死腔。
- 可以使用抗菌药物预孵的丙烯酸珠或植入注射泵局部使用抗菌药物。
- 骨碟形手术或移植。
- 血管再造术。
- 高压氧治疗 — 仍有争议。
- 截肢。

随访

- 治疗失败常见原因：清创不彻底、抗菌药物治疗不能耐受或宿主因素如免疫抑制。
- 治疗后 ESR/CRP 升高常提示复发。

其他信息

- 找到病原菌是关健，如可能，可在活检并送检细菌培养后开始抗菌药物治疗。
- 即使外科清创，存留组织应视为已经污染，需要继续抗菌药物治疗至少 6 周。

推荐依据

Calhoun JH, Manring MM. Adult osteomyelitis. Infect Dis Clin North Am, 2005; Vol. 19; pp. 765 - 86.

注释：上述文献复习了关于发病机制、临床特征、诊断及包括外科治疗在内的信息。

社区获得性感染性关节炎

Eric Nuermberger, MD

病原体

- 金黄色葡萄球菌。
- β – 溶血链球菌。
- 淋病奈瑟菌。
- 大肠杆菌。
- 其他肠杆菌。
- 铜绿假单胞菌。
- 金格杆菌。

临床表现

- 几乎所有细菌性病原体都可引起感染性关节炎。
- 多数感染性关节炎是由短暂或持续血流感染引起细菌的种植；创伤后医源性导致细菌种植也可引起。
- 病原体相关因素：类风湿关节炎 — 金葡菌，静脉吸毒者 — 金葡菌或铜绿假单胞菌，血液透析 — 金葡菌，未消毒的牛奶 — 布氏杆菌，镰刀细胞病 — 沙门菌属、糖尿病 —B 组链球菌，儿童 — 金格杆菌。
- 奈瑟菌不再是年轻人最常见的社区感染性关节炎病原体。
- 性活跃的年轻人、近期月经来潮后分娩、皮肤化脓、腱鞘炎等情况下发生的关节炎应警惕淋球菌感染。
- 淋球菌性关节炎常有 1~2 种典型表现：皮肤化脓灶、腱鞘炎（膝、腕、踝、指关节）、关节痛但无关节化脓、关节化脓而无皮损。
- 脑膜炎奈瑟菌偶可引起细菌播散形成腱鞘炎或关节炎。

诊断

- 病史：发热、寒战、乏力、关节痛、肿胀、活动受限。
- 关节检查：压痛、红斑、热、肿胀、活动受限（通常为典型体征）。
- 关节液穿刺液：革兰染色和（或）培养，中性粒细胞升高（特别是 >50 000/mm^3），糖减少（<40 mg/dl），无结晶。
- 其他诊断线索：关节穿刺液革兰染色或培养阴性，但血培养、宫颈液、尿道口、咽部或直肠等采样培养阳性；尿液或关节液核酸检测阳性；和（或）典型皮损提示淋球菌感染。

治疗

经验性抗感染治疗

- 革兰染色阳性球菌，存在 MRSA 危险因素或 β – 内酰胺类过敏：万古霉素 15 mg/kg IV q12h。
- 革兰染色阳性球菌，无 MRSA 危险因素：萘夫西林或苯唑西林 2 g IV q4h。
- 革兰染色阳性球菌，无 MRSA 危险因素：头孢唑林 2 g IV q8h。
- 革兰染色阳性球菌，成链状（考虑链球菌）：青霉素 G 12~18 mU/d（分次）或氨苄西林 2 g IV q4h。
- 革兰染色阴性球菌（考虑淋球菌）：头孢曲松 1~2 g IV/IM q12~24h，或头孢噻肟钠 2 g IV q8h。
- 革兰阴性细菌：头孢他啶 2g IV q8h 或头孢吡肟 2 g IV q8h。
- 阴性染色结果、既往体健、无 MRSA 危险因素：头孢唑林 2 g IV q8h。
- 阴性染色结果、医疗相关或存在其他 MRSA 危险因素：万古霉素 15 mg/kg IV q12h，配伍头孢他啶 2 g IV q8h 或头孢吡肟 2 g IV q8h 或哌拉西林 / 三唑巴坦 4.5 g IV q6h。
- 人、狗或猫咬伤：氨苄西林 / 舒巴坦 1.5~3 g IV q4h。
- 应根据细菌培养的药敏结果调整治疗方案。
- 院内 MRSA 危险因素：近期住院、入住护理、血液透析、糖尿病、静脉吸毒、近期使用抗菌药物、入监、近期皮肤 / 软组织感染、与 MRSA 病人密切接触。社区获得的 MRSA 常无明显危险因素。

病原指向治疗

- 葡萄球菌（MSSA）：萘夫西林或苯唑西林 2 g IV q4h × 3 周。
- 葡萄球菌（MSSA）：头孢唑林 2 g IV q8h × 3 周。
- 葡萄球菌（MRSA 或速发型青霉素过敏史）：万古霉素 15 mg/kg IV q12h × 3 周。
- 链球菌（包括青霉素敏感的肺炎链球菌 [MIC<4 mg/L]）：青霉素 G 12~18 mU/d（分次）或氨苄西林 2 g IV q4h × 2 周。
- 肺炎链球菌（青霉素耐药株）：如药敏结果支持，可予头孢曲松 1~2 g IV q12h，或头孢噻肟钠 2 g IV q8h，或万古霉素 15 mg/kg IV q12h × 2 周。
- 肠杆菌科：头孢曲松 1~2 g IV q12h，或头孢噻肟钠 2 g IV q8h × 3 周。
- 革兰阴性杆菌（铜绿假单胞菌）：头孢他啶 2g IV q8h 或头孢吡肟 2g IV q8h 配伍庆大霉素或妥布霉素 5 mg/kg IV q24h × 3 周。
- 革兰阴性杆菌：环丙沙星 400 mg IV q8~12h 或 750 mg PO q12h；或左氧氟沙星 750 mg IV /PO 每天 1 次 × 3 周。

- 复数菌感染：氨苄西林 / 舒巴坦 1.5~3g IV q4h × 3 周。
- 复数菌感染：克林霉素 600 mg IV q6~8h × 3 周；配伍环丙沙星 400 mg IV q12h 或 750 mg PO q12h 或左氧氟沙星 750 mg IV/PO，每天 1 次 × 3 周。
- 革兰染色阳性菌 + 速发型青霉素过敏史：万古霉素 15 mg/kg IV q12h × 3 周。

淋球菌性关节炎 / 播散性淋球菌感染治疗

- 胃肠道外给药途径为首选：头孢曲松 1 g IV/IM q24h，或头孢噻肟钠 1 g IV q8h 或头孢唑肟 1 g IV q8h。
- 如药敏结果支持，环丙沙星 400 mg IV q12h 或左氧氟沙星 500 mg IV q24h。
- 大观霉素 2 g IV/IM q12h（有青霉素过敏史）。
- 胃肠道外给药应持续至临床症状缓解，随后可转换为口服药物 1 周（化脓性关节炎 2 周为宜）。
- 口服给药：头孢克肟 / 头孢泊肟 400 mg，每天 2 次。
- 如药敏结果支持，环丙沙星 500 mg，每天 2 次或氧氟沙星 300 mg，每天 2 次或左氧氟沙星 500 mg 每天 1 次。
- 患者均应经验性针对衣原体合并感染给予治疗，多西环素 100 mg 或氧氟沙星 300 mg，每天 2 次 × 7 天；孕妇可给予阿奇霉素 1000 mg，1 次顿服。
- 性伴侣应接受头孢曲松 125 mg IM 或头孢克肟 400 mg，1 次顿服配伍多西环素 100 mg，每天 2 次 × 7 天。
- 喹诺酮类药物不可经验用药，特别是男性同性恋、或已知喹诺酮类高耐药区感染者，可选用头孢曲松。如药敏结果支持可以选用喹诺酮类。

辅助治疗

- 重复穿刺：经初次穿刺、取液确定诊断后胃肠外给予相应抗菌药物治疗，多数患者可以治愈。对于积液不断出现的患者可以重复穿刺。
- 连续的关节液穿刺检查可以发现关节液量、细胞计数和中性粒细胞百分比应不断减少；治疗数日后，关节液培养应呈阴性（葡萄球菌可能超过 7 天）。
- 外科引流：适用于治疗 72 小时内仍无改善、感染关节无法穿刺、细针无法穿刺引流、软组织或骨肿胀或假体关节感染。
- 有专家建议对于革兰阴性细菌和类风湿关节炎合并细菌感染者早期进行外科干预。
- 不推荐关节内注射药物。

其他信息

- 早期开始抗菌药物治疗、引流或外科干预可以减少关节功能丧失。
- 怀疑衣原体感染时，应行血液、尿道口分泌物、宫颈液、直肠拭子、咽部拭子、脓液和关节液培养；通知微生物室做好相应适宜准备。行尿液核酸检测。
- 疗程：衣原体感染 —1 周；链球菌感染和流感嗜血杆菌 —2 周；葡萄球菌和革兰阴性杆菌 —3 周；疗程必须个体化，个别患者可能需要更长疗程。
- 体征、症状、CRP 何以用于指导确定疗程。

推荐依据

Centers for Disease Control and Prevention; Workowski KA, Berman SM. Sexually transmitted diseases treatment guidelines 2006. Centers for Disease Control and Prevention. MMWR Recomm Rep, 2006; Vol. 55; pp. 1 - 94.

注释：以上文献包括了播散性淋球菌感染、关节炎等在敏感性不断下降的情况下如何进行治疗的重要内容。发现淋球菌对喹诺酮耐药在不断增加，但其临床意义仍不清。

Ross JJ. Septic arthritis. Infect Dis Clin North Am, 2005; Vol. 19; pp. 799 - 817.
注释：上述文献包括了发病机制、鉴别诊断、外科治疗、人工关节感染的重要内容。仅有少数对照研究对急性非淋球菌性感染性关节炎治疗的药物剂量和疗程进行了报道。多数抗菌药物在关节液中能达到有效浓度。

心血管装置感染

Lisa A. Spacek，MD，PhD and Khalil G. Ghanem，MD，PhD

病原体

- 金黄色葡萄球菌。
- 凝固酶阴性的葡萄球菌。
- 肠球菌属。
- 大肠埃希菌。
- 克雷伯菌属。
- 棒状杆菌属。
- 念珠菌属。

临床表现

- 装置包括永久性起搏器（PPMs），植入式心律转复除颤器（ICDs），左室辅助装置（LVADs）。感染可以为早期感染（设备植入或最近1次手术调整后小于1年）或者晚期感染（设备植入或最近1次手术调整后超过1年）。
- 临床表现包括放置点局部的症状，如疼痛，红斑，引流化脓以及伤口裂开；血行感染，包括高热，败血症；栓塞/血栓事件；以及伴有低热和体重下降的不显著感染。
- 设备相关的感染可能包括囊袋感染，血行感染以及心内膜感染（瓣膜性的以及非瓣膜性的）。
- 大多数患者表现为囊袋感染（52%），17%出现囊袋感染和菌血症，23%出现设备相关的心内膜炎。
- 流行病学：术中污染，血源性污染以及接触感染。
- 病原体：细菌附着在细胞外基质蛋白上引起的微生物黏附或者生物膜的形成。
- 危险因素包括：使用时间延长，多器官衰竭，ICU住院时间的延长，糖尿病，营养不良，恶性肿瘤，术后血肿以及使用临时电极。
- 感染率：PPMs：0.1%~20%；ICDs：0%~3%，LVASs：25%~70%。

诊断

- 基于临床症状以及血液和囊袋培养。
- 建议经食管心脏超声检查适用于所有血培养阳性的患者或者在抗菌药物治疗之前。经胸超声心动检查敏感性较差。
- 实验室异常包括白细胞升高（WBC > 10 K），贫血，血沉升高以及血培养阳性。
- 并发症包括：心内膜炎，化脓性关节炎，骨髓炎，肺、脑、肝、肾周以及脾脓肿。

治疗

概述

- 美国心脏协会建议：如可能，应彻底移除心脏装置。
- 应留取发生器组织行革兰染色、培养以及电极尖端培养。
- 使用抗菌药物的种类取决于培养结果。早期经验性治疗应针对非医院内获得的革兰阳性菌：万古霉素是合理的第一选择，并需要根据培养结果进行调整。
- 建议对心脏装置的需求重新进行评估。13%~52%的病例中，可能不需要再次植入新装置。

- 激光鞘技术可以在无需机械力的状态下光切除纤维附着物，并且减少并发症相关的装置移除率。
- 大多数在没有完全移除装置的情况下能够成功根除感染的报道都是革兰阴性菌血症。

起搏器 /ICD/LVAD 感染

- 心内膜炎：建议移除装置，根据病原体的指导使用静脉抗菌药物治疗 4~6 周。抗菌药物疗程从移除装置之日算起。
- 电极赘生物并发化脓性栓塞 / 血栓形成，骨髓炎，脓肿：建议移除装置并使用 4~6 周抗菌药物。
- 菌血症且 TEE 阴性：建议移除装置，并使用抗菌药物 2 周（金黄色葡萄球菌感染：抗菌药物使用 2~4 周）。
- 血培养阴性且既往未用过抗菌药物：按囊袋感染给予抗菌药物治疗 10~14 天；
- 在大多数病例中，移除 LVAD 并不可行。通常的治疗目标是长期抑菌治疗直至器官移植，移植后再开始抗菌药物适当疗程治愈感染。
- 如移除心脏装置不可行，可考虑加用利福平。利福平可导致肝功能异常，且可能降低华法林的抗凝效果。
- 如血培养持续阳性，使用抗菌药物治疗至少 4 周。
- 如不能移除心脏装置，长期使用抗菌药物治疗。

再植术

- 根据临床表现及病原体决定再植术的时间。血行感染需要的抗菌药物疗程更长。
- 需要在一个新的清洁部位进行再植。建议再植之前进行足够清创及感染控制。
- 如出现伴有瓣膜赘生物的心内膜炎，移除设备后应反复血培养，则需要在第 1 次血培养阴性后 14 天行再植术。
- 如出现电极赘生物，则在重复的血培养阴性 72 小时后行再植术。
- 如未出现心内膜感染，则在重复的血培养阴性 72 小时后行再植术。

推荐依据

Baddour LM,Bettmann MA,Bolger AF, et al. Nonvalvular cardiovascular device-related infections. Circulation,2003; Vol. 108; pp. 2015 - 31.

注释：美国心脏病学会的指南包括心内装置感染的讨论。经食管超声检查结果可靠，一旦稳定，移除感染装置。

Uslan DZ, Baddour LM. Cardiac device infections：getting to the heart of the matter. Curr Opin Infect Dis,2006; Vol. 19; pp. 345 - 8.

注释：多数心脏装置感染与植入时囊袋部位污染、其他部位感染的血源性种植、特别是金黄色葡萄球菌有关，可以发生晚期感染。虽然至今仍无前瞻性研究的确定结论，胃肠外途径给予抗菌药物和移除装置是标准治疗方式。

心内膜炎

John G. Bartlett，MD

病原体

- 常见（2000-2003 年间有 1779 例：JAMA2005;293：3012）。
- 金黄色葡萄球菌：32%。
- 草绿色链球菌：18%。

- 肠球菌：11%。
- 凝固酶阴性葡萄球菌：11%。
- 牛链球菌：7%。
- 其他链球菌：5%。
- HACEK 群菌：2%[副流感嗜血杆菌，嗜沫嗜血杆菌，放线共生放线杆菌，人心杆菌，啮蚀艾肯菌、金氏杆菌属]。
- 革兰阴性杆菌：2%。
- 真菌：2%[念珠菌属，曲霉菌属（罕见曲霉血培养阳性）]。
- 培养阴性：8%[考虑为 HACEK 群菌，营养缺陷的链球菌属（如脆弱贫养菌），伯氏立克次体（Q 热），鹦鹉热衣原体，支原体，嗜肺军团菌，巴尔通体属，布氏杆菌属，惠普尔养障体（惠普尔养障体，一种革兰阴性球杆菌）]。

临床表现

- 症状包括发热，不适，胸部 / 后背疼痛，咳嗽，呼吸困难，关节痛，肌痛，神经系统体征，体重下降，盗汗。
- 诱发因素：静脉吸毒者，风湿性心脏病，瓣膜功能不全，留置导管，起搏器，人造心脏瓣膜，先天性心脏病，既往心内膜炎病史。
- 体征及实验室检查（Duke 标准）=2 个主要标准或 1 个主要标准 +3 个次要标准或 5 个次要标准，见诊断部分。

诊断

- Duke 临床标准（参见附录 I，Duke 标准的定义）：2 个主要标准或 1 个主要标准 +3 个次要标准或 5 个次要标准。
- 主要标准（微生物学）；a）典型病原体（如草绿色链球菌，牛型链球菌，HACEK，金黄色葡萄球菌或肠球菌）2 次血培养阳性，无原发灶；b）持续菌血症（>12 小时）；c）3/3 或 3/4 血培养阳性。
- 主要标准（瓣膜）：a）超声心动图发现瓣膜赘生物；b）新出现的瓣膜返流。
- 次要标准：a）心脏高危因素或静脉吸毒者；b）发热 38℃（100.4°F）；c）血管现象（动脉栓子，细菌性动脉瘤，颅内出血，结膜出血，Janeway 病变；d）免疫现象（肾小球肾炎，Osler 结节，Roth 点，类风湿因子阳性）；e）血培养阳性但不符合主要标准；f）超声心动图——出现异常但不能诊断。

治疗

抗菌药物治疗：经验性

- 经验性治疗，急性心内膜炎：萘夫西林或苯唑西林 2 g IV q4h ± 庆大霉素或妥布霉素 1 mg/kg IV q8h 或万古霉素 15 mg/kg IV q12h。
- 经验性治疗，亚急性心内膜炎：氨苄西林 / 舒巴坦 3 g IV q6h+ 庆大霉素或妥布霉素 1 mg/kg IV q8h 或万古霉素 15 mg/kg q12h+ 头孢曲松 2 g IV q12h 或庆大霉素 / 妥布霉素 1 mg/kg IV q8h。
- 有培养及敏感性结果时进一步调整治疗。

瓣膜置换

- 手术适应证：充血性心衰，血流动力学异常，病原体为真菌，菌血症不缓解，持续栓塞，进行性心脏传导阻滞，瓣周脓肿，复发。
- 带有人工瓣膜的静脉药瘾者的预后取决于静脉药物滥用戒除的可能性。
- 术后抗菌药物治疗：术后 2 周。如手术时瓣膜的培养或者血培养仍为阳性，考虑足疗程使用抗菌药物 4~6 周。

其他信息

- 特殊培养需求：HACEK，军团菌，支原体，营养缺陷链球菌（脆弱贫养菌），巴尔通体，立克次体，淋球菌，李斯特菌，奴卡菌，棒状杆菌，结核分枝杆菌。
- 青霉素过敏者：做皮试，如有青霉素过敏史，通常考虑使用万古霉素。也可考虑青霉素脱敏治疗。
- 细菌性动脉瘤：如出现局部头痛和神经系统改变，尤其是合并脑膜炎时，需要考虑细菌性动脉瘤的可能。75% 出现在大脑中动脉，20% 为多灶性。
- 细菌性动脉瘤：CT 扫描及腰穿有助于明确动脉瘤破裂。对于怀疑出血或者出现持续性局灶性头痛及脑脊液细胞增多的患者考虑进行血管造影。如动脉瘤明确，可能的话，推迟瓣膜置换手术以及随后的抗凝治疗以期动脉瘤愈合。最高危因素：金黄色葡萄球菌，特别是引起心内膜炎 + 脑膜炎时。
- 静脉吸毒者及人工瓣膜心内膜炎者会出现在右心系统。

推荐依据

Baddour LM， Wilson W， Bayer AS， et al. Infective endocarditis. Circulation，2005; Vol. 11; pp. e394.

注释：AHA 指南 2005 版包含了推荐使用的抗菌药物。

心内膜炎，预防

John G. Bartlett，MD

病原体

- 口腔菌群：草绿色链球菌组。

临床表现

- 适应证：依据美国心脏协会 2007 年指南。既往的适应证如二尖瓣脱垂，瓣膜反流 / 狭窄已不再推荐。
- 心脏状态：人工瓣膜，既往心内膜炎病史，先天性心脏病，伴有心瓣膜病的心脏移植。
- 牙科操作：牙龈，牙齿的根尖、冠周操作或口腔黏膜穿孔。
- 消化道及泌尿生殖道的操作不在需要针对心内膜炎进行特殊预防。
- 经感染呼吸道黏膜或皮肤 / 皮肤结构的活检仍推荐进行预防。

治疗

- 时间：操作前 30~60 分钟给予单次剂量。
- 口服药物：阿莫西林 2 g，1 剂。
- 口服 + 青霉素过敏：克林霉素 600 mg 或阿奇霉素 500 mg 或克拉霉素 500 mg。
- 胃肠外途径：氨苄西林 2 g IV/IM 或头孢唑林 1 g IM/IV 或头孢曲松 1 g IM/IV。
- 胃肠外途径 + 青霉素过敏：头孢唑林或头孢曲松 1 g IV/IM 或克林霉素 600 mg IV/IM。

其他信息

- 2007 年对于预防的指南存在巨大变化。
- 心脏病变主要局限于既往心内膜炎，人工瓣膜及特定的未修复的或近期修复的先心病。

- 牙科操作被保留，但消化道及泌尿生殖道操作不再是适应证。
- 关键问题：在健康人群中，在多个部位来源的一过性菌血症的整体细菌负荷中，牙科操作所占的相对比例。
- 最高危因素：人工瓣膜，既往心内膜炎及手术分流。2006 年的英国心内膜炎指南仅建议对这三种情况进行预防。

诊断

更多信息

应该针对感染性心内膜炎进行预防的操作（2006 版英国指南）。

- 牙科：牙龈操作。
- 消化科：食管硬化剂治疗，扩张，激光治疗；ERCP，肝胆操作，碎石术，肠道黏膜手术。
- 泌尿科：膀胱镜检查，尿道扩张，TURP，经直肠前列腺活检。
- 妇产科：阴式子宫切除术，剖宫产。

推荐依据

Wilson W，Taubert KA，Gewitz M，et al. Prevention of infective endocarditis：guidelines from the American Heart Association：a guideline from the American Heart Association Rheumatic Fever， Endocarditis and Kawasaki Disease Committee，Council on Cardiovascular Disease in the Young，and the Council on Clinical Cardiology，Council on Cardiovascular Surgery and Anesthesia，and the Quality of Care and Outcomes Research Interdisciplinary Working Group. J Am Dent Assoc， 2008； Vol. 139 Suppl ；pp. 3S－24S .

注释：上述两篇文献均被 AHA 指南纳入作为抗菌药物预防心内膜炎的指征参考。

Wilson W，Taubert KA，Gewitz M，et al. Prevention of infective endocarditis：guidelines from the American Heart Association：a guideline from the American Heart Association Rheumatic Fever， Endocarditis， and Kawasaki Disease Committee， Council on Cardiovascular Disease in the Young，and the Council on Clinical Cardiology， Council on Cardiovascular Surgery and Anesthesia，and the Quality of Care and Outcomes Research Interdisciplinary Working Group. Circulation， 2007; Vol. 116; pp. 1736－54.

注释：上述两篇文献均被 AHA 指南纳入作为抗菌药物预防心内膜炎的指征参考。

心内膜炎，人工瓣膜

John G. Bartlett，MD

细菌学（Wang，etal.JAMA2007;297：1354）

- 早期＜2 个月：凝固酶阴性葡萄球菌（17%）；金黄色葡萄球菌（40%）；链球菌（2%）；肠球菌（8%）；牛链球菌（2%）；真菌（9%）；革兰阴性杆菌（6%）。
- 晚期＞2 个月：凝固酶阴性葡萄球菌（20%）；金黄色葡萄球菌（18%）；链球菌（12%）；肠球菌（13%）；牛链球菌（7%）；真菌（11%）；革兰阴性杆菌（1%）。

临床表现

- 常见症状：发热，不适，胸部/背部疼痛，咳嗽，呼吸困难，关节痛，神经系统体征，体重下降，盗汗。在早期感染中（术后＜2个月），主要表现为充血性心衰或休克。
- 诊断根据 Duke 标准：2 个主要标准或 1 个主要标准 +3 个次要标准或 5 个次要标准如下。
- 主要标准（微生物学）：（1）典型病原体 ×2 血培养阳性；（2）持续菌血症（12

个小时）；（3）3/3 或 3/4 血培养阳性；（4）血培养阳性或贝氏克柯斯体 IgG 抗体滴度 1:800。

- 主要标准（瓣膜）：（1）超声心动图发现瓣膜赘生物；（2）新出现的瓣膜返流。
- 次要标准：（1）心脏高危因素或静脉药瘾者；（2）发热 38℃（100.4°F）；（3）血管现象；（4）免疫现象；（5）血培养阳性但不符合以上标准。
- 血管现象（动脉栓子，化脓性肺梗死，细菌性动脉瘤，颅内出血，结膜出血，Janeway 病变）。免疫现象（肾小球肾炎，Osler 结节，Roth 点，类风湿因子）。
- 典型微生物：草绿色链球菌，牛链球菌，HACEK，金黄色葡萄球菌，肠球菌不伴其他原发灶。

治疗

抗菌药物治疗

- 青霉素敏感的链球菌属（MIC < 0.12 μg/ml）：水制青霉素 G 2400 mU IV q24h 持续输入或分为 q4~6h IV 或头孢曲松 2g IV q24h 或 ± 庆大霉素 3 mg/kg IV q24h。替代方案：万古霉素 15 mg/kg q12h IV×6 周。
- 青霉素耐药链球菌属（MIC > 0.12 μg/ml）：水制青霉素 G 或头孢曲松如上并配伍庆大霉素 3 mg/kg IV 或 IM×6 周。替代方案：万古霉素 15 mg/kg IV q12h×6 周。
- 金黄色葡萄球菌（MSSA）：萘夫西林或苯唑西林 2g IV q4h×6 周 + 利福平 300 mg IV/PO，每天 3 次 ×6 周 + 庆大霉素 1 mg/kg IV q8h×2 周。
- 金黄色葡萄球菌（MRSA）：万古霉素 15 mg/kg IV q12h6 周，配伍利福平 300 mg IV/PO，每天 3 次 + 庆大霉素 1 mg/kg IV q8h×2 周。
- 肠球菌：氨苄西林 2 g IV q4h×4~6 周或水制青霉素 G 1 800~3 000 mU/d×4~6 周配伍庆大霉素 1 mg/(kg·d) q8h×4~6 周。替代方案：万古霉素 15 mg/kg IV q12h×6 周配伍利福平 300 mg IV/PO，每天 3 次，加庆大霉素 1 mg/kg IV q8h.
- 屎肠球菌（或 VRE）：利奈唑胺 600 mg IV/PO，每天 2 次 ×8 周，达托霉素 6~10 mg/(kg·d) IV×8 周（仅限右心）。
- HACEK：头孢曲松 1 g q12h IV/IM，氨苄西林 / 舒巴坦 3 g IV q6h，环丙沙星 750 mg PO，每天 2 次或 400 mg IV。仅在对头孢曲松或氨苄西林不耐受时推荐环丙沙星方案。左氧氟沙星或莫西沙星可作为环丙沙星的替代方案。
- 培养阴性（< 1 年）：万古霉素 15 mg/kg q12h×6 周 + 庆大霉素 1 mg/kg q8h IV/IM×2 周 + 头孢吡肟 2 g IV q8h+ 利福平 300 mg PO/IV q8h×6 周。
- 培养阴性（> 1 年）：怀疑巴尔通体，培养阴性——头孢曲松钠 2 g IV/IM q24h 加庆大霉素 1 mg/kg IV/IM q8h± 多西环素 100 mg IV/PO q12h。如明确为巴尔通体，培养阳性——多西环素 100 mg IV/PO q12h 加庆大霉素 1 mg/kg IV q8h。如不能使用庆大霉素，用利福平 300 mg PO/IV q8h 代替。

手术干预

- 手术适应证：中、重度充血性心衰，人工瓣膜不稳定，瓣周扩大，最佳抗菌药物治疗下菌血症仍持续存在，某些病原体（真菌，铜绿假单胞菌，金黄色葡萄球菌），复发。
- 相对手术适应证：赘生物 > 10 mm，培养阴性的人工瓣心内膜炎且不明原因发热 > 10 天。
- 手术时机取决于术前血流动力学的最佳状态，而不是由血培养的无菌结果或抗菌药物的疗程。为降低新瓣膜感染的风险，有些医生选择生物瓣膜。

- 出现神经系统并发症时，如心脏血流动力学允许，延迟手术可以降低出血风险。

特殊考虑

- 心脏手术后 < 2 个月出现的感染通常为院内获得的，这些情况下的病原微生物与 2 个月后出现的情况不同，后者与自然瓣膜的心内膜炎更加相似。
- 嗜肺军团菌和杜莫非军团菌人工瓣膜炎与术后伤口或胸引管的自来水暴露相关。
- 分枝杆菌人工瓣膜炎与生产过程中生物假体污染有关。
- 抗凝治疗是有争议的，当没有感染的瓣膜（机械瓣）需要抗凝而发生人工瓣膜炎时是可能是有指征的。
- 生物瓣膜通常不需要抗凝，在感染时也没有理由抗凝。
- 考虑到出血性梗死的风险，抗凝必须得到非常仔细的控制。

随访

- 术后抗菌药物使用的疗程由术中的发现决定。如有现症感染的证据，则术后需要一个完整、标准抗菌药物疗程。
- 如术中没有现症感染的征象，术前和术后抗菌药物疗程的总和应该与特定病原微生物推荐治疗的疗程相同。

其他信息

- 对于甲氧西林敏感的金黄色葡萄球菌，万古霉素疗效不如苯唑西林或萘夫西林。
- 在人工瓣膜炎的诊断方面，TEE 具有优越性，且优于 TTE。

推荐依据

Baddour LM,Wilson WR,Bayer AS,et al. Infective endocarditis：diagnosis, antimicrobial therapy,and management of complications：a statement for healthcare professionals from the Committee on Rheumatic Fever,Endocarditis,and Kawasaki Disease,Council on Cardiovascular Disease in the Young,and the Councils on Clinical Cardiology,Stroke,and Cardiovascular Surgery and Anesthesia,American Heart Association：endorsed by the Infectious Diseases Society of America. Circulation,2005; Vol. 111;pp. e394－434.

注释：本节参考了 AHA 推荐。

心内膜炎——静脉吸毒者

John G. Bartlett，MD

病原体

- 金黄色葡萄球菌（MSSA 或 MRSA）：最常见。
- 草绿色链球菌属。
- 肠球菌。
- 革兰阴性杆菌（如铜绿假单胞菌）。
- 念珠菌属（通常为白念珠菌）。

临床表现

- 发热，不适，胸部 / 背部疼痛，咳嗽，呼吸困难，关节痛 / 肌痛，神经系统症状，体重下降，盗汗。
- 任何出现 FUO（不明原因发热）的静脉药瘾者均需怀疑心内膜炎。
- 病原体：金黄色葡萄球菌 —60%，链球菌属 —20%，铜绿假单胞菌 —10%，

念珠菌 —5%，表皮葡萄球菌 —2%。
- 受累瓣膜：三尖瓣 —60%。

诊断

- Duke 临床标准：2 个主要标准或 1 个主要标准 +3 个次要标准或 5 个次要标准
- 主要标准（微生物学）：a）典型病原体 ×2 血培养阳性，无原发灶（如草绿色链球菌，牛型链球菌，HACEK，金黄色葡萄球菌或肠球菌）；b）持续菌血症（12 个小时）；c）3/3 或 3/4 血培养阳性。
- 主要标准（瓣膜）：a）超声心动图发现瓣膜赘生物；b）新出现的瓣膜反流。
- 次要标准：a）心脏高危因素或静脉药瘾者；b）发热 38° C（100.4°F）；c）血管现象（动脉栓子，细菌性动脉瘤，颅内出血，结膜出血，Janeway 病变；d）免疫现象（肾小球肾炎，Osler 结节，Roth 点，类风湿因子阳性）；e）血培养阳性但不符合主要标准以及 f）超声心动图——出现异常但不能诊断。

治疗

抗菌药物：经验性

- 首选方案：万古霉素 15 mg/kg q12h，如病例复杂，争取达到谷浓度 > 15~20 mcg/ml × 4 或 6 周。
- 替代方案（如 MRSA 发病率低）：苯唑西林 / 萘夫西林 2 g IV q4h ± 庆大霉素 1 mg/kg IV q8h。

特定病原体的推荐方案

- 金黄色葡萄球菌（MSSA，首选）：苯唑西林或萘夫西林 2 g IV q4h × 6 周，± 庆大霉素 1 mg/kg IV q8h × 3~5 天。替代方案：头孢唑林 2 g IV q6hIV × 6 周 ± 庆大霉素 1 mg/kg IV q8h × 3~5 天。
- 金黄色葡萄球菌（MSSA，三尖瓣的疗程为两周如：赘生物小于 2 cm，除了肺以外没有栓塞，第 4 天血培养阴性）：萘夫西林 / 苯唑西林 2 g IV q4h × 2 周 + 庆大霉素 1 mg/kg IV q8h × 2 周。
- 金黄色葡萄球菌（MRSA 或青霉素过敏）：万古霉素 15 mg/kg q12h × 6 周；目标谷浓度 > 15~20 mcg/ml。
- 草绿色链球菌（青霉素敏感，MIC ≤ 0.12 μg/ml）：水制青霉素 G 1 200~1 800 mU 持续输注或分为每天 4~6 次 × 4 周，或头孢曲松 2 g IV q24h × 4 周，或水制青霉素或头孢曲松（剂量如上）+ 庆大霉素 1 mg/kg IV q8h × 2 周或如青霉素过敏，万古霉素 15 mg/kg IV q12h × 4 周。替代方案：头孢曲松 2 g IV q24h 加庆大霉素 3 mg/kg IV q24h × 2 周。
- 草绿色链球菌（0.12 μg/ml < 青霉素 MIC ≤ 0.5 μg/ml）：水制青霉素 G 2 400 mU IV 持续输注或分为 4~6 次 / 天 + 庆大霉素 1 mg/kg IV q8h × 4~6 周或万古霉素 15 mg/kg q12h IV × 4 周（青霉素过敏者）。
- 链球菌属（青霉素 MIC > 0.5 μg/ml，也包括软弱贫养菌和颗粒链菌属，孪生菌属）：使用肠球菌方案。
- 肠球菌：氨苄西林 2g IV q4h 或水制青霉素 G 1 800~2 000 mU/d IV 持续输注或分为 4~6 次 × 4~6 周加庆大霉素 *1 mg/kg q8h IV 或 IM × 4~6 周或万古霉素 15 mg/kg q12h IV 加庆大霉素 *1 mg/kg q8hIV 或 IM × 4~6 周。* 替代方案：如庆大霉素耐药，使用链霉素 7.5 mg/kg IV 或 IM。VRE（或屎肠球菌）：利奈唑胺 600 mg IV/PO q12h × 8 周或奎奴普丁 / 达福普丁 22.5 mg/(kg · d)，分 3 次不少于 8 周。

- 铜绿假单胞菌（参考体外药敏数据，首选）：妥布霉素 2.5 mg/kg IV q8h IV（大剂量，目标峰浓度 15~20 mcg/ml）+ 哌拉西林 4 g IV q4h 或头孢他啶 2 g IV q8h×4~6 周。替代方案：氨曲南，环丙沙星或亚胺培南—每种药物给药时需同时配伍妥布霉素，庆大霉素，或阿米卡星，取决于药敏结果。
- 念珠菌(首选)：两性霉素 B 0.8~1 mg/(kg·d) IV+ 氟胞嘧啶 100~150 mg/(kg·d) 每 6 小时 1 次，+ 手术。替代方案：氟康唑 400 mg IV/d+ 手术。
- HACEK：头孢曲松 2g q24h×4 周或氨苄西林 / 舒巴坦 3 g IV q6h×4 周或环丙沙星（仅当对 β－内酰胺类不耐受时使用）500 mg PO，每天 2 次或 400 mg IV q12h×4~6 周。培养阴性：氨苄西林 / 舒巴坦 3 g IV q6h×4~6 周加庆大霉素 1 mg/kg q8h IV/IM 或万古霉素 15 mg/kg IV q12h 加庆大霉素 1 mg/kg IV q8h 加环丙沙星 750 mg PO，每天 2 次或 400 mg IV q12h×4~6 周。

手术

- 适应证：严重心衰，未控制的感染，抗菌药物治疗下持续菌血症，真菌性心内膜炎，不稳定的人工瓣膜，瓣周扩张。
- 三尖瓣：应考虑瓣膜切除术或赘生物切除 + 瓣膜成形术。主动脉瓣或二尖瓣：通常需要置换。
- 争议：一些心外科医生不建议为吸毒者发生的 IE 实施手术，除非其保证戒毒。

其他信息

- 常见临床表现：发热，胸部 X 片出现化脓性栓塞，血培养发现金黄色葡萄球菌，超声心动图——三尖瓣赘生物。
- 手术：不戒毒的话，人工瓣膜的预后很差。对于三尖瓣的心内膜炎——瓣膜切除是一种选择。
- 同时患有 HIV 感染的患者当 CD_4 降到 200 以下时，死亡率增加。

推荐依据

Baddour LM,Wilson WR,Bayer AS,et al. Infective endocarditis：diagnosis,antimicrobial therapy,and management of complications：a statement for healthcare professionals from the Committee on Rheumatic Fever,Endocarditis,and Kawasaki Disease,Council on Cardiovascular Disease in the Young，and the Councils on Clinical Cardiology,Stroke,and Cardiovascular Surgery and Anesthesia,American Heart Association：endorsed by the Infectious Diseases Society of America. Circulation,2005; Vol. 111; pp. e394－434 .

注释：本节参考了 AHA 最新指南。

Chambers HF,Korzeniowski OM,and Sande MA. Staphylococcus aureus endocarditis：clinical manifestations in addicts and nonaddicts. Medicine（Baltimore）,1983; Vol. 62; pp.170－7 .

注释：主要不同：1）药瘾者预后差;2）三尖瓣受累最多见；3）肺部合并症最多；提示三尖瓣受累的线索包括胸膜炎 30%、肺部渗出（类似细菌性栓塞）80%、三尖瓣失功体征（奔马律、大 V 波、膨胀性肝脏搏动等）30%。

心肌炎

Michael Melia，MD and Paul G. Auwaerter，MD

病原体

- 病毒：柯萨奇 A 或 B，埃可病毒，HIV，腺病毒，HHV-6，脊髓灰质炎病毒，腮腺炎病毒，麻疹病毒，流感病毒 A 或 B，副流感病毒，狂犬病毒，风疹病毒，登革病毒，淋巴细胞性脉络丛脑膜炎病毒，带状疱疹病毒，CMV，EBV，牛痘病毒，乙肝或丙肝病毒，RSV，细小病毒 B19，黄热病毒，基孔肯亚病毒。
- 细菌 / 立克次体：白喉杆菌，产气荚膜杆菌，肺炎支原体，化脓链球菌（毒素介导，急性风湿热），脑膜炎奈瑟菌，沙门氏菌，布氏杆菌，金黄色葡萄球菌，李斯特菌，军团菌，支原体，衣原体，立克次体，埃希菌，霍乱弧菌，伯氏疏螺旋体菌。
- 真菌：曲霉属，念珠菌属，隐球菌属，组织胞浆菌属，球孢子菌属。
- 寄生虫：克氏锥虫，冈比亚锥虫，罗德西亚锥虫，旋毛虫，刚地弓形虫，血吸虫属，内脏性幼虫转移病。
- 其他：特发性的，胶原性血管疾病，甲亢，TTP，围产期，放射诱发，可卡因，药物诱发，重金属，嗜铬细胞瘤，巨细胞心肌炎，肉瘤，川崎病，炎性肠病，疫苗（尤其是天花）。

临床表现

- 临床症状可有多种表现。无症状，发热，不适，肌痛，关节痛，呼吸困难 / 端坐呼吸 / 夜间阵发性呼吸困难，水肿，心悸，心前区不适，上呼吸道和（或）胃肠道症状。
- 临床体征：CK-MB 和肌钙蛋白 T 水平的持续升高，发热，心脏扩大，二尖瓣 / 三尖瓣杂音，ECG 异常（ST-T 波形的改变，心脏传导阻滞，心律失常），休克，心衰，与年轻人 8%~12% 的心源性猝死相关。
- 影像学：胸片出现心脏扩大；超声心动图上运动与功能随着时间的改变；MRI 上出现左室功能障碍 / 水肿的证据；铟 111~ 标记的抗肌球蛋白抗体扫描异常。

诊断

- 肌酸激酶预测价值较低，肌钙蛋白的敏感性低，但特异性较好（约 90%）并有阳性预测价值（也约为 90%）。超声心动图的发现有所帮助，但可与其他心肌病变重叠。
- 可能的话，心脏 MRI 可以区分心肌炎和其他心肌病变，如由缺血或压力引起的。MRI 也有助于对活检位置进行定位并纵向评价疾病的活动程度。
- 心内膜下心肌活检：仍为“金标准”，尽管仅有 10%~20% 能够明确特定病因。早期活检更为敏感，而系列活检能够有助于诊断。推荐用于新发的心衰和血流动力学受累或传导阻滞或室性心律失常，伴有或不伴有左心扩张。
- Dallas 标准包括心肌细胞坏死以及淋巴细胞浸润。其在诊断和预后方面的适用性都在被质疑。
- 微生物分离：病毒分离比较困难，病毒血清学抗体滴度有助于诊断，一些分子技术也可以协助诊断。
- 在疫区，莱姆病的血清学结果有助于诊断。

治疗

病毒性心肌炎

- 支持治疗：卧床休息，控制入量，控制心律失常，控制心衰（如需要先稳定再控制心衰）。

- 皮质激素：在病毒性（急性淋巴细胞性）心肌炎的治疗价值有很大争议，主要因为缺少控制良好的实验结果支持，且病毒性心肌炎通常会自愈。有些人建议，如进行性的左心功能障碍仍存在，可在病情的较晚阶段使用。由系统性自身免疫疾病引起的心肌炎可从免疫抑制治疗中获益。
- 巨细胞病毒性心肌炎：对严重的 CMV 心肌炎可使用更昔洛韦。
- 心脏移植：对于一些严重的病例可能有必要，然而大多数病例可以自愈，且没有远期并发症。
- 实验性治疗包括高免疫球蛋白以及干扰素治疗，目前尚无明确的治疗效果。
- HIV 相关的心肌炎：HAART 和 ACE 抑制剂。激素的使用存在争议。需考虑肿瘤性的或继发感染导致的（刚地弓形虫，结核分枝杆菌，新型隐球菌，CMV）。

莱姆心肌炎

- 一度房室传导阻滞（最常见，PR 间期 > 0.3 秒）：多西环素 100 mg PO，每天 2 次，或阿莫西林 500 mg PO，每天 3 次，或头孢呋辛 500 mg PO，每天 2 次。
- 高度房室传导阻滞：头孢曲松 2g IV q24h × 14~28 天或青霉素 G 2 000 mU IV（每 6 小时给药 1 次）× 28 天 + 心电监护。一旦二度或三度心脏传导阻滞缓解即可转为口服方案至疗程结束。
- 完全的心脏传导阻滞是可逆的，因此通常不建议植入永久起搏器。
- 抗菌药物治疗 24 小时后，如完全的心脏传导阻滞或心衰没有改善，有些人建议激素治疗。
- 急性心肌炎是莱姆病的一个罕见并发症。慢性并发症或死亡更为罕见。慢性扩张性心肌病变与莱姆病之间没有明确的联系。

其他信息

- 大多数病毒性心肌炎患者可以完全恢复。然而，NYHA 功能 III 级或 IV 级心衰以及心内膜心肌活检的免疫组化阳性与预后不良相关。在同一篇综述中，β – 阻滞剂的使用与心源性死亡或心脏移植无关。
- 皮质激素的使用非常有争议，尤其是在心肌炎的急性期（可能出现临床上的迅速恶化）。需要随机对照实验的结果来明确。
- NSAIDs 药物没有效果，或许是有害的。
- 疫苗相关的心肌炎：天花疫苗接种后的发病率约为 1:15000。在某些病例中，激素或疫苗免疫球蛋白（CDC，770-488-7100）可能有效。

推荐依据

Wormser GP, Dattwyler RJ, Shapiro ED,et al. The clinical assessment,treatment,and prevention of lyme disease,human granulocytic anaplasmosis,and babesiosis：clinical practice guidelines by the Infectious Diseases Society of America. Clin Infect Dis,2006; Vol. 43; pp. 1089 - 134 .

注释：IDSA 已经出版莱姆病治疗指南。

MagnaniJW，DecGW.Myocarditis：currenttrendsindiagnosisandtreatment. Circulation，2006;Vol.113;pp.876 - 90.

注释：参阅形成本节推荐的文献内容。

Hunt SA,Abraham WT,Chin MH,et al. ACC/AHA 2005 Guideline Update for the Diagnosis and Management of Chronic Heart Failure in the Adult：a report of the American College of Cardiology/American Heart Association Task Force on Practice

Guidelines (Writing Committee to Update the 2001 Guidelines for the Evaluation and Management of Heart Failure) ; developed in collaboration with the American College of Chest Physicians and the International Society for Heart and Lung Transplantation: endorsed by the Heart Rhythm Society. Circulation,2005; Vol. 112; pp. e154 - 235.
注释：现行心衰症状处理指南。

心包炎

Paul G. Auwaerter，MD

病原体

- 细菌：金黄色葡萄球菌。
- 肺炎链球菌。
- 脑膜炎奈瑟菌。
- 流感嗜血杆菌。
- 沙门氏菌属。
- 铜绿假单胞菌。
- 厌氧菌。
- 病毒：肠道病毒（柯萨奇，埃可病毒）。
- HIV（AIDS 相关的心包炎）。
- 流感病毒。
- 腮腺炎病毒。
- 水痘带状疱疹病毒。
- EB 病毒。
- 真菌：粗球孢子菌。
- 荚膜组织胞浆菌。
- 念珠菌属（免疫低下患者）。
- 曲霉菌属（免疫低下患者）。
- 新型隐球菌（免疫低下患者）。

临床表现

- 急性心包炎：急性、突发高热，寒战，呼吸困难，胸痛 / 胸膜炎，关节痛，肌痛。亚急性，慢性表现可能更加隐匿。
- 体征：心动过速，心包摩擦音，心音遥远，颈静脉怒张，奇脉。

诊断

- 心电图：窦性心动过速，弥漫 ST/T 波改变（抬高），或心包填塞引起的电交替。
- 影像学：心影增大，± 胸腔积液或纵隔增宽。
- 超声心动：心包积液或心包填塞（缩窄性心包炎可能会显示接近正常）；CT 示心包积液或增厚。
- 要点：心包积液病原体的革兰染色以及培养（获得培养及涂片，真菌以及抗酸染色检查）。中性粒细胞升高或脓液 = 化脓性心包炎。
- 鉴别诊断包括非感染性的考虑：心梗后 /Dressler’s 综合征，尿毒症，肿瘤，放射，夹层动脉瘤，结节病，胶原性血管病，药物引起。

治疗

抗菌药物治疗：化脓性心包炎

- 经验性治疗：万古霉素 15 mg/kg IV q12h+ 头孢曲松 2 g IV q24×14~42 天。穿刺 / 引流对于明确化脓性心包炎以及抗菌药物的干预治疗非常重要。
- 肺炎链球菌（青霉素敏感株）：青霉素 GIV，头孢噻肟，或氟喹诺酮 ×14~42 天。
- 肺炎链球菌（青霉素耐药株）：氟喹诺酮类，万古霉素 ×14~42 天。
- 金黄色葡萄球菌（MSSA）：萘夫西林，苯唑西林，头孢唑林，万古霉素（青霉素过敏），庆大霉素 ×14~42 天。
- 金黄色葡萄球菌（MRSA）：万古霉素，利奈唑胺 ×14~42 天。
- 脑膜炎奈瑟菌：青霉素 G，头孢曲松，头孢噻肟 ×14~42 天。应进一步检查以补充不足。密切接触的预防：利福平 600 mg PO q12h 3 天或环丙沙星 500 mg PO×1 或头孢曲松 250 mg IM×1。
- 革兰阴性杆菌：氟喹诺酮类，头孢吡肟 ×14~42 天。
- 厌氧菌：克林霉素，甲硝唑，β－内酰胺 / β 内酰胺酶抑制剂 ×14~42 天。
- 支原体肺炎：多西环素，大环内脂类 ×14~42 天。
- 嗜肺军团菌：氟喹诺酮类，阿奇霉素 ×14~42 天。

手术干预

- 对于中、重度心包填塞或化脓性心包炎，手术引流非常重要。
- 心包切开术加活检比心包穿刺有更高诊断检出率（尤其对 TB，真菌）。心包引流有助于预防再积脓。
- 心包开窗：如出现厚的脓性引流液或再积脓
- 严重的缩窄性心包炎需进行心包切除术。

特殊考虑，包括病毒性心包炎

- 心包内注射抗菌药物没有必要，因静脉给予抗菌药物在心包内可以达到很高的浓度。
- 肠病毒性（病毒）心包炎：治疗包括支持治疗和 NSAIDs 药物。避免在疾病的早期使用激素。激素在病程晚期是否能预防复发并不明确。这通常是临床无法证实的诊断。急性 / 恢复期的血清学结果可以支持诊断；粪便肠病毒培养或 PCR 为间接证据，但只有心包液体 / 组织能明确诊断。
- AIDS 心包炎：通常无症状。如无症状，有创检查进行诊断是有问题的。有症状的病例需要积极进行诊断以除外感染和肿瘤。
- 疫苗相关的心肌心包炎：天花疫苗接种后的发生率为 1:15 000。在某些病例中，激素或疫苗的免疫球蛋白（CDC，770-488-7100）可能有效。
- 结核分枝杆菌：心包内使用抗菌药物并无必要，因静脉或口服抗菌药物（利福平，吡嗪酰胺，异烟肼，乙胺丁醇）可以在心包内达到高浓度。长期激素治疗（长至 12 周）可能减轻炎性反应并预防缩窄性心包炎。

其他信息

- 通常没有心包炎的典型症状和体征。出现发热和 ECG 改变的患者需要高度怀疑。
- 高危因素：既往心包积液，肾衰，胸腔手术，糖尿病，骨髓增生性疾病，局部 / 远隔部位感染（心内膜炎 / 肺炎），PPD 阳性。
- 出现心肌炎症状的患者应避免使用 NSAIDs 药物和激素。
- 反复出现特发性或病毒性心包炎的患者，使用秋水仙碱 1 mg/d，有助于减少复发。

推荐依据

Lange RA,Hillis LD. Clinical practice. Acute pericarditis. N Engl J Med,2004; Vol.351; pp. 2195－202.

Comments：Practical overview of the syndrome and its management.

Maisch B,Seferovic PM,Ristic AD,et al. Guidelines on the diagnosis and management of pericardial diseases executive summary; The Task force on the diagnosis and management of pericardial diseases of the European society of cardiology. Eur Heart J,2004; Vol. 25; pp.587－610.

注释：本节参考了感染性心包炎诊断、治疗的全部文献。

皮肤感染

寻常痤疮

Christopher J. Hoffmann MD，MPH

病原体

- 丙酸菌属。
- 发病机制：（1）异常的毛囊角质化和堵塞；（2）油 / 皮脂产生过多；（3）细菌二重感染（痤疮丙酸杆菌）；（4）炎性介质释放。

临床表现

- 病程：多发毛囊损伤的隐匿性进展，伴有周期性的临床改善和加重。发病高峰：17 岁，可以早至 8 岁开始，并晚至 30 或 40 岁。
- 自然病程：大多数病例在几年内自然并完全恢复（> 60%），但个别病例在整个成年期间存在慢性的痤疮。
- 体检：白头和黑头的粉刺，炎性丘疹，脓疱，结节和囊肿的任意组合，累及脸部，颈部，上胸部，后背以及（或）近端肢体。
- 其他相关的表现：皮肤过于油腻，炎性后高 / 色素缺失沉着，萎缩性 / 肥厚性瘢痕，表皮脱落；女性出现多毛和（或）脱发。
- 实验室检查：对寻常痤疮没有诊断性检查。
- 鉴别诊断：毛囊炎，栗疹（热 / 湿疹），痤疮性药疹，玫瑰痤疮，口周皮炎，毛囊性粘蛋白病（毛囊皮脂腺的成组丘疹 / 斑块，伴有相关的脱发），丘疹性荨麻疹，毛囊湿疹。

更多临床信息

- 病史中能够获得的额外信息。
- 疾病的病程及最严重时间点。
- 目前和既往的痤疮治疗。
- 使用的化妆品和润肤霜种类及频率。
- 接触过敏原如油脂的环境。
- 其他皮肤病的个人病史。
- 痤疮家族史。
- 季节性波动。
- 因情绪压力而加重。
- 对于女性：与月经的关系，终末增加，头皮的增厚，体重的过度增加，口服避孕药物的使用。
- 通常情况下会同时出现超过一种类型的损伤，但是通常会出现粉刺。
- 只有因临床表现不正常而怀疑非典型病原体时才需要进行细菌培养。
- 只有存在提示高雄激素状态的临床表现时才推荐激素治疗。
- 只有个别罕见情况下才推荐进行皮肤活检，如仅靠临床检查难以与其他疾病区分时。

诊断

- 临床上根据特征性部位（如面部，胸部，肩部或背部）出现粉刺，丘疹，脓疱，结节或囊肿来诊断。

治疗

总体评论

- 确定皮肤损伤的严重程度，主导类型以及对既往治疗的反应，从而选择最合适的治疗类型。
- 考虑到疾病的慢性化可能，需要对急性疾病进行治疗 + 慢性维持治疗。

根据严重程度的治疗方案

- 轻度（粉刺）：局部使用类维生素 A（可以使用壬二酸或水杨酸）。
- 中度（混合的丘疹/脓疱）：局部使用类维生素 A+ 局部抗菌药物 ± 过氧化苯甲酰。
- 中到重度（结节性）：局部使用类维生素 A+ 局部抗菌药物 + 过氧化苯甲酰。
- 重度（结节/球状）：口服异维甲酸（或大剂量的口服抗菌药物 + 局部使用类维生素 A+ 过氧化苯甲酰）。
- 维持：局部使用类维生素 A± 过氧化苯甲酰。
- 再评估：治疗过程中每 4~6 周评估 1 次。

局部治疗

- 2.5%~10% 过氧化苯甲酰洗液，液体肥皂，乳剂或凝胶每天 1 次或每天 2 次。
- 2% 红霉素洗液，溶液，乳剂或凝胶睡前用。
- 5% 过氧化苯甲酰 /3% 红霉素凝胶睡前用；5% 过氧化苯甲酰 /1% 克林霉素凝胶睡前用。
- 克林霉素溶剂，洗液或凝胶睡前用。
- 10% 磺胺醋酰钠洗液每天 1 次或每天 2 次。
- 0.025%~0.1% 维甲酸乳剂，凝胶，溶液睡前用。
- 0.25% 维甲酸 /1.2% 克林霉素凝胶睡前用。
- 20% 壬二酸乳剂每天 1 次或每天 2 次。
- 0.1% 阿达帕林凝胶睡前用。
- 0.05%~0.1% 他扎罗汀乳剂或凝胶睡前用。
- 3%~5% 水杨酸或 12% 乳酸混合洗液或底粉每天 1 次或每天 2 次。

全身用药

- 四环素 250~500 mg PO，每天 1 次或 2 次。
- 多西环素 50~100 mg PO，每天 1 次或 2 次。
- 米诺环素 50~100 mg PO，每天 1 次或 2 次。
- 红霉素 250~500 mg PO，每天 4 次或 333 mg PO，每天 3 次 ×1 个月。
- TMP/SMX（双剂型 960 mg/ 片）1 片 PO，每天 1 次或 2 次。
- 阿奇霉素 q15d 或每月 1 次。
- 氨苯砜 50~100 mg PO，每天 1 次。
- 异维甲酸 0.5~1 mg/(kg・d)×20 周。服用异维甲酸的女性患者必须避免怀孕。医生和患者需要每月随访。与男性性关系活跃的女性，使用这种药物时及治疗三个月后需要采取两种避孕方式。同时每月需要强制进行怀孕的血清学检查。对男性和女性都需要规律检测肝功能，血清胆固醇及甘油三酯水平。
- 激素治疗：口服避孕药，雌激素或抗雄激素药物（螺内酯，氟他胺）。

- 强的松 20~40 mg PO 每天 1 次 ×1~2 周（对暴发性痤疮，面部脓皮病的患者或者早期与异维甲酸合用）。

特殊情况

- 对于在月经期间痤疮加重的女性，联合使用口服避孕药对控制痤疮可有效。
- 对高雄激素体征的女性（下颌 / 颈部痤疮，多毛症），螺内酯也有效。注：螺内酯是一种致畸剂，会引起男性胎儿女性化。

外科治疗

- 囊肿和窦道的。
- 结节和囊肿内注射曲安西龙 2.5~5 mg/ml。
- 对于萎缩的，“冰凿”样瘢痕采取钻取切除，钻取抬高以及钻取移植术。
- 在萎缩的，板结瘢痕中注射胶原。
- CO_2 激光表面整修。
- 磨皮术。
- 对中到重度的炎性痤疮采用以氨基酮戊酸为基础的光动力疗法。
- 50%TCA 应用于冰凿型和板结瘢痕。

光疗

- 治疗包括：可见光，特定窄谱光，强脉冲光，脉冲染料激光以及光动力治疗。
- 研究有限并且缺乏对照研究，光疗对于中到重度的痤疮是合理的二线 / 三线选择。在完成光疗后（同时进行局部或系统治疗），使用局部使用类维生素 A⊥ 过氧化苯甲酰进行局部维持治疗。

其他信息

- 痤疮丙酸杆菌会分泌多种细胞外物质如透明质酸，蛋白酶，酯酶和趋化因子，在痤疮的炎性反应中可能起到了重要的作用。
- 妊娠：使用以下药物存在安全问题：红霉素（口服或局部），过氧化苯甲酰（局部），壬二酸（局部），克林霉素（局部）。
- 过氧化苯甲酰具有抗微生物的特性，在联合使用时可以减少对其他抗菌药物耐药的出现。

推荐依据

Webster GF. Acne vulgaris. BMJ，2002; Vol. 325; pp. 475 - 9.
注释：该文通过大量文献复习，综述了一些重要观点。

龟头炎

Spyridon Marinopoulos，MD

病原体

- 白念珠菌。
- 阴道毛滴虫。
- 沙眼衣原体。
- 淋病奈瑟氏菌。
- 梅毒螺旋体（梅毒）。
- 单纯疱疹病毒。

- 人乳头瘤病毒（HPV）。
- 链球菌属。
- 金黄色葡萄球菌。

临床表现

- 龟头发炎 ± 包皮。病史：龟头软化，分泌物，包皮回缩困难 ± 阳痿 / 排尿困难。体征：阴茎红疹 / 水肿 / 溃疡 / 斑块 ± 分泌物 ± 包茎。
- 各种类型：（1）念珠菌：用 KOH 清洗局部准备 / 培养；（2）需氧菌：进行链球菌 / 葡萄球菌 / 加德纳菌属的培养（除外梅毒 / 阴道毛滴虫 /HSV）；（3）厌氧菌：恶臭分泌物，水肿 + 淋巴结肿大，革兰染色、培养可发现混合菌群；（4）HPV：典型的病理。（5）环状的：莱特综合征表现。活检——海绵状脓疱，衣原体检测可能为阳性；（6）刺激性 / 过敏性：继发于安全套，膜片，润滑剂 / 杀精子剂等。常有特应性病史。斑片实验。活检无特异性；（7）固定型药疹：用药史（四环素，磺胺，青霉素，水杨酸盐类，非那西汀，酚酞，某些安眠药）+ 口腔 / 眼部黏膜损伤。激发实验以明确诊断；（8）硬化性苔藓（干燥性闭塞性龟头炎）：活检诊断。有 1% 的癌变风险。需要每年随诊；（9）红斑增生病：活检显示原位鳞状细胞癌；（10）Zoon's（浆细胞）："辣椒粉点。"可能与（9）类似，靠活检诊断。
- 鉴别诊断：黏膜白斑病，扁平苔藓，银屑病，脂溢性皮炎，天疱疮，人为性皮炎，Bowen's 病，鲍温样丘疹病。如治疗效果不佳，考虑活检以除外阴茎癌。

诊断

- 成年男性：经验性治疗念珠菌性龟头炎对大多数病例可能有效，然后再评估。如没有反应 / 症状持续，使用培养结果进行诊断，随后开始适当抗菌药物治疗。
- 考虑皮肤科会诊，如治疗无效，考虑活检以除外阴茎癌。

治疗

局部

- 所有的病例：每天回缩包皮并用温水 / 盐水、肥皂清洗以清洁阴茎和包皮。如包皮过长，需泌尿外科手术解除。存在炎症时避免使用肥皂。
- 念珠菌性龟头炎：1% 克霉唑或 2% 咪康唑乳剂局部外用，每天 2 次直到病情缓解（推荐方案）。如炎症明显，加用 1% 的氢化可的松每天 2 次。如对唑类过敏 / 耐药，使用制霉菌素乳剂 100 000 U 每天 2 次。
- 需氧菌性龟头炎：2% 莫匹罗星药膏外用每天 3 次，覆盖链球菌 / 葡萄球菌。
- 厌氧菌性龟头炎：2% 克林霉素乳剂每天 2 次直到缓解（替代方案，口服甲硝唑）。
- HPV 龟头炎：5% 5 FU 乳剂 1~2 次 / 周或 0.15% 鬼臼毒素凝胶 / 溶液每天 2 次。一个月内再评估。
- 硬化性苔藓（干燥性闭塞性龟头炎）：0.05% 氯倍他索或 0.05% 倍他米松，每天 1 次直到缓解（推荐方案）。可能需要持续数周直至缓解。
- Zoon's（浆细胞）性龟头炎：局部激素（如 0.05% 氯倍他索），每天 1 次到 2 次。难治性病例：局部 0.01% 他克莫司每天 2 次或 1% 吡美莫司每天 2 次。
- 增殖性红斑：5% 5 FU 乳剂（替代手术）。注：需要每年随访（因为原位鳞状细胞癌）。
- 环形龟头炎：1% 氢化可的松每天 2 次以缓解症状 + 治疗潜在感染（如衣原体）。如无效，使用更有效的局部激素（如 0.05% 氯倍他索）。

诊断

- 固定型药疹或刺激性/过敏性龟头炎：1% 氢化可的松每天 2 次直至缓解 + 避免接触。

全身用药

- 念珠菌性龟头炎：氟康唑 150 mg PO×1 剂，非常有效（严重/持续或糖尿病患者使用，但有人倾向于作为首选方案）。
- 需氧菌龟头炎：由培养结果指导并根据微生物结果治疗：链球菌，葡萄球菌，HSV，阴道毛滴虫，梅毒，淋病。
- 链球菌/葡萄球菌：头孢氨苄 500 mg PO，每天 4 次或红霉素 500 mg PO，每天 2 次 ×7 天或阿奇霉素 500 mg，然后 250 mg×5 天，或庆大霉素 300~450 mg PO，每天 3 次 ×7 天。
- 厌氧菌龟头炎：甲硝唑 500 mg PO，每天 2 次 ×7 天（推荐方案）。替代方案：阿莫西林/克拉维酸 500 mg PO，每天 3 次 ×7 天。
- HSV 初期：阿昔洛韦 400 mg PO，每天 3 次或伐昔洛韦 1g PO，每天 2 次 ×10 天。HSV 复发：阿昔洛韦 400 mg PO，每天 3 次或泛昔洛韦 125 mg PO，每天 3 次 ×5 天或伐昔洛韦 500 mg PO，每天 2 次 ×3 天。
- 阴道毛滴虫：甲硝唑 2g ×1 或 500 mg PO，每天 2 次 ×7 天。
- 梅毒（一期）：苄星青霉素 G 240 mU IM×1（首选）。替代：参见 340 页梅毒部分。
- 淋病：头孢曲松 125 mg IM×1 或头孢克肟 400 mg 或环丙沙星 500 mg 或氧氟沙星 400 mg 或左氧氟沙星 250 mg 所有都是 PO×1 单剂 + 治疗沙眼衣原体。
- 环状龟头炎（衣原体）：多西环素 100 mg PO，每天 2 次 ×7 天或阿奇霉素 1 g PO×1+ 治疗淋病。
- 固定型药疹（仅用于严重病例）：口服皮质类固醇激素，如强的松或甲基强的松龙。

手术

- 硬化性苔藓（除了局部治疗以外）：如包皮过长，环切。如尿道口狭窄，考虑尿道口成形术，尿道再造术或激光气化疗法。
- Zoon's（浆细胞）龟头炎：环切可以使病变缓解。CO_2 激光被用来治疗个别病例。
- 增殖性红斑：局部切除足够且有效（推荐方案）。注：需要每年随访（癌前病变）。替代方案：激光切除或冷冻疗法。

其他信息

- 病因/相关因素：感染，糖尿病，卫生不良（未环切），化学刺激（肥皂，凡士林），全身水肿，药物，病态肥胖，阴茎癌。
- 由 STD 引起的任何类型的龟头炎均需对性伴侣进行筛查，包括念珠菌。
- 在男同性恋及亚洲，环太平洋，夏威夷和加利福利亚已经有高发的喹诺酮耐药的淋球菌、衣原体的报导。使用头孢曲松或头孢克肟。

推荐依据

Buechner SA. Common skin disorders of the penis. BJU Int, 2002; Vol. 90; pp. 498 - 506.
注释：注释：上文是一篇阐述大部分常见的男性生殖系统皮肤病变的临床特征、诊断及治疗的综述。

British Association of Sexual Health and HIV 2002 national guideline on the management of balanitis. British Association of Sexual Health and HIV—Medical Specialty Society,1999 Aug（revised 2002）; Various pagings.
注释：以上文献对不同类型龟头炎的处理进行了全面的综述。

蜂窝组织炎 / 丹毒

John G. Bartlett，MD

病原体

- 链球菌属，通常为 A 族链球菌（大多数情况为化脓链球菌）。
- 其他：B，C，G 族链球菌（尤其是 G 族）。
- 金黄色葡萄球菌——目前 MRSA 在院内和院外都占主导。
- 狗 / 猫咬伤：多杀性巴斯德菌，狗咬二氧化碳嗜纤维菌。
- 海水暴露：海洋弧菌。
- 淡水或淡咸水暴露：嗜水气单胞菌，类志贺邻单胞菌。
- 中性粒细胞减少：铜绿假单胞菌，其他革兰阴性杆菌。
- 人类咬伤：啮蚀艾肯菌，厌氧菌，金黄色葡萄球菌。
- 偶因(见个别病原体部分)：其他弧菌属(盐水暴露)，其他气单胞菌属(淡水暴露)，肺炎链球菌，流感嗜血杆菌，军团菌属，同性恋螺杆菌（免疫低下），红斑丹毒丝菌（肉类 / 鱼类暴露），表皮葡萄球菌（免疫低下患者），B 族链球菌（婴儿），真菌。

临床表现

- 定义：皮肤感染的播散。（1）丹毒——浅表，界限清楚，通常为 A 族链球菌；（2）蜂窝组织炎——较深（皮下）——通常也为 A 族链球菌，但最近报道中主要为 G 族链球菌。
- 诱发因素：外伤，淋巴淤滞（既往接受过射线，乳腺切除术，采集大隐静脉），静脉吸毒，溃疡，伤口，皮肤寄生虫感染。
- 检查：皮肤红，热，水肿 ± 发热以及腺病。
- 鉴别诊断：过敏，痛风，带状疱疹，红皮病，昆虫咬伤，脂膜炎，莱姆病（迁徙性红斑），Sweet's 综合征，脓皮病，固定型药物反应，血栓性静脉炎，坏死性筋膜炎。
- 实验室：血培养阳性率 < 5%；细针穿刺——通常为阴性；钻孔活检的阳性率为 20%~30%。没有培养结果时假设大多数病例都是由链球菌或葡萄球菌引起的。
- 有血培养的指征，但通常为阴性。特别留取培养如：免疫抑制患者出现显著的全身体征和症状，对足量的抗菌药物治疗无反应时可能为不典型病原体感染。

诊断

- 通常根据表现和症状做出临床表现。
- 在大多数病例中影像学有助于诊断：超声（与 DVT 鉴别），CT（如怀疑坏死性筋膜炎）。

治疗

- 门诊患者（口服抗菌药物）。
- 链球菌（仅考虑为丹毒时）：青霉素 Vk 500 mg PO，每天 4 次 ×10 天，阿莫西林 500 mg PO，每天 3 次 ×10 天或苄星青霉素 G 120 mU IM×1，头孢氨苄 500 mg PO，每天 4 次 ×10 天。
- 青霉素过敏：阿奇霉素 500 mg PO，×1 天，然后 250 mg PO，每天 1 次 ×4 天，克拉霉素 250 mg PO，每天 2 次 ×7~10 天，克林霉素 300 mg PO，每天 3 次 ×7~10 天。

- 链球菌和金黄色葡萄球菌（绝大多数蜂窝组织炎性食管炎，必须假定为MRSA）：克林霉素 300 mg PO，每天 3 次 ×7~10 天。

住院患者

- 链球菌和金黄色葡萄球菌（假设为 MRSA）：克林霉素（如 D 检验检测为阴性）600 mg IV q8h，万古霉素 15 mg/kg IV q12h，利奈唑胺 600 mg IV q12h 或达托霉素 4 mg/kg IV q24h。
- 仅为链球菌（如丹毒）：青霉素 G 200~400 mU IV q4~6h，头孢唑林 0.5~1.5 g IV q8h，头孢噻肟 1~2 g IV q8h，头孢曲松 1~2 g IV q24h，克林霉素 600 mg q8h IV 或 300 mg PO，每天 4 次，或青霉素 + 庆大霉素。
- 青霉素过敏：克林霉素或万古霉素（剂量同上）。

辅助治疗

- 丹毒：考虑强的松 30 mg，8 天后减量。
- 抬高受累部位。
- 治疗相关的因素：脚癣，静脉淤滞，淋巴水肿，湿疹，外伤部位。
- 皮肤寄生虫感染：局部使用特比萘芬或克霉唑。

预防

- 预防水肿（利尿，肢体抬高，弹力袜，减少充血）。
- 保持皮肤湿润（润肤剂）。
- 治疗皮肤寄生虫感染。
- 预防蜂窝组织炎反复发生，尤其是伴有淋巴水肿时：青霉素 V 500 mg PO，每天 2 次，阿莫西林 250~500 mg PO，每天 2 次，克林霉素 150~300 mg PO，每天 1 次，红霉素 250 mg PO，1~2 次 / 天。

随访

- 通常症状会在使用抗菌药物的头几天或更长的时间里消失，也许更早。
- 即使使用了抗菌药物，蜂窝组织炎也可能在开始的 24~48 小时内加重。这可能是由毒素以和（或）者细菌分解造成的炎性反应引起的，虽然抗菌药物已经达到了杀菌效果。
- 严重的蜂窝组织炎常反复发作；“蜂窝组织炎引起蜂窝组织炎”。

其他信息

- （1）金黄色葡萄球菌包括 MRSA 已经成为软组织脓肿的首要病因——易于培养；（2）化脓链球菌：蜂窝组织炎的主要病因，非常难以培养并且（3）A 族链球菌常常对青霉素敏感，可以选择。
- 大多数常见类型的蜂窝组织炎——腿部（胫骨区域）伴有皮肤伤口常常是由于擦伤引起的。
- 常见的病原体：A 族链球菌，尤其是腿部，肛周或臀部；蜂窝组织炎会使水肿或淋巴水肿恶化。
- 治疗：常需要覆盖对青霉素敏感的链球菌。

推荐依据

Stevens DL,Bisno AL,Chambers HF,et al. Practice guidelines for the diagnosis and management of skin and soft-tissue infections. Clin Infect Dis,2005; Vol. 41; pp.1373 - 406.

注释：上述文献里包括了建议的关键部分。

毛囊炎

John G. Bartlett，MD

病原体

常见病原体

- 金黄色葡萄球菌，尤其是社区获得的 MRSA（USA300 株）。
- 铜绿假单胞菌，与浴缸，按摩缸，加热游泳池暴露有关。
- 糠疹癣菌属，HIV 相关。
- 较少见病原体。
- 大肠杆菌群，如克雷伯菌，变形杆菌属等。
- 毛囊蠕形螨，大多数 HIV 相关。
- 注：大多数 HIV 相关的毛囊炎都没有明确的致病微生物。

临床表现

- 检查：以毛囊为中心的红斑丘疹和（或）脓疱。主要位于背部，臀部，胸部，颈部和大腿。
- 浅表毛囊炎：主要为表浅易破的脓疱（炎性损伤较少）。
- 深部毛囊炎：主要炎性丘疹和（或）结节。
- 金黄色葡萄球菌为常见病因。通常为局部并且症状较轻。在免疫抑制状态下可以为全身性的并有明显的瘙痒。
- 革兰阴性毛囊炎：在患有痤疮的患者进行慢性全身抗菌药物治疗时突然起病，伴有非常严重的炎性病变，累及脸部的“T 形区域”。
- 假单胞菌性毛囊炎：在含氯不充分的按摩缸，浴缸和加热游泳池中游泳后 6 小时 ~3 天起病。
- 药物诱发的毛囊炎：头部，上躯干及近端上肢的单形性皮损。常见的相关药物：皮质类固醇激素，雄激素，ACTH，锂盐，异烟肼，苯妥英钠，复合维生素 B。
- 鉴别诊断：昆虫咬伤，荨麻疹，药物反应，疥疮，水痘，带状疱疹，接触传染性软疣。

诊断

- 通常为临床诊断。
- 仅在常规治疗失败，尤其在免疫低下患者中才推荐进行革兰染色，培养，需 KOH 准备，以及盐水检查。
- 嗜酸性毛囊炎：组织学诊断，毛囊被大量嗜酸性粒细胞浸润。主要见于 HIV 感染的患者，表现为剧烈瘙痒的丘疹暴发。其病因尚不清楚且存在争议。这并不是这类患者最常见的毛囊炎的类型。

治疗

局部治疗

- 首选局部常规治疗。可经验性假定病原体为金黄色葡萄球菌。
- 2% 红霉素（溶液，洗剂，凝胶）每天 2 次。
- 庆大霉素（溶液，洗剂，凝胶）每天 2 次。
- 2% 莫匹罗星乳剂每天 2 次。
- 过氧化苯甲酰 2.5%，4.0%，5.0% 或 10%（乳剂，洗剂，凝胶，洗涤），每天 1 次或每天 2 次。

- 10% 磺胺醋酰钠洗剂每天 2 次或葡萄糖酸氯己定和异丙醇药浴。
- 抗菌肥皂（如葡萄糖酸氯己定和异丙醇）可以与以上局部药物联合使用。可以每天 1 次或每天 2 次。
- 持续治疗指导临床完全治愈。
- 铜绿假单胞菌性毛囊炎：过氧化苯甲酰乳剂，凝胶或肥皂；洗必泰肥皂。

全身用药

- MRSA（最常见）：TMP-SMX，960 mg PO，每天 2 次 ± 维持 1 片（960 mg），960 mg 每天 1 次或 480 mg 每天 2 次。
- 米诺环素或多西环素 50~100mg PO，每天 2 次 ×2~4 周。
- 克林霉素 300 mg PO，每天 3 次 ×7~10 天。
- 头孢氨苄 500 mg PO，每天 4 次 ×7~10 天（仅用于 MSSA）。
- 双氯西林 500 mg PO，每天 4 次 ×7~10 天（仅用于 MSSA）。
- 阿莫西林 - 克拉维酸 875/125 mg PO，每天 2 次 ×7~10 天（仅用于 MSSA）。
- 革兰阴性杆菌（大肠杆菌群）：TMP-SMX 1 960 mg PO，每天 2 次，阿莫西林 /- 克拉维酸 825/125 mg PO，每天 2 次。

HIV 感染患者

- 糠疹癣菌属：酮康唑外用（香波或乳剂）每天 1 次或每天 2 次或伊曲康唑 100~400 mg PO，每天 1 次 ×2 周。
- 蠕形螨：氯菊酯乳剂外用睡前用 ×7 天或 0.75~1% 甲硝唑（洗剂，乳剂，凝胶）外用睡前用 ×4~8 周。
- 嗜酸性毛囊炎：西替利嗪 20~40 mg PO，每天 1 次，羟嗪 25~50 mg PO，睡前用，甲硝唑 250 mg PO，每天 3 次 ×3~4 周以及对炎性病变使用中等效力（III-IV 级）的外用激素。
- 对其他治疗无反应的患者，光疗（PUVA 或 UVB）可能有效。

预防

覆盖伤口

- 反复感染：金黄色葡萄球菌携带者可使用莫匹罗星涂鼻孔每天 2 次 ×5 天，每天葡萄糖酸氯己定和异丙醇药浴。

随访

复发性毛囊炎

- 免疫功能正常人群中，可能存在慢性金黄色葡萄球菌（鼻腔）携带状态。
- 2% 莫匹罗星（洗鼻液或药膏）涂抹每天 2 次 ×5 天。可能需要每月重复。
- 葡萄糖酸氯己定和异丙醇外用：每天使用，药浴或淋浴。
- 避免剃须。用消毒剂清洁所有的体育设备。用热水清洗所有的毛巾，床上用品。
- 严重的：考虑全身治疗，如 TMP-SMX 960 mg 或 480 mg PO，每天 1 次。替代方案：多西环素 100 mg PO，每天 2 次 + 利福平 300 mg PO，每天 2 次 ×7 天。

其他信息

- 诱因：频繁剃须，堵塞（紧身衣，假体），长期褥疮，糖尿病，免疫抑制和长期暴露于外用皮质类固醇激素，药膏及润滑油。
- 患有毛囊炎的 HIV 感染者会引起剧烈瘙痒。通常需要局部和全身的联合用药，并且频繁复发。

推荐依据

注释：缺乏大量的指南。

疖 / 痈

Paul G. Auwaerter，MD

病原体

- 金黄色葡萄球菌。
- 皮肤脓肿常为多种微生物引起的，真正的疖和痈是由金黄色葡萄球菌引起的。

临床表现

- 可以在完全健康的人群中发病，但糖尿病，免疫低下，卫生不良，老年人，鼻腔葡萄球菌携带者，热带气候，与 CA-MRSA 携带者接触的人群风险更高。
- 疖：从毛囊开始，但是逐渐深入真皮及皮下组织。变成一个深基底的固定的有触痛的结节，然后脓肿扩大，几天后变红，出现疼痛并有波动感。大多数常常累及温暖潮湿的区域如颈部，腋下，腹股沟，臀部和大腿，但可以在任何有皮毛的位置出现。
- 与毛囊炎的区别：后者表浅，局限于表皮并以毛囊为中心。
- 痈：皮损更深，更宽，并与周围多个相邻毛囊感染引起的皮下脓肿互相连接。多个引流的窦道会发展成溃疡，愈合时会形成瘢痕。痈常见于颈后部。
- 可能会出现周围的蜂窝组织炎和全身症状包括发热和不适（痈更为常见）。
- 社区获得性 MRSA：目前严重和复发性疖的常见病因，有时与蜂窝组织炎相关，很少出现坏死性筋膜炎。通常需手术引流。
- 鉴别诊断：表皮囊肿（“分泌皮脂的”）伴有包含皮肤菌落的干酪样物质，即使没有炎症；结节红斑，其他类型的脂膜炎，节肢动物（蜘蛛）咬伤，超敏反应，血管炎，分枝杆菌感染，皮肤 B 或 T 细胞淋巴瘤。

诊断

- 常为临床诊断，假定病原体为 MRSA 除非有其他的培养结果。
- 疖看起来像一个小脓疱或结节，发展成为具有脓头和（或）流出脓性物质的结节，脓性物质可以为血性的。痈更大，看起来可能像融合的结节。
- 如只需要常规切开引流，通常没有必要进行培养和药敏测定。如计划进行全身治疗（如发热，出现显著的蜂窝组织炎，住院），或者患者出现明显的合并疾病，发生在面部 / 鼻子上，或考虑存在 CA-MRSA 的暴发，则需要留取培养。

治疗

整体治疗 / 局部护理

- 湿热（热敷）或热敷，每天 3~4 次直至引流或病情缓解。对小的疖肿已经足够。
- 如可能，手术切开和引流非常重要。对大的疖和痈非常必要，如可以触及波动或者病灶。彻底探查破坏分隔以移除所有的炎性物质，尽可能将脓排出。
- 全身使用抗菌药物通常没有必要，除非出现发热或显著的周围蜂窝组织炎。如为面部病变或患者伴有明显的共存疾病则可以考虑。
- 引流后用消毒 / 杀菌肥皂（如葡萄糖酸氯己定和异丙醇）清洗局部。2% 莫匹罗星软膏外用每天 2 次可能有助于表面感染的缓解。
- 用纱布覆盖病变部位直至伤口愈合。

- 对于不伴有蜂窝组织炎或全身症状的单个病变，局部治疗通常可以治愈。
- CA-MRSA：大多数菌株对 TMP-SMX，四环素类（米诺环素，多西环素）和克林霉素敏感。

全身治疗，成人

- 仅适用于出现全身症状的病例（如发热），广泛的蜂窝组织炎或考虑患者存在免疫抑制。
- 通常在没有培养结果的情况作出选择，需要经验性覆盖 MRSA。
- 社区获得的 MRSA 菌株通常对 TMP-SMX，四环素类（米诺环素，多西环素）以及克林霉素敏感，可考虑口服用药。氟喹诺酮类可能敏感但是并不可靠，不应在严重感染或者在没有经过慎重考虑后使用，因为有出现耐药性的风险。口服利奈唑胺是一个选择，但是较为昂贵。
- 轻到中度（MRSA，覆盖 80%~92%）：TMP-SMX 960 mg/ 片 1~2 片 PO，每天 2 次，多西环素或米诺环素 100 mg PO，每天 2 次，克林霉素 300~450 mg PO q8h—如需要，根据配药的药敏谱调整。
- 重度（MRSA，100% 覆盖葡萄球菌）：万古霉素 15 mg/kg IV q12h，利奈唑胺 600 mg IV/PO q12h，达托霉素 4 mg/kg IV q24（6 mg/kg 出现菌血症），替加环素 100 mg IV 负荷量，然后 50 mg IV q12h 维持，但出现菌血症时避免使用，克林霉素 600 mg IV q8h（仅在已知敏感时使用，出现菌血症时避免使用）。
- 轻到中度（MSSA）：双氯青霉素 500 mg PO, 每天 4 次，头孢氨苄 500 mg PO 每天 4 次，多西环素或米诺环素 100 mg PO，每天 2 次或克林霉素 300~450 mg PO，每天 3 次。
- 重度（MSSA）：萘夫西林或苯唑西林 1~2 g q4h，头孢唑林 1 g IV q8h，克林霉素 600 mg IV q8h。
- 在轻到中度感染时（充分引流），如 MRSA 阳性，不协调的治疗是否会导致预后变差尚不明确。

复发性疖病

- 治疗目标：根除长期的金黄色葡萄球菌携带以及潜在的细菌传播。可以用来指导治疗的好的临床数据极少。
- 通常描述为处于密切的个人接触的环境中：家庭，性伴侣，运动队。个人卫生以及与患有疖病的个人的接触是重要的危险因素。
- 在大多数人中，复发性疖病并不认为是免疫缺陷的表现，但是为什么有些定植者易于受累而另一些人不会仍不清楚。在一些儿童中，极少情况下可能表示机体存在免疫缺陷（如 CGD）。
- 用鼻腔拭子来评估金黄色葡萄球菌的携带情况，是否存在 MRSA 以指导抗菌药物的选择（必要时）。
- 全身措施：消毒肥皂如洗必泰或双三氯酚（用于所有接触的皮肤，维持 2~5 分钟然后冲洗：每天执行，每周数次）；衣着宽松；常换内衣；避免皮肤外伤 / 激惹，尤其是刮毛。
- 用 10% 稀释的漂白粉消毒所有的浴室表面（浴缸，地板，水槽，厕所）。
- 局部鼻腔携带者用药：莫匹罗星鼻腔用，每个鼻孔 $^1/_2$ 管，每天 2 次或 2% 软膏，每天 2 次 ×5 天。每月的前 5 天重复，可以使复发率降低约 50%。
- 全身用药（如以上方法失效）：庆大霉素 150 mg PO，每天 1 次 ×3 个月（首选，发生率降低约 80%），TMP-SMX 960 mg PO，每天 ×3 个月，多西环素 100 mg

口服每天 ×3 个月。

- 联用莫匹罗星鼻内使用制剂，洗必泰洗液，多西环素 100 mg PO，每天 2 次 + 利福平 600 mg PO, 每天 1 次，均用 7 天，可使得降低疖病复发的疗程缩短。

其他信息

- 局部诱因（复发性疖病）：多汗，卫生不良，持续摩擦和压迫，毛发内生长。
- 全身诱因（复发性疖病）：肥胖，血质不调，营养不良，免疫缺陷，糖尿病，长期透析，静脉药物滥用。
- 指导 CA-MRSA 最佳抗菌药物治疗的资料极少。

推荐依据

Stevens DL,Bisno AL,Chambers HF,et al. Practice guidelines for the diagnosis and management of skin and soft-tissue infections. Clin Infect Dis,2005; Vol. 41; pp. 1373 - 406.

Comments：IDSA recommendations that form the basis for recommendations in this module.

Author opinion.
注释：缺乏去除定植的指南。

脓疱病

Paul G. Auwaerter，MD

病原体

- 金黄色葡萄球菌。
- 化脓性链球菌（A 族链球菌）。

临床表现

- 大多数情况下发生在 2~5 岁的儿童，但任何年龄均可出现。常常有很强的接触传染性，与卫生状况差有关。
- 金黄色葡萄球菌为最主要的病因，其次为化脓性链球菌，有时与金黄色葡萄球菌并存。两种类型：大疱性和非大疱性。大疱性脓疱病 = 几乎都是金黄色葡萄球菌。
- 脓疱病可继发于湿疹，疥疮，疱疹等病变。
- 非大疱性脓疱病：单个或多个，孤立或融合，表面的脓疱，逐渐进展为糜烂，表面覆盖黏性的，米黄色的痂，周围有红斑。
- 大疱性脓疱病：大疱，伴有极少或没有炎症。大疱破溃后的裸露区域由稀薄的，漆样的淡棕色脓痂所覆盖。
- 局部的淋巴结病常见，但脓疱病通常没有全身症状。
- 鉴别诊断：水痘，单纯疱疹感染，特应性皮炎，接触性皮炎，疥疮，念珠菌病，滴状牛皮癣。
- 实验室检查：脓液或病灶基底的革兰染色提示阳性球菌。有指征进行培养和敏感性检测，尤其是当治疗失败或考虑 MRSA 时。
- 链球菌性脓疱病的并发症：链球菌后急性肾小球肾炎，猩红热，荨麻疹和多形性红斑。

诊断

- 通常为临床诊断。

- 实验室：脓液或病灶基底的革兰氏染色和培养。革兰氏染色应该表现为阳性球菌。

治疗

综合治疗

- 用凡士林或抗菌药物软膏使得痂软化，每天数次。
- 用抗菌肥皂或消毒液和清水清洗每个损伤部位，尝试轻轻地将痂去除，每天 2 次。
- 告知患者不要触及病变部位并经常洗手。
- 剪短指甲以减少表皮脱落，自体接种和接触传播的风险。
- 休学直至结痂愈合。
- 对于小的皮肤伤口如小的割伤，擦破以及昆虫叮咬进行清洁和及时的处理有助于预防这种疾病。

局部治疗

- 对轻度的和局限的疾病常常有效。在研究中疗效常与口服药物治疗相同。
- 2% 莫匹罗星软膏或乳剂每天 3~5 次 /d，持续 7 天。
- 1% 瑞他帕林软膏每天 2 次，用于受累部位 ×5 天。
- 夫西地酸为局部用药的另一选择，但在美国无法获得。
- 不推荐使用杆菌肽，新霉素混合物。
- 双氧水无效。

全身治疗

- 适用于大疱性脓疱病或严重病例 ± 局部淋巴结病。使用抗葡萄球菌的青霉素类或头孢菌素类药物。需与局部用药相结合。
- 阿莫西林 / 克拉维酸：成人：875 mg PO，每天 2 次 ×10 天。儿童：90 mg/(kg · d) 分两次给药 ×10 天。
- 头孢氨苄：成人：250 mg PO, 每天 4 次。儿童：90 mg/(kg · d) PO, 分 2 次或 4 次给药 ×10 天。
- 克林霉素：成人：300~400 mg PO, 每天 3 次。儿童：10~20 mg PO, 分 3 次给药 ×10 天。
- 红霉素：成人：250 mg PO, 每天 4 次。儿童：40 mg/kg PO, 分 2 次或 4 次给药 ×10 天。
- 双氯青霉素：成人：250 mg PO, 每天 4 次。儿童：12 mg/kg PO, 分 4 次给药 ×10 天。
- 不再推荐青霉素或阿莫西林治疗。

随访

- 没有治疗的病例中约有 10% 出现蜂窝组织炎。
- 儿童的大疱性脓疱病可以进展为葡萄球菌性烫伤样皮肤综合征。
- 频繁复发的病例需怀疑患者或家庭成员携带金黄色葡萄球菌。
- 皮肤卫生的改善对于预防帮助最大。

其他信息

- 儿童最常见的皮肤感染，接触传染性强，尤其是对于卫生状况差和拥挤的人群（学校，托儿所，孤儿院）；湿热天气下更常见。
- 深脓疱是脓疱病的一种类型，其特征为溃疡更深，愈合时会出现瘢痕。

- 治疗是否有助于预防链球菌相关的肾小球肾炎尚不明确。

推荐依据

Stevens DL,Bisno AL,Chambers HF,et al. Practice guidelines for the diagnosis and management of skin and soft-tissue infections. Clin Infect Dis，2005; Vol. 41; pp. 1373 - 406.

注释：上述文献陈述了该类疾病的合理性推荐。

虱见 447 页病原体部分

麻风分枝杆菌见 355 页病原体部分

甲癣

Christopher J. Hoffmann MD，MPH

病原体

- 红色毛癣菌
- 须毛癣菌
- 非皮肤真菌（10%~20%）包括念珠菌属及土壤霉菌

临床表现

- 一个、多个或所有手指和（或）脚趾的真菌感染。脚趾感染更为常见。
- 甲板与甲床分离；甲板增厚和(或)破坏和(或)变色。甲下碎屑和角质材料的堆积。
- 受累指甲可有触痛，尤其当甲周组织发炎或出现继发念珠菌感染时（甲沟炎）。
- 重要的病史：既往的甲癣病史，指甲外伤，脚癣，糖尿病，HIV 感染和其他免疫抑制状态（包括药物诱导的和唐氏综合征），多汗和外周血管疾病。
- 三个常见的临床表现：（1）远端（最常见，由真菌穿透指甲及甲床的远端或侧面导致）；（2）近端指甲下（侵犯近端甲皱下方，表现为近端甲床甲下的感染，免疫抑制的人群最为常见）以及（3）白色浅表性甲癣（指甲变白，呈斑片状，指甲表面褪色（儿童最为常见）。
- 鉴别诊断：外伤性甲营养不良（长期损伤），银屑病，扁平苔癣，磨甲导致的接触性皮炎，Darier's 病（常染色体显性遗传病，表现为毛囊角化，指甲受累），瑞特综合征以及结痂性疥疮。罕见的：黄甲综合征，甲周鳞状细胞癌及黑色素瘤）。

诊断

- KOH 准备法：指甲下角化碎屑，指甲受累部分下面的鳞屑或剪下的指甲显示出有隔菌丝（皮肤真菌）或酵母（念珠菌）。
- 剪下的指甲和（或）指甲下刮屑在沙堡培养基中进行真菌培养比 KOH 准备法更为敏感。
- 剪下的指甲也可以使用特殊的真菌染色进行组织学分析。
- 仅当 KOH 和培养反复阴性，并且仅是为鉴别诊断提供额外信息是才应该考虑指甲活检。
- 出现脚癣和指甲的褪色高度提示存在甲癣。

治疗

全身治疗

- 特比萘芬 250 mg PO，每天 1 次 ×6 周（手指甲）或 ×12 周（脚趾甲）。持续 1 年的有效率：42%~60%。
- 伊曲康唑 100 mg PO，每天 2 次或 200 mg PO，每天 1 次 ×8 周（手指甲）或 ×12 周（脚趾甲）。脉冲式方案：200 mg PO，每天 2 次 ×1 周/月，持续 2 个月（手指甲）或 3 个月（脚趾甲）。有效率：32%~64%。
- 氟康唑 150~300 mg PO，每周 1 次 ×6~12 个月（直至完全正常的指甲长出）。有效率：48%。
- 灰黄霉素微粒 750~1000 mg PO，每天 1 次 ×6~9 个月（手指甲）或 ×12~18 个月（脚趾甲）。
- 灰黄霉素超微粒 250 mg PO，每天 3 次 ×4~6 个月（手指甲）或 ×8~12 个月（脚趾甲）。有效率：60%。

局部治疗

- 局部用药通常不能治愈。对远端甲癣最有效。
- 8% 环吡酮胺指甲油，局部外用每天 2 次 ×48 周。有效率（1 年）：5%~20%。
- 萘替芬（Naftin）凝胶局部用，每天 2 次 .
- 40% 尿素凝胶，涂于甲上睡前用，联合上述局部用药。

辅助措施

- 剪下游离和分开的指甲边缘，用一个金刚砂板锉短过度增厚的甲板。
- 40% 尿素乳剂每天涂于堵塞的指甲上，然后机械刮除软化的甲板。用胶带或凡士林保护甲周组织非常重要。
- 全身治疗结束后，应该鼓励患者丢弃旧鞋，尤其是不穿袜子时穿的鞋以预防复发。
- 在治疗成功后，每天将局部使用的抗真菌粉末用于袜子和鞋上有助于减少复发。

其他信息

- 如正在使用特比萘芬或唑类，警惕既往肝脏疾病加重并检测肝毒性（治疗的 4~6 周复查 ALT，如升高，停止用药）。
- 超过 80% 的甲癣是由皮肤真菌引起的，但是其他病原体也有可能：白念珠菌以及很罕见的非皮肤真菌如帚霉属，支顶孢属等等。
- 甲癣的发病率随着年龄升高，超过 70 岁的老年人发病率超过 48%。
- 甲癣的易感性似乎由基因决定。敏感的人群复发频繁并对治疗的反应不是很理想。

推荐依据

De Berker D. Clinical practice. Fungal nail disease. N Engl J Med，2009; Vol. 360; pp. 2108 - 16.

注释：诊断，以及甲癣管理

Drake L.A,Dinehart S.M. et al. Guidelines of care for superficial mycotic infections of the skin：onychomycosis. Guidelines of Care—Dermatology World Supplement,American Academy of Dermatology,1995; pp. 27 - 32.

注释：与 AAD 关于这类疾病的诊断、治疗和随访保持一致。

口腔念珠菌病

Paul G. Auwaerter，MD

病原体

- 白念珠菌。
- 非白念珠菌属（近平滑念珠菌，光滑念珠菌，热带念珠菌和克柔念珠菌）。

临床表现

- 诱因：年龄（婴儿，老年人），免疫抑制状态（HIV，化疗，皮质激素），恶性肿瘤，头颈部放疗，假牙，抗菌药物，内分泌（妊娠，糖尿病），吸烟，流涎，吸入性激素。
- 临床表现：（1）伪膜（鹅口疮）：白色凝乳样的斑块，最常见于颊部黏膜，口咽，牙龈以及舌背。易于刮除，遗留一个红色掉皮的有触痛的斑块。
- 白色乳酪样的物质是一种酵母，细菌，炎性细胞，纤维蛋白和脱落的上皮细胞的混合物；（2）红斑（萎缩）型：上颚或舌背红色，光亮的扁平斑块，伴有乳头消失或数目减少。也称为义齿性口炎，老年人更为常见；（3）增生（肥厚）型：累及颊部黏膜，舌的边缘和（或）背部的硬的白色－淡黄色的斑块，类似黏膜白斑。不能被刮除；（4）口角炎型（传染性）：嘴角红色裂开的，有时溃烂的痂。可有/没有口腔黏膜的受累。
- 鉴别诊断：其他类型的黏膜白斑（外伤性，口腔毛状白斑，恶性的），扁平苔癣，地图舌（银屑病），其他类型的舌炎（糙皮病）。
- 与对唑类耐药的危险因素包括：非白念珠菌属，HIV 感染 CD_4 计数低的患者，在过去的一年里口咽念珠菌病超过 5 次，长期使用唑类。
- 在 HIV 感染的患者中，出现口腔念珠菌病是免疫恶化的一个征象，通常治疗失败。
- 食管念珠菌病通常会出现吞咽痛。在免疫抑制的患者中会伴发食管炎和鹅口疮，但是没有鹅口疮并不能排除食管炎。在 HIV 感染的患者中，念珠菌性食管炎是一种 AIDS 的典型疾病。

诊断

- 常为临床诊断。如需要，KOH 准备，检查能发现出芽酵母和假菌丝，比真菌丝更厚，形状更不规则。
- 诊断念珠菌性鹅口疮极少有必要进行真菌培养，但是如对常规治疗无效，可能需要进行病原及药敏检测。
- 口腔病变活检可能有助于区别口腔黏膜白斑病和其他腐蚀/溃疡性口腔病变，这些病变可能会与念珠菌病的临床表现类似。

治疗

局部治疗

- 首选：克霉唑 10 mg 锭剂，不经拒绝缓慢含化一锭 5 次/天 ×7~14 天。
- 替代：200 000 U/锭的制霉菌素 1 或 2 锭，每天 4~5 次 ×7~14 天或口腔悬浮液（100 000 U/ml）4~6 ml PO，每天 3 次 ~4 次 ×7~14 天。每餐后制霉菌素乳剂或软膏涂于假药内侧 ×14 天。味苦，大多数人选择克霉唑。
- 口角炎：制霉菌素/曲安西龙乳剂或软膏，局部使用每天晨服及睡前用；克霉唑/倍他米松乳剂局部使用每天晨服及睡前用。
- 制霉菌素混悬剂在处方中常开成漱洗后吞服治疗，这比其他类型的抗真菌治疗疗效有所下降，因为组织接触的时间不够。

- 市场上不再有两性霉素 B 的口服混悬剂。
- 未出现食管受累的 HIV 感染的患者，且 CD_4 细胞计数 > 50，应该一直进行复发的治疗，只要其仍然有效。不能再 14 天前停止局部治疗。

全身治疗

- 建议在以下病例中使用：广泛的口咽受累，伴有严重疼痛，难治性念珠菌病，病情反复且有口腔外受累的证据，存在依从性问题。
- 大多数资料来自 HIV- 感染患者的临床实验。
- 氟康唑(大扶康)100 mg PO, 每天 1 次 ×7~14 天。一些研究显示其优于局部治疗。
- 伊曲康唑 200 mg 片剂口服每天 1 次或 200 mg 口服液口服每天 1 次 ×7~14 天。
- 对于全身治疗无效的病例，第一步是用同样的药物更高的剂量重复两一个 14 天的疗程 (建议双倍剂量) 。如仍然无效，推荐进行培养和敏感性检测。
- 伏立康唑、泊沙康唑有效的，但适用于非白念珠菌属，或考虑耐药的罕见病例。
- 并没有伏立康唑用于治疗口咽念珠菌病的研究；已经发现其在治疗念珠菌性食管炎时至少与氟康唑有同样的疗效 (Clin Infect Dis，2001Nov1;Vol.33 (9) ;pp.1447–54) 。
- 严重的可能与食管念珠菌病相关的病例可以用唑类(氟康唑，伏立康唑，泊沙康唑) 或棘白素类 (卡泊芬净，米卡芬净，阿尼芬净) 治疗。两性霉素 B 可用于妊娠期的严重病例。

总体原则

- 疗程为临床改善后 7~14 天。治疗反应可以为临床上的和 (或) 真菌学的。如真菌得到控制，复发率会降低。
- 带假牙的患者必须在局部用药之前取出假牙，并必须每夜将其在洗必泰溶液中浸泡。大多数市场上可以买到的假牙浸泡片均有杀真菌作用。
- 每天的口腔卫生：用 0.12% 的洗必泰口腔清洗剂清洗假牙，让假牙充分晾干，刷洗受累的年末，口服抗真菌药物应没有安装假牙时使用。
- 口角炎是由口腔内念珠菌和链球菌的混合感染引起的。残留在口腔角落中的唾液和食物残渣使问题更为复杂。患者餐后必须清洗相应区域 2~3 次 / 天。

预防

- 氟康唑为主要的预防措施，但考虑到耐药性的出现并不推荐使用。
- 如经常复发，二级预防的选择：氟康唑 100 mg PO，每天 1 次或 200 mg PO，3 次 / 周，伊曲康唑 200 mg PO，每天 1 次或克霉唑 / 制霉菌素每天 1 次。
- 对 AIDS 患者，考虑用氨苯砜替代 TMP–SMX 以预防 PCP。

随访

- 口腔念珠菌病会反复出现，除非诱因得到纠正。
- 如继发于 AIDS，免疫重建对预防反复的鹅口疮非常有效。

其他信息

- 假丝酵母菌是皮肤、口、胃肠道以及阴道某些部位正常菌群的一部分。多种因素可能会引起临床感染即念珠菌病的出现。
- 非白念珠菌的念珠菌属已经越来越频繁的被分离出来，尤其是在患有进展性 HIV 疾病的患者中。常常对唑类的抗真菌治疗耐药。

推荐依据

Pappas PG,Rex JH,Sobel JD,et al. Guidelines for treatment of candidiasis. Clin Infect Dis,2004;Vol. 38; pp. 161－89.

注释：IDSA 推荐，一些研究显示，氟康唑局部用药效果较好。

甲沟炎

Spyridon Marinopoulos，MD

病原体

- 金黄色葡萄球菌，包括社区获得的 MRSA 菌株（急性）。
- 链球菌属（急性）。
- 厌氧菌（急性）。
- 白念珠菌（慢性）。
- 非典型分枝杆菌（慢性）。
- 革兰阴性杆菌（慢性）。

临床表现

- 急性：病史 — 甲周触痛／变红 ± 脓肿。迅速进展（数天）。体检：甲皱边缘红斑／水肿／触痛，有波动感（脓肿）。病原体：细菌。
- 慢性：病史 — 触痛／水肿／红斑（比急性程度轻），没有脓肿，＋甲脱离。无痛病程＞6 周。体检：红斑／水肿／触痛，沼泽样甲皱，没有波动感。病原体：真菌／炎症／分枝杆菌／革兰阴性杆菌。
- 危险因素 — 急性：咬甲，吮手指，修甲，倒拉刺，外伤／异物。表皮生长抑制因子可能的副作用。慢性：水／刺激物的暴露（调酒师，洗碗工，主妇），银屑病，糖尿病，药物。
- 鉴别诊断：化脓性指头炎，皮肤癌（鳞状细胞癌／基底细胞癌／黑色素瘤），寻常型天疱疮，化脓性／异物肉芽肿，疣，梅毒患者的下疳，瑞特综合征，银屑病，疱疹性指头炎，黏液囊肿，指甲下纤维瘤，皮肤白血病。

诊断

- 诊断性检查（严重／难治性病例需考虑）：革兰染色，细菌培养，KOH 准备，真菌及抗酸杆菌培养，活检。如存在异物，外伤或怀疑骨髓炎，行 X 光检查。
- 检测葡萄糖，HgAlc 来评估糖尿病。

治疗

局部的／复杂的

- 全部病例：避免刺激，修指甲／脚趾甲，吮指，咬指甲，受潮。必要时使用防护手套。
- 急性甲沟炎 — 注：局部抗菌药物对甲皱的穿透力很差，不用于急性甲沟炎的治疗。给予口服抗菌药物替代。
- 用半量过氧化氢或 Burrow's 溶液温敷／浸泡，每天 3 次～4 次 ×20 分钟可能有效。
- 慢性甲沟炎 — 注：局部用药作为一线治疗。如无效，考虑口服药和（或）手术治疗。
- 0.77% 环吡酰胺乳剂涂于受累区域每天 2 次 ×6～12 周（＋严格避免刺激）有效。
- 替代方案：0.05% 倍他米松约 1% 克霉唑乳剂涂于受累区域每天 2 次 ×2～4 周。
- 咪康唑：2% 乳剂每天 2 次涂于甲皱直至病情缓解。
- 益康唑：1% 乳剂每天 1 次涂于甲皱直至病情缓解。

- 注：如由药物引起的 —（诱发原因可能包括茚地那韦，拉米夫定，异维甲酸）——停药，并再评估。

口服抗菌药物

- 注：甲沟炎常伴有混合感染，培养可以有助于确定合适的治疗方案。
- 急性甲沟炎：如出现脓肿，仅用口服抗菌药物不够；需要切开引流。大多数机构支持使用口服抗菌药物，及时进行了充分的切开引流。
- 首选：阿莫西林克拉维酸 500 mg PO，每天 3 次或 875 mg，每天 2 次 ×7 天或直到感染缓解。
- 首选（PCN 过敏）：克林霉素 300 mg PO q6h × 7 天或直到感染缓解。
- 替代（如怀疑厌氧菌）：双氯青霉素 250~500 mg PO，每天 4 次或头孢氨苄 500 mg PO q6h × 7 天或直到感染缓解。
- 急性甲沟炎（怀疑 CA–MRSA）：甲氧苄啶 – 磺胺甲基异噁唑 960 mg PO q12h 或克林霉素 300~450 mg PO q6h ± 利福平 600 mg PO，每天 1 次。替代方案：米诺环素 100 mg PO q12h 或多西环素 100 mg PO q12h。
- 疗程为 10~14 天，尽管在一些严重病例或体质较弱的患者，疗程可能需要 2 或 3 周。根据培养结果调整用药。
- 慢性甲沟炎（口服为二线治疗，一线治疗为局部用药）：氟康唑 100~200 mg PO 每周直至正常的指甲结构修复。
- 替代：伊曲康唑 200 mg PO，每天 2 次 ×1 周 × 连续 3 个月或特比萘芬 250 mg PO，每天 1 次 ×3 月。
- 慢性甲沟炎 + 可疑的细菌双重感染：按照急性甲沟炎加用抗菌药物。

手术

- 注：如怀疑蜂窝组织炎，深部感染，血管瘤，黏液囊肿或骨髓炎，手外科会诊。
- 急性甲沟炎：如出现脓肿，则需要切开引流而不是仅仅是湿敷排脓。使用麻醉药物（手指阻滞 / 氯乙烷吸入）除非皮肤发黄 / 白（神经末梢梗塞）。
- 将 11 号手术刀插到受累的角质层边缘下，在沿着侧甲板扩大切口。保持刀片远离甲板以避免造成永久的指甲生长异常（详见 http：//jaapa.com/issues/j20021101/articles/procfamparonych.html）。
- 替代：（浅表脓肿）：将大号的针头沿着指甲进入脓肿（不需要局麻）。
- 在切开引流后持续频繁的温敷以协助伤口引流。
- 48 小时后随访，去除敷料，冲洗引流区域并在此评估伤口。
- 注：如为指甲下脓肿（甲床下脓肿），单存的切开引流可能不够，必须将整个甲板移除。
- 注：切开引流不适用于化脓性指头炎，黏液囊肿，血管球瘤，骨髓炎（都可能和甲沟炎混淆）。
- 慢性甲沟炎（保守治疗无效）：手外科行指甲上皮袋形缝合术（从指甲上皮上切除 3 mm 宽的半月形的皮肤 / 增厚组织）。
- 替代：去除整个指甲并将抗真菌激素软膏涂于受累区域，如 0.05% 倍他米松约 1% 克霉唑—每天 2 次 ×2~4 周。

其他信息

- 推荐意见均为作者观点。如在 4~5 天内对治疗无反应，进行培养，活检 ± 手外科会诊。

- 并发症：指甲丢失，骨髓炎，屈肌腱化脓性腱鞘炎，指头炎。
- 如在指甲尖端的甲垫出现疼痛 / 红斑 / 水肿，需考虑指头炎。请手外科会诊进行紧急切开引流以避免出现骨髓炎，永久性的指甲畸形，指尖的缺血性坏死。
- 如不规则的组织边缘 / 周围出现不规则的形态，需考虑癌症的可能。如出现棕 / 黑甲线以及甲下疼痛，需考虑黑色素瘤的可能。请皮肤科会诊进行活检。
- 如患有 OA 的患者甲板出现无痛性的边缘水肿，需考虑黏液囊肿的可能性。如出现持续性的剧痛并伴有甲板抬高 / 出现微蓝色半点以及半月形变模糊，需考虑血管球瘤的可能。手外科会诊。
- 如出现小囊泡，溃疡，结痂及剧烈疼痛，考虑疱疹性指头炎的可能。Tzanck 涂片：多核巨细胞。切开引流为禁忌（会出现血源性扩散的风险）。按 HSV 治疗。

推荐依据

Rigopoulos D,Larios G，Gregoriou S,et al. Acute and chronic paronychia. Am Fam Physician,2008; Vol. 77; pp. 339 - 46 .

注释：上述文献包括了甲沟炎病理生理、治疗的相关信息。

人疥癣虫（疥疮）见 449 页病原体部分

头癣 / 颜面癣

Christopher J. Hoffmann MD，MPH

病原体

- 断发毛癣菌。
- 犬小孢子菌。
- 疣状毛癣菌。

临床表现

- 头癣：单个或多个鳞状和（或）结痂的斑片和（或）板块，最常见与脱发相关，累及头皮或胡子区域 ± 炎症。可以为炎性或非炎性表现。
- 非炎性：毛发可能为暗灰色，易断且当贴近头皮表面是可能会显示为“黑点”。通常可看见刮痕，但丘疹和脓疱罕见。
- 炎性：红色的水肿性斑片，伴有滤泡样丘疹，脓疱，结节，渗出以及类似于脓皮病的结痂。头发变得疏松，脱落，成斑片样或颜色变暗淡。
- 临床类型：灰型（圆形的脱发和刮痕），虫蛀型（广泛的刮痕伴有片状的脱发），脓癣型（炎性的沼泽样区域，伴有脓疱，淋巴结病，通常由犬小孢子菌引起），黑点型（片状脱发，伴有短发的黑点），弥漫鳞片型（广泛分布，鳞片样），脓疱型（脱发伴有散在的脓疱），黄癣（受累头发周围的杯状黄色外壳，引起凌乱的脱发和霉臭味）。
- 淋巴结病可见于头癣的炎症型，甚至在不存在二重细菌感染时。
- 颜面癣：与头癣类似，但是累及胡须生长区域的毛囊。通常由嗜动物性皮肤真菌引起，通常为疣状毛癣菌，在农民和动物饲主中更为普遍。
- 受累的患者会同处出现一种对真菌感染的过敏反应，其特征为远处的炎性丘疹或湿疹反应，通常位于躯干，手或足部（也可以在其他癣病中出现）。
- 病史：动物暴露史，与其他头癣或皮肤真菌感染患者接触史，近期国外旅游史
- 鉴别诊断包括：脂溢性皮炎，头皮银屑病，拔毛发癖（强迫拔发症），斑秃，过

敏性皮炎以及细菌性头皮毛囊炎。

诊断

- 伍氏光检查可能会看到特征性的蓝绿荧光，取决于真菌的种类。美国最常见的病原体，断发毛癣菌在这种光下不能激发荧光。
- 对从头皮鳞屑及拔下的头发（采用细胞刷或牙刷）进行 KOH 准备，检查可能会发现皮肤真菌的菌丝和孢子，位于头发内部（毛内癣菌）或头发角质层外（毛外癣菌）。
- 受累区域鳞屑（棉花拭子，发刷——可以用细胞刷或消毒的牙刷）及拔下 / 夹下的头发的真菌培养较 KOH 准备检查更为敏感，但是结果需要的时间更长。真菌的种类更为重要。
- 出现炎性病变时通常推荐进行细菌培养以除外继发感染或头皮的原发性脓皮病。
- 仅当 KOH 准备检查和培养结果反复阴性时建议活检。
- 在开始长疗程的全身抗真菌治疗前获得准确的诊断非常重要。
- 培养对难治性病例的评估非常重要。

治疗

全身治疗

- 灰黄霉素儿童：15~20 mg/(kg · d) × 8 周（犬小孢子菌感染时 8~10 周）。成人：375 mg（超微粒体）或 500 mg（灰黄霉素 V 或微粒体）PO，每天 1 次 × 4~6 周。
- 特比萘芬（Lamisil）儿童：< 20 kg 62.5 mg PO，每天 1 次，20~40 kg 125 mg PO，每天 1 次 × 4 周。成人及 > 40kg 的儿童 250 mg PO，每天 1 次 × 4 周。
- 伊曲康唑（斯皮仁诺）儿童：5 mg/kg PO，每天 1 次或 100 mg PO，每天 1 次 × 2~4 周。成人：200~300 mg PO，每天 1 次 × 2~4 周。脉冲式方案：3~5 mg PO，每天 1 次（儿童）或 200 mg PO，每天 1 次（成人）× 1 周 × 重复 1~2 个月。
- 氟康唑儿童：6 mg/(kg · d) × 20 天或 6~8 mg/(kg · w) 每周 1 次 × 4~8 周。

辅助治疗

- 2% 酮康唑香波：用于头皮，5~10 分钟后洗净，每隔 1 天 1 次，疗程同口服治疗。
- 2.5% 硫化硒香波或洗剂：用于头皮，5~10 分钟后洗净，每隔 1 天 1 次，疗程同口服治疗。
- 疾病会通过污染物传染，因此使用刷子，梳子毛巾等用品时需特别小心。
- 与断发毛癣菌感染患者个人接触后出现无症状的带菌状态很常见，因此接触者应该用 2% 酮康唑或 2.5% 硫化硒香波进行治疗。

其他信息

- 头癣是学龄儿童中最常见的真菌感染。在婴儿和青少年中发病率较低而在成年中非常罕见。
- 头癣在世界上广为分布。在美国，最常见的病菌为断发毛癣菌，约占城市患者的 90% 以上。

推荐依据

Drake L.A.,Dinehart S.M et al. Guidelines of care for superficial mycotic infections of the skin： tinea capitis and tinea barbae. American Academy of Dermatology Guidelines of Care, Dermatology World Supplement,1995.

注释：上述文献包括了 AAD 关于头癣诊治的指南。

体癣 / 股癣

Christopher J. Hoffmann MD，MPH

病原体

- 体癣和股癣是由某些种皮肤真菌引起的角质层和驱赶毛发末端的真菌感染（通常为表面癣菌属，小孢子菌属，毛癣菌属）。
- 红色毛癣菌。
- 须毛癣菌。
- 断发毛癣菌。
- 紫色毛癣菌（非洲，印度）。
- 犬小孢子菌。
- 絮状表皮癣菌。

临床表现

- 典型表现：伴有前缘凸起环形红斑和散在的结节中心的鳞屑空隙（注意：股癣通常不累及阴囊）。
- 不典型：红斑丘疹，系列囊泡，边缘不清，丘疹样的。嗜动物性疣状毛癣菌可以引起剧烈的炎性反应，伴有脓疱病变。不典型病变最常见于免疫抑制的患者。
- 重要的病史：a）目前及既往的局部和（或）全身治疗；b）职业暴露（首医，动物园管理员，实验室工作者，农民，宠物商店职员）；c）环境暴露（园艺，宠物，身体接触项目，衣帽间，体操，患病的家庭成员）；d）既往皮肤真菌感染病史。
- 瘙痒通常会存在，尤其是在股癣。疼痛根据炎症或继发细菌感染的严重程度不同而有所差异。

诊断

- 股癣的鉴别诊断：红癣（由极小棒杆菌引起，伍氏光检查呈珊瑚色），Darier's病（遗传性疾病），皮肤念珠菌病，固定型红斑，接触性皮炎。
- 体癣的鉴别诊断：脓疱病，钱币状皮炎，乏皮脂性湿疹，银屑病，副银屑病，二期梅毒。
- 如预期需要全身治疗，实验室确诊尤为重要。
- 对于具有有隔菌丝的皮肤真菌，活动边缘鳞屑的 KOH 准备检查阳性。
- 用皮肤真菌特定培养基进行培养更为敏感，但是并不实用（生长可能需要 1~4 周）。

治疗

局部

- 推荐用于局部的非复杂性分炎性病变。
- 1% 特比萘芬乳剂每天 1 次 ×3~4 周。
- 1% 萘替芬乳剂，每天 1 次，凝胶每天 2 次 ×2~4 周。
- 1% 益康唑乳剂，每天 1 次或每天 2 次 ×2~4 周。
- 2% 酮康唑乳剂，香波每天 1 次或每天 2 次 ×2~4 周。
- 1% 克霉唑乳剂，洗剂，溶液每天 2 次 ×2~4 周。
- 1% 奥昔康唑乳剂，洗剂每天 4 次 ×2~4 周。
- 2% 咪康唑乳剂，粉末，喷雾剂每天 2 次 ×2~4 周。
- 1% 硫康唑乳剂，溶液每天 1 次或每天 2 次 ×3~4 周。

- 1% 环吡酰胺乳剂每天 2 次 ×2~4 周。
- 1% 托萘酯乳剂，凝胶，粉末，喷雾剂每天 2 次 ×2~4 周。

皮质类固醇激素的局部治疗

- 严重炎性病变可以使用局部抗真菌和激素联合治疗。
- 克霉唑 – 倍他米松乳剂每天 2 次 ×2~3 周（也可以分别使用局部抗真菌药和激素乳剂）。

全身治疗

- 适应证：足量的局部治疗失败，对局部治疗不耐受，广泛的和（或）致畸性的多灶性 / 或炎性疾病，毛囊受累的深部感染。
- 在选择全身抗真菌药物之前，务必检查可能的药物相互作用。
- 如疗程超过 4 周，在全身治疗之前或过程中，定期检测肝功能及 CBC。
- 在有选择的病例中可以联合使用局部激素 / 抗真菌混合物，但仅能短期应用。
- 特比萘芬 250 mg PO, 每天 1 次 ×2~4 周。
- 伊曲康唑 200 mg PO, 每天 1 次 ×2~4 周或 200 mg 每天 2 次 ×7 天
- 氟康唑 50~100 mg PO, 每天 1 次或 150 mg 每周 1 次 ×2~3 周。
- 替代方案：酮康唑 200 mg PO, 每天 1 次 ×2~4 周。
- 灰黄霉素微粒体 500 mg PO, 每天 1 次，或灰黄霉素超微粒体 375 mg PO, 每天 1 次 ×2~4 周。

一般措施

- 避免穿紧身衣服 / 内衣。
- 当擦烂区域出现浸渍和渗出时，可将干燥剂如醋酸铝或稀释的醋酸作为香皂使用 3~4× 每天 1 次，用于患处。
- 如怀疑有继发细菌感染，进行细菌培养并开始足量的口服抗菌药物覆盖治疗。
- 对受累动物 / 患者进行隔离及恰当的治疗。

随访

- 复发比较常见，尤其是股癣。可能是因为局部治疗一段时间症状消退后，过早的停止治疗造成的。
- 反复的，广泛并且对治疗无反应的皮肤真菌感染提示存在潜在的全身疾病。在这些病例中必须排除 HIV 感染。

其他信息

- 真菌感染的诱发因素有显著的差异。并不是每个暴露的个体都会受累，甚至在一些与患者进行了长期亲密接触的病例中也是如此。
- 皮肤真菌感染的高发期在青春期后。对脚癣，手癣及股癣尤为如此。体癣和颜面癣可以发生在前青春期人群。
- 皮肤真菌病会使得受累患者生活治疗显著下降。由于会出现严重的瘙痒，这一点对于股癣患者尤为显著。
- 局部的激素可以降低炎性反应，带来显著的临床改善，但如单独使用或者长期使用，可能会使得感染播散到更深层及毛囊，引起肉芽肿性炎症（Majocchis 肉芽肿）。

推荐依据

Smith EB. The treatment of dermatophytosis: safety considerations. J Am Acad Dermatol, 2000; Vol. 43; pp.S113 - 9.

注释：所有口腔抗真菌药剂都带来肝炎的风险，其中酮康唑的风险程度最高。

Lesher JL. Oral therapy of common superfi cial fungal infections of the skin. J Am Acad Dermatol, 1999; Vol. 40; pp. S31 - 4.

注释：经大宗文献复习，氟康唑 50~100 mg 每天 1 次或 150 mg 每周 1 次，2~3 周；伊曲康唑 100 mg，每 ,1 次 2 周或 200 mg 每天 1 次 1 周；萘酚 250 mg 每天 1 次，1~2 周可有效治疗股癣、体癣。

足癣

Christopher J. HoffmannMD，MPH

病原体

- 红色毛癣菌。
- 须毛癣菌。
- 罕见：絮状表皮癣菌，念珠菌，支顶孢属，镰刀菌属。

临床表现

- 三种大体表现：均不累及背部，可能会引起瘙痒和多汗。
- 趾间型：轻度红斑伴有周围的鳞屑和裂纹，在第三和第四趾间隙尤为常见，可出现瘙痒或无症状（红色毛癣菌更常见）。
- 软帮鞋型：常为无症状的，粉状鳞状斑片，伴有在足跟，脚底和侧面的轻度红斑
- 水泡型：囊泡/大泡，可能出现脓性渗出物，主要出现在脚背，通常伴有剧烈瘙痒（须毛癣菌更为常见）。
- 可以引起双手的特征性发硬，表现为手掌机手指出现多个奇痒的小深囊泡。可以进展为类似于手部湿疹的慢性病程。
- 革兰阴性杆菌的足趾网状感染是浸渍、裂开的趾间脚癣的一个常见并发症，其特征为带有恶臭的脓性分泌物，并伴有剧痛。
- 并发症：如不进行治疗，慢性的脚癣可以引起甲癣（20% 的脚癣患者有亚临床的甲癣）。
- 下肢蜂窝组织炎的风险升高大概两倍（尤其是趾间型的）。

诊断

- 鉴别诊断：接触性皮炎，银屑病，过敏性皮炎，红癣，擦疹，掌跖皮肤角化病。
- 实验室：鳞屑或水泡顶部的 KOH 准备检查显示有隔的皮肤真菌菌丝。对趾间进行伍氏灯检查有助于粗外红癣（珊瑚色荧光）。
- 当 KOH 准备检查反复阴性时，真菌培养可能有所帮助，这在炎性病变中并非少见。物种的鉴别并不影响治疗。仅当需要除外皮肤病时才需要进行皮肤活检。

治疗

局部治疗

- 大多数病例的首选治疗。疗程通常为 2~4 周。
- 1% 特比萘芬乳剂外用，每天 1 次 ×2 周。
- 1% 萘替芬乳剂每天 1 次，凝胶每天 2 次 ×2 周。
- 布替萘芬乳剂每天 2 次 ×2 周。

- 2% 酮康唑乳剂每天 2 次 ×3~6 周。
- 1% 托萘酯乳剂，凝胶，粉末，喷雾剂每天 2 次 ×3~4 周。
- 1% 克霉唑制剂每天 2 次 ×2~4 周。
- 1% 益康唑每天 1 次 ×4 周。
- 对于角化过度的脚癣，全身治疗的效果优于局部制剂。

全身治疗

- 严重病例时考虑。先取得培养结果，尤其是局部治疗失败的案例。
- 对于角化过度的脚癣，全身治疗的效果优于局部制剂。
- 特比萘芬 250 mg PO，每天 1 次 ×2 周。
- 氟康唑 150 mg PO，每周 1 次 ×4 周。
- 灰黄霉素超微粒体 375 mg PO，每天 2 次或灰黄霉素微粒体 500 mg PO，每天 2 次 ×4~8 周。

辅助治疗

- 足底严重角化的患者可使用角质溶解剂，如 20%~40% 的尿素或 3%~5% 水杨酸制剂。
- 对于湿性趾间癣和革兰阴性细菌导致的足趾网状感染的患者，可以使用干燥剂如醋酸铝，高锰酸钾或稀释的醋酸作为洗液，每天 2 次。
- 广泛或严重的炎性脚癣患者，需局部或全身使用皮质激素。
- 继发革兰阴性细菌脚趾网状感染者，需局部或全身使用抗菌药物。
- 局部抗真菌药联合全身抗真菌治疗会加快真菌感染治愈的速度。

预防

- 改变患者行为预防感染 / 复发。
- 纠正多汗症。
- 穿吸汗袜子。
- 淋浴后让脚趾充分晾干。
- 常规将抗真菌粉末用于脚部，袜子和鞋。

随访

- 一些研究表明，除抗真菌治疗外加用皮质激素会导致治疗失败率升高或持续感染，（Alston,Peds2003;111：201−203）。
- 复发常见，尤其是免疫抑制的患者。
- 频繁复发的患者可能需要长期用药。

其他信息

- 流行病学：有 5%~50% 的人患脚癣。体力劳动者，运动员和老年人发病率高。
- 红色毛癣菌引起的脚癣更持久，更为耐药，复发率超过 70%。
- 大多数癣是由红色毛癣菌引起的。在运动员中，须毛癣菌更为常见。

推荐依据

Drake L.A.Dinehart S.M. et. al. Guidelines of care for superficial mycotic infections of the skin：tinea corporis, tinea cruris,tinea faciei,tinea manuum and tinea pedis. Dermatology World-American Academy of Dermatology,Guidelines of Care,1995; pp. 22 - 6.

注释：AAD 出版了关于脚癣的诊治指南。

花斑癣

Christopher J. Hoffmann MD，MPH

病原体

- 秕糠马拉色癣菌（糠疹癣菌属）
- 球形马拉色菌
- 合轴马拉色菌
- 斯菲埃马拉色菌

临床表现

- 花斑癣是由酵母菌引起的一种角质层浅表感染，在 90%~100% 的正常人中，这种菌都是正常皮肤菌群的一部分，因此它并不是一种通过接触传染的疾病。其发病机制可能是酵母从圆型变成菌丝型时侵犯角质层引起的。
- 马拉色菌属在富含脂类的环境中生长，主要分布在富含油脂的体表，尤其是青春期。
- 皮疹通常无症状，但也可以出现轻到中度的瘙痒。
- 色素缺失和（或）色素加深的鳞状斑块（不抬高或轻微抬高）主要累及躯干，颈部及四肢近端。
- 病变常为多发、小、圆或椭圆形，成形或融合成大的不规则斑片。
- 鉴别诊断包括：玫瑰糠疹，脂溢性皮炎，白癜风，白色糠疹，二期梅毒，皮肤 T 细胞淋巴瘤的色素缺失变体，汉森病。
- 色素加深病变会出现类似融合性网状乳头状瘤的表现，后者为 KOH 阴性，且米诺环素有效。
- 花斑癣相关因素：热带气候 / 天气温暖，营养不良，口服避孕药，全身使用皮质激素和其他免疫抑制剂，多汗症。

诊断

- 伍氏灯检查可见病变显示出淡黄色的荧光，有助于显示受累范围（仅有一些马色拉菌发荧光，约占 1/3；因此敏感性有限，但特异性高）。
- 鳞屑的 KOH 准备检查显示为短粗，末端平整的交错菌丝，伴有成簇的孢子和酵母细胞（“意大利面和肉球”样）。
- 诊断和治疗不需要真菌培养，如培养则需特殊培养基。
- 不推荐皮肤活检，除非 KOH 检查反复阴性及需要除外其他皮肤病。

治疗

局部治疗

- 局部治疗是一线方案，对绝大多数病例有效。
- 用适度研磨的海绵将 2.5% 硫化硒，酮康唑或吡啶硫酮锌香波擦在受累部位上，3~5 分钟后洗净，每天 1 次 ×1 周或每隔每天 1 次 ×2 周。
- 将 2.5% 硫化硒洗剂用于受累部位，10 分钟后洗净，每天 1 次 ×7 天或过夜后第二天早晨洗净，仅用 1 次（一周内重复）
- 1% 益康唑，2% 酮康唑，1% 克霉唑，1% 奥昔康唑，2% 咪康唑，1% 硫康唑乳剂，洗剂或溶液，均为每天 1 次 ×1~2 周。
- 1% 特比萘芬喷雾剂或乳剂或 1% 布替萘芬乳剂每天 1 次 ×1~2 周。
- 1% 环吡酰胺乳剂每天 1 次 ×1~2 周。

- 混杂的：5%~10% 过氧化苯甲酰洗剂，凝胶，乳剂或洗液；硫磺及水杨酸制剂；50% 丙二醇溶液。25% 硫代硫酸钠加 1% 水杨酸，均每天 1 次 ×1~2 周。

全身治疗

- 口服药物用于广泛受累，频繁复发，局部治疗失败或患者对局部用药过敏或不能局部用药患者。
- 局部用药可与全身用药联合应用。
- 酮康唑 400 mg 口服单剂，1 周内重复或 200 mg PO 每天 1 次 ×7~10 天。
- 氟康唑 300 mg 口服单剂，1 周内重复。
- 伊曲康唑 200 mg PO，每天 1 次 ×7 天。
- 服药后 2 小时嘱患者运动、出汗，有助于药物分布至皮肤。12 小时内应避免洗澡。

预防

- 春季和夏季，对易感人群进行复发的预防。
- 使用任一推荐的浴液洗浴，每周 1 次，即可轻易完成。

随访

- 可能会残留持续的色素改变（色素缺失或色素加深），甚至到病情已经得到完全的控制后。不过，坚持日照，皮肤颜色会逐渐恢复正常。

其他信息

- 复发较为常见，尤其是较暖的气候 — 夏季。

推荐依据

Drake LA,Dinehart SM,et al. Guidelines of care for superficial mycotic infections of the skin：pityriasis （tinea） versicolor. Dermatology World,American Academy of Dermatology,1995; pp. 36 - 8.

注释：AAD 出版了有关花斑癣诊治指南。

疣（非生殖器）

Christopher J. Hoffmann MD，MPH

病原体

- HPV1：掌疣与跖疣（跖疣）。
- HPV2，HPV4：寻常疣（寻常疣）。
- HPV3，HPV10：扁平疣（扁平疣）。
- HPV5：EV 中的鳞状细胞癌。
- HPV3，HPV5，HPV8：疣状表皮发育不良（EV）。
- HPV16：手指鳞状细胞癌。

临床表现

- 病原体：人乳头状瘤病毒（HPV），各组无包膜，双链 DNA 肿瘤病毒。至少已经确定了 130 个基因型。不推荐进行 HPV 分型。
- 通过个人接触或污染物感染。
- 寻常疣：向外生长的丘疹，较硬，粗糙；会融合成更大的斑片。可能会看到黑点（毛细血管有血栓形成）。
- 跖疣：较厚，通常为扁平的，内生的淡黄色粗糙斑块。也可以看到黑点。可能会出现疼痛。类似胼胝。

- 其他变异型：扁平疣（轻微凸起，通常为浅色小丘疹），丝状疣（带蒂的固定丘疹，常伴有指状放射；会类似一个小“触角”）。
- 自然病程：> 60% 的患者在 2 年内由于自身免疫而自然缓解，免疫抑制患者缓解率较低。

诊断

- 大多数情况为临床诊断。
- 非典型病例需进行组织病理学（活检）。

治疗

总体治疗

- 许多治疗和大多数随机对照研究的价值有限。安慰剂组的有效率约为 30%~50%，而干预组为 30%~80%。

寻常疣（寻常疣）

- 水杨酸（17% 或更高浓度）。用浮石或金刚砂板打磨疣体，用温水浸泡，并将药物涂于疣上。每天重复，持续数天或数周。
- 每 3~4 周进行冷冻治疗，并后续以水杨酸膏药和（或）削去病变。
- 在医生削去病变后用三氯乙酸（70%~90%）涂于患处，每周或每两周 1 次。
- 5- 氟尿嘧啶乳剂（5%）涂于封闭部位下方睡前用；局部刺激较为常见。
- 2 周后，在诊所内，用 2% 的方酸对疣体进行致敏作用，之后以 0.2% 浓度药物外用。
- 斑蝥素（斑蝥提取物），由医生实施外用 q3~4w。
- 咪喹莫特乳剂睡前用 ×4~6 周。
- 对广泛、难治性患者，可在病变内注射 1% 的西多福韦或博来霉素。

掌疣及跖疣（跖疣）

- 水杨酸（17% 或更高浓度）。用浮石或金刚砂板打磨疣体，用温水浸泡，并将药物涂于疣上。每天重复，持续数天或数周
- 联合有助于提高治疗的成功率。
- 组合 1：冷冻治疗，续以咪喹莫特涂于疣体下方，患者睡前自行使用。
- 组合 2：冷冻治疗，续以鬼臼毒素乳剂或凝胶涂于疣体下方，患者睡前自行使用。
- 组合 3：5- 氟尿嘧啶乳剂，隔日 1 次，与咪喹莫特乳剂交替使用；涂于疣体下方。

甲下疣

- 甲周围疣对治疗反应差，并常导致指甲营养障碍。
- 局部治疗通常不能达到甲皱下。
- 用闪光灯脉冲染色（585 nm）进行激光治疗可能会有效。
- 方酸致敏后，西多福韦或博来霉素注射都是可选方案。

随访

- 细胞免疫的完整性对宿主清除 HPV 有关键作用。
- 携带 HPV 的患者，其细胞免疫缺陷会使治疗更加困难，需要患者有严格依从性。

其他信息

- 高浓度三氯乙酸可能会造成永久性瘢痕。
- 鬼臼脂和鬼臼霉素有致畸作用。

推荐依据

Gibbs S, Harvey I. Topical treatments for cutaneous warts. Cochrane Database Syst Rev, 2006; Vol. 3; Vol. CD001781.

注释：对去除疣治疗的随即对照研究进行综述显示，虽然大多认为冷冻治疗最有效，但仍缺乏足够的证据支持上述观点。

结膜炎，急性

Spyridon Marinopoulos, MD

病原体

- 流感嗜血杆菌。
- 淋病奈瑟氏菌。
- 沙眼衣原体。
- 金黄色葡萄球菌。
- 腺病毒。
- 疱疹病毒。
- 带状疱疹病毒。
- 小核糖核酸病毒。

临床表现

- 变态反应：环境致敏原致 IgE 升高。体征：双眼红、间断流泪，眼痒（典型症状），严重者有摩擦感。查体：弥漫肿胀、渗出、黏液性分泌物，可与病毒感染鉴别。
- 细菌性：体征 / 查体：单 / 双眼发红，在睑缘 / 眼角有稠厚、球状、白色或黄色、绿色脓液，白天睁眼困难。如触及耳前肿大淋巴结，应考虑淋球菌 / 衣原体。
- 快速进展的眼红、肿胀、压痛、眼睑水肿、耳前淋巴结肿大，应考虑快速进展型淋球菌性结膜炎。实验室：脓液、黏液：革兰阴性双球菌。
- 病毒性：体征：稀薄的渗出、分泌物更多见。上呼吸道病毒感染 ±。眼部灼烧感、沙粒感。查体：弥漫结膜充血、流泪 ±，耳前淋巴结肿大。多数由腺病毒感染引起。
- 疱疹病毒（HSV）：眼红、刺激症状、流泪常伴有眼睑多发囊泡，常累及颜面部。可出现眼睑水肿、溃疡，并可累及角膜。
- 眼带状疱疹病毒（VZV）：剧烈疼痛及皮损，三叉神经眼支亦可受累。结膜充血、发红、清亮或脓性分泌物，常有耳前淋巴结肿大，常见症状包括发热、乏力、恶心及呕吐。
- 流行性角膜结膜炎（EKC）：具高度传染性、暴发性特点，病毒性结膜炎表现，严重的异物感、视力下降。
- 急性出血性结膜炎（AHC）：具有高度传染性，急性起病，眼痛、肿胀、充血、结膜出血、流泪。常由小核糖核酸病毒引起。对症治疗，病程 5~7 天，常不伴有后遗症。

诊断

- 结膜刮片镜检或培养（细菌 / 病毒）仅用于顽固病例、大量脓性渗出病例、暴发性病例或复发病例。淋病是通过革兰染色最容易诊断的疾病，其特征是革兰染色阴性的胞内双球菌。衣原体常通过结膜涂片做直接免疫荧光染色诊断。
- 鉴别诊断：亚急性出血性结膜炎、眼睑炎、眼睑异常、巩膜炎、巩膜外层炎、角膜炎、翼状胬肉、急性前葡萄膜炎、急性闭角型青光眼。

治疗

局部抗菌药物

- 推荐：用于细菌性结膜炎。所有药物应在清醒时用，软膏可能在用后 20 分钟出现视线模糊，淋病和衣原体感染必须全身用药。

- 甲氧苄氨嘧啶－多黏菌素B（硫酸多黏菌素B和甲氧苄啶滴眼液），1滴，q3h×7~10天。
- 杆菌肽－多黏菌素B（多链丝霉素）眼药水1滴，q3~4h×7~10天。10%醋氨酰胺1~2滴，q2~3h×7~10天，病情好转后逐渐减量至每天2次。一些葡萄球菌株可能存在耐药。
- 红霉素眼膏，每天4次，涂于下眼睑内×5~7天，一些葡萄球菌株可能存在耐药。
- 氟喹诺酮类药物常用于较严重的病例，尤其怀疑假单胞菌（经隐性眼镜感染）或角膜溃疡时应用。
- 0.5%左氧氟沙星滴眼液1~2滴，q2h×2天，之后1~2滴，每天4次×5天；或0.3%氧氟沙星滴眼液1~2滴，q2~4h×2天，之后1~2滴，每天4次×5天；或0.3%环丙沙星滴眼液1~2滴，q2h×2天，之后1~2滴，q4h×5天。
- 杆菌肽－新霉素－多黏菌素B1~2滴，q4h×7~10天。10%的患者对新霉素过敏。
- 0.3%托普霉素（Tobrex）1~2滴，q4h×7天；或0.3%庆大霉素（卡那霉素）1~2滴，q4h×7天.
- 禁忌：0.5%氯霉素1~2滴，4~6次/天×3天，仅用于无其他可选药物时。长期或经常应用可发生致死性骨髓抑制。

系统用药

- 推荐：淋病患者需同时治疗性伴侣及衣原体感染，改不良习惯/治疗衣原体结膜炎，筛查其他性传播疾病。
- 超急性细菌性结膜炎（奈瑟氏淋球菌）：头孢曲松1 g IM×1次即有效。有报道推荐每24 h1次×7天。
- 青霉素/头孢菌素过敏者：壮观霉素2 g IM×1次，或其他选择见淋病奈瑟菌章节361页
- 目前美国推荐口服头孢克肟400 mg作为头孢曲松替代治疗，主要针对非复杂淋球菌感染，未证实对淋球菌结膜炎有效。
- 氟喹诺酮类抗生素不再推荐用于淋球菌的次选治疗，因可产生广泛耐药。
- 成人包涵体结膜炎（沙眼衣原体）：口服阿奇霉素1 g×1次；或口服强力霉素100 mg，q12h或口服四环素250 mg，q6h或口服红霉素250 mg q6h×14天。
- 局部抗病毒治疗
- HSV：适用于所有怀疑该病的患者。局部应用疱疹净、阿糖腺苷或三氟胸苷。
- 系统抗病毒治疗
- 带状疱疹病毒：口服无环鸟苷800 mg，每天5次或口服伐昔洛韦1 g 3次/天×7~10天。需请眼科医生除外角膜炎。

其他信息

- 推荐：初始治疗时没有关于激素滴眼液或抗生素/激素滴眼液联合治疗使用的规定，可根据眼科医生的建议短期使用，激素可能会使潜伏的HSV感染恶化。
- 有红眼症状的患者：避免使用隐形眼镜，需待治疗后红眼、分泌物消失。最好丢弃原镜片而使用未感染过的镜片或重新配镜。
- 缓解症状的方法：冷敷、人工泪液等。
- 过敏反应：苯吡胺－苯唑啉滴眼，1~2滴，每天4次或按需使用。0.1%奥洛他定滴眼，1滴，每天2次，如无效可0.5%酮咯酸氨基丁三醇滴眼，1滴，每天4次。

- 超急性细菌性结膜炎：生理盐水冲洗脓液，稀释毒素对眼组织的作用。密切监测防治角膜炎及角膜穿孔。
- 病毒性结膜炎：指导患者避免共用个人物品（毛巾、床单、枕头等），仔细洗手、2 周内避免与周围人密切接触。
- 腺病毒引起的结膜炎患者应立即停止使用隐形眼镜，因腺病毒经化学消毒剂及过氧化氢溶液消毒后仍可能存活。
- 流行性角结膜炎：遵照眼科医生建议。具有高度传染性的疾病应严格按照隔离、感染控制程序执行。

其他信息

- 培养对于诊断和治疗意义不大，除非在复发的病人、严重症状、超急性结膜炎时。性生活活跃的患者应考虑淋菌性结膜炎，尽量快速诊断。
- 建议出现红眼症状的患者尽快停止使用隐形眼镜，如出现角膜炎、虹膜炎 / 葡萄膜炎、巩膜炎或通过病史及查体怀疑存在闭角型青光眼应尽快咨询眼科医生。
- 对于配戴隐形眼镜者如出现假单胞菌感染、溃疡性角膜炎应怀疑继发性细菌性结膜炎，可出现异物感，体检发现角膜混浊。
- 特别提示：如出现剧烈眼痛、畏光、视力下降应尽快就诊，如上述症状在 1~2 天内加重或经治疗后 7 天仍无好转亦应尽快就诊。但病毒性结膜炎在病初 3~5 天症状会加重，应留意上述体征。

推荐依据

Sheikh A, Hurwitz B. Antibiotics versus placebo for acute bacterial conjunctivitis. Cochrane Database Syst Rev, 2006;Vol.CD001211.

注释：回顾性分析涉及 1034 例患者的 5 个随机对照研究数据，对于急性细菌性结膜炎给予抗生素治疗可以明显改善临床症状和微生物学结果。

Leibowitz HM. The red eye. N Engl J Med, 2000; Vol. 343; pp.345–51.

注释：对于在基层医疗机构就诊的“红眼”患者的临床资料进行了出色的分析。

眼内炎

Aimee Zaas, MD

病原体

- 金黄色葡萄球菌。
- 丙酸杆菌。
- 肠球菌。
- 蜡样芽胞杆菌。
- 念珠菌。
- 曲霉菌。
- 镰刀霉。
- 革兰阴性病原菌。
- 革兰阳性病原菌。

临床表现

- 眼后部引起的感染。
- 类型：手术后，外伤后（眼球穿通伤），血行播散感染（内源性眼内炎）。

- 眼内炎可以临床症状轻微，无痛性飞蚊症、视力改变或突发性疼痛、结膜水肿、失明以及发热。
- 临床表现：依据病原菌毒力强弱而定；轻度眼部刺激到剧烈眼痛，突眼，乃至眶周累及。
- 蜡样芽胞杆菌是侵袭性最强的一种导致眼内炎的病原菌，可见于静脉吸毒、外伤后患者，可出现棕色坏死环、眼前房积脓。
- 有个案报道，在应用抗 -TNF 治疗过程中可出现侵袭性眼内炎。

诊断

- 行玻璃体培养对于寻找病原十分必要，敏感性 70%。
- 对玻璃体标本行 PCR 检测寻找病原的敏感性接近 100%，如有必要可作为玻璃体培养的辅助手段。
- 手术后眼内炎：如出现眼前房积脓、白斑、对激素治疗无效的眼睛炎症反应以及眼前房、玻璃体串珠形混浊对激素治疗无反应、出现乳白色气泡时应进行培养。
- 内源性：出现系统性感染眼睛受累、宿主存在危险因素并出现眼部感染征象、慢性炎症对激素治疗无效时应进行培养。
- 对于所有持续真菌血症的患者应常规进行眼睛检查。

治疗

内源性眼内炎（EE）

- 细菌性（玻璃体内抗生素）：头孢他啶 0.1 ml 含 2.2 mg（覆盖革兰阴性菌），万古霉素 0.1 ml 含 1.0 mg（覆盖革兰阳性菌）。
- 全身应用氟喹诺酮类药物渗透入玻璃体；尚无实验证实此用法。
- 重复玻璃体穿刺，间隔 48~72 小时，如临床症状无改善或恶化则重复给予抗生素。
- 念珠菌：推荐早期玻璃体切除联合全身抗真菌治疗（两性霉素 B 或氟康唑）。
- 念珠菌：治疗 6~12 周，伏立康唑静脉 / 口服 400 mg q12h × 2 次，之后 200~300 mg q12h IV/PO；两性霉素 B0.7~1.0 mg/kg 或氟康唑 400 mg/d IV/PO。两性霉素 B 有肾毒性，伏立康唑存在药物相互作用，有光毒性及肝毒性，有将近 25% 的患者出现视觉改变（暂时性）。
- 念珠菌：玻璃体内给予两性霉素 B 存在争议；剂量 5~10 μg/ 次。
- 念珠菌：卡伯芬净可能有效，尚无很好的研究证实；一些文献报道卡伯芬净不能透过眼部组织。
- 曲霉菌：玻璃体内给予两性霉素 B 5~10 μg 同时给予地塞米松 400 μg，玻璃体切除术后 2 天重复给药；尚无关于伏立康唑、卡伯芬净的研究。
- 镰刀菌：有泊沙康唑（全身用药及眼部给药）治疗成功的个例报道。
- 杆菌属：侵袭性眼内炎需行玻璃体切除术，玻璃体内注射万古霉素及全身使用万古霉素。
- 系统治疗应按照指南，结合培养结果及感染病灶（如感染性心内膜炎、菌血症等）进行。

手术后眼内炎

- 依据大规模随机实验的结果，单独玻璃体内注射抗生素即可。
- 凝固酶阴性葡萄球菌、革兰阴性短棒杆菌及链球菌最常见。
- 经验性治疗：玻璃体内注射万古霉素联合头孢他啶。
- 革兰阳性菌：万古霉素 1 mg/0.1 ml；如无改善间隔 48~72 h 重复给药。

- 革兰阴性菌：阿米卡星 0.4 mg/0.1 ml；有发生视网膜微血管炎的风险。
- 革兰阴性菌：头孢他啶 2.25 mg/0.1 ml，如无改善间隔 48~72 h 可重复给药。
- 口服氟喹诺酮类药物可透过玻璃体，但尚无治疗相关研究。
- 玻璃体内给予激素的治疗尚存在争议。
- 虽然指南推荐单用玻璃体内给予抗生素治疗，但许多医师在治疗重症病例时仍选择全身应用抗生素。
- 外伤后眼内炎
- 尽快玻璃体切开同时进行细菌、真菌培养，清除异物及坏死组织。
- 经验性给予玻璃体内注射万古霉素 1 mg/0.1 ml 及头孢他啶 2.25 mg/0.1 ml；在农村或植被覆盖处受伤应考虑应用两性霉素 B：5~10 μg。
- 全身广谱抗生素推荐：万古霉素和头孢他啶是治疗眼内炎的较好选择。
- 所有玻璃体内注射抗生素均应使用生理盐水。

随访

- 在一项对 114 例眼内炎患者的队列研究中，最常见的并发症是玻璃体或视网膜出血（n=17，14%），视网膜剥离（n=17，14%），脉络膜剥离（n=3，3%），继发性青光眼（n=7，6%）以及复发性眼内炎（n=3，3%）。

其他信息

- 手术后眼内炎：迟发型感染（术后数年）常由痤疮丙酸杆菌引起。
- 痤疮丙酸杆菌常导致晶状体后部白斑形成，可做活检进行培养。
- 外伤后眼内炎：常由异物导致眼球裂开及眼球撕裂等。
- 内源性眼内炎常归因于全身感染；危险因素包括免疫抑制、留置静脉导管、静脉输入高营养液、静脉吸毒、恶性肿瘤等；25% 为双侧病变。
- 内源性眼内炎常由肺炎链球菌、流感嗜血杆菌、脑膜炎奈瑟氏菌引起，可见于健康人群。

推荐依据

Sternberg P,Martin DF. Management of endophthalmitis in the post-endophthalmitis vitrectomy study era. Arch Ophthalmol, 2001;Vol. 119;754-5.

注释：眼内炎治疗的专家意见；积极治疗迟发型手术后及外伤后眼内炎。

眼角膜炎

Khalil G. Ghanem, MD

病原体

- 革兰阳性球菌。
- 革兰阳性杆菌。
- 分枝杆菌。
- 螺旋体。
- 带状疱疹病毒。
- 单纯疱疹病毒。
- 镰刀菌。
- 盘尾丝虫。
- 棘阿米巴属。
- 最常见病原菌：肺炎链球菌、金黄色葡萄球菌、铜绿假单胞菌、莫拉氏菌。其他上述病原菌相对少见。

临床表现

- 角膜炎 = 角膜的炎症反应。大约 50% 为感染引起（其中近 80% 为细菌引起）。角膜和结膜的上皮细胞是连续的一可同时引起角膜炎和结膜炎。
- 体征、症状：疼痛，视力下降，流泪，畏光，眼睑痉挛，视物模糊，角膜上皮溃疡，角膜基质炎症反应及角质蛋白溶解（角质丢失）、角膜瘢痕、撕裂。
- 实验室检查：局麻、裂隙灯检查：炎症反应 ± 眼前房积脓（眼前房见白细胞），眼前房出血，虹膜粘连，青光眼。进展为眼内炎。

诊断

- 角膜刮片（做革兰染色、姬母萨染色、AFB 染色及 GMS 染色及培养）；角膜活检（非化脓性病例）。
- 如无法诊断，可考虑进行角膜成形术帮助诊断、治疗。
- 革兰染色：一种病原菌诊断的准确性为 75%，超过一种病原菌的准确性仅不足 35%。

治疗

抗微生物治疗

- 治疗方案：溶解、结膜下连续冲洗、亲水性隐形眼镜。
- 所有用药均使用眼科专用溶液，除非特殊说明。
- 在等待培养结果时，怀疑细菌性应在治疗初选用广谱抗生素（如头孢菌素、氨基糖苷类）之后选择窄谱抗生素。
- 革兰阳性菌：头孢菌素（头孢唑啉）或局部应用万古霉素（如果怀疑耐药）覆盖链球菌。
- 革兰阴性菌（局部用药）：氨基糖苷类（庆大霉素（0.3%~1.5%），阿米卡星，妥布霉素），0.3% 环丙沙星，0.3% 诺氟沙星或 0.3% 氧氟沙星。
- 抗真菌治疗：两性霉素 B1.5 mg/ml，氟康唑溶液，0.2% 葡萄糖酸洗必泰溶液，纳他霉素（美国无药）。口服抗真菌药物视感染情况而定。
- 棘阿米巴：聚亚己基双胍，葡萄糖酸洗必泰或乌洛托品联合手术治疗。疗程推荐：3~4 周。

- 盘尾丝虫：口服双氢除虫菌素。
- 疱疹：清创术 + 三氟脲苷滴眼 ×10 天 + 激素治疗角膜基质炎。无环鸟苷 400 mg 2 次 / 天 ×1 年防止复发。
- 治疗疗程依据病情，必要时需经常裂隙灯检查。初期应较频繁（间隔 30 分钟）。中重度患者强烈推荐住院治疗。

其他用药

- 激素滴眼液：在细菌性角膜炎时应用存在争议，梅毒和莱姆病除外，真菌性角膜炎避免使用。疱疹病毒角膜基质炎时效果好。
- 角膜成形术：严重细菌感染时的辅助治疗。合并棘阿米巴时需切除包囊。
- 预防：配戴隐形眼镜者有特殊指南（见 http://www.fda.gov/cdrh/medicaldevicesafety/atp/041006-keratitis.html）

其他信息

- 感染性角膜炎可导致失明；立即请眼科医生会诊，强烈建议对于中重度患者住院治疗，警惕出现角膜穿孔。
- 对于 MIC 值及耐药的解读应引起重视，眼科局部用药可以达到非常高的药物浓度而起效。
- 隐形眼镜相关角膜炎：除假单胞菌之外，还应考虑到棘阿米巴的可能，尤其是在标准培养基中不生长者。
- 近期 FDA/CDC 警示配戴隐形眼镜者罹患真菌性角膜炎（镰刀菌）可能与某种特定的镜片消毒液有关。

推荐依据

Suwan-Apichon O,Reyes JM,Herretes S,et al. Topical corticosteroids as adjunctive therapy for bacterial keratitis. Cochrane Database Syst Rev, 2007; Vol. CD005430.

注释：通过这项复杂的随机对照分析研究，证明细菌性角膜炎患者应用局部激素治疗并不能提高疗效。

Thomas PA, Geraldine P. Infectious keratitis. Curr Opin Infect Dis, 2007; Vol. 20; 129-41.

注释：作者回顾总结了近期感染性角膜炎的治疗。

眼眶蜂窝织炎

Khalil. Ghanem, MD

病原体

- 流感嗜血杆菌。
- 化脓链球菌。
- 肺炎链球菌。
- 曲霉菌。
- 毛霉菌，接合菌。

临床表现

- 隔膜前蜂窝组织炎 = 眶隔膜前部；眼睑充血，软组织水肿，没有眶周充血。
- 隔膜后蜂窝组织炎 = 眶周蜂窝组织炎；眶内容物急性感染。
- 病因：（1）从任何副鼻窦感染播散而来最常见；（2）直接种植：外伤后（或手

术后）；（3）急性泪囊炎；（4）咬伤；（5）血行播散（非常罕见）。
- 症状：早期为发热、眼睑水肿、鼻漏、结膜充血、结膜水肿、突眼。
- 查体：眼球活动受限；视力下降（后期），角膜感觉减退，视网膜静脉充血。
- 实验室检查：轻度白细胞增多（约 15 000/mm^3），血培养：结果多样，结膜培养可能有帮助。

诊断
- 影像学：CT 和增强 CT 利于发现骨的改变。
- CT 显像在前隔膜蜂窝织炎时表现正常 ± 软组织水肿。
- MRI 在诊断大而深的鼻窦血栓时有帮助。
- 分级及处理：I 级：前隔膜蜂窝织炎，眼睑肿胀；CT 正常。门诊口服抗生素治疗。II 级：水肿、结膜水肿、突眼、眼外肌活动受限；CT 扫描可显示黏膜肿胀但无渗液。静脉给予抗生素治疗（疗程 10~14 天）。III 级：有时会出现失明，CT 显示骨膜下脓肿，眼外肌可受累。静脉应用抗生素，如治疗 24h 仍无好转应手术清创引流。IV 级：眼肌麻痹伴失明；CT 显示眼球突出，脓肿形成，骨膜开裂。给予静脉抗生素并手术治疗。

治疗

抗微生物治疗
- 完成培养后尽早开始治疗；无需等待影像学结果。
- 最初的治疗方案，抗生素应覆盖革兰阳性菌及厌氧菌，待培养结果给出后再调整方案。
- 抗细菌药物：氨苄青霉素 / 舒巴坦 3 g IV q6h（成人）。头孢曲松 1g IV q12h ± 万古霉素 1 g IV q12h[Mandell:PrinciplesandPracticeofInfectiousDisease,5th Ed.,2000]。
- 其他药物选择：克林霉素 300 g IV q8h 或头孢呋辛 750 mg~1.5 g IV q8h。
- I 级（眶前）：可口服阿莫西林 / 克拉维酸 500 mg 3 次 / 天或克林霉素 300 mg 4 次 / 天，疗程 10~14 天。
- 疗程：一般 10~14 天，如出现骨髓炎改变应用药 3~6 周。
- 眼眶蜂窝织炎的初始治疗应静脉应用抗生素，之后可根据病情改为口服。
- 虽然少见，但仍有 CA-MRSA 导致的眶周蜂窝织炎的个案报道。
- 抗真菌治疗：可考虑应用两性霉素 B 覆盖接合菌（毛霉菌）或曲霉菌（常从鼻窦扩散所致）进而立即手术清创。
- 伏立康唑因出色的药物活性作用及更少的毒副作用，可作为治疗曲霉菌的一线药物（如果确凿证据证实），比两性霉素 B 更优越（尚无回顾性分析证实）。
- 泊沙康唑作为治疗接合菌感染的另一种口服药物选择。

手术治疗
- 眼眶蜂窝织炎的手术治疗需要眼科医生和耳鼻喉科医生会诊。
- 手术清创需保证清除脓肿或者即便手术无法很好清除也应在术后最初 24~36h 内改善症状。
- 手术时应该留取标本做培养，这样通常可取得结果。
- 如果是真菌，手术应更早进行。

其他信息

- 眶周蜂窝织炎：常见于幼儿，平均发病年龄 21 月。外伤和菌血症是最常见原因。眼眶蜂窝织炎：平均发病年龄 12 岁；鼻窦炎是最常见原因。
- 眶后蜂窝织炎：视力下降表现突出，眼痛出现较早，常无感染征象；常由蝶骨或筛骨播散所致。STAT-CT 显示：多普勒效应
- 糖尿病酮症患者并出现眼部症状时，应警惕鼻脑型毛霉菌病可能，应立即外科会诊手术清除。
- 海绵窦血栓形成：怀疑眼内肌、眼外肌受累（第三、四、五、六对颅神经受累）。需进行 MRI 检查。

推荐依据

Uzcátegui N, Warman R,Smith A,et al. Clinical practice guidelines for the management of orbital cellulitis. J Pediatr Oputhalmol Strabismus,1998;Vol. 35; pp. 73-9; quiz 110-1.

注释：对 101 例患者的回顾性研究：眼眶感染的发生率，临床表现上，眼睑水肿是唯一表现者（I 级和 II 级）较后眼眶受累（III 级，IV 级，V 级）更为常见，分别是 84.16% 和 15.84%。

急性风湿热

Paul G. Auwaerter, MD

病原体

- A 组（β－溶血）链球菌。

临床表现

- 免疫反应综合征（非化脓性）A 组链球菌咽炎。
- 美国较少见，A 组链球菌咽炎发病率下降（< 0.4%），但在发展中国家相对多见，高发年龄 6~15 岁。
- 平均潜伏期 19 天，1~5 周不等。
- 心脏炎常见于幼儿，可无症状或充血性心衰。
- 随着年龄增长，关节炎的发生率逐渐增加，表现为游走性关节炎，常累及膝关节，肘关节，踝关节和腕关节，但不累及小关节。
- Sydenhams 舞蹈病是后期的表现，脸部、颈部、躯干及四肢的无规律、突发性、快速的不自主运动。
- 皮下结节（常合并严重的心脏炎）和环形红斑（粉色或红色呈环状，稍突出于皮面，不伴瘙痒，分布于躯干及四肢。发生率 < 10%。

更多临床表现

WHO 诊断标准（2001–2002）：不如 Jones 诊断标准严格。

1. 舞蹈症和轻度心脏炎，无需之前患 A 组链球菌感染的证据。
2. 初发型同 Jones 诊断标准。
3. 复发型：

- 如果未诊断风湿性心脏病：按照初发型诊断。
- 如果已诊断风湿性心脏病：需要至少 2 种表现 + 之前 A 组链球菌感染的证据。A 组链球菌感染的证据同 Jones 诊断标准，还有近期患猩红热。

诊断

- 急性风湿热可出现急性关节炎及心脏受累。诊断标准：符合 2 条主要标准或 1 条主要标准 +2 条次要标准可以诊断。复发型风湿热不需要满足所有标准。
  主要标准：心脏炎，多关节炎，舞蹈症，皮下结节，环形红斑。
- 次要标准：发热，关节痛，心脏传导阻滞，ESR/CRP 升高或血白细胞升高。
- 支持证据：近期咽拭子培养 A 组链球菌呈阳性及 ASO 升高。

治疗

急性风湿热治疗

- 关节痛及轻度关节炎，无心脏炎：仅止痛治疗，如可待因或丙氧芬。
- 中重度关节炎无心脏炎，或有心脏炎伴 / 不伴充血性心衰：阿司匹林 90~100 mg/kg 分次口服 x 2~6 周。
- 心脏炎伴 / 不伴充血性心衰，± 关节炎：强的松 40~60 mg/d，逐渐减量。激素的推荐方案无回顾性随机临床实验数据证实。
- 如果咽拭子 A 组链球菌呈阳性，应给予苄星青霉素 G 1.2 mU IM x 1 次。

预防

- 清除咽部 A 组链球菌，疗程比时间更有意义。
- 注射用药：苄星青霉素 G 1.2 mU IM（单剂），体重 < 60 kg，单剂 0.6 mU 肌注。
- 口服：青霉素 V 钾 250 mg 3 次 / 天（儿童），500 mg 3 次 / 天（青少年、成人），疗程 10 天。阿莫西林口服液更适合幼儿，25~50 mg/(kg・d)，q8h，疗程 10 天。
- 青霉素过敏：红霉素 40 mg/(kg・d)，2~4 次 / 天（最大剂量 1g/d），疗程 10 天。
- 链球菌咽炎的治疗，即使在发病 9 天后进行仍可预防急性风湿热的发生。

预防复发

- 防止再次复发引起损害，确切效果存在争议。
- 苄星青霉素 G 1.2 mU IM，每 4 周 1 次（如果高危可每 3 周 1 次）或青霉素 V 钾 250 mg PO，2 次 / 天。
- 青霉素过敏者可选择红霉素 250 mg PO，2 次 / 天。
- 预防复发的疗程不确定，可能延续至青春期、成年或末次发病后 10 年。

随访

- 有急性风湿热病史者是急性风湿热发作及发生风湿性心脏病的高危人群。
- 长期患风湿热的后遗症是风湿性心脏病（瓣膜病）。在初诊急性风湿热的患者中无心脏炎者仅 6% 发生风湿性心脏病，但如有心脏杂音或充血性心衰，则发生风湿性心脏病的几率将升至 40%~65%。

推荐依据

Carapetis JR, McDonald M, Wilson NJ. Acute rheumatic fever. Lancet, 2005;Vol. 366; 155–68.

注释：近期综述性文献验证了 Jones 诊断标准的诊疗意见。

Dakamo AS. Ayoub E, Bierman EZ et al. Guidelines for the diagnosis of rheumatic fever: Jones criteria, updated 1992. Circ, 1993; Vol. 87; p.302.

注释：依据最近的诊断指南，T.DuckettJones 将经典的 Jones 诊断标准进行修订，其中对复发型风湿热的诊断在之前感染 A 组链球菌部分较以前更加灵活，可结合临床表现确定。复发型风湿热的临床表现会相对轻，且不完全符合全部 Jones 诊断标准规定。

慢性疲劳综合征

Lisa A. Spacek, MD, Phdand Khalil G. Ghanem, MD, PhD

病原体

- 没有发现任何明确的与任何感染及慢性疲劳相关的因素。

临床表现

- 慢性疲劳综合征（CFS）：临床评估的，不能解释的疲劳 > 6 月 + 符合以下中 4 项：记忆力受损，喉痛，淋巴结疼痛，肌僵硬、疼痛，关节痛，新发头痛，失眠以及用力后疲劳。
- 慢性疲劳综合征伴随的其他异常：风湿性纤维肌痛（35%~70%），多种多样的化学敏感，焦虑 / 抑郁，肠易激综合征（IBS），海湾战争综合征，颞下颌关节异常等。
- 流行病学：一般人群发病率 0.2%，女性多见（2.9:1）。
- 精神病学，感染学，内分泌学，以及睡眠异常等原因存在争论；未明确病因。

- 慢性疲劳综合征可发生于感染很好的控制之后（慢性感染综合征之后）：感染性单核细胞增多症（原发性 EB 病毒感染），莱姆病，Q 热，罗斯河病毒感染及其他。

诊断

- 无诊断慢性疲劳综合征的实验室方法。
- 曾有不同的临床诊断：睡眠异常，肾上腺功能不全（极少不伴有体重下降），铁过多或过少，甲状腺功能低下，性功能减退，焦虑，抑郁，直立性低血压。

治疗

- 非药物治疗。
- 轻度有氧健身训练会有一定益处。
- 认知活动治疗。
- 健康睡眠。
- 益生菌据报道可缓解焦虑症状。
- 药物治疗。
- 没有证实任何药物可以治疗慢性疲劳综合征的患者。
- 药物对治疗特定的症状可能会有效。医生可考虑选用抗抑郁药物（三环类抗抑郁剂，如去甲替林，选择性 5- 羟色胺再吸收抑制剂，文拉法辛）或严重病例给予刺激剂（莫达非尼，安非他命）。

推荐依据

Afari N,Buchwald D. Chronic fatigue syndrome: a review. Am J Psychiatry, 2003; Vol. 160; pp. 221-36.

注释：一篇关于慢性疲劳综合征的优秀的综述文章：作者回顾了 CDC 关于病例的定义，可能的发病机制，所有关于治疗的对照实验及结果。

发热和粒细胞减少症

Khalil G. Ghanem, MD

定义

- 发热：单次口表温度 > 38.3℃（101 ℉）或持续体温 > 38℃（100.4 ℉）> 1h 并粒细胞减少：中性粒细胞绝对计数（ANC）< 500/mm^3 或 < 1000/mm^3 预计有 < 500/mm^3 可能性（推荐依据：CID2002）。

概述

病原体

- 革兰阴性菌细菌（假单胞菌属，肠球菌属等）；注意耐药革兰阴性菌（如，ESBLs）。
- 金黄色葡萄球菌（包括 MRSA）和凝固酶阴性葡萄球菌。
- 草绿色链球菌（提示严重致病菌，尤其在肿瘤及黏膜炎患者）。
- 肠球菌。
- 杰氏棒杆菌（在导管相关感染中并不少见）。
- 芽胞杆菌。
- 丙酸杆菌。
- 厌氧菌：不常见（如牙周脓肿或直肠周围脓肿，腹腔内感染）。
- 念珠菌。

- 曲霉菌及其他丝状真菌（如镰刀霉）。

诊断

- 详细病史及查体（见下述）。
- 取 2 次血培养标本；最好取外周静脉血 x 2（至少 1 次）+ 导管血。
- 尿常规及显微镜检，全血细胞计数及细胞分类；肝功能，电解质。
- 痰革兰染色及培养；如出现肺部持续症状应考虑行支气管镜检查及肺泡灌洗。
- 根据症状、体征行胸部 X 线，CT、B 超、MRI 检查。

临床指南

临床表现

- 仔细询问既往病史、近期暴露史、接触史。
- 危险因素：粒细胞缺乏程度（粒缺严重程度：< 100/mm^3 < 500/mm^3 < 1000/mm^3），粒细胞快速下降，肿瘤是否缓解，粒缺持续时间，其他复发病变；留置中心静脉导管。
- 其他可能发生的发热的时间，细胞毒类药物使用推测粒缺持续时间
- 查体：尤其检查牙周组织，咽部，肺部，会阴 / 肛门，皮肤，眼睛，血管插管处，骨髓活检处等。

治疗

- 根据病史、查体、实验室检查、评估危险因素决定选择口服（低危患者，见下述）还是静脉药物治疗。
- 开始给予抗生素（单药或联合），在调整方案前除非出现新的培养结果或出现病情恶化，至少持续用药 3~5 天。
- 决定是否需要覆盖革兰阳性菌。
- 持续发热（3~5 天）：临床重新评价，包括培养和影像学检查。决定是否继续应用抗生素（如果病情稳定）或更换 / 增加抗生素（如果病情进展，或符合万古霉素应用标准）或加用抗真菌药物。
- 粒缺伴发热的患者应用广谱抗生素后 3~5 天仍有发热，即使没有找到病原也可常规加用抗真菌药物：两性霉素 B（或脂质体），伏立康唑或泊沙康唑（尽管没有充分研究证实），卡伯芬净（其他棘白菌素类，阿尼杜拉芬净，米卡芬净，但尚无治疗粒缺患者的充分资料；仅卡伯芬净通过 FDA 批准）。
- 在开始抗真菌治疗前，应完善相应的工作：评估宿主因素和临床情况，对任何怀疑感染的皮损进行活检，胸腹部 CT 扫描，鼻窦，鼻窥镜检查（如果有征象），适当的组织培养，半乳甘露聚糖酶联免疫实验。
- 如果胸部 CT 出现结节样改变 ± 半月征，应尽量选择两性霉素 B 及伏立康唑。
- 两性霉素 B 0.5~1 mg/(kg · d) 或两性霉素 B 脂质体（ambisome）5 mg/(kg · d)，伏立康唑 6 mg/(kg · d) IV q12h x 2 之后 4 mg/(kg · d) IV q12h，泊沙康唑 200 mg PO q6h x 7 天，之后 400 mg PO q12h，卡伯芬净 70 mg IV x 1，之后 50 mg IV q24h。
- 常规抗病毒治疗不推荐应用，除非出现单纯疱疹、带状疱疹皮肤损害时（应用阿昔洛韦）。巨细胞病毒除骨髓移植患者外很少见（应用更昔洛韦）。
- 集落刺激因子（G-CSF）：可以缩短粒缺时间但不能缩短发热时间以及减少感染死亡率；不推荐常规使用。
- 严重粒缺患者合并感染，治疗无反应或估计出现骨髓抑制较慢恢复的患者，应考

虑应用 G-CSF。

- 如果留置中心静脉导管，应拔除同时留取血培养，注意金黄色葡萄球菌、假单胞菌、窄食单胞菌、杰杰氏棒状杆菌，芽胞杆菌、念珠菌、快生长非典型分枝杆菌（如果可能）。

口服抗生素治疗

- 成人低危患者：环丙沙星 + 阿莫西林 / 克拉维酸。密切监测患者并在适合的医疗机构治疗。
- 相对低危患者：中性粒细胞计数 > 100，胸片正常，肝功能正常，肌酐正常，无静脉留置管及未发现感染部位，体温 < 39℃。无腹痛、出现骨髓恢复迹象，无其他并发病变。粒缺可能 < 10 天。
- 口服治疗：环丙沙星 500 mg PO，2 次 / 天，以及阿莫西林 / 克拉维酸 500 mg PO q8h。

抗生素单药治疗和联合治疗

- 粒缺伴发热的患者不伴有并发症时，经验性应用抗生素治疗采用单药或联合治疗并没有差异。单药治疗有产生耐药的潜在风险（尤其是头孢菌素类）。
- 经验性治疗的选择：根据病史，查体，抗生素过敏史，既往培养结果（如果可以得到），近期病原微生物暴露史及所在部门耐药特点进行选择。
- 单药治疗：头孢吡肟，头孢他啶或碳氢霉烯类（伊米配能 / 美罗培南）被 FDA 批准使用。如果 ESBL 发生率高推荐使用碳氢霉烯类（避免使用头孢菌素类）。
- 联合治疗：氨基糖苷类 +[抗假单胞菌青霉素类（哌拉西林 / 他唑巴坦）或头孢吡肟或头孢他啶或碳氢霉烯类]。两种抗假单胞菌的 β – 内酰胺类抗生素联合（不推荐）。
- 联合治疗潜在益处：抗革兰阴性杆菌治疗有协同作用同时减少耐药性产生。需均衡粒缺与药物毒副作用。
- 头孢他啶 2 g IV q8h 或头孢吡肟 2 g IV q8h 或伊米配能 1 g IV q6h(注意发生肾功能损害的潜在风险）或美罗培南 2 g IV q8h。
- 联合治疗的协同作用：庆大霉素或妥布霉素 2 mg/kg q8h 或 5 mg/kg q24h（推荐最好 1 次 / 天使用，减少毒性）或阿米卡星 15 mg/(kg · d) 或分次给药 q8~12h。
- 万古霉素：临床怀疑严重的导管相关感染，MRSA 定植，血培养报警革兰染色阳性菌但尚未鉴定菌种时或血压降低时需考虑应用。另外结合既往培养结果需要加用万古霉素。利奈唑胺可以备选，但不推荐用于严重菌血症患者。
- 其他药物用法：万古霉素 15 mg/kg IV q12h，利奈唑胺 600 mg IV/PO q12h，达托霉素 6~8 mg/kg IV q24h。
- 喹诺酮类药物不推荐单独用于初始治疗，因缺少回顾性分析资料数据，在一些治疗中心常规应用喹诺酮类药物预防治疗有诱发耐药倾向。

疗程

- 如果感染的病原明确，应继续使用针对性的抗生素至治疗的标准疗程。
- 如果体温在 3~5 天内恢复正常：如果中性粒细胞绝对计数 > 500/mm^3 x 2 天，如果没有感染证据可停用抗生素；如果中性粒细胞绝对计数 < 500/mm^3，继续应用抗生素至少 7 天或最好至中性粒细胞绝对计数 > 500/mm^3 或病灶清除(高危患者)。可序贯为口服抗生素环丙沙星 + 阿莫西林 / 克拉维酸，或体温正常 > 7 天可考虑停用抗生素（低危患者）。

- 持续发热：如果中性粒细胞绝对计数 > 500/mm^3，应在中性粒细胞绝对计数 > 500 后 4~5 天后停用抗生素再评估病情。如果中性粒细胞绝对计数 < 500/mm^3，应继续用药至 14 天再评估病情。
- 决定是否停用抗生素的最主要因素是看中性粒细胞计数是否恢复。

其他信息

- 在粒细胞缺乏并发热的患者中，不足 50% 将发生感染，在中性粒细胞绝对计数 < 100/mm^3 患者中 1/5 将发生菌血症。
- 症状和体征（硬结、红斑、脓疱、胸部 X 线浸润影、CSF 淋巴细胞增多）在粒细胞缺乏患者不易出现。
- 使患者退热的治疗的时间平均为 5 天（2~7 天）。在得到新培养证据或病情恶化前不要调整抗生素方案。
- 鼻窦炎的诊断需要侵入性操作，在粒细胞缺乏患者进行有发生侵袭性真菌感染的风险。

推荐依据

Walsh, TJ, Teppler, H, Donowitz,GR, et al. Caspofungin versus liposomal amphotericin B for empirical antifungal therapy in pts with persistent fever and neutropenia. N Engl J Med, 2004; Vol. 351; pp. 1391.

注释：这是一篇比较卡伯芬净和两性霉素 B 经验性治疗粒细胞缺乏并发热患者疗效的重要文献。这篇文献显示两种药物在治疗成功率、真菌感染控制及控制发热等方面效果相似。

Hughes WT, Armstrong D, Bodey GP, et al. 2002 guidelines for the use of antimicrobial agents in pts with cancer. Clin Infect Dis, 2002; Vol. 34; pp. 730–51.

注释：是美国 IDSA 最近更新的关于粒细胞缺乏并发热的诊治指南。

钩端螺旋体见 335 页病原体部分

莱姆病

John G. Bartlett, MD

病原体

- 伯氏疏螺旋体。
- 在美国以外地区可由其他种株螺旋体引起莱姆病。如在欧洲，B.garinii，B.afzelii 型，对美国莱姆病血清学检测不产生反应。

临床表现

- 是美国最主要的蜱传播疾病，带菌者：蓖子硬蜱（Ixodes scapularis）（鹿叮咬），美国东北部沿岸地区广泛流行，亚特兰大中部以及威斯康辛州、明尼苏达州。西部地区少见，由太平洋硬蜱（I.pacificus）叮咬引起。
- 早期（叮咬后 3~30 天）：局部—叮咬处出现游走性红斑，卵圆形（中心渐苍白，“公牛”眼仅见于少数较大皮损者）——不需要行血清学检查；播散——多发游走性红斑，典型的红斑较小伴发热及全身系统症症状。
- 心脏炎：早期、播散性感染的表现，房室传导阻滞（一度 > 二度 > 三度），但一般仅三度房室传导阻滞在临床上能够发现。
- 神经炎：通常在早期，弥散性（叮咬后数周至数月）颅神经麻痹，包括 Bell 样麻痹，淋巴细胞性脑膜炎或脊神经根炎伴疼痛，轻瘫或感觉异常。晚期莱姆病表现（罕见）：脑病、周围神经病（感觉性）。
- 关节炎：早期：多关节痛或多关节炎 / 跟腱炎。晚期（数月至数年）：关节肿胀 + 疼痛，常发生于负重关节，膝关节最常见。常为单关节炎，抗生素治疗后仍有复发。
- 晚期皮肤损害（主要见于欧洲）：淋巴细胞瘤和肢端萎缩性皮炎：血清学 90%~100% 呈阳性，伯氏疏螺旋体 PCR 检查常阳性。

诊断

- 早期，局限性（游走性红斑）：在流行区出现可典型皮损及疑蜱叮咬史。早期血清学检测意义不大，除非是疑难病例，在急性期检测（30%~70% 病例呈阴性）及恢复期复检。
- 早期弥散病变：近期典型红斑史或莱姆病血清学检测阳性（ELA+Western blot）。
- 晚期莱姆病：诊断结合病情 + 阳性血清结果（ELA+Western blot）；关节炎—血清学或莱姆病 PCR，神经炎—血清学 +CSF 异常或 CSF 莱姆病检测指数（CSF 与血清莱姆病抗体检测值的比值，CSF 蛋白正常，如果 > 1.0~1.2 可诊断）。
- 提示：仅有主观症状，如乏力，神经认知症状，纤维肌痛症样症状不提示需行莱姆病检测。
- 莱姆病 Western blot 方法检测 IgM 阳性时，如病程 > 1 月则高滴度常为假阳性。

治疗

莱姆病治疗方案（IDSA 指南，CID2006）

- 早期病变（推荐口服）：阿莫西林 500 mg 3 次 / 天或多西环素 100 mg 2 次 / 天

或头孢呋辛 500 mg 2 次 / 天 x 2 周。多西环素的优点是可治疗其他叮咬感染，如查菲立克次体，吞噬细胞无形体，落基山斑疹热。

- 其他药物选择（PO）：阿奇霉素 500 mg PO, 每天 1 次 x 7~10 天，或克拉霉素 500 mg，每天 2 次 x 14~21 天（注意治疗失败可能性大）。
- 静脉用药（最佳）：头孢曲松 2 g q24h
- 其他药物选择：头孢他啶 2 g IV q8h 或青霉素 G 3~4 mU q4h(18~24 mU/d)

根据临床症状治疗

- 游走性红斑：口服治疗 14 天（14~21 天）。多西环素 100 mg，每天 2 次 x 10 天，有文献报道疗效相似（Ann Intern Med2003）
- 脑膜炎或神经根病：静脉用药 x 14 天（10~28 天）
- 颅神经麻痹：口服 14 天（14~21 天）。如出现 CSF 异常可静脉用药。
- 心脏病变：口服或静脉治疗 14 天（14~21 天）
- 关节炎（晚期莱姆病）：口服治疗 28 天
- 口服治疗后复发关节炎：重复口服 28 天或静脉治疗 14~28 天。
- 中枢神经系统或周围神经病变：静脉治疗 14 天（14~28 天）
- 慢性萎缩性肢端皮炎（主要见于欧洲）：PO 21 天（14~28 天）

预防

- 每天检查有无叮咬。36 h 内去除可有效预防。
- 叮咬防控：自 5 月初开始使用杀虫剂。
- 二乙甲苯酰胺（DEET）驱虫，尤其是皮肤使用 Edtiar（Ultrathon）。
- 合成除虫菊酯用于外衣、鞋、帐篷等。
- 预防性口服多西环素 200 mg x 1 次，叮咬后 72 h 内保护率达 87%，最好用于高流行区。
- 莱姆病疫苗 — 尚无应用（2002）。

不推荐

- 避免在同时期内重复治疗或多种药物联合治疗。
- 无效治疗：高压氧，IVIG，臭氧，消胆胺，维生素，营养制剂，镁，螯合剂治疗。
- 避免经验性治疗巴贝西虫病和巴尔通体。
- 超过推荐疗程延长治疗时间。

其他信息

- 诊断依据流行病学（流行地区 ± 叮咬史），血清学检测阳性（早期除外，伴 / 不伴游走性红斑或急性神经炎）和典型症状。
- 患者伴有慢性疲劳、关节僵硬，伴 / 不伴肌肉痛，不应因此而进行莱姆病检测及治疗。
- 血清学：ELA 或 IFA 及 Western blot—检测 4~6 周至恢复期血清转换（可靠的实验方法）。
- 叮咬：感染率 1%~3%；莱姆病，立克次体，巴贝西虫，落基山斑疹热；预防性应用多西环素 200 mg x 1 次，预防莱姆病风险。

更多信息

- LYMErix 疫苗因销量不佳已于 2002 年 3 月停产。

推荐依据

Halperin JJ, Shapiro ED, Logigian E, et al. Practice parameter: treatment of nervous system Lyme disease (an evidence-based review): report of the Quality Standards Subcommittee of the American Academy of Neurology. Neurology, 2007; Vol. 69; pp. 91-102.

注释：美国神经病学会推荐的治疗莱姆病神经系统病变的指南。这是本章节推荐的治疗方案的资料来源。

Wormser GP, Dattwyler RJ, Shapiro ED, et al. The clinical assessment, treatment, and prevention of Lyme disease, human granulocytic anaplasmosis, and babesiosis: clinical practice guidelines by the Infectious Diseases Society of America. Clin Infect Dis, 2006; Vol. 43;pp. 1089-134.

注释：本章节所有治疗方案、预防控制资料参考的 IDSA 指南。

American College of Physicians. Guidelines for laboratory evaluation in the diagnosis of Lyme disease. American College of Physicians. Ann Intern Med, 1997; Vol. 127;pp. 1106-8.

注释：ACP 提供了莱姆病血清学检测指南。首先判断莱姆病可能性，在可能性达到 20%~80% 时进行检测。实验分两步骤：Westernblot 呈阳性或不确定时再进行 ELA 或 IFA。患者有游走性红斑或关节炎 + 蜱叮咬史者应进行经验性治疗。

淋巴结病

PaulG .A uwaerter, MD

病原体

- 急性广泛性：HIV，梅毒，EB 病毒，巨细胞病毒，弓形虫，布鲁氏菌，猫抓病，肉瘤，淋巴瘤，Still's 病，炎性肠病，Whipple's 病，超敏反应，HIV（+）患者 HAART 相关免疫重建炎症综合征。
- 急性局灶性：颈部：A 组链球菌，EB 病毒，结核，猫抓病，淋巴瘤，大动脉炎。耳前：腺病毒，结膜炎，土拉菌病，猫抓病（Parinaud 眼腺综合征）。滑车上淋巴结：手部感染（中指），梅毒。腹股沟淋巴结：梅毒，疱疹病毒，LGV，软下疳，HIV，淋巴瘤，土拉菌病，鼠疫。
- 慢性广泛性：梅毒，结核，组织胞浆菌病，隐球菌病，CGD，淋巴瘤，HIV，肉瘤，甲状腺功能亢进，慢性疲劳综合征，移植后淋巴增殖异常。
- 慢性局灶性：结核，隐球菌，组织胞浆菌病，猫抓病，淋巴瘤，转移瘤，Kikuchi-Fujimoto 病，Rosai-Dorman 病。

临床表现

- 可触及淋巴结肿大（> 1 cm 为异常）。必须明确广泛性还是局灶性；慢性还是急性。见上述关于病原解释可能找到病因。
- 查体：测体温，注意检查黏膜，器官肿大及生殖器异常。
- 有触痛的淋巴结：考虑感染，化脓或出血形成坏死灶。
- 质地韧的淋巴结：考虑淋巴瘤。
- 质地硬的淋巴结：肿瘤或放线菌病
- 淋巴结孤立或融合（许多淋巴结形成组）。

诊断

- 实验室检查：结合病史进行外周血细胞计数，HIV，RPR，CMV 以及其他检查。其他诊断应包括巴尔通体，弓形虫血清学检测，病毒性肝炎血清学检测，Whipple's 病的 PCR 检测，消化道造影。
- 淋巴结活检适用于不明原因的淋巴结肿大持续 > 4 周，具有肿瘤的特征或增长迅速者。常首先进行针吸穿刺活检，但手术切除活检在淋巴瘤的诊断中更具优势。
- 组织活检应同时送涂片、培养，做真菌及抗酸染色，手术标本可选择用流式细胞仪进行分子生物学检测。
- PPD。

治疗

诊断（部分常见诊断列表）
- 梅毒：RPR/FTA。
- A 组链球菌：咽拭子，快速抗原检测。
- EB 病毒：传染性的红细胞增多症试剂盒检测，抗 –VCA IgM，IgG 抗体。
- 巨细胞病毒：血清学（IgM，IgG）。
- HIV：血清学检测，病毒载量核酸 PCR（用于急性感染期）。患者 CD_4 < 50 ul，腹部淋巴结肿大要考虑播散性 MAC 所致。
- 猫抓病：淋巴结活检，培养，血清学检测（抗巴尔通体抗体），PCR。
- 布鲁氏菌病：血清学，培养。
- 结核：培养，组织学。
- Whipple's 病：组织（淋巴结、消化道）活检，PCR。
- 土拉菌病：血清学，PCR（实验性）。培养较危险，如怀疑本病应在认证实验室进行。
- 组织胞浆菌病：培养，组织病理，尿抗原检测（除播散性感染常呈阴性结果）。

治疗具体方案
- 鼠疫（鼠疫耶尔森菌）：培养，革兰染色，Wayson 染色，血清学。

随访
- 感染引起的淋巴结病，在感染控制后淋巴结应恢复正常，尽管病毒感染引起者病情可反复迁延至 6 个月（如 EB 病毒）。
- 慢性淋巴结病者，如果活检病理呈阴性，淋巴结肿大持续存在或增大时应考虑重复淋巴结活检。

其他信息
- 警惕继发肿瘤，HIV（+）患者未进行 HAART 治疗而发生不常见的机会性感染
- 免疫重建炎性反应综合征（IRIS）：临床很难确定，在 AIDS 患者开始 HAART 治疗初期应注意。
- 对于诊断性活检设定较低门槛，一些部位，如锁骨上淋巴结，寻找最大的淋巴结完整取出（包括包膜）送病理，提前联系病理及微生物专家。

推荐依据

作者许可。

注释：没有可遵循的指南和规范。

惠普尔养障体病见 412 页病原体部分

泌尿生殖系统

细菌性膀胱炎，急性，无并发症

Noreen A. Hynes, MD, MPH

病原体

- 病原菌分布：（1）大肠埃希氏菌：门诊患者中占 80%~90%，住院患者中占 18%~57%；（2）腐生葡萄球菌：门诊患者中占 0%~2%，年轻人多见。
- 尿路病原体大肠杆菌（UPEC）：肠道外大肠杆菌（ExPEC）的一部分，主要引起尿路感染的是 B_2 组和 D 组，被证实具有适合肠外生存的因子。
- 非复杂尿路感染，> 95% 为单数菌感染。
- 其他病原菌不常见，包括：其他肠道细菌，铜绿假单胞菌，B 组和 D 组链球菌，肠球菌。少见的有流感嗜血杆菌，厌氧菌，沙门氏菌，志贺氏菌，腺病毒 II 型，解脲型支原体。
- 有利于细菌持续感染、定植的因素：（1）细菌通过菌毛黏附；（2）高繁殖率抵抗尿液高渗透液压及低 pH 值。
- 有利于细菌清除的因素：（1）高尿流率；（2）经常尿排空；（3）对细菌有影响的分泌性蛋白；（4）膀胱黏膜；（5）感染免疫反应。

临床表现

- 定义：非复杂性膀胱炎：健康、非妊娠妇女出现尿急、尿频、尿痛，尿培养提示脓尿，尿培养 + 尿菌落计数至少 1 000 cfu/ml；过去 4 周无泌尿系统症状。无发热，肋脊角无压痛，无腹痛。
- 性生活活跃妇女：尿痛但无脓尿者则更可能为性传播感染而非尿路感染。
- 绝经前妇女急性非复杂尿路感染的影响因素：（1）性交；（2）既往尿路感染病史；（3）大小便失禁；（4）糖尿病。
- 绝经前妇女复发性尿路感染影响因素：同上及（a）产后尿路感染史或（b）儿时尿路感染（均为遗传倾向）。
- 尿路感染可发生于各年龄段女性；非复杂性尿路感染在女性中的发病率0.5~0.7/人/年。
- 无症状性菌尿发病率：健康、性生活活跃、非妊娠妇女中为 5%~6%，发病率随年纪增长而增加。

诊断

- 1）尿试纸白细胞酯酶实验或尿亚硝酸盐实验阳性（敏感性 75%，特异性 82%）；2）清洁中段尿培养 > 100 000 cfu/ml；3）> 9 WBCs/HPF。
- 重要提示：非复杂尿路感染除经验治疗无效外无需行尿培养。
- 有尿路症状的性生活活跃妇女出现排尿困难但无脓尿：筛查性传播疾病包括衣原体、淋病、滴虫病和 HSV 疱疹病毒感染。

治疗

短程治疗（经验性治疗）

- 在美国，大肠杆菌对 TMP-SMX 及氟喹诺酮类耐药的情况比较多变，而且在不断变化。临床医生应密切关注本社区内的耐药形式。
- 在美国 TMP-SMX 耐药的大肠杆菌治疗中 > 10% 应用呋喃妥英。在氟喹诺酮类药物使用较少的机构如治疗轻中度尿路症状及对 TMP-SMX 过敏者或 3 月前应用过抗生素治疗（呋喃妥英除外）或生活在大肠杆菌耐药株流行区，有 >10%~20% 非复杂尿路感染女性患者使用呋喃妥英。

- 复方新诺明（Bactrim/Septra）1 片口服，2 次 / 天 x3 天。（推荐用于大肠杆菌对 TMP-SMX 耐药 <10%~20% 地区的经验治疗，在对 TMP-SMX 耐药率 >10%~20% 的地区建议使用氟喹诺酮类）—建议至少每 6 月查询本地区的实验室耐药数据。
- 甲氧苄氨嘧啶片（TMP）300 mg PO，1 次 / 天 x3 天（在对 TMP-SMX 耐药率 >10%~20% 地区避免使用）。建议至少每 6 个月查询本地区的实验室耐药数据。
- TMP-SMX 和 TMP 是一线治疗药物，，因为价格相对便宜，而且可将氟喹诺酮类药物保留用来治疗复杂尿路感染。过度使用会导致耐药。
- 诺氟沙星 400 mg PO，2 次 / 天 x3 天：用于治疗女性症状严重或对 TMP-SMX 过敏或 3 月内应用过抗生素（除氟喹诺酮类药物外）的患者；或在大肠杆菌耐药率≥ 20% 地区急性非复杂尿路感染女性患者。
- 环丙沙星 250 mg PO，2 次 / 天 x3 天：用于治疗女性症状严重或对 TMP-SMX 过敏或 3 月内应用过抗生素（除氟喹诺酮类药物外）的患者；或在大肠杆菌耐药率 >20% 地区急性非复杂尿路感染女性患者。
- 氧氟沙星 200 mg PO，2 次 / 天 x3 天：用于治疗女性症状严重或对 TMP-SMX 过敏或 3 月内应用过抗生素（除氟喹诺酮类药物外）的患者；或在大肠杆菌耐药率 >20% 地区急性非复杂尿路感染女性患者。
- 阿莫西林 / 克拉维酸 500/125 mg PO，2 次 / 天 x3 天（阿莫西林单药耐药率很高。此方案不如环丙沙星，如果应用阿莫西林 / 克拉维酸治疗，建议疗程要长（见长程治疗）。
- FDA 未批准氟喹诺酮类药物单剂治疗方案，尽管与 3 天治疗方案相比清除率和复发率相似，但仍需避免使用。

长程治疗

- 呋喃妥英晶体 50 mg~100 mg PO，4 次 / 天 x7 天；呋喃妥英一水化合物晶体 100 mg PO，2 次 / 天 x7 天。
- 阿莫西林 / 克拉维酸 500/125 mg PO，2 次 / 天 x7 天（阿莫西林单药耐药率高）。
- 复方新诺明 1 片 2 次 / 天 x5~7 天（推荐用于大肠杆菌对 TMP-SMX 耐药 <10~20% 地区的经验治疗，在对 TMP-SMX 耐药率 >20% 的地区建议使用氟喹诺酮类）。
- TMP100 mg PO，2 次 / 天 x7 天。
- 头孢氨苄 250 mg PO，3 次 / 天 x7 天。
- 诺氟沙星 400 mg PO，2 次 / 天 x7 天。
- 氧氟沙星 250 mg PO，2 次 / 天 x7 天。
- 阿莫西林 250 mg 3 次 / 天 x7 天。

糖尿病妇女治疗

- 糖尿病患者避免应用短程（3 天）方案。
- 同上述长程治疗方案，疗程 7~10 天。

随访

- 老年妇女急性膀胱炎需要长疗程。该年龄段患者避免使用 TMP-SMX 经验性治疗。
- 如果怀疑或明确为腐生球菌所致尿路感染，需应用长疗程方案（7 天）以提高疗效。

- 绝经后妇女患非复杂性尿路感染的主要危险因素是结构和功能上的异常，包括 a) 尿失禁；b) 残余尿多；c）膀胱膨出。其他影响因素还包括雌激素相对缺乏。可能导致阴道菌群中乳酸菌比例降低引起阴道 pH 值增加，从而增加阴道口大肠杆菌的定植，引起尿路感染率增加。有研究显示应用雌激素替代治疗的患者与未替代治疗的患者相比，复发性尿路感染的发生率可明显降低。

其他信息

- 尿路感染是女性最常见的细菌感染。急性非复杂性尿路感染在年轻女性中的发病率为 0.5~0.7 次 / 年，大约 6 天 / 次。
- 25%~40% 的复发性尿路感染的女性患者在病初为急性非复杂性细菌性膀胱炎。
- 糖尿病患者或合并有其他合并症患者应治疗 7~10 天，不选择 3 天的治疗方案。

推荐依据

Grabe M, et al. Guidelines on the Management of Urinary and Male Genital Tract Infectious, 2008.

注释：这是最近的欧洲泌尿科治疗指南。依据了 IDSA 推荐的对于大肠杆菌对 TMP-SMX 耐药率 <20% 地区，急性非复杂性尿路感染的女性患者以 TMP-SMX 作为一线治疗药物。

细菌性前列腺炎，急性

Noreen A. Hynes, MD, MPH

病原体

- 大肠埃希氏菌。
- 其他肠内细菌。
- 肠球菌。
- 概述：（1）大肠埃希氏菌占约75%，其他肠内细菌占剩余的大多数；（2）不常见菌：铜绿假单胞菌，腐生球菌，金黄色葡萄球菌及粪肠球菌，淋球菌，沙眼衣原体，真菌，病毒。；（3）肠球菌或假单胞菌引起的前列腺炎治疗较困难。

临床表现

- 急性细菌性前列腺炎（ABP）：NIH 前列腺炎分级为 I 级。仅 5% 的前列腺炎为 ABP！
- 35~64 岁男性为高危人群。最常见病因是感染的尿液逆流入前列腺内管腔。尿道内因置入装置而定植（包括 B 超引导下前列腺细针穿刺活检），导尿或肛交等均是危险因素。
- ABP 是一种急性的严重的系统性疾病。症状：（1）尿路感染症状：排尿困难，尿频，尿急加上（2）前列腺炎症状：腰背部疼痛，会阴部 / 阴茎 / 直肠疼痛 ±（3）菌血症症状：发热，寒战，关节痛，肌痛。常有全身中毒症状，排便时下腹疼痛或耻骨上不适向下腰部、外阴或大腿传导。夜尿增多，有时出现明显血尿。
- ABP 体征：（1）前列腺局部：明显压痛，僵硬，腺体肿胀；局部发热（避免按摩！）±（2）菌血症：发热，心动过速。头孢曲松不建议单药治疗，因 β－内酰胺类不能很好穿透前列腺；实验证实联合氨基糖苷类治疗效果会更好。可出现膀胱出尿口梗阻（前列腺水肿）。
- 诊断：中段尿提示菌尿或脓尿。如果培养无菌生长，则不支持急性细菌性前列腺炎。还需要行血培养并鉴定菌种及药敏。
- 急性院内获得性细菌性前列腺炎，患者在门诊已带置入导管或住院患者留置导管同时伴有急性前列腺炎特征时应考虑诊断。尽管大肠埃希氏菌是最常分离到的致病菌，但在这类患者中，假单胞菌和金黄色葡萄球菌的患病风险增加。因此，应在开始就应用静脉药物治疗。

- 临床表现多种多样，但却是诊断的关键。
- 并发症包括：（1）前列腺脓肿；（2）前列腺梗塞；（3）慢性细菌性前列腺炎；（4）肉芽肿性前列腺炎。

诊断

- 中段尿培养：试纸法、培养、药敏实验。
- 血培养。
- 避免进行前列腺按摩！会疼痛剧烈并导致菌血症，通过尿培养明确病原确定诊断不如 ABP 容易。
- 英国指南推荐对泌尿道结构异常者进行二次硬化。美国指南对此项的推荐是，如果患者能够除外因前列腺炎导致的菌尿或脓尿，仅怀疑膀胱炎或男性超过 64 岁时进行。
- 考虑进行其他检查，在性生活活跃的男性如在近 3 月有新性伴侣，同时有多个性伴侣，或进行口交未予防护时应筛查淋病、衣原体、滴虫病。

治疗

门诊治疗

- 局部尿路病原体大肠埃希氏菌耐药菌株，对氧氟沙星（一线药物）或 TMP-SMX（二线药物）耐药应按照指南选择，如果耐药率≥10%，选择以头孢菌素为基础的方案。
- 首选口服方案（UK 指南 2001—2）：环丙沙星 500 mg PO，2 次 / 天 x 28 天或氧氟沙星 200 mg PO，2 次 / 天 x 28 天。
- 喹诺酮类过敏：TMP-SMX1 片 PO，2 次 / 天 x 28 天或 TMP，200 mg PO，2 次 / 天 x 28 天。

静脉用药

- 头孢曲松 1~2 g IV q12~24h（依据病情严重程度）加庆大霉素 1.7 mg/kg q8h（根据患者肾功能）直至不能耐受时改口服方案至体温正常 48h；之后口服至满 28 天。
- 头孢噻肟 1~2 g q6~8h（可至 12g/d）加庆大霉素 1.7 mg/kg q8h（根据肾功能）直至不能耐受改口服方案至体温正常 48h；之后口服至满 28 天。
- β－内酰胺类过敏：尽管 FDA 未批准此用法，环丙沙星 400 mg，IVq12h 可联合庆大霉素 1.7 mg/kg q8h（根据患者肾功能）直至不能耐受改口服方案至体温正常 48h；之后口服至满 28 天。

支持治疗及形式

- 需要卧床休息。
- 退热 / 抗炎药物控制体温，肌痛、关节痛。
- 应用 Foley 导管缓解因前列腺水肿导致膀胱出尿口梗阻。
- 软化大便。
- 水化。
- 坐浴。

预防：预防 B 超引导下前列腺穿刺活检

- 局部尿路病原体大肠埃希氏菌耐药菌株，对氧氟沙星（一线药物）或 TMP-SMX（二线药物）耐药应按照指南选择，如果耐药率≥10%，选择以头孢菌素为基础的方案。

- 门诊流程：环丙沙星 750~1000 mg，PO 1 次，在门诊操作前 30 min~2h 应用，适用于尿路感染病原体大肠杆菌对氟喹诺酮类耐药率≤ 10%。
- 住院患者流程或尿路感染病原体大肠杆菌对氟喹诺酮类耐药率 > 10% 时：头孢曲松 1 g IV 加庆大霉素 1.7 mg/kg，操作前 1~2 h 用药。

随访

- 治疗后随访 72h；如果无效，应行前列腺超声除外脓肿形成。
- 治疗期间（4 周）密切监测防止复发。
- 诊断后继续随访至少 3 个月，因为仅 68% 患者无复发。
- 完全治愈后，检查泌尿道除外结构异常导致前列腺炎。
- 急性细菌性前列腺炎经合理治疗预后较好。

其他信息

- 提示住院静脉用药：发热伴感染中毒症状，合并其他疾病，年老体弱，免疫功能低下。
- 在严重感染时渗透性增加，抗生素可进入前列腺内。抗生素应连续使用并根据药敏结果进行调整。
- 避免进行前列腺按摩，会疼痛剧烈并对局限病原无益。
- 持续发热超过 48h 应行超声检查寻找脓肿可能。
- 中年男性，在急性前列腺感染后 3~6 月，前列腺特异性抗原（PSA）水平可升高，在超声检查中，前列腺显示低回声区可持续数月。应用彩色多普勒可以与前列腺癌相鉴别。

推荐依据

Grabe M,et al. Guidelines on the Management of Urinary and Male Genital Tract Infections, 2008.

注释：欧洲泌尿学研究协会最近的关于急性细菌性前列腺炎的诊治指南。本指南与英国 2001 年制定的指南（英国性健康与艾滋病研究协会）相似。美国至今尚无相关的急、慢性前列腺炎的诊治指南出版

Kravchick S, Cytron S, Agulansky L, et al. Acute prostatitis in middle-aged men: a prospective study. BJU Int, 2004; Vol. 93 ; pp. 93 - 6.

注释：作者回顾性研究了 28 例男性患者，年龄 50~67（平均 61 岁），分析了患者的临床资料、中年男性急性前列腺炎的治疗转归，主要关注于评估 PSA 的最佳时间，有何种增强的炎症反应，影像学的表现及作用，B 超及彩色多普勒的变化。仅 68% 患者在治疗后 3 个月仍无复发，6% 进展为脓肿，39% 病情慢性化。在 3 个月时，8 例 PSA 水平持续增加的患者中有 3 例经穿刺病理证实为前列腺癌。

Clinical Effectiveness Group. National guideline for the management of prostatitis (British Association of Sexual Health and HIV—formerly the Association of Genitourinary Medicine and the Medical Society for the Study of Venereal Diseases).http://www.bashh.org/guidelines.asp , 2001.

注释：这个指南是荟萃了自 1966—2000 年间经 Medline 检索主题词“prostatitis”及相关文献，总结分析了综述及对照实验研究数据得到的结果，也包括近期关于前列腺炎的综述文献。

Lipsky BA. Prostatitis and urinary tract infection in men: what’s new; what’s true? Am J Med, 1999; Vol. 106 ; pp. 327 - 34.

注释：一篇很好的文章，强调了氟喹诺酮类药物疗效优于 TMP-SMX，同时疗程需 4 周。

细菌性前列腺炎，慢性

Noreen A. Hynes, MD, MPH

病原体

- 大肠埃希氏菌。
- 其他肠道细菌。
- 一些革兰染色阳性致病菌：如粪肠球菌或腐生球菌。
- 真菌和病毒致病十分罕见。

临床表现

- 慢性细菌性前列腺炎（CBP）：NIH 前列腺炎分级为 II 级。
- 没有关于慢性细菌性前列腺炎临床表现的明确定义，但在临床上很容易识别。
- 慢性前列腺炎的临床表现不特异。注意：具有大多数症状者可能没有 CBP。
- 症状：会阴部疼痛，下腹痛，阴茎痛（尤其在阴茎口），睾丸痛，射精后疼痛，直肠部位或下背部疼痛，排尿困难。发热，衰竭及菌血症不是典型特征。
- 症状主要为钝痛或“直肠内部上端”疼痛，尤其在坐位时。有深部痒感，排尿轻度不畅，伴或不伴尿频或尿急。有时会出现尿线细，尿色发白。患者在出现上述症状后常会首先考虑的诊断有不育、阳痿，前列腺癌或前列腺增生症。
- 体征：少量客观体征。前列腺触诊可能局限性或弥漫性压痛。

诊断

- 下尿路定位诊断步骤（Meares-Stamey4-glass 实验）：有明确的症状和体征：实验室金标准，应用 4-glass 实验方法—依序进行尿培养并表示前列腺液分泌（见其他诊断节）。
- 改良 Meares-Stamey 实验（2-glass 实验），被推荐替代 4-glass 实验。
- 患者行局部定位诊断的方法：实验前 1 个月停用抗生素，实验前 2 天避免射精，实验时需保持膀胱有一定充盈。
- 在实验时如怀疑有尿道炎、尿路感染避免进行前列腺按摩，应先进行治疗。
- 年龄 > 45 岁男性均应检查 PSA，有时感染时也会造成值升高。如果慢性前列腺液诊断明确同时伴有 PSA 升高，应在治疗后首先复查 PSA，再考虑行前列腺穿刺活检。
- 经直肠超声可鉴别脓肿或囊肿，细针穿刺可缓解症状。但此项检查不能鉴别细菌性或非细菌性慢性前列腺炎。
- 在免疫功能低下人群应注意筛查真菌的可能。

更多诊断

Meares-Stamey4-glass 实验 / 前列腺按摩步骤：

- 拉回包皮（如果存在）。
- 清洗阴茎及尿道口防止污染。
- VB1（1 级）：自尿道口收集最初 5~10 ml 尿液。
- 要求患者再排出 100~200 ml 尿液并弃去。
- VB2（2 级）：再收集弃去后的前 5~10 ml 尿液作为中段尿。
- EPS（3 级）：代表前列腺液分泌。做直肠指检，从周围向中央一用力按摩前列腺 1 分钟并用无菌容器收集任何分泌物。

- WetPrep：在潮湿条件下进行 EPS，并计算每高倍视野（HPF x 400）多核粒细胞计数（PMN）。
- EPS 的 pH 值：pH ≥ 8 常提示前列腺炎。
- VB3（4 级）：前列腺按摩后立即收集 5~10 ml 尿液。
- 将所有标本进行革兰染色并做培养定量。特别注意：常会出现前列腺按摩后无分泌。

前列腺按摩后分泌物结果的解读

- 确定病原：经 EPS 后前列腺液菌落计数，VB3 ≥ 10 倍 VB1-VB2。
- 前列腺炎症：在 EPS 中 ≥ 10 PMN/HPF；如果前列腺按摩后无分泌物，VB3 比 VB1-VB2>10 PMN/HPF 则可诊断。
- 如果在 VB2 和 VB3 有明显的菌尿，给予（非前列腺穿刺）呋喃妥英 50 mg PO，4 次 / 天 x 3 天，再重复上述操作。

2-glass 改良 Meares-Stamey 实验

- 仅收集中段尿（VB2）和 EPS 标本。
- 进行与原实验相同的步骤，相同的处方。

治疗

推荐治疗

- 慢性细菌性前列腺炎不推荐经验性治疗；治疗并不急迫。治疗需待 Meares-Stamey4-glass 实验或 2-glass 实验结果，尽管 90% 或更多的前列腺炎无法找到病原菌。
- 环丙沙星 500 mg PO，2 次 / 天 x 28 天。
- 诺氟沙星 400 mg PO，2 次 / 天 x 28 天。
- 氧氟沙星 200 mg PO，2 次 / 天 x 28 天。
- 一些研究发现疗程 > 28 天的疗效并未增加。

喹诺酮类过敏

- 多西环素 100 mg PO，2 次 / 天 x 28 天（毒副作用较米诺环素小）。
- 米诺环素 100 mg PO，2 次 / 天 x 28 天。
- TMP-SMX 双倍片剂 PO，2 次 / 天 x 28 天。
- TMP 200 mg PO，2 次 / 天 x 28 天。
- 如果应用米诺环素或多西环素治疗，抗生素耐药性检测十分重要，因尿路感染病原菌中有很多对四环素族耐药。许多研究报道 TMP-SMX 治疗疗程超过 90 天。

随访

- 所有慢性细菌性前列腺炎的患者均应找到明确的病因以便随访，治疗效果不佳与抗生素不能很好穿透前列腺有关。
- 患者需在 2 周、1 月及治疗后 6 月进行随访来判断是否需要重新治疗。2-glass 实验和 4-glass 实验应在治疗后 6 月重复。
- 如果感染复发，需评价是否出现了前列腺结石——种慢性细菌性前列腺炎复发的来源。泌尿科会诊是否存在结石或梗阻。
- 治疗后，需行 CT 检查评价前列腺结构和功能并测残余尿量。这些检查依据患者年龄及既往情况。

其他信息

- 4-glass 定位实验：虽然费时，但可作为鉴别非细菌性前列腺炎的手段。
- 在进行实验前：（1）之前至少 1 月避免应用抗生素；（2）2 天内避免射精；（3）实验前需充盈膀胱。如有证据证实为尿道炎或尿路感染不要进行此实验。首先治疗急症情况。
- 前列腺钙化可能是感染复发的来源，影像学很常见。经尿道电切前列腺（TURP）及全前列腺切除术在特定患者可能有效。

推荐依据

Grabe M, et al. Guidelines on the management of urinary and male genital tract infections. http://www.uroweb.org/nc/professional-resources/guidelines/online/, 2008.

注释：欧洲泌尿学研究协会最近的关于慢性细菌性前列腺炎的诊治指南。本指南与英国 2001 年制定的指南（英国性健康与艾滋病研究协会）相似。美国至今尚无相关的急、慢性前列腺炎的诊治指南出版

Clinical Effectiveness Group National guideline for the management of prostatitis (British Association of Sexual Health and HIV—formerly the Association of Genitourinary Medicine and the Medical Society for the Study of Venereal Diseases).http://www.bashh.org/ guidelines.asp , 2001.

注释：这个指南是荟萃了自 1966~2000 年间经 Medline 检索主题词“prostatitis”及相关文献，总结分析了综述及对照实验研究数据得到的结果，也包括近期关于前列腺炎的综述文献。是近来最好的关于前列腺炎的荟萃和评述文章。

附睾炎，急性

Noreen A. Hynes, MD, MPH

病原体

- 沙眼衣原体。
- 奈瑟氏淋球菌。
- 肠道病原菌。

临床表现

- 急性表现，三联症：疼痛、肿胀、附睾炎症 < 6 周。
- 1/3 患者起病急， 2/3 逐渐起病。病史中多有尿道口分泌物伴 / 不伴排尿困难，尤其是性传播疾病 (STD) 。在非 STD 人群中常有尿道置管或手术史。
- 阴囊剧痛，常为单侧，伴或不伴腹股沟区疼痛。
- 查体：睾丸在阴囊正常位置；肿胀，附睾触痛。患侧阴囊可出现红肿。
- 所有病例均应除外睾丸扭转：属于手术急症。做尿液革兰染色有助于鉴别。睾丸扭转常无白细胞尿 / 菌尿。可行超声检查或请泌尿科会诊。严重附睾炎病例可伴有急性精索肿胀，输尿管穿过精索可导致输尿管梗阻，引起肋腹部疼痛。
- 鉴别诊断：睾丸扭转，脓肿，阴囊积水，精液囊肿，疝，外伤，睾丸癌，药物副作用如胺碘酮。
- 尿道炎：常无症状，急性附睾炎在 STD 中常见，继发于尿路梗阻的菌尿主要在非 STD 人群。

诊断

- 尿道炎的诊断需行尿革兰染色（>5WBC/ 油镜视野——诊断男性尿道炎和淋病的敏感性、特异性较高）
- 白细胞酯酶实验阳性或显微镜检定量检测 >10 WBC/HPF，尿道内分泌物培养或（推荐）核酸扩增法（NAAT）检测淋球菌 / 沙眼衣原体（GC/CT），梅毒血清实验，HIV 检测。

治疗

经验性治疗：疑诊淋球菌或衣原体感染（年龄 <35 岁）

- 头孢曲松 250 mg IM x 1 次加多西环素 100 mg PO，2 次 / 天 x 10 天。
- 头孢菌素过敏：在美国有些城市，淋球菌对氟喹诺酮类耐药率 >25%，因此不再推荐用于淋球菌的任何部位的感染。患者有对头孢菌素过敏史者，应请相关科室专家会诊，重复皮试及脱敏治疗。壮观霉素未证明能够有足够的组织穿透性，因此不被推荐用于淋球菌附睾炎的治疗。
- 经验性治疗：疑诊肠道病原菌感染（年龄≥ 35 岁）
- 氧氟沙星 300 mg PO，2 次 / 天 x 10 天。
- 左氧氟沙星 500 mg PO，1 次 / 天 x 10 天。

辅助治疗

- 卧床休息。
- 阴囊提升。
- 镇静止痛，直至发热及局部炎症消退。
- 每 72 h 复查患者，评价最初诊断和治疗。病情无改善者应重新诊断、治疗。
- 抗生素治疗完成后仍有肿胀及压痛者应重新考虑是否存在其他诊断：（1）肿瘤；（2）脓肿；（3）梗塞；（4）睾丸癌；（5）结核，；（6）真菌。

治疗性伴侣

- 怀疑本病者应对所有性伴侣（发病前 60 天）进行评估和治疗。
- 患者及性伴侣痊愈前避免性生活（双方均完成治疗）。
- 特殊人群：HIV 和免疫功能低下人群。
- HIV 阳性患者合并急性附睾炎时与 HIV 阴性者治疗相同。
- HIV 感染者易患结核和真菌引起的急性附睾炎，免疫功能低下者较免疫功能正常者易患结核和真菌。

其他信息

- <35 岁男性：常见病原菌是沙眼衣原体和奈瑟氏淋球菌。男性口交者大肠杆菌亦常见。较少见菌为铜绿假单胞菌。
- >35 岁男性：最常见病原菌是大肠杆菌及铜绿假单胞菌，但衣原体和淋球菌也应时刻注意。同时，结构异常及慢性细菌性前列腺炎应注意。
- 1%~5% 未治疗的淋球菌和衣原体感染进展为急性附睾炎。

更多其他信息

- 一些少见病原菌可血行播散：肺炎链球菌，布鲁氏菌，脑膜炎奈瑟氏菌，苍白螺旋体，奴卡氏菌，流感嗜血杆菌 B，组织胞浆菌，粗球孢子菌，芽生菌，隐球菌，念珠菌，CMV。尽管在发病处就开始检查，但物理检查仍不能将附睾炎与睾丸扭转相鉴别。

- 附睾－睾丸炎据报道有 12%~19% 合并白塞氏病。是非感染性的，是白塞氏病病程中的一部分。

推荐依据

Centers for Disease Control and Prevention (CDC). Update to CDC' s sexually transmitted diseases treatment guidelines,2006: fl uoroquinolones no longer recommended for treatment of gonococcal infections. MMWR Morb Mortal Wkly Rep,2007; Vol. 56 ; pp. 332 - 6.

注释：美国自 1993 年始应用氟喹诺酮类药物治疗淋球菌感染。2000 年以来，氟喹诺酮类药物对奈瑟氏淋球菌的耐药率，据疾病预防及控制中心（CDC）

发起的监测网络数据显示，奈瑟氏淋球菌分离率逐年增加。根据 2005 年已知数据及 2006 年初步数据结果显示，氟喹诺酮类药物对淋球菌的耐药率在异性恋和 MSM 中都逐渐增加。在有些城市异性恋中达到 26.6%。因此，2006 年 4 月 13 日，CDC 修订了 STD 治疗指南，不再推荐氟喹诺酮类药物用于任何部位确诊或疑诊淋球菌的感染。

Centers for Disease Control and Prevention. Sexually transmitted diseases treatment guidelines 2002. Centers for Disease Control and Prevention. MMWR Recomm Rep, 2006; Vol. 55 ; pp. 1 - 94.

注释：2006 年 CDC 提出的治疗指南为临床工作者提供了治疗 STD 的参考，本指南由国际相关专家对 STD 的诊断、治疗、预防和控制提出了建议，电子版参见 http://www.cdc.gov/std/treatment/

生殖器疣 / 肛门生殖器疣

Noreen A. Hynes, MD, MPH

病原体

- 人乳头瘤状病毒（HPV）的某些类型与良性的肛门生殖器疣相关——最主要的是 6 型和 11 型（称为低危类型）；相对少见的 HPV 类型可引起疣样皮损，包括 16,30,40,41,42,43,54,55 型。可引起鳞状上皮细胞损害（SIL）的类型，常见的是 6,11,16,18 和 31 型，少见的是 30 型。这些疣也与肿瘤存在联系，包括 16 和 54 型，但不常引起皮肤疣。

临床表现

- 绝大多数生殖器 HPV 感染是亚临床表现或无症状，可由 1 种或近 40 种致癌或不致癌的类型病毒引起。尽管在性生活活跃的女性感染率约 25%，男性 20%，仅不到 5% 患者感染后出现疣。在一项横断面的研究中，美国城市中患生殖器疣的 21~29 岁女性仅 0.8%，30~39 岁女性感染率 0.6%。其中绝大多数疣是非致癌性的（低危 HPV 类型）。大约 5% 成人曾罹患生殖器疣。
- 传播途径：生殖器及肛门生殖器疣主要通过性传播，大约 65% 患者的性伴侣也存在同种类型的生殖器疣；围产期传播主要对小部分出生婴儿可出现咽喉部乳头状瘤病在出生后第一周发生皮肤疣。血行传播未被证实。
- 自然史：生殖器疣不治疗可自发缓解、大小不变；高危型疣易出现在年龄 <25 岁患者中。
- 病史：发现皮损前 4~6 周与有生殖器疣或阴茎疣患者有性交史。
- 症状：患者除皮损外可无明显症状；有时可伴瘙痒，烧灼感，不适及出血（常在皮损疼痛处及擦伤处）。
- 皮损部位：男性常发生在阴茎、阴囊、尿道、肛门周围及肛门内（尤其在 MSM 人群，一项研究调查显示该人群 HPV 感染率达近 25%）；未割包皮男性—85%~90% 位于包皮腔；已切包皮男性—主要位于阴茎处；1%~25% 有尿道内 3 cm 受累。女性病变部位依次为阴道口后部 > 大阴唇 > 小阴唇 > 阴蒂。总体上，会阴区 > 阴道 > 肛门 > 宫颈 > 尿道；肛周病变也很常见。在 HIV 感染者及免疫功能低下人群，生殖器疣会更多、更大。

- 4 种疣的特征：尖锐湿疣—菜花样外观，常位于潮湿的皮肤角质层；丘疹样疣—直径 1~4 mm 圆形，肉色丘疹，主要位于皮肤角质层；扁平疣—斑点型稍凸出皮面的皮损，在皮肤表层及角质层；角化疣—类似于脂溢性皮损，寻常疣，糠屑样层状皮损，仅见于皮肤角质层。
- 鉴别诊断：堆积状皮损—皮赘，扁平湿疣（二期梅毒）；丘疹样皮损—阴茎良性珍珠样皮损，腺体脂溢性改变；角化样皮损—脂溢性角膜炎；扁平皮损—传染性软疣。
- 确定治疗方案：需尊重患者的选择，尽量保证坚持治疗，能得到需要的药物，医师的经验以及疣的特点，包括大小，部位及数量。没有证实哪种是最佳方案。

诊断

- 主要通过肉眼检查（可选用手持的放大镜）生殖器皮肤，或用内窥镜检查阴道内及子宫腔。为确定诊断必要时需进行活检；核酸检测不推荐用于 HPV 的常规诊断，除非是为辅助治疗。（3%~5%）醋酸因敏感性、特异性均不确定，因此不推荐用于常规诊断，但医师在临床工作中如遇到各种表现皮损不易鉴别时，可用于辅助诊断。肛周疣伴直肠出血患者可考虑行直肠镜检查。
- 活检提示：诊断不明确、治疗无反应或病情恶化时应考虑活检。免疫功能低下者，疣的形状异常或出现其他情况如色素沉着、溃疡形成、固定融合或出血时应考虑活检。
- 其他诊断实验：患者出现堆积样皮损，应行梅毒血清实验（二期梅毒），因表现类似。HIV 检测及其他如衣原体、淋病检测有助于提示 STD。

治疗

生殖器外疣的推荐治疗（男性和非妊娠女性）

- 0.5% 普达非洛溶液或凝胶。用棉拭子或手指将药液或凝胶涂于患处，2 次 / 天 x 3 天，再停药 4 天。如病情需要，可重复此循环 4 次。治疗局部面积不应超过 10 cm^2，总剂量普达非洛不超过 0.5 ml/d。医师在首次治疗时最好能给患者示范。
- 5% 咪喹莫特乳膏。睡前用，1 次 / 天，每周 3 次，连续应用 16 周。用药后 6~10 h 局部肥皂和清水洗净。
- 生殖器内疣的推荐治疗
- 液氮冷冻治疗或冷冻探针。如病情需要，每 2 周治疗 1 次。这种治疗方法需专业人员进行。
- 10%~25% 鬼臼树脂，安息香酊剂。专业人员进行治疗，用后丢弃容器，防止院内交叉感染。取少量涂于患处，风干。每次鬼臼树脂用量 <0.5 ml，涂抹面积 <10 cm^2。有开放创面及伤口时避免使用。用药后 1~4h 局部肥皂和清水洗净减少刺激。病情需要，可每周重复 1 次。妊娠期安全性不明确。
- 三氯醋酸（TCA）或二氯醋酸（BCA），80%~90%。在疣的局部用塑料棍或涂药器涂抹，使局部尽快干燥（皮损局部干燥后可见白“霜”）以便患者坐、站。局部多余的酸应用小苏打或液体肥皂清除。病情需要，可每周重复治疗。
- 手术切除：可使用电切、刮除、削除或剪切。均应由专业人员操作。

宫颈、阴道、尿道及肛周疣的推荐治疗

- 子宫颈疣：请专科医师会诊宫颈外部疣。
- 阴道疣：TCA 或 BCA 80%~90% 用于疣局部。少量应用至结霜干燥，多余酸剂可用小苏打、滑石粉或液体肥皂清洗。病情需要，可每周重复治疗。
- 尿道口疣：每周用液氮冷冻治疗，或鬼臼树脂 10%~25% 安息香酊剂涂于尿道口，必要时每周重复使用，妊娠期妇女避免使用。
- 肛周疣：每周液氮冷冻治疗，或 TCA 或 BCA 80%~90% 涂于局部。少量应用至结霜干燥，多余酸剂可用小苏打或液体肥皂清洗。病情需要，可每周重复治疗。肛门内疣需手术切除并随访。

妊娠期生殖器疣的推荐治疗

- 需患者知情同意治疗
- 液氮冷冻治疗或冷冻探针。病情需要，每间隔 1~2 周重复治疗。此方法需由专业人员操作。
- 三氯醋酸（TCA）或二氯醋酸（BCA），80%~90%。在疣的局部用塑料棍或涂药器涂抹，使局部尽快干燥（皮损局部干燥后可见白“霜”）以便患者坐、站。局部多余的酸应用小苏打或液体肥皂清除。病情需要，可每周重复治疗。
- HIV 感染者生殖器疣的推荐治疗
- 与 HIV 阴性患者治疗方法相同

随访

患者随访

- 患者应在生殖器疣去除后 3 月复诊，警惕复发，尤其在治疗后前 3 月内易复发。
- 女性无生殖器疣者亦应定期至专业机构行宫颈刮片染色。
- HPV 四价疫苗（含有病毒 6,11,16,18 型抗原）推荐用于 11~12 岁女孩（最小处方为 9 岁）以及 13~26 岁女性未接受或未完成疫苗接种者。已患生殖器疣者并非注射疫苗禁忌，因可预防其他型 HPV 的感染。
- HIV 感染者患肛周或肛门内疣：存在肛周鳞状细胞癌高危风险，因可能感染 HPV 高致癌类型并进行肛门刮片涂片染色（我未注意到专用于男性的肛门刮片染色）

性伴侣随访

- 没有实验数据证实性伴侣在感染复发中的作用，因此未对性伴侣随访进行明确规定。
- 性伴侣如出现生殖器疣，应仔细检查除外其他 STD，包括 HIV。
- 女性性伴侣在目标年龄组应用咨询并应用四价 HPV 疫苗。

其他信息

- 不同的皮损：凯腊增殖性红斑（Erythroplasia of Queyrat）（在阴茎）—皮损在形态上类似于 Bowen’s 病，常位于阴茎、包皮下，几乎均为未切割包皮的男性。组织学表现为上皮内肿瘤，临床上怀疑 Bowen’s 病时应请皮肤科专家会诊、处理。在怀疑 HPV 感染的病例中有时找不到病原。鲍恩样丘疹病（Bowenoid papulosis）—常由 HPV16 型引起丘疹样皮疹，具有典型组织学特征（称为 Bowen’s 病，在生殖器外周可见凯腊增殖性红斑）局灶上皮细胞增生、发育异常并可见原位鳞状细胞癌（SCC）表现。无种族及性别倾向；易发生在性生活活跃人群，平均患病年龄 31 岁。Buschke–Lowenstein 巨型尖锐湿疣（GCBL）—缓慢生长的疣状皮损，高度侵犯破坏结缔组织；最常见于阴茎，病灶极少迁移。

最常见的部位是阴茎（常为未切割薄片者）>其他生殖器黏膜表面，包括阴唇、阴道、直肠、阴囊和膀胱。疑为HPV6型和11型引起，较常见，有时可见16型和18型，54型极少见。在美国5%~24%的阴茎癌与HPV有关，占全部男性恶性肿瘤的0.3%~0.5%。GCBL位于阴茎外部，更少见。膀胱病变常与血吸虫相关（如埃及血吸虫）。患者疑诊GCBL时应请皮肤科专家会诊协助诊治。

- 生殖器疣的治疗目标：在大多数病例是出于美观考虑，减少病毒载量（无法清除），减少感染活动（未证实）。
- HPV疫苗作为宫颈癌的预防。尚不明确在预防性病中所起的作用。

推荐依据

American Academy of Pediatrics Committee on Infectious Diseases. Recommended immunization schedules for children and adolescents—United States, 2007. Pediatrics, 2007; Vol. 119; pp. 207 - 8, 3 p. following 208.

注释：2007年1月，美国儿科协会提出了儿童和成人免疫接种的推荐指南，从12岁（或更早至9岁）开始注射HPV疫苗，这是第1次将所有儿童和成人列入免疫人群（2006年11月首次被FDA批准）。它与2006年CDC发布的纲要由免疫实践顾问委员会（ACIP）提出的指南很相似，并已发表。

Centers for Disease Control and Prevention, Workowski KA, Berman SM. Sexually transmitted diseases treatment guidelines, 2006. MMWR Recomm Rep, 2006; Vol. 55; pp. 1 - 94.

注释：2006年CDC关于STD的诊治指南中明确指出HPVDNA检测仅用于短时间筛查，该项检查由美国癌症协会提出并颁布。对于生殖器疣的治疗指南中也作出了明确解释。这些指南的颁布时间要早于新四价HPV疫苗的使用时间。

肾盂肾炎，急性，非复杂性

Noreen A. Hynes, MD, MPH

病原体

- 大肠杆菌。
- 腐生葡萄球菌。
- 变形杆菌。
- 非复杂性急性肾盂肾炎最主要是由大肠杆菌和腐生葡萄球菌引起。很少数由变形杆菌引起。其他致病菌包括肺炎克雷伯菌、金黄色葡萄球菌、肠球菌，常提示合并复杂尿路感染，如结构异常或存在宿主免疫缺陷。这种感染应请专科医师会诊协助诊治。

临床表现

- 病史：伴或不伴下尿路感染症状（非复杂性急性细菌性膀胱炎）；无泌尿系异常（患者这种肾盂肾炎被看做复杂性，应请泌尿科专科医师协助诊治）；男性不常见，除既往有泌尿道手术史者例外；除外其他诊断。尤其18~40岁女性易患；高危因素：性生活活跃，应用避孕装置。年轻性生活活跃的女性患者应筛查新近性伴侣。
- 临床表现：发热。寒战，肋腹部疼痛；恶心/呕吐；特征性表现：压痛、单侧或双侧肋脊角叩痛；血尿（常见，可能肉眼血尿）。
- 不典型症状：常见但可能诊断困难—包括腹痛，呼吸道症状，骨盆痛可能很突出。
- 门诊治疗人选：<60岁，女性，未孕，无恶心、呕吐，口干，无脓毒症表现，无高热。
- 住院治疗标准：男性（常出现下尿路异常表现）；妊娠妇女；肾盂肾炎症状/体

征伴高热（>102.2 ℉ /39℃，血白细胞升高（伴核左移），呕吐，口干，有脓毒症表现（在急性非复杂性肾盂肾炎极少见）或系统性炎症反应综合征（SIRS—至少 > 以下一项：体温 >100.2 ℉ /38℃或 <96.8 ℉ /36℃，心率 >90 次 / 分，呼吸频率 >20 次 / 分或 $PaCO_2$<32 mm Hg/4.3 kPa，WBC<4 000/ml 或 >12 000/ml 或 >10% 未成熟杆状核）。

- 并发症：肾脓肿，肾炎（局灶细菌性肾炎）
- 实验室检查：尿培养—>100 000 cfu/ml 病原菌；尿检—>9WBC/HPF；超过 80% 由大肠杆菌引起，10%~20% 有腐生葡萄球菌引起；16~35 岁女性急性肾盂肾炎中，腐生葡萄球菌占 40%，病情较大肠菌引起的肾盂肾炎轻。
- 鉴别诊断：盆腔炎，阑尾炎，泌尿系结石，胆道疾病，急性胰腺炎，下肺肺炎。
- 腐生葡萄球菌：在女性急性肾盂肾炎占 10%~20%，16~35 岁女性中占 40%。发病时间：尿路感染和肾盂肾炎发病高峰在夏末秋初。危险因素：近期性生活，应用杀精子避孕套，游泳，从事肉类加工（7% 牛和猪的消化道内携带病原菌）是危险因素。

诊断

- 中段尿培养（MSU）：提高尿检敏感性、特异性。送检新鲜尿标本，1 h 内的标本（或 18 h 内在 4℃保存），减少在运送标本过程中的污染。
- 尿培养及敏感性：清洁中段尿标本中，$>10^5$ cfu/ml 可以诊断。$<10^3$ cfu/ml 可能是污染。
- 血培养：尽管阳性率 20%~30%，但阳性结果有助于治疗和改善预后。

治疗

门诊经验性治疗

- 口服：环丙沙星 500 mg 2 次 / 天 x 14 天。
- 氧氟沙星：200 mg 2 次 / 天 x 14 天。
- 左氧氟沙星 500 mg 1 次 / 天 x 14 天。
- 诺氟沙星 400 mg 2 次 / 天 x 14 天。
- 其他备选：头孢曲松 1 g IM x 1 次，后口服氟喹诺酮类满 14 天。
- 庆大霉素 2 mg/kg IM 或 IV x 1 次，后口服氟喹诺酮类满 14 天。
- 环丙沙星 400 mg IV x 1 次，后口服氟喹诺酮类满 14 天。
- 左氧氟沙星 500 mg IV x 1 次，后口服氟喹诺酮类满 14 天。
- 最初经验性治疗应按照尿培养药敏结果及血培养结果进行调整，完成 14 天疗程是有效治疗的关键。

住院患者经验性治疗

- 环丙沙星 400 mg IV q12h，静脉治疗 48h 或控制严重症状后口服治疗满 14 天。
- 庆大霉素，妥布霉素，奈替米星 2 mg/kg 负荷剂量 IV，后 1.5~3.0 mg/(kg · d)，或分次用药，直至热退 48 h 或控制严重症状后口服治疗满 14 天。
- 阿米卡星 7.5 mg/kg IV 负荷剂量，之后 15 mg/(kg · d) 或分次用药，直至热退 48h 或控制严重症状后口服治疗满 14 天。
- 头孢噻肟 1 或 2 g IV q6h 直至热退 48h 或控制严重症状后口服头孢菌素治疗满 14 天。
- 头孢曲松 1 g IV 1 次直至热退 48h 或控制严重症状后口服头孢菌素治疗满 14 天。
- 头孢他啶 1~2 g IV q8~12h 直至热退 48h 或控制严重症状后口服头孢菌素治疗

满 14 天。

- 左氧氟沙星 500 mg IV 1 次 / 天直至热退 48h 或控制严重症状后口服左氧氟沙星治疗满 14 天。
- 妊娠妇女避免用氟喹诺酮类药物。
- 初始经验性治疗应根据尿培养及血培养结果制定治疗方案，完成 14 天疗程是治疗成功的关键。

其他信息

- 推荐依据 IDSA 指南以及欧洲感染病协会和美国泌尿科协会的指南用药。
- 出现并发症的高危因素：糖尿病，妊娠，免疫功能低下，既往肾盂肾炎，持续症状 >14 天，尿路结构异常—无论症状如何均应收入院开始治疗。
- 一些有经验的临床医师应用氨基糖苷类、β – 内酰胺类或氟喹诺酮类 5~7 天治疗轻症患者获得了成功。
- 感染途径：尿道，膀胱定植、肾盂逆行感染最终侵及肾实质。
- 大肠杆菌致病力较强，更易导致非复杂性急性肾盂肾炎而不是膀胱炎，但常对抗生素治疗有效。

推荐依据

American College of Obstetricians and Gynecologists. ACOG Practice Bulletin No. 91: Treatment of urinary tract infections in nonpregnant women. Obstet Gynecol, 2008; Vol. 111 ; pp. 785 - 94.

注释：这是美国妇产科医学院关于泌尿生殖系感染的最新的治疗指南，其中包括肾盂肾炎。指南中推荐的 14 天疗程及初始应用广谱抗生素经验性治疗，再根据培养结果改为窄谱抗生素治疗方案与 1999 年 IDSA 的注释意见一致

American College of Obstetricians and Gynecologists. ACOG Practice Bulletin No. 91: Treatment of urinary tract infections in nonpregnant women. Obstet Gynecol, 2008; Vol. 111 ; pp. 785 - 94.

注释：按照美国 IDSA 指南，对目前的治疗推荐方案给予循证数据支持。被美国泌尿科协会和欧洲临床微生物感染协会认可。

尿道炎（男性）

Noreen A. Hynes, MD, MPH

病原体

- 沙眼衣原体 (CT)：男性尿道炎最主要致病菌，占 23%~55%。但非淋病尿道炎（NGU）的病例数逐年下降。
- 生殖器支原体：美国、英国引起男性尿道炎的第二位致病菌，占急性 NGU 的 15%~22%。也可导致慢性 NGU。
- 奈瑟氏淋球菌：作为尿道炎的病原菌，在美国近年来有上升趋势。主要发生于市中心的特定人群。
- 阴道毛滴虫：在急性 NGU 中仅占 2%，但却常引起慢性 NGU。
- 解脲脲原体：生物 2 型在引起急性 NGU 中起重要作用可能超过以前想象。1999 年，解脲体分为 2 个生物型：生物 1 型（U.parnumparnum）和生物 2 型（U.urealyticum），研究证实仅生物 2 型可导致尿道炎。
- 少见病因包括单纯疱疹病毒（少见不明显皮损），腺病毒，嗜血杆菌，酵母菌，

脑膜炎奈瑟氏菌，腐生葡萄球菌。

临床表现

- 症状：尿道黏液性或脓性分泌物，排尿困难，阴茎痛或瘙痒。无症状者也很常见。
- 体征：仅在挤压尿道口才出现分泌物，仅在实验室检查中发现。
- 非性传播的 NGU（其他诊断）：尿道炎，细菌性前列腺炎，尿道狭窄，包茎，尿路置入装置后，药物毒副作用。
- 未治疗的尿道炎并发症：附睾炎，性病相关反应性关节炎（SARA），Reiter's 综合征（尤其衣原体感染后 NGU）。
- 尿道炎会减少传播、感染 HIV 的风险。

诊断

- 快速床旁检测尿道炎：非淋病尿道炎（NGU）—尿道分泌物革兰染色≥ 5WBC/油镜，平均超过 5 个视野选取最多的多核中性粒细胞计数；淋球菌尿道炎—革兰染色阴性的细胞内双球菌（敏感性：95%）。其他床旁检测包括白细胞酯酶实验：初次小便净排样本（FVU）≥ 10 WBCs/HPF 可以诊断。
- 其他床旁检测方法：白细胞酯酶实验对初次净排小便（FVU）的检测不如尿革兰染色敏感，≥ 10 WBCs/HPF 可以诊断。
- 衣原体：组织培养敏感性 70%~80%，特异性可达 100%，但临床应用不普遍；酶联免疫法检测宫颈标本的敏感性 73%~95%；直接免疫荧光法敏感性 50%~81%；DNA 探针法的敏感性略高于组织培养；核酸扩增实验（NAATs）可用于检测尿道分泌物和尿液标本，敏感性达 85%~95%，特异性达 99%。
- 淋病：应用革兰染色法足以诊断此病，除非怀疑存在耐药菌株需要从其他身体暴露部位取标本（咽部、直肠）；在经选择后的培养基培养敏感性 86~96%；DNA 探针法与培养法的敏感性相当，核酸扩增实验（NAATs）对尿道分泌物和尿液检测的敏感性为 95%~98%。
- 滴虫病：不依靠显微镜检的快速床旁检测诊断敏感性 >83%，特异性 >97%，如 OSOM 滴虫快速检测实验（基因诊断方法，剑桥，MA）仅需 10 分钟（敏感性 83%，特异性 98.8%）。应用 Diamond's 介质培养和一种更经济的培养方法 InPouch 系统检测的敏感性可达到 90~95%，特异性 >95%。
- 支原体：专门的支原体培养基培养，生长缓慢，需 2~3 周时间；核酸检测技术可应用于科研但未被 FDA 批准。
- 脲原体：培养需在脲原体专用培养基，冰柜冷藏 4℃（39 ℉）保存；在含尿素的肉汤培养基中 1~2 天，避免用棉棍挑取标本。目前已有多种多聚酶链反应实验方法进行检测，但尚未被 FDA 批准广泛应用。

其他诊断

- 革兰染色涂片的质量取决于标本采集的质量。
- 目前尚无文献证实应用棉棒或 5 mm 塑料环哪种方法取尿道分泌物更好。

治疗

淋球菌尿道炎

- 奈瑟氏淋球菌对福喹诺酮类药物的耐药率在美国一些城市已 >25%，因此在美国不再推荐用于治疗。
- 头孢曲松 125 mg IM x 1 次加阿奇霉素 1 g PO x 1 次或多西环素 100 mg PO 2 次 / 天 x 7 天，如果无效除外衣原体感染。

- 头孢克肟 400 mg PO x 1 次加阿奇霉素 1 g PO x 1 次或多西环素 100 mg PO 2 次 / 天 x 7 天，如果无效除外衣原体感染。
- 备选方案：壮观霉素（目前美国无药）2 g IM（如果怀疑口腔暴露时避免使用）。
- 头孢菌素 / 青霉素过敏：如果壮观霉素无法获得，患者有过敏史，应咨询专科医生选择推荐的头孢菌素进行脱敏治疗。

非淋球菌尿道炎

- 阿奇霉素 1 g PO x 1 次
- 多西环素 100 mg PO 2 次 / 天 x 7 天

复发型或迁延型尿道炎

- 甲硝唑 2 g PO 或替硝唑 2 g PO 1 次加红霉素 500 mg 4 次 / 天 x 7 天。
- 甲硝唑 2 g PO 或替硝唑 2 g PO 1 次加红霉素乙基琥珀酸酯 800 mg 4 次 / 天 x 7 天。

随访

患者教育

- 如果患者在完成治疗后症状仍持续存在或病情复发应告知患者复诊，在开始治疗前应进行实验室确认。
- 治疗开始后 7 天内避免同房，以便症状改善及性伴侣充分治疗。
- 如出现持续疼痛、排尿不适（>3 月）建议重新评估病情—常提示慢性前列腺炎或男性骨盆疼痛综合征。
- 如果实验室检查提示新发 STD，患者应筛查其他 STD 包括梅毒和 HIV。
- 患者应告知患病前 60 天内所有的性伴侣进行评估及治疗。患者进行病原特异性实验将有利于性伴侣的治疗。

其他信息

- HIV 感染者的治疗方案与非 HIV 感染者相同。

推荐依据

Centers for Disease Control and Prevention (CDC). Update to CDC’s sexually transmitted diseases treatment guidelines, 2006: fl uoroquinolones no longer recommended for treatment of gonococcal infections. MMWR Morb Mortal Wkly Rep, 2007; Vol. 56; pp. 332 - 6.

注释：美国自 1993 年以来应用氟喹诺酮类药物（FQ）治疗淋病。2000 年以来，CDC 报道了耐 FQ 的奈瑟氏淋球菌菌株，并成立了淋球菌监测系统（GISP）。至 2005 年，该监测系统发布的耐药数据逐年增加，根据 2006 年的初步数据资料显示，耐 FQ 的淋球菌在异性恋和 MSM 中均达到很高比例，在一些城市耐药率可达 26.6%。因此，2006 年 4 月 13 日，CDC 修订了 STD 治疗指南，不再推荐 FQ 用于治疗任何部位淋球菌的感染。

Centers for Disease Control and Prevention, Workowski KA, Berman SM. Sexually transmitted diseases treatment guidelines, 2006. MMWR Recomm Rep, 2006; Vol. 55; pp. 1 - 94.

注释：在美国推荐 CDC 的 STD 治疗指南。该指南中强调了对患者性伴侣治疗是控制 STD 传播的主要策略。患者在发病前 60 天内的所有性伴侣均应进行评估和治疗。强烈建议筛查淋球菌和衣原体。

尿路感染，复杂性（UTI）

James De Maio，MD

病原体

- 肠杆菌科，铜绿假单胞菌和不动杆菌是最常见的病原菌。耐药菌株常见。
- MRSA，肠球菌（包括 VRE），念珠菌和苛生微生物。
- 感染可能为混合感染，尤其在长期留置尿管或导管的患者中更常见。

临床表现

- 复杂尿路感染是发生在上尿路或下尿路存在解剖结构异常者，功能性异常者或留置尿管者（FDA 定义）。
- 复杂尿路感染的危险因素：解剖结构异常——前列腺肥大，尿路结石，梗阻，导管或支架，神经源性膀胱；代谢/激素分泌异常—妊娠，糖尿病；免疫缺陷—肾移植，粒细胞缺乏，HIV。
- 复杂尿路感染的情况存在差异：代谢及免疫功能低下者相关的 UTIs 常容易治疗且不宜复发。解剖结构异常相关的 UTIs 常治疗困难，经常复发，可能需要泌尿外科干预。
- 症状多种多样：下尿路感染常表现为耻骨上疼痛，尿频，排尿困难，尿液恶臭。上尿路感染常伴有侧腹部疼痛，发热及寒战。
- 宿主因素可影响临床表现：老年人可以仅表现为意识改变；置入导管的患者可仅出现发热；瘫痪病人可出现发热、肌张力增加或自主神经反射异常。

诊断

- 尿液检查：白细胞酯酶（+），亚硝酸盐（+），尿检 >10 WBC/HPF，培养 $>10^5$ cfu/ml。
- 微生物检查：尿培养及药敏对选择治疗方案十分重要。尿革兰染色对经验性治疗有意义。提示：如果有导管或支架，应提示实验室进行所有微生物检验包括可能会被认定为污染的“皮肤定植菌”。
- 患者如果病情危重或治疗后无效，应注意除外尿路梗阻。可进行泌尿系超声或腹盆 CT 检查。

治疗

内科治疗（抗生素）

- 经验性治疗应选择广谱抗生素，靶向治疗应根据培养及药敏结果。
- 轻中度患者：近期未应用过 FQ 可经验性选择左氧氟沙星（500 mg IV/PO q24h）或环丙沙星（500 mg PO 2 次/天/400 mg q12h IV），非长期疗养机构（LTCF）FQ 的耐药率较低。
- 重症患者、近期应用过 FQ 或来自 LTCF：可经验性选择广谱抗生素，头孢吡肟 2 g IV q12h 或头孢他啶 2 g IV q8h 或哌拉西林/他唑巴坦 3.375~4.5 g IV q6h（依据本区域耐药情况选择）。上述药物在肾功能不全时需调整剂量。
- 如果患者病情严重或尿革兰染色提示 G(+) 球菌：应经验性选择万古霉素。
- 一旦培养结果及药敏结果回报，应尽可能改为窄谱抗生素。
- 疗程：大多数专家推荐 10~14 天。欧洲指南建议治疗至体温正常或合并症情况（如导管或结石）清除后 3~5 天。

外科治疗

- 如果尿路梗阻不能很快清除或抗生素不能覆盖，强烈建议请泌尿外科会诊处理。
- 如条件允许，选择间歇性导尿可避免留置导管的风险。选择无菌或非无菌性间歇性导尿在导致 UTI 发病率中无明显差异。
- 使用套导尿管比一般留置导尿管较少引起 UTI（0.08 vs 0.21 UTIs 人 / 月）。选择套导尿管时注意皮肤完整。
- 预防复杂性尿路感染
- 清洁尿道口，在 Foley 囊内加入抗生素以及全身应用抗生素不能有效预防导管相关 UTIs。
- 有效措施包括：无菌操作，保持系统密闭，避免梗阻及返流，尽快移除导管。
- 使用一种计算机驱动的或预先制定的快速评估系统来评估使用导管的必要性从而减少导管在医院内的使用。
- 在出现膀胱扩张时先进行膀胱扫描可以有效避免留置导管。

随访

- 梗阻无法尽快缓解或抗生素不能覆盖时应请泌尿外科专科会诊。
- 出现少见致病菌或抗生素治疗无效时应请感染科医师会诊。

其他信息

- 进行培养和药敏实验是必须的。病原菌谱广泛以及抗生素耐药普遍存在，使得经验性选择药物往往不准确。
- 治疗 UTIs 时首选泌尿科专科机构进行。
- 无症状菌尿、念珠菌尿或脓尿无需治疗，除非在妊娠、儿童、肾移植患者及粒细胞缺乏患者。记住治疗的是患者而不是培养结果。
- 如果患者临床症状改善，不必要随访尿培养。
- 不推荐对于有患复杂性尿路感染危险因素的患者进行抗生素预防治疗。产生耐药的风险将远大于轻微控制感染的获益。肾移植患者术后阶段是例外，预防治疗是有益的。

推荐依据

Naber KG, Bergman B, Bishop MC, et al. EAU guidelines for the management of urinary and male genital tract infections.Urinary Tract Infection (UTI) Working Group of the Health Care Offi ce (HCO) of the European Association of Urology (EAU). Eur Urol, 2001; Vol. 40; pp. 576 - 88.

注释：非复杂性尿路感染和复杂性尿路感染的欧洲诊治指南。

Lundstrom T, Sobel J. Nosocomial candiduria: a review. Clin Infect Dis, 2001; Vol. 32; pp. 1602 - 7.

注释：一篇围绕念珠菌尿的出色的综述文章。

Stamm WE, Hooton TM. Management of urinary tract infections in adults. N Engl J Med, 1993; Vol. 329 ; pp. 1328 - 34.

注释：关于复杂性和非复杂性尿路感染的综述文章。

尿路感染，复发型（女性）

Noreen A. Hynes, MD, MPH

病原体

- 大肠杆菌。
- 腐生葡萄球菌。
- 其他肠杆菌。
- 肠球菌。

临床表现

- 两种或两种以上尿路症状（排尿困难，尿频，尿急，血尿及耻骨上不适不伴呕吐）在 UTIs 抗生素治疗缓解后 12 月内出现。
- 复发常见于女性无解剖结构及生理结构异常者，因此进行尿路结构异常检查不一定获益；其他类型是否有意义不确定。
- 再感染：在任何时间出现 UTI 复发且与原致病菌不同，或原感染致病菌再感染发生在前次治疗后 >13 天。
- 再燃：UTI 在治疗后 2 周内复发，且致病菌与原来的 UTIs 致病菌相同。
- 绝经前妇女：危险因素包括：初次急性膀胱炎发生在 15 岁以前，母亲有 UTIs 病史，性生活活跃，发病前一年有新的性伴侣，ABH 血型抗原非分泌型以及雌激素水平降低致局部组织改变（阴道 pH 增加，阴道乳酸菌群失调）。
- 性交姿势、局部清洗、使用热敷、常穿着热裤以及 BMI 值与 UTI 复发无关。
- 妊娠 6~24 周妇女 UTI 复发的风险较高，因姿势及骶骨与生殖道位置改变引起。

诊断

- 床旁快速检测诊断：1）白细胞酯酶实验（+）或亚硝酸盐实验（+）（敏感性 75%，特异性 82%）；2）清洁中段尿培养 >100 cfu/ml；3）>9 WBCs/HPF。
- 培养及药敏实验仅在 UTI 治疗 7 天内复发或再感染时需要。
- 影像学诊断及其他尿路结构异常的检查不推荐进行。分离出变形杆菌时应注意除外尿路结石，可行 CT 或超声检查。

治疗

持续预防

- TMP-SMZ1/2 片（40 mg/200 mg）PO q24h 或 TMP100 mg PO q24h，在大肠杆菌耐药率 <20% 地区 x 6~12 月。
- 呋喃妥英 100 mg PO q24h x 6~12 月。
- 环丙沙星 125 mg PO q24h x 6~12 月。
- 诺氟沙星 200 mg PO q24h x 6~12 月。
- 头孢克洛 250 mg PO q24h x 6~12 月。
- 妊娠妇女治疗方案见 UTI 妊娠妇女治疗章节。
- 长期抗生素预防治疗（>12 月）。尚未在随机对照临床实验中充分验证，可能有效，但副作用较多，可能会诱导抗生素耐药。
- 性交后处方（2 h 内）。
- TMP-SMZ1/2 单剂加强片（40 mg/200 mg）性交后口服 x 1 次（在大肠杆菌对 TMP-SMZ 耐药率 <20% 地区）。
- 妊娠妇女治疗治疗方法见 UTI 妊娠妇女章节。

- 呋喃妥英 100 mg PO 1 次 / 天 x 3 天。
- 诺氟沙星 200 mg PO 1 次 / 天 x 3 天。
- 环丙沙星 125 mg PO 1 次 / 天 x 3 天。

其他预防措施

- 越橘汁及含越橘产品进行预防。两个随机对照实验证实越橘汁（新鲜果汁）可降低围产期 12 月内妇女的 UTI 发病率。对于儿童和年纪较大的男性、女性数据不明确。最佳剂量也不明确。
- 马尿酸乌洛托品：长期预防的效果缺少数据支持、证实。
- 性交后排空尿液：没有相关支持的数据。
- 乳酸杆菌阴道栓：应用乳酸菌益生菌预防的研究处于开始阶段，可能有一定前景，仅有少量小样本研究数据。
- 绝经后妇女阴道内局部应用雌激素：存在争议，建议对 UTI 复发 >2 次 / 年的妇女，大肠杆菌对 TMP-SMZ 及氟喹诺酮类药物耐药率 <20% 地区应用
- 热灭活的尿路病原菌阴道栓剂疫苗：已进行 II 期临床实验，对部分尿路感染尤其是大肠杆菌引起的复发型尿路感染有预防作用。

其他信息

- 尚无已出版的国际指南；推荐意见源自发表于 2000 年的一份临床实践综述中作者的意见；3:961–8。
- 80%~90% 的复发型尿路感染是再感染；1/3 为原来的致病菌；12%~27% 为在原 UTI 基础上发生复发型非复杂性急性膀胱炎；复发型膀胱炎与健康对照组相比为 18:1。
- 与年轻女性相比，年龄 >54 岁女性更易出现复发型 UTI。
- <5% 的复发型病例是因解剖结构和功能异常导致；在其他非结构异常因素中包括母亲有 UTI 病史，血型 ABH 抗原等。

推荐依据

Hooton TM. Recurrent urinary tract infection in women. Int J Antimicrob Agents, 2001; Vol. 17; pp. 259 - 68.

注释：对健康女性复发型尿路感染相关信息进行了很好的整理、归纳。

Melekos MD, Asbach HW, Gerharz E, et al. Post-intercourse versus daily ciprofl oxacin prophylaxis for recurrent urinary tract infections in premenopausal women. J Urol, 1997; Vol. 157; pp. 935 - 9.

注释：这是一项非随机、非双盲的研究，70 例患者采用性交后单剂预防治疗，对照组 65 例患者采用每天 1 次环丙沙星 125mg 口服预防治疗，共 12 个月。长程性交后预防治疗与每天预防治疗效果相似。前者用药量约为后者用药量的 1/3，因此价格更便宜。

Brumfi tt W, and Hamilton-Miller JM. A comparative trial of low dose cefaclor and acrocrystalline nitrofurantoin in the prevention of recurrent urinary tract infection. Infection, 1995; Vol. 23; pp. 98 - 102.

注释：随机非双盲实验，128 例女性患者，年龄 18~90 岁，既往至少 4 次 UTI，近 12 月有 / 无发作。一组口服头孢克洛 250mg，另一组口服呋喃妥英结晶 50mg。预防治疗 12 月，两组有效率（80%）无明显差异，均减少了 5 倍复发率。呋喃妥英组副作用高于头孢克洛组。

妊娠妇女尿路感染

Noreen A. Hynes, MD, MPH

病原体

- 大肠杆菌：占 80%~85%。
- 腐生葡萄球菌：3%~8%。
- B 组 β－溶血性链球菌（GBS）：1%~2%。
- 其他肠道细菌。
- 肠球菌。
- 其他少见病原菌：其他肠道细菌，铜绿假单胞菌，D 组链球菌，肠球菌，以及少见的流感嗜血杆菌，结核分分枝杆菌，厌氧菌，沙门氏菌，志贺氏菌，腺病毒 II 型，脲原体，支原体，沙眼衣原体可引起尿道炎伴排尿困难、脓尿但不伴有膀胱炎或急性肾盂肾炎。

临床表现

- 无症状菌尿（ASB）：发生率 2.5%~11%（非妊娠妇女 3%~8%）。相关危险因素包括年龄，经产妇，性生活活跃，社会经济地位低（5 倍），遗传性镰刀状细胞（2 倍），妊娠期糖尿病，既往 UTI 病史，尿路结构异常。ABS 预后不佳的影响因素：早产或出生低体重儿，妊娠早期流产，妊娠期肾盂肾炎（20~30 倍）不伴菌尿及高血压。经治疗可减少 1%~4% 发生肾盂肾炎的风险并改善致死性预后。在治疗后第 3 个月时重复尿培养根据临床治疗效果和成本效率推预防方案。按照实验室结果治疗全程。
- 急性细菌性尿道炎（ABC）：尿急，尿频，耻骨上不适感，无发热及侧腹痛。
- 急性细菌性肾盂肾炎（ABP）：发热，侧腹痛，伴 / 不伴下尿路症状。可能会出现恶心 / 呕吐。特征性体征：肋脊角压痛、叩击痛。是妊娠时期最严重的并发症；在妊娠期妇女发生率 1%~2%；主要发生在前 3 个月和中间 3 个月：前 3 个月（占所有病例 2%），中间 3 个月（占所有病例 52%），后 3 个月（占所有病例 46%）。开始阶段住院治疗。
- 在美国妊娠妇女中 UTI（ASB，ABC 或 ABP）发病率，白人和亚裔 28.7%，黑人 30.1%，西班牙裔 41.1%。

其他临床特点

预测发生妊娠期 UTI 的生理性因素

- 子宫增大压迫膀胱导致排尿不畅。
- 继发于孕酮水平的提高，输尿管平滑肌松弛，导致排尿不畅。
- 氨基酸尿症：丙氨酸、甘氨酸、组氨酸、丝氨酸和苏氨酸分泌增加，其他氨基酸（亮氨酸、赖氨酸、苯丙氨酸、半胱氨酸、牛磺酸及酪氨酸仅在妊娠期前半程增加）。氨基酸浓度增加会造成大肠杆菌易黏附于膀胱黏膜上皮。
- 糖尿：由于糖再吸收受损，妊娠妇女尿糖水平较非妊娠妇女增加 100 倍。静止状态尿中的糖增高会促进病原微生物生长。

妊娠期输尿管积水

- 妊娠期的生理现象。
- 骨盆线延长。
- 子宫从妊娠第 7 周开始膨大直至生产。

- 物理因素和激素作用共同影响。
- 右侧输尿管较左侧更易受影响。
- 产后子宫恢复需要 2 个月时间。
- 膀胱位置：在后 3 个月，膀胱更类似于腹腔器官而非盆腔器官，也是因激素水平影响。

B 组 β – 溶血链球菌（GBS）

- 分娩期传播可导致新生儿肺炎，脑膜炎，败血症及死亡。
- GBS 无症状菌血症发生于前 3 个月时应给予治疗。
- 有伴随症状的 UTI 一旦发生应给予治疗。
- 其他监测：所有妊娠期妇女在 35~37 周时应进行阴道、直肠的全面检查，一旦发现问题应进行治疗。

诊断

- 无症状菌尿：在妊娠 12~16 周或第 1 次产检或之后时应进行尿培养筛查无症状性菌尿（A 级推荐）。
- 无症状菌尿：妊娠妇女，连续两次清洁中段尿培养≥ 100 000 cfu/ml 且为同一种病原菌时，无临床症状、体征可诊断。白细胞酯酶及亚硝酸盐实验对于诊断的意义不大，因对无症状患者的特异性不好。
- 急性细菌性尿道炎：清洁中段尿培养≥ 100 000 cfu/ml 或导尿管尿标本≥ 100 cfu/ml（除非必须时建议避免应用导尿管，因可增加感染风险）。
- 急性细菌性肾盂肾炎：清洁中段尿培养≥ 100 000 cfu/ml 或导尿管尿标本≥ 100 cfu/ml（除非必须时建议避免应用导尿管，因可增加感染风险）。在常规检查基础上增加血培养不能更多获益。
- 常规尿路检查：诊断没有规定程序，怀疑尿路结构异常时应请专科医师会诊。

治疗

无症状性菌尿的经验性治疗（妊娠）

- 呋喃妥英 100 mg PO，4 次 / 天 x 7 天。
- 头孢氨苄 200~500 mg PO，4 次 / 天 x 3~7 天。
- 头孢呋辛酯 250 mg PO，2 次 / 天 x 3~7 天。
- 待培养结果回报调整方案。

急性肾盂肾炎经验性治疗（妊娠）

- 急诊静脉单剂治疗然后回家口服至临床稳定
- 头孢唑林 1 g IV q8h 至体温正常 48h，后改口服至满 14 天，
- 头孢曲松 1 g IV/IM q24h，后改口服至满 14 天。
- 美洛西林 1~3 g IV q6h 至体温正常 48h，后改口服至满 14 天。
- 哌拉西林 4 g IV q8h 至体温正常 48h，后改口服至满 14 天。
- 根据培养结果回报调整方案。

随访

治疗后

- 完成治疗后 1 周重复尿培养。
- 妊娠期 ASB，ABC 或 ABP 治疗后应阶段性监测。

- 肾盂肾炎后，一些专家建议呋喃妥英抑制性治疗直至治愈。

前 3 个月培养阴性

- 在没有检验结果时没有指南推荐是否需要监测。1 次尿培养花费 40 美元。

其他信息

- 不适合妊娠期 UTI 的抗生素：四环素，甲氧苄氨嘧啶，磺胺制剂。可导致先天性心脏病或裂孔。

推荐依据

U.S. Preventive Services Task Force. Screening for asymptomatic bacteriuria in adults: U.S. Preventive Services Task Force reaffi rmation recommendation statement. Ann Intern Med, 2008; Vol. 149; pp. 43 - 7.

注释：这是美国预防任务组（USPSTF）2004 年颁布的关于成人无症状菌尿的推荐意见。其中 A 级推荐意见是妊娠期 12~16 周或第 1 次产检或之后检测尿培养筛查无症状菌尿。本指南没有对非妊娠女性和男性的相关建议。

Nicolle LE, Bradley S, Colgan R, et al. Infectious Diseases Society of America guidelines for the diagnosis and treatment of asymptomatic bacteriuria in adults. Clin Infect Dis, 2005; Vol. 40; pp. 643 - 54.

注释：美国感染病协会（IDSA）推荐关于成人无症状菌尿（ASB）的诊治指南。ASB 女性应连续 2 次清洁中段尿培养标本并分离出同一种病原菌，定量 105cfu/m ，或导管尿标本同一病原菌定量 102 cfu/ml。指南中对妊娠期妇女规定：（1）在妊娠早期至少检测 1 次尿培养，结果出现阳性应开始治疗；（2）疗程应 3~7 天；（3）复发型 UTI 应在治疗中行阶段性检测；（4）妊娠期培养阴性结果是否重复监测没有相关推荐意见。

Warren JW, Abrutyn E, Hebel JR, et al. Guidelines for antimicrobial treatment of uncomplicated acute bacterial cystitis and acute pyelonephritis in women. Infectious Diseases Society of America (IDSA). Clin Infect Dis, 1999; Vol. 29;pp. 745 - 58.

注释：美国感染病协会（IDSA）关于女性非复杂性细菌性膀胱炎和急性肾盂肾炎的治疗指南。

消化系统

阑尾炎见 232 页病原体部分

腹泻，社区获得性，急性

John G. Bartlett, MD

病原体

- 诺瓦病毒。
- 弯曲杆菌属。
- 沙门氏菌属。
- 侵袭性大肠杆菌（EAEC）。
- 肠出血性大肠杆菌（EHEC）。
- 蓝氏贾第鞭毛虫。
- 其他引起急性社区获得性腹泻病的病原：细菌：肠道耶尔森菌，弧菌属，类志贺邻单胞菌。病毒：轮状病毒，诺瓦病毒（以前的诺沃克因子），肠道腺病毒，杯状病毒，星状病毒，小圆病毒，冠状病毒。寄生虫：粪类圆线虫。非感染因素：药物副作用，肠易激综合征，炎性肠病（溃疡性结肠炎或克隆病），放射性缺血性肠病，不全肠梗阻，内分泌失调等。

临床表现

- 病史（症状）：严重血便？，持续性，发热，里急后重，脱水症状。
- 病史（流行病学）：暴发？，旅游，抗生素使用，以下疾病。
- 旅行者腹泻（发展中国家）：肠产毒性大肠杆菌（诊断/治疗经验性应氟喹诺酮类药物）是主要原因，其他包括诺瓦病毒，沙门氏菌，志贺氏菌，贾第鞭毛虫，耶尔森氏菌。
- 血便：大肠杆菌 O157（避免使用抗生素），溶血性大肠杆菌，炎性肠病。
- 抗生素暴露：尤其是广谱 β－内酰胺类抗生素，氟喹诺酮类药物或克林霉素。艰难梭菌（20%），抗生素诱导的碳水化合物吸收障碍。社区获得性艰难梭菌定义为没有抗生素暴露史及住院病史。
- 重要历史资料：（1）严重症状：出血，发热，脱水，呕吐；（2）地点：近期至发展中国家旅游，大肠杆菌，沙门氏菌，志贺氏菌，耶尔森氏菌，邻单胞菌属，诺沃克因子；（3）抗生素相关：碳水化合物吸收障碍 75%，艰难梭菌 20%，产酸克雷伯菌，金黄色葡萄球菌，产期荚膜杆菌；（4）寄生虫：贾第鞭毛虫，溶组织阿米巴，类圆线虫；（5）最常见细菌：沙门氏菌，耶尔森氏菌，志贺氏菌；（6）出血性：溶血性大肠杆菌，大肠杆菌 O157；（7）：暴发：诺瓦病毒，沙门氏菌；（8）：诺瓦病毒，腺病毒，小圆病毒，冠状病毒，杯状病毒；（9）食物中毒暴发：沙门氏菌，耶尔森氏菌。

诊断

- 大便白细胞：提示耶尔森氏菌，艰难梭菌，沙门氏菌，志贺氏菌。
- 实验室：大便培养：沙门氏菌，志贺氏菌，耶尔森氏菌 ± 大肠杆菌 O157：H7，耶尔森鼠疫杆菌，霍乱弧菌（季节性）。
- 实验室（如果有抗生素暴露史）：大便艰难梭菌毒素测定，毒素 B 或 ELA（毒素

A 或 A 和 B）或 PCR（艰难梭菌产毒基因）。

- 实验室（寄生虫）：溶组织阿米巴标准 O、P，常用特异性 AFB 染色 / 三色染色鉴定球孢子虫，圆孢子虫，贾第鞭毛虫抗原（ELA）。

治疗

序贯评估

- 评估：腹泻程度，持续时间、炎性症状（发热，出血，里急后重）。
- 对症治疗：水化 + 洛哌丁胺（首剂 4 mg PO，后每小时 2 mg，最大剂量 16 mg/d）
- 预防处理：旅行，暴发，院内感染，抗生素暴露。
- 大便检查：旅行相关，大肠杆菌。暴发—沙门氏菌，诺瓦病毒，抗生素暴露—艰难梭菌。出血性—大肠杆菌 O157:H7，溶血性阿米巴。
- 经验性抗生素治疗（一般用于重症病例）：环丙沙星 500 mg PO，2 次 / 天 x 3 天。旅行相关：环丙沙星 / 左氧氟沙星 1~3 天，如果症状 >7 天—米诺环素 500 mg PO，3 次 / 天 x 7~10 天。
- 上报病例：沙门氏菌，志贺氏菌，大肠杆菌 O157:H7，圆孢子虫，贾第鞭毛虫。
- 病原特异性治疗（IDSACID2001；32:331）。
- 志贺氏菌：环丙沙星 500 mg PO，2 次 / 天 x 3 天或左氧氟沙星 500 mg PO，1 次 / 天 x 3 天。免疫缺陷人群治疗 7~10 天。
- 沙门氏菌（抗生素治疗：重症，年龄 >50 岁，瓣膜病，严重动脉粥样硬化，肿瘤，AIDS，尿毒症）：环丙沙星 500 mg PO，2 次 / 天 x 5~7 天，TMP-SMX PO，2 次 / 天 x 5~7 天，头孢曲松 2 g IM/IV x 5~7 天。免疫缺陷人群治疗 14 天（复发病例）。
- 耶尔森菌：红霉素 500 mg PO，2 次 / 天 x 5 天（喹诺酮类耐药率高）。
- 出血性大肠杆菌（志贺样毒素—血便）：不需要抗生素治疗，抗生素治疗会加重毒素释放。
- 艰难梭菌：停用抗生素 + 甲硝唑 250 mg 隔日 PO x 10 天或 PO 万古霉素 125 mg 隔日口服 x 10 天。
- 贾第鞭毛虫：甲硝唑 250~750 mg PO，3 次 / 天 x 7~10 天或替硝唑 2g 口服 x 1 剂。
- 圆孢子虫：TMP-SMX 1 片 PO，2 次 / 天 x 7~10 天。免疫缺陷人群：TMP-SMZ，1 片，隔日口服 x 10 天，后序贯 TMP-SMZ，每周 3 次。
- 溶组织阿米巴：甲硝唑 750 mg PO，3 次 / 天 x 5~10 天 + 巴龙霉素 500 mg PO，3 次 / 天 x 7 天。备选治疗：替硝唑 2g PO，1 次 / 天 x 3 天，序贯巴龙霉素、双碘喹啉、二氯尼特糠酸酯。
- 球孢子菌：TMP-SMX，2 次 / 天 口服 x 7~10 天。免疫缺陷人群：TMP-SMZ1 片或 TMP-SMX 1 片 PO，2 次 / 天或氧氟沙星 300 mg PO，2 次 / 天 x 3 天。

非特异治疗

- 再水化：轻度腹泻给予少渣汤、汁少量分次喂服。
- 中重度：口服补液盐（ORS）包括电解质液，或其他含钠、钾、糖（50~100mg/kg q3~4h）。不能口服者鼻饲管或 IV D5W+1/4NS+20mEq/LKCl。
- 重症：IV 乳酸林格氏液（推荐）或 NS 20 ml/kg 直至灌注改善，之后 100ml/kg ORS 口服 4h 或 D5W/1/2NS,IV。
- 食物与排便匹配：水样便—汤，羹，酸奶，软饮料，凝胶 ± 含盐饼干；含少量粪质—米饭，面包，烤鱼，鸡，烤土豆。

- 避免牛奶，奶制品，咖啡，煎炸食物，刺激性食物。
- 避免抗生素：大肠杆菌 O157:H7（血便）和艰难梭菌。
- 大肠杆菌 O157:H7 和艰难梭菌感染后考虑罗洛哌丁胺（OTC）4 mg，之后 2 mg 至大便成形，每天最大剂量 16 mg/d。

随访

- 暴发：如果怀疑沙门氏菌或诺瓦病毒感染，应上报有关卫生部门。
- 上报：霍乱，沙门氏菌，志贺氏菌，大肠杆菌 O157:H7，贾第鞭毛虫。

其他信息

- 优先考虑：再水化，治疗志贺样毒素（氟喹诺酮类），避免血便时应用抗生素（大肠杆菌 O157:H7）。
- 感染性腹泻（大便内见白细胞，里急后重，发热）：考虑沙门氏菌，志贺氏菌，耶尔森菌，艰难梭菌，鼠疫杆菌。重症病例或血便时留取大便培养。
- 最常见：诺瓦病毒，可散发或暴发流行（医院，护士宿舍，游船等），水上运动。
- 食物中毒暴发：沙门氏菌，大肠杆菌 O157，诺瓦病毒，鼠疫杆菌，弧菌（海产品），耶尔森菌（家禽）。

推荐依据：

Thielman NM, Guerrant RL . Clinical practice. Acute infectious diarrhea. N Engl J Med, 2004; Vol. 350; pp. 38 - 47.

注释：临床综述数据资料；（1）评估腹泻程度，持续时间，炎症表现（出血，发热，里急后重）；（2）对症治疗：补液，洛哌丁胺；（3）治疗：暴发，旅游，抗生素，临床表现；（4）大便检查：旅游—沙门氏菌，志贺氏菌，耶尔森菌，大肠杆菌 O157，艰难梭菌；院内感染—艰难梭菌；血便：大肠杆菌 O157；持续性：贾第鞭毛虫，圆孢子虫，球孢子虫；（5）依据症状抗生素治疗；（6）上报卫生机构。

Guerrant RL, Van Gilder T, Steiner TS, et al. Practice guidelines for the management of infectious diarrhea. Clin Infect Dis, 2001; Vol. 32; pp. 331 - 51.

注释：这些指南是推荐意见的基础。最高优先（1）危及生命者，旅行者腹泻，耶尔森菌感染；(2) 评估腹泻病情（大便性质，发热，出血，里急后重），暴发性，抗生素暴露。旅游史，食品安全及进食生牛奶；（3）怀疑大肠杆菌志贺样毒素菌株（如 O157:H7）感染时避免使用抗生素。

腹泻，社区获得性，持续性 / 慢性

Christopher F. Carpenter, MD and AditiSwami, MD

病原体

- 蓝氏贾第鞭毛虫。
- 艰难梭菌。
- 耶尔森弯曲杆菌。
- 沙门氏菌。
- 志贺氏菌。
- 肠出血性大肠杆菌（EHEC）。
- 其他致病大肠杆菌。
- 其他感染因素。

更多病原体

- * 产肠毒素性大肠杆菌、致肠病性大肠杆菌、肠侵袭性大肠杆菌及肠凝集性大肠杆菌；肠出血性大肠杆菌（EHEC）也是产类志贺样毒素大肠杆菌（STEC）。
- ** 其他感染因素包括：气单胞菌属，邻单胞菌属，细小隐孢子虫，微孢子虫，耶尔森菌，弧菌，产气梭菌，轮状病毒，诺瓦病毒 / 杯状病毒，肠道腺病毒，星状病毒，小圆病毒，冠状病毒，单纯疱疹病毒及巨细胞病毒，卡耶塔环孢子虫，贝氏等孢子虫及粪类圆线虫。

临床表现

- 持续性腹泻定义为腹泻持续超过 1~2 周但不足 4 周；腹泻持续超过 4 周者称为慢性腹泻。
- 大多数急性感染性腹泻持续时间不超过 2 周；同时这其中的大部分原因可导致持续性或慢性腹泻。
- 美国或西欧定义的腹泻，残留食物正常，包括大便重量 >200 g，排便 >3 次 / 天，大便稠度降低。
- 腹泻持续时间越长则非感染性腹泻可能性越大。
- 肠易激综合征（IBS—见上述诊断章节）如患者持续性或慢性腹泻伴腹痛应考虑到本病可能。

诊断

- 最初评估：大便白细胞或乳铁蛋白，便潜血实验，大便培养，艰难梭菌毒素测定，O 和 P（包括三色染色），蓝氏贾第鞭毛虫抗原，轮状病毒 ELA，病毒培养。诺瓦病毒的检测未列入常规。对于慢性腹泻患者还应测大便 pH 值，重量（g/d），72 h 大便脂肪（75~100 g/d 脂肪）。
- 第二阶段评估：去乳糖饮食实验，全血细胞计数和分类，ESR/CRP，代谢专科检查，TSH，T_4，胃泌素，影像学（腹平片，腹部超声，CT，消化道造影（包括 / 小肠），灌肠对比显像），乙状结肠 / 结肠纤维镜含 / 活检。
- 第三阶段评估：VIP，P 物质，降钙素，组胺（高代谢和低钾）；尿 5- 羟吲哚乙酸（潮红）；碱化测定，酚酞，蒽醌（？泻剂滥用）
- 大便电解质 / 渗透压；尿检薄色层分离法测定比沙可啶；灌肠剂；胆汁酸或其他呼吸实验测细菌过度繁殖。
- 关注器质性（以及功能性）腹泻：高代谢（>400 g/d 在西方国家），持续时间短（<3 月），夜间明显，发作频繁且突然，体重下降 >5 kg，可能 ESR/CRP 升高，贫血，低白蛋白。
- 非感染性原因导致持续性或慢性腹泻：包括炎性肠病（溃疡性结肠炎，克隆病，胶原性结肠炎，显微镜下 / 淋巴细胞性结肠炎），脂肪泻，糖吸收不良综合征，药物副作用，食物添加剂，既往胃肠道或胆囊手术，肾上腺功能不全，甲状腺疾病，糖尿病，滥用泻剂，缺血性肠病，放射性小肠炎或结肠炎，特发性腹泻（功能性，肠易激综合征）。
- 其他少见非感染性腹泻原因：人造腹泻，内分泌肿瘤，渗透性异常，流行性慢性腹泻（Brainerd 腹泻，牛奶、水相关性腹泻）慢性特发性腹泻，大便失禁，腹腔疾病，食物过敏。
- 肠易激综合征（IBS）腹痛，排便习惯异常（便秘，腹泻或均有）无原因。

治疗

对症治疗及评估

- 补液是最重要的治疗，尤其是患者存在明显脱水时。
- 口服补液盐（ORS）：Cera Lyte generic ORS，WHO ORS，Rehydralyte，Pedialyte，Resol,Rice-Lyte。
- 静脉补液，0.9%NS+20 m EqKCl 或乳酸林格氏液，适用于中重度腹泻患者或不能耐受口服补液的患者。
- 止泻剂：洛哌丁胺 4 mg PO，之后 2 mg 直至大便性状变成形，每天最大剂量 16 mg/d。在艰难梭菌、肠出血性大肠杆菌感染时避免使用。
- 胍乙哌啶联合阿托品及鸦片酊剂不比洛哌丁胺获益更多；上述所有制剂均在痢疾和（或）EHEC（会导致 HUS）及艰难梭菌时避免使用。
- 其他推荐：无乳糖饮食（如牛奶、奶酪），避免摄入咖啡，膳食纤维，次水杨酸铋，含高岭土制剂，益生菌。
- 运动饮料，果汁，软饮料均为高渗性，缺乏电解质，因此对于明显脱水的患者不推荐。
- 这些饮料对轻症腹泻患者亦无益处；电解质可从汤汁撒盐饼干中获得。

经验性治疗

- 初步检查无明显异常，而进一步检查有创并对患者产生风险，可以考虑经验性治疗。
- 怀疑原生动物感染引起腹泻可选择甲硝唑，细菌性腹泻考虑氟喹诺酮类药物，应将经验性治疗可能存在的风险和获益告知患者。
- 甲硝唑 250~500 mg PO，3 次 / 天 x 10 天。
- 环丙沙星 500 mg PO，2 次 / 天 x 3~5 天，诺氟沙星 400 mg PO，2 次 / 天 x 3~5 天，或氧氟沙星 300 mg PO，2 次 / 天 x 3~5 天。
- 如患者有近期应用抗生素史，应考虑艰难梭菌可能（需等待大便毒素检测结果）：轻中度腹泻—甲硝唑 500 mg PO，3 次 / 天 x 10 天，重症腹泻—万古霉素 125 mg PO q6h x 10~14 天。
- TMP-SMZ 对于高度怀疑隐孢子虫感染时可经验性治疗。

病原特异性治疗

- 三种病原菌所致持续性或慢性腹泻需进行特异性治疗（贾第鞭毛虫，阿米巴，艰难梭菌）。
- 三种病原的一线治疗药物中均含有甲硝唑；阿米巴需要额外剂量针对包囊（巴龙霉素或双碘喹啉或二氯尼特糠酸酯）。
- 特异性治疗针对细菌性小肠炎如志贺氏菌和耶尔森菌；肠病患者分离出沙门氏菌不应使用抗生素，因可使病原携带状态延长。
- EHEC 的治疗存在争议，推荐慎重使用抗生素因为可诱导毒素的合成与释放，而且，TMP-SMZ 和氟喹诺酮类可促使 HUS 的发生。
- 氟喹诺酮类耐药的耶尔森菌在世界各地均有报道，因此大环内酯类如阿奇霉素可作为备选药物。
- 一种高致病力的艰难梭菌菌株（BI/NAPI，毒素 III 型）可明显增加致病率和死亡率。已在北美和欧洲发现；流行株的毒力因子包括增加毒素产生，产生双重毒素，对喹诺酮类产生耐药，增加孢子容积。它在导致慢性腹泻中的作用尚不明确。社区获得性艰难梭菌感染没有抗生素的暴露史。

其他信息

- 慢性腹泻常由非感染性因素导致，而急性腹泻常由感染所致并自限。
- 根据对慢性腹泻的定义，美国的发病率为 3%~18%；而伴腹痛的肠易激综合征占其中的大部分。有研究显示肠易激综合征由慢性感染性腹泻导致，尤其是旅行者腹泻。
- 经过仔细检查包括住院检查，仅约 10% 的慢性腹泻仍无法明确病因。
- 免疫功能低下人群(如，HIV 感染患者)伴有持续性 / 慢性腹泻：应考虑贾第鞭毛虫，隐球孢子菌，环孢子菌、贝氏孢子菌，微球孢子菌及鸟胞内分枝杆菌复合体。

推荐依据

Sellin JH. A practical approach to treating pts with chronic diarrhea. Rev Gastroenterol Disord, 2007; Vol. 7 Suppl 3;pp. S19 - 26.

注释：慢性腹泻治疗指南。

Guerrant RL, Van Gilder T, Steiner TS, et al. Practice guidelines for the management of infectious diarrhea. Clin Infect Dis, 2001; Vol. 32; pp. 331 - 51 .

注释：美国感染病协会 (IDSA) 社区获得性艰难梭菌感染、旅行者腹泻，医院获得性腹泻、持续性腹泻的诊治指南。

旅行者腹泻

Lisa Spacek, MD, PHD

病原体

- 产毒性大肠杆菌。
- 肠凝集性大肠杆菌。
- 沙门氏菌属。
- 志贺氏菌属。
- 耶尔森氏弯曲菌属。
- 气单胞菌属。
- 邻单胞菌属。
- 副霍乱弧菌。
- 轮状病毒。
- 诺瓦病毒。
- 蓝氏贾第鞭毛虫。
- 隐球孢子菌。
- 副球孢子菌。
- 溶组织阿米巴。

临床表现

- 定义：突然发作腹泻，24 h 内排稀便 3 次或以上。并伴有一种腹部症状：恶心，呕吐，腹部痉挛，发热，内急。里急后重及血便常提示痢疾。
- 病史：到达目的地后 5~15 天出现症状，病情常自限；持续 1~5 天。
- 宿主高危因素：免疫功能低下人群，胃酸过少，炎性肠病，糖尿病，AIDS。
- 致病病原菌：肠道细菌最常见。病毒呈散发性 (如游船相关)，寄生虫少见，常伴随症状时间较长。

- 发热，食欲下降，乏力及腹部压痛 ± 恶心、呕吐。
- 病情通常较轻，病程明确，排便异常，症状轻微。
- 重症病例 / 痢疾伴发热，小肠活跃伴出血及分泌增多。

诊断

- 大便中有白细胞提示感染（非病毒性）。
- 大便培养：查找大肠杆菌，志贺氏菌，沙门氏菌，弯曲菌，气单胞菌，邻单胞菌；志贺氏毒素测定。
- 贾第鞭毛虫抗原 ELISA 检测，大便 O 和 P 抗原。

治疗

非特异性经验治疗

- 治疗需根据病情、症状包括：补液、止泻剂洛哌丁胺及抗生素。可缩短病程（CID 2006；43:1499）。
- 轻症：1~2 次大便 /24h，症状轻微：洛哌丁胺 4 mg PO 负荷剂量，之后 2 mg PO 至大便成形（最大剂量 16 mg/24 h）或次水杨酸铋 262 mg 2 片嚼服，4 次 / 天，或 30 ml PO q1h（最大剂量 8 次 /24 h）。
- 中度：>2 次大便 /24h，水样便：氟喹诺酮类，单剂即可，可加用洛哌丁胺；痢疾疗程 3 天。
- 重症 / 痢疾：>6 次大便 /24 h，发热，血便：氟喹诺酮类治疗 3 天。
- 氟喹诺酮类：环丙沙星（500 mg PO，2 次 / 天或 750 mg PO，1 次），左氧氟沙星（500 mg PO，q24h）。
- 利福昔明：不吸收抗生素，FDA 批准用于治疗非侵袭性大肠杆菌，200 mg PO，3 次 / 天 x 3 天，与环丙沙星治疗非侵袭性病原菌感染疗效相当（AJTMH 2006;74:1060），不推荐用于治疗系统性感染或腹泻伴发热、血便或持续症状 >24~48 h。
- 水杨酸盐铋剂：2 片 4 次 / 天等同于成人 3~4 片阿司匹林，避免增加水杨酸盐摄入，避免水杨酸盐铋剂与抗凝药物合用，可导致舌及大便颜色变黑。
- 避免水杨酸盐铋剂与四环素合用，会减少四环素的吸收。肾功能不全时避免使用铋剂。环丙沙星的吸收不受铋剂影响（L Rambout et al,AAC 1994）。
- 预防：饭前洗手，饮用水净化，避免生食瓜果蔬菜，去皮食用，选择蒸热的食物。
- 弯曲菌对喹诺酮类耐药地区如泰国，东南亚，选用阿奇霉素（1 g 单剂或 500 mg 1 次 / 天 x 3 天）。

病原特异性治疗

- 耶尔森菌：阿奇霉素 500 mg PO，1 次 / 天 x 3 天或环丙沙星 500 mg PO，2 次 / 天（氟喹诺酮类耐药地区，东南亚，印度，拉丁美洲）或红霉素 500 mg PO，q6h x 5 天（红霉素耐药很少报道）。
- 隐孢子虫：硝唑尼特 500 mg PO，2 次 / 天 x 3 天。AIDS 患者：HAART 治疗 + 硝唑尼特 500 mg PO，2 次 / 天 x 14 天。
- 环孢子虫：TMP-SMZ 1 片 2 次 / 天 x 7~10 天。
- 溶组织内阿米巴：甲硝唑 750 mg PO q8h x 10 天或替硝唑 2 g PO 1 次 / 天 x 3 天，之后用鲁米那，巴龙霉素 500 mg q8h PO x 7 天（NEJM2003;348:1565）.
- 肠毒素性大肠杆菌：环丙沙星 750 mg 单剂或 500 mg 2 次 / 天 x 3 天（重症病例），利福平 200 mg PO q8h x 3 天（非侵袭性疾病）。

- 肠出血性大肠杆菌（产志贺样毒素大肠杆菌 -STEC）：如果疑诊 / 血便：避免应用抗生素和止泻剂，保留抗生素用于严重病例。
- 贾第鞭毛虫：替硝唑 2 g PO x 1 剂或硝唑尼特 500 mg PO 2 次 / 天 x 3 天。
- 沙门氏菌，非伤寒，重症病例治疗：患者 <1 岁或 >50 岁，假肢，血管移植，心脏瓣膜病，严重动脉粥样硬化，尿毒症：环丙沙星 500 mg PO 2 次 / 天 x 5~7 天或阿奇霉素 1 g 口服单剂之后 500 mg PO q24h x 6 天。
- 志贺菌：环丙沙星 500 mg PO 2 次 / 天 x 3 天或 TMP-SMZ 1 片口服 2 次 / 天 x 3 天或阿奇霉素 500 mg PO x 1 天之后 250 mg PO 1 次 / 天 x 4 天。
- 霍乱弧菌：阿奇霉素 1 g PO x 1 剂或多西环素 300 mg PO x 1 剂或四环素 500 mg PO q6h x 3 天或 TMP-SMZ1 片 2 次 / 天 x 3 天或环丙沙星 500 mg x 1 剂。最根本的治疗是补液。
- 副霍乱弧菌：抗生素治疗不能缩短病程。补液。重症病例应用氟喹诺酮类药物。

其他信息

- 预防和治疗脱水：经验性治疗可缓解症状，缩短病程。立即开始经验性治疗可缩短病程 1 天或更多（Emerg Med Clin N Am2008;26:499）。
- 痢疾或疑似细菌性腹泻，可进行大便培养，抗生素治疗。但在怀疑肠出血性大肠杆菌（STEC）时为避免毒素释放应避免使用抗生素。
- 持续性腹泻 >2 周应考虑寄生虫感染。检测贾第鞭毛虫 ELISA，血清学及大便检测找虫卵及虫体，艰难梭菌毒素检测。
- 通过自己上报方式统计，长程徒步 / 军事旅行（>1 月）与短途商务 / 休闲旅行相比，暴露于污染食物、水源发生旅行者腹泻的几率要高（29 例 vs60 例 /100 人月）（Am J Trop Med Hyg 2006;74:891）。
- 注射旅行者抗产毒素大肠杆菌疫苗可减轻病程危重阶段症状但不能减少腹泻总患病率（Vaccine 2007;25:4392）。口服灭活全细胞亚单位霍乱菌苗（Dukoral, SBL Vaccine）对不耐热 ETEC 保护率 <7%（Lancet Infect Dis 2006;361）。

推荐依据

Hill DR, Ericsson CD, Pearson RD, et al. The practice of travel medicine: guidelines by the Infectious Diseases Society of America. Clin Infect Dis, 2006; Vol. 43; pp. 1499 - 539.

注释：IDSA 旅行者用药指南。

Guerrant RL, Van Gilder T, Steiner TS, et al. Practice guidelines for the management of infectious diarrhea. Clin Infect Dis, 2001; Vol. 32; pp. 331 - 51.

注释：推荐治疗的所有引用推荐依据。病原特异性治疗推荐意见均源于此。

憩室炎

Christopher F. Carpenter, MD and Aditi Swami, MD

病原体

- 通常感染为混合菌感染所致，主要为厌氧菌和革兰阳性杆菌。
- 厌氧菌包括拟杆菌属。
- 革兰阴性杆菌，包括肠道杆菌。
- 肠球菌（是否为致病性存在争议）。

临床表现

- 憩室病发生率随年龄增加：年龄 >60 岁人群中 50% 存在憩室病，其中 10%~25% 发展为憩室炎。
- 虽然憩室病在年轻人（<40 岁）中较少发生，但有逐渐增加趋势，且这个年龄组发病常合并严重并发症（常需要手术治疗）。
- 在西方社会，低纤维饮食可能是产生憩室病和憩室炎的主要原因。
- 主要症状包括左下腹痛，阵发性或持续性，发热，排便习惯改变（腹泻或便秘）。
- 憩室炎的并发症包括脓肿形成，穿孔，瘘管形成或梗阻。
- 鉴别诊断包括 IBD，缺血性肠病，阑尾炎，感染性肠病，PID，肾盂肾炎，结肠癌。

诊断

- 查体：发热，左下腹局限痛，± 反跳痛或肌卫；可触及包块，可有腹膨隆或尿路症状。
- 实验室：血白细胞升高伴 / 不伴核左移。
- 诊断：常为临床诊断（如阑尾炎）；不典型症状或重症 / 病情复杂患者行 CT 检查（抗生素治疗无效或怀疑脓肿或破裂穿孔）。
- CT 诊断标准：乙状结肠憩室，结肠镜脂肪炎症（条纹），结肠壁增厚，结肠周及远端脓肿，肠外积气。
- CT 敏感性 90%~95%，特异性 72%。
- 超声，钡灌肠及内镜检查均存在病人选择方面因素影响。

治疗

住院患者

- 静脉抗生素，肠道休息，± TPN 及 NG 管。
- 氨苄西林 – 舒巴坦 3.0 g IV q6h 或替卡西林 – 克拉维酸 3.1 g IV q6h（社区获得性 / 轻中度病例）或哌拉西林 – 他唑巴坦 3.375 g IV q6h 或 4.5 g IV q8h（院内获得性。重症病例）。
- 三代或四代头孢菌素或氟喹诺酮类或氨曲南，加甲硝唑（莫西沙星获得 FDA 推荐用于腹腔内感染单药治疗，但不能充分覆盖脆弱拟杆菌）。
- 头孢西丁 1~2 g IV q6h（轻中度病例）。
- 氨苄西林 2 g IV q6h 加庆大霉素 1.7 mg/kg IV q8h 或加甲硝唑 1.0 g IV 负荷剂量之后 0.5 g IV q6h。
- 厄他培南 1 g IV q24h（患者存在高耐药风险，伊米配能 – 西司他丁 500 mg IV q6h，美罗培南 1 g IV q8h，或多尼培南 500 mg IV q8h）。
- 替甲环素 100 mg 负荷剂量之后 50 mg IV q12h（轻中度病例）。
- 疗程（平均）5~10 天，通常需至症状改善；检查良性，体温正常，血白细胞恢复正常，肠道功能恢复。可改为口服治疗（见下）至完成总疗程。

门诊患者

- 口服抗生素（见下），流食，低纤维饮食，2~3 天症状可改善。
- 阿莫西林 – 克拉维酸 500 mg PO，3 次 / 天或 875 mg PO，2 次 / 天。
- 环丙沙星 500 mg PO，2 次 / 天或左氧氟沙星 500 mg PO，1 次 / 天假、加甲硝唑 500 mg PO q6h。
- 莫西沙星 400 mg PO q24h（± 甲硝唑 500 mg PO q6h）。
- TMP–SMZ 片 PO，2 次 / 天加甲硝唑 500 mg PO q6h。

- 疗程(平均)5~10天,通常需至症状改善;检查良性,体温正常,血白细胞恢复正常,肠道功能恢复。

手术治疗

- 如出现脓肿,局部穿孔不伴腹膜炎或非重症病例可经皮切开引流做暂时旷置处理;之后再行切除术。
- 穿孔伴腹膜炎及气腹患者应行切除术。
- 第1次病变后20%~30%会出现复发;第二次发作后30%~50%会复发。因此病例研究证实2~3次发作后推荐行切除术。
- 免疫功能低下及手术后患者发生穿孔的风险较高。
- 腹腔镜下乙状结肠切除对于部分病例在有经验的医师操作下可行，能够延缓手术切除时间。

随访

- 患者复发合并出现瘘管或脓肿，年轻或免疫功能缺陷时需要手术干预。
- 患者可门诊治疗：轻症，能耐受口服，具一定社会地位，无明显合并症或其他并发症风险。

其他信息

- 高纤维饮食（水果，蔬菜等）可减少发展为憩室病的风险。
- 单纯憩室病无憩室炎的症状和体征时无需使用抗生素。
- 患者病情重/不能耐受口服或存在合并症的高危风险（如免疫功能低下，高龄，明显致死性疾病）应住院治疗。
- 憩室病和憩室炎不增加患者罹患息肉或肠道肿瘤的风险。

推荐依据

Rafferty J, Shellito P, Hyman NH, et al. Practice parameters for sigmoid diverticulitis. Dis Colon Rectum, 2006; Vol. 49;pp. 939 - 44 .

注释：美国结直肠手术（ASCRS）指南更新推荐。

Solomkin JS, Mazuski JE, Baron EJ, et al. Guidelines for the selection of anti-infective agents for complicated intraabdominal infections. Clin Infect Dis, 2003; Vol. 37; pp. 997 - 1005.

注释：美国 IDSA，SIS，ASM 和 SIDP 一致推荐意见。

幽门螺杆菌相关性胃溃疡病

Paul G. Auwaerter, MD

病原体

- 幽门螺杆菌。
- 幽门螺旋杆菌本质上对磺胺类，甲氧苄氨嘧啶和万古霉素耐药。
- 对甲硝唑的耐药率达22%~39%。
- 克拉霉素的耐药率约11%~12%，在一些研究中达24%。
- 阿莫西林和四环素的耐药很少见。

临床表现

- 幽门螺杆菌的定植可增加胃溃疡（PUD），非贲门胃腺癌，胃淋巴瘤发生的风险。
- 抗生素治疗与 PUD 及 MALT 明显相关。

- 持续性消化不良（未服用 NSAIDs 药物）及幽门螺杆菌血清学检测阳性，年龄 <45 岁，无体重下降，出血，贫血或吞咽困难—推荐使用抗生素初始治疗，可减少发生胃癌的风险。在一部分功能性吞咽困难患者根治 Hp 也有益处。
- 对于吞咽困难，GERD，服用 NSAIDs 药物，缺铁性贫血或存在患胃癌风险者是否进行幽门螺杆菌检测和治疗尚存在争议。
- 推荐常规三联治疗。四联疗法及序贯治疗常导致治疗失败。

诊断

- 诊断的定义（治疗）：幽门螺杆菌相关 PUD，PUD 病史未进行过抗 Hp 治疗。胃 MALT 淋巴瘤，内镜检查证实早期胃癌者。
- 内镜下取组织学标本检测证实（敏感性、特异性 >95%）。
- 内镜取组织标本行尿素酶实验阳性（敏感性 >95%，治疗后敏感性下降）。
- 呼气实验阳性（快速，价廉，敏感性、特异性 >95%，治疗后敏感性下降（90%））此技术广泛应用。
- 血清 IgG 抗体检测（敏感性约 85%，特异性 79%）不能鉴别近期活动感染和既往感染。治疗后无意义。依据血清学结果进行治疗效果不佳。
- 幽门螺杆菌培养的敏感性最低（敏感性 70%~80%，操作困难）。
- 大便抗原检测，敏感性、特异性 >90%，非侵入性。
- 如果预实验可能性低—尿素酶呼气实验或大便抗原实验（预示值高于抗体检测）。对于临床医师来说，抗体检测更适用于高流行区（市区，移民），但对于大多数美国人，患病率 <20%，因而抗体检测的意义不大，出现阳性结果则“不比用掷硬币来预测活动感染更好”。

治疗

一线方案

- 最佳方案不明确，尽管有很多实验验证数据。
- 标准一线方案（推荐）：质子泵抑制剂（PPI）+ 克拉霉素 500 mg 2 次 / 天 + 阿莫西林 1 g 2 次 / 天（PPI 推荐 Prevpac 兰索拉唑）清除率 70%~85%。疗程 10~14 天。
- 青霉素过敏：PPI+ 克拉霉素 500 mg 2 次 / 天 + 甲硝唑 500 mg 2 次 / 天。疗程 10~14 天。清除率可能低于 70%~85%。
- 序贯治疗（可能提高清除率，尤其对克拉霉素耐药者）：PPI+ 阿莫西林 1000mg 2 次 / 天 x 5 天之后 PPI+ 克拉霉素 500 mg 2 次 / 天 + 替硝唑 500mg 2 次 / 天 x 5 天。发表研究显示有效率 >90%。此方案是否应被标准方案替代正在研究中。
- 四联治疗：次水杨酸铋 525 mg PO，4 次 / 天 + 四环素 500 mg 4 次 / 天 + 甲硝唑 250~500 mg 4 次 / 天 + 雷尼替丁 150 mg 2 次 / 天或 PPI。疗程 10~14 天 *。清除率 75%~90%，青霉素过敏者可用。
- 备选方案：雷尼替丁枸橼酸铋 400 mg 2 次 / 天 + 克拉霉素 500 mg 2 次 / 天 + 阿莫西林 1 g 2 次 / 天。疗程 7~10 天。
- 含甲硝唑方案清除率低，可能与耐药有关。
- 仅有十二指肠溃疡者无需进行特异性诊断和实验。
- PPIs：奥美拉唑 20 mg PO，2 次 / 天 x 10 天，埃索美拉唑镁 40 mg PO，1 次 / 天 x 10 天，兰索拉唑 30 mg PO，2 次 / 天 x 10 天，泮托拉唑 40 mg PO，1 次 / 天 x 10 天，雷贝拉唑 20 mg PO，2 次 / 天 x 7 天。
- *FDA 推荐方案。

补救治疗

- 常用于三联治疗失败者。
- 如可能，尽量避免使用曾用过的药物。可选择上述备选的三联或四联方案。
- PPI+ 次水杨酸铋 525 mg 4 次 / 天 + 四环素 500 mg 2 次 / 天 + 甲硝唑 500 mg 2 次 / 天。疗程 7~14 天。清除率约 68%。价格便宜但药片过多，增加副作用。
- PPI+ 阿莫西林 1000 mg 2 次 / 天 + 左氧氟沙星 500 mg 2 次 / 天 x 10 天。清除率 87%。此方案未在美国实验，但常作为补救治疗方案选择。
- 备选：PPI+ 莫西沙星 400 mg 1 次 / 天 + 利福布丁 300 mg 1 次 / 天 x 7 天（在克拉霉素或甲硝唑耐药株中清除率 78%~83%）或 PPI+ 利福布丁 300 mg 1 次 / 天 + 阿莫西林 1000 mg 2 次 / 天（清除率 87%）。
- PPIs：奥美拉唑 20 mg PO，2 次 / 天 x 10 天，埃索美拉唑镁 40 mg PO，1 次 / 天 x 10 天，兰索拉唑 30 mg PO，2 次 / 天 x 10 天，泮托拉唑 40 mg PO，1 次 / 天 x 10 天，雷贝拉唑 20 mg PO，2 次 / 天 x 7 天。

二联方案

- 关于二联治疗曾进行了多项研究，但清除率较低（60%~85%），因此不再推荐。可能用于不耐受克拉霉素或甲硝唑治疗的患者。
- PPI+ 克拉霉素 500 mg 3 次 / 天或阿莫西林 1g2 次 / 天 x 2 周，之后 PPI 治疗 2 周 +（PPI：奥美拉唑 40 mg 1 次 / 天或兰索拉唑 30 mg 3 次 / 天）
- 雷尼替丁柠檬酸铋（RBC）400 mg 2 次 / 天 + 克拉霉素 500 mg 3 次 / 天或 2 次 / 天 x 2 周，之后 RBC 治疗 2 周 +。

随访

- 治疗失败：5%~12% 患者初始治疗失败。在一线方案中，克拉霉素耐药会增加治疗失败率（15%~30%）。
- 提示：7 天方案的清除率低于 14 天方案。
- 幽门螺杆菌相关性溃疡，持续吞咽困难，MALT 淋巴瘤或胃癌切除术后患者，明确病原清除推荐进行大便抗原检测或尿素酶呼气实验。

其他信息

- 有多种方案选择，最主要的治疗指征是 PUD。克拉霉素耐药率逐渐增多。
- 幽门螺杆菌不会造成 GERD 或大部分非溃疡性吞咽困难。这种治疗（非溃疡性）存在争议，一些赞成治疗者认为通过治疗 Hp 可使一部分吞咽困难患者获益。
- 提示：幽门螺杆菌感染很常见但表现不特异。没有证据支持进行常规 Hp 筛查和治疗可减少胃癌的发生率。
- 对于萎缩性胃炎和早期胃癌患者推荐进行检测和治疗。

推荐依据

Chey WD, Wong BC. Practice Parameters Committee of the American College of Gastroenterology. American College of Gastroenterology guideline on the management of Helicobacter pylori infection. Am J Gastroenterol, 2007; Vol. 102; pp. 1808 - 25.

注释：本节诊治推荐意见的依据。一些推荐意见（如 PPI+ 阿莫西林 + 左氧氟沙星）未在美国应用。

胰腺炎和胰腺脓肿

Robin Mc Kenzie, MD

病原体

- 引起胰腺炎最主要的原因是非感染因素（见下）。感染性因素包括以下病原：
- 病毒：腮腺炎病毒，柯萨奇病毒，CMV，水痘－带状疱疹病毒，HSV，HIV，乙型肝炎病毒。
- 细菌：支原体，分枝杆菌，军团菌，钩端螺旋体，沙门氏菌。
- 真菌：隐球菌（HIV），PCP，曲霉菌。
- 寄生虫：弓形虫，隐孢子虫，蛔虫。
- 感染性蜂窝织炎（坏死）及胰腺脓肿：常由肠道菌群及复数菌感染引起（革兰阴性，革兰阳性，厌氧菌）。可能出现耐药菌和真菌，尤其是有抗生素应用史者。

临床表现

- 酒精和胆石症是引起胰腺炎最常见的原因，还有一些为特发性。
- 医源性胰腺炎包括 HIV 治疗药物（ddI 和 d4T 引起乳酸酸中毒和肝脂肪变性，儿童应用 3TC，静脉/吸入喷他脒，TMP-SMZ），INH，利福平，红霉素及其他药物，如丙戊酸。
- 其他原因包括高甘油三酯血症（游离 TG>1000mg/dl，可能与蛋白酶抑制剂相关），ERCP 术后，急性 HIV 感染，AIDS 合并机会性感染（CMV，弓形虫，MAC，PCP，隐孢子虫），胰腺或壶腹周围癌，血管炎（结节性大动脉炎，SLE），α－1 抗胰蛋白酶缺乏及其他遗传异常。许多病例仍为特发性。
- 典型病史（急性胰腺炎）：急性起病，持续性上腹痛，可放射至背部伴恶心 ± 呕吐。表现各异，可无症状至休克/昏迷。
- 显著体征有发热，心动过速，上腹部压痛，胁腹部出血斑（Grey-Turner's 征）或脐周斑（Cullen's 征）见于约 1% 病例。

诊断

- 淀粉酶：在急性胰腺炎可 >3 倍正常值，也可正常。淀粉酶升高也可见于肾功能不全，肠道或输卵管疾病，巨淀粉酶血症，酸中毒，多种药物，HIV 感染。
- 脂肪酶：>3 倍正常值，较淀粉酶特异。轻度升高可见于肾功能不全，肠病，DKA，巨脂肪酶血症，药物，HIV 感染。脂肪酶升高时间比淀粉酶长。
- ALT>3ULN 在不饮酒患者常提示胆石性胰腺炎，但鉴别意义不大。
- 增强 CT 对于除外其他诊断及评价病情有意义。对于轻症患者除非为明确诊断，不建议检查。坏死（无强化）常在数日后出现，结节状坏死比例与病死率具相关性。MRI 对于轻症患者的敏感性更强，对于明确液体性质如坏死，脓肿，出血或假性囊肿更特异，但与临床相关性不强。
- 如果病因不明确（药物，EtOH）可行超声，MRCP，CT 或超声内镜探查胆石或胆道疾病，ERCP 和括约肌切开术用于取石及留取液体标本进行革兰染色、培养寻找病因（如细菌，胆管炎，HIV（+）患者 CD_4 值低疑诊机会性感染）。
- 影像学怀疑坏死及脓肿时可行 CT 或超声引导下细针针吸穿刺术或置管引流术。

治疗

初始治疗

- 停用可能致病的药物（如 ddI）。

- 给予静脉输液（避免血液凝集）。
- 止痛（常需要使用麻醉剂）。

抗生素治疗

- 胰腺坏死引起的感染常由肠道菌群移位引起。感染率与坏死程度相关。
- 轻症胰腺炎无需抗生素预防治疗：可导致耐药及念珠菌感染。
- 急性重症胰腺炎（CT 显示坏死 >30%），早期的研究支持伊米配能 500 mg IV q6h 预防治疗。但近期的研究不支持此推荐意见。不推荐在坏死性胰腺炎时预防性应用抗生素。同时，如果怀疑感染，应行穿刺涂片、革兰染色和培养，再开始经验性抗生素治疗，仅在培养阳性时才继续应用抗生素。
- 感染性坏死常发生于第二或第三周。感染性或无菌性坏死均可出现腹痛，发热，血白细胞升高。CT 或超声引导下细针穿刺涂片，培养有助于诊断。
- 抗生素的选择有赖于培养结果。消化道菌群（需氧和厌氧）常见，抗生素应具很好的渗透性：碳氢霉烯类（伊米配能，美罗培南，多尼培南，厄他培南），氟喹诺酮类（环丙沙星，左氧氟沙星，莫西沙星），头孢他啶，头孢吡肟，甲硝唑，克林霉素，氟康唑。
- 经验性治疗选择碳氢霉烯类（多尼培南 500 mg IV q8h，伊米配能 500 mg IV q8h，或美罗培南 1 g IV q8h）单药或氟喹诺酮类（环丙沙星 400 mg IV q8h，左氧氟沙星 500 mg IV q24h，莫西沙星 400 mg IV q24h）+ 甲硝唑 500 mg IV q6~8h。

营养支持

- 轻症胰腺炎：开始流食逐渐过渡。
- 重症胰腺炎：尽早开始肠内营养。常需要 NJ，NG 近期小样本研究显示更加安全。
- 如果肠内营养不耐受，可给予静脉营养。

随访

危重阶段

- 入院时计算 APACHEII 评分：HIV（–）患者≥ 8 分，HIV（+）患者≥ 9~14 分提示重症。
- Ranson 标准（详见下表）对 HIV（+）患者预测性稍低：HIV（–）患者 >3 分，HIV（+）患者≥ 4 分提示重症。
- 除轻症病例均应行增强 CT 扫描。入院后 2~3 天可探及坏死。坏死 >30% 预示死亡率 >20%。
- 检测 CRP：在病程 2~4 天 >21 mg/dl 以及在第一周末 >12 mg/dl 提示重症胰腺炎。
- 早期死亡（发病前 2 周）主要由于多脏器功能衰竭。
- 诊断及治疗并发症（包括感染性蜂窝织炎 / 脓肿）
- 晚期死亡主要由于局部及系统性感染。
- 感染性坏死必须诊断（CT 引导下穿刺）和引流（经皮或手术）。如果血培养阴性，无脓毒症的证据，组织坏死区域的引流可延迟。
- 早期 ERCP 可提示严重胆石相关性胰腺炎。胆囊切除术在轻症患者应在引流前进行，有并发症者在数月内进行。

更多随访

Ranson 标准：

入院	48h 内
年龄 >55 岁	Hct 下降 >10%
WBC>16 000/mm^3	BUN 增加 >5 mg/dl
LDH>350 IU/L	Ca<8 mg/dl
AST>250 IU/L	PaO2<60 mm Hg
血糖 >200 mg/dl	碱缺失 >4 mEq/L
	液体间隙 >6 L

推荐依据

Bai Y,Gao J,Zou DW,et al.Prophylactic antibiotics cannot reduce infected pancreatic necrosis and mortality in acute necrotizing pancreatitis: evidence from a meta-analysis of randomized controlled trials. Am J Gastroenterol, 2008;Vol. 103; pp. 104-10 .

注释：这项荟萃分析总结了 7 个研究包括 467 例患者的资料，显示胰腺炎患者进行或不进行预防性抗生素治疗，感染坏死性胰腺炎的发生率和死亡率无明显差异。

Dellinger EP,Tellado JM,Soto NE,et al. Early antibiotic treatment for severe acute necrotizing pancreatitis: a randomized,double-blind,placebo-controlled study. Ann Surg, 2007; Vol. 245; pp. 674-83.

注释：这是关于重症急性胰腺炎预防应用抗生素治疗的第二个随机、双盲、对照研究。研究中 50 例患者接受美罗培南治疗，50 例对照组使用安慰剂。该实验为前瞻性研究，结果感染率和死亡率无显著性差异。

Whitcomb DC. Clinical practice. Acute pancreatitis. N Engl J Med, 2006; Vol. 354; pp. 2142-50 .

注释：胆石性胰腺炎并胆道梗阻的患者推荐有经验的医师进行 ERCP 及内镜下括约肌切开术治疗。

Isenmann R,Rünzi M,Kron M,et al. Prophylactic antibiotic treatment in pts with predicted severe acute pancreatitis: a placebo-controlled, double-blind trial. Gastroenterology, 2004; Vol. 126; pp. 997-1004.

注释：第一个关于急性重症胰腺炎抗生素预防治疗的安慰剂对照、双盲实验。CT 扫描提示胰腺坏死或 CRP>15mg/dl 的患者随机接受环丙沙星和甲硝唑（N=58）治疗或安慰剂（N=56）。感染性坏死的发生率和死亡率无显著性差异。

妇产科感染

细菌性阴道病（BV）

Noreen A. Hynes, MD, MPH

病原体

- 正常阴道内微生态平衡失调，主要因为各种微生物局部浓度的改变，包括乳酸杆菌的损耗，及厌氧菌的增殖，包括阴道加德纳氏菌，动弯杆菌属，人型支原体，普氏菌属，阴道奇异菌属。
- 存在密集生物膜时，多见于阴道加德纳氏菌。

临床表现

- 50%的女性是无症状的；BV 在无性交史的女性中少见。月经周期的早期发病率更高。
- 症状 / 体征：阴道分泌物有恶臭，鱼腥味，不伴有疼痛，瘙痒，易激惹。
- 体征：覆盖阴道壁和前庭的白色稀薄血性分泌物。
- 获得性 BV 的危险因素：吸烟，阴道性交前接受肛间性交，阴道性交，男性性伴侣未接受割礼，HSV-2 血清学抗体的检出，产 H_2O_2 性乳酸杆菌的缺乏。
- 实验室获得性诊断 !BV 不是一种感染，它是正常阴道微生态平衡的失调，从而引起一系列的症状和体征。
- BV 作为一种临床综合征，源于阴道中正常产 H_2O_2 的乳酸杆菌被高浓度的厌氧菌取代（例如动弯杆菌属，普氏菌属），加德纳氏菌，和人型支原体。BV 是阴道分泌物及恶臭的最常见原因。这种微生物变化的原因尚不明确。性生活不活跃的女性很少罹患此病。但对其男性伴侣的治疗也并不能降低 BV 的复发率。
- BV 增加了妇产科不良预后的风险：（1）早产；（2）上生殖道感染；（3）盆腔炎 。
- 亦增加了获得性 HIV 的感染。
- 治疗效果并不理想，治愈率仅有 60%~80%，且复发率和早感染率均很高。

诊断

- 金标准 = 革兰染色确定不同细菌形态的相对浓度。但并不常用。
- Asmel 诊断标准（符合下列四项中的三项）：（1）白色稀薄血性分泌物；（2）镜下发现线索细胞；（3）阴道液 pH>4.5；（4）分泌物加入 10%KOH 会发出鱼腥味（whiff 实验 +）。
- Nugent 诊断标准（革兰染色）：正常情况下阴道中乳酸杆菌占优势。而罹患 BV 的患者，加德纳氏菌或 / 和动弯杆菌属为优势菌群，并伴有乳酸杆菌减少或缺失。对镜下玻片的准确解读，需要进行专业的培训。
- 高 pH 和三甲胺检测卡（pH 值和胺快速检测卡，Quidel，San Diego，CA）可能有用。
- 脯氨酸多肽（prolineaminopeptidase）检测卡（PIP 活性检测卡，Quidel，San Diego，CA）
- 基于 DNA 探针的检测方法，可测出高浓度的阴道加德纳氏菌，对诊断有一定的作用。子宫颈巴氏涂片的诊断价值有限。
- 不推荐进行阴道加德纳氏菌培养。几乎所有罹患 BV 的妇女及 58%非 BV 的妇女都可培养出此菌，因此其特异性较差。

治疗

- 非妊娠妇女（HIV + / – ）
- 推荐疗法：甲硝唑（MTZ）500 mg PO，每天 2 次，疗程 7 天。
- 0.75% 甲硝唑凝胶阴道涂布，每次 5 g，每晚 1 次，每天 2 次，疗程 5 天。
- 2% 克林霉素软膏阴道涂布，每次 5 g，每晚 1 次，疗程 7 天。
- 注意：甲硝唑 2 g 单次给药，因其疗效较差，不推荐采用。
- 备选方案：克林霉素 300 mg PO，每天 2 次，疗程 7 天。
- 克林霉素丸，100 mg 阴道给药，每天睡前，疗程 3 天。
- 非妊娠妇女治疗的益处：阴道症状缓解，降低流产或子宫切除后感染并发症的风险，可能降低暴露后感染 HIV 的风险，可能降低盆腔炎的发病。
- 妊娠妇女，有症状体征者，或无症状，但既往有早产史
- 最佳疗程尚无定论。
- 推荐疗法：甲硝唑 500 mg PO，每天 2 次，疗程 7 天。
- 甲硝唑 250 mg PO，每天 3 次，疗程 7 天。
- 克林霉素 300 mg PO，每天 2 次，疗程 7 天。
- 治疗无症状高风险妊娠妇女的益处：对早产风险低的无症状妇女是否治疗，尚存在争议，有些研究显示治疗可降低早产风险，也有研究显示并非如此。因此，一些专家建议对无症状妇女进行高早产风险人群筛查并治疗。若进行筛查治疗，应在第 1 次产前访视即开始。
- 对甲硝唑过敏或不耐受者
- 首选方案：2% 克林霉素软膏阴道涂布，每次 5 g，每晚 1 次，疗程 7 天（不用于怀孕妇女）。
- 对甲硝唑全身性不耐受（非过敏）：0.75% 甲硝唑凝胶阴道涂布，每次 5 g，每晚 1 次，疗程 5 天。

随访

- 非妊娠妇女：症状缓解无需随访。若症状复发需复诊；复发后治疗应有别于初始治疗方案。
- 多次复发的患者应到专科传染病医师就诊。可能需要更长疗程的治疗。
- 妊娠妇女：治疗结束后随访评估病情 1 月。
- HIV 感染妇女易存在持续性 BV 感染，且更易复发，需要更长疗程的治疗。

其他信息

- 所有有症状的怀孕妇女均需治疗。BV 与不良临床预后相关（胎膜早破，产后子宫内膜炎，绒毛膜羊膜炎，早产，剖腹产后伤口感染）。无症状的妊娠妇女，若既往有早产史，亦考虑进行治疗。
- BV 相关危险因素：阴道灌洗，放置宫内节育器，多个性伴侣或更换性伴侣。注意：醋酸灌洗和清水冲洗并不能治疗 BV！
- 真正的性传播仅发生在女性 – 女性性行为之间；其性伴侣需要治疗。其他两性性行为的妇女；其性伴侣无需治疗。
- BV 是育龄期女性出现阴道症状的最常见原因，在公立性病诊所高达 50%。自行诊断的阴道炎通常并不准确。
- 应用益生菌防治 BV（或减少复发）的疗效，尚存在争议，因此这里暂不推荐使用。

推荐依据

Centers for Disease Control and Prevention, Workowski KA, and Berman SM . Sexually transmitted diseases treatment guidelines, 2006. MMWR Recomm Rep , 2006; Vol. 55 ; pp. 1 - 94.

注释：CDC 诊疗指南为临床治疗 STD 提供了推荐依据，为国内外 STD 诊疗，防治方面的专家所共同推荐。这些诊疗指南的电子版可从以下网址下载：http://www.cdc.gov/std/treatment/

子宫颈炎

Noreen A. Hynes, MD, MPH

病原体

- 大多数子宫颈炎：无确切病原体检出。
- 沙眼衣原体（CT）。
- 淋病奈瑟菌（NG）。
- 阴道毛滴虫病（TV）。
- 单纯性疱疹病毒（HSV）。
- 生殖道支原体（可疑但未证实的病因）。

临床表现

- 通常无症状，但有些女性会出现异常的阴道分泌物，或月经间期阴道流血。
- 子宫颈炎可能是上生殖道感染（子宫内膜炎）的表现之一，因此，必须评估盆腔炎性疾病的临床表现。
- 频繁灌洗可能引发宫颈炎，所以每位患者均应询问阴道灌洗史；作为检测病原体后的排除诊断。
- 主要体征：子宫颈内或棉拭子上可见脓液或黏脓性分泌液（黏脓性子宫颈炎），棉试子轻触宫颈外口易出血。
- 肥厚性子宫颈炎：沿宫颈外口辐射状分布的红肿凸出，不规则区域，触之易出血（常见于衣原体子宫颈炎）。
- 纳氏囊肿是一种黄白色实体的良性病变，常见于宫颈移行带，分泌液清，通常无需治疗。
- 白带：清洁宫颈分泌物，革兰染色每个油镜视野 >10 个中性粒细胞，常与衣原体（CT）及淋球菌（GC）有关，但预测价值较低。
- 革兰染色发现阴性胞内双球菌，对诊断淋球菌性子宫颈炎特异度高，但敏感性较差（见于 50% 的 GC 子宫颈炎）。
- 宫颈标本的常规确认实验应检测 GC，CT，阴道毛滴虫（TV），及取阴道标本检测细菌性阴道炎（BV）。子宫颈炎是感染及传播 HIV 的主要危险因素。因此，应进行 HIV 检查。

诊断

- CT 和 GC 的筛选实验首选核酸扩增（NAAT），可用宫颈标本或尿液标本。也可用非 NAAT 的方法，如核酸杂交实验（基因探针），ELA，或 DFA。
- 培养法是诊断的金标准，但价格昂贵，难以实施，且敏感性低于 NAAT。
- 筛选实验给出的是假设诊断。在 CT 发病率 <2% 的地区，需要做第二次 NAAT 实验，以确认第 1 次的诊断。

- 检查阴道毛滴虫（TV）可用培养法，或抗原检测（盐水湿准备不敏感）。
- 检测细菌性阴道病（BV），如果有则需治疗。
- 不推荐进行 HSV 的常规检测。
- 尚无可用于生殖道支原体的检测。

治疗

检测结果未出前的经验性治疗：

- 适应证：（1）≤ 25 岁；（2）最近 90 天内更换性伴侣；（3）多个性伴侣；(4) 无保护性行为；（5）无法保证随访；（6）应用非 NAAT 诊断性实验。
- 治疗范围：CT 和 GC，如果患者属于 GC 发病率 >5% 的目标人群（年轻或易于发病）
- 治疗方案：阿奇霉素 1 g PO，每天 1 次，或强力霉素 100 mg PO，每天两次。疗程 7 天（青少年或成人）。阿奇霉素 1g PO，每天 1 次，或阿莫西林 500 mg PO，每天 3 次，疗程 7 天（妊娠妇女）。若人群 GC 发病率较高，可考虑同时治疗 GC（例如拘役所，<25 岁的女性囚犯，高流行区的 STD 诊所等）。
- GC 治疗：可参照 P361 淋病奈瑟球菌。在美国一些城市，淋球菌对氟喹诺酮类抗生素的耐药率已 >25%，因此，不推荐在任何地方用于治疗淋球菌。
- 对患者近期的性伴侣进行治疗，即使其最后一个性伴侣是在 60 天前。

复发或持续性子宫颈炎

- 持续性子宫颈炎：重新评估有无再暴露于 STD 的可能性，及有无细菌性阴道病（BV）。评估是否所有的性伴侣均已治疗。不明原因所致的持续性子宫颈炎治疗方案尚无定论。
- 再暴露风险较高时，在结果回报之前，先按 GC 和 CT 治疗。另外，检测 CT，GC，TV，BV，待检查结果出来，再做相应治疗。
- 若发现宫颈有坏死区域，应用暗视野显微镜检测梅毒，或者将玻片标本提交国家实验室，进行梅毒螺旋体直接荧光抗体实验。
- 对生殖道支原体尚无法检测。
- 经过治疗宫颈炎症状仍持续存在的女性，应做宫颈巴氏早期癌变染色，并及时到妇科专家处就诊。
- 革兰染色淋球菌者（胞内革兰染色阴性双球菌）。
- 与 CT 治疗类似，对 GC 亦使用经验性治疗（标准医疗；推荐疗法参照 361 页病原体部分：淋病奈瑟球菌）。
- 非复杂性 GC 子宫颈炎：单剂量头孢曲松钠（125 mg IM），头孢克肟（500 mg PO），同时治疗 CT，阿奇霉素 1 g PO，每天 1 次，或者强力霉素 100 mg PO，每天 2 次，疗程 7 天。对于怀孕妇女，强力霉素为禁忌药，可用阿奇霉素（如上）或阿莫西林 500 mg PO，每天 3 次，疗程 7 天。在美国一些城市，淋球菌对氟喹诺酮类抗生素的耐药率已 >25%，不再推荐使用。

HIV 感染女性宫颈炎

- 其治疗与 HIV 阴性女性相同。

随访

- 年龄小于 20 岁的女性，要求其在治疗 GC 或 CT 后 3~6 月随访。
- CT：对非持续性宫颈炎的无妊娠女性，，若用阿奇霉素，强力霉素，红霉素，氧氟沙星或左氧氟沙星治疗，不推荐再次行病原体检查确认疗效。
- 怀孕妇女：应在治疗 3 周后行重复实验（首选 NAAT）以确认疗效，若 3 周以内检测假阳性率较高。

- GC：对非持续性宫颈炎的无妊娠女性，，若用头孢曲松钠，头孢克肟，环丙沙星，氧氟沙星或左氧氟沙星治疗，不推荐再次行病原体检查确认疗效。
- 持续性 GC 感染：需行药物敏感性实验，因此应于实验室做宫颈分泌物培养，同时做药敏。
- 超过 90~120 天 GC/CT 感染复发：建议患者治疗 3 月后重新检测，因为盆腔炎风险升高。
- TV：治疗后症状消失的女性，无需随访。

其他信息

- 风险预测：治疗方案应考虑社区高发流行的病原体，及患者相关的危险因素，包括年龄，性伴侣数目，既往 STD 病史，任一性伴侣近期罹患 STD 或 STD 症状，患者性伴侣的性伴侣数目。

推荐依据

Centers for Disease Control and Prevention (CDC). Update to CDC's sexually transmitted diseases treatment guidelines, 2006: fluoroquinolones no longer recommended for treatment of gonococcal infections. MMWR Morb Mortal Wkly Rep , 2007; Vol. 56 ; pp. 332 - 6.

注释：自 1993 年美国便开始使用氟喹诺酮类(FQ)治疗淋病。自 2000 年，疾控中心(CDC)赞助定点系统报道了耐 FQ 性淋球菌的出现，同时这些患者被隔离，淋球菌性隔离的监视系统 (GISP) 平稳增多。来自 GISP 的 2005 年的数据及 2006 年的初步数据显示，耐 FQ 性淋球菌在异性恋人群中亦开始增多，一如男 ~ 男同性恋人群。一些城市异性恋男性耐 FQ 性淋球菌达 26.6%。因此，在 2007 年 4 月 13 日，CDC 修改了 2006 版的性传播疾病诊疗指南，不再推荐在任何部位已证实有淋球菌感染或可疑感染治疗中使用 FQ。

Centers for Disease Control and Prevention, Workowski KA, Berman SM. Sexually transmitted diseases treatm guidelines, 2006. MMWR Recomm Rep , 2006; Vol. 55 ; pp. 1 - 94.

注释：这些 CDC 发布的 STD 诊疗指南是与国内许多 STD 专家共同协商的结果。新指南对 2002 版的指南做了更新，包括对子宫颈炎的拓展诊断评估，及阴道毛滴虫引起的子宫颈炎 (如上所述) 。这也是第 1 次将
替硝唑列入阴道毛滴虫病的治疗选择中。

乳腺炎

Paul G. Auwaerter, MD

病原体

- 非感染性。
- 金黄色葡萄球菌。
- A 群 β – 溶血性链球菌。
- 消化链球菌属。
- 普氏菌属。

临床表现

- 乳房感染症状轻重不等，可表现为结节红斑，也可形成脓肿。
- 细菌性乳腺炎通常表现为一侧的楔形硬结，红斑，皮温升高，疼痛及发热。

- 乳腺炎是哺乳期女性常见病（2%~33%），常发生于产后前 3 个月，发病高峰为产后 2~3 周。
- 哺乳期乳腺炎是一种乳腺组织的急性炎症。可能为感染性，也可能为非感染性。症状包括不适，发热，一侧乳房发红，及乳腺组织压痛。

诊断

- 乳腺炎通常是临床诊断，但乳汁的性状有助于鉴别感染及非感染性。不过，正常乳汁每 1 ml 亦含大于 1 000 个菌落，常来自皮肤定植菌。
- 鉴别诊断：表现为乳房肿胀，或乳汁淤积，通常为双侧乳房，但无发热/红斑症状。单侧乳腺症状须考虑乳腺癌，尤其是非哺乳期妇女。结核性乳腺炎：常见于某些特定地区。

治疗

哺乳期女性

- 支持疗法：可用镇痛药（首选布洛芬，因其不通过乳汁排出），并热敷。也可改变母乳喂养方式，通过定期排空乳汁，以确保乳汁的通畅。
- 为有利放乳，开始可先用未感染的乳房哺乳。
- 感染活跃期间，停止哺乳的时间尚无定论。多数认为继续哺乳是有益的。
- 若是细菌性感染，致病菌通常为金黄色葡萄球菌。可用 β–内酰胺类青霉素（母乳喂养期）。双氯西林 500 mg PO，每天 4 次，或头孢氨苄 500 mg PO，每天 4 次，疗程 10~14 天。
- 若有脓肿形成，切开引流，停止哺乳，考虑静滴以下抗生素：萘夫西林或苯唑西林 2.0 g IV，q4h，或头孢唑林 1.0g IV q8h。克林霉素 600 mg q8h，或万古霉素 1 g q12h IV。根据有无青霉素过敏或考虑 MRSA，选择治疗方案。
- 存在脓肿时，可用乳房吸引器每 2 h 排空乳房 1 次，或有乳房满胀感时使用。也可在乳房红肿缓解时，重新开始哺乳。
- 使用抗生素的疗程应全程足量，即使症状在 24~48 h 即已缓解。
- 真正的真菌性乳腺炎少见，但也有可能发生。通常可从疼痛/皲裂的乳头处培养出酵母菌，但意义不明。

复发性乳腺炎

- 可能因治疗不充分引起，也可因为乳房脓肿。在诊断为耐药菌感染并更换抗生素前，应行乳腺彩超（USG）检查是否有乳腺脓肿。
- 乳腺炎脓肿在 USG 的表现具有非特异性，因此 USG 诊断价值不大，但若出现乳腺局部压痛，提示有脓肿存在的可能性。

非产后的乳腺炎及乳腺脓肿

- 常为双侧，黑色/绿色乳头溢液。原因可能是导管扩张，乳腺老化伴静脉曲张。活检可表现为浆细胞性乳腺炎，伴坏死和炎症。也需要排除 CA。
- 可为自限性。有专家认为应用抗生素无益，频繁切开引流只能暂时缓解症状。对病变累及的乳腺导管行完全切除术，疗效确切。
- 乳晕下病灶可合并厌氧菌感染，除此外也可为金葡菌感染。
- 症状明显的乳腺脓肿，需要引流。
- 若用抗生素，可用克林霉素 600 mg IV q8h，或 300 mg PO q6h，或阿莫西林–克拉维酸钾 500 mg PO，每天 3 次。

其他信息

- 对于初级护理医师，最安全的方法是假定所有非哺乳期的乳腺炎患者均为炎性癌，直到证实是其他疾病。
- 近年来哺乳期乳腺炎发病率有所下降，归功于采用母乳喂养的人增多，而用婴儿配方奶的人群有所减少。
- 乳腺炎乳汁淤积的主要危险因素：例如不哺乳，哺乳姿势不良，乳汁未排尽，母亲或婴儿疾病，乳汁过剩等。
- 若存在细菌感染，可使用抗生素，但对哺乳期乳腺炎，不能解除根本病因。促使乳汁排空是必须的。

推荐依据

Barbosa-Cesnik C, Schwartz K, Foxman B. Lactation mastitis. JAMA , 2003; Vol. 289 ; pp. 1609 - 12.

注释：综述强调了很多乳腺炎诊疗方面有争议的部分。作者认为，继续哺乳是有强证据支持的，同时也应行乳汁培养，以确认是否有细菌感染的存在。

盆腔炎性疾病（PID）

Noreen A. Hynes, MD, MPH

病原体

- 沙眼衣原体。
- 淋病奈瑟球菌。
- 阴道毛滴虫。
- 厌氧菌（阴道菌群）。
- 革兰阴性杆菌（阴道菌群）。
- 生殖道支原体（阴道菌群）。
- 阴道加德纳氏菌（阴道菌群）。
- 流感嗜血杆菌（阴道菌群）。
- 人型支原体（阴道菌群）。
- 解脲支原体（阴道菌群）。
- 链球菌（阴道菌群）。
- 其他少见或罕见微生物：梅毒螺旋体，结核杆菌，以色列放线菌。

其他病原体

- 单纯疱疹病毒 2 型：某些急性 PID 妇女的子宫内膜和输卵管可分离出此病毒，但其病理机制尚不明确，尽管有证据显示，HSV-2 可单独引起子宫内膜炎。而它在输卵管炎和输卵管疤痕中的作用仍待研究。有研究提示 HSV-2 可能使细菌更易于从下生殖道移行至上生殖道，但这仍需要进一步的深入研究。

临床表现

- 2/3 病例是因为性传播感染（衣原体或淋球菌常见，但多为混合菌群）；1/3（尤其是年纪较大的妇女）通常为多重菌群感染，且合并输卵管 - 卵巢脓肿可能性增大。评估既往史及体格检查的危险因素包括：年纪轻，阴道灌洗，细菌性阴道炎，妇科手术，吸烟，HIV 感染。
- PID 是女性上生殖道炎症的统称，诊断较为困难。它包括：子宫内膜炎，输卵管炎，输卵管－卵巢脓肿及盆腔腹膜炎。因为缺乏无创性可信度高的实验室诊断手段，常采用临床诊断，虽准确性不高，但是最可行的。诊疗延误可能导致后遗症，包括输卵管瘢痕，容易引起异位妊娠；慢性盆腔疼痛，及不孕等。即使一些无症状及症状轻微的患者，仍可能引起不良的临床预后。

- 临床诊断（经验性治疗的基本诊断标准）：至少满足以下一条—①骨盆检查时有宫颈举痛；②宫体压痛或附件区压痛。有症状的 PID 诊断，与腹腔镜诊断相比，阳性预测值为 65%~90%。没有一种单独的症状或体征，其敏感性和特异性足够作出 PID 临床诊断。常见症状有下腹痛，异常阴道分泌物，异常子宫流血，性交痛，月经过多，月经期疼痛，恶心，呕吐，发热等。
- 附加标准（增加诊断特异度）：大多数患者—宫颈或阴道异常黏液脓性分泌物；或阴道分泌物生理盐水涂片见到白细胞（若两者皆无，应考虑其他引起盆腔疼痛的原因）；其他诊断标准包括：口表温度超过 38.3℃（>101°F），红细胞沉降率升高，C－反应蛋白升高，实验室证实的宫颈淋球菌或衣原体感染。
- Fitz-Hugh-Curtis 综合征：亦称肝周围炎，为 PID 的骨盆外表现。是继发于肝包膜炎和隔膜炎后出现的严重右季肋部痛，伴或不伴有右肩放射痛。疼痛随运动加重，咽鼓管充气检查亦可加重疼痛。其他症状包括发热，盗汗。RUQ 不予治疗的话，可能转为慢性。而且无论是否符合 PID 的基本诊断，均可能发生此综合征。10%~30% 患 PID 的妇女可出现此综合征。尤其在淋病流行区，Fitz-Hugh-Curtis 综合征发生率增高。亦可发生阑尾周炎。
- 收入院的适应证：不能排除外科急症、严重疾病（恶心 / 呕吐 / 高热）、输卵管－卵巢脓肿、HIV 感染伴 CD_4 计数降低、其他原因引起的免疫缺陷、门诊患者治疗 72 h 后无反应者及怀孕妇女（前 3 月有发生 PID 的可能性），因为发生产妇死亡，流产和早产的风险较大。一些专家推荐将未孕年轻妇女收入院，以确保治疗依从性。
- 鉴别诊断：异位妊娠，急性阑尾炎和功能性疼痛。
- 对于其他原因引起的骨盆下部疼痛，经验性 PID 治疗不会对其诊治造成影响。

更多临床表现

- PID 频次：在美国，每年有超过 100 万妇女罹患此疾病。
- 年度花费：约 42 亿美元。
- 医疗点：90% 为门诊患者，每年约 250 000 人住院治疗。
- 并发症：a）异位妊娠，12%~15% 有过 PID 病史；b）输卵管性不孕：有 PID 病史者患病风险高 12%~50%。c）慢性盆腔疼痛：首发 PID 后转为慢性疼痛的可能性高达 18%。

诊断

- 如上所述，通常为临床诊断。其他可增加诊断特异性的手段，通常不推荐作为常规诊断使用。附加诊断手段在一些病例中可能起作用。腹腔镜检，可用于诊断输卵管炎或输卵管－卵巢脓肿，并可取标本行更彻底的细菌学检查。
- 子宫内膜活检，用于寻找子宫内膜炎的组织病理学证据。（腹腔镜检无法做到）
- 经阴道超声，或 MRI 可见到输卵管增厚，积液，伴或不伴有盆腔积液或输卵管－卵巢脓肿。
- 超声多普勒可用于观察输卵管是否充血，及寻找其他盆腔感染的证据。

治疗

对门诊患者，轻到中度的急性 PID 治疗

- 头孢曲松钠 250 mg IM×1 加上强力霉素 100 mg PO，每天 2 次，疗程 14 天；联合或不联合使用甲硝唑 500 mg PO，每天 2 次，疗程 14 天。
- 头孢西丁 2 g IM 联合丙磺舒 1 g PO×1，加强力霉素 100 mg PO，每天 2 次，疗程 14 天。联合或不联合使用甲硝唑 500 mg PO，每天 2 次，疗程 14 天。
- 其他非口服类第三代头孢菌素，联合强力霉素 100 mg PO，每天 2 次，疗程 14 天。联合或不联合使用甲硝唑 500 mg PO，每天 2 次，疗程 14 天。

住院患者或注射给药 PID 患者

- 头孢替坦 2 g IV q12h（美国已不再用）或头孢西丁 2 g IV，q6h，联合强力霉素 100 mg IV/PO，q12h，至少应用到临床症状改善 24h 后，然后按门诊用药方案，完成 14 天的疗程。
- 克林霉素 900 mg IV q8h，联合庆大霉素负荷量 IV/IM（2 mg/kg），然后 1.5 mg/kg q8h，或 5 mg/kg 每天 1 次，至少应用到临床症状改善 24 h 后，然后按门诊用药方案，完成 14 天的疗程。
- 备选注射用药方案：氨苄青霉素 / 舒巴坦 3g IV q6h 联合强力霉素 100 mg IV/PO q12h，至少应用到临床症状改善 24h 后，然后按门诊用药方案，完成 14 天的疗程。
- 若注射用药不可行，可改用的口服方案。
- 若社区淋球菌低流行风险（<5%）：左氧氟沙星 500 mg PO，每天 1 次，或氧氟沙星 400 mg PO，q12h，联合或不联合使用甲硝唑 500 mg IV q8h，至少应用到临床症状改善 24 h 后，然后按门诊用药方案，完成 14 天的疗程。注意：实施治疗前应首先检测淋球菌，若淋球菌阳性可按以下方案处理：（1）若为非培养实验阳性，推荐使用注射用头孢菌素；（2）若淋球菌培养阳性，治疗方案应基于药敏实验结果选择。若分离出的菌群显示氟喹诺酮类药物耐药，或无法判定是否耐药，推荐使用注射用头孢菌素。

青霉素或头孢菌素过敏患者

- 有青霉素或头孢菌素过敏史的患者，应予以专门评估，有可能的话，可以在治疗前给予青霉素或头孢菌素脱敏治疗。
- 在淋球菌流行率 <5% 的地区，所有经培养确定为淋球菌，且药敏实验在既往 6 个月内发现对氟喹诺酮类耐药，可考虑使用左氧氟沙星，如上“若注射用药不可行，可改用的口服方案”一节所述。
- 大观霉素在治疗盆腔炎性疾病中疗效过低，因此不推荐使用治疗。

推荐依据

Centers for Disease Control and Prevention (CDC). Update to CDC’s sexually transmitted diseases treatment guidelines, 2006: fluoroquinolones no longer recommended for treatment of gonococcal infections. MMWR Morb Mortal Wkly Rep , 2007; Vol. 56 ; pp. 332 - 6 .

注释：自 1993 年美国便开始使用氟喹诺酮类（FQ）治疗淋病。自 2000 年，疾控中心（CDC）赞助定点系统报道了耐 FQ 性淋球菌的出现，同时这些患者被隔离，淋球菌性隔离的监视系统（GISP）平稳增多。来自 GISP 的 2005 年的数据及 2006 年的初步数据显示，耐 FQ 性淋球菌在异性恋人群中亦开始增多，一如男 - 男同性恋人群。一些城市异性恋男性耐 FQ 性淋球菌达 26.6%。因此，在 2007 年 4 月 13 日，CDC 修改了 2006 版的性传播疾病诊疗指南，不再推荐在任何部位已证实有淋球菌感染或可疑感染治疗中使用 FQ。

Centers for Disease Control and Prevention, Workowski KA, Berman SM. Sexually transmitted diseases treatm guidelines, 2006. MMWR Recomm Rep , 2006; Vol. 55 ;

pp. 1 - 94.

注释：CDC 诊疗指南为临床治疗 STD 提供了推荐依据，为国内外 STD 诊疗，防治方面的专家所共同推荐。这些诊疗指南的电子版可从以下网址下载：http://www.cdc.gov/

Korn AP, Landers DV . Gynecologic disease in women infected with human immunodefi ciency virus type 1. J Acquir Immune Defi c Syndr Hum Retrovirol , 1995; Vol. 9; pp. 361 - 70.

注释：既往许多有关妇科疾病的优秀综述，对于 HIV 感染妇女并不适用，自然病程改变，且对标准治疗方案无应答。若 HIV 感染妇女已发展为 AIDS，首次发展 PID 时，需要住院支持治疗。

Kahn JG, Walker CK, Washington AE, et al. Diagnosing pelvic infi ammatory disease. A comprehensive analysis and consid-erations for developing a new model. JAMA , 1991; Vol. 266 ; pp. 2594 - 604 .

注释：纵览 1969 年到 1990 年的研究，未发现有统计学显著性的症状体征或实验室检查可预知 PID。没有哪一种单独或联合的症状可提前诊断 PID。因此有时即使症状轻微，也应引起警惕，以确保早期治疗。

阴道分泌物

Noreen A. Hynes, MD, MPH

病原体

- 阴道毛滴虫（阴道炎和外子宫颈炎）。
- 白色念珠菌（阴道炎）。
- 阴道加德纳氏菌（细菌性阴道炎）。
- 人型支原体（细菌性阴道炎）。
- 似动菌（细菌性阴道炎）。
- 消化链球菌属（细菌性阴道炎）。
- 拟杆菌属（细菌性阴道炎）。
- 淋病奈瑟球菌（子宫颈内膜炎）。
- 沙眼衣原体（子宫颈内膜炎）。
- 单纯性疱疹病毒（子宫颈内膜炎和外子宫颈炎）。
- 生殖道支原体（子宫颈内膜炎，可能有尿道炎）。

临床表现

- 发现有阴道分泌物，这种症状具非特异性，不能据此鉴别病因，有可能存在 1 种以上病原体感染或其他临床过程。需要做进一步的检查！
- 既往史：应询问阴道分泌物的特性：气味，有无排尿困难，有无瘙痒，阴道疼痛或易激惹，有无性交痛。
- 体格检查：（1）视诊外生殖器，触诊腹股沟淋巴结情况；（2）分泌物的颜色，黏稠度和量；（3）阴道内窥镜评估阴道黏膜有无红肿，阴道壁是否有分泌物，宫颈有无分泌物，有无红肿，出血，及溃疡。并采集标本行阴道分泌物 pH 值检查，同时行显微镜检（湿盐水涂片及 KOH 释放实验）。
- 阴道毛滴虫病：偶诉瘙痒。阴道分泌物呈均质，黄绿色或灰白色，伴或不伴轻度鱼腥味。阴道接近外阴处通常有红斑。宫颈：宫颈阴道部红斑，斑点性阴道炎（“草莓宫颈”）– 主要是因为点状出血引起，具有特征性诊断意义，但并不常见。
- 细菌性阴道炎：偶诉瘙痒。灰白均质分泌物，覆盖阴道壁。阴道接近外阴处：没有或少量红斑。宫颈正常。

- 非复杂性外阴阴道念珠菌病（VVC）：常发生于非免疫功能不全的女性，散发，为罕见病，临床表现较轻或中度，多由白色念珠菌引起。常见瘙痒，且症状显著。分泌物—量少或中量，白色黏稠或呈凝乳状，黏附于阴道壁，气味较淡或无。阴道接近外阴处有红斑，常伴黏膜肿胀。宫颈：宫颈阴道部红斑不常见。
- 复杂性外阴阴道念珠菌病（VVC）：见于免疫功能不全的女性（控制不良的糖尿病，衰弱，免疫抑制或怀孕女性），或有非白色念珠菌感染风险，或VVC复发风险者（每年发作症状性VVC>3次），或VVC较为严重（严重瘙痒，严重的外阴红斑伴黏膜水肿，有抓痕及裂伤，大量白色或凝乳状分泌物黏附于阴道壁，这通常与子宫颈阴道部红斑有关）。
- 淋球菌，衣原体和HSV：瘙痒罕见。分泌物：均质微黄，气味较淡或无。外阴阴道处：无红斑。宫颈：常见宫颈外口黏脓性分泌液。
- 生殖道支原体：子宫颈炎，或黏脓性子宫颈炎，可能合并尿道炎。偶可见阴道分泌物，常不伴有瘙痒，但排尿困难的症状并不罕见。

诊断

- 引起女性阴道分泌物最常见的三大原因：阴道毛滴虫病，细菌性阴道炎，及外阴白色念珠菌病。
- 阴道毛滴虫病：诊断关键点包括：临床表现及阴道分泌物pH>4.5(敏感性56%，特异性50%)；湿盐水涂片寻找运动的毛滴虫（相比培养法，其敏感性60%~70%）及涂片见PMNs增多（PMNs与阴道上皮细胞的比例>1:1，但也可见于淋球菌，衣原体及HSV阴道分泌物中）。一些病例中，10%KOH“whiff实验”可为阳性。（阴道分泌物样本中加入10%KOH，鱼腥气味加剧）。其他敏感性>83%，特异性>97%的非基于显微镜检的检测还包括：OSOM毛滴虫快速检测法（Genezyme Diagnostics, Cambridge, MA），只需要十分钟的时间（83%敏感度，98.8%特异度）。应用Diamond's介质培养法，或其他可行的培养法，例如InPouch体系，其敏感性为90%~95%，特异性>95%。
- 细菌性阴道病（BV）：诊断标准为满足下列4项中的3项（Amsel标准，92%敏感性，77%特异性）：（1）阴道均质分泌物，覆盖于阴道壁；（2）分泌物pH>4.5（97%敏感性，特异度64%）；（3）湿盐水涂片法－发现线索细胞（为脱落的阴道鳞状上皮细胞，被细菌所覆盖，故呈现颗粒状且细胞边缘模糊不清）；（4）10%KOH滴玻片法—whiff实验阳性。若显微镜检不可用，可用高PH和胺快速检测卡（若pH>4.7，敏感性89%~91%，特异度>95%）。用DNA探针(Afrm VP III,Becton Dickinson)检测到加德纳氏菌浓度增加，对诊断有一定作用。不推荐阴道加德纳氏菌及其他病原体培养法，因其特异性很低。Nugent标准为诊断金标准，且为基于阴道分泌物革兰染色的一套评分系统。更多信息请参照124页细菌性阴道病（BV）。
- 非复杂性外阴阴道念珠菌病（VVC）：诊断包括临床发现及阴道分泌物pH4.0~4.5（正常范围）；湿盐水涂片法—发现有假菌丝的出芽酵母菌（敏感性40%~60%）及少量的PMNs；10%KOH滴玻片法—whiff实验阴性，且视野更清晰（敏感性增加至60%~75%）；阳性实验结果应根据临床症状体征作出解读，因10%~20%的无症状妇女阴道中亦可培养出念珠菌属。
- 复发性外阴阴道念珠菌病（复杂性VVC）：需要阴道培养，因为光滑念珠菌不形成假菌丝，且很难用显微镜鉴定。白色念珠菌见于10%~20%的患者。
- 淋病：宫颈分泌物革兰染色发现，每高倍镜视野大于30PMNs，或胞内革兰阴性双球菌，敏感性50%~60%。选择性介质培养法敏感度86%~96%。DNA探针敏感度几乎与培养法相同。核酸扩增法（NAATs）敏感性达95%~98%

- 衣原体：组织培养敏感性为 70%~80%，特异度达 100%，但应用不广泛。宫颈标本酶联免疫法敏感性为 73%~95%，直接荧光抗体检测敏感性为 50%~81%。DNA 探针比培养法敏感性稍高；核酸扩增法（NAATs）敏感性 85%~95%，特异性 99%。
- 单纯疱疹病毒：取宫颈溃疡细胞学检查的敏感性为 50%（诊断特征为多核巨细胞）。若取宫颈囊泡样本做培养，其敏感性为 100%，但到溃疡后期，敏感性会低至 33%。HSV 的血清学分型，只有当发生了血清学转换才有一定作用。
- 生殖支原体：转录介导实验和多聚酶链反应还只是科研用途，尚未得到 FDA 通过。
- 培养法为标准诊断方法，但是支原体生长较慢，往往在得出阳性结果前，要花费数周时间。

治疗

非妊娠女性的病原体或临床综合征特异性治疗

- 阴道毛滴虫：甲硝唑或替硝唑 2 g PO，每天 1 次。备选治疗方案：甲硝唑 500 mg PO，每天 2 次，疗程 7 天。
- 细菌性阴道炎：甲硝唑 500 mg PO，每天 2 次，疗程 7 天。0.75% 甲硝唑凝胶阴道涂布，每次 5 g，每晚 1 次，每天 2 次，疗程 5 天。2% 克林霉素软膏阴道涂布，每次 5 g，每晚 1 次，疗程 7 天。备选方案包括：克林霉素 300 mg PO，每天 2 次，疗程 7 天；克林霉素丸，100 mg 阴道给药，每天睡前，疗程 3 天。
- 非复杂性外阴阴道念珠菌病（VVC）：阴道给药：6 种药物和 14 种方案（参照以下病原特异性治疗部分），其中 4 种为非处方药，依据剂量在 1,3,7 天时给药。口服药：氟康唑 150 mg PO，每天 1 次。
- 复发性外阴阴道念珠菌病（复杂性 VVC）：对症治疗包括以下任一：（1）阴道给药：与非复杂性 VVC 用药相同，但疗程 7~14 天。（2）或者口服给药：氟康唑 100 mg，150 mg，或 200 mg PO，每隔 3 天 1 次，共 3 次（第 1 天 ,4 天 ,7 天）。接着进行维持治疗：氟康唑 100 mg，150 mg，或 200 mg 每周，疗程 6 月。备选维持治疗：局部应用克霉唑 200 mg（2 片）阴道给药，每周 2 次；克霉唑 500 mg（5 片）阴道给药，每周 1 次。或其他间歇性局部给药。
- 严重外阴阴道念珠菌病（复杂性 VVC）：阴道给药：与非复杂性 VVC 用药相同，但疗程 7~14 天。或者口服给药：氟康唑 150 mg，每隔 3 天 1 次，共 2 次（第 1 天，4 天）。
- 非白色念珠菌外阴阴道念珠菌病（复杂性 VVC）：尚无最佳治疗方案。应至专科医生处就诊治疗。
- HIV 感染者外阴阴道念珠菌病（复杂性 VVC）：依据病史体征等，按照非复杂性 VVC 或复发性 VVC 或严重 VVC 的治疗方案治疗。
- 淋病奈瑟球菌：头孢曲松钠 125 mg IM×1，头孢克肟 400 mg PO，每天 1 次。在美国一些城市，淋球菌对氟喹诺酮类抗生素的耐药率已 >25%，不再推荐在任何地点使用。在美国，大观霉素不再用于头孢菌素过敏的患者。对于头孢菌素过敏患者的治疗，应咨询此方面的专家。
- 沙眼衣原体：阿奇霉素 1 g PO，每天 1 次，或强力霉素 100 mg PO，每天 2 次，疗程 7 天。备选方案：红霉素 500 mg PO q6h×7 天，或琥乙红霉素 800 mg q6h，疗程 7 天；或氧氟沙星 300 mg PO ，每天 2 次 ×7 天；或左氧氟沙星 500 mg PO ，每天 1 次 ×7 天。
- 单纯性疱疹病毒：阿昔洛韦 400 mg PO ，每天 3 次，或阿昔洛韦 200 mg PO ，每天 5 次，或法昔洛韦 250 mg PO q8h；或伐昔洛韦 1 g PO，每天 2 次。疗程均为 7~10 天。

- 生殖道支原体：阿奇霉素 1 g PO，每天 1 次或强力霉素 100 mg PO，每天 2 次，疗程 7 天。

妊娠女性的病原体或临床综合征特异性治疗

- 阴道毛滴虫：明确诊断及采取必要的治疗手段，对围生期的死亡率有一定影响，所以其收益和风险应慎重斟酌。建议推迟治疗至孕周 37 周以后，可用甲硝唑 2g 口服 ×1。如果是产后，或者哺乳期，建议治疗后 12~24h 不要哺乳。
- 细菌性阴道炎：甲硝唑 500 mg PO，每天 2 次，疗程 7 天。或甲硝唑 250 mg 口服，q8h，疗程 7 天。或克林霉素 300 mg PO，每天 2 次，疗程 7 天。
- 外阴阴道念珠菌病：只有在局部使用唑类药物时，疗程需要 7 天。
- 淋病奈瑟菌：头孢曲松钠 125 mg IM×1，或头孢克肟 400 mg PO×1。在美国，大观霉素不再用于头孢菌素过敏的患者。对于头孢菌素过敏患者的治疗，应咨询此方面的专家。
- 沙眼衣原体：阿奇霉素 1 g PO，每天 1 次，或阿莫西林 500 mg PO q8h，疗程 7 天。
- 单纯性疱疹病毒（严重或初次发作）：阿昔洛韦 400 mg PO q8h，疗程 7~10 天，或阿昔洛韦 200 mg PO，每天 5 次，疗程 7~10 天。

其他信息

- 直接观察发现，单次剂量治疗，对确保疗效，降低持续感染风险更有利。
- BV 及念珠菌病，认为是与性行为有关，但并非是性传播疾病。但在女性 – 女性性行为患者中，被认为是通过性传播的。
- 初始治疗：对每一位患者进行阴道分泌物的病因评估，及有针对性的检测，并进行相应治疗。没有哪一种药物可以对所有可能的病原体都起作用。
- 引起阴道分泌物的其他非感染性病因：包括脱屑性阴道炎，异物残留（如卫生棉条），过敏性阴道炎，及宫颈的浸润性肿瘤。
- 对于毛滴虫性阴道炎患者，其大多数男性伴侣，为无症状性感染，需要做检查并给予治疗。因未经治疗的无症状的性伴侣而再感染毛滴虫的患者，可能会被误诊为耐药性感染。

推荐依据

Centers for Disease Control and Prevention (CDC). Update to CDC's sexually transmitted diseases treatment guidelines, 2006: fluoroquinolones no longer recommended for treatment of gonococcal infections. MMWR Morb Mortal Wkly Rep , 2007; Vol. 56 ; pp. 332 - 6 .

注释：自 1993 年美国便开始使用氟喹诺酮类（FQ）治疗淋病。自 2000 年，疾控中心（CDC）赞助定点系统报道了耐 FQ 性淋球菌的出现，同时这些患者被隔离，淋球菌性隔离的监视系统（GISP）平稳增多。来自 GISP 的 2005 年的数据及 2006 年的初步数据显示，耐 FQ 性淋球菌在异性恋人群中亦开始增多，一如男 ~ 男同性恋人群。一些城市异性恋男性耐 FQ 性淋球菌达 26.6%。因此，在 2007 年 4 月 13 日，CDC 修改了 2006 版的性传播疾病诊疗指南，不再推荐在任何部位已证实有淋球菌感染或可疑感染治疗中使用 FQ。

Centers for Disease Control and Prevention, Workowski KA, Berman SM. Sexually transmitted diseases treatm guidelines, 2006. MMWR Recomm Rep , 2006; Vol. 55 ; pp. 1 - 94.

注释：这些 CDC 发布的 STD 诊疗指南是与国内许多 STD 专家共同协商的结果。新指南对 2002 版的指南做了更新，包括对子宫颈炎和阴道毛滴虫病的扩展诊断评估；阴道毛滴虫病的新抗菌药物的使用；尿道炎 / 宫颈炎中阴道毛滴虫及生殖道支原体起的作用及其治疗相关的并发症；及 MSM 人群中，喹诺酮类耐药性淋球菌患病率增加。

五官

颈筋膜（下颌骨周围）间隙感染

John G. Bartlett, MD

病原体

- 拟杆菌属。
- 普雷沃菌属。
- 梭杆菌。
- 消化链球菌属。
- 链球菌属，包括米氏链球菌。
- 坏死梭杆菌。
- 金黄色葡萄球菌，包括 MRSA。
- 潜在并发症：脓静脉炎。

临床表现

- 定义：感染累及面部附着于下颌骨所形成间隙。
- 表现：沿下颌骨的可触性肿胀（常有局部或全身的感染征）。鉴别诊断：腮腺炎，淋巴结感染，放线菌病。
- 主要累及的间隙：下颌下间隙和咽旁间隙。
- 严重间隙感染：（1）下颌下间隙（Ludwig 咽峡炎）；（2）咽后间隙（食管后）；（3）咽旁间隙—脓毒性颈静脉炎（Lemierre 综合征）
- 体征包括沿下颌骨的可触性肿胀。鉴别诊断有：腮腺炎，放线菌病，扁桃体周脓肿及淋巴结炎。
- 诱因：牙源性感染常见，其他如咽炎，扁桃体炎，恶性肿瘤或外科手术等。

诊断

- CT 检查显示有明晰的间隙感染。
- 针吸活组织检查，以行细菌学 ± 细胞学检查。

治疗

危及生命的间隙感染

- Lemierre 综合征：多数病例对抗菌治疗反应良好，并不需要抗凝治疗、静脉结扎、或外科引流。
- Ludwig 咽峡炎：对气道（气管切开或气管插管）进行保护性抗菌治疗，联合或不联合外科引流。
- 咽后脓肿：对气道（气管切开）进行保护性抗菌治疗。若对药物无反应，行手术治疗。

抗菌治疗

- 治疗原则：（1）解剖性确诊：依据 CT 检查；（2）引流：耳鼻喉或口腔手术；（3）气道保护；（4）针对厌氧菌和链球菌的抗生素治疗。
- 首选方案：克林霉素 300 mg 每天 1~4 次，或 600 mg IV q8h。
- 备选方案：氨苄青霉素舒巴坦（尤立新）3 g IV q6h，或阿莫西林克拉维酸钾（安美汀）875 mg PO，每天 2 次。

- 备选方案：甲硝唑（灭滴灵）500 mg PO，每天2次~4次（联合青霉素或阿莫西林）
- 亚胺培南（西司他丁）0.5~1 g IV q6h（或美罗培南，或厄他培南）
- 哌拉西林—三唑巴坦（治星）3.375 g IV q6h，或其他 β－内酰胺酶抑制剂复合物。
- 金葡菌：若为 MSSA，可用苯唑西林 / 萘夫西林 1~2 g IV q6h，若是 MRSA，使用万古霉素 15 mg/Kg IV q12h。

其他信息

- 引流：是治疗的关键。通常需要外科手术引流，有时只需要针吸穿刺。
- 牙齿保健：牙齿感染通常是其潜在的诱因，例如由需要拔除的龋齿引起，或者牙科操作后的并发症。
- Lemierre 综合征：外科手术及抗凝剂的作用尚不明确。

推荐依据：

Vieira F, Allen SM, Stocks RM, et al. Deep neck infection. Otolaryngol Clin North Am , 2008; Vol. 41 ; pp. 459 - 83, vii.

注释：颈深部感染：并发症包括气道阻塞，颈静脉血栓，下纵隔炎，ARDS，败血症及DIC。发病诱因有：牙齿感染，腮腺，异物，扁桃体感染，恶性肿瘤及细菌感染—多为合并厌氧菌的混合菌群。

牙齿感染

Spyridon Marinopoulos, MD

病原体

- 变异链球菌。
- 染色拟杆菌属（紫单胞菌属和普氏菌属）。
- 米氏链球菌。
- 黏放线菌。
- 消化道链球菌。

临床表现

- 龋齿：无症状及体征。牙釉质逐渐由白色转褐，最终变成黑褐色，牙质中间出现龋洞。若出现疼痛，提示感染病变已进展到牙髓（牙髓炎）。
- 牙髓炎：疼痛程度不等，可为剧烈的锐痛，钝痛或跳动性痛。感染可能是牙齿特异性或继发性的，来源于耳部，颞颥，颈部或对侧下颌（罕见）。病情可为早期的，可逆的，也可进展到晚期不可逆的坏死阶段。
- 早期阶段：对温度变化，甜食刺激极为敏感，平躺后症状加重，数秒后自发缓解。晚期阶段：持续性的剧烈疼痛，常定位不准确，在任何刺激下都会加重，包括空气。
- PE：肉眼可见的龋齿。如病变不明显，轻叩法定位病灶，或让病人咬压舌板法。剧烈疼痛，往往提示，病情已进展到牙根尖周脓肿。
- 根尖周脓肿：咀嚼或触碰时，出现剧烈的牙痛。对冷热刺激的敏感性渐渐消失。伴有发热，淋巴结大，牙齿移位（牙齿变长或位置变高），伴或不伴有软组织水肿。

治疗

其他治疗

- 温盐水冲洗。

- NSAIDs 联合或不联合弱阿片类药物镇痛。
- 早期或可逆性牙髓炎：清除龋齿的病灶，并填以惰性材料，可阻止病情进展。
- 晚期或不可逆的牙髓炎：需要髓内治疗（牙根管治疗）或清除累及的患牙。
- 注意：持续的牙根管感染，与白色念珠菌有关。根治可用碳酸钙，樟脑对氯酚或甘油，或者用 0.12% 葡萄糖酸氯已定，氧化锌。
- 牙根尖周脓肿，需要切开引流 + 髓内治疗（牙根管治疗），或拔除患牙。抗生素只作为辅助治疗。
- 须采取预防措施。进行认真的牙齿护理及定期牙科随诊，避免龋齿的发生。

抗菌治疗

- 抗生素常用于牙根尖周脓肿的治疗，但单纯患牙髓炎的患者通常不必抗菌治疗。当有全身性感染的症状或体征时，可应用抗生素。治疗 3 天再行评估，间断性治疗需要 7 天再评估。
- 青霉素 VK 500 mg PO q6h，疗程 7 天。若治疗 48 h 后无好转，需要换药或联合用药。
- 头孢氨苄 500 mg PO q6h，疗程 7 天。若治疗 48 h 后无好转，需要换药或联合用药。
- 对青霉素过敏，或青霉素 / 头孢氨苄疗效不佳的患者，可用克林霉素 300 mg PO q6h，疗程 7 天。在一些更为严重的病例中，可作为首选药，在培养出厌氧菌（3 天后），或对 β – 内酰胺类耐药也可考虑使用。
- 当单独应用青霉素无效，可用青霉素 VK 500 mg PO q6h+ 甲硝唑（灭滴灵）500 mg PO q6h，疗程 7 天，其抗菌谱能够很好的覆盖革兰阳性菌及厌氧菌。
- 若青霉素 / 头孢氨苄应用无效，也可用安美汀 500 mg PO q8h，疗程 7 天。在一些更为严重的病例中，可作为首选药，在培养出厌氧菌（3 天后），或对 β – 内酰胺类耐药也可考虑使用。
- 莫西沙星 400 mg PO q24h，疗程 7 天，对链球菌属和厌氧菌有效。并作为较佳的备选方案，在一些更严重的感染，或青霉素过敏者中使用。
- 限制使用方案：红霉素 500 mg PO q6h，疗程 7 天，可作为青霉素的备选方案，但对厌氧菌及口腔特定菌群的效果稍差，而且开始出现耐药性。克林霉素作为首选。
- 阿奇霉素 500 mg PO ×1 次之后 250 mg PO，每天 1 次，疗程 4 天（Z–pak）或克拉霉素 500 mg PO q12h，疗程 7 天，在出现红霉素耐药时，可作为备选方案，但价格较贵。
- 非首选治疗：对青霉素过敏的患者，也可用强力霉素 200 mg PO×1，之后 100 mg PO，每天 1 次，疗程 7 天，或四环素 250 mg PO q6h 疗程 7 天。因很多链球菌属及厌氧菌对其耐药，应用范围有限。克林霉素作为首选。

其他信息

- 牙齿感染的病因主要是龋齿，这可通过仔细的牙齿保健，和定期看牙医得以预防。
- 牙齿感染的治疗，通常涉及到治疗患牙，必要时可行手术引流。抗生素常用于牙根尖周脓肿的治疗，但单纯患牙髓炎的患者通常不必抗菌治疗。
- 潜在的并发症包括鼻窦炎，海绵静脉窦栓塞，Ludwig 咽峡炎，咽后或咽侧脓肿，骨髓炎，心内膜炎，脑脓肿，坏死性筋膜炎。

- 如果细菌侵袭性过强，或机体抵抗力减弱，感染可能扩散到筋膜层，及发展到颈面部的软组织。吞咽困难或流涎，提示咽后或咽侧感染，应行急诊手术。
- 如果出现以下情况，应尽快到牙科医生处就诊：（1）剧烈的急性疼痛，镇痛药及移除热刺激后无缓解；（2）创伤；（3）新发的，或程度加重的口颌面部肿胀；（4）无法控制的出血；（5）发热。

推荐依据

作者观点

会厌炎

John G. Bartlett, MD

病原体

- 流感嗜血杆菌，相关的少见病原体：肺炎链球菌，其他链球菌属。
- 呼吸道病毒。
- 只发生在免疫抑制患者：白色念珠菌，卡氏肺孢子虫，革兰阴性杆菌及曲霉菌。

临床表现

- 咽喉疼痛，伴有吞咽痛和发热，伴或不伴有垂涎，喘鸣性呼吸困难，声嘶。
- 自从有了流感嗜血杆菌 -b 的疫苗，儿童感染患者已很罕见。
- 压舌板检查时可见会厌呈樱桃红色，行直接或间接喉镜检查也可见到（注意：只有在备有气道控制设备时，才可以行喉镜检查）。
- 白细胞增多，有一定的预测价值。
- 实验室检查：颈侧 X 线可示会厌增大，但敏感性和特异性均不高。CT 检查可能有帮助。
- 胸片检查示高达 25% 的患者伴有肺炎。

诊断

- 通常做的是临床诊断，尽管侧位颈软组织 X 光，颈部 CT 及喉镜检查有一定诊断价值。
- 诊断需要在压舌板，喉镜或侧位颈部 X 光，注意：但是在没有做好紧急气管插管准备的情况下，不要进行气道操作，或做颈部 X 光。

治疗

抗菌治疗

- 治疗原则：保持气道通畅 + 经验性抗生素治疗。
- 首选治疗：头孢噻肟 2~3 g IV q6~8h，或头孢曲松钠 1~2 g IV q24h，疗程 7~10 天。
- 头孢呋辛 0.75~1.5 g IV q6~8h，疗程 7~10 天。
- 氨苄青霉素 – 舒巴坦（尤立新）1.5~3 g IV q6h，疗程 7~10 天。
- 替卡西林 – 克拉维酸（特美汀）3.1 g IV q4~6h，疗程 7~10 天。
- 哌拉西林 – 他唑巴坦（治星）3.375 g IV q4~6h，疗程 7~10 天。
- 左氧氟沙星 500 mg IV 每天 1 次，疗程 7~10 天。
- 莫西沙星（拜复乐）400 mg IV 每天 1 次，疗程 7~10 天。

- 保持气道通畅
- 对 ICU 的患者，保护气道是最主要的措施。
- 气管插管或气管切开的适应证：呼吸困难，喘鸣，伴或不伴有垂涎。
- 喉镜显示气道狭窄，需要人工气道支持。

抗炎症及其他治疗

- 常给予强的松（或其他类固醇激素），尽管其疗效尚不明确，且剂量不确定（通常 40~60 mg）。
- 给予水化，吸氧及镇痛治疗。

其他信息

- 最主要的是气道管理，可行气管插管，气管切开，或 ICU 留观。成人通常留观即可。
- 流感嗜血杆菌是确诊可治疗的主要病原体。很多情况下，成人会厌炎病原体培养阴性，认为是病毒性感染。

推荐依据

Mayo-Smith MF, Spinale JW, Donskey CJ, et al. Acute epiglottitis. An 18-yr experience in Rhode Island. Chest , 1995; Vol. 108; pp. 1640 - 7.

注释：人工气道的适应证：呼吸困难，垂涎，病情快速恶化，或明显水肿。这种情况下成人死亡率为 3%。

齿龈炎 / 牙周炎

Spyridon Marinopoulos, MD

病原体

- 牙龈普氏菌属和中间普雷沃菌。
- 放线共生放线杆菌。
- 齿垢密螺旋体。
- 福氏拟杆菌。
- 生痰二氧化碳嗜纤维菌。
- 微小消化链球菌。
- 螺旋体。
- 革兰阴性厌氧菌。

临床表现

- 牙龈出血：牙龈微创后易出血，也可自发性出血，伴或不伴有充血，肿胀。HIV 齿龈炎（线性牙龈红斑）：可见龈缘清晰的炎性带，伴或不伴出血，疼痛及迅速恶化。
- 急性坏死性溃疡性龈炎（NUG），或战壕口：出现口臭，牙间乳头变钝，及坏死性溃疡性齿龈坏死脱离，伴或不伴有发热，局部淋巴结大。可发展为走马牙疳，或面部坏疽。
- 牙周炎：牙龈发炎，伴附着组织的丧失。无症状。PE：牙槽骨吸收而形成坑洼，伴牙周袋形成（探针深度增加），及牙齿松动移位。X 光示骨质丢失。
- 坏死性溃疡性牙周炎（NUP）：由 NUG 进展而来。齿龈组织疼痛，且快速进展，牙槽骨毁损，最终发展为坏死。患者常有免疫缺陷。若是 HIV 患者，CD_4 计数通常低于 200。

- 牙周脓肿：发生于牙周袋壁的急性化脓性炎症，有波动感，伴或不伴窦道，局部淋巴结大，相邻牙齿敏感性增加，严重时会有发热。
- 齿龈炎和牙周炎发生的危险因素包括：怀孕（激素变化），抽烟，糖尿病，HIV，白血病，唐氏综合证，及其他的免疫疾病或血液疾病（Jobs 综合证，白细胞黏附缺陷，Chediak-Hidashi 综合证，牙周炎综合证，慢性肉芽肿病）。另外，外源性免疫抑制（如化疗），头颈部放疗，药物引起的齿龈增生（如硝苯地平及其他的钙离子拮抗剂，苯妥英钠，及环孢素）及口腔干燥等。

诊断

- 临床诊断，见上述。

治疗

其他 / 局部抗菌治疗

- 齿龈炎 / 牙周炎：运用刮牙术和根面平整术（SRP）去除菌斑，每 3~6 月 1 次，可治疗大多数患者，而无需使用抗生素。预防措施包括：仔细的牙齿保健，包括认真刷牙，牙线洁牙，及定期牙科就诊。
- 初始治疗时，予以刮牙术和根面平整术（SRP）及牙齿保健。如果患者不愿或不能遵从口腔卫生保健措施，可考虑使用抗菌漱口水（见下所述）。治疗 1~3 月后评估疗效。
- 例外情况：（1）重型病例；（2）健康人及轻度牙周炎患者中，包括青少年及部分成人，对单独 SRP 治疗无反应，而需要在 SRP 治疗后辅以抗生素治疗。
- 平素可用 0.12% 洗必泰（Perio Gard），漱口，15 ml 每天 2 次，有利于减少口腔菌群，阻止菌斑进展。长期使用，可能造成牙齿着色，或口腔菌群耐药。
- 难治性牙周炎，包括初次或复发性：初始治疗前行细菌培养。如果病变部位局限，SRP 治疗，辅以局部抗生素使用；若病变部位广泛，SRP 治疗，辅以使用全身性抗生素（如下）。
- 局部抗生素治疗（单次应用）：米诺环素 1 mg 微滴（Arestin），四环素 12.7 mg 纤素（Actisite），或 10% 强力霉素凝胶（Atridox），或洗必泰 2.5mg 碎末（PerioChip）。
- 其他治疗：盐酸强力霉素（periostat）20 mg PO，q12h，疗程 90 天（最长 9 个月），通过抑制胶原酶，使得牙周炎好转。疗效虽低，但较有意义，可作为 SRP 的辅助治疗。
- 牙周脓肿：镇痛可用 NSAIDs，± 弱麻醉药物。切开引流作为初始治疗，如果有全身症状（如发热，淋巴结大等），可辅以抗生素治疗。须在 24 h 内到牙科医生处就诊。

全身性抗菌治疗

- 注释：尽管刮牙术和根面平整术（SRP）单独应用，对大多数牙周病患者有效，但对于严重病例，难治性或进展性牙周病人，大量证据证明应加用抗生素辅助治疗。
- 青少年牙周炎：四环素 250 mg PO q6h，或多西环素 / 米诺环素 200 mg PO × 1 次，之后 100 mg PO，每天 2 次 × 14 天。如果疗效不佳，或疾病进展，可用阿莫西林 500 mg+ 甲硝唑 250 mg PO q8h，疗程 7 天。
- 难治性牙周炎，包括初次或复发性：初始治疗前行细菌培养。如果病变部位局限，SRP 治疗，辅以局部抗生素使用；若病变部位广泛，SRP 治疗，辅以使用全身性抗生素（如下）。

- 如果培养和药敏无记录，且既往无应用抗生素史：四环素 250 mg PO q6h，或多西环素 / 米诺环素 200 mg PO × 1 次，之后 100 mg 口服，每天 2 次 × 14 天。备选方案：阿莫西林克拉维酸 250~500 mg PO q8h，疗程 10 天。青霉素过敏患者：克林霉素 150~300 mg PO q6h，疗程 7~10 天。
- 对于病情进展者：阿莫西林 500mg+ 甲硝唑 250 mg PO q8h，疗程 7 天。青霉素过敏患者：克林霉素 150~300 mg PO q6h，疗程 10 天，通常有效。备选方案：甲硝唑 500 mg+ 环丙沙星 500 mg PO q12h，疗程 7 天。
- ANUG（战壕口）/NUP/HIV-NUG/HIV-NUP：阿莫西林 500 mg+ 甲硝唑 250 mg PO q8h，疗程 7 天（在 HIV 患者中，尤其是用抗生素后获得性念珠菌感染，可用利霉菌素，5 ml 漱口，每天 4 次，或氟康唑 200 mg PO，每天 1 次，疗程 7~14 天。）
- 青霉素过敏者：甲硝唑 500 mg+ 环丙沙星 500 mg PO q12h，疗程 7 天（在 HIV 患者中，尤其是用抗生素后获得性念珠菌感染，可用利霉菌素，5 ml 漱口，每天 4 次，或氟康唑 200 mg PO，每天 1 次，疗程 7~14 天）。
- 牙周脓肿：抗生素的使用是有争议的。当有全身性感染征或病情严重时应用，同时切开引流。其抗菌谱应覆盖厌氧菌。一般应治疗 7 天，也可治疗 3 天后再评估是否需进一步治疗。
- 安美汀 500 mg PO q8h，或（对青霉素过敏患者）甲硝唑 500 mg PO q8h。经验治疗失败者：克林霉素 300 mg PO q6h。

其他信息

- 齿龈炎和牙周炎均是可预防的，关键是注意保持口腔卫生及定期牙科就诊。治疗上主要是刮牙术和根面平整术（SRP），联合或不联合抗生素应用。
- 在难治性 / 复发性 / 进展性牙周疾病中，联合应用抗生素。如果病变部位局限，倾向于局部应用。在病变广泛及病情严重者，应全身性使用抗生素。培养和药敏对抗生素的选择有帮助。
- 齿龈炎 / 牙周炎可能是全身性疾病的首发表现：糖尿病，HIV，白血病，或其他免疫病。亦需考虑引起牙龈增生的药物：苯妥英钠，硝苯地平及环孢素等。
- HIV 阳性患者可能出现病情急速加重，特异性感染的菌群包括：革兰阴性厌氧菌，肠杆菌属及真菌。抗菌治疗时其抗菌谱须覆盖念珠菌属，并即刻牙科就诊。
- 潜在的并发症包括：牙齿掉落，鼻窦炎，海绵窦血栓性静脉炎，Ludwig 咽峡炎，咽后或咽侧脓肿，骨髓炎，心内膜炎，脑脓肿。冠脉病变及脑血管事件亦与之有一定相关性。

推荐依据

作者观点。

睑腺炎（麦粒肿）/ 睑板腺囊肿

Spyridon Marinopoulos, MD

病原体

- 睑腺炎：金黄色葡萄球菌。
- 睑板腺囊肿：无特定病因。

临床表现

- 睑腺炎（麦粒肿）：分两种，一种指的是睑缘蔡司 / 摩尔泪腺的感染，称为外麦粒肿；另一种指眼睑板内睑板腺的感染，称之为内麦粒肿。表现为眼睑的急性炎症伴脓肿形成。

- 临床表现：眼睑发红，肿胀，眼睑内或外部可出现脓肿，具有自限性，在 5~7 天内自发排出脓液。但也可能进展为蜂窝组织炎，或睑板腺囊肿，尤其是外麦粒肿。
- 鉴别诊断：眼睑肿瘤，眼睑炎，结膜炎，眼眶蜂窝组织炎。
- 睑板腺囊肿：指机体对睑板腺分泌的脂质产生异物反应，形成肉芽肿。可由内麦粒肿发展而来，或因油脂堵住泪腺出口，而引起阻塞。
- 临床表现：可在睑缘或上部触及无痛性，有弹性的团块。如果团块很大，可能压迫眼睑，出现视力障碍和角膜变性。
- 易感因素：麦粒肿—葡萄球菌眼睑炎；睑板腺囊肿—脂溢性眼睑炎，及酒糟鼻。

诊断

- 临床诊断最常见（见上所述）。
- 有时也需要进行菌落培养（麦粒肿）及取活检（睑板腺囊肿），以排除恶性肿瘤。

治疗

一般治疗

- 睑腺炎（麦粒肿）：多数会在 3~4 天内自发排出脓液，尤其是外麦粒肿。内麦粒肿可能会持续，并进展成睑板腺囊肿。
- 热敷 4~5 天，每次 10~15 分钟，对促进其早日穿破，排出脓液有重要作用。用中性肥皂（Dove，Ivory，及婴儿洗发露）洗涤眼睛，可加快恢复过程。
- 如果是外麦粒肿，可用无菌细针将脓肿刺破，有利于疼痛缓解，缩短病程。之后涂抹抗生素药膏。但对内麦粒肿患者，不能使用。
- 保守治疗 3 天无效（无论是否使用抗生素），均应前往眼科医生处做切口引流。
- 睑板腺囊肿：如果腺管通畅，可能会自发消退：热敷 4~5 天，每次 10~15 分钟 ×1 个月，可有助于软化囊肿。50% 患者会消退，如果不消退，应到眼科医生处就诊。
- 眼科医师可能采取切开引流或刮除法，或患处内注射类固醇，或者两者联合应用。
- 5 mg/dl 强的松 0.05~0.3 ml 患处内注射有效，但对皮肤暗黑的人，可能会引起表皮脱色。预计 1~2 周后囊肿消退。
- 类固醇注射适合于儿童，对局麻药过敏的患者，及病变靠近泪腺排出部位者。且不需要佩戴眼罩，不但节省了时间和费用，还可在同一时间内对多个病变做处理。
- 对门诊患者，在以下情况首选切开和刮除术：（1）病变持续 6 个月以上；（2）可能感染了霰粒肿；（3）有皮肤脱色的顾虑。当类固醇注射无效时，这也是唯一可行的治疗方法。
- 对于病灶较大，复发性或多发的霰粒肿，采用病变切开和刮除术，及类固醇患处注射联合治疗，可能更加有效。

抗菌治疗

- 睑腺炎（麦粒肿）：一般无需全身性应用抗生素，除非与眶周蜂窝组织炎相关，但这种情况很罕见。但对中到中度内麦粒肿的患者，可口服抗生素治疗。
- 睑腺炎（外麦粒肿）：红霉素眼膏，1~2 滴，涂入结膜囊，每天 2~4 次，疗程 7 天，或 10% 磺乙酰胺眼膏，1~2 滴，每天 2~4 次，疗程 7 天。
- 睑腺炎（内麦粒肿，轻型）：红霉素眼膏，1~2 滴，涂入结膜囊，每天 2~4 次，疗程 7 天。或 10% 磺乙酰胺眼膏，1~2 滴，每天 2~4 次，疗程 7 天。

- 睑腺炎（内麦粒肿，中到重度）：双氯西林 500 mg PO q6h×7 天，或头孢氨苄 500 mg PO q6h×7 天。
- 备选方案（对青霉素及头孢氨苄过敏者）：克林霉素 300 mg PO q6h×7 天，或克拉霉素 500 mg PO q12h×7 天，或阿奇霉素 500 mg PO×1，之后改为 250 mg PO，每天 1 次 ×5 天（Z-Pak）。
- 睑板腺囊肿：并非感染性疾病，因为病变部位通常是无菌的。但是口服四环素，或强力霉素可通过影响泪腺脂肪酸的产生，治疗复发性的睑板腺囊肿。

治疗方案详解

- 睑板腺囊肿的保守治疗
- Perry and Serniuk 法（80% 的睑板腺囊肿可在 4 周内消退）

眼睑卫生

- 制备盐溶液：1/2 茶匙加入 1 夸脱温水中。
- 闭上眼，将消毒棉球蘸上盐水，放在眼睑部直到冷却。
- 棉球一冷掉迅速更换，维持 10 分钟。

睫毛清洁

- 用棉签蘸取以上盐溶液，轻轻刷洗睫毛，每天 2 次。

其他信息

- 睑腺炎（麦粒肿）：初始热敷治疗，然后局部使用抗生素。外麦粒肿患者，口服抗生素只在中到重度患者中使用。治疗 3 天无改善，应到眼科医生处就诊。
- 出现耳前淋巴结肿大和发热时，应考虑更严重的疾病（如眶周蜂窝组织炎），需要积极的全身性治疗。
- 睑板腺囊肿：热敷无效时，可用切开引流和刮除法，或患处内注射类固醇。对于复发性或持续存在的睑板腺囊肿，应排除脂质细胞癌，基底细胞癌，或睑板腺癌。少数病例报道，远处的恶性肿瘤（如间皮瘤，肾细胞癌），或血管炎（Wegners）也会表现为睑板腺囊肿。

推荐依据

Lederman C, Miller M. Hordeola and chalazia. Pediatr Rev , 1999; Vol. 20; pp. 283 - 4.

注释：一篇关于麦粒肿和睑板腺囊肿的病理生理学及诊断治疗的简短的综述性文章。
作者观点。

喉炎

John G. Bartlett, MD

病原体

- 副流感病毒。
- 流感病毒。
- 冠状病毒。
- 鼻病毒。
- 腺病毒。
- 单纯性疱疹病毒。
- 肺病毒属。

更多病原体

病毒	非病毒	少见病原体
副流感病毒	肺炎衣原体	粗球孢子菌
流感病毒	白喉杆菌	新生隐球菌
冠状病毒（非 SARS）	肺炎支原体	结核分支杆菌
呼吸道合胞病毒	A 族链球菌	皮炎芽生菌
鼻病毒	流感嗜血杆菌	荚膜组织胞浆菌
腺病毒	铜绿假单胞杆菌	南美芽生菌病
单纯性疱疹病毒	肺炎链球菌	利什曼病

临床表现

- 声音嘶哑或刺耳，声调低沉，伴或不伴暂时性失音。
- 常伴上呼吸道感染征。
- 最常见的引起喉炎的非感染原因：胃食管反流病。

诊断

- 通常做临床诊断。
- 喉镜检查可能显示声带充血，对于一些复杂难解的病例，可取组织行病理学检查及培养。

治疗

对病毒性上呼吸道感染的治疗

- 鼻充血：伪麻黄碱 120 mg ，每天 2 次，也可用其他如鼻福，Cardec（美敏伪麻溶液 – 去氧肾上腺素，译者注），或喷雾剂—Afrin（羟甲唑啉滴鼻剂，译者注），Dristan（布洛芬 – 伪麻黄碱，译者注），新辛内弗林等。
- 抗组胺药：第一代，如苯海拉明，安泰乐等。
- 异丙基阿托品（定喘乐）：每鼻子 2 喷，每天 3~4 次。
- 如果疑似过敏性鼻炎：氯雷他定（开瑞坦）10 mg/d，及鼻部类固醇激素。
- NSAIDs：可用萘普生，布洛芬一般不用。

其他信息

- 治疗原则：即让声带充分休息。常见病因：病毒性上呼吸道感染，及胃食管反流病。如果症状持续，应排除罕见疾病，如结核感染及恶性肿瘤。
- 保持喉部湿润，可改善说话时咽喉疼痛。

- 抗生素并不常用，除非合并以下感染：HSV，TB，白色念珠菌，铜绿假单胞菌。
- 强的松：每天 60~80 mg，并迅速减量（可在歌剧演员及其他需要紧急用嗓的情况下使用）。
- 适当情况下治疗感冒，见上所述。
- 非感染性病因：胃食管反流（可用 PPI1~2 月），过敏性疾病，肿瘤，及合成代谢类固醇激素。

随访

- 症状无缓解者应到耳鼻喉科医生处就诊，以排除息肉，恶性肿瘤（尤其是吸烟患者），及罕见的感染，如 TB 等。
- 抗生素治疗无益，尽管对于某些感染，如流感嗜血杆菌及肺炎链球菌，有一定作用。
- 主要是对症治疗，嘱其休息声带，保持嗓子湿润。如果需要紧急用嗓，考虑使用强的松，每天 60~80 mg，并迅速减量。
- 最常见的非感染性原因：胃食管反流—可用抗酸剂治疗。TB 感染很罕见—喉部 TB 是结核杆菌感染最具传染性的一种形式。
- 持续存在的喉炎，应前往耳鼻喉科医师处就诊，检查是否存在声带结构异常。

推荐依据

Snow V, Mottur-Pilson C, Gonzales R, et al. Principles of appropriate antibiotic use for treatment of nonspecifi cuprespiratory tract infections in adults. Ann Intern Med , 2001; Vol. 134; pp. 487 - 9.

注释：以上治疗指南来源于 ACP/ASIM 关于上呼吸道感染的管理，包括喉炎诊疗。主要治疗为对症治疗。不推荐使用抗生素。

乳突炎

Daniel J. Lee, MD and Ophir Handzel, MD

病原体

- 肺炎链球菌
- 流感嗜血杆菌

临床表现

- 症状包括：乳突红肿，有波动感。外耳部凸出，伴有耳痛，耳闷，或听力下降。还有鼓室流脓，溢液，耳鸣，或发热。
- 应用抗生素的主要适应证：疼痛，红肿或发热。一般不用抗生素 / 类固醇激素滴耳，除了鼓膜穿孔并伴有耳漏。除此外，鼓膜发红及中耳流液也不用滴耳治疗。
- 并发症：自发性鼓膜穿孔，融合性乳突炎（通过 CT 诊断的乳突脓肿），细菌性迷路炎（经常性眩晕及听力丧失），颈部脓肿，脑膜炎，面神经麻痹，乙状窦血栓形成，硬脑膜外脓肿。
- 在医疗机构内，对成人实施鼓膜切开术，有助于取标本做细菌培养，以指导抗生素治疗，还可以缓解疼痛。局部可使用抗生素滴耳，同时口服或静滴抗生素治疗。

诊断

- 耳镜检查，或影像学显示融合性乳突炎，伴乳突局部的炎症征象。
- 培养并不是常规检查，而且有时候分泌物不易采集，只有当自发的鼓膜穿孔，及鼓膜切开，或乳突切开时才能得到。培养对于慢性乳突炎伴感染，对多种治疗抵抗或免疫功能不全的病人有帮助。

- 高分辨颞骨 CT（切面≤ 1 mm，轴线位，冠状位）可显示乳突骨分隔的破坏（或融合），为诊断急性乳突炎提供依据，也可提示其他潜在的病变（如胆脂瘤），或乳突皮质骨膜下脓肿。
- MRI 对比可排除颅内并发症（如脑脓肿），也可在定位时，确认是否有颅内并发症的存在。
- CT/MRI 显示乳突气室积液，并不能诊断为乳突炎。因为急性中耳炎也往往发生乳突积液，这两部分的气室系统是相延续的。

治疗

急性非复杂性乳突炎

- 对中耳炎和轻症乳突红肿的患者，可以口服抗生素，密切随访。做颞骨 CT 以排除脓肿。如果有脓肿，要静滴抗生素，行鼓膜造孔术，或乳突切开术。
- 阿莫西林克拉维酸 875 mg PO，每天 2 次，疗程 14 天。
- 头孢呋辛 500 mg PO，每天 2 次，疗程 14 天。
- 备选方案：克林霉素 300 mg PO 每天 3 次，疗程 14 天。
- 慢性，复发性，或复杂性乳突炎
- 对于疼痛严重，复发性感染，耳部凸出，或出现并发症（如脑膜炎，或免疫低下）的患者，可以静滴抗生素，做颞骨 CT 检查，并且及时到耳鼻喉科医师处就诊，行鼓膜造孔术 ± 乳突切开术。
- 静滴抗生素的持续时间，取决于临床好转情况及做鼓膜造孔术 / 乳突切开术的时间。术后一般按细菌培养结果，给予口服抗生素治疗 3~4 周。
- 经验治疗：克林霉素 600 mg IV q8h+ 头孢呋辛 0.75~1.5 g IV q6~8h。
- 万古霉素 15 mg/kg IV q12h+ 头孢曲松钠 1~2 g IV q24h。
- 莫西沙星 400 mg IV/PO q24h。
- 氨苄青霉素舒巴坦 1.5~3 g IV q6h。
- 在高危人群及难治性乳突炎中，应考虑到结核感染。

随访

- 尽快前往耳科医师或耳鼻喉医师处就诊，行鼓膜造孔术 ± 乳突切开术。因为在未治疗的病例中，发生并发症很常见。

其他信息

- 急性乳突炎几乎总伴有急慢性中耳炎。如果既往接受过抗生素治疗，更常见不伴有中耳炎的乳突炎（“隐匿性乳突炎”）。
- 乳突气室积液，伴轻度耳后红肿，可以口服抗生素，密切随访。如果红肿热痛等症状有进展，应考虑静滴抗生素及鼓膜造孔术。
- 引起急性乳突炎的病原体有所变化，因为人群疫苗的接种（如肺炎链球菌结合疫苗），且菌株更趋向于致命性，耐药性。

推荐依据

Gate G, ed. Current Therapy in Otolaryngology–Head and Neck Surgery, 6th ed , 1998.
注释：文章观点来自于推荐意见。急性乳突炎中 MRSA 尚未成为常见问题。

外耳炎

Daniel J. Lee, MD and Ophir Handzel, MD

病原体

- 铜绿假单胞菌。
- 金黄色葡萄球菌。
- 棒状杆菌属。
- 曲霉菌属。
- 念珠菌属。

临床表现

- 耳部疼痛，伴或不伴发痒，耳漏，有局部创伤史（如棉棒），湿疹，或长期接触水（所谓“游泳耳”）。
- 体格检查：耳道弥漫性发红，伴或不伴肿胀，耳廓周围淋巴结肿大。
- 如果发现病灶局限，应排除疖及脓肿。
- 如果耳廓无压痛，应考虑中耳病变。
- 鉴别诊断：中耳炎伴有鼓膜破裂，耳部带状疱疹，多软骨炎，蜂窝组织炎，湿疹，大疱性或颗粒性外耳炎。
- 并发症（常见的）：传导性耳聋，外耳道狭窄。罕见的：恶性外耳炎（MOE ± 颅神经累及），多见于糖尿病患者，免疫低下患者，也可出现面神经瘫痪，进行性累及第Ⅸ，Ⅹ，Ⅺ，Ⅻ颅神经，伴或不伴颅骨骨髓炎。
- 通常局部使用抗生素。

诊断

- 基于体格检查及病史作出诊断。
- 对于顽固性，复发性及慢性外耳炎患者，应取标本做培养。
- 活检适应证：对积极局部或口服使用抗生素耐药的慢性感染，或存在肉芽肿组织（应排除侵蚀性真菌感染及恶性肿瘤）。
- 实验室检查：排除免疫低下状态（糖尿病，HIV 等），或自身免疫病（Wegners）。颞骨薄层 CT 仅用于恶性外耳炎（MOE），而不用于常规外耳道炎。

治疗

一般原则

- 局部治疗的典型适应证：耳痛，肿胀和耳漏。
- 以下情况应加用口服抗生素：复发性感染，对局部治疗耐药，症状严重者，外耳道凸展，控制不佳的糖尿病及免疫低下的患者等。
- 必要时，应予以镇痛治疗。
- 非复杂性细菌感染 – 初始治疗
- 新霉素 + 多黏菌素 + 氢化可的松（Cortisporin Otic）：每次 4 滴，每天 4 次，疗程 7~10 天。（使用悬液而非溶液，后者有刺激性）。
- 环丙沙星 + 类固醇（Cipro HC）：每次 3~4 滴，每天 3 次，疗程 7~10 天。
- 备选方案：氧氟沙星，每次 10 滴，每天 1~2 次（常见于基层医生使用，用于鼓室穿孔及鼓膜穿刺管。但大部分耳鼻喉医生会使用 Cortisporin 滴液，或环丙沙星 + 类固醇）。

- 妥布霉素（Tobradex ophth）：每次 3~4 滴，每天 3 次，疗程 7 天（只用于鼓膜完整的患者）。
- 庆大霉素（Garamycin ophth）：每次 3~4 滴，每天 3 次，疗程 7 天（只用于鼓膜完整患者）。
- 醋酸 + 丙二醇 +1% 氢化可的松(VoSo IHC)：每次 4~6 滴，每天 3 次，疗程 10 天。
- 0.3% 环丙沙星 /0.1% 地塞米松(Cipro/dex)：每次 4 滴，每天 2 次，疗程 7~10 天。

非复杂性真菌感染：初始治疗

- 清创及保持耳部干燥清洁，是治疗耳真菌病的关键。
- 醋酸 + 丙二醇 +1% 氢化可的松(VoSo IHC)：每次 4~6 滴，每天 3 次，疗程 10 天。
- 醋酸（Domeboro Otic）：每次 4~6 滴，每天 4 次，疗程 10 天。
- 克霉唑（克霉唑溶液）：每次 3~4 滴，每天 2 次，疗程 7 天。

严重或复发性细菌感染

- 在耳科或耳鼻喉科医师处，进行积极的耳道洗涤和敷裹，对严重感染患者十分有必要。对耳道狭窄患者，放置耳引流纱条，有利于局部治疗。
- 对慢性病例及复发性病例，不推荐手术治疗，对恶性外耳道炎是否手术治疗尚有争议。
- 在局部治疗基础上加用口服药物治疗：环丙沙星 500 mg PO 每天 2 次，疗程 10~14 天。
- 氧氟沙星 400 mg PO 每天 2 次，疗程 10~14 天。
- 对治疗应答不佳的严重外耳炎，可以考虑抗铜绿假单胞菌注射药物治疗。行细菌 + 药敏实验，以指导治疗。

随访

- 严重的外耳炎须到耳科专家或耳鼻喉科医师处就诊。
- 门诊患者行清创术时，应使用耳双筒显微镜。

其他信息

- 病理生理学：外耳道皮肤被浸解（机械 / 化学损害），过敏症，糖尿病等因素，导致分泌脂质和耵聍的腺体萎缩，导致耳道 pH 增加。
- 耳道狭窄会影响药物滴耳的疗效，因此需要暂时放置引流条。注意在洗澡或淋浴后，一定保持耳部干燥（可以用棉棒，凡士林或吹风机等）。
- 糖尿病患者：严格控制血糖是关键。

推荐依据

Rosenfeld RM, Singer M, Wasserman JM, et al. Systematic review of topical antimicrobial therapy for acute otitis externa.Otolaryngol Head Neck Surg , 2006; Vol. 134; pp. S24 - 48.

注释：这是一篇对急性外耳道炎局部治疗相关著作和综述的 Meta 分析。共 18 项研究收纳其内，显示单用局部治疗（抗菌剂，抗菌剂 + 类固醇，或喹诺酮类药物）对急性外耳炎效果很好，治疗 10 天治愈率为 65%~80%。

Rosenfeld RM, Brown L, Cannon CR, et al. Clinical practice guideline: acute otitis externa. Otolaryngol Head Neck Surg , 2006; Vol. 134; pp. S4 - 23.

注释：这是来自 AAO~HNSF 的诊疗指南，它针对人群为年龄 >2 岁的患者，基于许多急性外耳炎相关著作研究，制定的诊疗规范。尽管也涉及到真菌和病毒感染，但是重点仍是细菌性感染。其应用范围不仅是耳科及耳鼻喉科医师，也可为基层医疗的医生所采用。

中耳炎

Daniel J. Lee, MD and Ophir Handzel, MD, LLB

病原体

- 肺炎链球菌
- 流感嗜血杆菌

临床表现

- 通常为急性发作。典型症状有：耳痛，耳部闷胀，听力减退 ± 发热。
- 体格检查（耳镜）：发红，鼓膜膨胀，或鼓膜后流液，流脓，及充气耳镜下鼓膜运动度减退（注意鼓膜颜色，膨胀，运动度）。韦伯实验：512Hz 音叉，在患耳侧面。当出现面神经异常时，应引起警惕。
- 口服抗生素的主要适应证：疼痛，鼓膜发红，发热。仅仅出现中等量的耳部溢液，不是使用抗生素的严格适应证。出现化脓性耳部溢液时，需要用抗生－类固醇药物滴耳。
- 培养不是常规检查，而且有时候分泌物不易采集，只有当自发的鼓膜穿孔，或鼓膜切开术时才能得到。培养对多重治疗抵抗的慢性感染有一定诊断价值。
- 影像学：颞骨薄层 CT 对诊断慢性感染有帮助，另外，中耳肿物，胆脂瘤，或发热，伴或不伴有鼓膜发红，耳痛及中耳炎。
- 如果怀疑非传导性耳聋，应做听力测试。
- 并发症：常见一传导性耳聋，乳突炎，及鼓膜穿孔；罕见并发症一迷路炎 / 眩晕，面神经麻痹，脑膜炎，Gradenigo’s 综合征（外展神经麻痹，球后疼痛及 OM）。

诊断

- 大多数病例为基于症状和体征的临床诊断

治疗

- 非复杂性急性中耳炎（非免疫低下成人）
- 阿莫西林 500 mg PO，每天 3 次，疗程 7~10 天。
- 头孢呋辛 500 mg PO，每天 2 次，疗程 7~14 天。
- 头孢曲松钠（罗氏芬）1 g IM，隔日 1 次 ×3 剂。
- 头孢泊肟 200 mg PO，每天 2 次，疗程 7~10 天。
- 备选方案（对 β－内酰胺酶过敏或初始治疗失败）：头孢地尼 300 mg PO，每天 2 次 /600 mg。
- 口服，每天 1 次，克林霉素 300 mg PO，每天 3~4 次 + 左氧氟沙星 500 mg PO，每天 1 次，莫西沙星（拜复乐）400 mg PO，每天 1 次。疗程均为 7~10 天。
- 阿莫西林克拉维酸亦可作为免疫缺陷及糖尿病患者的初始治疗。
- 非复杂性急性中耳炎（免疫低下成人）或慢性 / 复发性急性中耳炎。
- 阿莫西林克拉维酸（安美汀）875 mg PO，每天 2 次或 500 mg PO，每天 3 次，疗程 10~14 天。
- 阿莫西林克拉维酸亦可作为免疫缺陷及糖尿病患者的初始治疗。
- 头孢泊肟 200 mg PO，每天 2 次，疗程 7~10 天。
- 备选方案：头孢地尼 300 mg PO，每天 2 次 /600 mg PO，每天 1 次，疗程 7~10 天。或克林霉素 300 mg PO，每天 3 次（对青霉素过敏者）。

中耳炎的辅助治疗

- 注意有无导致咽鼓管功能异常的危险因素：吸烟，过敏，鼻窦炎或胃食管反流病。
- 鼻充血：伪麻黄碱 120 mg+ 局部血管收缩剂—羟甲唑啉鼻部喷雾 2 喷，每天 3 次，只用 3~4 天即可（可用非处方药，如羟甲唑啉滴鼻剂 ,Neosynephrine, 布洛芬 – 伪麻黄碱）。尽管可缓解充血症状，但单独应用并不能促进急性中耳炎的愈合，也不能防止并发症的发生。
- 对怀疑过敏的患者，考虑使用抗组胺药，如氯雷他定（开瑞坦）10 mg PO，或非索那定（Allegra）60 mg 每天 2 次。
- 止痛：NSAIDs，如布洛芬 400 mg PO，每天 3 次 ×5 天，塞来昔布（西乐葆）200 mg PO，每天 1 次 ×5 天。也可以用对乙酰氨基酚（泰诺）。如果鼓膜完整，可使用局部镇痛药（如 Auralgan），有一定裨益。
- 对于持续性感染，顽固性疼痛，或出现上述并发症，须到专科门诊就诊。多数成人可以耐受鼓膜切开 ± 放置鼓膜穿刺管。
- 严重的眩晕、面神经麻痹、乳突脓肿、或脑膜炎需要进行鼓膜造孔术，并放置引流管。另外的处理措施包括：收入院，做颞骨 CT，微生物培养 / 腰穿，静滴抗生素，必要时外科引流。

随访

- 局部或全身症状发作时，应在 24~72 h 予以控制缓解。对治疗无应答者，应考虑耐药性流感嗜血杆菌、肺炎链球菌感染及其他罕见病原体。
- 抗生素治疗后出现慢性渗液，不伴有耳痛，并不再需要继续抗感染治疗。有患者感觉听到的声音低沉模糊，及耳部流液（清亮或琥珀色），但无耳痛，可用减轻充血剂、鼻部类固醇药，或转诊。

其他信息

- 多数相关研究都是针对小儿群体的，而在成人中不适用。不同于小儿的治疗，患急性中耳炎（AOM）的成人，不推荐仅仅观察随访。原因是这些人的病程并非总是良性过程。
- 抗肺炎链球菌疫苗的问世，改变了细菌性感染的格局，不常见的致病病原体（如金黄色葡萄球菌 MRSA）及疫苗未覆盖的肺炎链球菌开始发病增加。
- 对 AOM 患者，局部类固醇或抗生素滴耳无益，除非患者有鼓膜穿孔并伴耳漏。
- 出现耳溢液伴耳廓肿胀，为外耳炎而不是中耳炎，可以单独局部治疗。口服抗生素可能无益。但对于糖尿病及免疫低下患者，应口服抗生素治疗。
- 出现耳部闻音低沉模糊，不必予以抗生素或减轻鼻充血剂，除非有明显的中耳炎症状及音叉实验提示传导性耳聋，这是因为它比 AOM 更易出现突发性神经性耳聋。神经性耳聋是一种耳科急症，需要大剂量的激素冲击，并立即前往耳鼻喉科就诊。

推荐依据

Pichichero ME, Brixner DI . A review of recommended antibiotic therapies with impact on outcomes in acute otitis media and acute bacterial sinusitis. Am J Manag Care , 2006; Vol. 12; pp. S292 - 302.

注释：这是一篇很好的对急性中耳炎抗生素治疗近期研究的综述。阿莫西林或阿莫西林克拉维酸作为 AOM 的一线治疗，然后是 2 代或 3 代头孢，如头孢地尼，头孢泊肟，头孢曲松，及头孢呋辛。多项研究证实，头孢地尼治疗 AOM 及青霉素过敏患者中有效。

American Academy of Pediatrics Subcommittee on Management of Acute Otitis

Media. Diagnosis and management of acute otitis media. Pediatrics，2004; Vol. 113; pp. 1451－65.

注释：急性中耳炎诊断治疗的临床指南来源于美国儿科协会 AOM 附属委员会。这些指南对 AOM 的症状和体征做了全面介绍，其治疗意见很大程度上适用于成人，但其中大多数针对的是小儿群体。

腮腺炎

John G. Bartlett, MD

病原体

- 流行性腮腺炎。
- 金黄色葡萄球菌。
- 厌氧菌。

临床表现

- 细菌性腮腺炎病史：剧烈疼痛，压痛感，红肿，位置多在耳前到下颌角。
- 疾病发生条件：高龄，脱水，服用抗胆碱药，干燥综合征，导管结石或导管闭锁，免疫抑制，HIV/AIDS（弥漫浸润性淋巴细胞综合征）。
- 体格检查：发热，中毒征，下颌骨边缘肿胀，可见脓液从腮腺导管排出。
- 化脓性腮腺炎（细菌性）常为单侧（不同于病毒性腮腺炎，后者常为双侧），且常有促使疾病发作的诱因。疼痛剧烈，需予以镇痛治疗。
- 实验室检查：血培养 ± 引流物（Stenson's 导管）或吸出物的革兰染色或培养。
- 影像学检查结石：CT 彩超或涎管造影术。
- 腮腺肿大的鉴别诊断：流行性腮腺炎，类肉瘤，干燥综合征，肿瘤（癌，良性肿瘤或淋巴瘤），TB，HIV（尤其是 ART 治疗后的免疫重建）。
- 下颌下肿胀触痛的鉴别诊断：颈部淋巴结炎，下颌旁间隙感染及放线菌病。
- 流行性腮腺炎：急性腮腺肿胀，无其他病因解释—通常发生于既往接种过疫苗的青少年。

诊断

- 依据 CT/ 彩超检查，及细针穿刺活检评估。
- 流行性腮腺炎：会出现血清学转换，或血清病毒性腮腺炎 IgM 阳性，腮腺导管分泌物通过病毒培养或 RT-PCR 可培养出病毒
- 疑似流行性腮腺炎：如有发热，不适，耳痛伴有腮腺双侧肿胀。

治疗

抗菌治疗（细菌性腮腺炎）

- 治疗原则：去除诱因—导管结石，脱水或病毒性。如果为细菌性感染，应针对金黄色葡萄球菌进行经验性抗生素治疗（细菌性感染常为单侧，而病毒性为双侧）。如果腮腺肿胀，须排除非感染性疾病。
- MRSA：万古霉素 15 mg/kg IV q12h，或利萘唑胺 600 mg PO/IV q12h。
- 厌氧菌或金葡萄（如为敏感菌）：克林霉素 600 mg IV q8h。

手术治疗

- 可用导管探头，或 CT，彩超，或涎管 X 线片检测是否有结石。
- 急性化脓性腮腺炎很少需要外科引流或减压。

- 如腮腺导管狭窄，常需要涎管镜探针。
- 外科手术主要适应证：面神经瘫痪。

非细菌性

- 对于病因不明的腮腺肿大，可用细针穿刺，检查是否有肿瘤。
- 流行性腮腺炎：热敷，镇痛。支持疗法仅用于流行性腮腺炎。

一般治疗

- 预防：增加经口液体摄入量，咀嚼硬糖，尤其是柑橘，以促进唾液流出。
- 人工唾液：价格昂贵且不易持久。
- 口服毛果芸香碱 5~10 mg PO，每天 3 次，对刺激唾液产生有一定帮助。
- 预防发作：停止使用导致疾病的药物：例如抗胆碱能如三环类，苯海拉明（苯那君）等。

慢性或复发性

- 预防：停止使用导致疾病的药物：例如抗胆碱能如三环类，苯海拉明（苯那君）等。
- 通常是因为导管阻塞，或唾液腺分泌减少（口腔干燥）。
- 到耳鼻喉科医师处就诊，可能需要做涎管 X 线片 ± 涎管镜。
- 其他备选方案：行外科手术做导管结扎，导管成形术，或腮腺切除术。

随访

- 预防：由于疫苗免疫作用会逐渐减弱，故之前注射过的麻疹疫苗的青少年及成人，并不能完全预防成功。

其他信息

- 金黄色葡萄球菌是化脓性腮腺炎的主要病因，通常为单侧，且引起严重的全身中毒症状。经验性治疗必须覆盖金葡菌（MRSA）。

推荐依据

作者观点

注释：暂无针对唾液腺感染的指南。

急性咽炎

John G. Bartlett, MD

病原体

- 化脓性链球菌（A 群链球菌）。
- 淋病奈瑟球菌（罕见）。
- 溶血隐秘杆菌（可以模拟化脓性链球菌，最常见于大学生年龄段的人群，常伴弥漫性红斑状皮疹）。
- 白喉棒状杆菌（罕见）。
- 冠状病毒。
- 副流感病毒。
- 鼻病毒。
- 呼吸道合胞病毒。
- EB 病毒。
- 单纯性疱疹病毒。

- HIV（急性感染）。

临床表现

- 咽部疼痛 ± 吞咽困难，上呼吸道感染征，咳嗽（如果有，提示是病毒性感染而非细菌性），发热，及其他症状。
- 体格检查：咽红 ± 脓性渗出物（渗出性扁桃体炎）。
- 咽喉疼痛的鉴别诊断：会厌炎，扁桃体周脓肿，咽后脓肿，甲状腺炎，口咽或喉部肿瘤。

诊断

- 链球菌感染性咽炎：快速抗原阳性检测实验（敏感性 75%~90%）及咽喉分泌物培养（虽然缓慢，但准确性高）。
- 临床诊断链球菌感染（常称为 Centor 诊断），须符合以下 4 项中的 3 项：发热，扁桃体渗出物，无咳嗽及颈部淋巴结触痛。
- 淋球菌：取咽喉分泌物做培养，注意对做培养的微生物实验室有特殊要求。
- 流感病毒：快速检测或临床诊断（流行病史 + 发热，咳嗽等典型症状）。
- 急性 HIV 感染：血清 HIVRNA 检测，询问其感染的高危因素。
- EBV：传染性单核细胞增多症试剂盒或 EBV 特异性血清学检测 + 异形淋巴细胞可以鉴别。

治疗

链球菌性咽炎

- 治疗原则：90% 成人是病毒性感染。因此只有在以下情况下给予青霉素或红霉素抗菌治疗：（1）链球菌抗原（+），或（2）咽喉分泌物培养（+）。Centor 诊断很难确诊。
- 实验室检测 A 组链球菌：快速抗原检测（敏感性 80%~90%，且数分钟可出结果），或咽喉分泌物培养（90% 敏感性，但培养会延误治疗 24~48h）。
- 首选治疗：青霉素 VK 250 mg PO，每天 4 次，或 500~1000 mg PO，每天 2 次 ×10 天。或氨苄青霉素 1.2 mU IM×1。
- 青霉素过敏者：依托红霉素 500 mg PO，每天 2~3 次 ×10 天。或者阿奇霉素（Z-pak）PO，或克拉霉素（Biaxin）1g /500 mg PO，每天 2 次，疗程 5 天。
- 头孢泊肟 200 mg PO，每天 2 次 ×5 天。
- 头孢拉定 500 mg PO，每天 2 次 ×5 天。
- 氯碳头孢（Lorabid）200 mg 每天 2 次 ×5 天。

淋球菌性咽炎

- 首选治疗：头孢曲松钠 125 mg IM×1+ 强力霉素 100 mg PO，每天 2 次 ×7 天（因为伴行存在衣原体感染的风险）
- 阿奇霉素（希舒美）2 g PO×1 次。
- 考虑到耐药性，环丙沙星不再作为首选。更多信息请参照淋病奈瑟菌一节 361 页。

其他信息

- 淋球菌：需要做培养，并对淋球菌和衣原体进行治疗，治疗药物可选头孢曲松和强力霉素。
- 溶血隐秘杆菌：是一种革兰染色阳性杆菌，弱耐酸，可导致健康青年人发生咽炎，常伴皮疹。对 β－内酰胺类，大环内酯类，及克林霉素敏感。

- 流行性感冒（起病 48h 内开始治疗有效）：扎那米韦（乐感清）10 mg 每天 2 次，吸入，奥司他韦（特敏福）75 mg 口服，每天 2 次，如果现行的流感病毒株对神经氨酸酶抑制剂耐药，可联合经验治疗，使用金刚烷胺或金刚烷乙胺。疗程各 5 天。
- 急性 HIV 感染：参照 HIV/AIDS 一节，急性逆转录病毒感染综合征（见 165 页）。
- HSV：阿昔洛韦 400 mg PO，每天 3 次，5~10 天。伐昔洛韦（维德思）1 g 口服，每天 2 次，5~10 天。法昔洛韦（泛维尔）250 mg PO，每天 2 次，5~10 天。
- 白喉（白喉杆菌）：红霉素 500 mg PO，每天 4 次，疗程 14 天。TMP-SMX1DS（双剂型，960 mg，译者注）PO，每天 2 次，疗程 14 天。

随访

- 无须进行疗效复核。

其他信息

- 近期的 Meta 分析显示，头孢菌素疗效优于青霉素（CID 2004;38:1526），但专家仍建议首选青霉素。
- 对于链球菌感染治疗仍有争议，有些专家认为治疗应基于 Centor 临床诊断（ACP），而另一些专家认为，只有在已有链球菌感染的实验室证据时（IDSA），才开始治疗。
- 鉴别诊断：（Centor 临床诊断）病史中有发热，渗出性淋巴腺炎，没有咳嗽，颈部淋巴结触痛。有推荐当符合以上 4 项中的 3 项时，即开始经验性治疗。但另有认为为了防止滥用抗生素，应在此之前进行链球菌抗原检测。
- 治疗原因：防止发生风湿热（罕见），及扁桃体周脓肿（罕见）；减少传染风险（通常在 48h 后即无传染性）；减轻不适症状（益处较大）。
- 主要是考虑到小儿患者的传染风险。

推荐依据

Bisno AL, Gerber MA, Gwaltney JM, et al. Practice guidelines for the diagnosis and management of group A streptococcal pharyngitis. Infectious Diseases Society of America. Clin Infect Dis , 2002; Vol. 35; pp. 113 - 25.

注释：成人咽炎诊疗指南来源于 IDSA。它与 ACP/CDC 指南最大的不同在于此指南默认 A 群链球菌为病因，除非做快速抗原检测或培养出其他结果。对范围更广的 ACP/CDC 指南，因为采用的是临床诊断，似乎有过度治疗的嫌疑，其过度治疗病例达 50%。Bisno 等人认为过度治疗是没有必要的，而治疗不足也并非很糟糕的事情，因为风湿热已很罕见。（1）临床应答轻微或无；（2）在成人并不引起群体性的健康问题；（3）在昆西市已很罕见。

Snow V, Mottur-Pilson C, Cooper RJ, et al. Principles of appropriate antibiotic use for acute pharyngitis in adults. Ann Intern Med , 2001; Vol. 134; pp. 506 - 8 .

注释：指南来源于两个组织：CDC 和 ACP/ASIM。指南基本是相同的，对以下情况都认同：Centor 临床诊断标准，链球菌抗原检测以进行病原体鉴别，只对符合 Centor 临床标准四项之三者，或链球菌抗原检测实验（+）者进行治疗，可选择青霉素。

诊断

急性鼻窦炎

John G. Bartlett, MD

病原体

- 鼻病毒或其他病毒。
- 肺炎链球菌。
- 流感嗜血杆菌。
- 少见的病原体，包括铜绿假单胞菌，金黄色葡萄球菌及厌氧菌。

临床表现

- 主要病因有：病毒性上呼吸道感染，过敏，解剖异常，吸烟，牙源性感染，游泳。
- 分类：急性：病程 <4 周；亚急性：病程 4~12 周；慢性：>12 周。
- 细菌性感染病程限于 7 天的很罕见。
- 病毒感染和过敏引起的鼻窦充血更为常见，急性细菌性鼻窦炎（ABS）相对少见。
- 症状包括鼻塞，面部压迫感或疼痛，鼻漏及嗅觉减退。
- 脓性鼻溢液 ± 上颌部或额部疼痛，有压痛或透照度减少。
- 体格检查通常无诊断价值。
- 并发症：眶部感染，脑膜炎，脑脓肿或海绵窦血栓形成，这些并发症都很罕见。

诊断

- 临床上只有 0.2%~10% 的鼻窦炎为细菌感染——所有病例中，平均约 2%。
- 对普通病例不推荐使用任何临床检测方法——包括培养，CT 及 X 光片。
- 培养并无用处，除非直接从窦腔中取出分泌物培养。有效的微生物检测要求窦腔穿刺，或内窥镜检查，但对于非复杂性的 ABS，这些很少使用。

治疗

抗菌治疗

- 治疗原则：多数鼻窦炎是病毒或过敏引起。通常用抗生素的适应证为症状持续存在 >7 天。
- 使用抗生素的适应证：鼻部流脓 + 症状严重，或持续存在 >10 天，或 7 天中病情恶化。
- 几乎所有的抗生素治疗都是经验性的。
- 首选抗生素：阿莫西林 0.5~1.5 g PO，每天 3 次，10~14 天；阿莫西林 / 克拉维酸 875/125 mg PO，每天 2 次，或头孢泊肟 200~400 mg PO，每天 2 次，10~14 天。
- 备选方案：阿奇霉素 2g1 次或 500mg PO，每天 1 次，疗程 3 天。克拉霉素 500 mg PO，每天 2 次，疗程 14 天。强力霉素 100 mg 每天 2 次，或 TMP-SMXDS PO，每天 2 次，疗程 10~14 天。
- 严重病例，治疗无应答者或有近期使用抗生素史：氟喹诺酮类（左氧氟沙星 500 mg PO，每天 1 次，或莫西沙星 400 mg 每天 1 次），或阿莫西林克拉维酸 875/125 mg PO，每天 2 次 5~14 天。
- 抗生素花费（以上治疗方案的费用）：阿莫西林 9~20 美元，强力霉素 9 美元，阿莫西林克拉维酸 55$，TMP-SMX3 约 12$，阿奇霉素 45$，头孢丙烯 21$，其他头孢类 100~170 美元，环丙沙星 24 美元，其他氟喹诺酮类药物 91~100 美元。

辅助治疗

- 全身性减充血剂：伪麻黄碱 120 mg+ 镇静性抗组胺药 PO，每天 2 次，1~2 周（非处方药，如鼻福，艾德维尔，羟甲唑啉滴鼻剂，康泰克，布洛芬 – 伪麻黄碱等），阿司匹林，对乙酰氨基酚，或布洛芬。
- 局部鼻腔喷雾：羟甲唑啉鼻部喷雾 2 喷，每天 2 次，疗程 5 天（非处方药，如羟甲唑啉滴鼻剂，布洛芬 – 伪麻黄碱，Vicks,Sinex 鼻部喷雾），使用疗程不超过 5 天。
- 过敏性鼻炎：氯雷他定（开瑞坦）10 mg PO，每天 1 次。氟尼缩松喷雾（氟替卡松）每鼻孔 2 喷，每天 1 次。
- 疗效不确定：维生素 C，吸入水蒸气，锌剂等。

复杂性鼻窦炎

- 如果出现眶周水肿，红斑，面部疼痛，伴或不伴精神状态的改变，应考虑到复杂性鼻窦炎。
- 应做 CT 影像学检查，并到耳鼻喉专科就诊。
- 可应用头孢曲松钠，环丙沙星，左氧氟沙星，莫西沙星及阿莫西林 / 克拉维酸。
- 内窥镜检查，亦可在耳鼻喉专科医师指导下行引流术。

治疗方案详解

- 首选抗菌药物（耳鼻喉科学 – 头颈外科，2004;130:1）
- 普通病例：阿莫西林（每天 1.4 g~4.5 g），阿莫西林 / 克拉维酸，头孢泊肟，头孢地尼，头孢呋辛。

β – 内酰胺类药物过敏者：

- 有近期使用氟喹诺酮类药物史：氟喹诺酮类，阿莫西林 / 克拉维酸，克林霉素 + 头孢克肟。治疗 72h 无改善者：氟喹诺酮类，阿莫西林 3~4.5 g/d，克林霉素 + 头孢克肟，阿莫西林克拉维酸。
- 并发症：眼眶蜂窝组织炎，额骨骨髓炎，硬膜外或硬膜下积脓。

随访

- 抗生素治疗 72h 无反应者，做影像学检查，并更换抗生素为氟喹诺酮类，或阿莫西林克拉维酸。

其他信息

- 大多数感冒因罹患病毒性鼻窦炎而复杂化，并对抗生素治疗无反应。
- 主要靠临床症状与其他疾病鉴别——通常不必做 X 光片，CT 检查或培养。
- 如果起始需进行抗生素治疗——阿莫西林常为首选，但需更大剂量（如 3 g/d）

推荐依据

Piccirillo JF . Clinical practice. Acute bacterial sinusitis. N Engl J Med , 2004; Vol. 351; pp. 902 - 10.

注释：所有鼻窦炎病例中，细菌性感染占 0.5%~2%，到普通医疗机构就诊的有 50%，ENT 专科就诊的高达 80%。对症治疗：很少证据证明其有效。抗生素选择：目前认为效果最佳的为阿莫西林，TMP–SMX，强力霉素。使用抗生素的适应证：感染持续 10 天以上，或病情 7 天内有恶化趋势。过敏性鼻窦炎：氯雷他定或其他抗组胺药物有效。鼻部类固醇类药物可能有效。

Snow V, Mottur–Pilson C, Hickner JM, et al. Principles of appropriate antibiotic use for acute sinusitis in adults. Ann Intern Med , 2001; Vol. 134; pp. 495 - 7.

注释：指南来源于两个组织：CDC 和 ACP/ASIM。指南基本相同。推荐意见包括：不做常规影像学检查及培养。抗生素治疗指证为症状严重者，或症状持续存在 >7 天。药物首选阿莫西林。

Hickner JM, Bartlett JG, Besser RE, et al. Principles of appropriate antibiotic use for acute rhinosinusitis in adults: background. Ann Intern Med , 2001; Vol. 134; pp. 498 - 505.

注释：指南来源于两个组织：CDC 和 ACP/ASIM。指南基本相同。主要不同在于 CDC 指南未给出抗生素名称，而指出：所使用的抗生素应覆盖肺炎链球菌及流感嗜血杆菌。

窦炎（或鼻窦炎）：亚急性 / 慢性

Raj Sindwani, MD, FACS, FRCSC and Ralph Metson, MD

病原体

- 慢性鼻窦炎的细菌学比起急性鼻窦炎更难定义（肺炎链球菌，流感嗜血杆菌，铜绿假单胞菌）。尽管慢性鼻窦炎的急性发作，可能是因为以上所述的引起急性鼻窦炎的病原体。
- 典型者为多重菌落感染，革兰阴性菌感染增多，厌氧菌感染可能性有所增大。
- 铜绿假单胞菌，金黄色葡萄球菌在院内感染及免疫抑制患者中更常见。
- 慢性鼻窦炎中，真菌所起作用尚存争议。有认为真菌的某些物质会在鼻窦黏膜中，引起嗜酸性细胞介导的免疫反应。

临床表现

- 鼻窦炎定义：鼻窦黏膜发炎。急性细菌性鼻窦炎（ABS）：症状持续存在达 4 周。亚急性鼻窦炎：病程持续 4~12 周。慢性鼻窦炎（CRS）：病程超过 12 周。
- 病理生理学：窦口鼻道复合体及窦腔流出道的通气和引流道阻塞，引起分泌物潴留，并继发感染。慢性鼻窦炎被认为是一种炎症状态。
- 症状：面部疼痛或头痛，鼻塞，鼻部分泌物，鼻涕倒流，嗅觉减退，疲乏，黏膜红肿，脓性分泌物。透照法用处不大。内窥镜检查有诊断价值，但并非一定要做。
- 检查：开始不需做 X 光片或 CT 检查。亦无需做培养，而且也培养标本也很难取到。其他实验只用于考虑到有其他诊断的可能性时，如过敏性鼻窦炎，囊性纤维化，韦格纳肉芽肿。
- 影像学检查：鼻窦 CT 只适用于慢性鼻窦炎最大化治疗失败后，或用于除外急性鼻窦炎的并发症。CT 检查的最佳适应证为外科手术前的术前准备。X 线平片对窦口鼻道复合体部的骨头不能完全显示清楚。
- ENT 专科就诊的适应证：复发性鼻窦炎，或慢性鼻窦炎对药物无应答，疑似解剖异常（鼻中隔偏离或鼻息肉），潜在病变（如鼻窦恶性变，肉芽肿性疾病），或鼻窦炎的并发症。

诊断

- 急性鼻窦炎是一种临床诊断，不需要做影像学检查。
- 慢性鼻窦炎中，治疗后行 CT 平扫，往往对选择进一步的治疗方案有效（如外科手术等），但无诊断作用。如果怀疑骨髓炎或感染窦外扩散，增强 CT 可能有用。
- 慢性鼻窦炎：其他检查手段包括鼻内窥镜，鼻部 / 窦部分泌物培养，过敏原检测。

治疗

辅助药物治疗

- 鼻内类固醇喷剂：氟替卡松（Flonase），莫米松（Nasonex），氟羟氢化泼尼松（Nasacort），每鼻 2 喷，每天 1 次，长期使用。
- 全身性减充血剂：伪麻黄碱 120 mg+ 镇静性抗组胺药 PO，每天 2 次，1~2 周（非处方药，如鼻福，康泰克，布洛芬 – 伪麻黄碱等）
- 局部减充血剂：羟甲唑啉鼻部喷雾 2 喷，每天 2 次，疗程仅 4 天（非处方药，如羟甲唑啉滴鼻剂，布洛芬 – 伪麻黄碱，右美沙芬，羟甲唑啉鼻部喷雾）
- 抗组胺药（全身性或局部性）：氯雷他定（开瑞坦）10 mg PO，每天 1 次，或非索那定（Allegra）60 mg PO，每天 2 次，或 180 mg PO，每天 1 次。氮草斯汀—只用于抗组胺局部使用。
- 减轻疼痛：ASA，对乙酰氨基酚，布洛芬，萘普生或其他 NSAIDs。
- 其他：鼻部盐水冲洗对慢性鼻窦炎尤其适用，还可吸入蒸气。
- 免疫治疗：必要时可行抗过敏治疗。
- 全身性类固醇治疗：在急慢性患者中有选择的使用—如过敏性鼻窦炎，息肉，哮喘等。
- 白三烯拮抗剂：只用于一些严重的病例，尤其是并发哮喘者。但目前疗效尚不确切。

抗菌治疗

- 治疗原则：长疗程抗菌治疗 3~6 周，并正确选择抗菌药物（同急性鼻窦炎）。对此治疗方案的疗效尚存争议。
- 首选治疗：阿莫西林克拉维酸（安美汀）875 mg PO q8h，疗程 3~6 周。
- 备选方案：克林霉素（氯洁霉素）300 mg PO q8h，疗程 3~6 周。
- 头孢呋辛酯 500 mg PO，每天 2 次，疗程 3~6 周。
- 头孢丙烯（施复捷）500 mg PO，每天 2 次，疗程 3~6 周。
- 克拉霉素 500 mg PO，每天 2 次，疗程 3~6 周。
- 左氧氟沙星 500 mg PO，每天 1 次，疗程 3~6 周。
- 莫西沙星（拜复乐）400 mg PO，每天 1 次，疗程 3~6 周。
- 对于慢性鼻窦炎，抗真菌药物的使用尚无证据支持，暂不推荐。

外科治疗

- 功能性鼻窦内窥镜手术（FESS），用于重建鼻窦的生理性通气窦道和引流窦道通畅。
- 适应证：复发性 / 慢性鼻窦炎对药物治疗无应答，且内窥镜或 CT 检查证实有异常者，及鼻窦炎引发的眶周或颅内并发症。
- 鼻窦手术的风险：出血，感染，眶周损伤，颅内损伤或脑脊液漏，及常见的麻醉风险；重要并发症很罕见。
- 外科手术在慢性鼻窦炎治疗中起很大作用，且需同时进行药物治疗。
- 鼻窦内窥镜手术是门诊手术，且病人对此较易接受。
- 用计算机导航系统做的计算机辅助鼻窦手术，被认为目前最高水平的手术，可能改善疗效，提高手术安全性。
- 运用有效的科学仪器进行结果分析，提示针对疾病特异性症状所进行的鼻窦手术是有益处的，且提高了生活质量。
- 鼻窦扩张球囊：用以 ESS 的新工具（未经证实）。用特制的球形导管替代传统的外科器械，以扩张鼻窦开口。球形扩张术只适用于蝶窦，额窦及上颌窦（复杂性）。以上适应证未提及筛窦，这成为一个很大的缺陷，使得大部分手术为“混合”式的，即部分外科手术采用球囊扩张术，而部分没采用此方案。其他存在的主要问题包括费用增加，及缺少结果数据支持。目前可用的结果数据很少。

其他信息

- 药物治疗中，关键在长疗程的抗菌治疗。持续时间尚无定论，多推荐 3~6 周。
- 最常用的辅助疗法：鼻内类固醇喷剂及盐水冲洗。
- 重要的致病因素：过敏，鼻内异物（鼻胃管，填充物），解剖异常（鼻中隔偏曲），疾病（哮喘，囊性纤维化）。
- 慢性鼻窦炎常需要外科干预。

推荐依据

Dubin MG, Liu C, Lin SY, et al. American Rhinologic Society member survey on “maximal medical therapy” for chronic rhinosinusitis. Am J Rhinol , 2007; Vol. 21; pp. 483 - 8 .

注释：美国鼻科学会（ARS）调查显示（应答率 43%）：大多数医生认为慢性鼻窦炎最佳治疗为鼻部类固醇喷剂和长疗程的抗菌治疗（平均 3.1~4.0 周）。另外，他们极少用或从不采用的治疗有：口服或局部的抗真菌药物，喷雾类药物或静滴抗菌药。

Meltzer EO, Hamilos DL, Hadley JA, et al. Rhinosinusitis: establishing defi nitions for clinical research and pt care. J Allergy Clin Immunol , 2004; Vol. 114; pp. 155 - 212 .

注释：本文为疾病概述及其诊疗的推荐意见。

隐球菌脑膜炎

John G. Bartlett, MD

病原体

新型隐球菌。

- 根据荚膜成分分成 4 种血清型（A 到 D），能引起人类疾病的有：C.neoformans V.neoformans（最常见），v.gattii 和 v.grubii（近期发现）。
- C.gattii，不同于新型隐球菌，多见于健康人群。

临床表现

- 治疗原则：隐球菌脑膜炎是 AIDS 患者中患脑膜炎的最常见原因（CD_4<100）。也多发于以下情况：医源性免疫抑制（类固醇药物治疗），器官移植，癌症化疗后，淋巴瘤，先天性 CD_4 淋巴细胞缺陷，抗 TNF 抑制治疗，糖尿病。
- 约 10%~20% 的病例见于正常人（但常为老年人），而且相对更容易诊断。
- 病史：头痛，发热 ± 视力改变，颅神经损害，脑膜刺激征，癫痫。症状可以很轻微，呈亚急性，甚至慢性（如仅仅有头痛或发热症状）。
- 体格检查：发热，脑膜刺激征不常见，水痘性皮损在散发性病例中可能存在。

诊断

- 诊断：CSF 中真菌培养或隐球菌抗原（CrAg）阳性。血培养或血清 CrAg 阳性亦支持诊断。
- 如果发现局灶神经病变，或神经反射迟钝，应在腰椎穿刺前行头颅 CT 检查。
- 实验室检查：CSF 中隐球菌抗原阳性率高于 90%（血清约 100%），CSF 墨汁染色阳性率 75%，CSF 真菌培养阳性率 >95%。
- 典型 CSF：蛋白质 30~150 mg/dl，单核 0~100。75% 初始 CSF 压力 >200 mm H_2O。

治疗

抗真菌治疗

- 首选治疗（诱导阶段）：两性霉素 B 0.7 mg/Kg 每天，静脉注射 + 氟胞嘧啶 25 mg/Kg q6h，PO，疗程大于 14 天。然后用氟康唑 400 mg PO，每天 1 次，疗程 8 周。之后氟康唑 200 mg PO，每天 1 次，直至 CD_4>200/ul 维持 6 个月以上（HAART 治疗中）。
- 肾功能不足者：两性霉素 B 脂质体 4~6 mg/Kg 每天，静脉注射 + 氟胞嘧啶（剂量如上述），疗程大于 14 天（诱导阶段）。
- 耐受或治疗失败者：氟康唑 800~1200 mg/d PO，氟胞嘧啶 100 mg/(kg·d) PO，疗程 6 周，之后氟康唑 200 mg PO，每天 1 次（仅对轻型病例）。注意监测氟胞嘧啶浓度。
- 维持治疗：氟康唑 200 mg/d PO，（首选）。氟康唑耐受者：伊曲康唑 200 mg PO，每天 2 次。
- 维持治疗时间：终生治疗，直至 CD_4>200/ul 维持 6 个月以上，或治疗 12 月。
- 5FC：如果存在肾功不全，要重点监测。峰浓度（用药 2 小时后剂量）应小于 75 μg/ml。

颅压升高的处理

- 若初始颅压（OP）>250 mm H_2O：行脑脊液引流，直到颅压 <200 mm H_2O，或降低 50% 以上。每天重复引流，直至 CSF 压力稳定。
- 如果经多次腰穿外引流后 CSF 压力仍持续升高，考虑腰穿抽取 CSF，或脑室－腹腔（VP）分流。

随访

- 急性治疗期结束时不需做腰椎穿刺，除非出现新的症状，或症状持续。
- 血清隐球菌抗原阳性对随访病情意义不大，CSF 抗原不作为常规的随访项目。
- 治疗失败者：氟康唑耐药者罕见，不推荐做药敏实验。多次测量初始颅压，看能否解释出现的症状，并行以上的推荐治疗方案。

其他信息

- 在任何部分发现隐球菌，或血清隐球菌抗原阳性，均要做腰椎穿刺检查。
- 通常测量的是初始颅压。
- 血清隐球菌抗原实验敏感性 95%，但对随访疗效或确定是否复发意义不大。
- 腰穿引流脑脊液（通常需要重复多次），对控制颅压起关键作用。
- 不推荐初级预防。

推荐依据

Dismukes WE. Antifungal therapy: lessons learned over the past 27 yrs. Clin Infect Dis, 2006; Vol. 42 ; pp. 1289 - 96.

注释：多个 NIH 赞助的针对 AIDS 患者的临床实验：（1）. 两性霉素 B 联合 5FC 优于单用两性霉素 B；（2）两性霉素 B 优于氟康唑；（3）维持治疗中，氟康唑优于伊曲康唑；（4）维持治疗中，氟康唑可以安全停用，不影响免疫重建。

Masur H, Benson C, Holmes. Guidelines for Prevention and Treatment of Opportunistic Infections in HIV-Infected Adults and Adolescents (http://AIDSinfo.nih.gov).

注释：推荐意见的原始文本为 2008 版 6 月稿。

卡氏肺孢菌（卡氏肺囊虫）

John G. Bartlett, MD

病原体

- 卡氏肺孢菌（以前称为卡氏肺囊虫）。
- 注意：以前卡氏肺孢菌被认为是一种原虫，在 1999/2002 年重命名，但后来被证实是一种真菌，目前根据国际植物命名法规，被正确命名为卡氏肺孢菌。

临床表现

- 临床表现：咳嗽（无痰），发热和呼吸困难，持续超过 2~4 周（AIDS 患者），超过 5~14 天（非 AIDS 患者）。既往称为卡氏肺囊虫肺炎（PCP）。
- 常见于免疫抑制者：AIDS，器官移植，肿瘤化疗，长期使用类固醇，严重的营养不良。
- 研究显示：X 线示双侧肺间质浸润，运动后低氧血症或血氧饱和度下降。LDH 升高，CD_4 计数 <250/mm^3（AIDS）。
- 高达 20% 的患 PCP 的 AIDS 患者，胸部 X 线不显示病变，而做 CT 会有阳性发现。

诊断

· 确诊：诱导痰或支气管镜检痰标本发现有卡氏肺孢菌存在。

治疗

抗菌治疗

· 治疗原则：（1）宿主：CD_4<250/mm^3，或其他的免疫抑制患者。（2）诊断：诱导的痰标本 ± 支气管镜灌洗。（3）治疗：多种方案 ± 强的松。治疗应答较慢。
· 首选治疗：TMP-SMX 5 mg/kg q8h（剂量基于甲氧苄氨嘧啶成分）口服或静脉注射，疗程 21 天。
· 备选方案：氨苯砜 100 mg/d PO+ 甲氧苄氨嘧 5 mg/Kg q8h PO，疗程 21 天。
· 克林霉素 1.8~2.4 g/d IV，或 300~450 mg PO，q6h，+ 伯氨奎 15~30 mg/d PO，疗程 21 天。
· 阿托伐醌 750 mg（5 ml） PO，餐时服，每天 2 次，疗程 21 天。
· 戊烷脒 IV 3~4 mg/(kg · d)，疗程 21 天。

强的松

· 使用强的松的适应证：$PaCO_2$ ≤ 70 mm Hg，或 A-a 梯度 >35 mm Hg。
· 激素方案：强的松 40 mg PO，每天 2 次，疗程 5 天，之后 40 mg PO，每天 1 次，疗程 5 天。之后 20 mg PO，每天 1 次，持续至完成整个抗菌疗程。
· 治疗无应答或有药物不良反应者
· 药物治疗失败：治疗 5 天及以上后评估有无治疗无应答，或疾病进展（不要低于 5 天）。
· 口服治疗方案：TMP-SMX，TMP+ 氨苯砜，克林霉素 – 伯氨奎对轻到中度者疗效相当。
· 静脉注射方案：TMP-SMX 与戊烷脒疗效相当。戊烷脒静注时应注意其严重的副作用。
· 改变治疗方案：通常是在因为药物毒性而换药时有效，若因初始治疗失败而换药常无效。
· 克林霉素 + 伯氨奎：是因治疗失败而改变治疗方案的最佳口服治疗配伍。（Arch Int Med 2001;161:1529）

其他信息

· PCP 如果不治疗通常是致命的。住院患者 PCP 即使采用正规治疗，死亡率仍达 15%~20%，
· AIDS 患者中 30%~40% 对 TMP-SMX 出现副反应，尤其是发热，瘙痒，皮疹，胃肠道不耐受。不常见的反应：肝炎，嗜中性粒细胞减少。
· 病情演化：用 PCR 检测一可能存在的 TMP-SMX 耐药，健康人体内的卡氏肺孢菌，另外，在慢性肺病的诊断也可能起到一定作用。
· 三甲曲沙已不在美国市场生产（2006 年）。

推荐依据

Benson CA, Kaplan JE, Masur H, et al. Treating opportunistic infections among HIV-exposed and infected children: recom-mendations from CDC, the National Institutes of Health, and the Infectious Diseases Society of America. MMWR Recomm Rep, 2004; Vol. 53; pp. 1 - 112.

注释：此节为推荐依据。

诊断

急性逆转录病毒感染综合征

John G. Bartlett, MD

病原体

- 人类免疫缺陷病毒

临床表现

- 定义：HIV 感染在血清转换之前。
- 发现典型症状时（类似于单核细胞增多症）应考虑此病。有时 HIV 高危人群出现不明原因发热，或传染性单核细胞增多症检测阴性的单核细胞增多时，也应考虑此病。
- 急性逆转录病毒感染症候群的症状体征（有症状者）：发热（96%），淋巴结病变（74%），咽炎（70%，无渗出），皮疹（70%，面部斑丘疹，躯干，四肢，黏膜溃疡形成），肌肉关节痛（54%），腹泻（32%），头痛（32%），恶心 ± 呕吐（27%），肝脾肿大（14%），神经症状（12%），口腔和生殖器溃疡偶有报道。
- 无症状的或症状轻微者 20%~50%。
- 实验室检查：快速检测示 HIV 抗原阳性，抗体阴性，或 HIV 病毒载量 >10 000 cp/ml，且血清学阴性，或无血清学发现（血清学转换需要随访，一般发生于传染后 2~4 周）。
- 其他实验室检查：常见淋巴细胞减少及转氨酶升高。

诊断

- 诊断：PCR 检测血清 HIVRNA，阳性指 >10 000 cp/ml。注意：假阳性为较低的病毒载量，HIVRNA<10 000 cp/ml。发生于 3%~5% 的患者中。
- 确认 HIV 的血清学转换。

治疗

- 早期治疗的益处尚不明确，可以行实验性治疗。首选治疗为：Del 核苷类逆转录酶抑制剂（NRTIs）+ 逐渐加量的蛋白酶抑制剂（ATV，DRV），或 EFV+Del NRTIs。如果无法做基础耐药实验，首选基于 PI 的 HAART 治疗。
- HAART 治疗的可能益处：减轻症状及阻止疾病传播。理论上讲，降低对 HIV 的应答阈值，防止病毒的变异，保持 HIV 的免疫应答。
- HAART 治疗的弊处：药物毒性，药费高昂，需要终生治疗，还可能使病毒耐药。
- HAART=2NRTIs（通常 ABC/3TC，或 TDF/FTC）+ 逐渐加量的蛋白酶抑制剂，或非核苷类逆转录酶抑制剂（点击专门的用药手册，获取个体药物用量及其他信息）。
- HAART 治疗时间：持续时间不定，但也许是终生治疗。
- 耐药检测（基因型）：适用于即时用药或以后用药。

治疗：咨询及基线检测

- 预防：急性感染症状综合征与血及生殖道分泌物中极高的病毒载量有关。应提醒患者此时传播风险极大。
- 坚持治疗：病毒抑制及防止发生耐药的关键。
- 注意：药物风险包括脂肪代谢障碍，不耐受，耐药现象及花费高等。
- 标准基线检测：CD_4，HIVPCR，HIV 基因型耐药实验，CBC，弓形虫血清学，梅毒血清测试，HbsAg，HCV 血清学，PPD，血脂分析和 FBS。

- 急性感染：病毒对 GALT 具亲嗜性，伴 50%CD_4 被消耗，且大量 CD_4 下降发生在 3 周内。

其他信息

- DHHS（(11/08http://www.aidsinfo.nih.gov/) 及 IAS-USA 指南中对成人及青少年抗逆转录病毒药物做了指导。约半数患者为无症状性的血清学转换。
- 早期治疗的益处尚未证实，但这可能为开始治疗的最佳时间。
- IAS-USA 和 DHHS 指南推荐：做基线 HIV 耐药性检测，以确定耐药传播及选择治疗方案；做此项检查是有必要的，但不能因此而延迟初始治疗。
- 药敏实验结果及抗逆转录病毒治疗相关知识，可能对决定治疗方案有一定帮助。
- 急性感染：病毒对 GALT 具亲嗜性，伴 50%CD_4 被消耗，且大量 CD_4 下降发生在 3 周内。

推荐依据

Hammer SM, Eron JJ, Reiss P, et al. Antiretroviral treatment of adult HIV infection: 2008 recommendations of the Inter-national AIDS Society-USA panel. JAMA, 2008; Vol. 300; pp. 555 - 70.

注释：IAS-USA 的指南：对急性 HIV 的 ART 治疗无明确推荐意见。

神经病系统

无菌性脑膜炎

Michael Melia, MD and PaulG. Auwaerter, MD

病原体

- 病毒性：肠道病毒（包括萨科奇病毒，埃可病毒），HSV（主要是 2 型），虫媒病毒（西尼罗河病毒及其他），淋巴细胞性脉络丛脑膜炎病毒（LCMV），流行性腮腺炎，流感病毒，副流感病毒，麻疹，EBV，CMV，VZV，HHV-6，细小病毒 B19，急性 HIV 感染。
- 细菌性：伯氏疏螺旋体，立克次体属，钩端螺旋体属，梅毒，布鲁氏菌属，肺炎支原体，脑膜周围感染（如细菌性鼻窦炎或中耳炎）及心内膜炎的结果。
- 真菌性：隐球菌，球孢子菌，念珠菌属，组织胞浆菌属，芽生菌属。
- 寄生虫：刚地弓形虫（更常见于脑炎），阿米巴属。
- 复发性：常为 HSV 引起（以前称为 Mollaret's 脑膜炎）。
- 非感染性病因：癌症（原发或转移性，淋巴瘤或白血病），药物诱发的（如 TMP-SMX，INH，布洛芬，别嘌呤醇），CNS 血管炎，CNS 肉瘤，Bechet's 综合征，疫苗，良性淋巴细胞脑膜炎，静脉注射免疫球蛋白，Vogt-Koyanagi-Harada 综合征，SLE。

临床表现

- 每年 36 000 住院者。最常见为病毒性，肠道病毒为最主要原因（占 55%~90%），常见于夏秋季节。
- 肠道病毒 [60 多种基因型，包括脊髓灰质炎病毒，柯萨奇病毒（23 种 A 型株，6 种 B 型株），埃可病毒（28 株），及其他新的肠道病毒] 属于微小病毒科。其次常见的病毒为鼻病毒。婴儿感染率 > 儿童 > 成人。传染性极高，儿童主要通过粪口传播，而成人主要通过呼吸道传播。潜伏期为 7~10 天。只有 1/1 000 感染者会发展为脑膜炎。
- 临床表现：表现多样，与病原体，宿主年龄及免疫状态有关。典型表现有发热，头痛（在非细菌性脑膜炎更突出），畏光，恶心 / 呕吐，皮疹（取决于病因），腹泻，流感样症状，脑膜炎症状，嗜睡，但不伴有神经反射迟钝。
- 旅居史和暴露史：啮齿类（LCMV，钩端螺旋体病），扁虱（莱姆病，立克次体），TB，性行为（HSV，HIV，梅毒），地方病 / 流行病（西尼罗河病毒），IDU（HIV，心内膜炎）。
- 其他病因：药物性脑膜炎（NSAIDs，甲噁唑），脑膜周围病灶（硬脑膜外脓肿，表皮样囊肿），和恶性病变（淋巴瘤，恶性肿瘤）。
- 体格检查：脑膜刺激征，颅神经麻痹，皮疹（取决于病因），急性弛缓性麻痹（西尼罗河病毒，脊髓灰质炎病毒），生殖器疱疹（女性生殖道 HSV-2 感染 1/3 会伴发脑膜炎，男性发生率 11%）。
- 实验室检查：典型 CSF 中，白细胞 10-<1 000 个，多数为单核细胞，（但在病程早期可看见中性粒细胞），蛋白增高，葡萄糖正常，培养及革兰染色无阳性发现。

诊断

- CT 及 MRI 对急性脑部病变无任何帮助。
- 头颈部和鼻窦影像学检查（CT 或 MRI），可用于排除脑膜周围病灶。

- 诊断检测应包括：CSF 中 WBC，蛋白，葡萄糖，梅毒血清反应，隐球菌抗原；标准培养包括培养及染色，真菌，抗酸杆菌；PCR 法检测肠道病毒，HSV，VZV；如果在莱姆病地方流行区，应做莱姆血清学检查，RPR 及其他对可疑病因的检测。
- 肠道病毒的 CSFPCR 检测优于病毒培养。
- 西尼罗河病毒血清学或 PCR 法，及其他虫媒病毒血清学检测（如西部马脑炎，东部马脑炎，圣路易脑炎等）。
- 依据暴露史及高危人群检查：HIV（病毒载量定性），莱姆病血清学，RPR/CSFVDRL，若 CSFWBC<500/ml，单核，蛋白 <80，应怀疑此病。做肠道病毒 PCR，有利于缩短抗生素使用疗程，加快出院时间。

治疗

病毒引起的脑膜炎

- 大多采用支持疗法（水合，补充电解质，镇痛）。注意有无抗利尿激素分泌异常综合征。罕见发生癫痫。病程进展性持续恶化患者很少见于病毒引起的脑膜炎，可能是脑膜脑炎。
- 肠道病毒脑膜炎：普拉康纳利似乎有一定疗效，但药物未经 FDA 许可，故不再作为同情性用药。
- 伴发丙球蛋白缺乏症的肠病毒脑膜炎病人（罕见）：予以静脉注射免疫球蛋白 350–>400 mg/kg IV 每 3 周 1 次，保证血清 IgG>500~800 mg/dl。联合或不联合鞘内注射治疗。
- HSV–2 脑膜炎：治疗神经系统症状，如尿潴留或虚弱：阿昔洛韦 10 mg/kg IV q8h，10~14 天，也可换成伐昔洛韦 1 g PO，每天 3 次，以改善症状（但临床实验证据有限）
- 复发性 HSV–2 脑膜炎（以前称为 Mollaret's 脑膜炎）：预防采用阿昔洛韦 400 mg PO，每天 2~3 次，法昔洛韦 250 mg PO，每天 2 次，或伐昔洛韦 500 mg PO，每天 1 次。
- VZV 脑膜炎：对于免疫低下患者或严重感染者，应予以治疗：阿昔洛韦 10 mg/kg IV q8h，10~14 天。
- 急性 HIV 感染：考虑 HAART（参照急性逆转录病毒感染症候群 P165）。

细菌性 / 真菌性 / 分支杆菌性脑膜炎

- 参见相关的病原体及诊断章节。

其他信息

对于部分经治的脑膜炎患者，可能对诊断造成混淆：可针对细菌性脑膜炎进行经验性治疗，或在停止治疗 12h 后复查腰穿。

推荐依据

Rotbart HA. Infections of the central nervous system (2nd ed), Scheld M, Whitley R, Durack D (Eds), Raven, New1997; Vol. 23 .

注释：对无菌性脑膜炎患者评估诊疗的综述。

急性社区获得性细菌性脑膜炎

Paul G. Auwaerter, MD

病原体

- 肺炎链球菌。
- 脑膜炎奈瑟菌。
- 单核细胞增多性李斯特菌。
- 流感嗜血杆菌。
- 无乳链球菌（B 群）。
- 肠球菌。
- 肺炎链球菌及脑膜炎奈瑟菌引起的占所有病例的 80%。
- 整体人群的病原体感染概率（来自 CDC1995 年美国的数据）：肺炎链球菌 47%，脑膜炎奈瑟菌 25%，B 群链球菌 12%，单核细胞增多性李斯特菌 8%，流感嗜血杆菌 7%。人群总发生率为 2.4/10 万人（包括婴儿，儿童和成人）。
- 注意：流感嗜血杆菌 B 型脑膜炎在儿童中的发生率已大大减少，随着 1986 年疫苗的使用。多数流感嗜血杆菌脑膜炎继发于非 B 型流感嗜血杆菌，或在未经疫苗免疫的儿童或成人感染的 B 型流感嗜血杆菌。
- 社区获得性感染的病原体发生率与患者年龄呈强相关。
- 对 2~29 岁的儿童及年轻人：脑膜炎奈瑟菌 60%，肺炎链球菌 27%，B 群链球菌 5%，流感嗜血杆菌 5%，单核细胞增多性李斯特菌 2%。
- 对 30~59 岁的成人：肺炎链球菌 61%，脑膜炎奈瑟菌 18%，流感嗜血杆菌 12%，单核细胞增多性李斯特菌 2%。
- 对 >60 岁的成人：肺炎链球菌 61%，脑膜炎奈瑟菌 18%，流感嗜血杆菌 12%，单核细胞增多性李斯特菌 6%，无乳链球菌（B 群）3%。

临床表现

- 临床症状：颈部僵直，头痛，通常有精神状态改变，发热常见，尤其多见于年纪较大患者。
- 也有以皮疹和肌肉痛就诊者。
- 体征：可见 Kernig/Brudzinski 征（≤ 5%），颈强直（30%），头痛摇晃后加重，颅神经麻痹及其他局灶神经病变，皮疹（淤点，暴发性紫癜），癫痫。
- Brudzinski 征：患者平卧，屈曲颈部，若髋关节及膝关节同时屈曲为 Brudzinski 征阳性。Kernig 征：患者髋关节及膝关节屈曲，伸直膝关节；充分伸展时膝关节后有不适感为 Kernig 征阳性。
- 经典三联症（发热，颈强直，精神状态改变）仅见于 44% 的患者，但几乎所有患者均至少存在以下 4 项中的 2 项：头痛，发热，颈强直，精神状态改变（定义为格拉斯哥昏迷计分低于 14 分）。
- 对疑似脑膜炎而病情危重的患者，处理顺序：应立即开始经验性抗菌治疗→必要时做 CT →腰椎穿刺。

其他临床表现

- CSF 正常值
- 初始颅压：5~15 mm Hg，或 65~195 mm H_2O
- WBC ≤ 5~10 单核，无中性粒细胞。

- 蛋白 =15~45 mg/dl，年纪较大患者可能有所升高。
- 葡萄糖 40~80 mg/dl，脑脊液 / 血清比值 >0.6（如果伴突发的血糖升高，则通常比值为 0.3）。

诊断

- 腰椎穿刺：所有患者均应尽快做腰穿。如果发现以下情况，考虑先做 CT：发现局部神经病灶，视神经乳头水肿，或严重的感觉减退，若出血风险较高（如有凝血障碍，血小板减少症），应推迟做腰穿，防止脑疝形成或出血风险。
- CSF：典型表现 OP>30 cm（正常 <17 cm），WBC>500/ml，80% 以上为中性粒细胞，葡萄糖 <40 mg/dl（或 <2/3 血糖值），蛋白 >200 mg/dl。
- CSF：提示化脓性脑膜炎：WBC>2 000/mm^3 或中性粒细胞 >1 200/mm^3；葡萄糖 <34，蛋白 >220(JAMA1989;262:2700)。
- 革兰染色和血及 CSF 培养 + 药敏，对治疗方案有指导作用。
- 其他实验室结果：血培养，CSF 培养，抗原检测（对成人诊断意义不大，除了部分经治性的脑膜炎），CSFPCR（对病毒性，如肠道病毒，HSV）。

治疗

经验性治疗：对儿童和成人

- 年龄 2~50 岁，病原体多为肺炎链球菌和脑膜炎奈瑟菌：万古霉素 15 mg/kgIV，q8~12h（保持血清浓度在 15~20 μg/ml），联合头孢曲松钠 2 g IV q12h，或头孢噻肟 2 g IV 每 4~6h1 次。
- 年龄 >50 岁，病原体多为肺炎链球菌，单核细胞增多性李斯特菌及革兰阴性杆菌：氨苄青霉素 2g IV q4h+ 万古霉素 15 mg/kg IV q8~12h（保持血清浓度在 15~20 μg/ml），联合头孢噻肟 2 g IV 每 4~6h 1 次，或头孢曲松钠 2g IV q24h 或 q12h（最大用量 4g/d）。
- 青霉素或头孢类过敏者：氯霉素 1g IV q6h+ 万古霉素 ± 利福平 300 mg PO，或静脉注射每天 2 次。
- 地塞米松（10 mg IV q6h 疗程 4 天），推荐每次 15~20 min。对疑似肺炎链球菌性脑膜炎，应优先使用或在注入抗生素前使用。有认为应对所有细菌性脑膜炎均使用地塞米松（此举存在争议）。持续使用 4 天，但如果非细菌性脑膜炎，应停止使用（有认为非肺炎链球菌脑膜炎者停止使用）。多数情况下，治疗后肺炎链球菌脑膜炎患者得益较多。
- 青霉素或头孢类过敏者：氯霉素 1 g IV q6h+ 万古霉素 ± 利福平。

病原特异性治疗

- 肺炎链球菌（青霉素药敏—MIC<0.1 μg/ml）：青霉素 G，头孢噻肟，头孢曲松钠，氯霉素。疗程 >10 天。
- 肺炎链球菌（青霉素药敏—MIC>0.1 μg/ml）：万古霉素 ± 利福平。
- 脑膜炎奈瑟菌：青霉素，头孢噻肟，头孢曲松钠，疗程最少 7 天。
- 流感嗜血杆菌：头孢噻肟，头孢曲松钠，氯霉素。疗程最少 10 天。
- 单核细胞增多性李斯特菌：氨苄青霉素 ± 庆大霉素（TMP-SMX 为二线方案）。疗程 14~21 天。
- 肠杆菌科（大肠埃希菌等）：头孢噻肟，头孢曲松钠，美罗培南，氨曲南，以上任一 ± 氨基糖苷类。疗程至少 21 天。
- 绿脓杆菌：头孢他啶，头孢吡肟，哌拉西林，氨曲南，美罗培南 + 氨基糖苷类 IV（难治性病例中，仅用鞘内注射）。

预防

· 肺炎链球菌疫苗的接种，使得侵袭性肺炎链球菌感染有所减少，如儿童的脑膜炎；对成人间接性感染脑膜炎可能也有一定预防作用。
· 对于预防性抗菌治疗，肺炎球菌性脑膜炎非必需，但推荐用于脑膜炎奈瑟菌，及流感嗜血杆菌。只用于密切接触者（观察到的传染病例见于吃住常在一起的个体，如家庭传播，幼儿所日托接触，男 / 女朋友等）。
· 脑膜炎奈瑟菌：对家庭成员，幼儿所日托，及密切接触者，和那些工作中接触到患者分泌物者（如插管等）需预防性使用：环丙沙星 500 mg PO 1 次，或利福平 600 mg q12h4 次。流感嗜血杆菌：预防可用利福平 20 mg/kg—最大量为 600 mg/d，每天 1 次，4 剂）。以下情况考虑适用：年龄 <4 岁，家庭接触史，未经接种者；年龄 <2 岁，幼儿所日托，未经接种者；病例多发时，应尽快对所有儿童及所在部门成员行预防治疗。

治疗方案详解

基于革兰染色与培养阳性结果的治疗意见

· 革兰阳性双球菌：通常为肺炎链球菌—万古霉素联合头孢噻肟或头孢曲松钠。
· 多数革兰阴性双球菌：通常为脑膜炎奈瑟菌—青霉素 G，头孢曲松钠，头孢噻肟。
· 革兰阳性杆菌或球杆菌：通常为单核细胞增多性李斯特菌（不要误诊为类白喉杆菌）—氨苄青霉素 ± 氨基糖苷类。
· 革兰阴性杆菌：通常为流感嗜血杆菌（可能表现似球杆菌）—头孢噻肟，或头孢曲松钠。或肠杆菌科 / 绿脓杆菌：头孢噻肟，头孢曲松钠，头孢他啶 ± 氨基糖苷类。
· 其他药物剂量：头孢他啶 50~100 mg/kg 直至 2 g IV q8h，庆大霉素或妥布霉素 5 mg/kg IV 每天 1 次。青霉素 G 400 mU 位 IV q4h，哌拉西林 3~4 g IV q4h，萘夫西林 / 苯唑西林 1.5~2g IV q4h，氨曲南 1.5~2.0 g IV q6h，TMP-SMX 4~5 mg/(kg · d) IV q6h，利福平 600 mg。
· 鞘内注射药物剂量（临床上抗生素治疗无应答 >48~72h 者）：庆大霉素 4~8 mg q24h，妥布霉素 4~8 mg q24h，阿莫卡星 5~7.5 mg q24h，万古霉素 5~20 mg q24h（注意：仅可使用没有防腐剂的剂型）。

随访

· 如果恰当的抗菌治疗 48h 后无应答，应重复做腰穿。尤其是对证实有耐药性肺炎链球菌性脑膜炎，或正接受地塞米松和万古霉素治疗的患者，尤为重要。恰当的抗菌治疗 24h 后，CSF 革兰染色应为阴性。

其他信息

· 自从地塞米松被作为肺炎链球菌性脑膜炎的标准治疗之一，对那些在检查结果（革兰染色，CSFAg 等）回来之前便开始应用抗菌治疗的患者，大多数会给予其至少 1 次经验性地塞米松治疗。经验性治疗用药可因革兰染色，及培养 + 药敏结果，选择范围缩小。
· 必须立即给予抗生素治疗—主要问题聚焦于 CT，腰穿及抗菌治疗的次序。大多数情况下，腰穿先于抗菌治疗。如有视神经乳头水肿，非颅神经病灶，及严重的 CNS 抑制：抗菌治疗 >CT> 腰穿。抗菌治疗延迟会导致病残率及死亡率增加。
· 在低收入国家，类固醇药物对降低病残率及死亡率的作用似乎不大。

推荐依据

van de Beek D, de Gans J, Tunkel AR, et al. Community-acquired bacterial meningitis in adults. N Engl J Med , 2006; Vol. 354; pp. 44 - 53.

注释：综述文章讨论了相关的治疗，包括对病情危重的脑膜炎典型患者的 ICU 护理。

Tunkel AR, Hartman BJ, Kaplan SL, et al. Practice guidelines for the management of bacterial meningitis. Clin Infect Dis , 2004; Vol. 39; pp. 1267 - 84.

注释：近期的大多数指南为本章节的推荐意见提供了参考依据。

脑脓肿

Paul G. Auwaerter, MD

病原体

- 80%~90% 的脑脓肿，为多重微生物感染。
- 链球菌为最常检出的病原体（30%~50%），但厌氧菌或其他需氧菌也可成为优势菌。
- 革兰阴性菌在婴幼儿中多见。
- 真菌包括念珠菌属，曲霉菌属，结合菌。
- 多数情况下，脑脓肿有 25% 为病原体不明的（隐源性）。
- 病原及宿主易患因素：副鼻窦炎：微需氧菌（中间群链球菌）及厌氧性链球菌，嗜血杆菌种，拟杆菌属，梭杆菌属，普氏菌属；耳源性感染：需氧及厌氧性链球菌，肠杆菌科，绿脓杆菌，普氏菌属，脆弱拟杆菌；牙源性感染：草绿色链球菌，厌氧性链球菌，拟杆菌属，梭杆菌属，普氏菌属，放线菌属。心内膜炎：金黄色葡萄球菌，草绿色链球菌，肠球菌。肺脓肿：微需氧及厌氧链球菌，放线菌属，梭杆菌属，奴卡菌属，普氏菌属。穿透伤：金黄色葡萄球菌，需氧链球菌，梭菌属，肠杆菌科；手术后：表皮葡萄球菌，金黄色葡萄球菌，肠杆菌科，铜绿假单胞菌。先天心脏病右向左分流：微需氧和需氧链球菌。免疫功能缺陷者（AIDS，肿瘤化疗，慢性糖皮质激素应用，淋巴瘤）：弓形体病，诺卡菌属，EBV 淋巴瘤，TB，真菌。移入性感染：囊尾蚴，棘球绦虫，TB（结核瘤）。

临床表现

- 肿物压迫症状：头痛，恶心呕吐，癫痫，精神状态改变，发热（只有 50%），局灶神经受累体征。
- CT 或 MRI：病灶常位于脑灰质和白质交界处，表现为中央低密度病灶，伴弥漫性或外周环状强化，伴或不伴外周水肿带等。需要与肿瘤占位病变相鉴别。
- 鉴别诊断包括肿瘤，出血（但少见）。细菌性脓肿多见，但应与 TB，真菌，寄生虫引起的脑脓肿相鉴别（参看完整的病原体列表），尤其对 AIDS 患者，免疫缺陷者及迁入感染。
- 并发症包括脓肿破裂（脑室炎 / 脑膜炎），昏迷，神经系统后遗症（25%~45%），死亡。

诊断

- 确诊：金标准为病灶抽吸或手术切除，经革兰染色涂片或培养发现病原菌。
- 样本检查项目：（1）革兰染色，需氧和厌氧培养；（2）抗酸杆菌染色，分支杆菌培养；（3）KOH 涂片，真菌培养；（4）涂片找弓形虫；（5）组织病理学检查。
- 根据临床表现，影像学改变，已知的易患因素，伴或不伴血培养阳性综合诊断。

- 腰椎穿刺为禁忌，且 CSF 检查并无特异性。
- 应做 HIV 检测，若 HIV 阳性，鉴别诊断时的病原体不同。

治疗

经验性抗菌治疗

- 可能根据发病诱因选择抗生素。尽可能行穿刺或引流以明确病原菌，指导抗菌治疗。除非存在以下情况：脓肿多发，位置不宜穿刺，已有血培养阳性，有手术风险。
- 病原体不明者：头孢噻肟 2 g IV q4~6h，或头孢曲松钠 2 g IV q12h，同时加用甲硝唑 500 mg IV q6h。
- 牙源性感染：青霉素 G 400 mU IV q4h，加用甲硝唑 500 mg IV q6h。
- 鼻窦炎：头孢噻肟 2 g IV q4~6h，或头孢曲松钠 2 g IV q12h，同时加用甲硝唑 500 mg IV q6h。
- 中耳炎 / 乳突炎：头孢噻肟 2 g IV q4~6h，或头孢曲松钠 2 g IV q12h，或头孢吡肟 2 g IV q8h，同时加用甲硝唑 500 mg IV q6h。
- 心内膜炎：万古霉素 15 mg/kg IV q8~12h，或萘夫西林 / 苯唑西林 2 g IV q4h，加用庆大霉素 1 mg/kg IV q8h。
- 肺脓肿 / 积脓：青霉素 G 400 mU IV q4h，同时加用甲硝唑 500 mg IV q6h。
- 创伤或脑外科手术后：万古霉素 1 g IV q8~12h，加用头孢他啶 2 g IV q8h，或头孢吡肟 2 g IV q8h。
- 疑似诺卡菌感染：加用 SMZ-TMP 5~6 mg/kg IV q6~8h。
- 治疗疗程不确切。一般疗程为 4~8 周，对未经手术引流者可能需要更长时间。充分治疗至影像学检查显示病灶消失（注意病灶消退约需 4 个月，但增强 MRI 变化可能需要 1 年以上的时间）。

病原指导性治疗（结合经验性治疗）

- 链球菌（青霉素敏感者）：青霉素 G 400 mU IV q4h，或氨苄青霉素 2 g IV q4h。
- 金黄色葡萄球菌（MSSA）：萘夫西林 / 苯唑西林 2 g IV q4h。
- MRSA：万古霉素 15 mg/kg IV q8~12h（剂量递增，一般 CNS 渗透最低浓度 20 mg/dl）。
- 链球菌，革兰阴性菌（GNB），流感嗜血杆菌：头孢噻肟 2 g IV q4~6h，或头孢曲松钠 2 g IV q12h，或头孢吡肟 2 g IV q12h。
- 厌氧菌：甲硝唑 500 mg IV q6h，加用克林霉素 600~1200 mg IV q6~8h。
- GNB，厌氧菌：美罗培南 2 g IV q8h。
- 流感嗜血杆菌，GNB，链球菌：环丙沙星 400 mg IV q8h，或左氧氟沙星 750 mg IV q24h。
- GNB：氨曲南 2 g IV q6~8h。
- 奴卡菌属：SMZ-TMP 10~20 mg/kg IV q6~8h（诺卡氏菌病）。其他用药方案参见诺卡氏菌一节。
- 囊尾蚴虫病：阿苯达唑 400 mg PO，每天 2 次，8~30 天，或吡喹酮 15 mg/kg 每天 3 次，PO 15 天。

辅助治疗及外科治疗

- 手术治疗：可定位钻孔，对脑脓肿进行穿刺抽吸，或行颅骨切开术引流脓肿。
- 如有明显的颅内占位症状（颅内压升高），或（和）神经功能衰退，需要使用地塞米松（10 mg IV 负荷量，之后为 4 mg q6h）。

- 颅压明显升高者，需考虑行其他的神经外科手术，如脑室造口引流术，或放置分流管。
- 癫痫发生率 35%~80%，需要用苯妥英钠及其他抗癫痫药以预防癫痫发生。
- 病灶 <2.5~3.0 cm 者，单用药物治疗可能有效。
- 对穿刺抽吸 VS 切开引流两种外科治疗的优劣，尚无确切数据。

随访

- 治疗疗程不确切。一般疗程为 4~8 周，对未经手术引流者可能需要更长时间。
- 充分治疗至影像学检查显示病灶消失（注意病灶消退约需 4 个月，但增强 MRI 变化可能需要 1 年以上的时间）。
- 复发率约为 8%。

其他信息

- 对脓肿较小（<3 cm）的脑炎患者，及多发脓肿通常采用经验性治疗。
- 外科干预指征：脓肿较大，对经验性治疗应答不佳，免疫缺陷患者。
- 患者出现昏迷，通常提示预后不良，即使经过治疗。

更多信息

- 对来自拉丁美洲的患者（注意囊尾幼虫病—做血清学检查），或免疫缺陷患者（如 AIDS，慢性糖皮质激素应用，肿瘤化疗等），应考虑到不常见的病原体：弓形体病，诺卡菌属，TB，隐球菌等。参见 AIDS 一节。

推荐依据

Wispelwey B, Dacey RG, Scheld WM. Brain abscess. In: Scheld WM, Whitley RJ, Durack DT, eds. Infections of the Central Nervous System. 2nd ed. Philadelphia: Lippincott-Raven, 1997; pp. 463 - 493.

注释：相关方面的综合论述。以上所述至今，抗菌治疗方案甚少有变化。

作者观点。

注释：前瞻性研究数据很少，故推荐意见主要基于一些小型研究，病例报道和专家意见。

脑炎

Paul G. Auwaerter, MD

病原体

- 病毒：单纯性疱疹病毒（是美国散发病例最常见病因）
- CMV，VZV，及 EBV。
- 在美国常见引起脑炎的虫媒病毒：圣路易脑炎病毒，东部马脑炎病毒，西部马脑炎病毒，委内瑞拉马脑炎病毒，拉克罗斯，科罗拉多壁虱热。
- 西尼罗河病毒。
- 肠道病毒（更常见引起脑膜炎），脊髓灰质炎病毒
- 日本脑炎病毒：多见于东南亚，日本，韩国，澳大利亚北部。
- 墨累谷脑炎病毒：见于澳大利亚。
- 波瓦森病毒（蜱传播）：新英格兰，加拿大，亚洲。
- 狂犬病。
- 蜱传播脑炎病毒：中欧至欧亚大陆。

- 腺病毒。
- 亨德拉病毒，尼帕病毒：澳大利亚，东南亚。
- 其他少见病毒包括：流行性腮腺炎，麻疹，风疹（这些也会引起感染后CNS并发疾病），流感病毒，狂犬病，人类疱疹病毒-6，EBV，CMV，VZV亦有可能，尤其在免疫缺陷患者中。B病毒（有被猴子咬伤史）。急性HIV感染偶尔会出现脑炎。
- 细菌：无形体属：其传播媒介与莱姆病相同-肩突硬蜱。
- 巴尔通氏体属：杆状巴尔通体，汉氏巴尔通体。
- 伯氏疏螺旋体菌。
- 伯纳特立克次体（Q热）。
- 埃里希体：由孤星扁虱传播。
- 单核细胞增多性李斯特菌。
- 结核分枝杆菌。
- 肺炎支原体：儿童中更多见，是否引起脑炎尚有争议。
- 立氏立克次体（RMSF）：犬蜱，为最常见到的传播媒介。
- 苍白螺旋体（梅毒）。
- 惠普尔养障体（Tropheryma whipplei）。
- 寄生虫：由福氏耐格里阿米巴或棘阿米巴引起的阿米巴脑炎最常见。
- 浣熊贝利斯蛔虫。
- 颚口线虫病。
- 疟原虫。
- 猪肉绦虫。
- 刚地弓形虫。
- 锥虫病（布氏冈比亚锥虫，布氏罗得西亚锥虫）。
- 真菌：球孢子菌属。
- 新型隐球菌。
- 荚膜组织胞浆菌。

临床表现

- 在非特异性或流感样前驱症状后出现的发热，认知缺失，局灶神经定位体征（常快速进展），伴或不伴癫痫。询问有无旅居史，性接触，及扁虱，蜱/蚊虫叮咬史。
- 需采集的流行病学史：地理情况，虫媒暴露史，季节，旅居史，动物接触史，近期接种疫苗情况，职业暴露（尤其是实验室工作）。
- 体格检查：脑膜刺激征（脑膜脑炎），精神状态异常，伴共济失调，偏瘫，失语，颅神经累及，也可能出现精神错乱。
- 鉴别诊断：最常见的有—虫媒病毒（夏-秋季节），HSV（散发病例最常见的病因），肠病毒（夏-秋季节），中毒性/代谢性，CNS血管炎，副肿瘤综合征，感染后/免疫后脑炎或脑脊髓炎（如急性播散性脑脊髓炎）。

更多临床表现

根据流行病史及危险因素可能导致脑炎的病原体（CID 2008;47:303）。

流行病史或危险因素	可能感染的病原体
丙种球蛋白缺乏症	肠病毒，肺炎支原体
年龄	
新生儿	单纯性疱疹病毒 -2，巨细胞病毒，风疹病毒，单核细胞增多性李斯特菌，苍白密螺旋体，弓形虫
婴幼儿和儿童	东部马脑炎病毒，日本脑炎病毒，墨累谷脑炎病毒（可在婴幼儿中快速传播），流感病毒，拉克鲁，斯病毒
年纪较大者	东部马脑炎病毒，圣路易脑炎病毒，西尼罗河病毒，散发克雅病，单核细胞增多性李斯特菌
动物接触史	
蝙蝠	西尼罗河病毒，东部马脑炎病毒，西部马脑炎病毒，委内瑞拉马脑炎病毒，圣路易脑炎病毒，墨累谷脑炎病毒，日本脑炎病毒，新型隐球菌（鸟粪）
猫	狂犬病，伯纳特氏立克次氏体，巴尔通体，刚地弓形虫
狗	狂犬病
马	东部马脑炎病毒，西部马脑炎病毒，委内瑞拉马脑炎病毒，亨德拉病毒 B
原始灵长类	B 病毒
啮齿动物	东部马脑炎病毒（南美洲），委内瑞拉马脑炎病毒，蜱传播脑炎病毒，波瓦森病毒（土拨鼠），拉克鲁斯病毒（花栗鼠和松鼠），巴尔通体属
绵羊和山羊	贝纳柯克斯体
臭鼬	狂犬病病毒
猪	日本脑炎病毒，尼帕病毒
白尾鹿	伯氏疏螺旋体菌
免疫抑制患者	水痘 – 带状疱疹病毒，巨细胞病毒，人类疱疹病毒 -6，西尼罗河病毒，HIV，JC 病毒，单核细胞增多性李斯特菌，结核分枝杆菌，新型隐球菌，球孢子菌属，荚膜组织胞浆菌，刚地弓形虫
食物	
生食或未煮熟的肉类	刚地弓形虫
生肉，鱼，或爬行动物	
未灭菌的牛奶	蜱传播脑炎病毒，单核细胞增多性李斯特菌
昆虫暴露史	
蚊子	东部马脑炎病毒，西部马脑炎病毒，委内瑞拉马脑炎病毒，圣路易脑炎病毒，墨累谷脑炎病毒，日本脑炎病毒，西尼罗河病毒，拉克鲁斯病毒，疟原虫
白蛉	杆状巴尔通体
蜱虫	蜱传播脑炎病毒，波瓦森病毒，立氏立克次体，埃里希体，红孢子虫属，贝纳柯克斯体（罕见），伯氏疏螺旋体
采采蝇	布氏冈比亚锥虫，布氏罗得西亚锥虫
职业暴露	
接触动物	狂犬病病毒，贝纳柯克斯体，巴尔通氏体属
接触马	亨德拉病毒
接触原始灵长类动物	B 病毒
内科医生及医疗人员	水痘 – 带状疱疹病毒，HIV，流感病毒，麻疹病毒，结核分枝杆菌
兽医	狂犬病病毒，巴尔通氏体属，贝纳柯克斯体

流行病史或危险因素	可能感染的病原体
人－人传播	单纯疱疹病毒（新生儿），水痘－带状疱疹病毒，委内瑞拉马脑炎病毒（罕见），脊髓灰质炎病毒，其他肠道病毒，麻疹病毒，尼帕病毒，腮腺炎病毒，风疹病毒，EB 病毒，人类疱疹病毒 –6，B 病毒，西尼罗河病毒（通过输血，移植，哺乳传播），HIV，狂犬病病毒（移植），流感病毒，肺炎支原体，结核分枝杆菌，苍白螺旋体
近期疫苗接种史	急性播散性脑脊髓膜炎
娱乐活动	
野营 / 狩猎	所有可经过蚊和蜱虫传播的病原体（见上）
性接触	HIV，苍白密螺旋体
洞穴探险	狂犬病毒，荚膜组织胞浆菌
游泳	肠病毒，福氏耐格里阿米巴
季节	
夏末 / 秋初	所有可经过蚊和蜱虫传播的病原体（见上），肠道病毒
冬季	流感病毒
输血和移植手术	巨细胞病毒，EB 病毒，西尼罗河病毒，HIV，蜱传播脑炎病毒，狂犬病病毒，医源性克雅病，苍白螺旋体，嗜吞噬细胞无形体，立氏立克次体，新生隐球菌，球孢子菌属，荚膜组织胞浆菌，刚地弓形虫
旅行史	
非洲	狂犬病病毒，西尼罗河病毒，疟原虫，布氏冈比亚锥虫，布氏罗得西亚锥虫
澳大利亚	墨累谷脑炎病毒，日本脑炎病毒，亨德拉病毒
美洲中部	狂犬病病毒，东部马脑炎病毒，西部马脑炎病毒，委内瑞拉马脑炎病毒，圣路易脑炎病毒，立氏立克次体，疟原虫，猪肉绦虫
欧洲	西尼罗河病毒，蜱传播脑炎病毒，嗜吞噬细胞无形体，伯氏疏螺旋体
印度，尼泊尔	狂犬病病毒，日本脑炎病毒，疟原虫
中东地区	西尼罗河病毒，疟原虫
俄罗斯	蜱传播脑炎病毒
南美洲	狂犬病病毒，东部马脑炎病毒，西部马脑炎病毒，委内瑞拉马脑炎病毒，圣路易脑炎病毒，立氏立克次体，巴尔通体(安第斯山脉)，疟原虫，猪肉绦虫
东南亚，中国，太平洋沿岸地区	日本脑炎病毒，蜱传播病毒，尼帕病毒，颚口线虫，猪肉绦虫
未经接种免疫的	水痘－带状疱疹病毒，日本脑炎病毒，脊髓灰质炎病毒，麻疹病毒，腮腺炎病毒，风疹病毒

基于临床表现的可能的病原体（CID2008;47:303）。

临床表现	可能感染的病原体
一般发现	
肝炎	伯纳特氏立克次氏体
淋巴结病变	HIV，EB 病毒，巨细胞病毒，麻疹病毒，风疹病毒，西尼罗河病毒，苍白密螺旋体，巴尔通体及其他巴通体属，结核分支杆菌，刚地弓形虫，布氏冈比亚锥虫
腮腺炎	腮腺炎病毒
皮疹	水痘 – 带状疱疹病毒，B 病毒，人类疱疹病毒 ~6，西尼罗河病毒，风疹病毒，一些肠病毒，HIV，立氏立克次体，肺炎支原体，伯氏疏螺旋体，苍白密螺旋体，埃里克体，无形体属
呼吸道症状	委内瑞拉马脑炎病毒，尼帕病毒，亨德拉病毒，流感病毒，腺病毒，肺炎支原体，贝纳柯克斯体，结核分枝杆菌，荚膜组织胞浆菌
视网膜炎	巨细胞病毒，西尼罗河病毒，汉式巴尔通体，苍白密螺旋体
泌尿道症状	圣路易脑炎病毒（早期表现）
神经症状	
小脑共济失调	水痘带状疱疹病毒（儿童），EB 病毒，腮腺炎病毒，路易斯脑炎病毒，惠普尔养障体，布氏冈比亚锥虫
颅神经异常	单纯性疱疹病毒，EB 病毒，单核细胞增多性李斯特菌，结核分枝杆菌，苍白螺旋体，伯氏疏螺旋体，惠普尔养障体，新型隐球菌，球孢子菌属，荚膜组织胞浆菌
痴呆	HIV，人类传染性海绵状脑病（sCJD 和 vCJD），麻疹病毒（SSPE），苍白螺旋体，惠普尔养障体
肌节律性运动	惠普尔养障体（眼 – 咀嚼肌）
震颤麻痹（运动迟缓，面具脸，齿轮样强直，反射障碍）	日本脑炎病毒，路易斯脑炎病毒，西尼罗河病毒，尼帕病毒，刚地弓形虫，布氏冈比亚锥虫
脊髓灰质炎样的弛缓性瘫痪	日本脑炎病毒，西尼罗河病毒，蜱传播性脑炎病毒，肠病毒（肠病毒 –7，柯萨奇病毒），脊髓灰质炎病毒
菱脑炎	单纯性疱疹病毒，西尼罗河病毒，肠病毒 –71，单核细胞增多性李斯特菌

诊断

- 很多情况下 MRI 在病情早期未见异常，可能有颞叶的改变（HSV），或更多弥漫性病变。
- 许多 HSV 脑炎的脑电图（EEG）显示异常，可见特征性的穗状颞叶。对所有患者均应做 EEG，以排除无痉挛性癫痫活动。
- 实验室检查：若无禁忌证可做 CSF 检查，通常可见单核细胞，蛋白质增多；CSFPCR，CSF 培养（病毒培养价值不大），或血清学检查（疑似病原体的：IgM，急性 / 恢复期的 IgG 或 CSF）。
- 应对所有脑炎患者做 HSVPCR。如果 HSVPCR 阴性，对有其他临床发现且诊断不明者，需在 3~7 天内复查。
- 注意：PCR 实验阴性并不能完全排除病原体的存在。
- 对持续性恶化的患者，应进行脑部活检，即使已在应用无环鸟苷类药物。
- 部分病例在做了详尽检查后依然无法查明病因。

更多诊断

特异性诊断实验包括：来源于 CID 2008;47:303

- 病毒：CSFPCR 包括 HSV，VZV，EBV，肠病毒，西尼罗河病毒（WNV），对免疫抑制患者，还要查 CMV，JC，HHV-6。对于呼吸道病毒，做呼吸道分泌物的 DFA 或 PCR。病毒培养（呼吸道，鼻咽，粪便）。血清学检查 EBV，HIV。急性/恢复期血清学检查路易斯脑炎病毒（SLEV），东部马脑炎病毒（EEEV），委内瑞拉马脑炎病毒（VEEV），曲棍球病毒，WNV。CSFIgM：WNV，SLEV，VZV。
- 细菌：血和 CSF 培养。急性/恢复期血清学检查肺炎支原体。呼吸道 PCR 检查肺炎支原体。
- 立克次体/埃里希体：血 PCR 检查埃里希体，无形体属。急性/恢复期血清学检查立克次体，埃里希体，无形体属。皮疹 DFA 或/和 PCR 查立克次体，血涂片检查有无囊胚。
- 螺旋体：血清 RPR/FTA，CSFVDRL，荧光密螺旋体抗体吸收实验（FTA-ABS）。基于 ELISA 方法的 Western-Blot 可检测伯氏疏螺旋体。
- 分枝杆菌：胸片。CSF 抗酸杆菌涂片或培养，PCR。还可做组织培养，呼吸道分泌物检查，或任一非中枢神经系统器官的 PCR。
- 真菌：血，CSF 培养。血清及 CSF 隐球菌抗原。尿，SCF 荚膜组织胞浆菌抗原。
- 原生动物：细胞病理学检查，刚地弓形虫 IgG。

治疗

一般治疗与经验治疗

- 考虑能治疗的因素，并给予经验性治疗很重要。因此，对所有疑似脑炎的患者，都应给予阿昔洛韦 10 mg/kg q8h。而强力霉素（200 mg 负荷之后 100 mg q12h）也应用于所有有潜在蜱虫暴露史的患者，可能传播的疾病有：斑疹伤寒，其他立克次体属感染包括埃里克体。
- 对大多数患者，常只能给予支持治疗。
- 很多脑炎无确切病因，或者因病毒引起而无确切治疗方法。

病毒性脑炎——可治疗性病因

- HSV：阿昔洛韦 10 mg/kg q8h，14~21 天。对新生儿：20 mg/kg q8h，21 天。如果疗效不佳，可做腰穿检查，并继续治疗至 HSVPCR 阴性为止。
- VZV：阿昔洛韦 10~15 mg/kg q8h，10~14 天。备选方案：更昔洛韦。
- CMV：更昔洛韦 5 mg/kg IV q12h，14~21 天；之后每天维持 5 mg/kg IV。有些病例可联合膦甲酸 90 mg/kg IV q12h，之后每天维持 90~120 mg/kg IV，尤其适用于 HIV 患者 CNS CMV 感染者。如果可能，需改善免疫缺陷程度。HIV 患者，可行 HAART 治疗。注意：西多福韦渗入 CNS 的水平较弱，此处不推荐。
- B 病毒：更昔洛韦 5 mg/kg IV 每天 2 次，或阿昔洛韦 15 mg/kg q8h，疗程大于 15 天或至所有 CNS 症状消失为止，之后阿昔洛韦 800 mg PO，每天 5 次，或伐昔洛韦 1 g PO，每天 3 次，疗程不定。详细情况参见 B 病毒一节。
- HHV-6：病例报道提示更昔洛韦或膦甲酸可能有效。参见 CMV 的处理意见。

非病毒性脑炎

- 李斯特菌：阿莫西林 2 mg IV q4h，联合庆大霉素 5 mg/(kg·d) IV q8h，3~6 周。
- 李斯特菌（备选方案）：TMP/SMX 15 mg/(kg·d) IV q6h，3~6 周。
- 弓形体病：乙胺嘧啶 100~200 mg PO，1 次（负荷剂量），之后 50~100 mg

PO，每天，+ 磺胺嘧啶 4~8 g PO，每天，+ 四氢叶酸 10 mg PO，每天，最小疗程 6 周。
- 弓形体病：乙胺嘧啶 100~200 mg PO，1 次（负荷剂量），之后 50~100 mg PO，每天，+ 克林霉素 900 mg IV q6h + 四氢叶酸 10 mg PO，每天，最小疗程 6 周。

预防
- 蜱传播性脑炎病毒：黄病毒感染见于西欧至欧亚大陆。用血清学方法诊断。目前无有效的治疗方案。接种免疫有效性大于 95%。
- 日本脑炎病毒：疫苗有效。推荐用于以下人群：居住于亚洲农村，水稻种植区，或去这些地方旅游，长期居留，及有实验室暴露的工作人员。

感染后 / 疫苗接种后相关
- 急性弥漫性脑脊髓炎：去神经科就诊，推荐使用大剂量皮质类固醇激素。可以考虑血浆置换，或 IV IgG。

随访
- HSV 脑炎的复发率 ≥ 5%，CSF 中 HSVPCR 阴性往往提示预后较好，复发率更低，尤其对于新生儿。

其他信息
- HSV 脑炎关键是及时治疗；有提示作用的：发热，癫痫，精神改变 / 性格改变，局部神经缺失，MRI 显示颞叶病变。在等待检查结果时，需进行经验性阿昔洛韦治疗。
- 提示 HSV：CSF 有红细胞，且蛋白升高（HSV 脑膜炎）；大多数患者没有 HSV 皮损表现。
- 疑似或已证实的 HSV：阿昔洛韦 IV；如果诊断检查均为阴性，可能需要脑部活检。

参考依据

Tunkel AR, Glaser CA, Bloch KC, et al. The management of encephalitis: clinical practice guidelines by the Infectious Diseases Society of America. Clin Infect Dis , 2008; Vol. 47; pp. 303 - 27.

注释：首个公开发表的关于脑炎的综合性指南。

Ziai WC, Lewin JJ. Advances in the management of central nervous system infections in the ICU. Crit Care Clin , 2006;Vol. 22; pp. 661 - 94; abstract viii - ix.

注释：包括对病情危重需要 ICU 监测的患者的处理措施。

硬脑膜外脓肿

Eric Nuermberger, MD

病原体
- 金黄色葡萄球菌。
- 肠杆菌科。
- 链球菌。
- 绿脓杆菌。
- 结核杆菌。
- 脊柱手术后：金黄色葡萄球菌，凝固酶阴性葡萄球菌，革兰阴性菌（包括假单胞菌），曲霉菌（静注类固醇后）。

- 免疫缺陷患者（AIDS，类固醇药物使用，移植）：念珠菌，曲霉菌属，新型隐球菌，星形奴卡菌，结核分枝杆菌及其他分枝杆菌。
- 异地者：结核分枝杆菌

临床表现

- 症状：发热（60%~80%），局部脊椎疼痛，叩击痛，神经根疼痛，或受累神经根分布处感觉异常。
- 脊髓受压证据：运动减弱，肠道或膀胱功能障碍，感觉异常，瘫痪（若颈髓受累，可能引起呼吸抑制）。
- 做血培养，CT 引导下的脓肿穿刺，或手术取样本做革兰染色及培养（使用抗生素前进行）。

诊断

- 诊断：影像学证据（通常为 MRI）显示：硬膜外间隙有炎症反应（通常伴有关节盘炎和椎体骨髓炎）。

治疗

抗菌治疗

- 如未查到明确病原体感染（如血培养），严密监控下未见神经功能缺失的情况，可试着单用抗菌治疗。
- 初始经验性治疗可按其他部位伴行感染或近期感染史为指导（如菌血症，败血症，皮肤软组织感染，褥疮，牙源性感染，尿路感染）。
- 经验性治疗至少必须覆盖金黄色葡萄球菌（包括 MRSA，基于当地流行情况及有高危因素的患者）
- 对于近期有脊柱手术史，或静脉吸毒史的患者，应扩大抗菌覆盖面包括需氧革兰阴性杆菌。
- 经验性治疗应根据培养结果调整药物。
- 典型疗程为 2~4 周，IV，然后口服 6~8 周完成疗程，或至 CRP 正常为止。
- 随访影像学变化无确切作用，除非症状持续存在，出现新的症状或 CRP 持续升高。

药物疗法（对疑似病原体）

- 根据培养和药敏结果选择治疗方案。
- 葡萄球菌（MSSA）/ 链球菌：萘夫西林 / 苯唑西林 2 g IV q4h 或头孢唑啉 2 g IV q8h。
- 克林霉素 600 mg IV q6h。
- MRSA，凝固酶阴性葡萄球菌：万古霉素 25~30 mg/kg IV × 1 次，之后 15~20 mg/kg IV q8~12h。（剂量递增，最低 15~20）。
- 链球菌 / 粪肠球菌：青霉素 3~4 mU IV q4h，或氨苄青霉素 2 g IV q4h。
- 肠杆菌：头孢曲松钠 1~2 g IV q12h，头孢噻肟 2 g IV q6~8h。
- 革兰阴性菌：头孢他啶 2 g IV q8h 或头孢吡肟 2 g IV q12h。
- 环丙沙星 400 mg IV q12h，或左氧氟沙星 750 mg IV 每天 1 次，或莫西沙星 400 mg IV，每天 1 次（可早期换成口服）。
- 厌氧菌：甲硝唑 500 mg IV q6h（可早期换成口服）。
- 葡萄球菌 / 革兰阴性菌 / 厌氧菌：氨苄青霉素 / 舒巴坦 3 g IV q6h，或替卡西林 / 克拉维酸 3.1 g IV q4h，或哌拉西林 / 他唑巴坦 3.375 mg IV q4~6h。

- 葡萄球菌 / 革兰阴性菌 / 厌氧菌：亚胺培南 500~1000 mg IV q6h，或美罗培南 1~2 g IV q8h。

引流

- 急诊手术或经皮穿刺引流，联合静注抗生素治疗，仍为经典的治疗方案。
- 标准外科治疗为：减压性椎板切除术，并彻底清创。
- 对急性神经功能缺失（尤其是运动功能），且有适应证的患者，必须紧急做引流手术。
- CT 引导下穿刺抽吸和（或）引流，已成功用于存在神经功能缺失的患者。

其他信息

- 应保持寻找病原体！脓肿培养阳性率达 90%，血培养 60%~70%，有以下疑似存在时，还应做厌氧菌，分枝杆菌及真菌培养。
- 对神经功能缺失且有适应证的患者，应紧急引流手术，因为病情改善情况与外科干预速度强相关。
- 麻痹发作后，如果外科干预延迟 >24~36h，神经系统恢复的可能性非常小。
- 以下情况可考虑单用抗菌治疗：患者无手术适应证，未见神经功能缺失，伴或不伴有疼痛，神经状态，发热，白细胞增多等症状间歇性改善。
- 麻痹持续 2~3 天以上，为非手术治疗的适应证。

更多信息

- 病情在数小时后可能进展为瘫痪。所有病人均应严密监测，根据新出现或恶化的神经功能缺失，以确定是否做进一步的外科引流。

推荐依据

Darouiche RO. Spinal epidural abscess. N Engl J Med, 2006; Vol. 355; pp. 2012 - 20.

注释：为该领域权威专家所著的综述。表明外科引流，联合抗菌治疗为经典治疗方案。大多数预后不良与诊断延迟或处理不当有关。表 1 描述了诊疗过程中的常见错误。

朊粒病

Khalil G. Ghanem, MD

病原体

- 朊粒。

临床表现

- 分类：（1）家族性 [致命性家族性失眠症（FFI），或 GSS 病（GSS）]；（2）散发（占 85%）[克雅病（sCJD）]；（3）从疑似病例分离获得 [变异性 CJD(vCJD)]；（4）医源性 CJD（iCJD）
- [kuru]；所有的形式均为致命的。
- sCJD：快速进展的痴呆伴以下 2 项或以上表现：（受惊后）肌痉挛，皮质盲，椎体症，小脑征，锥体外系症状，或缄默症。
- 典型年龄在 45~74 岁。头部 CT/MRI 未见异常，或显示有萎缩。EEG：有伪周期性复体时可诊断。CSF 无明显特征，但蛋白 14-3-3 通常为（+），如诊断不明可以进行脑活检。
- vCJD：抑郁，焦虑，回避，外周感觉症状；之后出现共济失调，舞蹈症，手足徐动症，随后发展为痴呆。发作年龄为年轻人（20 多岁），潜伏期 10 岁左右。

- EEG：有伪周期性复体时可诊断。CSF 无明显特征，但蛋白 14–3–3 通常为（+），如诊断不明可以进行脑活检。
- iCJD：进展性小脑综合征及行为失调，或类似 sCJD。发病年龄较年轻，潜伏期不定，根据暴露情况从 6 月到 19 岁不等。
- 家族性：临床表现变化较大。发现有家族性过早出现的痴呆和共济失调时，应考虑此病。PrP 分析显示第 129 位密码子突变，有诊断意义。
- 动物性 TSE：羊瘙痒病（绵羊和山羊），疯牛病（牛），慢性消耗症（鹿和麋鹿），传染性貂脑病（貂），在动物园动物及家猫也可发现。

诊断

- 脑电图可显示假性周期性复合波，考虑此诊断。
- CT/MRI 可能正常，或显示有萎缩表现。
- CSF：糖，蛋白质均正常，且未见脑脊液细胞增多。但对 sCJD 或 vCJD，蛋白质 14–3–3 通常为阳性。
- 脑活检可确诊。

治疗

预防

- 现行通用的防备设施对处理患者绰绰有余：接触体液时戴手套，面罩，眼罩，广泛接触血液及体液时，应穿隔离衣。
- 灭菌方法存在争议：有认为高压蒸汽灭菌法 132℃ ×1 h，浸泡法 1N NaOH×1 h，高浓度异硫氰酸胍 (>3 M)。
- 另有人建议高压蒸汽灭菌法一大气压 15 磅，121℃ ×4.5 h。
- 禁止用反刍动物蛋白喂养反刍动物，这一措施可控制 BSE 流行。
- 美国红十字会和 FDA 限制欧洲血制品进口及欧洲，UK 的捐献器官流入，因为 vCJD 可能通过输血传播。

治疗

- 治疗药物如碘苷，阿昔洛韦，两性霉素，及干扰素均未见明显效果。
- 对人类 TSE 无任何 FDA 批准使用的治疗方案。
- 有病例报道称金刚烷胺及阿糖腺苷等药物可使病情稳定，但尚无临床实验证实。
- 有些新药目前正在评估之中。

随访

- 对有临床症状的患者，CSF14–3–3 阴性并不能排除 CJD。

其他信息

- 朊病毒不包含 DNA/RNA。在动物和人身上都会引起发病。对射线，加热，核辐射，及酒精抵抗力强。sCJD 的年发病率为 1.5/10 万人。
- 流行病学调查提示因为近年来患病人数有所下降，新发病例数相对保持较低水平。
- 对有临床症状的患者，CSF14–3–3 阴性并不能排除 CJD。
- TSE 传染：进食受污染的食物，医源性感染（被感染的神经组织所污染的器械设备及器官等：硬脑膜移植及人生长激素是最常见的感染源），遗传（家族性），至今无报道可通过输血传播，但理论上有传播 vCJD 的危险性存在。

更多信息

- BSE 在 80 年代末至 90 年代初在英国流行，主要原因是在 1970~1980 年采用的将病死的牛肉喂给另外的牛，这种形式并不能灭活 BSE 病原体。导致人 vCJD 的病例见于英国，法国和德国（20 世纪 90 年代末至 2000 年），主要通过进食受污染的肉类。在欧洲（尤其是英国）准确的 vCJD 的病例数，尽管有限，但可能仍会增加，因为潜伏期的持续时间未知。流行病学调查提示因为近年来患病人数有所下降，新发病例数相对保持较低水平。

推荐依据

Aguzzi A. Prion diseases of humans and farm animals: epidemiology, genetics, and pathogenesis. J Neurochem, 2006;Vol. 97; pp. 1726 - 39.
注释：大量关于朊粒病的综述文章概述了朊粒病的发病机制和流行情况。

中枢神经系统分流装置感染

Paul G. Auwaerter, MD

病原体

- 凝固酶阴性葡萄球菌。
- 金黄色葡萄球菌。
- 链球菌。
- 革兰阴性菌。
- 丙酸杆菌。
- 念珠菌。
- 绝大多数 CNS 分流感染由正常皮肤共生菌引起。凝固酶阴性葡萄球菌占 40%~45%，金黄色葡萄球菌 25%，痤疮丙酸杆菌少见（大多数情况下 <8%），类白喉杆菌（罕见）。有 CNS 分流的患者因常见病原体引起的脑膜炎的风险增加（肺炎链球菌，脑膜炎奈瑟球菌，流感嗜血杆菌），常常不经过矫正分流便可控制感染。

临床表现

- 发热（14%~92% 不等），分流障碍会引起颅内压升高（头痛，恶心或呕吐，精神状态改变）。传统意义上的脑膜刺激征少见。
- 体格检查：分流装置局部皮肤发红、压痛。
- 中枢神经分流病变：脑膜炎或脑室炎（30%），有分流障碍。脑室与脑膜之间不通（如中脑导水管狭窄），提示脑膜刺激征可能不进展。
- 末梢神经分流病变：脑室腹腔分流术（VP）：腹痛，局灶性或弥漫性腹膜炎，腹腔脓肿，内脏穿孔。脑室心房分流术：败血症，血培养阳性，右心心内膜炎，分流性肾炎，肝脾肿大。

诊断

- CSF 检查显示白细胞增多（细胞 >10/mm^3，可见嗜酸性粒细胞增多），伴或不伴有蛋白增高。CSF 也可能基本正常。
- CSF 革兰染色或培养阳性。
- 如果 CSF 正常而发现病原体，可能标本污染，重复留取脑脊液并培养。两次发现病原体提示感染存在可能性大。
- VP 分流：超声波或 CT 影像学表现可见液体流动，局限性积液或脓肿。

- VA 分流：血培养，做 2 次。
- 注意：CSF 和血培养应做厌氧菌培养，并增加培养时间至 7~10 天，以促进痤疮丙酸杆菌的生长。

治疗

一般性治疗：矫正分流

- 完全消除分流优于部分消除，联合临时的心室外引流，为目前所推荐的治疗方案。部分分流矫正失败风险率很高（高达 80%）。
- 方法：（1）两阶段法：完全矫正分流，放置 CSF 外引流（如有必要）。当 CSF 无菌后再做分流（通常最低要 48~72h）。（2）单阶段法：取出全部分流装置并立即更换，并继之以抗菌治疗。（3）保守治疗：单用抗菌治疗，而不矫正分流，通常只用于临床症状稳定的患者，病原体为低毒力菌，如凝固酶阴性葡萄球菌，痤疮丙酸杆菌。
- 有效性：（1）两阶段法：88% 的治愈率；（2）单阶段法：64%；（3）保守治疗：34%。
- 如果可能，在放置永久性分流器之前，监测 CSF 至少 3 天，以确保 CSF 无菌。
- 定时或有必要更换分流器，还是持续外部引流，取决于神经外科考虑情况。
- 抗菌治疗 3~14 天（确切持续时间尚不明确）。
- 静注抗生素需在分流矫正后延长疗程 7~14 天。

注射用药（经验性治疗）

- 万古霉素 15 mg/kg IV q12h（尽量使最低浓度保持在 20 μg/ml），+ 头孢他啶 2g IV q8h。
- 万古霉素 15 mg/kg IV q12h+ 头孢吡肟 2 g IV q12h。
- 对青霉素过敏者，考虑用环丙沙星 400 mg IV q8h，替换头孢菌素方案。
- 注射用药（已知病原体）
- 根据药敏结果指导治疗方案。
- 凝固酶阴性葡萄球菌或金黄色葡萄球菌（MRSA）：万古霉素 15 mg/kg IV q12h，± 利福平 600 mg IV/PO，q24h。
- 金黄色葡萄球菌（MSSA）：萘夫西林 / 苯唑西林 2 g IV q4h，± 利福平 600 mg 静脉注射，或 PO，q24h。
- 金黄色葡萄球菌：TMP/SMX（甲氧苄氨嘧啶）4~5 mg/(kg · d) q8h。
- 革兰阴性杆菌：头孢曲松钠 2 g IVq12h，或头孢吡肟 2 g IV，q12h，或美罗培南 2 g IV q8h，或氨曲南 2 g IV q6h。根据药敏实验选择。对分流相关感染，很少需要鞘内注射氨基糖苷类药物。
- 痤疮丙酸杆菌，链球菌：青霉素 G4MU 或氨苄青霉素 2g IV q4h，± 庆大霉素 1~1.5 mg/kg q8h（对 B 群链球菌和肠球菌感染，加用庆大霉素）。
- 真菌：两性霉素 B 0.6~1.0 mg/kg IV q24h，或脂质体两性霉素 B 5 mg/(kg · d)（确切治疗方案基于所鉴定的病原体）。

鞘内抗菌治疗

- 以下情况考虑使用：对已知病原体静脉注射药物和矫正分流治疗 48~72h 无应答，或临床情况恶化。
- 万古霉素每天 5~20 mg。
- 氨基糖苷类：庆大霉素 4~8 mg，妥布霉素 4~8 mg，或阿米卡星 15~50 mg。

采取预防防腐剂的措施，因为防腐剂会增加癫痫发生的危险。

- 黏菌素 10 mg。
- 两性霉素 B 0.1~0.5 mg。
- 不能鞘内注射 β – 内酰胺类药物，因为增加癫痫发生危险。
- 用低谷值指导心室内药物剂量的使用。有些人用阻滞系数即 CSF 低谷值 /MIC。如果 >10~20，则所用药物剂量足够灭菌。

随访

- 对治疗无好转者：移除临时引流管，更换抗生素或增加剂量。加用利福平（对 GPC），或给予心室内注射抗生素。

其他信息

- 做 CSF 检查（从分流或积液处直接抽吸），血（VA 分流），腹水（VP 分流）；分流器尖端可用平板滚动法培养细菌而不能用肉汤培养。
- 抗菌药物选择应根据其杀菌活性，及渗透 CSF 的能力，需要 MIC> 所感染微生物的 MIC。
- 抗生素静脉注射治疗联合完全更换分流器有效率达 88% 以上，而单用抗生素或部分分流矫正，有效率仅为 36%。
- 在分流矫正及正确抗生素治疗 2 天后，CSF 培养通常为阴性。

推荐依据

Tunkel AR. Cerebrospinal fl uid shunt infections. Principles and Practice of Infectious Diseases, 6th ed, 2005; pp.

注释：较好的前瞻性研究数据很少，所以很多是基于单中心的治疗经验或专家意见。

Tunkel AR, Hartman BJ, Kaplan SL, et al. Practice guidelines for the management of bacterial meningitis. Clin Infect Dis, 2004; Vol. 39; pp. 1267 - 84.

注释：脑膜炎治疗指南，主要针对社区获得性和医院内的变异型。

呼吸系统疾病

支气管扩张症

Paul G. Auwaerter, MD

病原体

- 肺炎链球菌。
- 流感嗜血杆菌。
- 卡他莫拉菌。
- 铜绿假单孢菌。
- 鸟复合分枝杆菌。
- 其他非典型分枝杆菌。
- 烟曲霉菌。

其他病原体

- 烟曲霉可在哮喘和囊性纤维化患者中引起过敏性支气管肺曲菌病（ABPA），还可在慢性肺疾病患者的气道中定植。类似的，鸟胞内分枝杆菌（MAI）培养阳性既可能是定植菌也可能是致病菌。

临床表现

- 定义：由于支气管壁破坏造成的一个以上的近端、中等大小的支气管的不可逆的病理性扩张。
- 可由肺部感染引起（尤其是细菌性肺炎（未治疗）、结核、地方性真菌感染），亦可由于患者基础疾病所致，如囊性纤维化、其他结构性肺疾病、免疫系统疾病 / Kartagener 综合征。
- 一项纳入 150 例英国成人支气管扩张症患者的研究结果显示支气管扩张症的原因 53% 为特发性、29% 为感染后所致、8% 为免疫缺陷相关、7% 为过敏性支气管肺曲菌病、3% 为类风湿关节炎、1.5% 为纤毛运动障碍、< 1% 为其他。
- 症状：慢性咳嗽、脓性痰、咯血、发热、体重减轻。体格检查：口腔异味、杵状指、肺底湿啰音、干鸣音。
- 胸片：双轨征、牙膏影、成簇的囊泡（84% 的支气管扩张患者 CT 正常）。
- 高分辨 CT：是诊断支气管扩张的金标准；扩张的支气管直径大于伴随血管直径的 1.5 倍、支气管壁增厚、囊状扩张。
- 复发的诊断（符合以下 4 条）：痰液变化、呼吸困难加重、咳嗽加重、发热、喘鸣加重、疲乏、肺功能恶化、出现新的浸润灶、肺部体征变化。
- 以往认为绝大多数支气管扩张是感染的后遗症，但在计划免疫高度普及的地区，患者自身缺陷已成为目前支气管扩张更为常见的原因，故因仔细寻找此方面的病因。

其他临床特点

- 支气管扩张的临床特点与慢性支气管炎很难鉴别。
- 患者人群决定其流行病学特征。在免疫接种普及和抗生素广泛使用以前，大多数支气管扩张是由于感染所致。目前支气管扩张的原因主要是全身性疾病，包括先天性疾病、免疫缺陷、吸入有毒物质、风湿性疾病和其他（完整的鉴别诊断纲要参加 Barker 的文章）。

- 将支气管扩张症分为柱状、囊状或混合型支气管扩张，对临床和治疗没有帮助。

治疗

门诊患者（支气管扩张症细菌感染复燃）

- 有专家建议首先应用吸入氟替卡松 500 μg 2 次 / 天，结合理疗和锻炼，然后再考虑长期使用有良好肺组织渗透性的抗生素（大环内酯类抗生素，如克拉霉素）。
- 首选药物：口服喹喏酮类抗生素，并根据痰培养结果进行抗生素调整。
- 口服环丙沙星 750 mg 2 次 / 天或左氧氟沙星 500~750 mg 1 次 / 天。
- 如果选择的抗生素不能很好覆盖铜绿假单孢菌，可考虑使用莫西沙星 400 mg PO q24h。
- 对急性感染患者的初始抗生素治疗疗程推荐 10~14 天。对于复发的患者，疗程为 3~6 周。
- 即使支气管扩张症患者 MAI 培养为阳性，其合并急性细菌感染时的治疗效果通常很好。痰的细菌培养结果有助于指导治疗。
- 囊性纤维化患者的致病菌多为高度耐药菌，因此治疗很困难。

住院患者

- 对需要住院或口服抗生素失败的患者的治疗推荐意见。
- 静脉使用抗假单孢 β－内酰胺类抗生素（一旦病情改善，考虑换为口服抗生素）。根据痰培养的药敏结果指导抗生素治疗。
- 哌拉西林 3.0~4.0 g 静脉 q4~6hrs。
- 替卡西林 3.0 静脉 q4~6hrs。
- 头孢吡肟 1~2 g 静脉 q12hrs
- 头孢他啶 1~2 g 静脉 q8~12hrs
- 抗生素推荐疗程 10~14 天，对复发患者，疗程为 3~12 周。

特殊病原体

- 铜绿假单孢菌：口服或静脉用环丙沙星，静脉用抗假单孢青霉素（哌拉西林、替卡西林），静脉用三代或四代头孢菌素（头孢他啶，头孢吡肟），妥布霉素（TOBI）（300 mg 吸入 2 次 / 天 ×28 天）。
- 流感嗜血杆菌：阿莫西林 / 克拉维酸、二代或三代头孢菌素、复方新诺明、氟喹喏酮。
- 卡他莫拉菌：阿莫西林 / 克拉维酸、二代或三代头孢菌素、复方新诺明、氟喹喏酮。
- MAI：克拉霉素 500 mg PO 2 次 / 天、乙胺丁醇 15~25 mg/(kg·d) PO 1 次 / 天、利福平 600 mg PO 1 次 / 天（或利福喷丁 300 mg PO 1 次 / 天）×12~18 月。
- 变应性支气管肺曲霉菌病：激素加伊曲康唑。

预防策略

- 对于治疗后很快复发的患者可考虑预防用药。以下是三种基本的预防用药策略，目前无资料证明何种策略最优：
- 长疗程抗生素：至少 4 周。
- 雾化吸入抗生素：最常每月交替应用。
- 脉冲式静脉用抗生素：例如每停用抗生素 4~8 周后，静脉用抗生素 2~3 周。
- 荟萃分析结果显示长期口服抗生素可减少痰量和脓痰，但不改善肺功能、病死率及急性加重的发生率。
- 吸入抗生素：庆大霉素 40 mg 吸入 2 次 / 天或妥布霉素（TOBI）300 mg

2 次 / 天 ×4 周是最常用的方案。还有人使用头孢他啶 1 g 吸入每天或妥布霉素 100 mg 吸入 2 次 / 天，疗程更长，可达 1 年。

非抗生素治疗

- 化痰药物：在支气管扩张症的相关研究常与其他疾病混杂，需要进一步的研究证据。口服溴己新 30 mg 3 次 / 天，重组 DNA 酶 I2.5 mg 1 或 2 次 / 天，吸入甘露醇 300~400 mg/d。
- 抗炎药物：对于哮喘效果很好，如氟替卡松 500 μg 2 次 / 天。研究显示抗炎药物能减少痰量，但并不改善肺功能，也不减少急性发作。缺乏白三烯抑制剂，如顺尔宁在支气管扩张患者的研究。
- 支气管扩张剂：缺乏好的研究，但有些患者使用后症状能有所改善。
- 呼吸治疗：虽然胸部物理治疗很常用，但缺乏关于其效果的相关研究。
- 手术：在缺乏抗生素的年代，手术很重要。目前只是偶尔对十分局限的病灶考虑手术，或者病变进展危及生命时。

其他信息

- 急性加重（符合以下四条）：痰液改变、呼吸困难加重、咳嗽加重、发热、喘鸣加重、疲乏、肺功能恶化、出现新的浸润灶、肺部体征有改变。
- 重组人 DNAase 2.5 mg 2 次 / 天对治疗合并囊性纤维化的患者效果很好。
- 从未有研究证实化痰治疗有效，因此不常规推荐。

推荐依据

ten Hacken NH, Wijkstra PJ, Kerstjens HA . Treatment of bronchiectasis in adults. BMJ, 2007; Vol. 335; pp. 1089 - 93.

注释：是对抗生素和非抗生素治疗策略的很好总结

急性单纯性支气管炎

John G. Bartlett, MD

病原体

- 病毒：鼻病毒、副流感病毒、冠状病毒、呼吸道合胞病毒、偏肺病毒。
- 流感：唯一常规方法可治的病毒感染。
- 衣原体肺炎。
- 支原体肺炎。
- 百日咳（百日咳博德特氏菌）。
- 其他因素：过敏原、吸烟、有毒烟雾。

临床表现

- 病史：急性上呼吸道感染，咳嗽是突出的主诉。
- 体格检查：发热在流感或副流感时很常见。肺部查体可发现干啰音或哮鸣音，但无湿啰音，无肺部实变的体征。
- 咳嗽的鉴别诊断：亚临床型哮喘、鼻后滴涕、过敏、百日咳、慢性心力衰竭、胃食管反流、肿瘤、ACEI 药物副作用。

诊断

- 根据有相应的临床症状而缺乏其他疾病的体征（除外肺炎）而做出临床诊断。
- 进行胸片检查的指征：异常体征（P > 100 次 / 分，T > 38℃，RR > 20 次 / 分）

或有湿啰音或咳嗽 > 3 周。

治疗

治疗：病因治疗

- 原则：诊断 = 上呼吸道感染 + 咳嗽。临床医生应该除外哮喘、胃食管反流、肿瘤或鼻后滴涕。如果存在生命体征异常应该查胸片以除外肺炎。除非考虑百日咳，否则不用抗生素。
- 使用抗生素的指征：怀疑百日咳或流感。如果怀疑流感，且起病小于 48 小时，考虑用抗流感病毒药物。
- 流感（参加流感治疗）：如果起病 48 小时内，考虑用抗流感药物。甲型 H1N1 流感病毒是 2009 – 2010 年间主要的流行种类，推荐的药物只有奥司他韦或扎那米韦。可在 CDC 网站查询最新的推荐意见："Updated Interim Recommendations for the Use of Antiral Medicationsin the Treatmentand Prevention of Influenza for the 2009 - 2010 Season"。对于住院患者，在起病 48 小时后给予抗病毒药物也许仍能获益。
- 例外的抗生素使用（根据英国的 NICE 指南）：对于病情严重、免疫抑制状态、年龄 > 65 岁且患有糖尿病、心衰或 1 年内曾住院的患者应考虑使用抗生素。
- 咳嗽的治疗：使用含可待因或右美沙芬的药物。
- 普通感冒：右溴苯那敏 + 抗组胺药（盐酸曲普利啶、康泰克、Dimetapp 等），奈普生 500 mg 3 次 / 天 ×5 天和（或）爱全乐喷鼻。
- 过敏性鼻炎：氯雷他定 10 mg PO，1 次 / 天。
- 鼻窦炎：上述药物 + / – 抗生素，如果症状严重或症状持续超过 7 天，有效性不确定。
- 慢性支气管炎急性加重：参见"慢性支气管炎急性加重"。
- 咳嗽或支气管痉挛（感染诱发）：沙丁胺醇雾化吸入 2 吸，每 4~6 小时。对于峰流速有明显下降的患者可能更有效。
- 如咳嗽持续大于 3 周：需除外哮喘、胃食管反流、百日咳、肿瘤。

疑诊或确诊百日咳

- 除非怀疑或确诊为百日咳，否则不需要使用抗生素。
- 大多数成人患者由于有部分免疫，因此缺乏典型的症状。主要线索：严重的阵发性咳嗽 > 3 周，喘息或咳嗽后呕吐。
- 首选检查：鼻咽拭子 PCR 和（或）培养（不敏感）。
- 百日咳：红霉素 500 mg PO，4 次 / 天 ×14 天或阿奇霉素（500 mg 第 1 天，250 mg 1 次 / 天 ×4 天）。由于红霉素副作用大，多数人选用阿奇霉素。
- 其他方案：复方新诺明 1 DS 2 次 / 天 PO×14 天或克拉霉素 500 mg PO，2 次 / 天 ×14 天。

随诊

- 如果对患者诊为"感冒"而非"支气管炎"，则患者对非抗生素治疗的接受程度更高。
- 如果生命体征异常（T > 38℃，P > 100 次 / 分，RR > 20 次 / 分）并且缺乏明显流行性感冒症状，需要行胸片除外肺炎。
- 但是，抗生素是否无效并不像 NICE 指南所说那么确切。

其他信息

- 虽然许多严格对照研究显示使用抗生素并不合理，但是高达 70% 的患者会接受抗生素治疗。

- 学院派们坚持认为抗生素对单纯支气管炎无效，但 Cochrane 数据库经过仔细的数据分析后表明抗生素确实有效。对上述不一致结论的最好解释是抗生素治疗虽能带来轻微的益处，但难以平衡其带来的费用和风险。
- 对于有其他合并症和高龄患者，建议参考 NICE 的抗生素应用推荐意见。
- 应用抗生素适应证：严重的慢性支气管炎急性加重，某些易患人群，某些流感患者，或百日咳。

推荐依据

Snow V, Mottur-Pilson C, Gonzales R, et al. Principles of appropriate antibiotic use for treatment of acute bronchitis inadults. Ann Intern Med, 2001; Vol. 134; pp. 518 - 20.

注释：参见文献 GonzalesR,BartlettJG,BesserRE,etal.

Gonzales R, Bartlett JG, Besser RE, et al. Principles of appropriate antibiotic use for treatment of uncomplicated acute bronchitis: background. Ann Intern Med, 2001; Vol. 134; pp. 521 - 9.

注释：来自2个专家组的指南：一个来自CDC，另一个来自ACP/ASIM。指南内容几乎相同。内容如下：(1) 如果生命体征异常（HR > 100 次 / 分，RR > 24 次 / 分，T > 38℃）或者胸片查体异常，行胸片除外肺炎；（2）夜间、运动或遇冷咳嗽加重，要怀疑咳嗽变异性哮喘；（3）非病毒性病原体包括衣原体、支原体和百日咳博德特氏菌，其中只有百日咳博特氏菌引起的百日咳需要用抗生素治疗；（4）大多数上呼吸道感染是由于流感病毒、副流感病毒 -3、呼吸道合胞病毒、冠状病毒、鼻病毒和腺病毒引起；（5）8 项临床研究均显示抗生素无效。

Irwin RS, Madison JM. The diagnosis and treatment of cough. N Engl J Med, 2000; Vol. 343; pp. 1715 - 21.

注释：作者对急性咳嗽给予了“社区医疗”的治疗指导。根据是否是慢性和病因进行治疗。急性支气管的治疗包括抗病毒感染和相关症状治疗，即病毒性上呼吸道感染症状、鼻窦炎、过敏性鼻炎、慢性支气管炎急性加重、百日咳。慢性咳嗽（ > 3 周）包括哮喘、胃食管反流、鼻后滴流综合征。

慢性支气管炎急性加重

John G. Bartlett, MD

病原体

- 流感嗜血杆菌（最主要的致病菌）。
- 肺炎链球菌。
- 卡他莫拉菌。
- 病毒：流感病毒、鼻病毒、副流感病毒、呼吸道合胞病毒。
- 其他病因：过敏原、吸烟、有毒烟雾等。

临床表现

- 原则：约半数的慢性支气管炎急性加重是由于细菌感染所致。
- 痰液增加、咳嗽和呼吸困难加重提示慢性支气管炎急性加重。
- 体格检查：呼吸频率增加、可闻及喘鸣音和湿啰音、紫绀、伴或不伴发热。

诊断

- 定义：慢性支气管炎患者咳嗽、咳痰较前加重，痰变为脓性（慢性支气管炎的定义是咳嗽 + 咳痰 ×3 年）。

- 查胸片除外肺炎、慢性心力衰竭、胸腔积液、占位性病变或气胸。
- 实验室检查：痰液革兰染色和培养，不建议常规检查。
- 如果患者病情严重，行动脉血气或行脉搏血氧监测。肺量仪测定可能无助于病情评估。
- 严重程度：通过脉搏血氧、血气及 FEV-1 综合评估。

治疗

抗菌治疗

- 支持治疗包括支气管扩张剂（albuterol，ipratropium bromide）、激素、氧疗（见下文）。
- 抗生素指征：咳嗽加重、痰量及脓性痰增多的严重急性加重。
- 首选用药（ACP 推荐）：阿莫西林 500~875 mg PO，3 次 / 天或多西环素 100 mg PO，2 次 / 天 ×10~14 天。
- 备选方案：阿莫西林 / 克拉维酸（棒酸）875 mg PO，2 次 / 天 ×10~14 天。
- 阿奇霉素 500 mg 首剂，250 mg PO，1 次 / 天 ×4 天，或克拉霉素 500 mg PO，2 次 / 天或 1g（BiaxinXR，即克拉霉素）PO，1 次 / 天 ×10~14 天。
- 头孢呋辛酯 500 mg PO，2 次 / 天；头孢丙烯（施复捷）500 mg PO，2 次 / 天；头孢泊肟 200~400 mg PO，2 次 / 天，或头孢地尼 600 mg PO，1 次 / 天。抗生素的疗程均为 10~14 天。
- 严重或反复感染的抗生素治疗：莫西沙星 5 天或左氧氟沙星 500 mg（或 750 mg）PO，1 次 / 天 ×7 天。
- 流感（门诊患者在 48 小时内使用有效）：奥司他韦（达菲）75 mg，2 次 / 天 ×5 天；由于可能因干粉吸入加重喘鸣，建议避免用扎纳米韦。不清楚对奥司他韦耐药的流感病毒是否会像过去一样在 2009–2010 年流行，但预计主要的病毒类型是对奥司他韦敏感的 H1N1 流感 A 病毒。建议在 CDC 网站上查询最新的推荐治疗意见：Updated interim recommentdations for the Use of Antiral Medications in the Treatment and Prevention of influenza for 2009~2010 Seansons。

支持治疗（最为重要）

- 强的松：如果 FEV < 50% 预期值：强的松 30~40 mg/d PO，7~10 天或雾化吸入布地奈德。
- 吸入支气管扩张剂：沙丁胺醇 2.5mg 雾化吸入，4 次 / 天（可逐渐增至每 30 分钟 1 次）；如果病情稳定，可使用定量吸入器 2 喷，4 次 / 天；或用异丙托溴胺（爱全乐）0.25~0.5 mg 吸入，q6h~8h。
- 住院患者：甲基强的松龙 125 mg 静脉 q6h×3 天，此后口服强的松 60 mg/d×4~7 天，40 mg/d×8~11 天，20 mg/d×12~15 天。
- 住院患者：鼻导管吸氧 2~4 L；维持脉搏血氧饱和度 > 91%；如果需增加吸入氧浓度或 PCO_2 > 45 mm Hg，则使用文丘里面罩。高浓度吸氧会增加呼吸衰竭的风险，因此如果患者有明确二氧化碳潴留，需密切监测。
- 氨茶碱 / 茶碱：可能副作用很大但治疗效果并不好；尽量避免使用或在每 8~12 小时监测浓度的情况下谨慎使用。
- 定量吸入激素：一般不在急性加重时使用。
- 无创正压通气：应由经过培养的医生使用。
- 无效的治疗：胸部物理治疗、甲基磺嘌呤类支气管扩张剂（如茶碱）、化痰药。
- 会诊以选择适当的戒烟时机。

诊断

其他信息

- 常见的引起慢性支气管炎急性加重的非细菌感染原因：病毒感染、过敏原、空气污染。
- 必须除外肺炎（行胸片检查），亚临床哮喘（行肺功能）和呼吸衰竭（行动脉血气分析）。
- 3大类抗生素：传统的、价格便宜但明确有效的抗生素（阿莫西林、多西环素）；对肺炎链球菌和流感嗜血杆菌效果较好的抗生素（口服头孢类、阿莫西林/克拉维酸）；医生偏爱使用的抗生素，但需顾虑其耐药性：滥用（左氧氟沙星、莫西沙星）。
- 主要问题：流感嗜血杆菌在慢性支气管炎急性加重中的作用，以及新药对减少住院和减少急性加重的作用。

推荐依据

Global strategy for the diagnosis management and prevention of COPD. Global Initiative for Chronic Obstructive Lung Disease (GOLD). 2007 (accessed 7/1/08).

注释：来自 NIH 和 WHO 的处理指南：抗生素指征：（1）3 项临床症状（呼吸困难加重、脓痰增多及痰量增多；（2）需要机械通气。诊断及评估：（1）可逆性支气管扩张实验、胸部 X 片和动脉血气分析；（2）痰培养。

Stoller JK. Clinical practice. Acute exacerbations of chronic obstructe pulmonary disease. N Engl J Med, 2002; Vol. 346;pp.988 - 94.

注释：不同指南抗生素建议：*BritThorSoc1997: 四环素、阿莫西林；*Am College Chest Phys 2001: 阿莫西林、四环素、复方新诺明；*European Resp Society1995: 阿莫西林或四环素；*ATS: 多西环素或阿莫西林。

脓胸

John G. Bartlett, MD

病原体

- 肺炎链球菌。
- 厌氧菌。
- 咽峡链球菌。
- 金黄色葡萄球菌，包括社区获得性耐甲氧西林金黄色葡萄球菌。

临床表现

- 脓胸很少见。30%~40%的肺炎可合并胸腔积液，但只有 0.5%~2%的肺炎会发生脓胸。
- 引起社区获得性肺炎并发脓胸的主要病原体是厌氧菌。医院获得性脓胸的主要病原体（通常发生在胸部手术后）是金黄色葡萄球菌。社区获得性耐甲氧西林金黄色葡萄球菌成为目前新的引起脓胸的主要病原体。
- 肺炎症状 + 胸膜炎。
- 既往健康的患者病情暴发：通常为耐甲氧西林金黄色葡萄球菌，尤其是流感后合并细菌感染时。
- 体格检查发现胸腔积液的体征（实音、震颤减低、呼吸音减低或消失）。

诊断

- 胸部 X 片（或超声、CT）提示胸腔积液。脓胸的诊断需胸水检查提示为脓性并且革兰染色阳性或可能的病原体培养阳性，或胸水 pH < 7.0。

- 如果侧卧位胸片提示存在非包裹性胸水 > 10 mm，行胸穿。
- 胸水检查：革兰染色、培养、pH、WBC、LDH、抗酸染色 / 培养、血糖、细胞学。
- 革兰染色：是重要的病原学线索，可指导初始抗生素的选择。涂片结果为多种微生物常提示为厌氧菌感染。“腐臭”的脓液常提示厌氧菌感染。革兰阳性球菌成堆——金黄色葡萄球菌。革兰氏阳性球菌成链——肺炎链球菌或米氏链球菌。

治疗

抗生素：厌氧菌 + / – 需氧菌

- 原则。诊断：脓性胸水或胸水 pH < 7.0 或病原体培养阳性 / 革兰染色阳性。治疗：胸水引流 + 抗生素。恢复：通常很慢。
- 社区获得性且为暴发起病——需怀疑 MRSA，尤其是对于既往健康此次患有流感或坏死性肺炎的年轻患者。
- 标准经验治疗：（覆盖大多数厌氧菌、MSSA、革兰阳性球菌、革兰阴性杆菌；不包括 MRSA）：亚胺培南 0.5~1 g 静脉 q6h（或美罗培南、多利培南）或哌拉西林 / 他唑巴坦 3.375~4.5 g q6h 静脉用。
- 针对厌氧菌的抗生素（腐臭脓液 + 革兰染色示混合细菌感染）（首选）：克林霉素 600 mg 静脉，然后 300 mg PO q6~8h 或 β – 内酰胺类 / β – 内酰胺酶抑制剂：氨苄西林 / 舒巴坦（优立新）1.5~3.0 g 静脉 q6h（或哌拉西林 / 他唑巴坦或替卡西林 / 克拉维酸），然后阿莫西林 / 克拉维酸（Augmentin）875 mg PO，2 次 / 天。
- 同时覆盖厌氧菌和革兰阴性杆菌：亚胺培南 0.5~1.0 g 静脉 q6h，美罗培南 1 g q8h，多利培南 500 mg IV q8h，或厄他培南 1 g IV q24h。
- 肺炎链球菌和咽峡链球菌混合感染：头孢噻肟 1 g IV q8h 或头孢曲松 1 g IV 每天，然后阿莫西林 500~750 mg PO，4 次 / 天。
- 肺炎链球菌或咽峡链球菌（次选用药需针对青霉素耐药的菌株）：莫西沙星 400 mg/d IV/PO 或左氧氟沙星 750 mg/d，IV/PO。
- 金黄色葡萄球菌（甲氧西林敏感金黄色葡萄球菌）：苯唑西林或奈呋西林 2 g 静脉 q4~6h，然后头孢氨苄（先锋霉素静脉）500 mg PO，4 次 / 天。
- 金黄色葡萄球菌（耐甲氧西林葡萄球菌或对青霉素过敏）：万古霉素 15 mg/kg q12h（1 g q12h）或利奈唑胺 600 mg IV/PO，2 次 / 天。
- 耐甲氧西林金黄色葡萄球菌（二线药物）：根据药敏指导用药，对于社区获得性耐甲氧西林金黄色葡萄球菌可考虑选用克林霉素。
- 革兰阴性杆菌：头孢噻肟 / 头孢曲松 / 氟喹喏酮，根据药敏进行抗生素调整。

胸腔引流

- 原则：（1）胸腔积液→胸腔穿刺引流；（2）脓性→外科胸管置入；（3）引流不完全→纤溶剂和（或）行开胸手术；（4）局限性积液→开胸手术或胸腔镜手术（VATS）。
- CT 提示胸膜增厚，通常需要行胸膜剥脱。
- 纤溶药物（不常规推荐）：链激酶（250 000 IU/d），尿激酶（100 000 IU/d）或链激酶和链道酶联用。
- 局限积液：胸管 + 溶栓药。如引流不完全：开胸手术。
- pH7.0~7.2 或 LDH > 1 000 IU/L：如果胸腔积液局限或大量，考虑置胸管。
- pH < 7.0 或糖 < 40 mg/dl 或胸腔积液为脓性：置胸管。

- pH > 7.2，糖 > 40 mg/dl，LDH < 1 000 IU/L：（多次）胸腔穿刺引流。
- 链激酶：如果留置胸管，则经胸管滴注链激酶 250 000 IU，2 次 / 天 ×3 天。

随诊

- 胸腔穿刺 + / – 置管、外科胸管置入（开放或闭式）或胸膜剥脱进行充分的胸腔引流是十分关键的治疗要点。
- 外科引流延误是导致住院时间延长的主要原因。

推荐依据

Mandell LA, Wunderink RG, Anzueto A, et al. Infectious Diseases Society of America/ American Thoracic Society consensus guidelines on the management of community-acquired pneumonia in adults. Clin Infect Dis, 2007; Vol. 44 Suppl 2; pp. S27 - 72.

注释：此指南针包含针对复杂肺炎和胸腔积液的治疗意见。

Light RW. Management of parapneumonic effusions. Chest, 1991; Vol. 100; pp. 892 - 3.

注释：作者根据胸腔积液分析结果指导脓胸治疗：（1）pH < 7.0 或糖 < 40 mg/dl – 外科胸管置入；（2）pH7.0~7.2 或 LDH > 1 000 IU/L – 如果胸腔积液局限或大量，考虑外科胸管置入；（3）pH > 7.2 和糖 > 40 mg/dl 和 LDH < 1000 IU/L – 无需外科胸管置入；如果患者对抗生素治疗反应无效或胸腔积液增加，考虑反复行胸腔穿刺引流。

流感

John G. Bartlett, MD

病原体

- 甲型流感病毒（H1N1 和 H3N2, 季节性）。
- 乙型流感病毒（季节性）。
- 流感病毒（新 H1N1，猪流感病毒 2009）。

临床表现

- 典型非复杂性流感的临床症状包括突发发热、肌痛、头痛、乏力不适、干咳、咽痛、鼻炎。儿童中耳炎、恶心 / 呕吐更多见。
- 常见并发症：细菌性鼻窦炎、耳炎、慢性支气管炎急性加重、肺炎、哮喘、心力衰竭、糖尿病，或其他慢性病加重。
- 传播：距离感染患者 6 英尺（1.83 米）内通过呼吸道飞沫传播；通过手接触传播少见。
- 预防：距离感染患者 6 英尺（1.83 米）以外，其他基础措施包括喷嚏时用手捂住口鼻、呆在家中、戴口罩 – 外科口罩后 N95 口罩。
- 成人患者在症状前 1 天到病程第 7 天均具有传染性，儿童则到第 10 天仍有传染性。合并免疫抑制的患者的传染期可延长至数周到数月。感染患者前 48 小时内病毒载量最高。
- 通常儿童患者的传染期可超过 10 天。
- 最重要的易患人群（季节性流感）：婴儿（< 2 岁）、老年、住院患者、免疫力低下患者、孕妇和有其他合并症，尤其是心肺疾病的患者。
- 合并细菌感染（肺炎）：肺炎链球菌（最常见），金黄色葡萄球菌（最严重）。
- 流行性 H1N1 感染：（1）患病人群的年龄分布与季节性流感不同（多数 < 65 岁）；

（2）最容易出现严重并发症的人群：孕妇、< 6 个月的婴儿、6 个月 ~25 岁的人群、< 65 岁并合并其他疾病的患者（慢性疾病、哮喘、糖尿病、免疫缺陷）、肥胖人群。注意：住院和死亡患者中，20%~30%没有其他合并症，约 20%合并细菌感染，其余患者并发 ARDS。

诊断

- 金标准：RT–PCR 优于病毒培养（敏感性 70%）> 快速检验（敏感性 40%~60%）。
- 医生对流感的临床诊断（暴发流行，发热 + 典型症状）与快速直接免疫荧光法一样敏感（敏感性约 70%），但特异性稍低。发热 > 100°F 是临床诊断流感十分重要的体征。
- 主要鉴别诊断：副流感病毒、呼吸道合胞病毒、腺病毒、偏肺病毒、鼻病毒、冠状病毒。

治疗

流感治疗

- 符合下列情况者考虑抗病毒治疗：出现症状 48 小时内和症状虽然超过 48 小时，但可能预后很差的患者（有发生严重感染的高危因素或住院患者）。
- 参见 CDC 关于 2009 年季节性流感的治疗建议："Update Interim Recommendations for the Use of Antiral Mediations in the Treatment and Prevention of Influenza for the 2009 – 2010 season"（www.cdc.gov）。之前的 2008~2009 年季节性流感的治疗建议是依据早期主要病毒，（季节性）H1N1 病毒及其对奥司他韦高耐药性（98%）的特点制定的。
- 治疗方案（2009）：由于 2009 年 10 月的流行病毒株几乎全是新型的 H1N1 甲型流感病毒，因此应使用奥司他韦或扎那米韦（慢性肺部疾病和哮喘是禁忌证）。
- 基于流行株药敏的推荐剂量：奥司他韦 75 mg PO，2 次 / 天 ×5 天；扎那米韦 10 mg（2 喷），2 次 / 天 ×5 天。金刚烷胺 100 mg，2 次 / 天或 200 mg 每天 ×5 天；金刚烷乙胺，年龄 < 65 岁者，100 mg PO，2 次 / 天，年龄 > 65 岁者，100 mg PO，2 次 / 天。

流感预防

- 疫苗接种推荐人群（对所有人）：所有学龄儿童、6~59 月儿童、≥ 50 岁人群、有慢性疾病或免疫抑制人群、医疗机构工作人员、将在流感季节妊娠的妇女、长期疗养机构人员、能将感染传给高危人群的健康的家庭成员（包括儿童），尤其是家中 < 6 月的婴儿。疫苗接种后产生抗体需 2 周时间。
- 免疫接种：（1）每年接种更新配方的三价灭活流感疫苗；（2）接种减毒活疫苗（4 岁 ~49 岁）。更多关于流感大流行时的推荐意见参见"流感预防"章节。
- 优先人群（季节性流感期，疫苗供应不足时）：年龄 > 65 岁老人或 < 23 月儿童、合并慢性疾病患者、孕妇、医疗机构工作人员。
- 立即保护措施：服用抗病毒药（有效率 70%~80%）+ 疫苗（产生抗体需 2 周时间）。
- 2008 年 ACIP 更新的推荐意见：a）强调对所有 6 月 ~8 岁的儿童予以 2 倍剂量的疫苗接种；b）如果 6 月 ~8 岁的儿童在第 1 年时只接种了 1 倍剂量的疫苗，次年应接种 2 倍剂量的疫苗；c）所有 6 月 ~8 岁的儿童都应接种疫苗；d）> 50 岁患者应接种疫苗；e）18 岁 ~50 岁有其他疾病的人群应接种疫苗；f）推荐医务人员出于对病人的安全措施考虑接受相关疫苗接种。
- 2009 年流感季节药物预防：奥司他韦 75 mg PO，1 次 / 天或扎那米韦 2 喷 /d 用于 H1N1（猪）流感预防。

- 抗病毒预防用药疗程：密切接触后至少 7 天，出现社区暴发期间可延长至 6 周。

对症治疗

- 萘普生 500 mg PO，3 次/天，阿司匹林（担心 Reyes 综合征，因此不用于年龄 < 12 岁的儿童）等。
- 咳嗽：可待因或右美沙芬。
- 镇静抗组胺药：盐酸曲普利啶、Contact、溴苯那敏等。
- 爱喘乐鼻喷剂。
- 沙丁胺醇鼻喷剂 2 喷 q4~6h。
- 细菌肺炎：（1）主要病原体为肺炎链球菌、A 族链球菌和金黄色葡萄球菌；（2）两种感染形式：合并感染（流感病毒培养阳性）或在病程的第 5~10 天，流感逐渐恢复，新发细菌感染（病毒培养阴性、血清学阳性）。
- MRSA 感染值得关注，可迅速导致并发症和死亡。线索：青年、重症、出血或坏死性肺炎、白细胞缺乏或红皮病。治疗：万古霉素（15 mg/kg q12h，目标浓度 15~20 μg/ml）或利奈唑胺 600 mg 静脉 q12h（由于肺组织渗透能力更强，常优先选择利奈唑胺）。

其他信息

- 亚洲禽流感甲型病毒（H5N1，参见“禽流感”章节）– 高致死性且目前无人类疫苗。自 2004 年后，由于加强对家禽的控制，禽流感甲型病毒感染病例数逐年下降，但仍有很高的病死率且流行病学中心转移至埃及。
- 季节性流感是导致下列人群病情严重的主要原因：年龄 > 65 岁、护理疗养院患者、合并肺部、心脏疾病、肝/肾衰竭、糖尿病等慢性病患者。这些患者心血管疾病病死率高。
- 出现症状 48 小时内接受抗病毒药物奥司他韦治疗，可缩短病程 1~2 天；病情越重，用药时间早（出现症状 12 小时），获益越大。
- 疾病控制中心关于流感的每周更新：T:888-232-3228,fax:888-232-3299(doc.#361100 或 http://www.cdc.gov/flu/weekly

更多信息

实验室检测：送检鼻咽或咽拭子，多数费用为 30~60 美元，最好在症状出现 72 小时内送检。

检测方法：RT-PCR 是目前的金标准法。快速诊断检测或直接免疫荧光法不能很好检测新型 H1N1 病毒株；推荐使用 RT-PCR。

检测方法	报告时间	敏感性
聚合酶链反应、逆转录聚合酶链反应（PCR,RT-PCR）	2 小时	很高 – 金标准
直接免疫荧光（DFA）	2~4 小时	
培养	2~10 天	中等
血清学	数天至数周	不可用

社区流感流行时，通过临床特点就足以进行诊断。

推荐依据

Fiore AE, Shay DK, Broder K, et al. Prevention and control of seasonal infl uenza with vaccines: recommendations of the Advisory Committee on Immunization Practices (ACIP), 2009. MMWR Recomm Rep, 2009; Vol. 58; pp. 1 - 52.

肺脓肿

John G. Bartlett, MD

病原体

- 金黄色葡萄球菌，包括耐甲氧西林金黄色葡萄球菌。
- 厌氧菌。
- 需氧菌和微需氧链球菌，包括复合咽峡炎链球菌。
- 革兰染色阴性细菌，尤其是克雷伯菌。
- 军团菌。
- 奴卡菌。
- 放线菌。
- A 族链球菌。
- 流感嗜血杆菌（B 型）。
- 分枝杆菌：结核分枝杆菌、鸟胞内分枝杆菌、堪萨斯分枝杆菌。
- 真菌：曲霉菌、隐球菌、球孢子菌、组织胞浆菌、芽生菌。

临床表现

- 临床特点：咳嗽、发热、常为脓性痰、+ / – 体重减轻。慢性病程，常伴有盗汗，容易发生误吸和（或）胸膜炎。
- 体格检查：发热、肺炎体征 ± 胸腔积液 ± 严重牙龈炎。
- 耐甲氧西林金黄色葡萄球菌 – 少见，但病情严重，MRSA 感染越来越常见。下列情况要考虑耐甲氧西林金黄色葡萄球菌感染：年轻人或青少年近期或目前正患有流感、年轻人或青少年有坏死性肺炎和休克的证据。
- 脓肿破入胸腔可引起脓胸。

诊断

- 胸片或胸部 CT 显示伴有空洞的肺实质浸润。
- 胸部 CT 能提供很好的解剖学信息 – 当胸片结果模棱两可、病因不清、抗生素治疗效果不佳时建议行胸部 CT。
- 痰的细菌学：除非痰液有腐臭，否则厌氧培养无意义。社区获得性肺炎并发肺脓肿时，无论是痰的革兰染色还是培养应该可见金黄色葡萄球菌。
- 白细胞增多和贫血在慢性脓性时常见；白细胞减少在耐甲氧西林葡萄球菌引起的肺脓肿常见。
- 胸片出现有液气平的空洞时的鉴别诊断：结核分枝杆菌、鸟胞内分枝杆菌、脓胸、肿瘤、囊肿、真菌、奴卡菌。
- 过去对所有肺脓肿患者都行支气管镜检查，现在只对临床特点不典型或对治疗反应无效的患者行支气管镜。

治疗

抗生素治疗

- 原则：依据胸片 / 胸部 CT 显示空洞进行诊断。主要病因 = 厌氧菌感染。需要除外结核和肿瘤。常用治疗：克林霉素（尤其是有腐臭时）。如果表现不典型或治疗失败，行支气管镜。
- 首选方案：克林霉素 600 mg IV q8h，然后克林霉素 300 mg PO，4 次 / 天 ×3

个月或胸片提示病变小且稳定或完全消失。

- 氨苄西林 + 舒巴坦（优立新）1.5~3 g IV q6h，然后阿莫西林 / 克拉维酸（安灭菌）875 mg PO，2 次 / 天或克拉霉素 300 mg 4 次 / 天。
- 次选方案：哌拉西林 / 他唑巴坦（特治新）3.375 g IV q6h，然后阿莫西林 / 克拉维酸（安灭菌）875 mg PO，2 次 / 天或克拉霉素 300 mg PO，4 次 / 天。
- 亚胺培南（伊米配能 – 西司他丁钠）0.5~1g IV q6~8h 或美罗培南或多立培南，然后克林霉素 300 mg PO，4 次 / 天或阿莫西林 / 克拉维酸（安灭菌）875 mg PO，2 次 / 天。
- 耐甲氧西林金黄色葡萄球菌：利奈唑胺 600 mg IV q12h 或万古霉素 15 mg/kg IV q12h。
- 对多数"非特异性"肺脓肿经验性使用克林霉素治疗，通常有效，疗程需 3 个月或者更长。
- 多数患者先采用静脉抗生素，至临床改善后改为口服用药 2~3 月。

抗生素选择 – 针对特殊人群及病情

- 免疫抑制患者，如 AIDS 患者：需考虑结核菌、绿脓杆菌、努卡菌、隐球菌、曲霉菌、肺孢子菌、马红球菌、鸟分枝杆菌、堪萨斯分枝杆菌感染，淋巴瘤。
- 医院获得性：金黄色葡萄球菌、革兰阴性杆菌，尤其是克雷伯菌。
- 流感后：金黄色葡萄球菌，其中包括引起社区获得性感染的金黄色葡萄球菌。
- 护理院：厌氧菌，革兰阴性杆菌、金黄色葡萄球菌。
- 静脉吸毒者：由于误吸引起的厌氧菌和链球菌感染。来自三尖瓣感染性心内膜炎的感染性栓子，病原菌多为金黄色葡萄球菌或草绿色链球菌。
- 暴发起病：金黄色葡萄球菌、克雷伯菌。

引流及手术

- 多数患者的肺脓肿能通过支气管进行自发引流，因此只需使用抗生素。
- 通过支气管镜或物理治疗进行引用：通常无效。
- 经皮胸腔穿刺引流：虽然经常使用但可能并无效果且风险大。
- 切除手术：如果需要，通常采取肺叶切除或全肺切除。
- 切除手术的指征（极少数需要）：抗生素治疗失败的肺脓肿，通常为脓腔直径 > 6 cm、严重合并症或由于革兰阴性杆菌感染。

随诊

- 抗生素治疗疗程 – 直至胸片正常或只有小的稳定残留瘢痕（经验性）。

其他信息

- 最常见的病因是由于误吸引起的厌氧菌感染。
- 必须除外分枝杆菌感染（尤其是结核分枝杆菌）、真菌感染（地方性真菌病，如组织胞浆菌病、球孢子菌病、芽生菌病、隐球菌病）、肿瘤、感染性囊肿、社区获得性金黄色葡萄球菌感染。
- 有争议的治疗：正压通气、胶体、激素和抗生素。
- 激素：两项对照研究显示激素治疗无效。
- 抗生素：通常会给予抗生素，但并不必要。

阻塞性 / 预防

- 异物阻塞：可考虑使用支气管镜。
- 喉部阻塞：海姆利希手法。
- 液体阻塞：经气管吸引。
- 预防：保持直立位或半立位（明确有效）。
- 有争议的预防措施：气管切开、鼻胃管或经皮内镜下胃造瘘管、提高胃 pH 值。
- 有气管内插管时误吸的预防：连续声门上吸引 = 可能有效。
- 胃瘫时误吸的预防：置空肠营养管。
- 营养：可能需要营养管 / 胃管，但并不能降低误吸的风险。

随诊

- 感染：10% 的社区获得性肺炎由于误吸所致，常见致病菌：厌氧菌和链球菌。治疗：克林霉素或 β – 内酰胺酶 / β – 内酰胺酶抑制剂。
- 厌氧菌治疗：克林霉素、亚胺培南、哌拉西林 – 他唑巴坦、氨苄西林 ~ 舒巴坦。可能有效的抗生素：阿莫西林、大环内酯类。

其他信息

- 医院获得性：细菌学和鉴别诊断 – 革兰阴性杆菌 + 金黄色葡萄球菌 ± 厌氧菌。
- 化学性肺炎：三种转归 – 迅速痊愈、ARDS、重叠感染。

推荐依据

Mandell LA, Wunderink RG, Anzueto A, et al. Infectious Diseases Society of America/ American Thoracic Society consensus guidelines on the management of community– acquired pneumonia in adults. Clin Infect Dis, 2007; Vol. 44 Suppl 2;pp. S27 – 72.

注释：此指南指出：对有典型吸入性肺炎表现的患者，只有在下列情况时才有确切使用覆盖厌氧菌抗生素的指征：有饮酒或吸毒过量引起意识丧失的病史、合并牙龈疾病或食管运动功能障碍。

Marik PE . Aspiration pneumonitis and aspiration pneumonia. N Engl J Med, 2001; Vol. 344; pp. 665 – 71.

注释：将吸入性肺炎综合征分为由于吸入酸性物质所致（吸入性肺病）和细菌感染所致（吸入性肺炎）。对于前者，本综述显示无可获益的治疗。

社区获得性肺炎

John G. Bartlett, MD

病原体

- 肺炎链球菌。
- 流感嗜血杆菌。
- 卡他莫拉菌。
- 肺炎衣原体。
- 军团菌。
- 肺炎支原体。
- 病毒：流感病毒、呼吸道合胞病毒、副流感病毒、腺病毒 14 型。

临床表现

- 病史：咳嗽、发热、咳痰、呼吸困难 ± 胃肠道症状、或出现胸膜炎表现。
- 体格检查：发热、心动过速、啰音或出现肺实变的体征。
- 治疗场所：通过临床判断 + 肺炎严重度指数（PSI）或 CURB-65 评分（下列每项评分为 1 分：意识水平下降、BUN 升高、呼吸频率 > 30 次 / 分、收缩压 < 90 mm Hg、年龄 > 65 岁）：CURB-65 评分 0~1 = 门诊治疗。诊断
- 几乎所有胸片都显示有浸润影。卡氏肺囊虫肺炎是例外。
- 对主要病原体的首选诊断方法：肺炎链球菌：血培养、痰的革兰染色和培养、尿抗原。
- 军团菌：尿抗原和特殊培养基 (BCYE) 培养。肺炎衣原体：无 FDA 批准的检查。肺炎支原体：IgM 只在儿童中有意义。
- 金黄色葡萄球菌、卡他莫拉菌、流感嗜血杆菌、其他革兰阴性杆菌：血培养、痰的革兰染色和培养。

治疗

门诊患者（经验性）

- 门诊无合并症的患者：多西环素或大环内酯类。
- 多西环素 100 mg 2 次 / 天 PO ×7~10 天。
- 阿奇霉素 500 mg/d PO ×3 天或 2g PO ×1 剂。
- 克拉霉素 1 g PO 每天或 500 mg 2 次 / 天 PO ×7 天。
- 有合并症（慢性阻塞性肺病、糖尿病、慢性心功能不全等）的门诊患者和（或）近期使用抗生素的患者：上述药物或氟喹诺酮类。
- 氟喹喏酮：左氧氟沙星 750 mg/d PO ×5 天或莫西沙星 400 mg/d PO ×7 天或吉米沙星 320 mg PO ×7 天。

住院患者（经验性，非重症监护病房）

- 首选（IDSA 指南，非重症监护病房）以下 2 种方案任选一种：（1）氟喹喏酮（单用）；（2）（头孢曲松或头孢噻肟）和（红霉素、阿奇霉素或克拉霉素），剂量同下。
- 左氧氟沙星 750 mg IV/PO q24h 或莫西沙星 400 mg PO/IV q24h × 7~10 天。
- 头孢曲松（罗氏芬）1 g IV q24h 或头孢噻肟 1 g q8h，联合一种大环内酯类药物。
- 阿奇霉素 500 mg/d IV/PO ×3 天，通常与头孢曲松或头孢噻肟联用。
- 吸入性肺炎：克拉霉素 600 mg IV q8h + 氟喹诺酮类，其他选择包括力百汀（PO）或特治星，优立新或特美汀（IV）。

- 流感 ± 重叠细菌感染（肺炎链球菌 > 金黄色葡萄球菌）：头孢曲松或头孢噻肟 + / – 奥司他韦 75 mg 2 次 / 天 ×5 天。如考虑 MRSA 感染，加用万古霉素 15 mg/kg IV q12h 或利萘唑胺 600 mg IV/PO q12h。
- 如有结构性肺病，抗生素需覆盖绿脓杆菌。

住院患者（经验性，重症监护室）

- 住 ICU 患者的治疗：头孢噻肟 1 g q8h，头孢曲松 1 g q24h 或氨苄西林 / 舒巴坦 3 g IV q6h 与下列任何一种药物联用：阿奇霉素 500 mg 静脉 q24h, 莫西沙星 400 mg IV q24h, 左氧氟沙星 750 mg IV q24h。
- 对青霉素过敏者：用呼吸道喹诺酮类（莫西沙星或左氧氟沙星，用法同上）和氨曲南 2 g IV q6~8h。
- 绿脓杆菌：可选用下列 3 种方案之一：（1）一种抗肺炎链球菌和抗假单胞菌 β – 内酰胺类（哌拉西林 / 他唑巴坦 4.5 g IV q6h 或 3.375 g q4h，头孢吡肟 1~2 g IV q8h，亚胺培南 1 g q6~8h，或美罗培南 2g IV q8h）联合环丙沙星 400 mg IV q8h 或左氧氟沙星 750 mg IV q24h。（2）上述任何一种 β – 内酰胺类联合一种氨基糖苷类抗生素（庆大霉素、妥布霉素或阿米卡星）和阿奇霉素；（3）上述任何一种 β – 内酰胺类联合一种氨基糖苷类抗生素（庆大霉素、妥布霉素或阿米卡星）和一种抗肺炎球菌的喹诺酮类（左氧氟沙星或莫西沙星）。青霉素过敏患者，用氨曲南替代上述的 β – 内酰胺类抗生素。
- MRSA：如果怀疑，加用万古霉素 15 mg/kg IV q12h 或利奈唑胺 600 mg IV/PO q12h。

某些特定病原体

- 肺炎链球菌（全敏感）：阿莫西林、头孢曲松、头孢噻肟、头孢泊肟、头孢丙烯，大环内酯类 – 直至体温正常 3 天。
- 肺炎链球菌（广泛耐药）：左氧氟沙星、莫西沙星、万古霉素、利奈唑胺、泰力霉素。
- MRSA：利奈唑胺 600 mg IV/PO q12h。
- MSSA：苯唑西林或奈呋西林 3 g IV q6h 或头孢唑啉 1 g IV q6h。
- 支原体或衣原体：大环内酯类或多西环素 ×7 天。
- 军团菌：阿奇霉素 ×3~5 天或氟喹诺酮类 ×7 天。
- 流感嗜血杆菌：多西环素、二代或三代头孢菌素或氟喹诺酮类 ×1~2 周。
- 流感：扎那米韦或奥司他韦 ×5 天。对于病情严重或住院治疗的患者，即使已超过 48 小时，仍应使用上述药物。建议通过 CDC 网站了解最新的治疗推荐意见，尤其是当流行病毒对奥司他韦耐药时：Updated Interim Recommendations forthe Use of Antti–viral Medications in the Treatment and Prevention of Influenza for the 2009 – 2010 Season.
- 厌氧菌：克林霉素或阿莫西林 / 克拉维酸（力百汀）或氨苄西林 / 舒巴坦（优立新）或哌拉西林 / 他唑巴坦（特治星）。

随诊

- 主要争议：支原体和衣原体感染在社区获得性肺炎中的地位，以及是否需要应用氟喹诺酮类抗生素。参见 IDSA 关于 CAP 的指南（http://www.journals.uchicago.edu/doi/pdf/10.1086/511159）。
- 静脉用药改为口服用药：临床改善，PO_2 > 92 mm Hg，T < 38℃，P < 100 次 / 分，RR < 24 次 / 分，可口服药，胃肠道功能正常。

其他信息

- 咳嗽和生命体征异常患者应拍胸片。如果胸片正常 – 不使用抗生素；胸片有浸润影 – 使用抗生素。
- 住院患者的 Medicare（美国对老年人施行的保险体制，译者注）“规则”：6 小时内使用抗生素，抗生素使用根据 IDSA/ATS 指南，戒烟，注射肺炎链球菌疫苗 + 流感疫苗。

推荐依据

Mandell LA, Wunderink RG, Anzueto A, et al. Infectious Diseases Society of America/American Thoracic Society consensus guidelines on the management of community-acquired pneumonia in adults. Clin Infect Dis, 2007; Vol. 44 Suppl 2;pp. S27 - 72.

注释：IDSA/ATS 关于社区获得性肺炎的指南：（1）门诊患者：多西环素或大环内酯；（2）住院患者：呼吸道氟喹诺酮类或头孢曲松 + 大环内酯；（3）ICU 患者：（氟喹诺酮类或大环内酯类）+ β – 内酰胺类。

医院获得性肺炎

John G. Bartlett, MD

病原体

- 金黄色葡萄球菌：MRSA > MSSA。
- 革兰阴性杆菌：肺炎克雷伯菌、肠杆菌、大肠埃希菌、铜绿假单孢菌、嗜麦芽窄单孢菌、不动杆菌。
- 近来最为医生所恐惧遇到的病原体：产 KPC（碳青酶烯酶）酶的肺炎克雷伯菌 – 既难检测又难治疗。
- 军团菌属。
- 厌氧菌（误吸）。
- 病毒：流感病毒、呼吸道合胞病毒、副流感病毒。

临床表现

- 肺炎表现（发热、呼吸道脓性分泌物 + / – 呼吸困难）+ 胸片或胸部 CT 有浸润影，入院 48~72 小时后起病。可出现白细胞增多。
- 实验室检查：血、痰、气管内吸取物和或经支气管镜吸取物培养。
- 首选的病原微生物检查为支气管镜或经气管插管吸取物定量培养。
- 最常见病原体：革兰阴性杆菌和金黄色葡萄球菌（MRSA）。
- 可忽略的微生物：表皮葡萄球菌、肠球菌、除奴卡菌和炭疽芽孢杆菌外的革兰阳性杆菌、念珠菌属。
- 最困难的治疗：绿脓杆菌、不动杆菌属。

诊断

- 专家推荐的首选微生物学检查是支气管镜灌洗定量培养 – 但其必要性仍存在争议。
- 痰液和血培养。必要时行病毒检查（流感病毒、呼吸道合胞病毒等）。
- 军团菌：尿抗原、痰液 PCR 或痰培养（需 BCYE 培养基）。

治疗

抗生素 – 经验性

- 根据是否有多重耐药菌感染的危险因素使用经验性抗生素：了解本地的抗菌谱很有用。
- 多重耐药(MDR)菌感染的危险因素：住院时间 > 4 天，患者来自慢性病护理机构、90 天内接受过抗生素治疗、免疫抑制状态、来自耐药菌比例高的地区或机构。
- MDR 低危：头孢曲松 2 g/d IV、左氧氟沙星 750 mg、环丙沙星 400 mg q8h IV 或莫西沙星 400 mg q24h IV、氨苄西林 / 舒巴坦 2 g IV q6h 或厄他培南 1 g IV q24h。
- MDR 高危：经验性治疗应该覆盖绿脓杆菌、其他革兰阴性杆菌(如：产超广谱 β – 内酰胺酶的肺炎克雷伯菌、不动杆菌）、金黄色葡萄球菌（MRSA），使用（1）β – 内酰胺类和（2）氟喹诺酮类或氨基糖苷类和（3）万古霉素或利奈唑胺。如担心病原体产超广谱 β – 内酰胺酶应立即使用碳青酶烯类。
- 抗假单孢 β – 内酰胺类（选择一种静脉使用）：头孢吡肟 1~2 g q8~12h 或头孢他啶 2 g q8h 或亚胺培南 0.5~1.0 g q6h 或美罗培南 1 g q8h 或哌拉西林 / 他唑巴坦 4.5 g q6h 联合以下任何一种抗生素：a）左氧氟沙星 750 mg 静脉 q24h 或环丙沙星 400 mg 静脉 q8h 或 b）庆大霉素 7 mg/(kg · d)，妥布霉素 7 mg/(kg · d) 或阿米卡星 20 mg/(kg · d) 静脉（目标谷浓度：庆大霉素 / 妥布霉素 < 1 μg/ml、阿米卡星 < 4~5 μg/ml）联合覆盖 MRSA 的抗生素：a) 万古霉素 15 mg/kg 静脉 q12h（谷浓度 > 15 μg/ml）或利萘唑胺 600 mg 静脉 q12h。
- 48~72 小时随诊（临床改善）：治疗前培养阴性，则考虑停药。如培养阳性，则根据药敏将抗生素降至针对病原体的窄谱抗生素治疗 7~8 天。
- 48~72 小时随诊（临床未改善）：如果培养阴性，需寻找其他原因；如培养阳性，则根据培养结果进行抗生素调整。

特定病原体

- 铜绿假单孢菌；根据药敏结果选择抗生素，如：头孢他啶、环丙沙星、头孢吡肟、氨曲南、亚胺培南、美罗培南、哌拉西林 ± 氨基糖苷类（妥布霉素或阿米卡星）× 8 天。治疗假单孢菌引起的肺炎所需疗程比其他菌的肺炎更长（10~14 天）。
- 大肠杆菌：需体外药敏结果。
- 厌氧菌：（混合感染中，需氧革兰阴性杆菌通常为最主要的感染）：氨苄西林 / 舒巴坦、替卡拉林 / 克拉维酸、哌拉西林 / 他唑巴坦、克林霉素、亚胺培南、厄他培南。
- 金黄色葡萄球菌：MSSA – 苯唑西林或奈呋西林。MRSA – 或对青霉素耐药时：万古霉素或利奈唑胺。
- 军团菌：左氧氟沙星 750 mg 静脉 q24h，莫西沙星 400 mg 静脉 q24h × 7~10 天或阿奇霉素 500 mg 静脉 q24h × 5 天。
- 疗程：通常 7~8 天足够，铜绿假单孢菌除外。

预防

- 预防推荐意义依据 2003 年的荟萃分析结果（Ann Int Med 2003;138:494）。
- 尽可能采用半卧位。
- 用硫糖铝替代，而不用 H_2 受体或质子泵抑制剂以保持胃内正常酸度。
- 尽可能使用声门下吸引。
- 肠道去污染，有用但不推荐使用。

- 采用现有的指南进行感染控制。

其他信息

- 住院患者医院获得性肺炎的发生率为 0.5%、ICU 患者为 15%~20%、机械通气患者为 20%~60%。
- 医院获得性肺炎常用的诊断标准包括发热、肺部浸润影和呼吸道脓性分泌物。很多患者有上述标准的表现，但并不是医院获得性肺炎，如肺梗死、慢性心衰、肺不张等。
- 主要的病原体包括革兰阴性杆菌（50%~70%）、金黄色葡萄球菌（15%~30%）、军团菌（4%）、病毒（10%~20%）。
- 支气管镜检（保护性毛刷或支气管肺泡灌洗）对于病原学的诊断价值仍有争议 - 有些医生非常乐于进行这项检查，但有些人则很不愿意。如果使用，标本收集和微生物学检测的方法必须准确。

推荐依据

No authors listed. Guidelines for the management of adults with hospital-acquired, ventilator-associated, and healthcareassociated pneumonia. Am J Respir Crit Care Med, 2005; Vol. 171; pp. 388 - 416.

注释：推荐意见参考的指南。

Collard HR, Saint S, Matthay MA. Prevention of ventilator-associated pneumonia: an evidence-based systematic review. Ann Intern Med, 2003; Vol. 138 ; pp. 494 - 501.

注释：（1）如果能耐受，予以半卧位；仍需更多的研究证据；（2）7 篇荟萃分析中的 4 篇显示与 H2 受体拮抗剂比，用硫糖铝作为溃疡预防用药时，医院获得性肺炎的发生率更低，其余 3 篇也显示出同样的趋势。因此，如果消化道出血的风险不大，可考虑应用硫糖铝作为溃疡预防用药；（3）选择性抗生素肠道去污染 - 7 篇荟萃分析和超过 40 篇的文献均显示选择性抗生素肠道去污染可减少肺炎发生率，但由于担心造成抗生素滥用，因此并不推荐使用。（4）声门下吸引 - 3 篇研究中的 1 篇显示能预防医院获得性肺炎，因此可考虑使用；（5）翻身床 - 6 项研究中的 5 项研究显示能有效预防医院获得性肺炎，因此对于外科和神经科患者可考虑使用；（6）减少管路更换 - 4 项研究均显示无获益；（7）肠内营养 - 4 项研究均显示无差别。

活动性结核

Timothy Sterling，MD

病原体

- 结核分枝杆菌。
- 牛分枝杆菌。

临床表现

- 病史：肺结核 = 咳嗽 > 2 周、发热、盗汗、体重减轻、咯血、呼吸困难、胸痛。
- 播散性结核 = 发热、体重减轻、器官受累。中枢受累参加结核性脑膜炎相关章节。
- 胸片：典型表现为肺上叶浸润影（也可为空洞）；在儿童或 HIV 阳性患者，表现可不典型；淋巴结增大。
- 痰抗酸涂片 - 敏感性 50%。
- 结核杆菌培养 - 敏感性 80%。
- PCR：对痰抗酸涂片阳性者最佳，价格昂贵。

- 结核菌素皮肤实验和 γ 干扰素释放实验不能区分活动性结核和潜伏性结核。

诊断

- 培养是金标准，还可进行药敏分析。
- 可对未接受治疗的结核患者的临床标本直接进行 PCR（核酸扩增）检测。PCR 检测在痰涂片抗酸染色阳性患者中敏感性高，在涂片阴性和肺外结核患者中敏感性较低。
- 抗酸染色涂片可反映患者的传染性，即抗酸涂片阳性患者的传染性比阴性者严重。
- FDA 已批准 γ 干扰素释放实验（Quanti FERON-Gold 和 T.SPOT.TB）用于结核感染的诊断，但不能区分潜伏性结核感染和活动性结核病。

治疗

成人

- 4 种经典用药治疗 8 周，然后根据药敏选择 2 种或 3 种药物（通常为异烟肼 + 利福平）完成整个疗程。
- 初始治疗：异烟肼 5 mg/kg（最大剂量 300 mg）+ 利福平 10 mg/kg（最大剂量 600 mg）+ 吡嗪酰胺 15~30 mg/kg（最大剂量 2g）+ 乙胺丁醇 15~25 mg/kg（最大剂量 1.6 g）+ 维生素 B_6 50 mg – 均为口服，1 次 / 天。
- 在使用 HIV 蛋白酶抑制剂、NNRTI、美沙酮的患者，可用利福布汀替代利福平。需调整剂量。除非患者已开始 HAART 治疗，否则总是首先治疗结核。
- 尽可能进行药敏检查。至少使用两种结核分枝杆菌敏感的药物。
- 由感染部位、治疗反应决定治疗疗程。
- 通常为 6 个月，如果治疗 2 月后胸部 X 片提示有空洞或痰培养阳性，疗程则需 9 个月。
- 结核性脑膜炎的治疗见“结核性脑膜炎”相关章节。
- 骨 / 关节结核：疗程更长，通常为 9~12 个月。
- 转入医疗机构进行治疗以便患者能接受直接督导治疗（DOT）。
- 可采用比每天服药更低频率的给药方式，但必需在 DOT 指导之下进行。

儿童

- 初始治疗：异烟肼 5 mg/kg（最大剂量 300 mg）+ 利福平 10 mg/kg（最大剂量 600 mg）+ 吡嗪酰胺 15~30 mg/kg（最大剂量 2g）+ 乙胺丁醇 15~25 mg/kg（最大剂量 1.6 g）+ 维生素 B_6 50 mg – 均为口服，1 次 / 天。
- 如果对抗结核药物均敏感，治疗 2 个月后药物可减至异烟肼 + 利福平方案（对于儿童，如果不知道结核培养和药敏结果，可认为其推测感染部位的结核对药物敏感）。
- 有监测视力的条件才使用乙胺丁醇（年龄通常需大于 8 岁）。
- 在使用 HIV 蛋白酶抑制剂、NNRTI、美沙酮的患者，可用利福布汀替代利福平。剂量需调整。
- 进行药敏检查。至少使用两种结核分枝杆菌敏感的药物。
- 由感染部位、治疗反应决定治疗疗程。
- 转入医疗机构进行治疗以便患者能接受直接督导治疗（DOT）。
- 可采用比每天服药更低频率的给药方式，但必需在 DOT 指导之下进行。

感染控制

- 结核隔离：咳嗽 > 2 周 + 胸片异常。

- 如果 3 次痰（自行咳出或经诱导排出）抗酸染色阴性，可解除隔离。如果有 1 次痰标本是清晨留取的，则 24 小时内可留取 3 次痰标本。
- 对于痰抗酸染色阳性或结核治疗中的患者，治疗 2 周后如果临床改善且痰抗酸染色阴性，则可解除隔离。但若欲将患者转至高结核感染风险场所（如护理院、流浪者收容所、与免疫抑制患者接触）则需特殊考虑。

随诊

- 建议将所有结核患者均转至当地健康卫生部门进行治疗和密切调查。
- 推荐无论是成人还是儿童均接受直接督导治疗（DOT）。
- 如果因 4 种药物联合治疗方案或后期的 2 药方案因药物副反应需要换药时，最好向结核或感染性疾病方面的专业人员进行咨询。

其他信息

- 参照 ATS/CDC 指南（Am J Respir Crit Care Med 2003;167:603–62）。该指南新增了推荐意见：对于治疗 2 个月后有空洞病变并且痰培养阳性的患者，疗程应延长至 9 个月。
- HIV 感染患者的结核治疗：需考虑的问题：药物相互作用、免疫重建炎症综合征（IRIS）、药物毒性。

推荐依据

Kaplan JE, Benson C, Holmes KK, et al. Guidelines for Prevention and Treatment of Opportunistic Infections in HIV Infected Adults and Adolescents. MMWR, 2009; Vol. 58; pp. 1 - 198.

注释：HIV 患者合并结核感染的治疗更新。

Blumberg HM, Burman WJ, Chaisson RE, et al. American Thoracic Society/Centers for Disease Control and Prevention/Infectious Diseases Society of America: treatment of tuberculosis. Am J Respir Crit Care Med, 2003; Vol. 167; pp. 603 - 62.

注释：此指南包括了一些新的结核治疗的推荐意见：对于治疗 2 个月后有空洞病变并且痰培养阳性的患者，疗程应延长至 9 个月。对于治疗 2 个月后无空洞病变、痰涂片阴性的非 HIV 感染患者，在其后的治疗阶段可予以异烟肼 + 利福平 1 次 / 周的治疗。

隐匿性结核感染

Timothy Sterling，MD

病原体

- 结核分枝杆菌。

临床表现

- 隐匿性结核感染（需要治疗）依据：结核菌素皮肤实验（TST）硬结直径的毫米数以及结核病的危险因素。
- 除非有结核感染的高危因素，否则不推荐常规性 TST。
- 5 mm：HIV 阳性、与有结核密切接触史、胸片示纤维化、免疫抑制患者（如：强的松 > 15 mg/d，超过 1 个月）
- 10 mm：新近迁入的移民、静脉吸毒者、监狱和拘留所的犯人、护理院病人、住院患者、收容所流浪汉及其这些场所的工作人员、糖尿病、肾功能衰竭、白血病 / 淋巴瘤患者、体重减轻、胃切除术后患者以及年龄小于 4 岁的儿童。
- 近期 PPD 实验转阳者：前次 PPD 阴性的患者在最近 2 年内硬结增加 10 mm 以上。

- 如果患者有上述高危因素，无论年龄均需治疗。
- 15 mm：其他所有患者。
- 可以进行 γ 干扰素释放实验（Quanti FERON TB-Gold,T.SPOT.TB），此实验和 TST 均不能区分活动性结核感染和隐性结核感染。

诊断

- 使用结核菌素皮肤实验（TST）诊断结核的历史已超过 100 年。TST 在免疫抑制患者中的敏感性低。接种卡介苗以及周围环境中的结核杆菌暴露可引起 TST 假阳性，使得 TST 的特异性降低。
- 如果皮肤实验阳性需行胸片。如果胸片异常和（或）有症状，需获得痰抗酸染色的结果。在开始对隐匿性结核感染进行治疗前必须除外活动性结核。
- γ 干扰素释放实验，如 Quanti FERON TB-Gold 和 T.SPOT.TB 比 TST 的特异性高，尤其是对于以前接种过卡介苗的患者，但是在免疫抑制的患者，其敏感性下降。CDC 有关于 γ 干扰素释放实验使用的指南。
- Quanti FERONTB-Gold 和 T.SPOT.TB 的使用均获得了 FDA 的批准。

治疗

HIV 血清阴性成人

- 首选方案：异烟肼 5 mg/kg（最大剂量 300 mg）PO 每天 ×9 月。每天口服维生素 B_6 50 mg 可降低神经系统并发症的风险。
- 次选方案：利福平 10 mg/kg（最大剂量 600 mg）PO 每天 ×4 月（注意其他药物与利福平的相互作用：抗逆转录病毒药物、美沙酮、口服避孕药、抗凝药、激素等）。
- 监测药物毒性：INH – 对于有药物肝毒性高风险的患者（HIV +、肝病病史、饮酒者、孕妇或产后三个月内妇女）需查基础肝功能。
- 由于肝毒性，CDC 不推荐使用利福平 / 吡嗪酰胺（2 个月）方案。

HIV 血清阳性成人

- 异烟肼 5 mg/kg（最大剂量 300 mg）PO 每天 ×9 个月。每天口服维生素 B_6 50 mg 可降低神经系统并发症的风险。

儿童 < 18 岁

- 异烟肼 10~20 mg/kg（最大剂量 300 mg）每天 ×9 个月。通常不需要服用维生素 B_6。

随诊

- 接受异烟肼治疗的患者需随诊肝毒性的相关体征和症状：食欲下降、恶心、腹痛等。如果临床特点良好，无需常规行肝功能检查。

其他信息

- 在对隐匿性结核感染进行治疗（TLI）前必须除外活动性结核。
- 对于 HIV 阳性患者，如果有结核密切接触史，即使皮肤实验阴性，也可予 TLI 或在接触前予 TLI。

推荐依据

Blumberg HM, Leonard MK, Jasmer RM. Update on the treatment of tuberculosis and latent tuberculosis infection. JAMA,2005; Vol. 293; pp. 2776 - 84.

注释：关于隐匿性结核治疗的更新。

上呼吸道感染

John G. Bartlett, MD

病原体

- 鼻病毒。
- 流感病毒。
- 冠状病毒。
- 呼吸道合胞病毒（RSV）。
- 副流感病毒。
- 偏肺病毒。
- 腺病毒。

临床表现

- 急性感染，通常是病毒所致，累及上呼吸道，包括鼻窦、咽喉部、支气管，表现为鼻窦炎、咽炎、喉炎和支气管炎。
- 体格检查：与受累部位有关，如咽喉发红、鼻腔脓性分泌物（黄色或绿色）等。

诊断

- 诊断：有流涕 ± 鼻塞表现的临床综合征。无需进行培养。注意事项：过敏症表现常与上呼吸道感染很相似。
- 常伴有咽炎和（或）急性咳嗽。
- 鉴别诊断：主要与过敏性鼻炎（污染物）鉴别。
- 需要除外肺炎、会厌炎、颈深部感染、鹅口疮（HIV）。
- 病原体检测；采用新的 PCR 方法对呼吸道分泌物进行 12 种病毒的检测（经 FDA 批准）。

治疗

普通感冒

- 原则：病毒感染 – 对症治疗 ± 抗病毒药物。针对过敏 – 局部激素和非镇静抗组胺药（氯雷他定等药物）。
- 首选方案（Irwin NEJM 2000;343:1715）：鼻血管收缩剂、有镇静作用的抗组胺类药物、抗胆碱和抗炎药物（见下文）。
- 鼻血管收缩剂：伪麻黄碱和有镇静作用的抗组胺药物，如：右溴苯那敏、溴苯那敏、苯海拉明、卡比沙明，如盐酸曲普利定（Actifed）、盐酸曲普利啶和盐酸伪麻黄碱片剂（Atrofed）、维生素 A、D 和 E 复合制剂（Garde）等。
- 抗胆碱药物：异丙托溴胺鼻喷剂（爱全乐 0.6%）每次每个鼻孔 2 喷，3~4 次 / 天。
- 口服鼻血管收缩剂：伪麻黄碱 120 mg PO，2 次 / 天（OTC 药物）。
- 鼻喷剂：盐酸羟甲唑啉滴鼻液（0.05%）– 羟甲唑啉滴鼻剂（Afrin）、氯苯那敏 – 伪麻黄碱（Allerest）、布洛芬 – 伪麻黄碱（Dristan）、新福林（Neosynephrine），2~3 滴 / 鼻孔 2 次 / 天。奥特里文（Otrivin）、右美沙芬（Vicks）吸入剂等：2~6 喷 / 鼻孔 q2~10h。
- 抗炎药：阿司匹林、对乙酰氨基酚、萘普生（Aleve）（不用布洛芬）。
- 抗组胺药物 – 第一代镇静药物：首选 – 苯海拉明（Benadry），羟嗪（Atarax，安太乐）。
- 加热湿化空气。

抗过敏治疗

- 鼻喷激素，如氟替卡松(Flonase)、氟尼缩松(Nasalide)、倍氯米松(Beconase)、曲安西龙(Nasacort)、布地奈德(Rhinocort) – 2喷，2次/天。
- 抗组胺药 – 第二代无镇静作用的抗组胺药物，如非索非那定(Allegra) 60 mg 口服，2次/天或氯雷他定(Claritin) 10 mg PO，1次/天。
- 有争议的治疗/预防
- 葡萄糖酸锌啶剂 13~23 mg 锌、q2h 清醒状态时：临床资料有争议。
- 维生素C：可能无效。
- 加热湿化空气。
- 预防：避免手接触及空气传播；流感疫苗或抗流感药物；保持办公室内新鲜空气流通(鼻病毒)。
- 避免主动或被动吸烟。
- 漱口水漱口≥3次/天。
- "10英尺原则"：在等候区等处，上呼吸道感染患者应该距离其他人≥10英尺。

其他信息

- 鼻窦炎、耳炎、支气管炎、喉炎、支气管炎和哮喘急性加重的主要原因是病毒引起的上呼吸道感染。
- 抗生素对上呼吸道感染无效，却是引起抗生素滥用的主要原因。

推荐依据

Snow V, Mottur-Pilson C, Gonzales R, et al. Principles of appropriate antibiotic use for treatment of nonspecifi c upper respiratory tract infections in adults. Ann Intern Med, 2001; Vol. 134; pp. 487 - 9.

注释：作者强调了抗生素在上呼吸道感染中的滥用情况。对对照研究数据进行的荟萃分析不支持在上呼吸道感染中使用抗生素。

Irwin RS, Madison JM. The diagnosis and treatment of cough. N Engl J Med, 2000; Vol. 343; pp. 1715 - 21.

注释：作者推荐对普通感冒进行如下治疗：右溴苯那敏 6 mg + 伪麻黄碱 120 mg，2次/天 ×1周；或奈普生 500 mg，3次/天 ×5天或异丙托铵(0.06%)鼻喷剂，2喷/鼻孔，3~4次/天 ×4天。强调了一代对比二2代抗组胺药物的重要性(如果没有低血压)。

全身性感染综合征

全身性感染－原因未明

John G. Bartlett, MD

诊断

病原体

- 大肠杆菌。
- 其他肠杆菌－克雷伯菌、肠杆菌属等。
- 非发酵菌：假单胞菌、沙雷菌属。
- 金黄色葡萄球菌。
- 毒素介导：葡萄球菌或链球菌中毒性休克、难辨梭状芽孢杆菌、索氏梭菌。
- 肺炎链球菌、脑膜炎奈瑟氏菌。
- 念珠菌属。
- 其他原因（不常见）：肠炎沙门氏菌、伤寒沙门氏菌、恶性虐原虫、单核李斯特菌。

临床表现

- 全身性感染的典型体征：发热、寒颤和低血压。
- 全身炎症反应综合征(SIRS)：符合下列标准2条以上：发热（T > 38℃）或低体温（T < 36℃）、心动过速（HR > 90次/分）、呼吸增快（RR > 20次/分）、白细胞增多（WBC > 12 000/mm^3或分类 > 10%杆状核细胞）。
- 全身炎症反应综合征(SIRS)：全身性感染＋非感染疾病，如烧伤、胰腺炎。
- 全身性感染：SIRS ＋感染（如血培养阳性）。
- 全身性感染综合征：感染＋体温 > 38.3℃或 < 35.6℃＋脉搏 > 90次/分＋呼吸 > 20次/分＋下列情况之一：神志改变、PaO2 < 75 mm Hg、乳酸升高或少尿。
- 严重全身性感染：全身性感染＋器官功能衰竭、低灌注（乳酸酸中毒、少尿、意识改变）或低血压。
- 感染性休克：容量复苏后仍存在低血压＋乳酸酸中毒、少尿、神志改变。
- 特殊人群：新生儿（ < 1周）：B族链球菌、大肠杆菌。CD_4 < 50~100/mm^3的HIV感染患者：鸟分枝杆菌复合体、巨细胞病毒、结核杆菌、导管相关感染、阿巴卡韦过敏、隐球菌。静脉吸毒者：金黄色葡萄球菌，尤其是MRSA。脾切除患者：肺炎链球菌、流感嗜血杆菌、脑膜炎奈瑟氏菌、犬咬噬二氧化碳菌。中性粒细胞减少症患者：革兰阴性杆菌、曲霉菌。旅游者：疟疾、沙门菌氏病。健康年轻成人：中毒性休克综合征（金黄色葡萄球菌或A族链球菌）、脑膜炎奈瑟氏菌、落基山斑点热、生物恐怖（炭疽、鼠疫等）、汉坦病毒。
- 诊断线索：坏疽性深脓疱病－绿脓杆菌；淤斑或紫癜－脑膜炎奈瑟氏菌或立克次体感染。

诊断

- 临床定义见上文。
- 典型的表现为血培养阳性，但在中毒性休克综合征、落基山斑点热、疟疾等也可为阴性。
- 血培养 ×2(每个部位各一份血样）＋尿培养＋其他可疑感染部位培养。

治疗

抗生素选择（均为静脉用药）

- 经验性：哌拉唑林/他唑巴坦 3.375~4.5 g 静脉 q6h + 万古霉素 15 mg/kg q12h ± 妥布霉素 5~7 mg/(kg·d) – 出现全身性感染的临床症状 1 小时内使用。
- 次选方案：氨基糖苷类，如庆大霉素或妥布霉素 5 mg/(kg·d) 或阿米卡星 15 mg/(kg·d)，均静脉用药。
- 次选方案：β – 内酰胺类（静脉用药，下列药物中选择一种）：头孢噻肟 2 g q6h、头孢曲松 1 g q12h、头孢吡肟 2 g q12h、头孢他啶 2 g q8h、亚胺培南 0.5~1 g q6h、美罗培南 1 g q8h 或哌拉唑林/他唑巴坦 3.375 g q6h。
- 如果肾功能正常，万古霉素剂量应为 15 mg/(kg·d) q12h，谷浓度目标为 10~15 μg/ml。
- 中性粒细胞减少患者：头孢他啶、亚胺培南或头孢吡肟 ± 氨基糖苷类。
- 腹腔来源的全身性感染：替卡西林/克拉维酸、哌拉西林/他唑巴坦、亚胺培南、美罗培南、多尼培南；上述抗生素 ± 氨基糖苷类。
- 与补液、使用血管活性药物或激素相比，早期使用正确抗生素的生存获益更多。
- 获得培养结果后选用针对性抗生素。

保证组织灌注

- 复苏：快速静脉补液，输浓缩红细胞使 Hct > 30% 和（或）加用多巴酚丁胺 < 20 μg/（kg·min）。
- 复苏目标：CVP 8~12 mm Hg，平均动脉压 > 65 mm Hg，尿量 > 0.5 ml/(kg·h)，中心静脉氧饱和度 > 70%。
- 复苏液体：晶体和胶体效果相同。
- 血管加压药物：去甲肾上腺素（成人常用剂量：0.1 μg/(kg·min)，后可减至 0.05 μg/（kg·min）或多巴胺 [2~25 μg/（kg·min）] 维持 MBP > 65 mm Hg。
- 正性肌力药：多巴酚丁胺增加心输出量。
- 血糖控制：血糖 < 150 mg/dl。
- 控制明确的感染源（如介入引流、手术）。
- 血制品：Hb < 7 g/dl 时输血，目标 Hb > 7~9 g/dl。
- 活化蛋白 C（drotrecogin）：APACHEII > 25 分、感染性休克、> 1 个器官功能衰竭且无出血风险。剂量：24 μg/（kg·h）连续静脉泵入 ×96 h。
- 低氧血症：PEEP（警惕气压伤）。
- 不再推荐的治疗（2008）：激素或强化胰岛素治疗。

其他信息

- 感染性休克（持续低血压）：50% 患者血培养阳性，病死率为 30%~50%。
- 下列情况使得全身性感染病死率增加：抗生素使用错误、老年、医院获得性、呼吸系统 > 腹腔 > 泌尿系感染、有基础疾病、并发症（低血压、低体温、无尿）、休克。
- 并发症：出血、白细胞减少、血小板减少、酸中毒、少尿、黄疸、弥漫性血管内凝血、慢性心力衰竭、急性呼吸窘迫综合征。

推荐依据

Dellinger RP, Carlet JM, Masur H, et al. Surviving Sepsis Campaign guidelines for management of severe sepsis and septic shock. Crit Care Med, 2004; Vol. 32; pp. 858 - 73.

注释：本章节关于感染性休克处理推荐意见的推荐依据。

The Medical Letter. Treatment guidelines for the Medical Letter: choice of antibacterial drugs. Med Letter, 2004; Vol. 2;p. 13.

注释：在这些建议中提出了对病灶未明的全身性感染选择抗生素的基本原则。

葡萄球菌中毒性休克综合征

Joel Blankson, MD, PhD

病原体

- 甲氧西林敏感金黄色葡萄球菌（MSSA）。
- 耐甲氧西林金黄色葡萄球菌 (MRSA)。
- 大于 1% 的金黄色葡萄球菌菌株可发生中毒性休克综合征。

临床表现

- CDC 关于中毒性休克综合征的诊断有 5 条临床标准。
- 发热：T > 38.9℃。低血压：成人 SBP < 90 mm Hg 或小于 16 岁的儿童 SBP 低于第 5 百分位，包括体位性低血压（患者常晕倒或站立时头晕）。
- 皮疹：弥漫性斑疹红皮病，常呈日晒性皮炎样。此后出现脱屑，手掌和脚底常被累及，多在起病后 1~2 周时发生。
- 多系统受累（下列情况中 3 条以上）a）GI：起病呕吐、腹泻；b）骨骼肌肉：CPK > 2 倍正常值或严重肌痛；c）肾脏：BUN/Cr > 2 倍正常值或出现无菌性脓尿；d）肝脏：胆红素，AST 或 ALT > 2 倍正常值；e）血液系统：PLT < 100 000/mm^3；f）中枢神经系统：不伴有局部神经系统定位体征的意识改变；g) 黏膜：眼睛、嘴和牙龈发红。
- 其他病原体培养阴性：如血、咽部、脑脊液培养（金黄色葡萄球菌培养可阳性）。不会引起落基山斑点热、钩端螺旋体、麻疹抗体滴度增加。
- 使用卫生棉条是过去引起葡萄球菌中毒性休克综合征的高危因素，但目前由于改进了产品，现已不常见其致病。

诊断

- 基于临床特点和上文列举的病原微生物。
- 中毒性休克综合征毒素的血清学检查常为阴性。

治疗

- 甲氧西林敏感金黄色葡萄球菌（MSSA）：克林霉素 900 mg IV q8h + 苯唑西林 2 g IV q4h。
- 甲氧西林耐药金黄色葡萄球菌 (MRSA)：克林霉素 900 mg IV q8h + 万古霉素 1 g IV q12h。如果顾虑存在 MRSA 感染，一些人建议用利奈唑胺而不用万古霉素或克林霉素，因为前者能抑制蛋白质的合成。
- 静脉人丙种球蛋白（IVIG）：2 g/kg IV ×1 天，如果患者不稳定，48 小时内可再次使用。
- 支持治疗和 ICU 监护。

其他信息

- 金黄色葡萄球菌产生肠毒素、中毒性休克综合征毒素 -1（TSST-1）、金黄色葡萄球菌肠毒素（SEB）、金黄色葡萄球菌肠毒素 C（SEC）。这些毒素均为超抗原，能激活 25% 的 T 细胞。

- 治疗方案需考虑抑制毒素的产生。克林霉素能抑制蛋白质的产生，因此如果敏感，可选用克林霉素。
- 大多数患有金黄色葡萄球菌中毒性休克综合征的患者缺乏针对毒素的抗体，而静脉 IG 则含有针对这些普通抗原的抗体。
- 没有关于 IVIG 治疗金黄色葡萄球菌中毒性休克综合征的对照研究，但小的研究结果显示 IVIG 能降低链球菌中毒性休克综合征患者的病死率。
- 金黄色葡萄球菌中毒性休克综合征的病死率为 3%~5%。

推荐依据

Russell NE, Pachorek RE . Clindamycin in the treatment of streptococcal and staphylococcal toxic shock syndromes. Ann Pharmacother, 2001; Vol. 34; pp. 936 - 9.

注释：这篇文献总结了克林霉素治疗葡萄球菌和链球菌中毒性休克综合征有效性的实验数据。

链球菌中毒休克综合征

Joel Blankson，MD，PhD

病原体

- 化脓性链球菌 (GroupA)。

临床表现

- 突发的严重多系统受累，需要有以下表现：
- 严重疾病体征。(1) 低血压：SBP < 90 mm Hg 或在儿童 < 第 5 百分位；及 (2) 多系统受累：以下 2 个以上系统累及：1) 肾脏：肌酐 > 2 倍基础值；2) 血液系统：P\plts < 100 000/mm^3 或出现弥漫性血管内凝血；3) 肝脏：胆红素、AST/ALT > 2 倍正常值；4) 肺脏：急性呼吸窘迫综合征；5) 皮肤：广泛红斑性皮疹，后期脱屑。包括坏死性筋膜炎、肌炎或坏疽的软组织坏死。
- 鉴别诊断包括：金黄色葡萄球菌 (中毒性休克综合征) 、落基山斑疹热、问号钩端螺旋体、脑膜炎奈瑟氏菌、肺炎链球菌。
- 近期研究报道病死率 > 40%。

诊断

- 分离出化脓性链球菌 (A 族链球菌)。(1) 标本来自无菌部位 (如血、脑脊液)；(2) 标本来自非无菌部位 (如咽部、皮肤病灶表面)。
- 临床特点见上述描述。

治疗

- 外科清创对于 A 族链球菌引起的坏死性筋膜炎或肌炎十分重要。
- A 族链球菌：克林霉素 900 mg IV q8h + 青霉素 G4 mU 静脉 q4h。
- 考虑使用 IVIG：在随机对照研究中使用的剂量为 1 g/kg (第 1 天) 和 0.5 g/kg (第 2 和 3 天) 。
- 支持治疗和 ICU 监护。

其他信息

- 化脓性葡萄球菌产生链球菌化脓性外毒素 A (SPEA) 、链球菌化脓性外毒素 B (SPEB) 和链球菌化脓性外毒素 C (SPEC) 。

- 克林霉素能抑制毒素合成，是可选择的药物。
- 一项小型对照观察研究显示静脉 IG 能降低链球菌中毒性休克综合征患者的病死率。
- 一项随访双盲、安慰剂对照研究显示静脉 IG 能降低链球菌中毒性休克综合征患者病死率（但无统计学差异）。
- 早期外科干预对于筋膜炎和坏死性肌炎十分重要。一旦发现疼痛程度与查体发现不符合时就需怀疑是否有坏死性筋膜炎或肌炎。

推荐依据

Russell NE, Pachorek RE. Clindamycin in the treatment of streptococcal and staphylococcal toxic shock syndromes. Ann Pharmacother, 2001; Vol. 34; pp. 936 - 9.

注释：这篇文献总结了克林霉素治疗葡萄球菌和链球菌中毒性休克综合征有效性的实验数据。

血管内导管相关性感染

John G. Bartlett, MD

病原体

- 凝固酶阴性葡萄球菌（37%）。
- 金黄色葡萄球菌（13%）。
- 肠球菌（13%）。
- 革兰阴性杆菌（14%）。
- 念珠菌属（8%）。
- 大多数病原菌的来源：皮肤、污染的导管接头、污染的静脉输液、血行播散。

临床表现

- 菌血症：发热 + 未发现其他感染源 + 外周血培养和有意义的导管尖培养的病原体相同。
- 导管定植：只有导管尖培养阳性（> 15 cfu），血培养阴性。
- 静脉炎：如果置管部位皮肤发红、皮温升高、有压痛则需怀疑。置管隧道感染：距离置管部位 2 cm 已远的皮肤出现发红、皮温高和压痛。
- 感染部位：(1) 血 = 菌血症；(2) 置管部位：静脉炎（由于化学刺激或感染）；(3) 皮下囊肿；(4) 并发症：全身性感染、静脉炎和（或）脓肿。

诊断

- 获取 2 套血培养，其中至少 1 套为外周血。
- 中心静脉导管：可行采用导管尖平板滚动法培养，如果 > 15 cfu，提示导管定植 / 来源。
- 如果血培养及导管尖培养均阴性，寻找其他感染灶或需怀疑分枝杆菌感染。

治疗

可去除的中心静脉导管（CVCs）

- 诊断：2 套血培养（至少一套为外周血培养，PBC）：拔除 CVC、导管尖培养、置入新的导管。
- 经验性抗生素：如果病情严重 – 低血压、器官功能衰竭。

- PBC 阴性，CVC > 15 cfu：如有已知的瓣膜疾病、中性粒细胞减少、培养为念珠菌属或金黄色葡萄球菌，需要监测感染迹象及重复血培养。
- PBC 阳性 + CVC 阳性，凝固酶阴性葡萄球菌：去除 CVC + 抗生素治疗 7 天或保留 CVC + 静脉用抗生素 + 抗生素封管 ×10~14 天。
- PBC 和 CVC 培养均为金黄色葡萄球菌：去除 CVC + 行经胸部心脏超声 / 经食管心脏超声。如果超声未发现赘生物，正确抗生素治疗 14 天。如果超声发现赘生物，按照心内膜进行治疗。
- PBC 和 CVC 培养均阳性，且有并发症（心内膜炎、骨髓炎、感染性静脉炎）：去除 CVC + 针对病原体的抗生素 4~6 周。
- PBC 和 CVC 培养均为革兰阴性杆菌或念珠菌：去除 CVC + 正确抗生素治疗 14 天。

隧道 CVCs

- 隧道或皮下囊脓肿（血培养阴性）：拔除导管 + 抗生素 ×10~14 天。
- 并发症（如感染性静脉炎、心内膜炎、骨髓炎）：去除导管 + 正确抗生素 4~6 周。
- 凝固酶阴性葡萄球菌：保留导管 + 使用正确抗生素，并用抗生素封管 ×10~14 天。
- 金黄色葡萄球菌：如果经食管心脏超声未发现赘生物（无心内膜炎），去除导管 + 抗生素治疗 14 天。
- 白念或其他念珠菌属：去除导管 + 自末次血培养阴性后再使用正确抗真菌药物 14 天。行心动超声、眼科检查除外心内膜炎、眼内炎。

其他信息

- 一旦去除永久置管：只有在菌血症 / 真菌血症清除后再考虑重新置入。
- 经验性抗生素：需覆盖 MRSA 和耐药革兰阴性杆菌。例如：万古霉素 + 头孢他啶或头孢吡肟。
- CVC 培养：导管尖琼脂平皿培养（平板滚动法）。如 > 15 cfu 或超声振荡法 > 10^2cfu = 感染。
- 血液透析导管：10%~55% 导管有细菌定植。如果发生菌血症，易合并心内膜炎、骨髓炎和感染性静脉炎等并发症。
- 感染性血栓性静脉炎：去除导管、外科医生会诊是否需行静脉结扎 / 去除，抗生素 ×4~6 周。
- 金黄色葡萄球菌引起导管相关血行性感染出现下列情况时需假定经验性诊为心内膜炎而静脉用抗生素 6 周：（1）持续发热 > 72 小时；（2）存在人工瓣膜；（3）72 小时血培养仍阳性。
- 抗生素封管溶液
- 理论依据：局部抗生素浓度比血液峰浓度高 40~120 倍。
- 只有在非复杂性感染时才考虑应用抗生素封管治疗，非复杂性感染通常指凝固酶阴性葡萄球菌引起的非隧道 CVC 感染或由凝固酶阴性葡萄球菌、金黄色葡萄球菌或革兰阴性杆菌引起的非复杂性的隧道导管 / 输液管感染。
- 出现并发症或念珠菌感染时不要采用抗生素封管治疗。
- 一定要联合使用全身抗生素。
- 抗生素浓度 1~5 mg/ml + 肝素 50~100 U 或生理盐水充满导管腔（通常需要 2~5 ml）。
- 抗生素封管液至少在导管内留置 12 小时。
- 经典用法为万古霉素（1~5 mg/ml）、庆大霉素（1~2 mg/ml）和阿米卡星（1~2 mg/ml）。其他：头孢唑啉（5 mg/ml）、头孢他啶（0.5 mg/ml）、环丙沙星（1~2 mg/ml）。多数抗生素溶液在 37℃能稳定保存 72 小时。

· 最近建议用酒精封管治疗作为长期导管感染的补救治疗措施。典型的方案是每天用酒精溶液封管 12~24 小时 ×5 天。封管溶液为 25%~50%乙醇或医用乙醇。

预防

· CVC 引起导管相关全身性感染的风险是外周导管的 5~10 倍。

· CVC 或 PICC 置入：采用最大范围的铺巾。

· 使用抗生素或抗菌药物浸润导管能降低前 14 天导管相关感染的风险。

· 抗生素封管（用抗生素溶液冲洗及封管）：可以降低菌血症的发生率，但可能会引起耐药。

其他信息

· 诊断要点：血培养和导管尖培养结果一致。

· 治疗要点：（1）去除导管：外周导管 – 拔除导管；CVC – 最好仅在凝固酶阴性葡萄球菌感染时才采用保留导管的措施；（2）抗生素治疗疗程 – 通常为 7~14 天。

· 严重并发症：金黄色葡萄球菌 – 心内膜炎、感染性静脉炎和骨髓炎；念珠菌 – 眼内炎；革兰阴性杆菌 – 感染性休克。

· 置管 7 天内发生的导管感染，病原体最可能是来自皮肤。7 天后，病原体则可能来自污染的导管接头。

推荐依据

O' Grady N, et al. Guidelines for Prevention of Intravascular Cathether-Related Infections. Clin Infect Dis, 2002; Vol. 35; pp. 1281 - 307.

注释：IDSA 关于预防静脉导管相关感染的指南。

Mermel LA, Farr BM, Sherertz RJ, et al. Guidelines for the management of intravascular catheter-related infections. Clin Infect Dis, 2001; Vol. 32; pp. 1249 - 72.

注释：是本章节推荐意见的依据。此指南涉及了各种导管：外周导管、中心静脉导管、有隧道或皮下囊用于血透、静脉输液的中心静脉导管。本文复习了 514 例隧道型导管相关菌血症，结果成功保留了 342 例（67%）导管。效果最好的是表皮葡萄球菌引起的感染。复习 3 篇观察性研究，结果显示当病原体为金黄色葡萄球菌时，去除导管能有更好的疗效。复习 40 例应用抗生素封管治疗菌血症的病例，结果显示有所病例治疗均获成功。

软组织感染

咬伤

John G. Bartlett, MD

病原体

- 出血败血性巴斯德菌（猫及狗）。
- 犬咬噬二氧化碳菌（狗）。
- 啮蚀艾肯氏菌（人）。
- 链球菌属（所有咬伤），尤其是咽峡炎链球菌。
- 金黄色葡萄球菌（所有咬伤）。
- 中间葡萄球菌（狗）。
- 厌氧菌（所有咬伤），尤其是普氏菌。

临床表现

- 推荐意见包括人咬伤、猫咬伤、狗咬伤及蝙蝠咬伤（不包括昆虫叮咬）。
- 咬伤可导致蜂窝织炎、脓肿形成、化脓性腱鞘炎、感染性关节炎及骨髓炎（尤其是刺伤）。
- 患者可能会忽略或者错误陈述人咬伤及闭合性手部损伤的病史，因此要确认病史的准确性。掌指关节任何损伤都可能出现感染。

诊断

- 损伤 < 8h：压伤或刺伤，擦伤（尚未感染）。
- 损伤 > 8h：检查有无感染体征，如发热、蜂窝织炎、化脓性引流液、脓肿形成。
- 需氧 / 厌氧菌革兰染色及培养很重要（拭子或组织）。
- X 片检查评估有无骨髓炎。

治疗

一般治疗

- 原则：（1）清创；（2）抗生素（严重损伤早期或者晚期合并感染）通常选择阿莫西林 / 克拉维酸（875 mg PO，2 次 / 天）；（3）破伤风类毒素；（4）动物咬伤 – 应考虑狂犬病（在美国除接触蝙蝠以外很少见）。
- 清洁伤口：大量肥皂及水，酒精，聚维酮碘；刺伤 – 用 20 ml 注射器、18 号针头高压冲洗。
- 清除坏死组织；制动及抬高患肢。
- 伤口闭合：除早期清洁伤口及面部伤口以外，一般不缝合；用橡皮膏条使伤口边缘贴合。
- 破伤风疫苗接种史：如果 < 3 剂或剂量未知且为小伤口—应在当天，第 1~2 个月及第 6~12 个月分别接种破伤风类毒素（Td）0.5 ml。严重损伤：上述一组 Td+ 破伤风免疫球蛋白。

抗生素预防及治疗

- 预防指征：严重损伤 < 8 h，挤压伤；骨关节穿透伤，面部损伤、手或生殖器损伤；免疫抑制患者。
- 首选预防用药：莫西沙星（Avelox）400 mg PO，1 次 / 天 ×7 天。

- 其他可选择的药物：阿莫西林，多西环素，头孢呋辛（对大部分人及动物口腔菌群有效）。
- 抗感染治疗（明确感染，住院患者，首选）：阿莫西林/舒巴坦（优立新）1~2 g IV q6h 或替卡西林/克拉维酸（特美汀）3~6 g IV q4~6h。
- 门诊治疗（首选）：阿莫西林/克拉维酸（力百汀）875/125 mg PO，2 次/天或 2 000（XR）/125 mg，2 次/天。
- 其他可选择药物：莫西沙星 400 mg PO，1 次/天；阿奇霉素 500 mg PO，然后 250 mg，1 次/天。

狂犬病预防

- （1）肥皂清洗伤口；（2）抓住动物（如果可以并且不受到伤害）；（3）向公共卫生部门报告。
- 不要保存或触摸蝙蝠，并将其从密闭空间里赶出去。
- 可疑暴露：可疑患狂犬病的狗或猫咬伤；可疑的浣熊、臭鼬、蝙蝠、狐狸咬伤风险。
- 实际病例：1990—2003 年，美国共报道 30 例，其中 28 例无咬伤史，大部分有蝙蝠接触史。
- 狂犬病预防（见狂犬病章节，524 页）：（1）尽快清洗伤口——酒精或碘酒；（2）疫苗接种 ×5 肌注剂量；（3）狂犬病免疫球蛋白——昂贵，难获得，仅用于严重咬伤。
- 疫苗接种：Imovax（800-822-2463）或 RabAvert(PCEC)1 ml，第 0,3,7,14,28 天（800-244-7668），Rabipur（美国之外）1 ml 肌注第 0,3,7,14,28 天。
- 狂犬病免疫球蛋白（800-822-2463）20 IU/kg——1/2 肌注，1/2 伤口注射
- 无人 - 人接触传播，器官移植可传染（2004）。

随访

- 所有门诊咬伤患者，初始诊断和治疗后 1~2 天内应随访，重点内容是明确感染是否得到预防/控制和（或）需要外科处理。

其他信息

- 细菌学：供体口腔菌群和（或）受体皮肤菌群（金黄色葡萄球菌）。
- 口腔菌群：狗——多杀巴斯德菌，犬咬噬二氧化碳噬菌，厌氧菌；猫——多杀巴斯德菌，厌氧菌；人——链球菌，艾肯菌属，厌氧菌。
- 狂犬病预防——警惕蝙蝠、浣熊及臭鼬咬伤；发展中国家警惕狗咬伤；美国 1990—2003 年仅报道了 2 例非蝙蝠咬伤的狂犬病病例。
- 大部分伤口保持开放，用橡皮膏条使伤口边缘相互贴合；清洁伤口，面部伤口（美容问题）可缝合。

推荐依据

Rupprecht CE, Gibbons RV . Clinical practice. Prophylaxis against rabies. N Engl J Med, 2004; Vol. 351 ; pp. 2626 - 35.

注释：此章节推荐意见的推荐依据。

Talan DA, Citron DM, Abrahamian FM, et al. Bacteriologic analysis of infected dog and cat bites. Emergency Medicine Animal Bite Infection Study Group. N Engl J Med, 1999; Vol. 340 ; pp. 85 - 92.

注释：一项关于急诊狗、猫咬伤病原体的多中心研究，结果发现主要病原菌为金黄色葡萄球菌、多杀巴斯德菌和厌氧菌。

蜂窝织炎 / 丹毒见 42 页皮肤部分

气性坏疽

John G. Bartlett, MD

病原体

- 产气荚膜梭状芽胞杆菌。
- 诺维梭状芽胞杆菌。
- 败血梭状芽胞杆菌。
- 溶组织梭状芽胞杆菌。
- 污泥梭状芽胞杆菌（产后及污染海洛因注射后的中毒性休克）。

临床表现

- 24 h 内可出现严重疼痛，快速进展，合并发热、休克、溶血、肾功能衰竭。伤口表现为张力性水肿，并伴有皮肤颜色变化：白色到青色，最后发展到伴有水泡的黑色。
- 其他伴随表现包括溶血性贫血，白细胞增多，肾功能衰竭。临床过程迅速。
- 鉴别诊断：链球菌属（A 组链球菌）导致的肌坏死，坏死性筋膜炎，创伤弧菌感染，气单胞菌感染。

诊断

- 大疱抽取物或肌肉行革兰染色见棚车样革兰阳性杆菌。
- 血培养、肌肉培养或大疱抽取物培养出梭状芽孢菌属，通常为产气荚膜梭状芽胞杆菌。
- X 线检查组织中见气体影。
- CT 扫描见肌肉坏死表现。
- 注意：血培养、组织培养出梭状芽孢菌属者不足 1%，临床表现为气性坏疽，大部分培养分离出的菌株为标本污染，有些为混合感染。必须将培养结果与临床表现相结合考虑。

治疗

抗生素

- 原则：少见，但是早期诊断至关重要。根据损伤 / 手术病史 + 严重疼痛 + 软组织改变 +CT/MRI 诊断。应尽快外科手术 + 抗生素治疗。
- 首选：克林霉素 600~900 mg IV q6h+ 青霉素 2~4 mU IV q4h × 10~28 天（覆盖梭菌属 + 链球菌属及 5% 克林霉素耐药的梭菌属）。
- 其他可供选择方案：克林霉素 600~900 mg IV q6h+ 头孢噻肟 2~4g IV q8h 或亚胺培南 0.5~1 g IV q8h × 10~28 天（或美罗培南，多利培南或厄他培南：覆盖梭菌属、链球菌属以及可能合并的革兰阴性菌感染）。
- 青霉素过敏者：克林霉素或氯霉素 1g IV q6h。
- 大多数情况下体外敏感的药物：青霉素 G，氨苄西林，甲硝唑，哌拉西林，氯霉素，头孢噻肟，亚胺培南。常加用克林霉素减轻毒素生成。
- 梭菌属抗毒素：不再使用。
- 在亚抑菌浓度下可抑制毒素的药物：克林霉素，甲硝唑，四环素，氯霉素及利奈唑胺。

· 实验显示克林霉素、四环素或氯霉素对气性坏疽治疗效果比青霉素、高压氧更好。

外科治疗

· 常需实施截肢手术。
· 可能需要每天重复手术，清除坏死组织。
· 子宫气性坏疽：全子宫切除术。
· 盲肠炎（第三梭菌感染的盲肠炎）：通常内科治疗，但如果是败血梭状芽胞杆菌感染——可能需要开腹行切除术。

高压氧

· 高压氧治疗存在争议。
· 优点：常用于区分存活组织，便于手术。氧舱中的手术医生大多经验丰富。
· 缺点：患者转运过程可能会延误手术，临床研究数据不足以令人信服。

其他信息

· 与其他大疱性皮肤损害鉴别：坏死性筋膜炎，协同性坏死性蜂窝织炎，气单胞菌属感染，创伤弧菌感染。
· 其他严重软组织感染：坏死性筋膜炎（大肠杆菌合并厌氧菌或链球菌感染），肌坏死（链球菌或梭菌属），气单胞菌属（淡水 / 咸水接触史），弧菌属（海水 / 牡蛎）
· 需立即外科会诊。

推荐依据

Stevens DL, Bisno AL, Chambers HF, et al. Practice guidelines for the diagnosis and management of skin and soft-tissue infections. Clin Infect Dis, 2005; Vol. 41 ; pp. 1373 - 406 .

注释：治疗气性坏疽的指南为克林霉素 + 青霉素。高压氧的治疗作用不明确。

坏死性筋膜炎

John G. Bartlett, MD

病原体

· 需氧 - 厌氧菌混合感染。
· A 组链球菌（GAS），化脓链球菌。
· 产气荚膜梭状芽孢杆菌。
· 医院获得性 MRSA。
· 创伤弧菌。

临床表现

· 感染沿筋膜扩散——通常位于肢端、肛周、生殖器（富尼埃氏病）。
· 临床表现：严重疼痛，严重全身中毒症状，进展迅速，皮肤坏死伴大疱形成，张力性水肿，和（或）皮肤变为蓝 - 黑色。
· 部分患者有外伤或手术史；有些无此类病史。
· 鉴别诊断：（1）蜂窝织炎：抗生素治疗而不是手术治疗（大不一样）；（2）气性坏疽；（3）创伤弧菌；（4）软组织感染；（5）肌炎。
· 厌氧菌感染的脓液为“洗碗水样灰色”，有特征性的腐败味道，脓液革兰染色 / 培养提示混合感染。

- 最主要的3种细菌感染模式：A组链球菌，厌氧菌+大肠杆菌类混合感染，或MRSA-USA 300（译者注：USA300是MRSA的一种特殊菌株，含IV型葡萄球菌染色体mec基因盒、杀白细胞素、a型可溶性调控蛋白以及肠毒素Q和K）。可通过渗出液、大疱、抽吸物或血培养行革兰染色及培养鉴别。
- 混合厌氧菌感染最常见——需紧急外科手术。
- 宿主特异性病原体：a）糖尿病、类固醇使用者：毛霉菌;b）烧伤、中性粒细胞减少症患者：假单胞菌属坏死性蜂窝织炎;c）水产养殖接触者：海豚链球菌;d）淡/咸水接触者：气单胞菌属及创伤弧菌;e）全身感染：脑膜炎奈瑟菌，铜绿假单胞菌。

诊断

- 辅助检查：CT扫描或MRI提示筋膜平面感染。
- 不应该因为影像学检查延误治疗，应紧急外科会诊并行手术治疗。

治疗

抗生素治疗

- 治疗原则：CT/MRI或手术诊断。紧急手术。抗生素覆盖链球菌（克林霉素）或厌氧+大肠杆菌类（如腹腔内全身性感染用药）及MRSA（万古霉素，克林霉素或利奈唑胺）。
- 经验性治疗：利奈唑胺600 mg IV q12h+美罗培南1 g IV q8h或哌拉西林/他唑巴坦3.375 g IV q6h。
- 大肠杆菌类+厌氧菌混合感染（首选）：头孢噻肟2~4 g IV q8h+克林霉素600 mg IV q8h或甲硝唑500 mg IV/PO q6h。
- 其他可供选择的药物：阿莫西林/舒巴坦（优立新）1.5~3 g IV q6h或哌拉西林/他唑巴坦或替卡西林/卡拉维酸（特美汀）或亚胺培南。
- A组链球菌：克林霉素600 mg IV q8h+青霉素2~4 mU IV q4h。
- 病原体明确后抗生素调整：（1）链球菌：克林霉素+青霉素；（2）厌氧菌+大肠杆菌类混合感染：同腹腔内全身性感染用药。

手术治疗

- 强制切开+清创。
- 可能需要每天重复清创。

其他治疗

- 支持治疗：补液，肾衰治疗，伤口处理。
- 高压氧：疗效有争议。问题在于需转运危重患者，且益处不确定。
- 高压氧（续）：可能的好处：术者大多是外科专家，擅长处理严重软组织感染，尤其是需要广泛手术及再次手术的患者。
- 中毒性休克（链球菌）：IVIG（> 2倍剂量：有些人用法为50 g/剂，另一部分人用法为0.4 g IV q6h）。
- 感染控制：A组链球菌及MRSA，采用接触预防。
- 感染控制：有人认为A组链球菌可传染给家庭成员，家庭接触者及医务人员，但风险很低。

随访

- 警惕软组织感染：（1）严重疼痛；（2）全身中毒症状；（3）大疱；（4）皮肤坏死；（5）组织中有气体；（6）张力性水肿。

其他信息

- 即刻治疗：（1）初始抗生素覆盖链球菌（克林霉素 ± 青霉素）及厌氧菌/大肠杆菌类(按腹腔内全身性感染给药)及MRSA(克林霉素 ± 利奈唑胺/万古霉素)；（2）尽快手术；（3）如果时间允许，可行CT或MRI检查明确病变范围。
- A组链球菌坏死性筋膜炎两个主要并发症：坏死迅速扩展及中毒休克综合征。

推荐依据

Stevens DL, Bisno AL, Chambers HF, et al. Practice guidelines for the diagnosis and management of skin and soft-tissue infections. Clin Infect Dis, 2005; Vol. 41 ; pp. 1373 - 406 .

注释 :IDSA的指南，内容涉及了坏死性皮肤、皮肤组织及深部组织感染的诊断治疗。

作者观点。

注释 : 给出了目前指南之外的其他信息。

化脓性肌炎

John G. Bartlett, MD

病原体

- 金黄色葡萄球菌——包括MRSA。
- 革兰阴性杆菌（罕见）。
- 厌氧菌混合感染。
- 链球菌包括肺炎链球菌。
- 免疫抑制患者（尤其是AIDS）：曲霉菌，分枝杆菌（TB，鸟型胞内分枝杆菌），沙门氏菌，其他革兰阴性杆菌。

临床表现

- 表现为疼痛，压痛，肌肉以上局部肿胀 + 发热。可累及较大肌肉，典型包括髂腰肌，股四头肌。
- 危险因素：HIV，静脉吸毒者、贯通伤，热带照射（热带化脓性肌炎），糖尿病，应用激素，肝硬化。
- 可能为单部位或多部位，可创伤后出现或自发出现。
- 最常见部位为腿部肌肉（四头肌，臀肌，腰大肌）。
- 鉴别诊断：坏死性筋膜炎，气性坏疽，蜂窝织炎，痈、链球菌肌炎，静脉炎。

诊断

- CT扫描或MRI提示肌肉脓肿。
- 脓肿抽吸（外科或CT/US引导下）可见脓液，培养通常为金黄色葡萄球菌。
- 可合并菌血症。

治疗

根据抽吸物革兰染色/培养结果选择治疗

- 甲氧西林敏感的金黄色葡萄球菌，可根据体外实验结果，将原抗感染药物，如万古霉素、克林霉素、TMP-SMX、利奈唑胺等改为β－内酰胺类药物。其他不常见的微生物感染，可根据培养及药敏实验结果选择药物。
- 首选：金黄色葡萄球菌（MSSA）萘夫西林/苯唑西林 2 g 静脉 q6h 或头孢唑啉 500~1 000 mg 静脉 q8h × 14~28 天。

- 金黄色葡萄球菌（MSSA，青霉素过敏者）：克林霉素，TMP-SMX，万古霉素。
- 金黄色葡萄球菌（MRSA）：万古霉素 15 mg/kg IV q12h 或利奈唑胺 600 mg q12h PO/IV ×14~28 天。
- 葡萄球菌属、链球菌属、厌氧菌：克林霉素 600 mg q8h×14~28 天。
- 厌氧菌：氨苄西林 / 舒巴坦 1.5~3 g IV q6h 或克林霉素或哌拉西林 / 他唑巴坦或替卡西林 / 克拉维酸或亚胺培南。

手术治疗

- 开放引流或 CT/US 引导下抽吸引流。
- 复杂感染患者可能需要筋膜切开及清创术。
- 无引流情况下，经验性抗金黄色葡萄球菌治疗效果欠佳。

其他信息

- 金黄色葡萄球菌不是最常见的致病菌。
- 易感因素：HIV、静脉吸毒，穿透伤、热带暴晒史（热带化脓性肌炎）、糖尿病、使用类固醇、肝硬化。

推荐依据

Harbarth SJ, Lew DP. Pyomyositis as a nontropical disease. Current Clinical Topics in Infect Dis. Remington J, Swartz MN (Eds), Blackwell Science Publ, 1997; pp. 37 - 50.

注释：强调了非热带化脓性肌炎的鉴别诊断，50%~60%的患者为继发性，原因包括：糖尿病、肝硬化、激素使用、Felty 综合征、镰状细胞病、HIV。

作者意见。

注释：目前无关于化脓性肌炎治疗的指南。

性传播疾病

生殖器溃疡淋巴结病综合征 / 生殖器溃疡疾病（GUD）

Nreen A. Hynes, MD, MPH

病原体

- 单纯疱疹病毒。
- 梅毒螺旋体（一期梅毒或硬下疳）。
- 可引起性病淋巴肉芽肿（LGV）的沙眼衣原体血清型 L_1、L_2 及 L_3。
- 肉芽肿克雷伯肉氏菌（既往称为肉芽肿夹膜杆菌）导致腹股沟肉芽肿。
- 其他少见的引起生殖器溃疡性腺体疾病症候群的病原体包括：阴虱 – 疥螨属脓皮病，阴道毛滴虫，溶组织阿米巴。
- 非感染性因素包括：创伤，固定性药疹，莱特综合征，白塞病。

临床表现

- 生殖器溃疡会增加 HIV 的感染和传播，故应向所有生殖器溃疡 (GUD) 患者提供 HIV 咨询并检测 HIV。
- 实验室诊断很关键：临床诊断准确性不够，且 5%~10% 患者可同时感染多种病原菌。临床诊断软下疳的准确性最高（80%），而对其他病因诊断准确性差，生殖器单纯疱疹病毒（22%），一期梅毒（55%），性病性淋巴肉芽肿（27%）。
- 溃疡及淋巴结病变位置：男性——溃疡可能位于包皮（未环切者），冠状沟（环切者），系带附近，或阴茎体；女性——溃疡可位于阴唇，阴道壁，子宫颈，大腿内侧或阴唇系带。有肛交经历者应检查职场或肛周有无溃疡；腹股沟区域引流的淋巴结最先受累；股淋巴结较少受累。
- 单纯疱疹病毒（1 型及 2 型）：与感染患者性交后 2~7 天后皮肤表面出现多个成簇的小囊泡，并迅速变为溃疡，疼痛，无硬结，基底红且光滑；常合并双侧腹股沟淋巴结肿大，又触痛。这种经典类型常见于初次 HSV 感染。复发性 HSV 感染，疼痛及淋巴结病变少见。抗体依赖的细胞毒性及补体系统轻微异常可能是病变复发的原因。
- 一期梅毒（硬性下疳）：性接触后 2~4 周出现无痛、边界清晰的多发溃疡；溃疡基底常黄红、光滑、有光泽，边缘坚硬（像牛津衬衣领纽扣眼）；可有单侧或双侧无痛性、非化脓性淋巴结肿大，不伴全身症状。这种经典类型可见于 50% 病例。
- 软下疳：与感染患者性接触后 3~7 天出现单个或多个（1~3）溃疡，较深，边界清晰或不规则；溃疡基底粗糙，呈黄灰色，硬结较软。单侧或双侧腹股沟可出现痛性淋巴结肿大，并可出现化脓。全身症状较少见。10% 的患者合并梅毒感染。
- 腹股沟淋巴肉芽肿（LGV）：常为单个溃疡，疼痛程度不一，存在时间短，常被忽视，直至感染晚期才得以诊断；最初皮损可在与感染患者性接触后 10~14 天出现，可表现为丘疹、小疱、囊泡或溃疡。出现皮损后 7~30 天可出现单侧或双侧疼痛不定的淋巴结肿大。男性患者，可有“沟槽征”或腹股沟韧带上下淋巴结肿大（但也可见于软下疳）。
- 腹股沟淋巴结可有波动感甚至破裂。女性患者可有骨盆痛，感染随淋巴循环播散至直肠黏膜区域可出现直肠炎症状。北美及欧洲，男性与男性性交传染病例呈上升趋势，该类患者也可出现直肠炎。
- 腹股沟肉芽肿：与感染患者性接触后 1~4 周出现无痛性单个或多个溃疡；溃疡硬

结较硬，边界清晰或不规则，外观肥厚或有疣，基底发红，粗糙，牛肉样，易碎；常无真正的淋巴结病——因皮下肉芽肿病变蔓延（因此称为腹股沟肉芽肿），可形成假性淋巴结炎；全身症状少见。溃疡常自边缘向中心愈合。治疗后 6~18 月可复发。

诊断

- GUD 诊断系列检查：如果患者有增加感染危险（如在流行区性接触史）的性接触的流行病学特征，应检测梅毒（暗视野镜检，血清型检查）、HSV（培养）、软下疳（培养）、性病性淋巴肉芽肿（细胞培养）、腹股沟肉芽肿（组织涂片或活检）。
- 一期（及二期）梅毒的确诊：溃疡底部、外生殖器（非口腔或直肠来源）扁平湿疣收集的标本或无痛性增大淋巴结吸取物，暗视野镜检或直接免疫荧光（IF）染色见螺旋体可诊断。此期血清学筛检（如 RPR/VDRL）结果不固定。
- 一期（及二期）梅毒疑诊：需要两种血清学检查来诊断——非密螺旋体抗原实验（如 RPR、VDRL）及密螺旋体实验 [如荧光素密螺旋体抗体吸附实验 [FTA-ABS] 及梅毒螺旋体颗粒凝集实验（TP-PA）]。非密螺旋体实验与疾病活动相关，为梅毒初筛实验，如果阳性，则行密螺旋体实验。一期梅毒早期，确诊实验阳性，但这两种血清学检查可能呈假阴性——一期梅毒，RPR 检测敏感度为 80%；FTA-ABS 敏感度为 80%~100%。密螺旋体实验可保持终身阳性，而 RPR 可转阴，因此在感染早期病情活动时，不能单靠密螺旋体实验诊断。
- 生殖器疱疹：推荐细胞培养检测，但是敏感度、特异度与病变损害阶段相关：囊泡期，敏感度 95%；溃疡期敏感度 50%；复发性病损，敏感度低，病变开始愈合，检测敏感度迅速下降；HSV DNA PCR 检测敏感度较高，但是 FDA 未批准其用于生殖器样本检测；Tzanck 涂片敏感性差（囊泡期 67%；溃疡期 50%）；对于生殖器出现复发症状或症状不典型患者，以及性伴侣确诊为生殖器疱疹患者，行 HSV 特异性糖蛋白 G2（HSV-2）和 G1（HSV-1）血清学检查有助于诊断。总体上说，对于可疑生殖器 HSV 感染患者，血清学检查用处不大。
- 软下疳：培养见杜克雷嗜血杆菌可明确诊断，其敏感度只有生殖器拭子 PCR 检测的 75%，但 PCR 目前仅用于研究。
- LGV：确诊要靠培养，但治愈率仅 50%；补体结合实验（CF）或微量免疫荧光实验（MIF）血清学检测不能区分本病和其他衣原体感染。尽管侵袭性沙眼衣原体 D-K 血清型感染 CF 及 MIF 检测也可出现高滴度阳性，但如 CF 滴度 > 1:256 或 MIF 滴度 > 1:128 为阳性，仍高度提示 LGV。
- 腹股沟肉芽肿：组织压片或活检标本行吉姆萨或瑞特染色见杜诺凡体（巨噬细胞内杆状细菌）。只有 60%~80% 患者涂片或活检可找见杜诺凡体。

治疗

生殖器疱疹治疗

- 首次临床治疗：阿昔洛韦 400 mg PO q8h × 7~10 天或阿昔洛韦 200 mg PO × 7~10 天（译者注：原文此处有误）或泛昔洛韦 250 mg PO q8h × 7~10 天或伐昔洛韦 1 g PO 2 次 / 天 × 7~10 天。
- HSV 复发治疗：使用 5 天（HIV+ 患者使用 5~10 天）：阿昔洛韦 400 mg PO q8h；阿昔洛韦 800 mg PO 2 次 / 天；泛昔洛韦 125 mg PO 2 次 / 天或伐昔洛韦 1 g PO 2 次 / 天。其他治疗方法：阿昔洛韦 800 mg PO q8h × 2 天；泛昔洛韦 1 g PO 2 次 / 天 × 1 天；伐昔洛韦 500 mg 2 次 / 天 PO × 3 天。
- 复发患者一日控制治疗（无 HIV 者）：阿昔洛韦 400 mg PO 2 次 / 天；泛昔

洛韦 250 mg PO，2 次 / 天；伐昔洛韦 500 mg PO，1 次 / 天；伐昔洛韦 1 g PO，1 次 / 天。

- 复发患者一日控制治疗（HIV 感染者）：阿昔洛韦 400~800 mg PO，q8~12h；泛昔洛韦 500 mg PO，2 次 / 天；伐昔洛韦 500 mg PO，1 次 / 天（不要使用 1 g 2 次 / 天）。
- 阿昔洛韦耐药的 HSV（其他口服药物无效）：膦甲酸 40 mg/kg IV q8h 直到临床缓解；1% 西多福韦凝胶涂患处 1 次 / 天 ×5 天可能有效（需要药房配制）。
- 重症患者或有并发症需要住院患者：阿昔洛韦 5~10 mg/kg IV q8h×2~7 天或直到临床好转。改为口服到 10 天疗程结束。

一期梅毒治疗

- 苄星青霉素 G（BPG）2.4 mU IM×1。
- 青霉素过敏（怀孕患者禁用）：多西环素 100 mg PO 2 次 / 天 ×14 天；或四环素 500 mg PO q6h×14 天；或非 IgE 介导的青霉素过敏患者——头孢曲松 1gIV 或 IM1 次 / 天 ×8~10 天。因治疗失败，不再推荐使用阿奇霉素。
- HIV 感染患者：苄星青霉素 G（BPG）2.4 mU IM×1（有人推荐 1 次 / 周 ×3 天）。青霉素过敏的 HIV 患者，推荐脱敏后使用 BPG；如果不可行，则使用上述青霉素过敏患者的治疗方法，但该方法对 HIV 感染患者的治疗是否有效并无相关研究。
- 孕妇：始终选用青霉素；青霉素过敏症可先脱敏治疗。四环素及多西环素孕妇禁忌；红霉素因不能可靠治愈感染的胎儿，不推荐使用；头孢曲松治疗母体梅毒或预防先天梅毒依据不足，不应使用。

软下疳治疗

- 阿奇霉素 1 g PO×1。
- 头孢曲松 250 mg IM×1。
- 环丙沙星 500 mg PO 2 次 / 天 ×3 天（孕妇及哺乳父女禁用）。
- 红霉素 500 mg PO q6h×7 天。

性病性淋巴肉芽肿（LVG）治疗

- 多西环素 100 mg PO 2 次 / 天 ×21 天。
- 孕妇：红霉素 500 mg PO q6h×21 天。
- 阿奇霉素（未证实的方法，但有些 STD 患者认为有效）：1 g 口服 1 次 / 周 ×3 周。
- HIV 感染患者：治疗方法与非 HIV 感染者相同，但如果症状缓解较慢，需延长服药时间。

腹股沟肉芽肿治疗

- 多西环素 100 mg PO 2 次 / 天，至少 3 周，直到病损完全愈合，这是推荐的治疗方法。有些 STD 专家推荐，对于 72h 后主观症状无缓解患者，加用庆大霉素 1 mg/kg IV q8h。
- 可供选择的其他方法（至少 3 周，直到病损完全愈合）：阿奇霉素 1 g PO 1 次 / 周；或环丙沙星 750 mg，2 次 / 天；或红霉素 500 mg PO q6h；或复方磺胺甲氧苄啶双剂型（160 mg/800 mg）片剂口服 2 次 / 天。
- 孕妇及哺乳妇女：红霉素 500 mg PO q6h，至少 3 周，直到病损完全愈合。治疗最初可考虑加用肠外氨基糖苷类药物，如庆大霉素 1 mg/kg IV q8h。多西环素及环丙沙星孕妇禁用；哺乳妇女避免使用环丙沙星。

随访

- 生殖器 HSV：性伴侣应接受评估及咨询。性伴侣如有症状，应接受评估并接受与患者相同的治疗。有症状患者的性伴侣如无症状，应询问是否有生殖器病损病史，及行 HSV 感染特异性血清学检测。
- 一期梅毒：若患者症状及体征持续存在，或症状、体征反复，或非密螺旋体滴度较治疗开始时持续（如治疗≥ 6 月后）增高 4 倍，提示治疗失败或者患者再次感染。需行 HIV 检测，治疗失败可能提示未发现的中枢神经系统感染，因此还需行腰穿送检脑脊液。如果脑脊液检测阴性，可再次使用苄星青霉素 G 2.4 mU 1 次 / 周 ×3 周。患者诊断梅毒前 90 天内的性伴侣可能处于梅毒潜伏期，应按可疑梅毒患者治疗；90 天以前的性伴侣应行梅毒检测。
- 软下疳：治疗后 3~7 天应重新检查；如患者症状在治疗 72h 时得到缓解，溃疡在 7 天内好转，提示治疗成功。如临床症状无改善，应重新评判诊断是否正确，是否合并其他 STD 或 HIV 感染，是否未坚持按处方治疗，是否为对所选抗生素耐药的杜雷克嗜血杆菌感染。溃疡完全愈合时间与最初溃疡大小相关；未受割礼的男性愈合较慢。如果淋巴结化脓需引流，因为切开引流后较少需要重复引流，故与针刺抽吸相比，推荐切开引流。患者出现症状前 10 天内及出现症状后的性伴侣，无论有无症状及体征，均应接受治疗。
- 性病性淋巴肉芽肿（LGV）：随访至症状及体征完全缓解；患者出现症状前 60 天内的性伴侣应接受检查，明确有无尿路、宫颈或直肠衣原体感染，并给予标准的抗衣原体治疗（阿奇霉素 1 g PO 1 次 / 天或多西环素 100 mg PO 2 次 / 天 ×7 天）。
- 腹股沟肉芽肿：随访直至症状、体征缓解；患者出现症状前 60 天内的性伴侣应接受检查，并给予治疗。

其他信息

- 无某一种药物能用于治疗各种不同的生殖器溃疡淋巴结病综合征。
- 所有生殖器溃疡疾病均会使 HIV 感染及传播的风险增加。
- 在美国，HSV 感染是最常见的 GUD 的病因。复发性疼痛性溃疡，且之前有囊泡形成，常提示 HSV 感染。
- 在梅毒感染高发或感染率呈上升趋势的地区，所有生殖器溃疡患者，无论有无淋巴结病变，出现症状时均应给予抗梅毒治疗。

推荐依据

Centers for Disease Control and Prevention, Workowski KA, Berman SM. Sexually transmitted diseases treatment guidelines,2006. MMWR Recomm Rep, 2006; Vol. 55 ; pp. 1 - 94.

注释：CDC 治疗指南为临床医生提供了关于 STD 治疗的切实可行的推荐意见，由这些意见是由一组 STD 诊断、治疗、预防和控制方面的国内国际专家共同制定。这些指南的电子版本可通过 CDC 网站获得：www.cdc.gov.

杜克雷嗜血杆菌（软下疳）见第 324 页病原体部分

单纯疱疹病毒见第 499 页病原体部分

人乳头瘤病毒见第 507 页病原体部分

淋病奈瑟菌见第 361 页病原体部分

直肠炎（性传播）

Nreen A. Hynes, MD, MPH

病原体

- 淋病奈瑟菌。
- 沙眼衣原体。
- 单纯疱疹病毒。
- 沙眼衣原体，性病性淋巴肉芽肿（LGV）血清型。
- 男同性恋者（MSM）肠道病原体：可能包括沙门氏菌属，志贺菌属，溶组织阿米巴，及兰伯贾第虫，均可通过性传播。如为 MSM，应考虑上述感染并行相应的检查。
- 重度免疫抑制患者：可出现 CMV 直肠结肠炎，但被认为是既往获得性感染再发。

临床表现

- 肛交患者如患直肠炎，HIV 感染的机会可增加 9 倍。
- 直肠炎患者可出现直肠黏膜的炎症表现，如乙状结肠镜下见齿状线至其上 15 cm 处黏膜炎症。直肠结肠炎时，炎症可蔓延至齿状线以上 > 15 cm 处，到达乙状结肠。肛管被覆鳞状上皮（自肛外缘或肛门入口之齿状线），肛管感染虽然与直肠炎在技术上有区分，但通常认为属于直肠炎。
- 病史：所有肛门溢脓、里急后重、肛门直肠痛的患者或发现有阴道炎、宫颈炎或尿路炎伴随症状及体征的患者，均应询问有无肛交史。10% 接受调查的美国妇女有定期肛交史。
- 全身症状及体征：里急后重（肛门括约肌疼痛痉挛，伴随紧急排便感及不自主用力，但无排便或排便极少）伴或不伴便秘是最常见的症状，肛门直肠痛，黏液脓性便，伴或不伴血便。直肠结肠炎可表现为直肠炎，腹泻，腹胀，腹痛。
- 部位特异性临床表现：肛管——因为丰富的感觉神经末梢（HSV 及梅毒），疼痛剧烈。直肠——如不伴肛门感染，常无疼痛。衣原体及淋球菌性直肠炎通常无症状。
- 淋球菌性直肠炎：可出现肛门瘙痒，黏液脓性便，疼痛及里急后重，伴或不伴便秘。如不治疗，可形成直肠脓肿。因疼痛明显，可能无法视诊，但可行直肠拭子培养。直肠镜检查所见，可为正常黏膜、脓液及接触性出血。
- 衣原体（非 LGV）直肠炎：当有症状时，可能与表现为肛门瘙痒症、黏液便而非黏液脓性便及肛周疼痛的轻型淋球菌性直肠炎难以区分。如果可行，直肠镜检查可见正常黏膜、红斑形成，伴或不伴水肿，可能的接触性出血。有症状的 MSM 患者应考虑 LGV。
- LGV 直肠炎：在发达国家，几乎仅见于 MSM 患者（在一些欧洲国家有暴发流行报道）；感染部位无痛性浅脓疱或溃疡形成（初始阶段），常被患者忽略。肛门生殖器症状在初始阶段后 3~6 月后出现，是最常见的二期症状之一。患者常有发热、肌痛、关节痛、纳差、全身不适等全身症状。可有疼痛，血性、黏液脓性或混合性便，里急后重，便秘等直肠炎或直肠结肠炎症状。LGV 直肠炎 / 直肠结肠炎未经治疗，可导致组织破坏，形成瘘管或狭窄。与克罗恩病进行鉴别十分重要，以避免不恰当及可能导致损伤的干预治疗。
- 疱疹性直肠炎：通常直肠炎包括肛周感染及直肠感染；成簇的囊泡形成，并转变为疼痛性浅溃疡；排便时伴中到重度疼痛，血便或黏液脓性便。85% 为 HSV-2 感染，15% 为 HSV-1 感染；免疫抑制患者可出现严重 HSV 直肠炎；直肠炎患者出现直肠疼痛及便秘，尿潴留提示 HSV 感染。

- 梅毒性直肠炎：一期梅毒（硬下疳）局限于肛周及直肠区域，不导致直肠炎。检查可见无痛性溃疡形成，基底清洁，边缘有硬结，像牛津衬衣领的纽扣孔；二期梅毒引起的直肠炎常位于肛区，且常在硬下疳消退后出现。可见肛周湿疣，直肠黏膜斑（卵圆形或新月形破损或直径 1 cm 左右溃疡，表面覆灰色黏液性渗出物，边缘红斑；黏膜斑可融合或形成新的匍行性病损，有时成为蜗牛足迹样溃疡）；全身皮疹，累及或不累及手掌及足底。常有发热、淋巴结病变。

诊断

- 一般诊断：光学显微镜——肛门直肠分泌物革兰染色 > 4 个多形核中性粒细胞 / 高倍视野；留取标本行暗视野检查（如果可行）查找梅毒，革兰染色及培养（淋病，衣原体，疱疹）及梅毒血清学检测；还应行尿路、咽部、宫颈（女性）标本培养。MSM 患者应行大便培养查找肠道病菌，同时需大便找虫卵和寄生虫。
- 淋球菌性直肠炎：诊断依靠培养；核酸扩增检测（NAAT）已被 FDA 批准用于检测生殖器标本（宫颈及男性尿道拭子及尿液），但是 NAATs 对于直肠或口咽部淋球菌感染检测尚未得到充分的评估（一项 CDC 发起的检验 NAAT 对于上述部位淋球菌感染检测价值的实验正在阿拉巴马大学进行中，预计 2009 年将得出结果）。
- 衣原体（非 LGV）直肠炎：通过培养诊断；核酸扩增检测（NAAT）已被 FDA 批准用于检测生殖器标本（宫颈、男性尿路拭子及尿液），但是 NAATs 在检测直肠或口咽衣原体感染方面的作用并未得到充分验证。
- LGV 直肠炎：通过自受累直肠黏膜收集的标本培养诊断；尚无数据表明 NAAT 能有效检测直肠标本；如出现腹股沟淋巴病变或淋巴结炎，应抽吸标本行沙眼衣原体培养、直接免疫荧光或核酸检测。为区分 LGV 及 non-LGV 衣原体，应行基因分型检测。补体结合实验（滴度 > 1:64）可支持该诊断，但不能确诊。如果疑诊该症，在等待实验室结果回报时即给予治疗。
- 疱疹直肠炎：疱疹病毒培养或聚合酶链反应。
- 梅毒性直肠炎：取黏膜斑部位标本（如果可行）行暗视野镜检查找螺旋体；梅毒血清学检查[快速血浆反应素实验 (RPR) 联合确诊实验，如荧光密螺旋体抗体吸附实验 (FTA-Abs)，诊断二期梅毒敏感度可达 100%]。
- 如患者症状或乙状结肠镜检查提示结肠炎，应行弯曲杆菌属、沙门氏菌、志贺菌属培养，并行大便找虫卵和寄生虫，明确有无溶组织阿米巴及兰伯贾第虫感染。上述病原体通常不通过性传播，但 MSM 及其他肛交者可能经性传播。

治疗

初始经验性治疗（可疑淋病或衣原体感染）

- 头孢曲松 125 mg IM × 1，土霉素 PO 2 次 / 天 ×7 天。
- 头孢克肟 400 mg PO × 1，多西环素 PO 2 次 / 天 ×7 天。
- 环丙沙星 500 mg PO × 1（MSM 患者不用），多西环素 PO 2 次 / 天 ×7 天。
- 氧氟沙星 400 mg PO × 1（MSM 患者不用），多西环素 PO 2 次 / 天 ×7 天。
- 左氧氟沙星 250 mg PO × 1（MSM 患者不用），多西环素 PO 2 次 / 天 ×7 天。

HSV 直肠炎，第 1 次治疗

- 阿昔洛韦 400 mg 5 次 / 天 ×10 天。
- 伐昔洛韦 1 g PO 2 次 / 天 ×7~10 天。
- 泛昔洛韦 250 mg PO 3 次 / 天 ×7~10 天。

每年发作 4 次患者 HSV 控制

- 非 HIV 感染者：阿昔洛韦 400 mg PO 2 次 / 天或泛昔洛韦 250 mg PO 2 次 / 天或伐昔洛韦 1 g PO 1 次 / 天。
- HIV 患者 HSV 直肠炎：阿昔洛韦 5~10 mg/kg IV q8h，直到临床缓解，然后阿昔洛韦 400~800 mg PO 2~3 次 / 天或泛昔洛韦 500 mg PO 2 次 / 天或伐昔洛韦 500 mg PO 2 次 / 天。

梅毒性直肠炎

- 苄星青霉素 G 2.4 g 肌注 ×1 次。
- 青霉素过敏（非孕妇）：多西环素 100 mg PO 2 次 / 天 ×14 天。
- 性病性淋巴肉芽肿（LGV）直肠炎
- 多西环素 100 mg PO 2 次 / 天 ×21 天。

随诊

- 所有症状明显的直肠炎的患者就诊后 72h 均应随访，评估症状是否缓解；LGV 患者应每周随访，评估疗效，并进一步确定是否需要延长治疗时间。
- 患者性伴侣应根据接受检查，并根据实验室检查结果给予治疗。
- 实验室确诊 LGV 患者应在治疗结束 4~5 周后复查，明确是否治愈。

推荐依据 Centers for Disease Control and Prevention, Workowski KA, Berman SM. Sexually transmitted diseases treatment guidelines,2006. MMWR Recomm Rep, 2006; Vol. 55 ; pp. 1 - 94,

注释：CDC 治疗指南为临床医生提供了关于 STD 诊断、治疗、预防和控制的推荐意见，这些意见是由一组美国国内及国际专家共同制定的。这些指南的电子版本可通过 CDC 网站获得：www.cdc.gov.

苍白密螺旋体（梅毒）见第 407 页病原体部分

外科感染

阑尾炎

Christopher F. Carpenter, MD and Aditi Swami, MD

病原体

- 通常为混合感染。
- 肠杆菌。
- 厌氧菌。
- 肠球菌。

临床表现

- 青年男性患者的阑尾炎诊断相对简单，但对绝经期前妇女及老年患者，阑尾炎的鉴别诊断相当广泛。
- 罹患风险5%~10%，男性尤高，患病高峰年龄为15~25岁，但各年龄组均有分布。
- 每年美国要进行超过250 000例的阑尾切除术，术中15%~20%阑尾是正常的（绝经期前妇女、小儿、老年人中尤为多见）。
- 病死率1/600（老年人更高），诊断准确程度存在性别差异：男性78%~92%，女性58%~95%。
- 鉴别诊断包括妇科情况（包括盆腔炎、卵巢囊肿破裂、宫外孕等）、胃肠炎、泌尿系感染、克罗恩氏病、肾绞痛、不明原因腹痛、回盲肠炎及肠系膜淋巴结炎（如耶氏菌感染）。

诊断

- 虽然近年来影像学及实验室检查进展迅速，病史和体格检查仍是诊断阑尾炎的关键。
- 病史/体格检查：腹痛、压痛逐渐进展至肌紧张，伴自脐周向右下腹麦氏点（大约位于髂前上棘至肚脐连线的中外1/3处）转移的游走性疼痛。
- Rovsing's征：触诊左下腹时的右下腹放射痛。腰大肌征：过度外展右髋时腹痛。闭孔肌征：内旋右髋时腹痛。
- 实验室检查：非特异性伴核左移的白细胞增多、也可以白细胞不高；评估其他可能的病因（包括尿常规、β-HCG等）。
- 超声和CT检查是临床判断的有效辅助手段。CT更为准确且能提供鉴别诊断。诊断不明时行影像学检查获益最大。
- 诊断不明时，观察或腹腔镜检查亦可能有益。

治疗

一般治疗

- 外科手术切除阑尾是根本治疗手段。
- 抗生素疗程需根据阑尾炎严重程度，即是单纯阑尾炎、坏疽性阑尾炎或阑尾穿孔伴腹膜炎，决定。
- 单纯阑尾炎仅需要围手术期抗生素预防。
- 坏疽性阑尾炎及阑尾穿孔伴腹膜炎需抗生素治疗，疗程3~5日，但对于复杂病例疗程可能需延长。

外科治疗

- 紧急外科干预是急性阑尾炎（无论是否穿孔和继发腹膜炎）的治疗基础。
- 切除的阑尾中 15%~20% 是正常阑尾，尤其多见于绝经期前妇女、小儿及老年人。
- 穿孔率大约 20%，青年 (40%~57%) 及老年 (55%~70%) 比例高。
- 开腹手术还是腹腔镜手术孰优孰劣尚无共识。

单药预防及治疗

- 替卡西林 – 克拉维酸 3.1 g IV q6h。
- 阿莫西林 – 舒巴坦 3.0 g IV q6h。
- 哌拉西林 – 他唑巴坦 3.375 g IV q6h 或 4.5g IV q8h。
- 替加环素 100 mg IV 首剂，之后 50 mg IV q12h。
- 厄他培南 1000 mg IV qd。
- 多利培南 500 mg IV q8h。
- 哌拉西林舒巴坦或多利培南更适合用于严重腹腔内感染或有近期抗生素应用史的患者。

联合预防及治疗

- 甲硝唑(0.5 g IV q6 - 8h, 危及生命时，先予 15mg/kg 负荷量)联合下述药物之一：
- 头孢唑林 1~2 g IV q8h。
- 头孢曲松 2.0 g IV q24h。
- 头孢噻肟 2.0 g IV q6~8h。
- 头孢吡肟 2.0 g IV q12h。
- 环丙沙星 400 mg IV q12h。
- 左氧氟沙星 500 mg IV q24h。
- 氨曲南 1 g IV q8hr—2g IV q6h。
- 庆大霉素或妥布霉素 2.0 mg/kg 负荷量，后 1.7 mg/kg q8h IV；亦可每天单次给药（5~6 mg/(kg・d)ay）。

随诊

- 通常较少并发症。

其他信息

- 腹腔镜检查有助于准确诊断，尤其对于 16~39 岁的妇女。
- 目前关于非手术治疗的研究尚未与手术治疗疗效相似的结果。
- 阑尾炎症反应评分（AAppendicitis Inflammatory Resnse(AIR)score）是近年来新出现的临床诊断工具。

推荐依据

Solomkin JS, Mazuski JE, Baron EJ, et al. Guidelines for the selection of anti-infecte agents for complicated intraabdominal infections. Clin Infect Dis, 2003; Vol. 37; pp. 997 - 1005 .

注释：来自于 IDSA（美国感染病协会）、SIS（外科感染学会）、ASM（美国微生物学会）及 SIDP（美国感染专科药师协会）指南和共识，最新更新于 2010 年。

胆管炎

Christopher F. Carpenter, MD and Aditi Swami, MD

病原体

- 通常为混合感染。
- 大肠埃希氏菌。
- 克雷伯菌。
- 肠杆菌。
- 肠球菌（相关性未明）。
- 厌氧菌（相关性未明）。
- 肠球菌和厌氧菌的致病性不确切，抗生素通常无需经验性覆盖。
- 医院获得性感染可能出现耐药菌，需根据情况调整经验性抗生素治疗。

临床表现

- 胆系梗阻合并细菌感染导致感染性胆管炎。
- 梗阻原因包括：胆结石（50%）、狭窄、胆道或胰腺肿瘤、硬化性胆管炎、医源性（支架或引流管阻塞），寄生虫（发达国家罕见）。
- 单纯梗阻并不足以导致胆管炎。
- Mirrizi 综合征是指由于胆囊管嵌顿结石外压所致的肝总管梗阻。
- 夏科三联征，包括间断寒颤 / 发热、黄疸、右上腹痛，见于 50%~70% 患者。
- 雷诺德五联征除夏科三联征外，还包括意识障碍和低血压，病死率和罹患率均增高。
- 胆管炎的医源性原因包括内窥镜逆行性胆胰管造影（ERCP）、经皮经肝胆管造影、胆道支架置入术。
- 原发性硬化性胆管炎是非感染疾病。

诊断

- 多为临床诊断，但需要影像学确诊。
- 病史：夏科三联征，包括间断寒战 / 发热、黄疸、右上腹痛，胆道支架或假体置入患者虽然发热、黄疸仍常见，但右上腹痛少见。
- 早期可能仅表现为发热。
- 查体：2/3 有右上腹压痛，腹膜炎体征少见。
- 实验室检查：白细胞增多，高胆红素血症（90%），碱性磷酸酶 / 血清谷氨酰转肽酶、谷草转氨酶、谷丙转氨酶升高，血培养常阳性。
- 评估黄疸原因：如怀疑胆结石，行超声检查，如怀疑恶性肿瘤，行 CT 扫描。
- 超声正常不能除外胆管炎。
- 明确病因需行胆管造影，稳定后进一步处理基础疾病。临床特点为发热、黄疸、右上腹痛、意识障碍、低血压的患者需要快速评估和处理。
- 磁共振胰胆管造影在怀疑恶性肿瘤及胆管结石诊断时的应用逐渐增多（超声敏感性较低）。
- 当可采用风险较低的检查时，不推荐将内窥镜逆行性胆胰管造影用于单纯诊断，最好将其应用于可能需要同时干预治疗的病例，如很可能合并胆总管结石的急性胆管炎。

治疗

急性胆管炎的治疗（重症或医院获得性）

- 哌拉西林舒巴坦 3.375 g IV q6h 或 4.5 g IV q8h。
- 头孢类抗生素（头孢曲松 1~2 g IV qd 或头孢吡肟 1 - 2 g IV q8h)；需考虑覆盖厌氧菌（甲硝唑 500 mg IV q6 - 8h) 及肠球菌，头孢曲松与胆汁瘀滞的关系尚不明确。
- 替卡西林 – 克拉维酸 3.1 g IV q6h。
- 替加环素 100 mg IV 首剂，之后 50 mg IV qd。
- 耐药菌感染风险高时，亚胺培南 0.5 g IV q6h。
- 耐药菌感染风险高时，美洛培南 1.0 g IV q8h。
- 耐药菌感染风险高时，多尼培南 500 mg IV q8h。
- 抗生素治疗无效时，可能需要引流（T 管）或手术治疗（如胆结石）。

急性胆管炎的治疗（轻 – 中症或非医院获得性）

- 阿莫西林 – 舒巴坦 3.0 g IV q6h。
- 厄他培南 1 g IV qd。
- 喹诺酮类（环丙沙星 400 mg IV q12h, 左氧氟沙星 500 mg IV qd, 或莫西沙星 400 mg IV/PO qd), 应用环丙沙星或左氧氟沙星时，需加用覆盖厌氧菌的抗生素（甲硝唑 500 mg IV q6 - 8h)。
- 头孢西丁 1~2 g IV q6h（如能获得）。
- 阿莫西林 2 g IV q6h 及庆大霉素 1.7 mg/kg IV q8h, 需加用覆盖厌氧菌的抗生素（甲硝唑 500 mg IV q6~8h)。

治疗方案细节

- 不常规推荐应用熊去氧胆酸和（或）抗生素预防支架术后梗阻或感染。

随诊

- 重症治疗 7~10 天；根据当地病原学及耐药情况调整抗生素。

其他信息

- 所有急性胆管炎患者都需使用抗生素。单纯带菌胆汁并非胆管炎，梗阻并非总提示感染。
- 重症及对抗生素和支持治疗无效患者需急诊引流。
- 50% 以上患者由于胆结石所致。胆囊切除术后亦可发生。
- 主要的非胆结石病因包括胆管狭窄（良性或恶性）、胆管支架和寄生虫。

推荐依据

Solomkin JS, Mazuski JE, Baron EJ, et al. Guidelines for the selection of anti–infective agents for complicated intraabdominal infections. Clin Infect Dis, 2003; Vol. 37; pp. 997 - 1005.

注释 :IDSA,SIS,ASM 和 SIDP 的循证指南共识。

Mazuski JE, Sawyer RG, Nathens AB, et al. The Surgical Infection Society guidelines on antimicrobial therapy for intraabdominal infections: evidence for the recommendations. Surg Infect (Larchmt), 2002; Vol. 3; pp. 175 - 233.

注释 : 目前外科感染协会的循证推荐意见。

胆囊炎

Christopher F. Carpenter, MD and Aditi Swami, MD

病原体

- 通常为炎症而非感染。
- 如为感染，多为混合感染。
- 大肠埃希氏菌。
- 克雷伯菌。
- 肠杆菌。
- 肠球菌。
- 肠杆菌科最常见的为大肠埃希氏菌和克雷伯菌，其次为肠杆菌和变形杆菌。
- 胆汁 / 胆囊培养的病原菌致病性不明确，除非与血培养一致。
- 厌氧菌通常无意义，除非存在胆管肠道吻合或瘘管形成；此时最常见的病原体为梭状芽胞杆菌和类杆菌。
- 肠球菌和厌氧菌的致病意义尚不明确，通常不需经验性抗生素覆盖。

临床表现

- 世界范围内，胆结石发病率大约 3%~20%，其中 80% 以上无症状。
- 1%~3% 的有症状胆结石患者可发生急性胆囊炎，占住院急腹症患者的 3%~9%。
- 单纯某项病史特点、体征或实验室检查均不足以确诊，需结合实验室检查和临床特点作出诊断，最终由影像学确诊。
- 最常见的病因为胆结石（90%），非结石性胆囊炎（如无胆囊结石的胆囊炎）多见于其他危重病人。
- 急性胆囊炎通常为非感染性。

诊断

- 病史：恶心 / 呕吐及右上腹痛（多见于进食高脂食物后）伴发热。易感因素：女性，多胎多产，肥胖，近期妊娠，镰状红细胞血症。
- 实验室检查：白细胞增多，不同程度的碱性磷酸酶、胆红素、转氨酶升高，可有淀粉酶升高。
- 超声检查可见胆结石、水肿或胆囊周围积液，或探头探及右上腹压痛；彩色多普勒可见充血。肝胆管扫描（如锝 – 肝胆管亚胺乙酸扫描（HIDA）技术）较为昂贵，但更为敏感（超声敏感性 92%~95%，HIDA97%），CT 意义不大，主要用于除外其他诊断。
- 反跳痛和肌卫现象较为少见，一旦出现提示腹膜炎。
- 高胆红素血症可能提示胆管结石或 Mirrzzi 综合征（Hartman 壶腹内结石嵌顿压迫导致梗阻）。
- 膈肌刺激可能导致右肩痛。
- 大部分病人急性胆囊炎发病前有胆囊结石相关症状。
- 墨菲征（胆囊深触诊时因疼痛吸气暂停）敏感性不高但特异高。
- 黄疸、肠鸣音减弱、腹部包块亦可能存在。
- 锝 –HIDA 扫描对非结石性胆囊炎诊断不特异，超声的诊断价值更高，经皮胆囊造口术亦是如此。

治疗

急性胆囊炎的抗生素治疗

- 急性胆囊炎通常仅为炎症不合并感染，但多数患者仍接受抗生素治疗。急性感染性胆囊炎多为混合感染所致。
- 非复杂性胆囊炎：手术治疗，应用抗生素 24~48 小时，如延迟手术，应用 3~5 日。持续发热 / 全身炎性反应综合征或全身不适提示有并发症。
- 抗生素选择：无基础疾病且近期未用抗生素的社区获得性胆囊炎－可用阿莫西林 / 舒巴坦、替卡西林 / 克拉维酸、厄他培南、头孢西丁、莫西沙星；有近期抗生素使用史、近期胃肠道手术史或并发症患者－可用哌拉西林 / 他唑巴坦、美罗培南、亚胺培南、喹诺酮 / 甲硝唑，头孢菌素 / 甲硝唑。
- 轻－中症：阿莫西林－舒巴坦 3.0 g IV q6h。
- 替卡西林－克拉维酸 3.1 g IV q6h。
- 厄他培南 1 g IV qd。
- 氟喹诺酮类抗生素（环丙沙星 400 mg IV q12h, 左氧氟沙星 500 mg IV qd, 或莫西沙星 400 mg IV qd)。
- 头孢曲松 1~2 g IV qdor 头孢吡肟 1~2 g IV q12h; 头孢曲松和胆汁瘀滞的关系尚不明确。
- 头孢西丁 1~2 g IV q6h(如能获得)。
- 替加环素 100 mg IV 首剂，之后 50 mg IV qd。
- 重症 / 医院获得性 / 近期抗生素使用：哌拉西林－他唑巴坦 3.375 g IV q6h or 4.5 g IV q8h，美罗培南 1 g IV q8h 或亚胺培南 0.5 g IV q6h，多尼培南 500 mg IV q8h。

手术治疗

- 如果可能，首选腹腔镜手术；对于大部分患者，推荐早期行胆囊切除术（入院后尽快进行）；有一些外科医师仍建议延迟手术。
- 在超高龄老人中，腹腔镜下胆囊切除术安全且耐受性好，但可能转开腹手术比例、病死率增高，住院时间延长。
- 操作需要时，行开腹胆囊切除术。
- 不能耐受时，行经皮引流或胆囊造口术。
- 非结石胆囊炎有坏疽和(或)穿孔风险，需早期急诊干预，包括经皮胆囊造口引流、胆囊造口术或胆囊切除。

胆囊切除术的抗生素预防

- 适用于所有因急性胆囊炎所行的胆囊切除术。
- 亦适用于高风险患者（年龄 > 70 岁、无功能胆囊、梗阻性黄疸、胆总管结石）的择期胆囊切除术。
- 很多临床医生还建议在内窥镜逆行胆胰管造影中预防用抗生素。
- 头孢唑林 + 甲硝唑或头孢替坦 1~2 g IV，术前 60 分钟内给药。
- 出手术室后不需应用抗生素，除非怀疑感染(提示治疗性而非预防性抗生素使用)。

随诊

早期症状与炎症有关。

- 晚期体征、症状和并发症与感染有关。
- 抗生素疗程：如早期手术，术后 24 小时停用抗生素；如手术推迟，最长应用 3~5 日。持续全身炎症反应综合征 / 全身性感染提示有并发症，需进一步注释。

其他信息

- 急性胆囊炎病人需住院，且根本治疗手段是胆囊切除。
- 90% 以上病人为结石性胆囊炎，非结石性胆囊炎具有不同的流行病学特点（女性优势不明显，多伴其他急性事件，如外伤）
- 慢性胆囊炎并非抗生素治疗适应证。拟行择期胆囊切除术时，仅高危病人需考虑围手术期使用预防性抗生素。

推荐依据

National Surgery Infection Prevention Project. Antimicrobial prophylaxis for surgery: an advisory statement from the National Surgical Infection Prevention Project. Clin Infect Dis, 2004; Vol. 38; pp. 1706 - 15.

注释：美国对于心脏外科、血管外科、骨科（关节成形术）、妇产科（子宫切除术）及结直肠手术推荐的预防用抗生素汇总。

Solomkin JS, Mazuski JE, Baron EJ, et al. Guidelines for the selection of anti-infecte agents for complicated intraabdominal infections. Clin Infect Dis, 2003; Vol. 37; pp. 997 - 1005 .

注释 :IDSA,SIS,ASM 及 SIDP 的循证指南共识。

憩室炎见 116 页胃肠道部分

肝脓肿

Christopher F. Carpenter, MD and Aditi Swami, MD

病原体

- 革兰氏阳性球菌：链球菌属（尤其是中间链球菌）、肠球菌属、金黄色葡萄球菌。
- 厌氧菌：类杆菌属，梭菌属，放线菌属，难辨梭菌属等。
- 肠杆菌属（大肠杆菌，克雷伯氏菌）及其他革兰氏阴性杆菌。
- 小肠结肠炎耶尔森菌：罕见的肝脓肿病原体，出现时警惕潜在的血色病。
- 念珠菌属。
- 溶组织阿米巴：10% 的阿米巴结肠炎可能合并肝脓肿。
- 细粒棘球绦虫：包虫囊肿的最常见病原。

临床表现

多见于中年成人（40~50 岁）

- 体征和症状包括发热 ± 右上腹痛，压痛伴肝大。部分病人可能只有发热（60%）伴寒战和全身不适，亦可能仅有亚急性或慢性症状包括体重下降、纳差、偶有意识障碍。
- 极少情况下可由于脓肿腹腔内破裂导致腹膜炎及全身性感染。
- 膈肌刺激可导致右肩放射痛，伴或不伴咳嗽及胸膜摩擦征。
- 大约 50% 病人为单发脓肿。
- 大部分脓肿累及肝右叶（约 75%），左叶次之（20%），尾叶 5%。
- 根据感染来源分类：近 50% 源自胆道系统（胆管炎），其他的来自于肝动脉（菌血症），门静脉系统（腹腔来源，如憩室炎），临近来源（局部脓肿或胆囊炎）及穿刺伤。很多为隐源性。
- 基础疾病是主要的影响预后因素。

- 溶组织阿米巴结肠炎自门静脉系统传播，导致阿米巴肝脓肿，多表现为肝右叶单发脓肿，在美国罕见，多仅见于移民或旅游者，男性多见。
- 包虫病或棘球囊主要由于细粒棘球绦虫感染所致，多因与狗接触患病；在美国罕见，球囊增大或破裂、漏液前多无症状。

诊断

- 化脓性肝脓肿中血培养阳性率接近 50%，伴碱性磷酸酶升高和血白细胞增多。不到 50% 的病人出现高胆红素血症，伴或不伴黄疸。
- 虽然腹平片可能对肝脓肿诊断有提示意义（如脓肿内的气体），CT、超声及核磁检查仍是在疑诊肝脓肿或不明原因发热的鉴别诊断中的影像学检查选择。
- 所有肝脓肿病人都应考虑 CT 或超声引导下经皮穿刺或外科引流，以确诊并获得培养证据。
- 阳性的阿米巴抗体或绦虫抗体，有助于鉴别寄生虫性和化脓性肝脓肿，尤其在非流行区域。但抗体检查不能区分活动型感染和既往感染。
- 在溶组织阿米巴流行区域，单纯小的肝脓肿不需要穿刺；可经验性抗生素治疗。

治疗

引流和一般治疗

- 脓肿引流是化脓性肝脓肿的首选治疗手段。
- 引流液应送检革兰染色及需氧 / 厌氧培养；根据流行病学特点，亦应进行真菌、分枝杆菌及溶组织阿米巴的相关检查。
- CT 或超声引导下经皮穿刺 + / – 置管引流作为首选方案在近 90% 病例中有效，如引流不佳，可考虑外科引流。
- 近期发现，经皮穿刺不留置引流管与留置引流管同样有效，但约 50% 需重复穿刺。
- 经皮引流的并发症包括：临近腹腔器官穿孔，气胸，出血及脓肿内容物漏入腹腔。
- 目前推荐至少穿刺后 1 周需行 CT 复查。
- 外科引流在以下情况可作为首选：复杂脓肿，多发脓肿，无法经皮穿刺的脓肿或同时存在其他需手术处理的问题；可腹腔镜下引流。
- 肝切除通常能获得成功，但经皮介入技术的发展使得肝切除在大部分病例中成为次选方案。
- 对引流存在高风险或小脓肿 / 多发脓肿不适合引流的患者，考虑内科药物治疗。

抗生素治疗

- 经验性抗生素应覆盖肠杆菌科、肠球菌、厌氧菌，特殊情况下还需覆盖葡萄球菌和链球菌。稳定的患者可推迟至穿刺 / 引流后应用抗生素。
- 引流充分的患者，抗生素疗程由体温和白细胞计数的恢复决定（通常 14~22 日）。
- 引流不佳或单纯药物治疗的病人，需要延长疗程（通常为数月）
- CT 和（或）超声随访，以明确缓解情况。
- 对免疫抑制剂患者，考虑经验性抗真菌治疗，因为这些病人有慢性播散性念珠菌病（又名肝脾念珠菌病，见白色念珠菌单元）的风险。
- 培养结果有助于将抗生素改为窄谱，但对于化脓性脓肿，由于厌氧菌培养困难，不应停用抗厌氧菌治疗。
- 经验性治疗：阿莫西林 2.0 g IV q6h 加庆大霉素 1.7 g IV q8h 加甲硝唑 0.5 g IV q8h，直到培养结果回报后再调整抗生素方案。

- 其他治疗方案：头孢噻肟 2.0 g IV q8h 或头孢曲松 2.0 g IV q24h 联合甲硝唑 0.5 g IV q8h。
- β 内酰胺类 / β 内酰胺酶抑制剂（如哌拉西林 – 他唑巴坦）亦是合理的备选方案，当不能除外阿米巴脓肿时，应联合甲硝唑。
- 氟喹诺酮类（如环丙沙星、左氧氟沙星、莫西沙星）联合甲硝唑也是可选方案之一；常用于长疗程的口服用药方案。

阿米巴肝脓肿

- 甲硝唑 (750 mg PO，每天 3 次，共 7~10 天）作为组织内杀阿米巴药物，之后辅以肠内杀阿米巴药物（luminalagent），通常为巴龙霉素（500 mg PO，每天 3 次，共 7 日），以根治结肠内的残余阿米巴菌。
- 其他组织内杀阿米巴药物包括硝砜咪唑 800 mg，每天 3 次或 2g，每天 1 次，共 3~5 日。
- 肠内杀阿米巴药物的替换方案包括双碘喹啉（650 mg，每天 3 次，共 20 天）或呋喃二氯散（500 mg，每天 3 次，共 10 天）。
- 经皮穿刺治疗意义未明，但对诊断未明或治疗无效病例，有诊断意义。
- 需穿刺的预测因素包括：55 岁以上，脓肿超过 5 cm，肝两叶受累，药物治疗 7 日无效。

棘虫囊（包虫囊）

- 细粒棘球绦虫感染最常见，在对于大多数病例血清学检查有助诊断。
- 胆道系统的棘虫囊破裂时，碱性磷酸酶和胆红素可出现一过性的显著升高。高淀粉酶血症和嗜酸细胞增多可见于近 60% 病例。
- 手术切除是标准治疗。
- 对于无并发症的棘虫囊，CT 或 B 超引导下经皮穿刺及抽吸（PAIR）后，注射杀蚴剂（如高渗盐水或乙醛），15 分钟后再次引流逐渐成为新的治疗选择，因其治疗成功率高且并发症发病率低。
- 开腹或经皮治疗 (PAIR) 均需联用阿苯达唑。

其他信息

- 通常为混合感染；单发和多发病例约 1:1，大部分位于肝右叶（尤其当为单发时）；隐源性脓肿多为单发。
- 不经治疗，化脓性肝脓肿死亡率近 100%，在一些研究中，经治疗后死亡率 <15%，取决于潜在疾病。
- 单纯穿刺引流而未置管或过早拔出引流管的病人的复发率较高。
- 肝脓肿在有慢性内科疾病（如糖尿病）、血液病（如白血病）或慢性肉芽肿性疾病（金黄色葡萄球菌）的患者中更常见。
- 慢性播散性念珠菌病（又叫做肝脾念珠菌病）见于免疫抑制患者，如骨髓移植患者。

推荐依据

Solomkin JS, Mazuski JE, Baron EJ, et al. Guidelines for the selection of anti-infective agents for complicated intraabdominal infections. Clin Infect Dis, 2003; Vol. 37; pp. 997 - 1005.

注释：来自于 IDSA,SIS,ASM 和 SIDP 的共识和循证指南。

腹腔内脓肿

Christopher F. Carpenter, MD and Aditi Swami, MD

病原体

- 一旦确诊，感染部位（如穿孔位置 – 胃、十二指肠、空场、回肠、阑尾或结肠）决定可能的病原体。
- 腹腔内手术或操作并发的腹腔内感染病原体为医院获得性病原体的可能性最大。
- 厌氧菌包括类杆菌属、梭菌属，难辨梭菌属，放线菌属等。
- 肠杆菌科。
- 其他革兰阴性杆菌。
- 肠球菌。
- 念珠菌属。
- 偶有革兰阳性菌如金黄色葡萄球菌。

临床表现

- 临床特点多样：可仅有乏力、纳差或体重下降，亦可能严重至急腹症合并感染性休克。
- 非内脏性脓肿多见于局部病变（如憩室炎等）引起的胃肠道穿孔、外伤或手术治疗后；之后出现继发性腹膜炎，局部炎性粘连、包裹或被大网膜、肠系膜、肠袢或其他腹腔脏器包裹，形成腹腔内脓肿；腹腔内脓肿亦可继发于原发性腹膜炎，如自发性细菌性腹膜炎。
- 症状：发热、腹痛、恶心呕吐、纳差。
- 体征：局部压痛，可能触及包块；术后 10 日内超过半数患者可由于镇痛药物和伤口疼痛的干扰而影响了腹腔内脓肿的注释。
- 实验室检查：白细胞升高，直接穿刺引流液涂片革兰染色 / 培养阳性，血培养阳性率约 25%，与脓肿部位有关。

诊断

- CT 意义最大，超声和核磁偶有应用，核磁不能用于穿刺引导。
- 对所有病例的确诊、微生物学注释和治疗，均应考虑 CT 或超声引导下经皮引流或外科引流。
- 随着影像学技术的发展，铟或镓的核医学扫描已罕有应用。

治疗

主要治疗：脓肿引流

- CT 或 B 超引导下经皮穿刺吸引及置管引流多作为一线治疗，当引流不佳时，可能需外科干预。
- 外科引流主要用于经皮引流失败后，一般情况稳定可耐受手术时或有其他合并情况需手术控制。
- 感染性胰腺坏死因细胞残留，不适合经皮引流。
- 出现于外科手术操作无关的肠道脓肿时，需警惕肿瘤坏死可能。

抗生素辅助治疗

- 经验性抗生素需覆盖（如当感染的微生物学来源不明时）肠杆科菌、肠球菌及厌氧菌。

- 有效引流后，至少需应用 5~10 日抗生素，疗程根据发热和白细胞恢复情况、感染严重程度和临床治疗反应决定，目前尚无设计严格的临床实验证据。如潜在的外科问题（感染源）已经控制，疗程可进一步缩短。
- 根据脓肿和血培养结果，将经验性抗生素覆盖范围进一步扩大或谨慎的缩小。
- 轻－中症感染：替卡西林 / 克拉维酸 3.1 g IV q6h 或氨苄西林 / 舒巴坦 3.0 g IV q6h 或厄他培南 1 g IV q24h。
- 轻－中症的其他联合治疗方案：环丙沙星 400 mg IV q12h 或左氧氟沙星 500 mg IV qd+ 甲硝唑 500 mg IV q6~8h；莫西沙星 400 mg IV qd ± 甲硝唑；头孢唑林 1~2 g IV q8h+ 甲硝唑。
- 严重感染和（或）医院获得性感染：哌拉西林 / 他唑巴坦 3.375 g IV q6h 或 4.5 g IV q8h, 亚胺培南 0.5 g IV q6h 或美罗培南 1.0 g IV q8h, 环丙沙星 400 mg IV q12h 或左氧氟沙星 500 mg IV qd+ 甲硝唑 500 mg IV q6~8h；莫西沙星 400 mg IV qd+ 甲硝唑 , 多尼培南 500 mg IV q8h。
- 严重感染和（或）医院获得性感染的替代其他治疗方案：头孢噻肟 2g IV q8h 或头孢曲松 2 g IV qd 或头孢吡肟 2 g IV q8h+ 甲硝唑 500 mg IV q6~8h. 氨曲南 1~2 g IV q8h+ 甲硝唑。

随诊

- 对某些病例，按需（急诊）再次开腹探查优于择期再次开腹探查。
- 控制感染源最为重要，有时需开腹探查控制感染源。
- 引流及抗生素治疗 3~5 日后无临床反应时，考虑复查影像学寻找有无未引流部分及其他治疗方式。
- 通过 CT 或超声或脓腔造影随诊注释感染源及脓肿的情况。
- 有用的随诊内容包括影像学检查、体温、白细胞计数以及 C 反应蛋白。

其他信息

- 疾病严重程度、菌血症、多发脓肿、脓肿部位等多种因素均与病死率相关（死亡率依人群的不同，经过治疗后的肝脓肿病死率仍接近 30%）。
- 当可能的及外科感染来源已经控制，经皮引流应作为首选。
- 腹腔脏器穿孔后的术中标本酵母菌培养阳性率 > 30%，并与死亡及多种并发症相关。如果酵母菌培养阳性且患者临床情况无改善，或者反复出现酵母菌培养阳性，则需考虑加用抗真菌治疗。
- 几乎所有非内脏性脓肿均需考虑多种病原体感染。
- 治疗医院获得性感染时，需考虑当地的药敏结果进行经验性抗生素的选择（如铜绿假单胞菌等）。

推荐依据

Solomkin JS, Mazuski JE, Baron EJ, et al. Guidelines for the selection of anti-infective agents for complicated intraabdominal infections. Clin Infect Dis, 2003; Vol. 37; pp. 997 - 1005 .
注释 :IDSA,SIS,ASM 和 SIDP 的共识性指南。

自发性细菌性腹膜炎和继发性腹膜炎

ChristopherF.Carpenter,MDandAditiSwami,MD

病原体

- 大肠埃希氏菌。
- 克雷伯菌属。
- 肠杆菌属。
- 其他肠杆科。
- 肺炎链球菌。
- 链球菌及肠球菌。
- 混合感染（见于继发性腹膜炎）。
- 厌氧菌（继发性腹膜炎）。

临床表现

- 病人表现为腹水、发热（可能为低热或正常体温）或腹痛时，需注释是否存在自发性细菌性腹膜炎（也称为原发性腹膜炎）或其他类型腹膜炎。
- 其他体征或症状（如脑病）亦可能是唯一的自发性细菌性腹膜炎线索，腹部情况可能仅有轻度全腹不适，偶可出现类似继发性腹膜炎的经典表现。
- 对所有腹水和临床失代偿情况的患者均需怀疑自发性细菌性腹膜炎。
- 如下情况需考虑自发性细菌性腹膜炎：（1）所有住院治疗的肝硬化患者；（2）所有出现肝性脑病，肾功能不全或胃肠道蠕动减少的肝硬化患者；（3）所有消化道出血的肝硬化患者（有指征进行经验性治疗或预防性治疗）。
- 继发性腹膜炎＝外科相关的腹膜炎（如阑尾炎、憩室炎，通常为混合感染）。
- 三期腹膜炎＝一个相对较新的概念，是指充分治疗原发或继发性腹膜炎后仍持续存在腹膜炎或脓肿的情况。

诊断

- 自发性细菌性腹膜炎临床特点：发热（70%），腹水（量可能很少），腹痛或压痛（50%）；许多病例可能无提示感染的经典表现。
- 自发性细菌性腹膜炎诊断标准：腹水多核白细胞 >250/ml，伴腹水培养阳性，且无需外科处理的腹腔内感染来源。
- 腹膜炎变异类型：培养阴性的中性粒细胞性（多核细胞 >250/ml）腹水（culture-negative neutrophlic ascites，CNNA- 近 40%），和单一细菌无粒细胞增多（多核细胞 <250/ml）的带菌腹水（monomicrobial non-neutrophilic bacterascites，MNB）。
- 继发性腹膜炎临床特点：多见急腹症的腹膜刺激征～反跳痛、肌卫现象，全身性感染；影像学检查可确定来源，显示游离气体或早期发现脓肿形成。
- 自发性细菌性腹膜炎和继发性腹膜炎的鉴别诊断（当未发现外科性来源时）：前者白细胞计数更高（多 >10 000/ml），培养提示混合感染。
- 通过血培养瓶送检腹水培养可提高自发性细菌性腹膜炎培养阳性率（从传统的 50% 至大约 80%）。

治疗

自发性细菌性腹膜炎治疗

- 头孢噻肟 2 g IV q8h 或头孢曲松 1 g IV qd。
- 近期单中心研究提示头孢噻肟 + 白蛋白治疗可减低病死率及可逆性肾功能损害。
- 环丙沙星 400 mg 静脉 q12h 或左氧氟沙星 500 mg IV qd 或莫西沙星 400 mg IV qd。
- 氧氟沙星可作为一种有效的口服替代药物，400 mg PO bid。
- 替卡西林 / 克拉维酸 3.1g IV q6h 或哌拉西林 / 他唑巴坦 3.375 g IV q6h 或 4.5 g IV q8h 或氨苄西林 / 舒巴坦 3.0 g IV q6h。
- 厄他培南 1.0 g IV qd；对存在耐药菌感染的患者：亚胺培南 500 mg IV q6h, 美罗培南 1.0 g IV q8h, 或多利培南 500 mg IV q8h。
- 对耐药菌感染患者，头孢吡肟 1~2 g IV q8h。
- 根据腹水培养结果（如有）指导抗生素调整。
- 可考虑重复腹穿，多核细胞 <250/ml 伴培养阴性提示可缩短疗程（<5 日）。
- 疗程 5~7 日可能已经足够；传统的 10~14 日疗程并不需要，除非有其他并发症或血培养阳性。
- 培养阴性的中性粒细胞腹水（CNNA）的临床特点、预后和治疗特征与自发性细菌性腹膜炎相似，因此治疗方式也类似。有症状的单纯细菌性腹水（MNB）的治疗反应与培养阴性的中性粒细胞腹水（CNNA）和 SBP 相似；无症状的单纯细菌性腹水不需治疗仅需继续观察，但需除外是否有结核性腹膜炎。

自发性细菌性腹膜炎的抗生素预防

- 推荐对曾有自发性细菌性腹膜炎的病人进行抗生素预防（二级预防）；而对其他指征，如静脉曲张出血后或地低蛋白腹水病人等（一级预防），出于对诱导耐药的担心，抗生素预防存在争议。
- 复方新诺明 1 片 PO qd。
- 诺氟沙星 400 mg PO qd。
- 环丙沙星 750 mg PO，每周 1 次。

继发性腹膜炎治疗

支持治疗

- 推荐手术治疗清除感染源，减低细菌负荷并预防复发。
- 经验性覆盖革兰阴性需氧菌，革兰阳性球菌及厌氧菌。
- 上消化道来源（如溃疡穿孔）的感染主要是革兰阳性菌；下消化道来源（如远端小肠或结肠）感染多为厌氧菌或革兰阴性需氧菌。
- 疗程多为 5~7 日，当白细胞增多 / 核左移且发热消退缓慢或感染源控制不佳时，应延长疗程。
- 替卡西林 / 克拉维酸 3.1 g IV q6h 或哌拉西林 / 他唑巴坦 3.375g IV q6h 或 4.5g IV q8h 或氨苄西林舒巴坦 3.0 g IV q6h
- 甲硝唑联合三代或四代头孢菌素或氟喹诺酮或氨曲南。
- 厄他培南 1.0 g IV qd; 对耐药菌感染的患者：亚胺培南 500 mg IV q6h 或美罗培南 1.0g IV q8h 或多尼培南 500 mg IV q8h

导管相关腹膜炎

- 对于长期非卧床腹膜透析 (chronic ambulatory peritoneal dialysis，CAPD) 相关腹膜炎应经验性使用万古霉素并联合抗革兰阴性菌的抗生素，同时等待培养结果。
- 导管应当去除(尤其是酵母菌、金黄色葡萄球菌、铜绿假单胞菌及嗜麦芽窄食单胞菌)。

其他信息

- 肝硬化腹水患者每年发生 SBP 的风险高达 29%。
- 腹膜炎可见于长期非卧床腹膜透析 (CAPD) 患者。此时经验性抗生素应覆盖金黄色葡萄球菌、凝固酶阴性葡萄球菌、肠杆菌、铜绿假单胞菌及念珠菌属。
- 其他可能引起腹膜炎的原因：结核、化学性腹膜炎、恶性癌性腹水，家族性地中海热 (familial Mediterranean fever，FMF)、系统性红斑狼疮 (systemic lupus erythematosis，SLE) 等。

推荐依据

Piraino B, Bailie GR, Bernardini J, et al. Peritoneal dialysis-related infections recommendations: 2005 update. Perit Dial Int, 2005; Vol. 25; pp. 107 - 31 .

注释：关于腹膜透析相关感染的国际指南的更新。

Solomkin JS, Mazuski JE, Baron EJ, et al. Guidelines for the selection of anti-infective agents for complicated intraabdominal infections. Clin Infect Dis, 2003; Vol. 37; pp. 997 - 1005 .

注释 :IDSA,SIS,ASM 和 SIDP 的循证指南共识。

脾脓肿

Christopher F. Carpenter, MD and Aditi Swami, MD

病原体

- 革兰阴性杆菌，尤其是大肠埃希氏菌和沙门氏菌属。
- 金黄色葡萄球菌。
- 链球菌和肠球菌。
- 厌氧菌。
- 念珠菌属。
- 分枝杆菌。
- 偶有布氏杆菌属导致脾脓肿。
- 包括厌氧菌在内的混合感染接近 25%。
- 脾脓肿的最常见原因为远处感染导致的菌血症（如感染性心内膜炎、泌尿系感染、胰腺炎、胃肠道感染等），病原学取决于感染来源及潜在的危险因素。
- 中性粒细胞减少和长期使用糖皮质激素容易导致念珠菌性脾脓肿。
- 慢性播散性念珠菌病（既往称为肝脾念珠菌病）通常包括明显的念珠菌性脾脓肿。

临床表现

- 血行传播是最常用原因（菌血症、心内膜炎、静脉吸毒等）；其他危险因素包括免疫抑制（如艾滋病病毒、激素应用、化疗、基础疾病等）、外伤、接触传播等。
- 男性更多见，年龄跨度自 6 个月至 90 岁以上。
- 其他危险因素包括：血红蛋白病（镰状红细胞病）、糖尿病；近 20% 病人无明确的潜在危险因素。
- 全腹（15%~70%）或左上腹（40%~50%）疼痛、发热（85%~95%）、左上腹压痛（40%~60%），多为亚急性（2~4 周或以上）；30%~50% 患者可出现脾大。
- 膈肌刺激可能导致左肩部疼痛，+/ – 胸膜炎体征。可有纳差和乏力。
- 脾脓肿定位体征通常被潜在疾病或危险因素如心内膜炎、胰腺炎、粒细胞缺乏、静脉吸毒等掩盖。
- 实验室检查：白细胞增多或核左移常见（60%~80%）。血培养阳性于多发脾脓肿病人中为 20%~83%，但在孤立脾脓肿病人中仅 14%。
- 多发性脾脓肿见于血行性感染病人，多为革兰阴性杆菌感染且病死率更高。

诊断
- 临床诊断困难。
- 平片可能发现异常，如渗出或浸润，但缺乏特异性，核医学检查帮助不大。
- 影像学检查应首选 CT 或核磁；超声可作为次选。
- 下列 CT 发现提示感染：（1）气体；（2）脾脏体积进行性增大；（3）包膜下增大且周围伴有游离液体。
- 血培养阳性，同时有相应的影像学表现即能确诊。
- 确诊或除外感染需活检或穿刺抽吸。

治疗
引流
- 因脾脓肿相对少见，目前信息大多来自于小规模的病例系列报道。
- 最佳治疗包括当可行时引流。单纯抗生素治疗对小脓肿或多发脓肿可能有效，尤其当病原学已知时。
- CT 或超声引导下经皮穿刺引流（对较大脓肿可能需行置管引流）作为首选引流方式；引流不充分时需要外科引流。
- 对不能处理的脓肿，或经引流及抗生素治疗无效的脾脓肿患者，脾切除或脾切开是标准术式。
- 脾切除仅在不能进行脾切开术时使用。
- 超声内镜引导的引流作为新的治疗方法正在注释中，目前经验非常有限。
- 因脾切除后全身性感染风险增高，因此行脾切除前，可使用肺炎链球菌、流感嗜血杆菌 B 及脑膜炎球菌疫苗对含荚膜病原体进行早期免疫（理想时机至少为脾切除前 2 周）。

抗生素治疗
- 经验性覆盖金黄色葡萄球菌、链球菌属、革兰阴性杆菌及厌氧菌，如氨苄西林 / 舒巴坦、哌拉西林 / 他唑巴坦、头孢曲松 + 甲硝唑，怀疑耐甲氧西林金黄色葡萄球菌时选择万古霉素。
- 如脾脓肿来源已知（如脾附近腹腔内感染），根据感染源进行经验性抗生素治疗。
- 一旦已知血培养和（或）脓肿培养结果，应据此将经验性抗生素调整为病原体特异性抗生素治疗。
- 根据影像学随访指导疗程；当脓肿明确消退（如未行脾切除）且无其他感染灶存在时，可停止抗生素治疗。
- 引流充分或行切除术的病人，抗生素应用 10~14 日。
- 引流不充分或仅药物治疗时（如心内膜炎或慢性播散性念珠菌病），可延长疗程至 6 周。
- 有发生慢性播散性念珠菌病风险的免疫抑制患者应予经验性抗真菌治疗（参考念珠菌病章节）。
- 随访的临床资料包括：影像学检查、体温、白细胞计数，可能还需 C 反应蛋白。

其他信息

- 一半以上为单发病变，通常伴心内膜炎（60%~85%）；其次为免疫抑制患者。
- 大约 1/4 患者可有其他器官脓肿，最常见于多发脾脓肿患者（40%~50%）。最常见的其他受累器官为肝脏。
- 慢性播散性念珠菌病（chronic disseminated candidiasis，CDC，曾称为肝脾念珠菌病）多见于长期严重免疫抑制状态的患者，如干细胞移植受体。
- CDC 可表现为脾脏、肝脏、肾脏及其他实质脏器的多发小脓肿。一旦从粒细胞减少状态回复，患者常发热，脓肿病灶也会变得清楚可见。
- 未经治疗时，脾脓肿死亡率近 100%，引流及抗生素治疗后，死亡率可降至 15% 以下。

推荐依据

Ng KK, Lee TY, Wan YL, et al. Splenic abscess: diagnosis and management. epato gastroenterology,2002;Vol.49;pp.567 - 71.

注释：病例系列报道及诊断治疗的复习。

外科预防

Paul G. Auwaerter, MD

病原体

- 凝固酶阴性的葡萄糖（通常见于心脏手术或器械相关手术）。
- 金黄色葡萄球菌。
- 链球菌属。
- 肠杆菌科（胃肠道手术）。
- 厌氧菌（胃肠道手术）。

临床表现

- 外科预防指在无感染表现的患者中应用抗生素以减低术后伤口感染的风险。
- 抗生素应于污染风险高（如胃肠道手术）或伤口感染后危害大（如心脏手术）的术前使用。
- 抗生素应覆盖手术部位的主要菌群。最常见的是葡萄糖菌和链球菌。胃肠道手术时为厌氧菌和肠杆菌科细菌。
- 抗生素的疗效主要取决于开始切皮时抗生素的组织浓度。手术时间延长时，抗生素需要重复给药；但目前缺乏令人信服的证据证实术后应用抗生素是有效预防措施。
- 大部分指南推荐，在耐甲氧西林金黄色葡萄球菌高发医院中，应用万古霉素替代头孢唑啉，但目前尚未明确证实。
- 完整的推荐意见 250~251 页的表格。

治疗

一般治疗

- 下文未列出的手术操作或重要的剂量信息，参见治疗表（250~251 页）。重复给药，见后续章节。目前头孢替坦已在美国上市。
- 一般情况下，清洁手术（大部分整形手术及皮肤科手术）不需术前预防使用抗生素。
- 预防疗效取决于手术切开时，皮肤和软组织的药物浓度。

- 手术切开结束时，所有抗生素使用均应结束，且不能早于结束前 1 小时（除大剂量万古霉素应于 2 小时前）。
- 特殊抗生素使用：β－内酰胺类（头孢唑林，其他头孢菌素及氨苄西林 / 舒巴坦）：可静脉滴注或推注 3~5 分钟，均可于数分钟内达到足够的皮肤浓度，故可于手术开始前即刻使用。头孢呋辛可在所有适应证中替代头孢唑啉。
- 万古霉素：静脉输液时间需大于 1 小时（剂量较大时静脉输液时间需大于 2 小时），在切皮之前输完。推荐根据体重调整剂量：< 70 kg，1 g IV q12h；71 ~ 99 kg，1.25 g IV q12h；> 100 kg，1.5 g IV q12h。
- 克林霉素：静脉输液时间大于 10~20 分钟。
- 环丙沙星：静脉输液时间大于 1 小时，在切皮之前输完。
- 如果患者已经在使用抗生素：万古霉素－如果距离上次用药 8 小时以上需追加 1 次剂量，如果在 8 小时以内需要追加半量。其他抗生素：将常规用药推迟至切皮前 1 小时使用。
- 任何氨基糖苷类抗生素均可作为覆盖革兰阴性菌的预防性治疗的替代用药。

基本外科手术

- 如有药，可用头孢替坦，替代药物为头孢西丁 1 g IV 或头孢唑啉 2 g IV ＋甲硝唑 500 mg IV 或氨苄西林 / 舒巴坦 3 g IV 。有一项研究表明厄他培南 1 g 和头孢替坦疗效相当，而且 FDA 也批准使用。但多数医生基于费用考虑，并不因为涉及细菌耐药性问题而使用卡巴培南类药物。此外，资料表明促动力肠道清洁方案对肠道手术并不是必要的。
- 阑尾切除术（非复杂性的，如为复杂性的或有穿孔应按腹膜炎处理）：头孢替坦 2 g IV 。青霉素过敏者：克林霉素 600 mg IV ＋庆大霉素 5 mg/kg。
- 开腹或腹腔镜胆囊切除术、胃切除术、肝切除术：头孢替坦 2 g IV 。青霉素过敏者：克林霉素 600 mg IV ＋ / －庆大霉素 5 mg/kg。
- 结肠手术或胰十二脂肠切除术：术前一日于 1 pm、2 pm 和 11 pm 分别口服新霉素和红霉素（或甲硝唑），剂量均为 1g。术前静脉用药：头孢替坦 2 g IV 或头孢西丁 2 g IV 或氨苄西林 / 舒巴坦 3 g IV（有些人主张口服和静脉联合用药）。青霉素过敏者：术前使用克林霉素 600 mg IV ＋庆大霉素 5 mg/kg IV 。
- 腹股沟疝修补术：非复杂性的，不需要预防用药。复杂性的、复发的或急诊手术的：头孢替坦 2 g IV 或头孢西丁 2 g IV 或氨苄西林 / 舒巴坦 3 g IV ；青霉素过敏者：克林霉素 600 mg IV ＋ / －庆大霉素 5 mg/kg。
- 经皮内镜下胃造瘘术（PEG）：头孢唑啉 2 g IV 或头孢替坦 2 g IV 。青霉素过敏者：克林霉素 600 mg IV ＋ / －庆大霉素 5 mg/kg。
- 腹部穿透伤：头孢替坦 2 g IV 。青霉素过敏者：克林霉素 600 mg IV ＋庆大霉素 5 mg/kg IV 。
- 乳腺切除术：不推荐预防用抗生素。乳腺切除术合并淋巴结清扫术：头孢唑啉 2 g IV ；青霉素过敏者：克林霉素 600 mg IV ＋庆大霉素。
- 小肠或结肠手术：头孢替坦 2 g IV 。青霉素过敏者：克林霉素 600 mg IV ＋ / －庆大霉素 5 mg/kg。
- 胰十二脂肠切除术或胰腺切除术：头孢替坦 2 g IV 。青霉素过敏者：克林霉素 600 mg IV ＋ / －庆大霉素 5 mg/kg。

妇产科手术

- 剖腹产：钳夹脐带后给头孢唑啉 2 g IV ，如果患者对 β 内酰胺类药物过敏，则用克林霉素 600 mg IV 。

- 子宫切除术（经腹或经阴道）：非复杂性的用头孢唑啉 2 g IV 。复杂性的用头孢替坦 2 g IV 。青霉素过敏者：克林霉素 600 mg IV ＋庆大霉素。
- 膀胱脱垂或直肠脱垂修补术：头孢唑啉 2 g IV 。青霉素过敏者：克林霉素 600 mg IV 。
- 宫颈扩张和清宫术：非复杂性的，不需要预防用抗生素。复杂性的，头孢唑啉 2 g IV ；青霉素过敏者：克林霉素 600 mg IV 。

骨科手术

- 关节置换术：头孢唑啉 2 g IV 。青霉素过敏者：万古霉素 IV。在止血带充气前使用。
- 骨折切开复位：闭合性髋部骨折－术前使用头孢唑啉 2 g IV ，术后继续用药 24 小时（开放性髋部骨折应按合并感染处理－头孢唑啉 2 g IV q8h × 10 天）。青霉素过敏者：术前静脉使用万古霉素，术后继续使用，疗程同头孢唑啉。
- 下肢截肢术：头孢替坦 2 g IV 。青霉素过敏者：庆大霉素 5 mg/kg IV ＋克林霉素 600 mg IV 。
- 椎板切除术：头孢唑啉 2 g IV ；青霉素过敏者：克林霉素 600 mg IV 。
- 脊柱融合术：头孢唑啉 2 g IV ；青霉素过敏者：克林霉素 600 mg IV 或万古霉素 IV。
- 关节镜：没有资料支持预防用抗生素。

心血管手术

- 非复杂性的正中胸骨切开术或非复杂性的心脏移植术：头孢唑啉 2 g IV ；青霉素过敏者：万古霉素 IV。
- 心脏移植术且术前使用心室辅助装置，甲氧西林耐药的金黄色葡萄球菌（MRSA）定植或感染：头孢唑啉 2 g IV ＋万古霉素 IV。青霉素过敏者：万古霉素 IV。
- 对正中胸骨切开术而言，术后继续用药 24 小时。开胸手术需预防性用抗生素至关闭胸腔后 24 小时（心室辅助装置植入后为 48 小时）。
- 起搏器 / 埋藏式心脏复律除颤器（AICD）植入术：头孢唑啉 2 g IV ；青霉素过敏者：克林霉素 600 mg IV 。
- 左心室辅助装置 / 双心室辅助装置植入术：万古霉素 IV ＋环丙沙星 400 mg IV ＋氟康唑 400 mg IV 。
- 颈动脉手术不需要预防用抗生素，除非有感染的高危因素。

随访

- 除上述特殊说明的之外，多数手术后不需要继续抗生素治疗。
- 手术时间长的需要追加给药，根据使用的抗生素种类及其药代动力学特征决定具体用药方案。对于所有药物而言，何时追加给药并没有统一的指南。
- 追加给药方案：氨苄西林 / 舒巴坦 3 g IV q2h（注：该药半衰期为 1.0~1.2 小时）。
- 头孢唑啉 2 g IV q4h（心脏手术时 2 g IV q2h）；每失血 1500ml 需要追加给药 1 次。
- 头孢呋辛 1.5 g IV q3~4h。头孢西丁 1~2 g IV q3~4h。
- 克林霉素 600 mg IV q8h。
- 环丙沙星 400 mg IV q8h。
- 庆大霉素 5 mg/kg 预防性给药 1 次后通常不需要追加给药。如果第 1 次预防性给药剂量为 2 mg/kg，则每 8 小时追加给药 1 次（2 mg/kg）。
- 甲硝唑 500 mg IV q8h。

- 万古霉素（根据体重调整用药剂量）：< 70 kg，1 g IV q12h；71 ~ 99 kg，1.25 g IV q12h；> 100 kg，1.5 g IV q12h。

其他信息

- 一些研究结果显示预防用抗生素需在术前 2 小时之内，但新的研究资料表明术前 1 小时之内用预防性抗生素更有效。
- 首剂预防性抗生素（术中必要时追加给药）是在术前还是术后使用似乎疗效相当，然而并不推荐术后给药模式。
- 热点问题：在 MRSA 和社区获得性 MRSA 感染越来越多的年代，关于万古霉素使用的建议是一个热点议题。

更多信息

- 围手术期预防性使用抗生素以防止手术部位感染
- 注：绝对不要分解剂量，即 1 次给足够的剂量！
- 首剂预防性抗生素需要在切皮前 1 小时内使用（万古霉素：切皮前 2 小时内使用）。追加给药的建议见下表。

体重(kg)	头孢唑啉 q2~4h（心脏手术时 q2h）	头孢替坦 q8h	万古霉素 q12h	克林霉素 q8h	甲硝唑 q8h	庆大霉素 通常不需要追加给药	氨苄西林/舒巴坦 q2h
< 70	2 g	2 g	1 g	600 mg	500 mg	5 mg/kg	3 g
71 ~ 99	2 g	2 g	1.25 g	600 mg	500 mg	5 mg/kg	3 g
> 100	2 g	2 g	1.5 g	600 mg	500 mg	5 mg/kg	3 g
给药方式	静脉注射	静脉注射	1~2 小时输完	10~20 分钟输完	1 小时输完	30 分钟输完	静脉注射

每失血 1500 ml 或血液稀释需要追加给药 1 次。
关于预防感染性心内膜炎的用药备注：如果患者术前已使用抗生素预防手术部位感染，通常不需要再额外使用抗生素预防感染性心内膜炎。
使用骨科硬件的患者除常规预防用药外，也不需要额外使用抗生素。

手术名称	预防用药	青霉素过敏者的预防用药
移植手术		
肾移植 / 成人活体肝移植的供者	头孢替坦 2 g IV	克林霉素 600 mg IV + 环丙沙星 400 mg
肝移植	头孢替坦 2 g IV	克林霉素 600 mg IV
胰腺移植 / 胰肾联合移植	头孢替坦 2 g IV	克林霉素 600 mg IV + 环丙沙星 400 mg IV
整形外科手术		
组织扩张器插入术 / 所有的皮瓣	头孢替坦 2 g IV	克林霉素 600 mg IV
隆鼻	不需要预防或头孢替坦 2 g IV	不需要预防或克林霉素 600 mg IV
胸外科手术		
除食管外的其他手术	头孢替坦 2 g IV	克林霉素 600 mg IV
食管手术	头孢替坦 2 g IV	克林霉素 600 mg IV

手术名称	预防用药	青霉素过敏者的预防用药
肺移植	哌拉西林 / 他唑巴坦 4.5 g IV	万古霉素 IV + 环丙沙星 400 mg IV。如为囊性纤维化患者，移植前行痰培养指导用药。
泌尿外科手术		
经直肠前列腺穿刺活检	头孢替坦 2 g IV	环丙沙星 500 mg PO/IV
经尿道手术（经尿道前列腺电切术、经尿道膀胱肿瘤电切术、输尿管镜、膀胱输尿管镜）	头孢唑啉 2 g IV	庆大霉素 5 mg/(kg・d)
耻骨后前列腺根治切除术或肾切除术	头孢唑啉 2 g IV	克林霉素 600 mg IV 术前
前列腺切除术（经尿道前列腺电切术或经腹）	如为无菌尿，则仅在感染风险高的手术术前使用环丙沙星 500 mg PO 或 400 mg IV。如果术前尿培养阴性且手术感染风险低，则不推荐预防用抗生素	
阴茎或其他部位假体	头孢唑啉 2 g IV 或万古霉素 IV + / – 庆大霉素 5 mg/kg IV。	克林霉素 600 mg IV 或万古霉素 IV + / – 庆大霉素 5 mg/kg IV。
根治性膀胱切除术、膀胱前列腺切除术或前盆腔脏器清除术	头孢替坦 2 g IV	克林霉素 600 mg IV + 庆大霉素 5 mg/kg IV
Lithotripsy	头孢唑啉 2 g IV	庆大霉素 5 mg/kg IV
头颈部手术		
多数涉及切开口腔黏膜、鼻窦黏膜或咽部黏膜的手术，多数颈部切开术，或腮腺手术	头孢替坦 2 g IV	克林霉素 600 mg IV
扁桃体切除术	克林霉素 600 mg IV	
甲状腺 / 甲状旁腺手术	不推荐预防用抗生素	
血管外科手术		
所有血管手术（颈动脉手术例外，不需要预防用抗生素）	头孢唑啉 2 g IV	万古霉素 IV
神经外科手术		
开颅手术，脊柱融合术，椎板切除术，脑室腹腔分流术	头孢唑啉 2 g IV	克林霉素 600 mg IV 或万古霉素 IV
放射介入操作		
胆道或胃肠道操作（包括化学消融术、射频消融术，脾栓塞术）	头孢替坦 2 g IV	庆大霉素 5 mg/kg IV + 甲硝唑 500 mg IV
尿道操作	头孢唑啉 2 g IV	庆大霉素 5 mg/kg IV
植入式静脉输液港（如 Mediport）	头孢唑啉 2 g IV	克林霉素 600 mg IV
隧道式导管	不推荐预防用抗生素。	
淋巴管造影、血管畸形消融、子宫肌瘤的介入治疗	头孢唑啉 2 g IV	克林霉素 600 mg IV

对于无预防手术部位感染指征的患者不推荐使用抗生素。

推荐依据

Cosgrove S, Avdic E. Johns Hopkins Antibiotic guidelines: treatment recommendations for inpatients. The Johns Hopkins Antibiotic Management Program, 2008 - 2009.

注释：这是约翰霍普金斯医院使用的指南，由 SaraCosgrove 和 EdinaAvdic 编写。与其他医疗机构推荐的推荐方案大致相同，可能剂型不尽相同。

Antimicrobial prophylaxis for surgery.Treat Guidel Med Lett,2006;Vol.4;pp.83 - 8.

注释：这是由公认的权威机构制定的另一个指南，提出了相似的建议而且对于用药指征和原理讨论得更为充分。

手术部位感染

Christopher F. Carpenter, MD and Aditi Swami, MD

病原体

- 金黄色葡萄球菌（常为 MRSA）。
- 凝固酶阴性的葡萄球菌。
- 革兰阴性杆菌。
- 肠球菌。
- 链球菌。
- 厌氧菌（根据手术部位而定）。
- 念珠菌属可能培养阳性；但是否需要治疗是有争议的。

临床表现

- SSI 的发生率：总发生率约为 5%，约占所有院内感染的 1/4。
- 适当的抗生素预防应用以及其他围手术期的干预措施可使 SSI 发生率减少 50% 以上。
- 通常，SSI 的高危因素包括内科的基础疾病，如糖尿病；手术时间延长（根据不同的手术部位而定），以及可能污染的切口或污染切口。
- 单凭传统的手术切口分类系统（清洁切口，清洁 – 污染切口，污染切口，以及污染 – 感染切口）不足以预测感染风险。
- 为了将危险因素量化，美国国家医院感染监测系统（NNIS）设定了 3 项危险因素，即美国麻醉医师协会评分（ASA 评分，5 分制）在 3 分或 3 分以上，手术时间超过该手术的平均时间 75% 以上，以及一个可能污染的或污染的手术。
- 使用该系统预测 SSI 发生率：0 个危险因素 – 1.5%，1 个危险因素 – 2.9%，2 个危险因素 – 6.8%，3 个危险因素 – 13%，所有手术总的 SSI 发生率为 2.8%。
- 大多数 SSI 发生的时间平均为术后 12 天（25%~75% 置信区间为 3~28 天），起病较快则提示可能是产毒素的病原体感染，如梭菌、化脓性链球菌。
- 治疗费用约为 400 美元（浅表的 SSI）至 > 30 000 美元（严重的脏器 / 体腔 SSIs）。

诊断

- 手术部位感染（SSI）即手术切口感染；分类包括浅表的（皮肤和皮下组织）、深部切口感染（筋膜和肌肉）以及脏器 / 体腔感染。
- 体征：局部皮肤发红、压痛、有分泌物、有波动感，伴 / 不伴发热。
- 蜂窝组织炎：为皮肤感染，有局部皮肤发红但没有分泌物或波动感。
- 脓肿：局部组织中脓液聚集形成。
- 坏死性软组织感染（罕见于术后感染：化脓性链球菌或产气荚膜梭菌引起）：迅速扩散的侵袭性感染并导致组织坏死（累及筋膜 – 坏死性筋膜炎，累及肌肉 – 坏死性肌炎）。最早可于术后 24 小时发生，较一般的 SSI 出现早。

治疗

手术部位感染或污染切口手术的治疗

- 对于污染切口手术，抗生素使用应视为治疗而不是预防。
- 污染手术切口抗生素的疗程有争议；曾推荐过短至 24 小时的疗程；对于手术切口感染的疗程需根据病情的严重度、外科清创（必要时）的情况以及临床疗效来综合判断。
- 用于 SSI 和污染手术切口治疗的药物需覆盖革兰阳性菌，特定情况下还需覆盖革兰阴性菌和厌氧菌（如空腔脏器穿孔）。
- 对于一般的切口感染，给予头孢唑啉 1~2g q8h 即可。如果患者是耐药的革兰阳性菌（如 MRSA）感染或有感染的风险，或者患者对 β – 内酰胺类严重过敏，需考虑使用万古霉素、利奈唑胺、替加环素或达托霉素。
- 革兰阴性菌或厌氧菌感染风险较大的手术切口感染的处理：建议使用 β – 内酰胺类和 β – 内酰胺酶抑制剂的复合制剂（如哌拉唑啉 / 他唑巴坦），头孢替坦或头孢西丁，头孢唑啉 + 甲硝唑，或克林霉素 + 庆大霉素。
- 有假体（如网状医用材料）存在将使治疗失败的风险显著增高，通常需要取出假体才可能治愈。
- 所有伤口均需要全程注射破伤风疫苗。

清洁 – 污染切口手术的预防

- 抗生素预防治疗是有指征的。具体见“外科手术预防”部分（第 247 页）。
- 多数手术的预防用药使用头孢唑啉 1~2 g IV 即可。
- 如果患者对 β – 内酰胺类严重过敏或是 MRSA 感染的高危人群，建议使用万古霉素 15 mg/kg IV。
- 如果患者为厌氧菌 SSI 的高危人群，如结直肠手术的患者，需考虑使用头孢西丁或头孢替坦 1~2 g IV，头孢唑啉 1~2 g + 甲硝唑 500 mg，厄他培南 1 000 mg，或 β – 内酰胺类和 β – 内酰胺酶抑制剂的复合制剂（如哌拉唑啉 / 他唑巴坦）。
- 结直肠手术的术前准备包括术前促动力肠道准备以及口服抗生素，例如：拟于 8 am 手术，则术前一日于 1 pm、2 pm 和 11 pm 分别口服新霉素和红霉素（或甲硝唑），剂量均为 1 g；尽管如果已经使用静脉预防性抗生素再口服抗生素是否有益尚不明确。

清洁切口手术的预防

- 一般而言，清洁切口手术并不常规推荐使用抗生素预防。具体见“外科手术预防”部分（第 247 页）。
- 有些情况例外：一旦出现术后感染将是灾难性的如开颅手术或心脏手术；或者需要植入假体的手术。
- 多数手术预防治疗的首选方案是在切皮前 60 分钟内给头孢唑啉 1~2 g IV。
- 如果患者对 β – 内酰胺类严重过敏或是 MRSA 感染的高危人群，建议使用万古霉素 15 mg/kg IV。
- 鼻腔内使用莫匹罗星可降低有 MRSA 定植的患者感染的风险。
- 使用双氯苯双胍己烷（洗必泰）对鼻咽部和口咽部进行灭菌处理对预防心脏手术术后感染和鼻部有金黄色葡萄球菌定植的患者术后感染有帮助。
- 使用洗必泰洗澡是否必要是有争议的。

其他信息

- 首选治疗是切口敞开 / 引流。除非有蜂窝组织炎或筋膜炎，否则没有使用抗生素的指征。

- 恰当的预防措施包括合适的抗生素（通常是头孢唑啉），合适的用药时间（切皮前 60 分钟）和合适的疗程（< 24 小时）。SSI 的监测可降低感染发生率。
- 术后 1~2 天出现的快速进展的切口感染，不论伴 / 不伴全身中毒症状，需提高警惕有无梭菌或化脓性链球菌的感染。
- 推荐使用剪刀而非剃刀备皮，因为后者和 SSI 发生率增高相关。
- 控制体温、控制血糖、保证手术切口区域的组织氧合以及戒烟均有助于降低 SSI 发生率。

推荐依据

Bratzler DW, Houck PM, Surgical Infection Prevention Guideline Writers Workgroup. Antimicrobial prophylaxis for surgery: an advisory statement from the National Surgical Infection Prevention Project. Am J Surg, 2005; Vol. 189; pp. 395 - 404.

注：该文总结了外科杂志上关于心脏、血管、骨科（关节成形术）、妇产科（子宫切除术）以及结直肠手术预防用药选择的全国性的建议。

Bratzler DW, Houck PM, Surgical Infection Prevention Guidelines Writers Workgroup, et al. Antimicrobial prophylaxis for surgery: an advisory statement from the National Surgical Infection Prevention Project. Clin Infect Dis, 2004; Vol. 38; pp. 1706 - 15.

注：该文总结了传染病学杂志上关于心脏、血管、骨科（关节成形术）、妇产科（子宫切除术）以及结直肠手术预防用药选择的全国性的建议。

血管移植物感染

Christopher F. Carpenter, MD and Aditi Swami, MD

病原体

- 金黄色葡萄球菌。
- 凝固酶阴性的葡萄球菌。
- 革兰阴性菌，如大肠杆菌。
- 链球菌和肠球菌。
- 厌氧菌罕见，多发生于主动脉移植物感染。

临床表现

- 人造血管移植物感染（prosthetic vascular graft infection，PVGI）的发生率为 1%~6%，其中主动脉移植物感染率为 0.5%~5%（约 1% 左右），下肢外周血管移植物感染率约 12%；血管内移植物感染率相对较低。
- 病死率很高，特别是主动脉移植物感染，而且，即使给予积极的处理仍有很高的病残率（残肢率等，约 50%）。
- 感染的高危因素包括腹股沟切口、手术切口感染和手术切口并发症；其他危险因素包括免疫抑制治疗、糖尿病、肿瘤和免疫功能紊乱。
- 约 35% 的感染是葡萄球菌引起的，其中金黄色葡萄球菌感染出现相对较早而凝固酶阴性葡萄球菌感染出现相对较晚，而且，约 25% 的感染是复数菌感染。
- 用于血液透析的血管内装置感染：相比动静脉瘘（arteriovenous fistula，AVF）而言，中心静脉导管（central venous catheter，CVC）和人工血管动静脉造瘘（arteriovenous grafts，AVG）感染的发生率和病死率较高。
- 对于血液透析的血管内装置的感染，常常表现为隐性感染，而铟扫描阳性则提示可能有感染，即使临床上没有血管移植物感染的体征。血栓形成的血管移植物也可以出现隐匿性感染。病原体以葡萄球菌最常见，革兰阴性杆菌的感染率约为20%。治疗方面必须手术取出移植物并且给予长疗程的抗生素治疗，特别是金黄色葡萄球菌感染时。建立通路的首要目标应该是保留自体瘘管，并且除非万不得已尽可能避免使用 CVC 和 AVG。

诊断

- 血管移植物部位形成有分泌物的窦道或出现有波动感的炎性包块高度提示感染，如果局部出现蜂窝组织炎且对抗生素疗效差或很快病情反复也高度提示移植物感染。
- 血管移植物感染时，CT 和 MRI 检查可见移植物旁渗液、异常气体出现、组织包膜异常或软组织肿胀，以及假性动脉瘤形成，特别是上述多个异常表现同时出现时更支持血管移植物感染。
- 非特异性表现包括发热、白细胞增高伴核左移，炎性指标升高（ESR、CRP）；如果不伴有其他移植物感染的征象则需要完善检查除外其他病因。
- 血培养是必要的，但不能反应血管移植物非腔内感染的情况。
- 对于腹腔血管移植物植入的患者，一旦出现胃肠道出血提示有肠道侵蚀和血管移植物感染，特别是伴有感染的其他症状或体征时。值得一提的是，内镜下证实的十二指肠第三段或第四段肠管出血高度提示腹主动脉移植物感染并侵及肠管。
- 偶尔也需要手术探查来明确是否有移植物感染；对诊断最有意义的术中所见是移植物从周围组织上移位 / 脱开。
- 多数情况下，单纯假性动脉瘤形成和（或）血管移植物堵塞并不提示感染；然而，25% 主动脉血管移植物血栓形成的患者可继发感染。
- 感染性栓塞或肥大性骨关节病罕见，但一旦出现则高度提示血管移植物感染。

治疗

术前抗生素的预防性应用

- 切皮前 60 分钟内头孢唑啉 2 g IV。
- 切皮前 60 分钟内使用万古霉素 15 mg/kg IV（只用于严重的青霉素或头孢菌素过敏者或 MRSA 感染的高危人群）；可考虑覆盖肠道革兰阴性杆菌的感染，特别是涉及到腹股沟部位的手术。
- 预防用药 24~48 小时即可，不推荐延长疗程。

首要的手术治疗

- 合适的治疗包括取出移植物、充分清创感染和坏死组织、对移植物旁和远端组织再灌注，以及选用合适的抗生素和合适的抗感染疗程。
- 手术是治疗血管移植物感染的金标准。
- 分期手术：移植物取出后数天再进行解剖外旁路移植术。
- 序贯手术：移植物取出后立刻进行解剖外旁路移植术。
- 同时手术：重新植入移植物（新的血管移植物，自体血管，同种异体血管）并在其之前或之后将原有的移植物取出。
- 部分手术：即取出部分移植物，通常仅适用于移植物只有边界清楚的很短一部分并发感染时。
- 不手术：即不取出感染的移植物（仅适用于患者有浅表的切口感染时）；需要延长抗生素疗程。以下情况例外：并发出血或管腔堵塞，全身性感染或使用的是涤纶血管移植物时。

- 根据血培养结果，如有可能，包括局部渗液培养和血管移植物组织培养的结果来指导抗生素的选择。

辅助的经验性抗生素治疗

- 除非有 MRSA 感染的风险，否则给予头孢唑啉 1~2 g IV q8h，萘夫西林或苯唑西林 1~2 g IV q4h。
- 万古霉素 15 mg/kg IV q12h。
- 根据手术部位的不同，考虑是否需覆盖肠道革兰阴性杆菌。
- 根据手术方式的不同和感染的严重程度来决定疗程；对于非复杂性的患者而言，完整取出血管移植物后继续治疗 7~10 天是起码的疗程。
- 所有患者均需考虑经验性用药覆盖 MRSA 或 MRSE，特别是合并慢性肾病和（或）反复住院的患者，以及来自院内和（或）社区相关的 MRSA 高发的地区的患者。
- 腹主动脉移植物感染需考虑使用覆盖厌氧菌的抗生素（如甲硝唑）。

其他信息

- 1%~5% 患者并发血管移植物感染；感染率主要取决于血管移植物植入的部位以及患者的背景情况。
- 腹股沟下的血管移植物感染率最高，为 2%~5%；主动脉 – 股动脉的血管移植物感染率约为 1%~2%，主动脉的血管移植物感染率约为 1%。
- 复数菌感染并不少见，在决定经验性用药还是使用窄谱抗生素需考虑到这一点。
- 多数感染由葡萄球菌和肠杆菌引起，而且一般情况下，经验性用药应注意覆盖这些病原菌。
- 封闭负压引流技术（vacuum assisted closure，VAC）治疗腹股沟部位的血管移植物感染时，感染相关并发症的发生率很高。

更多信息

- 不推荐经验性使用覆盖铜绿假单胞菌和肠球菌的抗生素。

推荐依据

Perera GB, Fujitani RM, Kubaska SM . Aortic graft infection: update on management and treatment options. Vasc Endovascular Surg, 2006; Vol. 40; pp. 1 - 10.

注释：这是近年来一篇关于如何处理主动脉血管移植物感染的优秀综述。

Antimicrobial prophylaxis for surgery. Treat Guidel Med Lett, 2006; Vol. 4; pp. 83 - 8 .

注释：这是一篇关于外科手术预防使用抗生素的简练综述。BariePS 指出，通常在手术结束后抗生素仍然继续使用。这篇文章总结了一些关于外科手术预防给药次数方面的研究。结论是：和切皮前单次给药并根据手术时间和失血情况追加给药相比，术后继续使用抗生素并没有优势。

Modern surgical antibiotic prophylaxis and therapy--less is more. Surg Infect (Larchmt), 2000; Vol. 1 pp. 23 - 9.

旅行相关 / 热带感染性疾病

“从热带地区旅行回来获得的发热”见 546 页处理部分

“疟疾”见 465 页病原体部分

“呼吸道感染：旅游归来者”见 552 页处理部分

锥虫病

Paul G. Auwaerter, MD and Joseph Vinetz, MD

病原体

- 血鞭毛原虫，可导致人类非洲睡眠病。
- 布氏锥虫有两个亚种：布氏冈比亚锥虫导致西非睡眠病，而布氏罗得西亚锥虫导致东非睡眠病。
- 是牛的动物源性疾病，在非洲农村地区经吸血舌蝇叮咬传播（使用避蚊胺不能预防）。

临床表现

- 人是布氏冈比亚锥虫的主要宿主，占所有病例传染源的 99% 以上。狩猎动物是布氏罗得西亚锥虫的储存宿主。
- 在非洲，从东海岸到西海岸仍有锥虫病流行。布氏冈比亚锥虫病在西部和中部非洲地区广泛分布；布氏罗得西亚锥虫病则在东部 / 南部非洲的局部区域内流行。
- 疾病分期：（1）在叮咬部位形成锥虫下疳；（2）锥虫进入血循环和淋巴循环迅速繁殖播散导致全身症状，包括发热、淋巴结肿大和皮疹；（3）中枢神经系统受累出现脑膜脑炎的症状，包括嗜睡、头痛、行为异常，最终进展为昏迷。
- Ⅰ期：锥虫阴性或脑脊液白细胞 $< 10/mm^3$。Ⅱ期：锥虫阳性或脑脊液白细胞 $> 10/mm^3$。
- 病程经过：布氏罗得西亚锥虫病比布氏冈比亚锥虫病起病快且病情进展迅速。
- 锥虫病是旅行者返回后患病的罕见病因。
- 诊断：确诊需找到寄生的原虫。取下疳或淋巴结穿刺物、血液、骨髓、或在晚期阶段取脑脊液涂片，可在显微镜下看到活动的锥虫。制备厚血涂片用 Giemsa 染色可看见锥虫体；由于寄生虫存在循环周期因此必要时需重复血涂片检查。使用浓集技术可提高检出率（例如离心后再取血液的棕黄层涂片检查）。
- 睡病患者脑脊液中可找到锥虫体。锥虫血症在布氏罗得西亚锥虫病中更常见且更容易在血中找到锥虫。
- 将病人体液接种到大鼠或小鼠体内进行动物接种诊断的敏感性很好，但只能在一些研究中心才能进行，而且只能用于布氏罗得西亚锥虫病的诊断。
- 血清学检查：锥虫纸版凝集实验（Card agglutination test for trypanosomes，CATT），（热带病研究所，血清室，Nationalestraat 大道 155 号，B-2000 安特卫普市，比利时）；可从美国疾病控制中心（CDC）寻求帮助，因为如果血清学检查敏感性和特异性波动很大则意义有限。此外，布氏罗得西亚锥虫病在起病一段时间后才出现血清转化。

感染部位

- 皮肤：舌蝇叮咬部位出现锥虫下疳。
- 淋巴结：颈部淋巴结多发肿大（Winterbottom 征），直径 1~2 cm，质软，无压痛，活动度好；布氏冈比亚锥虫病多为颈部淋巴结肿大，布氏罗得西亚锥虫病多为颌下、腋下和腹股沟淋巴结肿大。
- 全身症状：布氏冈比亚锥虫病：间断发热、头痛、肌肉痛，可迁延数月至数年；布氏罗得西亚锥虫病：起病和病情进展呈急性经过。
- 中枢神经系统：进行性嗜睡，偶有脑膜炎和局灶性神经定位表现，最终进展为意识丧失和昏迷。

治疗

基本原则

- 推断被感染时的地理位置，以及是否有中枢神经系统受累。根据这两方面来选择治疗药物。
- 来自锥虫病流行地区的人如果出现皮肤溃疡样病变，需考虑到人类非洲睡眠病（human African trypanosomiasis，HAT）的可能性。
- 通过腰穿检查来判断病程分期是早期还是晚期。脑脊液白细胞 > $20/mm^3$ 为晚期。

布氏冈比亚锥虫病

- 早期，即血液淋巴系统期（首选方案）：戊烷脒 4 mg/(kg · d)，最大量为 300 mg/d IM × 7 天。
- 替代方案：苏拉明，先静脉注射 100~200 mg，如无过敏反应，则每次静脉注射 1 g，在第 1、第 3、第 7、第 14、第 21 天用药。
- 晚期，即有中枢神经系统受累：依氟鸟氨酸 100 mg/kg IV q6h × 14 天或硫砷嘧胺 2.2 mg/(kg · d) IV × 10 天（详见药物应用部分下的子标题）。
- 联合治疗（NECT 方案）：依氟鸟氨酸 400 mg/kg IV q12h × 7 天 + 硝呋莫司 15 mg/kg PO，q8h × 10 天。
- 联合用药方案：小剂量的硫砷嘧胺 1.2 mg/(kg · d) 以及硝呋莫司 7.5 mg/kg PO，每天 2 次 × 10 天，比单用硫砷嘧胺疗效好。
- 注：一项研究显示依氟鸟氨酸比硫砷嘧胺的副作用小，如果有药的话更推荐 NECT 联合用药方案。此外，依氟鸟氨酸对布氏罗得西亚锥虫病无效；可从疾病控制中心（CDC）或世界卫生组织（WHO）获取药物。
- 复发的治疗：戊烷脒治疗后复发则使用硫砷嘧胺或依氟鸟氨酸治疗（用法同上）；依氟鸟氨酸治疗后复发则使用硫砷嘧胺治疗（用法同上）。
- 硫砷嘧胺耐药的锥虫病已有报道，而且呈增长趋势。

布氏罗得西亚锥虫病

- 早期：苏拉明，先静脉注射 100~200 mg，如无过敏反应，则每次静脉注射 1 g，在第 1、第 3、第 7、第 14、第 21 天用药。
- 晚期：硫砷嘧胺 2.0~3.6 mg/(kg · d) × 3 天，7 天后给 3.6 mg/(kg · d) × 3 天，再过 7 天再给 3.6 mg/(kg · d) × 3 天。
- 复发的治疗：苏拉明治疗后复发则用硫砷嘧胺治疗（用法同上）；硫砷嘧胺治疗后复发的可再次使用硫砷嘧胺治疗，共 3 疗程，每程 4 天，剂量均为 3.6 mg/kg（最大量 180 mg）。
- 硫砷嘧胺导致的反应性脑炎

- 硫砷嘧胺是含砷制剂，可导致反应性脑炎。糖皮质激素有预防作用。
- 预防：用硫砷嘧胺前 1~2 天开始加用泼尼松龙 1 mg/kg（最大量 40 mg/d），之后和硫砷嘧胺同时使用，硫砷嘧胺疗程结束后泼尼松龙在 3 天内减量停用。
- 治疗：抗惊厥药、静脉使用糖皮质激素、肾上腺素等。
- 布氏冈比亚锥虫病的预处理：硫砷嘧胺用药前 24~72 小时给 1~2 次戊烷脒，剂量为 4 mg/kg。
- 布氏罗得西亚锥虫病的预处理：硫砷嘧胺用药前 3~5 天给 2~3 次苏拉明，剂量分别为 5、10、20 mg/kg。
- 使用新近报道的治疗方案治疗布氏冈比亚锥虫病可降低此并发症的发生率。

随访

- 近 20％布氏冈比亚锥虫病患者治疗无效（硫砷嘧胺为研究药物，Lancet 1999;353:1113）。

其他信息

- 中部非洲涌现大量布氏冈比亚锥虫病感染的病例。
- 在美国，依氟鸟氨酸主要用来治疗脱发，还可作为一些罕见疾病的治疗用药。

推荐依据

[No authors listed] . The Medical Letter,2007;Vol.5;pp.e1 - e14.

注：这是本章节所使用的指南，尽管对于布氏冈比亚锥虫所导致的人类非洲睡眠病 II 期的患者而言，强烈推荐联合治疗如小剂量硫砷嘧胺 / 依氟鸟氨酸或硝呋莫司 / 依氟鸟氨酸。

Pépin J, Milord F. The treatment of human African trypanosomiasis. Adv Parasitol,

注释：治疗人类非洲睡眠病的药物副作用大且对于进展期病例常常无效。

克氏锥虫

Joseph Vinetz, MD and Paul G. Auwaerter, MD

病原体

- 克氏锥虫是导致美洲锥虫病（恰加斯氏病）的寄生原虫。
- 在拉丁美洲的农村地区流行，通过长红猎蝽生物种中的一些吸血昆虫或锥蝽叮咬传播。
- 在美国南部，克氏锥虫存在于一些动物储存宿主或昆虫携带者体内，但罕见传给人类。

临床表现

- 可导致心脏、食管和结肠的慢性感染，通常无法治愈。多为隐匿型感染。
- 如有病原暴露可能的病史（如移民、旅行、实验室意外）需疑诊急性期感染，通常伴有非特异性全身症状，偶可出现严重的心肌炎。
- 移民者可以是克氏锥虫的慢性携带者，因此美洲锥虫病不再只是拉丁美洲农村地区的疾病，在美国有约 100 000 慢性携带者。
- 克氏锥虫慢性携带者可以通过献血传播美洲锥虫病（过去 20 年来共报道了 7 例）。
- 可在艾滋病患者导致中枢神经系统机会性感染。
- 常见死因是心律失常或心力衰竭。
- 免疫功能正常患者急性期的诊断：取新鲜血液或血液棕黄层制备湿片或涂片固定后 Giemsa 染色检查，可在显微镜下找到锥虫体。血清学检查意义有限。

- 免疫功能受损患者急性期的诊断：在骨髓、淋巴结、脏层心包、皮肤、脑脊液、心包积液等活检组织或体液中寻找锥虫体。专业实验室—血培养、PCR 或者动物接种诊断（取疑诊患者的血液饲养相应的吸血昆虫）。
- 慢性期的诊断：血清学方法检测克氏锥虫特异性 IgG。很难或不可能找到锥虫体。可在专业实验室中行血培养、PCR 或者动物接种。
- FDA 批准了一项新的血清学检测方法用来筛查恰加斯氏病携带者；现已开始用于献血者筛查。

感染部位

- 急性期：（1）恰加斯肿：锥虫侵入部位出现红斑性结节；（2）Romana 征，即眼结膜炎、同侧眼眶周围水肿和耳前淋巴结炎；（3）全身症状：发热、乏力、颜面 / 下肢浮肿、广泛淋巴结肿大和肝脾肿大。
- 心脏：急性恰加斯氏病可出现重症心肌炎。
- 间歇期：恰加斯氏病的特点是急性期患者不经治疗 4~8 周后病情自发缓解，进入无症状的间歇期，出现不显著的锥虫血症，血清中易于查到抗体。
- 慢性期：累及心脏和胃肠道。中枢神经系统受累仅见于免疫功能受损的患者。
- 心脏：慢性感染者心脏受累占 10%~30%，可导致双心室扩大、附壁血栓形成、左心室心尖部室壁瘤、慢性心力衰竭、晕厥、心律失常、血栓栓塞事件甚至死亡。
- 胃肠道：巨食管和巨结肠；临床上表现为咽下困难、便秘和腹痛。
- 中枢神经系统：艾滋病患者并发，包括脑膜脑炎和脑脓肿样病变。

治疗

急性恰加斯氏病

- 苄硝唑：5 mg/(kg · d) PO × 60 天。在美国没有药。
- 遵从新药研发协议的规定下，可从疾病控制中心（CDC）的药物管理部门（the Centers for Disease Control Drug Service（404）639-3670）获得该药。
- 硝呋莫司：成人 8~10 mg/(kg · d)，1~10 岁儿童 15~20 mg/(kg · d)，未成年人 12.5~15 mg/(kg · d)，分四次口服，疗程 90~120 天。可从疾病控制中心药物管理部门（404）639~3670 获得药物。
- 间歇期恰加斯氏病
- 有争议；治疗能否防止慢性并发症出现并不明确；需要考虑药物的不良反应。

慢性恰加斯氏病

- 不推荐药物驱虫治疗。
- 心脏：对症治疗；植入起搏器、药物治疗心力衰竭、心脏移植。
- 巨食管：仿照贲门失弛缓症治疗，即：下食管括约肌球囊扩张术、使用肉毒毒素或外科手术。
- 巨结肠 / 结肠功能障碍：对症治疗；高纤维素膳食，手法辅助排便，手术治疗中毒性巨结肠、肠扭转或行减压手术。
- 对于等待器官移植的、免疫功能受损的以及进展期 HIV 感染的恰加斯氏病患者，一些人推荐参照急性期恰加斯氏病的治疗方案。

推荐依据

Bern C, Montgomery SP, Herwaldt BL, et al. Evaluation and treatment of chagas disease in the United States: a systematic review.2007;Vol.298;pp.2171 - 81.

注释：这是一篇关于恰加斯氏病的全面的综述，强调了许多知识缺口。尽管证据的力度有限，免疫功能受损的/等待器官移植的以及HIV感染的恰加斯氏病患者应按照这些作者推荐的方案进行治疗。

Villar JC, Marin-Neto JA, Ebrahim S, et al. Trypanocidal drugs for chronic asymptomatic Trypanosoma cruzi infection.

Cochrane Database Syst Rev,2002;Vol.CD003463.

注释：这篇综述指出，虽然目前还缺乏结论性的证据，但是越来越多的证据表明应该给慢性无症状期的恰加斯氏病患者以抗克氏锥虫的治疗。如有证据表明患者外周血中有锥虫存在，则提示治疗有可能有效，至少在防止脏器终末期损害方面会有帮助。

"链状带绦虫"见469页病原体部分

第二部分
病原体

细菌

鲍曼不动杆菌

John G. Bartlett, MD

微生物学

- 需氧革兰阴性球杆菌或杆菌，革兰染色时常误认为是奈瑟菌属或莫拉菌属。
- 自然界（水、土壤）和医院环境（导管、洗手液、呼吸机）中均很常见。
- 普通琼脂培养基上即可生长。
- 鲍曼不动杆菌是不动杆菌属中最常见的菌种，其余偶可对人类致病的菌种包括醋酸钙不动杆菌、洛菲不动杆菌、琼氏不动杆菌、约翰逊不动杆菌和鲍氏不动杆菌。
- 鲍曼不动杆菌致病力较弱，通常侵犯免疫功能受损宿主（免疫功能受抑制、术后、呼吸机相关性肺炎、烧伤、ICU 患者、装置相关感染以及营养不良的患者）。

临床信息

- 正在成为重要的全球性的院内感染的泛耐药的革兰阴性病原菌。
- 从血液或人体正常情况下无菌部位分离出来的菌株有明确的临床意义。
- 细菌污染一些公用资源（比如呼吸机、导管等）可导致院内感染流行。
- 诊断依靠普通的需氧细菌培养。
- 单纯实验室培养阳性通常没有临床意义（仅表明有定植），但下列情况例外：（1）从人体正常情况下无菌的部位分离出来的；（2）是优势菌株；（3）暴发流行和（或）（4）和临床明显相关。

感染部位

- 通常是院内感染的病原菌。
- 肺炎：院内获得性肺炎，特别是呼吸机相关性肺炎。
- 血流感染：通常是导管相关性血流感染，或继发于院内获得性肺炎或呼吸机相关性肺炎的血流感染。
- 伤口感染：烧伤、伊拉克战争造成的创伤、自然灾害如飓风 / 地震。
- 罕见：脑膜炎（神经外科术后并发感染）、肝脓肿、心内膜炎、泌尿系感染、脑脓肿。
- 社区获得性感染：伊拉克战争的战场上有报道，有一项重要的报道来自于新西兰。

治疗

抗菌药物

- 根据体外药敏结果选择抗生素—抗菌活性最好的药物有：伊米配能、氨苄西林 / 舒巴坦、头孢吡肟、黏菌素、替加环素和阿米卡星。
- 伊米配能（普利麦克辛，Primaxin）：0.5~1 g IV q6h（首选治疗—Med Letter 2004;2:21）。
- 氨苄西林 / 舒巴坦（优立新）：3 g q4h（舒巴坦是抗菌活性成分）
- 替加环素（老虎霉素，Tygacil）：首剂 100 mg IV，之后 50 mg IV q12h。
- 头孢曲松 1~2 g IV qd 或头孢噻肟 2~3 g IV q6~8h。
- 环丙沙星（西普乐）：400 mg IV q8~12h 或 750 mg PO，每天 2 次（或左氧氟沙星，或莫西沙星）。

- 头孢吡肟（马斯平）：1~2 g IV q8h。
- 甲氧苄啶－磺胺甲噁唑（TMP-SMX）：甲氧苄啶 15~20 mg/(kg・d) IV 分 3~4 次用药或 4 片 PO，每天 2 次。
- 阿米卡星：7.5 mg/kg q12h IV or 15 mg/(kg・d) IV。
- 泛耐药菌株的治疗：黏菌素 5 mg/(kg・d) IV 分 2 次使用 + / – 伊米配能或氨苄西林 / 舒巴坦。
- 黏菌素 2.5 mg/kg IV q12h。

暴发流行

- 强调注意感染控制。
- 强调屏障预防措施和洗手。
- 甄别公用资源有无污染—水、呼吸机、导管、内窥镜、胃肠内营养管等。

其他信息

- 鲍曼不动杆菌已成为重要的院内感染致病菌，特别是在 ICU 病房，它是多重耐药的革兰阴性致病菌之一。
- 用来细菌培养的主要临床标本：血液、呼吸道分泌物和尿。
- 为院内致病菌，定植于皮肤、干燥的物体表面以及水源中，包括洗手液、呼吸机以及导管。
- 是战争（伊拉克战争）和自然灾害（海啸）中重要的病原菌。

推荐依据

Murray CK, Hospenthal DR . Treatment of multidrug resistant Acinetobacter. Curr Opin Infect Dis,2005;Vol.18;pp.502 - 6.

注释：通常对不动杆菌属有抗菌活性的药物包括伊米配能、阿米卡星、氨苄西林 / 舒巴坦、黏菌素、利福平和替加环素。

放线菌

John G. Bartlett, MD

微生物学

- 革兰阳性菌，菌丝纤细、分叉。
- 微需氧，在厌氧环境下生长好。培养条件苛刻。
- 包括以色列放线菌、戈氏放线菌、内氏放线菌、龋齿放线菌、粘放线菌、麦氏放线菌和丙酸丙酸杆菌。
- 是人体口腔、消化道和生殖道的正常菌群。
- 诊断通常依据组织病理 – 并非是细菌培养，即使当培养可疑阳性时亦是如此。

临床信息

- 放线菌病几乎都是混合感染的一部分——特别是合并放线共生放线杆菌、腐蚀埃肯菌、类杆菌属或链球菌属的感染。
- 特征性的慢性病变：致密的纤维化硬结（“木板样”），引流窦道、“硫磺颗粒”等，感染可侵犯组织包膜而不受正常解剖屏障的限制。
- 诊断：组织或硫磺颗粒行革兰染色见到特征性的细丝状杆菌并且在组织

病理或培养菌落中见到呈放射状排列的革兰阳性菌。

- 复查非常重要，除非是正常情况下不会受到污染的临床标本如无菌条件下获得的组织、细针穿刺吸取物或硫磺颗粒。
- 最重要的是和奴卡菌相鉴别。在革兰染色下两者非常相似，但奴卡菌弱抗酸染色阳性而且通常只感染免疫功能受损的宿主。

感染部位

- 口腔、颈部和面部的放线菌病（“大颌病”）。
- 盆腔放线菌病（宫内节育器相关）。
- 胸部放线菌病：肺炎、肿块样病变（可能和恶性肿瘤相混淆）。
- 腹部放线菌病：脓肿或肿块样病变。
- 肌肉骨骼系统。
- 下颌骨坏死：化疗后继发。
- 心脏：心内膜炎（HACEK 菌群中“A”即放线共生放线杆菌〔英文也称为 Aggregatibacteractinomycetemcomitans〕）。
- 中枢神经系统：脑膜炎、脑炎、脑脓肿。
- 播散性感染（罕见）。

治疗

抗菌药物

- 首选青霉素 G 1800~2400 mU/d IV，疗程 2~6 周，之后阿莫西林 500~750 mg 口服，每天 3 次或每天 4 次，疗程 6~12 月；只用口服药物也可以。
- 替代治疗：多西环素 100 mg IV 每天 2 次，疗程 2~6 周，之后 100 mg 口服，每天 2 次，疗程 6~12 月；红霉素 500 mg 口服，每天 4 次，疗程 6~12 月。
- 克拉霉素 600 mg IV q8h，疗程 2~6 周，之后 300 mg 口服，每天 4 次，疗程 6~12 月。
- 其他药物（资料有限）：克拉霉素、阿奇霉素、伊米配能、头孢噻肟 / 头孢曲松。
- 无效的药物：甲硝唑、甲氧苄啶 – 磺胺甲噁唑（TMP–SMX）、头孢他啶、苯唑西林、氟喹诺酮类。

综合治疗

- 手术指征：疑诊恶性肿瘤；为了明确诊断；重要部位的病变（硬脑膜外或中枢神经系统病灶等）；抗菌药物疗效欠佳。
- 手术方式：减积手术、切除窦道、脓肿引流。

随访

- 大剂量和长疗程的抗菌药物已被临床证明是正确的而且是保证药物能够进入致密的纤维组织所必需的。

其他信息

- 放线菌病是由 6 种放线菌属的细菌所导致的，其中最常见的是以色列放线菌。
- 疑诊：特征性的病变（坚硬的慢性炎性包块伴 / 不伴有窦道，病变可侵犯组织包膜）和显微镜下表现（革兰染色符合典型放线菌表现，培养常为阴性）。
- 近期的一项发现是放线菌感染和下颌骨坏死有关。
- 除甲硝唑外，多数抗菌药物对放线菌有效。

放线菌病和奴卡菌病相比较的总结表
病原菌
放线菌病：放线菌属
奴卡菌病：星形奴卡菌
革兰染色
放线菌：细丝状的革兰阳性菌
奴卡菌：细丝状的革兰阳性菌
改良的抗酸染色
放线菌：阴性
奴卡菌：弱阳性
来源
放线菌：口腔正常菌群
奴卡菌：土壤
宿主
放线菌病：平素身体健康，有牙病
奴卡菌病：细胞免疫功能低下
临床特征
放线菌病：病变组织质硬，有瘘管形成
奴卡菌病：病变组织质硬且有硫磺颗粒
病程
放线菌病：惰性病程
奴卡菌病：惰性病程
治疗
放线菌病：青霉素 G、氨苄西林 / 阿莫西林、抗假单胞菌的青霉素类药物、多数头孢菌素类、大环内酯类、四环素类、伊米配能、克林霉素
奴卡菌病：TMP-SMX、伊米配能、阿米卡星、利奈唑胺

推荐依据

作者的观点。

注释：关于放线菌病治疗方面还没有权威的指南。依据病例回顾分析和专家意见制定出了长疗程的抗菌药物方案。

气单胞菌

Paul G. Auwaerter, MD

微生物学

- 革兰阴性菌，兼性厌氧菌。氧化酶阳性，乳糖发酵，活动。
- 适宜在温暖的气候中生长，特别是在淡水或咸水中生长。
- 其中嗜水气单胞菌是最常见也是最重要的人类致病菌，其余菌种还有豚鼠气单胞菌和维罗纳气单胞菌温和生物型。

临床信息

- 这类细菌可以导致严重的皮肤 / 软组织感染和全身性感染，通常侵犯免疫功能受损的宿主，最典型的感染方式是组织损伤后暴露于淡水中。
- 重症感染的危险因素：免疫功能受损、糖尿病、肝胆系统疾病（肝硬化）。
- 蜂窝组织炎可以很严重且病变进展迅速，通常发生在暴露后数小时内。感染侵及深部组织可导致坏死性筋膜炎或肌坏死。

- 鉴别诊断（皮肤/软组织坏死性感染）：分为两种类型：单一病原感染（A组链球菌、金黄色葡萄球菌、创伤弧菌、微需氧链球菌如消化链球菌）和复数菌感染（如坏死性蜂窝组织炎或坏死性筋膜炎）。此外：被鲶鱼脊柱刺伤或被水中的动物咬伤或刺伤也可导致皮肤/软组织坏死性感染。
- 诊断：取感染组织、脓肿、血液或其他体液行细菌培养。
- 在胃肠炎病因中的地位仍有争议；这方面的研究结果模棱两可（和邻单胞菌属情况类似）。通常只导致散发病例而非暴发流行。
- 腹泻通常为水样泻，多自限。可出现便乳铁蛋白阳性或便中有白细胞。多为轻中度腹泻，但也可严重到需要住院治疗。
- 诊断（胃肠炎）：有些实验室并不常规做便气单胞菌培养，有些则常规进行。

感染部位

- 胃肠道：胃肠炎/痢疾（儿童病例可为重症，成人很少出现重症或为慢性病例）。腹膜炎（罕见）。
- 皮肤/软组织感染：蜂窝组织炎（可为暴发型，出现组织坏死征象）。常为混合感染，多合并金黄色葡萄球菌或肠道菌群感染。
- 全身性感染：血流感染常和恶性肿瘤、肝胆系统疾病如肝硬化等基础疾病相关；和糖尿病关系不大。
- 骨：骨髓炎、感染性关节炎。
- 中枢神经系统：脑膜炎（罕见）。
- 心脏：心内膜炎（罕见）。

治疗

一般治疗

- 腹泻常自限，支持治疗即可。
- 多数软组织感染的患者并没有腹泻症状。
- 软组织感染：有可能需要早期行筋膜切开术。对于疑诊病例需尽早请外科会诊。

抗菌药物

- 通常有效的药物：氨基糖苷类（庆大霉素，阿米卡星 > 妥布霉素）、氟喹诺酮类、卡巴培南类药物、氨曲南、第三代头孢菌素。
- 通常无效的药物：青霉素、氨苄西林、头孢唑啉、替卡西林、链霉素。气单胞菌属通常产 β－内酰胺酶。
- 不同程度耐药的药物：哌拉西林、阿莫西林/克拉维酸、替卡西林/克拉维酸、TMP-SMX、四环素类、氯霉素。
- 根据培养菌株药敏结果指导抗菌药物的最终选择。还没有关于抗菌药物选择和疗程的临床研究。
- 腹泻（如不自限或为重症时考虑使用）：环丙沙星 500 mg PO，每天 2 次。替代方案：TMP-SMX2 片口服，每天 2 次（注：在台湾和西班牙，资料显示该菌对磺胺类药物高度耐药）。
- 对重症皮肤和皮肤结构感染的经验性抗菌药物需覆盖链球菌和葡萄球菌（包括MRSA）。
- 皮肤/软组织感染（轻度）：环丙沙星 500 mg 口服，每天 2 次或左氧氟沙星 500 mg 每天 1 次。
- 皮肤//软组织感染（重症）或全身性感染：环丙沙星 400 mg IV q8h 或左氧氟

沙星 750 mg IV q24h [如果怀疑水源相关的外伤，需经验性加用覆盖弧菌的抗生素 (多西环素 100 mg 每天 2 次)，尽管氟喹诺酮类药物也对弧菌有效] + 万古霉素 15 mg/kg IV q12h+/- 克林霉素或利奈唑胺以阻止革兰阳性菌产生毒素。可以替代氟喹诺酮类覆盖气单胞菌的药物包括卡巴培南类 (厄他培南、多尼培南、伊米配能或美罗培南)，头孢曲松、头孢吡肟和氨曲南。

预防

- 水源相关的外伤需要彻底消毒。一些医生使用氟喹诺酮类药物作为预防措施，但并没有相关的证据支持。水源暴露后出现的感染需要立刻取标本进行气单胞菌和弧菌的培养并加用合适的抗菌药物。
- 使用药用水蛭有感染气单胞菌的风险。
- 通常推荐在使用药用水蛭时预防性使用一种头孢菌素 (如头孢呋辛、头孢曲松或头孢吡肟) 或一种氟喹诺酮类药物 (如环丙沙星或左氧氟沙星)。水蛭体内分离出的气单胞菌菌株无一例外地对氟喹诺酮类药物敏感。
- 抗菌药物疗程为 3~5 天；一些医生建议疗程延长至伤口或焦痂愈合。
- 对水蛭外用洗必泰消毒不足以预防气单胞菌感染。

随访

- 当重症软组织感染并发血流感染时，文献报道的病死率为 25%~70%。

其他信息

- 在淡水或咸水相关的外伤 / 暴露后出现迅速进展的蜂窝组织炎时，需要立刻考虑到气单胞菌、丹毒丝菌或弧菌属感染的可能性。
- 有趣的现象：药用水蛭和气单胞菌属感染的传播有关。
- 认定气单胞菌属是腹泻的致病菌的证据包括：(1) 在腹泻患者中比无症状患者中再次分离出该菌的概率要高；(2) 腹泻患者中没有分离出其他病原体；(3) 有肠毒素产生的证据；包括能使动物模型产生腹泻症状；(4) 抗菌药物后腹泻症状好转。

推荐依据

Stevens DL, Bisno AL, Chambers HF, et al. Practice guidelines for the diagnosis and management of skin and soft-tissue infections. Clin Infect Dis, 2005; Vol. 41; pp. 1373 - 406.

注释：该文总结了坏死性软组织感染的常规处理措施，尽管并没有只针对气单胞菌感染的建议。

作者的观点。

注释：尚没有指南或临床实验来指导胃肠型或非胃肠型气单胞菌感染的治疗。主要推荐依据是体外药敏结果的报道。

芽孢杆菌

Paul G. Auwaerter, MD

微生物学

- 兼性厌氧菌或需氧革兰阳性芽孢杆菌。详见“炭疽”部分，第 2 页。
- 广泛存在于腐败的有机物质或土壤中。一些菌种是正常菌群的一部分。
- 潜在的人类致病菌包括蜡样芽孢杆菌、枯草芽孢杆菌、巨大芽孢杆菌、环状芽孢杆菌和球形芽孢杆菌。

临床信息

- 蜡样芽孢杆菌可产生肠毒素，从而导致呕吐和腹泻。和产气荚膜杆菌食物中毒的临床表现类似。
- 真正的感染罕见，多数分离株考虑为标本污染。组织、体液或血液培养应用标准培养技术即可。
- 感染的危险因素：静脉注射吸毒（IDU）、镰状细胞病、血管内导管置入、恶性肿瘤、艾滋病、免疫功能抑制和粒细胞减少症。
- 食物源性暴发流行的诊断：确认蜡样芽孢杆菌感染需要满足以下条件。（1）从可疑的食物以及患者的粪便或呕吐物中分离出同一血清型的菌株；或（2）从可疑食物或患者的粪便或呕吐物中分离出大量蜡样芽孢杆菌，且菌株的血清型是常见的导致食物源性疾病的型别；或（3）从可疑食物中分离出蜡样芽孢杆菌，并且通过血清学检查（肠毒素）或生物学检查（呕吐和腹泻）证实了它的肠道毒性作用。在呕吐型疾病中，快速起病结合一些食物证据，通常已能够诊断这一类型的食物中毒（引自 FDA:http://vm.cfsan.fda.gov/~mow/chap12.html）。

感染部位

- 食物中毒：蜡样芽孢杆菌食物中毒分为两型。呕吐型：进食被该菌污染食物（常为淀粉类食物如炒米饭）后 1~6 小时发病。腹泻型：进食被该菌污染的肉类、牛奶、蔬菜等 10~12 小时后发病，表现为水样泻和里急后重，可持续 2~10 天。
- 血流感染：少见，可并发混合感染包括手术切口感染或肿瘤坏死继发感染。假性血流感染的来源：被该菌污染的血培养标本、手套、注射器等。常导致静脉注射吸毒者的一过性菌血症，没有临床意义。
- 脑膜炎、脑脓肿：少见，可由于耳炎、乳突炎、神经外科手术、脑室腹腔分流术并发。
- 眼部感染：创伤后眼内炎的首要致病菌，静脉注射吸毒也是危险因素。也可导致角膜炎、眶周脓肿、结膜炎和泪囊炎。
- 心内膜炎：为静脉注射吸毒人群罕见的并发症。三尖瓣感染性心内膜炎多为惰性病程。
- 软组织感染：罕见筋膜炎的报道。
- 肺炎：免疫功能受损宿主出现肺炎的罕见病原菌。临床表现类似炭疽肺炎。

治疗

重症芽孢杆菌感染

- 首先明确分离菌株是污染还是有临床意义的感染。重复培养阳性则更倾向于是真正的感染。
- 多数菌种对青霉素、头孢菌素、氟喹诺酮类和氨基糖苷类抗生素敏感。蜡样芽孢杆菌例外，通常对 β－内酰胺类耐药。芽孢杆菌属对抗生素的敏感性差异很大。
- 在有临床意义的感染中，蜡样芽孢杆菌是最常见的菌种。依据病例报道的体外药敏结果，可使用万古霉素 15 mg/kg IV q12h。该菌通常对 β 内酰胺类抗生素耐药。
- 替代治疗：有报道克林霉素（600 mg IV q8h）治疗有效。
- 蜡样芽孢杆菌食物中毒
- 自限性的，不需要使用抗菌药物。
- 支持治疗、补液和止吐治疗。
- 预防：炒米饭 / 煮米饭应维持温度 > 60℃或迅速冷却至 < 8℃，以免芽孢在室温下萌发和产生毒素。

眼内炎

- 蜡样芽胞杆菌全眼球炎的特征表现：静脉注射吸毒者或创伤后的蜡样芽胞杆菌眼内炎可在 48 小时内造成玻璃体 / 视网膜快速的大面积毁损，伴环形脓肿形成。
- 尽早请眼科医生会诊，取眼内液做细菌培养。推荐早期行玻璃体切除术并在玻璃体内注射抗生素。
- 玻璃体内注射克林霉素 450 μg 和庆大霉素 400 μg。有些医生主张玻璃体内注射地塞米松。
- 玻璃体内注射抗生素联合全身抗感染治疗（药物选择见“重症芽孢杆菌感染”部分）。

心内膜炎

- 见于静脉注射吸毒者的一种并发症，已被详尽阐述但很罕见。静脉注射吸毒者血培养芽胞杆菌阳性多数是污染或一过性菌血症。
- 行心脏超声明确有无瓣膜受累来协助诊断感染性心内膜炎。三尖瓣受累最常见。惰性病程。
- 有使用万古霉素（15 mg/kg IV q12h）或克林霉素（600 mg IV q8h）治疗成功的报道。

其他信息

- 血培养阳性多数为污染，特别是在静脉注射吸毒者中。
- 眼部感染可导致灾难性的后果，需要快速干预。
- 由于革兰染色下和炭疽杆菌类似，所以在肺炎、脑膜炎和软组织感染的病例需要引起重视，直至培养结果除外炭疽。

推荐依据

Fekete, T. Bacillus Species and Related Genera Other than Bacillus anthracis. Mandell, Bennett, and Dolin: Principles and Practice of Infectious Diseases, 6th ed., 2005 Churchill Livingstone, Chap 206.

注释：没有关于蜡样芽胞杆菌及其相关菌种全身性感染方面的指南。

作者的观点。

注释：关于食品生产和管理安全方面的最新建议见 www.cfsan.fda.gov/list.html.

脆弱类杆菌

John G. Bartlett, MD

微生物学

- 多形性革兰阴性厌氧小杆菌。
- 比其他厌氧菌容易培养。
- 在所有人体结肠内定植。

临床信息

- 脓肿形成—可引起几乎所有解剖部位的脓肿，尤其是横膈以下部位。
- 是厌氧菌血流感染最常见的致病菌。
- 常为结肠来源的复数菌感染的组成成分之一。
- 腹腔内严重感染（胆系感染和自发性腹膜炎除外）最常见的病原菌。
- 横膈之上的感染少见，耳源性脑脓肿例外。
- 如何发现病原：除非申请厌氧培养，否则罕有培养阳性。疑诊：革兰染色见到混

病原体

合菌群、腹腔 / 盆腔感染、有恶臭的脓液。
- 取无污染的标本做厌氧培养：血液、腹腔内标本等。

感染部位

- 腹腔感染：腹膜炎、腹腔脓肿、阑尾炎、憩室炎、术后切口感染、肝脓肿、胆管炎。
- 妇科感染：盆腔炎、输卵管－卵巢脓肿、妇科术后切口感染、子宫内膜炎、盆腔蜂窝组织炎、盆腔脓肿。
- 软组织感染：坏死性筋膜炎、糖尿病足感染、褥疮溃疡感染。
- 血流感染。
- 脓肿：耳源性脑脓肿、腹腔脓肿、盆腔脓肿、软组织脓肿（横膈以下）、肛周脓肿。
- 消化道：部分菌株可产生肠毒素导致分泌性腹泻。

治疗

经验性抗菌药物，混合感染

- 推荐将感染看作是混合感染，且经验性加用覆盖脆弱类杆菌的治疗。
- 单药治疗：伊米配能（普利麦克辛，Primaxin）或其他卡巴培南类药物（厄他培南、美罗培南、多尼培南）0.5~1.0 g IV q6h，哌拉西林 / 他唑巴坦（特治星，Zosyn）3.375 g IV q6h，氨苄西林 / 舒巴坦（优立新，Unasyn）1~2 g IV q6h，替加环素（老虎霉素，Tygacil）首剂 100 mgIV, 之后 50 mg IV q12h。联合治疗：甲硝唑 0.75~1.0 g IV q12h+ 头孢噻肟 1.5~2 g IV q6h 或氨曲南 1~2 g IV q8h 或头孢曲松 1 g IV q12h。

手术

- 引流脓肿；多数输卵管 ~ 卵巢脓肿、一些（小的或多发的）脑脓肿以及肝脓肿例外，这些脓肿只用抗生素治疗即有效。
- 感染源的处理：修补吻合口漏、穿孔。
- 阑尾炎手术治疗等。

其他信息

- 腹腔内严重感染的抗菌药物：使用抗菌药物脆弱类杆菌和大肠杆菌；这可以覆盖大多数病例中常见和重要的病原菌。
- 脆弱类杆菌是厌氧菌血流感染最常见的病原菌—“外科医生的脓毒症”。
- 脆弱类杆菌感染通常是临床疑诊（腹腔或盆腔的严重感染），有时能够在显微镜下看到（革兰染色时见到混合菌群），偶尔可以闻到（有恶臭），罕见有培养阳性。
- 通常对脆弱类杆菌敏感的抗菌药物：甲硝唑、伊米配能（普利麦克辛，Primaxin）、哌拉西林 / 他唑巴坦（特治星，Zosyn）。耐药性逐渐增多的抗菌药物：克林霉素、头孢西丁、头孢替坦和莫西沙星—这些药物已不推荐用于严重的厌氧菌感染。

推荐依据

Solomkin JS, Mazuski JE, Baron EJ, et al. Guidelines for the selection of anti-infective agents for complicated intra-abdominal infections. Clin Infect Dis, 2010 (in press) .

注释：推荐将脆弱类杆菌和大肠杆菌看作腹腔感染的主要致病菌。轻 ~ 中度感染：氨苄西林 / 舒巴坦（优立新，Unasyn）、替卡西林 / 克拉维酸（特美汀，Timentin）或厄他培南。重症感染：哌拉西林 / 他唑巴坦或伊米配能 / 美罗培南。联合治疗：甲硝唑 + 头孢唑啉、氟喹诺酮类、第三代头孢菌素或氨曲南。备注：因为耐药性逐渐增高，克林霉素和头孢西丁已不再作为腹腔严重感染（IAS）一线推荐用药。

类杆菌属

Joseph Vinetz, MD

微生物学

- 多形性革兰阴性厌氧菌，易于培养。
- 临床上重要的菌种包括：脆弱类杆菌、多形类杆菌、普通类杆菌、狄氏类杆菌、卵形类杆菌、单形类杆菌、粪类杆菌。

临床信息

- 关于类杆菌属的信息具体见脆弱类杆菌部分（前一部分）。
- 是人体小肠、口腔和阴道正常菌群的成分之一。
- 在混合感染以及脓肿中有重要意义。
- 类杆菌属的所有菌种均对甲硝唑、卡巴培南类、β－内酰胺类/β－内酰胺酶抑制剂复合制剂敏感，因此具体菌种的鉴定并不重要。
- 取无污染的临床标本做培养：血液、腹腔积脓、胸腔积脓或其他脓肿引流液。
- 近年来出现了多重耐药的脆弱类杆菌。

感染部位

- 腹腔感染：内脏破裂或小肠手术（常为脆弱类杆菌）后继发的脓肿（通常为混合感染），肝脓肿（特别是解剖异常或结石相关的肝脓肿），胰腺假性囊肿继发感染。
- 中枢神经系统感染：脑脓肿，多合并其他细菌感染，通常继发于慢性鼻窦炎、慢性中耳炎、硬膜下积脓或硬膜外脓肿。
- 口腔、上呼吸道感染：牙脓肿、牙周炎、扁桃体周围脓肿（常合并其他细菌感染）、鼻窦炎（慢性）、腮腺炎（少见）。
- 肺部感染：吸入性肺炎或坏死性肺炎、肺脓肿、脓胸。
- 泌尿生殖系统：前庭大腺囊肿继发脓肿、盆腔炎、输卵管卵巢脓肿、子宫内膜炎、绒毛膜羊膜炎、产科/妇科术后切口感染。
- 血流感染：是血流感染的常见分离株，常对原发病灶有提示意义（腹腔内感染占1/2～2/3）。
- 皮肤/软组织感染：人/动物咬伤后继发感染、术后感染、坏死性筋膜炎；褥疮和糖尿病皮肤溃疡。
- 骨：骨髓炎（特别是混合感染的骨髓炎）和褥疮溃疡以及其他导致类杆菌属局部污染的病症相关。

治疗

抗菌药物

- 如果考虑是复数菌感染，推荐经验性抗菌药物覆盖类杆菌属包括脆弱类杆菌。
- 单药治疗：哌拉西林/他唑巴坦（特治星，Zosyn）3 g IV q6h，氨苄西林/舒巴坦（优立新，Unasyn）1~2 g q6h，伊米配能 500 mg IV q6h，美罗培南 1 g IV q8h 或多尼培南 500 mg IV q8h。
- 社区获得性中重度感染：氨苄西林/舒巴坦（用法同上）、莫西沙星 400 mg IV/口服 q24h、替卡西林/克拉维酸 3 g IV q6h。
- 院内获得性或重症感染：哌拉西林/他唑巴坦或卡巴培南类（用法同上）+/- 氨基糖苷类。
- 替代的联合治疗方案：甲硝唑 0.75~1.0 g IV q12h + 庆大霉素或妥布霉素 5 mg/(kg·d) IV 或头孢噻肟 1.5~2 g IV q6h 或头孢曲松 1 g IV q12h 或环丙沙星 400 mg IV q8h。

病原体

辅助治疗

- 外科手术或介入放置经皮导管引流脓肿。
- 例外：多数输卵管－卵巢脓肿、一部分脑脓肿（多发或直径≤ 2 cm）以及肝脓肿只用抗菌药物即有效。
- 高压氧理论上有益但临床研究表明没有疗效。
- 外科手术预防用药
- 当可能有厌氧菌渗漏时，多数杂志（例如 The Medical Letter）推荐使用头孢唑啉＋甲硝唑或氨苄西林/舒巴坦作为外科手术预防用药。

其他信息

- 腹腔内严重感染的抗菌药物选择：使用抗菌药物脆弱类杆菌和大肠杆菌；这可以覆盖大多数病例中常见和重要的病原菌。
- 脆弱类杆菌是导致厌氧菌血流感染最常见的病原菌。
- 产黑色素普氏类杆菌是肺脓肿、耳源性/牙源性感染的常见致病菌。
- 99% 类杆菌属细菌都敏感的抗菌药物：甲硝唑、伊米配能和哌拉西林/他唑巴坦。由于耐药菌株逐渐增多，克林霉素、头孢西丁和头孢替坦已不再被认为是针对有临床意义的感染的可靠的治疗用药。

推荐依据

见第 271 页“脆弱类杆菌”部分的推荐依据。

巴尔通氏体

John G. Bartlett, MD

微生物学

- 严格细胞内生长的多形性的革兰阴性小杆菌。
- 巴尔通氏体共有 19 种，其中 6 种可导致人类疾病，即汉赛巴尔通氏体、杆菌状巴尔通氏体、五日热巴尔通氏体、文氏巴尔通氏体、伊丽莎白巴尔通氏体以及 koehlerae 巴尔通氏体。
- 活检组织采用 Warthin-Starry 银染色或 Brown-Hopps 组织革兰染色镜检最容易看到病原体。
- 汉赛巴尔通氏体最重要的储存宿主是猫—50% 猫汉赛巴尔通氏体血清学阳性，通过接触到猫的唾液或抓伤传播疾病（“猫抓热”）。

临床信息

- 流行病学：猫（幼猫＞成年猫，可导致猫的主人患猫抓病）；虱（可导致流浪者出现热病）和艾滋病患者（可导致杆菌性血管瘤病，紫癜样肝病）。
- 汉赛巴尔通氏体（猫传播）：猫抓病（典型表现是在被猫抓后 3~12 天局部出现脓疱样病变，周围可能还有其他脓疱环绕，之后在 1~3 周内出现距离初始病灶最近的局部淋巴结肿大，患者常因此而就医。肿大的淋巴结多无波动感），肝脾肿大很常见。少见表现：杆菌性血管瘤病（见于艾滋病患者）和紫癜样肝病。
- 五日热立克次体（体虱传播）：区域性战壕热，是流浪者中不明原因发热（fever of unknown origin，FUO）的病因之一。
- 多种综合征：不明原因发热、肝脾肿大、血培养阴性的心内膜炎、眼部感染特别是葡萄膜炎、神经系统的综合征。
- 诊断：组织 Warthin-Starry 染色镜检和（或）血清学检查（急性感染时免疫荧

光实验 > 1:256，慢性感染时 > 1:800，灵敏度及特异性差异很大）。其他检查：培养困难（需时 2~6 周且阳性率低）；PCR—可能最理想但技术难度高且在实验阶段；皮试—无临床意义且有风险。

感染部位

- 皮肤结节伴 / 不伴局部淋巴结肿大、发热：猫抓病（CSD）。
- 结膜炎 + 耳前淋巴结肿大：帕里诺眼淋巴结综合征。
- 眼部：视神经视网膜炎。
- 肝脏 + / – 脾脏：紫癜样肝病。
- 中枢神经系统：脑炎、脊髓炎、无菌性脑膜炎。
- 皮肤结节：杆菌性血管瘤病（见于艾滋病患者中，病变类似于卡波西肉瘤）。
- 心内膜炎：血培养阴性。
- 不明原因发热伴血流感染：流浪者和酗酒者感染多见。

治疗

治疗方案

- 猫抓病：不需要抗菌药物；如有广泛淋巴结肿大，阿奇霉素 500 mg 顿服。
- 视网膜炎：多西环素 100 mg 每天 2 次 + 利福平 300 mg 每天 2 次，均为口服，疗程 4~6 周。
- 杆菌性血管瘤病：红霉素 500 mg PO，每天 4 次或多西环素 100 mg PO，每天 2 次，疗程 > 3 个月。
- 紫癜样肝病：红霉素 500 mg PO，每天 4 次或多西环素 100 mg PO，每天 2 次，疗程 > 4 个月。
- 奥罗亚热：环丙沙星 500 mg PO，每天 2 次，疗程 10 天。
- 心内膜炎：庆大霉素总量 3 mg/(kg · d)，分 3 次使用，即 q8hIV × 14 天，联合头孢曲松 2 g/dIV × 6 周，+ / – 多西环素 100 mg PO，每天 2 次 × 6 周。

其他信息

- 最常见的感染类型：（1）猫抓病 = 猫抓伤—皮肤结节 + 淋巴结肿大；（2）杆菌性血管瘤病，见于艾滋病患者—皮肤结节样病变类似卡波西肉瘤。
- 最严重的感染：心内膜炎（病死率 25%），中枢神经系统感染（脑病），视神经视网膜炎。
- 蜱体内能够找到巴尔通氏体，但对人类致病的意义尚不明确。

推荐依据

Rolain JM, Brouqui P, Koehler JE, et al. Recommendations for treatment of human infections caused by Bartonella species. Antimicrob Agents Chemother, 2004; Vol. 48; pp. 1921 - 33.

注释：权威人士做的综述。具体内容包括（1）一般情况下，疾病和致病的巴尔通氏体菌种的关系是：杆菌状巴尔通氏体 – 奥罗亚热；汉赛巴尔通氏体 – 猫抓病、杆菌状血管瘤病、血流感染、视神经视网膜炎、心内膜炎、紫癜样肝病；五日热巴尔通氏体 – 血流感染、战壕热、心内膜炎；伊丽莎白巴尔通氏体：心内膜炎。（2）推荐的治疗方案。本章节中关于治疗的建议即引自该文。

鲍特氏菌

Paul G. Auwaerter, MD

微生物学

- 鲍特氏菌是需氧革兰阴性小球杆菌。百日咳鲍特氏菌是百日咳最常见的病原菌，并且只对人致病。副百日咳鲍特氏菌可导致类似症状但较轻微。培养条件苛刻，需要特殊培养基（如含头孢氨苄的巧克力血琼脂培养基，Regan Loweor Bordet-Gengoumedia）。
- 支气管败血鲍特氏菌（犬舍咳）和霍氏鲍特氏菌（B.holmesii）罕见导致人体呼吸道疾病。
- 很罕见的，在伤口和耳部感染中发现创口鲍特氏菌（B.trematum）参与致病。
- 欣氏鲍特氏菌（B.hinzii）和霍氏鲍特氏菌是免疫受损宿主中血流感染相对少见的病原菌。
- 鸟鲍特氏菌仅发现存在于鸟类体内。

临床信息

- 典型的百日咳病程持续数周并可分为 3 期。卡他期（1~2 周）：流涕、低热、鼻炎和轻微的咳嗽（婴儿可出现呼吸暂停 / 呼吸衰竭）。痉咳期（2~6 周）：阵发性痉咳，多为干咳，继之深长吸气，发出“鸡鸣样”哮吼声和咳嗽后呕吐。恢复期（≥ 2 周）：咳嗽发作的频率和严重程度逐渐减轻。
- 潜伏期 5~21 天，平均为 7 天。患者从出现卡他等前驱症状至出现症状后 3 周有传染性。
- 临床表现多样化。婴儿死亡率高，在青少年和成年人中常常被漏诊，因为他们有显著的干咳但没有典型的“鸡鸣样”哮吼。曾接受预防接种可导致临床表现不典型。
- 在成人中，百日咳鲍特氏菌感染多表现为慢性干咳，容易被误诊为支气管炎（估计约 13%~20% 的成人有慢性咳嗽）。咳嗽的平均病程约为 50 天。
- 成人发病率约为 1~2 例 /1 000 人 / 年，青少年和从事卫生保健工作的成年人发病率最高，可通过接种白百破疫苗来改变这种状况。
- 对咳嗽持续 2 周且有以下症状的患者需疑诊百日咳：（1）发作性咳嗽；（2）吸气时“鸡鸣样”哮吼声；（3）咳嗽后呕吐。
- 20% 急性百日咳的患者胸部影像上可见浸润影。
- 百日咳诊断的金标准是鼻咽分泌物培养。鼻腔吸取物比鼻腔拭子（使用涤纶拭子）培养阳性率更高。应接种在博 - 金（Bordet-Gengou）培养基（含血 - 甘油 - 马铃薯琼脂培养基）上培养 7 天。
- 由于培养敏感性低（咳嗽 3 周的患者仅 1%~3% 培养阳性），通常靠临床诊断。PCR 相关技术已被用于呼吸道分泌物的病原学检查，临床上应用越来越多，可能是最敏感的检验方法（文献报道的灵敏度约为 73%~100%）。已有的 PCR 相关技术的检验方法缺少标准化。推荐进行培养或 PCR 检测等检查，如果在咳嗽开始 3 周内或出现症状开始 4 周内检查，阳性率最高。
- 标准化血清学检查特异性好但敏感性为 20%~90%（和培养 /PCR 相比较）。通常用于流行病学调查。分别在急性期（起病 2 周内）和恢复期（起病 4 周后）检测血清百日咳毒素（pertussis toxin，PT）的 IgG 或 IgA 有助于明确诊断。由于青少年和成人培养和 PCR 检测阳性率低，所以对这些患者更有意义。一些研究发现单次高滴度的抗体阳性（如抗百日咳毒素 IgG > 100 U/ml）提示有近期感染。

更多临床信息

疾病控制中心（CDC）关于百日咳的诊断标准（2005）

- 临床标准：咳嗽≥ 2 周伴以下症状之一：阵发性痉咳、吸气时“鸡鸣样”哮吼声或无其他病因的咳嗽后呕吐。

诊断的实验室标准

- 临床标本中分离出百日咳鲍特氏菌或百日咳鲍特氏菌 PCR 检测阳性。

诊断分类

- 疑诊病例：符合临床标准，缺少实验室证据或流行病学资料（与实验室确诊病例有接触史）。
- 确诊病例：任何病程的急性咳嗽患者并且有实验室证据（培养阳性）；或符合临床标准并且有实验室证据（PCR 检测阳性）或流行病学资料（与确诊病例有接触史）。

感染部位

- 呼吸道疾病：咽气管炎、肺炎（相对少见，病原菌常为百日咳鲍特氏菌）。副百日咳鲍特氏菌是相对少见的百日咳的病原菌。
- 并发症：尿失禁、咳嗽后呕吐、听力丧失、疝、气胸、误吸、肋骨骨折、颈动脉夹层、死亡（成人罕见）。

病原体

治疗

百日咳鲍特氏菌和副百日咳鲍特氏菌

- 对高度疑诊的患者推荐给经验性抗生素治疗，需考虑进行感染控制 / 隔离患者以及治疗接触过患者的易感者。
- 起病 1 周后再给予抗生素治疗并不能缩短病程，但可以缩短传染期从而减少疾病传播。
- 体外药敏表明多数分离株对大环内酯类和氟喹诺酮类药物敏感，但对 β－内酰胺类耐药。
- 罕见能分离出对红霉素耐药的百日咳鲍特氏菌的菌株。
- 大环内酯类是治疗的一线用药。临床上多使用红霉素，但研究表明阿奇霉素和克拉霉素同样有效且病人耐受性更好。
- 首选治疗方案（成人 / 青少年）：阿奇霉素 500 mg 口服首剂，之后 250 mg PO qd × 2~5 天，或克拉霉素 500 mg bid × 7 天。
- 替代方案（成人 / 青少年）：对大环内酯类药物不耐受患者的二线治疗为 TMP-SMX2 片口服，每天两次 × 14 天。红霉素 250 mg PO，每天 4 次 × 14 天，和阿奇霉素以及克拉霉素相比，这个方案副作用大且疗程长，现已相对少用。
- 6 个月以下的婴儿可能并发低氧血症、呼吸暂停和喂养困难，需要住院治疗。
- ＜ 1 个月：推荐用阿奇霉素，10 mg/(kg · d) × 5 天（不推荐使用红霉素、克拉霉素和 TMP-SMZ）。
- 1~5 月：推荐用阿奇霉素，10 mg/(kg · d) × 5 天；或克拉霉素 15 mg/kg 每天 2 次 × 7 天；或红霉素 10 mg/kg 口服，每天 4 次 × 14 天；TMP-SMX 有禁忌。
- ＞ 6 个月或儿童：推荐用阿奇霉素，10 mg/(kg · d)（最大量 500 mg/d）× 5 天；或克拉霉素 15 mg/kg（最大量 1g/d）每天 2 次 × 7 天；或红霉素 10 mg/kg（最大量 2 g/d）每天 4 次 × 14 天；TMP-SMX 每公斤体重 4 mg/40mg，每天 2 次 × 14 天。

- TMP-SMX 适用年龄 > 2 个月，且患者对大环内酯类过敏或不耐受或感染的菌株对大环内酯类耐药。
- 尽管氟喹诺酮类对百日咳鲍特氏菌体外敏感性很好，但临床用药经验有限。

抗生素预防使用

- 由于人与人之间通过飞沫传播，且传染性强（接触者 80% 感染率），所以推荐进行二级预防。
- 在和源头病人接触后 3 周内使用预防性抗生素（注意：潜伏期 5~21 天，平均 7~10 天）。
- 抗生素疗程同“治疗”部分。

青少年和成人的免疫接种

- 为了减少百日咳的携带者、百日咳在青少年和成人中的传播以及传给婴儿，近年来建议给这些人群进行免疫接种。
- 全细胞菌苗经济有效，因此许多国家仍在使用，尽管多数发达国家使用的是副作用较少的无细胞菌苗。对青少年和成人而言，免疫程序参照白百破（tetanus-diphtheriaacellular pertussis，Tdap) 疫苗。
- 白百破疫苗使用建议：（1）19 ~ 64 岁的成人每 10 年需要加强免疫 1 次白喉和破伤风混合疫苗（Td），在下 1 次需要注射疫苗时使用 Tdap 代替 Td。（2）无细胞菌苗最常见的副作用是注射部位强烈的局部反应（通常为无痛性），发生率约为 1%~2%，在初始基础免疫接种后曾接受过无细胞菌苗免疫接种的人群中发生率最高。
- 对于和 6 个月以内的婴儿密切接触的成人应单独免疫接种 1 次 Tdap。接种 Tdap 和最后 1 次 Td 疫苗接种的时间最好间隔 2 年以上，但是间隔时间短一些也是可以接受的。
- 育龄女性如果之前没有接种过 Tdap 或末次免疫时间在 2 年以前，应在怀孕前或产后出院前 / 在分娩中心立刻接种 Tdap。怀孕期间不允许接种 Tdap，如有必要，推荐接种 Td（或者在分娩后立刻接种 Tdap）。
- 所有 11~12 岁的青少年应该接受 1 次 Tdap 免疫接种。
- 如果最后 1 次 Td 免疫接种的时间在 5 年以前，或在 2 年之内但有一些特殊情况如和婴儿密切接触或正在经历 1 次百日咳的暴发流行，13~18 岁的青少年需要接受 Tdap 免疫接种。
- Tdap 使用的禁忌证：有 Tdap 疫苗成分的过敏史，或既往接种百日咳疫苗后 7 天内曾出现脑病（没有其他病因）。如果有以下情况 Tdap 疫苗需慎用：既往接种破伤风类毒素后 6 周内出现格林巴利综合征，或中重度急性疾病（伴或不伴发热），或神经系统状态不稳定，或既往接种破伤风类毒素或白喉类毒素疫苗后出现 Arthus 反应（即局部过敏性反应）。

随访

- 对高危人群如婴儿、卫生保健工作人员和怀孕第 7~9 个月的妇女而言，根治体内的百日咳鲍特氏菌尤其重要。

其他信息

- 对疾病本身和先进的诊断手段如 PCR 的认识正在提高（2004 年患病人数为 25 827，年发病率为 8.5 例 /100 000 人），但仍有许多病例被漏诊。
- 急性百日咳鲍特氏菌感染时出现典型的淋巴细胞增多在儿童比成人患者中更常见。

- 成人的发病率在增加，可能是由于特异性免疫能力下降。
- 死亡和出现并发症的病例多发生在 6 个月以下的婴儿中，后者包括肺炎、癫痫、脑病和严重咳嗽的并发症（如脑缺氧、肺动脉高压）。
- 青少年和成人是百日咳住院婴儿（ > 60% ）最主要的传染源。

推荐依据

Murphy TV, Slade BA, Broder KR, et al. Prevention of pertussis, tetanus, and diphtheria among pregnant and postpartum women and their infants recommendations of the Advisory Committee on Immunization Practices (ACIP). MMWR Recomm Rep, 2008; Vol. 57; pp. 1 - 51.

注释：关于孕期和产后使用 Tdap 疫苗的建议。以下内容是直接从摘要中摘录的：（1）在产后从医院或分娩中心出院前立刻接种 Tdap 疫苗；（2）最后 1 次 Td 疫苗接种 2 年以后可接种 Tdap 疫苗；（3）有指征的孕妇需在孕期接种 Td 疫苗以预防破伤风和白喉；或 (4) 如果一位女性对破伤风和白喉已有足够的保护性抗体，推迟本应在孕期接种的 Td 疫苗，代之以产后立刻接种 Tdap 疫苗。尽管妊娠并不是 Tdap 疫苗接种的禁忌证，卫生保健工作人员应在给孕妇接种 Tdap 疫苗之前在理论上先权衡利弊。这份报告（1）描述了孕妇、产后的妇女和她们的婴儿患百日咳、白喉和破伤风时的临床特征；（2）汇总了关于孕期接种百日咳疫苗对预防婴儿百日咳这方面已有的证据；（3）总结了美国关于使用 Tdap 的政策；以及（4）提出了关于孕妇和产后妇女使用 Td 和 Tdap 疫苗的建议。

Tiwari T, Murphy TV, Moran J, et al. Recommended antimicrobial agents for the treatment and postexposure prophylaxis of pertussis: 2005 CDC Guidelines. MMWR Recomm Rep, 2005; Vol. 54; pp. 1 - 16.

注：该文是本章节关于治疗和预防用药建议的理论依据。

疏螺旋体

Paul G. Auwaerter, MD

微生物学

- 流行性回归热（Epidemic relapsing fever，RF）是疏螺旋体导致的通过体虱（人虱）在人与人之间传播的疾病（类似斑疹伤寒）。
- 该病在世界范围内流行（南太平洋地区除外），病原体为螺旋体，螺旋长约 5~40 μm，共 3~10 个螺旋。
- 散发的地方性回归热是蜱（钝缘蜱、软蜱）传播的，储存宿主包括啮齿类和小型动物。
- 回归热螺旋体仅导致流行性虱传回归热（louse-borneRF，LBRF），但有 15 种以上的疏螺旋体可导致地方性蜱传回归热（tick-borneRF，TBRF）。
- 在北美，几乎所有病例均和两种蜱有关：Ornithodoros hermsii 以及 Ornithodoros turicatae。显微镜下检查无法区分疏螺旋体的生物种。可通过单克隆抗体来鉴别 B.hermsii，也可使用种特异性的基因标记物通过 PCR 的方法来鉴定大多数疏螺旋体的生物种，但这两者方法在多数商业实验室中并不常规开展。达顿疏螺旋体（Borrelia duttonii），通过携带病原的毛白钝缘蜱传播，是坦桑尼亚和其他一些非洲地区蜱传回归热的病原体。它导致的感染比一般的蜱传回归热严重。

临床信息

- 回归热可导致寒战、高热、头痛、肌痛和恶心等症状，每周或每 10 天反复发作，长达数月。复发时的发作症状较前减轻。具体见之后的“感染部位”这部分内容。

- 流行性虱传回归热常发生于社会经济不发达地区以及战争或饥荒时。虱传回归热在中部 / 东部非洲地区、秘鲁和玻利维亚呈现地方性流行。
- 蜱传回归热多发生于气候温暖的地区，海拔 2 000~7 000 英尺，最适合钝缘蜱软蜱的生长。在美国多发生在大瀑布、内华达山脉和洛基山脉以及得克萨斯州的石灰岩溶洞中。
- 在美国，许多蜱传回归热和患者曾到爱达荷州的科达伦湖、帕克湖、大熊湖、太浩湖（加利福尼亚州和内华达州）等地旅游有关。在华盛顿州的斯波坎县、科罗拉多州的 Estes 公园以及大峡谷的北部地区有过暴发流行。
- 鉴别诊断：科罗拉多蜱咬热、黄热病和登革热、非洲出血热、钩端螺旋体病、淋巴细胞性脉络丛脑膜炎病毒感染、疟疾、巴尔通氏体病、肠病毒感染以及鼠咬热。
- 诊断：发热时即螺旋体血症时取血涂片做瑞氏或姬姆萨染色；典型的回归热热型对诊断有提示意义；血清学检查特异性抗体有 4 倍以上升高（仅在参比实验室开展）；培养或 PCR 检查仅在特定的参比实验室开展。
- 未治疗的虱传回归热比蜱传回归热死亡率高。即使在治疗后，虱传回归热的死亡率仍为 5%，相比之下，蜱传回归热则罕见有死亡病例。
- 虱传回归热和蜱传回归热临床表现相似，然而前者的病情更重。虱传回归热出现肝脏 / 中枢神经系统出血的并发症以及广泛的紫癜等严重并发症也更多见。

感染部位

- 全身症状：发热—初次发热持续 3~6 天，可并发休克（特别是虱传回归热）。间歇 7~10 天后再次发热，通常症状较前减轻。虱传回归热复发次数多为 1 次，蜱传回归热复发次数较多。
- 全身症状：发热伴头痛、肌痛 / 关节痛。复发时发作时间缩短，约 2~3 天。
- 血液系统：弥散性血管内凝血（DIC）、血小板减少。
- 胃肠道：腹痛、恶心 / 呕吐，腹泻、黄疸（10%）、肝脾大（虱传回归热比蜱传回归热常见）、脾破裂（罕见）。
- 皮肤：皮疹（25%），可转为紫癜。蜱叮咬的部位有焦痂。
- 中枢神经系统：神志改变 / 畏光（常见），颅神经麻痹，其他神经系统局灶受损的表现或脑膜炎（罕见）。
- 肺部：干咳、急性呼吸窘迫综合征（ARDS）（近期太浩湖地区的蜱传回归热病例中，16% 有低氧血症，5% 并发 ARDS）。
- 心脏：心肌炎。
- 眼部：葡萄膜炎。

治疗

蜱传回归热

- 大多数蜱传回归热为自限性，不需要使用抗生素。
- 首选：多西环素 100 mg 口服，每天 2 次 ×5~10 天。
- 替代治疗：红霉素 500 mg 口服，每天 4 次 ×5~10 天。
- 如并发脑膜炎 / 脑炎，头孢曲松 2 g IV q12h × 14 天。
- 蜱传回归热不治疗的死亡率约 5%。
- 赫氏反应（Jarisch–Herxheimer reaction）（严重的寒战、高热和低血压）可在抗生素治疗后出现。在虱传回归热中更常见。
- 赫氏反应严重时可危及生命，推荐初次使用抗生素后应严密观察 2 小时。

虱传回归热

- 首选：四环素 500 mg 顿服。
- 替代治疗：红霉素 500 mg PO × 1 次。
- 单次口服药物治疗有效，少数病例可复发。
- 虱传回归热不治疗死亡率约 40%。
- 抗生素治疗后可出现赫氏反应（严重的寒战、高热和低血压）。
- 赫氏反应可危及生命，推荐初次使用抗生素后应严密观察 2 小时。

预防

- 避免进入啮齿类和蜱滋生的居住场所和自然环境，例如动物的洞穴。在美国，许多病例是因为在蜱滋生的小木屋中睡觉而感染的。
- 对要去山区旅游胜地旅游的旅行者进行宣教非常重要。
- 居住场所采取防啮齿类措施。
- 避免被携带病原体的节肢动物叮咬；喷洒避蚊胺效果不确切；查找蜱通常对预防蜱传回归热无效，因为软蜱是在夜间叮咬，到早晨就会离开宿主。
- 除虱、保持良好的个人卫生或在居住场所喷洒驱虫剂对控制流行性虱传回归热有效。
- 在一个有蜱传回归热高度流行并且怀疑有蜱暴露的地区对以色列军队做了一项研究，结果表明多西环素 200 mg × 第 1 天，之后 100 mg/d × 第 2~5 天，对暴露后的蜱传回归热有预防作用。

其他信息

- 在美国，蜱传回归热一般发生在密西西比州的西部。如果到过当地的山区，特别是在原始的小木屋中睡过觉，或接触过啮齿类动物，出现发热时要考虑到本病。蜱叮咬通常不显眼，持续至少 30 分钟（当宿主睡觉时）—因此患者通常意识不到。
- 流行性虱传回归热的临床表现和流行性斑疹伤寒（普氏立克次体感染）相似且容易混淆，同样都由体虱传播。
- 复发这一特征表现是由于螺旋体抗原变异导致的。
- 高水平的螺旋体血症（10 000 病原体 / 高倍视野）是回归热的特点，然而，在不发热 / 无症状时检测不到。
- 近期疾病控制中心的发病率和死亡率周报（Morbidity and Mortality Weekly Report，MMWR）中指出，蜱传回归热的肺部并发症包括 ARDS 比既往报道的要更多见。

推荐依据

Dworkin MS, Schwan TG, Anderson DE. Tick-borne relapsing fever in North America. Med Clin North Am, 2002; Vol. 86; pp. 417 - 33, viii - ix.

注释：这是一篇近期的关于回归热的全面的综述，重点强调多数病例是暴露于乡村里蜱滋生的小木屋和洞穴而感染的。

病原体

布氏菌

Joseph Vinetz, MD

微生物学

- 需氧革兰阴性球杆菌，可导致布氏菌病。
- 动物源性疾病，最重要的菌种：流产布氏菌（牛）、马耳他布氏菌（羊）。

临床信息

- 重要的流行区域：地中海（西班牙、葡萄牙、意大利、希腊）、中东、拉丁美洲（秘鲁、墨西哥、阿根廷），在得克萨斯州、亚利桑那州和加利福尼亚州的墨西哥移民中也并不少见。
- 在发达国家，罕见，可发生在进食生羊奶 / 奶酪的移民和屠宰场工人 / 兽医中，在黄石和其他一些地方也有可能发生源自野牛的感染。
- 临床表现多种多样：（1）急性的热病是全身性的，没有局灶的表现；（2）复发 /“波状”（马耳他热）关节炎，肝病；（3）慢性期症状可以是反复的或局灶性的。
- 实验室检查：血红蛋白下降或正常，20% 患者的白细胞 < 4 000/ul，50% 患者淋巴细胞增高，AST、ALT 以及 ALP 升高很常见。
- 诊断：血培养（阳性率为 15%~30%）。能够分离出病原体即可将急性感染和慢性感染区分开。
- 实验室培养是导致实验室工作人员感染的常见原因，主要是通过吸入气溶胶感染。因此，培养需要在层流罩中进行。作为有生物威胁的病原体 (B 类)，可成为潜在的生物武器。如果疑诊布氏菌病需要提醒实验室人员注意。
- 血清学诊断：凝集抗体滴度 > 1:160 有诊断意义，滴度也可以较低。2- 巯基乙醇处理血清可以破坏 IgM 抗体。如果凝集抗体的滴度在 2- 巯基乙醇处理后降低，则可除外急性感染。
- 复发的诊断：凝集抗体滴度升高。血培养阳性率低，可能需要做骨髓培养。
- 慢性局灶性或全身性感染的诊断：需要对该病有高度警惕性。血清学检查可为阴性，可能需要骨髓培养。

感染部位

- 全身性：发热，全身肌痛 / 关节痛、寒战、盗汗、厌食、无精打采。
- 骨 / 关节：关节炎、通常很严重且伴活动障碍，累及后背、髋部和脊椎炎。
- 泌尿生殖系统：副睾 – 睾丸炎。
- 肾脏：肾盂肾炎、肾小球肾炎。
- 神经系统：脑（视神经乳头水肿、颅神经炎、脑膜脑炎、脑脓肿），脊髓［脊髓灰质炎，脊髓压迫症（脓肿）、马尾神经综合征、脊髓病、横贯性脊髓炎］，周围神经病变。
- 肌肉骨骼系统：骶髂关节炎，临床表现类似急性化脓性脊柱炎。
- 精神系统：抑郁，慢性疲劳，特别是在慢性布氏菌病和布氏菌病恢复期时多见。

治疗

一线联合治疗方案

- 多西环素 100 mg 口服 / 静脉注射，每天 2 次 ×45 天，起始阶段联合链霉素 1 g IM qd×14 天或庆大霉素 ×7 天，总疗程 6 周以上。

二线联合治疗方案

- 多西环素 100 mg PO/IV，每天 2 次 ×45 天 + 利福平 600~900 mg/d × 6 周。
- 环丙沙星 500 mg 每天 2 次 + 利福平 600 mg/d × 30 天。
- 一项纳入 40 例患者的随机开放的临床研究发现，环丙沙星 + 多西环素疗程 30 天的方案和多西环素 + 利福平疗程 45 天的方案疗效相当。

三线联合治疗方案

- TMP-SMX 160/800 mg，每天 3 次；起始阶段联合庆大霉素（240 mg/d IM 或体重 < 50 kg 时 5 mg/kg IM qd）× 5 天。
- 儿童布氏菌病的治疗
- 7 岁以上的儿童：同成人。
- 6 岁及 6 岁以下：利福平 10 mg/(kg·d) × 4 周 + 链霉素 30 mg/(kg·d)(最大量 1 g) IM × 14 天或庆大霉素 2.5 mg/kg qd × 7 天或 TMP - SMZ（按 TMP 剂量给药：5 mg/kg）× 4 周。
- 孕妇布氏菌病的治疗
- 利福平 900 mg q24h + 链霉素或庆大霉素（剂量和疗程同上）。

更多治疗信息

- 近期一项随机不设盲临床实验表明，在多西环素 + 利福平的基础上加用阿米卡星（7.5 mg/kg IM bid）可使感染的症状和体征好转迅速，但在降低复发率方面没有显著性差异。

其他信息

- 血清学检查可能漏诊犬布氏菌感染（然而，该菌感染人类罕见）。
- 神经精神症状，特别是抑郁，在病原学治愈后甚至在抗体滴度下降后仍很显著。如果没有活动性感染的证据，再次使用抗生素对缓解精神症状无效。

推荐依据

Solera J, Espinosa A, Martínez-Alfaro E, et al. Treatment of human brucellosis with doxycycline and gentamicin.
Antimicrob Agents Chemother, 1997; Vol. 41; pp. 80 - 4.
注释：该文讨论了使用含庆大霉素的治疗方案替代含链霉素的治疗方案的费用和治疗有效率。重要的是，进一步证明延长多西环素疗程至 45 天可降低复发率。

病原体

洋葱伯克霍尔德菌复合体

John G. Bartlett, MD

微生物学

- 洋葱伯克霍尔德菌复合体（Burkholderia cepacia complex，Bcc）主要有 3 个菌种：洋葱伯克霍尔德菌、B.cenocepacia 和 B.Multivorans。为非发酵需氧革兰阴性杆菌。
- 在普通培养基上容易生长。
- 广泛分布：水、土壤、植物。
- 水源感染或院内感染，为机会性致病菌。
- 以前称为洋葱假单胞菌。

临床信息

- 易患因素：囊性纤维化、慢性肺病、慢性肉芽肿性疾病、镰状细胞病、烧伤患者以及肿瘤患者。
- 医疗物品被污染是导致暴发流行的常见原因。
- 通过普通细菌培养来诊断。如果培养标本是非无菌部位的临床标本，临床上需要和定植鉴别。

感染部位

- 肺炎。
- 血流感染伴 / 不伴休克和 DIC。
- 囊性纤维化：可为定植，也可为肺炎（包括坏死性肺炎）。
- 支气管扩张。
- 肺移植后肺炎。
- 坏死性深脓疱。
- 烧伤创面脓毒症。
- 眼内炎。
- 心内膜炎（罕见），主要见于海洛因成瘾者。

治疗

- 根据药敏实验结果指导用药。抗菌活性最好的药物是米诺环素、多尼培南、美罗培南和头孢他啶。
- 首选（如果体外药敏显示敏感）：头孢他啶 2 g IV q8h、伊米配能 1 g IV q6h、美罗培南 1~2 g IV q8h 或米诺环素 100 mgIV/PO，每天 2 次。

其他信息

- 抗生素推荐依据是 Medical Letter(Med Letter 2004;2:21) 和 CF Referral Center(http://synergy.columbia.edu)。
- 机会性致病菌，特别是对囊性纤维化、慢性肉芽肿性疾病和镰状细胞病患者而言。
- 囊性纤维化：通常为定植，可导致肺炎或暴发性感染（全身性感染）。
- 对常用的针对全身性感染的经验性抗生素耐药。通常对头孢吡肟耐药。

推荐依据

Choice of antibacterial drugs.Treat Guidel Med Lett,2004;Vol.2;pp.13 - 26.

注释：该文是本章节的推荐依据。

鼻疽伯克霍尔德菌

John G. Bartlett, MD

微生物学

- 需氧革兰阴性细小杆菌，可导致动物的鼻疽病（特别是马），偶对人致病。
- 革兰染色时不易见。生长缓慢，在含甘油的培养基上生长最好。如果疑诊，需给实验室示警因为该菌可导致实验室危机。
- 使用标准的微生物学检查时可被误认为是假单胞菌属。

临床信息

- 主要导致亚洲、非洲和南美洲马匹的感染，是从土壤里感染该菌的，很罕见。多数人类感染的病例是在东南亚，由动物传播给人。
- 在美国，从 1947–2003 年仅有 1 例报道，是实验室感染病例。
- 最需要关注的是生物恐怖－使用抗生素耐药菌株制造成气雾剂。如果分离到鼻疽伯克霍尔德菌，需要警惕生物恐怖并向公共卫生办公室上报。
- 急性鼻疽病可导致局灶性感染，表现为入侵局部皮肤溃疡并常伴有淋巴结肿大。肺部感染可表现为肺炎、肺脓肿和胸腔积液。急性血流感染可迅速致命。
- 慢性鼻疽病常表现为肝、脾或肢体的多发脓肿。
- 诊断通常依靠血液、脓液、感染组织或呼吸道分泌物的培养。可能已有 PCR 检测方法。尚没有相关的血清学检查。

感染部位

- 皮下结节 / 皮肤溃疡伴 / 不伴淋巴结肿大。
- 口腔溃疡。
- 肺部－急性或慢性。
- 播散性－肝脾脓肿。
- 淋巴结炎。
- 眼部。

治疗

抗生素治疗

- 如果分离出病原菌并考虑是生物恐怖－隔离患者并且使用抗生素（根据体外药敏结果选择）。
- TMP-SMX 5 mg/kg(按 TMP 剂量计算）IV/PO q8h 或伊米配能 0.5~1 g q4~6hIV（最大量 4g/d）。
- 其他可供选择的药物：庆大霉素、多西环素、环丙沙星、头孢他啶、哌拉西林。

综合治疗

- 多个病例（考虑生物恐怖）：需要根据体外药敏实验来选择合适的抗生素。
- 患者应被隔离－鼻疽伯克霍尔德菌可通过气溶胶传播。
- 暴露后的预防－没有指南－考虑使用多西环素或环丙沙星。
- 联系州 / 地区的生物恐怖防控部门－详见 http://www.bt.cdc.gov/emcontact/#State。

其他信息

- 在美国，仅 1947 年发现 1 例病例，患者是一位生物恐怖实验室工作人员。

- 最需要关注的是一使用抗生素耐药菌株通过气溶胶传播来进行生物恐怖袭击。
- 疾病谱：（1）皮肤伴 / 不伴淋巴结感染；（2）肺部感染 – 急性 / 慢性；或（3）播散性肝 / 脾 / 肺脓肿。
- 在过去 50 年里美国仅有 1 例病例 – 意味着除了动物实验和体外药敏实验外，几乎没有抗生素使用的临床经验。

推荐依据

作者的观点。

注释：没有鼻疽伯克霍尔德菌治疗方面的指南。

弯曲菌及其相关菌属

Paul G. Auwaerter, MD

微生物学

- 革兰染色时呈现为菌体弯曲的革兰阴性菌。氧化酶阳性。
- 空肠弯曲菌（详见专门介绍“空肠弯曲菌”部分）是最常见的菌种。
- 其他菌种包括结肠弯曲菌、胎儿弯曲菌和红嘴鸥弯曲菌在本章节介绍。
- 世界范围内流行的动物源性疾病，胎儿弯曲菌可导致牛和羊的流产。
- 与螺杆菌属（例如，幽门螺杆菌，之前也称为幽门弯曲菌）关系密切。有报道同性恋螺杆菌、芬纳尔螺杆菌等也可引起人类疾病如肠炎和全身性感染，它们通常侵犯免疫缺陷宿主。

临床信息

- 非空肠弯曲菌的菌种倾向于导致肠外疾病。胎儿弯曲菌胎儿亚种是导致人体这类疾病的最常见的病原菌。人通过进食被感染动物排泄物污染的肉类而感染。
- 典型的弯曲菌属导致的肠外感染累及身体虚弱的宿主。也可侵犯健康人，但较少见。
- 同性恋男性感染风险增高，可能与同性性交行为有关。
- 诊断：血培养分离菌株可能需要 4~14 天的生长时间。如果想要做胎儿弯曲菌或其他菌种的大便培养（成功率很低），需告知细菌室将培养温度调整至 37℃并且使用不含头孢菌素的培养基。

感染部位

- 血流感染：可为迁延性感染，伴反复发热。感染来源不明确。
- 血管内感染：可导致心内膜炎、感染性动脉瘤（特别是腹主动脉）。易导致感染性血栓性静脉炎。
- 胃肠道：“不典型弯曲菌”（即非空肠弯曲菌）导致的腹泻，通常症状较轻且病程自限。
- 脑膜脑炎：罕见，见于新生儿和成人。
- 蜂窝组织炎：多为螺杆菌属细菌感染免疫缺陷宿主导致。

治疗

胃肠道感染的治疗

- 少见，健康人群中病程常自限（非空肠弯曲菌感染）。
- 支持治疗，补液治疗（口服或静脉）。
- 健康人罕见需要抗生素治疗，但在重症或症状持续 > 7 天不缓解的病例可选用以下抗生素。

- 红霉素 250 mg 口服，每天 4 次 ×7 天或克拉霉素 500 mg 口服，每天 2 次或阿奇霉素 500 mg 口服，每天 1 次（由于耐药性的问题，不用于重症或全身性感染）。
- 环丙沙星 500 mg 口服，每天 2 次，可作为替代治疗。而且由于非空肠弯曲菌菌种对大环内酯类的耐药性增多，可考虑作为首选治疗。

肠外感染的治疗

- 由于耐药性增多，只要可能应行药敏实验指导用药。以下是通常有效的药物，例外之处也予以注明。
- 弯曲菌属和螺杆菌属细菌通常对青霉素和头孢菌素耐药，但阿莫西林、氨苄西林和替卡西林 / 克拉维酸（不包括舒巴坦或他唑巴坦）例外。
- 严重感染：庆大霉素 5 mg/(kg · d) IV 或伊米配能 1 g IV q6h 或头孢曲松 2 g IV q12h。
- 血管内感染首选氨基糖苷类（4~6 周），可联合使用卡巴培南类药物。中枢神经系统感染首选头孢曲松或氯霉素（2~3 周）。
- 在发展中国家，不典型弯曲菌或同性恋螺杆菌感染通常对红霉素和四环素耐药。

其他信息

- 肝硬化、糖尿病或严重免疫缺陷的患者感染胎儿弯曲菌可致命。
- 重症患者的存活率取决于开始合适的抗生素治疗的时机。
- 全身性弯曲菌属感染需要静脉使用抗生素。红霉素并非都有效，应避免使用。

推荐依据

Guerrant RL, Van Gilder T, Steiner TS, et al. Practice guidelines for the management of infectious diarrhea. Clin Infect Dis, 2001; Vol. 32; pp. 331 - 51.

注释：该文总结了关于弯曲菌相关腹泻处理方面的指南。

作者的观点。

注释：关于弯曲菌非胃肠道感染方面还没有指南。

空肠弯曲菌

Paul G. Auwaerter, MD

微生物学

- 该菌为螺旋状外观，常寄生于鸟类体内（携带者，无症状）。在美国，生鸡肉常被该菌污染。
- 腹泻的最主要的病原体（在美国，和沙门氏菌一起交替作为腹泻第一位和第二位的致病菌）。空肠弯曲菌导致的感染占弯曲菌感染的 99%。其他非空肠弯曲菌菌种的感染详见“弯曲菌及其相关菌属”部分（即前一部分）。
- 常导致人的食物源性腹泻。夏季比冬季发病多。

临床信息

- 典型表现为腹泻、腹部绞痛和发热，暴露后 2~5 天出现症状。典型的感染途径通过生肉或被污染的准备食物的案板而感染的。人与人之间的传播罕见。大范围暴发流行常通过未经巴氏法消毒的牛奶或污染的水源传播。
- 弯曲菌肠炎：约 8% 合并肉眼可见的便血，约 52% 便潜血阳性，约 59% 病例伴有发热以及 45% 病例有腹部压痛。

- 罕见导致血流感染（主要侵犯免疫缺陷宿主）、脑膜炎和心内膜炎。
- 20%~50% 的格林—巴利综合征患者有前驱的弯曲菌感染。
- 诊断：便培养（使用特殊培养基，培养温度为 42℃，如果疑诊空肠弯曲菌感染需要提醒细菌室）。

感染部位

- 胃肠道：腹泻、结肠炎、急性腹痛、假性阑尾炎。
- 全身性感染（罕见）：血流感染、脑膜炎、局灶脓肿形成。
- 肌肉骨骼系统：偶导致感染后关节病或结节红斑。
- 神经系统：格林—巴利综合征（感染后）。

治疗

胃肠炎

- 最根本的治疗是补液。多数患者不需要使用抗生素且病程在 1 周以内。以下情况例外：高热、血便、病程长（症状持续 > 1 周）、妊娠、HIV 感染以及其他免疫缺陷状态。
- 估计氟喹诺酮类耐药率约 10%，如果是到东南亚旅游而感染的病例，耐药率可上升至 55%。氟喹诺酮类耐药的弯曲菌感染的患者症状更重，或出现长期的感染。
- 首选：红霉素 500 mg PO q12h × 5 天。可用阿奇霉素代替红霉素，但对该药的研究没有这么充分。
- 替代方案：环丙沙星 500 mg PO q12h × 5 天（耐药率差异很大，尤其是在东南亚地区感染的耐药率较高）。
- 如果需要静脉用药的话，弯曲菌属通常也对以下药物敏感：氨基糖苷类、氯霉素、克林霉素和卡巴培南类药物。
- 肠道外感染疗程宜长（例如 2~4 周）。

预防

- 家禽类几乎普遍携带弯曲菌属细菌。
- 洗手、彻底烹饪食物特别是家禽（内部温度为 170~180℃）。
- 使用清洁不彻底的案板、准备食物的厨具可导致其他食物的交叉污染，是最常见的感染途径。
- 避免饮用未经巴氏法消毒的牛奶。

其他信息

- 多数感染病程自限，不需要使用抗生素。在美国，导致出血性腹泻最常见的病因是大肠杆菌 O157:H7 感染而不是弯曲菌属细菌感染。
- 氟喹诺酮类耐药越来越常见（畜牧业中使用氟喹诺酮类药物导致耐药），因此红霉素为首选药物但多数临床医生处方阿奇霉素。
- 空肠弯曲菌，特别是海外旅游者感染的菌株，对喹诺酮类耐药的报道越来越多。
- 一些型别的弯曲菌和格林—巴利综合征有关 (LPS−019+)，但在神经系统症状显现时通常肠道内已无菌。
- 弯曲菌对补体介导的免疫效应非常敏感，因此，在血流中不易发现。

推荐依据

Guerrant RL, Van Gilder T, Steiner TS, et al. Practice guidelines for the management of infectious diarrhea. Clin Infect Dis, 2001; Vol. 32; pp. 331 - 51.

注释：本文是一个专家小组所做的综述。对于空肠弯曲菌导致的腹泻，红霉素是治疗首选。资料显示，弯曲菌胃肠炎的患者中，约 8% 合并肉眼可见的便血，约 52% 便潜血阳性，约 59% 病例伴有发热以及 45% 病例有腹部压痛。

犬源性嗜二氧化碳噬细胞菌

Paul G. Auwaerter, MD

微生物学

- 犬源性嗜二氧化碳噬细胞菌（以前被称为 DF-2，全称为生长不良发酵菌 2 型）和狗咬二氧化碳嗜纤维菌（Capnocytophagacynodegmi，以前被称为 DF-2 样病原体）是兼性厌氧革兰阴性杆菌，是狗和猫口腔正常菌落的成分之一。
- 其他嗜二氧化碳噬细胞菌属的细菌可能是人体口腔正常菌群或牙菌斑的成分之一。
- 革兰染色时菌体呈长梭形，非常有特征性，在培养结果未出来之前根据涂片形态学表现即可做出初步诊断。
- 对细菌室而言，该菌分离培养非常困难。
- 多数分离株对多黏菌素、夫西地酸、磷霉素和甲氧苄啶耐药。具有不同程度抗菌活性的药物包括：红霉素、喹诺酮类、甲硝唑、万古霉素、氨基糖苷类。

病原体

临床信息

- 在猫狗咬伤后（狗咬更多见），该菌可导致暴发性的全身性感染，尤其是在无脾综合征、酗酒和免疫缺陷的人群中。
- 许多患者有狗 / 猫咬伤或抓伤的病史。
- 感染轻重不一，重症包括休克、DIC、肢端坏疽、播散性紫癜、肾衰竭、脑膜炎和肺部浸润。

感染部位

- 软组织（狗咬伤比猫咬伤多见）：蜂窝组织炎。
- 血流感染 / 全身性感染：在无脾综合征和酗酒者中，重症感染的风险增高。
- 中枢神经系统：脑膜炎。
- 心脏：心内膜炎（罕见）。

治疗

严重的蜂窝组织炎 / 全身性感染或心内膜炎

- 首选：β-内酰胺 / β-内酰胺酶抑制剂的复合制剂（例如，氨苄西林 / 舒巴坦 3 g IV q6h），青霉素 G 200~400 mU q4h IV（如果分离株不产 β-内酰胺酶）。
- 替代方案：头孢曲松 1~2 g IV q24h 或美罗培南 1 g IV q8h。
- 除上述药物外，可联合使用克林霉素 600 mg IV q8h，特别是复杂性感染或免疫缺陷宿主的感染。
- 值得注意的是已有对氨曲南耐药的报道，报道的对 TMP-SMX 和氨基糖苷类的敏感性差异很大。
- 对心内膜炎而言，还没有制定出很好的青霉素的替代方案，疗程 6 周。对非心内膜炎的感染，疗程尚不明确，但多数专家推荐至少 14~21 天的疗程。

轻度蜂窝组织炎 / 狗或猫咬伤

- 首选：阿莫西林 / 克拉维酸 500 mg PO，每天 3 次或 875 mg PO，每天 2 次，或阿莫西林 500 mg PO，每天 3 次。因为咬伤的病原体通常并不明确，常经验

性使用阿莫西林 / 克拉维酸。

- 替代方案：克林霉素 300 mg PO，每天 4 次，多西环素 100 mg PO，每天 2 次或克拉霉素 500 mg PO，每天 2 次或莫西沙星 400 mg PO，每天 1 次。

脑膜炎或脑脓肿

- 头孢曲松 2 g IV q12h + 氨苄西林 2 g IV q4h，一些医生推荐在重症感染时联合使用抗生素，但在脑膜炎临床症状改善后可考虑简化为单药治疗（根据体外药敏实验的结果选用）。
- 伊米配能 / 西司他丁 1 000 mg q6~8h + 克林霉素 600 mg IV q8h（适用于产 β - 内酰胺酶的菌株感染或复数菌导致的脑脓肿）。

预防

- 尽管缺少强有力的证据支持这一做法，许多临床医生对于无脾综合征的患者狗 / 猫咬伤后给阿莫西林 / 克拉维酸预防性治疗 7~10 天。

其他信息

- 在所有狗咬伤后的感染或无脾综合征患者出现的重症感染时需考虑到犬源性嗜二氧化碳噬细胞菌感染的可能性。
- 因为该病原菌生长缓慢，所以细菌室可能延迟出培养或体外药敏的结果。
- 所有无脾综合征患者在狗咬伤后需考虑预防性治疗，如阿莫西林 / 克拉维酸。
- 其他嗜二氧化碳噬细胞菌属的细菌，包括黄褐嗜二氧化碳噬细胞菌在内，是人体口腔正常菌群中的定植菌之一。该菌和牙周病有关，有报道在肿瘤 / 中性粒细胞减少的患者中导致血流感染 / 全身性感染。
- 在牙菌斑中发现有生痰嗜二氧化碳噬细胞菌和牙龈嗜二氧化碳噬细胞菌的存在。

更多信息

- 以上病原体对 β - 内酰胺类和甲硝唑有不同程度的敏感性，对克林霉素、大环内酯类、氟喹诺酮类和卡巴培南类药物通常敏感。Capnocytophaga cynodegmi 是一类和犬源性嗜二氧化碳噬细胞菌关系密切的病原体，也和狗咬伤有关。两者对抗生素的敏感性相似。

推荐依据

Jolivet-Gougeon A, Sixou JL, Tamanai-Shacoori Z, et al. Antimicrobial treatment of Capnocytophaga infections. Int J Antimicrob Agents, 2007; Vol. 29; pp. 367 - 73.

注释：是一篇全面的综述，强调嗜二氧化碳噬细胞菌属是人体口腔正常菌群 / 牙菌斑的寄生成分之一，并非真正参与牙周病的致病过程。文章也给出了关于少见感染的处理建议。作者推荐对于免疫缺陷个体的重症感染采用联合治疗，特别是在使用利奈唑胺或克林霉素时。

Goldstein EJ. Current concepts on animal bites: bacteriology and therapy. Curr Clin Top Infect Dis, 1999; Vol. 19; pp. 99 - 111.

注释：一篇有趣的综述，作者是在这一领域知识最为渊博的临床医生之一。

沙眼衣原体

Noreen A. Hynes, MD, MPH

微生物学

- 3 个亚种：（1）D-K 血清型 - 生殖道衣原体 - 世界范围内流行的性传播性疾病

（STD），可导致宫颈炎、尿道炎、盆腔炎、附睾炎；（2）L 血清型可导致性病淋巴肉芽肿（lymphogranuloma venereum，LGV）；（3）A~C 血清型可导致沙眼。

临床信息

- 性病相关的沙眼衣原体（D–K 以及 L 血清型）可促进 HIV 感染和传播。
- 生殖道衣原体（D–K 血清型）感染：约 70% 女性患者无症状，约 40% 男性患者无症状。
- D–K 血清型：可导致女性黏液脓性宫颈炎（mucopurulent cervicitis，MPC）、尿痛－脓尿综合征（dysuria–pyuriasyndrome）、盆腔炎以及肝周炎。70% 的肝周炎是沙眼衣原体导致的。可导致新生儿出现不良结局。
- D–K 血清型：盆腔炎的主要病原，可导致“无症状的”输卵管炎，因此必需做沙眼衣原体有关的筛查。被认为是女性不孕的首要病因。
- 生殖道衣原体病，特别是由 G 血清型和 LGVL2 血清型导致的，和肿瘤有关。G 血清型衣原体感染以及随着时间推移多种血清型衣原体的感染与宫颈鳞癌有关。
- D–K 血清型沙眼衣原体的筛查：核酸扩增实验（nucleic acid amplifi cation tests，NAAT）比非核酸扩增实验（分子杂交实验比如基因探针、酶免疫实验 EIA 或直接免疫荧光法）敏感性高－尽管这些检查均可用于筛查。在感染率 > 2% 的地区，一些专家认为 NAATs 有确证意义。然而，NAAT 阳性仅为疑诊，培养阳性（比 NAAT 敏感性低）才是诊断的金标准。NAATs 方法用来检测宫颈内或尿道内标本时敏感性最高，尿 NAATs 敏感性稍低。NAATs 不能用于直肠或咽部标本的检测－可使用培养或直接免疫荧光法检测这类标本，比上述的多数检测方法敏感性高（85%）但特异性低；如果一个地区沙眼衣原体感染率 < 2%，需再使用一种 NAAT 来确认阳性结果。上述筛查实验的特异性差别很大。不推荐床旁快速检测（point of care rapid tests）用于筛查。
- LGVL 血清型：可导致性传播性疾病中的性病淋巴肉芽肿（LGV），与生殖器溃疡淋巴结肿大综合征以及结直肠炎也有关。在发展中国家以及发达国家中男同性恋人群中多见。
- 沙眼 A–C 血清型：为高度流行的可致盲的沙眼病原体，常发生在发展中国家的儿童中。环境污染可导致核酸扩增实验出现假阳性结果。
- 在接诊一个患者之后使用稀释的漂白粉溶液对物品表面进行消毒可降低污染风险。

感染部位

- 泌尿生殖道：尿道炎、宫颈炎、盆腔炎、附睾炎、前列腺炎（罕见）。
- 直肠：直肠炎。
- 结肠：结肠炎和结直肠炎。
- 眼部：结膜炎、沙眼。

治疗

沙眼衣原体宫颈炎 / 尿道炎（D–K 血清型）

- 推荐方案：阿奇霉素 1 g PO×1 次（如果患者依从性有问题时为首选方案）。如果淋病在沙眼衣原体感染者中高度流行则患者很容易同时感染淋病，建议同时治疗淋球菌感染。
- 推荐方案：多西环素 100 mg PO，每天 2 次 ×7 天。如果淋病在沙眼衣原体感染者中高度流行则患者很容易同时感染淋病，建议同时治疗淋球菌感染。
- 替代方案（二线方案）：红霉素 500 mg PO，每天 4 次 ×7 天。
- 替代方案（二线方案）：琥乙红霉素 800 mg PO，每天 4 次 ×7 天。

- 替代方案（二线方案）：氧氟沙星 300 mg PO，每天 2 次 ×7 天。在夏威夷州、科罗拉多州、密歇根州、纽约市以及太平洋沿岸地区不推荐此方案，因为这些地区氟喹诺酮类耐药的淋病发病率高，除非能除外淋病时可考虑使用。
- 替代方案（二线方案）：左氧氟沙星 500 mg PO，每天 1 次 ×7 天。在夏威夷州、科罗拉多州、密歇根州、纽约市以及太平洋沿岸地区不推荐此方案，因为这些地区氟喹诺酮类耐药的淋病发病率高，除非能除外淋病时可考虑使用。

孕妇沙眼衣原体宫颈炎（D–K 血清型）

- 推荐方案：阿奇霉素 1 g PO×1 次（在疗程结束 3 周后采用核酸扩增实验 – NAAT 判断患者是否治愈）。
- 推荐方案：阿莫西林 500 mg PO，每天 3 次 ×7 天（在疗程结束 3 周后采用核酸扩增实验 – NAAT 判断患者是否治愈）。
- 替代方案（二线方案）：红霉素 500 mg PO，每天 4 次 ×7 天（在疗程结束 3 周后采用核酸扩增实验 – NAAT 判断患者是否治愈）。
- 替代方案（二线方案）：红霉素 250 mg PO，每天 4 次 ×14 天（在疗程结束 3 周后采用核酸扩增实验 – NAAT 判断患者是否治愈）。
- 替代方案（二线方案）：琥乙红霉素 800 mg PO，每天 4 次 ×7 天（在疗程结束 3 周后采用核酸扩增实验 – NAAT 判断患者是否治愈）。
- 替代方案（二线方案）：琥乙红霉素 400 mg PO，每天 4 次 ×14 天（在疗程结束 3 周后采用核酸扩增实验 – NAAT 判断患者是否治愈）。

其他泌尿生殖系统相关的感染

- 附睾炎：头孢曲松 250 mg IM×1 次 + 多西环素 100 mg PO，每天 2 次 ×10 天。替代方案：氧氟沙星 300 mg PO，每天 2 次或左氧氟沙星 500 mg PO，每天 1 次，疗程均为 10 天。详见第 92 页的“附睾炎”部分。
- 盆腔炎：口服用药（推荐用法）：左氧氟沙星 500 mg PO，每天 1 次 ×14 天或氧氟沙星 400 mg PO，每天 2 次 ×14 天 + / – 甲硝唑 500 mg PO，每天 2 次 ×14 天。替代方案：头孢曲松 250 mg IM×1 次或头孢西丁 2 g IM×1 次同时加用丙磺舒 1 g PO×1 次 + 多西环素 100 mg PO，每天 2 次 ×14 天 + / – 甲硝唑 500 mg PO，每天 2 次 ×14 天。静脉用药（首选用法）：头孢替坦 2g IV q12h 或头孢西丁 2 g IV q6h + 多西环素 100 mg PO 或静脉注射 q12h 治疗至少 24 小时，之后改为口服方案（同上）完成 14 天疗程。详见第 130 页的“盆腔炎”部分。
- 直肠炎 / 结直肠炎（D–K 血清型）：头孢曲松 125 mg IM×1 次 + 多西环素 100 mg 口服，每天 2 次 ×7 天。处理方法详见“直肠炎 / 结直肠炎”部分的有关条目。
- 性病淋巴肉芽肿（推荐方案）：多西环素 100 mg PO，每天 2 次 ×21 天。替代方案：红霉素 500 mg PO，每天 4 次 ×21 天。

HIV 感染者的沙眼衣原体感染（D–K 血清型）

- 治疗同非 HIV 感染者。

眼部感染

- 急性包涵体结膜炎：治疗同上述的非性病淋巴肉芽肿的生殖道沙眼衣原体感染的治疗。
- 沙眼：阿奇霉素 1 g PO×1 次。

其他信息

- 疑诊直肠受累时，只能做病原体培养或直接免疫荧光法检查（抑制因素可影响其他检查方法的结果）。在重症直肠炎时需要考虑性病淋巴肉芽肿的可能性。疗程需要适当延长。
- 由于再感染率很高，所有生殖道沙眼衣原体感染的女性需要在治疗 3 个月后复查（并非是否治愈的检查）；对于生殖道沙眼衣原体感染的女性患者而言，无论患者是否确信其所有性伴侣均接受过治疗，在其确诊后 3~12 个月之内不论以何种原因就医，执业医生都需要做相关的复查。
- 如果是采用推荐方案(和替代方案相反)治疗，则不必要检查是否治愈(孕妇例外－如果感染持续可能对母亲和新生儿造成不良后果，所以，无论采用何种治疗方案，所有孕妇均需要接受是否治愈的检查）。
- 劝说患者在疗程完成后 1 周以内禁止性生活以免经性传播沙眼衣原体感染。所有性伴侣均需要接受治疗！

更多信息

- 争议之处：多西环素耐药的沙眼衣原体是否存在以及它的临床意义。
- 在治疗后 3 周内进行核酸扩增实验可能导致假阳性结果。
- 成人的急性包涵体性结膜炎通常为单侧，常因为感染的生殖道分泌物自体传播而导致的；10 多岁的青少年患角膜结膜炎的患者中约 10% 有沙眼衣原体感染。和沙眼不同的是，并没有瘢痕形成。

推荐依据

American Academy of Pediatrics. 2006 Red Book: Report of the Committee on Infectious Diseases. AAP, Elk Grove Village, IL, 2006.

注释：这是有关儿科患者的感染性疾病治疗方面的“圣经”。美国儿科学会（AAP）专门推荐对于性生活活跃的未成年人和20~24 岁的女性而言，尤其是其中有感染风险的个体，需要进行沙眼衣原体的筛查；而且，性伴侣也需要治疗。高度推荐既往感染过沙眼衣原体的未成年人在初次感染后的 3~6 个月复查，并应该继续重复筛查。对于孕妇而言，推荐进行筛查并且治疗其性伴侣。采用核酸扩增实验明确感染情况的时机应选在红霉素或阿莫西林治疗结束后 4 周以上（这一点与疾病控制中心关于性传播性疾病的指南不同）。

Centers for Disease Control and Prevention, Workowski KA, Berman SM. Sexually transmitted diseases treatment guidelines, 2006. MMWR Recomm Rep, 2006; Vol. 55; pp. 1 - 94.

注释：这是 2006 年疾病控制中心给出的指南，由国内和国际上的专家组成的专家组对于性传播性疾病的诊断、治疗、预防和控制提出建议，在性传播性疾病的治疗方面给临床医生提供了可供参考的依据。该指南值得关注的更新包括近期获得的一些证据：（1）关于男同性恋者的性传播性疾病的临床表现、筛查流程以及治疗方面的最新信息；（2）关于重复筛查沙眼衣原体感染和淋病的益处的最新证据；（3）如果其他治疗性伴侣的方法不可行的话，推荐采用患者交付疗法（partner-deliveredtherapy）来治疗淋病和沙眼衣原体感染；（4）治疗沙眼衣原体感染和滴虫病的新药和新的治疗方案以及如何减少单纯疱疹病毒 2 型（HSV2）的传播；以及（5）新型人乳头瘤病毒疫苗的相关信息。这些指南的电子版可从以下网址获得：http://www.cdc.gov/std/treatment/

Peterman TA, Tian LH, Metcalf CA, et al. High incidence of new sexually transmitted infections in the yr following a sexually transmitted infection: a case for rescreening. Ann Intern Med, 2006; Vol. 145; pp. 564 - 72.

注释：这是一项特别重要的研究，它主要关注的是推广间隔一段时间重复筛查沙眼衣原体感染者这一措施的必要性。该文是作者收集了一项关于 HIV 预防的多中心随机对照实验（关于快速 HIV 检测或标准 HIV 检测方法的探讨（RESPECT-2））的资料进行二级分析之后得出的报告。该实验进行的时间是从 1999 年 2 月至 2000 年 12 月，总共从 3 个公共的性传播性疾病临床中心（位于科罗拉多州的丹佛市、加利福尼亚州的长滩市以及新泽西州纽瓦克市）纳入了有可供分析临床资料的 2419 位受试者（女性占 51%，男性占 49%）。所有受试者在入选时、在总共 12 个月的随访期内每季度随访时以及其他与该研究无关的随访时均检测了有无沙眼衣原体、淋病奈瑟氏菌以及阴道毛滴虫的感染。分别有 25.8% 女性以及 14.7% 的男性有 1 次或 1 次以上的新发感染；分别有 11.9% 的女性和 9.4% 的男性感染了沙眼衣原体；分别有 6.3% 的女性和 7.1% 的男性感染了淋病，12.8% 的女性感染了阴道毛滴虫 – 男性没有进行这方面的检查。如果在入选时即存在感染，则在第 3 个月和第 6 个月时感染风险高（16.3/100，每 3 个月随访时），而且在第 9 个月和第 12 个月时感染风险仍高（12.0/100，每 3 个月随访时）。66.2% 的受试者无症状。这项分析结果表明，给一例新的性传播性疾病患者进行治疗对于清除社区内该感染的储存库并没有明显的影响。

肺炎衣原体

John G. Bartlett, MD

微生物学

- 专性细胞内寄生的病原体。生长类似病毒（需要细胞培养系统），但是拥有自己的 RNA 和 DNA 系统。
- 作为细胞内寄生菌，需要宿主细胞提供 ATP/GTP。
- 原体为代谢不活跃的存在形式，有致密的细胞壁使得它能够在细胞外存活。在细胞内形成包涵体。
- 培养周期：平均 21 天。

临床信息

- 呼吸道感染的重要病原（占所有病原的百分比）：咽炎 1%，鼻窦炎 5%，支气管炎 5%~10%，社区获得性肺炎 5%~15%。
- 可导致不典型肺炎，表现为上呼吸道感染的症状（鼻炎、喉炎）+ 咳嗽 + 斑片状渗出影，起病缓慢且症状迁延，咳嗽持续超过 2 周；再感染时症状较轻。
- 有无症状咽部携带者的报道，但少见。
- 诊断：微量免疫荧光法（MIF）是最常用的诊断方法 – 技术上比较困难且观察者间的一致性比较差。这是临床研究最常用的检查方法，但可靠性有问题，而且 FDA 还没有完善它。血清学检查现已不推荐用于临床诊断。
- 组织培养法是最好的诊断方法（但只有科研性质的实验室可以做），PCR（尚在实验阶段但应用越来越多）。
- 其他相关综合征：哮喘病情加重、中耳炎、心内膜炎、结节红斑、格林—巴利综合征、脑炎（均很罕见）。

感染部位

- 上呼吸道：咽炎、鼻窦炎、喉炎、支气管炎。
- 肺部：肺炎。
- 中枢神经系统：与格林—巴利综合征有关。
- 皮肤：结节红斑。
- 哮喘：哮喘病情恶化（儿童和成人）。
- 耳：中耳炎。
- 心脏：心内膜炎（罕见）。

- 在心血管病发病机制中的作用仍不明确。

治疗

肺炎

- 大环内酯类：红霉素 250~500 mg PO，每天 4 次 ×10~14 天，克拉霉素 500 mg PO，每天 2 次 ×10~14 天或阿奇霉素（希舒美，Zithromax）250~500 mg PO，每天 1 次 ×10 天。
- 多西环素 100 mg PO，每天 2 次 ×10~14 天。
- 氟喹诺酮类：左氧氟沙星（Levaquin）PO/IV 750 mg q24h，莫西沙星（Avelox）PO/IV 400 mg q24h×10~14 天。
- 其他体外药敏证实有抗菌活性的药物：四环素、多西环素。无效的药物：任何 β 内酰胺类，TMP-SMX 或其他磺胺类药物。

上呼吸道感染

- 咽炎：治疗 A 组链球菌即可，肺炎支原体咽炎不需使用抗生素。
- 支气管炎：不需要使用抗生素。
- 鼻窦炎：如果症状持续超过 7~10 天则需要治疗。

其他信息

- 肺炎衣原体是上呼吸道感染、支气管炎和肺炎的常见病因（5%~15%），但只有肺炎有使用抗生素的指征。
- 20 岁时人群血清学阳性率约 50%，60 岁时为 75%。
- 对于肺炎的病例而言，临床医生很少能够得到有关肺炎衣原体的确证的病原学证据，因此需要给予经验性治疗。
- 在冠心病发病机制中的地位－有血清学方面研究的支持，在小鼠和兔子的动物模型中动脉粥样硬化斑块中抗原的阳性率为 40%~100%，但抗生素治疗方面的研究结果并不支持。

推荐依据

Mandell LA, Wunderink RG, Anzueto A, et al. Infectious Diseases Society of America/American Thoracic Society consensus guidelines on the management of community-acquired pneumonia in adults. Clin Infect Dis, 2007; Vol. 44 Suppl 2; pp. S27 - 72.

注释：美国胸科学会（ATS）/ 美国传染病协会（IDSA）对于社区获得性肺炎的处理建议。所有的经验性治疗方案需要包含对肺炎衣原体有效的药物－大环内酯类、四环素类或氟喹诺酮类。

Gonzales R, Bartlett JG, Besser RE, et al. Principles of appropriate antibiotic use for treatment of acute respiratory tract infections in adults: background, specifi c aims, and methods. Ann Intern Med, 2001; Vol. 134; pp. 479 - 86.

注释：即使肺炎衣原体导致的上呼吸道感染可以很容易被诊断，也通常并不需要治疗。该文给出了相关的理由。

鹦鹉热嗜衣原体

Joseph Vinetz, MD and Paul G. Auwaerter, MD

微生物学

- 旧的分类：鹦鹉热衣原体
- 形态学表现为革兰阴性、球形的病原体（直径 0.4~0.6 μm）。细胞内寄生。
- 是流行性鸟类衣原体病和哺乳动物的动物流行病的病原体。
- 典型的流行病学资料：鸟类通过眼睛、喙和肠道的排泄物排出有传染性的病原体。

临床信息

- 系统性感染主要通过呼吸道传播，相关疾病中最常见的是人类的不典型肺炎。
- 在美国，每年约有 80 例病例上报，可能有漏诊和漏报的病例。是社区获得性肺炎的罕见病因（< 1%）。鸟类暴露史（特别是宠物暴露）是诊断的重要线索。
- 通常的培养周期：5~21 天。
- 人通过接触有病或无症状的鸟类而感染，接触可以是非常密切的（接吻、学舌）、偶尔的（在公园或宠物店里接触鸽子）、甚至是割草机粉碎死亡的野鸟尸体时。
- 临床表现：非特异性的（发热和不适）、伤寒样（发热、心动过缓、脾肿大）以及不典型肺炎。头痛是很常见的突出症状。如不治疗，病死率高达 20%。
- 影像学表现：无特征性表现。胸片上可有结节影、间质改变、肺段和肺叶的实变、胸腔积液。
- 鉴别诊断：贝纳柯克斯体、肺炎支原体、肺炎衣原体、军团菌和呼吸道病毒如流感病毒。
- 诊断：可做培养，但很少做（需要细胞培养，该病原体有可能导致生物危机，因此应提前告知细菌室）。
- 血清学检查：微量免疫荧光法，IgM 抗体滴度 > 1:16 或血清学转化（微量免疫荧光法或补体结合实验）即间隔 4~6 周两次抗体滴度有 4 倍以上的升高。
- 单次高滴度的 IgG 抗体（> 1:32）需考虑到诊断的可能性。血清学检查不能和其他衣原体（特别是肺炎衣原体）感染相鉴别。

更多临床信息

诊断标准

- 确诊病例：临床表现符合并且具备以下 3 项实验室确证检查中的任何一项：（1）呼吸道分泌物培养阳性；（2）采用补体结合实验（CF）或微量免疫荧光法（MIF）检测鹦鹉热嗜衣原体抗体滴度有 4 倍以上的升高（取急性期和恢复期（间隔两周以上）双份血清标本，抗体滴度 > 1:32）；或者（3）微量免疫荧光法检测鹦鹉热嗜衣原体 IgM 抗体阳性（抗体滴度 > 1:16）。疑诊病例：临床表现符合并且符合以下两项中的任何一项：（1）患者有和确诊鹦鹉热嗜衣原体感染者接触的流行病学史；或（2）起病后至少 1 次血清标本采用 CF 或 MIF 检测单次抗体滴度为 1:32。
- 多数病例诊断是靠血清学检查，即采用 CF 检测双份血清标本的衣原体抗体。然而，因为 CF 法检测的衣原体抗体并非种特异性的，高滴度的抗体阳性也可以是肺炎衣原体和沙眼衣原体感染导致的。从多数州的公共卫生实验室都可以获得关于实验室检查方面的资料。极少数商业实验室可以鉴定衣原体的生物种。下列实验室接收人体标本进行鹦鹉热嗜衣原体的鉴定：Focus Diagnostics,Cypress,CA (800) 445 - 4032：免疫荧光法、PCR、培养。Lab

Corp,Burlington,NC(800)334－5161：培养、多克隆抗体测定。Specialty Labs, SantaMonica,CA(800)421－4449；微量免疫荧光法。

感染部位

- 肺部：气短、咳嗽、无痰，听诊可闻及啰音，胸片结果通常比体格检查展现得更重。偶而进展至ARDS。
- 全身性：发热、不适、肌痛、寒战（可为突出症状）、严重的头痛，再加上不典型的肺炎，提示可能是鹦鹉热嗜衣原体感染。
- 心脏：发热时相对心动过缓、心包炎、心肌炎、扩张性心肌病、培养阴性心内膜炎。
- 肝脏：肝炎，包括黄疸。
- 血液系统：Coombs实验阳性的溶血、噬血综合征伴全血细胞减少、冷凝集现象、弥散性血管内凝血（DIC）。
- 中枢神经系统：心内膜炎并发栓塞导致的中风、颅神经病变包括第VIII对颅神经相关的听力丧失、共济失调、横贯性脊髓炎、脑膜炎、脑炎。
- 皮肤：粉红色烫伤样斑丘疹（Horder'sspots），罕见。

治疗

多西环素

- 首选：100 mg每天2次（先静脉用直到可以耐受口服），共10~21天。
- 疗程不确切，延长疗程能否预防复发尚有争议。

四环素

- 四环素500 mg PO，每天4次×10~21天。
- 给药方式没有多西环素方便。

阿奇霉素

- 阿奇霉素250 mg~500 mg PO，每天1次×7天。
- 用药方案是根据体外实验和动物模型资料制定的，还没有人体用药的临床资料。

红霉素

- 红霉素500 mg IV或PO q6h。
- 疗效不如多西环素，在动物模型中疗效也不如阿奇霉素。还没有好的临床用药资料。

其他信息

- 临床表现从轻症到暴发型均有。感染早期通常全身症状比较突出。胸片表现比病史和体格检查所提示的病情要严重。
- 典型表现：急起发热、寒战、头痛（通常很严重）、不适和肌痛。干咳伴气短和胸闷。
- 其他表现；脉搏和体温不匹配、脾肿大和皮疹（Horder's spots），如果患者再有社区获得性肺炎，则提示鹦鹉热嗜衣原体感染的可能。
- 肺部听诊通常低估肺部病变的程度，影像学检查表现为肺叶或肺间质浸润。

推荐依据

Mandell LA, Wunderink RG, Anzueto A, et al. Infectious Diseases Society of America/American Thoracic Society consensus guidelines on the management of community-acquired pneumonia in adults. Clin Infect Dis, 2007; Vol. 44 Suppl 2; pp. S27－72.

病原体

注释：关于社区获得性肺炎的指南，推荐用药覆盖不典型病原体，并且在这些病例中经验性用药覆盖鹦鹉热嗜衣原体感染。

Cunha BA. The atypical pneumonias: clinical diagnosis and importance. Clin Microbiol Infect, 2006; Vol. 12 Suppl 3; pp. 12 - 24.

注释：一篇非常有用的近期的综述，总结了不典型肺炎包括鹦鹉热嗜衣原体感染的诊断方法和鉴别诊断。

枸橼酸杆菌

Paul G. Auwaerter, MD

微生物学

- 肠道革兰阴性杆菌。肠道正常菌群的组成成分之一。
- 可被误认为是沙门氏菌，培养皿上的菌落外观类似大肠埃希菌。
- 和感染相关的菌种中最常见的是弗劳地枸橼酸杆菌、无丙二酸枸橼酸杆菌和克氏枸橼酸杆菌（以前也称为差异枸橼酸杆菌）。

临床信息

- 多为院内感染致病菌，侵犯免疫受损宿主、年龄 > 60 岁的老人和新生儿。
- 通常导致尿路感染、肺炎和导管相关感染。
- 该菌常产 β – 内酰胺酶。医院内分离株可对多种抗生素高度耐药。

感染部位

- 泌尿生殖系统：尿路感染。
- 中枢神经系统：脑膜炎、脑脓肿（多为新生儿的克氏枸橼酸杆菌感染）。
- 肺部：院内获得性肺炎（需和定植鉴别）。
- 血流感染：通常是复数菌感染的一部分。
- 心内膜炎：罕见报道。
- 软组织：包括浅表和深部软组织感染、术后手术切口感染。
- 胃肠道：腹腔内感染、通常是复数菌感染的一部分。

治疗

基本原则

- 尿路感染可采用单药治疗，推荐用一种口服的氟喹诺酮类药物或 TMP–SMX。
- 如果临床怀疑是枸橼酸杆菌所导致的更为严重的感染，经验性抗生素的初始用药至少是头孢吡肟或卡巴培南类。
- 氨基糖苷类通常对该菌有抗菌活性，在联合用药时可选用，尤其是疑诊产 ESBL 菌株感染时以及同时使用基于头孢菌素的 β – 内酰胺类药物时。
- 脑膜炎的病例（本指南只提出了针对成人病例的建议）需使用第三代 / 第四代头孢菌素或美罗培南。
- 根据药敏结果指导治疗，有多重耐药的可能，包括产 ESBL。

克氏枸橼酸杆菌

- 首选：头孢曲松 1~2 g IV q12~24h，头孢噻肟 1~2 g IV q6h 或头孢吡肟 1~2 g IV q8h。
- 替代方案：环丙沙星 400 mg IV q12h（或 500 mg 口服 q12h 用来治疗尿路感染），伊米配能 1 g IV q6h，多尼培南 500 mg IV q8h、美罗培南 1~2 g IV q8h，氨

曲南 1~2 g IV q6h，或 TMP-SMX 5 mg/kg q6h IV（或 2 片口服，每天 2 次用来治疗尿路感染）。
- 通常对氨苄西林耐药，但可能对第一代头孢菌素敏感。

弗劳地枸橼酸杆菌
- 一般情况下该菌种的抗生素耐药性更严重。
- 首选：美罗培南 1~2 g IV q8h，伊米配能 1 g IV q6h，多尼培南 500 mg IV q8h，头孢吡肟 1~2 g IV q8h，环丙沙星 400 mg IV q12h（或 500 mg PO q12h 用来治疗尿路感染）或氨基糖苷类（如庆大霉素 5 mg/(kg·d)）。
- 替代方案：哌拉西林 / 他唑巴坦 3.375 mg IV q6h，氨曲南 1~2 g IV q6h 或 TMP-SMX 5 mg/kg q6h IV（或 2 片口服，每天 2 次用来治疗尿路感染）。
- 通常对羧苄青霉素敏感，对头孢噻吩耐药。

其他信息
- 通常为院内感染的致病菌。是医疗保健机构内导致感染暴发流行的病原之一。
- 约 50% 的血流感染为复数菌感染。
- 脑脓肿是脑膜炎的一种罕见的并发症，但新生儿感染克氏枸橼酸杆菌例外，发生率约为 70%。

推荐依据

作者的观点。

注释：没有针对枸橼酸杆菌感染治疗方面的指南，然而，可参考尿路感染、复杂性腹腔感染、院内获得性肺炎、导管相关性感染等章节的相关内容。

病原体

肉毒梭菌

John G. Bartlett, MD

微生物学
- 革兰阳性厌氧芽孢杆菌。
- 广泛分布于世界各地。
- 可产生神经毒素。

临床信息
- 感染类型：食源型（暴发流行）、婴幼儿型（婴儿松软综合征，即“floppybaby”）、伤口型（静脉注射吸毒者）、吸入型（生物恐怖）、医源性（美容）、未分型。
- 美国：100 例 / 年（婴幼儿型 71 例、食源性 24 例、伤口型 3 例）。A 型和 B 型最常见，在阿拉斯加以 E 型为主。
- 临床表现：（1）4 – D 征：复视、构音障碍、烦躁、吞咽困难；（2）不发热；（3）神志清楚；（4）下行性弛缓性麻痹；（5）脑脊液化验和头颅 MRI 正常，脑电图 = 肌束纤颤。
- 如果患者有颅神经麻痹、下行性对称性麻痹并且神志清楚、不发热时，需要疑诊肉毒中毒。
- 伤口肉毒中毒可导致局部（肢体）麻痹。在美国主要见于黑焦油海洛因静脉注射吸毒人群中，在注射部位有小脓肿形成。
- 鉴别诊断：重症肌无力、Eaton-Lambert 综合征、蜱瘫痪、格林—巴利综合征、镁中毒、脑血管意外、麻痹性贝类毒素中毒、神经毒气中毒、CO 或有机磷中毒。

- 诊断：血清、粪便、食物中毒素测定；伤口分泌物和粪便细菌培养。
- 食源型：需采取近 3 天进食的病史资料。多数病例是在进食家庭罐装食品 2~3 天后发病。
- 致死剂量（对体重 70 kg 男性而言）：静脉 0.15 μg、吸入 0.9 μg、口服 70 μg。

感染部位。

- 神经系统（仅为毒素致病）。
- 伤口感染 / 定植。
- 胃肠道：婴幼儿肉毒中毒，年龄多 < 1 岁，肠道定植的肉毒梭菌产生内源性毒素。

治疗

上报和使用抗毒素 / 一般治疗

- 怀疑肉毒中毒（详见“肉毒中毒”部分）：立刻就诊并使用抗毒素。
- CDC 热线：770-488-7100；申请抗毒素和毒素化验：给州的卫生部门或 CDC 打电话。
- 公共卫生应急事件（立刻上报），联系州的卫生部门或 CDC 770-488-7100。
- 考虑有无生物恐怖？报警电话为 404-639-2206(日间)/404-639-2880。
- 化验：取粪便、呕吐物和血做肉毒毒素化验。
- 即刻处理(CDC)：三价抗毒素(A 7 500 IU，B 5 000 IU，E 5 000 IU)1 瓶按 1:10 比例稀释后静脉输注，输液时间需 30 分钟。最好在症状出现后 24 小时内使用抗毒素。
- 马血清抗毒素：超敏反应的发生率为 9%，过敏反应的发生率为 2%；
- 20%~40% 的成人患者需要机械通气，可长达 3~6 个月之久。
- 全面的支持治疗：静脉补液、管饲、使用抗生素治疗感染并发症。
- 预防和流行病学
- 加热至 120℃ ×30 分钟以破坏芽孢（使用高压锅烹饪食品）。
- 预防芽孢萌发：低 pH、冷藏、冷冻、干燥、加盐、糖或枸橼酸钠。
- 灭活毒素：加热至 85℃ ×5 分钟。
- 氯水 + 次氯酸钠（漂白）= 杀灭芽孢

其他信息

- CDC 的建议：见 http://www.cdc.gov/ncidod/dbmd/diseaseinfo/files/botulism.pdf 和 CID2005;41:1167。
- 立刻咨询州的卫生部门或 CDC。
- 所有类型肉毒中毒的发病流程：毒素吸收→入血→神经末梢→颅神经→下行性弛缓性瘫痪。
- 最大的危险：呼吸衰竭，可能需要机械通气 ×3~6 月。
- 如果疑诊需要尽快使用抗毒素。从州的卫生部门或 CDC 申请药品，使用 1 瓶静脉输液。

推荐依据

Sobel J. Botulism. Clin Infect Dis, 2005; Vol. 41; pp. 1167 - 73.

注释：这是关于临床内科医生的第一时间反应的处置步骤(向卫生部门上报并且使用抗生素)的综述。

难辨梭菌

John G. Bartlett, MD

微生物学

- 厌氧芽孢梭菌。
- 产生毒素 A 和 B – 均可以导致人的结肠炎。
- 流行病学：健康成年人结肠有该菌定植的比例为 3%，但住院患者结肠有该菌定植的比例是 20%~40%。

临床信息

- 患病的高危因素：医院或长期护理机构内的患者、老年人以及曾使用抗生素的患者。
- 抗生素使用后继发难辨梭菌感染的危险分级。高危组：克林霉素、第三代头孢菌素、氟喹诺酮类；中危组：青霉素和第一、第二、第四代头孢菌素、卡巴培南类、大环内酯类、TMP–SMX；低危组：甲硝唑、四环素、万古霉素、氨基糖苷类；无风险组：磺胺类、呋喃妥因、利奈唑胺。
- 临床表现；腹泻和腹部绞痛伴 / 不伴发热，可为急性也可为慢性。
- 并发症：肠梗阻、中毒性巨结肠、低白蛋白血症、休克、肾功能衰竭、类白血病反应。
- 诊断：毒素测定 – 在美国，95% 实验室使用酶免疫测定法，它的假阴性率约为 30%。其他检验方法：细胞毒素测定（首选，但价格昂贵且耗时长，需 48 小时出结果）或细菌培养或"普通抗原"检测 – 住院患者中有假阳性可能。PCR 方法检测 B 基因毒素非常敏感，但价格昂贵而且技术要求高。

感染部位

- 结肠：结肠炎 / 假膜性结肠炎、中毒性巨结肠。
- 小肠炎：仅有 7 例只累及小肠的病例报道。
- 结肠外感染：罕见且通常不重要。
- 反应性关节炎（腹泻后）：罕见且与 HLA–B27 不相关。

治疗

抗生素

- 原则：毒素检测阳性，停用相关的抗生素，避免使用阿片类制剂，感染控制（接触隔离）+ / – 甲硝唑或万古霉素（口服）。
- 毒素测定为阴性但临床上高度怀疑：重复毒素检测并且给予经验性治疗（仅限于病情严重的情况下）。
- 甲硝唑 250 mg 口服，每天 4 次或 500 mg 口服，每天 3 次 × 10 天(12.00 美元 /10 天)。
- 万古霉素 125 mg 口服，每天 4 次 × 10 天（静脉输液制剂或胶囊，708.00 美元，即经调整的世界平均价格），适用于中重度感染的患者。
- 重症或使用甲硝唑疗效欠佳的患者：万古霉素 125~500 mg 口服，每天 4 次。标准方案是 125 mg 每天 4 次，使用胶囊制剂（价格昂贵）或取静脉万古霉素溶液用来口服（医院里经常使用这一方案以降低费用）。
- 疗效：到粪便成形的平均时间是 5~7 天。

特殊注意事项

- 如果需要使用全身性抗生素治疗现症感染（除难辨梭菌之外）：使用口服万古霉素或甲硝唑 + 尽可能使用不容易继发难辨梭菌感染的抗生素，如静脉用的万古霉素、大环内酯类、磺胺类、多西环素、氨基糖苷类、或窄谱 β – 内酰胺类抗生素。
- 支持治疗：静脉或口服补液。
- 避免使用抑制肠蠕动的止泻药（复方苯乙哌啶、洛哌丁胺、阿片类药物）。
- 重症感染的征象：肠梗阻、白细胞 > 20 000/mm^3、全身性感染、肾衰竭、内镜下见到伪膜性肠炎表现、全身水肿。
- 肠梗阻或呕吐：静脉使用甲硝唑 500 mg q8h+/– 使用 NG 胃肠营养管口服万古霉素（500 mg 4×1 天）和（或）保留灌肠。
- 手术：全结肠切除术，适用于重症且口服万古霉素 +/– 静脉使用甲硝唑治疗无效的，特别是中毒性巨结肠的患者。
- 遵循感染控制的操作流程（见下）。

多次复发
- 甲硝唑 250 mg PO，每天 4 次（仅用于第 1 次发作）或万古霉素 125 mg 口服，每天 4 次 ×10 天，之后选用下列治疗中的一种：
- 万古霉素 125 mg PO 隔日 1 次（脉冲式给药）×6 周或更长。
- 万古霉素减量 / 脉冲式给药：125 mg PO，每天 4 次 ×10 天，之后 125 mg 每天 2 次 ×2 周，然后 125 mg 每天 1 次 ×2 周，继之 125 mg 隔日 1 次 ×6 周或更长时间。
- 消胆胺 4 g PO，每天 3 次 ×4~6 周（避免同时口服万古霉素）。
- 布拉酵母菌 500 mg PO，每天 4 次，从使用万古霉素第 6 天起 ×4~6 周。
- 替代方案：静脉用丙种球蛋白 IVIG 400 mg/kg IV 每 3 周 1 次（尚在临床实验阶段）。
- 替代方案：取健康供者的粪便灌肠或经鼻饲管服用（疗效好但需考虑可实施性）。

感染控制
- 带卫生间的单间病房或同类疾病患者共用病房。
- 用肥皂和水洗手（流行病学方面的防范措施）。
- 使用聚乙烯手套和隔离衣。
- 不用肛温表。
- 使用 10% 家庭用漂白粉清洁房间。
- 流行病学方面的防范措施（医院和护理机构）：控制抗生素的使用，特别是克林霉素、广谱头孢菌素和氟喹诺酮类的使用。

随访

一般规律
- 约 25% 患者在初次治疗后复发。
- 详见治疗部分有关“多次复发”的内容。
- 不需要化验来明确是否治愈或有无彻底清除难辨梭菌。

其他信息
- 指南：首选甲硝唑口服 – 美国传染病协会（IDSA）（CID2001;32:331）；美国卫生保健流行病学协会（SHEA）(Inf Con Hosp Ep 1995;16:459) 疾病控制中心（CDC）(MMWR1995;44:RR–12)。
- 20% 的抗生素相关性腹泻和 > 95% 的伪膜性结肠炎是由难辨梭菌导致的。
- 临床线索：前驱抗生素使用史 + 腹泻、结肠炎（腹部绞痛、发热）、白细胞升高、低白蛋白血症。

- 治疗反应很快：如果腹泻持续 > 5~7 天，需要怀疑伪膜性肠炎的诊断或考虑有无伴发炎性肠病、乳糖酶缺乏、药物不良反应等的可能性。约 25% 的患者在甲硝唑或万古霉素治疗后 3~21 天复发。
- 预防：控制抗生素使用，特别是控制预防性克林霉素的使用。给携带者使用万古霉素 / 甲硝唑增加风险。

详细信息

其他信息

- NAP1 分离株（也称为 BI、NAP1 或核糖体型 027 分离株）：是 2002 年在魁北克发现的新流行株，现已遍布全球。
- 该分离株导致更多疾病，病情更严重，更为难治以及更容易复发。
- 对氟喹诺酮类高度耐药（更为常见）并且产生更多的毒素 A 和 B（从而导致病情更严重）。
- 临床医生通常并不知道患者是否感染了这种菌株，因为只有很少数实验室做难辨梭菌的粪便培养，但是即使知道是这种菌株也不用更改治疗方案以及感染控制措施。

推荐依据

Dubberke ER, Gerding DN, Classen D, et al. Strategies to prevent clostridium difficile infections in acute care hospitals. Infect Control Hosp Epidemiol, 2008; Vol. 29; Suppl 1 pp. S81 - 92.

注释：这是一篇关于感染控制方面的综述，重点强调了以下几点，即需要对单间病房或同类疾病患者的共用病房采取屏障防范措施，使用肥皂和水保持手卫生，使用 1：16 家庭用漂白粉溶液消毒房间，以及抗生素应用的管理。

Guerrant RL, Van Gilder T, Steiner TS, et al. Practice guidelines for the management of infectious diarrhea. Clin Infect Dis, 2001; Vol. 32; pp. 331 - 51.

注释：这是美国传染病协会（IDSA）提出的指南，包括 3 日规则。对于院内腹泻，只需做难辨梭菌的相关检查，因为其他肠道致病菌都可能性不大；治疗：甲硝唑 250mg 每天 4 次或 500 mg 每天 3 次 ×10 天；检测方法：酶免疫测定法检测难辨梭菌毒素。

梭菌属

John G. Bartlett, MD

微生物学

- 革兰阳性专性厌氧菌，属于硬壁菌门，菌体呈杆状。
- 可形成内生芽孢。
- 梭菌是人体结肠正常菌群成分之一，50% 的人体内有产气荚膜梭菌定植，3% 的人体内有难辨梭菌定植。
- 能对人致病的菌种包括产气荚膜羧菌、索氏梭菌、腐败梭菌和破伤风梭菌。
- 关于破伤风梭菌、肉毒梭菌以及难辨梭菌的内容见单独的章节。

临床信息

- 大多数疾病是毒素介导的：气性坏疽（α 毒素），表现为坏死性肌炎和全身性感染。破伤风（破伤风梭菌，破伤风毒素），表现为神经毒性。肉毒中毒（肉毒梭菌，肉毒毒素），表现为瘫痪。结肠炎（难辨梭菌，毒素 A 和 B），表现为结肠炎。

产气荚膜梭菌(肠毒素),表现为腹泻。索氏梭菌(致死毒素)和人工流产感染有关。
- 软组织感染(通常有气体生成);捻发音蜂窝组织炎、产气性蜂窝组织炎、气肿性胆囊炎。
- 血流感染:在气性坏疽或粒细胞减少性盲肠炎的基础上出现的血流感染才有临床意义。
- 诊断:需要做血、组织或其他体液的厌氧培养。
- 如果是混合感染的一部分:常和肠道或生殖道的正常菌群一起形成混合感染,在肠道或生殖道梭菌是混合菌落的成分之一,其致病性是有疑问的。

感染部位
- 胃肠道:食物中毒、肉毒中毒、坏死性肠炎、粒细胞减少性盲肠炎、抗生素相关性腹泻以及结肠炎。
- 血流感染:通常是污染的,除非是在气性坏疽或粒细胞减少性盲肠炎的基础上出现的。
- 软组织感染:气性坏疽、捻发音蜂窝组织炎或坏死性筋膜炎。
- 腹腔内脓毒症:腹膜炎以及腹腔脓肿(复数菌导致的),气肿性胆囊炎。
- 子宫感染:索氏梭菌相关。
- 关于破伤风梭菌、肉毒梭菌以及难辨梭菌的感染见单独的章节。

治疗

软组织感染
- 气性坏疽:积极手术并给予青霉素 2000 mU/24 小时 IV 以及克林霉素 600 mg IV q8h 或甲硝唑 500 mg IV q6h。
- 高压氧疗:疗效有争议,且没有即刻手术重要。
- 捻发音蜂窝组织炎 / 坏死性筋膜炎:清创并给予青霉素 2000 mU/d IV 以及克林霉素 600 mg IV q8h 或甲硝唑 500 mg IV 或 PO q6h 或伊米配能 1g IV q6h。

毒素介导的疾病
- 粒细胞减少性小肠结肠炎:克林霉素或甲硝唑或伊米配能。
- 手术:多数索氏梭菌导致的疾病需要手术而多数破伤风梭菌不需要。
- 产气荚膜羧菌毒素 A 导致的食物中毒:支持治疗,腹泻通常在 24 小时之内缓解。
- 索氏梭菌:静脉输液支持,使用克林霉素。
- 肉毒中毒(详见单独的章节):三价抗毒素(A/B 和 E),可从 CDC 申请药品:404-639-3670。
- 破伤风(详见单独的章节):破伤风类毒素和人 TIG 免疫球蛋白 500 IU IM 和甲硝唑 500 mg IV q6h 以及苯二氮䓬类药物。
- 难辨梭菌性结肠炎:停用相关的抗生素并给予甲硝唑 250mg PO q6h 或万古霉素 125 mg PO,每天 4 次 ×7~10 天(详见"难辨梭菌"部分)。

多样性感染
- 气肿性胆囊炎:急诊行胆囊切除术,使用替卡西林 / 克拉维酸、哌拉西林 / 他唑巴坦或伊米配能。
- 血流感染:通常为污染的,除非同时伴有气性坏疽或坏死性小肠结肠炎。
- 混合感染:使用伊米配能、β－内酰胺类 / β－内酰胺酶抑制剂或甲硝唑 / 克林霉素联合一种头孢菌素来覆盖包括厌氧菌在内的混合感染。

- 索氏梭菌相关的感染性流产：和人工流产相关，可出现感染性休克和 WBC 30 000/ml。

其他信息

- 多数疾病是由毒力明显的毒素介导的：气性坏疽、肉毒中毒、破伤风、难辨梭菌感染、粒细胞减少性盲肠炎。
- 对气性坏疽而言，手术是至关重要的；手术对气肿性胆囊炎、捻发音蜂窝组织炎以及粒细胞减少性盲肠炎也非常重要。
- 大多数血培养阳性分离株没有临床意义，除非同时伴有粒细胞减少性小肠结肠炎或气性坏疽。
- 梭菌感染通常都是临床诊断，有时一些证据支持：革兰染色（明确的革兰阳性菌）、血 / 软组织培养或毒素检测（难辨梭菌）。
- 对多数梭菌有抗菌活性的药物：青霉素、氨苄西林、氯霉素、头孢噻肟、哌拉西林。抗菌活性稍差的药物：头孢西丁、克林霉素、甲硝唑、头孢他啶。如果怀疑混合感染 – 需要更广谱的抗生素治疗。

推荐依据

Stevens DL, Bisno AL, Chambers HF, et al. Practice guidelines for the diagnosis and management of skin and soft-tissue infections. Clin Infect Dis, 2005; Vol. 41; pp. 1373 - 406.

注释：这篇指南中包括了关于坏死性筋膜炎和梭菌感染的建议。

作者的观点。

注释：目前还没有关于梭菌血流感染或其他非软组织感染的指南。

破伤风梭菌

Paul G. Auwaerter, MD

微生物学

- 专性厌氧的革兰阳性菌。
- 芽孢广泛分布于土壤和动物粪便中。
- 革兰染色时菌体呈杆状，常类似于鼓槌或网球拍状。
- 毒素，即破伤风痉挛毒素，导致破伤风：不可控制的肌肉痉挛，因为毒素和神经递质（包括 γ 氨基丁酸和甘氨酸）之间的相互作用导致肌肉收缩。

临床信息

- 尽管在发达国家破伤风很罕见，它依旧是世界范围内一个重要的致死性疾病并且病死率很高。破伤风发病率最高的地区是非洲和东南亚，而在美国每年只有 50~70 个病例。全世界的新生儿破伤风最常见的感染途径都是通过脐带残端感染的。
- 经典的三联症即肌肉强直、肌肉痉挛和自主神经功能障碍。
- 75% 的病例是以牙关紧闭为首发症状，这是由肌肉痉挛导致的，如果扩展到面部肌肉则导致经典的“痉笑”（苦笑面容）。
- 全身性破伤风：最常见，头颈部肌肉最新受累，渐向下累及全身。
- 角弓反张（背部弯曲并且头部和踝部互相靠近），是非常有特征性的表现，由于背部肌肉痉挛导致的。
- 局灶性破伤风：由于毒素量比较少，表现为局限于身体某一部分的痉挛。病死率也比较低。

- 头部破伤风：局灶性颅神经功能障碍，继发于头部外伤或中耳炎。病死率比较高。
- 从外伤到症状出现的潜伏期平均为 7~10 天（范围为 1~60 天）。
- 自主神经系统受累可出现血压不稳定、心律失常、出汗、尿潴留以及体温调节障碍。
- 诊断通常是依据病史和体格检查做出的临床诊断。很少能从伤口中发现破伤风梭菌（需要厌氧培养）。

感染部位

- 最常见的也是世界范围内的感染类型：由于脐带残端感染出现的婴儿破伤风（接生时消毒不严格继发的）。
- 通常继发于被泥土、肥料、生锈的金属污染的明显的外伤。
- 也可和烧伤、溃疡、坏疽、坏死性毒蛇咬伤、中耳炎、感染性流产、肌肉注射和手术伴发。
- 在一些地区发病率呈上升趋势是和静脉吸毒高发有关。

治疗

中和未结合的毒素

- 破伤风急性期：人破伤风免疫球蛋白 3 000~6 000 单位 IM。
- 如果疫苗免疫状态不明确或最后 1 次免疫接种的时间在 5 年以上，需在另一部位注射破伤风类毒素。
- 如果 Td 疫苗接种少于 3 次或疫苗免疫状态不明确，污染伤口需要给予破伤风抗毒素（500 单位 IM）预防。

清除感染灶

- 如有适应证则需要考虑伤口清创处理。
- 甲硝唑更安全有效，已取代青霉素作为抗生素首选。
- 推荐：甲硝唑 7.5 mg/kg q6h IV/PO（每天剂量不超过 4g）。
- 替代治疗：青霉素 1 000~2 000 mU/d IV。
- 其他替代治疗：红霉素、四环素、氯霉素和克林霉素。

控制肌肉强直和痉挛

- 使用苯二氮䓬类镇静维持治疗。
- 一些医生推荐静脉用镁制剂来控制痉挛，因为它不属于镇静药。
- 如果仅用镇静治疗是不充分的，有可能需要联合使用神经肌肉阻滞剂和机械通气。

自主神经功能障碍的处理

- 最重要的是，一些患者可能需要积极的液体复苏（每天约 8L）。
- α 和 β 肾上腺能阻滞剂的疗效不确切，需慎用。

支持治疗

- 通常需要气管插管和机械通气。
- 因为机械通气常需使用数周，常早期进行气管切开。
- 早期给予肠内营养支持很重要。
- 在重症监护病房给予生命支持已将病死率从 50% 降至 10% 左右。

预防

- 正确的免疫接种可提前做好预防。

- 详见“风疹疫苗”部分（第 896 页）。
- 规格：单独的破伤风类毒素（TT）、破伤风和白喉类毒素（dT 或 DT）、破伤风、白喉、百日咳联合疫苗（DTwP,DTap,dTaP, 或 DtaP）。通常注射联合疫苗以预防破伤风（意味着同时注射白喉类毒素和百日咳无细胞菌苗）。目前推荐在 12~65 岁的人群中免疫接种用 Tdap，> 65 岁的人群则使用 Td。
- 感染破伤风恢复后并不会出现保护性免疫，因此，仍推荐进行免疫接种。

其他信息

- CookTM,ProtheroeRT,HandelJM.Tetanus:areviewoftheliterature.BrJAnaesth, 2001;Vol.87;pp.477 - 87.

注释：该文是关于破伤风支持治疗的综述，是本章节内容的理论依据。

白喉棒状杆菌

Paul G. Auwaerter, MD

病原体

微生物学

- 多形性的革兰阳性菌（棒状）、兼性厌氧。人是已知的唯一宿主。
- 产外毒素的菌株引起白喉。
- 毒力强的白喉棒状杆菌菌株携带一种噬菌体（带有白喉毒素基因）。没有这种噬菌体的菌株不可能引起严重感染。

临床信息

- 可引起扁桃体炎 / 咽炎、颈部淋巴结肿大、软腭麻痹、T < 103°F。
- 在咽后壁出现典型的灰白色假膜。产毒素的菌株可导致心脏炎和神经炎。
- 现已罕见，白喉常和重症的链球菌咽喉炎、文生氏咽峡炎或传染性单核细胞增多症相混淆。
- 有非产毒性菌株导致心内膜炎、关节炎和复发性咽喉炎的报道。
- 诊断：取喉部或鼻咽部拭子。迅速转运并且需要告知细菌室使用特殊培养基。如果实验室可以在培养 4 小时后涂片做免疫荧光染色，则能够快速诊断。

感染部位

- 咽部：不适、发热、咽痛，在扁桃体、腭部、悬雍垂和咽后壁上覆盖有灰白色假膜。
- 喉 / 支气管：假膜扩展出现气道梗阻后可导致气短和紫绀。
- 心脏：毒素相关，起病后约 1~2 周出现，表现为 I 度房室传导阻滞、房室分离、心律失常、心肌炎。10%~25% 患者出现一些心脏症状。心肌炎 / 严重的房室传导阻滞 = 60%~90% 的病死率。
- 神经系统：毒素导致的咽肌麻痹，可有颅神经麻痹，以及随后出现的肢体运动神经病变。
- 皮肤：慢性的不愈合的伤口，表面有灰色假膜。多见于热带。在美国，多见于流浪者、酗酒者和美洲印第安人。多数分离株不产毒素，在溃疡发病机制中的地位尚不明确。

治疗

预防

- 主要针对年龄 > 7 岁的人群（Td，现在更普遍使用的是 Tdap）：前两次接种，中间间隔 4 周，第三次接种在 6~12 个月之后。

- 加强免疫：Tdap 或 Td（如果 > 65 岁），每 10 年加强 1 次。
- 白喉患者在疾病恢复期应该接受抗毒素免疫接种，因为感染本身并不能产生保护性免疫。
- 对于感染者，应采取严格隔离：接触隔离和呼吸道隔离。

白喉的治疗

- 马高价抗血清可以在毒素进入细胞之前中和毒素从而降低死亡率。对疑诊病例需要尽快使用，这一点至关重要。
- 先用 1:100 抗毒素稀释液做皮肤划痕实验或点刺实验进行对马血清蛋白过敏实验的检测。如为阴性，则给予 1:1 000 稀释液 0.02 ml。必要的话，需备用肾上腺素。
- 阳性反应的患者需接受脱敏治疗。
- 抗毒素：咽部感染 < 48 小时给予 20 000~40 000 单位；鼻咽部感染给予 40 000~60 000 单位；病变更广泛、颈项强直或起病超过 72 小时的给予 80 000~120 000 单位。IV（重症）或 IM。
- 抗生素；普鲁卡因青霉素 G（ < 20 lbs：300 000； > 20 lbs：600 000）IM q12h 直至患者能够吞咽，之后给予青霉素 V 钾片 125~250 mg 口服，每天 4 次 × 14 天。静脉用的红霉素（20~25 mg/kg IV q6h，最大量 4 g/d）可作为 β 内酰胺类过敏患者的替代治疗。
- 克林霉素（600 mg IV q8h）也可作为替代治疗方案。
- 抗生素可减少毒素的产生。
- 血清病样反应的发生率为 10%。
- 从 CDC 申请抗毒素（770-488-7100）。
- 如有喉部受累，需考虑早期行气管切开或气管插管。支持治疗还应包括心电监护以监测心脏并发症的发生。

白喉棒状杆菌携带者

- 首选红霉素（250~500 mg PO，每天 4 次）。
- 如果考虑到依从性，可使用苄星青霉素 600 000~1200 000 单位 IM × 1。

心内膜炎的治疗

- 根据病例报道总结的治疗方案，因此没有研究得很充分。
- 青霉素 G 或氨苄西林 IV × 4~6 周。
- 通常和氨基糖苷类联用。

随访

- 病愈后 2 周行鼻咽分泌物培养以明确病菌有无清除。

其他信息

- 对疑诊病例尽快使用抗毒素。不需要等到确诊。
- 多数死亡病例是在病程最初的 3~4 天死于窒息或心肌炎。
- 公共卫生危机。必需找出接触者和携带者以限制感染流行。只有人类是储存宿主。
- 免疫接种过的患者也可以患病。

推荐依据

Broder KR, Cortese MM, Iskander JK, et al. Preventing tetanus, diphtheria, and pertussis among adolescents: use of tetanus toxoid, reduced diphtheria toxoid and acellular pertussis vaccines recommendations of the Advisory Committee on

Immunization Practices (ACIP). MMWR Recomm Rep, 2006; Vol. 55; pp. 1 - 34.
注释：一篇新的指南，建议将无细胞百日咳成分联合到破伤风和白喉疫苗中一起接种。
MacGregor RR. Corynebacterium diphtheriae. Principles and Practice of Infectious Diseases, 6th ed, 2005; Vol. Chap 202; pp. 2457 - 2465.
注释：这一章节重点提出了关于临床感染者的抗生素治疗以及清除病原携带状态方面的建议。

贝纳柯克斯体

John G. Bartlett, MD

微生物学

- 专性细胞内寄生的革兰阴性的微小细菌。
- 感染动物的粪便、尿和乳汁中可排出病原体。
- 对外界抵抗力强。
- 对加热、干燥和常用消毒剂耐受性好。

临床信息

- 流行病学：全球性的动物源性疾病，在美国罕见。
- 重要的储存宿主：牛、绵羊和山羊最常见。猫、狗和节肢动物中相对少见。
- 感染途径：哺乳动物（通常无症状）从粪便、尿、乳汁、分娩排出物中排出贝纳柯克斯体。在胎盘中病原体载量高。通入呼吸道吸入病原体，常常是吸入被感染病原体的动物粪便或分娩排出物污染的粉尘而感染。蜱源性感染以及人与人之间的传播罕见报道。
- 高危职业：农民、兽医、屠宰场工人以及实验室工作人员。
- 诊断：血清学检查（免疫荧光法）（1）急性期（肺炎）表现为血清学转化或 II 相抗体阳性；（2）慢性期表现为 I 相抗体阳性。PCR（血、心脏瓣膜）敏感性为 60%，特异性为 100%。也可采用免疫组化、PCR 或细胞培养技术。
- 需要上报的感染性疾病：在美国，属于生物威胁 B 类病原体。
- 其他异常：血小板减少症、瓣膜赘生物。

感染部位

- 无症状的（60%）。
- 急性感染：流感样疾病、肺炎（典型的或不典型的临床表现或不明原因发热伴有“偶然发现的”的肺炎）、肝炎。
- 慢性感染：心内膜炎（90% 患者有人工瓣膜或其他基础心脏病，其他易感人群包括免疫功能受损的患者如器官移植或进展期肿瘤的患者）。
- 慢性，其他：肺炎（伴有肺炎的 FUO）、肝炎、罕见的心包炎、心肌炎、无菌性脑膜炎、骨髓炎和慢性疲劳。
- 慢性感染的危险因素：人工瓣膜和免疫抑制。
- 许多引起慢性（感染后）疲劳综合征和与旅游相关的 FUO（罕见）。

治疗

抗生素用药方案

- 有体外活性：四环素类、大环内酯类、TMP-SMX、利福平和氟喹诺酮类。
- 无活性：β－内酰胺类、氨基糖苷类。

- 急性肺炎（ATS/IDSA 指南，CID 2007;44:S27）：多西环素 100 mg PO/IV，每天 2 次，用药 14~21 天。替换用药：大环内酯类 ± 利福平或氟喹诺酮类（左氧氟沙星或莫西沙星）。
- 肝炎：多西环素 100 mg PO，每天 2 次，用药 2 周（疗程不可随意）。
- 心内膜炎（Karakousis,et al,JCM 2006;44:2283）：多西环素 100 mg 口服或静滴每天 2 次 + 氯喹 200 mg PO, 每天 3 次，用药≥ 18 个月（确诊或 I 期 IgG<1:200,Raoult CID 2001;33:312）。有人推荐治疗≥ 3 年 (Levy AAC1991;35:533)。

其他信息

- 被牛、山羊、绵羊、怀孕的猫传染的职业病。
- 诊断：血清学证据（肺炎）或高滴度（心内膜炎）。
- 主要表现："非典型肺炎"（合并多发大叶性肺炎），非特异性发热和心内膜炎。
- 慢性心内膜炎通常是人工瓣膜心内膜炎。常伴有"自身免疫性"现象的慢性感染，例如，皮疹 (+)，类风湿因子（+），Coombs 实验（+）。

推荐依据

Mandell LA, Wunderink RG, Anzueto A, et al. Infectious Diseases Society of America/American Thoracic Society consensus guidelines on the management of community-acquired pneumonia in adults. Clin Infect Dis, 2007; Vol. 44 Suppl 2; pp. S27 - 72.

注释：Q 热肺炎建议使用。

Karakousis PC, Trucksis M, Dumler JS. Chronic Q fever in the United States. J Clin Microbiol, 2006; Vol. 44; pp. 2283 - 7.

注释：美国 7 例假肢与瓣膜心内膜炎患者的回顾性病例，来自农场（5 例）、男性（7 例）、I 期 IgG 抗体升高（7 例）、主动脉瓣受累（7 例），实施瓣膜置换术治疗（4 例）。

Fenollar F, Fournier PE, Carrieri MP, et al. Risks factors and prevention of Q fever endocarditis. Clin Infect Dis, 2001; Vol. 33; pp. 312 - 6.

注释：作者回顾了 102 例在法国的 Q 热性心内膜炎病例。其中 95 例（93%）有诱发瓣膜疾病。抗生素用药方案主张强力霉素 + 氯喹使用 12 个月，随后的 2 年跟踪 q3 血清型，Q 热急性发热性心内膜炎 + 诱发瓣膜病变的风险为 39%。

Marrie T. Coxiella burnetii. Chapter 177 IN: Principles and Practice of Infectious Disease, 5th Ed, Mandell G, Bennett J, Dolin R, Churchill Livingstone, 2000, p. 2043.

注释：作者记录了他的关于 Q 热肺炎的经验，总结了各种形式的贝氏柯克斯体感染。肺炎有 3 种形式一"典型"，非典型性肺炎，暴发性肺炎，或偶然发现的 FUO 肺炎。血清学诊断和强力霉素治疗。

埃立克次体属

Paul G. Auwaerter, MD

微生物学

- 蜱传播感染人类。
- 人单核细胞埃立克次体病（HME）：由查菲埃立克次体引起，由美国蜱（孤星蜱）和其他可能的蜱载体传播，如 Dermacentor variabilis（美国狗蜱）。
- 人粒细胞无形体病（HGA）：原名人粒细胞埃立克体病（HGE）。病原体是目前已知嗜吞噬细胞无形体，由肩突硬蜱（鹿蜱）和西海岸西部黑腿蜱（太平洋硬蜱）传播，与莱姆病（莱姆病螺旋体）一样。

- 埃里希氏埃立克次体：犬的病原体，很少感染人类，现被称为“人类埃里希氏体病“。

临床信息

- HME：新泽西、伊利诺斯和德克萨斯地区常见 .。
- 疑似暴发流行于春秋季节。突然发烧，流感样疾病，头痛，恶心 / 呕吐，腹痛。常见肝功能异常，白细胞减少，血小板减少。约 30% 有斑丘疹 ± 淤斑。
- 儿童：67% 的 HME 表现为不同的皮疹，频繁的血细胞减少，更多的神经系统症状。
- HGA：与莱姆病一样在同一地区多见：东北、中大西洋、上中西部地区、欧洲。
- 症状类似 HME 但较少皮疹（10%）。可以看到白细胞减少症和血小板减少症，但与 HME 不同的是表现为嗜中性粒细胞减少症。一般比 HME 临床症状轻。可能合并伴有莱姆或巴贝斯虫感染。
- 有重症疾病危险的老人 / 免疫抑制 / 脾切除（HME>HGA）– 多器官功能衰竭，包括急性呼吸窘迫综合征、肾功能衰竭、中枢神经系统异常、凝血。
- 诊断：HME 或 HGA 确诊病例为 a) 从急性期到恢复期 IFA 效价 4 倍升高或 1:256 或 b）PCR 检测或 c）可见桑葚胚和 IFA64。若单滴度 1:64~128 则为可疑病例。
- 血清学检测为 90%~95% 的敏感性，3~4 周后进行急性 / 恢复期血清学检测。对于急性感染，抗生素使用前 PCR 的敏感性为 60%~90%。血涂片的敏感性仅 HME 2% ~38%、HGA 25% ~75%。

感染部位

- 全身：发热，头痛，恶心，强直，呆滞，肌肉痛，呕吐，腹痛且 / 平均虱咬后约 7 天。
- 单核细胞或淋巴细胞：很少的 HME 患者（约 7%）伴有在单核细胞和淋巴细胞中桑葚胚（桑葚状群集）。
- 粒细胞：HGA– 桑葚胚在 HGE（20%~80%）中比 HME 更多见。
- 肝脏：肝功能检查异常，黄疸等。
- 血红素：血小板减少，白细胞减少，贫血。

治疗

HME 或 HGA：成人

- 不要等待确诊，临床怀疑就应治疗。延误治疗可能会增加死亡率，通常约 3%，尤其是免疫抑制患者。
- 作为鉴别诊断的标准，强力霉素 100 mg PO/IV 每天 2 次常包括 RMSF 和经验治疗。持续时间不确定，但发热至少 3 天（最少 5~7 天）。除了 ICU 患者，通常 48 小时内会很快有临床疗效。
- 对于中毒患者，有人使用强力霉素 200 mg 的负荷剂量。
- 治疗的持续时间是 10 天。莱姆病早期应给予足够的治疗。
- 怀孕或强力霉素不耐受：HGA 利福平每天 600 mg PO/IV，用药 7~10 天。HME 尚不清楚，但可能选择利福平或氯霉素 500 mg 每天 4 次。注：利福平对莱姆病无效。
- 体外实验对氯霉素、大环内酯类、青霉素和氨基糖苷类耐药，临床资料欠缺，所以不强烈建议常规使用。喹诺酮类药物有活性，但临床数据有限。
- 治疗不推荐用于只是血清学阳性或弱阳性的无症状患者、仅有患者主诉的病例。

病原体

HME 或 HGA：儿童

- 强力霉素 2 mg/kg PO/IV q12h（每天最多 200 mg）。
- 没有莱姆病且 <8 岁的儿童，治疗 4~5 天（或退烧后 3 天）以尽量减少药物毒性反应的可能性。
- ≥ 8 岁儿童，可治疗整 10 天。
- 治疗不到 10 天的儿童应密切监测，以确保脱离感染。
- 如果合并莱姆病感染，强力霉素治疗的同时，阿莫西林 50 mg/kg 分 3 次给药（每次最多 500 mg）或头孢呋辛 30 mg/kg 分 2 次服用（每次最多 500 mg），用药 14 天。

随访

- 给予强力霉素后持续发热 >48 小时，应提示考虑诊断和（或）合并罕见的巴贝斯虫感染。

其他信息

- 夏季发热，头痛，特别是肝功能检测异常，应及时考虑蜱传播疾病和血小板减少：HME，HGA，落基山斑疹热，巴贝西虫病 > 莱姆病——以上疾病的诊断应根据地域特点和暴露的危险因素。
- 疾病的程度：亚临床—中度—重度。约 40% HME 需要住院治疗。患者有蜱接触史，肝功能异常伴有白细胞减少症或血小板减少症。
- 没有随机临床实验得出最佳抗生素的选择或治疗方案。尚无慢性感染的报道。
- 免疫受损患者存在严重疾病的风险，一般情况下 ICU 患者实验室检查异常不考虑感染。
- 埃里希氏埃立克次体（犬埃立克次体病的病原体）已有感染人类的报道。主要见于密苏里州，俄克拉荷马州和田纳西州的免疫功能低下患者。以强力霉素 100 mg PO，每天 2 次，用药 7~14 天。

推荐依据

Wormser GP, Dattwyler RJ, Shapiro ED, et al. The clinical assessment, treatment, and prevention of lyme disease, human granulocytic anaplasmosis, and babesiosis: clinical practice guidelines by the Infectious Diseases Society of America. Clin Infect Dis, 2006; Vol. 43; pp. 1089-134.

注释：在这些 IDSA 的建议中提出了 HGA 的建议。

Chapman AS, Bakken JS, Folk SM, et al. Diagnosis and management of tickborne rickettsial diseases: Rocky Mountain spotted fever, ehrlichioses, and anaplasmosis-United States: a practical guide for physicians and other health-care and public health professionals. MMWR Recomm Rep, 2006; Vol. 55; pp. 1-27.

注释：该文件指导帮助医生鉴别诊断蜱媒介感染性疾病，添加经验用强力霉素来进行分类诊断性研究，如果阳性应报告当地卫生部门。

Olano JP, Walker DH. Human ehrlichioses. Med Clin North Am, 2002; Vol. 86; pp. 375-92.

注释：该注释性文章由 Ehrlichial 带领的研究组撰写，该研究组研究 HME 的治疗建议。

啮蚀艾肯氏菌

Paul G. Auwaerter, MD and Joseph Vinetz, MD

微生物学

- 兼性厌氧，苛养，革兰阴性球杆菌。
- 在培养皿中有吃琼脂现象（仅约 50% 的菌株有吃琼脂现象）。在 3%~10% 的 CO_2 环境生长更好。
- 经常发现与其他病原菌混合感染。
- 是 HACEK 组心内膜炎相关细菌的一种（嗜血杆菌、放线菌、心杆菌属、艾肯氏菌、金氏杆菌属）。

临床信息

- 人类牙周正常菌群的组成部分。
- 人类咬伤所致软组织感染的一种病原菌，特别是被咬伤的拳头，很少从猫 / 狗的咬伤中分离到。
- 感染周期通常较长（从受伤到有临床感染表现 >1 周）。
- 也会造成头部和颈部感染、呼吸道感染，如肺炎 / 肺脓疡。
- 通过培养结果诊断啮蚀艾肯氏菌所致感染，也可见于多种细菌的混合感染。

感染部位

- 人咬伤：拳头受伤最常见，也见于指甲剪刀伤（罕见）。
- 头部和颈部：牙周炎、口腔感染、颈内静脉化脓性血栓性静脉炎。
- 心脏：心内膜炎，尤其是静脉滥用注射毒品后。
- 肺：肺脓肿、吸入性肺炎、从头部和颈部的脓毒性栓子、感染性血栓性静脉炎。
- 消化道：腹腔脓肿。
- 妇产科：偶尔与用宫内节育器相关、原发性创伤。
- 泌尿生殖道：生殖器溃疡（罕见）、尿路感染（罕见）。

治疗

人类的咬伤 / 软组织感染

- 通常表现为多种微生物感染。
- 任何脓肿的手术引流，优化关键治疗措施。
- 严重感染 / 肠外治疗：氨苄西林 / 舒巴坦钠 1.5~3 g IV q6h。其他 β－内酰胺类 / β－内酰胺酶抑制剂（BL/BLI）也是有效的。
- 口服用药方案：阿莫西林 / 克拉维酸 250~500 mg PO，每天 3 次或 875/125 mg 口服每天 2 次。
- 标准剂量三代头孢菌素和 BL/BLI 一样有效；但对于门诊患者，头孢曲松每天 1 次疗效更好。
- 多种微生物感染可能需要添加额外的治疗，例如甲硝唑。
- 替换用药（β－内酰胺类过敏）：多西环素 100 mg IV/PO，每天 2 次，莫西沙星 400 mg IV/PO，每天 1 次，左氧氟沙星 500 mg IV/PO，每天 1 次，虽然临床经验少，但分离株通常是敏感的。
- 克林霉素和甲硝唑无效，除非用于合并其他多种微生物感染的治疗。
- 氨基糖苷类：没有任何作用，即使对于治疗心内膜炎也无协同作用。

头部和颈部感染

- 同人类咬伤。

感染性心内膜炎

- 首选：第三代头孢菌素（头孢曲松 1 g IV q12h，头孢噻肟 1~2 g IV q8h 或头孢吡肟 1~2 g IV q8h）。
- 没有充分的临床资料来明确定义治疗方案。
- 青霉素、氨苄西林有效，但最近出现的产 β – 内酰胺酶菌株使这些二线药物无效。很少有实验室做敏感性测试；除非体外药敏结果敏感，否则应避免使用这些药物。
- 氨基糖苷类：没有任何作用，即使对于治疗心内膜炎也无协同作用。

其他感染部位

- 同人类咬伤。
- 对于肺积脓病例，有必要引流。

其他信息

- 必要的手术引流。
- 应考虑多种微生物混合感染，特别是皮肤及软组织 / 头、眼、耳、鼻与喉 / 肺感染，抗生素的选择还应覆盖链球菌、金黄色葡萄球菌和厌氧菌。
- 临床标本可以分离出纯培养的啮蚀艾肯氏菌或多种微生物混合生长。

推荐依据

Choice of antibacterial drugs. Treat Guidel Med Lett, 2007; Vol. 5; pp. 33 - 50.

点评：对于非心内膜炎的诊断治疗建议。

Baddour LM, Wilson WR, Bayer AS, et al. Infective endocarditis: diagnosis, antimicrobial therapy, and management of complications: a statement for healthcare professionals from the Committee on Rheumatic Fever, Endocarditis, and Kawasaki Disease, Council on Cardiovascular Disease in the Young, and the Councils on Clinical Cardiology, Stroke, and Cardiovascular Surgery and Anesthesia, American Heart Association: endorsed by the Infectious Diseases Society of America. Circulation, 2005; Vol. 111; pp. e394 - 434.

注释：心内膜炎诊断治疗建议依据。

肠杆菌属

Lisa A. Spacek, MD, PhD and Joseph Vinetz, MD

微生物学

- 革兰阴性，需氧，有动力的杆菌，属肠杆菌家族。
- 主要致病的种类：阴沟肠杆菌（最常见）、产气肠杆菌、日沟维肠杆菌、成团泛菌、阪崎肠杆菌（现称克洛诺斯氏菌）。
- 耐药性是由于表达染色体 AmpC β – 内酰胺酶（结构型和诱导型），以及质粒编码的超广谱 β – 内酰胺酶（ESBLs）。
- 激活诱导型 β – 内酰胺酶必需有 β – 内酰胺类抗菌药物存在，该种酶在初始药敏实验中无法检到。

临床信息

- 常见的院内感染包括呼吸机相关肺炎、烧伤、手术伤口感染、导管或医疗设备相关的感染和神经外科手术后感染、脑膜炎。

- 阪崎肠杆菌（现称克洛诺斯氏菌）是一种导致脑膜炎、坏死性小肠结肠炎、低出生体重婴儿和新生儿败血症的条件致病菌，常被人为是非无菌婴幼儿配方奶粉的污染物。
- 耐氨苄西林、一代头孢菌素和大环内酯类抗菌药物。在使用 β－内酰胺类抗菌药物治疗期间产生 β－内酰胺酶，常发生在抗生素渗透有限的感染部位，如肺炎，骨髓炎。

感染部位

- 尿路感染：导管，医疗设备相关。
- 肺：肺炎，主要是院内感染，呼吸机相关性。
- 软组织：伤口感染，烧伤，手术部位。可能会导致败血症和（或）肮脏部位多种微生物感染，如褥疮。
- 菌血症：导管，医疗设备相关。
- 中枢神经系统：脑膜炎，主要是院内感染，神经外科相关的感染。
- 新生儿：坏死性小肠结肠炎，败血症和脑膜炎。在新生儿重症监护病房由阴沟肠杆菌和克洛诺斯氏菌引起的爆发。

治疗

严重感染

- 对于疑似感染，建议在药敏结果没出来之前抗生素联合经验用药，避免在治疗严重感染时出现耐药：哌拉西林/他唑巴坦 3.375~4.5 g IV q6h+ 氨基糖苷类（庆大霉素、妥布霉素、阿米卡星）或氟喹诺酮类药物，例如，环丙沙星 400 mg IV q8~12h。
- 覆盖 ESBLs：亚胺培南 500 mg IV q6h 或美罗培南 500~1000 mg IV q8h 或多尼培南 500 mg IV q8h。
- 头孢吡肟 2 g IV q8h，但在治疗期间可能会出现耐药。
- 无系统症状的尿路感染
- 拔掉膀胱导管；直接插入导管，直到脓尿清除。
- 单剂，如氟喹诺酮类药物（环丙沙星 250 mg PO，每天 2 次）或根据药敏谱选择用药。

其他信息

- 清除可能引起感染的导管（膀胱导管，气管插管，外周静脉或中央静脉插管，腹膜透析导管等）。
- 考虑到肠杆菌属与铜绿假单胞菌相似，都可在抗生素治疗期间引起耐药，需要两种抗菌药物联合应用覆盖治疗严重的感染。

推荐依据

Jacoby GA. AmpC beta-lactamases. Clin Microbiol Rev, 2009; Vol. 22; pp. 161－82.

点评：该篇 AmpC β－内酰胺酶综述详细介绍了肠杆菌中诱导型和质粒介导 AmpC β－内酰胺酶引起的抗生素耐药性、检测和治疗。

Paterson DL, Bonomo RA. Extended-spectrum beta-lactamases: a clinical update. Clin Microbiol Rev, 2005; Vol. 18;pp. 657－86.

点评：超广谱 β－内酰胺酶（ESBLs）是一种迅速发展起来的 β－内酰胺酶，能够水解第三代头孢菌素和氨曲南，被克拉维酸抑制。碳青霉烯类抗菌药物用于治疗由产 ESBLs 的病原菌引起的严重感染，但碳青霉烯类耐药菌株最近已有报道。

肠球菌

Lisa A. Spacek, MD, PhD and Joseph Vinetz, MD

微生物学

- 肠球菌是兼性厌氧，革兰阳性球菌，特殊条件下呈短链生长，即含 6.5% NaCl，pH9.6，温度范围 0~45℃的胆盐培养基。在土壤、水、食物中都可以发现肠球菌，是结肠正常菌群的重要组成部分。此外，也存在口咽和阴道分泌物中。
- 相对较低的毒力；黏附于细胞外基质蛋白，黏附于尿路上皮细胞，并产生生物膜。肠球菌可多重耐药并难以根除。
- 由于细胞内壁有青霉素结合蛋白，因而对 β－内酰胺类天然耐药。屎肠球菌中，对 β－内酰胺类高水平耐药越来越严重，但粪肠球菌少见。对 TMP－SMX 耐药，肠球菌可使用外源性的叶酸，以克服 TMP–SMX 的抗叶酸合成机制。
- 氨基糖苷类相对不渗透入肠球菌，但足够的药物浓度和另外一个破坏细胞壁的制剂共同作用，可能实现进入细胞内，实现在核糖体靶位的杀菌作用。核糖体基因突变和氨基糖苷类转运下降可能导致对氨基糖苷类高水平耐药。有些菌株可能保持对链霉素敏感。
- 耐万古霉素肠球菌（VRE）：全国性的监测研究（SCOPE）报告显示屎肠球菌（60%）> 粪肠球菌（2%）。质粒介导的 VanA 和 VanB 表型表现为对万古霉素的高水平耐药。其他表型表现为对万古霉素的不同水平耐药。

临床信息

- 引起尿路感染，导管或医疗设备相关的感染最常见，由肠球菌尿路感染引起的菌血症很少发生。
- 导致菌血症和脑膜炎（非常见的与心内膜炎相关的院内菌血症）；头部外伤引起的脑膜炎；S/P 神经外科或中枢神经系统解剖
- 缺陷；腹膜炎；腹腔内需氧 / 厌氧混合感染，盆腔，伤口，褥疮溃疡和糖尿病足感染。
- 危险因素：住院时间延长，血液透析，入住 ICU 和广谱抗菌药物，如抗厌氧菌的抗生素。
- 与 VRE 相关的高发病率和死亡率在长期患病卧床的患者中最多见。VRE 菌血症和死亡率是不一致的，也可作为严重疾病的标志物。
- 非抗生素治疗方法包括：拔除尿管，经皮或手术引流，切开引流，清创。
- 使用接触隔离，以防止通过医护人员的手传播。在离开病房前、使用听诊器和血压袖带后洗手。
- 没有可靠的方法来清除 VRE 的定植。

感染部位

- 心脏：心内膜炎。
- 菌血症：中心静脉导管相关。
- 胃肠道 / 生殖泌尿道：尿路感染，肠，骨盆或胆道手术并发症，胆管炎。
- 中枢神经系统：脑膜炎，神经外科，中枢神经系统解剖异常，头部外伤。

治疗

感染性心内膜炎

- 测试对青霉素、万古霉素、高水平庆大霉素和链霉素的药物敏感性，细胞壁活性剂和氨基糖苷类抗生素联合治疗，是需要有杀菌活性抗生素治疗感染的标准。例如，中性粒细胞减少患者的心内膜炎，脑膜炎和肠球菌菌血症。

- 氨苄西林 2 g IV q4h 或青霉素 G 18~24 mU/24h IV，连续或 q4h+ 庆大霉素 1 mg/kg IV q8h。非人工瓣膜治疗 4~6 周，人工瓣膜至少 6 周。保持青霉素、氨苄西林、万古霉素谷底水平以上的 MIC。
- 在瑞典，为了避免肾毒性和耳毒性，短期（平均 14 天）使用氨基糖苷类抗生素治疗敏感肠球菌引起的感染，达到 81% 的治愈率。对于人工心脏瓣膜、大的赘生物或对抗生素的敏感性下降患者，推荐长期联合用药方案。
- 如果青霉素过敏，建议万古霉素 15 mg/kg IV q12h（靶谷浓度 15~20 mcg/ml）。可考虑对严重感染患者进行青霉素脱敏。
- 如果由于产 β – 内酰胺酶对青霉素耐药，用氨苄西林 / 舒巴坦 + 庆大霉素或万古霉素 + 庆大霉素。如果对青霉素天然耐药，用万古霉素 + 庆大霉素。如果耐高浓度庆大霉素，测试链霉素药敏，链霉素 7.5 mg/kg q12h IV/IM，谷浓度 10 mg/ml。
- 对于多重耐药粪肠球菌，用亚胺培南 + 氨苄西林或头孢曲松 + 氨苄西林。由于 β – 内酰胺类具有不同的青霉素结合蛋白靶位，联合使用 β – 内酰胺类可实现协同治疗。
- 对于多重耐药的是屎肠球菌使用利奈唑胺或奎奴普丁 – 达福普汀治疗至少 8 周。
- 在多重耐药或无法达到协同杀菌效果的情况下，单用抗菌素治疗的成功率仅为 50%，应考虑瓣膜置换术。
- 一般不推荐达托霉素治疗肠球菌引起的心内膜炎。

菌血症，导管相关性感染

- 如果氨苄西林 / 青霉素敏感，氨苄西林 2 g 静滴 q4~6h 或氨苄西林 + 庆大霉素 1 mg/kg q8h。
- 氨苄西林耐药和万古霉素敏感或青霉素过敏，万古霉素 15 mg/kg IV q12h（靶谷浓度 15~20 mcg/ml）+ 庆大霉素 1 mg/kg q8h 或利奈唑胺 600 mg q12h 或达托霉素每天 6 mg/kg。
- 如果氨苄西林和万古霉素耐药，利奈唑胺 600 mg q12h 或达托霉素每天 6 mg/kg 静滴或奎奴普丁 / 达福普汀 7.5 mg/kg IV q8h。
- 奎奴普丁 / 达福普汀对粪肠球菌无效。
- 取出导管，若需要则在新的部位插管。

尿路感染，腹腔和伤口感染

- 青霉素或氨苄西林是首选制剂，在青霉素过敏或对青霉素高水平耐药时选用万古霉素。
- 敏感菌引起的单纯性泌尿道感染：莫西沙星 875 mg PO，每天 2 次，用药 7~10 天，如果青霉素过敏，呋喃妥因 50~100 mg PO，每天 4 次，用药 7~10 天。

VRE 的治疗

- 利奈唑胺 600 mg IV q12h。治疗过程中可能出现抑菌和耐药。主要风险：骨髓抑制如血小板减少症治疗 2 周后。由于其具有很好的脑脊液渗透性，可用于治疗 VRE 引起的脑膜炎。
- 奎奴普丁 / 达福普汀（仅屎肠球菌）7.5 mg/kg IV q8h。治疗过程中可能出现抑菌和耐药。不良反应：静脉炎（通过中心静脉导管给药）关节痛 / 肌痛。
- 达托霉素每天 6 mg/kg。具有杀菌效应，被批准用于右心金黄色葡萄球菌性心内膜炎。然而，达托霉素在治疗 VRE 引起的感染中已出现耐药。一些情况下应使用更高剂量的达托霉素 8~10 mg/kg。
- 替加环素 100 mg IV，1 次给药，然后 50 mg IV q12h。已被批准用于治疗复杂性皮肤及其附属结构和腹腔内感染。

- 对于 VRE 引起的尿路感染，磷霉素 3 g POx1，1 次给药。
- 对于非侵入性感染，非抗菌干预包括拔除导管或异物、引流封闭腔感染和伤口清创可提供足够的治疗。

推荐依据

Mermel LA, Allon M, Bouza E, et al. Clinical practice guidelines for the diagnosis and management of intravascular catheter-related infection: 2009 update by the Infectious Diseases Society of America. Clin Infect Dis, 2009; Vol. 49; pp. 1 - 45.

注释：2009 年更新的治疗侵入性导管相关性感染指南介绍了关于粪肠球菌和屎肠球菌的详细信息，参看 www.hopkins-abxguide.org.

Segreti JA, Crank CW, Finney MS. Daptomycin for the treatment of Gram-positive bacteremia and infective endocarditis: a retrospective case series of 31 pts. Pharmacotherapy, 2006; Vol. 26; pp. 347 - 52.

注释：在这篇 31 份小系列回顾病例中，11 份以达托霉素治疗的 VRE 菌血症和（或）感染性心内膜炎病例中，有 6 例死亡。因而建议避免以达托霉素治疗 VRE 引起的心内膜炎，尽管其具有杀菌活性。

Baddour LM, Wilson WR, Bayer AS, et al. Infective endocarditis: diagnosis, antimicrobial therapy, and management of complications: a statement for healthcare professionals from the Committee on Rheumatic Fever, Endocarditis, and Kawasaki Disease, Council on Cardiovascular Disease in the Young, and the Councils on Clinical Cardiology, Stroke, and Cardiovascular Surgery and Anesthesia, American Heart Association: endorsed by the Infectious Diseases Society of America. Circulation, 2005; Vol. 111; pp. e394 - 434.

注释：肠球菌心内膜炎的治疗指南由美国感染病学会通过。

Stevens DL, Bisno AL, Chambers HF, et al. Practice guidelines for the diagnosis and management of skin and soft-tissue infections. Clin Infect Dis, 2005; Vol. 41; pp. 1373 - 406.

注释：由肠球菌及其他病原体引起的皮肤及软组织感染的治疗指南（包括免疫力缺陷的患者）由美国感染病学会发布。

红斑丹毒丝菌

Paul G. Auwaerter, MD and Joseph Vinetz, MD

微生物学

- 需氧，细小，多形性，革兰阳性杆状。
- 人畜共患感染，火鸡、猪和其他动物的感染比人类更常见。
- 红斑丹毒丝菌只是属中的种。

临床信息

- 红斑丹毒丝菌是丹毒丝菌病的病原菌。
- 人畜共患病，国内主要感染水库蓄养猪，但也可感染多种动物。
- 主要水库蓄养动物：猪，羊，鱼类，贝类，家禽。
- 主要症状：皮肤有轻度表现，如类丹毒（最常见）；弥漫性皮肤表现（罕见）；败血症 / 心内膜炎（罕见）。
- 对万古霉素天然耐药，但通常会经验使用万古霉素，除非正确鉴定病原体并与类白喉菌（棒状杆菌）和乳杆菌相鉴别。

- 诊断：类丹毒—皮肤活检培养，实验室可能会与类白喉菌、棒状杆菌相混淆，但红斑丹毒丝菌产 H_2S，可以此鉴别，且不像大多数蜂窝组织炎综合征经常血培养阳性。

感染部位

- 皮肤：类丹毒（蜂窝组织炎，“Rosenbach's Rouget”），紫红斑，中央清晰，在接种部位开始，红斑逐渐向周围扩展，可以有水泡形成。
- 心血管系统：心内膜炎（50%发生在动脉），通常发生在主动脉。大、毛茸状、典型的溃疡表现，常与败血症的发生相关。
- 淋巴结：约 10%的蜂窝织炎病例与淋巴管炎或区域淋巴结肿大相关。
- 一般：败血症（罕见，在免疫功能低下患者最常见）；转移性皮损（罕见）。

治疗

局部感染

- 青霉素：单剂苯唑西林 120 mU，或青霉素 VK 250 mg PO，每天 4 次用药 5~7 天或普鲁卡因青霉素 600000~1.2 mU IM/d，用药 5~7 天。
- 红霉素 250 mg PO，每天 4 次，用药 5~7 天。
- 强力霉素 100 mg PO，每天 2 次，用药 5~7 天。
- 皮肤感染。
- 局部感染。
- 心内膜炎。

败血症 / 感染性心内膜炎

- 青霉素每天 240 mU IV，分 4 次给药，4~6 周，每天 ± 链霉素 1g IV 或第一周庆大霉素 1 mg/kg IV q8h。
- 使用氨基糖苷类的指征是有限的。
- 瓣膜置换术。

其他信息

- 预防：职业高危人群的教育。使用手套，对易感牛群接种疫苗（水生动物不可能）。
- 该病原体通常对万古霉素耐药。

推荐依据

Reboli AC, Farrar WE. Erysipelothrix rhusiopathiae. Principles and Practice of Infectious Diseases, 6th ed, Chap 207, 2005.

注释：由于丹毒丝菌病罕见，有没前瞻性的数据作为指导治疗的依据。体外 MIC/MBC 数据往往用以指导治疗。

大肠杆菌

Paul G. Auwaerter, MD

微生物学

- 革兰阴性杆菌，属肠杆菌属的人类定植菌（1）共生的肠道菌群；（2）肠内致病性（腹泻）；（3）肠外致病。
- 人类结肠正常菌群中的主要兼性厌氧菌。
- 大肠杆菌容易在无菌标本培养出来。只有当慢性腹泻（需要参考实验室鉴定），或怀疑 O157:H7（培养所有血性腹泻）时，进行大便培养，大便用山梨醇麦康凯琼脂或用 Shiga EIA 培养。

- 约 90% 为乳糖发酵菌株；一些引起腹泻的大肠杆菌菌株，其中包括许多 EIEC 菌株，通常乳糖阴性。吲哚实验 99%（+）。

临床信息

- 尿路感染最常见的病原菌，新生儿脑膜炎、旅行者腹泻的病原菌。常见于腹腔内外感染。在院内获得性肺炎、中心静脉导管相关性感染、手术后伤口感染中亦并不少见。
- 大肠杆菌 O157:H7——10% 为非血性腹泻，90% 为出血性肠炎，10%（患者 <10 岁）伴溶血尿毒综合征（HUS），<5% 伴有肠道内外并发症。
- 肠产毒素型大肠杆菌（ETEC）：旅行者腹泻的主要病原菌。
- 肠道附着型大肠杆菌（EAEC）：旅游相关性腹泻的病原菌。
- 肠侵袭型大肠杆菌（EIEC）：血样腹泻，与志贺菌引起的腹泻表现类似的腹痛症状。粪便经常存在白细胞。
- 肠致病性大肠杆菌（EPEC）：水样腹泻的婴儿。抗生素在治疗中的作用不清楚。
- 肠集聚型大肠杆菌（EAEC）：经由食物传染的肠道病原体。在欠发达国家，尤其是儿童可能常见。环丙沙星和利福平可以减少疾病持续时间。
- 产志贺毒素的大肠杆菌（STEC）：血清型 O157：H7 最为熟知，非 O157 血清型可能会在一些地域中占主导地位；人畜共患病，食品或水源性肠道疾病；在发生流行时，导致溶血尿毒综合征（HUS），主要原因是儿童急性肾功能衰竭。腹泻可能是血性的。主要原因包括食用未煮熟肉类（牛肉馅）、蔬菜、水果、调理食品或受污染的水。以 EIA 方法检测便中志贺毒素来检测非 O157 产志贺毒素株。
- 非 O157STEC 腹泻可能没有血性，在某些地理区域更多见。由于许多菌株山梨醇阳性，因而可能在培养过程中被漏掉。

感染部位

- 尿路感染：急性膀胱炎，肾盂肾炎，肾脓肿，前列腺炎，盆腔炎。
- 胃肠道感染：旅行者腹泻（肠产毒素型、肠侵袭型、肠道附着型菌株）；腹腔脓肿，腹膜炎（继发性和巩膜扣带术）。
- 肺：院内获得性肺炎。
- 血液：尿路感染继发菌血症 / 败血症，胃肠道 / 胆道，静脉导管。
- 皮肤 / 软组织：蜂窝织炎，通常在糖尿病患者中，久病伴有褥疮或溃疡；肌炎 / 筋膜炎，手术后伤口感染。
- 中枢神经系统：新生儿脑膜炎，机会性成人医院获得性或老年性脑膜炎，脑脓肿。

治疗

单纯性尿路感染

- 请参阅细菌性膀胱炎，细菌性前列腺炎和细菌性肾盂肾炎诊断部分了解更多信息。
- 首选抗生素（IDSA/AUA 指南）：TMP-SMXDS 或氟喹诺酮类。
- 首选：TMP-SMXDS PO，每天 2 次，用药 3 天（短期）（如果已知本地区耐药率 <10%~20%）。
- 替换用药：环丙沙星 250 mg PO，每天 2 次（或每天 1 次 500 mgXR），用药 3 天；左氧氟沙星 250 mg PO，每天 1 次 ×3 天。
- 呋喃妥因 100 mg PO，每天 4 次或大颗粒呋喃妥因（呋喃妥因胶囊）100 mg PO，每天 4 次，用药 7 天。

- 磷霉素 3 g PO，用药 1 天，1 次给药。
- 对于复发并有合并症（如糖尿病）的患者使用 7~10 天。

菌血症 / 肺炎 / 肾盂肾炎 / 其他

- 一旦得到药敏实验数据应指导抗生素的选择。
- 大肠杆菌超广谱 β－内酰胺酶（ESBL）菌株越来越普遍，在考虑院内的情况下，严重感染要求 ICU 监护，考虑初始用药碳青霉烯类 ± 氨基糖苷类抗生素。氟喹诺酮类耐药在上升，因此不应用于严重感染的经验用药。
- 头孢曲松 1~2 g IV q24h 或其他第三或第四代头孢菌素。
- 环丙沙星 400 mg 静滴 q12h 或 500 mg PO q12h，左氧氟沙星 500 mg PO/IV q24h，莫西沙星 400 mg IV/PO q24h(莫西沙星不用于 UTI，因其在尿中浓度低)。
- 氨苄青霉素（若敏感）2 g IV q6h。
- TMP–SMX（如敏感）5~10 mg/(kg・d)，q6~8h IV。
- 替换用药：亚胺培南，美罗培南，厄他培南，多尼培南；头孢他啶，头孢吡肟，头孢唑啉或头孢呋辛（如敏感），氨曲南，替卡西林，哌拉西林，哌拉西林 / 他唑巴坦；氨基糖苷类；替加环素（腹腔内或皮肤 / 软组织）。
- 氨苄西林 / 舒巴坦 3g IV q6h（在住院患者中耐药率可高达 50%~60%）± 庆大霉素 1.5 mg/kg q8h 或 5~7 mg/(kg・d) IV。
- 庆大霉素 5 mg/(kg・d) 或妥布霉素 5 mg/(kg・d) IV（单药治疗一般不建议用于菌血症 / 肺炎）。
- 时间：用药 7~14 天。
- 大肠杆菌 O157:H7 型溶血尿毒综合征
- 溶血尿毒综合征：溶血性贫血，血小板减少，肾功能衰竭。可能会有癫痫发作。
- 如果怀疑 / 证明是溶血尿毒综合征，不应使用抗生素。研究表明如果抗生素用于儿童可增加溶血尿毒综合征的毒性。
- 不要使用抗肠蠕动制剂。
- 及时通知公共卫生部门。

胃肠炎（非 O157:H7 型）

- 参阅旅行者腹泻部分。
- 如果需要治疗（症状严重）：环丙沙星 500 mg PO，每天 2 次，左氧氟沙星 300 mg PO，每天 2 次；诺氟沙星 400 mg PO，每天 2 次；TMP–SMXDS PO，每天 2 次；利福平 200 mg，每天 3 次，除了血性腹泻给药 5 天外，所有药物给药 3 天。
- 如果怀疑侵入性疾病，不要使用利复星 200 mg PO，每天 3 次，因为该药不从管腔吸收，所以没有全身药物水平。
- 实验室通常无法确定大肠杆菌引起的腹泻，大多数经验治疗。
- 诊断 ETEC 或 EAEC 需要用 EIA 方法、DNA 探针测试。很多菌株对 TMP–SMX 和多西环素耐药。
- 替换用药：铋水杨酸 1048 mg PO，每天 4 次，给药 5 天；肠侵袭性（EIEC）氨苄青霉素 500 mg PO 或 1g IV，每天 4 次，给药 5 天；肠致病性（EPEC）新霉素 50 mg/kg，分 q8h 或呋喃唑酮 100 mg PO，每天 4 次，用药 3~5 天。

随访

- 如果患者对所用抗生素敏感，没有必要常规做随访的尿液或血液培养来证明感染是否痊愈。

其他信息

- 大肠杆菌对氨苄西林（30%~45%）和环丙沙星（约15%）耐药越来越多。
- 常规单纯性尿路感染尿培养不是例行。
- 尿路感染的诊断，应进行一种非常规的尿液分析（尿试条结果异常：白细胞酯酶+，亚硝酸盐+，或微生物学异常）。
- 如果怀疑溶尿毒综合征，不应给予抗生素治疗；应使用山梨醇麦康凯琼脂培养粪便（通知微生物实验室工作人员）或进行EIA检测志贺毒素。

推荐依据

Guerrant RL, Van Gilder T, Steiner TS, et al. Practice guidelines for the management of infectious diarrhea. Clin Infect Dis, 2001; Vol. 32 ; pp. 331 - 51.

注释：由一个专家组撰写的综述。专家组建议口服TMP-SMX或喹诺酮类药物治疗由肠致病性和肠侵袭性大肠杆菌引起的腹泻。对于大肠杆菌O157~H7引起的腹泻应避免使用抗肠蠕动制剂和抗生素。

Warren JW, Abrutyn E, Hebel JR, et al. Guidelines for antimicrobial treatment of uncomplicated acute bacterial cystitis and acute pyelonephritis in women. Infectious Diseases Society of America (IDSA). Clin Infect Dis, 1999; Vol. 29; pp. 745 - 58.

注释：由一个专家组撰写的综述。根据现有数据，对于无并发症的膀胱炎，专家组建议使用TMP-SMX或喹诺酮类治疗3天。β-内酰胺类药物很少有效，应作为二线用药选择。对于泌尿生殖道解剖结构正常的非怀孕妇女，急性肾盂肾炎应使用喹诺酮类或TMP-SMX治疗14天。如果感染是由于革兰阳性病原体引起，应使用氨苄西林~舒巴坦±一种氨基糖甙类抗生素。虽然在2010年将有导管相关性尿路感染的治疗指南，但目前没有指南更新计划。

土拉热弗朗西斯菌

John G. Bartlett, MD

微生物学

- 小型，多形性，需氧革兰阴性杆菌。
- 培养：在普通培养基上很难或不生长。培养基需添加半胱氨酸，例如巯基或军团菌培养基。
- 注意实验室生物安全。若疑似土拉热弗朗西斯菌感染的标本应通知实验室。

临床信息

- 流行病学：被蜱叮咬或与兔子接触（皮肤刮伤，如切割干草，草坪等）或生物恐怖袭击。
- 兔热病流行于美国东南部/西部和新英格兰群岛，大多数病例溃疡淋巴腺，>200例/年。
- 生物恐怖：肺炎+胸膜炎+肺门淋巴结肿大。鉴别诊断：炭疽、鼠疫。
- 六个临床形式（见下文）—潜伏期都为3~5天（1~21天不定），常以急发热起病。
- 肺炎表现：突然发烧，虚脱，干咳。胸部X光检查：浸润+肺门淋巴结肿大。
- 病理生理：（1）咬/破损→小结节/溃疡→结节→败血症，或（2）吸入→肺炎/

咽炎→败血症。

- 诊断：DFA 染色，PCR，血清学 ± 标准的培养，但很难生长并存在实验室危险（如果怀疑要通知微生物实验室）。培养和鉴定需要 1 周。如果怀疑诊断，进行血液和痰培养。
- 确诊病例：疑似病例 +PCR 阳性，培养阳性或血清学抗体检测 4 倍升高。
- 肺炎：配合治疗的病例病死率 <2%，未经治疗的病例病死率 7%。

感染部位

- 溃疡淋巴腺：皮肤溃疡 + 淋巴结肿大。
- 腺体：淋巴结肿大。
- 溃疡淋巴腺：结膜炎 + 耳前结节。
- 口咽：咽炎。
- 肺炎：吸入获得性。
- 败血症：菌血症。

治疗

- 主治：14 天内的野兔热或发热或流感样疾病。
- 首选：链霉素 1 g IM 每天 2 次或庆大霉素 5 mg/(kg · d) IV X10 天。
- 替换用药（是否有效未经证实）：多西环素 100 mg IV，每天 2 次或氯霉素 1g 静滴 q6h 或环丙沙星 400 mg IV，每天 2 两次。治疗稳定后口服 14~21 天（总计）。
- 孕妇：庆大霉素 5 mg/(kg · d) IV，用药 10 天。替换用药：环丙沙星。

暴露后预防

- 首选：多西环素 100 mg PO，每天 2 次或环丙沙星 500 mg PO，每天 2 次，用药 14 天。
- 疾病控制 / 生物恐怖袭击的注意事项
- 如果怀疑生物恐怖，应通知感染控制部门（或联系其他相关机构）和当地公共卫生部。
- 病原体不是由人对人的传播的，没有必要隔离。
- 微生物实验室安全等级：生物安全 2 级。
- 台面去污：10% 的漂白剂和肥皂水。
- 衣物：用肥皂水清洁。

其他信息

- 肺鼠疫：必须考虑生物恐怖。21 世纪初在玛莎葡萄园岛曾暴发由于修剪草坪和灌木切割，从感染动物的雾化细菌传染。
- 流行性肺炎鉴别诊断：军团菌，流感，组织胞浆菌病，炭疽，Q 热，鼠疫。

推荐依据

Dennis DT, Inglesby TV, Henderson DA, et al. Tularemia as a biological weapon: medical and public health management. JAMA, 2001; Vol. 285; pp. 2763 - 73

注释：鉴别诊断：炭疽，鼠疫，Q 热或野兔。微生物诊断可能需要 1 周。主要表现：肺炎，但一些病例表现为眼、咽、腺体、溃疡淋巴腺。抗生素有强力霉素、氯霉素、链霉素耐药的报道。通过培养诊断（>1 周）。在特殊的实验室应用 DFA、PCR 等。

Cross JT., Penn RL. Francisella tularensis (Tularemia). Chapter 216 in Principles and Practice Infectious Diseases, 5th Ed. Mandell G, Bennett J, Dolin R, Eds. Churchill Livingston, 2000; pp. 2393.

注释：病原菌：多形性革兰氏阴性球杆菌。感染剂量：10~50 个菌体通过皮肤或肺部感染。临床特点：6 种形式。起病急骤：发烧，寒战，全身乏力 ± 咳嗽，腹痛，腹泻。若不治疗发烧持续时间超过 32 天。表现：溃疡淋巴腺，腺体，眼腺，咽，伤寒样，肺炎。

杜克雷嗜血杆菌（软下疳）

Noreen A. Hynes, MD, MPH

微生物学

- 苛养，兼性厌氧的革兰阴性球杆菌。
- 生长需要高铁血红素（X 因子），但不需要 NAD（V 因子），需要 3 种的营养丰富的培养基。
- 需用特殊的分子生物学技术鉴定可能的区域来源菌株。
- 病原体常在粒细胞浸润溃疡和溃疡性疾病阶段的中性粒细胞和纤维蛋白中发现。

临床信息

- 在美国不常见。在美国通常是散发，但也可以在一些地区流行。在发展中地区流行区域逐渐减少的原因不明。
- 疼痛性生殖器溃疡伴淋巴结肿大。
- 疼痛性腹股沟腺炎（炎性淋巴腺肿）发生率高达 40%，可能会化脓。非生殖器的自身感染如眼睛和手指偶尔可见。
- 可引起创伤 / 磨损部位感染。1/3 患者为疼痛性溃疡 + 局部淋巴结疼痛。疼痛性溃疡 + 化脓 = 高度怀疑软下疳。
- 典型的软下疳溃疡表现为边缘锯齿状，界限明显，无硬结；脓性，底部灰色浑浊。溃疡底部易碎；剥去脓苔可见出血。约 50% 男性患者 >1 个溃疡。许多女性患者无生殖能力。
- 高达 10% 合并梅毒感染，因此必须同时治疗。
- 具有传染性，直至溃疡愈合。治疗或不治疗都能愈合，但治疗会加速愈合。会增加感染和传染艾滋病毒的风险。
- 明确诊断：（1）需要在特殊培养基鉴定杜克雷嗜血杆菌，该特殊培养基没有广泛应用。（2）即使有特殊培养基，敏感性也只有 80% 左右，使用 2~3 种特殊培养基可提高鉴定分离率。（3）没有国家认可且 FDA 批准的检测杜克雷嗜血杆菌 PCR 检测方法，但有些商业实验室可能已经开发出自己的 PCR 检测方法。
- 可能的诊断：（1）标准可用于临床和监测目的。（2）可能病例定义的符合条件：a. 患者有 1 个或多个生殖器疼痛性溃疡。b. 患者没有梅毒螺旋体感染的证据：暗视野显微镜检无溃疡渗出物或溃疡发病后至少 7 天梅毒血清学检测结果。c. 临床表现：出现溃疡，如果存在的话，局部淋巴结肿大是软下疳的典型症状。d. 溃疡渗出物单纯疱疹病毒测试阴性。（3）疼痛性溃疡 +1/3 的患者淋巴结疼痛；一旦有化脓性淋巴结表现几乎就可以确诊。

感染部位

- 生殖器：生殖器溃疡（1 个或多个）。
- 腹股沟淋巴结肿大：小淋巴结肿大，无或伴有生殖器溃疡。
- 结膜：来源生殖器的自身感染。
- 手指：来源生殖器的自身感染。

治疗

推荐方案

- 阿奇霉素 1 g PO X1。
- 头孢曲松 250 mg IM X1。
- 环丙沙星 500 mg PO，2 次 / 天，用药 3 天。
- 红霉素 500 mg PO，4 次 / 天，用药 7 天。

孕妇用药

- 头孢曲松 250 mg IM X1。
- 红霉素 500 mg PO，4 次 / 天，用药 7 天。
- 阿奇霉素：怀孕和哺乳期妇女使用是否安全和有效不完全确定。

艾滋病毒感染患者或行包皮切割男性的治疗

- 一些专家建议，7 天的红霉素治疗可缓慢愈合。
- 阿奇霉素和头孢曲松是否有效尚不确定。仅在确定有效时使用。

波动炎性淋巴腺肿的处理

- 使用抗生素不完全有效的患者可切开引流。
- 淋巴腺肿吸引术是简单安全的方法，但往往需要再次进行吸引，可能形成窦道。

其他处理方法

- 随访：开始治疗后，对病人仔细检查 3~7 天。如果临床症状没有明显改善：（1）重新评估诊断；（2）考虑有其他性病或艾滋病毒合并感染；（3）考虑未遵从医嘱；（4）抗生素耐药性。
- 性伴侣：所有的性伴侣无论其有无症状，均应在患者诊断后的 10 天期间进行检查和治疗。
- 下列患者需要长期治疗和密切随访：艾滋病毒感染者；未受割礼的男性。
- 所有病人在诊断软下疳的同时应进行艾滋病毒检测；诊断软下疳后的患者若最初性传染病和艾滋病毒检查阴性，应对其复查性传染病和艾滋病毒 3 型。

随访

- 完全愈合时间取决于溃疡的大小。
- 大溃疡的愈合通常需要 2 周。
- 波动淋巴结肿大需要比溃疡更长的时间愈合。
- 在未行包皮切割男性和艾滋病毒感染患者的溃疡愈合可能比包皮环切的男性和未感染 HIV 的人需要更长的时间。

其他信息

- 未行包皮切割男性可能存在更高风险，需要较长时间才能治愈。
- 单一感染后没有免疫力。
- 在男性，尤其是同性恋（包括性工作者）中更多诊断。
- 杜克雷嗜血杆菌生长需要孵育 3~5 天，有时可能需要 14 天。

推荐依据

Centers for Disease Control and Prevention, Workowski KA, Berman SM. Sexually transmitted diseases treatment guidelines, 2006. MMWR Recomm Rep, 2006; Vol. 55; pp. 1 - 94.

病原体

注释：CDC 治疗指南给临床医生提供了一个由国内和国际性传染病诊断、治疗、预防和控制方面的专家撰写的便利适用的关于治疗性传染病的参考指南。该指南电子版来自：http://www.cdc.gov/

Mayaud P and McCormick D. 2001 National guideline for the management of chancroid. Clinical Effectiveness Group (Assn of GUM and MSSVD) (www.mssvd.org.uk). 2001.

注释：这是美国有关软下疳的指南。该指南很好地综合了目前有关性传染病书目中对性传染病的认识。所有美国指南包括可能对临床工作者和医疗保健机构有用的可查证的关于指导临床诊断和治疗性传染病的文献。

流感嗜血杆菌

Paul G. Auwaerter, MD

微生物学

- 需氧革兰阴性小球杆菌，主要是在呼吸道中发现。
- 普遍认为分为 6 种类型（类型 A–F）。
- 有荚膜，B 型株（有荚膜抗吞噬作用和抗补体毒力因子）占侵袭性和菌血症性肺炎的大部分。
- 非典型的菌株侵袭性小，更多导致中耳炎，会厌炎，慢性支气管炎急性加重（AECB），鼻窦炎及非菌血症性肺炎。生物膜形成可能在上呼吸道感染中起着主要作用。
- 苛养菌；在巧克力琼脂上生长需要 X 因子（高铁血红素）和 V 因子（烟酰胺腺嘌呤二核苷酸）。

临床信息

- 主要引起细菌性中耳炎，鼻窦炎，结膜炎，以及社区获得肺炎。
- 在美国，婴儿接种流感嗜血杆菌疫苗导致的脑膜炎，会厌炎，菌血症和脓毒性关节炎非常罕见。
- 肺炎病人革兰染色和培养的敏感性约 50%。由于可在口咽和气管定植，导致定植菌和致病菌混淆增多，在吸烟者中更多见。
- 在建立脑膜炎的快速诊断方面，多糖荚膜抗原的研究有时是有用的。有 80%~90% 的流感嗜血杆菌脑膜炎多糖荚膜抗原是阳性的。
- 全球有高达 50% 的菌株生产 β – 内酰胺酶，这意味着氨苄青霉素或阿莫西林应该用于已知敏感性的感染。

感染部位

- 肺：慢性支气管炎急性发作（AECB），社区获得性肺炎。
- 耳鼻喉：会厌炎，鼻窦炎，中耳炎，眼眶蜂窝组织炎。
- 血液：菌血症，心内膜炎罕见。
- 中枢神经系统：脑膜炎（接种流感嗜血杆菌疫苗后发病率明显降低，成人少见）。
- 肌肉骨骼：化脓性关节炎（通常是负重关节），骨髓炎。
- 眼：结膜炎 [埃及嗜血杆菌亚型（流感嗜血杆菌生物型 3）：又名巴西紫癜热]。

治疗

不具致命性的感染：成人

- 例如：中耳炎，慢性支气管炎急性发作（AECB），鼻窦炎。

- 阿莫西林/克拉维酸 500 mg PO，每天 3 次或 875 mg PO，每天 2 次。
- 阿莫西林 500 mg PO，每天 3 次。预计耐药性（25%~50%），但可用于敏感株或经验治疗某些感染（如鼻窦炎或中耳炎）。
- TMP-SMXDS 片剂 1 片，PO，每天 2 次（耐药性约 7%~10%）。
- 头孢呋辛 250~500 mg PO，每天 2 次。
- 莫西沙星 400 mg PO，每天 1 次，左氧氟沙星 500 mg PO，每天 1 次。
- 阿奇霉素 500 mg PO，使用 1 天，然后每天 250 mg，连用 4 天；克拉霉素 500 mg，每天 2 次，或 XL2 片，每天 500 mg。大环内酯类抗生素与 β-内酰胺类或者 β-内酰胺酶抑制剂和喹诺酮类相比，在体外敏感性较差。通常临床意义不明确。
- 治疗时间：中耳炎（10~14 天），慢性支气管炎急性发作（喹诺酮类 5~14 天），鼻窦炎（10~14 天）。

脑膜炎

- 地塞米松（0.15 mg/kg）在抗生素的第 1 次剂量前 15~20 分钟，然后 6 小时 1 次，连用 4 天。
- 成人：头孢曲松 2 g/q12h IV（最大剂量 4 g）。
- 头孢噻肟 2 g/q4~6h IV（最大剂量 12 g）。
- 如果敏感的话，就使用氨苄青霉素（2 g/q4h IV）。
- β-内酰胺的替代方案：环丙沙星 400 mg/q8h IV 或其他氟喹诺酮类药物。
- 小儿：头孢噻肟：< 7 天且 < 2 公斤：50 mg/kg q12h IV；> 2 公斤：50 mg/kg q12h 静滴；> 7 天且 > 2 公斤：50 mg/kg q6~8h IV；儿童：200 mg/(kg·d)/q6h 静滴。
- 头孢曲松钠：< 7 天且 > 2 公斤：50 mg/(kg·d) IV；> 7 天且 > 2 公斤：75 mg/(kg·d) IV；儿童：100 mg/kg q12~24h IV。
- 在儿科研究中，24 小时内使用地塞米松治疗的临床状况和平均预后评分都显著地提高。随访显示，检查表现出听力和神经系统后遗症显著减少。
- 抗生素使用时间：10~14 天。

重症感染：成人

- 例如：肺炎，会厌炎，严重的蜂窝组织炎，化脓性关节炎。
- 头孢曲松钠 1~2 g/q24 IV 或 q12h 的剂量。
- 头孢噻肟 2 g/q6h IV。
- 青霉素的替代方案：环丙沙星 400 mg/q8h 静滴或其他氟喹诺酮类。
- 氨苄青霉素 2 g/q6h（如果敏感）。
- 非抗生素治疗的详细信息：参阅相应的诊断部分。

预防

- 流感嗜血杆菌 b 型（Hib）疫苗：免疫接种 4 次：2 个月，4 个月，6 个月，和 12~15 个月。
- 弥补时间表（如果落后于时间表 > 1 个月）：最后 0，4 周和 8 周（如果开始 > 12 个月的话，总共 3 次）。
- 3 种混合疫苗已经得到许可，PRP-OMP 的使用（Pedvax 艾滋病毒或 ComVax）在 6 个月的剂量就是不必需。DTaP/Hib 疫苗不应该在 2 个月，4 个月，或 6 个月时使用，但可作为其后的增强剂。

- 有些群体对免疫接种反应很差，例如，阿拉斯加本地人。
- 切过脾的人被流感嗜血杆菌感染的危险性增加。Hib 疫苗免疫接种建议在脾切除术之前。
- Hib 疫苗一般不推荐给 > 5 岁的人。但是对于那些长期免疫力低下(包括医源性)，癌症和化疗的病人，可以考虑使用。
- 有脑膜炎接触史的预防：利福平 600 mg PO，每天 1 次 ×4 天（MMWR，1982，31（50）：672）。
- 接触定义：住院前的 5~7 天至少每天 4 小时。住院 7 天之内利福平可能有效。
- 如果所有的家庭成员接触少于 48 个月，已经完成了流感嗜血杆菌疫苗的免疫接种，就不推荐药物预防，除非是免疫力低下的儿童。

其他信息

- 在美国，儿童接种蛋白质结合的流感嗜血杆菌抗原疫苗，几乎消除了侵袭性流感嗜血杆菌 b 型的感染。
- 成年人通常感染非典型的流感嗜血杆菌，因此 Hib 疫苗对于大于 5 岁的人不建议免疫接种。
- 多数流感嗜血杆菌感染是经验性治疗，因为鼻窦炎，慢性支气管炎急性发作，中耳炎的培养物不能获得。上述情况下，产 β – 内酰胺酶或经验用氨苄青霉素 / 阿莫西林的意义尚不清楚。
- 一定不要将一个怀疑会厌炎的病人放弃治疗检查（例如，X 射线检查等）。

推荐依据

Murphy, TF.Haemophilus infections.Principles and Practice of Infectious Diseases, 6th ed.2005; Vol.Chap 222;p.2661.

注释：关于诊断和治疗嗜血杆菌（包括流感嗜血杆菌）感染的概述。

Red Book Immunization Recommendationsages：0 – 6. http://aapredbook.aappublications.org/resources/2007Imm Sched06.pdf

注释：2007 年关于 Hib 免疫的建议。

克雷伯杆菌肉芽肿 / 鞘杆菌属肉芽肿 / 腹股沟肉芽肿 / 肉芽肿

Noreen A. Hynes, MD, MPH

微生物学

- 克雷伯杆菌肉芽肿鞘杆菌属肉芽肿的重新分类名称，属肠杆菌科；重新分类是依据与其他克雷伯菌属的核苷酸相关性，尤其是克雷伯菌鼻硬结亚种（另一个引起鼻感染的典型菌）。
- 多形性，细胞内（巨噬细胞 > 中性粒细胞），革兰阴性杆菌，周围有边界分明的双向染色的荚膜（瑞氏，姬姆萨或利什曼染色可以看到），呈现一个别针的外观。
- 生物体很难被证明是微生物，因为它不能在任何标准的微生物实验室培养基上生长。
- 使用外周血单核细胞（在加入了万古霉素和甲硝唑以防污染的小牛血清中）已经可以培养出来该菌。含有放线菌酮处理的 Hep–2 细胞单分子层的 RPMI 1640 培养基中，补充小牛血清、青霉素和万古霉素，同样也培养成功过该菌。

临床信息

- 引起腹股沟肉芽肿或者肉芽肿；传播方式不明确，但基于病灶表现和定位之前有性暴露史，所以认为是通过性传播的；在溃疡性疾病中，传播很可能通过溃疡中的病原菌接触磨损的皮肤，在非溃疡性疾病中，通过病原体的跨上皮移行到皮肤表面，继而通过接触磨损的皮肤传播。在很年轻的小孩或者性生活不活跃者中罕见发病进一步提示了性接触是传播的主要形式。先天性传播已有报道。

- 在与艾滋病病毒感染者性接触时，感染艾滋病毒的风险增加。
- 病史：潜伏期不明确，但估计为 1 至 3 周；在发达的温带国家不常见。在流行地区，这是一个贫穷疾病，与其他性病的合并感染是常见的。怀疑病人感染的重要的一点是在近期有性接触史，并且是在流行地区旅行，像东南亚，巴布亚夸祖鲁 / 纳塔尔省（南非），印度，巴西，加勒比海地区，澳大利亚原住民。
- 身体改变：不管最终的临床表现是一个丘疹或以后破溃的皮下结节，感染的第一个迹象发生在暴露后 8 天至 14 周（中位数为 2 周）。4 个患者中有 1 个患者的临床表现可以看到；因为多形性和非典型的临床表现，因此临床单独诊断很难。全身症状少见。鉴别诊断包括梅毒，淋巴肉芽肿，软下疳，分枝杆菌感染。
- 溃疡性肉芽肿表现：最常见的形式，不痛，单个或多个饱满结实的红色溃疡，触摸时出血；自体接种可能导致邻近皮肤病变。破溃之前，有可能是软的，无痛的结节，有时误认为腹股沟淋巴结炎，最终溃疡成所描述的形式。
- 肥厚或疣状表现：一个不规则的边缘抬高的溃疡；病灶可以是硬的，看起来有点像核桃。可能会像继发于人类乳头状瘤病毒的尖锐湿疣。
- 坏死表现：恶臭，底层组织破坏的深部溃疡；这种感染形式的组织破坏很迅速。
- 硬化或瘢痕表现：罕见的感染形式；干燥，不出血的溃疡值得注意，提示血行播散和死亡的风险增加。溃疡蔓延形成斑块，随后形成纤维交联瘢痕。可能伴有淋巴水肿。并发症包括阴道，尿道或肛门狭窄，需要手术干预。
- 未经治疗感染的并发症：假性神经关节性象皮病是最常见的并发症 [女性（高达 5%）> 男性]，需要手术干预；血行传播不常见，但可能是致命的；自体接种可能会导致相邻皮肤上形成“吻形病灶”，口腔和胃肠道受累也有报道。报道与阴茎鳞状细胞癌有关，但未经证实。
- 诊断：临床怀疑是诊断的关键！直接镜检是最实用和可靠的检测方法；直接可以看到双染色性的胞浆内包涵体。收集并制成涂片，盐水浸泡纱布彻底清洗患处，用干纱布擦干。收集标本可以在溃疡中深部打孔，或者使用手术刀或刮匙收集从病灶边缘刮出的标本。活检样本应该送到病理科，查找克雷伯菌肉芽肿，软下疳，性病淋巴肉芽肿，梅毒。刮取收集的材料应涂抹到两张清洁显微镜玻片上；进行空气干燥；可能需要重复取样。培养分离是很难的，不切实际，通常只适用于研究实验室。核酸为基础的检测，聚合酶链反应检测已经开发但尚未投放市场。血清学检测，间接免疫荧光抗体检测克雷伯菌肉芽肿若作为确证实验不够敏感或特异。应进行梅毒和艾滋病毒血清学检查。

感染部位

- 男性生殖器：阴茎，阴囊，龟头。
- 女性生殖器：阴唇，阴唇系带，阴阜，子宫颈（有 10% 的报道病例）。
- 生殖器外的部位：约 5% 的病例发生；自体接种部位包括胃肠道和口腔；通过血行传播，包括肝，脾，骨骼和眼眶。

治疗

生殖器和皮肤黏膜感染

- 多西环素 100 mg PO，每天 2 次，至少 3 周，直到所有病灶愈合（疾病预防控制中心推荐的治疗）。

- 替代疗法：至少 3 周，直到所有病灶都痊愈：阿奇霉素 1 mg PO，每周 1 次，或环丙沙星 750 mg PO，每天 2 次，或者红霉素碱 500 mg PO，每天 4 次，或甲氧苄氨嘧啶－磺胺甲基异噁唑合剂 1 片（160 mg/800 mg），PO，每天 2 次。
- 孕妇和哺乳妇女的生殖器和皮肤黏膜感染
- 红霉素碱 500 mg，PO，每天 4 次，每天至少 3 周，直到所有病灶愈合。有些专家会加用庆大霉素 1 mg/kg q8h IV。
- 琥乙红霉素 800 mg，PO，每天 4 次，至少 3 周，直到所有病变愈合。有些专家会加用庆大霉素 1 mg/kg q8h IV。
- 生殖器和皮肤黏膜感染的艾滋病病毒感染者
- 多西环素 100 mg PO，每天 2 次，至少 3 周，加上庆大霉素 1 mg/kg q8h IV。直到所有病灶愈合。
- 替代疗法：作为非 HIV 感染，非孕妇或哺乳妇女，庆大霉素 1 mg/kg q8h IV。

复杂感染继发性血行播散

- 与专家协商处理。

其他信息

- 腹股沟肉芽肿是一个叫麦克劳德的外科医生 1882 年在印度加尔各答医学院第 1 次描述。致病微生物是由同样也在印度工作的多诺万在 1905 年第 1 次描述的。
- 德班和南非的研究证实感染与HLA-B57有关，同样HLA-23阳性者不易发生感染。
- 传播的有效率据报道是在 2%和 50%之间，后者是报道发生在配偶之间。
- 在抗生素前时代，腹股沟肉芽肿可以用锑化合物成功治疗。第一种用于治疗感染的抗生素为链霉素（1947 年）并首次在印度广泛使用，尤其是用于治疗大病灶，往往需要长期每天用药。
- 其他药物包括氯霉素及高剂量头孢曲松（1~2g/d）可能对克雷伯菌肉芽肿有效。

推荐依据

Centers for Disease Control and Prevention, Workowski KA, Berman SM.Sexually transmitted diseases treatment guidelines, 2006.MMWR Recomm Rep,2006; Vol. 55;pp.1 - 94.

注释：这些性病指南是性病领域专家协商后由疾病预防控制中心制定的。本报告更新了 2002 年的性病治疗指南。该新指南包括仅一个抗生素用于治疗腹股沟肉芽肿（GI）的建议方案－强力霉素，而在 2002 年的指南中，甲氧苄啶 / 磺胺甲噁唑是仅有的一线用药，但在新的指南中仅为替换用药。该指南的电子版见：http://www.cdc.gov/std/treatment/。

克雷伯菌属

Lisa A. Spacek, MD, PhD and Joseph Vinetz, MD

微生物学

- 革兰阴性需氧杆菌，属于肠杆菌科。人类致病菌：肺炎克雷伯菌，产酸克雷伯菌，鼻硬结克雷伯菌和肉芽肿克雷伯菌。
- 由于多糖荚膜的存在，形成高度黏液型菌落，多糖荚膜是抑制细胞吞噬的毒力因子。无菌标本接种在非选择性培养基，污染标本接种在麦康凯培养基上，都很容易培养。
- 通常较低水平产结构型 β－内酰胺酶，对氨苄青霉素，阿莫西林，替卡西林耐药。很少有克雷伯菌缺乏 β－内酰胺酶。

- 超广谱的 β－内酰胺酶(ESBLs)由质粒介导，引起多重耐药(TEM或者SHV型)，在体外通过对头孢他啶和氨曲南耐药来检测。CTX-M型ESBLs越来越普遍，其水解头孢他啶的能力远远低于水解其他第三、四代头孢菌素。
- 产碳青霉烯酶（KPC）肺炎克雷伯菌对抗生素广泛耐药，通过改良的霍奇实验来检测。

临床信息

- 对于免疫功能正常的人群，引起肺炎和尿路感染。
- 由肺炎克雷伯菌引起的肺炎，发生在酗酒或糖尿病病人身上的被称为“弗里德兰德病”，肺部上叶受累，并与“醋栗果冻”样痰和脓肿或腔有关。胸部X光检查有经典的“弓样的裂缝痕迹”。
- 医院感染包括：肺炎，败血症，腹腔感染（胆道感染和腹膜炎），脑膜炎，及手术伤口感染。
- 在台湾，新加坡和印度尼西亚，报道过发生在糖尿病病人的肺炎克雷伯菌所致的原发化脓性肝脓肿。
- ESBLs型感染的危险因素包括：近期住院，接触长期护理设施，以及最近使用抗生素。

感染部位

- 肺部：医院或社区相关性肺炎。
- 泌尿道：尿路感染往往是导管或仪器相关的。
- 耳鼻喉：由鼻硬结型克雷伯菌引起的鼻硬结，是一种上呼吸道和下呼吸道的慢性肉芽肿性感染，在东欧和中美洲流行。病理活检显示Mikulwicz细胞，一种摄取了杆菌的泡沫状巨噬细胞。
- 胃肠道：腹膜炎和胆道感染。由肺炎克雷伯引起的原发性单一菌的化脓性肝脓肿也可能发生转移灶。
- 菌血症：与原发器官感染，周边或中央静脉导管有关。
- 眼：眼内炎（罕见），与肝脓肿，糖尿病有关。
- 慢性生殖器溃疡性疾病，由以前的鞘杆菌属肉芽肿（现在分类为克雷伯菌肉芽肿型）引起。

治疗

严重的院内感染

- 使用广谱药物将细菌耐药的风险减到最小。一旦知道药物敏感性，就使用窄谱药物。
- 对于医院获得性，呼吸机相关性肺炎：头孢吡肟2 g/q8h IV或头孢他啶2 g/q8h IV或亚胺培南500 mg/q6h IV或美罗培南1 g/q8h IV或哌拉西林/他唑巴坦4.5g/q6h IV，加氨基糖苷类或呼吸系统氟喹诺酮类药物。
- 对于ESBLs型的肺炎，败血症，复杂的尿路感染或腹腔内感染，使用碳青霉烯类：亚胺培南500 mg/q6h静滴或美罗培南1 g/q8h IV。对于复杂的尿路感染或腹内感染，使用FDA批准的厄他培南1 g/q24h IV和多尼培南500 mg/q8h。
- 在ESBLs型中，对氨基糖苷类，氟喹诺酮类，哌拉西林/他唑巴坦的活性是不相同的。避免使用头孢菌素。
- 产碳青霉烯酶（KPC）菌株对碳青霉烯类，青霉素类，头孢菌素类，氟喹诺酮类，氨基糖苷类抗生素耐药。治疗通常限于多黏菌素（尿路感染的首选）和替加环素。
- 着重考虑在感染部位的药物渗透，例如，肺炎中的肺组织渗透和尿路感染尿液浓缩。对于肝脓肿，单一、大的脓肿可以经皮引流。

- 轻度至中度，社区获得性感染
- 单纯性尿路感染：左氧氟沙星 250 mg PO，每天 1 次，环丙沙星 250 mg PO，每天 2 次，或呋喃妥因 100 mg PO，每天 4 次或呋喃妥因水合物胶囊 100 mg，每天 2 次。
- 根据药敏实验选择抗生素。

推荐依据

Mandell LA, Wunderink RG, Anzueto A, et al.Infectious Diseases Society of America/American Thoracic Society consen-sus guidelines on the management of community-acquired pneumonia in adults. Clin Infect Dis, 2007;Vol. 44 Suppl 2; pp. S27 - 72.

注释：关于社区获得性肺炎的治疗指南。

Solomkin JS, Mazuski JE, Baron EJ, et al. Guidelines for the selection of anti-infective agents for complicated intra-abdominal infections.Clin Infect Dis,2003;Vol. 37;pp. 997 - 1005.

注释：关于复杂性腹腔内感染的治疗指南。

乳酸杆菌

Paul G. Auwaerter, MD

微生物学

- 革兰阳性，兼性厌氧杆菌。
- 胃肠道和呼吸道的正常菌群。
- 分解糖原产生乳酸，为阴道提供一个低的 pH 值。

临床信息

- 很少成为人类致病菌。
- 菌落通常是污染而来。如果是致病菌，毒力也是低水平的除非存在合并症。
- 偶尔与多重菌血症有关(通常与链球菌，白色念珠菌，革兰阴性肠道细菌同时致病)。
- 真正的感染，通常提示存在严重的潜在的疾病，如慢性病、衰弱或免疫抑制病人，一年的总体死亡率大于 50%。
- 肝移植与空肠 Roux-en-Y 吻合术是感染的主要危险因素。
- 选择性肠道去污，特别用万古霉素，是感染的另一个主要危险因素。
- 其他危险因素包括：腹部手术，艾滋病毒，移植，肿瘤，免疫抑制，糖尿病，心瓣膜病。
- 进入渠道包括：胃肠道，口咽，女性生殖道。暂无静脉导管相关感染的报道。

感染部位

- 牙科：龋齿和牙周脓肿。
- 脓肿：腹腔内，脾，肝。
- 菌血症：常常是多重细菌感染中的一种。
- 心内膜炎（罕见）：有很少的关于牙科操作后的病人伴有瓣膜异常的报道。
- 尿路感染：女性生殖道的主要细菌。引起尿路感染或阴道感染。也可能是污染菌。仅在多次的分离和有相应症状时才予以治疗。

- 绒毛膜羊膜炎 / 子宫内膜异位症：见于产后，属于分娩并发症。
- 脑膜炎：在新生儿中有少数报告病例。

治疗

血管内感染

- 对于严重的感染，青霉素 20 mU/d。通常持续时间，6 周。
- 对于心内膜炎，庆大霉素 1.3 mg/kg q8h 静滴（低值 < 1.5 mg/L），联合使用青霉素。
- 通常对万古霉素耐药。

牙源性感染

- 克林霉素 450 mg/q6h，PO。
- 拔掉和引流很重要。

腹腔内脓肿

- 青霉素 20 mU/d，分 4 次。
- 脓肿空腔和坏死碎片的引流很重要。
- 益生菌预防。有效剂量 10^9——10^{11} 个微生物。
- 给药途径包括直接接种或酸奶或冻干制剂。
- 作用尚不清楚。一些研究使用某些产品，表明可能会降低抗生素相关性腹泻，艰难梭菌相关性腹泻或女子经常性尿路感染的发生率。
- 通常是益生菌治疗的一部分。虽然在高危人群中益生菌治疗或许应当避免，但是尚未有相关感染的报道。请参阅下面的“详细信息”。
- 艾滋病病人感染乳酸杆菌应该是在后期出现。CD_4 < 50/mm^3，多种微生物感染其他危险因素，如使用万古霉素治疗或胃肠道操作。
- 治疗与大多数严重疾病病例明确诊断有关。感染与住院和一年死亡率相关。

详细资料

- 益生菌疗法：有很多机制，在泌尿生殖道和胃肠道预防上很有益处。直接滴入用来恢复阴道正常菌群已被证明在防止尿路感染上很有益处。摄入菌体在恢复阴道正常菌群上也显示有作用。更年期状态与阴道乳酸杆菌属的减少有关。虽然在外阴道念珠菌病和操作后细菌并发症的预防上的矛盾存在争议，但是在防止和减少某些腹泻疾病的持续时间可能有用。

推荐依据

作者的观点 .

注释 : 关于乳酸杆菌感染的治疗没有指南出台。主要的争议围绕乳酸杆菌是真正引起感染的致病菌或定植菌。

军团菌

John G. Bartlett, MD

微生物学

- 需氧革兰阴性菌，军团病或退伍军人病的病原体。
- 普遍存在于温暖的水域环境中（例如温暖的池塘，空气制冷机，工业空调系统，32~45℃温度范围）。
- 至少有 50 种属和 70 个血清型，最常见的人类病原体：嗜肺军团菌。
- 侧链碳水化合物结构(O抗原决定簇)，被认为是该菌属最主要的血清学分群依据。
- 实验室生长的最适培养基是活性炭酵母浸出液琼脂培养基(BCYE)，必须添加L-半胱氨酸和铁离子。

临床意义

- 军团病：由军团菌引起，主要包括严重的肺炎型(退伍军人病)，自限性发热型(庞地亚克热)和多样的，罕见的肺外感染型——依感染部位而定。
- 人类致病菌：嗜肺军团菌（最常见）然后是米克戴德军团菌(L.micdadei)，波兹曼军团菌（L.bozemanae），杜莫夫军团菌（L.dumofi）和长滩军团菌（longbeachae）。
- 栖息地：水；最常见的暴发源——冷却塔，蒸发式冷凝器，冷热水供应系统和水疗中心。
- 流行：医院，酒店，水疗中心。
- 肺炎的危险因素：年龄 > 50 岁，吸烟，细胞免疫低下的患者（类固醇等）和暴露于污染源。
- 诊断：尿中抗原（只能检测嗜肺军团菌血清型，占感染总例数的 70%~80%），分离培养（需要特殊培养基 BCYE 培养 3 天，由于技术上的原因仍有很多假阴性结果）。痰的直接免疫荧光抗体检测（direct fluorescent antibody，DFA）因低灵敏性和低特异性已经放弃用该方法。

感染部位

- 肺：肺炎（可以是大叶性肺炎，斑片状肺炎，间质性肺炎）。
- 全身：庞地亚克热，无肺泡渗出，但有流感样症状，包括发热，头痛，肌肉痛。传染病，通常看作流行性、自限性的过程。
- 其他：人工瓣膜心内膜炎、胸骨伤口感染，鼻窦炎、心包炎、腹膜炎、透析分流感染相关脓肿。

治疗

肺炎

- 首选：左氧氟沙星 750 mg PO/IV，每天 1 次，连用 7~10 天，莫西沙星 400 mg PO/IV，每天 1 次，连用 7~10 天，或者阿奇霉素 500 mg PO/IV，每天 1 次，连用 7~10 天。
- 利福平每次 300 mg PO/IV，每天 2 次（非强制使用），与其他所列出的药物联合使用。
- 替代方案：红霉素 1 g/6h IV，然后每次 500 mg PO，每天 4 次，共 7~10 天。
- 环丙沙星 400 mg/12h IV，然后每次 750 mg PO，每天 2 次，共 7~10 天。

其他感染部位

- 庞地亚克热：无需用药（自限性，通常只依据延迟血清学检测来诊断）。
- 心内膜炎：氟喹诺酮类（同上述肺炎）+ 利福平每次 300 mg PO，每天 2 次，连用 4~6 周。通常需要瓣膜置换术。

暴发

- 大多数的暴发发生在医院，旅馆或水疗中心。然而，大多数病例是散发的。
- 培养鉴定水源（50%的水源可培养出军团菌属）。
- 将水源和临床分离株通过菌种或血清型和分离地点的鉴定来进行比对。
- 消毒干预措施：（1）铜银离子；（2）加热至 60~77℃和冲洗；（3）对局部地区进行紫外线照射。

其他内容

- 自然栖息地是水：所有的水。
- 军团菌引起一种常见且重要的潜在的致命性感染，即军团病，也可引起庞地亚克热，很少引起心内膜炎。
- 军团病可以是流行或散发性，院内或社区获得。易感人群：40 岁以上，吸烟，细胞免疫低下的化疗、器官移植患者（类固醇等）。
- 是一种胞内寄生菌。在动物模型中有作用的药物有氟喹诺酮类，大环内酯类，利福平，TMP-SMX 和强力霉素。

推荐依据

Mandell LA,Wunderink RG, Anzueto A,et al.Infectious Diseases Society of America/ American Thoracic Society consensus guidelines on the management of community- acquired pneumonia in adults. Clin Infect Dis, 2007; Vol. 44 Suppl 2; pp. S27 - 72.

注释：关于治疗肺炎的建议依据。

Stout JE, Yu VL.Legionellosis.N Engl J Med,1997;Vol. 337;pp. 682 - 7.

注释：关于军团菌病的全面综述，作者总结以下是军团菌感染的临床诊断线索：高热，中枢神经系统的表现，LDH>700 U/ml 和严重疾病。

钩端螺旋体

Joseph Vinetz, MD and Paul G. Auwaerter, MD

微生物学

- 4 种人类致病性螺旋体中的 1 种［其他 3 种分别是导致莱姆病的伯氏疏螺旋体、回归热疏螺旋体、梅毒螺旋体（梅毒）］。
- 人畜共患疾病，通过家养动物（狗、牛、猪等等）和鼠类（大鼠、小鼠）传播。

临床信息

- 美国的夏威夷是钩端螺旋体病流行区，全球范围的感染是因接触受感染的动物的污染体液。
- 在内陆城市，郊区和农村地区传播。
- 危险因素，包括种植，屠宰，走在小巷上，在淡水中游泳（铁人三项，皮划艇），洪涝受害者。
- 病人有如下症状可考虑此诊断：发热，胆红素升高，转氨酶高于正常 5~7 倍，肌酐升高。

- 病史：起病急骤发热，寒颤，头痛，严重的腿部肌肉酸痛，在相应的流行病学背景下。
- 可能是双相疾病：败血症期然后免疫阶段（发热、脑膜炎）。
- 并发症：肾功能衰竭，出血，心肌炎，如果未经治疗，死亡率可高达 25%。
- 诊断少见，取决于专业实验室的血清学或培养结果。
- 诊断：有两个 FDA 批准的商业化试剂盒，分别是间接血凝法（MRL）和试纸测试法（PanBio）。试纸测试好于前者。
- 在美国，确诊测试（培养和显微凝集实验（MAT）通过国家卫生实验室只在疾病预防控制中心和美国加州圣迭戈的 Vinetz 实验室进行（joseph_vinetz@hotmail.com）。血应立即接种到 Fletcher' s 培养基并运输到专门实验室进行培养。

感染部位

- 有多种多样的临床表现和多器官受累的全身性疾病。
- 韦尔疾病：急性发热，黄疸，脾肿大，肾炎。严重感染包括肺出血等的出血表现。
- 肝：黄疸，转氨酶可正常或升高通常不超过 5~7 倍的正常水平。
- 肾脏：急性肾功能衰竭，这个通常可以解决，但可能需要透析；急性肾小管坏死，间质性肾炎；红细胞，白细胞，蛋白都可以在尿中看到；静脉输液可能会避免透析。
- 肺：出血；非典型肺炎，散在斑片状渗出，或者急性呼吸窘迫综合征。
- 心脏：普遍心电图异常；心肌炎；心力衰竭。
- 中枢神经系统：无菌性脑膜炎（脑脊液白细胞 10~1 000/ml）；反射力减低和轴突运动无力。
- 胃肠道：腹泻，肠道出血（罕见）；脂肪酶升高，淀粉酶类似胰腺炎；类似胆囊炎手术。
- 眼：结膜弥漫（高达 50% 的小血管），前房积脓，葡萄膜炎。
- 真皮：会出现非特异性的皮疹，不典型。

治疗

青霉素

- 对于住院病人，1.5 mU/6h IV，共用 5~7 天。

多西环素

- 100 mg PO/IV，每天 2 次，共 5~7 天。

头孢曲松

- 1 g/d 静滴，共 5~7 天。

预防

- 当不可避免地暴露在钩端螺旋体病高风险环境时（例如，在丛林水域游泳，在发展中国家玩皮划艇），强力霉素 200 mg PO，每周 1 次。
- 旅行前备用药物。

其他内容

应在使用抗生素之前培养（接种到 Fletcher's 培养基）；一些商业血培养系统不会杀死钩端螺旋体，这样的标本应尽快送到疾病预防控制中心或加州大学圣地亚哥分校进行专门的钩端螺旋体培养。

流行病学：钩端螺旋体病可以通过接种过疫苗的动物传播给人类（例如牛或狗）。疫苗可能会防止动物得病，但不能防止成为慢性携带者或者传播状态。

肝，肾或肺等感染部位的病例死亡率可高达 10%~15%。
多西环素已显示可以减少临床疾病和死亡率。

产单核细胞李斯特菌

John G. Bartlett, MD

微生物学

- 革兰阳性小杆菌。
- 可从环境如水，排水道和食品中分离出来。
- 生长在常规的培养基上。微生物实验室，有时可能会与常见污染菌类白喉杆菌相混淆。
- 主要的人类病原体是产单核细胞李斯特菌。在极少数情况下，伊氏李斯特菌（L.ivanovii）也致病。
- 在 4~37℃温度范围内均可生长。这可能与其有抗寒性有关，这样能导致冰箱中的食物具有感染力。

临床信息

- 寄生在 5%的成年人的结肠里。
- 是食源性疾病的重要病因，易感人群有：怀孕，细胞免疫损害，老人。
- 是脑膜炎的重要病因，常发生在免疫力受损的患者（器官移植，癌症治疗，淋巴瘤，类固醇）和年龄大于 50 岁的人。
- 诊断：无菌部位（如脑脊液，血液等）的培养。血清学检查（李斯特菌溶素抗体）对食源性疾病暴发的调查很有帮助。

感染部位

- 中枢神经系统：脑膜炎，脑脓肿，后脑脑炎（罕见）。
- 败血症。
- 怀孕：菌血症伴死产和（或）早产。
- 胃肠炎。
- 心内膜炎。
- 病灶感染：淋巴结炎，蜂窝组织炎，肺炎，骨髓炎，化脓性关节炎，结膜炎（都很罕见）。

治疗

感染

- 原则：最常见的严重形式是脑膜炎，特别是发生在细胞免疫缺陷患者和年龄大于 50 岁的老人，及怀孕三个月内的孕妇。
- 脑膜炎（首选方案）：氨苄青霉素 2 g/q4~6h IV，± 庆大霉素 1.7 mg/kg q8h IV，连用 3 周以上。
- 脑膜炎（替代方案，青霉素过敏者）：TMP-SMX 3~5 mg/kg q6h，连用 3 周以上。
- 菌血症：使用脑膜炎的选择，连用 2 周。
- 脑脓肿或后脑脑炎：使用脑膜炎的选择，连用 4~6 周。
- 肠胃炎：通常不需要抗生素治疗，但若是易感人群，可考虑使用阿莫西林或者 TMP-SMX，连用 7 天。

一般预防措施

- 彻底煮熟动物源食品。
- 彻底清洗生吃的蔬菜。

- 避免饮用未经高温消毒的牛奶及奶制品。
- 洗净双手、器具、切过未煮熟食物的砧板。
- 在低温下保存熟食。

预防：高危人群

- 高危人群：孕妇，细胞免疫低下的人（器官移植，慢性类固醇，使用 Infliximab 或其他肿瘤坏死因子拮抗剂，肿瘤化疗，老人）。
- 避免食用软奶酪：墨西哥风格奶酪，羊奶，乳酪，卡门培尔奶酪，蓝纹奶酪。
- 吃剩的食物和熟食在食用前应充分加热。
- 尽量避免食用熟食柜台中的食物。

其他内容

- 主要风险：(1)细胞免疫低下的人(类固醇药物，器官移植，癌症化疗，艾滋病)；(2)怀孕三个月内的孕妇；(3)偶然的情况下：年龄大于 50 岁，糖尿病，溃疡性结肠炎，抗酸药，肝硬化。
- 死亡率：脑膜炎 20%；心内膜炎 50%；孕妇 20%死胎。
- 主要来源：摄入未经高温消毒的牛奶，新鲜奶酪（尤其是进口的，手感柔软，熟化的），冰淇淋，生蔬菜，发酵原料的香肠，生 / 熟的家禽，生肉，熏鱼，熟食肉类和热狗。
- 在如下情况下考虑可能李斯特菌感染：在脑脊液中出现类白喉杆菌，免疫低下和年龄大于 50 岁患有脑膜炎的人，怀孕三个月内的孕妇出现发热，食源性疾病爆发但是培养阴性。

推荐依据

Rados C.Preventing Listeria contamination in foods. FDA Consum,2004; Vol. 38; pp. 10 - 1.

注释 : 速食食品冷冻低温保存 .

Tunkel AR, Hartman BJ, Kaplan SL, et al.Practice guidelines for the management of bacterial meningitis.Clin Infect Dis,2004;Vol. 39;pp.1267 - 84.

注释 :IDSA 关于脑膜炎的治疗指南 : 产单核细胞李斯特菌脑膜炎—推荐使用青霉素 G 或氨苄西林（可添加庆大霉素）。替换用药 TMP-SMX 或美罗培南。剂量：氨苄西林 12g/d 庆大霉素 5mg/(kg · d)，TMP-SMX10 - 20mg/(kg · d)。

Authors unknown.MedicalLetter,2004;Vol.2;p.22.

性病性淋巴肉芽肿（LGV）

Noreen A. Hynes, MD, MP

微生物学

- 沙眼衣原体 L1，L2，L3 血清型（有别于引起常见的生殖器衣原体疾病或沙眼的其他衣原体血清型）。
- 所有衣原体，包括引起性病性淋巴肉芽肿的血清型都是专性细胞内生长，革兰阴性，但是性病淋巴肉芽肿血清型是淋巴管性，不仅导致表面黏膜感染，还能引起全身性疾病。
- L2 血清型（L2B 应变）是北美和欧洲性病性淋巴肉芽肿爆发的重要原因。

临床信息

- 尤其是在最近有暴发事件报道的男性同性恋者和高危群体中，性病性淋巴肉芽肿是在发展中国家重新出现的性病。在这个高危群体中，共同特点是同时感染有艾滋病毒和其他性传播疾病。在流行地区尤其是撒哈拉沙漠以南的非洲，印度，东南亚，巴布亚新几内亚和一些加勒比群岛旅游的性生活活跃的旅游者是高危人群。

- 可以分为三个阶段：初期，第二期和第三期。性病性淋巴性肉芽肿生物型可以增加艾滋病毒感染和传播几率。
- 初期性病性淋巴性肉芽肿：可能是四种表现形式之一——丘疹，溃疡或糜烂，疱疹样的（小）病变，或非特异性尿道炎。在性接触后 3~30 天表现出来；这个阶段在病人和传播者中会消失 50%~90%；病灶愈合迅速并且无疤。
- 第二期性病性淋巴性肉芽肿：以腹股沟的急性淋巴结炎为特征的腹股沟综合征和（或）以急性出血性直肠炎为特征的生殖器综合征。两种形式均伴有发热和全身感染相关的伴随症状如淋巴结和周围组织的炎症和肿胀。在异性恋男性中，有 2/3 的病例会出现腹股沟和（或）股骨的单侧疼痛淋巴结肿大。一个淋巴结或整条淋巴管都可能会受累。淋巴结或腹股沟下的组织可能会溃烂，排出脓液，形成慢性脓疱。在 15%~20% 的病例中，腹股沟和股骨链会同时受累。这个阶段的并发症包括发热性关节炎，肺炎和肝周炎（罕见）。这个阶段通常出现在最初感染的 2~6 周后。大多数病人不会再往下一阶段进展。
- 第三期性病性淋巴性肉芽肿：非常少见，以妇女为主。这是受累部位的持久性感染和进展到邻近组织进而导致慢性炎症和组织破坏的结果。所产生的临床综合征包括直肠炎，脓疱，急性直肠结肠炎（类似克罗恩病），外阴女阴蚀疮慢性肉芽肿性情况下的“蚕食”外观，直肠狭窄，肛门脓疱，直肠周围脓肿，淋巴僵硬的骨盆。可能会导致妇女不孕。
- 鉴别诊断：初期性病性淋巴性肉芽肿——梅毒，软下疳，生殖器疱疹，肉芽肿腹股沟；第二期性病性淋巴性肉芽肿——猫抓病，腹股沟肉芽肿，二期梅毒；第三期性病性淋巴性肉芽肿 3 直肠狭窄继发癌，克罗恩病。
- 诊断：临床怀疑是关键；需要排除其他病因导致的这些症状。应采集标本进行测试（如果可以的话）。生殖器或淋巴结标本（病灶棉拭子或腹股沟淋巴结穿刺）也许可以通过培养（30%~85% 的敏感性）、直接免疫荧光法、或核酸检测来检测沙眼衣原体。核酸的扩增实验（NAAT）是所有衣原体株包括性病性淋巴性肉芽肿型在内的首选检测方法。重要的一点是，NAAT 不是 FDA 批准的直肠标本的沙眼衣原体检测方法。
- 基因分型不是广泛使用的，应向当地的国家卫生部门要求（疾病预防控制中心可协助卫生部门）。
- 衣原体血清学（补体结合实验，单一的 L 型免疫荧光实验，微量免疫荧光实验）可能支持临床诊断，但不是确诊实验；IgM 和 IgG 抗体 4 倍上升提示感染处于活动期。单份血清 IgM 抗体 > 1:64 或者单份血清 IgG 抗体 > 1:256 被认为是侵入性疾病呈阳性。对性病性淋巴性肉芽肿而言，其结果的解释是没有标准化的，对性病性淋巴性肉芽肿型直肠炎的有效性也是未知的。血清学检查在疾病早期灵敏度低，但是在没有临床症状或者症状不支持性病性淋巴性肉芽肿型感染的患者血清中具有高滴度。收集组织标本活检不具有特异性。Frei 实验也不再使用。
- 附加的检测：所有怀疑性病性淋巴性肉芽肿型感染的病人应检测其他性传播疾病，包括梅毒，软下疳，腹股沟肉芽肿，单纯疱疹病毒，艾滋病毒，其他生殖器衣原体感染，淋病，滴虫等。

感染部位

- 在男士中的初期性病性淋巴性肉芽肿：冠状沟→系带→包皮→阴茎→龟头→阴囊。如果是尿道内感染，可以看到非特异性尿道炎，有稀薄的黏膜脓性分泌物排除。

不常见的龟头炎也可以出现；生殖器官外的病变包括在口腔(扁桃体)已有报道过。

- 在女士中的初期性病性淋巴性肉芽肿：阴道后壁→阴唇系带→子宫颈后唇→外阴。宫颈炎和尿道炎也许比报道的更常见，因为他们可能会被错误的当作普通的生殖器衣原体感染。生殖器官外的病变包括在口腔（扁桃体）已有报道过。
- 第二期性病性淋巴性肉芽肿：由淋巴道的原发感染部位而定。阴茎，前尿道→腹股沟浅部和深部淋巴结；后尿道→髂内深部和直肠周围淋巴结；外阴→腹股沟淋巴结；阴道，宫颈→髂内深部、直肠周围、膈脚后和腰骶部淋巴结；肛门→腹股沟淋巴结；直肠→直肠周围和髂内深部淋巴结。
- 第三期性病性淋巴性肉芽肿：肛门，直肠，骨盆，外阴，会阴，结肠。

治疗

推荐方案

- 多西环素 100 mg PO，每天 2 次，连用 21 天或直到症状和体征已消除，以较长者为准。

替代方案

- 红霉素碱 500 mg PO，每天 4 次，连用 21 天或直至症状和体征已消除，以较长者为准。

孕妇或哺乳妇女

- 红霉素碱 500 PO，每天 4 次，连用 21 天或直至症状和体征已消除，以较长者为准。
- 关于阿奇霉素对于孕妇的性病性淋巴性肉芽肿的治疗的安全性和有效性还没有提供公开的数据。多西霉素是孕妇的禁忌。

艾滋病病毒感染者

- 对于艾滋病毒阴性者，使用相同的方案（多西环素或红霉素）。
- 由于病灶的延迟解决，可能需要长期治疗。

手术注意事项

- 除了通过淋巴结穿刺采集诊断标本外，应尽可能地避免手术治疗。腹股沟淋巴结手术摘除可导致术后的生殖器象皮肿。
- 在第三期性病性淋巴性肉芽肿中出现直肠狭窄时，可能需要进行手术。
- 其他的手术指针包括：肠梗阻，持久性直肠阴道脓疱，肛管，肛门括约肌，和(或)会阴部的理化破损。
- 在手术前、中、后必须给予抗生素治疗。
- 对于需要手术治疗的病例，需要与性病并发症的专家和传染病专家进行咨询。

随访

一般建议

- 高达 20%的腹股沟淋巴炎可能在治疗后复发。
- 病人应每 7 天复查 1 次，直到所有的症状和体征都得以消除；病人在经过 2 周的适当治疗后情况没有得到改善的，应咨询传染病专家和性病并发症的专家。
- 病人在治疗结束前应该避免性接触。

性伴的管理

- 与症状发病前 60 天内的性病性淋巴性肉芽肿病人有性接触的人，应进行尿道或宫颈衣原体感染的检查。
- 对于无临床感染的性伴，在表现当时就应进行标准的生殖器衣原体治疗。

- 治疗可使用多西环素 100 mg PO，每天 2 次，连用 7 天或者阿奇霉素 1 g PO，每天 1 次。

重要

- 在男性中的原发病灶：可能与背侧阴茎淋巴管炎有关，其导致一个大的软的淋巴样结节——阴茎背小结的形成。小结节可以破裂，若发生这种情况，就会形成窦道和窦道与尿道相通。可能会形成纤维瘢痕，包茎可能会受累。
- 妇女的原发病灶：可能与外阴红肿有关，但很少见。

推荐依据

Centers for Disease Control and Prevention, Workowski KA, Berman SM.Sexually transmitted diseases treatment guide-lines, 2006.MMWR Recomm Rep,2006;Vol. 55;pp. 1 - 94.

注释：CDC 治疗指南给临床医生提供了一个由国内和国际性传染病诊断、治疗、预防和控制方面的专家撰写的便利适用的关于治疗性传染病的参考指南。该指南电子版来自：http://www.cdc.gov/.

Clinical Effectiveness Group of the British Association for Sexual Health and HIV (CEG/BASHH). 2006 National Guideline for the Management of Lymphogranuloma Venereum (LGV). http://www.bashh.org/guidelines.asp, 2006.

注释：该指南是英国关于淋巴肉芽肿的临床诊断和治疗的综合性指南。本指南是基于英国最初的 1999 年出版的关于性传播感染的性病性淋巴肉芽肿指南，在 2001 年和 2003 年修订，是目前英国卫生防护局关于性病性淋巴肉芽肿的指南。

卡他莫拉菌

John G. Bartlett, MD

微生物学

- 革兰阴性双球菌，与淋球奈瑟菌同时出现。
- 在血巧克力琼脂上容易生长。
- 寄生在 5%~15% 的人的上呼吸道内，只在人类中发现。

临床信息

- 通过连续传播而致病的呼吸系统病原体：中耳炎，鼻窦炎，慢性支气管炎急性加重。
- 罕见的侵袭性疾病的病原体。
- 频率：肺炎 < 1%，细菌性鼻窦炎 10%，慢性支气管炎细菌性加重 20%~30%。

感染部位

- 细菌性鼻窦炎（10%~20%）。
- 急性中耳炎。
- 慢性支气管炎急性发作：10%~20% 病情加重由卡他莫拉感染所致，流感嗜血杆菌是其次。
- 肺炎（< 1%）。
- 菌血症（< 100 病例报道）。
- 感染性心内膜炎（罕见）。
- 眼：角膜炎。

治疗

- 几乎所有的针对上呼吸道感染的常用的抗生素都有效，除了阿莫西林。
- TMP-SMX1 double strength PO，每天 2 次。
- 大环内酯类：红霉素 500 mg PO，每天 4 次，克拉霉素 500 mg，每天 2 次或者 XL1 g PO，每天 1 次，或者阿奇霉素 100mg，第一天，随后 250 mg PO，每天 1 次。
- 四环素：多西环素 100 mg PO/IV，每天 2 次。
- 注射用头孢菌素类：头孢呋辛，头孢曲松，头孢噻肟。
- PO 头孢：头孢丙烯（Cefzil）200~500 mg，每天 2 次，头孢泊肟（Vantin）200~400 mg，每天 2 次，头孢呋辛（Ceftin）250~500 mg，每天 2 次，头孢地尼（Omnicef）300 mg，每天 2 次。
- 氟喹诺酮类药物：莫西沙星（Avelox）400 mg IV/PO，每天 1 次，左氧氟沙星（Levaquin）500 mg IV/PO，每天 1 次。
- 青霉素类：阿莫西林/克拉维酸（汀）875/125 mg PO，每天 2 次，或者 XL 2 000/125 mg PO，每天 2 次。

其他信息

- 是鼻窦炎，中耳炎，慢性支气管炎急性发作的呼吸道病原体。是肺炎的罕见的病因。
- 通常产生 β－内酰胺酶，95％的菌株对阿莫西林耐药。
- 除青霉素和阿莫西林外几乎所有抗生素均有效（TMP-SMX，头孢菌素类，大环内酯类，多西环素）。
- 革兰染色看起来像脑膜炎双球菌和淋球菌，导致接触性疾病，而不是侵入性疾病。

推荐依据

Medical Letter,2004;Vol. 2;p. 22.
注释：建议的用药来自该文献。

摩根菌属

Aimee Zaas, MD

微生物学

- 兼性厌氧的革兰阴性杆菌。属于乳糖不发酵类，同变形杆菌。
- 摩根菌属只要一个种，即摩根摩根菌，有两个亚种：摩根摩根菌和摩根摩根菌塞氏亚种，唯一不同之处是海藻糖的发酵能力。
- 对青霉素，第一、第二代头孢菌素类，大环内酯类，磺胺甲基异噁唑天然耐药。
- 对氨基糖苷类，哌拉西林，替卡西林，第三、第四代头孢菌素类，碳青霉烯类，喹诺酮类药物普遍敏感。
- 替加环素因虽然在体外与其他抗生素有协调作用，但因存在 ArcAB 泵出机制所以没有药效。

临床信息

- 环境中无处不在，肠道正常菌群。
- 人类感染病例很罕见，最常见的是尿路感染。
- 危险因素：老年，免疫低下，住院时间延长，导尿管。
- 分解尿素，但因尿素酶没有变形杆菌活性强，所以出现尿路结石的概率要比变性杆菌少见。

- 超广谱 β－内酰胺酶，诱导的 β－内酰胺酶和氟喹诺酮类药物耐药株均有报道过。
- β－内酰胺酶是可诱导的，为染色体 Amp C 型。可以解释一些菌株对亚胺培南耐药。

感染部位

- 尿路感染（最常见）：分解尿素，升高尿液 pH 值。
- 菌血症（罕见）：有过一份与手术伤口相关的 11/19 菌血症的病例报告。同样有继发于尿路或肝胆疾病方面的报道。
- 菌血症：多种微生物混合感染者占 40%（见单系列中所述）。
- 手术伤口感染，院内传播。
- 脑膜炎，眼内炎，心包炎（病例报告过）。
- 化脓性关节炎：通常发生在受损的关节处。
- 新生儿败血症，绒毛膜羊膜炎。

治疗

首选的治疗方法

- 亚胺培南 500 mg/q6h IV，或者美罗培南 1.0 g/q8h IV，如果有必要可依据肾功能调节用药剂量。
- 因一些菌株可产生诱导型头孢菌素酶和超广谱 β－内酰胺酶，碳青霉烯类被认为是一线治疗药物。
- 一体外研究表明 20 例摩根分离株对厄他培南敏感。
- 治疗泌尿道感染（通常是复杂的）时间：7 天。
- 治疗菌血症时间：14 天。
- 替加环素无效。

替代疗法

- 根据药物敏感性来决定。
- 头孢吡肟 2.0 g/q8~12h IV。
- 头孢呋辛 500 mg PO，或 400 mg/q12h IV，在体外对所有氟喹诺酮类药物均有活性。
- 哌拉西林 3 g/q6h IV，或替卡西林 3 g/q4h IV。
- 可以单独使用氨基糖苷类治疗尿路感染；庆大霉素或妥布霉素的剂量 1 mg/kg q24h IV；阿米卡星 3 mg/(kg · d)。

其他内容

- 重症监护病房的监测报告显示有 16%~27% 病例对第三代头孢菌素耐药。在台湾有对氟喹诺酮类药物耐药的报道。
- 最初治疗成功，其后治疗失败，表示可能诱导产生 β－内酰胺酶。
- 被蛇咬伤后出现皮肤及软组织感染。摩根摩根菌通常出现在蛇的口腔菌群中。在被毒蛇（大多是在中美洲和南美洲的毒蛇）咬伤后，经常出现脓肿。

推荐依据

作者的观点 .

注释 : 没有关于摩根菌属感染的治疗指南。

脓肿分枝杆菌

Paul G. Auwaerter, MD

微生物学

- 人类的病原体，偶发的环境污染物。存在于水，排水系统，植被中。
- 被认为是具有最强致病性和抗化疗药物的快生长分枝杆菌。
- 是“龟分枝杆菌 – 复合体”的一部分，但重要的是抗结核治疗用于脓肿分枝杆菌很难，故可区分它们。
- 有时与棒状杆菌相混淆（在肉汤中被当作类白喉杆菌生长）。

临床信息

- 美国东南部（得克萨斯州，佛罗里达州）是流行区，但整个美国都有报道。
- 社区获得性和卫生保健相关的疾病。
- 相对而言对抗生素有抗药性。
- 诊断依据抗酸染色培养结果 ± 相符合的病理组织学。
- 肺疾病的 ATS 标准：对怀疑非结核分枝杆菌（NTM）肺部疾病的最低评估：（1）胸部 X 光片，或在空蚀的情况下，胸部高分辨率计算机断层扫描（HRCT）；（2）对三份或更多的痰标本抗酸杆菌（AFB）的分析；（3）排除其他疾病，如肺结核。临床，放射，微生物标准它们是同样重要，都必须符合非结核分枝杆菌肺部疾病的诊断。ATS 规定标准适用于有症状的病人，同时胸片显示肺野模糊，呈结节状或空洞，或胸部高分辨率计算机断层扫描显示多灶性支气管扩张与多个小结节。这些标准适用于鸟—胞内复合分枝杆菌，堪萨斯分枝杆菌，分枝杆菌脓肿亚种。对于其他非结核分枝杆菌肺疾病所知不多。可以肯定的是，这些诊断标准普遍适用于所有非结核分枝杆菌肺疾病的呼吸道病原体。
- 微生物标准：至少有两份单独的痰标本或至少有一个支气管冲洗液或灌洗液出现培养阳性结果，支气管或其他肺部组织活检显示结核分枝杆菌的病理学特征（肉芽肿炎或者抗酸染色），非结核分枝杆菌培养阳性或活检显示结核分枝杆菌的组织病理学特征（肉芽肿炎或抗酸染色）和一份或多份痰或支气管洗涤液的非结核分枝杆菌培养阳性。
- 被怀疑有非结核分枝杆菌肺疾病的但又不符合诊断标准的病人，应该随访直到被确诊或者排除诊断 。

感染部位

- 肺疾病（最常见）：高危因素有支气管扩张，囊性纤维化，胃食管的失调，没有明显的基础性肺疾病或免疫抑制的老年妇女。
- 卫生保健相关的疾病：手术伤口感染（隆乳，面部整形手术，心脏手术），注射后脓肿。
- 皮肤疾病：皮肤破损后接触了污染的水或土壤后的伤口感染，局部化（蜂窝组织炎 / 脓肿）或可能发展成孢子丝菌病样外观的上行的淋巴结炎。
- 淋巴结炎：罕见。
- 播散性疾病（主要是免疫抑制者和使用皮质类固醇激素者）：罕见的，通常表现为多个流脓的红斑皮肤结节。
- 菌血症 / 心内膜炎：出现在血液透析病人中。

治疗

有限的局部的肺外疾病

- 大环内酯类化合物在体外药敏可靠。
- 克拉霉素单用（500 mg PO，每天 2 次）。
- 用大环内酯类抗生素单药治疗局部感染时并未出现获得性耐药性。
- 阿米卡星（10~15 mg/(kg·d) IV）可以添加使用。最活跃的是氨基糖苷类抗生素。不同层次的调整剂量。有些人 25 mg/kg, 每周 3 次。
- 在严重病例中，阿米卡星可以与高剂量的头孢西丁（每天 12g）联合使用，使用 2 周直至临床症状得以改善。
- 亚胺培南 500 mg/q6~8h IV 可代替头孢西丁。
- 临床反应的指导时间，通常为 4 个月，骨髓炎推荐最短为 6 个月。
- 应取出感染的异物。
- 手术：当存在耐药性或者药物副作用而限制药物治疗和局部肺疾病对药物治疗反应差时，可以手术解决脓肿和广泛的疾病。

肺疾病或严重的肺外疾病

- 在体外研究中尚未产生用于治疗肺部疾病的有效疗法。可能在治疗 12 个月后痰标本培养仍然不会是阴性。肺部疾病应该被认为是一种慢性不可治愈的感染。对于大环内酯类耐药的病例应在药敏实验指导下治疗。治疗目标是限制疾病进展和控制症状。
- 建议联合用药：克拉霉素 500 mg PO，每天 2 次，加用阿米卡星（15 mg/(kg·d) IV），再加用头孢西丁（2 g/q4h IV）或亚胺培南（1 g/q6h IV）。
- 时间：联合治疗注射剂 + 克拉霉素，治疗至少 2~4 个月，但持续时间往往受到药物副作用的限制，然后转换到口服克拉霉素 500 mg，每天 2 次，或 1 000 mg 每天 1 次，或口服阿奇霉素 250 mg，每天 1 次（“抑制治疗”）。
- 替加环素 100 mg IV，然后 50 mg/q12h IV。有很少的临床数据但是可能在体外敏感和可当作一种替代性的注射剂。往往因为胃肠道的恶心很难忍受。
- 对于之前的治疗不能忍受或者不可行的病人，利奈唑胺（600 mg/q12h）是潜在有用的口服剂（与克拉霉素联合使用）；这种做法没有临床研究指导，同时存在长期的风险（神经病变，视神经炎，血细胞减少）。有人用 600 mg 每天 1 次以减少毒性的风险。
- 对于难治性或大环内酯类耐药性的肺疾病，考虑定期 1~2 周肠外给药药物。
- 治疗时间：肺外疾病 6 个月，肺部疾病至少要 12 个月（参看上述）。
- 常常不被视为一个可治愈的情况，但是使用抗生素可以防止感染蔓延。在治疗期间痰标本培养仍然是阳性这种情况不少见（使用克拉霉素为例），并且分离株在体外仍然对大环内酯类敏感。
- 手术，如果可行的话，是唯一已知的可预见的治疗方案。

其他内容

- 在快速增长的分枝杆菌中，脓肿分枝杆菌是最致命的呼吸道病原体。肺部疾病往往是药物无法治愈的，应当认真考虑手术是否可以治愈（考虑转诊到有丰富经验的医院去）。
- 培养阳性的临床意义应仔细评估（见 ATS 的诊断标准）。
- 药敏实验应该指导抗生素治疗。脓肿分枝杆菌是对一线抗结核药物耐药（异烟肼，利福平，吡嗪酰胺，乙胺丁醇）。

- 几乎所有的分离株对四环素，多西环素，环丙沙星耐药。5%~10%的分离株对加替沙星和莫西沙星敏感。
- 在2002年纽约市有一群病人因非医疗的行医者的美容注射剂而感染脓肿分枝杆菌。

推荐依据

Griffih DE, Aksamit T, Brown-Elliott BA, et al. An official ATS/IDSA statement: diagnosis, treatment, and prevention of nontuberculous mycobacterial diseases. Am J Respir Crit Care Med, 2007; Vol. 175; pp. 367 - 416.

注释：非结核分枝杆菌评估和治疗推荐指南。

鸟分枝杆菌复合体（MAC，MAI,NON-HIV）

Susan Dorman, MD and Christopher J. Hoffmann MD, MPH

微生物学

- 鸟分枝杆菌和胞内分枝杆菌属于缓慢生长分枝杆菌(在固体培养基上需要10~21天)。
- 胞内分枝杆菌主要引起肺部疾病。鸟分枝杆菌主要引起播散性疾病（主要是免疫力低下的人群）。
- 环境来源，特别是水，是人类感染的主要来源。

临床信息

- 鸟胞内分枝杆菌复合体（鸟分枝杆菌和胞内分枝杆菌）是美国的分枝杆菌肺病的常见原因。
- 尚还没有令人信服的证据表明鸟分枝杆菌可以在人与人之间传播。
- ATS标准(2007年)：对怀疑非结核结核分枝杆菌(NTM)肺部疾病的最低评估：（1）胸部X光片，或在空蚀的情况下，胸部高分辨率计算机断层扫描（HRCT）；（2）对三份或更多的痰标本抗酸杆菌（抗酸染色）的分析；（3）排除其他疾病，如肺结核。临床，放射，微生物标准它们是同样重要，都必须符合非结核分枝杆菌肺部疾病的诊断。ATS规定标准适用于有症状的病人，同时胸片显示肺野模糊，呈结节状或空洞，或胸部高分辨率计算机断层扫描显示多灶性支气管扩张与多个小结节。这些标准适用于鸟~胞内复合分枝杆菌，堪萨斯分枝杆菌，分枝杆菌脓肿亚种。对于其他非结核分枝杆菌肺疾病所知不多。可以肯定的是，这些诊断标准普遍适用于所有非结核分枝杆菌肺疾病的呼吸道病原体。
- 微生物标准：至少有两份单独的痰标本或至少有一个支气管冲洗液或灌洗液出现培养阳性结果，支气管或其他肺部组织活检显示结核分枝杆菌的病理学特征（肉芽肿炎或者抗酸染色），非结核分支杆菌培养阳性或活检显示结核分枝杆菌的组织病理学特征（肉芽肿炎或抗酸染色）和一份或多份痰或支气管洗涤液的非结核分支杆菌培养阳性。
- 商品化核酸探针检测可以鉴别培养出来的鸟胞内分枝杆菌复合体。FDA尚未批准任何针对痰标本或者血标本的PCR或其他快速检测。
- 药敏实验：关于体外药敏实验和临床反应的相关性只有大环内酯类抗生素是明确的。在开始治疗前和确定治疗失败前均应评估大环内酯类敏感性。因体外药敏结果与利福平，乙胺丁醇，氨基糖苷类的临床反应似乎没有关联，所以没有意义将体外药敏实验结果应用到这些药物身上。对于氟喹诺酮类药物，体外敏感实验和临床反应的关联还不清楚（缺少前瞻性研究）。大环内酯类药物不应该用于治疗大环内酯类药物耐药的疾病，氟喹诺酮类药物在氟喹诺酮类药物耐药的疾病的治疗上也是发挥很少的作用。

感染部位

- 肺的两个主要表现：a）空洞；b）结节和支气管扩张。空洞疾病也可以位于肺上叶的位置（如结核病）。相关的条件/危险因素：囊性纤维化，矽肺，吸烟，支气管扩张，漏斗胸/胸椎侧凸。
- “热结核肺”：急性弥漫性肺部疾病伴随咳嗽/发烧/由于吸入液体过多而缺氧。非坏死性肉芽肿炎+/间质性肺炎。发病机制是“感染”还是“过敏”尚不清楚。肺外局限化（皮肤，软组织，关节，肌腱，骨头）：比肺疾病要少见，但是可能会发生在创伤后或暴露环境中。
- 颈淋巴结炎：通常发生在年龄在1~5岁的儿童。可能发生在免疫活性的儿童。
- 播散：除艾滋病外其他罕见。通常会发生在免疫功能低下的人群（外源性的免疫抑制，免疫缺陷，干扰素γ或IL-12通路障碍）。

治疗

肺部鸟胞内分枝杆菌复合体疾病

- 严重的或空洞性疾病：大环内酯类抗生素（克拉霉素500 mg PO，每天2次。或者阿奇霉素500 mg PO，每天1次）加乙胺丁醇15 mg/(kg·d) PO，加利福平600 mg PO，每天1次。不再推荐在最初的2个月服用高剂量的乙胺丁醇25 mg/d。注意：使用乙胺丁醇和利福平可以减少大环内酯类耐药性的出现。
- 结节（非空洞）疾病：大环内酯类抗生素（克拉霉素1000 mg，每天2次，或阿奇霉素500 mg PO，每天2次），加乙胺丁醇25 mg/kg PO，每天2次，加上利福平600 mg PO，每天2次。注意：使用乙胺丁醇和利福平可以减少大环内酯类耐药性的出现。
- 选择氨基糖苷类：有时在严重的疾病或难治性感染时作为辅助治疗。阿米卡星（15 mg/kg剂，最大剂量1 g，每周3次，静滴）对鸟胞内分支杆菌复合体最有效，也是一个传统的选择。另一种方法：链霉素15 mg/kg剂（最大1g）每周3次，肌注。在对于严重的鸟胞内分枝杆菌疾病和免疫抑制者，考虑使用氨基糖苷类要权衡它的毒性作用。大环内酯类耐药的鸟胞内分支杆菌感染：氨基糖苷类加乙胺丁醇，利福平和异烟肼。莫西沙星也可能也有一定作用。氟喹诺酮类药物对鸟胞内分枝杆菌也有效果，但缺乏前瞻性研究来指导最佳使用方法。
- 临床期望的治疗：在2~6个月内临床症状和影像学有所改善，并且在大约6个月内痰标本培养结果从阳性转为阴性。非空洞型疾病比空洞型疾病结果要好一些。
- 时间：没有明确的时间。普通的持续时间是18~24个月，包括痰标本鸟胞内分枝杆菌培养转为阴性后继续治疗的12个月。每月复查痰涂片和培养。
- 利福布汀是利福平的替代品。利福布汀相对与利福平没有表现出多大的优势（利福平通常耐受性更好）。没有关于克拉霉素与阿奇霉素对鸟胞内分枝杆菌的疗效比较这方面的研究，虽然阿奇霉素具有较少的药物间相互作用，并且往往具有更好的耐受性，特别是在一周服用3次的情况下。
- 辅助治疗：支气管清洁（吸入性β_2激动剂，黏液清除设备），并且对于非分枝杆菌肺部二重感染需要抗生素治疗。
- 手术的作用：没有随机研究，通常是对药物治疗反应差和能耐受手术的病人的一种选择，一般是局限性或者空洞性疾病。应在有丰富经验的中心进行手术。若手术可切除一个孤立的结节那么就被认为是可治愈的。
- 监测药物不良反应：肝毒性（利福平，利福布汀），葡萄膜炎（利福布汀），眼毒性（乙胺丁醇），肾毒性和（或）耳毒性（氨基糖苷类）。
- 对于需要密切的随访来确定是否疾病是否显著（例如继续收集痰进行培养）或有

轻微的疾病但对治疗耐受性差这样的病人，保守治疗是可接受的。在这两种情况下密切随访（包括 CT 成像）是必要的。注意：对于肺上叶纤维空洞性疾病因其进展很快，故不推荐保守治疗。

热结核肺

- 停止暴露是必要的。
- 关于皮质类固醇激素和（或）抗生素的作用没有达成一致的看法。有报道说停止暴露可以使病情快速改善（不用类固醇或抗生素）。

儿童颈淋巴结炎。

- 切除手术无需化疗（成功率 > 95%）。
- 如果手术风险高（如面神经受累），含大环内酯类的多种药联合使用是合理的，但经验有限，最佳持续时间也是未知。
- 切口活检，或使用不含大环内酯类的其他多种药物与持久的临床疾病包括窦道形成有关。

肺外局限性疾病

- 手术（切除或清创）加含大环内酯类的多药方案（与肺疾病剂量相同）。
- 最佳持续时间不明，但通常遵循肺疾病的指导方针。

播散性疾病

- 对空洞性肺疾病可用含大环内酯类的多药方案。
- 最佳持续时间未知，依赖于临床反应和诱发因素。

随访

- 对于肺疾病，建议每月复查痰标本的抗酸染色和培养。
- 临床治疗的期望：在 2~6 个月内临床症状和影像学有所改善，并且在大约 6 个月内痰标本培养结果从阳性转为阴性。非空洞型疾病比空洞型疾病结果要好一些。
- 大环内酯类耐药的感染：氨基糖苷类抗生素，加上高剂量的乙胺丁醇 25 mg/(kg·d) 口服，加上利福布汀 300~600 mg/d PO，手术也应考虑。临床疗效差；大部分病人的培养结果仍然是阳性，最后死于进展性肺疾病和呼吸衰竭 (Grifi th DE et al.Am J Respir Crit Care Med 2006;174:928)。
- 病人在第 1 次确诊后对药物的治疗反应是最好的，所以对鸟胞内分枝杆菌复合体肺疾病的病人开始第一阶段的治疗时，进行多药物联合治疗（不是克拉霉素单药治疗）非常重要。

其他内容

- 对于单独 1 次的鸟胞内分枝杆菌复合体培养阳性结果，可以考虑为环境污染的可能。
- 鸟胞内分枝杆菌肺疾病因鸟胞内分枝杆菌生长严重，故呼吸道标本培养是长期的阳性。大多数专家建议把胸部 CT 作为鸟胞内分枝杆菌肺疾病的一个诊断标准。
- 对于鸟胞内分枝杆菌肺疾病，ATS 诊断标准（见上面“临床”信息）是指导原则，对于特殊的病人，它的应用性应由有经验的医生来认真考虑。
- 对于呼吸道标本鸟胞内分枝杆菌培养阳性但临床诊断又不是鸟胞内分枝杆菌感染的病人，长期密切随访是必不可少的（症状，重复痰检查，胸 CT 扫描）。
- 在给予长期药物治疗时药物毒性反应的监测是必不可少。典型的对老人的影响有：利福平（肝炎），利福布汀（特别是与大环内酯类联用时的葡萄膜炎，肝炎，多处关节疼痛），乙胺丁醇（球后视神经炎表现为视力下降或红绿颜色的弱视），阿米卡星（耳毒性，肾毒性），克拉霉素（胃肠道不适），阿奇霉素（可逆的听力损失，胃肠道不适）。

推荐依据

Griffi th DE, Aksamit T, Brown-Elliott BA, et al. An offi cial ATS/IDSA statement: diagnosis, treatment, and prevention of nontuberculous mycobacterial diseases. Am J Respir Crit Care Med, 2007; Vol.175; pp. 367 - 416.

注释：该篇综合性文献是本部分内容的基础。对于未进行初始治疗的 MAC 患者，该文献也很值得一读，可了解其他详细信息。

龟分枝杆菌

Susan Dorman, MD and Christopher J. Hoffmann MD, MPH

病原体

微生物学

- 生长迅速，耐寒，无处不在的结核分枝杆菌常见自来水在体外药敏实验的结果应该被用来指导抗菌治疗（虽然敏感性是不可预知的）。实验室应将其与常容易混淆的脓肿分枝杆菌区分开来，因其更难以治疗。

临床信息

- 可能会导致软组织感染，包括免疫力正常和免疫力低下病人的手术后或深部感染/播散。龟分枝杆菌可能是病原体也可能是环境污染物。针对一个阳性培养结果的意义，尤其是来自呼吸道分泌物，需要仔细地进行临床评价。有报道过关于假性医院爆发的原因是气管镜的污染。体检：皮肤损伤通常是四肢上红斑性皮下结节，但也可能导致蜂窝组织炎或脓肿。皮肤病理损伤：通常是肉芽肿炎，但可以是以中性粒细胞为主并有脓肿形成。25%的病例抗酸染色是阳性。送活检标本进行抗酸染色，抗酸染色培养和组织病理检查。没有快速的 FDA 批准或商品化的诊断检查方法（针对原始标本）。

感染部位

- 局部，社区获得性感染（蜂窝组织炎，脓肿，骨髓炎）可能会发生或者在医疗操作后发生在免疫功能正常的人身上（在软组织创伤如机动车相撞后偶发分枝杆菌更可能是病原体）。皮肤疾病：最常见的表现，一般是发生在使用皮质类固醇的免疫抑制患者身上（很少是艾滋病毒/艾滋病人）。医院：手术后伤口感染，抽脂，注射针（肉毒杆菌毒素注射），导管相关性感染（最常见的静脉留置针；也有报道过血液透析分流和慢性腹膜透析导管）。眼：LASIK 术后的角膜炎有越来越多的报道（Ophthalmology 2003;110:276）。狭缝灯检查：典型的“破裂挡风玻璃”外观。采集标本进行抗酸染色/镜检和分支杆菌培养；避免眼内固醇。肺：很少引起的疾病（与脓肿分枝杆菌不同）。

治疗

局部感染

- 克拉霉素单药治疗（500 mg PO，每天 2 次），通常已经足够。关于阿奇霉素的临床经验很少但是反应很可能是相似的。
- 清创手术往往是抗生素治疗的一个有用的辅助措施。
- 对于克拉霉素单药治疗局部感染，尚未报道克拉霉素的获得性耐药。

播散或广泛疾病

- 一个小的关于播散性皮肤疾病的前瞻性研究示：克拉霉素单药治疗（500 mg PO，每天 2 次）有 100%的反应率和低复发率（AnnInternMed 1993;119:482）。
- 在初次始治疗时，多种药物治疗可以防止获得性耐药的发展；克拉霉素 500 mg 口服，每天 2 次，加上妥布霉素 5 mg/(kg・d) 静滴或亚胺培南 0.5~1 g/q6h IV 或利奈唑胺 600 mg IV/PO，每天 2 次，连用 4~8 周。
- 治疗时间：一般为 6 个月。
- 莫西沙星（每天 400 mg）和利奈唑胺（600 mg，每天 2 次）在体外对大多数龟分枝杆菌分离株均有活性。但莫西沙星对龟分枝杆菌的临床经验是有限的。
- 头孢西丁对龟分枝杆菌没有活性。

角膜炎（LASIK 手术相关）

- 克拉霉素 500 mg PO，每天 2 次，加用局部的（妥布霉素 0.3%，2 滴 q4h 加上加替沙星 0.3%，1 滴 q4h 或莫西沙星 0.5%，1 滴 q4h）。
- 外用眼科莫西沙星 0.5%或外用眼科加替沙星 0.3%，可能会更比其他氟喹诺酮类药物或者环丙沙星效果要好。
- 在没有使用全身克拉霉素时，避免使用眼科氟喹诺酮类药物单药治疗。
- 清创手术可能会缩短病程 (Ophthalmology 2003;110:276)。
- 避免眼科皮质类固醇药物。

推荐依据

GriffithDE, Aksamit T, Brown-Elliott BA, et al.An official ATS/IDSA statement: diagnosis, treatment, and prevention of nontuberculous mycobacterial diseases.Am J Respir Crit Care Med,2007;Vol.175 ;pp 367 - 416.

注释：尽管这种微生物通常不引起肺部疾病，但也建议对肺或深部感染联合治疗 4~12 个月以上。

Hamam RN, Noureddin B, Salti HI et al.Recalcitrant post-LASIK Mycobacterium chelonae keratitis eradicated after the use of fourth-generation fluoroquinolone. phthal mology, 2006;Vol. 113;pp. 950 - 954.

注释：最新的关于 LASIK 术后角膜炎的文献病例报告。新的眼科用氟喹诺酮类药物（加替沙星和莫西沙星）与旧氟喹诺酮类相比较，对龟分枝杆菌增加了抗菌活性。

Wallace RJ, Tanner D, Brennan PJ, et al.Clinical trial of clarithromycin for cutaneous (disseminated) infection due to Mycobacterium chelonae.Ann Intern Med,1993;Vol. 119 pp. 482 - 6

注释：关于克拉霉素作为单一药物治疗皮肤散发龟分枝杆菌感染的前瞻性、开放的非对比实验。通常 500mgbid 治疗 6 个月。有效率 100%，约 10%的复发率（1 个患者治疗 3.5 个月后停止治疗，并以克拉霉素耐药菌株复发）。

偶发分枝杆菌

Paul G. Auwaerter, MD

微生物学

- 快速增长的分枝杆菌。
- 临床培养阳性通常需要 3 至 7 天，但可能需要较长的孵化时间。
- 来源：土壤，水，动物，海洋生物。全球分布。

- 偶发分枝杆菌组包括 M.peregrinum，M.houstonese，M.boenickei，M.mageritense，M.senegalense 和 Mycobacteriumse tense sp.，区别仅存在于分子水平。

临床信息

- 在免疫力正常和免疫力低下的人群中，最常见的是引起皮肤，骨骼和关节相关的疾病。真正的肺部感染是罕见的。
- 最近有病例报道是修脚时通过污染的水浸泡或淋浴而感染。
- 有医院疾病的暴发相关报道（如胸骨伤口感染，整形手术伤口感染，注射后脓肿）。
- 假性医院暴发的原因是气管镜或医院供水有污染。
- 没有人类之间互相传播的有力证据。
- 诊断标准（非肺部）：伤口或组织分离出微生物。
- ATS 标准（肺疾病）：对怀疑非结核结核分枝杆菌（NTM）肺部疾病的最低评估：（1）胸部 X 光片，或在空蚀的情况下，胸部高分辨率计算机断层扫描（HRCT）；（2）对三份或更多的痰标本抗酸杆菌（抗酸染色）的分析；（3）排除其他疾病，如肺结核。临床，放射线检查，微生物标准是同样重要，都必须符合非结核分枝杆菌肺部疾病的诊断。ATS 规定标准适用于有症状的病人，同时胸片显示肺野模糊，呈结节状或空洞，或胸部高分辨率计算机断层扫描显示多灶性支气管扩张与多个小结节。这些标准尤为适用于鸟－胞内复合分枝杆菌，堪萨斯分枝杆菌，分枝杆菌脓肿亚种。对于其他非结核分枝杆菌肺疾病所知不多。可以肯定的是，这些诊断标准普遍适用于所有非结核分枝杆菌肺疾病的呼吸道病原体。
- 微生物标准：至少有两份单独的痰标本或至少有一个支气管冲洗液或灌洗液出现培养阳性结果，支气管或其他肺部组织活检显示结核分枝杆菌的病理学特征（肉芽肿炎或者抗酸染色），非结核分枝杆菌培养阳性或活检显示结核分枝杆菌的组织病理学特征（肉芽肿炎或抗酸染色）和一份或多份痰或支气管洗涤液的非结核分枝杆菌培养阳性。
- 对于怀疑是非结核分枝杆菌肺疾病但又不符合诊断标准的病人，应该随访直至明确诊断或者排除诊断。

感染部位

- 皮肤疾病（蜂窝组织炎，脓肿，溃疡）：是常见的感染表现，通常与创伤相关，可发生在免疫功能正常和免疫功能低下的人身上。
- 通常开始为小红斑性丘疹，几周后或几月后发展到大的痈，会溃烂的痛苦的蓝色的疖子（S）。淋巴结炎很少遇到。
- 骨髓炎和（或）关节病：可能是局部蔓延或者创伤后伤口感染所致（多见）或血源性传播（较少见）。
- 肺部疾病：罕见（脓肿分枝杆菌较为常见），除了食管贲门失弛缓症，类脂性肺炎，慢性呕吐和阿司匹林为特征的病人。
- 由于肺部偶发分枝杆菌病是罕见的，偶发分枝杆菌可以是污染的，所以需要仔细地临床评估，以确定肺偶发分枝杆菌分离株的意义。
- 导管相关性感染。
- 中耳炎：罕见。
- 角膜炎：罕的。
- 中枢神经系统感染：罕见。
- 播散：罕见。

治疗

总评

- 疾病通常是慢性的，渐进的；有罕见报道过自限性恢复。
- 药敏实验结果应当用于指导治疗。
- 通常对阿米卡星，头孢西丁，左氧氟沙星，磺胺类，亚胺培南，利奈唑胺敏感。大多数菌株对克拉霉素敏感，50%对多西环素敏感。
- 利奈唑胺：在体外有较强的活性，但对于治疗偶发分枝杆菌的临床经验有限。
- 谨慎使用大环内酯类抗菌药物。已有报道过诱导红霉素耐药（ERM 基因），80%的菌株被认为最初对克拉霉素敏感后发展为耐药。
- 局部伤口感染
- 口服磺胺类药物单药治疗（甲氧苄氨嘧啶 - 磺胺甲基异噁唑，1DS，每天 2 次），多西环素（100 mg/d），或克拉霉素（500 mg，每天 2 次）。尚未有获得性耐药的报道。
- 口服喹诺酮类药物单药治疗导致获得性耐药和治疗失败已有报道。因此，喹诺酮类药物应与其他抗菌药物联合使用。
- 手术切除或清创对于局限性皮肤疾病通常是没有必要的，除了因为毒性作用而限制化疗药物的使用。
- 治疗通常需要 3~4 个月的时间，但取决于感染好转的速度。

严重的皮肤 / 软组织 / 骨感染或肺部疾病

- 建议用至少两种在体外有活性的药物进行联合治疗。
- 对于初始治疗：阿米卡星（15 mg/kg 24h IV，若肾功能不全再调整剂量），加 β - 内酰胺类（头孢西丁 2 g/q6h IV 或亚胺培南 1 g/6h IV），或喹诺酮类（左氧氟沙星 500 mg 或莫西沙星每天 400 mg）。
- 当使用一个上述初步方案后临床有改善后，可以改用至少 2 种口服药物治疗（根据药敏实验）。
- 常用的口服制剂：克拉霉素（500 mg PO，每天 2 次），多西环素（100 mg PO，每天 2 次），甲氧苄啶 - 磺胺甲基异噁唑（1DS PO，每天 2 次），左氧氟沙星（每天 500~750 mg，PO）。
- 对于皮肤及软组织感染，手术切除或清创对疾病蔓延、脓肿形成或因毒性而限制化疗都可能有益处。
- 感染或潜在的感染异物（如静脉导管，乳房植入物）应予以移除。
- 治疗的持续时间取决于疾病和免疫抑制的程度；需要最低 6 个月来防止复发。

推荐依据

Griffith DE, Aksamit T, Brown-Elliott BA, et al.An official ATS/IDSA statement: diagnosis, treatment, and prevention of nontuberculous mycobacterial diseases.Am J Respir Crit Care Med, 2007; Vol. 175; pp. 367 - 416.

注释：文件提供了肺结核分枝杆菌感染诊断和治疗方面的建议，主要倾向于肺部感染的诊断和治疗。

堪萨斯分枝杆菌

Paul G. Auwaerter, MD and Christopher J. Hoffmann MD, MPH

微生物学

- 缓慢生长，光产色分支杆菌。
- DNA 分析表明可能有 5~7 个亚种。
- 亚型可能导致大多数的人类感染。

临床信息

- 在美国大部分地区是非结核分枝杆菌性肺疾病的第二个最常见的原因，同样也是艾滋病毒 / 艾滋病病人的非结核分枝杆菌病的第二个最常见的病因。
- 水是主要的环境来源。感染可能通过气溶胶形式而发生。
- 肺疾病的危险因素：慢性阻塞性肺疾病，肺尘埃沉着病，囊性纤维化，分枝杆菌肺部疾病前期，恶性肿瘤，酗酒，艾滋病毒 / 艾滋病。
- 结核分枝杆菌和堪萨斯分枝杆菌能同时感染。堪萨斯分支杆菌培养阳性应该延长培养时间以排除结核分枝杆菌，因为结核分枝杆菌比堪萨斯分枝杆菌生长速度要慢一些。
- 诊断：怀疑对象：慢性肺部感染 ± 支气管扩张，结核样或鸟胞内分枝杆菌复合体样的空洞。对痰或者肺泡盥洗液进行抗酸染色或者培养。

感染部位

- 肺：是免疫功能正常和免疫功能低下人群最常见的部位。
- 临床表现和临床过程类似肺结核。肺上叶空洞渗出很常见，但是非空洞性、结节性或支气管扩张肺疾病也会发生。
- 未经治疗的空洞（可能非空洞）肺疾病的自然史是一种进展性的疾病。
- 在感染艾滋病毒病人，胸部 X 光片上的空洞常伴随高 CD_4 细胞计数和中间 / 下肺也常受影响。间质性渗出和肺门淋巴结肿大不伴肺空洞可能会发生低 CD_4 细胞计数。
- 播散性疾病：通常发生在晚期肺疾病患者。可发生在艾滋病和严重免疫功能低下的艾滋病毒阴性者（例如，器官移植接受者）。
- 淋巴结炎：罕见。
- 皮肤：罕见。
- 骨髓炎 / 关节炎：罕见。

治疗

肺疾病，艾滋病毒阴性，或没有接受 HAART 治疗的艾滋病毒阳性

- 利福平（10 mg/(kg · d) 或 600 mg 最大剂量口服，每天 1 次）+ 异烟肼（5 mg/kg 每天或 300 mg 最大剂量口服，每天 1 次，加吡哆醇 50 mg PO，每天 1 次）+ 乙胺丁醇（15 mg/(kg · d)）。不再推荐在初始 2 个月服用乙胺丁醇 25 mg/(kg · d)。
- 临床反应：在有效的治疗下，希望在 6 个月内痰培养转为阴性 (RID1981;3:1028 – 34,1035 – 39)。
- 每月复查痰涂片和培养直至至少连续 3 次培养阴性。
- 在痰培养转阴后继续治疗 12 个月（通常总时间是 18~24 个月）。
- 目前推荐的方案是根据可获得的资料使用旧的抗结核药。克拉霉素和莫西沙星在体外是十分有效，很有可能（作为联合治疗的一部分）他们的药效与以利福平为基础的方案相同或者较其更有效，但临床信息不充分。

肺疾病，接受 HAART 治疗的艾滋病毒阳性者

- 如果没有接受鸡尾酒疗法，那么上述关于艾滋病毒阴性患者的方案适用。
- 利福平可与依非韦伦（依非韦伦的剂量增加至 800 mg/d）联合使用，但改为利福布汀是首选。
- 对于服用茚地那韦，尼非那韦，安普那韦，达卢那韦，替拉那韦，沙奎那韦，福沙那韦，地拉韦啶的患者，不能使用利福平。利福布汀可以使用，剂量可以适当调整。避免利福布汀 + 地拉韦啶的联合使用。
- 克拉霉素 500 mg，每天 2 次 + 利福布汀（见蛋白酶抑制剂和非核苷酸逆转录酶抑制剂药物剂量调整部分）+ 异烟肼 300 mg，每天 1 次（加吡哆醇 50mg，每天 1 次）+ 乙胺丁醇 15 mg/(kg·d)，最大剂量 2.5 g/d）。可考虑将链霉素或莫西沙星（体外效果不错，但临床经验很少）作为替代品或针对严重的诊断。
- 密切检测药物的副作用，包括利福布汀的葡萄膜炎。
- 治疗时间：一般为 18 个月，包括在痰标本培养阴性时治疗的 12 个月。
- 在进行抗结核或者或艾滋病毒治疗时，可能会发生免疫重建综合征，若出现很严重的或者危及生命的症状或体征，可考虑皮质醇激素。
- 对艾滋病毒阳性者，间歇性的以克拉霉素为基础的方案还没有进行评估。

播散疾病的治疗

- 上述的针对各种患者群体的的治疗方案也适用于播散疾病的治疗。
- 利福霉素发挥关键作用，因此所有的方案都应该是基于其中的一种药物除非耐药性出现。

不含利福平的方案

- 利福平是堪萨斯分枝杆菌的基础治疗药物，除了分离株对其耐药或者病人对其不耐受外，治疗都应该包括它。
- 利福平耐药：可能包括克拉霉素 500 mg PO，每天 2 次或阿奇霉素 250 mg PO，每天 1 次，莫西沙星 400 mg，每天 1 次，乙胺丁醇 15 mg/(kg·d)，磺胺甲基异噁唑 1 mg PO，每天 3 次或链霉素 0.5~1.0 g/q24h 肌注，连用 1~3 个月，然后每周 3 次。
- 治疗时间：痰标本培养阴性的 12 个月。

其他内容

- 萨斯分枝杆菌肺疾病的 ATS 诊断标准（见“详细信息”）是指南；对于特殊的病人，它的应用性应由经验丰富的医生来慎重考虑。
- 对于空洞型肺疾病的诊断，和艾滋病毒感染的病人，虽然没有达成共识，但是 1 次呼吸道标本培养阳性对于诊断也是足够的。如果不及时治疗，应该密切随访病人。
- 已有关于异烟肼，利福平和乙胺丁醇的获得性耐药方面的报道，这些与治疗失败或复发有关。避免单药治疗而致失败的方案。
- 堪萨斯分枝杆菌一般可被利福布汀，利福平，异烟肼，乙胺丁醇，乙硫异烟胺，阿奇霉素，链霉素，克拉霉素和达到血清浓度的新型喹诺酮类药物所抑制。
- 应进行对利福平的药敏实验；其他药物的药敏结果与临床关联性还不清楚。堪萨斯分枝杆菌对吡嗪酰胺和卷曲霉素耐药。

推荐依据

Diagnostic criteria for pulmonary M. kansasii disease (Am J Respir Crit Care Med 2007;175:367 - 416)

ATS 标准（肺疾病）：对怀疑非结核分枝杆菌（NTM）肺部疾病的最低评估：（1）胸部X 光片，或在空蚀的情况下，胸部高分辨率计算机断层扫描（HRCT）；（2）对三份或更多的痰标本抗酸杆菌（抗酸染色）的分析；（3）排除其他疾病，如肺结核。临床，放射，微生物标准它们是同样重要，都必须符合非结核分枝杆菌肺部疾病的诊断。ATS 规定标准适用于有症状的病人，同时胸片显示肺野模糊，呈结节状或空洞，或胸部高分辨率计算机断层扫描显示多灶性支气管扩张与多个小结节。这些标准尤为适用于鸟 ~ 胞内复合分枝杆菌，堪萨斯分枝杆菌，分枝杆菌脓肿亚种。对于其他非结核分枝杆菌肺疾病所知不多。可以肯定的是，这些诊断标准普遍适用于所有非结核分枝杆菌肺疾病的呼吸道病原体。

微生物标准：至少有两份单独的痰标本或至少有一个支气管冲洗液或灌洗液出现培养阳性结果，支气管或其他肺部组织活检显示结核分枝杆菌的病理学特征（肉芽肿炎或者抗酸染色），非结核分枝杆菌培养阳性或活检显示结核分枝杆菌的组织病理学特征（肉芽肿炎或抗酸染色）和一份或多份痰或支气管洗涤液的非结核分枝杆菌培养阳性。

推荐依据

Griffith DE, Aksamit T, Brown-Elliott BA, et al.An official ATS/IDSA statement: diagnosis, treatment, and prevention of nontuberculous mycobacterial diseases. Am J Respir Crit Care Med, 2007;Vol. 175 ;pp. 367 - 416.

注释 : 目前美国胸科协会诊断和治疗指南。

麻风分枝杆菌

Paul G. Auwaerter, MD and Joseph Vinetz, MD

微生物学

- 抗酸染色的形态类似于结核杆菌。
- 缓慢生长的专性细胞内病原体，平均倍增时间为 2 周左右。在微生物实验室不能培养出来。
- 在科研中，犰狳和免疫功能低下的小鼠被用于麻风的培养。

临床信息

- 麻风病（有些人更喜欢称为 Hansen 病）：慢性进展性高发病率的皮肤和神经系统疾病。
- 美国大多数的病例都是从发展中国家移民过来的，特别是非洲，印度，太平洋群岛。全世界有 30 亿人感染。
- 在洛杉矶和德克萨斯州有本土的麻风病发生。
- 传播：最有可能从麻风病人的鼻腔分泌物而不是皮肤接触。
- 潜伏期：2~5 年，很少是几十年。
- 罕见的院内感染；感染需要持续的接触。
- 临床表现取决于宿主反应。
- 自然史和治疗并发逆转的反应和结节性红斑。
- 精确的分类是建立治疗和预后的基础（见下面的其他信息）。
- 临床诊断依据：（1）色素减退 / 红色皮损；（2）周围神经受累 – 增厚及相关的感觉丧失；（3）皮肤涂片抗酸染色阳性。

感染部位

- 眼睛：虹膜睫状体炎（急性或慢性），暴露所致角膜改变，眼睑闭合不全（第Ⅶ对颅神经麻痹），白内障。
- 皮肤：色素减退，麻痹斑，斑块，结节性病灶，渗出的增厚的病灶—看起来像“慢性皮炎”。
- 神经系统：只要外周神经受累。经典的耳大神经，和锁骨，尺骨，前臂，手腕的桡侧/中间的神经，股外侧皮，常见的腓骨，后胫骨。早期和晚期的麻痹，有刺痛感。
- 全身：结节性红斑下的发热，关节痛，关节炎。
- 肾脏：因结节性红斑所致的肾小球肾炎。
- 肌肉骨骼：由于神经破坏导致的营养性改变，爪形手，溃疡，脚畸形。
- 结节性红斑：鼻腔分泌物，呼吸道阻塞，溃疡，鼻中隔穿孔，鞍鼻畸形；在唇，舌，腭，喉上的结节；声门的水肿是可逆的反应之一。

治疗

- 菌量多的麻风病（皮肤涂片阳性）
- 成人：氨苯砜 100 mg/d+ 利福平 600 mg/q4w+ 氯法齐明 50 mg/d，补充氯法齐明每月负荷剂量 300 mg。
- 其他：氨苯砜 1~2 mg/(kg·d)，利福平 450 mg < 35kg，300 mg < 20 kg，150 mg < 12 kg。
- 治疗时间：12~24 个月。
- 菌量少的麻风病（皮肤涂片阴性）
- 利福平 600 mg，每月 1 次，连用 6 个月 + 氨苯砜 100 mg/d，连用 6 个月。

结节性红斑（ENL）

- 全程使用抗麻风药物。
- 轻度：休息时影响肢体，止痛药，随访，每 2 周 1 次，检查虹膜睫状体炎；氯喹，阿司匹林可能有用。
- 严重反应的定义：数量多的结节 + 发烧，溃疡/脓胞性的结节性红斑，内脏受累，结节 + 神经炎，复发性结节性红斑。
- 严重（WHO 指导原则 http://www.paho.org/English/AD/DPC/CD/who-enl-guidelines.htm）：泼尼松龙 30~40 mg/d（不超过 1mg/kg），用 1~2 周，然后逐渐减量至 12 周。
- 若对皮质类固醇不反应或糖皮质激素的风险限制了使用：开始用氯法齐明 100 mg，每天 3 次，最长使用时间 12 周。如果已经给予了泼尼松龙，就完成整个标准疗程。氯法齐明逐渐减量至 100 mg，每天 2 次，连用 12 周，然后 100 mg，每天 1 次，连用 12~24 周。
- 如果抗麻风药物治疗已经完成，就不应重新治疗。
- 一些人使用已酮可可碱作为辅助治疗使用。
- 出于致畸作用的考虑，世界卫生组织不推荐使用沙利度胺；然而如果没有禁忌，在严格监督下，还是有用的：沙利度胺 200~400 mg/d，1~2 周后减量到 50~100 mg/d。

逆反应

- 目的是为了防止神经损伤。
- 泼尼松龙：开始 40 mg/d，然后减量至 10 mg/q2w，总共约 12 周。

眼部并发症

- 眼睑闭合不全（第Ⅶ对颅神经麻痹）：护目镜，太阳镜，生理盐水眼液，夜间闭眼，手术（横向睑缝术）。
- 虹膜睫状体炎：局部阿托品，皮质类固醇激素；慢性患者可能需要长期治疗。

预防

- 虽然研究示氨苯砜没有效果，但是最近的关于采用单剂量利福平的大型研究提示对家庭接触是有益处的。
- 利福平，单剂量口服：成人体重 35 公斤以上，600 mg；体重低于 35 公斤和 9 岁以上的儿童，450 mg；5~9 岁的儿童，300 mg。

更多的治疗

对于治疗的目的

- 菌量少：皮肤涂片阴性，通常分类为 TT，BT，I。
- 菌量多：皮肤涂片阳性，通常分类为 BB，BL，LL。

经典的 Ridley–Jopling 分类

- 结核样型（TT）：单个或几个麻痹斑或斑块；边界分明；外周神经受累很常见；皮肤中杆菌的密度：罕见；麻风皮肤实验强阳性。
- 交界结核样型（BT）：病灶与 TT 类似但比其更多；边界不是很分明；有卫星病灶围绕较大的病灶；外周神经受累很常见；皮肤中杆菌的密度：少；麻风皮肤实验阳性。
- 边缘型（BB）：病灶比 BT 多；模糊的边界；卫星病灶常见；外周神经受累很常见；皮肤中杆菌的密度：适中；麻风皮肤实验阴性或者弱阳性。
- 交界麻风瘤型（BL）：病灶很多，与 BB 类似；有部分神经损伤；皮肤中杆菌的密度：多；麻风皮肤实验阴性。
- 麻风瘤型（LL）：多个非麻痹性斑或丘疹，对称分布；直到晚期才出现神经病变；晚期并发症：麻风脸，睾丸损伤等；皮肤中杆菌的密度：多；麻风皮肤实验阴性。
- 未确定型（I）：分界模糊的色素减退或红色的斑疹；皮肤中杆菌的密度：罕见或少见；麻风皮肤实验阴性或弱阳性。

其他信息

- 体格检查：观察麻痹斑，神经干增厚（例如，耳大神经），畸形，瘫痪；皮肤标本的组织检查；皮肤涂片的杆菌检查。
- 诊断：从 6~8 个部位采集皮肤涂片；病灶边缘部分活检进行疾病分类。染色用来鉴定细菌。
- 专业知识的咨询，请查询美国公共卫生服务汉森氏病项目：http://www.hrsa.gov/hansens/—accessed8/18/09。
- 汉森氏病项目：800–642–2477。夏威夷汉森氏病项目：808–733–9831。
- 麻风皮肤监测试剂由世界卫生组织生产；联系国家汉森氏病中心去协商获取。

更多信息

麻风的免疫反应需要特殊的治疗

- 可逆反应：由特异性的 T 细胞介导的反应可以提高针对麻风分枝杆菌抗原的细胞免疫力，进而转变为结核样型；病变成为红斑，水肿，及随之而来的急性视神经炎；可能会导致严重的感觉丧失和麻痹性畸形如爪形手，足下垂。麻风瘤型病人可能就不会自发地遇到这些反应；针对瘫痪或者肌肉麻痹，病人治疗的同时要谨慎的观察，止痛剂，皮质激素。结节性红斑（ENL）：免疫复合物只出现在麻风瘤型，交界麻风瘤型病人身上；一半的麻风瘤型病人在药物治疗几个月后也会出现结节性红斑；主要特点是起病急骤的皮下和皮内软的结节变成红斑；伴有发热，有时甚至是滑膜炎，虹膜睫状体炎，肾小球肾炎，继发淀粉样病变；止痛药治疗；沙利度胺下严重的病例，有时氯法齐明也是；虹膜睫状体炎需要外用类固醇。

推荐依据：

Ooi WW, Moschella SL.Update on leprosy in immigrants in the United States: status in the yr 2000. Clin Infect Dis,2001; Vol. 32;pp. 930 - 7.

注释：本文介绍了在美国麻风病患者的临床表现和治疗处置建议。重点为鉴别诊断，临床表现，怀疑诊断麻风病的理由和治疗方法。

7th WHO Expert Committee on Leprosy June 1997. Major conclusions and recommendations.

注释：有关控制和治疗麻风病的主要的国际政策建议。

海分枝杆菌

Paul G. Auwaerter, MD

微生物学

- 生长缓慢，产色分枝杆菌。在 30℃ ~33℃生长最好。
- 来源：水及海洋生物。全球分布。在淡水和盐水中都能生存。

临床信息

- 导致软组织和骨感染（“鱼池肉芽肿”，“鱼结核”，“游泳池肉芽肿”）。
- 在水族馆，游泳池，其他水设施或受到鱼刺，甲壳类，贝壳创伤后感染（可以是很小的创伤）。
- 男性比女性发病率较高，大概与男性频繁的暴露有关。
- 潜伏期一般为 2~4 周，但是也可以更长。
- 疾病可以发生在免疫功能正常或免疫抑制者。免疫抑制可能会增加疾病的易感性和严重性。
- 实验室设立报警，在临床怀疑海分枝杆菌感染时采用适当的培养条件。
- 药敏实验不需要常规进行，一般只在治疗失败时进行。
- 诊断：从活动性的病灶处取材进行抗酸染色涂片，抗酸染色培养和组织病理学评估。
- 抗酸染色涂片很少是阳性的。有 3/4 的病例组织学检查为肉芽肿。

感染部位

- 软组织：上肢最常见的创伤和皮肤疾病的部位（> 75%手指，手，前臂，鹰嘴滑囊 > 上臂），但局部疾病可以发生在任何创伤部位。许多情况下是没有明确的创伤。
- 初始皮肤病灶通常丘疹或结节状，包括在皮下有孢子菌丝样外观，并有可能变成一个蓝紫色的颜色。溃疡，脓肿和脓疱很少见。
- 疾病的播散通常是局部蔓延或经淋巴管播散。
- 深部感染：肌腱，关节或骨通常受累是由于覆盖的皮肤感染。
- 播散的疾病：不常见，但在免疫抑制者和明显的免疫功能正常者身上已有报道。

治疗

抗菌药物

- 没有前瞻性的研究，没有强烈的共识来指导抗菌药物，但两种药物联合治疗可能是最佳的组合。
- 分离株通常对利福平 / 利福布汀，乙胺丁醇，克拉霉素，米诺环素，多西环素，磺胺类药物敏感。对异烟肼，吡嗪酰胺，环丙沙星，氧氟沙星，左氧氟沙星耐药。
- 首选口服疗法：克拉霉素 500 mg，每天 2 次 + 乙胺丁醇 15 mg/(kg·d)，或克拉霉素 500 mg，每天 2 次 + 利福平 600 mg/d。在骨髓炎或深部组织受累时含利福平的方案是首选。
- 其他有效的口服药物：米诺环素 100 mg，每天 2 次，多西环素 100 mg，每天 2 次，甲氧苄氨嘧啶 – 磺胺甲基异噁唑 960 mg，每天 2 次。
- 治疗时间：反应多样性，可以延迟。对于免疫功能正常者，在临床症状已解决后 4~6 周停用抗菌药物；一般最短的时间为 3~4 个月。
- 对于感染从皮肤蔓延到深部组织和免疫功能低下的患者，需要更长的治疗时间。
- 利奈唑胺在体外有良好的活性，但发表的临床经验有限。

手术治疗

- 对于大多数仅限于皮肤和软组织的感染，手术没有明确的益处。对于感染累及到手的密闭空间，难治性肌腱受累或者对抗菌药物反应差的病人，手术可能会有益处。

随访

- 在治疗的第一个 8~12 周时，可能会出现新的结节，尤其是有广泛的感染时。通常这并不意味着治疗失败，但不妨做一下药敏实验。

其他信息

- 药敏实验不推荐常规做，只在治疗失败需要时才做。
- 有报道过在免疫功能正常人身发生自发缓解。

推荐依据

Griffith DE, Aksamit T,Brown–Elliott BA, et al.An official ATS/IDSA statement: diagnosis, treatment, and prevention of nontuberculous mycobacterial diseases.Am J Respir Crit Care Med,2007;Vol.175;pp. 367 - 416.

注释：指南包括海分枝杆菌引起的软组织感染的治疗，但没有对比实验。

肺炎支原体

Paul G. Auwaerter, MD

微生物学

- 需氧，苛养菌。被认为是非典型肺炎的一种常见的病原体，但受限于目前的诊断方法很难有可靠的诊断。
- 缺乏细胞壁。归属于柔膜体纲，是已知的最小的可以在无生命培养基上生长的细菌。若临床诊断或培养出来，表明有急性感染。
- 肺炎支原体培养很难。生长往往需要 7~21 天，成功率在 40%~90%。
- 目前尚未发现红霉素耐药株。

临床信息

- 高发于夏末 / 秋季，最常见的是儿童 / 青壮年，也有老人；也可以引起流行（学校，军营）。
- 肺炎支原体发病常常是渐进性的干咳，头痛为主，发烧，倦怠和喉咙痛。咳嗽可能会持续 4~6 周。
- 查体可能会发现咽后壁红斑。肺部检查早期可能是正常的，后期可能会出现啰音，鼾音或者哮鸣音。一般情况下，病人表现不是中毒的。
- 与感染相关的肺外异常经常出现（见感染部位部分）。
- 50%~70% 的病例出现冷凝集素抗体，但是非特异性的。这些 IgM 型自身抗体与红细胞抗原作用；可能也与溶血、肾功能衰竭、雷诺病相关。峰值出现在 2~3 周，持续 2~3 个月。
- 诊断：如果有痰，即可看到中性粒细胞但没有细菌（缺乏细胞壁，所以不用革兰染色）。冷凝集素滴度 1:32 或更大，则支持诊断，但是不是特异性，除了冷凝集素滴度 1:64。
- 大多数实验室常规不进行支原体培养。需要特殊的运输培养基和培养方法，1~2 周后呈现特征性的荷包蛋样菌落。
- 支原体 IgM 更具特异性，但是在最早的 7~10 天通常是阴性的。痰的基因探针或者 PCR 法检测 DNA 相比于培养或者血清学方法有约 89%~95% 敏感性 / 特异性。咽拭子标本结果相对较差。血清学方法现在已经不推荐为肺炎支原体的诊断方法。

感染部位

- 呼吸系统（1）：可能表现为常见的上呼吸道感染，只有 5%~10% 的病人发展为气管支气管炎或肺炎。往往伴有头痛。渐进性症状进展通常超过 1~2 天可以与病毒区分开来（相比与急性发病的流行性感冒）。
- 呼吸系统（2）：干咳，非中毒性（“行走性肺炎”）。胸部 X 光检查通常只有微小的发现。5%~20% 有胸腔积液。
- 耳鼻喉：大疱性鼓膜炎很罕见，只在实验性接种中多见。
- 真皮：在 7% 的病人尤其是儿童有多形红斑。此外，史蒂芬 - 约翰逊综合征、黄斑或麻疹样或丘疹、水泡。
- 心脏：心律失常，慢性心力衰竭高达 10%。心电图改变常见，尤其是传导异常。
- 神经：脑膜脑炎，无菌性脑膜炎，格林 - 巴利，共济失调，横贯性脊髓炎，周围神经病变。血清学与真正的病因之间的相关性还不明确。
- 血红素：溶血性贫血（临床不显著）。
- 关节：偶有关节炎，短暂的雷诺现象。

治疗

肺炎

- 通常不严重，而是温和的和自限性的。抗菌药物可缩短病程，但是咳嗽可能会持续几周。因其缺乏细胞壁，β - 内酰胺类抗菌药物无效。
- 常用剂量持续时间为 7~14 天，但这不是基于前瞻性研究。
- 红霉素 250 mg PO，每天 4 次，或多西环素 100 mg PO，每天 2 次是经典和经济的选择。
- 体外 MIC 很好、较新、较昂贵的药物包括：阿奇霉素 250 mg/d PO，克拉霉素 250 mg/q12h PO，左氧氟沙星 500 mg/d PO，莫西沙星 400 mg/d PO。
- 新的药物并不优于老的药物；在决定治疗时很少有明确的支原体诊断。

- 氟喹诺酮类药物和先进的大环内酯类只给予通常经验性肺炎剂量的一半，因为肺炎支原体对这些药物非常敏感。

上呼吸道感染

- 大多数没有确诊。
- 支持性护理，由于感染是自限性所以不要求用抗菌药物。

肺外疾病

- 抗菌药物的作用是未知的，但是需要谨慎使用在肺炎部分所罗列的药物 10~14 天。

预防

- 暴发流行在军队，家庭和长期护理设施出现过。
- 预防：阿奇霉素 500 mg，1 天，然后 250 mg，2~5 天，也许可以减少二次感染的速度。

其他信息

- 由于培养困难和病人的血清学检查不敏感，所以诊断很难。痰的基因探针或者 PCR 检测也许是最好、快速、准确的诊断方法，但实用性有限。
- 若胸片提示肺炎，但是白细胞和肺部体查正常，应及时考虑非典型性肺炎，比如支原体。
- 除了冷凝集素实验：将血采集到非抗凝试管中，冷却至 4℃和在受热后之前的在玻片上呈现的与红细胞结合的宏观凝集可以逆转。
- 患有肺炎支原体肺炎的镰刀细胞病病人常伴有严重的感染—严重的冷凝集素病引起的肾小管坏死。
- 对于肺炎支原体的诊断，冷凝集素抗体不敏感，不特异。补体结合实验和抗 IgM 的自身抗体特异性高，但在感染期常常是阴性的，只在感染后期升高，所以对于诊断没有作用。

推荐依据

Mandell LA, Wunderink RG, Anzueto A, et al.Infectious Diseases Society of America/ American Thoracic Society consensus guidelines on the management of community-acquired pneumonia in adults. Clin Infect Dis,2007; Vol. 44 Suppl 2; pp. S27 - 72.

注释：指南指出非典型肺炎尤其是门诊患者肺炎的常见病原体，但承认除了军团菌，支原体肺炎等在常规情况下很难诊断。强力霉素或大环内酯类抗菌药物主张用于没有耐药性危险因素的门诊患者的社区获得性肺炎链球菌肺炎的治疗。氟喹诺酮类药物作为已明确诊断支原体肺炎的替换用药。

Baum, S. Mycoplasma pneumoniae and Atypical Pneumonia Mandell, Bennett, and Dolin: Principles and Practice of Infectious Diseases, 6th ed., 2005 Churchill Livingstone, Chap 181.

注释 : 关于肺炎支原体感染诊断和治疗的最新概述。

淋病奈瑟菌

Noreen A. Hynes, MD, MPH

微生物学

- 革兰阴性双球菌，氧化酶和过氧化氢酶阳性。在血琼脂培养基或巧克力培养基中生长最好 (血在 176~194°F 时加热) 。
- 只要一经鉴定出来就认为是有致病性。

- 感染柱状上皮细胞的表面：宫颈内，尿道，肛门和口咽黏膜，眼结膜。
- 有一个宽大的芽孢和菌毛。菌毛抗原的变化可用于流行病学分型。
- 营养需要精氨酸，次黄嘌呤，或尿嘧啶的菌株更容易引起无症状性感染。

临床信息

- 淋病是美国第二常见的感染性疾病，在 2007 年有 355991 例病例报道。实质上存在着诊断不足和报道偏少，除了这些已经报道的，估计每年大约还有两倍的新发感染病例。在美国的一些城市，淋球菌对氟喹诺酮类抗菌药物的耐药率已经提高到 25%，已经不再推荐氟喹诺酮类抗生素治疗任何部位的淋球菌感染。
- 在男性中，通常会导致尿道炎的症状，但高达 25%的无感染症状；包皮环割术不会减少淋球菌感染的风险。附睾炎是男性淋病的最常见的并发症。男性其他相对不常见的并发症包括“阴茎淋巴管炎”，尿道狭窄和前列腺炎。
- 男性同性恋者：应每年至少筛选 1 次尿道，直肠，衣原体，淋病和咽部淋病，有多个或者无名性伴侣，与非法的吸毒者或者使用甲基安非他明者有性接触者，或者有一个性伴侣参与这些活动时，应该每 36 个月筛查 1 次。
- 高达 50%的妇女感染是无症状的。在女性中，附属性腺感染、肝周炎、围产儿发病、宫颈炎性疾病均可能发生。
- 在男女两性中的肛门直肠感染，咽炎，结膜炎和播散性感染均可能发生。
- 在男性潜伏期为 3~7 天；女性的潜伏期不清楚，可能是 10 天。
- 播散性淋菌感染（DGI），包括淋菌性腱鞘炎越来越罕见。严重的 DGI（脑膜炎或心内膜炎）应在会诊医生的帮助下来处理。
- 革兰染色：（1）对尿道及附属腺体分泌物（约 95%的敏感性）有用，不需要进一步的检查；（2）对女性宫颈分泌物（约 50%的敏感性）单独使用不能诊断；（3）因与脑膜炎奈瑟菌混淆，对咽部分泌物不要进行革兰染色，检查所有部位的标本（口腔，肛门，生殖器），以增加阳性率。
- 核酸扩增实验（NAATs）：（1）可常规用于阴道，阴茎和眼分泌物检测；只有咽或直肠分泌物需要培养才能下诊断，除非实验室已经进行了方法学的内部验证，它已经通过了一个认证研究，可以允许非 FDA 批准的方法的使用。（美国实验室和 Quest 诊断公司已经完成了这些认证）；（2）比不是基于核酸扩增的检测方法更敏感，更特异；（3）比培养更迅速；（4）比快速床旁免疫检测更特异。
- 培养：（1）感染部位的诊断标准；（2）确定抗菌药物敏感性的唯一的诊断方式；（3）由于结果不能在 24~48 小时出来，所以需要经验性治疗；（4）当诊断不明确时，或者考虑治疗失败时，或者存在法律问题比如说可能的强奸案件时，首选做培养。

感染部位

- 尿道：尿道炎。
- 宫颈：宫颈炎。
- 附睾：附睾炎。
- 输卵管：宫颈炎性疾病；附属腺体（Skene's，前庭）。
- 子宫内膜：子宫内膜炎。
- Glisson 囊肝：Fitz-Hugh-Curtis 综合征。
- 喉：咽炎。
- 结膜：结膜炎。
- 肛门直肠：直肠炎。
- 播散：皮肤损害，关节痛，腱鞘炎，化脓性关节炎，肝炎，心肌炎，心内膜炎，脑膜炎。

治疗

子宫颈，尿道，直肠的单纯性感染。

- 标准的治疗：如果支原体感染没有排除的话，就用两种既可以治疗淋病又可以治疗衣原体的药物。因为淋球菌的氟喹诺酮类药物耐药株的高度流行，所以不再推荐使用氟喹诺酮类药物。
- 头孢呋辛 400 mg PO，使用 1 天，如果支原体不排除的话，就加用抗支原体的药物（阿奇霉素 1 g PO，使用 1 天或者多西环素 100 mg PO，每天 2 次，使用 7 天）。
- 头孢曲松钠 125 mg IM 使用 1 天，如果支原体不排除的话，就加用抗支原体的药物（阿奇霉素 1 g PO，使用 1 天或者多西环素 100 mg PO，每天 2 次，使用 7 天）。
- 替代方案：壮观霉素 2 g，肌肉注射，使用 1 天，如果支原体不排除的话，就加用抗支原体的药物（阿奇霉素 1 g PO，使用 1 天或者多西环素 100 mg PO，每天 2 次，使用 7 天）。目前在美国，壮观霉素是不能获得的。如果不能获得壮观霉素，就咨询专家建议进行过敏原检测及脱敏，在治疗前服用头孢菌素。
- 头孢唑肟 500 mg IM 使用 1 天，如果支原体不排除的话，就加用抗支原体的药物（阿奇霉素 1 g PO，使用 1 天或者多西环素 100 mg PO，每天 2 次，使用 7 天）。头孢西丁 2 g，肌肉注射，连用 1 周，或者丙磺舒 1 g PO，使用 1 天，如果支原体不排除的话，就加用抗支原体的药物（阿奇霉素 1 g PO，使用 1 天或者多西环素 100 mg PO，每天 2 次，使用 7 天）。头孢噻肟 500 mg，肌肉注射，使用 1 天，如果支原体不排除的话，就加用抗支原体的药物（阿奇霉素 1 g PO，使用 1 天或者多西环素 100 mg PO，每天 2 次，使用 7 天）。

严重或播散性淋球菌感染（DGI）

- 头孢曲松 1 g/q24h，静滴（推荐）。
- 替代方案：头孢噻肟 1 g/q8h，静滴或头孢唑肟 1 g/q8h IV。或壮观霉素 2 g/q12h，肌肉注射。
- 所有前面提到的方案在开始改善后应继续服用 24~48 小时，此时治疗可转换到下列方案之一，至少完成 1 周的抗菌药物。
- 口服方案（改善后）：头孢西丁 400 mg PO，每天 2 次。
- 因为淋球菌的氟喹诺酮类药物耐药株的高度流行，所以不再推荐使用氟喹诺酮类药物。
- 脑膜炎：头孢曲松 1~2 g/q12h IV，连用 10~14 天。
- 心内膜炎：头孢曲松 1~2 g/q12h IV，至少 4 周。
- 对头孢菌素类过敏 / 不耐受行为：壮观霉素 2 g/q12h。目前在美国，壮观霉素是不能获得的。如果不能获得壮观霉素，就咨询专家建议进行过敏原检测及脱敏，在治疗前服用头孢菌素。

单纯性咽部感染

- 标准的治疗：如果支原体感染没有排除的话，就用两种既可以治疗淋病又可以治疗衣原体的药物。
- 头孢曲松钠 125 mg，肌肉注射，使用 1 天，如果支原体不排除的话，就加用抗支原体的药物（阿奇霉素 1 g PO，使用 1 天或者多西环素 100 mg PO，每天 2 次，使用 7 天）。
- 淋菌性结膜炎
- 头孢曲松 1 g，1 次（加生理盐水灌洗）。

特殊病人的情况

- 艾滋病人：应该与未感染艾滋病毒的人一样对待。
- 怀孕：可以使用以上喹诺酮类或四环素类以外的任何方案。对于推测治疗或者明确治疗，可以使用红霉素和阿莫西林。
- 过敏，不耐受，不良反应：如果真的不能耐受头孢菌素类，就使用壮观霉素。如果用来治疗可能的咽部感染，需要在治疗后的 3~5 天检测治愈。目前在美国，壮观霉素是不能获得的。如果不能获得壮观霉素，就咨询专家建议进行过敏原检测及脱敏，在治疗前服用头孢菌素。
- 治愈的检测：生殖器感染不需要常规检测。咽淋病治疗需要常规检测。如下情况也需要考虑治愈检测：（1）持续的症状；（2）观察到有抗菌药物耐药性。

随访

- 怀疑有咽部淋病的病人在治疗后的 3~5 天应该有一个治愈的检测。

其他信息

- 如果在治疗时还不能排除衣原体感染，那么同时治疗衣原体感染和淋病感染是标准的治疗方案。
- 咽和肛门直肠感染似乎与播散性感染有关。
- 严重的播散性感染的治疗应与传染病专家商量。
- 壮观霉素目前在美国没有上市（2006 年）。

推荐依据

Bignell C, IUSTI/WHO.2009 European (IUSTI/WHO) guideline on the diagnosis and treatment of gonorrhoea in adults.Int J STD AIDS,2009;Vol. 20;pp. 453 - 7 .

P304

注释：这些文献是最新发表的成人淋病的诊断和治疗的临床实践指南。指南总结了 2008 年 1 月以来的最新发现，并在疾病控制与预防中心 (CDC)2006 年发布的性传播疾病治疗指南 (www.cdc.gov/std/)、CDC2007 年对淋病治疗的更新及英国性健康与 HIV 学会 2005 年发布的指南 (http://www.bashh.org/) 的基础上完成。这些欧洲的指南强调了其他机构所做的推荐。CDC 更新的性传播疾病治疗之南 ,2006：氟喹诺酮类不再推荐用于治疗淋球菌感染。MMWRMorbMortalWklyRep,2007;Vol.56;pp.332 - 6.

注释：1993 年起，氟喹诺酮类药物 (FQ) 在美国开始用于治疗淋病。从 2000 年开始，美国 CDC 牵头的哨点监测系统、淋球菌监测系统 (GISP) 报道的氟喹诺酮类药物耐药的淋病奈瑟菌菌株持续增加。据 GISP2005 年的数据及 2006 年的初步数据，在异性恋及男 ~ 男同性恋中淋病氟喹诺酮类药物耐药持续上升。耐药率在某些城市的异性恋男性患者中高达 26.6%。因此，在 2006 年 4 月 13 日，CDC 修订了 2006 年发布的性传播疾病治疗指南，不再推荐使用任何 FQ 作为确诊或疑似淋病感染（包括所有感染部位）的治疗药物。

Centers for Disease Control and Prevention Sexually transmitted diseases treatment guidelines 2006. Centers for Disease Control and Prevention. MMWR Recomm Rep, 2006; Vol. 55; pp. 1 - 100.

注释：CDC 组织国内及国际 STD 诊断、治疗、预防及控制方面的专家所编写发布的治疗指南为临床医生提供了 STD 推荐治疗方法的有效参考。指南电子版可以在以下网址获得：http://www.cdc.gov/std/treatment/default.htm。

脑膜炎奈瑟菌

John G. Bartlett, MD

微生物学

- 需氧，革兰阴性双球菌。
- 在血平皿或巧克力琼脂或选择培养基(如 Thayer Martin)上生长。
- 荚膜分为 13 个血清群：最重要的是 A、B、C、W135、X 与 Y。

临床信息

- 常由 A、B、C 血清群引起流行。
- 常见发病机制：口咽部(携带 / 感染)发展为菌血症，继续发展为败血症和(或)暴发性脑膜炎败血症。
- 常见症状：发烧 + 白细胞增多，头痛，精神状态改变(若为脑膜炎)，之后发展为淤斑，然后出现暴发性紫癜 + 休克。
- 培养诊断：血、CSF 及皮肤(疹)。
- 疫苗混合了血清群 A、C、Y 及 W135(B 群疫苗没有许可证)。

病原体

感染部位

- 脑膜炎。
- 菌血症。
- 疹：淤斑，脓疱。可能与播散性革兰阳性球菌感染混淆。
- 呼吸道感染：肺炎(常为急性 / 暴发性)，耳炎，会厌炎。
- 病灶感染：心包炎，尿道炎，关节炎，结膜炎。
- 慢性脑膜炎球菌败血症(许多补体缺乏)。

治疗

脑膜炎球菌弄脑膜炎或菌血症

- 首选：头孢曲松 2 g IV 每 24 小时 1 次或头孢噻肟 2 g IV 每 4~6 小时 1 次持续 7~10 天。
- 可选：氯霉素 4~6 g/d 持续 7~10 天，青霉素 18~24 mU/d IV，氨苄西林 12 g/d IV；氨曲南 6~8 g/d IV 或莫西沙星 400 mg/d IV。
- 类固醇类：地塞米松 10 mg IV 每 6 小时 1 次持续 2~4 天(在第一剂之前或同第一剂一起)。

预防

- 对疑似脑膜炎奈瑟球菌脑膜炎进行呼吸道标本培养持续 24 小时。
- 药物预防：与患者口腔分泌物有接触的所有同屋中的人、亲密接触者及医务人员。利福平 600 mg PO，每天 2 次持续 2 日或环丙沙星 500 mg 口服持续 1 剂或头孢曲松 250 mg 肌肉注射持续 1 次。
- 免疫：接种免疫持久性更长的疫苗(Menactra)而非老的多聚糖疫苗。目标接种人群为所有 11~12 岁的儿童、所有 2 岁以上并具有风险因素(如前往高危地区旅游，例如撒哈拉以南的非洲)的人、住宿的大学新生、军队新兵、无脾者及职业相关人员。
- 多聚糖疫苗：已上市数年，覆盖易引起暴发的 A、C、Y、W135 群，前往流行区域(非洲脑膜炎带)的人应接种。现在主要用于大于 65 岁的患者或为联合疫苗的备选品。
- 两种疫苗均未覆盖血清群 B。

其他信息

- 青霉素耐药率在升高，但在美国没有出现—青霉素仍是首选药物。
- 侵袭性决定于血清群及血清型。

推荐依据

van de Beek D, de Gans J, McIntyre P, et al. Corticosteroids for acute bacterial meningitis. Cochrane Database Syst Rev, 2007; Vol. CD004405.

注释：支持对成年人脑膜炎患者在实用第一剂抗生素时使用皮质激素类药物。数据同时支持在高收入国家的儿童群体中实施此方法，但在不支持低收入国家进行。

Bilukha OO, Rosenstein N, National Center for Infectious Diseases, Centers for Disease Control and Prevention (CDC). Prevention and control of meningococcal disease. Recommendations of the Advisory Committee on Immunization Practices (ACIP). MMWR Recomm Rep, 2005; Vol. 54; pp. 1 - 21.

注释：ACIP 推荐使用四价脑膜炎球菌疫苗：(1) 年龄 11~12 岁的儿童，(2) 前往流行区域旅游的人群，(3) 军队招募的新兵，(4) 无脾患者 ,(5) 住宿的大学新生。

奴卡氏菌

John G. Bartlett, MD

微生物学

- 革兰阳性、分枝、串珠状、丝状杆菌。
- 弱抗酸性。
- 在特殊培养基 (Thayer–Martin) 上 3~5 天可以生长。
- 12 个种：星形奴卡氏菌 90%(肺部 ±CNS 疾病)，巴西奴卡氏菌 = 足分枝菌病 (热带地区)，鼻疽奴卡氏菌 (预后差)。
- 新发现种包括：新星奴卡氏菌、圣堂奴卡氏菌与鼻疽奴卡氏菌。

临床信息

- 疑似患者人群包括细胞免疫缺陷(AIDS，类固醇类激素，慢性肉芽肿病，器官移植) + 慢性肺病 ±CNS 疾病。
- 外观类似放线菌，但抗酸染色阳性、需氧，并且常见于免疫缺陷宿主。
- 仅 1/3 的涂片及培养阳性，疑似诊断需要送多份样本，并提示实验室。
- 诊断：革兰染色 + 抗酸杆菌染色 + 痰培养；极少为定植 (痰培养阳性结果意义很大)。
- 非人 – 人传染。

感染部位

- 肺：慢性肺炎，脓肿，软组织纤维化。
- 脑：脓肿或肉芽肿。
- 播散性感染：免疫抑制宿主中 20%~30% 的病例，包括骨、心、肾、关节、视网膜、皮肤、CNS、腹膜炎、心内膜炎。
- 原发性皮肤病：孢子丝菌病 (非热带) 或足分枝菌病 (马都拉足，热带)。
- 眼：角膜炎，眼内炎。

治疗

基于磺胺类药物的疗法

- 原则：依宿主、感染部位及体外活性用药；首选使用磺胺类，必须治疗 6~12 个月。

对耐药菌株，首选使用阿米卡星和（或）亚胺培南。

- 两种类型：严重疾病一般使用 IV 亚胺培南或磺胺类或头孢噻肟，所有均可以联合阿米卡星用药；不严重的疾病使用口服药物：尤其是 TMP-SMX 或米诺环素。
- 肺部：TMP-SMX IV 2~4 剂 10 mg/(kg·d)（TMP）持续 3~6 周，之后 PO（2 剂，每天 2 次）持续大于 5 个月。
- 肺部治疗其他选择：磺胺异噁唑，磺胺嘧啶，三重磺胺嘧啶，PO 2~4 剂 3~6 g/d 或 TMP-SMX 2 剂，每天 2 次至 2 剂，每天 3 次。
- CNS(AIDS，严重或播散性疾病)：TMP-SMX 15 mg/(kg·d)(TMP) 持续 3~6 周，之后口服 (3 剂每天 2 次) 持续 6~12 个月。
- CNS 治疗其他选择：亚胺培南 1000 mg IV 每 8 小时 1 次，或头孢曲松 2 g IV 每 12 小时 1 次，或头孢噻肟 2~3 g IV 每 6 小时 1 次 + 阿米卡星。
- 严重疾病，免疫缺陷宿主，多部位感染：TMP-SMX IV(按上述剂量)+ 阿米卡星 7.5 mg/kg，每 12 小时 1 次（依据级别调整）或口服磺胺类药物 6~12 g/d。
- 孢子丝菌病（皮肤）：TMP-SMX1 剂每天两次持续 4~6 个月。
- 星形奴卡氏菌敏感性：磺胺类（例如 TMP-SMX)-95%，米诺环素 -90%，亚胺培南 -85%，阿米卡星 -90%，头孢噻肟 -80%，阿莫西林 / 克拉维酸 -50%，环丙沙星 -40%，氨苄西林 -30%。
- 疗程：免疫正常 -6 个月；免疫抑制 -12 个月。免疫抑制并且持续免疫抑制 - 长期低剂量使用抗菌药物。

磺胺类药物选择

- 口服：米诺环素 100 mg 每天 2 次持续大于 6 个月（初始或持续性治疗）。
- 如果体外测定药物敏感，口服可选：阿莫西林 / 克拉维酸 875/125 mg 每天 2 次，多西环素，红霉素，克拉霉素，利奈唑胺或氟喹诺酮类或不同药物组合持续大于 6 个月。
- 严重疾病，AIDS：亚胺培南 1000 mg IV 每 8 小时 1 次或美罗培南 (CNS)2 g 每 8 小时 1 次，每种 + 阿米卡星 7.5 mg/kg 每 12 小时 1 次 IV。
- 严重疾病：头孢噻肟 2~3 g 每 6~8 小时给药 1 次或头孢曲松 2 g/d IV ± 阿米卡星。

其他

- 对慢性肉芽肿疾病患者：应当接受 γ - 干扰素 + 磺胺类药物预防。
- 外科清创术或引流，考虑肺外损伤。
- 体外药敏敏感性实验重要，尤其如果考虑非磺胺类药物治疗的情况下。
- 磺胺类不耐受（尤其是 AIDS 患者）：考虑脱敏。
- 磺胺类疗法：口服后两小时，得到一些磺胺类的水平，预期峰值 100~150 mg/L。
- 如果可能减少 / 减轻免疫抑制。

随访

- 治疗后监测疾病复发持续 1 年。

其他信息

- 60% 的患者是免疫缺陷的：长期使用类固醇 - 主要风险因素；还有糖尿病，器官移植，肿瘤化疗，AIDS，TMP-SMX/ 氨苯砜预防性用药。
- 治疗过程一般很长(6~12个月)并且困难(高剂量磺胺类，亚胺培南 / 阿米卡星等)；非严重疾病 - 开始可以使用口服磺胺类药物或米诺环素。
- 治愈率：软组织 -100%，肺部 -90%，播散性感染 -60%，CNS-50%。

- 诊断：肺部 ± CNS，慢性过程，细胞免疫低下，纤维状分支，串珠状，革兰阳性杆菌。40% 为 CNS；若有肺部疾病 – 做脑 MRI。

更多信息

- 分类：需氧放线菌。
- 种：12；临床上最重要的为星形奴卡氏菌复合体（包括鼻疽奴卡氏菌和新星奴卡氏菌），引起 90% 的非皮肤部位感染；巴西奴卡氏菌 – 足分支菌病。流行病学：土壤，全球分布。最常见 – 热带地区的足分枝菌病。非热带地区最常见 ~ 肺部 ± 播散性，尤其是在细胞免疫降低的宿主的 CNS。
- 临床：(1) 足分支菌病 – 热带，局部预防，巴西奴卡氏菌，逐步破坏性病变，外部末梢窦道。也会由链霉菌或马杜拉放线菌引起；(2) 孢子丝菌病 – 皮肤淋巴，局部预防，星形奴卡氏菌；(3) 肺部 – 吸入性，星形奴卡氏菌，慢性，X 光片 – 渗入结节，空洞，多结节；(4) 播散性 – 由肺部感染引起，90% 为星形奴卡氏菌，CNS 占 40%– 脓肿或肉芽肿；其他部位 – 眼、肾、关节、骨、心脏。
- 诊断：告知实验室。革兰染色出现极有特点的串珠丝状革兰阳性杆菌，弱抗酸阳性；在常规培养基（血平皿）上生长需要至多 3 周，一般 3~5 天。
- 治疗：根据体外药敏实验和临床经验，磺胺类药物是最佳药物；TMP–SMX 通常为首选。其他选择 – 阿米卡星 + 亚胺培南（在动物模型汇总最佳）或头孢曲松 / 头孢噻肟 ± 阿米卡星用于严重感染治疗或米诺环素（较轻感染或持续性治疗）。

推荐依据

Lerner PI. Nocardiosis. Clin Infect Dis, 1996; Vol. 22; pp. 891 – 903; quiz 904 – 5.

注释：注意“星形奴卡氏菌复合体”包括 3 个种：星形奴卡氏菌、鼻疽奴卡氏菌以及新星奴卡氏菌。重要的是鼻疽奴卡氏菌对妥布霉素及三代头孢菌素耐药；在一些研究中该种为复合体中最常见的。治疗：首选磺胺类药物，TMP–SMX 是最常用的药物（但 TMP 的用量？），体外药敏实验的相关性有疑义，米诺环素数据较好，体外药敏实验数据中最好的联合用药方式为阿米卡星 + 亚胺培南。

多杀性巴斯德菌

Paul G. Auwaerter, MD

微生物学

- 需氧至兼性厌氧，不可动的小革兰阴性杆菌。
- 常见于猫科动物 > 犬科动物口腔菌群。兔类的常见病。
- 常为家庭宠物咬伤感染中需氧或厌氧菌群中的一部分。
- 动物咬伤或抓伤可能引起蜂窝组织炎 ± 菌血症。
- 巴斯德菌一般对青霉素、四环素或氯霉素敏感。

临床信息

- 多与猫咬伤感染相关，引起蜂窝组织炎 ± 菌血症。也可能由抓伤或舔舐引起。
- 偶发与犬类咬伤感染相关。
- 偶发引起肺炎。
- 极少引起菌血症或心内膜炎。
- 与狗咬伤相比，猫咬伤的挤压伤及创伤较小，但更常引起骨髓炎和化脓性关节炎。这是由于猫具有更锋利的牙齿，咬伤穿透更深。
- 诊断依据培养（拭子，血，体液）。

感染部位

- 皮肤及软组织：蜂窝性组织炎，脓肿 – 多继发于猫咬伤。
- 骨/关节感染：骨髓炎、腱鞘炎 — 继发于穿透性猫咬伤；化脓性关节炎 — 常见于膝关节，尤其是在类风湿性关节炎、骨关节炎及人工关节患者中。
- 呼吸道：可能引起大叶性肺炎 ± 脓肿或脓胸。也可能引起上呼吸道感染：鼻窦炎、中耳炎、乳突骨炎、会厌炎及咽炎。
- 血流：可能因咬伤引起原发性或继发性菌血症。
- 心内膜炎：罕见。
- 其他：由菌血症转移至其他内脏。
- CNS：脑膜炎(罕见)，多常见于儿童及老年人。革兰染色可能与嗜血杆菌属或奈瑟菌属混淆。

治疗

抗菌药物

- 阿莫西林/克拉维酸 500 mg PO，每 8 小时 1 次，或 875 mg PO，随餐，每天 2 次(同时为动物咬伤的首选经验用药)。
- 氨苄西林/舒巴坦 3 g IV 每 6 小时 1 次。
- 青霉素 500 mg PO，每 6 小时 1 次或 4 mU IV 每 4 小时 1 次(仅在确定菌株敏感时使用)。
- 环丙沙星 500 mg PO 或 400 mg IV 每 12 小时 1 次或左氧氟沙星 500 mg PO/IV 每 24 小时 1 次。
- 对于 β – 内酰胺类药物过敏患者，可选用多西环素 100 mg PO，每天 2 次或 TMP–SMX 剂 PO，每天 2 次。
- 一代头孢菌素[如头孢氨苄(先锋霉素 IV)及克林霉素]无效。
- 偶发菌株产 β – 内酰胺酶，使对青霉素耐药。

一般控制

- 咬伤感染多为多种微生物混合感染，因此阿莫西林/克拉维酸常被推荐为具有广谱覆盖性的经验用药。
- 对于四肢咬伤，保持相应的手或足抬高。对手部咬伤感染，尽早前往手部外科就诊。

随访

- 咬伤相关的多杀性巴斯德菌常因脓肿及腱鞘炎复杂化。
- 可能引起化脓性关节炎或骨髓炎，尤其在初始治疗使用抗菌药物不当的情况下。

其他信息

- 多杀性巴斯德菌不会引起“猫抓病”(这种疾病完全由汉赛巴尔通体引起)。
- 多杀性巴斯德菌可能会引起类似 A 群链球菌或弧菌属感染的快速发展感染(例如患者可能在猫咬伤后几小时内产生严重感染症状)。
- 心内膜炎患者往往无动物接触史(11/17 的病例)。

推荐依据

StevensDL,BisnoAL,ChambersHF,etal.Practiceguidelinesforthediagnosisandmanagementofskinandsoft~tissueinfections.ClinInfectDis,2005;Vol.41;pp.1373 - 406.

注释：动物咬伤感染诊疗指南。

病原体

消化链球菌 / 消化球菌

John G. Bartlett, MD

微生物学

- 厌氧革兰阳性球菌，口腔、胃肠道、生殖道和皮肤的正常菌群。
- “厌氧链”多样化的分类目前已归为五个群。
- 体积小，革兰染色可呈短链、成对。革兰阳性球菌形态上可能与需氧链球菌（成链）或葡萄球菌（成堆）完全相同。
- 消化链球菌和消化球菌几乎占据了全部厌氧革兰阳性球菌，除了大芬戈尔德菌（Finegoldia magna）[从前的大消化链球菌（Peptostreptococcus magnus）]。
- 最常见和重要的：大芬戈尔德菌（Finegoldia magna），不解糖消化链球菌（P.asaccharolyticus）。不常见的：微小消化链球菌（P.micros）、厌氧消化链球菌（P.anaerobius）。

临床信息

- 常见于全身任何部位的混合性厌氧菌感染。
- 需要无污染的标本（血液、无菌体液等）进行厌氧培养来明确诊断。
- 发病机制：内源性感染，无病人间传播。免疫缺陷病人无易感性。
- 临床线索：腐臭的排出物（革兰染色经常为阳性球菌和阴性杆菌共存），脓肿（混合性感染）。
- 警告：微需氧链球菌例如米勒链球菌群是可致病的，在混合性感染中常常很重要。它不属于消化链球菌，对甲硝唑不敏感。

感染部位

- 几乎常常为混合感染，除了罕见的心内膜炎感染。
- 所有脓肿：脑、肝、肺、腹部、盆腔、口腔、输卵管 – 卵巢等等。
- 腹腔感染：部分为混合感染
- 肺：吸入性肺炎、肺脓肿、脓胸
- 女性生殖道：部分为混合感染
- 口腔感染：部分为混合感染
- 骨骼肌：溃疡、蜂窝组织炎、筋膜炎、软组织 ± 骨髓炎
- 心内膜炎：<1% 心内膜炎病例
- 菌血症：<1% 菌血症

治疗

抗菌药物

- 原则：几乎常常为部分混合感染。消化链球菌很少能够培养出来。对多种抗菌药物敏感。治疗常常经验性覆盖混合菌群。
- 最佳抗菌药物：青霉素、阿莫西林、克林霉素、亚胺培南、β – 内酰胺类 / β – 内酰胺酶抑制剂（例如阿莫西林 / 克拉维酸、哌拉西林 / 他唑巴坦、氨苄西林 / 舒巴坦）。最近的报道有 4%~7% 的菌株对 β – 内酰胺类和克林霉素耐药。
- 有活性：万古霉素、喹诺酮类（莫西沙星、左氧氟沙星）、利奈唑胺、达托霉素。
- 活性可变：甲硝唑、多西环素、大环内酯类（红霉素 / 阿奇霉素 / 克拉霉素）、头孢他啶。

- 无活性：TMP-SMX、诺氟沙星、氨曲南、氨基糖苷类。
- 注意：甲硝唑对在混合感染中很重要的微需氧链球菌无活性。

治疗一其他

- 脓肿：除了肺部、输卵管～卵巢和一些脑部或肝脓肿，其他部位均需要引流。
- 无病人间传播风险，人体内的正常菌群。
- 宿主防御：不重要，免疫缺陷宿主不易感。
- 体外敏感性：除了心内膜炎、持续性菌血症或骨髓炎外少有研究报道。体外测试结果可能导致误解。

其他信息

- 最多的感染：消化链球菌与其他厌氧菌 + 链球菌 ± 大肠菌。
- 当革兰染色显示混合菌群时应怀疑，腐臭味。在内源性感染的任何脓肿中可能发现。
- 培养：需要无菌标本 + 厌氧培养（很少能实现）。
- 抗菌药物：几乎都为经验性用药。甲硝唑对消化链球菌通常有活性，而对需要链球菌，包括咽峡炎链球菌（米勒链球菌）复合体无活性。注意不要只为了覆盖专性厌氧菌而限制治疗。

推荐依据

作者观点。

注释：针对这种菌的特异性治疗目前还没有指南发表。

邻单胞菌

Paul G. Auwaerter, MD

微生物学

- 类志贺邻单胞菌（P.shigelloides）是一种兼性厌氧、革兰阴性杆菌，与肠杆菌科和弧菌科菌有某种程度的亲缘关系。
- 环境中普遍存在，可从土壤、水和多种动物中分离到。
- 很多报道表明该菌与胃肠炎相关，但是否为真正的人类致病菌还存在争议。菌血症罕有报道。
- 类志贺邻单胞菌导致腹泻的机制还不清楚。它可以产生霍乱样的肠毒素、耐热肠毒素和不耐热的肠毒素。

临床信息

- 类志贺邻单胞菌不经常致病，可以是短暂的肠内菌群。有时可从健康人体内分离到（人群中 0.2%~3.2%）。
- 导致胃肠炎的不常见病因；儿童高发于成人，特别是在热带和亚热带地区。
- 与饮用未经处理的水、进食未煮熟的海鲜或是前往不发达国家旅行相关。
- 类志贺邻单胞菌可导致散发和爆发病例，夏季高发。
- 典型的感染表现为自限性水样腹泻，有血便或黏液样便，腹痛，呕吐和发热。
- 通常在感染暴露 48 小时内发病。

细菌

- 虽然通常是自限性的，但是有多达 30% 可进展为超过 3 周的持续性腹泻和腹痛。

- 在感染性腹泻患者中类志贺邻单胞菌的发生率估计在 0%~8%。
- 发病率最高的报道是在 1999 年旅行返回日本的旅行者腹泻中，有 75% 的病例微生物学证实为类志贺邻单胞菌。
- 诊断：便培养。

感染部位

- 胃肠道：若是由邻单胞菌导致的，则只局限于胃肠道的腹泻性疾病。
- 播散性：菌血症 / 败血症，这类感染在免疫功能缺陷宿主中更常见，与高病死率相关。
- 中枢神经系统：脑膜炎（罕见）。
- 骨骼肌系统：骨髓炎，化脓性关节炎（都很罕见）。
- 眼睛：眼内炎（罕见）。

治疗

免疫功能正常宿主：轻度感染

- 疾病常呈自限性，持续 <2~4 天。
- 不需要使用抗菌药物。

免疫功能正常宿主：重度感染

- 严重的 / 长时间的腹泻或伴随肠外的疾病：给予经验性抗菌药物，直到获得培养和药敏结果。
- 抗菌药物可缩短症状持续时间。
- 邻单胞菌性慢性腹泻（症状 >3 周），抗菌药物可缓解症状。
- 菌株常表达 β－内酰胺酶，进而对青霉素耐药。
- 首选：环丙沙星 500 mg PO，每天 2 次或 400 mg IV q12h。
- 可选：氧氟沙星 300 mg PO，诺氟沙星 400 mg PO；复方新诺明一剂口服（如果敏感），每天 2 次持续 3 天。
- 头孢曲松（1~2 g IV 每天 1 次）在严重感染病例中治疗成功。

免疫功能缺陷宿主

- 发生播散性感染和严重感染的可能性更大，建议对 AIDS 患者或其他免疫功能缺陷患者采用经验性抗菌药物。
- 首选：环丙沙星 500 mg PO，每天 2 次，持续 3 天。
- 可选：氧氟沙星 300 mg PO，诺氟沙星 400 mg PO；复方新诺明一剂 PO（如果敏感），每天 2 次持续 3 天。
- 头孢曲松（1~2 g IV 每天 1 次）在严重感染病例中治疗成功。

其他信息

- 类志贺邻单胞菌是邻单胞菌中可导致人类疾病最常见的种。过去被认为是类志贺气单胞菌（Aeromonas shigelloides）。
- 大约 15% 的病例培养出除邻单胞菌以外的另一种联合致病菌。

推荐依据

Guerrant RL, Van Gilder T, Steiner TS, et al. Practice guidelines for the management of infectious diarrhea. Clin Infect Dis, 2001; Vol. 32; pp. 331－51.

评论：IDSA 指南推荐腹泻使用复方新诺明一剂口服，每天 2 次持续 3 天（如果敏感），氟喹诺酮类（例如 300mg 氧氟沙星，400mg 诺氟沙星，或 500mg 环丙沙星每天 2 次持续 3 天）。指南强调数据表明类单胞菌的致病力与其亲缘关系近的气单胞菌相比较弱。

丙酸杆菌属

Paul G. Auwaerter, MD

微生物学

- 革兰阳性多形态杆菌，厌氧环境生长最佳。
- 常驻于人类皮肤、皮脂腺、鼻咽部、胃肠道 / 泌尿道。
- 通常对 β－内酰胺类敏感，对氨基糖苷类耐药。

临床信息

- 临床标本中最常见的无芽孢形成的厌氧杆菌。
- 血培养常见污染菌。痤疮丙酸杆菌（P.acnes）是最常分离到的种。
- 常引起寻常性痤疮。
- 最常见的严重感染：中枢神经系统分流术后感染。
- 也常有报道与医疗器械感染相关。需要区分常见手术污染菌还是真正致病菌。
- 毒力弱，生长缓慢—常需要 5~10 天才可见明显生长（常见肉汤）。如果怀疑丙酸杆菌感染需要实验室延长培养时间。

感染部位

- 皮肤：与痤疮相关，可引起软组织感染（不常见）。
- 中枢神经系统：分流术后感染，脑膜炎（术后），脑脓肿，硬脑膜下积脓。
- 肾脏：感染性分流－相关肾小球肾炎，持续性不卧床腹膜透析（CAPD）导管感染和腹膜炎。
- 心脏：心内膜炎（罕见）。
- 眼睛：眼内炎（常见于白内障术后）。
- 骨：人工关节感染（特别是肩关节），骨髓炎（罕见）。
- 口腔：龋齿，脓肿。

更多感染部位

痤疮丙酸杆菌抗菌药物耐药性

- 资料主要来源于难治性寻常痤疮病例，因此与极少发生的系统性感染的相关性不清楚。
- 耐药性约为：红霉素（50%），克林霉素（35%）和四环素（25%）。
- 红霉素和克林霉素常常相继发生。
- 四环素常用于红霉素或克林霉素治疗失败后。
- 对于四环素或多西环素耐药的痤疮丙酸杆菌，米诺环素仍然可能有效。
- 有趣的事：在瑞士奶酪制作过程中，香味和形成的孔洞均与费氏丙酸杆菌有关。

治疗

系统感染

- 常规厌氧菌抗菌药物敏感性检测常由于缺乏标准化操作而无法实施，也存在问题。可经验性用药。
- 痤疮丙酸杆菌常对青霉素、四环素、氯霉素、红霉素和万古霉素（包括替考拉宁）敏感，但由于对寻常痤疮的广谱抗菌药物而导致耐药性增加。
- 首选：青霉素 G 2 mU IV q4h。
- 可选：克林霉素 600 mg IV q8h，万古霉素 15 mg/kg IV q12h。

- 肩人工关节感染：1 期或 2 期关节置换加上阿莫西林 + 利福平治疗 3~6 个月。
- 考虑移除异物。有一些采用分流术、修复术而成功保留的病例，但是无明确数据指导。
- 疗程：2~4 周，有些情况（软组织感染）可改为口服治疗。
- 注释：甲硝唑或替硝唑对丙酸杆菌属无活性。

寻常痤疮

- 见寻常痤疮单元。

其他信息

- 痤疮丙酸杆菌是常见污染菌，特别是血培养。临床医生必须仔细结合临床情况来判断培养结果。
- 当从脑脊液和无菌医疗置管中分离到（特别是重复分离）时，不能常规当成污染菌而忽略。
- 慢生长，因此血液和其他标本只能孵育 3~5 天后才能培养阳性。
- 多数真细菌例如痤疮丙酸杆菌对硝基咪唑类例如甲硝唑耐药—首选治疗：青霉素、克林霉素。

推荐依据

Viraraghavan R, Jantausch B, Cams J. Late-onset central nervous system shunt infections with Propionibacterium acnes： diagnosis and management. Clin Pediatr (Phila), 2004; Vol. 43; pp. 393 - 7.

注释：作者建议使用高剂量青霉素静点治疗，外引流进而完全拔除是最佳方案。对于这些相对无毒力的病原菌，有时会尝试单独用药治疗。

注释：对于痤疮丙酸杆菌引起的深部感染无相关指南。

变形杆菌属

Paul G. Auwaerter, MD

微生物学

- 需氧，革兰阴性，分解尿素酶的杆菌。
- 在湿润的琼脂上迁移（每个菌有多条鞭毛）。
- 在很多情况下是继大肠埃希菌之后排在第二位的最常分离到的肠杆菌科菌。
- 最常见的种：奇异变形杆菌（P.mirabilis）、（吲哚阴性），导致 90% 的感染。其他变形杆菌均为吲哚阳性，例如普通变形杆菌 P.vulgaris 和彭氏变形杆菌（P.penneri）。
- 奇异变形杆菌通常对四环素耐药，有 10%~20% 对氨苄西林或头孢氨苄耐药。普通变形杆菌通常对氨苄西林或头孢氨苄 / 头孢唑林耐药。

临床信息

- 导致 10% 的非复杂型尿路感染。
- 也可导致伤口感染，菌血症和院内肺炎。
- 该菌分解尿素，升高尿液 pH（>8.0），可导致磷酸氨镁结石形成。
- 磷酸氨镁结石是导致慢性肾脏感染或阻塞性疾病的病因。若反复分离到变形杆菌，应怀疑解剖学异常或结石。

- 诊断：尿、血液、体液或拭子培养。
- 通常对四环素类和呋喃妥因天然耐药。约 10%~20% 的菌株对氨苄西林和第一代头孢菌素类耐药。

感染部位

- 泌尿系：尿路感染，肾盂肾炎。
- 腹部：腹腔内感染。
- 皮肤：烧伤伤口感染，手术切口感染。
- 其他：肺炎（通常为院内），菌血症，败血症，假肢或气管镜感染，心内膜炎（罕见）。

治疗

奇异变形杆菌

- 主要依据药敏表型。其他抗菌药物的选择需依据表型。
- 氨苄西林：500 mg PO，每天 4 次或 2 g IV q6h。
- 头孢呋辛：250 mg PO，每天 2 次或 750 mg IV q8h。
- 环丙沙星：250~500 mg PO，每天 2 次或 400 mg IV q12h。
- 左氧氟沙星：500 mg PO，每天 1 次或 500 mg IV q24h。
- 疗程：非复杂型尿路感染持续 3 天，肾盂肾炎 7~14 天，复杂型尿路感染 10~21 天。菌血症 7~14 天。

吲哚阳性变形杆菌

- 头孢曲松：1 g IV q24h。
- 亚胺培南：500 mg IV q6h。
- 环丙沙星：400 mg IV q12h 或 250~500 mg PO，每天 2 次。左氧氟沙星：500 mg IV/PO q24h。
- 其他药敏实验有效的药物。

其他信息

- 储存在病人自己的胃肠道内。
- 需要处理磷酸氨镁结石。
- 多数院内变形杆菌感染是由吲哚阳性的菌株导致的（非奇异变形杆菌）。
- 如果检测到尿液呈碱性，需考虑评估磷酸氨镁结石。

推荐依据

Warren JW, Abrutyn E, Hebel JR, et al. Guidelines for antimicrobial treatment of uncomplicated acute bacterial cystitis and acute pyelonephritis in women. Infectious Diseases Society of America (IDSA). Clin Infect Dis, 1999; Vol. 29;pp. 745 - 58 .

注释：推荐用于非复杂型尿路感染和肾盂肾炎。
作者观点。

普罗威登斯菌属

Paul G. Auwaerter, MD

微生物学

- 肠杆菌科菌成员
- 有动力，革兰阴性，兼性需氧杆菌。
- 与变形杆菌和摩根氏菌相同族群。
- 人类和动物胃肠道的常见正常菌群。
- 5个种：产碱普罗威登斯菌（P.alcalifaciens）、亨氏普罗威登斯菌P.heimbachae、雷氏普罗威登斯菌（P.rettgeri）、拉氏普罗威登斯菌（P.rustigianii）、斯氏普罗威登斯菌（P.stuartii）。

临床信息

- 斯氏普罗威登斯菌是人类感染中最常见的普罗威登斯菌。
- 菌株可从尿液、喉、会阴、腋窝、便、血液和伤口培养中分离到。
- 在院内获得和长时间住院的感染比社区获得泌尿道感染更为常见。
- 斯氏普罗威登斯菌和雷氏普罗威登斯菌是私立疗养院中革兰阴性菌血症的常见原因。年老、长时间留置导管是高危因素。
- 在某地区的医疗机构中发现有超过50%的斯氏普罗威登斯菌感染为产ESBL多重耐药菌。
- 年龄增加，癌前病变和近期住院和使用抗菌药物都是产ESBL多重耐药斯氏普罗威登斯菌感染的危险因素。
- 虽然通常来说产碱普罗威登斯菌是一种共生菌，但也可引起肠内侵袭性胃肠炎。多数研究针对儿童。国外旅游可能增加风险。
- 诊断：尿、血液、伤口或其他无菌部位的培养。

感染部位

- 泌尿系：尿路感染，最常和导管相关。
- 菌血症（罕见）：与老年和长时间留置导管相关。
- 院内感染：有报道高度耐药的雷氏普罗威登斯菌引起的尿路感染暴发流行，与长时间留置导管和使用多种抗菌药物相关。
- 肺部：气管插管或吸痰可能增加肺炎的风险。

治疗

首选药物

- 常导致复杂性尿路感染而不是非复杂性细菌性膀胱炎，包括复杂性尿路感染、肾盂肾炎或尿脓毒症。当知道药敏结果后可选择窄谱药物。前列腺炎可选择类似药物，如果敏感推荐氟喹诺酮类药物。
- 环丙沙星500~750 mg PO q12h或400 mg IV q8~12h。
- 左氧氟沙星500 mg PO/IV q24h。
- 哌拉西林/他唑巴坦：3.375 mg IV q6h。
- 头孢曲松：1~2 g IV q24h（若怀疑产EBSL或严重疾病时不能使用）。
- 美罗培南：1 g IV q8h（当考虑严重疾病或产EBSL时）。
- 阿米卡星：7.5 mg/kg IV q12h。若药敏敏感可使用庆大霉素或妥布霉素，但多数菌株耐药。
- 疗程（尿路感染）：通常 7 天或退烧后 3~5 天或控制 / 消除复杂因素后 3~5 天。
- 疗程（菌血症）：10~14 天或退烧后 3~5 天或控制 / 消除复杂因素后 3~5 天。
- 急性前列腺炎（2 周）比慢性前列腺炎（4~6 周）疗程短。
- 可选方案
- 复方新诺明（片剂）1 剂量 PO q12h 10~14 天或按照每公斤体重给予 TMP 5~10 mg 计算用量。
- 一般来说，由于多重耐药表型的普罗威登斯菌已有报道，因此抗菌药物敏感性实验非常重要。

其他信息

- 治疗失败：可能携带编码 ESBL 的染色体基因，常由于某些 β－内酰胺类抗菌药物而诱导。
- 雷氏普罗威登斯菌能够水解尿素，有别于其他种的普罗威登斯菌。注意尿液 ph 的升高。
- 在普罗威登斯菌属中，产碱普罗威登斯菌和拉氏普罗威登斯菌最敏感，而斯氏普罗威登斯菌对抗菌药物最不敏感。

推荐依据

Naber KG, Bergman B, Bishop MC, et al. EAU guidelines for the management of urinary and male genital tract infections.Urinary Tract Infection (UTI) Working Group of the Health Care Offi ce (HCO) of the European Association of Urology (EAU). Eur Urol, 2001; Vol. 40; pp. 576 - 88.

注释：各种泌尿系感染的基本疗程推荐，但是没有特指普罗威登斯菌（而是其他肠杆菌科菌）。

作者观点。

注释：在严重感染病人，推荐使用碳青霉烯类药物治疗多重耐药表型的普罗威登斯菌。当药敏结果回报后可更有针对性的调整抗菌药物。

铜绿假单胞菌

Khalil G. Ghanem, MD

微生物学

- 革兰阴性杆菌，有运动能力，需氧，乳糖非发酵。
- 实验室诊断：痰、尿、血、脓液、关节液或 CSF 培养。
- 生活于潮湿的环境中，包括土壤、水（热水浴缸、水槽、水龙头、呼吸机、消毒水）、植物及动物。

临床信息

- 基本为在医院中传播的病原菌。
- 引起肺炎（通常为医院获得性），尿路感染，菌血症，神经外科术后脑膜炎及皮肤－软组织，外科术后感染。
- 风险因素包括粒缺，糖尿病，皮肤烧伤，囊性纤维化及 AIDS。

感染部位

- 呼吸道：肺炎（医院获得性，囊性纤维化，AIDS）及肺部脓肿。

- 中心静脉：心内膜炎（IV 毒品）；菌血症（原发性或由于留置导管导致的继发性感染）。
- 皮肤：坏疽性深脓疱病（粒缺）；蜂窝组织炎（糖尿病，IV 毒品，术后）；毛囊炎；脓肿；新生儿走马疳（婴幼儿）。
- 生殖－泌尿系统：UTI/ 肾盂肾炎（糖尿病及留置导管的住院患者）。
- 耳鼻喉：外耳炎及恶性外耳炎（糖尿病）；慢性中耳炎；鼻窦炎（AIDS）。
- CNS：脑脓肿；脑膜炎，尤其在神经外科术后。
- 骨 / 关节：脊椎，胸骨椎骨或骨盆感染（IV 毒品）；足部骨软骨炎（由网球鞋引发的穿透性外伤）。
- 眼：角膜炎，眼内炎。
- 消化道：腹泻，坏死性小肠结肠炎“阑尾炎”（儿童及粒缺患者）。

治疗

一般原则

- 感染患者隔离，员工及访客进行手清洁及警惕的感染控制措施可以帮助组织医院内传播。
- 在慢性肺部疾病（如囊性纤维化）患者中，好的肺病清洁措施（黏液溶解剂、胸部 PT、体位引流）是重要的辅助治疗方法。
- 使用两类有协同作用的抗菌药物大剂量联合用药（β－内酰胺类＋氨基糖苷类）较为推荐，尤其在严重感染患者中对已知药物敏感性的病原菌的经验性治疗中。
- 治疗 AIDS－相关的假单胞菌感染可能需要更长的疗程以防止慢性感染 / 复发。
- 有多种耐药机制；在囊性纤维化病房及 ICU 中耐药率升高；根据药物敏感性使用化学药物治疗。
- 假单胞菌引起的心内膜炎可能除化学药物治疗外需要外科介入治疗。
- 囊性纤维化患者、孕妇、烧伤患者及重症患者需要大剂量氨基糖苷类药物治疗。需要谨慎监测血液药物浓度。

化学药物治疗

- 根据药敏实验指导最终选择。
- 头孢吡肟 2 g IV，每 8 小时 1 次或头孢他啶 2 g IV，每 8 小时 1 次。
- 哌拉西林 3~4 g IV，每 4 小时 1 次（对产 β－内酰胺酶的假单胞菌无效）。
- 替卡西林 3~4 g IV，每 4 小时 1 次（对产 β－内酰胺酶的假单胞菌无效）。
- 亚胺培南 500 mg~1g IV，每 6 小时 1 次；美罗培南 1gIV，每 8 小时 1 次或多利培南 500 mg IV，每 8 小时 1 次（产碳青霉烯酶菌株正在增加）。
- 环丙沙星 400 mg IV，每 8 小时 1 次或 750 mg PO，每 12 小时 1 次（对轻症感染）；由于耐药率升高，可能不是单药经验治疗的明智选择。
- 氨曲南 2g IV，每 6~8 小时 1 次。
- 多黏菌素 B 0.75~1.25 mg/kg IV，每 12 小时 1 次。
- 庆大霉素或妥布霉素 1.7~2.0 mg/kg IV，每 8 小时 1 次或 5~7 mg/kg IV，每天 1 次或阿米卡星 2.5 mg/kg IV，每 12 小时 1 次。常与其他抗菌药物联合使用（首选 β－内酰胺类药物）。注意：在大多数机构中，铜绿假单胞菌的敏感性阿米卡星 > 妥布霉素 > 庆大霉素。

随访

- 假单胞菌引起的左侧心内膜炎需要外科介入治疗。

其他信息

- 坏疽性深脓疱病（皮肤损伤伴随大出血，坏疽，有环绕红斑）是治疗粒缺宿主假单胞菌菌血症的方法。
- 可能在糖尿病患者中引起恶性外耳炎，耳痛以及脸部神经麻痹（可能出现双侧感染）。
- 假单胞菌角膜炎可能使 ICU 患者长时间的角膜暴露复杂化。
- AIDS 患者更可能被铜绿假单胞菌感染引起肺炎、菌血症、心内膜炎、鼻窦炎、皮肤感染及严重外耳炎。
- 许多临床医生目前感觉单药治疗对绝对大多数已知药物敏感性的铜绿假单胞菌的治疗已经足够。最主要的例外是使用一种氨基糖苷类药物进行单药治疗，这种方法已被证实与恶化的预后有关并使死亡率升高 ~ 因此应该尽量避免。

推荐依据

Paul M, Benuri-Silbiger I, Soares-Weiser K, et al. Beta lactam monotherapy versus beta lactam-aminoglycoside combination therapy for sepsis in immunocompetent pts： systematic review and meta-analysis of randomised trials. BMJ, 2004; Vol. 328; p. 668.

评价：包含 7586 例患者的 64 个临床实验。在感染革兰阴性杆菌 (1835 人) 及铜绿假单胞菌 (426 人) 的患者中，使用联合用药疗法没有显现优势。这项荟萃分析明确的反驳了在非粒缺患者中使用两种药物联合治疗的方法。

病原体

马红球菌

Aimee Zaas, MD

微生物学

- 多形态，无动力，革兰阳性球杆菌。
- 环境中广泛存在。吸入、局部接种或摄入是几种获得的方法。
- 抗酸染色不定，菌落生长 4~7 天后呈橙红色。
- 实验室可能当成“类白喉菌”而忽略（考虑为“污染”）。提醒实验室注意病史。
- 也可与微球菌、芽孢杆菌（所有常见污染菌）或分枝杆菌混淆。

临床信息

- 易感染细胞免疫受损的人群（AIDS，使用皮质类固醇，器官移植）。
- 10%~15% 的马红球菌可感染免疫功能正常的病人。
- 肺部感染（空洞，结节，支气管肺炎）最常见的临床表现。
- HIV：病人存在其他病原菌的经常联合感染。
- 个人史：与动物接触史，尤其是马。
- 胸部 CT 表现包括实变 ± 空洞，毛玻璃影，结节影和树芽征。很少出现渗出和淋巴结肿大。
- 诊断：痰 / 血液培养，CT 引导下的穿刺培养或支气管镜检。HIV 阳性的病人发生支气管肺炎时常并发菌血症。
- 有抗 CD_{52} 免疫疗法后感染的病例报道。

感染部位

- 肺部：最常见引起肺炎 / 脓肿 / 空洞的坏死。

- 空洞常为厚壁；气液平面可与结核/奴卡相鉴别。
- 胸壁，纵隔淋巴结内可局部扩散。
- 播散（血性）：脑、骨、皮下组织。
- 血性播散感染常常治疗后复发。
- 其他感染：伤口、眼睛、菌血症、腹膜炎、骨髓炎、脑脓肿、腹部脏器脓肿。

治疗

抗菌药物

- 治疗（诱导）疗程：至少 4 周或直至渗出消失。
- 有些研究推荐免疫受损病人需治疗至少 8 周。
- 推荐与细胞内活性药物联合治疗（见下）。
- 非 HIV 患者采用抑制性治疗 3~6 个月，HIV 患者通常终身治疗；无数据表明对采用高活性抗逆转录病毒治疗进行免疫重建患者停药。
- 一线用药：万古霉素 1 g IV q12h（对于体重 >70 kg 的应按 15 mg/kg q12 计算用量）或加上亚胺培南 500 mg IV q6h。
- 利福平 600 mg PO，每天 1 次或环丙沙星 750 mg PO，每天 2 次或红霉素 500 mg PO，每天 4 次。
- PO/ 维持治疗（渗透清除后）环丙沙星 750 mg PO，每天 2 次或红霉素 500 mg PO，每天 4 次。
- 避免使用青霉素/头孢菌素，因为易产生耐药性。
- 体外显示利奈唑胺有效；无临床使用报告。
- 其他有报道有效的药物：阿奇霉素，复方新诺明，氯霉素、克林霉素。

手术

- 大的脓肿/坏死性肺炎可在使用抗菌药物的基础上联合手术切除治疗。

其他信息

- 如果维持治疗期间复发，警惕耐药菌株。
- 如怀疑红球菌需通知实验室，否则菌株可能被当成污染菌而忽略。
- 死亡率为 20%，艾滋病人可高达 50%。
- 组织病理学：常显示软化斑 – 丰满上皮样组织细胞，在嗜酸性、同质性或颗粒状胞质内。
- 如果使用利福平，常发生多种药物间相互作用（特别是高活性抗逆转录病毒治疗）。

推荐依据

Stiles BM, Isaacs RB, Daniel TM, et al. Role of surgery in Rhodococcus equi pulmonary infections. J Infect, 2002; Vol. 45;pp. 59 - 61.

注释：成功采用手术/用药治疗严重的马红球菌坏死性肺炎。

Verville TD, Huycke MM, Greenfi eld RA, et al. Rhodococcus equi infections of humans. 12 cases and a review of the literature.Medicine (Baltimore), 1994; Vol. 73; pp. 119 - 32.

注释：作者推荐在免疫受损宿主疗程最少 8 周。

Nordmann P, Ronco E. In vitro antimicrobial susceptibility of Rhodococcus equi. J

Antimicrob Chemother, 1992; Vol. 29;pp. 383 - 93.
注释：强调利福平 – 红霉素，利福平 – 米诺环素，红霉素 – 米诺环素和亚胺培南 – 阿米卡星协同联合作用。

立氏立克次体

Paul G Auwaerter, MD and Joseph Vinetz, MD

微生物学

- 专性胞内寄生，致落基山斑疹热的革兰阴性病原体。
- 蜱传播常见于春末到初秋（常见棕色狗蜱）。可能在亚利桑那州和西海岸传播。
- 在美国，美国犬蜱（变异革蜱）以及落基山硬蜱（安氏革蜱）是主要节肢动物媒介。在亚利桑那州，棕色狗蜱（红扇头蜱）也被报道为媒介。在中美洲和南美洲卡延钝眼蜱可携带立克次体。

临床信息

- 可以迅速致病，难以诊断。在恰当时必须首先采用假定治疗（强力霉素）。
- 疫区：落基山脉，最常见的是在俄克拉何马，东卡罗来纳州，弗吉尼亚州，马里兰州。同时出现在蒙大拿州，怀俄明州和亚利桑那州。已发生在除阿拉斯加洲外的美国本土 48 个州。
- 通常在美国每年有 400~1 500 例病例报道。
- 大多数（90%）但并不是所有的病例都出现皮疹，通常出现在前驱症状如全身乏力，肌痛，头痛和发烧 3~5 天之后。
- 严重性可从无差别的高热综合征延伸到低血压和多脏器衰竭。
- 经典三联症：发烧、头痛、皮疹。大多发生在流行地区的 5 月至 9 月。
- 一般实验室检查结果：通常为低白细胞，血小板减少的特点，偶尔轻度贫血，肝功检测异常以及凝血功能障碍（DIC）。50% 的病例出现高钠血症，在组织严重损伤时，可见 CK、LDH 增加。
- 鉴别诊断：其他蜱传播导致的感染包括埃立克体属，红孢子虫属，其他立克次体属；细菌性败血症包括脑膜炎奈瑟菌，淋病奈瑟菌；病毒感染（肠病毒、流感）；药物反应。
- 诊断：对皮肤活检采用直接荧光法（DFA 快速，但在许多地方不作为常规检查）或血清间接免疫荧光抗体法（IFA）检测斑疹热伤寒急性期或恢复期抗体。在有资格的实验室可对皮肤活检组织（而非血液）采用 PCR；培养不做为常规 – 危险（BSL3 级）。
- 在疾病早期 IFA 通常是阴性的。

感染部位

- 通常：发烧，肌痛，败血症综合征。
- 皮肤：淤斑（虽然早期皮疹可能本质上更加非特异 / 斑丘疹），开始在四肢，向躯干移动（向心）；内皮细胞功能障碍导致手和脚水肿。50% 的皮疹自发烧 3 天后开始。
- 神经：血管炎，头痛，局灶性神经缺陷，耳聋，假性脑膜炎（有时脑脊液单核 / 多核细胞增多），精神错乱，脑电图异常（弥漫缓慢）。
- 肾：急性肾功能衰竭 – ATN 和（或）血容量枯竭，可能需要血液透析。
- 肺：肺炎（肺泡浸润）非心源性水肿，透明膜疾病（ARDS）。
- 心脏：异常心肌功能障碍。

治疗

强力霉素

- 重要的是对临床可疑病例采用经验治疗而不是重视确证实验。
- 有潜在致命后果的成年人及儿童的药物选择
- 成人: 200 mg 负荷剂量(严重疾病), 100 mg PO/IV 每天2次, 7天或退热后3天。
- 基于两个原因对儿童建议采用强力霉素或四环素治疗：（1）落基山斑疹热（洛矶山斑疹热）危及生命；（2）短疗程不会导致牙齿问题或着色。
- 儿童：2~4 mg/(kg·d)（最高 200 mg/d）分次服用并且每 12 小时 1 次。
- 不建议附加类固醇。
- 孕妇禁用。

四环素

- 儿童：25~50 mg/(kg·d) PO，分 4 次服用。

替代药物

- 氯霉素：成人，500 mg PO，每天 4 次，7 天或者发热后 3 天停用。儿童，50~75 mg/(kg·d) PO，每天 4 次服用。
- 可用于怀孕或者对严重四环素过敏。

预防

- 穿浅色的衣服，把裤腿掖进袜子里。
- 通常推荐避蚊胺作为防护剂应用在皮肤上，儿童使用低浓度的喷雾剂。含有氯菊酯的驱虫剂可喷散在鞋子和衣服上。
- 在去过蜱出没的地方后进行全面的身体检查。
- 在蜱叮咬后没有的预防性抗菌药物共识推荐。
- 无疫苗可用。

后续

- 感染可产生对立氏立克次体长期持久的免疫力。
- 现阶段总死亡率 <2%，但在即便使用抗菌药物的年长者中死亡率可延伸至 9%。

其他信息

- 即使诊断不明确，在恰当时（流行地区，春夏）最好采用经验治疗，而不是等诊断明确后再治疗。
- 落基山斑疹热可发生在秋季和冬季，主要在南部各州。
- 低于 20% 的落基山斑疹热病例有已知的蜱叮咬史（通常在儿童病例中）。
- 高达 10% 的落基山斑疹热病例可能缺乏皮疹，尤其是在早期感染时。

推荐依据

Holman RC, Paddock CD, Curns AT, et al. Analysis of risk factors for fatal Rocky Mountain S 口服 tted Fever： evidence for superiority of tetracyclines for therapy. J Infect Dis, 2001; Vol. 184; pp. 1437 - 44.

注释：本文主要的特点是落基山斑疹热死亡不断发生是因为诊断延误和未采取及时，合适的治疗。氯霉素逊于四环素。死亡的危险因素包括：不使用四环素类的药物，年长者只使用氯霉素，发病≥ 5 天后使用相应的抗菌药物。

立克次体

Paul G. Auwaerter, MD and Joseph Vinetz, MD

微生物学

- 专性细胞内寄生，格兰阴性杆菌，能够引起人类感染的立克次体种类逐渐增多。
- 由多种吸血节肢动物传播：蜱，螨，恙螨。
- 分为斑疹热群（SFG）和斑疹伤寒群（TG）（见下文临床部分）。
- 主要感染内皮细胞，其功能障碍导致严重的疾病表现。
- 落基山斑疹热见立氏立克次体部分。

临床特性

- 该革兰阴性专性细胞内细菌主要分为两群：斑疹热群（SFG）和斑疹伤寒群（TG）
- 常见症状：发热、头痛、皮疹、恰当的流行病学背景（例如，蜱虫叮咬）。由于实验室诊断较为困难，因此在确定诊断之前应进行经验治疗。
- 从非洲、南美洲、地中海、亚洲乡村旅游回来的发热病人应怀疑立克次体感染，尤其是灌木丛暴露史。注意寻找皮肤损伤。
- 斑疹热群（SFG）包括：伤寒立克次体（地中海斑疹热或南欧斑疹热）—蜱传播，黑斑（在蜱叮咬部位出现焦痂样）；非洲立克次体（蜱传播，非洲蜱热）；小蛛立克次体（螨传播，立克次体痘疹，在美国发现）；其他。
- 斑疹热群感染一般不致命，严重的会出现落基山斑疹热样综合征（尤其是伤寒立克次体感染）。
- 黑斑（蜱叮咬部位溃疡、坏死性损伤或者黑色焦痂）出现在伤寒立克次体（通常）、非洲立克次体（可能多数）、小蛛立克次体（但不是落基山斑疹热）。在美国出现的帕氏立克次体病（墨西哥海湾、切萨皮克海岸），易误诊为落基山斑疹热，因为皮疹相似但蜱叮咬部位会有黑斑；与落基山斑疹热血清反应有交叉反应。
- 斑疹热群：非洲蜱叮咬热—由非洲立克次体引起的新发疾病；引起的急性发热伴有头痛、黑斑并局部淋巴结炎、水泡疹、口腔溃疡。牛蜱为媒介。
- 恙虫病，由恙虫病东方体（以前称恙虫病立克次体）引起。由东南亚的恙螨传播。叮咬部位有黑斑。四环素可耐药。
- 斑疹伤寒群包括：普氏立克次体（流行性斑疹伤寒，虱传播，与卫生状况差有关，例如布隆迪、秘鲁）；莫氏立克次体（引起鼠/地方性斑疹伤寒，蚤传播，主要在美国的墨西哥边境和夏威夷岛流行）。
- 实验室诊断：血清学方法（间接免疫荧光分析）、皮肤组织直接免疫荧光分析、聚合酶链反应（均在参考实验室进行）。

感染部位

- 通常：发热，头痛，播散性感染反应性肌痛，休克（特别是流行性、地方病或恙虫病）。
- 皮肤：叮咬后焦痂，“黑斑”；非洲立克次体感染后可多发；也可表现为斑丘疹或水泡疹；严重病例可出现周边坏疽（落基山斑疹热和斑疹伤寒症除外）。
- 五官：偶有口腔溃疡。
- 心：心肌炎（落基山斑疹热和斑疹伤寒症）。
- 肺：非心源性肺水肿，急性呼吸窘迫综合征（见于斑疹伤寒症，斑疹热立克次体病通常不会导致严重的疾病除了落基山斑疹热）。
- 肝：转氨酶升高（正常的5~10倍）；碱性磷酸酶正常或适度升高；黄疸罕见，除非休克。

- 神经系统：谵妄，昏迷，局灶性梗死，病理表现为胶质结节（见于斑疹伤寒，斑疹热立克次体病通常不会导致严重的疾病除了落基山斑疹热）。
- 血液系统：血小板减少，白细胞增多，白细胞减少（较少见）。

治疗

强力霉素

- 非重症病例：可采用口服 100 mg，2 次 / 天，5~10 天或退烧后 3 后停药。
- 重症病例，负荷剂量 IV 200 mg，退烧后，IV 100 mg/12h~24h，2~3 天后改为口服用药。
- 儿童和成人斑疹伤寒均可选用，但对于次重症立克次体感染的儿童，需综合考虑治疗风险和益处，最佳治疗方案还不清楚。

四环素

- 空服口服，500 mg/6h，5~10 天或退烧 3 天后停药。

氯霉素

- PO，500 mg/6h，5~10 天或退烧 3 天后停药。
- 对不能使用其他抗菌药物的重症患者，IV 50~100 mg/kg，分四次给药。

环丙沙星

- 口服，500 mg/ 次，2 次 / 天，5~10 天或退烧 3 天后停药。
- 二线用药，临床数据少，但对伤寒立克次体感染部分有效。

其他信息

- 实验室诊断辅助：美国疾病防控中心病毒和立克次体病科，电话：404-639-1075，也可以联系州卫生部。
- 在美国，德克萨斯州南部、加利福尼亚州应警惕鼠/地方性斑疹伤寒；在纽约，发热、皮肤有黑斑、水泡丘疹的患者应考虑立克次体痘疹。通常是由家鼠身上的螨传播。
- 伴有发热、黑斑，从非洲、地中海、中东、泰国回来的患者应怀疑非洲蜱咬热、马赛热、恙虫病。
- 注意寻找皮肤损伤，尤其是腿，通常会有焦痂，可能表现为丘疹或者溃疡（黑斑）。
- 随着发热进展，患者会出现斑丘疹。

详细信息

实验室诊断

- 通常（非特异）实验室结果：转氨酶升高、血小板减少、白细胞增多或减少。
- 特异性诊断：间接免疫荧光分析、皮肤活检直接免疫荧光分析，皮肤活检或外周血白细胞聚合酶链式反应（参考实验室）。
- 立克次体种类和相关的节肢动物媒介
- 立式立克次体（落基山斑疹热）——蜱（革蜱属种，狗携带或木材上的蜱）；
- 普氏立克次体（流行性斑疹伤寒）——体虱（人体虱）；
- 莫氏立克次体（鼠/地方性斑疹伤寒）——鼠蚤（Xenopsylla cheopsis）和猫蚤（猫栉首蚤）；
- 小蛛立克次体（立克次体痘疹）——螨（Lioponyssoides sanguineus，家鼠的皮外寄生虫）；
- 帕氏立克次体（在美国引起斑疹热综合征）——墨西哥湾蜱虫（斑疹钝眼蜱）；
- 非洲立克次体（非洲蜱叮咬热）——蜱（希伯来钝眼蜱、彩饰花蜱）；

- 伤寒立克次体（地中海斑疹热）——狗蜱（扇头蜱属、血蜱属）。

推荐依据

Watt G, Chouriyagune C, Ruangweerayud R, et al. Scrub typhus infections poorly responsive to antibiotics in northern Thailand. Lancet, 1996; Vol. 348; pp. 86 - 9.

注释：这篇里程碑式的文章报道了被证实正确的数据，东南亚州的恙虫病可对多西环素治疗耐药。

沙门氏菌属

John G. Bartlett, MD

微生物学

- 需氧，革兰阴性杆菌，0.4~0.6 μm。
- 在粪便培养标准培养基上可以生长，但需要新鲜标本。
- 非伤寒沙门氏菌是引起食源性感染的主要病原细菌，过去主要分离自禽肉及蛋类，现在来源更为多样。
- 伤寒沙门氏菌仅由人接触的水、食物或排泄物中获得。

临床信息

- 伤寒沙门氏菌（引起肠热症）仅定植于人体，在发展中国家常见；15% 的病死率。在美国，400 例 / 年，许多病例为返家探望（尤其是印度）后返回的旅游者。
- 沙门氏菌属（非伤寒）是最常见的两种肠道致病细菌之一（另外一种是空肠弯曲菌）。
- 非伤寒沙门氏菌：在美国 1~3 百万例 / 年。食源性腹泻的常见病原细菌；常见源头：肉类，禽肉，蛋类，奶制品。若出现多地区同时暴发，常由污染源头的某地区产品广泛输送至其他地区引起（例如美国 2008~2009 年间由商品花生酱引发的大规模暴发）。
- 临床表现：可能出现定植、急性胃肠炎、肠热症（非腹泻）及局部感染等多种症状。
- 诊断：血、尿或粪便培养阳性。暴发中菌株间的亲缘性通过 PFGE 分析。血清学方法不适用。骨髓被认为是检测伤寒沙门氏菌最为敏感的标本。

感染部位

- 伤寒（由伤寒沙门氏菌引起的肠热症）：高烧 103°F~104°F（39℃ ~40℃），常伴有乏力、腹痛、头痛。可能出现腹泻，但并不常见。若出现皮疹，呈玫瑰色斑点状。相关的心动过缓为典型症状。可能出现肝脾肿大。可能出现白细胞减少伴淋巴细胞增多。肝功能检查通常异常。在美国及旅美游客中少见。
- 消化道：急性胃肠炎（呕吐，腹部绞痛，腹泻 ± 血便。潜伏期 8~48 小时，症状常于 3~7 天内自愈），肠热症（伤寒沙门氏菌或非伤寒沙门氏菌：潜伏期 5~21 天，常伴有腹泻，可能症状消退然后复发——发烧，腹痛、乏力、便秘。感染进展可出现谵妄）。
- 血管感染：主动脉炎，吻合口感染。
- 骨髓炎：镰刀状红细胞患者对沙门氏菌相关骨髓炎更易感。
- 化脓性关节炎。
- 心内膜炎。
- 脑膜炎（多见于新生儿）。
- 反应性关节炎。
- 携带状态。

治疗

胃肠炎

- 通常对于非复杂性腹泻没有治疗的必要。
- 治疗指征：重症患者，>50 岁，假体植入，心脏瓣膜病或严重动脉粥样硬化，癌症，尿毒症，免疫抑制。
- 免疫功能正常患者（首选，如果需要治疗）：TMP-SMX 两剂口服，每天 2 次，环丙沙星 500 mg PO，每天 2 次或头孢曲松．每天 2 g IV，均需 5~7 天。
- 免疫抑制患者（首选）：上述选择需≥ 14 天。

其他类型感染，包括伤寒

- 伤寒：头孢曲松 1~2g IV 24 小时 1 次，之后头孢克肟（Suprax）400 mg 每天口服持续 10~14 天完成抗菌药物疗法，或环丙沙星 400 mg IV，12 小时 1 次或 500 mg PO，每天 2 次。
- 非伤寒（严重感染）：三代头孢菌素（头孢曲松 / 头孢噻肟）或氟喹诺酮类（环丙沙星，左氧氟沙星）。根据药物敏感性实验指导治疗。
- 菌血症：头孢曲松 2 g IV 24 小时 1 次或头孢噻肟 2 g IV 6~8 小时 1 次，持续 7~14 天或环丙沙星 400 mg IV，12 小时 1 次，持续 7~14 天。
- 人造血管感染：头孢曲松、头孢噻肟或氟喹诺酮类抗菌药物（上述剂量）持续 6 周 + 尽早去除人造血管或永久给予抑制性疗法。
- 骨髓炎：头孢曲松 2g IV 24 小时 1 次，头孢噻肟 2 g IV 6~8 小时 1 次，或环丙沙星 750 mg PO，每天 2 次，持续≥ 4 周 + 移除死骨。
- 关节炎：头孢曲松 2g IV 24 小时 1 次或头孢噻肟 2 g IV 6~8 小时 1 次持续 6 周。
- 心内膜炎：头孢曲松 2g IV 24 小时 1 次或头孢噻肟 2 g IV 6~8 小时 1 次持续 6 周。
- UTI：头孢曲松、头孢噻肟或环丙沙星 IV 持续 1~2 周，之后口服环丙沙星或 TMP-SMX 持续 6 周 + 移除任何泌尿生殖道阻碍物。
- HIV+ 沙门氏菌病：IV 头孢菌素或氟喹诺酮类药物，之后口服氟喹诺酮类药物（例如环丙沙星 500~750 mg PO，每天 2 次）持续 4 周。如果 6 周内出现复发，建议给予永久性抗菌药物直至抗逆转录病毒疗法后免疫力恢复。

预防

- 避免食用生的或未熟的蛋类。
- 食物制备中遵循时间 ~ 温度标准。
- 医护人员及食品操作员即使长期为病菌携带者，传播风险低。
- 并不推荐对食品操作员的粪便进行监测。
- 食品操作员一个人卫生可防止传播。
- 伤寒疫苗：推荐前往发展中国家的旅游者食用，尤其是前往乡村旅游并且长期暴露者。
- 美国可用的伤寒疫苗：（1）PO，减毒活疫苗（Vivotif Berna 疫苗 /Ty21a 活菌苗），每隔 1 天 1 剂持续 4 剂；（2）VI 荚膜多糖疫苗，1 剂肌肉注射。各有 50%~80% 有效性。

随访

- 带菌状态（依据药敏实验指导治疗）：环丙沙星 500 mg PO，每天 2 次持续 4~6 周或 TMP-SMX1 剂口服每天 2 次持续 6 周或阿莫西林 500 mg PO，每天 3 次持续 6 周 + 若出现结石行胆囊切除术。

其他信息

- 常见感染源：未煮熟的动物源食物——肉类、禽肉、蛋。
- 大部分胃肠炎不需要抗菌药物。抗菌药物与长时间带菌及抗菌药物滥用相关。
- 耐药是严峻的问题：氯霉素，TMP-SMX 和氨苄西林 – 近期还包括头孢菌素和氟喹诺酮类药物。需要根据药敏实验进行合适的治疗。

推荐依据

Guerrant RL, Van Gilder T, Steiner TS, et al. Practice guidelines for the management of infectious diarrhea. Clin Infect Dis, 2001; Vol. 32; pp. 331 - 51.

注释：在某种程度上，是对沙门氏菌引起的胃肠炎治疗策略的推荐建议。

Authors unknown，Thechoiceofantibacterialdrugs.MedLettDrugsTher,2001;Vol.43; pp.69 - 78.

注释：用于非胃肠炎沙门氏菌感染的推荐建议。

沙雷菌属

Paul G. Auwaerter, MD

病原体

微生物学

- 需氧，革兰阴性杆菌，属肠杆菌科，克雷伯菌族。
- 仅粘质沙雷菌为人类致病常见菌，其他（液化沙雷菌、深红沙雷菌、气味沙雷菌）罕见。

临床信息

- 医院感染常见致病菌，通常定植于呼吸道或生殖泌尿系统，除在新生儿，消化系统不常见。
- 手 – 手接触传播多见。
- 在海洛因成瘾者中有感染报道。
- 可引起院内感染暴发，尤其在新生儿病房中或与污染的设备有关。
- 对氨苄西林、大环内酯类及第一代头孢菌素天然耐药。

感染部位

- 菌血症：通常导管相关。
- UTI：通常导管或设备相关。
- 伤口感染：术后并发症。
- 心内膜炎：罕见，多见于注射吸毒人群。
- 骨髓炎：罕见，多见于注射吸毒人群。
- 肺炎：通常为医源性感染，有潜伏期或介入性操作史。可能在老年人或疗养院中出现“社区获得性”感染。
- 脓毒性关节炎：被报道出现于关节腔内注射以后。
- 眼部：结膜炎、角膜炎。

治疗

菌血症，肺炎或严重感染

- 常抗菌药物耐药。阿米卡星一般敏感，常与抗假单胞菌青霉素协同。
- 常质粒介导对三代头孢菌素耐药，但也有报道对四代头孢（头孢吡肟）和碳青霉烯类耐药。有报道发现产 ESBL（SEM1/SEM2）的菌株。有氟喹诺酮类耐药报道。

- 头孢吡肟 1~2 g IV，8 小时 1 次或亚胺培南 0.5~1.0 g IV，6 小时 1 次或环丙沙星 400 mg IV，8 小时 1 次。应由药物敏感性指导用药。
- 氨曲南，庆大霉素或阿米卡星，哌拉西林 / 他唑巴坦通常也有效。
- 疗程依据临床疗效，通常 7~14 天。

心内膜炎

- 根据药物敏感性选择用药。
- 肠外疗法疗程 4~6 周。

骨髓炎

- 根据药物敏感性选择用药。
- 根据临床反应治疗 6~12 周。使用静脉给药直至病情稳定 / 临床改善（至少 10~14 天）之后恰当时可改用口服治疗。

UTI

- 氟喹诺酮类常敏感但在严重疾病患者中考虑经验性使用两种药物（例如 β – 内酰胺类 + 氨基糖苷类或氟喹诺酮类 + 碳青霉烯类）直至得到药敏结果。
- 环丙沙星 250 mg PO，每天 2 次或 400 mg IV，12 小时 1 次或左氧氟沙星 250 mg，PO，或 500 mg IV，24 小时 1 次。

其他信息

- 重要的医院获得性病原菌，即可能引起由于设备污染导致的急性暴发也可能由于设备无菌消毒不彻底而导致假暴发。
- 极可能是医院获得性 UTI，肺炎或菌血症的致病菌。注射吸毒人群对心内膜炎和骨髓炎易感。

推荐依据

作者观点。

注释：目前没有这种病原菌治疗的相关指南出版。

痢疾志贺菌

Khalil G. Ghanem, MD

微生物学

- 需氧，革兰阴性杆菌。
- 构成志贺菌 4 个群中的 A 群（见志贺菌属部分）。

临床信息

- 痢疾志贺菌血清型 1 型（SD1）是志贺菌属中传播最广、引起临床疾病最严重的细菌。
- 痢疾志贺菌主要发现于发展中国家；在美国，该菌罕见但为归国旅行者中的常见疾病。
- 仅 SD1 合成真正的志贺毒素：一种神经毒素和肠毒素，与溶血尿毒综合征相关（HUS）。所有志贺菌属分泌肠毒素，导致水性腹泻。
- 症状：见志贺菌属部分，SD1 潜伏时间更长（6~8 天或 2~4 天），临床症状与同属其他菌种相似但更为严重。

- 诊断：诊断痢疾志贺菌的方法与其他志贺菌属的方法相同（见志贺菌属部分）。

感染部位

- 消化道：小肠（大量水性腹泻），大肠（里急后重，少量腹泻）。
- 风湿：血清阴性关节炎，Reiter 综合征（尤在 HLA-B27+ 患者中）。
- CNS：在儿童中发作。
- 血／肾：HUS（微血管性溶血性贫血，肾衰以及血小板减少）。
- 菌血症出现在年轻人中，通常发生于发展中国家的营养不良儿童。

治疗

抗菌药物

- 所有 SD1 及其他志贺菌种引起的病例均推荐使用抗菌药物。
- 抗菌药物使用方法与治疗其他志贺菌种相同（见志贺菌部分）。
- 在东南亚氟喹诺酮耐药率上升。

预防

与其他志贺菌种相同（见志贺菌部分）。

其他信息

- 在美国，若没有暴露史（旅行或接触返美旅游者）的患者被诊断为 SD1 感染，应立刻考虑生物恐怖袭击。

推荐依据

Zimbabwe, Bangladesh, South Africa (Zimbasa) Dysentery Study Group. Multicenter, randomized, double blind clinical trial of short course versus standard course oral ciprofl oxacin for Shigella dysenteriae type 1 dysentery in children. Pediatr Infect Dis J, 2002; Vol. 21; pp. 1136 - 41.

注释：一项多中心、随机、双盲、对照性临床实验。由 SD1 感染导致痢疾的 1~12 岁儿童被随机分组，接受口服环丙沙星 15mg/kg12 小时 1 次持续 3 天、之后使用安慰剂 2 天，或环丙沙星持续 5 天的治疗。短期和标准疗程的环丙沙星治疗，成功率分别为 65% 和 69%。所有患者从细菌学被证实治愈，并且所有 SD1 菌株均对环丙沙星敏感。在研究期间没有出现复发。

志贺菌属

Khalil G. Ghanem, MD

微生物学

- 需氧革兰阴性杆菌（无动力，无芽胞），肠杆菌科。
- 4 个血清群：A 群（痢疾志贺菌），B 群（福氏志贺菌），C 群（鲍特志贺菌），以及 D 群（宋内志贺菌）。
- 关于对 A 群的讨论请参阅痢疾志贺杆菌。
- 在临床微生物学实验室，除了志贺 - 沙门培养基外还可采用麦康凯和伊红美蓝琼脂培养基以利于生长。

临床信息

- 导致疾病谱：水样腹泻至痢疾。
- 只有 10 种细菌致病，常引起人 - 人之间的传播，特别是在拥挤的环境中。一般侵入时不会超过黏膜层，因此血培养通常是阴性。

- 好发于 6 月 ~10 岁的儿童，成人感染由儿童引起。人 – 人间传播常见，但是水（受粪便污染的井水）以及食物（20% 的病例在美国）在发展中国家是更常见的传播途径。
- 在美国 60%~80% 的病例是由宋内志贺菌引起的。
- 典型症状：发烧（30%）+ 腹痛随后大量大便（小肠相）。48h 后，大便更加频繁，少发热，里急后重 + 血（40%）和黏液（50%）（大肠相）。
- 诊断：在症状典型的最初 48h 内进行粪便培养。除志贺 – 沙门琼脂外还可采用麦康凯或伊红美蓝琼脂培养基。革兰染色粪便可见中性粒细胞（40%）。血清学用于流行病学研究而不是临床诊断。
- 如果未使用抗菌药物，粪便排泄将持续 1~4 周。较长时间的携带史。携带者中排菌量通常很低，因此人——人之间的传播可能性较低。
- 不使用抗菌药物时疾病的持续时间长达 1~30 天（平均 7 天）。除痢疾志贺菌外少见并发症。

感染部位

- 胃肠：小肠（腹痛，水样腹泻和发烧），结肠（腹泻，里急后重，黏液和血液）。
- 眼：角结膜炎。
- 关节：关节炎和后痢疾 Reiter 综合征（感染后脊柱关节病）尤其是在 HLA~B27 阳性的病人中。
- 肺：肺炎，通常发生在免疫功能低下宿主。

治疗

- 当体液严重丢失时，适当补液。
- 所有的感染均应及时治疗。使用抗菌药物以缩短病程，减少传播的危险。
- 如果已知磺胺敏感：TMP(160 mg)/SMX(800 mg) PO，12 小时 1 次持续 3 – 5 天。小儿剂量 TMP（5 mg）/SMX（25 mg/kg） PO，每天 2 次。
- 如果 TMP/SMX 耐药或在高耐药地区（东南亚、非洲、南美洲）或未知敏感性时，环丙沙星 500 mg，诺氟沙星 500 mg，氧氟沙星 200 mg 均口服，每天 2 次持续 3~5 天。
- 备选方案（通常持续时间为 5 天）：根据药敏谱选择头孢曲松（1gIV24 小时 1 次），阿奇霉素（500 mg PO，1 天，随后 250 mg PO，2~4 天），萘啶酸（250 mg PO，每天 4 次或小儿剂量 55kg/d），氨苄西林（500 mg PO，每天 4 次）。在东南亚地区，氟喹诺酮的耐药性不断增加，阿奇霉素可作为首选。

预防

- 安全供水（加氯和有效的污水处理）。
- 日常垃圾收集。
- 经常洗手。
- 适当冷藏和烹饪食物。
- 隔离和治疗腹泻病人。
- 接触性预防措施有利于减少传播。

其他信息

- 有血性腹泻时，不要使用蠕动剂。会增加结肠中毒性扩张的危险，并且会增加志贺菌携带时间。
- 推荐采用粪便培养的特异性诊断。

- 建议在暴发时或高度怀疑时经验性治疗志贺菌。
- 治疗疑似志贺菌感染的病人时推荐使用抗菌药物，多项随机临床实验也支持这一点。
- 抗生素的耐药谱多样：TMP/SMX 的耐药性不断增加，当敏感性不确定时更倾向于使用喹诺酮类，喹诺酮类药物的耐药性在远东地区不断增加。

推荐依据

Guerrant RL, Van Gilder T, Steiner TS, et al. Practice guidelines for the management of infectious diarrhea. Clin Infect Dis, 2001; Vol. 32; pp. 331 - 51.

注释：IDSA 推荐：任何腹泻持续 1 天，特别是如果伴有发热，血便，全身性疾病，近期使用抗生素，日常中心护理，住院治疗，或者脱水（定义为黏膜干燥，排尿减少，心动过速，体位性低血压，或嗜睡或淡漠的症状迹象），应及时检测粪便标本。伴有发热性腹泻的病人，特别伴有中到重度的侵袭性疾病，在获取粪便标本后，应考虑经验治疗。

葡萄球菌，凝固酶阴性

John G. Bartlett, MD

病原体

微生物学

- 凝固酶阴性葡萄球菌（CNS）是需氧，革兰阳性球菌，成堆。常定居在皮肤和黏膜表面。
- 过氧化氢酶阳性，凝固酶阴性。主要病原体是表皮葡萄球菌，菌落通常小，米白色（直径大约为 1~2 mm）。
- 凝固酶阴性葡萄球菌目前有超过 40 种，其他主要菌种包括路邓葡萄球菌，溶血葡萄球菌。新生霉素敏感性实验可以区分表皮葡萄球菌和其他凝固酶阴性菌株。腐生葡萄球菌磷酸酶阴性，脲酶和脂肪酶阳性。
- 许多菌种容易形成生物膜，可以黏附在医疗设备上。
- 通常对青霉素和甲氧西林耐药。

临床信息

- 通常是一种院内病原体。来源皮肤菌群。病原体主要与异物和生物膜相关。
- 表皮葡萄球菌——凝固酶阴性葡萄球菌的主要致病菌。
- 院内菌血症的第一位病因，但是也是污染的第一位。
- 塑料 / 金属感染第一位：线，人工瓣膜，关节，心脏起搏器和中枢神经系统分流装置等。
- 通过培养的诊断：至少需要 2 次血培养阳性，或者在异物表面上存在大量生长。
- 在医院，重症监护病房，肿瘤中心的暴发可能意味着克隆传播。
- 相比其他凝固酶阴性葡萄球菌，路邓葡萄球菌的感染与金黄色葡萄球菌更为相似。仅次于表皮葡萄球菌，是第二位引起凝固酶阴性葡萄球菌的病因。可能引起侵袭性感染。菌体通常对甲氧西林敏感。只有约 25% 的菌株产生 β – 内酰胺酶。
- 溶血葡萄球菌在 CNS 新生儿血液感染中占第二位。常出现糖肽类抗菌药物（替考拉宁 > 万古霉素）敏感性降低。
- 腐生葡萄球菌：在年轻，性生活活跃的女性尿路感染中占第二位（仅次于大肠杆菌）。

感染部位

- 菌血症：最常见由静脉导管，血管移植，心脏瓣膜（在所有凝固酶阴性葡萄球菌感染中占 30%~40%）引起。

- 脑脊液分流：脑膜炎。
- 腹膜透析导管：腹膜炎。
- 人工关节：脓毒性关节炎。
- 人工或天然心脏瓣膜：心内膜炎。
- 胸骨切工术后；骨髓炎。
- 植入物（乳房、阴茎、心脏起搏器）和其他假肢装置：局部感染。
- 眼手术后：眼内炎。
- 手术部位感染。

治疗

一般原则

- 是由异物引起的感染最常见的原因。病理生理基于在塑料或金属上由相对无毒力的细菌形成生物膜。仅当血培养阳性（最好来自外周血）≥ 2 次或者是在装置上大量 / 重复生长时需要治疗菌血症。
- 抗菌药物：>80% 菌株是 β – 内酰胺酶阳性和甲氧西林耐药的。最有效的：万古霉素，利奈唑胺，达托霉素。利福平常辅助。
- 深部感染的标准：万古霉素 15 mg/kg IV q12h ± 利福平 300 mg q8h IV/PO。庆大霉素 3 mg/(kg · d) IV 8h 加万古霉素 & 利福平以治疗人工瓣膜感染。
- 可选（甲氧西林耐药表皮葡萄球菌）：利奈唑胺 600 mg IV/PO 每天 2 次，达托霉素 IV 6 mg/(kg · d)。每次 ± 利福平。
- 可选（甲氧西林敏感）：甲氧西林 / 萘夫西林 1.5 - 3 g IV q6h，头孢唑啉 1~2 g IV q8h,，环丙沙星 400 mg IV q12h, 克林霉素 600 mg IV q8h，TMP–SMX. 使用药物敏感性指导用药。值得注意的是，当多株菌株鉴定时只能假定甲氧西林敏感。

特异部位推荐

- 人工瓣膜：考虑瓣膜置换术，抗菌药物持续 6 周。请参阅人工瓣膜心内膜炎部分。
- 外周导管：移除导管，抗菌药物持续 5~7 天。
- 中央导管：可能经常保留导管和全身用抗菌药物持续 2 周，加上抗菌药物封闭。
- 人工关节：通常移除导管（双级置换比单级置换更常见），抗菌药物持续 6 周。如果为早期感染（术后 3 周内），则清创和保留。
- 透析导管：保留导管（至少最先力争）和 IV 万古霉素（通常每周 2 g IV 并且当浓度 <15 mcg/ml 采用双倍剂量）+ 抗菌药物封闭持续 10~14 天。
- 血管移植：移除移植物，抗菌药物持续 6 周。
- 脑脊液分流装置：通常建议移除分流装置。IV 万古霉素 22.5 mg/kg q12h 和 PO/IV 利福平加上可能的心室内抗菌药物：万古霉素 20 mg/d ± 庆大霉素 4~8 mg/d。

腐生葡萄球菌尿路感染

- 当发生在男性时，表明存在组织结构异常或导尿史。
- 单剂量抗菌药物治疗常常失败。
- 对万古霉素敏感性可变。
- 细节部分请参阅“细菌性膀胱炎，急性，非复杂性”部分。

其他信息

- 菌血症最常见的原因，而且是所有标本中最常见的污染菌。
- CDC：切勿治疗 1 次血培养阳性的表皮葡萄球菌
- 所有异物感染的主要原因，如：导管、关节、植入物、分流装置、瓣膜等。
- 通常需要异物外加两次培养阳性或者大量生长时暗示致病菌的存在。

推荐依据

No authors listed. Choice of antibacterial drugs. Treat Guidel Med Lett, 2007; Vol. 5; pp. 33 - 50.

注释：此部分推荐的依据。

Archer G. Staphylococcus epidermidis and other coagulase-negative staphylococci ; Chapter 184 in Principles and Practice of Infectious Disease, Mandell JL, Bennett JE and Dolin R (Editors) Churchill Livingston Phil 5th Ed, 2000;pp. 2092 - 2100.

评论：凝固酶阴性葡萄球菌包括 32 个属，15 个是人类自身固有的。常规物种形成意义尚不明确。人类致病菌种绝大多数是表皮葡萄球菌（异物）和腐生葡萄球菌（UTI' s）。其他不常见致病原如溶血葡萄球菌，路邓葡萄球菌，施氏葡萄球菌。几乎所有的表皮葡萄球菌感染都是院内的，来自病人或医护人员的自身菌群。

金黄色葡萄球菌

Sara E. Cosgrove, MD

微生物学

- 革兰阳性球菌成堆排列。
- 容易在血琼脂或其他传统培养基上生长。
- 凝固酶阳性并且耐热聚合酶阳性。
- 青霉素耐药是由青霉素酶介导的，可以使用 β－内酰胺酶抑制剂（如氨苄西林/舒巴坦）来抑制，或者使用耐青霉素酶的青霉素类（如苯唑西林，萘夫西林）。甲氧西林的耐药性是由编码青霉素结合蛋白 2a 的 mecA 基因引起的，该酶降低对 β－内酰胺类的亲和力，导致对甲氧西林，苯唑西林，以及头孢菌素类耐药。
- 社区获得性的 MRSA（CA-MRSA）通常对四环素和 TMP-SMX 敏感。克林霉素的敏感性随地区而异。如果菌株对红霉素耐药，必须通过 D 实验确认对克林霉素的敏感性。

临床信息

- 20%~30% 的人群携带在前鼻孔中。高携带率见于糖尿病人、注射吸毒者（IDU）、HIV 或透析病人。携带者继发感染的危险性大。
- 危险因素：皮肤疾病，静脉导管，其他异物（例如人工关节，心脏起博器），IDU，血液透析，近期外科手术。
- 诊断：从无菌部位（血液，关节，CSF）脓肿或伤口培养阳性。鼻部培养阳性 = 定植，不是感染。
- 甲氧西林耐药性不断增加。MRSA 与医疗系统相关；CA-MRSA 已成为明显的致病菌，特别是在儿童，囚犯，注射吸毒者（虽然没有明确的危险因素但在成年人中发病率增加）。
- CA-MRSA 最主要引起皮肤/软组织感染。多数感染相对温和，对 IandD ± 抗菌药物反应良好。虽然疾病反复发作，但是很少引起脓性肌炎或坏死筋膜炎等严重疾病。

- CA-MRSA 还可引起坏死性肺炎。在病人出现重症肺炎并存在空洞 / 坏死的证据时，特别是流感样症状后，可诊断。
- 金黄色葡萄球菌中毒性休克综合征（请参阅相关章节）是由 TSST-1 或其他产肠毒素的菌株引起的 = 发热，低血压，红色皮疹和多器官功能衰竭。危险因素：使用卫生棉条，鼻腔填塞，手术创伤。
- 腹泻：摄入葡萄球菌肠毒素引起急性，自限性肠胃炎。潜伏 2 ~6 小时。

感染部位

- 血流感染：最主要的危险是血管内导管，应拔除。社区菌血症预后更差。
- 皮肤 / 软组织：毛囊炎，蜂窝组织炎，疖，痈，脓肿，脓疱病（常与化脓链球菌混合感染）。
- 乳腺：乳腺炎。
- 脓肿：肝，脾，肾，硬膜外隙；由菌血症血行播散途径引起。
- 心脏：6 %~25% 金黄色葡萄球菌菌血症可引起心内膜炎；原生的和人工心脏瓣膜。
- 骨：骨髓炎（金黄色葡萄球菌为主要原因，最常见的的是椎体继发菌血症 / 椎间盘炎）。
- 植入装置：起博器的线和袋，人工关节。
- 肺：院内获得性肺炎或继流感之后。脓毒性肺栓塞（与右心内膜炎相关）。
- 黏膜表面：与 TSST-1 的释放与继发的中毒性休克综合征相关。
- 胃肠：毒素相关性胃肠炎。
- 中枢神经系统：术后脑膜炎，与菌血症 / 心内膜炎相关的脑膜炎或大脑炎。

治疗

菌血症

- 进行详细的病史和体格检查来判断来源和转移性扩散。考虑感染科会诊。
- 尽可能去掉感染性病灶。
- 用超声心动图（TEE 的首选）排除心内膜炎。
- MSSA（首选）：甲氧西林或萘夫西林 2 g IV q4h。非危及生命的青霉素过敏的备选：头孢唑啉 2 g IV q8h。头孢唑啉可用于血液透析：如果下次透析在 2 天后，则透析后使用 2 g。如果未来 3 天后透析，则透析后使用 3 g。
- 对于有生命威胁的青霉素过敏（荨麻疹 / 过敏反应）考虑苯唑西林 / 萘夫西林脱敏。
- MRSA 或有生命威胁的青霉素过敏：万古霉素 15~20 mg/kg q12h。严重感染时考虑 25~30 mg/kg 的负荷剂量。
- 万古霉素过敏或治疗失败的备选（感染病会诊后建议优化的方案）：每天达托霉素 6mg/kg IV（FDA 批准用于金黄色葡萄球菌的菌血症和右心内膜炎，大多数情况下首选）；部分专家建议严重感染时使用较高剂量每天 8~12 mg/kg）或利奈唑胺 600 mg IV/PO q12h(非 FDA 批准用于金黄色葡萄球菌菌血症)，奎奴普汀 - 达福普汀 7.5 mg/kg IV q12h。（非 FDA 批准用于金黄色葡萄球菌菌血症），TMP——SMX 5 mg/kg IV q8~12h（非 FDA 批准用于金黄色葡萄球菌菌血症）。
- 治疗时间：28 天是标准的疗程（伴骨髓炎 / 硬膜外脓肿最少 42 天），如果病人符合以下标准应考虑 14 天：采用超声心动图排除心内膜炎，病人体内没有植入假体（如人工心脏瓣膜，心脏装置，或关节），血培养采集 2~4 天后初步培养为阴性，病人在 72 小时内给予适当治疗后退烧，排除转移性疾病。

心内膜炎，原生瓣膜

- 进行详细的病史和体格检查判断来源和转移性扩散。
- 尽可能排除感染病灶。如果出现神经系统症状或持续性头痛需进行脑部和中枢神经系统血管成像。
- 如果病人持续血培养阳性，出现心力衰竭或栓塞性疾病的征兆时，建议心脏手术。
- 如果病人出现背疼时，进行脊柱成像。
- MSSA（首选），原生瓣膜，左侧：苯唑西林或萘夫西林 2 g IV q4h 4~6 周，最初 3~5 天可选庆大霉素辅助 1 mg/kg IV q8h。非危及生命的青霉素的备选：头孢唑啉 2 g IV q8h 最初 3~5 天可选庆大霉素辅助 1 mg/kg IV q8h. 协同使用庆大霉素不会增加死亡率，但与肾毒性相关，避免在肌酐清除率基线下降，糖尿病，老年病人中使用。
- MSSA，原生瓣膜，右侧除了脓毒性肺栓塞之外仅在无 AIDS，人工血管或栓塞性疾病时：苯唑西林或萘夫西林 2g IV q4h ± 庆大霉素 1mg/kg IV q8h 持续 14 天。协同使用庆大霉素不会增加死亡率，但与肾毒性相关，应避免在肌酐清除率基线水平下降，糖尿病，老年病人中使用。
- 备选（口服疗法仅用于 IDU，TV 心内膜炎）：如果菌株对环丙沙星和利福平两种药敏感时，环丙沙星 750 mg PO，每天 2 次，加利福平 300 mg PO，每天 2 次持续 28 天。
- 备选（如果对青霉素过敏危及生命）：头孢唑啉 / 萘夫西林脱敏或万古霉素 15~20 mg/kg IV q12h(考虑负荷剂量 25~30 mg/kg)。
- MRSA，原生瓣膜，右侧或左侧使用万古霉素 15~20 mg/kg IV q12h，持续 4~6 周。
- 备选：达托霉素每天 6 mg/kg IV，持续 4~6 周；有些专家建议较高剂量每天 8~12 mg/kg。

软组织感染

- 任何部分收集的术后引流液。抗菌药物用于严重 / 进展迅速的感染，出现全身性疾病的征象或症状，糖尿病或其他重要的免疫抑制，老年人，局部脓肿难以引流，初始切开并引流缺乏应答（也需要对切开并引流进行再次评估），广泛相关的蜂窝组织炎。
- 一般不需要静脉点滴抗菌药物，除非严重感染，伴菌血症或全身中毒。
- 静脉点滴抗菌药物的选择同菌血症（除了达托霉素剂量每天 4 mg/kgIV）。
- MSSA(口服)：头孢菌素 500 mg PO，每天 4 次，双氯西林 500 mg PO，每天 4 次，克林霉素 300~450 mg PO，每天 3 次，阿莫西林 / 克拉维酸 875 mg PO，每天 2 次。
- MRSA（口服 – 检测敏感性）：克林霉素 300~450 mg PO，每天 3 次，TMP-SMX 1~2 倍剂量 PO，每天 2 次，米诺环素 100 mg PO，每天 2 次或利奈唑胺 600 mg PO，每天 2 次。
- 治疗时间：取决于病情，大约 5~10 天。
- 复发的软组织感染：关于手部卫生及个人卫生的教育（例如定期洗澡，不共用个人物品，清洁的个人运动器材，避免剃须）。
- 考虑非定殖的复发软组织感染：2% 百多邦软膏涂在鼻孔处，每天 2 次持续 5 天 ± 葡萄糖酸氯己定和异丙醇制剂清洗；此方法的效果尚未证实。
- 对于复发性的软组织感染，一些医生将利福平增加到 MRSA 的口服药中；利福平绝对不能单独使用，该方法的效果也尚未证实。

人工瓣膜性心内膜炎

- 如果超声心动图未显示人工心脏瓣膜上的赘生物，TEE 建议应用于所有菌血症。
- MSSA, 人工瓣膜：使用苯唑西林或萘夫西林 2 g IV q4h 持续 6 周在最初两周内加庆大霉素 1 mg/kg IV q8h，血培养显示清除后加上利福平 300 mg PO，q8h，持续 6 周，需确定对上述抗菌药物的敏感性。
- MRSA, 人工瓣膜：使用万古霉素 15~20 mg/kg IV q12h，持续 6 周（考虑负荷剂量 25~30 mg/kg）在最初两周加庆大霉素 1 mg/kg IV q8h，血培养显示清除后加利福平 300 mg PO，q8h。持续 6 周，需确定对上述抗菌药物的敏感性。

中毒性休克综合征

- 详细信息请参阅金黄色葡萄球菌中毒性休克综合征部分。
- 清除金黄色葡萄球菌定植或感染的病灶。
- 通过给予水化 ± 升压药来稳定血压。
- MSSA：苯唑西林或萘夫西林 2 g IV q12h 加上庆大霉素 600 mg IV q8h.
- MRSA：万古霉素 15~20 mg/kg IV q12h 加上庆大霉素 600 mg IV q8h(如果敏感)或利奈唑胺 600 mg IV/PO q12h。
- 考虑静脉注射免疫球蛋白。

肺炎

- 达托霉素会被肺泡表面活性物质灭活，因此不能用于肺部感染。除此之外的其他抗菌药物选择同菌血症。
- 治疗时间：取决于病情的严重程度，大多数呼吸机相关性肺炎治疗需维持 8 天；坏死性肺炎通常需要更长的疗程≥ 14 天；菌血症性肺炎，需要至少 14 天。

脑膜炎

- 难治性感染：考虑鞘内使用万古霉素，每天 5~20mg。
- MRSA：万古霉素 15~20 mg/kg IV 12h(考虑负荷剂量 25~30 mg/kg)，争取谷浓度达 20 μg/ml。
- 备选：利奈唑胺 600 mg IV q12h(至少)。
- MSSA：萘夫西林或苯唑西林 2 g IV q4h。
- 备选（采用敏感性数据指导）：TMP——SMX(甲氧苄氨嘧啶的复合物)4~5 mg/kg q8h。

后续

- 菌血症或心内膜炎的患者，需进一步的血培养以确认菌血症的痊愈。
- 心内膜炎治疗失败：菌血症的替代抗菌药物治疗方案；ID 和心脏手术参考建议。
- 对于有严重的金黄色葡萄球菌感染的病人，使用万古霉素，谷浓度水平应为 15~20 mcg/ml(中枢神经系统感染和严重肺炎时采用 20 mcg/ml)。
- 万古霉素 MIC 为 1.5~2.0 mcg/ml 引起的严重 MRSA 感染，使用使用万古霉素治疗无效，应考虑备选抗菌药物（如达托霉素）。一些研究显示在这种情况下使用万古霉素预后差。

其他信息

- 与金黄色葡萄球菌菌血症相关的死亡率为 20%~40%。
- 通过经食管超声心动图（TEE）研究，金黄色葡萄球菌菌血症有 25% 与心脏瓣膜有关。临床医师在进行短疗程（如两周）抗菌药物治疗金黄色葡萄球菌菌血症之前，需排除心内膜炎。

- 所有金黄色葡萄球菌菌血症必须至少有一个“充分的”经胸廓超声图（TTE）。TEE 是人工瓣膜病人和不充分 TTE 的首选。
- 在金黄色葡萄球菌血症中需警惕转移性脓肿的形成。尿培养为金黄色葡萄球菌应警惕相关菌血症的可能性。
- MRSA 定植或感染的病人中应被安置在有接触预防的区域。

推荐依据

Rybak MJ, Lomaestro BM, Rotscahfer JC, et al. Vancomycin therapeutic guidelines: a summary of consensus recommendations from the infectious diseases Society of America, the American Society of Health-System Pharmacists, and the Society of Infectious Diseases Pharmacists. Clin Infect Dis, 2009; Vol. 49; pp. 325 - 7.

注释：万古霉素剂量和监测的新准则。

Stevens DL, Bisno AL, Chambers HF, et al. Practice guidelines for the diagnosis and management of skin and soft-tissue infections. Clin Infect Dis, 2005; Vol. 41; pp. 1373-406.

注释：针对 CA-MRSA 的美国传染病协会的最新指导方针及结合建议。

Baddour LM. et al. AHA scientifi c statement on infective endocarditis. Diagnosis, antimicrobial therapy, and management of complications. Circulation, 2005; Vol. 111; pp. e394 - e434 .

注释：感染性心内膜炎管理指南。

嗜麦芽窄食单胞菌

John G. Bartlett, MD

微生物学

- 非发酵革兰阴性杆菌，在标准培养基中容易生长，以前叫嗜麦芽黄单胞菌。
- 广泛存在——水、土壤、植物。

临床信息

- 常从院内来源获得：去离子水、雾化器、透析液、被污染的消毒剂等。
- 危险因素：异物（导管），中性粒细胞减少症，广谱抗菌药物的使用，囊性纤维化。
- 在危重病人中常见多重耐药菌株。

感染部位

- 医院获得性肺炎。
- 窦肺感染，尤其见于囊性纤维化病人。
- 菌血症 ± 感染性休克和 DIC。
- 塑料：静脉导管，CSF 分流管，导管。
- 皮肤和软组织：创伤，烧伤，转移性肿瘤。
- 尿道感染。
- 坏疽性脓疱。
- 眼部：角膜移植，佩戴隐形眼镜者，HSV 角膜炎。

治疗

- 首选：复方磺胺甲基异噁唑 15~20 mg/(kg・d) IV/PO，1 天 3 次
- 备选：头孢他啶 2 g IV，每 8 小时 1 次或替卡西林 / 克拉维酸 3.1 g IV，每 4 小时 1 次或替加环素初始 100 mg IV，然后 50 mg IV，每 12 小时 1 次
- 备选（氟喹诺酮类）：环丙沙星 500~750 mg PO，400 mg IV 每 12 小时 1 次，莫西沙星 400mg 每天 PO/IV，左氧氟沙星每天 750 mg PO/IV（临床资料不充分；体外观察到治疗后导致耐药）
- 考虑到耐药问题，部分专家建议复方磺胺甲基异噁唑加上替卡西林 / 克拉维酸治疗。
- 多重耐药菌：黏菌素 2.5 mg/kg，每 12 小时 1 次 IV。
- 导管相关性菌血症需拔除导管。
- 治疗时间不确定，但一般是≥ 14 天。

预防

- 正确选择抗菌药物。
- 洗手。
- 隔离预防。
- 监测。
- 对于院内暴发，确定一般来源：水，仪器。

其他信息

- 危险因素——住院史，塑料医疗用品，广谱抗菌药物，创伤，中性粒细胞减少症，癌症，使用碳青霉烯类（亚胺培南、美罗培南等）。
- 暴发——水，仪器，溶液。

推荐依据

No author listed. The choice of antibacterial drugs. The Medical Letter, 2001; Vol. 43; pp. 69 - 78.

注释：治疗建议在此版块中

念珠状链杆菌

Khalil G. Ghanem, MD

微生物学

- 多形态的，无包膜革兰阴性杆菌。
- 鼠咬热的主要病原体（鼠咬热的其他病原体——小螺旋菌，主要发生在亚洲）。

临床信息

- 啮齿类动物口咽部的正常寄生菌群，在雪貂、鼬鼠和沙鼠中也能见到。
- 感染的危险因素：城市里人口聚集处（尤其是儿童），实验室工作人员。传播途径：鼠、松鼠，也包括猫、狗和猪的咬伤或抓伤。
- 症状：潜伏期约 10 天，发热，寒战，头痛，N/V，游走性关节疼痛，白细胞增多症（约 30 万 /ul）。发病 2 - 4 天：非瘙痒性的斑丘疹，有淤点或脓包（见于手掌脚底，四肢）。可能有紫癜 / 融合。
- 50% 的病人中，在发疹时或之后并发多发性关节炎（甚至是化脓性关节炎）（膝关节 > 踝关节 > 肘关节 > 髋关节）。大部分症状在两周内缓解（即使不使用抗菌药物）。关节炎会持续约 2 年。

- 非动物性传播（经口传播）：哈佛希尔热（症状和 RBF 相似）。啮齿类动物粪便污染的水源，牛奶，火腿肉。牛奶污染相关的流行。
- 鉴别诊断：落基山斑疹热引起的手掌脚底的皮疹，梅毒。关节炎：播散性淋病，莱姆病，布鲁氏病，心内膜炎，风湿性疾病，风湿热。
- 诊断：对血液，关节液和脓液进行革兰染色和姬姆萨染色。使用血培养基或 TSA 进行培养。ELISA 或凝集法；PCR 方法。

感染部位

- 关节：游走性关节病和关节炎。
- 胃肠道疾病：腹泻，尤其是儿童。肝脓肿或脾脓肿。
- 系统性疾病：不明原因发热。
- 心脏疾病：心内膜炎，心肌炎，心包炎。
- 中枢神经系统：脑膜炎，脑脓肿。
- 血液系统：贫血。
- 肺部疾病：肺炎。
- 妊娠：羊膜炎。
- 泌尿系统：肾脓肿。

治疗

- 首选青霉素 GIV：非复杂性疾病，2.4~4.8 mU/d，IV 每 6 小时 1 次。如果在一周后好转，则换口服阿莫西林或者青霉素 VK 服用 14 天。
- 复杂性（心内膜炎或中枢神经系统感染）：青霉素 20 mU/d IV，每 4 小时 1 次。最佳疗程？对于 IE 来讲建议治疗 4 周。
- 备选药物：头孢菌素类（头孢曲松），克林霉素，红霉素，氯霉素和链霉素。

预防

- 消灭鼠类。
- 食用巴氏消毒法处理的牛奶。
- 避免食用污染的水。
- 在实验室戴手套拿啮齿类动物（仓鼠和其它实验室啮齿类动物也可携带）。
- 如果被咬：口服青霉素（2 g）持续 3 天可能有效的。没有临床数据支持。

后续

- 复发可能是由于无细胞壁的 L 型细菌。
- 部分主张初始给予青霉素，序贯四环素或链霉素，因为这几种药发挥作用不需要细胞壁的存在。

其他信息

- 25% 的病人都存在 RPR 的假阳性，这种情况下较难排除梅毒。检测 FTA/MHA-TP，应为阴性。
- 有报道处理死亡老鼠可感染 RBF，被老鼠咬伤发生在晚上时病人可能不能提供咬伤病史。咬伤可能在症状出现之前就已愈合。
- 小螺旋菌引起的 RBF 发生在亚洲，类似于链状杆菌引起的感染但是会有淋巴结肿大和伤口溃疡出现。并且不经口传播。
- 哈佛希尔热：和 RBF 相似但是会有更多的呕吐和咽炎症状（最初 10 天）。

推荐依据

Elliott SP. Rat bite fever and Streptobacillus moniliformis. Clin Microbiol Rev, 2007; Vol. 20; pp. 13 - 22.

注释：在这篇论文中有对鼠咬热和念珠状链杆菌的临床和生物学特征的综述，也提到了最新的治疗推荐方案。

肺炎链球菌

John G. Bartlett, MD

微生物学

- 需氧有荚膜的革兰阳性双球菌。
- 可在血培养基上生长。
- 抑制血清可引起荚膜肿胀。
- 血清型：免疫力是血清型特异性的。对抗菌药物的耐药性也常具有血清型特异性。血清型 19A 型已成为主要病原体。
- 最小抑菌浓度 MIC 折点（mcg/ml）：敏感（2），中介（4），耐药（8）。以前的折点为 S=0.06,I=0.12~1.0，R=2。肺炎链球菌引起的脑膜炎的敏感折点保持不变（0.06 mcg/ml）。

临床信息

- 引起耳炎，鼻窦炎和肺炎的最常见细菌病原体，但通常在这些部位都培养阴性。
- 生态特征：分布在 5%~10%的成年人，20%~40%儿童的鼻咽部。
- 对抗菌药物耐药性的预测最好是在抗菌药物暴露前 3 个月之内和儿童，尤其是日间护理中心。
- 青霉素耐药性：目前新折点下有约 5%；血清型 6A、6B、9V、14、19A、19F 和 23F—全部来自儿童。
- 血清型 19A 已出现“代替株”——不在接种疫苗范围，现在正流行并且对抗菌药物的敏感性降低。
- 诊断：体液（血液、脑脊液、关节液等）细菌培养阳性可确诊，对于成人涂片镜检阳性或呼吸道标本培养阳性和（或）尿抗原检测阳性可支持诊断。
- 患菌血症危险因素：脾切除，艾滋病，吸烟，黑种人，多发性骨髓瘤，哮喘。

更多临床信息

	敏感性	特异性
尿查抗原	81%	98%
革兰染色	58%	—
免疫显色检测	74%	94%

感染部位

- 肺（肺炎）。
- 鼻旁窦（鼻窦炎）。
- 中耳（中耳炎）。
- 支气管（慢性支气管炎急性加重）。

- 中枢神经系统（脑膜炎）。
- 腹膜（自发性细菌性腹膜炎）。
- 心包（化脓性心包炎）。
- 皮肤（蜂窝织炎）。
- 眼（结膜炎）。

治疗

呼吸道

- 肺炎（社区获得性，依据 ATS/IDSA 2007 指南，青霉素敏感（MIC ≤ 2 μg/ml 首选青霉素）：青霉素 G 1~2 mU IV q6h 或头孢曲松 2g IV q24h 或头孢他啶 1~2 g IV q6~8h。
- 口服药：青霉素 V 500 mg PO，每天 4 次，阿莫西林 500~1000 mg PO，每天 3 次，头孢泊肟 200 mg PO，每天 2 次，头孢丙烯 500 mg PO，每天 2 次，头孢妥仑 400 mg PO，每天 2 次，头孢地尼 300 mg 口服每天 2 次或强力霉素 100 mg PO，每天 2 次。
- 青霉素耐药株（青霉素 MIC>8 μg/ml）：左氧氟沙星 750 mg 或莫西沙星 400 mg 口服或 IV q24h，泰利霉素 800 mg PO，每天 1 次，头孢曲松IV、头孢他啶IV、万古霉素 IV 15 mg/kg IV q12h 或利奈唑胺 600 mg IV/PO q12h。
- 鼻窦炎（经验）：阿莫西林 500~1000 mg PO，每天 3 次或阿莫西林 / 克拉维酸 875/125 mg PO，每天 2 次。
- 急性加重期慢性支气管炎：口服阿莫西林每天 2~3g 或口服强力霉素 100 mg 每天 2 次。

脑膜炎

- 经验性首选：万古霉素 30~45 mg/(kg・d)，IV 分 2 次注射，加用头孢曲松 2 g IV q12h 或头孢噻肟 2 g IV q4h 或 3 g q6h。
- 青霉素敏感株 (MIC ≤ 0.068 μ g/ml)：头孢曲松 2 g IV q12h 或头孢噻肟 2 g IV q4h 或 3 g IV q6h。
- 青霉素耐药 (MIC ≥ 0.128 μ g/ml) 或 β – 内酰胺过敏：万古霉素 30~45 mg/(kg・d) IV。
- 在抗菌药物使用前 10~20 分钟使用地塞米松，0.15 mg/kg q6h IV，持续 2~4 天。

预防（成人）

- 肺炎疫苗 (23 价）可预防菌血症；对 CAP 发生率的影响不大或没有影响。
- 为两岁以下儿童接种疫苗：预防成年人群体感染侵袭性肺炎球菌对成年人造成群体感染。疫苗效果是显著的，侵袭性肺炎球菌对儿童感染率下降了 80%，成人下降了 20%~40%。
- 菌血症危险因素：脾切除、爱滋病、吸烟、黑种人、多发性骨髓瘤、哮喘。

其他信息

- 无脑膜炎患者抗菌药物最佳选择：头孢曲松、头孢他啶、阿莫西林（95% 敏感）。对青霉素高水平耐药株：使用氟喹诺酮，特利霉素。
- 美国对青霉素耐药率比以前引文报道的低是由于重设了折点。青霉素耐药株常对大环内酯类耐药 (60%）、头孢菌素类、强力霉素及复方新诺明耐药。
- 对 98%~100% 的肺炎链球菌有效的抗菌药物：万古霉素、氟喹诺酮（环丙沙星除外）、利奈唑胺、泰利霉素、达托霉素（对于肺炎不使用达托霉素治疗，因为表面活性剂会使此药无效）。

推荐依据

Mandell LA, Wunderink RG, Anzueto A, et al. Infectious Diseases So-ciety of America/American Thoracic Society consensus guidelines on the management of community-acquired pneumo-nia in adults. Clin Infect Dis, 2007; Vol. 44 Suppl 2; pp. S27 - 72.

注释：应用 IDSA 指南中针对社区获得性肺炎相关内容。

Tunkel AR, Hartman BJ, Kaplan SL, et al. Practice guidelines for the management of bacterial meningitis. Clin Infect Dis, 2004; Vol. 39; pp. 1267 - 84.

注释：应用 IDSA 指南中化脓性脑膜炎的内容。

Snow V, Lascher S, Mottur-Pilson C, et al. Evidence base for manage-ment of acute exacerbations of chronic obstructive pulmonary disease. Ann Intern Med, 2001; Vol. 134; pp. 595 - 9.

注释：这是 ACP/ASIM2001 针对急性加重的慢性支气管炎治疗的建议。慢支加重期通常存在肺炎链球菌和流感嗜血杆菌感染。但大多数研究没有提供可信的证据证实存在相当数量的细菌感染，而认为大部分是病毒感染、过敏、吸烟等。这篇文章对应用抗生素治疗慢支急性加重期提供有限的支持，推荐使用阿莫西林、强力霉素和复方新诺明进行治疗。

化脓性链球菌（A 群）

John G. Bartlett, MD

微生物学

- A 群链球菌（GAS）在血琼脂上为 β－溶血，最适宜在厌氧条件下生长。
- 革兰阳性球菌链状排列。
- 分布在咽喉部。2%~3% 成人和 15%~20% 学龄儿童有定植。
- 毒力取决于与毒素、宿主大分子和免疫后应答的相关蛋白。

临床信息

- 常见感染：细菌性咽炎和蜂窝织炎。
- 少见但致死的：中毒性休克综合征，坏死性筋膜炎。
- 诊断：常见无菌部位分离出菌，ASO 抗体反应（风湿热），抗 DNA 酶 B（脓皮病）。
- 蜂窝织炎：培养法（针吸或血培养）检测 A 群链球菌非常困难。
- 大环内酯类耐药率：美国 7%，欧洲 2%~32%；青霉素常常有效且为首选药。

感染部位

- 咽喉部（咽炎）。
- 皮肤（丹毒、淋巴管炎、蜂窝织炎）。
- 软组织（筋膜炎）。
- 肌肉（肌炎）。
- 子宫内膜炎（产后脓毒病）。
- 肺（肺炎 ± 早期血性渗出）。
- 菌血症。
- 心血管：心内膜炎（抗菌药物时代极少见）。
- 毒素介导的：猩红热、中毒性休克综合征。
- 非化脓性并发症：急性风湿热、肾小球性肾炎。

治疗

咽炎

- 原则：GAS 仅引起 10%~20% 成人咽炎，大部分是病毒引起的（EBV 和 HIV）。治疗标准是临床（Centor 标准）或抗原检测。药物 = 青霉素。
- 首选（根据 Amer Heart Assoc，Am Acad Peds，IDSA，Med Letter)：青霉素一苄星青霉素 1.2 mU 肌肉注射 1 次或青霉素 VK 500 mg PO，每天 2 次或 3 次持续 10 天。
- 备选：阿莫西林 750 mg PO，每天 2 次或 3 次持续 10 天。
- 青霉素过敏者：PO 红霉素 500 mg，每天 2 次或 3 次持续 10 天。备选：PO 阿奇霉素首日 500 mg，之后改为 250 mg 持续 5 日，克拉霉素 1 gXR/d，或 500 mg，每天 2 次持续 10 天。注意事项：5%~10% 对大环内酯类耐药。
- 头孢泊肟 200 mg 每天 2 次，PO，5 天。
- 头孢地尼 300 mg 每天 2 次，PO，5 天。
- 头孢羟氨苄 500 mg 每天 2 次，PO，5 天。
- 氯拉卡比 200 mg 每天 2 次，PO，5 天。

软组织感染或败血症

- 首选：克林霉素 IV 600 mg IV q8h，加用青霉素 G 4 mU IV q4h。
- 备选：青霉素 G 2~4 mU IV q4h。
- 克林霉素 600 mg IV q8h。
- 头孢唑林 1~2 g IV q6~8h
- 头孢噻肟 2~3 g IV q6~8h 或头孢曲松 2g/d IV。
- 万古霉素 15 mg/kg IV q12h。

特殊考虑

- 坏死性筋膜炎：外科会诊行紧急筋膜切开术和清创术；重复清创术往往是必要的。
- 肌炎：清创术。
- 中毒性休克综合征：静脉注射免疫球蛋白 2 或更大剂量，大量输液（10~20 L/d），如果白蛋白 <2 g/dl 需补充白蛋白，坏死组织需行清创术。
- 预防：风湿热：苄星青霉素 1.2 mU 肌肉注射，每月 1 次，青霉素 V 250 mg PO，2 次 / 天，红霉素 250 mg PO，2 次 / 天直至风湿热后 5 年并且年龄达到 20 岁。
- 预防（急性蜂窝织炎和慢性淋巴水肿）：克林霉素 150 mg PO，1 次 / 天或复方新诺明 1DS1 次 / 天或应用青霉素 V 或阿莫西林 500~750 mg PO，2 次 / 天，自有症状起即刻治疗。

其他信息

- 各异或有时是破坏性的：咽炎，非化脓性的（急性风湿热、猩红热、肾炎）；软组织（丹毒、肌坏死、淋巴管炎、脓疱病、筋膜炎），中毒性休克；其他（心内膜炎、肺炎、产后脓毒病）。
- 所有化脓性链球菌对青霉素均敏感。>5% 菌株对红霉素耐药，极少对克林霉素耐药。
- 筋膜炎和肌坏死动物模型对克林霉素敏感性优于红霉素。
- 易感因素：软组织（IDU、糖尿病、手术、创伤、水痘、静脉输液、淋巴水肿）；肺炎（流感），接触 GAS(咽炎和筋膜炎)。

推荐依据

Gerber MA, Baltimore RS, Eaton CB, et al. Prevention of rheumatic fever and diagnosis and treatment of acute Streptococ- cal pharyngitis: a scientic statement from the American Heart Association Rheumatic Fever, Endocarditis, and Kawasaki Disease Committee of the Council on Cardiovascular Disease in the Young, the Interdisciplinary Council on Functional Genomics and Translational Biology, and the Interdisciplinary Council on Quality of Care and Outcomes Research: endorsed by the American Academy of Pediatrics. Circulation, 2009; Vol. 119; pp. 1541 - 51.

注释：官方推荐链球菌感染和转归包括风湿热。

Stevens DL, Bisno AL, Chambers HF, et al. Practice guidelines for the diagnosis and management of skin and soft-tissue infections.Clin Infect Dis, 2005; Vol. 41;pp. 1373 - 406.

注释：IDSA 关于皮肤和软组织感染指南包括脓疱病、蜂窝织炎和坏死性筋膜炎。

Bisno AL, Gerber MA, Gwaltney JM, et al. Practice guidelines for the diagnosis and management of group A streptococcal pharyngitis. Infectious Diseases Society of America. Clin Infect Dis, 2002; Vol. 35; pp. 113 - 25.

注释：IDSA 关于成人咽炎的指南。与 ACP/CDC 指南的主要不同的点是：IDSA 指南只认为当培养或快速抗原检测阳性时视 A 群链球菌为病原菌。考虑到更多的 ACP/CDC 指南条款接受临床标准，可能会导致 50% 的过度治疗。作者证明过度治疗是不必要的，不予治疗并不可怕。原因是：（1）风湿热几乎绝迹；（2）临床反应是温和的；（3）成人不形成公共卫生问题；（4）风湿热在昆西已经很少出现。

Stevens DL, Madaras-Kelly KJ, Richards DM.In vitro antimicrobial effects of various combinations of penicillin and clindamycin against four strains of Streptococcus pyogenes.Antimicrob Agents Chemother, 1998; Vol. 42; pp. 1266 - 8.

注释：作者研究显示克林霉素加用青霉素在体外无拮抗作用。深部链球菌感染联合用药。

链球菌属

Michael Melia, MD and Paul G. Auwaerter, MD

微生物学

- 临床实验室将链球菌按照在 5% 的羊血培养基上的溶血特点（如 β－溶血），Lancefield 分组抗原和其他的生化实验来进行分类。
- 由于描述分类的历史影响，链球菌的命名和分类有些混乱。
- 经常通过血琼脂溶血情况（1902）和链球菌兰斯菲尔德分组抗原（1933）来描述链球菌。通过溶血性、兰斯菲尔德分组和表型检测可分为 4 群：（1）化脓性的（β－溶血）包括 A、B、C、E、F 和 G 群；（2）草绿色链球菌；（3）乳球菌（通常不是人类致病菌）；（4）肠球菌。
- 16SrRNA 序列（1990s）显示真正的系统发育关系。Facklam 分类法能反映这种情况。
- 草绿色链球菌（草绿色）在血平皿中产生 α－溶血。

临床信息

- A 群链球菌，化脓性链球菌（参见独立的病原体部分）
- B 群链球菌（无乳链球菌）：新生儿败血症 / 脑膜炎，产后败血症，羊膜炎；也可引起菌血症（通常没有明确的来源），皮肤和软组织感染，化脓性关节炎。在胃肠道 / 泌尿生殖道中可见。在大于 65 岁的老年人和有并发症的病人中更常见。

- C、F、G 群链球菌：菌血症，心内膜炎，化脓性关节炎，骨髓炎。
- D 群链球菌（非肠球菌），如牛链球菌：和结肠恶性肿瘤有关系。引起心内膜炎。
- 中间链球菌/咽峡炎链球菌/星座链球菌（微需氧链球菌；“米勒链球菌”不再恰当）：有侵袭可能，脑膜炎，可形成脓肿（如头和颈部感染），菌血症。如血培养分离出很少是“污染菌”。
- 猪链球菌：动物源性病原体，和养猪场及污染的猪肉制品相关。在东南亚地区最为流行，是引起该地区脑膜炎，听觉丧失，皮肤损害和菌血症的主要病原体。
- 草绿色链球菌：是口咽部或胃肠道的常见定植菌。是引起口腔感染，亚急性心内膜炎和菌血症的常见病原体。若分离于脑脊液或呼吸道部位，通常是污染菌，但是也可致病。也是常见的血流污染菌，但是需要和临床确认。
- 毗邻贫养菌和颗粒链球菌（以前认为是营养草绿色链球菌）；感染性心内膜炎。
- 肺炎链球菌（参见独立的病原体部分）。

感染部位

- 血液：原发性菌血症，尤其是合并嗜白细胞减少症和恶性肿瘤。
- 心血管：感染性心内膜炎。
- 头部和颈部：口腔感染，颈深部感染（包括颌下、咽部和后颈部）。
- 肺：口咽抽吸相关肺炎（少见），脓肿，脓胸。
- 腹部：脓肿，胆管炎，内脏感染，泌尿生殖道。
- 在癌症病人中可由草绿色念珠菌（如缓征链球菌）引起休克综合征（低血压，皮疹，ARDS）。
- 中枢神经系统：脑脓肿，脑膜炎。
- 肌肉骨骼系统：化脓性链球菌，蜂窝织炎。

治疗

草绿色链球菌

- 引起原发性菌血症，但是有超过 80% 的血培养显示是污染菌或是短暂的菌血症。在癌症化疗的病人中需考虑。持续性菌血症怀疑感染性心内膜炎。
- 由草绿色链球菌引起的感染性心内膜炎相比较“肠道”链球菌，如牛链球菌和肠球菌而言数量有所减少，可能是与人口老龄化和风湿性心脏病减少有关。
- 对心内膜炎见诊断部分中的心内膜炎 - 病原菌特殊治疗方法部分。
- 25%~50% 的菌株对四环素类，大环内酯类，克林霉素耐药；TMP-SMX>75%。对 β - 内酰胺类耐药性增加，尤其是缓征链球菌（>40%）。
- 青霉素 G 2~4 mU IV q4h ± 庆大霉素协同 1.0 mg/kg q8h IV。
- 头孢曲松 2 g IV，每天 1 次。
- 万古霉素 15 mg/kg q12h 至谷浓度 15~20 mcg/ml（若青霉素过敏）。
- 疗程 10~14 天（非心内膜炎）。

咽峡炎链球菌群

- 该群导致 3%~15% 的链球菌性心内膜炎。参见心内膜炎治疗的诊断部分，遵从草绿色链球菌的推荐方法。
- 口腔脓肿，鼻窦炎，头部或颈部筋膜炎：可能致死，需要介入性外科治疗。治疗方案见相关的 HEENT 词条。
- 菌血症通常与深部脓肿相关。脓肿常发生于腹腔。通常建议引流。

- 脑部脓肿常为混合感染，但中间链球菌占 50%~80%。治疗方案见脑部脓肿词条。
- 出现于吸入性肺炎、肺部脓肿及脓胸。
- 首选青霉素 G 2~4 mU IV q4h。
- 备选：头孢曲松 2g IV，每天 1 次；克林霉素 600~900 mg IV，q8h 或 300~450 mg PO，每天 4 次或万古霉素 15 mg/kg IV，q12h，（青霉素过敏）。

B 群链球菌（无乳链球菌）

- 菌血症，软组织感染：青霉素 G 10~12 mU/d，持续 10 天（例如，2 mU，q4h 或分每天 6 剂）。
- 脑膜炎（成人）：青霉素 G 20~24 mU/d，持续 14~21 天。
- 骨髓炎：青霉素 G 10~20 mU/d，持续 21~28 天。
- 心内膜炎：青霉素 G 20~24 mU/d，持续 4~6 周，在最初两周庆大霉素 1 mg/kg q8h。
- 青霉素过敏：可以选用万古霉素 15 mg/kg IV，q12h 代替青霉素。克林霉素可选，但耐药率分布不同。在作为单药治疗前考虑证实诱导性克林霉素耐药（一般与大环内酯类耐药相关）。
- 对任何严重 GBS 感染可以加用庆大霉素（1 mg/kg q8h IV）。

D 群链球菌

- 没有青霉素高水平耐药报道，一些菌株对克林霉素耐药。
- 菌血症：青霉素 12~18 mU/d IV，持续 10~14 天。
- 心内膜炎：青霉素 14~18 mU/d IV，持续 4 周，为缩短疗程（至 2 周）可以考虑庆大霉素 1 mg/kg q8h，或如果青霉素 MIC>0.1 μg/ml，或明确肯定 MIC>0.5 μg/ml 且 <2 μg/ml（罕见）。

C、E、F 群链球菌

- 菌血症，蜂窝组织炎，脓毒性关节炎或其他严重感染：青霉素 12~18 mU/d IV 持续 10~14 天。
- 心内膜炎：详见 P24 心内膜炎词条用于草绿色链球菌特异治疗的方案。

乏养菌属和颗粒球菌属

- 主要引起心内膜炎
- 许多菌株对青霉素耐药
- 见诊断部分心内膜炎词条（24 页）采用草绿色链球菌治疗的推荐方案，但不要使用 2 周“短期”疗法。

对链球菌心内膜炎的普遍考虑

- 标准倾向于 2 周短期 β－内酰胺类 + 氨基糖苷类联合治疗心内膜炎。
- 青霉素对口腔草绿色链球菌或牛链球菌敏感（青霉素 MIC<0.125 mg/L）。
- 自体瓣膜心内膜炎。
- 无心衰，主动脉瓣关闭不全或心脏传导异常。
- 无转移感染灶。
- 临床反应快，7 天内退烧。

猪链球菌

- 脑膜炎：头孢曲松钠 2 g IV q12h 持续 14 天，还可考虑青霉素 24 mU/d，持续 10~14 天。

- 经过两周治疗后复发的病人应该接受长期治疗（4~6 周）。
- 地塞米松 0.4 mg/kg q12h 持续 4 剂，标准建议针对越南南部的成年人中已确诊的细菌性脑膜炎，通过管理发病率和死亡率已下降。
- 化脓性链球菌（A 群链球菌）
- 请参阅化脓性链球菌（A 群）的相关部分，蜂窝组织炎，咽炎，急性风湿热等。

肺炎链球菌（肺炎球菌）

- 请参阅肺炎链球菌，社区获得性肺炎，慢性支气管炎急性发作，中耳炎，急性鼻窦炎等。

其他信息

- 血培养中出现高比例增长的草绿色链球菌可能是由于皮肤污染或者暂时性的口腔菌血症。
- 草绿色链球菌对青霉素耐药不是由于产生 β－内酰胺酶（因此使用诸如氨苄西林/舒巴坦类的抗生素治疗无效）。
- 咽颊炎链球菌易被混淆，因为可以是 β－溶血或非溶血。中间链球菌无需考虑青霉素耐药问题。
- 有 4% 的成人（未孕）在发病 1 年内复发侵袭性 B 群链球菌感染。
- “培养阴性”的心内膜炎需考虑营养变异株（贫养菌属/颗粒链球菌属）；虽然有许多现代微量肉汤系统可以分离到，但仍需要特殊的培养基。

推荐依据

Baddour LM, Wilson WR, Bayer AS, et al. Infective endocarditis: diagnosis, antimicrobial therapy, and management of complications: a statement for healthcare professionals from the Committee on Rheumatic Fever, Endocarditis, and Kawasaki Disease, Council on Cardiovascular Disease in the Young, and the Councils on Clinical Cardiology, Stroke, and Cardiovascular Surgery and Anesthesia, American Heart Association: endorsed by the Infectious Diseases Society of America. Circulation, 2005; Vol. 111; pp. e394 - 434.

注释：感染性心内膜炎的治疗建议是以此文件为基础的。

苍白密螺旋体（梅毒）

Noreen A. Hynes, MD, MPH

微生物学

- 苍白密螺旋体，又称梅毒螺旋体，螺旋体的一种，是梅毒的唯一病原体。

临床信息

- 成人分四期：第一期、第二期、潜伏期、第三期。梅毒是一种全身性的感染，需引起高度警惕！体征和症状多变，一期和二期梅毒的损伤可以未经治疗而自愈，但感染依然存在。HIV 感染病人的病程会更快。
- 一期梅毒：病原体侵入 10~90 天（平均 3 周）后，在侵入部位形成硬下疳。开始表现为丘疹，很快破溃形成单个（常常）、无痛、底部规整、边缘质硬的溃疡，其大小与衬衫的纽扣孔一致。如不经治疗，硬下疳可在 3~6 周后自愈，并且没有瘢痕形成。如果硬下疳在子宫颈或者肛门内容易被忽略。一期梅毒血清血筛查（非密螺旋体检测实验，例如 RPR 即快速血浆反应素实验）通常为阴性，直到该阶段末期。暗视野显微镜检或玻片直接荧光抗体检查风干的溃疡分泌物能够确诊。此期病人具有高度传染性。

- 二期梅毒：损伤的表现及部位多变。典型的皮疹，即所谓的“铜便士”斑点状损伤出现在掌心或（和）足心。皮疹可能广泛出现也可能聚集，变现为斑疹、丘疹、脓包或者混合出现。黏膜损伤包括口腔、阴道、龟头、阴茎出现的扁平湿疣（乳头状瘤样，堆积状破损）和黏膜斑块。感染 6 个月后，通常在一期损伤愈合后，会出现淋巴结肿大。此期病人有也有高度传染性，损伤（并不是感染）在未治疗情况下也可自愈。二期梅毒病人的 RPR 检测 100% 阳性。密螺旋体检测实验是确诊依据。
- 潜伏早期：是指从一二期梅毒损伤自愈后到感染后一年的无症状期。在此期有 25% 的病人会再度发生二期梅毒表现。血清学诊断，密螺旋体检测和非密螺旋体检测均为阳性。此期病人由于有复发的可能性，因此认为也具有传染性。潜伏早期会延长至 4 年，在潜伏早期的孕妇会传播给胎儿，造成先天性梅毒。
- 潜伏后期：也就是无症状期。此期病人认为没有传染性。评估三期梅毒及梅毒性眼病的临床证据。血清学检测可以诊断，但是随着时间的推移，非密螺旋体检测会转为阴性，但是密螺旋体检测仍为阳性。如果有神经或眼部症状或体征还应进行脑脊液检查。活动性三期梅毒的诊断依据有：主动脉炎、树胶样肿、治疗失败（治疗后 6 个月 RPR 滴度未下降 4 倍）、潜伏后期或感染期未知的艾滋病人。
- 神经梅毒：中枢神经系统受影响可发生在梅毒的任一阶段，可以是无症状的。体征包括认知障碍、运动或感觉缺损、眼科或听觉症状、脑神经麻痹、脑膜炎刺激症、梅毒性眼病（色素层炎、虹膜炎、视神经炎、视神经视网膜炎），以上均是神经梅毒治疗的目的。所有疑似病例均应进行脑脊液检查和血清学检查。临床表现评估需要与实验室检查（血清学和脑脊液）相结合。
- 三期梅毒：晚期梅毒的临床表现包括树胶肿、心血管和神经梅毒。
- 预防先天性感染是关键。超过 70% 的未治疗的妇女会传播给胎儿，有传播性时间长达四年。梅毒高感染率地区的孕妇应在第 1 次产前检查时（约在孕第 28 周）和分娩时进行筛查。
- 应该与所有生殖器溃疡和广泛皮疹进行鉴别诊断，尤其是静脉吸毒者以及性工作者。对高危人群进行提前治疗能够有效预防梅毒发生。梅毒是需上报疾病，应该通知当地卫生部门对接触者的活动进行追踪。

更多临床

梅毒的临床表现

一期梅毒

- 常见损伤部位：阴茎（异性恋男性和进行肛交男性），妇女通常见于阴唇和子宫颈。
- 通常硬下疳为单一的，但也可能是多发的，妇女阴唇表面皮肤会产生“接吻样”损伤。
- 由于损伤无症状，因此在子宫颈或肛门内的“隐匿性”损伤会延误诊断。这种病人的二期症状更为常见。
- 硬下疳常在侵入部位出现，因此能够在多个部位见到，例如肛管、口腔、眼睑等。
- 如仔细检查通常会发现单侧或双侧的局部淋巴结肿大，腹股沟淋巴结肿大常独立出现，质硬有弹性、可移动、无痛、被覆皮肤无改变。暗视野显微镜检淋巴结抽吸液结果阳性即可诊断。

二期梅毒

- 由于此期的损伤是全身性的，因此损伤部位并不能反应病原侵入部位。
- 皮疹通常是对称、无痒、无痛的，可以表现为斑疹、丘疹、脓疱或者混合存在。

- 此期通常会出现广泛的淋巴结肿大，暗视野显微镜检淋巴结抽吸液结果阳性即可诊断。
- 扁平湿疣常见于人体温暖、潮湿的区域 – 糜烂处。这些破损处可检测到螺旋体。
- 黏膜表面可发现黏液性斑块，也可以检测到病原体。
- 全身症状：发热、头痛、全身不适、咽喉痛、厌食，偶尔出现脑膜刺激征。
- 不常见的临床表现包括：直肠炎、肝炎、肾炎、关节炎、眼色素层炎以及其他眼征、脑膜炎、急性老年性失聪。

三期梅毒

- 症状最早可出现于感染后一年，也可滞后于感染五六十年后。
- 树胶样肿，分组或凝集的肉芽肿性损伤，能够侵犯任何器官，但以骨、皮肤、黏膜常见。
- 心血管梅毒：通常累及大动脉，导致动脉内膜炎，特别是主动脉和最终主动脉瘤的发生。
- 神经梅毒可发生于梅毒的任意时期，但传统上认为它是三期梅毒或晚期梅毒的表现。
- 所有的神经梅毒最好用非苄星青霉素的其他青霉素类进行肠外治疗，其浓度要足以跨越血脑屏障。
- 脑膜炎和眼病可能出现在一二期梅毒、以及未治疗的感染后 5~10 年期间。
- 脑膜血管疾病可表现为中风。
- 在感染后 15~20 年晚期未治疗的典型临床表现有：脊髓痨（运动性共济失调）和轻度瘫痪。
- 神经梅毒的脑脊液表现有：细胞增多、蛋白升高、糖含量下降或者反应性脑脊液 VDRL。

感染部位：

- 皮肤：一期梅毒出现的溃疡、二期梅毒出现的皮疹以及头部斑秃（簇状秃头症）。
- 黏膜：扁平湿疣、黏液斑块。
- 脑脊液：无症状、脑膜炎（感染后 1~2 年）、脑脊膜血管病变（5~7 年）、麻痹性痴呆以及脊髓痨（10~20 年）、神经梅毒树胶样肿。
- 心血管系统：进行性主动脉炎。
- 骨：关节炎、骨炎、骨膜炎。
- 肝：肝炎。
- 眼：虹膜炎、色素层炎、虹膜睫状体炎、阿罗瞳孔（光反射消失，调节反射存在，为顶盖前区病变使光反射径路受损）。
- 全身症状：发热，可以是二期梅毒的首发症状。

治疗

成人一二期梅毒

- 推荐使用苄星青霉素 G 240 mU 肌肉注射。
- 对青霉素过敏者（非妊娠者，首选）强力霉素 100 mg，PO，2 次 / 天，疗程为 14 天。或者口服四环素 500 mg,4 次 / 天，密切随访。

成人潜伏期梅毒

- 潜伏早期（感染后 1 年内）若脑脊液检查正常，则用苄星青霉素 G（BPG），肌肉注射，240 mU。

- 对青霉素过敏者在潜伏早期可口服强力霉素 100 mg，2 次 / 天，疗程为 14 天。密切随访。
- 潜伏晚期或病程未知的病人（脑脊液检查正常）使用苄星青霉素 240 mU/ 周，疗程为 3 周。如果用药间隔大于 2 天，必须重新开始治疗方案。
- 潜伏晚期或病程未知的对青霉素过敏的病人（非妊娠者）：口服强力霉素 100 mg，2 次 / 天，用药 4 周。或 PO 四环素 500 mg，4 次 / 天，用药 4 周。密切随访。

成人神经梅毒或梅毒性眼病

- 推荐：IV 水剂青霉素 G 1800~2400 mU/d，控制在 300~400 mU/4h，用药 10~14 天。
- 或者肌肉注射普鲁卡因青霉素 240 mU/d，加口服丙磺舒 500 mg，4 次 / 天，用药 10~14 天。
- 对青霉素过敏的患者最好进行脱敏并按照上述方案进行治疗。但是对于非 IgE 介导的对青霉素过敏的非妊娠者可以使用头孢曲松，一些专家推荐肌肉注射或 IV 头孢曲松 2 g/24h，用药 10~14 天，需要密切随访。

艾滋病患者感染梅毒

- 对于各期艾滋病患者感染梅毒的首选治疗方案均是青霉素。
- 一二期及潜伏早期梅毒：与非艾滋病人一样使用苄星青霉素，一些专家推荐跟潜伏晚期梅毒一样，用药 3 周。
- 对于青霉素过敏的艾滋病毒感染者，在第一二期及潜伏早期，治疗方案可以与非艾滋感染者相同（尽管不是最好）。
- 潜伏晚期或病程未知的患者需要 LP 来排除神经梅毒。首推以苄星青霉素为基础的治疗方案，必要时进行脱敏治疗。
- 有限的临床研究表明，头孢曲松可能有效，但最佳剂量和疗程还是未知的。

妊娠梅毒

- 目前推荐的只有青霉素。妊娠期的青霉素治疗方案应该与梅毒诊断的分期相适应，必要时进行脱敏。
- 一些专家推荐，妊娠梅毒患者在第一二期及潜伏早期初始剂量治疗后再肌肉注射 240 mU 苄星青霉素一周。

其他治疗

- 对于各期梅毒肠外青霉素均是首选，也是对于神经梅毒和妊娠梅毒的唯一有效药。
- 赫克斯海默反应是一种急性发热反应，通常表现为早期梅毒治疗开始 24h 内头痛、肌痛、皮疹，可能会引起早产或导致胎儿窘迫，但并不是治疗禁忌证，不应拖延治疗。
- 药理学数据提示头孢曲松对治疗一二期梅毒有效，但数据有限，并且最佳剂量和用药时间还未确立。单剂量效果不理想。可尝试 1 克，每天 1 次，8 至 10 天。
- 越来越多的报道显示阿奇霉素治疗一二期梅毒病人及接触者是无效的。大部分潜伏期或传染期梅毒病人都应尽量避免使用阿奇霉素，更不能用于妊娠或艾滋病毒感染的患者。对青霉素过敏的艾滋病毒感染患者、非妊娠患者，使用阿奇霉素时必须进行密切随访。
- 随访应根据梅毒分期进行定量的非密螺旋体检测。

诊断注意

- 确证性诊断：需要直接识别病原体。利用暗视野镜检（灵敏度 74%~86%，特异性 85%~100%）或者直接荧光抗体检测（灵敏度 73%~100%，特异性 89%~100%）取自损伤部位的标本，损伤部位包括阴道、阴茎、淋巴结（抽吸液）、皮疹、扁平湿疣。通常不采用口腔标本，因为口腔内存在非梅毒螺旋体。
- 推测性诊断：利用两种血清学检测——非密螺旋体检测（例如，快速血浆反应素实验 RPR 和 VDRL）和密螺旋体检测（例如，FTA~ABS 荧光密螺旋体抗体吸收实验或者 TP~PA 梅毒螺旋体颗粒凝集实验）。用一种类型的检测不足以确立推断性诊断，因为非密螺旋体检测在某些条件下会出现假阳性结果。因此，非密螺旋体阳性筛查结果需要密螺旋体检测进行确证。密螺旋体检测会在感染后多年仍为阳性，但阳性结果并不能代表目前感染。

  * 一期梅毒：FTA-19SIgM（灵敏度 90%，但通常不易检测到）、VDRL（灵敏度 44%~76%）、TPHA 梅毒螺旋体血凝实验（灵敏度 50%~83%）、FTA-ABS（灵敏度 75%~92%）。其中，FTA-19S IgM 检测可能会阳性。

  * 二期梅毒：RPR、VDRL（灵敏度 98%~100%）。

  * 假阳性结果可以是一过性的也可以使长期的。出现一过性的假阳性的原因包括急性细菌、病毒、疟原虫感染和某些孕妇，持续时间一般小于 6 个月。长期假阳性的原因：慢性感染（包括 HIV 感染）、自身免疫病、风湿病、恶性肿瘤、某些老年人，持续时间通常大于 6 个月。

  * 前带现象：在二期梅毒，由于抗体量过大，在血清未稀释的情况下可能会出现假阴性结果，尤其是艾滋病毒感染的患者，血清稀释后，结果会转为阳性。

  利用非密螺旋体检测（NTAT）监测梅毒活动性 .NTAT 抗体滴度的改变与梅毒活动性有很好的相关性。滴度改变 4 倍，相当于两个稀释度（例如从 1 ：8 到 1 ：32）被认为具有显著的临床意义。两种 NTAT 方法，应采用同一方法比较，并且最好在同一实验室检测。尽管 VDRL 和 RPR 的评估作用相当，但滴度并不完全相同，因此在长期评价同一患者梅毒活动性时不能相互比较。RPR 的滴度略高于 VDRL。随着时间的推移，NTAT 结果会转阴，但一些病人会终生保持低滴度水平，这种现象被称为血清固定。
- 螺旋体酶免疫检测：一些血库已经开始用这种方法进行筛查，这种检测方法能够分辨出先前治疗后以及未治疗的病人。阳性者需要用 NTAT 再次检测以确定目前是否有传染性。如果 NTAT 为阴性，则需要再进行密螺旋体检测以验证血库的检测结果。如果密螺旋体检测阳性就需要病人的主管医生与专家进行会诊。
- HIV 感染病人：滴度通常会异常高、异常低或者出现波动。如果在梅毒第一二期或潜伏早期血清学检测结果与临床症状不符，则需要进行其他检查，例如组织活检或直接检测（具体见上）。
- 神经梅毒：单一检测不能诊断。因此要联合分析血清学检测结果、脑脊液细胞计数（>5 WBC/ml）及蛋白测定、反应性的 VDRL-CSF（伴有或不伴有临床症状）。单独脑脊液 VDRL 检测阳性，即使在血检测结果阴性时仍可诊断为梅毒。脑脊液 VDRL 检测特异性较高（很少出现假阳性），但灵敏度低（常出现假阴性）。相比之下，脑脊液 FTA-ABS 具有高灵敏度，但特异性低。因此，阴性结果可以排除神经梅毒。脑脊液白细胞数是检测治疗有效性灵敏的指标。

推荐依据

Centers for Disease Control and Prevention, Workowski KA, Berman SM. Sexually transmitted diseases treatment guidelines,2006. MMWR Recomm Rep, 2006; Vol. 55; pp. 1 - 94.

注释：CDC 治疗指南为临床医生提供了简便可行的治疗 STD 的参考，由国内和国际上 STD 诊断、治疗、预防和控制方面的专家推荐。这些指南电子版可在 www.cdc.gov 查询。

惠普尔养障体

Paul G. Auwaerter, MD

微生物学

- 是惠普尔养障体的致病菌，根据 16SrDNA 的序列，与放线菌有疏远的亲缘关系。
- 在各种环境中检测到，包括土壤、污水。
- 苛养菌，0.25 μm 杆状，染色可能呈革兰阳性。

临床信息

- 流行病学特征尚不清晰，男 : 女 =8:1。据称，典型的病人为高加索人男性，年龄 >40 岁，生活在农村地区。
- 感染罕见，世界范围发病率估算每年约 12 例——但随着诊断方法的进步（PCR），比率可能上升。
- WD 通常引起慢性胃肠道疾病、中枢神经系统疾病或眼部疾病、淋巴结肿大、不明原因发热（FUO）。
- 鉴别诊断：克罗恩病、淋巴瘤、脂泄病、斯蒂尔病、淀粉样变性、非典型结核分枝杆菌感染。
- 诊断 (1)：传统诊断通过十二指肠活检，PAS 染色发现固有层大量泡沫巨噬细胞。
- 诊断 (2)：LN、脑或其他组织 PAS 染色；电镜观察，发现具有独特的三层膜的杆状细菌，现在很少使用此方法。
- 诊断 (3)：PCR 检测体液或组织（灵敏度 / 特异性未知，并且有假阳性报道；用于唾液或粪便的一线筛选），培养（困难，仅专门的实验室）。
- 诊断 (4)：免疫组化染色方法是新近发明的方法，应用仍不广泛，但敏感性高于 PAS 染色。血清学方法特异性低，无临床意义。
- 注意：有健康人唾液、龈下菌斑、肠道活检、粪便携带该菌的报道。

感染部位

- 胃肠道："典型症状"——体重下降、发热、腹泻（脂肪泄）、腹痛、淋巴结肿大、关节痛（可能早于胃肠道症状若干年出现）。
- CNS：不明原因的可逆性痴呆、性格改变、偏瘫、癫痫、眼肌麻痹。
- 眼：色素层炎；眼咀嚼性节律征或眼面骨胳肌节律征（眼球震颤，其他面部肌肉或下颚有节奏的运动）罕见，但若出现可做 WD 的特异性诊断。
- 心脏：培养阴性的心内膜炎、心肌炎、心包炎。
- 其他少见：骨骼肌，关节痛，肺、肾病变。

临床更多信息

- oculofacial-skeletal myorhythmia 的病例视频可以在下述 URL 观看（参见 http：//www.neurology.org/cgi/content/full/69/11/E12/DC1）。视频可能需要许可。

治疗

初始治疗

- 初始治疗通常采用胃肠外方法以根除疾病，此外一些人主张即使没有疾病处于活动期的指征，也应首先针对 CNS 进行治疗（疗程：通常 10~14 天）。

- 每天青霉素 G 6~24 mU IV，分剂给药 (q4h)。
- 备选：普鲁卡因青霉素 1~2 mU IM，1 次 / 天。
- 备选：头孢曲松 2 g IV q24h。
- 青霉素过敏：TMP-SMX DS PO，每天 2 次，同时链霉素 1 g IM，每天 1 次。
- 类固醇偶用于 CNS 疾病、严重的全身症状或肉芽肿的治疗。在 20 世纪 50 年代，类固醇通常单独用于治疗 WD。疗法对某些患者有效，但也使得许多病情恶化。
- 缺乏较好的临床实验指导治疗。目前的推荐疗法来自病例系列和回顾性分析。
- 稳定的病人（通常没有 CNS 疾病），可以使用特定的口服疗法治疗。

复发的初步治疗

- 头孢曲松 2 g IV q24h。
- 青霉素 G 4 mU IV q4h。

长期治疗：

- 为防止短期治疗后出现的复发，通常建议治疗总疗程为一年（或者更长）。
- 复方磺胺甲噁唑 (TMP-SMX)DS PO，每天 2 次 ×1 年（尤其对有 CNS 病变的病人）。
- 每天口服总剂量 2~4 g 的磺胺嘧啶。在一些病例，特别是 CNS 疾病中代替 TMP-SMX 使用，尤其对甲氧苄啶具有固有耐药性的 T.whipplei 菌株。
- 多西环素 100 mg PO，2 次 / 天 + 羟基氯喹 200 mg PO，3 次 / 天（对于没有 CNS 症状或磺胺过敏的病人首选）。
- 其他可用抗菌药物：氯霉素、克拉霉素、氟喹诺酮类。
- 一些医生依照十二指肠活检结果指导治疗，治疗一直持续到 PAS 染色阴性。
- 近期的体外实验表明头孢菌素类、氨曲南、氟喹诺酮类药物无活性。确定多西环素和羟化氯喹为抗菌药物组合。

复发维持治疗

- TMP-SMX DS PO，2 次 / 天。
- 多西环素 100 mg PO，2 次 / 天 + 羟基氯喹 200 mg PO，3 次 / 天。仅当确认无 CNS 疾病时使用。

后续

- 通常在 7~21 天有明显临床改善。虽然某些神经系统后遗症仍然存在，但大多数患者完全康复。
- 抗菌药物维持治疗的疗程还不明确。
- 疗程过短会出现复发，因此推荐疗程为一年。一些临床医生进行无限期的维持治疗，尤其是对有 CNS 病变的患者。
- 脑脊液 PCR 用来监测疗效，阴性结果提示抗菌治疗有效。

其他特点

- 临床精粹：有病理性色素沉着和相对低血压的病人会与 Addison 病相混淆，肉芽肿性淋巴结肿大，可与结节病相混淆。
- PAS 染色结果，艾滋病毒感染的患者体内吞噬鸟型分枝杆菌的巨噬细胞会与 Whipple 病相混淆。
- 大于 90% 的患者会出现关节痛，有 1/3 的病人会先于胃肠道症状出现。通常累及小关节，表现为间断的、转移的、短暂的疼痛。

- 约 90% 的患者由于维生素 B_{12} 继发吸收不良出现贫血。
- 脑脊液和血液进行 PCR 检测的需求降低，需要取脑组织或其他器官组织进行 PAS 染色。

推荐依据

Schneider T, Moos V, Loddenkemper C, et al. Whipple' s disease: new aspects of pathogenesis and treatment. Lancet Infect Dis, 2008; Vol. 8; pp. 179 - 90.

注释：由一个杰出研究者汇总了多个近期的优秀的关于细胞内病原菌的临床诊断综述。更新了最新的病理生理学，诊断和治疗建议。确认为非 CNS 病人（包括脑脊液 PCR 阴性），由于 T.whipplei 基因组的突变导致应用复方新诺明治疗失败，推荐应用多西环素加羟化氯喹治疗。

霍乱弧菌

Joseph Vinetz, MD and Paul G.Auwaerter, MD

微生物学

- 需氧，革兰阴性，逗号状杆菌。
- 水源性病原体，人摄入污染的水或食物后感染。
- 霍乱弧菌 O1 血清群，ElTor 生物型，起源于亚洲，但是在包括非洲、南美洲的地域广泛流行，持续 40 余年。
- 较新的 0139 血清群 1992 年首次于东南亚发现，引起地方性流行。
- 菌株发现对氨苄西林、四环素、氨基糖苷类、磺胺类，和甲氧苄啶耐药。

临床信息

- 引起分泌性腹泻综合征，称为霍乱。
- 引起全球或地方流行性的大量腹泻。
- 常见于非洲、南美、南亚及东亚、欧洲东部。
- 通常为非侵袭性病原体，通过毒素引起腹泻。
- 美国及墨西哥湾沿岸地区有传播，但罕见、零星发病。
- 潜伏期一般为 18~40 小时，之后出现恶心，腹部作响，随后发生大量水样泻。
- 大多数为轻至中度感染，仅约 1/20 发展为严重疾病。
- 发病和死亡是由于严重脱水而引起低血压，休克及多器官功能衰竭。许多死亡病例出现于发病首日。
- 诊断：粪便培养、菌株的生化鉴定；专门实验室可使用血清学方法检测；PCR。
- 少见皮肤 / 软组织感染、菌血症、传播性感染，此类感染通常由非霍乱弧菌引起。

感染部位

- 小肠：霍乱毒素导致钠与富含碳酸氢盐的非炎性液体分泌，即产生所谓的米泔水样便。
- 皮肤 / 软组织（罕见）：霍乱弧菌的非流行株引起。

治疗

液体补充（最重要）

- 快速补充水分和电解质，主要目标是避免死亡。

- 对持续的体液流失保持补液。
- 使用 IV，直至口服补液疗法足以补充丢失的体液。
- 严重脱水患者应该在 2~4 小时内补充体重 10% 的液体。
- IV 补液：乳酸林格氏液 + 钾离子。
- 若没有上述液体，可以使用普通生理盐水，但不能使用葡萄糖溶液，因为缺乏足够的电解质补充流失的部分。
- 口服补液（ORS）：如果可能使用商品化制剂。制备方法：1 L 纯净水，加入 2.6g 氯化钠，2.9 g 柠檬酸钠，1.5 g 氯化钾和 13.5 g 葡萄糖（或 50 g 煮沸冷却后的米粉）。
- 添加米粉的 ORS 结合四环素使用有效，但效果不如添加葡萄糖的 ORS。

抗菌药物

- 降低腹泻持续时间和量。抗菌药物的选择应根据本地流行的霍乱弧菌敏感药物谱指导进行。
- 呕吐停止后立即给与抗菌药物。
- 四环素 500 mg PO，4 次 / 天。
- 多西环素 100 mg PO，2 次 / 天。
- 阿奇霉素 1000 mg PO × 一剂。
- 红霉素 250 mg PO，4 次 / 天 ×5 天。
- TMP——SMX 160 mg/800 mg（双倍剂量）PO，2 次 / 天。
- 氨苄西林 500 mg PO，4 次 / 天。
- 环丙沙星 250 mg PO，1~2 次 / 天。
- 抗菌药物疗程 1~3 天。

后续

- 如果不进行治疗，病例死亡率 50%。
- 患者应尽快进食，食物不受限制。

其他信息

由于耐药，若为霍乱弧菌 O139 血清群引起的感染，避免使用 TMP——SMX 治疗。

四环素或其他抗菌药物可用于密切接触者的预防治疗。

霍乱疫苗（Dukoralfrom SBL Vaccines）在美国无效（低功效，但较以前的疫苗有所改进）。

推荐依据

Sack DA, Sack RB, Nair GB, et al. Cholera. Lancet, 2004; Vol. 363; pp. 223－33.

注释：作者推荐对于临床严重脱水的患者使用 ORS 或肠胃外方法补水。抗生素治疗为第二位，主要帮助缩短腹泻病程，因此推荐疗程仅为 1~3 天。

弧菌属（非霍乱）

John G. Bartlett, MD

微生物学

- 需氧，革兰阴性，逗号状杆菌（1~3×0.5~0.8μm）。弧菌属通常分为霍乱和非霍乱群。
- 最常见的非霍乱弧菌是副溶血弧菌；创伤弧菌少见但更致命；可引起人类感染的机会致病弧菌还包括：河流弧菌、费尼斯弧菌、霍利斯弧菌、溶藻弧菌、少女弧菌、辛辛那提弧菌。
- 易在常规培养基上生长，但从粪便培养进行鉴定需要使用选择性培养基：硫代硫酸钠柠檬酸胆盐蔗糖培养基（TCBS）。
- 在温暖的海洋区域常见，例如微咸水，河口和沿海海湾。
- 霍乱由霍乱弧菌引起（详细信息参照相应词条）。

临床信息

- 引起严重的皮肤/软组织感染、败血症和肠胃炎。创伤弧菌感染发生率：伤口感染 = 败血症→肠胃炎；副溶血弧菌：胃肠炎→伤口感染→败血症。
- 创伤弧菌（和其他弧菌）是温带气候的正常海洋菌群的一部分：墨西哥湾（50%的牡蛎养殖场），东/西海岸。大多美国病例：佛罗里达州，洛杉矶，德克萨斯州。
- 感染由饮食（尤其是生蚝）或盐水接触损伤皮肤导致。也可能导致肠胃炎（其他弧菌，如副溶血弧菌也相同）。
- 易感：大于50岁的男性（雌激素有保护作用），肝脏疾病、酗酒、慢性溶血性贫血、血色病（铁超负荷）、糖尿病、肾功能衰竭、肾上腺皮质功能不全。
- 临床表现：接触海水或生海鲜 + 易感宿主 + 败血症 ± 坏死性皮肤损伤。
- 诊断：发现于血液或坏死性损伤 = 急需治疗。
- 微生物学：血培养（败血症），伤口（伤口感染），便（肠胃炎）。
- 如果怀疑肠胃炎由鼠疫耶尔森菌引起，应通知微生物实验室使用特殊的选择性培养基（TCBS）培养。在流行地区，一些实验室常规应用这种培养基进行便培养。

感染部位

- 伤口感染（蜂窝织炎，可能会迅速蔓延形成水泡，肌坏死或筋膜炎的特征）。
- 血（原发性败血症）。
- 消化道（肠胃炎）。

治疗

败血症或软组织感染的抗菌药物

- 败血症或软组织感染：多西环素 100 mg IV q12h+ 头孢他啶 2 g IV q8h 或氟喹诺酮类。不可延迟抗菌药物。坏死性筋膜炎可能需要筋膜切开术。
- 备选药物：头孢噻肟 2 g IV q6h+ 环丙沙星 400 mg IV q12h（在体外有协同作用）或莫西沙星 400 mg IV q24h 或左氧氟沙星 750 mg IV q24h。
- 备选药物：头孢噻肟加米诺环素（在体外有协同作用）。

外科手术

- 坏死性筋膜炎：迅速进行外科会诊，考虑快速进行筋膜切开术，清创手术，和（或）截肢。

肠胃炎

- 大多数病例为自限性。
- 维持水平衡：口服或肠外途径。
- 多西环素或氟喹诺酮类药物的作用不清楚，表面上不缩短非霍乱肠胃炎的病程。
- 考虑是散发病例或通知公共卫生主管部门进行食源性疾病的调查。

其他信息

- 在美国，引起 90% 的食用海鲜相关死亡，特别是由于食用生蚝。沿海地区发病集中在四月至十月。有肝脏疾病的男性最危险。
- 败血症的易感因素：肝脏疾病（80%）；不常见：糖尿病、免疫缺陷、铁超负荷。
- 败血症的发病机理：食用生蚝→ 3~7 天内发烧 / 寒战→ 50%~75% 的患者出现休克 + 坏死 / 出血性大疱。死亡率较高：约 55%。
- 伤口感染的发病机理：（继发于菌血症）或新旧伤口 + 河口水接触。临床病程：发烧，寒战和肢端疼痛→ 30% 发展为菌血症（创伤弧菌）。死亡率 =24%。

推荐依据

Kuo YL, Shieh SJ, Chiu HY, et al. Necrotizing fasciitis caused by Vibrio vulnifi cus : epidemiology, clinical fi ndings, treatment and prevention. Eur J Clin Microbiol Infect Dis, 2007.

注释：宿主易感性：肝脏疾病、糖尿病、慢性肾功能衰竭、肾上腺皮质功能不全。67 例病例的临床特征：接触海水或生的海鲜（100%），大多是一侧的手臂（75%）。早期的筋膜切开术 (<24h) 改善存活率（5%vs.23%）。

No authors listed. Choice of antibacterial drugs. Treat Guidel Med Lett, 2007; Vol. 5; pp. 33 - 50.

注释：部分用作本词条推荐的依据。

鼠疫耶尔森菌

John G. Bartlett, MD

微生物学

- 需氧，革兰阴性双极着色杆菌（染色呈"别针"样外观，推荐吉姆萨染色）。属肠杆菌科。
- 怀疑时必须提醒实验室。
- 在标准培养基上生长。
- 培养温度为 28℃或 35℃。
- 可能需要长达 6 天进行鉴定。

临床信息

- 通常由于被携带鼠疫耶尔森菌的鼠蚤叮咬或者处理感染动物时感染。
- 三种临床表现：淋巴腺鼠疫（淋巴结），肺炎型及败血症型。美国的腺鼠疫：约 10 例 / 年，通常在新墨西哥州，阿肯色州，科罗拉多州，加利福尼亚州。肺鼠疫：在美国每 10 年发生 1 例。
- 临床表现：（1）生物恐怖：重症流行性肺炎，发生于健康成年人，需要排除兔热病和炭疽。线索为咳血。（2）淋巴腺炎 / 腹股沟淋巴结炎：最常见的形式，通常疼痛并出现发烧。常寒战，头痛，疲劳。询问是否有啮齿类动物，兔或蚤接触史。潜伏期：2~6 天。（3）败血症：通常由未治疗的腹股沟淋巴结炎诱发。

死亡率高。（4）肺鼠疫：严重，常伴随咳血和明显的呼吸困难。死亡率高。

- 治愈意义重大。
- 诊断方法：培养、DFA、血清 F1 荚膜抗原酶免疫分析。此外还有抗原检测和 PCR 等方法。
- 肺鼠疫死亡率，为 50% ~60%；淋巴腺鼠疫鼠疫，为 5%~15%。
- 预防几乎 100% 有效。

感染部位

- 淋巴腺鼠疫（可动的淋巴结肿大，触痛——分布：腹股沟→腋下→子宫颈或肱骨内上髁）：鼠疫耶尔森菌感染的 85%。
- 菌血症：13%。败血症可导致 DIC，肢端紫绀 / 坏死（“黑死病”）。
- 肺鼠疫：2%。
- 皮肤：罕见。
- 脑膜炎：罕见。

治疗

一般建议

- 暴发时经验性治疗指征：患者体温 >38.5℃或新发咳嗽。
- 首选用药：链霉素 IM 1 g，每天 2 次，或庆大霉素 IV 5 mg/kg 负荷剂量，之后 1.7 mg/kg q8h × 10 天。
- 备选：多西环素 100 mg PO IV，每天 2 次或环丙沙星 400 mg IV q12h 或氯霉素 1 g IV，每天 4 次 10 天。
- 妊娠患者：庆大霉素 5 mg/(kg · d) × 10 天。备选：多西环素或环丙沙星 × 10 天。
- 脑膜炎：氯霉素 1 g IV q6h。
- 动物数据：左氧氟沙星可能是最好的。
- 怀疑生物恐怖：报告
- 通报医院感染控制和国家 / 地方卫生部门。
- 鼠疫耶尔森菌的确定诊断：柯林斯堡 970-221-6400。
- 病例确诊：结合临床和（1）分离出鼠疫耶尔森菌或（2）4 × F1 抗原的抗体滴度。
- 推定病例：结合临床、F1 抗原的抗体或 F1 抗原阳性的 FA。
- 预防及感染控制措施（生物恐怖）
- 肺鼠疫可以发神经鞍人 – 人传播，但很罕见。
- 预防指征：家庭、医院或其他密切接触（定义：与正在治疗病例在 <48 小时、2 米以内有接触）。
- 首选用药：多西环素 100 mg PO，每天 2 次 ×7 天；或环丙沙星 500 mg，每天 2 次 ×7 天；或左氧氟沙星 750 mg/d PO，每天 1 次 ×7 天。
- 备选用药：氯霉素 1 g PO，2 次 / 天 ×7 天。
- 妊娠者：多西环素 100 mg PO，每天 2 次 ×7 天；或环丙沙星 500 mg PO，每天 2 次 ×7 天；或左氧氟沙星 750 mg PO，每天 1 次 ×7 天。
- 感染控制：外科口罩，隔离衣，手套和眼罩，直到患者治疗时间 >48 小时。
- 其他：隔离病人。
- 警告实验室：2 级生物安全病原体。

其他信息

- 生物恐怖（肺炎型鼠疫）：气溶胶——潜伏 2~4 天，发热，咳嗽 ± 咳血，呼吸困难→ DIC →第 2~6 日死亡。
- 淋巴腺鼠疫：跳蚤叮咬，潜伏 2~8 天，发热，腹股沟淋巴结炎，菌血症伴 ± DIC。
- 生物恐怖临床线索：很多健康人患肺炎 ± 咳血并且迅速死亡，同时排除炭疽。

推荐依据

Inglesby TV, Dennis DT, Henderson DA, et al. Plague as a biological weapon: medical and public health management.Working Group on Civilian Biodefense. JAMA, 2000; Vol. 283; pp. 2281 - 90.

注释：文章涵盖了自然发生的瘟疫，生物恐怖活动和治疗推荐。

耶尔森菌属（非鼠疫）

Khalil G. Ghanem, MD

病原体

微生物学

- 肠杆菌科革兰阴性球杆菌。
- 3 种能够引起人类疾病为：鼠疫耶尔森菌、小肠结肠炎耶尔森菌和假结核耶尔森菌。
- 其他耶尔森菌，如费氏耶尔森菌、中间耶尔森菌、克氏耶尔森菌、伯氏耶尔森菌、莫氏耶尔森菌、罗氏耶尔森菌、鲁氏耶尔森菌、奥氏耶尔森菌可能会引起人类肠胃炎和软组织感染。

临床信息

- 传播途径：被污染的食物 / 水 / 血。宿主：农场（猪、牛、羊、鸡），哺乳类动物，宠物（狗 / 猫），鸟类，环境。
- 毒力因子：质粒和染色体携带。
- 诊断：血培养（证实毒力）；粪便检查（生物型或血清型以确定毒力，例如生物型 1A 是没有毒力的）；肠系膜淋巴结组织活检或培养；咽渗出物培养；血清学检查（使用有局限）；PCR。
- 预防：针对动物宿主。避免食用未熟的肉类，筛查有急性症状（发烧、腹泻）的献血者。

感染部位

- 小肠结肠炎耶尔森菌：消化道感染（结肠炎、假阑尾炎，肠系膜淋巴结炎，直肠出血，回肠穿孔）。皮肤：结节性红斑（30%）。
- 关节：30 % 患者出现 Reiter 反应性关节炎，在腹泻后 2~30 天后发病。HLA-B27 为风险因素。66% 的患者症状持续时间大于 1 个月。膝盖、脚踝、脚趾、手指；滑液：白细胞 25 000/ml，中性粒白细胞占 60%~90%。
- 其他耶尔森菌：可能引起消化道感染（肠炎）和皮肤软组织感染。致病性仍有争议。

治疗

小肠结肠炎耶尔森菌

- 小肠结肠炎和淋巴炎通常是自限性的。除非有临床指征，无需治疗。
- 败血症：庆大霉素 5 mg/kg IV q24h 或分次服用。其他抗菌药物：氟喹诺酮类、氯霉素、强力霉素、多西环素、复方新诺明。

- 有些菌株对头孢菌素耐药。除非已知敏感性，对患者避免使用头孢菌素。

假结核耶尔森菌

- 感染患者和败血症患者：氨苄西林100~200 mg/(kg·d)。其他：庆大霉素、四环素。

其他

- 铁超负荷综合征（尤其是使用去铁胺）摄入生牡蛎和猪肠会增加被耶尔森菌感染的风险。
- 假结核耶尔森菌败血症。除非治疗得当，否则致死：
- 出现过受污染的血液制品引起小肠结肠炎耶尔森菌和假结核耶尔森菌败血症。小肠结肠炎耶尔森菌 =50%，假结核耶尔森菌败血症 =75%。
- 小肠结肠炎耶尔森菌对青霉素耐药但假结核耶尔森菌敏感。出现了对第三代头孢菌素耐药的结肠炎耶尔森菌。
- Reiter 综合征（结膜炎、尿道炎和关节炎）与小肠结肠炎耶尔森菌感染相关。

推荐依据

Butler T. Yersinia species, including plague. Mandell, Douglas and Bennett’s Principles and Practice of Infectious Diseases, VIth edition; Churchill Livingston, 2005; pp. 1406 - 1413.

真菌

曲霉

John G. Bartlett, MD

微生物学

- 菌丝宽 2~4 μm，通常分隔，40° 角分枝。
- 全球广泛存在的真菌，常见于土壤、植物、地下室、大麻等。
- 主要菌种：烟曲霉 > 黄曲霉、土曲霉、黑曲霉。

临床信息

- 以下疾病主要致病菌：骨髓衰竭（急性白血病、再生障碍性贫血）、异基因造血干细胞移植、实体器官移植、艾滋病（AIDS）患者 CD_4 细胞 <400/ml、慢性肉芽肿疾病和先天性结构性肺病。
- 曲霉经常定植于呼吸道，是实验室常见污染菌，因此培养阳性结果需要谨慎解释。
- 通常需结合宿主状态、影像学和微生物证据进行诊断。培养经常呈假阴性（血培养很少获得阳性结果），支气管肺泡灌洗液（BAL）培养敏感性 <50%。
- 诊断：在正确环境下的培养或病理检查（发现二分枝分隔菌丝，但有可能与其他菌种混淆）或体液检查发现霉菌或真菌侵袭性感染证据（培养可能呈阴性）。非常重要的一点是要知道，广泛为人们所知的肺部 CT 表现晕轮征和新月影，仅适用于粒细胞缺乏人群。临床标本。
- 半乳甘露聚糖：真菌细胞壁成分，血清学分析可辅助检测侵袭性曲霉病，BAL 标本检查可用于早期诊断。真菌感染或使用真菌衍生抗菌药物（如哌拉西林 / 他唑巴坦）可能导致假阳性。

感染部位

- 肺部（4 种类型）：(1) 过敏性支气管肺病（ABPA）；(2) 侵袭性或半侵袭性；(3) 曲霉球（曲霉肿）和 (4) 气管支气管炎。气道：也有喉部类型。
- 鼻窦炎：过敏性，真菌球，侵袭性。
- 外耳炎。
- 中枢神经系统：脓肿，脑膜炎。
- 骨：骨髓炎（常见于脊椎）。
- 皮肤：烧伤，伤口。
- 眼：眼内炎。
- 其它（少见）：导管和分流感染，尿路感染，心内膜炎。

治疗

肺部感染

- 侵袭性肺病：伏立康唑 6 mg/kg q12h PO/IV × 2 剂，然后 4 mg/kg q12h，至稳定后 200~300 mg，每天 2 次（重症患者 300 mg，每天 2 次）。
- 对于部分患者或疾病，伏立康唑非负荷剂量可能过低。考虑进行治疗监测以避免毒性（峰浓度可能 >5.5 mg/L），有可能提高疗效（保持谷浓度 >2 mg/L）。
- 侵袭性肺病（成人）：两性霉素 B 1 mg/(kg · d) IV 或两性霉素 B 脂质体（推荐 amB 制剂）5 mg/(kg · d)。

病原体

- 侵袭性（成人）：卡泊芬净 70 mg IV×1 剂，然后 50 mg/d IV（具有 FDA 抢救标识）或米卡芬净 100~150 mg IV/d 或泊沙康唑 200 mg PO q6h×7 天，然后 400 mg PO q8~12h（餐后）。
- 伏立康唑治疗失败：考虑两性霉素制剂、泊沙康唑、卡泊芬净或米卡芬净。抗真菌药物联合应用的作用尚不明确，但经常使用。
- 曲霉球：抗真菌治疗是否有效尚无一致定论——主要问题为咯血。
- 曲霉球切除术：考虑患者是否有充分的肺功能及是否有肉状瘤病、免疫损伤、IgG 增高或复发性咯血。
- 曲霉球 - 其他方法：观察（大多数病例），支气管动脉扩张（顺应时势的，尤其是对于咯血），腔内给予两性霉素 B（1 次阳性报道），口服伊曲康唑（没有对照的个案成功病例），两性霉素 B（不常推荐）。
- 过敏性支气管肺病（ABPA）：强的松 0.5 mg/(kg · d)×1 周，然后 0.5 mg/kg 每 2 天 ×5 周，或伊曲康唑 200 mg 口服，每天 2 次 ± 强的松，或伏立康唑 200 mg 口服，每天 2 次 ± 强的松。
- 用(AWP，最大剂量 ×21 天)：伏立康唑 PO–1500 美元；伏立康唑 IV–3800 美元；两性霉素 B–16 美元；两性霉素 B 脂质体（AmBisome）–28 000 美元；卡泊芬净 –7 500 美元；伊曲康唑 PO–382 美元。

耳鼻喉感染

- 鼻腔鼻窦，急性感染，免疫抑制宿主：手术 + 两性霉素 B 灌洗 + 纠正宿主缺陷（升高白细胞，可行时减少激素等）。
- 鼻腔鼻窦慢性侵袭性，健康宿主：外科清创 ± 伏立康唑，泊沙康唑或两性霉素。
- 鼻窦真菌球：手术摘除。
- 鼻窦炎，过敏性真菌性：外科引流 + 皮质类固醇（吸入或全身）+ 抗细菌药物（抗真菌作用存在争议）
- 耳部感染，具有免疫能力的：局部甲酚盐，酒精，硼酸，5- 氟胞嘧啶软膏，克霉唑，等。
- 耳部感染，免疫缺陷宿主：伏立康唑 200 mg PO，每天 2 次，或泊沙康唑 200 mg PO q6h，或伊曲康唑 200 mg PO，每天 2 次。

其他感染

- 脑脓肿：外科引流 + 两性霉素 B 1~1.5 mg/(kg·d) 和 5- 氟胞嘧啶 100~150 mg/(kg·d) PO；伏立康唑、棘白菌素类和两性霉素 B 脂质体制剂作用尚不明确。棘白菌素类中枢神经系统穿透能力差。
- 脑膜炎：两性霉素 B1–1.5 mg/(kg · d) IV+ 鞘内给药（通常通过 Ommaya 贮器给药 0.1 mg/d）。
- 骨：外科清创 + 伏立康唑，多烯类（两性霉素制剂），卡泊芬净，米卡芬净或泊沙康唑。
- 心内膜炎：瓣膜转换 + 两性霉素 B 脂质体 5 mg/kg IV q24h。
- 肝脾：两性霉素 B 脂质体 5 mg/(kg · d) 和（或）伏立康唑。
- 导管相关：拔除导管。

其他信息

- 由于伏立康唑和卡泊芬净较两性霉素 B 毒性更小，它们正在逐渐替代两性霉素 B。RCT 表明伏立康唑较两性霉素 B 更有效（见 Herbrecht 等）。

推荐依据

Walsh TJ, Anaissie EJ, Denning DW, et al. Treatment of aspergillosis: clinical practice guidelines of the Infectious DiseasesSociety of America. Clin Infect Dis, 2008; Vol. 46; pp. 327 - 60.

注释：2008 年 IDSA 曲霉病治疗指南是本文使用的源文件。

Pascual A, Calandra T, Bolay S, et al. Voriconazole therapeutic drug monitoring in pts with invasive mycoses improvesefficacy and safety outcomes. Clin Infect Dis, 2008; Vol. 46; pp. 201 - 11.

注释：该研究基于 181 例患者的伏立康唑浓度测定，表明尽管使用标准剂量，31% 患者的药物浓度被认为具有潜在的毒性，25% 患者的药物浓度低于治疗要求。

Herbrecht R et al. Voriconazole versus amphotericin B for primary therapy of invasive aspergillosis.NEngl J Med, 2002;Vol. 347; pp. 408 - 15.

注释：大型多中心研究，对 144 名侵袭性曲霉病患者进行随机分组，接受伏立康唑或两性霉素 B 治疗。伏立康唑在治疗成功率（53% 比 32%）、存活率（71% 比 58%）和减少副作用方面具有优势。

皮炎芽生菌

John G. Bartlett, MD

微生物学

- 双相真菌：自然状态下呈菌丝相（室温），组织中呈酵母相（37℃）。
- 酵母——8 um × 30 um，鉴别特点基部宽大出芽（组织胞浆菌，基部缩窄出芽）。
- 尤其常见于森林中潮湿酸性土壤中的真菌。

临床信息

- 流行病学：发现于南北美洲。欧洲、非洲、亚洲也有报道。在美国主要发现于东南部和中南部与密西西比河和俄亥俄河相邻的各州，加拿大中西部和南部与五大湖相邻的省份。美国维斯康星州年报道病例数最多。
- 大部分病例：手工劳动者、猎人、农民。通常散发。有时在腐烂木头周围进行的活动可能引发流行性感染。
- 发病机制：吸入性肺炎（范围：急性、慢性、无临床症状的）± 播散性，尤其是皮肤、骨 / 关节、泌尿道。潜伏期 30~45 天。
- 诊断：KOH 湿片可见大的酵母样孢子，其部宽大的出芽（如皮肤、脑脊液 (CSF)、尿、BAL）。对于组织标本进行 PAS、GMS 或银染色。培养：沙保弱培养基于 30℃孵育，生长缓慢，常常导致诊断延迟。血清学检测常常没有作用。
- MiraVista 实验室可进行皮炎芽生菌抗原检测（866-647-2847）。如果病理检查没有发现，抗原检测可能会帮助快速诊断。
- 诊断实验敏感性：抗原检测 90%，细胞学 50%~93%，KOH30%~80%，病理学 85%，培养 66%~75%，血清学敏感性差。
- 皮炎芽生菌尿抗原：敏感性 90%，特异性 80%（MiraVista 实验室）。

感染部位

- 肺（70%~75% 病例）：急性感染表现可能类似细菌性肺炎。缓慢进展的疾病多数类似肿瘤或结核。免疫抑制患者可能迅速进展为类似急性呼吸窘迫综合征（ARDS）的状态。

- 肺：无症状的（50% 病例，最常见的），急性，慢性肺病和播散性慢性肺病。
- 播散性（10%~20%）：皮肤，骨和前列腺最常见。
- 皮肤：最常见的肺外感染部位。典型的丘疹为疣状或溃疡性损伤。部分会发展为脓疱 / 寒性脓肿。经常伴随全身性症状。
- 骨 / 关节：关节炎，骨髓炎（典型症状为长骨的溶骨性病变）。
- 泌尿道：主要为前列腺炎，也可见附睾炎。
- 中枢神经系统：脑膜炎或脑脓肿。少见，除外免疫抑制患者如艾滋病患者。

治疗

肺部感染

- 中重度感染：两性霉素B脂质体3~5 mg/(kg·d)或两性霉素B 0.7~1 mg/(kg·d) × 1~2 周或直至改善，然后伊曲康唑 200 mg PO 每天 3 次 ×3 天，之后每天 2 次 ×6~12 个月。
- 中重度感染：伊曲康唑 200 mg PO 每天 3 次 ×3 天，然后 200 mg PO，每天 2 次 ×6~12 个月。

骨关节，中枢神经系统和播散性感染

- 播散性疾病：如上述中重度肺部疾病，使用伊曲康唑≥ 12 个月。
- 如果播散性感染仅为轻中度，按上述方法使用伊曲康唑 6~12 个月。
- 骨关节：治疗≥ 12 个月。
- 中枢神经系统：两性霉素 B 脂质体 5 mg/(kg · d) × 4~6 周，然后：(1) 伊曲康唑 200 mg 2~3 次 / 天，或 (2) 氟康唑 800 mg/d，或 (3) 伏立康唑 200~400 mg 每天 2 次≥ 12 个月，直至中枢神经系统感染清除。

治疗

免疫抑制

- 使用上述治疗重症肺部感染的方案，如果免疫抑制状态持续，使用伊曲康唑 × ≥ 12 个月，然后 ± 终身伊曲康唑 200 mg/d。

其他信息

- 大部分病例需要治疗——通常使用伊曲康唑。
- 免疫抑制，中枢神经系统感染，威胁生命的疾病和唑类治疗失败的患者，可使用两性霉素 B 治疗。伊曲康唑——推荐唑类（监测伊曲康唑浓度）。
- 最常见的临床表现为慢性肺部感染（浸润，结节，空洞）

推荐依据

Chapman SW, Dismukes WE, Proia LA, et al. Clinical practice guidelines for the management of blastomycosis: 2008update by the Infectious Diseases Society of America. Clin Infect Dis, 2008; Vol. 46 ; pp. 1801 - 12.

注释：推荐的源文件。

白念珠菌

Paul Auwaerter, MD and Dionissis Neofytos, MD, MPH

微生物学

- 芽生酵母，能导致 >10 种疾病。导致约 100% 口咽念珠菌病（OPC），90% 念珠菌性阴道炎。

- 皮肤、消化道和泌尿生殖道正常菌群。难以区分侵袭性感染与无症状定植。
- 白念珠菌：芽管实验（培养 24 小时产生的早其菌丝样延伸）阳性（注意 -5% 可能初始芽管实验阴性）。都伯林念珠菌是可能芽管实验阳性的另一种酵母菌。所有其他念珠菌属菌均为芽管实验阴性。

临床信息

- 念珠菌血症的常见危险因素：使用过抗菌药物，免疫抑制（血液肿瘤，实体器官或造血干细胞移植，化疗），肿瘤，糖尿病，营养不良，腹腔术后，导管，急性肾衰，全胃肠外营养。
- 临床表现：从局部黏膜病变（局部过度增殖和侵袭性感染）到播散性感染（血源性播散）。
- 念珠菌血症来源包括：导管和消化道（如迁移，严重黏膜炎，化疗）
- 白念珠菌：念珠菌血症患者最常见菌种，但总体非白念珠菌更常见。
- 诊断：无菌部位标本培养；黏膜——典型损伤，KOH 湿片 / 革兰染色阳性。
- 50%~70% 念珠菌血症病例血培养阳性。抗原（如 beta-D- 葡聚糖）和 PCR 检测对诊断念珠菌血症很有前景。肽链核苷酸 - 荧光原位杂交（PNA-FISHA）检测阳性血培养标本，能够快速鉴定白念珠菌。
- 对于重症且有念珠菌血症危险因素的患者，应进行抗真菌经验性治疗。

感染部位

- 皮肤：尿布皮炎，念珠菌属，擦伤感染，龟头炎，毒素，外阴炎，甲沟炎
- 慢性皮肤黏膜念珠菌病：皮肤、指甲和黏膜持续性感染；大部分患者 T 细胞失调。
- 口咽部 / 食道：鹅口疮，食管炎。常见于 HIV 感染晚期患者。
- 阴道：阴道炎——最常见于育龄妇女。
- 血液 / 心血管：念珠菌血症，常与导管相关；心内膜炎——人工和天然瓣膜。
- 泌尿生殖器：念珠菌尿常见于插管患者（一般不严重），肾脓肿，真菌球。
- 消化道：肝脾念珠菌病（常见于粒细胞缺乏恢复，肿瘤或消化道疾病），腹膜炎。
- 肌肉与骨骼：脓毒性关节炎，骨髓炎，肌炎。
- 眼：眼内炎；建议曾发生念珠菌血症的患者推荐进行筛查。
- 神经病学：脑膜炎。

治疗

治疗——一般评论

- 白念珠菌通常对所有类别的抗真菌药都敏感：唑类、棘白菌素类、两性霉素 B。唑类耐药最常见于 HIV 口咽念珠菌病患者。
- 念珠菌菌种可以合理地预测治疗指南（见后面和念珠菌部分）
- 念珠菌敏感性实验没有得到广泛开展；但一些中心对念珠菌血症分离株进行过敏实验。多用于指导非白念珠菌治疗，或如果怀疑耐药，尤其是使用过唑类药物的患者。

皮肤黏膜真菌病

- 皮肤真菌病：保持皮肤表面干燥（常见尿布样改变），控制高血糖。局部：克霉唑，咪康唑，酮康唑 2%，均为每天 2 次，3~5 天。
- 口咽念珠菌病（OPC）：克霉唑口服片剂 10 mg 5 次 / 天，制霉菌素（悬浊液 400 000~600 000 单位，每天 4 次，或 200 000 单位锭剂，用量 1~2、4 或 5 次 / 天）；

氟康唑 100 mg 每天 PO。疗程 7~14 天。

- 口咽念珠菌病（成人）：伊曲康唑 200 mg/d PO（使用溶液，约 66% 对氟康唑耐药口咽念珠菌病有效），两性霉素 B 0.4 mg/(kg · d)IV，卡泊芬净 70 mg IV 负荷剂量，然后 50 mg q24h，或伏立康唑 200 mg PO，每天 2 次。疗程 7~14 天。
- 口咽念珠菌病（成人）：两性霉素 B 1 ml 口服悬浊液，PO 每天 4 次（在美国已经不能买到）。
- 食管：氟康唑 200 mg PO/IV 每天至改善，然后 100 mg/d PO（总计 14~21 天），如果复发持续用药。成人：伏立康唑 200 mg PO/IV 每天 2 次，两性霉素 B0.3~0.7 mg/(kg · d) IV, 卡泊芬净 70 mg IV 负荷剂量，然后 50 mg q24h，米卡芬净 100 mg~150 mg IV q24h，阿尼芬净 200 mg IV × 1 次（d1，负荷），然后 100 mg IV q24h。
- 外阴阴道：栓剂 / 局部（OTC：克霉唑，布康唑，咪康唑，噻康唑），轻症患者短期治疗 (1~3 天)，重症、复发或异常宿主 7~14 天。
- 外阴阴道：全身给药氟康唑 150 mg PO 单剂（等候 3 天观察疗效），局部使用制霉菌素 100 000 U/d × 7~14 天。硼酸 600 mg 凝胶胶囊阴道给药每天 1 次 × 14 天，尤其对非白念珠菌有效。
- 慢性皮肤黏膜念珠菌病：唑类（氟康唑）或两性霉素 B 有效。
- 复发并不少见，尤其是 AIDS 患者。长期免疫抑制患者给予氟康唑每天 200 mg PO，对口咽部念珠菌病有效；但应避免导致耐药。

念珠菌尿

- 出现念珠菌尿并不等同于泌尿道感染，因为其定植很常见，即使是脓尿患者也可能是定植。除外以下情况：肾移植，妊娠，粒细胞缺乏患者，检测部位有硬件或正在进行操作的泌尿外科患者。
- 导管相关性感染一般不需要治疗即可恢复（40%）。导管拔除后进行尿培养，可以帮助判断是否需要治疗。仅更换导管很少有效。
- 上呼吸道疾病（发热 / 白细胞增多）需要系统性治疗。念珠菌清除需要拔除所有硬件，如置入支架。
- 持续性 / 复发性或可疑脓毒血症感染源，应加强泌尿生殖道检查。真菌球可能需要外科手术清除。
- 如果需要治疗（推荐）：氟康唑 400 mg 负荷剂量，然后每天 200 mg PO/IV × 7~14 天。
- 成人：两性霉素 B 0.5 mg/(kg · d) IV × 7~14 天。
- 成人：5 – 氟胞嘧啶 25 mg/mk PO 每天 4 次。唯一适合于 5 – 氟胞嘧啶单药治疗的指征。有效但注意治疗初始或后续发生耐药。骨髓抑制，如果使用 >7 天需要进行药物监测。
- 成人：两性霉素 B 膀胱冲洗，50 mg/1L 无菌水，40 ml/h × 5 天。患者或护士通常不喜欢这类操作，目前由于部位原因通常不进行。
- 卡泊芬净（和其它棘白菌素类）和伏立康唑的使用经验有限：其尿液浓度均较低。

念珠菌血症 / 侵袭性念珠菌病

- 非粒缺宿主：氟康唑 800 mg IV/PO 负荷剂量，然后 400 mg q24h（仅在临床症状稳定后），卡泊芬净 70 mg IV 负荷剂量，然后 50 mg q24h，米卡芬净 100 mg~150 mg IV q24h，阿尼芬净 200mg IV × 1（首剂负荷），然后 100 mg IV q24h，两性霉素 B 0.7~1.0 mg/(kg · d) 或两性霉素 B 脂质体 3~5 mg/(kg · d)

IV。成人：氟康唑 6~23 mg/kg IV/PO q24h：仅用于稳定患者，且之前没有唑类暴露。

- 粒缺宿主：可获得的资料有限。卡泊芬净 70 mg IV 负荷剂量，然后 50 mg q24h，米卡芬净 100~150 mg IV q24h，阿尼芬净 200 mg IV×1（首剂负荷），然后 100 mg IV q24h，两性霉素 B 0.7~1.0 mg/(kg・d) 或两性霉素 B 脂质体 3~5 mg/(kg・d) IV。成人：氟康唑 6~12 mg/kg IV/PO q24h：仅适于之前没有唑类暴露史的稳定患者。
- 疗程：最后 1 次培养阳性和症状消失后 14 天，如果存在并发症需要延长治疗（如眼内炎、心内膜炎、脓毒性关节炎、或骨髓炎等）。
- 慢性播散性念珠菌病：按照粒细胞缺乏患者推荐方案进行治疗，但通常在治疗 1~2 周后改为氟康唑（每天 200~400 mg PO，）。疗程 3~6 个月。或影响学病变部位钙化。
- 如果可疑，拔除所有经皮管路，但在粒缺宿主存在争议（因为消化道也是可能的感染源）。
- 所有念珠菌血症患者都需要接受眼科检查，以排除眼内炎。很少在周期治疗成功后发病。

心内膜炎

- 通常需要置换感染瓣膜。
- 两性霉素 B 0.6~1.0 mg/kg 或两性霉素 B 脂质体 3.0~6.0 mg/kg IV q24h 加 5-氟胞嘧啶 25~37.5 mg/kg PO 每天 4 次。
- 成人（临床经验较少）：氟康唑 6~12 mg/kg IV/PO q24h 或卡泊芬净 70 mgIV 负荷剂量，然后 50 mg q24h，米卡芬净 150 mg IV q24h，阿尼芬净 200 mg IV×1（首剂负荷），然后 100 mg IV q24h。
- 疗程：瓣膜置换后至少 6 周，术后使用氟康唑慢性抑制性治疗可能有益（更常用于人工心脏瓣膜心内膜炎，因为这类患者复发率高）。
- 不进行瓣膜手术的患者有成功使用氟康唑长期抑制性治疗的报道。
- 瓣膜病理检查和培养，可以确认诊断并进行耐药性检测。

预防

- 粒细胞缺乏患者：目前好的证据非常有限；氟康唑 400 mg，或对于侵袭性念珠菌病高危患者（长时间严重粒缺白血病患者或接受强化骨髓抑制化疗患者）泊沙康唑（200 mg PO，每天 3 次）。疗程尚不明确，但至少应覆盖粒缺时期。
- 造血干细胞移植（HSCT）受体：HSCT 后前 75 天使用氟康唑 400 mg，或急性或慢性移植物抗宿主病（GVHD）使用类固醇激素治疗时使用泊沙康唑 200 mg，每天 3 次。伏立康唑的应用也进行了研究，但数据尚未发表。

更多治疗

- 眼内炎：不复杂的小损伤，风险较低，初始治疗使用氟康唑 6~12 mg/(kg・d) IV/PO；反应差（如疾病进展或没有反应）的患者应改用两性霉素 B 0.7~1.0 mg/kg IV q24h 或氟康唑 6~12 mg IV/PO q24，尽早行玻璃体切除术。成人：伏立康唑 400 mg IV/PO q12×2 剂，然后 200~300 mg IV/PO q12。疗程：6~12 周。玻璃体内使用两性霉素 B 仍存在争议，剂量为 5~10 μg。卡泊芬净或其他棘白菌素类可能还没有进行充分的研究，主要考虑到卡泊芬净的眼部渗透性。
- 中枢神经系统（脑膜炎）：两性霉素 B（0.7~1.0 mg/kg IV q24h）± 5- 氟胞嘧啶（25 mg/kg PO，每天 4 次）；低风险患者考虑使用氟康唑（400~800 mg

IV）。最少治疗 4 周。通常要求去除分流。

- 腹膜炎：两性霉素 B 或氟康唑（见念珠菌血症推荐方案），怀疑穿孔和（或）继发性腹膜炎或脓肿患者进行外科探察 / 引流。持续不卧床腹膜透析（CAPD）患者应拔除导管，治疗 2~3 周。置换导管前至少等待 2 周。
- 骨和皮肤软组织感染：外科清创 + 两性霉素 B 0.5~1.0 mg/(kg · d)（需要进一步研究）×6~10 周或氟康唑 6 mg/(kg · d)×6~12 个月。可以在骨接合剂中加入两性霉素 B。许多患者开始使用两性霉素 B 治疗 2~3 周，然后改为氟康唑。

其他信息

- 见念珠菌属中非白念珠菌部分。
- 对于无菌标本很少是实验室污染菌。大部分菌种的体外敏感性没有明确的临床相关性，尤其是系统性念珠菌感染。
- 呼吸道分离到念珠菌很少代表真正的感染。念珠菌肺炎只能通过活检确诊。
- 没有证据说明“慢性念珠菌病”（《和酵母菌关联》）是慢性疲劳的原因，没有典型证据。这些患者进行粪便培养或消化道清除没有作用。

常见敏感谱
(CID2004;38：161)

念珠菌种	F	I	V	5-FC	AmB	Cand
白念珠菌	S	S	S	S	S	S
热带念珠菌	S	S	S	S	S	S
近平滑念珠菌	S	S	S	S	S	S**
光滑念珠菌	S*–R	S*–R	S*–R	S	S^	S
克柔念珠菌	R	S*	S^	R	S^	S
葡萄牙念珠菌	S	S	S	S	S–R	S

F = 氟康唑，I= 伊曲康唑，V = 伏立康唑
AmB = 两性霉素 B，Cand = 棘白菌素类，如卡泊芬净
S = 通常敏感
S * = 剂量依赖性敏感（需要唑类高剂量）
S^ = 敏感到中度敏感
R = 耐药
** 高 MICs

推荐依据

Cornely OA, Maertens J, Winston DJ, et al. Posaconazole vs. fluconazole or itraconazole prophylaxis in pts with neutropenia.NEngl J Med, 2007; Vol. 356; pp. 348 - 59.

注释：对于因髓细胞性白血病或骨髓增生异常综合征而接受化学治疗的患者，泊沙康唑对于预防真菌感染较氟康唑或伊曲康唑更为有效（2% 比 8%；P<0.001），并且能提高总存活率（P=0.04）。

Pappas PG, Rex JH, Sobel JD, et al. Guidelines for treatment of candidiasis.Clin Infect Dis, 2004; Vol. 38 ; pp. 161 - 89 .

注释：目前大多数推荐的源文件。一些重要的观点，包括氟康唑 400 mg 与两性霉素 B（0.5~0.6 mg/(kg · d)）一般被认为是等效的。但是由于在决定开始治疗时，许多情况下并不能获得阳性的培养结果或特异性念珠菌种属鉴定结果，对于可能与非白念珠菌相关的重症患者，医生可能在初始治疗时并不想依赖于氟康唑。

Slavin MA, Osborne B, Adams R, et al. Efficacy and safety of fluconazole prophylaxis for fungal infections after marrowtransplantation—a prospective, randomized, double-blind study. Clin Infect Dis, 1995; Vol. 171; pp. 1545 - 52.

注释：异基因造血干细胞移植患者抗真菌预防治疗的里程碑式临床研究。在骨骼移植后的前 75 天，给予氟康唑 400mg/d，与安慰剂相比，可以显著报减少系统性真菌感染（7% 比 18%；P=0.004），并提高生存率（P=0.004）。与 18 名接受安慰剂的患者相比，氟康唑治疗组没有发生白念珠菌感染（P<0.001）。

Rex JH, Bennett JE, Sugar AM, et al. A randomized trial comparing fluconazole with amphotericin B for the treatmentofcandidemia in pts without neutropenia. Candidemia Study Group and the National Institute.NEngl J Med, 1994;Vol. 331; pp. 1325 - 30.

注释：比较侵袭性念珠菌病治疗选择的第一个随机临床实验：两性霉素 B 和氟康唑，非粒缺宿主。两个治疗组群在生存和临床疗效间是相比的。作者的结论是："氟康唑和两性霉素 B 在治疗念珠菌血症的疗效上没有显著性差异"。

念珠菌属

John B. Bartlett, MD

微生物学

- 酵母样，4~6 μm，假菌丝体。
- 少数可以在血琼脂培养基和血培养中生长的真菌之一。
- 常见的非白念珠菌：光滑念珠菌、季也蒙念珠菌、克柔念珠菌、乳酒念珠菌、葡萄牙念珠菌、近平滑念珠菌、热带念珠菌。
- 见前一部分白念珠菌。

临床信息

- 常见感染：来自消化道、泌尿生殖道或皮肤内源性定植。也可来源于环境。
- 诊断：无菌部位培养阳性。黏膜：典型损伤，KOH 压片 / 革兰染色阳性。
- 需要治疗的证据：培养标本来源、症状、浓度（如，生长量），多部位培养阳性、宿主、病原学检查看到菌株、没有其他可能的病原菌。
- 需要小心解释的培养结果：1/3 痰标本和 1/5 支气管肺泡灌洗液培养出念珠菌属。没有严重的粒细胞缺乏或免疫抑制性疾病，很少会感染念珠菌性肺炎。
- 对于高危人群的预防措施见"发热和粒缺"部分。

感染部位

- 皮肤黏膜：鹅口疮、食管炎、阴道炎和甲沟炎。
- 播散性感染，念珠菌血症。
- 慢性播散性念珠菌病（过去称为"肝脾念珠菌病"）。
- 尿路。
- 肺炎（少见）。
- 骨髓炎。
- 腹膜，胆囊。
- 心内膜炎。
- 眼内炎。
- 脑膜炎。

病原体

治疗

侵袭性或非黏膜感染

- 原则：将念珠菌作为条件性致病菌。治疗：拔除外源性物体。使用棘白菌素类或唑类初始治疗。要注意使用氟康唑治疗非白念珠菌可能遇到唑类耐药菌株（如光滑念珠菌和克柔念珠菌）。对于粒缺患者，使用棘白菌素类为适合。
- 给药方案：两性霉素 B 0.6~1.0 kg/kg/d IV，两性霉素 B 脂质体 3~5 mg/(kg・d) IV，卡泊芬净 70 mg IV×1，然后 50 mg/d IV 或阿尼芬净 200 mg IV×1，然后 100 mg/d；氟康唑 800 mg IV/PO×1，然后 400 mg qd。
- 拔除所有管路。使用两性霉素 B 或氟康唑，直到培养阴性 ×14 天。
- 念珠菌血症粒缺患者：拔除所有管路，使用两性霉素 B、两性霉素 B 脂质体、棘白菌素类（如卡泊芬净）或伏立康唑。
- 泌尿生殖道：尿培养经常出现阳性，但不致病菌。如果出现，拔除管道。治疗指征：症状，粒缺，既往接受过泌尿生殖道手术或实体移植，或妊娠。如果需要治疗：氟康唑每天 200 mg PO/IV×7~14 天或两性霉素 B（成人）。
- 骨髓炎：清除失去活性的骨髓。两性霉素脂质体 ×6~10 周，一些病例可以使用氟康唑获得成功治疗。成人：两性霉素 B 或棘白菌素类。
- 腹腔：拔除管路。两性霉素 B 或氟康唑 ×2~3 周。
- 心内膜炎：去除瓣膜。使用两性霉素 B 或两性霉素 B 脂质体（5 mg/(kg・d)）+5- 氟胞嘧啶 25 mg/kg PO q6h×4~6 周进行治疗。可以考虑使用棘白菌素。
- 脑膜炎：去除所有分流器 / 装置。两性霉素脂质体 5 mg/kg IV q24h 加 5- 氟胞嘧啶 25 mg/kg PO q6h 至症状消除 4 周以上。
- 眼内炎：尽早行玻璃体切除术，结合使用两性霉素 B 0.7~1.0 mg/kg IV q24h 或氟康唑每天 6~12 mg/kg IV/PO。成人：伏立康唑 400 mg IV/PO q12h×2 剂，然后 200~300 mg IV/PO q12h。玻璃体内注射两性霉素 B 存在争议（通常剂量为 5~10 μg）。卡泊芬净可能有效，但没有进行充分的研究，且眼内渗透性不明确。

黏膜念珠菌病

- 鹅口疮：克霉唑 10 mg×4~5/ 天，制霉菌素 20 000~40 000 U×5/ 天或氟康唑每天 100~200 mg PO×7~14 天。
- 成人：伊曲康唑每天 200 mg PO，棘白菌素 IV 或两性霉素 B 0.3~0.7 mg/(kg・d) IV。
- 食管炎：氟康唑每天 200~400 mg IV/PO× 改善后 14~21 天。
- 成人：泊沙康唑每天 400 mg(FDA 也批准用于 HIV 感染患者难治性食道念珠菌病，400 mg 口服，每天 2 次至症状消除），或伏立康唑 4 mg/kg IV/PO，每天 2 次，或卡泊芬净 70 mg×1 然后 50 mg IV/d（或米卡芬净或阿尼芬净），或两性霉素 B 0.3~0.7 mg/kg。
- 阴道炎：局部（布康唑，咪康唑，噻康唑，特康唑）使用 ×1~7 天，或氟康唑 150 mg PO×1 剂。
- 复发性阴道炎：氟康唑每周 150 mg，伊曲康唑 100 mg，每隔 1 天或局部使用。都使用 6 个月。

治疗选择 / 特定念珠菌种的注意事项

- 最耐药的菌种是光滑念珠菌（一些中心唑类耐药率为 30%~40%）。另外还有克柔念珠菌（唑类天然耐药），葡萄牙念珠菌（两性霉素 B 天然耐药），热带念珠菌（一些唑类耐药，约 5%）。

- 局部使用两性霉素 B：少见。
- 每 7 天治疗花费：两性霉素 B-6 美元，两性霉素 B 脂质体 -7000 美元，氟康唑 PO-55 美元，IV-700 美元 -1800 美元，卡泊芬净 -3000 美元，米卡芬净 -1500 美元，阿尼芬净 -1300 美元。

其他信息

- 念珠菌通常为污染菌：在判断其是否为真正病菌时（尤其是肺部和泌尿生殖道来源），应考虑培养标本来源，革兰染色结果，培养浓度和宿主因素。
- 念珠菌血培养阳性应至少抗真菌治疗 14 天。
- 念珠菌病和外源性物体：出于治疗目的必须去除外源物体。
- 抗真菌药物：两性霉素 B 总是有效的，通常更首选唑类。
- 对于深部、难治性和复发性感染和（或）有抗真菌治疗史的患者，应进行抗真菌药物敏感性实验。

推荐依据

Pappas PG, Rex JH, Sobel JD, et al. Guidelines for treatment of candidiasis.Clin Infect Dis, 2009; Vol. 48; pp. 503 .

注释：IDSA 念珠菌病治疗指南。这一指南是本推荐的基础。

Benson CA, Kaplan JE, Masur H, et al. Treating opportunistic infections among HIV-infected adults and adolescents: Recommendations from the CDC, the National Institutes of Health and the HIV Medicine Association of the IDSA.Clin Infect Dis, 2005; Vol. 40; pp. S131.

注释：与本推荐相同。

Medical Letter Consultants.Antifungaldrugs.TreatGuidel Med Lett, 2005; Vol. 3; pp. 7 - 14.

注释：与本推荐相同，与 CDC、NIH、IDSA 的推荐一致。

Spellberg BJ, Filler SG, Edwards JE.Current treatment strategies for disseminated candidiasis.Clin Infect Dis, 2006;Vol. 42; pp. 244 - 51.

注释：氟康唑是作用、花费和安全性最好的药物。除了对克柔念珠菌耐药，对光滑念珠菌可能耐药以外。对于严重的念珠菌血症，推荐使用棘白菌素类、伏立康唑和多烯类进行治疗。对于光滑念珠菌或克柔念珠菌，最好的选择是棘白菌素类或大剂量多烯类药物。

粗球孢子菌

John G. Bartlett, MD

微生物学

- 双相真菌：37℃为大的球形体，直径 15~75 μm，经常含有 2~5 μm 的内生孢子。
- 喜爱温暖干燥的环境，轻度沙漠化环境。
- 粗球孢子菌仅存在于圣华金谷，而与其密切相关的副球孢子菌则发现于美国西南部、墨西哥和中南美洲的沙漠地区。
- 在标准真菌培养基上生长良好。

临床信息

- CA、AZ、TX、NM、墨西哥、南美地方病。
- 最常见表现：急性或亚急性肺炎。急性感染常伴发热和体质性疾病。
- 急性感染培养周期：7~21 天。症状：咳嗽（25%~50%），发热，浸润（50%）。

慢性肺病占 4%（结节或空洞）或播散性感染（0.5%）。

- 严重疾病危险因素：低细胞免疫（AIDS，奥本海默疗法，类固醇），妊娠第三期，接种量大，人种：黑人、菲律宾人、大洋洲人。
- 组织病理或培养阳性一定是病原菌。
- 诊断：(1) 发现球形体；(2) 培养真菌；(3) 血液或体液血清学检测阳性。
- 染色诊断：H&E，PAS，KOH，钙荧光（革兰染色无效）。
- 血清学：补体结合滴度（≥ 1：16 = 可能播散性感染）；连续免疫扩散实验，酶联免疫实验（需要确认）。阴性结果不能排除诊断。90% 急性感染患者至少 3 周时间才出现阳性。
- 在高流行地区血清转化率（皮试）为 3%/ 年。

感染部位

- 肺部：可能为大叶性实变或积液。范围：从急性肺炎到慢性结节、空洞性疾病。患者可能放射影像学检查阳性而没有临床症状。
- 皮肤：胫骨前部结节性红斑典型，但这种疼痛的损伤可能在任何部位，包括发现丘疹；典型发作是在第一发热 ± 嗜酸粒细胞增多后 3 天 ~3 周。也可能描述为多形性红斑或水泡。
- 骨 / 关节：椎骨感染，单个或多处关节受累。蚀骨。骨痛通常与多形性红斑表现相关。
- 中枢神经系统：脑膜炎通常为亚急性至慢性。

治疗

一般原则

- 唑类有效：氟康唑、伊曲康唑、泊沙康唑、伏立康唑。
- 依据临床特点和每 2~4 个月血清学变化。
- 治疗周期：可能为 1 个月到终生。
- 常见的说法是只有 5% 的病例需要治疗。

急性肺部感染

- 尽管可能持续伴有疲劳和流感样症状，大部分患者不需要治疗即可痊愈。
- 如果具有高危因素（AIDS，类固醇，器官移植患者，妊娠三期）或严重感染（体重减少 >10%，严重盗汗 >3 周，>1/2 肺浸润，补体结合滴度 >1:16，显著或持续性肺门腺病），则需要治疗。
- 治疗：伊曲康唑 200 mg PO，每天 2 次，或氟康唑 400 mg PO，每天 3 次 ×6 个月。妊娠患者使用两性霉素 B 0.5~0.7 mg/kg IV q24h。
- 双侧网状结节或严重单侧浸润：两性霉素 B 0.7~1 mg/kg IV q24h 至稳定，然后伊曲康唑 200 mg PO，每天 2 次或氟康唑每天 400 mg PO × 1 年以上。
- 急性呼吸窘迫综合征（ARDS）表现：抗真菌治疗 + 皮质激素，如强的松每天 60~80 mg PO 至改善，然后减量。

慢性肺部感染

- 肺结节：不抗真菌治疗，不手术，观察。
- 空洞但无临床症状：通常观察。如果持续 2 年以上，进展 1 年以上，或靠近胸膜，考虑手术。
- 空洞，有症状：切除或使用唑类治疗，如伊曲康唑 200 mg PO，每天两次或氟康唑 400 mg PO，每天 × 1 年以上。

- 泊沙康唑用于难治性病例。
- 对于严重咯血且损伤部位明确的治疗失败患者，考虑手术。

肺外感染

- 非脑膜炎（首选）：伊曲康唑 200 mg PO，每天 2 次或氟康唑每天 400mg PO，最大剂量增使用到 1200 mg/d。
- 非脑膜炎（成人）：两性霉素 B 0.5~0.7 mg/kg IV q24h。
- 两性霉素 B 可用于妊娠，损伤迅速恶化，或感染位于重要部位如脊椎的患者。
- 脑膜炎：氟康唑 400~1 000 mg IV/PO q24h。可能以鞘内注射两性霉素 B 作为初始治疗，联合唑类治疗。替代方案：伊曲康唑每天 400~600 mg。临床改善后，持续一直口服氟康唑 400 mg。
- 脑膜炎（唑类或 IV 两性霉素 B 治疗失败）：鞘内注射两性霉素 B 0.1~1.5 mg。
- 脑积水患者通常需要神经外科会诊植入引流装置。

随访

- 监测伊曲康唑血清浓度（目标：>1 mcg/ml）。
- 对于可能再度恶化的中枢神经系统感染或播散性感染患者（非裔美国人、菲律宾人、大洋洲人），没有明确的唑类治疗推荐方法。

其他信息

- 氟康唑和伊曲康唑被认为是治疗粗球孢子菌的最佳唑类药物。两性霉素 B 剂量：通常只用于呼吸衰竭、迅速进展或妊娠患者。

推荐依据

Galgiani JN, Ampel NM, Blair JE, et al. Coccidioidomycosis.Clin Infect Dis, 2005; Vol. 41; pp. 1217 - 23.
注释：本推荐的源文件。

病原体

新型隐球菌

John G. Bartlett, MD

微生物学

- 酵母样，圆形，5~10μm，有多糖荚膜。
- 基部缩窄出芽繁殖。
- 流行病学：广泛存在于全世界的土壤中，鸽粪中含量高（但其感染相关性仍存在质疑）。
- 新型隐球菌：依据荚膜成份分为 4 个血清型（A–D）。3 种血清型能够导致人类疾病，分别为新型陷于菌新型变种（最为常见）、新型隐球菌格特变种和新型隐球菌 grubii 变种（最近建立的）。
- 新型隐球菌通常感染免疫抑制患者，而格特隐球菌通常感染免疫正常的患者，但治疗方法与新型隐球菌相同。

临床信息

- 通常感染细胞免疫应答降低疾病患者，如淋巴瘤，长期使用类固醇，移植患者，AIDS 且 CD_4<1000/ml（最常见）。大约 20%~30% 患者为免疫正常宿主。
- 病原学：吸入性，引发肺炎，然后进展为脑膜炎 ± 皮肤、骨、前列腺感染。

- 临床：最常见的表现为脑膜炎，可能没有临床症状不发热或没有脑膜刺激征。
- 诊断：80%~95% 脑膜炎患者和 20%~50% 无脑膜炎表现患者血清隐球菌抗原阳性。可以体外培养（血琼脂）。脑脊液隐球菌抗原敏感性为 99%，而传统的印度墨汁染色敏感性仅为 65%。
- 肺部感染诊断：痰培养阳性或血清抗原检测 + 临床 /X 射线检查发现。

感染部位

- 中枢神经系统：脑膜炎，脑膜脑炎。
- 肺：肺部炎症。
- 泌尿生殖道：前列腺炎（可能是无症状感染）。
- 播散性：真菌血症。
- 皮肤：结节 / 水泡（反映播散）。
- 少见的类型：结肠炎，骨髓炎，脓毒性关节炎，心肌炎，肝炎，胰腺炎，肾上腺，眼病和脑脓肿。

治疗

脑膜炎 AIDS 患者

- 诱导期：两性霉素 B 0.7 mg/kg IV+5- 氟胞嘧啶 25 mg/kg PO 每天 4 次 ×2 周，然后氟康唑 400 mg PO，每天 1 次 ×8 周，然后 200 mg PO，每天 1 次至 CD_4>200 ml×6 个月。
- 监测 5- 氟胞嘧啶浓度和 CBC，以避免骨髓抑制。
- 替代方案：以上方案去掉 5- 氟胞嘧啶，但需要使用两性霉素 B 治疗 4~6 周或氟康唑 1200 mg/d 治疗 12 周（尤其是粒缺患者）
- 氟康唑替代：伊曲康唑（有效性略低）。两性霉素 B 替代：两性霉素 B 脂质体 4~6 mg/(kg・d)IV。
- 维持期：氟康唑 200 mg PO，每天 1 次终生服用，或当 CD_4>200 ml×6 个月且完成至少 10 个周治疗且无临床症状时中止氟康唑治疗。
- 脑脊液压 OP>25 mm H_2O：脑脊液引流至压力下降 50%，然后每天按同样原则腰穿至 OP<200 mm H_2O。
- 氟康唑治疗失败：数据有限，但根据经验使用泊沙康唑 400 mg PO，每天 2 次有效。

非 AIDS 脑膜炎

- 两性霉素 B 0.7 mg/(kg・d) IV+5- 氟胞嘧啶 25 mg/kg PO，每天 4 次 × 周，然后氟康唑 400 mg PO，每天 1 次 ×8 周。
- 成人：两性霉素 B 0.7~1.0 mg/(kg・d) IV+5- 氟胞嘧啶 25 mg/kg PO 一天 4 次 ×6~10 周。
- 疗程：如上所述，但仍需使用氟康唑 PO（200 mg/d）维持治疗，至免疫正常，然后停止。
- 脑脊液压管理：同上。

非中枢神经系统感染（AIDS 或非 AIDS）

- 必须做腰椎穿刺以排除脑膜炎。
- AIDS+ 肺炎 + 腰椎穿刺阴性：氟康唑 400 mg/d 或伊曲康唑 200~400 mg/d，均需终生用药或用药至 CD_4>200 ml×6 个月。
- AIDS+ 肺炎 + 腰椎穿刺阴性替代方案：氟康唑 400 mg/d+5- 氟胞嘧啶 25 mg/kb，每天 4 次 ×10 周。

- 非 AIDS，肺部 / 系统性感染 + 腰椎穿刺阴性：氟康唑 400 mg/d PO×3~6 个月。
- 非 AIDS+ 严重肺部疾病：两性霉素 B 0.4~0.7 mg/(kg·d) IV 至总剂量 1~2g，改善后可换为中服氟康唑至疗程完成。
- 非 AIDS，肺部中等症状 + 腰椎穿刺阴性：氟康唑 400 mg/d PO×3~6 个月。
- 抗原血症或尿培养阳性 + 腰椎穿刺阴性：氟康唑 400 mg/d×3~6 个月。

其他信息

- 该真菌具有很强的嗜中枢神经系统性；行腰椎穿刺实验室查新型隐球菌以排除脑膜炎。
- 包括脑膜炎在内感染患者经常无临床症状，但如果不对脑膜炎进行治疗死亡率 100%。
- 诊断：脑膜炎 – 血标本抗原敏感性 95%，脑脊液敏感性 >99%，特异性接近 100%。
- 最严重的处理失误是在 OP>200 mm H_2O 时降低颅压失败；可能需要每天进行腰椎穿刺引流。

推荐依据

Benson CA, Kaplan JE, Masur H, et al. Treating opportunistic infections among HIV-exposed and infected children: recommendationsfrom CDC, the National Institutes of Health, and the Infectious Diseases Society of America. MMWR RecommRep, 2004; Vol. 53; pp. 1 - 112.

注释：CDC/IDSA 对 HIV 感染患者的 OIs 治疗指南。与推荐相同。

Saag MS, Graybill RJ, Larsen RA, et al. Practice guidelines for the management of cryptococcal disease.Infectious DiseasesSociety of America.Clin Infect Dis, 2000; Vol. 30; pp. 710 - 8.

注释：IDSA 处理隐球菌病的指南是本推荐的基础。IDSA：肺——氟康唑、伊曲康唑，或氟康唑 + 氟胞嘧啶终生；中枢神经系统：两性霉素 B 脂质体 + 氟胞嘧啶——氟康唑终生。非 IDSA：肺——氟康唑或伊曲康唑 ×6~12 个月，或两性霉素 B 脂质体总剂量 1000~2000mg，中枢神经系统：两性霉素 B 脂质体 + 氟胞嘧啶，然后给予氟康唑 ×6~10 周。

皮肤真菌

Khalil G. Ghanem, MD and Dionissis Neofytos, MD, MPH

微生物学

- 丝状真菌（霉菌），能够消化利用角蛋白中的营养，通常不侵袭活体组织。3 个常见菌属：小孢子菌属、毛癣菌属和表皮癣菌属。
- 皮肤真菌可以是亲动物园性的（猫、狗、马、猪、等），亲土壤性的（土壤），或亲人性的（人类自然致病菌）。
- 通过关节孢子（非常硬的营养细胞）从土壤、动物或人传播。获得感染不一定要有直接接触。
- 最常见的小孢子菌是犬小孢子菌。最常见的表皮癣菌是絮状表皮癣菌。
- 最常见的毛癣菌是断发毛癣菌、红色毛癣菌、须癣毛癣菌。

临床信息

- 以下疾病致病因素：（1）皮肤和毛发感染 [如头癣、体癣等] 和（2）甲感染（甲癣）。
- 深部感染：少见，发生于免疫抑制宿主（真皮和深部器官），通常淋巴系统侵犯

（Squeo RF et al. 1998. J Am AcadDermatol. 39:379–80; Seddon ME et al. 1997. Clin Infect Dis. 25:153–154.）

- 对于大多数病例，显微镜检查足以指导治疗；组织（皮肤、毛囊、指甲）刮屑 KOH 显微镜检查。
- 诊断(1)：伍德灯 – 小孢子菌 = 绿色（毛癣菌 – 通常不产生荧光）。
- 诊断(2)：显微镜 – 初步鉴定到属。在沙保弱培养基上进行培养基，有助于鉴定，但敏感性不高，需要 2~4 周才能得到结果。
- 诊断(3)：甲癣：在皮肤真菌实验培养基（DTM）进行培养，而不是使用沙保弱培养基 – 更便宜，更易于操作，更快得到结果（3~7 天）。

感染部位

- 头癣：儿童 > 成人，"毛内癣菌"感染（分生孢子位于毛干内），有两种类型：(a)"灰斑癣"（犬小孢子菌，猫狗暴露，葡萄球菌继发性感染）和 (b)"黑点癣"（断发毛癣菌，常见于非裔美国儿童）（见 56 页头癣 / 颜面癣部分）
- 足癣（香港脚）：(a) 急性（须癣毛癣菌，自限性 / 复发性，脚掌或脚趾间长水泡）和 (b) 慢性（红色毛癣菌，脚趾间的损伤，但可能扩散到脚掌、脚侧）（见 60 页足癣部分）
- 体癣：成人照顾有头癣、断发毛癣菌、犬小孢子菌和红色毛癣菌，基础疾病（糖尿病，HIV）。体癣疱疹：运动员（如摔跤）（见 58 页体癣 / 股癣部分）
- 股癣：大腿内侧斑点，红色毛癣菌 / 须癣毛癣菌，（见 58 页体癣 / 股癣部分）
  难辩论癣：使用类固醇不恰当治疗，而导致的不典型足癣和股癣
- 甲癣：由皮肤真菌（脚趾甲）和酵母（手指甲）引起，流行率 4%~18%，危险因素（高龄，足癣，游泳，家人感染，牛皮癣），甲变色为白色、黄色、棕色，常见真菌为红色毛癣菌 / 须癣毛癣菌。

治疗

一般原则

- 通常使用局部用药。
- 大部分甲感染，所有的毛发感染和大面积感染，应进行系统治疗。
- 局部用抗真菌药很少有对照实验，来确定推荐原则。
- 治疗失败和感染复发率为 30%~50%。
- 头癣：(a) 灰斑癣：查找并治疗感染犬小孢子菌的宠物；(b) 黑点癣：查找无疾病携带者，使用硫化硒香波或口服药物治疗。

治疗药物

- 局部：(a) 角质剥脱剂：维特飞尔德药膏 = 水杨酸和苯甲酸，用于脚掌 / 手掌。(b) 抗真菌药：唑类（咪康唑、克霉唑、酮康唑、奥昔康唑等）或其他（特比萘芬、布替萘芬）。
- 口服药物：灰黄霉素，特比萘芬，伊曲康唑和氟康唑。

治疗方案

- 见第 56 页 ~60 页体癣、股癣、颜面癣和头癣相关章节。
- 甲癣鉴别诊断包括镰刀菌、支顶孢、曲霉、帚霉，因为其中一些对经典口服治疗无效；需要显微镜检进行真菌鉴定。
- 如果可能，甲癣应口服抗真菌药物治疗（Crawford F; Cochrane Database Syst Rev. 2007;(3):CD001434）。

- 甲癣：伊曲康唑200 mg 2次 ×1周/月 ×3~4周，或特比萘芬250 mg/d×6周（手指甲），12周（脚趾甲）。
- 甲癣（替代方案）：氟康唑每周 150 mg×6 周。氟康唑每周 150 mg 效果逊于伊曲康唑或特比萘芬（J Cermatolog Treat 2002;13(1):3–9）。
- 深部感染：数据仅来自病例报道。可考虑的抗真菌药：伊曲康唑 200 mg PO，每天 2 次，或氟康唑 400 mg IV/PO，每天 1 次。

随访

- 如果癣病来源是家养宠物，为避免再次感染，切记，必须对宠物实施治疗。
- 如果怀疑甲癣没有得到适当治疗，因而没有好转：考虑其他诊断（如牛皮癣、湿疹、外伤、扁平苔癣）。

其他信息

- 对于头皮感染，鉴定致病菌非常重要。如果是亲动物性真菌感染，通常不会在人与人之间传播。如果是亲人性真菌感染，则发生人与人间传播机率增高。
- 花斑癣由一马拉色菌引起，该菌为酵母菌，不是皮肤真菌（见62页花斑癣部分）。
- 其他皮肤感染：掌黑癣（威尼克外瓶霉）累及手掌和脚掌，见于热带地区。白色毛节菌病（毛孢子菌，酵母）毛干白/黄色；见于热带。黑色毛节菌病（毛节菌，酵母），见于热带。

推荐依据

Foster KW, Ghannoum MA, Elewski BE. Epidemiologic surveillance of cutaneous fungal infection in the United Statesfrom 1999 to 2002.J Am AcadDermatol, 2004; Vol. 50; pp. 748 - 52.

注释：除临床怀疑的手指甲真菌病中念珠菌占 >70% 以上外，皮肤真菌仍然是最常见的真菌分离株。红色毛癣菌仍然最流行的真菌致病菌，且在手指和脚趾甲真菌病、头癣、股癣、手癣和足癣中的发病率处于上升趋势。作为头癣致病菌，断发毛癣菌的发病率持续上升，尤其是在美国。

作者观点。

注释：没有治疗皮肤真菌感染的推荐指南。

镰刀菌

Aimee Zaas, MD

微生物学

- 丝状真菌，菌丝无色素（透明）分隔，锐角分枝。
- 环境中广泛存在。
- 主要菌种：尖孢镰刀菌和茄病镰刀菌。

临床信息

- 常见于免疫抑制宿主，粒细胞缺乏是非常重要的危险因素。在一项评价造血干细胞移植患者镰刀菌病的大型系列研究中，移植和诊断间时间的中位数是 48 天。
- 典型表现为广谱抗细菌药物治疗无效的难治性发热。
- 特点为皮肤损害：红斑，结节，溃疡——通常有一个中心焦痂。皮肤损害在真菌血症之前发生，因而对于免疫抑制患者一旦发现新的皮肤损害，应进行活检。
- 实体器官移植患者也可能发生局部或播散性感染。

- 免疫抑制患者感染扩散快，而免疫正常患者通常为局部感染。
- 如果发生播散性感染，死亡率高。如果不能恢复粒细胞缺乏，免疫抑制患者的生存率为 0%。30%~50% 患者在粒缺恢复后能够存活。
- 诊断：皮肤或组织活检、培养（免疫抑制患者血培养阳性）。
- 组织病理可以与曲霉相区别，因此除病原学检查外，培养对于正常诊断非常重要。

感染部位

- 免疫抑制患者：皮肤，呼吸道，静脉导管，消化道是感染侵入门户。
- 50% 播散性镰刀菌病发生在急性白血病患者。
- 血管侵袭性和偶然性产孢（真菌在血流中生长）导致播散性感染。
- 88% 镰刀菌感染发生于有皮肤损害的免疫抑制患者。
- 皮肤损害：疼痛，多重，红斑 ± 中心坏死。病情进展持续较长时间；可以出现不同的进展阶段。
- 50% 患者血培养阳性。
- 典型侵入门户：免疫抑制患者甲沟炎（甲床炎症）。
- 免疫正常患者：皮肤或眼部外伤是感染侵入门户。
- 局部皮肤损害或眼部损伤（角膜炎）。曾发生过与特定隐形眼睛护理液相关的角膜炎暴发流行，被认为由护理液在生产工厂存储不当引起。

治疗

免疫抑制患者

- 恢复粒细胞缺乏非常重要（很多作者推荐粒细胞集落刺激因子（G - CSF），而对白细胞输血存在争议）。
- 可选择伏立康唑，两性霉素 B 或两性霉素 B 脂质体。
- 伏立康唑：第一天 6 mg/kg IV q12h，然后 4 mg/kg IV，每天 2 次或 200~300 mg PO，每天 2 次。IV 至患者稳定。
- 成人：两性霉素 B 脂质体（Abelcet,Ambisome 或 Amphotec）每天 5 mg/kg IV。
- 镰刀菌对许多抗真菌药物天然耐药（包括伊曲康唑，5- 氟胞嘧啶，氟康唑，棘白菌素如卡泊芬净，部分菌株对两性霉素 B 耐药）
- 新型抗真菌药物（未获得 FDA 批准）：雷伏康唑体外无效。新一代实验药物 Isavuconazole 对镰刀菌的活性不定。
- 疗程：延长，没有明确的推荐标准，但大部分患者应在粒缺恢复后继续治疗 6 个月。
- 对大的单个损害进行外科清创，推荐拔除感染导管。

免疫正常患者：皮肤损害

- 外科清创。
- 使用局部抗真菌药物（纳他霉素）。
- 伏立康唑 200 mg PO，每天 2 次，至皮肤损害恢复后 6 个月。

眼部受累

- 眼部受累包括眼角膜、视网膜和玻璃体液。
- 免疫抑制：播散而导致的继发性感染。
- 眼内使用抗真菌药和玻璃体切除述通常无效。
- 伏立康唑和泊沙康唑在眼部可能有效。
- 免疫正常：角膜炎发生于外伤或角膜手术（准分子激光手术，LASIK）后，佩戴隐形眼镜。

- 局部：纳他霉素滴眼液，向眼科提出角膜移植术并密切观察。成人：有 2 例角膜真菌病报告局部使用 2% 伏立康唑每天 7 次进行治疗。
- 系统性：有报道使用伏立康唑和泊沙康唑成功治疗。
- 有合并局部和系统治疗成功病例报告。免疫正常患者系统治疗周期短（14 天）。
- 严重角膜炎患者可能需要进行角膜移植。

治疗方案细节

- 泊沙康唑体外对镰刀菌活性最强。作者认为伏立康唑优于两性霉素 B/ 两性霉素 B 脂质体。伏立康唑和泊沙康唑的体外敏感性变化较大。
- 其他信息
- 免疫抑制患者：对抗细菌药物无效的难治性发热，甲沟炎，血培养“霉菌”阳性，皮肤损害有中心坏死，考虑镰刀菌感染。
- 免疫抑制患者：粒细胞恢复对于患者生存非常重要。
- 角膜炎：传统局部用药治疗失败，应考虑镰刀菌；立即咨询眼科事宜。
- 对难治性病例考虑使用泊沙康唑（FDA 没有批准此项适应证，但资料提示有效）。

推荐依据

作者观点。

注释：尚无治疗这类感染的指南。

荚膜组织胞浆菌

John G. Bartlett, MD

微生物学

- 双相真菌，37℃呈酵母相。
- 俄亥俄州、密西西比河谷地方病，也存在于中美洲、亚洲和非洲。
- 存在于土壤中，与禽类和蝙蝠相关。

临床信息

- 吸入菌丝体导致感染。
- 疾病可能呈急性或存在潜伏期。
- 急性感染表现从无临床症状到暴发性。最常感染肺部，但也存在肺外感染，尤其是对细胞免疫损伤的患者。
- 常见暴躁：在土壤表层工作，养鸡场，在有鸟粪，洞穴暴露，损坏的老建筑周围区域工作。
- 没有人与人间传播记录。
- 病史：暴露，然后发热 + 肺部症状。胸部 X 线检查清晰或发展为慢性肺部或播散。急性疾病的严重程序取决与暴露接种量和免疫反应。
- 诊断：培养阳性（诊断），抗原（尿优于血），血清补体结合实验 >1 ：8 或 4 倍升高。组织染色，如 PAS，GM，吉姆萨（见 Wheat 2007）。
- 抗原检测（尿或血）特异性 >95%，敏感性取决于其疾病负荷量。引自 MiraViraLab（T：866-647-2847 或 http：//www.miravistalabs.com/）。播散性感染的 AIDS 患者敏感性为：尿 95%，血清 85%。

感染部位

- 肺部（急性）：肺炎。
- 肺部（慢性）：网状结节，空洞；可能与结核相似。
- 播散性：嗜骨髓（粒细胞减少），肝，脾，消化道受累。
- 中枢神经系统：脑膜炎，脓肿。
- 纵隔炎：肉芽肿样。
- 纵隔炎：纤维化（低真菌负荷，病原菌很少能被发现或培养）。
- 心包炎。
- 眼。

治疗

肺部

- 急性和重症：两性霉素 B 脂质体 3 mg/kg×2 周或至临床改善，然后伊曲康唑 200 mg，每天 3 次 ×3 天，然后每天 200 mg×12 周。
- 替代方案：如果患者发生肾毒性危险低，两性霉素 B 0.7 mg/(kg·d) IV。
- 严重程度较轻：伊曲康唑 200 mg/d。
- 中度感染：由于感染是自限性的，通常不需要治疗。如果症状没有在 1 个月内消失，可以使用伊曲康唑 200 mg PO，每天 3 次 ×3 天，然后 200 mg PO，每天 2 次。
- 慢性空洞：伊曲康唑 200 mg PO，每天 3 次 ×3 天，然后 200 mg PO，每天 2 次≥1 年。
- 肺结节：不需要治疗。

肺外 / 纵隔

- 心包炎和风湿综合征：(1) 非甾体类抗炎药（NSAIDs）或 (2) 强的松 0.5~1 mg/(kg·d)，逐渐减量 1~2 周，加伊曲康唑 200 mg PO 每天 3 次 ×3 天，然后 200 mg PO，每天 2 次≥1 年。
- 纵隔肉瘤：(1) 通常不进行治疗，(2) 如果症状非常明显，伊曲康唑（以上剂量）×6~12 周。
- 纵隔纤维化：(1) 通常不进行治疗或治疗没有明显效果，(2) 如硬化导致肺血管阻塞进行血管内支架，或 (3) 如果不能区分纤维化和肉芽肿，伊曲康唑（以上剂量）。
- 中枢神经系统：两性霉素 B 脂质体 5 mg/(kg·d)IV 至 4~6 周内总剂量 175 mg/kg，然后 200 mg PO，每天 2 次或每天 3 次 PO ≥ 1 年
- 播散性：(1) 重症：两性霉素 B 脂质体 3 mg/kg q24h×1~2 周，然后伊曲康唑 200 mg PO，每天 3 次 ×3 天，然后 200 mg PO，每天 2 次≥1 年，或如果必要，替代使用两性霉素 B 脂质体 (5 mg/kg)；(2) 中度：伊曲康唑以上剂量 × ≥ 1 年，如果免疫抑制不能恢复可能需要终生用药。

随访

- 如果为保证充足的药物暴露，需要使用药物 2 周以上，应进行伊曲康唑血药浓度监测（2hr 峰浓度，>1.0 μg/ml）。
- 其他信息
- 组织胞浆菌抗原（尿）：对于播散性疾病是非常好的检测方法（血抗原检测特异性略低）。滴度提示抗原负荷，应该对治疗或复发表现出相应反应。播散性疾病患者——测定基线，2 周，1 个月和 q3 个月至治疗停止后 6 个月。初始治疗开始后 2~12 周，应出现抗原下降。

- 伊曲康唑——最好的唑类药物。关注点：吸收，药物相互作用和毒性（肝炎、充血性心脏衰竭(CHF)）。代谢产物为羟基伊曲康唑，也有活性。监测浓度，期望 >1.0 μg/ml。
- 伏立康唑和泊沙康唑体外对 >99% 的菌株有效。

推荐依据

Wheat LJ, Freifeld AG, Kleiman MB, et al. Clinical practice guidelines for the management of pts with histoplasmosis:2007 update by the Infectious Diseases Society of America. Clin Infect Dis, 2007; Vol. 45; pp. 807 - 25 .

注释：组织胞浆菌病患者管理临床操作指南。

Antifungal drugs.Treat Guidel Med Lett, 2005; Vol. 3; pp. 7 - 14.

注释：作者用于建立本部分指南的来源。

Benson CA, Kaplan JE, Masur H, et al. Treating opportunistic infections among HIV-infected adults and adolescents:recommendations from CDC, the National Institutes of Health, and the HIV Medicine Association/Infectious DiseasesSociety of America. MMWR Recomm Rep, 2004; Vol. 53; pp. 1 - 112 .

注释：尤其是 HIV 感染患者的荚膜组织胞浆菌治疗。

波氏假阿什利霉

Aimee Zaas, MD

微生物学

- 薄壁，分隔，分枝菌丝，2.5~5 μm。
- 广泛存在；主要存在于土壤、污物、有盐味和污染的水。
- 波氏假性阿什利霉是尖端赛多孢的有性阶段。

临床信息

- 免疫抑制患者出现的感染。
- 具有危险因素的免疫抑制患者：血液肿瘤 / 骨髓移植（BMT），实体器官移植 >AIDS 患者。
- 侵入血管壁的趋势。
- 临床表现与曲霉和镰刀菌相似。
- 免疫抑制：死亡率 77%（如果是播散性感染，死亡率 100%）。
- 有把握的诊断非常重要，因为波氏假性阿什利霉可能对两性霉素 B 耐药。
- 最好使用环六亚甲基四胺银染色；对所有活检标本进行真菌培养和组织病理学检查。

感染部位

- 免疫正常：菌丝体存在于外伤 / 手术部位，鼻窦炎，真菌球。
- 典型：近淹溺后的脑脓肿或肺炎。
- 心内膜炎，眼内炎，骨髓炎，脓毒性关节炎（病例报道）。
- 相较于感染，免疫正常患者的鼻窦炎更可能是过敏 / 超敏相关；与变态反应性支气管肺曲霉病（ABPA）相似。
- 免疫抑制：肺炎或曲霉球，播散性，脑脓肿，皮肤损害。
- 侵入门户：吸入或通常皮肤外伤。
- 皮肤损害可能是脓疱样，结节样或坏死样。

- 肺移植受体患者在治疗全过程中，都应该进行支气管肺泡灌洗液培养。

治疗

免疫正常

- 非肺部足菌肿：手术清创结合抗真菌治疗（如下）。
- 肺曲霉球：没有标准治疗方案；如果有症状（咯血），可以只进行外科手术切除。
- 脑脓肿：外科引流加伏立康唑（如下）6~12 个月。
- 鼻窦炎：通常是过敏性的，而不是感染；主要使用皮质激素和抗充血剂。
- 没有数据支持对波氏假阿什利霉过敏性真菌鼻窦炎使用抗真菌药物。
- 伏立康唑剂量（静脉与口服生物利用度相同）：首日 6 mg/kg IV q12h，然后 4 mg/kg IV 每天 2 次或 200~300 mg PO，每天 2 次。
- 如果临床反应缓慢或不充分，可以将伏立康唑剂量增加到 300 mg PO，每天 2 次。

免疫抑制

- 一般应注意：85% 菌株对两性霉素 B 耐药。
- 联合内科和外科手段治疗局部损伤。
- 真菌球 / 脓肿（肺或中枢神经系统）：外科切除加伏立康唑。
- 伏立康唑：FDA 批准用于难治性 / 两性霉素不能耐受患者；专家认为这是可以选择的药物。
- 伏立康唑剂量（静脉与口服生物利用度相同）：首日 6 mg/kg IV q12h，然后 4 mg/kg IV 每天 2 次或 200~300 mg PO，每天 2 次。
- 如果临床反应缓慢或不充分，可以将伏立康唑剂量增加到 300 mg PO，每天 2 次。没有关于伏立康唑血药浓度与其对波氏假阿什利霉作用相关性的数据。
- 泊沙康唑：具有体外活性；有成功治疗的病例报道；但 FDA 没有批准用于此适应证。
- 传统唑类：对波氏假阿什利霉有活性的抗真菌药物——咪康唑，酮康唑，伊曲康唑。
- 疗程：使用任何唑类治疗都推荐延长疗程：6~12 个月，根据临床情况决定（如对感染部位连续进行影像学检查）。
- 鼻窦炎：如果是感染而不是过敏；结果外科清创和伏立康唑治疗 6~12 个月。

其他信息

- 真菌培养非常重要，因为组织病理不能与曲霉相区别。
- 卡泊芬净在体外对波氏假阿什利霉具有活性。

推荐依据

作者观点。

注释：尚无用于治疗这一病原菌的指南。

申克孢子丝菌

John G. Bartlett, MD

微生物学

- 温度依赖性双相真菌，世界范围内广泛存在。
- 37℃为酵母相，产生雪茄样 1~3×3~10μm 孢子，25℃为菌丝相，产生有隔真菌丝和分子孢子。

临床信息

- 全球性地方真菌。存在于土壤和植物，以存在于玫瑰荆棘和水藓中著称，也近也有分离于猫的报道。
- 大部分病例是淋巴皮肤性的，由伤口接种，沿淋巴系统缓慢播散形成结节（孢子丝病结节）。该真菌喜低温，这也是其分布特点的原因。
- 大部分病例是职业性的，如农民、园丁。也有亲动物性传播（感染的猫、犰狳）的病例报道。通常在接种 1~12 周后开始出现体征。免疫正常患者通常为局部感染。
- 诊断：需要进行真菌培养，可能需要进行多处活检。培养阳性即可诊断。组织中可能看到酵母相。

感染部位

- 淋巴皮肤（最常见）：皮肤接种（土壤）→皮肤结节（肢端）→局部淋巴结，感染发展需要数月至数年。
- 皮肤：炎性结节从初始感染皮肤沿淋巴分布扩散。
- 肺部：肺炎或慢性空洞。其他发生于酗酒者。
- 肌肉骨骼：骨关节感染，肉芽肿性健鞘炎。
- 脑膜炎。
- 鼻窦炎。
- 播散性（少见，多出现于免疫抑制、AIDS 患者）。

治疗

淋巴 / 皮肤——成人

- 治疗指征：几乎所有患者。
- 推荐：伊曲康唑 200 mg PO 每天 1 次。疗程：每天使用至所有损伤恢复 2~4 周。
- 如果使用伊曲康唑，监测药物浓度（口服后 1~2 小时），以保证吸收浓度 >1 mcg/ml。
- 对于治疗无反应的损伤：使用更高剂量的伊曲康唑 200 kg PO，每天 2 次。
- 替代方案：特比萘芬 500 mg PO，每天 2 次，或使用碘化钾饱和溶液（SSKI），初始剂量为 5 滴（使用标准眼滴管），每天 3 次并逐步增加，如果可以耐受，可增加至 40~50 滴，每天 3 次。
- 成人：氟康唑每天 400~800 mg PO，但只有在患者不能耐受伊曲康唑、特比萘芬或 SSKI 时可以使用。
- 辅助治疗：使用袖珍暖炉、红外线或无红外线使局部体温升高。加热至 42℃ ×2~3 个月。尤其是对于不能用药的妊娠或看护患者。

真皮外感染——成人

- 肺部（严重，威胁生命的）：初始治疗使用两性霉素脂质体 3~5 mg/(kg · d) IV，或两性霉素 B 脱氧胆酸盐 0.7~1.0 kg/d IV。改善后，改为伊曲康唑 200 mg PO，每天 2 次，至少治疗 12 个月。

- 肺部（严重性较轻）：伊曲康唑 200 mg PO，每天 2 次 ×12 个月。
- 骨关节（推荐）：伊曲康唑 200 mg PO，每天 2 次至少 12 个月。
- 骨关节（替代）：初始治疗时，两性霉素 B 脂质体 3~5 mg/(kg · d) IV，或两性霉素 B 脱氧胆酸盐 0.7~1.0 mg/(kg · d) IV。改善后，改为伊曲康唑 200 mg PO，每天 2 次最少治疗 12 个月。
- 脑膜炎（推荐）：初始治疗两性霉素 B 脂质体 5 mg/(kg · d) IV×4~6 周，然后改为伊曲康唑 200 mg PO，每天 2 次治疗，12 个月。对于持续免疫抑制的 AIDS 或其他患者，初始治疗 12 个月后，给予伊曲康唑 200 mg PO 以防止复发。
- 脑膜炎（成人）：两性霉素 B 0.7~1.0 mg/(kg · d) IV×4~6 个月，然后改为伊曲康唑 200 mg PO，每天 2 次，12 个月。
- 播散性（推荐）：按以上脑膜炎方案进行治疗。
- 如果使用伊曲康唑，治疗 2 周后监测药物浓度（口服后 1~2 小时），以保证吸收 >1 mcg/ml。

妊娠

- 对于重症孢子丝菌病，必须进行治疗的患者，使用两性霉素 B 脂质体 3~5 mg/(kg·d) IV，或两性霉素 B 脱胆酸盐 0.7~1.0 mg/(kg · d) IV。
- 避免使用唑类。
- 升高体温可以用于局部淋巴皮肤疾病。

儿童

- 皮肤，淋巴皮肤：伊曲康唑 6~10 mg/(kg · d)，最大剂量每天 400 mg PO。成人：SSKI，初始剂量 5~10 滴（使用标准眼滴管）每天 3 次，逐渐增加，如果患者能够耐受，最大剂量可增加至 1 滴 / 公斤体重。可 40~50 滴每天 3 次，这两种都是最低水平。
- 播散性孢子丝菌病：初始两性霉素 B0.7mg/(kg · d) IV，然后伊曲康唑 PO（6~10 mg/kg，最大剂量可达每天 400 mg）降阶梯治疗。
- 更多治疗
- 热治疗：由于菌株对温度敏感，因此可产生作用。将皮肤损伤部位加热至 42~43℃进行局部治疗。这种方式通常作为 SSKI 或伊曲康唑的辅助治疗。
- 新型唑类（伏立康唑，泊沙康唑）体外有效，已报告的临床经验较少。

预后

- 淋巴皮肤：开始并对治疗有反应。
- 真皮外：疾病状态，难以治疗。

推荐依据

Kauffman CA, Bustamante B, Chapman SW, et al. Clinical practice guidelines for the management of sporotrichosis: 2007update by the Infectious Diseases Society of America. Clin Infect Dis, 2007; Vol. 45; pp. 1255 - 65.

注释：该文件是本推荐的基础：孢子丝菌病很少自愈——几乎所有患者均需要治疗。淋巴皮肤——容易治疗。播散性的，肺部的，骨关节的和脑膜感染治疗困难。最好的唑类——伊曲康唑。

接合菌

Aiemee Zaas, MD

微生物学

- 菌株宽大（6~16 μm），无隔，飘带样，菌落无色素，钝角分枝。
- 典型名称为“毛霉病”。
- 毛霉属、根霉属、根毛霉属、犁头霉、小克银汉霉属、Saksanea 属，均属于经典的“毛霉”。
- 毛霉属感染占所有感染的 <10%（根霉属占 90%）。

临床信息

- 症状：鼻脑，肺部，播散性，消化道，皮肤，过敏性。
- 危险因素：酮症酸中毒，粒细胞缺乏，铁超负荷，铁离子螯合剂的使用，IDU，免疫抑制（如强的松）。
- 造血干细胞移植患者或恶性血液肿瘤患者，长期使用伏立康唑进行预防治疗或治疗侵袭性真菌感染，是发生毛霉病危险因素。
- 获得：主要通过吸入；也可通过皮肤外伤和食物摄取。
- 防御：巨噬细胞（杀死孢子）；中性粒细胞（杀死出芽菌丝）。
- 死亡率：（范围为 11%~100%）；接近 100% 的播散性感染或免疫抑制患者无法治愈。
- 组织病理（银染色）或组织培养；血培养无效（绝对不会培养阳性）。
- 在标本处理过程中将组织切碎，会破坏真菌结构，影响诊断。应告知实验室怀疑毛霉病，以便实验室能够正确处理标本。
- 造血干细胞移植患者预防治疗和高危恶性血液肿瘤（AML，MDS）患者治疗，应选择能够覆盖接合菌的泊沙康唑。

感染部位

- 鼻脑：侵袭性鼻窦炎；典型的腭焦痂，治疗颅底和颅神经麻痹。
- 鼻脑：头部 / 颅底钆增强 MRI，确定疾病程度是否严重。
- 肺部：局部浸润；侵犯血管导致梗塞 / 空洞伴咯血 [可能与肺栓塞（PE）相似]。
- 播散性：多器官衰竭，侵犯血管导致组织梗塞。
- 皮肤：外伤部位；可以发生甲感染；症状从红斑到脓疱到坏死性筋膜炎。
- 胃部（少见）：食用发酵食物的免疫抑制患者可能发生坏死性胃溃疡。
- 过敏性：过敏性肺炎而非感染；接触麦芽的工作人员、农民的职业暴露。
- 外耳炎：结痂性耳炎。
- 消化道蛙粪霉病：亚利桑那州新发感染；腹痛，白细胞增多，影像学显示有炎性病变。

治疗

鼻脑

- 积极地手术清创；立即咨询耳鼻叽科专家
- 两性霉素 B 脂质体 5 mg/kg IV q24h 延长治疗（>6 周）。
- 有报道使用泊沙康唑（200 mg PO q6h 或 400 mg PO q12h）在一项开放性研究中用于补救治疗时有效。

- 氟康唑和伏立康唑无效。
- 棘白菌素类（如卡泊芬净）无效。
- 高压氧在病例报道中有益。
- 纠正潜在易感因素（酸中毒，粒缺，类固醇激素使用）。
- 在历史对照治疗研究中，联合使用卡泊芬净和多烯类（两性霉素 B 脂质体）较单独使用多烯类，能改善患者结局。

肺

- 单叶疾病推荐进行外科切除。
- 如果出现大咯血，外科切除有益。
- 两性霉素 B 脂质体 5 mg/kg IV q24h 延长治疗。
- 纠正潜在易感因素（酸中毒，粒缺，类固醇），停止使用铁离子螯合剂。
- 泊沙康唑在抢救治疗研究报道中有效。

皮肤

- 外科切除至出血，包括非受累边缘部分。
- 两性霉素 B 脂质体 5 mg/kg IV q24h。
- 如果免疫正常患者浅表感染，可以尝试局部使用纳他霉素（5% 眼用混悬液）或酮康唑。

胃肠道

- 蛙粪霉病：行切除术，使用伊曲康唑液体 200 mg PO，每天 2 次 >3 个月。
- 外科切除受累部位非常重要。
- 两性霉素 B 脂质体 5 mg/kg IV q24h。
- 纠正浅在易感因素。
- 使用伊曲康唑时，应记录吸收情况，并监测伊曲康唑浓度。

其他信息

- 现已出现了有趣的报道数据，使用去铁胺作为铁离子螯合剂是发生毛霉病的特异性危险因素。
- 现已出现了有趣的报道数据，使用非去铁胺与螯合剂作为毛霉病的辅助治疗。

推荐依据

Rogers TR. Treatment of zygomycota: current and new options. J Antimicrobial Chemotherapy, 2008; Suppl 1; pp. 135 - 40.

注释：尚无指南，但这一综述是对治疗选择的合理评注。

其他

虱

Noreen A. Hynes, MD, MPH

微生物学

- 虱是外寄生虫，通常导致侵染，而不是感染。它们依靠人类宿主血液生物，能够刺穿宿主皮肤，注入唾液，导致搔痒症。离开人类宿主，它们仍能存活 10 天以上，之后因饥饿死亡。
- 感染人类的 3 个种：阴虱（蟹虱）、人虱（体虱）、头虱。
- 生活周期：雌性生活 1~3 个月；产卵达 300 个；虫卵孵育 6~10 天；生出幼虫；10 天生长为成虫。

临床信息

- 传播：通过直接接触和污染物。所有被侵染部位普瘙痒。表皮脱落区域可以继发细菌感染。体虱能够传播感染。
- 虱可以作为出现其他可能感染的标志。阴虱：可疑其他性传播疾病（STDs）。体虱见于流浪和无家可归的人，能够成为感染性疾病的载体。头虱可见于整个社会经济体的儿科患者。双重侵染伴疥疮并不少见。
- 阴虱：美国成人侵染占第一位的虱；躯干、大腿和上臂可见青斑（蓝色斑点）。阴虱也可以侵染头部、睫毛（虫卵或痂）和腋窝；使用避孕套不能防止感染传播。
- 体虱：唯一可以传播感染的虱，包括由普氏立克次体引起的流行性斑疹伤寒（常见于难民营），由五日热巴尔通体引起的五日热（可见于城市流浪者），和由回归热螺旋体流行性回归热（在美国西部）。相较于皮肤，体虱更常发现于衣缝中。
- 头虱：在美国最常见于 3~12 岁儿童。
- 诊断：虱的成虫和虫卵都可以很容易地通过肉眼发现。

感染部位

- 头部：侵染头发。虫卵较虱更常见，头皮上的头发每天生长 0.4 mm，虫卵可以在 9 天内孵化，大部分虫卵存在于头皮表面 5 mm 以内。
- 身体：侵染衣缝；可以在吸血时传播感染性疾病。
- 耻骨：侵染耻骨、腋下、头部和睫毛处毛发。阴虱可能看起来像瘙痒区域的结痂，但如果取下痂，置于玻片上，在盖上盖玻片前，它就会跑掉。阴虱也可以侵染头发、睫毛（虫卵或痂）和腋窝。

治疗

虱病或阴虱病（阴虱，蟹虱）

- 推荐：1% 氯菊酯乳霜，冲洗后涂于患处，10 分钟后洗掉。
- 0.33% 除虫菊酯和 4% 增效醚，将浮液涂于感染的干燥毛发和皮肤。10 分钟内洗掉。
- 替代：0.5% 马拉西昂浮液涂抹 8~12 小时，然后洗掉。使用推荐方案治疗失败时使用，被认为由耐药引起。这一方法因气味较其他方法不受欢迎。
- 伊维菌素 250 mg/kg PO，重复 2 周。
- 林旦已经不作为推荐治疗，由于其毒性（癫痫和再生障碍性贫血）仅用作第二替代方案。如果在使用 4 分钟后去除，可以减少吸收并降低毒性。

体虱病（体虱）

- 处理衣物，而不是患者！体虱常发现于衣缝，而不是皮肤。
- 机洗衣物是使用热循环，然后熨烫衣缝。

头虱病

- 5% 苯甲醇溶液。对于短发：将 1 瓶 8 盎司溶液涂于干发 10 分钟，然后洗掉。重复 7 天。对于长度 >16 英寸的头发：将 6 瓶 8 盎司溶液涂于干发 10 分钟，然后洗掉。重复 7 天。
- 1% 氯菊酯浮霜局部使用，10 分钟后洗掉。去除虫卵使用 1:1 水和醋溶液，用沾了醋的细齿梳子梳理头发。
- 0.33% 除虫菊酯和 4% 增效醚：将乳液覆盖感染的干发和头皮。10 分钟内用洗发香波洗掉。
- 0.5% 马拉西昂：只有在对其他处方耐药时才使用！用于头发，自然干燥（易燃，在头发干燥过程中不要使用任何电子产品）。8~12 小时后洗掉。重复 7~10 天。

眼睑虱病（睫毛虱）

- 将凡士林油涂于眼睑，每天 2 次 ×10 天。
- 涂抹 1% 黄色氧化汞，每天 4 次 ×14 天。

随访

- 阴虱可作为其他 STDs 的标识，因此应进行相应检测。
- 对所有阴虱接触者进行治疗。
- 继发的皮肤感染，通常由金黄色葡萄球菌导致，可见于发生无法控制的瘙痒时的严格表皮剥脱。

其他信息

- 2003 年美国 FDA 公共健康顾问发现，使用林旦会增加老年、体重 <50kg 和儿童患者发生神经副作用的风险。对于这些患者，如果可以应使用其他药物。
- 成人患有头虱，通常意味着其家族中孩子受到侵染。
- 除虱特异性处方，为控制瘙痒，可能需要使用羟嗪 25~50mg PO，每天 3~4 次。也可能需要局部使用类固醇。

推荐依据

Centers for Disease Control and Prevention, Workowski KA, Berman SM .Sexually transmitted diseases treatment guidelines,2006.MMWR Recomm Rep, 2006; Vol. 55 ; pp. 1 - 94.

注释：CDC 通过 STD 诊断、治疗、预防和控制的全国和国际专家组所建立的治疗指南，为临床医生提供了治疗 STD 的可获得性参考文件。这些指南的电子版文件可以网上获得：http://www.cdc.gov/。

Frankowski BL, Weiner LB. Committee on School Health the Committee on Infectious Diseases. American Academy ofPediatrics .Head lice.Pediatrics, 2002; Vol. 110 ; pp. 638 - 43.

注释：这个关于 AAT 的描述，浓度对阔大虱的诊断和治疗进行了分类，并对在学校环境中如何处理头虱给予了推荐。在这种环境中首选使用 1% 氯菊酯治疗；不需要通过梳理去除幼虫；不鼓励因为“虱幼虫”而退学。

人疥癣虫（疥疮）

Noreen A. Hynes, MD, MPH

微生物学

- 疥螨，是一种螨。
- 螨到皮肤中穿洞产卵；新螨孵化，然后再形成新的早隧道。

临床信息

- 典型疥疮：强烈的痒疹（包括夜间）伴表皮剥脱；丘疹、银线和匐行性隧道中可能含有螨及其卵（几科可诊断病症）特征性分布于指间襞、腰围线、乳房下和阴茎上。在老年患者可能具有一些隐秘性，经常只有强烈的瘙痒。长期护理机构中经常存在周期性流行。HIV 感染患者发病率为 2%~4%；这类患者通常出现不常见表现。瘙痒可能在治疗后仍持续 1~2 周。衣物和床上用品应机洗去污染。对不能清洗的物品，使用杀虫喷雾或粉剂。
- 结节性疥疮：红色至棕色色素，强烈瘙痒，坚硬，结节约 0.5 cm 或面积更大，专门分布于身体被覆盖部位，如阴囊、阴茎、臀部、腹股沟、腋襞和上背。结节不含有螨；被认为是一种超敏反应；在疥疮患者中发生率为 7%。经常由于一些隐秘的表现，而延迟诊断。
- 结痂性疥疮：也称为挪威疥；是一种激进型表现，尤其在免疫不全、虚弱或营养不良患者；如果广泛分布，应住院并咨询感染科。具有高度接触传染性，尤其对于护理人员。小半鞘翅过角化并结痂，瘙痒远不及典型的炎丘疹或典型疥疮虫隧道。可能分布广泛，而不具有典型疥疮的分布特点。衣物和床上用品应在机洗去污染。对不能清洗的物品，使用杀虫喷雾或粉剂。真皮层淋巴细胞以 CD_8^+ 为主，CD_4 少见，没有 B 细胞，皮肤免疫系统反应部分失活。IgE 水平高，IgG、IgG1、IgG3 和 IgG4 也可见升高。
- 显微镜检发现螨虫、虫卵或其粪便，可以确诊。指甲下或虫隧道末端刮取样本。
- 复发率高于过去的想象。可见荨麻疹，即使螨虫数量很少也可发生。
- 侵染其他家族成员常见。

感染部位

- 感染部位见“典型疥疮”部分：手部交叉部位。
- 腕部和肘部的屈肌表面。
- 腋窝。
- 男性生殖器。
- 女性乳房和乳房下皱襞。
- 腰围线。
- 臀部。
- 结痂性疥疮部位：一般的皮炎。
- 面部，头皮。

治疗

推荐方案

- 5% 氯菊酯乳霜：涂抹在自颈部以下身体的所有部位，8~14 小时后洗掉。
- 伊维菌素 200 mg/kg PO × 1；在 2 周内重复两次。

病原体

替代方案

- 1% 林旦（一种杀虫剂，译者注）将一盎司乳液或 30 g 乳霜薄薄地涂于自颈部以下身体所有部分。8 小时后彻底洗净。避免用于老年和体重 <50 kg 患者；儿童禁用。
- 免疫不全患者的结痂性疥疮
- 咨询专科医生进行处理。伊维菌素 200 mg/kg1 次，联用 5% 除虫菊酯乳霜（不是林旦）。如果需要，2 周后重复使用。
- 妊娠和哺乳期妇女
- 5% 除虫菊酯乳霜：涂于自颈部以下身体所有部分，8~14 小时后彻底洗净。
- 林旦和伊维菌素禁用。

随访

- 告知患者疹子和瘙痒可能会持续至治疗后 2 周。
- 如果治疗后症状持续 >2 周：（1）由于对灭疥癣药耐药而导致的治疗失败；（2）灭疥癣药使用不当导致的治疗失败；（3）结痂性疥疮可能由于螨虫持续存在而导致皮肤厚且有鳞屑，因此渗透性差；（4）被家中的污染物侵染；（5）由过敏性皮炎引起症状持续或加重。
- 如果由于患者对推荐治疗方案没有反应，而决定重新治疗，应使用替代方案。

其他信息

- 常见表现：丘疹，虫隧道，表皮脱落，结节，水泡，脓皮病，湿疹。结痂性疥疮患者在诊断前，可能出现温和的色素、瘙痒性结节数月。
- 不常见表现：结痂，荨麻疹，血管炎，轻微或严重的损伤。
- 广泛的结痂疥疮要求住院治疗并咨询感染科。
- 离开人体的螨虫会在 72 小时内死亡。

推荐依据

Centers for Disease Control and Prevention, Workowski KA, Berman SM. Sexually transmitted diseases treatment guidelines,2006. MMWR Recomm Rep, 2006; Vol. 55; pp. 1 - 94.

注释：CDC 通过 STD 诊断、治疗、预防和控制的全国和国际专家组所建立的治疗指南，为临床医生提供了治疗 STD 的可获得性参考文件。这些指南的电子版文件可以网上获得：http://www.cdc.gov/

寄生虫

棘阿米巴

LisaA. Spacek, MD, PhD and Khalil G. Ghanem, MD, PhD

微生物学

- 棘阿米巴属（>20 个种）最常见的原生动物；以下 4 个种之一与疾病相关：棘阿米巴属，福氏耐格里阿米巴，巴拉姆希阿米巴，双核匀变虫。
- 生命周期 2 个阶段：(1) 主动觅食，分裂为滋养体；(2) 休眠包囊（双层细胞壁有皱襞的包囊），对氯和抗菌药物耐药。在压力下形成包囊。

临床信息

- 全世界范围内广泛存在，可分离自土壤，空气，淡水和海水。在血清学抗体监测中，50%~100% 人群阳性。
- 导致免疫正常患者角膜炎，免疫抑制患者肉芽肿性阿米巴脑炎（GAE）、播散性棘阿米巴病、肺部炎症、鼻窦炎、骨髓炎、白细胞破坏性脉管炎和疼痛、溃疡性结节。
- 诊断：GAE 患者脑脊液湿片检查（滋养体与巨噬细胞相似）；固定标本 HE 染色；可以在特殊培养基或细胞培养中生长。组织切片钙荧光白包囊和滋养体染色。
- 单克隆抗体免疫荧光染色非常有用；透射电镜的应用也非常成功。实时 PCR 分析用于验证角膜炎诊断。
- GAE 患者，CT 和 MRI 占位性或环状增强损伤。
- GAE 患者，如果淋巴穿刺较安全（如没有 ICP 升高），脑脊液葡萄糖低，高蛋白，白细胞升高且以淋巴细胞为主。
- 角膜炎：对常规抗菌治疗没有反应的慢性角膜溃疡，进行刮片或活检。

感染部位

- 眼：角膜炎（AK）是与阿米巴污染的盐水或隐形眼镜盒（隐形眼镜使用者）相关的，疼痛伴视觉损伤性感染；如果慢性溃疡对常规抗菌治疗无效，考虑阿米巴感染；需要角膜刮片或活检进行诊断；也可以进行隐形眼镜镜片和盐水溶液培养。如果诊断延误会导致失明。
- 中枢神经系统：GAE 慢性中枢神经系统感染，伴意识模糊、项强、HA、应激性数周至数月；可以与肺部症状相关。侵入门户为肺或皮肤。
- GAE 可表现为中脑、脑干和小脑的多病灶损伤；脓肿样少见；包囊样损伤可见。
- 皮肤：最常见于 AIDS 患者；有移植受体患者感染报道；躯干或肢端疼痛的溃疡性结节；死亡率 73%。有白细胞破坏性脉管炎报道。
- 骨：有骨髓炎报道；通常来自于皮肤病灶。
- 免疫抑制患者播散性棘阿米巴病的报道，包括皮肤、骨、肺、中枢神经系统。

治疗

中枢神经系统，皮肤，肺和播散性疾病

- 皮肤、中枢神经系统和播散性疾病的治疗原则为联合治疗。联咪衍生物（普罗帕脒、喷他咪、双溴丙脒）活性最强。其他药物：酮康唑、氟康唑、磺胺嘧啶、TMP-SMX、5- 氟胞嘧啶、利福平。
- 检测药物敏感性。所有的非眼部治疗方案均基于病例报道；尚无前瞻性研究。

- 药物必须具有杀包囊作用，以防止休眠包囊复发。
- TMP–SMX+ 酮康唑 + 利福平用于治疗 2 例中枢神经系统感染患者（Singhal，2001）。
- IV 喷他脒 + 局部使用洗必泰 + 局部使用酮康唑，可以成功治疗皮肤疾病无中枢神经系统受累患者。
- 氟康唑 + 磺胺嘧啶 + 手术，用于中枢神经系统局部受累的 AIDS 患者。
- 由于诊断延迟，死亡率很高。由于严重的毒性，通常采用联合治疗。
- 没有正式推荐方案。对于大部分病例，任何以前证明可以成功治疗的联合方案都可以使用，同时考虑手术。

角膜炎

- 早期体征，角膜上皮细胞呈树状。
- 积极手术干涉和内科管理包括清创和大剂量使用局部药物。
- 检测药物敏感性以指导治疗；可以不等待结果先开始治疗，等结果报告后再据此进行调整。
- 早期感染：0.1% 羟乙基磺酸普罗帕脒局部使用 +0.15% 双溴丙涞长时间治疗（6 个月 ~1 年）。洗必泰和普罗帕脒局部使用成功治疗了 12 名患者。
- 角膜炎成功治疗方案：0.02% 聚六甲基双胍 ±0.02% 洗必泰 ± 羟乙基磺酸普罗帕脒和 0.1% 羟乙磺酸双溴丙脒 ±0.1%hemamidine（Perez–Santonja,2003）。
- 穿透性角膜移植术曾与化学治疗联合，尤其是在疾病晚期。
- 对严重疼痛或炎症患者可局部使用类固醇。

其他信息

- 由于滋养体与组织标本中巨噬细胞 / 组织细胞相似，因素诊断非常困难。高度可疑的结果非常必要。
- 没有对于此类感染治疗选择的前瞻性对照临床实验：联合治疗是基本原则；根据毒性谱对患者进行个体化调整。
- 尽管进行积极的联合治疗，大部分非视觉性疾病病例的死亡率 >70%。
- 角膜炎发生于使用隐形眼镜的患者。需要立即请眼科会诊。

推荐依据

Hammersmith KM. Diagnosis and management of Acanthamoeba keratitis.Curr Opin phthalmol, 2006; Vol. 17;pp. 327 - 31.

注释：目前关于棘阿米巴角膜炎处置的全面综述。

Pérez-Santonja JJ, Kilvington S, Hughes R, et al. Persistently culture positive acanthamoeba keratitis: in vivo resistance andin vitro sensitivity. Ophthalmology, 2003; Vol. 110; pp. 1593 - 600.

注释：11 名患者的回顾性研究，87% 患者在出现症状 1 个月后诊断。接近 5% 患者尽管延长使用双胍类和（或）双脒类药物进行治疗，仍然由角膜可见的棘阿米巴引起了本轮角膜和巩膜炎症。双胍类药物的体外敏感性和体内反应没有相关性。

巴贝斯虫属

John G. Bartlett, MD

微生物学

- 由硬蜱属传播，最常发生于 5 月到 9 月。
- 疟疾样原生动物感染，感染红细胞。全球广泛存在的常见动物性感染疾病（地方性或野生动物），少见于人类。
- 全世界有超过 70 个种，人类最常见的感染源于啮齿动物分离株美国的鼠源巴贝斯虫、欧洲和其他地区导致人类疾病的分歧巴贝斯虫和牛巴贝斯虫。
- WA–1 株分离于加里弗尼亚州和华盛顿地区。MO–1 株分离自密苏里地区。重要的是标准巴贝斯虫血清不能检测这些感染。

临床信息

- 蜱传播的，具有潜在致死性的原虫，无特征性的发热综合征，尤其是脾切除患者。
- 通常集中在美国东南部纽约到马萨诸塞州的沿海地区传播，也发生于上中西部地区和华盛顿州。
- 也可见于与莱姆病混合感染（伯氏疏螺旋体）和人粒细胞无形体病（A.phagocytophilum），因为这三者都是通过黑脚硬蜱（鹿）传播。
- 非免疫抑制患者疾病通常没有症状或轻症，但分子检测发现寄生虫血症可以长时间存在。
- 症状：感染样，典型症状是发热。严重的并发症包括 CHF，肾衰竭和 ARDS。实验室检查包括贫血（具有溶血特征）和血小板减少。
- 严重疾病更常见于老年患者，免疫抑制患者，或脾切除患者。
- 严重疾病：寄生虫血症 >10%，严重溶血或肾、肝、肺受累。
- 诊断：厚 / 薄血涂片吉姆萨染色或瑞氏 ~ 吉姆萨染色。可能与疟原虫环状体混淆，但巴贝斯虫上没有棕色的色素，且疟原虫配子细胞的形态与巴贝斯虫不同。
- 巴贝斯虫的马尔他十字特征少见。诊断：间接荧光抗体检测（IFA IgM>1:64 可诊断），血清学，PCR（并不是普遍的检测方法，但可能是敏感性最高的检测）。
- 鼠源巴贝斯虫血清不能检测 WA–1 株或 MO–1 株，因此如果怀疑应订购特异性巴贝斯虫血清进行检测。

感染部位

- 血红细胞。

治疗

联合抗细菌药物方案

- 首选：阿托伐醌 750 mg PO，每天 2 次 ×7 天，加阿奇霉素 500 mg~1 g IV/PO×1 剂，然后每天 250 mg PO×7 天。
- 成人：克林霉素 600 mg PO，每天 3 次或 300~600 mg IV q6h×7 天，加奎宁 650 mg PO，每天 3 次 ×7 天。
- 如果可以使用奎宁（或 IV 奎宁），克林霉素方案耐受性更好。
- 严重疾病：首选克林霉素方案。IV 给予，考虑换血以降低寄生虫血症。
- 治疗反应：轻中度疾病应该在开始治疗 48 小时内改善，在 3 个月内痊愈。
- 严重疾病：每天监测红细胞比容和感染寄生虫的细胞比例至 <5%。
- 对于持续性 / 复发性寄生虫血症：使用以上一种方案治疗 >6 周，并在寄生虫血

症清除后继续治疗 >2 周。

其他信息

- 肝功能异常和白细胞减少（包括不典型的淋巴细胞）也可能常见。
- 血涂片发现豪－乔小体可能提示患者没有脾（因此存在严重感染的危险因素）。
- 鉴别诊断：疟疾，HGA，HME，莱姆病（轻度感染），落基山斑疹热，伤寒，血栓性血小板减少性紫癜（PPT）。

推荐依据

Krause PJ, Gewurz BE, Hill D, et al. Persistent and relapsing babesiosis in immunocompromised pts. Clin Infect Dis,2008; Vol. 46; pp. 370 - 6 .

注释：对 14 名接受了治疗但仍然死亡的持续性鼠源巴贝斯虫感染患者，和 46 名感染但对治疗有反应的对照患者，进行了对比。所有患者均免疫抑制，大部分具 B 细胞淋巴瘤且无脾或接受利妥昔单抗治疗。患者治疗 2~10 个疗程，其中 3 名死亡。推荐对这类患者治疗≥ 6 周，≥ 2 周以后寄生虫血症得到缓解。

Wormser GP, Dattwyler RJ, Shapiro ED, et al. The clinical assessment, treatment, and prevention of lyme disease, humangranulocytic anaplasmosis, and babesiosis: clinical practice guidelines by the Infectious Diseases Society of America. ClinInfect Dis, 2006; Vol. 43; pp. 1089 - 134.

注释：IDSA 指南——本推荐的源文件。

隐孢子虫

John G. Bartlett, MD

微生物学

- 小隐孢子虫。
- 人隐孢子虫。
- 火鸡隐孢子虫。
- 从获得感染到产生症状需要 2~10 天，平均 7 天。
- 孢子化卵囊（有 4 个子孢子）通常感染宿主的粪便传播。通常通过饮用被感染性孢子化卵囊污染的水而获得感染。

临床信息

- 流行病学：主要由污染水源导致流行性腹泻，CD_4 细胞计数低的 AIDS 患者会发生严重腹泻，而免疫正常患者仅发生间歇性腹泻。在人－人接触后，或由污染的食物或水摄取卵囊，导致感染。危险因素包括参加日常看护中心的儿童，照顾儿童的工作人员，旅行者，或背包旅行者 / 远足者 / 游泳者。也可能发现于浅的污染水井。
- 症状：急性或亚急性大容量分泌性腹泻，常伴恶心、痛性痉挛、呕吐、体重降低。1/3 患者存在发热。
- 病程：免疫正常患者具有自限性，但经常持续 2~3 周。AIDS 患者可导致严重腹泻，60% 病例持续 >2 个月。
- 诊断：AFB 染色，IFA（最敏感和特异）或 EIA 染色查找卵囊。常规不进行 O 和 P 检测。要求检测隐孢子虫，尤其是对于 O 和 P 标本。通常一份标本就足够了，有时需要多份标本检测。

感染部位

- 肠，小肠最常见。
- 管腔外少见，如肺部。

治疗

抗菌药物

- 免疫正常患者：在一项 >28 种抗菌药物的临床实验中没有显著的作用，所涉及抗菌药物包括大环内类酯类，巴龙霉素等。
- 硝唑尼特 500 mg PO，每天 3 次 ×3 天，对免疫正常患者有效（FDA 批准）。
- HIV 晚期（仅有的经批准的治疗）：HAART 加免疫重建。即使 CD_4 计数少量增加，也经常有效。
- AIDS（可能有效）：硝唑尼特或 0.5~1.0 g PO，每天 2 次饭后服用 ×14 天。

抗蠕动剂

- 洛派丁胺 4 mg PO，然后 2 mg PO 伴随稀便至最大剂量 16 mg/d。
- 复方苯乙哌啶 2.5 mg PO，每天 4 次。
- 可待因 15~60 mg（通常 30 mg）PO q3~6h 需要时。
- 除臭鸦片酊（DTO）0.3~1 ml（通常 0.6 ml）PO，3~4 次 / 天。

非特殊治疗

- 饮食：多次，少量进食，低热量，不含乳糖，不含咖啡因，高纤维，清淡的食物。
- 液体支持，AIDS 患者可能体液损失高达 10L/d。
- 经口进食替代 $NaHCO_3$,K^+,Mg^{2+},PO_4^-, 葡萄糖。
- 非特殊药物：NSAID，次水杨酸铋（胃肠用铋）。
- 对 AIDS 患者进行食物补充：维沃，TEN 等。
- 奥曲肽：无效。

预防

- 避免接触污染的水 / 食物。
- 保持良好的手卫生。
- 煮水沸腾 ×3 分钟或过滤（www.nsf.org 或 800-673-6275）或使用瓶装水。记住冰也是可能的传染源。
- 安全：全国发放的瓶装水，听装碳酸软饮料，冷冻水果浓缩液和巴氏消毒饮料。
- 在性生活时避免排泄物暴露。

其他信息

- 健康宿主可能只是自限性疾病，持续 2~3 周；免疫抑制宿主（CD_4<100 ml）可能会有严重的使人虚弱的慢性腹泻。
- 辅助治疗：再水合并抗蠕动。

推荐依据

Benson C, Holmes K, Masur H. Guidelines for Prevention and Treatment of Opportunistic Infections in HIV-InfectedAdults and Adolescents (http://AIDSinfo.nih.gov/), 2008.

注释：本推荐的源文件。这是 2008 年 6 月版。

Benson CA, Kaplan JE, Masur H, et al. Treating opportunistic infections among

HIV-infected adults and adolescents:recommendations from CDC, the National Institutes of Health, and the HIV Medicine Association/Infectious DiseasesSociety of America. MMWR Recomm Rep, 2004; Vol. 53; pp. 1 - 112.

注释：预防隐孢子虫病：(1) 避免接触人 / 动物粪便；(2) 湖、河、盐湖岸边和游泳池可能被污染；避免接触，或致病避免饮用其中的水；(3) 市政供水系统可能被污染。在“煮沸水的推荐”中，煮沸 1 分钟，使用亚微型个人用水过滤装置（1 μ m 滤器）或使用瓶装水；(4) 避免食用生牡蛎；(5) 需要滤器可致电 800~673~8010。

Rossignol JF, Ayoub A, Ayers MS. Treatment of diarrhea caused by Cryptosporidium parvum: a prospective randomized,double-blind, placebo-controlled study of Nitazoxanide. J Infect Dis, 2001; Vol. 184; pp. 103 - 6 .

注释：对比 100 名 HIV 阴性的隐孢子虫病患者，使用硝噻醋柳胺（500mg，每天 2 次 ×3 天）和安慰剂。使用硝噻醋柳胺组具有更好的疗效（80% 比 51%）。

环孢子虫

Joesph Vinetz, MD and Paul G. Auwaerter, MD

微生物学

- 单细胞球虫寄生虫，于 1979 年首次报道导致人类疾病。
- 直径 8~10 μm，可以导致水源性或食物源性暴发流行。

临床信息

- 导致腹泻的原生动物，世界范围内存在，更常见于热带环境。
- 导致旅行者长时间腹泻，可以在数周或数月内反复感染恢复，基本为自限性疾病（典型为 7~9 周）。
- 与美国的食物源性暴发流行相关，如危地马拉地区的覆盆子。
- 与美国和发展中国家（尤其是尼泊尔）的水源性暴发流行相关。
- 潜伏期约 7 天，通常早期为流感样疾病，然后是恶心、厌食、腹部绞痛和水样便。疲劳和不适可能是最显著症状。
- 对 AIDS 患者，其临床表现可能从无症状至重症，上行胆道感染（少见）。
- 诊断：直接粪便检测；可见 8~10 μm 卵囊；碘染色和 UV 光下自动荧光检测能增加检测敏感性。
- 注意：在常规检测中可能漏检，或误认为隐孢子虫，必须特殊要求实验室帮助进行适当的鉴定。

感染部位

- 消化道：小肠（治愈后可以出现长时间急性和慢性的炎症），胆道（少见），胆囊（少见）。
- 系统性：长期腹泻患者可以发展为莱特综合征（Reiter's syndrome）（炎症，炎性多关节炎，无菌性尿道炎）。

治疗

首选治疗

- 首选含有磺胺的方案。
- TMP-SMX 160 mg/800 mg（双剂型）PO，每天 2 次 ×7~10 天。

替代方案

- 环丙沙星 500 mg PO，每天 2 次 ×7 天（作用弱于 TMP-SMZ）。

- 硝唑尼特 500 mg PO q6~12h × 7 天。对于其作用仅有病例报告信息。

二级预防（AIDS）

- TMP-SMX 160 mg/800 mg（双剂型）片剂，每周 3 次用于二级预防，阻止复发。

其他信息

- 与许多肠道感染不同，当病原穿过人类粪便时并不具有感染性。环孢子虫在离开肠道后，需要数天至数周才能变得具有感染性。因此，它不可能成为人 - 人传播感染的病原体。
- 可以成为到特定地方的旅行者重要的腹泻病原体，如尼泊尔。
- 其传播与罗勒，沙拉用绿叶蔬菜相关，尤其是什锦生菜。
- 不引起发热，炎性腹泻或嗜酸性粒细胞增多。
- 对 HIV/AIDS 患者有相关病例，但不是特别严重的疾病。

推荐依据

Verdier RI, Fitzgerald DW, Johnson WD, et al. Trimethoprim-sulfamethoxazole compared with ciprofl oxacin for treatmentand prophylaxis of Isospora belli and Cyclospora cayetanensis infection in HIV-infected pts. A randomized, controlledtrial. Ann Intern Med, 2000; Vol. 132; pp. 885 - 8 .

注释：这是一项非常重要的临床实验，TMP-SMZ 较环丙沙星在海地 HIV 感染患者环孢子虫的治疗和预防上更具优势；环丙沙星虽然在临床和寄生虫学上的治愈率较低，但仍然是有效的药物。

Hoge CW, Shlim DR, Ghimire M, et al. Placebo-controlled trial of co-trimoxazole for Cyclospora infections among travelersand foreign residents in Nepal. Lancet, 1995; Vol. 345; pp. 691 - 3 .

注释：阐述了 TMP-SMZ 对治疗在尼泊尔感染环孢子虫的旅行者和侨民中的作用。

棘球绦虫

Joseph Vinetz, MD

微生物学

- 绦虫类寄生虫，细粒棘球绦虫（E.granulosus）最常见，多房棘球绦虫（E.multilocularis）较少见。
- 细粒棘球绦虫：中间宿主为绵羊、牛、猪、骆驼和山羊等；终宿主为狗和其他犬科动物，它们吃中间宿主的内脏器官。犬类粪便通过环境而污染食物 / 水源，人们通过摄入虫卵而接间感染。
- 多房棘球绦虫：中间宿主为啮齿动物、家猪、野猪、狗、猴子；终末主为狐狸、狗、猫等。
- 沃氏棘球绦虫（E.vogeli）（非常少见）：在中美洲和南美洲，以啮齿动物为中间宿主，而以林狗为宿主。

临床信息

- 绦虫类寄生虫：细粒棘球绦虫，导致包虫病——最常见。多房棘球绦虫，导致泡型包虫病——较少见。沃氏棘球绦虫，少头棘球绦虫（E.oligarthus），少见的人类致病菌。
- 流行病学：在地中海、俄罗斯联邦及其临近国家，中国、亚洲中部、非洲北部和东部、澳大利亚、南美洲尤其是安第斯高地流行率最高。

病原体

- 细粒棘球绦虫：人类通过从终宿主（通常为由于食用感染的中间宿主，如绵羊、牛的内脏而感染的狗）粪便摄取感染性物质而感染。
- 与鹿科（牛、驼鹿、麋鹿、鹿）细粒棘球绦虫株的相关器官主要位于肺部，其临床病程较温和。
- 与羊感染细粒棘球绦虫株的相关器官按发生率排序为：肝（65%）、肺（25%）、心脾、肾、骨、脑、眼（少见）。
- 多房棘球绦虫：人类通过从狐狸的粪便中摄取感染性物质而感染，狐狸则由野生啮齿动物感染。
- 多房棘球绦虫的作用与侵袭性肿瘤类似；主要发现于肝脏，可转移到包括脑在内的其他器官，产生灾难性作用。如果不进行治疗其致死性是可变的。
- 临床表现多变，取决于受累器官。可包括质量效应，囊肿漏导致的过敏反应，肺囊肿导致的慢性咳嗽 / 咯血。
- 通常通过放射影像学偶然发现为肺部和肝脏的占位性损伤（包虫病）。感染初期没有临床症状。
- 典型的放射影像学特征支持其诊断。囊肿吸取物显微镜检查发现原头蚴或包虫膜可以确诊。参考实验室进行血清学检测有助于诊断（ELISA，Westernblot）。

感染部位

- 脑（细粒棘球绦虫）：进展缓慢，点位性损伤，系统表现为局部质量效应，颅内压增高症状。
- 脑（多房棘球绦虫）：侵袭性，肿瘤样，经常是多病灶的，颅内压增高症状，癫痫发作，质量效应。
- 肺：在无症状感染，或进展缓慢伴咳嗽（盐性囊肿内容物）、咯血、胸通的患者，可偶然发现。
- 肝：可能偶然发现（通过超声）或通过肝肿大、右上腹钝痛，取决于囊肿部位的局部质量效应——包括胆系压迫、黄疸和胆管炎。
- 播散性：罕见的多器官受累（肝、肺、脑、心、脊椎等）。
- 系统性：过敏反应，如风疹同时发生任何部位的囊肿破裂。由于管道压迫导致的胆源性败血症。

治疗

外科：包虫病

- 经皮针吸 - 注射 - 再针吸引流（两次）加阿苯达唑有效、安全且较手术简单（见推荐依据）。
- 基础外科治疗提示独立的肝损伤。
- 过去主要的治疗方法为开放性大的肝囊肿切除，现在仅在进行标准针吸具（两次）有风险因素时才采用。
- 两次针吸的风险：出血，其他组织的机械损伤，感染，过敏反应，化学性胆管炎，胆管瘘，全身毒性反应。
- 两次针吸应在具有处理并发症的经验和能力的医疗中心进行。
- 破裂、漏出可能继发棘球蚴病。
- 可能仅适用于细粒棘球绦虫，而不适用于多房棘球绦虫。

外科：泡型包虫病

- 对于可手术的病例推荐：对肝或其他感染器官的整个寄生虫损伤部位进行彻底的

外科治疗。
- 彻底手术后推荐短期使用阿苯达唑。
- 不完全切除后长期（多年）使用阿苯达唑加强治疗。

阿苯达唑
- 口服 10~15 mg/kg，分 2 剂服用（一般 400 mg，每天 2 次）4 周，进行 3~6 个周期，每个周期间隔 14 天。
- 联合手术治疗或引流最有效。
- 联合两次针吸治疗时（如下），针吸前治疗 7 天，针吸后治疗 28 天。
- 长时间治疗毒性少见：监测肝功，每 2 周进行血细胞计数。
- 出现肝功能衰竭意味着毒性反应。

吡喹酮
- 作用有限，可能对于包囊破裂患者防止子代包囊在腹腔或胸腔播散有作用。
- 与阿苯达唑联合治疗可能有效。
- 基本治疗期间，50 mg/kg 口服一周 1 次或两周 1 次，作为辅助治疗。

甲苯哒唑
- 每天分 3 次口服，40~50 mg/kg，随脂类食物服用。
- 最好联合外科治疗或经皮引流。
- 作用稍逊于阿苯达唑。
- 长期使用毒性反应少见：监测肝功，每 2 周进行全血细胞计数。

其他信息
- 诊断：超声或其他影响学检查，加血清学检测（商品化 EIA，更进一步的检测可咨询 CDC），或观察囊肿液中带有小钩状的原头蚴（准确性不确定）。
- 血清学诊断：不是所有患者都有抗体，这取决于包囊的特点和所在位置。EIA 或 IHA 筛查阳性应使用免疫印迹确认；可能与猪囊虫病存在交叉反应。
- 根据超声检测进行分期（见以下详细分类信息）。

更多其他信息
- 包虫病：分期基于超声检查（总结于 DP McManus,Lancet2003;362:1429）。
- CL：活动的，不繁殖的，没有可见的包囊壁，疾病早期（需要进行其他检测以诊断包囊棘球蚴病）。
- CE1：活动的，繁殖的，可见包囊壁，单房的，无回声或“雪花样信号”。
- CE2：活动的，繁殖的，可见包囊壁，多分隔的，多囊的，出现子代包囊。
- CE3：过渡期的，繁殖的，可见包囊壁，远离薄膜的无回声区（“水百合花征”）。细胞内压减低。包囊开始退化。
- CE4：不活动的，繁殖的，不可见包囊壁，异质性的强回声或强回声内容物，不可见子代包囊（需要进行其他检查诊断包囊棘球蚴病）。
- CE5：不活动的，繁殖的，包囊壁钙化，厚的可变的钙化壁形成圆锥形阴影。通常不可见原头蚴（需要进行其他检查诊断包囊棘球蚴病）。
- 人类泡型棘球蚴病分期。
- P：包囊基本位于肝区。
- PX：基础损伤不可评估。

- PO：没有可见的肝损伤。
- P1：外周损伤，胆系或附近血管不受累。
- P2：中央损伤，伴胆系或附近一个肝叶血管受累。
- P3：中央损伤，伴胆系或两个肝叶或两条肝静脉附近血管受累。
- P4：门静脉，腔静脉，或肝静脉受损。
- N：肝外相邻器官受累。
- M：出现远处转移。

推荐依据

Smego RA, Sebanego P. Treatment options for hepatic cystic echinococcosis. Int J Infect Dis, 2005; Vol. 9; pp. 69 - 76.

注释：这是一篇写得非常好的文件，介绍了治疗最常见的棘球绦虫感染类型即肝脏受累患者的治疗选择。

Khuroo MS, Wani NA, Javid G, et al. Percutaneous drainage compared with surgery for hepatic hydatid cysts. N Engl JMed, 1997; Vol. 337; pp. 881 - 7 .

注释：这是一篇里程碑式的文件，描述了一项 50 名患者的前瞻性研究，患者接受两次针吸或外科切除以治疗肝包虫病。发现经皮引流加阿苯达唑治疗对非复杂性包虫包囊病是有效且安全的。

痢疾阿米巴

Lisa A. Spacek, MD, PhD and Joseph Vinetz, MD

微生物学

- 内阿米巴属（Entamoeba）原虫。
- 摄入成熟包囊，在末稍回肠脱囊。释放出可移动的滋养体，并迁移到大肠。滋养体和包囊都排放入粪便。
- 滋养体仅在宿主和新鲜粪便中存在。包囊离开宿主后可以在水、土壤和污物中存活数周或数月。
- 痢疾阿米巴（E.histolytica）必须与阿斯帕内阿米巴（E.dispar）相区别，后者为不同形态的寄生虫但不导致疾病。

临床信息

- 临床症状包括无症状，管腔内感染，侵袭性肠道疾病（痢疾，肠炎，阑尾炎，中毒性巨结肠，阿米巴瘤）和侵袭性肠疾病（肝，肺，或脑脓肿；腹膜炎，皮肤或生殖道损伤）。
- 主要发生于发展中国家，在美国诊断为感染的患者常为移民、旅行者、MSM。暴发性肠炎可见于免疫抑制患者，营养不良患者，孕妇或使用皮质类固醇的患者。
- 阿米巴肠炎的特点为腹痛，里急厚重，频繁的少量黏液 +/– 出血便。
- 诊断：便涂片和染色（如三色染色）显微镜检。
- 诊断：血清学检测对于肠外疾病有很高的敏感性，如肝脓肿；对肠道疾病有中度敏感性；对无疾病感染敏感性差。在进行有效治疗后，抗体可存在数年，可能导致假阳性结果。
- 诊断：粪便和血清抗原检测可以区分痢疾阿米巴和阿斯帕内阿米巴，也可使用 PCR 方法。这两种方法均优于虫卵和寄生虫检查。
- 结肠镜：在结肠黏膜溃疡边缘进行活检或刮取标本，可能会发现寄生虫。HE 染色可见坏疽、典型的花瓶样溃疡。

- 影像：超声、CT 和 MRI 检查囊肿肝损伤，并进行针吸。
- 肝脓肿针吸可见鱼酱样物质。大部分阿米巴残留在囊肿边缘，针吸可能漏检。针吸标本抗原检测可用于诊断。腹膜溢出物会增加死亡率。可能会流到支气管，导致咳嗽产生脓性物质。

感染部位

- 结肠：痢疾，肠炎，阿米巴瘤（结肠腔肿瘤样损伤，在放射影像学上可能与盲肠癌混淆），中毒性巨结肠。
- 肝：脓肿，破裂可导腹膜炎。
- 肺：脓胸（右侧，直接扩散自肝脏）。
- 心：心包炎（直接扩散自肝脏）。
- 脑：脓肿（血源传播，少见）。
- 皮肤：常见于会阴、生殖器。
- 尿道生殖道：直肠阴道瘘。

治疗

无症状的，管腔内感染

- 管腔药物用于治疗管腔内感染并清除包囊，包括：双碘喹啉、巴龙霉素和二氯尼特糠酸酯。
- 双碘喹啉 650 mg PO，每天 3 次 ×20 天，饭后服用。
- 巴龙霉素：25~35 mg/(kg · d)，分 3 次口服，7 天，随饭服用。
- 二氯尼特糠酸酯 500 mg PO，每天 3 次 ×10 天，在美国可能难以获得。

腹泻 / 痢疾，轻中度感染

- 甲硝唑 500~750 mg PO，每天 3 次 ×10 天，然后给予管腔药物，如巴龙霉素 500 mg PO，每天 3 次 ×7 天，或双碘喹啉 650 mg PO，每天 3 次 ×20 天。
- 磺甲硝咪唑 2g PO，每天 1 次 ×3 天，然后给予管腔药物，巴龙霉素 500 mg PO，每天 3 次 ×7 天，或双碘喹啉 650 mg PO ，每天 3 次 ×20 天。
- 硝噻醋柳胺 500 mg PO，每天 2 次 ×3 天（FDA 没有批准此指征）。
- 肝外或严重肠道疾病
- 甲硝唑 750 mg IV 或 PO，每天 3 次 ×10 天，然后给予上述管腔药物。
- 磺甲硝咪唑 2 g PO qd×5 天，然后给予管腔药物。
- 肝脓肿：针吸不是治疗的必需手段。

更多治疗

- The Medical Letter 所发表的治疗指南可以从 CDC 网站获取：http://www.dpd.cdc.gov/dpdx/HTML/PDF_Files/MedLetter/Amebiasis.pdf。

推荐依据

Abramowicz, M, Editor. Drugs for Parasitic Infections. Medical Lett Drugs Ther, 2007; pp. 3 - 4.

注释：美国阿米巴治疗指南。

Rossignol JF, Kabil SM, El-Gohary Y, et al. Nitazoxanide in the treatment of amoebiasis. Trans R Soc Trop Med Hyg, 2007;Vol. 101; pp. 1025 - 31.

蓝氏贾第鞭毛虫

Lisa A. Spacek, MD, PhD and Joseph Vinetz, MD

微生物学

- 蓝氏贾第鞭毛虫（Giardialamblia），也称为 G.intestinalis，是一种有鞭毛的肠道原生动物，是北美最常见的肠道寄生虫。
- 生物周期包括滋养体和包囊形态，摄入 15~25 个包囊可以引起感染。在脱囊后，滋养体在小肠上段繁殖并定植。
- 滋养体具有平坦的腹面，使其能够附着在肠上皮细胞的刷状缘上，从而导致营养吸收障碍。
- 通过污染的水、食物、人 – 人、粪 – 口接触传播。表层水很容易被哺乳动物宿主排出的包囊污染，如海狸、羊、牛、狗或猫。

临床信息

- 世界范围内均有发生，特别是在日间托儿所，对污染的表层水有暴露的地方，和粪 — 口性传播。
- 潜伏期：1~2 周。
- 表现包括：无症状地包囊移行，急性腹泻和慢性腹泻伴吸收不良。
- 症状包括腹痛、恶心、呕吐、厌食和腹胀。排便量大，水样，气味难闻，油脂样。慢性腹泻伴吸收不良，同时伴有体重降低、乳糖酶缺乏和脂肪泻。发热不常见。
- 很少侵袭黏膜；便中没有血、脓和黏液。
- 诊断：大便虫卵和寄生虫检查，找包囊 / 滋养体。碘染色和三色染色可见梨形的具有鞭毛的滋养体。浓缩标本和重复检测可能会提高敏感性。便抗原免疫荧光检测和 ELISA 检测敏感性和特异性高于虫卵和寄生虫检查。可以使用 PCR 方法。
- 诊断：吸收不良患者可以进行十二指肠针吸或活检，查滋养体。

感染部位

- 消化道：小肠上段，黏附于肠上皮细胞。

治疗

首选药物

- 替硝唑 2g PO 1 次，随饭服用。
- 硝噻醋柳胺 500 mg PO，每天 2 次 ×3 天，随饭服用。
- 甲硝唑 250 mg PO，每天 3 次 ×5~7 天。

替代药物

- 巴龙霉素 25~35 mg/(kg · d)，分 3 次口服，5~10 天，随饭服用。
- 呋喃唑酮 100 mg PO，每天 4 次 ×7~10 天。
- 奎纳克林 100 mg PO，每天 3 次 ×5 天，饭后随水服用。
- 阿苯达唑 400 mg PO，每天 1 次 ×5 天。

妊娠

- 由于孕妇吸收差，推荐使用巴龙霉素。
- 巴龙霉素 25~35 mg/(kg · d)，分 3 次口服，5~10 天，随饭服用。

随访

难治性贾第鞭毛虫病

- 大部分治疗方案的治愈率 >90%。两次传统治疗失败的患者可以被认为是“难治性”贾第鞭毛虫病。
- 考虑使用奎纳克林 100 mg PO，每天 3 次，加甲硝唑 250 mg PO，每天 3 次 ×21 天。

其他信息

- The Medical Letter 所发表的治疗指南可以从 CDC 网站获取：http://www.dpd.cdc.gov/dpdx/HTML/PDF_Files/MedLetter/Giardiasis.pdf

丝虫病

Paul G. Auwaerter, MD and Joseph Vinetz, MD

微生物学

- 由蚊子传播的线虫类寄生虫。
- 大部分疾病由三种组织寄生的线虫导致：班氏吴策线虫（Wuchereria bancrofti）（亚洲、非洲、拉丁美洲和太平洋岛屿），旋盘尾丝虫（Onchocerca volvulus）（非洲 >> 拉丁美洲、中东），马来布鲁线虫（Brugia malayi）（东南亚）。
- 这些丝虫的信息见罗阿丝虫（loaloa）或旋盘尾丝虫部分。其他少见种包括常见曼森线虫（Mansonella perstans）、链尾曼森线虫（M.streptocerca）、奥氏曼林线虫（M.ozzardi）和帝汶布鲁丝虫（Brugia timori）（在一些印度尼西亚岛屿可能导致淋巴丝虫病）。
- 由白天或夜间蚊子叮咬传播 [按蚊属（Anopheles），库蚊属（Culex）]。

临床信息

- 无症状的微丝蚴血症最常见。
- 急性：丝虫热（淋巴结炎，发热，寒颤），持续约 1 周，1 年内可能复发（伴细菌性淋巴管炎），+/– 睾丸附睾炎（单侧或双侧）。
- 热带性肺嗜酸细胞浸润症：更常见于亚洲，突发性咳嗽 / 哮鸣，夜间加重；严重的嗜酸性粒细胞增多（>3 000/μl）。乙胺嗪（DEC）无效。不可见的微丝蚴血症，但抗原检测阳性。
- 慢性表现：积水 +/– 剧疼 / 肿胀（最常见）；班氏吴策线虫可引起典性的象皮肿（单侧或双侧），发生于腿部（最常见），阴囊 / 阴户（常见），手臂（不常见）。
- 其他症状：急性单关节炎；血尿，蛋白尿，心肌纤维化（表现为典型的嗜酸性粒细胞增多）。
- 不同地区日夜周期性种属分布不同，这使得检测微丝蚴血症的时间非常重要。
- 诊断：寄生虫（在白天 / 夜晚高峰时采血检测微丝蚴血症，时间取决于感染地区，如对于夜昂晚周期型在午夜 2 小时内进行检测）。使用浓缩技术能够提高检测的敏感性，如 Knott's 技术（使用 2% 福尔马林进行血液溶血离心），或核孔（Nucleopore®）过滤。
- 诊断：(1) 使用商品化卡片进行血清抗原检测；IgG4 抗体（不是丝虫属特异性的，可能与其他蠕虫有交叉反应）；在美国可以与 NIH 联系（如下）。诊断：(2) 皮肤切片（检测旋盘尾丝虫、链尾曼森线虫）。超声可以在阴囊淋巴检测班氏吴策线虫虫体。

更多临床信息

- 皮肤切片技术（来自 CDC）：皮肤刮屑可以使用角巩膜咬切器，更简单的方法可以使用手术刀或针。标本必须在盐水或培养基中培养 30 分钟到 2 小时，然后检测可能从组织中迁移到标本液相当中的微丝蚴。

感染部位

- 一般：丝虫热包括发热，寒颤，在急性期或复发期全身乏力。
- 淋巴：局部淋巴结炎，可能疼痛（红，热）或不疼痛，单侧或双侧腹股沟肿胀。可能由于蠕虫成虫引起或伴随细菌性感染。
- 皮肤：搔痒，皮炎，皮下结节。
- 生殖道：生殖道或外阴肿胀 / 积水；超声可能见到班氏吴策线虫成虫。
- 骨端：急性或慢性的单侧或双侧肿胀。可能重度（典型的象皮肿）或中度。可能与细菌性蜂窝组织炎相关（突发性红热）。
- 肺：热带性肺嗜酸细胞浸润症（胸部 X 光片呈粟粒状表现，夜间发作性咳嗽，哮鸣，伴明显的嗜酸性粒细胞增多，乙胺嗪有效，通常不是微丝蚴性的）。
- 肾：乳糜尿，血尿（增大的淋巴破裂进入尿路排泄系统）。可能有体重降低，血液蛋白不足，淋巴球减少，贫血。
- 肌肉骨骼：急性单关切炎（膝关节 > 踝关节）使用乙胺嗪有效，腱鞘炎（少见），血栓静脉炎（少见）。

治疗

丝虫病：马来布鲁线虫，帝汶布鲁丝虫，班氏吴策线虫

- 首选乙胺嗪（DEC）：2 mg/kg PO，每天 3 次 ×12 天（对于死亡的蠕虫可能伴有系统性反应，局部反应包括淋巴结炎，短暂性淋巴水肿）。
- 推荐按比例加大 DEC 剂量以降低其反应：第 1 天 50 mg，第 2 天 50 mg，每天 3 次，第 3 天 100 mg，每天 3 次，第 4 天 14~6 mg/kg 分成 3 次。
- 可能需要使用皮质类固醇或抗组胺药治疗由死亡的微丝蚴引起的过敏反应。
- 治疗内共生体沃尔巴克体（Wolbachia）（细菌）可能有助于清除感染：对于淋巴丝虫病，给予多西环素 100 mg 每天 1~2 次 ×6~8 周，尽管对于同时感染的其他病原体如沃尔巴克体或盘尾属的作用可能比罗阿丝虫更重要（Taylor etal,Lancet2005;365:2116）。
- 向 CDC 索取 DEC 的电话为 404-639-3670。
- 按照重复血涂片或抗原检测的结果，每 6~12 个月对微丝蚴血症进行再次治疗经常是必要的。
- 注意：不要对旋盘尾丝虫引起的感染使用 DEC，会增加诱导性失明的危险。

班氏吴策线虫

- 该寄生虫引起的大部分症状由成虫导致。
- 单剂量阿苯达唑 400 mg PO 联合双氢除虫菌素 200 mcg/kg PO 或 DEC 6 mg/kg 可以减少或抑制微丝蚴血症；但这一方案对成虫无效。

一般管理：淋巴丝虫病

- 对出现淋巴水肿的患者进行足部护理，以减少真菌和细菌感染。
- 外科：在 DEC 治疗后，需要对慢性积水进行切除或液囊外翻。去除受累的严重

象皮病样阴囊 / 外阴皮肤非常有用。
- 对于极重的象皮肿手术治疗无效。

其他信息
- 药物治疗只能杀死微丝蚴而对成虫无效；当微丝蚴血症复发时有必要每 6~12 个月进行重复治疗。可能需要进行抗原检测用于诊断。
- 由于多种原因，患者可能不会出现微丝蚴血症（低病原体载量，感染早期，采血进行检测的时间，没有进行核孔过滤）。
- 在美国，可以向 NIH 寄生虫病实验室寻求帮助（抗体检测，抗原检测，PCR）：301-496-5398。
- 抗重组微比蚴 IgG4 抗体可能有助于诊断；该检测具有种特异性。
- 嗜酸性粒细胞增多和 IgE 水平升高支持丝虫病诊断。

推荐依据

No authors listed. Drugs for Parasitic Infections.Med Lett Drugs Ther, 2007; Volume 5; pp. e1 - e14.
注释：可在网上下载 http://medlet~best.securesites.com/html/parasitic.htm

疟疾

Lisa A. Spacek, MD, PhD and Joseph Vinetz, MD

微生物学
- 疟疾由寄生虫疟原虫（Plasmodium）导致，属于顶器亚门（Apicomplexa）组原生动物。由夜间或天亮前蚊子叮咬传播。
- 导致人类疟疾的种属包括：恶性疟原虫（P.falciparum），间日疟原虫（P.vivax），卵形疟原虫（P.ovale）和三日疟原虫（P.malariae）。诺氏疟原虫（P.knowlsei）是一种猴疟疾寄生虫，曾被发现导致东南亚地区人类疟疾，其形态学与三日疟原虫接近。
- 生活周期：按蚊叮咬人类并注入孢子体，侵入肝细胞并形成裂殖体。肝细胞破裂并释放出裂殖子
- 侵犯红细胞。在红细胞中，裂殖子形成环状，然后先后形成滋养体和裂殖体，再裂解红细胞并进入新一轮侵犯红细胞的周期。
- 间日疟原虫和卵形疟原虫能够以休眠体的形式在肝细胞中持续存在数月至数年。其清除需要同时治疗肝脏和血液感染阶段。间日疟原虫优先侵犯网状细胞。
- 恶性疟原虫侵犯所有阶段的红细胞，由于红细胞被隔离在微管系统中，能够导致最严重和致死性的疾病，并损害心、脑、肾、肺和胎盘。

临床信息
- 表现为急性发热性疾病。头痛，峰热，腹部不适常见。在血液中释放中裂殖体时发生典型的疟疾发作（寒颤，发热，规律性间隔出汗常见于流行地区的半免疫状态患者，这与旅行者相反）。
- 在过去 3 个月内去过疟疾流行地区的旅行者如果发热，应怀疑疟疾。
- 对患者时行迅速的评估非常必要；没有治疗的恶性疟原虫疟疾进展很快，如果不治疗经常是致死性的。没有免疫患者的病程不可预测。
- 严重疟疾：低血糖，贫血，血小板减少，代谢性酸中毒，脑病，癫痫，严重的寄生虫血症（>5% 红细胞，在流行地区定义为 >10% 红细胞），肺水肿，肾衰竭。

很少出现脾破裂。

- 不复杂的疟疾：系统性寄生虫血症，没有出现器官功能障碍这样的严重体征。
- 诊断：光学显微镜，厚涂片吉姆萨染色筛查寄生虫，可以用于寄生虫血症检测，对红细胞进行裂解处理，可以在红细胞外看到寄生虫。薄血涂片用于鉴定种属和确认寄生虫血症的严重程度。每 12 小时重复进行血涂片检查寄生虫血症，其临床表现可能滞后。
- 诊断：侧向流向免疫层析技术和抗体检测用于快速诊断。诊断目标是与所有种都存在保守交叉的疟疾抗原，或恶性疟原虫或间日疟原虫特异性抗原。

感染部位

- 红细胞：见于恶性疟原虫感染病例，感染寄生虫的红细胞被隔离在心、脑、胎盘、肺、肾和肠毛细血管后的微静脉，而导致疾病。
- 肝（休眠阶段）：仅见于间日疟原虫和卵形疟原虫。
- 脾。

治疗

一般原则

- 考虑疾病严重程度，感染地区地理位置，寄生虫种属。
- 高寄生虫血症，中枢神经系统症状是紧急情况，需要静脉给药治疗。
- 美国治疗疟疾的指南可以从 CDC 网站获取：http://www.cdc.gov/malaria/pdf/treatmenttable.pdf。
- 不复杂性恶性疟原虫或种属不能确定
- 对氯喹耐药或不知道是否耐药时，选择以下 4 种选择之一。仅在确定口服可以耐药的情况考虑使用。由于神经反应甲氯喹作为最后的选择，可见治疗剂量部分。
- 阿托伐醌 / 氯胍（马拉隆 250/100）4 片口服，每天 1 次 ×3 天，随牛奶或脂肪性食物服用。
- 蒿甲醚 – 本芴醇（Coartem）成人常规剂量（>65kg）：初始剂量口服 4 片（根据体重给药，见 www.hopkins-abxguide.org），然后 8 小时后口服 4 片，再每天 2 次口服 4 片 ×2 天。
- 硫酸奎宁 650 mg PO q8h × 3~7 天，加多西环素 100 mg PO，每天 2 次 ×7 天，或四环素 250 mg PO q6h × 7 天，或克林霉素 20 mg/(kg · d) 分为每 8 小时口服 1 次（平均剂量 450 mg PO q8h）× 7 天。
- 对于已知对氯喹敏感的恶性疟原虫（美国中部巴拿马运河以西，海地，多米尼加共和国和中东）：磷酸氯喹 1g 盐（600 mg 为基础）口服 1 次，然后在 6 小时、24 小时和 48 小时给予 500 mg 盐（300 mg 为基础）。
- 孕妇：使用氯喹和羟基氯喹（对于氯喹敏感菌种）或硫酸奎宁 + 克林霉素（对于氯喹耐药菌种）。
- 奎宁与金鸡纳中毒相关（可逆的耳鸣和可逆的高音听力损失）。

复杂的恶性疟疾

- 对以奎宁为基础的治疗，静脉给予葡萄糖奎尼丁 + 多西环素或四环素或克林霉素，收入能够自动测量记录的病房。监测 QTc 延长，QRS 加宽，室性心律失常，低血压和低血糖。如果出现显著的 QRS 加宽，减慢或暂停输注。低血压对于奎尼丁 / 奎宁治疗非常常见（可能由于药物或感染本身）。有效地利用液体治疗低血压。
- 葡糖酸奎尼丁负荷剂量 10 mg/kg（最大 600 mg）溶解于盐水中，静脉输注 1~2 小时，然后 0.02 mg/（kg · min）输注，至少 24 小时。一旦寄生虫血症 <1% 且口服

药物耐药，口服奎宁进行治疗；典型的注射治疗最大周期为 1~2 天。对于在 12 小时内有甲氟喹或奎宁用药史的患者，不要使用负荷剂量的奎宁。

- 如果需要奎尼宁，拨打 CDC 疟疾热线 770-488-7788 或礼来公司（EliLilly）800-821-0538。
- 替代方案：基于青蒿素的治疗，青蒿酯 2.4 mg/kg 剂 在 0、12、24、48 和 72 小时静脉输注 3 天。对于奎宁耐药的恶性疟原虫，联合使用四环素和甲氟喹。使用青蒿素衍生物可以避免奎宁相关性低血糖。在美国可以通过治疗 IND 获得（至电 CDC：1-770-488-7788 或下班时间：770-488-7100）。
- 对于寄生虫血症 >10%，昏迷，ARDS 或肾衰竭患者，考虑换血。早期血液滤过和机械通气可能提高存活率。
- 对于孕妇，积极使用静脉抗疟疾药治疗严重疟疾。

间日疟原虫，卵形疟原虫，三日疟原虫

- 氯喹磷酸盐 1 g（600 mg 基础）口服 1 次，然后 6 小时、24 小时和 48 小时后给予 500 mg（300 mg 基础）。
- 治疗肝病（仅间日疟原虫、卵形疟原虫）：首剂 30 mg（基础）口服 1 次，14 天。G6PD 不足可能导致溶血性贫血——先进行检测。妊娠和哺乳期禁用。
- 巴布亚新几内亚和印度尼西亚发生的氯喹耐药间日疟原虫，使用硫酸奎宁 + 多西环素，或四环素 + 首喹，或阿托伐醌 / 氯胍 + 首喹，或甲氟喹 + 首喹治疗。

预防

- 对美国成人的一般推荐：大部分疟疾流行地区（如已知氯喹耐药或可能出现耐药的地区）
- 阿托伐醌 / 氯胍（马拉隆）：每天口服 1 片。随餐或牛奶服用。在进入疟疾地区前 1~2 天开始服用，离开该地区 7 天后停止。
- 甲氟喹 250 mg（Lariam）每周口服 1 片。旅行前 1 周开始服用，每周 1 次，每周在同一天服用，最好在正餐后服用，至返回后 4 周。
- 每天口服多西环素 100 mg。最好在傍晚服用。在旅行前 1~2 天开始，至旅行后 4 周结束。光敏感危险性 >3%，避免日晒，使用防晒霜。
- 中亚地区巴拿马运河以北：氯喹 300 mg 每周口服。1 周前开始，持续 4 周后结束。
- 蚊子可能在一天当中任何时间咬人，但按蚊只在夜间叮咬，且在黎明和黄昏时间最为活跃。使用杀虫剂处理蚊帐，进行喷雾（DEET，N,N- 二乙基 -3- 甲基苯甲酰胺）和筛查。
- 最终预防在疟疾的最后暴露有，使用首喹 30 mg 基础口服 14 天，可以预防间日疟原虫和卵形疟原虫疟疾。一些医生不使用终极预防，进行保守治疗以确认是间日疟原虫还是卵形疟原虫。在治疗前进行 G6PD 不足筛查。

更多信息

- 最近研发出了一种疟疾疫苗 RTS'S（Glaxo Smith Kline 生物和 Walter Reed 军队研究所）作用于红细胞前生活周期针对恶性疟原虫的甾环子孢子蛋白。两辅助系统 AS01B（脂质体基础的）和 AS02A（水包油乳液）正在接受评估。

其他信息

- CDC 疟疾热线：770-488-7788 或 770-488-7100（下班后时间）。CDC 网站（http://www.cdc.gov/malaria/index.htm）为旅行者提供治疗指南和疟疾危险地区。WHO 文件可以在网上获得 http://apps.who.int/malaria/docs/

ThreatmentGuidelines2006.pdf。
- 美国没有静脉使用奎宁。一些医院药房可能没有葡糖酸奎尼丁。
- 即使是诊断为间日疟原虫，也应考虑合并感染恶性疟原虫的可能。
- 怀疑严重疟疾时，考虑细菌性腹膜炎和革兰阴性菌菌血症。
- 孕妇感染疟疾更为严重，由于相对的免疫抑制和寄生虫隔离，更容易发生低血糖和肺损害。氯喹、奎宁、奎尼丁和克林霉素对孕妇是安全的。使用氯胍要求补充叶酸。甲氟喹被认为在妊娠后半段是安全的。四环素、多西环素和伯喹孕妇禁用。青蒿素衍生物在妊娠前三个月禁用，在第 2 个和第 3 个三个月谨用。

推荐依据

Griffi th KS, Lewis LS, Mali S, et al. Treatment of malaria in the United States: a systematic review. JAMA, 2007; Vol. 297 ;pp. 2264 - 77.

注释：来源于 CDC 的有用且全面的综述。

Abramowicz M, Editor. Drugs for Parasitic Infections.Medical Lett Drugs Ther, 2007; Vol. pp. 32 - 44.

注释：美国疟疾治疗和预防指南。

粪类圆线虫

Paul G. Auwaerter, MD and Joseph Vinetz, MD

微生物学

- 肠寄生虫，世界范围内普遍存在，尤其常见于气候温暖的地方。
- 幼虫生活在土壤中。人类通过接触污染的土壤而感染。
- 丝虫状蚴虫能够穿透皮肤，进入淋巴系统，进而进行肺泡。能够从肺迁移到气管，再到达消化道/小肠。雌虫通过产卵进行单性生殖，虫卵在小肠内发育成杆状幼虫。免疫抑制患者由于自体感染可以产生更多的寄生虫。
- 幼虫一般在暴露后 1 个月左右可以发现。

临床信息

- 广泛分布于热带；估计在美国南部和阿巴拉契亚山脉地区的流行率高达 4%。
- 可能导致肠道症状，尤其是腹泻、腹痛 / 腹胀。
- 感染可能持续几十年没有临床症状，然后由免疫抑制激活。
- 接受皮质类固醇治疗和 HTLV-1 感染的患者可见严重感染，有时也可见于 HIV/AIDs 患者（可能由于使用类固醇、营养不良、HTLV 合并感染）。
- 严重感染的一般情况：使用大剂量类固醇的发展中国家移民，发展为肺浸润，可能出现革兰阴性菌败血症、脑膜炎，有时会出现嗜酸性粒细胞增多(一般不发生)。
- 可以导致 Loeffler 样症状（暂时性肺浸润 + 嗜酸粒细胞增多）。
- 由于能发现的病原体很多，诊断非常困难。
- 肠道感染诊断：粪便直接镜检（不敏感）；巴门氏实验（幼虫浓缩，仅在专门的实验室进行）；血清学检测（可能存在交叉反应问题，免疫抑制患者可能出现假阴性）。
- 中枢神经系统或肺部感染诊断：离心浓缩后的脑脊液或支气管肺泡灌洗液标本直接进行湿片检查。
- 播散性感染的免疫抑制患者死亡率可能 >60%~85%，患者伴有多器官衰竭。

感染部位

- 消化道：恶心，呕吐，腹泻，上腹部痛 / 灼热，体重下降。嗜酸粒细胞增多是典型症状，但慢性感染患者通常没有临床症状。
- 肺：Loeffler 样综合征。免疫抑制患者可能发生压倒性幼虫侵袭性感染，以及革兰阴性细菌感染。
- 中枢神经系统：发生幼虫感染和革兰阴性细菌性脑膜炎双重感染；可能伴随外周血和（或）脑脊液嗜酸粒细胞增多。
- 皮肤：全身性或局部风疹。幼虫移行综合征（幼虫向肛门区域迁移，侧翼有搔痒的匐行性或线性风疹样损伤）。
- 系统性：接受类固醇治疗，近期从类圆线虫病感染地区迁移回来的患者，革兰阴性杆菌败血症伴肺部浸润。

治疗

伊维菌素

- 首选药物。
- 200 mg/(kg・d) × 1~2 天。
- 高度感染患者可能需要重复或延长治疗。

噻苯咪唑

- 50 mg/(kg・d) PO，2 剂（最大剂量 3g/d）× 2 天。
- 这一剂量的一般毒性反应：意识糊涂，腹泻，幻觉，易怒，没有胃口，恶心呕吐，手脚麻木。

推荐依据

Abramowicz, M, Editor. Drugs for Parasitic Infections. Medical Lett Drugs Ther, 2007; vol. 3 - 4 pp. 32 - 44.

注释：美国疟疾治疗和预防指南。

链状带绦虫

Joseph Vinetz, MD and Paul G. Auwaerter, MD

微生物学

- 绦虫类寄生虫，又称猪肉绦虫。
- 猪是中间宿主；人类通过吃没有煮熟的猪肉而获得肠道绦虫。
- 人类摄取虫卵（六钩蚴）可以感染播散性囊虫病，虫卵通过人类绦虫携带者由环境传播至食物 / 水。

临床信息

- 可以导致囊虫病的绦虫（寄生虫）。
- 拉丁美洲、巴尔干、东非、印度、中国和印度尼西亚地方病；经常在初次感染后数年被携带进入美国。
- 六钩蚴通过粪 — 口途径进行人人传播；在摄取没有煮熟的中间宿主肉类之后发生感染，如猪能够导致人类肠道感染。
- 人类肠道感染疾病很少，但可以传播给其他人。
- 中枢神经系统钙化损伤，可以成为致癫痫灶。
- 晚发型癫痫（局灶性或全身性），慢性头疼，有症状的脑水肿，或无症状脑损伤的放射影学发现的重要原因。

- 通过一般 X 射线检查，在身体其他部位可表现为钙结节。
- 诊断：具有流行性危险因素患者的典型神经影像学表现，切除囊肿，血清学（95% 敏感，但可能与其他感染性寄生虫有交叉反应，尤其是棘球绦虫；Western blot 可以增强特异性至约 100%）。
- 确认需要在组织标本中找到钩状带绦虫（T.solium）的头节或膜。粪便：染色时可见子宫节片，钩状带绦虫具有 5~10 个子宫分支可以与牛带绪虫（具有 >12 个分支）相区别。
- 更多的时候，依靠临床症状与体征，放射影像检查，临床难以诊断的病例活检，进行诊断。

感染部位

- 中枢神经系统，活动性：实质（CT/MRI 具有一处或多处圆形高密度影，大小不定，不增强）或实质外（蛛网膜下或脑室）。
- 中枢神经系统，变迁的：实质（高密度损伤，增强，水肿）；脑炎（扩散性脑水肿，多处小的增强损伤）；脑膜（脑脊液改变和血清学证据）。
- 中枢神经系统，非活动性：实质（一处或多处钙化）；脑膜（脑水肿，脑脊液正常，伴钙化）。
- 视觉：可直接看到活的寄生虫，推荐外科清除。
- 脊髓：推荐外科清除，并对脊椎蛛网膜下疾病进行化学治疗；对于退化的脊椎内寄生虫，给予类固醇 + 化学治疗。
- 躯体：一般放射线检查表现为钙化损伤，不需要干预。
- 肠道：人类是猪肉绪虫的确认宿主；含有六钩蚴的排泄物对人类具有感染性（自动感染或传播给他人），能够导致囊状虫的系统性播散。

治疗

活动性神经囊尾蚴病

- 使用标准剂量的抗抽搐药，滴定至起效。
- 阿苯达唑：15 mg/(kg · d) 或 800 mg/d，分 2 次口服，通过使用 28 天（不同指南推荐疗程不同）。
- 吡喹酮：50~100 mg/(kg · d)，分 3 次口服 4 天，+/– 甲氰脒胍 400 mg PO，每天 3 次，以提高吡喹酮水平。
- 皮质类固醇：一些报道在进行特异性化学治疗前，使用地塞米松 6~12 mg/d，分 2 次使用，以减轻由于药物杀死寄生虫后引起的炎症反应。
- 甲氰脒胍 400 mg PO，每天 2 次或每天 3 次，以提高吡喹酮康或阿苯达唑水平。

非活动性实质病

- 使用标准剂量的苯妥英或卡马西平，滴定至起效，对于出现钙化的患者，为控制癫痫可能需要长期治疗，如果 CT 检查发现损伤消失，可能进行短期治疗。
- 不推荐进行驱虫治疗（吡喹酮或阿苯达唑）。
- 如果需要进行外科干预（分流），以缓解颅内高压。

实质外疾病

- 脑室：由脑水肿引起的症状需要进行分流；并不是所有的囊肿都要求手术；去除第三 / 第四脑室囊肿可能有必要进行手术；室管膜炎可能阻塞分流。
- 对于脑室疾病并进行分流的患者，使用阿苯达唑或吡喹酮与预后良好相关；单独进行化学治疗是否有效并不确定。

- 蛛网膜下：需要给予抗惊厥药；对大脑外侧裂的大囊肿进行手术；基底池受累和脑膜炎患者给予皮质类固醇；分流。
- 脊柱和视觉：手术清除蛛网膜下损伤；对髓内炎性损伤进行化学治疗 +/– 皮质类固醇。

其他信息

- 应该请本领域内的专家会诊，进行诊断和处置。
- 在美国，神经型囊尾蚴病可能需要与恶性脑瘤进行鉴别诊断。
- 在美国，血清学诊断仍然是实验性的，不是常规可以获得的。联系亚特兰大的疾病控制中心进行清酒和脊髓液的 Western blot 确诊检测；770–488–4056。
- 在美国，神经型囊尾蚴病可能需要与恶性脑瘤进行鉴别诊断。

推荐依据

Garcia HH, Pretell EJ, Gilman RH, et al. A trial of antiparasitic treatment to reduce the rate of seizures due to cerebralcysticercosis. N Engl J Med, 2004; Vol. 350; pp. 249 - 58.

注释：链状带绦虫是世界范围内引起癫痫的最常见原因，因为大脑自发的免疫介导的杀寄生虫作用会导致钙化，对链状带绦虫进行抗惊厥治疗，对于神经型囊尾蚴病是否有益尚不清楚。对钙化损伤的治疗被广泛认为没有临床作用，或疗效甚微。这些研究者对 120 名在脑部有活的囊状虫，并接受抗癫痫药物治疗抽搐的患者，进行了一项双盲的、以安慰剂进行对照的临床实验，他们将患者随机分为两组，分别接受每天 800mg 阿苯达唑和 6mg 地塞米松治疗 10 天（60 名患者），或两种安慰剂（60 名患者）。他们发现，对于由各种实质包囊引起抽搐的患者，抗寄生虫治疗能够降低寄生虫数量，且安全有效，至少一般都能减少抽搐的次数。

刚地弓形虫

Joseph Vinetz, MD

微生物学

- 原生动物寄生虫，通过摄取没有煮熟的肉类或猫粪中的卵囊进行传播。

临床信息

- 原生动物寄生虫，主要引起免疫抑制患者、孕妇 / 胎儿死亡。
- 通过没有煮熟的肉类（通常是牛肉或猪肉，发生于西方国家）和猫粪中的感染性卵囊传播。
- 不同地区的血清阳性率不同。美国约 15%，法国 50%~75%。
- 免疫正常患者的原发感染通常临床症状不明显，但能导致 mono– 样综合征伴无痛淋巴腺炎（通常为子宫颈）——通常为单处的，但可以为多处或全身性的。
- 一般患者或非妊娠宿主急性疾病通常是自限性的，不需要治疗。
- 单独的视觉疾病最常见于健康的青少年和年轻成人。
- 弓形虫脑炎（TE），AIDS 患者（大多数 $CD_4<50/mm^3$），由潜伏的包囊反应导致）环形强化病变。常见表现为头痛，中枢神经症状，虚弱和意识不清。对于其他免疫抑制患者：也可导致脉络膜视网膜炎，系统性感染，心肌炎，局限性肺炎。
- 先天性疾病：由胎儿经胎盘感染导致，导致严重的中枢神经系统后遗症，脉络膜视网膜炎，系统性疾病。
- 诊断（急性）：抗体检测——血清转化或滴度上升 4 倍以上，可以诊断新发感染，IgM 可以持续 >1 年；组织内出现病原体（少见）。

- 诊断：感染组织显微镜直接检查寄生虫；血或组织培养——尤其是免疫抑制患者（很少进行，昂贵），PCR（对 TE）特异性好（96%~100%），但敏感性低（50%）。对于 TE，典型的 CT 或 MRI 表现为多处环形增强病变伴水肿，鉴别诊断包括中枢神经系统淋巴瘤，TB，隐球菌病，脑脓肿，PML 和查格斯病。PET 或 SPECT 扫描可以帮助区分弓形虫和原发性中枢神经系统淋巴瘤。

感染部位

- 中枢神经系统：脑炎，癫痫，昏迷。对比脑 CT 或 MRI 可见典型的多灶性病变，尤其是基底节。X 光片表现 + 治疗反应 = 大部分诊断。
- 眼：脉络膜视网膜炎，可以是坏死性的，对 AIDS 患者与 CMV 或 VZV（PORN）相区别非常重要。
- 淋巴结：单独的，多处或全身性淋巴结病。
- 心脏：心肌炎，发生于严重免疫抑制患者。
- 肺：局限性肺炎，见于免疫抑制患者，尤其是骨髓移植患者。
- 系统性：广泛播散，尤其是先天性感染患者。

治疗

原发性感染

- 免疫正常、非妊娠患者急性感染，通常不需要治疗，具有自限性。
- 如果有脏器疾病，或症状严重或持续时间长，考虑治疗（如下）。
- 免疫抑制 / 再激活感染
- TE 经常进行经验性治疗，观察开始抗弓形虫治疗 2 周内临床和 X 光片反应，进一步“确认”诊断。
- 治疗（AIDS，首选）：200 mg × 1 次负荷剂量乙胺嘧啶 50~100 mg/d+ 甲酰四氢叶酸 10~20 mg/d+ 磺胺嘧啶 1~1.5 g PO，每天 4 次，至症状或体重改善后 6 周，包括 MRI 影像强化病变改善；然后给予乙胺嘧啶 25 mg/d+ 甲酰四氢叶酸 15 mg/d+ 磺胺嘧啶 500 mg PO，每天 4 次，无限期（或直到免疫重建）。
- 亚叶酸（甲酰四氢叶酸）15~20 mg PO，每天，预防乙胺嘧啶的骨髓抑制作用。
- 替代：乙胺嘧啶负荷剂量 200 mg × 1 剂，然后 50~100 mg/d+ 甲酰四氢叶酸 10~20 mg/d+ 克林霉素 600 mg 每天 4 次（口服或静脉）。
- 如果患者不能耐受磺胺嘧啶 + 乙胺嘧啶，可以选择 TMP-SMZ。
- 阿托伐醌 750 mg PO q6h+ 乙胺嘧啶 + 甲酰四氢叶酸或磺胺嘧啶（或如果患者不能耐受磺胺或乙胺嘧啶，作为单药治疗）；阿奇霉素每天 1200~1500 mg PO+ 乙胺嘧啶 + 甲酰四氢叶酸。
- 其他方案仅在小样本研究中验证过：克林霉素 500 mg，每天 2 次 + 乙胺嘧啶；5-氟胞嘧啶 + 克林霉素；氨苯砜 + 乙胺嘧啶 + 甲酰四氢叶酸；米诺环素或多西环素联合乙胺嘧啶加甲酰四氢叶酸、磺胺嘧啶或克拉霉素。
- 如果患者不能口服，少量数据支持胃肠外给药。考虑 TMP-SMZ 静脉，或克林霉素静脉 + 口服乙胺嘧啶。
- 如果需要使用皮质类固醇治疗中枢神经系统质量作用，尽可能使用最短疗程。

AIDS 患者 TE 治疗后二级预防

- 首选：乙胺嘧啶 25~50 mg 加磺胺嘧啶 500~100 mg，每天 4 次（50% 急性剂量）加甲酰四氨叶酸每天 10~25 mg（也可保护性预防 PCP）。
- 可以每天 2 次或每天 4 次给予总剂量的磺胺嘧啶。

- 成人：乙胺嘧啶 25~50 mg 加克林霉素 600 mg，每天 3 次（低剂量失败率较高，且不能预防 PCP）或阿托伐醌 750 mg q6~12h+ 乙胺嘧啶 25 mg+ 甲酰四氨叶酸 10 mg/d。

妊娠

- 妊娠前三个月使用螺旋霉素 3~4 g/d，分为 3 次使用。预防传播。
- 治疗孕妇弓形虫病与上述方案相同，通常使用乙胺嘧啶 + 甲酰四氨叶酸 + 磺胺嘧啶或克林霉素。

一级预防

- 所有 HIV 感染患者均应检测弓形虫 IgG 抗体。如果 CD_4<100/mm^3 且患者没有使用已知的对弓形虫有效的预防方法，建议重复抗体检测。
- 应建议 HIV 感染的血清反应阴性患者，避免食用生的 / 没者熟的肉类，并请其他人处理猫的粪便。
- HIV 患者 CD_4<100/mm^3，弓形虫血清反应阳性。
- TMP-SMX DS 每天口服。
- 替代：TMP-SMX DS，每周 3 次，氨苯砜 50 mg/d PO+ 乙胺嘧啶每周 50 mg 口服 + 甲酰四氨叶酸每周 25 mg PO（也对 PCP 有效）。
- 不推荐使用氨苯砜、乙胺嘧啶、阿奇霉素或克拉霉素单药治疗。
- 如果使用 HAART 方案有效控制 HIV 病毒，CD_4>200/mm^3×6 个月，可以停止维持或预防治疗。

随访

- 对于抗弓形虫治疗无效的 TE 患者，考虑进行脑活检。
- 如果进行 LP，EBVPCR 检测阳性高度提示，AIDS 和中枢神经系统质量病变患者中枢神经系统淋巴瘤。
- 在弓形虫病患者免疫重建的报告。

其他信息

- 孕妇血清转化并不总能有效地预防先天性疾病或后遗症。
- HIV 感染患者如果血清反应阴性感染刚地弓形虫的危险性低。
- 由于弓形虫通过摄取动物排泄的卵囊或摄取没有者熟的肉类进行传播，因此不可能通过人 – 人传播。

推荐依据

Kaplan JE, Benson C, Holmes KH, et al. Guidelines for prevention and treatment of opportunistic infections in HIVinfectedadults and adolescents: recommendations from CDC, the National Institutes of Health, and the HIV Medicine

Association of the Infectious Diseases Society of America. MMWR Recomm Rep, 2009; Vol. 58; pp. 1 - 207; quiz CE1 - 4.

注释：本文使用的弓形虫脑炎治疗指南。

MontoyaJG,LiesenfeldO.Toxoplasmosis.Lancet,2004;Vol.363;pp.1965 - 76.

注释：这是一篇关于近期本领域的专家诊断弓形虫病的非常实用的总结。非常重要的是，该论文提供了处置急性感染的，在怀孕期获得感染的孕妇，先天性感染的胎儿或婴儿，视觉疾病患者和免疫抑制患者更新信息。讨论了对孕妇进行一线和二线预防有效性的争议。

阴道滴虫

Noreen A. Hynes, MD, PHD

微生物学

- 阴道滴虫（Trichomonas vaginalis，TV）5~15μm，梨形，有动力，有鞭毛，原生动物寄生虫，仅存在滋养体阶段。
- 兼性厌氧，二分裂繁殖；最适合生长在潮湿环境，pH 4.9~7.5，温度 35℃ ~37℃。
- 滴虫成簇聚焦在泌尿生殖道上皮层，仅覆盖小范围的区域表面；侵袭表面上皮直接导致滴虫群下面的部分损伤；固有层的血浆细胞、淋巴细胞和中性粒细胞可见非特异性炎症反应。上皮细胞可以发生表面溃疡。
- 在衣物、毛巾和浴室的水中存活达 45 分钟。

临床信息

- 美国最常见的非病毒 STD，据估计每年新增感染患者 730 万；在美国女性中的流行率为 ~3.1%（在非西班牙和葡萄牙白种女性中的流行率为 1.2%，在非西班牙和葡萄牙黑种女性中的流行率为 13%）。美国的危险因素包括在美国出生，年龄 >20 岁，教育水平低，贫困，阴道冲洗，一生中性伙伴数量多，非西班牙和葡萄牙黑种人。
- 由于破坏表皮细胞，增加阴道、子宫颈或尿道分泌物中的 CD_4^+ 淋巴细胞数量，而提高获得和传播 HIV 的危险性；提高由阴道滴虫或淋巴细胞活化而导致尿道炎的 HIV 感染男性患者精清中的 HIVRNA 浓度。
- 由于同时感染其他 STDs 非常普遍，因素应对其他可以治疗的 STDs 进行检测。
- 女性疾病谱：从无症状感染（约 50%）至伴复杂的盆腔炎性疾病的严重感染。
- 有症状女性患者的常见表现：分泌物——多，有时是起泡的，黄绿色至灰色，均质的，有或没有淡淡的鱼腥味；外阴阴道区域——通常具有红斑；子宫颈——由出血点导致子宫颈阴道红斑，阴道炎斑点（"草莓状宫颈"）是具有诊断性的病征，但不常见（2%~5% 的感染）；瘙痒——偶尔抱怨；一些患者可能抱怨排尿困难；可能发现下腹部压痛（达到 10%），可能提示输卵管炎，需要处理盆腔炎性疾病（见阴道分泌物部分和盆腔炎性疾病部分）。
- 孕妇感染：感染（确定）和治疗（可能）与围产期发病率相关，因此应与患者讨论其危险性和益处。
- 男性疾病谱：从无症状感染（高达 75%）至严重感染伴复杂性附睾炎或前列腺炎。
- 有症状男性患者的常见表现：30%~50% 男性非淋球菌尿道炎患者，在暴露 10 天以内会产生黏液样或脓性分泌物；可以发现局部炎症，包括龟头炎或阴茎头包皮炎。
- 重点照护诊断：包括临床检查发现和分泌物 pH 值 >4.5（敏感性 = 56%，特异性 = 50%）；阴道或尿道分泌物、前列腺分泌物和尿沉渣盐水湿片——活动的滴虫（与培养相比较，敏感率 0~70%）和 PMNs 增加（PMNs 比阴道表皮细胞 >1:1，但也可见于淋病、衣原体和 HSV 分泌物）。一些病例 10%KOH 压片嗅实验（"whiff" test）阳性（在阴道分泌物标本中加入 10%KOH 增加难闻的鱼腥味）。其他 FDA 指出的重点照护诊断敏感性 >83% 且特异性 >97% 的非显微镜检查包括：OSOM 滴虫快速检测（Geneyme Diagnostics, 剑桥，马萨诸塞州）耗时 10 分钟（敏感性 83%，特异性 98.8%）。使用戴蒙德培养基进行培养基，和以培养为基础的商品化检测如 InPouch 系统，敏感性 90%~95%，特异性 >95%。

- 以实验室为基础的诊断：培养被认为是诊断的金标准；核酸检测技术包括直接探针检测和扩增方法。Affirm VPIII（Becton Dickinson and Co,Sparks，马里兰州）是一种直接 DNA 探针，检测细菌性阴道炎患者阴拭子标本中的白念珠菌和阴道滴虫。该分析对阴道滴虫的敏感性为 90%，特异性 98%。核酸扩增检测如聚合酶链式反应目前没有商品化试剂盒。

感染部位

- 女性尿道上皮细胞：阴道，子宫颈，尿道，前庭大腺，尿道旁腺管，膀胱，输卵管。
- 男性尿道上皮细胞：尿道，附睾，前列腺，膀胱；精液。
- 新生儿感染：高达 17% 由感染母亲分娩的女性婴儿，由于母亲雌激素对新生儿尿道上皮细胞的影响，会发展为尿道感染；由于经过感染的产道也可能发生肺炎。

治疗

男性和非妊娠女性非复杂性尿道感染

- 甲硝唑 2 g PO ，1 次。
- 替硝唑 2 g PO，1 次。
- 替代治疗：甲硝唑 500 mg PO q12h × 7 天。
- 妊娠和哺乳期妇女非复杂性尿道感染治疗
- 可以给予甲硝唑 2 g PO 1 次。如果是产后或母服喂养患者，在治疗后停止母乳喂养 12~24 小时。
- 应告知孕妇治疗的危险性和益处，因素感染（确定）和治疗（可能）与围产期发病率相关。考虑将治疗推迟到孕 >37 周。

膀胱炎

- 女性：甲硝唑或替硝唑 500 mg PO q12h × 7 天。
- 男性：甲硝唑或替硝唑 500 mg PO q12h × 7 天，然后请专科医生会诊，检测是否治愈并进行尿道评估。

前列腺炎

- 甲硝唑 500 mg PO，每天 2 次 × 28 天，然后检测是否治愈。如果没有治愈，应请专科医生会诊进一步治疗方案。
- 替硝唑 500 mg PO，每天 2 次 × 28 天，然后检测是否治愈。如果没有治愈，应请专科医生会诊进一步治疗方案。

盆腔炎性疾病（发现阴道滴虫）

- 门诊患者方案：头孢曲松 250 mg IM × 1 剂 + 多西环素 100 mg PO，每天 2 次 × 14 天 + 甲硝唑 500 mg PO，每天 2 次 × 14 天，或头孢西丁 2g IM+ 丙磺舒 1g PO × 1 剂 + 多西环素 100 mg PO，每天 2 次 × 14 天 + 甲硝唑 500 mg PO，每天 2 次 × 14 天，其他胃肠外三代头孢菌素 + 多西环素 100 mg PO，每天 2 次 × 14 天 + 甲硝唑 500 mg PO，每天 2 次 × 14 天。
- 住院患者方案：头孢西丁 2 g IV q6h+ 多西环素 100 mg IV/ PO q12h+ 甲硝唑 500 mg 口服或静脉 q12h 直到临床改善后至少 24h，然后使用门诊患者方案治疗满 14 天，或克林霉素 900 mg IV q8h+ 庆大霉素负责剂量 IV/IM（2 mg/kg），然后 1.5 mg/kg q8h 或 5 mg/kg 每天 1 次 + 甲硝唑 500 mg PO/IV q12h 直到临床改善后至少 24h，然后改为门诊患者方案治疗，满 14 天。

附睾炎

- 甲硝唑 500 mg PO q12h × 10 天。
- 辅助治疗：卧床休息；阴囊抬高；给予镇痛剂至发热或局部炎症缓解。在 72 小时内对每位患者再次检查，以评估原始诊断和治疗。此时如果没有改善，要求对诊断和治疗重新评估。完成抗菌治疗后仍然持续红肿和压痛，应对鉴别诊断进行综合评估，考虑 (1) 肿瘤 ;(2) 脓肿 ;(3) 梗死 ;(4) 睾丸癌 ;(5) 结核和 (6) 真菌。

甲硝唑或替硝唑过敏患者的治疗

- 向美国疾病控制和预防中心的 STD 部门咨询，甲硝唑脱敏方案（口服和静脉）和其他可能的治疗选择，致电 404-639-1989。

随访

- 所有感染患者目前的性伴侣都应接受治疗，以预防患者再次感染；对在过去的 90 天内存在性接触的非目前性伴侣，应进行评估和可能的治疗。
- 所有患者均应检测同时感染的其他 STDs，包括 HIV，衣原体，淋病（在高流行率人群中）和梅毒（在高流行率人群中）。
- 建立患者避免进行性生活，直到完成治疗，且性伴侣也接受了治疗，患者及其性伴侣均没有症状。
- 对于感染没有治愈的复杂性感染患者，进行 7 天方案的再治疗，而不是单次全药方案；保证患者的所有性伴侣都进行了确认和治疗。再次治疗失败患者应请专家会诊。
- 患者的教育与避免感染相关，包括应向其强调使用男性或女性避孕套。
- 对具有 PID 的女性或孕妇，在治疗中和治疗后应进行随访。
- 对患膀胱炎，附睾炎或前列腺炎的男性患者，在治疗中和治疗后应进行随访。

其他信息

- 大部分的感染是无临床症状的。这与病原体在 HIV 感染的传播和获得中的作用相关，强调了对于没有长期相互一夫一妻式性关系的患者，进行该病原体常规检测的重要性。
- 阴道滴虫能够诱导女性局部产生分泌型 IgA，但这很少在感染的男性患者中发生。
- 可能导致阴道滴虫病治疗失败的因素：除非是 1 次给药治疗方案，应坚持治疗方案；给药后呕吐，导致无法达到治疗浓度；由没有治疗或治疗不完全的性伴侣，导致再次感染；需氧或厌氧的阴道细菌导致甲硝唑失效；低血清锌离子水平（少见）。
- 2.5%~9.6% 的临床分离株对甲硝唑耐药；耐药被定义为需氧最低杀菌浓度（MLC）≥ 50 μ g/ml。大部分耐药是轻度的，如 MIC 为 50~100 μ g/ml 意味着可以使用更高剂量的甲硝唑或替硝唑进行治疗。

推荐依据

Centers for Disease Control and Prevention, Workowski KA, Berman SM. Sexually transmitted diseases treatment guidelines,2006. MMWR Recomm Rep, 2006; Vol. 55; pp. 1 - 94.

注释：这篇报道中的信息更新了 2002 年性传播疾病治疗指南。更新的指南包括对滴虫进行扩大的诊断评估；推荐用于滴虫病的新型抗菌药物；讨论了滴虫病在尿道炎 / 子宫颈炎和治疗相关事项中的作用。该指南电子版可通过网络获得：http://www.cdc.gov/std/treatment/

病毒

腺病毒

Lisa A. Spacek, MD, PhD and Khalil G. Ghanem, MD, PhD

微生物学

- 无包膜、双链 DNA 病毒，已知血清型 52 种。在猴类、啮齿类和鸟类发现相类似的病毒。
- 通常经呼吸道传播；可以通过水源、污染物和器械等媒介，人－人传播。
- 在室温条件下 3 天仍存在传染性；具有较高的传染性。
- 在酸性条件（低 pH 值）下稳定，能够抵抗胃酸和胆汁。病毒在肠道内能够高度增殖。
- 能够在淋巴上皮组织潜伏。

临床信息

- 流行病学：世界范围内普遍存在。在新生儿群体流行。人群密集是急性感染的高危因素（军队兵役是高危感染者）。
- 通常经呼吸道和接触传播。在儿童表现为轻度咽峡炎／气管炎。新生儿表现为支气管炎和肺炎。成人通常表现为轻度的气管支气管炎，但也可发生非典型肺炎。
- 由于血清型和组织嗜性不同可以表现为很广泛的疾病状态。T 细胞介导的细胞免疫和体液免疫在疾病控制中均发挥重要的作用。
- 儿童：上呼吸道感染（1、2、4~6），腹泻（2、3、5、40 和 41），出血性膀胱炎（7、11、21），咽结膜炎（3 和 7），脑膜脑炎（2、6、7、12）。
- 成人：上呼吸道感染（3、4、7），肺炎和角结膜炎（8、19、37）。腺病毒 14 能够引起健康青壮年严重的肺炎（Louie JK.CID2008;46:421）。
- 免疫抑制病人：能够引起播散性感染，通常累及肺，肝脏，泌尿系统：肺炎（5，31、34、35、39），泌尿系统感染／出血性膀胱炎，小肠感染（42~47）和脑膜脑炎（7、12、32）。
- 实体器官移植者：出现疾病的器官往往是移植的器官。儿科肝脏移植者，发病率为 4%~10%，死亡率 53%。肾脏移植，出血性膀胱炎和肺炎的死亡率 17%。腺病毒能够在 50% 的儿科肺脏或心肺联合移植的移植物中检测到，引起泛细支气管炎和移植器官功能丧失。
- 诊断：组织培养有病毒生长（2~7 天），PCR（快速、敏感），RT-PCR 能够定量检测病毒，ELISA 方法检测抗原，血清抗体 4 倍升高，需要急性期或恢复期血浆双份标本对照。
- 病毒血清学鉴定通常作为暴发流行的调查和研究依据。

感染部位

- 新生儿常常出现严重的播散性感染（通常参与的血清型包括 3、7、21、30）
- 新生儿出现卡他和咽峡炎（1、2、5）
- 儿童咽结膜性发热：发热、结膜炎、咽峡炎、鼻窦炎和颈淋巴结炎。与 3 型感染相关。
- 眼：成人流行性角结膜炎（8、19、37）。结膜炎可能持续 1~4 周。角膜炎可能持续几个月。10% 的病人可出现继发的家庭播散。
- 生殖道：儿童和免疫抑制成人可出现出血性膀胱炎。症状持续小于 7 天。
- 消化道：婴儿期水样泻，可伴有发热，持续 1~2 周。儿童可出现肠套叠，消化道症状前可现有呼吸道症状或并存出现呼吸道症状。
- 中枢神经系统：急性脑炎或脑膜脑炎，尤其是儿童和免疫抑制人群。也可出现慢性脑膜脑炎伴低 γ 球蛋白血症。

治疗

预防

- 洗手是一种有效的预防所有腺病毒感染的方法。
- 流行时，对于病人和医护人员采用标准的预防方法（洗手，抗感染溶液，呼吸道隔离）能够有效的控制院内播散。
- 使用口服疫苗对于军役人员进行免疫能够有效的预防腺病毒感染。1996 年疫苗的生产被终止，目前没有现存的 FDA 批准的疫苗。
- 口服疫苗包括腺病毒血清型 4、7 非减毒活疫苗，能够产生保护性抗体反应。

化学治疗

- 大多数的腺病毒感染在免疫健全患者表现为自限性疾病，不需要任何治疗。
- FDA 批准的其他适应证的药物（如西多福韦、利巴韦林）用于治疗严重的腺病毒感染。预防性治疗和降低免疫抑制治疗用于病毒血症和严重淋巴结病者。
- 西多福韦用于干细胞和实体器官移植病人；严重的不良反应包括肾脏毒性，骨髓抑制和眼葡萄膜炎。所有的血清型体外实验都是敏感的。
- 利巴韦林的治疗效果不肯定，仅少数血清型体外对利巴韦林敏感（1、2、5、6）。
- 免疫功能恢复，CD_4 细胞升高，血清特异性中和抗体与病毒清除相关。

其他信息

- 血清型和临床症状的相关性表现为一些地理区域的特异性。
- 补体结合的抗体具有组特异性，持续 1 年半又有消失。中和以及血凝抑制抗体是血清型特异的并且能够持续 20 年或更长时间。

推荐依据

Echavarr í a, M. Adenoviruses in immunocompromised hosts. Clin Microbiol Rev, 2008; Vol. 21; pp. 704 - 715.

注释：综述的重点为致病机制和诊断方法。

Ison MG. Adenovirus infections in transplant recipients. Clin Infect Dis, 2006; Vol. 43; pp. 331 - 339.

注释：很好的阐述腺病毒感染的临床表现的综述，可表现为无症状的病毒血症，也可为呼吸道、消化道、出血性膀胱炎以及严重播散性疾病。

巨细胞病毒

Lisa Spacek, MD, PhD

微生物学

- 是有包膜的双链 DNA 病毒，属于 β－疱疹类病毒属；能够建立长达一生的潜伏感染。
- 通过性接触或密切接触传播（家庭成员间，护理员），血液或组织暴露，围产期。尿、血、咽喉、粪便、宫颈、精液、乳汁均可培养出病毒。
- 血清阳性率随着年龄的增加而增加，在世界范围内存在差别；成人血清阳性率波动于 40%~100%，在发展中国家较高。

- 在细胞培养中生长缓慢（在组织培养中 6 周才能看到细胞病变），细胞病变的特点是细胞体积和细胞核变大（猫头鹰眼样）和细胞浆包涵体形成。
- 分离病毒或检测到病毒蛋白或核酸能够确诊 CMV 感染。临床器官受累的症状和体征联合确诊 CMV 感染 =CMV 病。

临床信息

- 免疫健全病人：可表现为无症状感染，也可表现为无异嗜性白细胞的单核细胞增多症，延长的发热，倦怠，皮疹，淋巴细胞增多，异型淋巴细胞和转氨酶升高。
- 移植病人（尤其是移植后 30~100 天的病人）：感染的风险与移植的种类相关（肺脏移植 > 肾脏移植），供体和受体的 CMV 血清状态（供者阳性 / 受者阴性，CMV 血清阳性供者 /CMV 血清阴性的受体），免疫抑制治疗的种类（其他治疗的风险大于使用抗淋巴细胞抗体治疗）和程度相关。活动性疾病的表现可波动于无症状的 CMV 感染至 CMV 综合征（发热，中性粒细胞减少或血小板减少，血中检测到 CMV），或器官受累症状和体征。
- 在没有预防治疗的情况下，80%~100% 的供体阳性 / 受体阴性的尸体器官移植病人会发生 CMV 感染，并 50%~70% 病人会发展成为 CMV 病。
- HIV/AIDS 病人：大多数的 CMV 病发生于免疫抑制较为严重的阶段，CD_4^+ T 细胞 <50/mm^3。
- 先天感染：90% 新生儿存在先天感染，但在出生时没有任何临床症状；10% 会产生小头畸形，惊厥，不正常的神经系统检查，感音神经性耳聋，吃奶障碍。最大的风险是妊娠期母亲原发感染：妊娠早期（妊娠前三个月，婴儿感染的风险 2%）至妊娠后期（妊娠后三个月，婴儿感染的风险为 28%）。
- CMV 病的诊断需要联合相应的临床症状和血液、血浆或组织能够检测到 CMV，并且没有其他可能的致病菌存在。
- 诊断：培养人成纤维细胞（耗时）；病毒壳抗原检测（使用单克隆抗体检测培养细胞的早期 CMV 抗原，2~3 天）；血清学检查（仅用于免疫抑制病人，检测原发感染的 IgM/IgG 抗体）；抗原血症（使用抗 CMV 基质蛋白 PP65 检测中性粒细胞内的抗原）；使用早期抗原引物、PCR 方法检测 CMVDNA 聚合酶，PCR 能够定性或定量检测。在临床实践中 PCR 检测方法已经大大的替代了抗原检测。
- 当 CMV 引起严重的消化道、肺部或中枢神经系统疾病时，CMV 抗原血症和定量 PCR 检测方法可能是阴性的。

感染部位

- 器官特异性的临床表现在免疫功能不全的病人的 CMV 感染时少见，然而，肺炎、结肠炎、心肌炎、脑膜脑炎均有报道。在有症状的 CMV 感染时，肝酶升高常见。CMV 感染能引起格林巴利综合征。
- 移植：因为 MHC 不相合，移植物是最容易发生 CMV 复制的地方；肺炎（尤其是肺移植和骨髓移植的病人；骨髓移植病人 CMV 感染死亡率高达 84%）；肝炎（尤其是肝脏移植病人）；肾炎；食管炎；胃炎；结肠炎（在所有实体器官移植病人，CMV 引起的消化道疾病均很常见），脑膜脑炎，心肌炎，胰腺炎，CMV 脉络膜视网膜炎在器官移植病人少见。
- 先天 CMV 感染：新生儿发育迟缓，黄疸，肝脾大，淤点淤斑、小头畸形，脉络膜视网膜炎。
- 围产期（通过宫颈或母乳传播）：无症状；较长期的听力和智力障碍。
- AIDS：视网膜炎（CD_4^+ T 细胞 <50/mm^3），多发神经根病和脑膜脑炎，食管炎，结肠炎，CMV 作为肺炎的唯一病因不常见，但是可在 HIV 感染晚期出现。

病原体

治疗

预防

- 尽可能给 CMV 阴性的受体 CMV 阴性的骨髓、干细胞或实体器官。
- 给器官移植病人提供 CMV 阴性或去除白细胞的血液制品治疗是高度有效的。
- 多个性伴侣的性活跃期的器官移植病人在性接触时应该使用安全套。
- 给初学走路的孩子更换尿布或擦拭口腔分泌物是一个传播 CMV 给血清阴性者的高危行为，应尽量避免。

预防治疗和抢先治疗

- 预防治疗：给予所有供体阳性或受体阳性的病人治疗（普遍性预防治疗）；高危器官移植病人：供体阳性 / 受体阴性或受体阳性使用抗淋巴细胞抗体治疗的病人，配型不完全相合或无关供者，移植物抗受体反应。
- 实体器官移植病人的预防治疗：更昔洛韦（5 mg/(kg · d)）或缬更昔洛韦（900 mg PO/d）× 3~6 天。最佳疗程不确定，依赖于免疫抑制的程度。
- 抢先治疗：通过对器官移植后的病人的病毒学监测，只给予有 CMV 感染证据（血液和肺脏）的病人治疗，以预防活动性疾病，如给予 CMV 抗原血症或 CMVPCR 阳性的病人治疗。预防治疗和抢先治疗均能够有效的预防 CMV 病。
- 如果供体阳性 / 受体阴性的同基因器官移植病人需要筛查过的或滤过的血液制品治疗，给予早期 CMV 感染病人（移植后 100 天以内）抢先治疗能够降低其 CMV 感染的严重程度。静脉给予更昔洛韦 5 mg/kg 治疗，每天 2 次，疗程 14 天；然后序贯为 5 mg/(kg · d)，疗程 5 天。直到移植 100 日以后或病原血症或 PCR 转阴。膦甲酸（90 mg/kg 静脉治疗，每天 2 次，疗程 2 周，序贯为 90 mg/kg 每天 1 次，每周 5 天，疗程 2 周）对于骨髓移植治疗病人同样有效。但是联合治疗没有更好的疗效，可能带来更多的毒副作用。
- 在供体阳性 / 受体阴性的肾脏，肝脏，胰腺，心脏；口服更昔洛韦，缬更昔洛韦，或缬阿昔洛韦（肾脏毒性）3 个月，或静脉使用更昔洛韦 1~3 月。抢先治疗并不是最好的治疗。可以联合 CMV Ig 治疗。受体阳性的肾脏、肝脏、胰腺、心脏：口服更昔洛韦、缬更昔洛韦或缬阿昔洛韦 3 个月，可以使用抗 CMV 抗体，预防治疗可以延长至 6 个月（尤其是在供体阳性 / 受体阴性的情况下）。
- FDA 提醒在肝脏移植的病人应该小心使用缬更昔洛韦，因为很多数据表明与口服更昔洛韦相比，口服缬更昔洛韦的肝脏毒性更大。然而，也有一些专家根据一个研究的结果推荐缬更昔洛韦的治疗。
- 在治疗急性排异反应的病人时（使用大剂量激素、抗淋巴细胞抗体或 OKT3 治疗），应该考虑预防性应用缬更昔洛韦。

治疗

- 免疫健全病人：通常呈自限性病程，不需要特异性的抗病毒治疗。
- 实体器官移植病人，侵袭器官的 CMV 病或高病毒载量：更昔洛韦 5mg/kg 静脉治疗每 12 小时 1 次，疗程 14~21 天或直到病毒血症清除或明显的临床症状改善。
- CMV 静脉抗体通常用于严重的间质性肺炎，反复或持续 CMV 感染。在这些人群中，尚缺乏好的前瞻性的数据。
- 同源干细胞移植者 CMV 肺炎：静脉更昔洛韦 5 mg/kg，每 12 小时 1 次，疗程 21 天，序贯为 5 mg/kg，每 24 小时 1 次，疗程 3~4 周联合静脉丙种球蛋白（500 mg/kg）或 CMV 抗体（150 mg/kg），每周 2 次，疗程 2 周，然后改为每周 1 次 ×4 周。
- 同源干细胞移植患者合并消化道感染或视网膜炎：更昔洛韦 5mg/kg 每 12 小时

1 次 ×14~21 天，然后改为每 24 小时 1 次 ×3~4 周或直到移植后第 100 天。对于骨髓移植病人，可以替换为膦甲酸 90 mg/kg 每 12 小时 1 次。

- 已经证明西多福韦对于 CMV 视网膜炎有效。与更昔洛韦的交叉耐药也较为常见，尤其是高水平的更昔洛韦耐药。较少用于器官移植的病人。
- 由于缬更昔洛韦有很好的生物利用度，可以考虑缬更昔洛韦 900 mg，每天 2 次，口服作为诱导治疗。一些专家使用缬更昔洛韦口服治疗无症状的病毒血症或轻度疾病（存在临床症状 –CMV 综合征），疗程至少 21 天或更长，指导病毒血症清除。
- 缬更昔洛韦被批准用于治疗 AIDS 病人的 CMV 视网膜炎。
- 在治疗 CMV 病期间，应该减少或停止抗代谢药物治疗（硫唑嘌呤或霉酚酸酯）。当再次给予抗代谢药物治疗时，疾病的严重程度和排异的风险会增加。

随诊

- 同源干细胞移植病人晚期 CMV 病（移植 100 天以后）的危险因素包括无关供者或去除 T 细胞的移植、慢性移植物抗宿主反应、糖皮质激素使用、CD_4^+ T 细胞计数 <50/ml，移植 100 天以内的 CMV 感染。
- 不相配的无关供者和移植物抗宿主反应是同基因骨髓移植病人 CMV 复发的危险因素。
- 骨髓移植：如果抗原血症或 CMVPCR 阳性持续 >4 周或在 3 周后定量检查水平升高，这种情况被认为是耐药的 CMV 感染，建议停止更昔洛韦治疗，更改为膦甲酸治疗。
- 实体器官移植：与发展成为临床显著的更昔洛韦耐药相关的因素包括：供者阳性 / 受者阴性的血清学状态，延长的更昔洛韦暴露，潜在的免疫抑制，不理想的更昔洛韦水平，高病毒载量。
- 实体器官移植：如果治疗 2 周后定量的 PCR 检测下降小于 50%，应该怀疑存在病毒耐药并重新评估移植者的免疫状态。
- 在 CMVPCR 检测转为阴性和 CMV 感染器官特异性的症状体征消失后，再治疗 1 周。
- 在起始抗 CMV 感染或 CMV 病治疗后应该考虑再次给予 3 个月的二次预防治疗，尤其是在有感染复发高危因素的病人（供体阳性 / 受体阴性）。

其他信息

- 21%CMV 和 79% 的 EBV 能够引起单核细胞增多症样临床表现：CMV 较少出现扁桃体咽炎，淋巴结肿大，脾肿大；系统感染的症状（伤寒样症状）和肝炎在 CMV 感染较为多见。
- 晚期 CMV 感染：在移植物延迟免疫针对病毒的免疫重建时尽早使用抗病毒治疗，停止预防性治疗回事病人晚期 CMV 感染的风险增高。
- 缬更昔洛韦（更昔洛韦的前体药物）口服生物利用度能够达到 60%~70%。在治疗 AIDS CMV 视网膜炎时有效。临床在移植病人中的使用正不断增加。
- 更昔洛韦和缬更昔洛韦存在交叉耐药。更昔洛韦和膦甲酸之间的交叉耐药少见。
- 由于耐药的检测很耗费时间，药物耐药的往往是临床基于药物治疗失败做出的诊断。应该在等待耐药检测结果的同时更改药物治疗方案。

推荐依据

Griffiths P, Whitley R, Snydman DR, et al. Contemporary management of cytomegalovirus infection in transplant recipients: guidelines from an IHMF workshop, 2007. Herpes, 2008; Vol. 15; pp. 4 - 12.

病原体

注释：这些指南是口服更昔洛韦作为新药用于抢先治疗的药物评价的参照药物的基础，因为口服更昔洛韦治疗在很多移植病人的治疗中积累了大量的数据。

Preiksaitis JK, Brennan DC, Fishman J, et al. Canadian society of transplantation consensus workshop on cytomegalovirus management in solid organ transplantation fi nal report. Am J Transplant, 2005; Vol. 5; pp. 218 - 27.

注释：这篇文章观点的部分基础。

Paya C, Humar A, Dominguez E, et al. Effi cacy and safety of valganciclovir vs. oral ganciclovir for prevention of cytomegalovirus disease in solid organ transplant recipients. Am J Transplant, 2004; Vol. 4; pp. 611 - 20.

注释：III 期、随机、前瞻、双盲研究，比较了口服缬更昔洛韦和更昔洛韦预防治疗（在移植后 100 天内）肾脏、肾脏 – 胰腺、心脏和肝脏移植的具有高危 CMV 感染病人（供体阳性 / 受体阴性）的有效性。移植后 6 个月和 12 个月，使用两种药物组的病人 CMV 病的发生率、安全性没有区别。

Centers for Disease Control and Prevention, Infectious Disease Society of America, American Society of Blood and Marrow Transplantation. Guidelines for preventing opportunistic infections among hematopoietic stem cell transplant recipients. MMWR Recomm Rep, 2000; Vol. 49; pp. 1 - 125, CE1 - 7.

注释：这篇文章观点的部分基础。

肠病毒

Paul G. Auwaerter, MD

微生物学

- 小核糖核酸病毒科成员，为单链 RNA 病毒。
- 以前分类属于 4 组（埃可病毒，柯萨奇病毒 A，柯萨奇病毒 B 和脊髓灰质炎病毒），但是现在非脊髓灰质炎倡导病毒分为柯萨奇病毒 A，柯萨奇病毒 B，埃可病毒和其他（新发现的肠道病毒使用连续的数字命名，如 EV70）
- 普遍存在的病毒，总共有 62 种非脊髓灰质炎肠道病毒：柯萨奇病毒 A(1–22、24)，柯萨奇病毒 B（1–6），埃可病毒（1–9、11–21、24–27、29–33）和肠道病毒（68–71）。
- 是仅次于鼻病毒，已引起人类病毒感染的第二类常见病毒。

临床信息

- 肠道病毒通常径粪 – 口途径传播，但是在呼吸道分泌物中能够检测到病毒。
- 夏秋交界时高发。通常在学校、看护中心，通过换尿布等接触感染病毒的婴幼儿而传播。
- 潜伏期 3~5 天，对于中枢神经系统感染潜伏期可长达 12 天。
- 在感染早期脑脊液常以多核细胞为主，然后转变为单核细胞为主。
- 诊断：从无菌体液或组织中通过培养或 PCR 方法分离病毒能够诊断。PCR 优于培养（脑脊液 PCR 敏感性 >80%，而培养的敏感性仅为 30%）。
- 应该注意，在儿童粪便中分离病毒常常提示感染，但是不足以明确诊断（但是可作为支持诊断的依据）。在早期感染后，粪便携带病毒的状态能够持续 8 周。
- 血清学检查也可以用于诊断，但是需要急性期和恢复期的样本来确定诊断。对于急性感染的诊断帮助不大。

感染部位

- 大多数感染（大约 90%）是没有症状的或仅表现为轻微的症状。
- 通常会出现病毒血症。
- 皮肤：很多临床表现。非特异性的斑丘疹样皮疹最为常见，但是淤点或紫癜样皮疹也可见。手、足和口（HFM）病（舌头或双侧颊黏膜以及手、足的水泡）是柯萨奇病毒 A 感染的典型表现。疱疹性咽峡炎（扁桃体和咽喉壁小泡，伴有严重的咽喉疼痛）通常由柯萨奇病毒 A 所致。
- 神经系统：是无菌脑膜炎最常见的病因（肠道病毒引起 50% 成人无菌性脑膜炎）；急性迟缓性麻痹（脊髓灰质炎、非脊髓灰质炎肠道病毒尤其是肠道病毒 71），脑膜脑炎，脑炎。
- 心脏：心包炎，心肌炎。
- 呼吸：上呼吸道感染（"头伤风"，急性病毒性气管炎）；胸膜痛，流行性胸膜同通常称为 Bornholm 病，通常由柯萨奇病毒 B 引起。
- 新生儿感染：可能是播散性或凶险感染，导致死亡。

治疗

一般建议

- 大多数感染为自限性病程，不需要支持治疗。
- 例外：严重免疫抑制病人（X- 染色体相关的 γ 球蛋白血症），严重急性心肌炎，一些脑膜炎，脑膜脑炎。
- 通常严重免疫抑制或持续感染的病人需要治疗。
- 静脉用人丙种球蛋白：关于此药，有治疗成功的数据，也有失败的数据。通常在重症患者给予 IVIG 治疗，剂量 1~2 g/kg，24 小时以上静脉使用。
- 普来那可立，实验用抗病毒药，被认为具有疗效，但目前尚未应用至临床。心肌炎。
- 严重新生儿、儿童、成人病例，使用静脉用免疫球蛋白治疗，有两个研究的数据证明是有效的（例如改善左室功能）。
- 静脉用免疫球蛋白：推荐剂量 2 g/kg，24 小时以上静脉输液。

随访

- 大多数感染没有后遗症。
- 严重感染偶尔能够导致瘫痪或其他神经系统后遗症，心脏受累可导致扩张型心肌病。

其他信息

- 肠道病毒可能在自身免疫性疾病中发挥作用，引起 I 型、青少年发病的糖尿病。

推荐依据

Lee BE, Davies HD. Aseptic meningitis. Curr Opin Infect Dis, 2007; Vol. 20; pp. 272 - 7.

注释：急诊和住院病区的常见问题；如果及时使用 PCR 病毒检测方法能够避免不必要的抗生素治疗，主要的目的是除外细菌感染，由于细菌感染常为危及生命的。支持治疗仍是治疗肠道病毒感染的基本治疗。

EB 病毒

Paul G. Auwaerter, MD

微生物学

- 人类疱疹病毒（HHV-4），确立潜伏感染。

临床信息

- 最常见的为亚临床感染（90%），特别是儿童。感染在社会经济欠发达地区更为流行。EB 病毒通常经无症状者的涎液传播。
- 95% 病人在 40 岁时均被感染过，30~50% 大学新生没有被感染。
- 原发有症状的感染 = 感染性单核细胞增多症（传染性单核细胞增多症的发病高峰为 10~20 岁早期）30%~70% 病人通过性接触传播。
- 单核细胞增多综合征的鉴别诊断：包括 A 组链球菌咽峡炎，急性 CMV 感染，急性 HIV 感染，弓形虫病，流感，病毒性肝炎，风疹，药物反应。
- 白细胞增高（$10\sim18\times10^9$/L），淋巴细胞增多（40%~60%）较常见。异性淋巴细胞能够占到淋巴细胞的 10%~30%。
- 诊断：90% 嗜异性抗体阳性（Monospot，一种检测传染性单核细胞的试剂盒），阴性者再重复检查时可变为阳性。10% 持续阴性，使用 EB 病毒特异性抗体：急性感染时，如果在 <4~6 周检测，EB 病毒壳抗体 IgM 和 IgG 阳性，EB-DNA 检查阴性。
- 怀疑感染性单核细胞增多症的病人在感染 <4~6 周时，EB 病毒 DNA 检查阳性强烈的质疑了病毒壳抗体 IgM、IgG 滴度提示既往感染，因此并不支持 EBV 作为单核细胞综合征样疾病的病因。
- 嗜异性抗体检查假阳性少见：可见于淋巴瘤、肝炎、系统性红斑狼疮，HIV 感染
- EBVPCR 通常对于由于 EBV 所致的淋巴瘤的诊断是有帮助的，尤其是 HIV 感染病人的中枢神经系统林淋巴瘤。诊断的敏感性高达 97%，特异性 98%，但可能较低。同样对于 EBV 导致的脑膜脑炎诊断有帮助。
- 不要查 EBV 抗体滴度作为评价消耗的指标。EBV 不想通常认为的那样，是慢性消耗综合征的病因。

感染部位

- 经典的传染性单核细胞增多症三联症：发热，咽峡炎，淋巴结肿大（尤其是颈后淋巴结）
- 通常情况：转氨酶升高（ALT 通常 <300/ml），脾肿大（50%），肝肿大，皮疹（10%）。传染性单核细胞增多症时，使用阿莫西林后皮疹的发生率 >98%~100%。
- 不常见：溶血性贫血、血细胞减少、肺炎、心肌炎、惊厥、瘫痪、格林巴利综合征、脑炎（晚期）。
- 年龄 >35 岁的病人的传染性单核细胞增多症的临床表现通常不典型，较少出现咽峡炎，淋巴结肿大（LN）。这些病人通常表现为肝炎、不明原因发热或较少见的并发症。
- 口、眼、耳、鼻、喉：口腔毛状白斑（HIV 感染者），鼻咽癌。
- 血液系统：引起 Burkitt 淋巴瘤，包括其他淋巴瘤，尤其是 HIV 相关的，移植后淋巴增殖性疾病。
- EBV 不是常见的引起慢性乏力综合征的原因。
- 真正的慢性活动性 EBV 感染少见：全血细胞减少，慢性淋巴结病，肺炎，肝功能异常 >8 周。通常通过反复的 EBV 细胞学诊断和 PCR 诊断检查阳性确诊。

治疗

传染性单核细胞增多症：

- 通常自限性，病程平均 <3 周，休息和支持治疗为主。
- 运动员传染性单核细胞增多症：从感染开始停止训练 3 周，如果为较剧烈运动，如足球，没有脾肿大的情况下，停止运动 4 周（最好行影像学检查如 B 超明确诊断。

- 气道梗阻、严重的血小板减少或溶血性贫血的病人可以给予糖皮质激素治疗（强的松 40~60 mg/d）。在严重咽峡炎或复合的临床症状也可给予（存在争议）。
- 阿昔洛韦 / 更昔洛韦：在传染性单核细胞增多症病人治疗中没有作用。可以降低口腔的病毒包壳，但是对于临床无效。

随诊

- 10%~20% 传染性单核细胞增多症的病人中，乏力可以持续 1 月以上。
- 一些信息表明传染性单核细胞增多症增加霍奇金淋巴瘤风险。
- 40 岁时，几乎 95% 成人感染了 EB 病毒。
- 脾脏在一些身材高大的个体可以正常增大（3%~7% 脾脏正常增大，J Sports Med.2006;40(3):251 - 254）。

其他信息

- 咽峡炎和肝酶升高通常为传染性单核细胞增多症的预示，而不见于 A 组溶血性链球菌性咽峡炎。
- 室友、看护者接触增加传染性单核细胞增多症的风险。
- 威胁生命的传染性单核细胞增多症并发症：扁桃体气道阻塞（早期），脾破裂（1~2 周），脑炎（主要在起病的症状和体征出现 1 个月后）。
- EB 病毒特异性的抗体在嗜异性凝集抗体阴性的传染性单核细胞增多症时对于诊断有帮助。EB 病毒壳蛋白 IgM 和 IgG 阳性，EB-DNA 阴性 = 传染性单核细胞增多症，如果出现症状体征 4~6 周以内。EB-DNA 只在感染 6 周后变为阳性，所以 EB-DNA 阳性，能够排除急性 EB 病毒感染。
- EB 病毒不是引起慢性乏力综合征的病因（尽管在传染性单核细胞增多症后能够出现感染后的乏力）。对于慢性乏力综合征的病人，不要常规行 EB 病毒血清学检查 — 没有数据支持 EB 病毒感染能够作为病因。

推荐依据

Candy B, Hotopf M. Steroids for symptom control in infectious mononucleosis. Cochrane Database Syst Rev, 2006; Vol. 3;pp. CD004402.

注释：尽管这个循证医学为基础的综述没有足够的证据说明传染性单核细胞增多症的控制应该给予糖皮质激素治疗，应该注意，可获得的随机对照研究数据非常少，研究设计存在异质性，通常不能有利的获得结论。这个研究对于临床医生来说是较为明确的：使用糖皮质激素来控制传染性单核细胞增多症的症状仍然是医学科学之外的艺术。另外，临床医生们应该考虑到大多数病人在小于 4 周的时间内，即使不给予任何干预，病情也会改善，糖皮质激素能够减弱由于 EBV 所引起的机体反应，导致远期的健康问题。

Tynell E, Aurelius E, Brandell A, et al. Acyclovir and prednisolone treatment of acute infectious mononucleosis: a multicenter, double-blind, placebo-controlled study. J Infect Dis, 1996; Vol. 174; pp. 324 - 31.

注释：使用糖皮质激素和阿昔洛韦联合治疗传染性单核细胞增多症没有任何益处。

汉坦病毒

Paul G. Auwaerter, MD and Joseph Vinetz, MD

微生物学

- 节段、负链病毒。
- 布尼亚病毒属成员。啮齿类动物病毒负荷量与特异性的储存宿主相关。美国，在

病原体

东南地区额鹿鼠，棉鼠以及米鼠可能携带病毒，而在东北地区的白足鼠可能相关。

- 通过吸入储存宿主的涎液、尿液或粪便气溶胶而传播。
- 汉坦病毒（Sin Nombre virus，辛诺柏病毒）由新大陆鼠，家鼠，棉鼠携带，能够引起汉坦病毒肺综合征（HPS）；这些啮齿类动物不存在于城市地区。
- 汉坦病毒感染能够引起出血热肾综合征（HFRS）。Puumula 病毒，由田鼠携带的汉坦病毒，能够引起人类流行性肾病。

临床信息

- 人类两种主要的综合征：汉坦病毒肺综合征 HPS— 只有新大陆鼠携带和出血热肾综合征 HFRS— 亚洲、欧洲。
- 在美国，最常见的致病性汉坦病毒是辛诺伯病毒，引起急性心肺综合征；大多在美国西南部（四个角落地区，主要是主要是亚利桑那州，卡罗拉多州）。
- 以难以鉴别的发热性疾病起病，爆发性进展为急性呼吸窘迫综合征 ARDS 样临床表现，通常发生于既往健康的强壮年。其他临床表现包括血液浓缩。
- 早期症状不特异，在感染 4~10 天后出现心肺症状。
- 高死亡率（30%~50%）。
- 东半球：非特异性发热前驱症状，内皮和血液系统症状，出血，后背痛，腹膜后积液，低血压，休克，少尿型肾功能衰竭。
- 诊断：血清学（汉坦病毒特异性抗体 IgM 或者 IgG 滴度升高），PCR 方法检测汉坦病毒 RNA 或免疫组化法检测汉坦病毒抗原，很少能够分离到病毒。

感染部位

- 肺部：肺水肿，呼吸衰竭。
- 肾脏：美国 — 可能并发休克，通常不是原发肾脏疾病；欧洲大陆病，亚洲汉坦病毒或欧洲 Puumula 病毒；肾衰竭伴随出血热。
- 心脏：美国汉坦病毒病的肺水肿可能是心源性的伴随着由于病毒侵袭心脏所致的心肌抑制。
- 血液系统：血液浓缩，血小板减少，严重的粒细胞核左移，外周血涂片检查见幼稚粒细胞，对于早期的临床诊断非常有意义。

治疗

支持治疗

- 早期诊断对于给予密切的监护治疗非常重要。
- 维持良好的循环状态能够减少呼吸衰竭的风险。

抗病毒治疗

- 没有临床有效的抗病毒治疗。
- 利巴韦林在体外药敏实验是敏感的。
- 利巴韦林有很大的毒性，没有在临床实验中证明有效。

其他信息

- 检测外周血细胞严重的核左移对于早期诊断非常有意义；存在血小板减少，中幼粒细胞，血液浓缩和低碳酸血症是汉坦病毒肺综合征的重要提示。
- CDC（9/96）对于汉坦病毒肺综合征的定义为：体温 >38.8℃，双侧弥漫的肺间质浸润性病变，类似急性呼吸窘迫综合征（ARDS），入院 72 小时内需要吸氧治疗。

推荐依据

Mertz GJ, Miedzinski L, Goade D, et al. Placebo-controlled, double-blind trial of intravenous ribavirin for the treatment of hantavirus cardiopulmonary syndrome in North America. Clin Infect Dis, 2004; Vol. 39; pp. 1307 - 13

注释：利巴韦林耐受性较好，但是在汉坦病毒在出现了心肺症状和体征时，即汉坦病毒心肺综合征的疾病严重阶段给予利巴韦林治疗是无效的。

甲型肝炎病毒

Paul G. Auwaerter, MD

微生物学

- 小核糖核酸病毒（RNA 病毒）。潜伏期一般 15~50 天，平均 28 天。
- 热稳定较大多数 RNA 病毒好，大于 85℃、1 小时才能完全失活。

临床信息

- 通常为暴露于高危因素的人 - 人传播：包括接触污染的食物、水源，流行地区旅游，使用没有完全煮熟的贝类，住院病人，日常护理员，同性恋者，洪水灾害，静脉吸毒者。
- 通常为突然起病的己型肝炎：黑尿、黄疸、发热、不适、恶心、呕吐、腹痛、关节痛、陶土样大便。通常为自限性病程，病程小于 3 周。
- 临床症状和体征：可以从无症状感染致肝脏肿大，脾脏肿大，心动过缓，转氨酶、胆红素升高，淋巴细胞增多，异型单核细胞。转氨酶通常在 7 周左右降到正常。
- 并发症：胆汁淤积，疾病复发，暴发性肝炎，慢性活动性自身免疫性肝炎，自身免疫性肝外疾病，抑郁。
- 通常为暴发性。死亡率 0.3%~0.6%，但是 50 岁以上的病人或有慢性肝脏基础病的病人死亡率能够增加到 2%。
- 鉴别诊断：甲型肝炎的临床表现不特异，不能和其他常见的引起急性肝炎的病因相区别。
- 诊断：抗体检测，使用放射免疫法检测 HAV-IgM，可以在临床症状和体征出现前 5~10 天阳性。HAV-IgM 可以持续升高 3~12 月。HAVIgM 持续升高大于 1 年时间可能为假阳性结果。
- 总 HAV 抗体检测同时检测 IgM 和 IgG，所以如果呈阳性，可能提示先前暴露。
- HAV IgG 在感染后可持续一生时间；在美国无症状成年人中 20%~80% 病人呈阳性。

感染部位

- 肝脏。
- 病毒可经胆道排出，在粪便中的浓度较高。
- 体外实验可在上皮细胞内生长。

治疗

急性感染

- 支持治疗：卧床休息，液体支持。
- 大约 10%~15% 的有症状的 HAV 感染需要住院治疗。
- 急性 HAV 可能在有肝脏基础疾病的患者较重（例如，丙型肝炎）。
- 暴露前预防：常规和跨国旅游。

- 2006 指南推荐，对于所有的 16~23 个月的儿童推荐给予常规的疫苗接种。以前的目标人群是州内的儿童和 HAV 高发地区。
- 急性免疫：灭火的甲型肝炎疫苗，三角肌肌内注射。方式：VAQTA(针对 12 个月 ~18 岁的人群，注射 1 次剂量 25U，18 岁以上的人群，50U 两次注射)，HAVRIX（12 个月 ~18 岁人群，720EL.U 注射 1 次，对于年龄大于 18 岁病人，1440EL.U 分两次注射）。TWINRIX（仅用于大于 18 岁人群，联合甲型肝炎和乙型肝炎疫苗分三次注射（0、1、6 月或在免疫的 12 个月，给予加强的 4 次注射方案 0、7、21~30 天）。
- 保护性抗体在 94%~100% 的成人第 1 次接种疫苗后出现，在第二次接种疫苗后，100% 成人会出现保护性抗体。
- 对于成人：高危的跨国旅行者，处于高流行地区或暴发流行的个体，男性同性恋者，经常接受血液、血浆治疗的病人，慢性肝脏疾病(包括乙型肝炎和丙型肝炎)，高危的雇员，静脉吸毒者。
- 跨国旅游者：应该给予甲型肝炎疫苗接种，通常在临床发现前给予 1 次剂量的疫苗接种即可：VAQTA 或 HA VRIX 1 ml 三角肌内注射，在接种 6~12 个月时加强肌内注射 1 ml。疫苗接种的保护期不明，一般认为 1 次接种能够保护 10 年以上。
- 老年病人，免疫缺陷病人，慢性肝脏疾病病人，其他慢性疾病者，或出发≤ 2 周：给予起始剂量的疫苗治疗并同时在不同部位给予免疫球蛋白（0.02 ml/kg）治疗。
- 如果病人拒绝接受疫苗治疗，或不能接受（例如，病人年龄小于 12 个月），可以给予单剂量的免疫球蛋白治疗，能够提供 3 个月保护。
- 如果使用人免疫球蛋白治疗，给予 0.02 ml/kg IM，保护期 3 个月，一些志愿者接受 0.06 ml/kg 体重的剂量的治疗，能够获得 3~5 月的保护期，并且如果暴露因素存在的话，每 5 个月重复治疗。

暴露后预防

- ACIP 建议仅对于年龄波动于 1~40 岁健康个体暴露后给予肝炎疫苗预防治疗
- 所有其他人群应该接受被动免疫：使用人免疫球蛋白治疗。如果不能获得，给予年龄大于 40 岁的个体疫苗免疫。对于年龄小于 12 个月的儿童，免疫抑制病人，慢性肝病者或存在疫苗接种禁忌证者，使用免疫球蛋白治疗。
- 免疫球蛋白应该在暴露 2 周内给予。使用免疫球蛋白 0.02 ml/kg 臀肌肌注。
- 免疫球蛋白预防：用于暴发控制，密切接触者，日常护理中心接触者，医护接触者。

随访

- 大便中的病毒壳在黄疸出现 2 周前最高。儿童病人持续时间大于成人，能够长达 10 周。
- 大多数症状能够在 8 周以内消失。
- 10%~15% 的病人能够出现症状持续或症状反复，症状能够持续长达 6 周。

其他信息

- 甲型肝炎病毒发病率在 1996 年美国启用甲型肝炎疫苗后下降。发病率从 20 例 /10000 人下降至 1.9 例 /100000 人，2004 年病例数为 5683 例。

推荐依据

AdvisoryCommitteeonImmunizationPractices(ACIP)CentersforDiseaseControlandPr
Advisory Committee on Immunization Practices (ACIP) Centers for Disease Control and Prevention (CDC). Update: Prevention of hepatitis A after exposure to hepatitis A virus and in international travelers. Updated recommendations of the Advisory

Committee on Immunization Practices (ACIP). MMWR Morb Mortal Wkly Rep, 2007; Vol. 56; pp. 1080 - 4.

注释：关于暴露后预防和跨国旅游的更新。主要更新：在年龄 1~40 的病人建议在暴露后给予疫苗接种治疗。

Advisory Committee on Immunization Practices (ACIP), Fiore AE, Wasley A, et al. Prevention of hepatitis A through active or passive immunization: recommendations of the Advisory Committee on Immunization Practices (ACIP). MMWR Recomm Rep, 2006; Vol. 55; pp. 1 - 23.

注释：来自于 ACIP 和 CDC 对于甲型肝炎病毒感染的主动或被动行预防的有效建议。

乙型肝炎病毒

David Thomas, MD, MPH

微生物学

- 有包膜的双链 DNA 病毒。
- 家族：肝脱氧核糖核酸科，正嗤肝 DNA 病毒属。

临床信息

- 感染可以使自限性，也可以慢性化。感染经污染的体液播散。高危因素：多个性伴侣，性传播疾病，男性同性恋，与感染病人的性接触，静脉吸毒者，与慢性感染患者的日常接触，感染母亲的新生儿，HBV 感染高流行地区的新生儿或儿童移民，医护人员和公共安全工作者，血液透析病人。
- 年龄较小的感染者(新生儿)或年龄较大的感染者(大于60 岁)感染的清除率较低。垂直传播的婴儿的感染清除率小于 5%。
- 急性感染通常伴随着典型的肝炎表现：黄疸、乏力、发热、瘙痒症，尿色变深，恶心 / 呕吐，厌食。
- HBV 相关的临床综合征包括：急性感染，恢复感染，慢性乙型感染（可以为抗原阳性也可以为抗原阴性），非活动性乙型肝炎，暴发性乙型感染。在不同的地方之间可以发生变迁并且急性诊断可能需要整合几种检查结果和长期随诊（见后文“诊断”）。
- 急性乙型肝炎：急性乙型肝炎的症状发生于获得感染后 60~110 天（潜伏期）。可能以流感样症状起病或免疫复合表现（斑丘疹、荨麻疹、关节痛、发热、对称性远端关节炎）。黄疸和右上腹痛，白陶土样大便，尿色加深，瘙痒症。实验室检查包括显著升高 ALT 和 AST（$>\times 10$），直接和总胆红素升高，碱性磷酸酶中度升高。可以发生暴发性肝炎且可能致命，尤其是合并有 HDV 感染者。
- 恢复型乙型肝炎：指急性乙型肝炎感染 6 月后，感染控制，临床症状缓解。肝酶正常，乙型肝炎表面抗原清除以及乙肝病毒表面抗体形成。恢复在急性感染后 1 年内的可能性最高，但是可发生于任何时间。急性乙型肝炎在大于 95% 成人能够完全恢复，但是婴儿恢复率小于 10%。恢复是一个临床诊断，在很多恢复期的病人仍能持续检测到小量的 HBV-DNA，当病人接受化疗治疗导致免疫抑制状态时可出现乙型肝炎复发。这种状态，能够检测到 HBV-DNA，但是血中表面抗原阴性，成为隐性乙型肝炎。
- 慢性乙型肝炎：定义为血中乙型肝炎表面抗原持续大于 6 个月，进一步因 e 抗原阳性或者阴性和是否存在肝坏死性炎症分类。慢性乙型肝炎开始 e 抗原阳性，通常 HBV-DNA 水平很高且有坏死性炎症。这种状态可转变为（自发或在治疗后）三种状态之一：缓解型乙型肝炎，非活动性乙型肝炎或抗原阴性的慢性乙型肝炎。每种状态，e 抗原可以在检测到 e 抗体后消失。恢复型和非活动性乙型肝炎如上文和下文所述。e 抗原阴性的慢性乙型肝炎，仍能够检测到乙肝表面抗原和 HBV-DNA，尽管 DNA 水平较抗原阳性者低。这种情况下，在 e 抗体血清转换后，HBV 变异蔓延以预防或减少 e 抗原表达，感染仍为慢性。尽管这两种形式的慢性乙型肝炎均可产生慢性乙型肝炎和肝癌，这种发病率在 e 抗原阳性、HBV-DNA 水平较高以及病期较长时更高。

- 非活动性乙型肝炎：曾经称为“健康携带状态”，非活动（正常肝酶）乙型肝炎被定义为乙肝表面抗原持续 6 个月以上，没有任何坏死性炎症的证据。HBV-DNA 水平小于 2000 IU/ml。这种情况仍有传染性，但是肝硬化、终末期肝病、肝癌的发病率较 e 抗原阳性或 e 抗原阴性慢性乙型肝炎大大减低。
- 暴发性乙型肝炎（急性加重）：指慢性乙型肝炎的病人肝酶 10 倍以上升高。核心抗体 IgM 同样阳性，很难与急性乙型肝炎鉴别。很难转变为 e 抗原阴性，非活动性乙型肝炎或甚至缓解。反复的“不成功的暴发”的积累影响被认为与肝病的快速进展相关。
- 坏死性炎症：指乙型肝炎病毒通过严重的炎症反应引起肝脏疾病。坏死性炎症是一种治疗慢性乙型肝炎的标准，缺乏坏死性炎症作为分类为非活动肝炎或免疫耐受肝炎的基础。很多专家争议是否坏死性炎症应该通过肝脏活检或肝酶如 ALT 升高证明。很多治疗指南在持续或间断 ALT 升高或活检坏死性炎症评分大于 4 分作为治疗的指征。活检是有创的、花费较高，有取样或病理检验者报告的偏移，容易产生不准确的结果。肝酶不能作为肝脏损害程度的指标（肝脏坏死），但是其优点是容易获得并且容易长时间监测。肝酶应该解释为真正的正常，通常较各个实验室检查的阈值更低。

感染部位

- 急性乙型肝炎：表面抗原阳性，抗核心抗体 IgM 阳性。
- 恢复型乙型肝炎：表面抗原阴性，表面抗体阳性，核心抗体 IgG 阳性，核心抗体 IgM 阴性，HBV-DNA 检测不到，ALT 正常。
- 慢性乙型肝炎（e 抗原阳性）：表面抗原阳性大于 6 个月，表面抗体阴性，e 抗原阳性，e 抗体阴性，和性抗体 IgG 阳性。HBV-DNA 大于 20 000 IU/ml，ALT 升高或不升高，肝脏活检坏死性炎症评分大于 4 分。
- 非活动性乙型肝炎病毒携带者：乙肝表面抗原阳性大于 6 个月，表面抗体阴性，中心抗体 IgG 阳性，e 抗原阴性，e 抗体阳性，HBV-DNA<2 000 IU/ml，持续 ALT 正常或 ALT 轻度升高，肝脏活检坏死性炎症评分小于 4 分。
- HBV 疫苗：表面抗体阳性和其他指标阴性（在 3 次疫苗接种后 2 个月检测，一旦血清转换确定存在，不需要加强剂量疫苗接种。如果疫苗接种后 1 年表面抗原抗体阴性，检测表面抗原除外慢性乙型肝炎，考虑加强疫苗几种，2 个月后检测表面抗体。
- 暴发性乙型肝炎：表面抗原阳性，中心抗体 IgM 阳性，HBV-DNA 能够检测到，ALT 升高。

治疗

治疗标准（见上述定义）

- 如出现黄疸或失代偿，应寻求专科医生的治疗建议。如果 HIV 阳性，见下文。
- 慢性乙型肝炎（e 抗原阳性）
- ALT>2 倍以上升高；在 1~3 月后复查 ALT 和表面抗原，然后治疗（见下文）。
- ALT<1 倍正常值；随诊 ALT 和 e 抗原，每 3~6 个月 1 次。

- ALT1~2 倍正常值；随诊 ALT 和 e 抗原，每 3~6 个月 1 次，考虑活检如果病程 >40 年；依赖活检结果决定是否给予治疗。
- 慢性乙型肝炎（e 抗原阴性）。
- ALT>2 倍正常值并且 HBV-DNA>20 000 IU/ml；1~3 个月后复查 ALT，然后治疗（如下）。
- ALT<1 倍正常值并且 HBV-DNA<2000 IU/ml，随诊 ALT 和 HBV-DNA，每 3~6 月 1 次。
- ALT1~2 倍正常值且 HBV-DNA 2 000~20 000 IU/ml，随诊 ALT 和 HBV-DNA，每 3~6 个月 1 次，如果病程大于 40 年，考虑活检；根据活检结果决定治疗方案。

治疗目标

- 降低终末期肝病和肿瘤的风险。
- 持续抑制 HBV-DNA。
- 表面抗原清除（转变为恢复型）。
- 降低坏死性炎症（转变为非活动性乙型肝炎）。
- 减少传染。

标准干扰素 α 2b

- 剂量：5 mU 每 24 小时 1 次或 10 万单位每周 3 次，对于 e 抗原阳性病人疗程 16~24 周，e 抗原阴性患者疗程大于 12 周。
- 不良反应：发热，无力，骨髓抑制，抑郁，甲状腺功能异常，血小板减少，粒细胞缺乏，消耗，与剂量相关的抑郁。
- 预后：持续 e 抗原阴性者 33%，HBV-DNA 阴性 37%，表面抗原阴性小于 15%。组织学改善在持续 HBV-DNA 抑制患者更为常见。小于 25% 病人 ALT 正常。
- 反应指标（治疗前）：HBV-DNA<100 000 IU/ml，AST 和 ALT>100 U/L，肝脏活检有活动性坏死和炎症反应。
- 耐药意义：不影响耐药性或引起 HBV 耐药突变。
- 治疗花费：每个疗程 7000 美元。
- 注释：不要给予 Child-Pugh B 级及 C 级肝硬化病人治疗。

Peginterferon 聚乙二醇干扰素 α 2a

- 剂量：180 mcg 皮下注射每周 1 次，疗程 48 周。
- 不良反应：同普通干扰素但是发生率略低。
- 预后，e 抗原阳性（48 周治疗，24 周随诊）：32% 病人 e 抗原消失（拉米夫定 19%），HBV-DNA<20 000 IU/ml，32%e 抗原阴转（拉米夫定 22%），表面抗原清除率 3%（拉米夫定 0）。38% 病人会获得组织学改善（拉米夫定治疗者 34%）。
- 预后，e 抗原阴性者（治疗 48 周，随访 24 周）：32% 病人（拉米夫定治疗者 29%）HBV-DNA<4 000 IU/ml，表面抗原清除率 4%（拉米夫定 0）。48% 病人会获得组织学改善（拉米夫定 40%）。
- 耐药性意义：不影响耐药性或引起 HBV 耐药突变。
- 每个疗程的花费：16 000 美元。
- 预测治疗反应的指标：ALT>3 倍正常值，HBV-DNA<2×106 IU/ml。
- 注释：不用于 Child-Pugh B 级和 C 的级肝硬化患者的治疗。不良反应和高昂的治疗花费限制了其应用，但是可用于那些有可能对治疗有反应和较少禁忌证的病人。

拉米夫定

- 剂量：100 mg，每天 1 次，至 e 抗体血清转换后 6 个月，或持续终身治疗
- 不良反应：治疗反应与安慰剂相似，但可以引起 HBV 耐药，使得拉米夫定成为二线治疗的备选方案。在停止治疗时可出现暴发性乙型肝炎。
- 预后，e 抗原阳性（治疗 52 周，随访 16 周）：e 抗体血清转换率 32%（安慰剂 11%），44% 病人 HBV-DNA 能够抑制至 20 000 IU/ml（16% 安慰剂组），表面抗原阴转率（0~3%），但是很难维持。53% 病人能够获得组织学改善（23% 安慰剂组）。
- 预后，e 抗原阴性（治疗 48 周，随访 24 周）：29% 病人 HBV-DNA<4 000 IU/ml（聚乙二醇干扰素组 43%），表面抗原清除率 0（聚乙二醇干扰素 4%）。40% 病人能够获得组织学改善（48% 聚乙二醇干扰素组）。
- 对治疗可能有反应的预测因素（治疗前）：HBV-DNA<100 000 IU/ml，AST 和 ALT>100 U/L，肝活检病理提示存在活动性坏死和炎症。
- 耐药意义：每年 15% 病人会出现聚合酶突变，可能伴随病毒载量的升高和疾病暴发。耐药病毒的适应性可能衰减。停药后可能变回野生型病毒。
- 治疗花费：每年 2 200 美元。
- 注释：在 Child-Pugh B 级和 C 级肝硬化患者中使用，能够获得较好疗效，高耐药率导致其在很多存在替代治疗的情况下较少使用。

阿德福韦

- 剂量：10 mg，每天 1 次；疗程不明，但是对于 e 抗原阳性，可在 e 抗体血清转换后 24~48 周停药。
- 不良反应：10 mg，每天 1 次剂量下，与安慰剂比较，没有出现明显不良反应（肾毒性在高剂量组明显升高）长期使用会出现耐药。
- 预后，e 抗原阳性（治疗 48 周）：e 抗原阴转率 24%（安慰剂组 11%），21% 病人 HBV-DNA 检测不到（安慰剂组 0）。再持续治疗 5 年以上，应答率可能升高。
- 预后，e 抗原阴性（144 周治疗）：71% 病人在治疗 96 周时 HBV-DNA<10 000 IU/ml（阿德福韦治疗停止 48 周时为 8%），表面抗原清除率（<2%）。89% 病人能够获得组织学改善（阿德福韦治疗停药 48 周时为 50%）。再使用 5 年以上，能够获得更高的应答率。
- 耐药意义：治疗 3 年时较少出现耐药（约 3.9%）；HBVRTD 区新的突变 rtN236T 能够导致体内体外的阿德福韦耐药。拉米夫定仍可能是敏感的，而拉米夫定耐药的 HBV，阿德福韦仍可能是敏感的。阿德福韦耐药同时能够导致替诺福韦耐药。
- 每年治疗花费：6 000 美元。
- 注释：恩替卡韦、替比夫定和替诺福韦作用弱，但是其耐药阈值较高。对于 e 抗原阴性，治疗停止 48 周后治疗作用可消失。

恩替卡韦

- 剂量：0.5 mg 每天 1 次（如果使用过拉米夫定治疗，1.0 mg，每天 1 次）；治疗疗程尚不明确，但是对于 e 抗原阳性者，可以在 e 抗体阴转后 24~48 周停药。
- 不良反应：同拉米夫定。
- 预后，e 抗原阳性（48 周）：22% 病人 e 抗原转阴（拉米夫定组 20%），67%

病人 HBV-DNA<300 IU/ml(拉米夫定组 36%)，表面抗原清除率 2%（拉米夫定组 1%）。72% 病人能够获得组织学改善（拉米夫定组 62%）。

- 耐药意义：治疗 5 年时很少出现耐药。
- 每年治疗花费：7 200 美元。
- 注释：较拉米夫定更为有效且耐药风险低，但是治疗花费较高。使用过拉米夫定治疗的病人需要使用 1.0 mg，每天 1 次。

替比夫定

- 剂量：600 mg，每天 1 次口服，疗程尚不明确，但是对于 e 抗原阳性者，可在 e 抗体血清转换后 24~48 周停药。
- 不良反应：在 104 周研究中，12 例（9%）病人出现肌肉疼痛和肌酸激酶升高［拉米夫定组 8 例（3%）］。
- 预后：e 抗原阳性（104 周）：e 抗原阴转率 35%（拉米夫定组 29%），56% 病人 HBV-DNA 在检测下限以下（拉米夫定组 39%），表面抗原清除率 2%（拉米夫定 1%）。72% 病人获得组织学改善（拉米夫定组 62%）。
- 耐药意义：关键问题是其早期有效，尽管在 HBV-DNA>1 000 IU/ml 的病人治疗 24 周时会出现耐药；在所有替比夫定治疗的病毒突破病例中均可检测到 HBV 聚合酶的 M204Ii 耐药突变。
- 每年治疗花费：7 305 美元。
- 评价：现在下结论为时尚早，但是其耐药性是明确的问题；可能在快速应答的病人中发挥重要的作用。
- 剂量：每天 300 mg，疗程不确定，但是对于 e 抗原阳性，可在 e 抗体血清转换后 24~48 周停药

替诺福韦酯

- 不良反应：Fanconi 综合征和肾功能不全的发生率较低；在有肾脏病高危因素如糖尿病者中肾脏损伤的风险较高
- 预后：对比阿德福韦审批的临床研究中，e 抗原阳性：HBV-DNA<69 IU/ml，76% 比 13%；正常 ALT 68% 比 54%；组织学改善率 74% 比 68%；表面抗原清除率 3% 比 0。e 抗原阴性者：HBV-DNA<69 IU/ml，93% 比 63%；正常 ALT 76% 比 77%；组织学改善率 72% 比 69%；表面抗原清除率 0 比 0。
- 耐药意义：在 3 年时检测的耐药率较低。存在阿德福韦耐药突变的病毒的药物敏感性降低，但是拉米夫定耐药较其药物敏感性没有影响。
- Truvada 和 Atripla：能够买到替诺福韦和恩曲他滨的复合物，FDA 尚未批准用于慢性乙型肝炎，具有活性（耐药问题）和拉米夫定可比
- 年治疗费用：7 200 美元，Truvada 10 500 美元。
- 注释：如恩替卡韦，低耐药性的有效口服治疗药物。联合恩曲他滨的复合制剂还没有被 FDA 批准用于 HBV 感染，但是对于那些选择两种口服治疗药物治疗的病人时是非常有吸引力的。

预防

- 免疫：使用 HBV 疫苗治疗高危人群（血液透析，HIV 感染者，感染者的性伴侣和家庭成员，群居者，医护人员，高危性行为者，静脉药隐者）。再最后 1 次疫苗接种后 2 个月确认表面抗体滴度。对于血液透析、HIV 感染和那些首次免疫失败者，考虑使用双倍剂量免疫。

- 暴露后预防：取决于暴露的种类，宿主的免疫状态和感染来源特点。根据 CDC 指南给予乙型肝炎球蛋白和乙型肝炎疫苗治疗（见疫苗，药物分子）。

其他信息

- 肝细胞肝癌与慢性乙型肝炎相关，尤其是在流行东南亚、日本、撒哈拉非洲、希腊、意大利和大洋洲。尤其是在围产期感染者。高 HBV-DNA 与高风险相关。建议筛查。
- 如果 HIV 阳性，应该判断是否应该给予抗逆转录病毒药物治疗。如果需要，考虑使用替诺福韦和 FTC 作为 HAART 治疗的部分用药（如 Atripla 或 Truvada）。如果不需要抗逆转录病毒治疗，考虑使用聚乙二醇干扰素、阿德福韦或开始替诺福韦为基础的抗 HIV 逆转录病毒治疗。

推荐依据

No author listed. NIH consensus development statement on management of hepatitis B. NIH Consensus State Sci Statements, 2009; Vol. 25; pp. 1 - 29.

注释：独立的评价那些病人应该接受治疗。

European Association For The Study Of The Liver. EASL Clinical Practice Guidelines: management of chronic hepatitis B. J Hepatol, 2009; Vol. 50; pp. 227 - 42.

注释：欧洲对于 AASLD 指南的解析。

Lok AS, McMahon BJ. Chronic hepatitis B. Hepatology, 2007; Vol. 45; pp. 507 - 39.

注释：AASLD（和 IDSA 共同协助）制定的 HBV 治疗指南。

丙型肝炎病毒

Mark Sulkowski, MD

微生物学

- 有包膜的，单链正性 RNA 病毒。
- 小核糖核酸病毒。
- 通过血液途径传播。其他传播途径包括垂直传播，性传播较少见。

临床信息

- 危险因素：1992 年 7 月前暴露于感染的血液和器官；静脉药瘾患者；ALT 升高；血液透析；其他暴露（多个性伴侣，或丙型肝炎病毒感染的性伴侣，均有较低的感染风险）。
- 大多数（80%）急性感染没有任何症状和体征。
- 临床：急性—20% 黄疸；慢性—大多无症状，直到肝脏衰竭；肝外表现—冷球蛋白血症、血管炎和肾小球肾炎，迟发型皮肤卟啉症。
- 诊断方法：1）筛查 HCV 抗体，敏感性大于 99%。暴露 70 天以内、血液透析、HIV 患者会出现假阴性结果。2）使用 HCVRNA 检测确定（阴性结果需要重复检测除外急性感染）。
- 注释：ALT/AST、白蛋白、凝血时间、总胆红素、血小板升高。HCV 基因型和病毒载量能够帮助制定治疗方案。肝脏活检是评价疾病分期的最好指标。
- 补充检查（除外其他肝脏疾病）：离子水平，自身免疫性疾病，乙型肝炎，α1 抗胰蛋白酶缺乏，Wilson 病。如果出现肝硬化，考虑 TSH，α 胎蛋白。
- 慢性丙型肝炎死亡率：1%~5%，大多是由于肝硬化和并发症死亡。

感染部位

- 肝脏：55%~85% 发展为慢性感染，在这些慢性感染的病人中，高达 70% 病人会经历严重的肝脏疾病。

治疗

HCV 治疗

- 标准治疗：聚乙二醇干扰素 α-2b 1.5 mg/kg（根据体重调节）或聚乙二醇 α-2a 180mg（固定剂量）皮下注射，每周 1 次 + 利巴韦林口服治疗。
- 治疗指征：HCVRNA 阳性和肝脏活检提示坏死性炎症和纤维化。活检：1 型血清型是指征；对于血清型 2 型 /3 型存在争议。ALT 正常，HIV 阳性应该根据活检的结果决定是否治疗。
- 禁忌证（相对的）：严重精神疾患，失代偿期肝脏疾病，依从性差，严重的血细胞减少（白细胞、血小板、血红蛋白），妊娠妇女，严重基础疾病。
- HIV 共感染并不是丙型肝炎治疗的禁忌证。
- 治疗前应行的检查评估（基础状态）；查体（失代偿期）；血白细胞、血小板，ALT/AST，凝血时间，部分促凝血酶原激酶时间，总胆红素，促甲状腺激素释放激素，HCV 病毒载量，丙型肝炎血清型；肝脏活检 - 推荐对于大多数患者给予肝脏活检；血清型 2 型 /3 型病人考虑肝脏活检。
- 治疗目标：1）清除 HCV 病毒；2）延缓肝脏纤维化进展 - 预防终末期肝脏疾病，肝细胞肝癌。
- 预后：持续的病毒学反应（SVR）——HCV-RNA 在治疗结束时阴性，并且 6 个月后持续阴性；复发一在治疗停止时 HCV-RNA 阴性但是停药后 HCV~RNA 再次变为阳性。无反应者一在治疗时 HCV-RNA 没有转阴。
- 有反应的提示指标：如果治疗 12 周仍能测到 HCV-RNA 并且下降小于 2 个 log 值，或 48 周时仍能够检测到 HCV-RNA，持续病毒学应答率（小于 2%），可在 12 周病毒学失败时考虑停止治疗。
- 治愈率：聚乙二醇 α-2a/α-2b 联合利巴韦林治疗，总的治愈率为 54~56%；血清学 1 型 48 周治疗治愈率为 42/46%；血清型 2 型 /3 型在随机对照研究中 24 周治疗的治愈率为 76/82%，研究对象包括了 3070 例美国血清型 1 型感染的丙型肝炎病人证明聚乙二醇 α-2a 和 α-2b 联合利巴韦林治疗的持续病毒学应答率相似 (McHutchison et al,New Eng J Med 2009).
- FDA 批准的治疗方案：干扰素单药治疗：干扰素 α-2a，α-2b，干扰素 α1（意见一致），聚乙二醇 α-2b，聚乙二醇 α-2a；联合治疗：干扰素 α-2b 联合利巴韦林，聚乙二醇干扰素 α-2b 联合利巴韦林治疗。
- 聚乙二醇干扰素联合利巴韦林
- 对于聚乙二醇干扰素联合利巴韦林的治疗反应很大程度上依赖于患者 IL-28B 基因的基因多态性，编码干扰素 -3。欧洲原裔和非裔美国人中，CC 基因型的持续病毒学应答率为 TT 基因型的 2 倍。因为 CC 基因型在欧洲人群较非洲人群更为常见，这个基因多态性同时能够解释非洲地区使用聚乙二醇干扰素联合或不联合利巴韦林治疗的应答率低于 56% 的原因 (Ge,Nature2009)。
- 聚乙二醇干扰素：半衰期较长，每周使用 1 次。两种聚乙二醇干扰素类型，α-2b（12kD），线性聚乙二醇干扰素，根据体重调节剂量；α-2a（40kD），分支聚乙二醇，固定剂量。均是 FDA 批准用于丙型肝炎治疗，联合或不联合利巴韦林治疗。
- 聚乙二醇 α-2b 剂量（体重调节）：单药治疗 1.0 mg/kg 体重，每周 1 次；聚乙二醇 α-2b 联合利巴韦林治疗 1.5 mg/kg 体重，每周 1 次；聚乙二醇 α-2a（固定剂量）180 mg，每周 1 次，可以单药治疗或联合利巴韦林治疗。

- 聚乙二醇干扰素 2a 和 2b 治疗的持续应答率为标准干扰素治疗的 2 倍，不良反应相同。
- 聚乙二醇干扰素单药治疗适用于有利巴韦林治疗禁忌证的患者（心、肺、血红蛋白病）。长程低剂量单药治疗不能预防有明显纤维化和硬化的病人的肝脏疾病进展，不是这些病人治疗的指征（Di Bisceglie etal, N Engl J Med 2008）。
- 联合聚乙二醇 α-2b 或聚乙二醇 α-2a 联合利巴韦林治疗是最有效的治疗方案，2004 年丙型肝炎治疗的标准 (Ghany et al.Hepatology 2009)。标准治疗方案：聚乙二醇 α-2b（1.5 mg/kg，每周 1 次）或聚乙二醇 α-2a（180 mg，每周 1 次），对于基因 1 型患者，联合利巴韦林 1000 mg/d（小于 75 kg 体重患者）或 1 200 mg/d（大于 75 kg 体重病人），对于基因 2 型 /3 型所有患者，利巴韦林剂量均为 800 mg/d（24 周治疗）。
- 病人体重小于 40 kg（88 lbs）：聚乙二醇干扰素 2b=100 mg，0.5 mg/w；利巴韦林 800 mg/d。
- 病人体重 =40~50 kg（88~110 lbs）：聚乙二醇干扰素 2b=160 mg，0.4 ml/w；利巴韦林 800 mg/d；病人体重 =51~64 kg（112~141 lbs）：聚乙二醇干扰素 2b=240 mg，0.4 ml/w；利巴韦林 1 000 mg/d。
- 病人体重 =65~75 kg（142~166lbs）：聚乙二醇干扰素 2b=240 mg，0.5 ml/w；利巴韦林 1 000 mg/d；病人体重 =76~85 kg（167~187 lbs）：聚乙二醇干扰素 2b=240 mg，0.5 ml/w；利巴韦林 1 000 mg/d。
- 病人体重 =86~105 kg（188~231 lbs）：聚乙二醇干扰素 2b=300 mg，0.5 ml/w；利巴韦林 1 200 mg/d；病人体重 >105 kg（>231 lbs）：聚乙二醇干扰素 2b=300 mg，0.5 ml/w；利巴韦林 1400 mg/d。

丙型肝炎的实验治疗和远期治疗选择

- HCV 丝氨酸蛋白酶抑制剂：联合聚乙二醇干扰素 α 和利巴韦林治疗血清型 1 型的慢性丙型肝炎的 II 期临床实验药物，有两种药物 Telaprevir(Vertex) 和 Boceprevir(Schering)；II 期的临床数据表明联合使用蛋白酶抑制剂口服每 8 小时 1 次 + 聚乙二醇干扰素 + 利巴韦林治疗的持续血清学应答率为 63~75%，高于联合使用聚乙二醇干扰素 + 利巴韦林治疗（40%）（McHutchison et al. New Eng J Med 2009）。不良反应：贫血（两组），皮疹（蛋白酶抑制剂组略高，Telaprevir 7%），消化道毒性。
- HCV 聚合酶抑制剂：多种药物处于 I II 期临床实验阶段。目前能够获得处于 2 期随机对照研究的 R7128 的口服制剂联合聚乙二醇干扰素 α-2a；在没有使用过干扰素治疗的基因型 1 型的病人中能够使 HCV~RNA 降低 1~2 个 log 值。
- 联合 HCV 聚合酶和蛋白酶抑制剂：INFORM-1 研究中的两种药物 -ITMN-191/R7227(Intermune/Roche) 联合蛋白内抑制剂 R7128（Roche/Pharmasset）。
- 去铁剂：不是很有效；只有在铁离子过量时使用放血疗法（血色素病或 HCV 相关的卟啉病）。

预防

- 通常通过反复暴露或大量的血液交换传染。
- 针刺伤所导致的平均的血清转换率为 1.8%。
- 较少通过黏膜或完成的皮肤传播。
- 没有暴露后治疗措施；没有药物或免疫球蛋白用于暴露后治疗。
- 建议从感染开始就密切随诊，通过病毒 PCR 从而达到早期诊断，指导治疗。

- CDC 治疗建议：基本的检查包括抗 HCV 抗体，暴露 7~14 天的 ALT 水平，从暴露开始每 4~6 月 1 次随诊抗 HCV 抗体和 ALT，评价血清转换，最好作为出院计划中评估的部分评价指标；暴露 4~6 周时应该检测 HCV-RNA，可以帮助早期诊断 HCV 感染；如 HCV 为低度阳性，应该在与患者交代病情前使用更特异的补充方法检测；由于大的伤亡事件所导致的可能的 HCV 暴露病人应该进行筛查，出院时应该告知其至指定医生处随诊，并且在出院前详细记录相关信息。

其他信息

- 聚乙二醇干扰素的不良反应：流感样症状——NSAIDs 类药物和扑热息痛能够缓解症状；乏力、抑郁、易怒 - 可使用选择性 5 羟色胺再吸收抑制剂治疗；失眠——可使用曲唑酮，避免使用苯唑类药物；甲状腺功能异常（5% 病人甲减，1% 病人甲亢）
- 聚乙二醇干扰素——中性粒细胞缺乏（1% 病人 <500/ml），减少聚乙二醇干扰素有反应；考虑 G-CSF 300 mg 皮下注射每周 2~3 次。
- 利巴韦林不良反应：恶心 - 可使用抑酸药物治疗；口干、剂量依赖性贫血，可逆转的溶血性贫血 - 通常在 2~4 周时出现；平均降低 2.5~3 g 血红蛋白。
- 聚乙二醇干扰素导致贫血（骨髓抑制）+ 利巴韦林导致溶血性贫血——可使用促红细胞生成素 40 000 IU 皮下注射，每周 1 次治疗；治疗 4 周后平均能使血红蛋白升高 2.8 g；维持利巴韦林的剂量。使用促红细胞生成素时应该注意由于使用促红细胞生成素和聚乙二醇干扰素以及利巴韦林治疗是出现的纯红细胞性贫血。
- HCV 基因型 1a 或 1b。
- 聚乙二醇干扰素 α-2b[1.5 mg/(kg · w)] 或聚乙二醇 α-2a（180 mg/w）。
- 利巴韦林（体重 <64 kg，800 mg/d；64~85 kg，1 000 mg/d；86~105 kg，1 200 mg/d；>105 kg，1 400 mg/d）。疗程：48 周。
- 聚乙二醇干扰素 α-2b 1.5 mg/(kg · w) 或聚乙二醇干扰素 α-2a 180mg/w。普通干扰素 α-2b（3MIUTIW）联合利巴韦林（<75 kg，1 000 mg/d；>75 kg 1 200 mg/d）。
- 丙型肝炎基因型 2 型、3 型：使用相同的药物但是疗程为 24 周，利巴韦林的剂量为 800 mg/d。

推荐依据

Ghany MG, Strader DB, Thomas DL, et al. Diagnosis, management, and treatment of hepatitis C: an update. Hepatology,2009; Vol. 49; pp. 1335 - 74.

注释：综述包括了目前的观点，同时也阐述了如何使用药物治疗能够改善今后治疗。

Chapman LE, Sullivent EE, Grohskopf LA, et al. Recommendations for postexposure interventions to prevent infection with hepatitis B virus, hepatitis C virus, or human immunodefi ciency virus, and tetanus in persons wounded during bombings and other mass-casualty events—United States, 2008: recommendations of the Centers for Disease Control and Prevention (CDC). MMWR Recomm Rep, 2008; Vol. 57; pp. 1 - 21; quiz CE1 - 4.

注释：对于较严重的暴露后处理的建议。

病原体

丁型肝炎病毒

Paul G. Auwaerter, MD

微生物学

- 缺陷性 RNA 病毒。
- 丁型肝炎病毒需要乙型肝炎病毒的存在而复制。

临床信息

- 感染可以以共感染的形式出现（急性乙型肝炎）或重叠感染（在乙型肝炎病毒感染的基础上再次感染定性肝炎病毒），两种形式均增加死亡的风险。全球性的乙型肝炎病毒感染者，发生丁型肝炎病毒共感染的比例为 5%
- 主要的临床表现为肝炎相关的临床表现：黄疸、腹痛、厌食、乏力、恶心 / 呕吐、关节痛。
- 急性严重乙型感染病人或慢性急性肝炎病人在去过丁型肝炎病毒感染流行病区旅游后出现乙型肝炎加重者，应该给予丁型肝炎病毒筛查。
- 在乙型肝炎病毒表面抗原阴性但是抗 c 抗原 IgM 抗体阳性时，应该考虑丁型肝炎病毒感染。
- FDA 唯一批准检测定性肝炎病毒的全抗体作为确证检查——不能区别急性、慢性和恢复型感染，除非检测到血清转换（表面急性感染）。
- 用于研究的检测手段包括检测 HDV-RNA 或血浆及肝脏中抗原或抗 HDV-IgM；抗 HDV-IgM 通常在慢性感染中可以持续存在，并不是急性感染所特异的。
- HDV 感染增加了重症肝病的风险，合并 HDV 感染的乙型肝炎患者较单纯的乙型肝炎患者其肝脏衰竭的风险增加了 2%~20%。肝硬化的风险也同样可能增加。

感染部位

- 肝脏。

治疗

急性定性肝炎病毒感染（共感染）

- 没有证据证明在急性丁型肝炎病毒共感染和重叠感染时给予干扰素 α 治疗能够获益。
- 干扰素 α 证明对于慢性丁型肝炎病毒感染者有效。
- 早期治疗慢性疾病能够改善预后。
- 高剂量的干扰素 α-2b（4~5 mU/d，或 8~10 mU，每周 3 次）改善一半以上病人血浆转氨酶、肝脏组织病理和或血浆 HDV-RNA 水平。聚乙二醇干扰素能够作为长程治疗的替代，但是目前没有确实的证据支持。
- $^{1}/_{3}$ 的病人能够持续的控制其转氨酶的水平。
- 其他形式的治疗 - 免疫抑制（糖皮质激素、硫唑嘌呤），免疫调节药物（左咪唑），利巴韦林和拉米夫定 (3 硫胞苷) 没有证明有效性。
- 拉米夫定和其他药物如阿德福韦、恩替卡韦
- 替比夫定均证明其对于慢性乙型肝炎的治疗效果，但是不影响丁型肝炎病毒。
- 肝脏移植能够作为终末期肝脏疾病的治疗方法。

预防

- 丁型肝炎病毒共感染能够通过 HBV 疫苗和其他预防 HBV 的方法预防。

- 没有用于 HBV 携带者预防共感染的 HDV 疫苗。

随诊

HDV 治疗

- 如果持续检测不到乙型肝炎病毒表面抗原，复发的风险较低，可以停止干扰素 α 治疗。
- 如果治疗 3 个月后不能达到转氨酶降低 50% 以上（仍然高于正常上限 1.5 倍），应该考虑停止干扰素治疗。
- 否则，治疗应该在能够耐受的情况下持续 1 年。每年应该制定评估复发的计划，需要是干预治疗。

其他信息

- 共感染重型肝炎的发生率高于单纯乙型肝炎者，尽管较少出现慢性感染 5%。
- 大多数的重叠感染病人，能够发展为慢性丁型肝炎（高达 95%）。
- 有转氨酶升高、慢性肝炎组织病理证据、肝脏组织中能够找到丁型肝炎病原的病人，应该考虑使用干扰素 α 治疗。
- HDV-RNA 载量下降和肝脏组织病理学稳定同样与治疗反应相关，但是没有上述证据存在，不代表治疗失败。
- 慢性乙型肝炎合并丁型肝炎病毒感染的病人的移植后生存率更高。

病原体

推荐依据

Lok AS, McMahon BJ, Practice Guidelines Committee, American Association for the Study of Liver Diseases (AASLD) Chronic hepatitis B: update of recommendations. Hepatology, 2004; Vol. 39 ; pp. 857 - 61..

注释：指南中高剂量的干扰素治疗仅有一个为期一年的研究数据支持。

Farci P, Chessa L, Balestrieri C, et al. Treatment of chronic hepatitis D. J Viral Hepat, 2007; Vol. 14 Suppl 1; pp. 58 - 63.

注释：综述要点：（1）治疗困难；（2）干扰素 α 是治疗慢性丁型病毒肝炎唯一有效的方法；（3）持续的病毒学应答少见，如果能够达到持续的病毒学应答，同时可以获得血清乙型肝炎病毒表面抗原的清除以及表面抗体的血清学转换从而达到肝脏病理改善。作者指出聚乙二醇干扰素能够合理的替换慢性丁型肝炎的长程治疗，但是治愈率较低，复发率高。

单纯疱疹病毒

Noreen A. Hynes, MD, MPH

微生物学

- 单纯疱疹病毒 1 型和 2 型（HSV-1 和 HSV-2）是疱疹 DNA 病毒家族，疱疹病毒科成员，也被称为人疱疹病毒 1 型和 2 型（HHV-1 和 HHV-2）。
- 原发感染后，病毒能够在临近感染部位的神经元中建立潜伏感染，并且能够复活。

临床信息

- 大多数感染为无症状感染。HSV-1：50%~80% 成人为血清学阳性，HSF-2：20%~40% 成人为血清学阳性。HSV-1：口唇疱疹是最常见的复发型HSV-1感染，30% 生殖器疱疹为 HSV-1 感染。
- 原发感染：2/3 的 HSV-1 和 HSU-2 感染为无症状感染。原发口龈炎（发热，咽喉肿痛，颈部淋巴结肿大，口腔黏膜疹），传染性单核细胞增多症伴咽峡炎，发热，颈部淋巴结肿大（建议青少年患者的原发感染）。大多数人疱疹病毒通过感染获得，无症状感染常作为传染源。在原发生殖系人疱疹病毒感染的新生儿感染风险为 40%，但是如果生产后立即给予保护性措施，风险降至 2%~5%。血清型特异性的检查用于明确原发感染的血清学转换；非原发感染的诊断作用没有很好的定义。同样生殖系统人疱疹病毒感染也没有很好的被定义（见下文）。

- 生殖系人疱疹病毒：经典的表现为成簇的小的、痛性水泡样皮疹，有红斑样的基底；如果溃疡破裂或留下浅床面时疼痛加重，溃疡一般在 4~10 天自行好转，无需治疗。原发感染可存在持续症状，如尿潴留，多见于女性，无菌性脑膜炎（30% 女性；10% 男性），较复发性疾病需要更长的时间恢复。HSV-2 占 70%~80% 病例；HSV-1 占 20%~30% 病例。HSV-2 更容易出现临床反复。生殖系溃疡性疾病，包括生殖器人疱疹病毒感染增加了 HIV 感染和传播的风险。临床诊断不敏感也不特异；实验室诊断——病毒培养是金标准，但是诊断的敏感性较 HSV-DNAPCR 检查低（FDA 尚未批准 HSV-DNAPCR 用于诊断）。见“生殖系溃疡性疾病”。生殖系疱疹病毒感染引起的精神心理影响不能被忽视；60% 病人在第 1 次被告知其诊断时的精神心理影响是致命的。同没有反复性疾病的病人相比，没有免疫缺陷的病人的反复的生殖系疱疹（>9 次 / 年）可能与持续的低 IgG1 和 IgG3 以及补体水平相关。
- 中枢神经系统人疱疹病毒感染：HSV-1 感染导致美国成人的脑脊髓炎，常伴有早发的癫痫症状和特异性的局灶性定位表现，受累部位：颞叶 > 额叶。良性复发性淋巴细胞性脑膜炎（至少 3 次发热和脑膜炎表现，每次持续 2~5 天，自发缓解），伴随 5~7 天复发的生殖系人疱疹病毒感染，能够自发缓解，尽管经常复发，一些病人可能需要抑制性抗病毒治疗。
- 眼人疱疹病毒感染：眼感染通常为单侧受累并且应该在感染时即立即眼科就诊。急性滤泡性结膜炎和角膜炎——异物感、流泪、畏光、结膜充血，随后出现继发于角膜炎的滤泡性眼睑炎、溃疡、视野模糊，最后会没有任何瘢痕形成的愈合。复发性疱疹性角膜炎（树突状角膜炎）通常以异物感、流泪、畏光、视野模糊起病，愈合较慢；反复发作可遗留瘢痕形成。也可以危及实力。疱疹性视网膜炎较少见，能够导致继发于闭塞性血管炎的急性视网膜坏死，危及视力。
- 免疫抑制人群人疱疹病毒感染：HIV 感染病人——在美国，60~70% 为 HSV-2 感染；在 CD_4^+T 细胞 <200/ml 时可以出现播散性感染，累及内脏，且可能危及生命。怀孕期间原发感染的妊娠妇女也可出现播散性感染。急性免疫抑制：可在免疫抑制出现 2 周时再次出现 HSV 感染。HSV 食管炎：通常见于免疫抑制病人，需要同其他原因引起的食管炎相鉴别，包括 CMV 和念珠菌血管炎。大约 5% 分离与 HIV 感染者以及 10%~12% 分离与骨髓移植的菌株为阿昔洛韦耐药的，大多为脱氧胸腺嘧啶激酶缺陷的菌株。
- 严重、复发的肛门生殖器疱疹病毒感染：通常见于 AIDS 病人 CD_4^+T 细胞 <200/ml，且病毒载量较高时。HIV 感染者，尤其是 AIDS 期病人需要长时间的治疗并且（或）高剂量治疗黏膜的 HSV 感染。
- HSV 气管支气管炎：在老年病人和气管插管病人比较常见。免疫抑制病人的 HSV 食管炎需要同其他引起食管炎的疾病相鉴别。
- 皮肤疱疹病毒感染：疱疹性皮炎——可见于运动员（斗士疱疹），医疗工作者（疱疹性指头炎），湿疹病人合并表浅的 HSV 感染（Kaposi's 水痘样破溃）。Orolabial HSV（冷疮）——可在阳光、风、寒冷、精神紧张或月经期等刺激时再次活化。15% 的多形红斑继发于复发的有症状的 HSV 感染。
- 新生儿疱疹病毒感染：存活的新生儿的发病率为 1/3000 至 1/20 000。垂直传播通常发生于有产道活动性病变的母亲经过生产传播给新生儿。怀孕末期的原发感染增加了 10 倍的新生儿感染的风险。选择性剖宫产和抑制性治疗可考虑在有高危传播给新生儿风险的情况下使用以降低有生殖系病变的妇女的垂直传播的风险。

更多临床

- 复发的良性淋巴细胞性脑膜炎（RBLM，Mollaret's 脑膜炎）。
- >2 次的发热或脑膜炎，持续 2~5 天并自发缓解。
- 通常为 HSV-2 型感染，但是有症状的生殖系疱疹不常见；女性感染者为男性的 2 倍，平均年龄 35 岁。
- 随着时间进展，复发越来越少见。
- 综合征：发热、头痛（可能很严重）、畏光、脑膜炎；症状在几个小时内达到最重。
- 50% 病人存在短暂的神经系统症状和体征包括颅神经麻痹、复视、幻觉、癫痫、意识状态改变。复发性淋巴细胞性脑膜炎是一个除外性诊断。
- 脑脊液表现：淋巴细胞增多（起病时可能为多形核细胞增多），轻度蛋白升高，葡萄糖正常；标志表现为第一个 24 小时内巴氏染色下见到大粒浆细胞或者仅有疾病表现但是可以没有疾病表现（同样在其他病毒性脑膜炎包括西尼罗河病毒脑膜脑炎也可以有类似表现）。
- CSF PCR 是诊断的金标准；敏感性 85%；培养通常为阴性的。
- 通常为自限性病程，但是对于那些生殖系疱疹的反复复发的病人，专家们推荐给予抑制性治疗。

眼单纯疱疹病毒感染

- 每年在美国有接近 50 000 新发和复发的眼疱疹病毒感染的病例；是角膜浊化和感染相关的视力损失的主要病因。
- 感染对于眼的影响包括：树突状角膜炎，眼色素膜炎，睑结膜炎，坏死性角膜炎。
- 复发的疾病能够导致角膜和色素膜的损伤和瘢痕形成，从而导致视野缺损；2 年复发率为 20%；5 年复发率为 40%；7 年复发率为 67%；眼疱疹疾病研究组织指出，给予眼疱疹病毒起始感染的患者口服阿昔洛韦抑制病毒治疗能够降低第一年的 45% 复发率；最大的抑制效应见于那些有潜在的遗传性过敏性病史的病人。
- 单纯疱疹角膜炎引起三叉神经节内的病毒活化以及角膜病毒的复制导致的病毒离心性迁移；有遗传性过敏的病人可能出现不同寻常的严重角膜炎，因为过敏被认为能导致细胞免疫的缺陷。这些病人通常对于抗病毒治疗反应差。

口唇疱疹病毒

- 多数由 HSV-1 导致。
- 平均复发时间为 7~8 天（病变愈合后出现水泡样皮疹）。
- 平均的病毒脱壳时间接近 60 小时（使用 PCR 检测），病毒的峰病毒载量出现于水泡或溃疡阶段。

感染部位

- 口唇 - 面部：原发龈口炎，复发的口腔炎，疱疹口腔炎。
- 生殖系：生殖系溃疡性疾病。
- 眼：滤泡性结膜炎、角膜炎、急性视网膜坏死综合征、眼内炎。
- 其他皮肤病变：湿疹性疱疹病毒感染、疱疹性指头炎、斗士疱疹。
- 中枢神经系统：脑脊髓炎，脑膜脑炎，无菌性脑膜炎；骶骨神经根病，良性复发性淋巴细胞性脑膜炎（Mollaret's 脑膜炎）。
- 食管：食管炎。

- 呼吸系统：肺炎，气管支气管炎。
- 肝脏：肝炎。
- 直肠：直肠炎。
- 多发器官：播散性感染。

治疗

黏膜感染

- 生殖系 HSV 和直肠炎：第 1 次临床病程治疗 7~10 天。阿昔洛韦 400 mg PO，每 8 小时 1 次或者阿昔洛韦 200 mg PO, 每天 5 次或泛西洛韦 250 mg PO，每 8 小时 1 次，或缬阿昔洛韦 1 g PO，每天 2 次。
- 生殖系疱疹病毒和直肠炎(HIV 阴性者)复发性事件：阿昔洛韦 400 mg 每 8 小时 1 次，疗程 5 日或阿昔洛韦 800 mg PO，每天 2 次，疗程 5 日；或阿昔洛韦 800 mg PO, 每 8 小时 1 次，疗程 2 天或泛阿昔洛韦 125 mg PO, 每天 2 次，疗程 5 日或泛阿昔洛韦 1 000 mg PO, 每 ,2 次，疗程 1 日；缬阿昔洛韦 500 mg PO, 每天 2 次，疗程 3 日或缬阿昔洛韦每天 1.0 g PO, 疗程 5 日。
- 生殖系疱疹病毒感染和直肠炎（HIV 阳性）：治疗方法：阿昔洛韦 400 mg PO，每 8 小时 1 次，疗程 5~10 天或泛西洛韦 500 mg PO，每天 2 次，疗程 5~10 天或缬阿昔洛韦 1.0 g PO，每天 2 次，疗程 5~10 天。
- 生殖器疱疹病毒感染或直肠炎（HIV 阴性）：对于复发性疾病给予抑制治疗，阿昔洛韦 400 mg PO，每天 2 次或泛西洛韦 250 mg PO，每天 2 次，或缬阿昔洛韦 500 mg 、1 g PO，每天 1 次。
- 生殖器疱疹病毒感染和直肠炎（HIV 阳性）：对于复发性疾病给予抑制治疗：阿昔洛韦 400~800 mg PO，每 8~12 小时 1 次，泛西洛韦 500 mg PO，每天 2 次或缬阿昔洛韦 500 mg，每天 1 次，或缬阿昔洛韦 1 000 mg，每天 1 次。
- 生殖系疱疹病毒（严重）：阿昔洛韦 5~10 mg/kg 静脉治疗，每 8 小时 1 次，疗程 5~7 天，或直到临床症状缓解。之后给予抑制治疗，如果有适应证。
- 妊娠期生殖系疱疹病毒感染：对于新发感染或症状较重感染给予高剂量阿昔洛韦治疗。对于危机生命的感染，给予静脉治疗。
- 口腔炎：阿昔洛韦 400 mg PO，每 8 小时 1 次，疗程 7~10 天或阿昔洛韦 200 mg 口服治疗，5 次 / 天或 7~10 天，或泛西洛韦 250 mg 口服治疗，每 8 小时 1 次，疗程 7~10 天，缬阿昔洛韦 1g PO，每天 2 次，疗程 7~10 天。
- 疱疹病毒龈口炎预防治疗：阿昔洛韦 400 mg PO，每天 2 次，或泛西洛韦 250 mg PO，每天 2 次，缬阿昔洛韦 250 mg PO，每天 2 次，缬阿昔洛韦 500 mg PO，每天 1 次，缬阿昔洛韦 1 000 mg，每天 1 次。
- 食管炎：阿昔洛韦 400~800 mg PO，5 次 / 天，疗程 7~10 天，阿昔洛韦 5 mg/kg 静脉治疗，每天 3 次，疗程 7~10 天。

中枢神经系统

- 脑炎：阿昔洛韦 10 mg/kg 静脉治疗，每 8 小时 1 次，疗程 14~28 天。
- 急性脑膜炎：阿昔洛韦 10 mg/kg 静脉治疗，每 8 小时 1 次，疗程 7~10 天。
- 良性复发性淋巴细胞性脑膜炎：阿昔洛韦 10 mg/kg 静脉治疗，每 8 小时 1 次，疗程 7~10 天，之后给予巩固抑制治疗。

眼感染

需要眼科医生建议

- 滤泡性结膜炎：曲氟尿苷或阿昔洛韦联合（或）糖皮质激素治疗。

- 眼内炎：局部阿昔洛韦和糖皮质激素治疗。

免疫抑制病人

- 预防急性免疫抑制病人且器官和骨髓血清学阳性者：开始给予阿昔洛韦 5 mg/kg 静脉治疗，每 8 小时 1 次。随访，阿昔洛韦 200~400 mg 口服治疗，3~5 次 / 天，疗程 1~3 月。
- HIV 感染者反复感染的治疗：阿昔洛韦 200 mg PO，每天 5 次，或阿昔洛韦 400 mg PO，每 8 小时 1 次，泛西洛韦 500 mg PO，每天 2 次，缬阿昔洛韦 1g PO，每天 2 次（疗程均为 5~10 天）。
- HIV 感染者的日常抑制治疗：阿昔洛韦 400~800 mg PO，每 8~12 小时 1 次，或缬阿昔洛韦 500 mg，每天 1 次，或泛西洛韦 500 mg，每天 2 次。
- 阿昔洛韦耐药菌株。
- 膦甲酸 40 mg/kg 静脉治疗每 8 小时 1 次，直到临床症状缓解。
- 对于生殖系和直肠周围感染病变给予局部西多福韦乳胶 1% 外用治疗，疗程 5 天（局部用药必须是复合用药）。直肠周围西多福韦治疗可以作为耐药的系统性疱疹病毒感染的治疗选择。

随访

- 阿昔洛韦耐药：不常见，进展性疾病通常只在免疫抑制病人中可见。如果没有临床反应，而仅有实验室证实的单纯疱疹病毒感染，更改治疗（见阿昔洛韦耐药治疗建议）。不建议常规进行耐药检测。
- 其他信息
- 单纯疱疹病毒抑制治疗不降低 HSV 感染，HIV 非感染者的 HIV 感染风险。

推荐依据

Centers for Disease Control and Prevention, Workowski KA, Berman SM. Sexually transmitted diseases treatment guidelines,2006. MMWR Recomm Rep, 2006; Vol. 55; pp. 1–94.

注释：CDC 治疗指南给临床医生提供了性传播疾病的诊断、治疗、预防和控制的建议，这些建议是国际专家组成员基于目前可获得的推荐依据提出的。可在此链接获得这些指南 http://www.cdc.gov/

Stevens DL, Bisno AL, Chambers HF, et al. Practice guidelines for the diagnosis and management of skin and soft-tissue infections. Clin Infect Dis, 2005; Vol. 41; pp. 1373 - 406.

注释：这个 2005 年美国感染性疾病组织对于皮肤和软组织感染的指南包括对于单纯疱疹病毒感染的建议，包括免疫抑制病人的感染。

ACOG. ACOG practice bulletin. Management of herpes in pregnancy. Number 8 October 1999. Clinical management guidelines for obstetrician–gynecologists. Int J Gynaecol Obstet, 2000; Vol. 68; pp. 165 - 73.

注释：妊娠病人 HSV 感染治疗的清晰描述和合理建议。

Cinque P, Cleator GM, Weber T, et al. The role of laboratory investigation in the diagnosis and management of pts with suspected herpes simplex encephalitis: a consensus report. The EU Concerted Action on Virus Meningitis and Encephalitis.

J Neurol Neurosurg Psychiatry, 1996; Vol. 61; pp. 339–45.

注释：单纯疱疹病毒脑炎实验室诊断的出色总结。

人疱疹病毒 -8

Joel Blankson, MD, PhD

微生物学

- 人疱疹病毒 -8：人 γ 疱疹病毒，也被称为 Kaposi 肉瘤疱疹病毒（KSHV）。
- 20%~30% 同性恋男性患者 HHV-8 血清学阳性，HIV-1 阴性献血者阳性率 1%。与肛交的接受性和伴侣的个数相关。
- 可能在传播过程中存在一个不明的相关因素。
- HHV-8 基因产物促进梭形细胞分化和血管生成，可能最终导致肿瘤形成。

临床信息

- 可能引起 HIV 相关的 Kaposi 肉瘤；主要临床表现为血管、黏膜和内脏（消化道和肺）的紫色病变。
- HHV-8 是经典的（非 HIV 相关的）Kaposi 肉瘤。这个病种通常局限于皮肤，主要累及老年人地中海和东欧男性。
- 可能引起地方性的非洲 Kaposi 肉瘤。表现不同于皮肤病变，仅仅表现为进展性的系统性疾病。
- 可能与多中心 Castleman 病有关，是一种淋巴增殖性疾病，多见于 HIV 病人：以 B 类症状、淋巴结肿大、高球蛋白血症为主要表现。
- 与原发浸润性淋巴瘤相关；一种非霍奇金 B 细胞性淋巴瘤，多见于 HIV 感染者。表现为体腔为基础的浸润性病变，而没有实体肿瘤存在。
- 与移植病人的 Kaposi 肉瘤及发热性疾病和骨髓衰竭相关。
- HIV 相关的 Kaposi 肉瘤多见于男性同性恋者。HHV~8 可在涎液和精液中检测到。
- 非 Kaposi 肉瘤常表现为呼吸困难、咳嗽、胸痛或咯血。
- 消化道 Kaposi 肉瘤能够引起腹痛，消化道梗阻或出血。

感染部位

- 黏膜部位：皮肤、口咽部、内皮和梭形细胞有 HHV-8 DNA 存在。
- 内脏器官。
- 肺脏。
- 消化道。
- 含有 HHV-8 DNA 的涎液、精液、病毒血症（HIV 感染者和移植患者），B 细胞性原发浸润性淋巴瘤，淋巴组织多种新的 Castleman 病。

治疗

Kaposi 肉瘤（局部疾病 <25 病变）。

- 冷冻疗法，放射疗法，手术。
- 局部病变部位使用 0.1% 阿维 A 酸凝胶 2~4 次 / 天，能够使接近 35% 的病人出现部分应答。
- 病变内注射长春碱能够获得 60%~90% 的临床应答率。用法用量：0.2~0.3 mg/ml，0.1 ml/0.5 cm^2 病变面积。

Kaposi 肉瘤（系统性疾病）

- 在 HIV 感染者一线的治疗方案应该是 HAART 治疗，或者在移植病人应该是减弱免疫抑制治疗。

- 一项回顾性的研究证明使用蛋白酶抑制剂为基础的抗病毒治疗和化疗较单纯化疗能够获得更好的生存率。
- 蛋白酶抑制剂具有抗血管生成作用，能够有效地治疗动物模型中的 Kaposi 肉瘤。在两个较小的研究中，使用非核苷类抗逆转录病毒药物替换蛋白酶抑制剂治疗能够观察到疾病复发。
- 通常建议联合化疗治疗。
- 紫杉醇 100 mg/m^2 每两周 1 次能够获得 59% 应答率。
- 聚乙二醇多柔比星脂质体 40 mg/m^2 每两周 1 次被证明较化疗更为有效，能够获得 58% 的应答率。
- α 干扰素和抗逆转录病毒治疗：一项研究中，DDI 200 mg，每天 2 次联合使用 α 干扰素 100 万单位或 1 000 万单位皮下注射的应答率分别为 40% 或 55%。
- 血管生成抑制剂在一些临床实验中的使用获得了一些成功。一项研究中反应停 200~1 000 mg（中位剂量 600 mg），每天 1 次，能够获得 40% 部分应答率。

多中心 Castleman 病

- 联合化疗，由专业的肿瘤学医生提供治疗意见。利妥昔单抗（375 mg/m^2，每周 1 次，疗程 4 周）是非常有效的治疗方案。
- α 干扰素 500 万单位，每周 3 次，在个案报道中能够引起长时间的缓解。
- 抗 IL-6 抗体能够有效的减轻由于 IL-6 释放过多引起的症状（HHV-8 的基因编码细胞因子的病毒可变区）
- 更昔洛韦 1.25 mg/(kg・d)，或 5mg/kg 静脉治疗每天 2 次，或缬更昔洛韦 900 mg PO，每天 2 次，在 3 例 HIV 感染病人的治疗中，能够获得疾病缓解。
- 一个病例系列的研究数据表明起始 HAART 治疗不能预防疾病复发，但是能够改善生存率。

骨髓衰竭者的原发发热性疾病

- 减轻免疫抑制治疗联合膦甲酸 80 mg/kg，每天 2 次，疗程 2 周，在一例骨髓移植病人的个例报道中是有效的。

其他信息

- HHV-8 通常在免疫缺陷病人引起疾病。
- 以蛋白酶抑制剂为基础的 HAART 治疗能够降低接受化疗治疗的系统性 Kaposi 肉瘤病人的死亡率。
- 由于蛋白酶抑制剂的抗血管生成活性，其能够直接作用于 Kaposi 肉瘤。因此包含蛋白酶抑制剂方案的 HAART 治疗 Kaposi 肉瘤能够给病人带来益处。
- α 干扰素能够有效地治疗 Kaposi 肉瘤的病人，由于其具有抗病毒和调节免疫的双重功效。
- 肺脏 Kaposi 肉瘤威胁生命，应该立即治疗。

推荐依据

Sullivan RJ, Pantanowitz L, Casper C, et al. Epidemiology, Pathophysiology, and Treatment of Kaposi Sarcoma-Associated Herpesvirus Disease: Kaposi Sarcoma, Primary Effusion Lymphoma, and Multicentric Castleman Disease. Clin Infect Dis, 2008; Vol. 47; p. 1209.

注释：近期的与 HHV-8 相关疾病的综述

Leitch H, Trudeau M, Routy JP. Effect of protease inhibitor-based highly active

病原体

antiretroviral therapy on survival in HIVassociated advanced Kaposi's sarcoma pts treated with chemotherapy. HIV Clin Trials, 2003; Vol. 4; pp. 107－14.
注释：关于蛋白酶抑制剂为基础的 HAART 在系统性 Kaposi 肉瘤化疗治疗病人中作用的回顾性研究。化疗治疗联合 HAART 治疗的死亡率为 21%，而只接受化疗治疗的病人的死亡率为 70%。

人T细胞白血病病毒－Ⅰ/Ⅱ型

Joel Blankson, MD, PhD

微生物学

- 人 C 型逆转录病毒。

临床信息

- 人 T 细胞白血病病毒－Ⅰ型流行于加勒比海、日本南部、部分非洲地区、美国南部；通过哺乳、污染的食物、静脉毒品摄入以及性接触传播。
- 大多数的感染是无症状的。
- 人 T 细胞白血病病毒－Ⅰ型感染会导致人 T 细胞白血病（ATL）风险升高 5%。人 T 细胞白血病表现为 B 类症状，淋巴结肿大，皮肤受累（斑疹、结节）常见，高钙血症是常见的暗示。
- 人 T 细胞白血病病毒－Ⅰ型感染有 0.5%~2% 风险引起骨髓病/热带麻痹（HAM/TSP）：腿部僵硬，无力，下腰痛，膀胱功能障碍的进展性疾病。
- 人 T 细胞白血病病毒－Ⅰ型能够导致免疫抑制，增加类圆线虫感染风险，降低了对于纯化蛋白质衍生的结核菌素实验的反应性。
- 人 T 细胞白血病病毒－Ⅰ型感染能够加速 HTLV/HIV-1 共感染向 AIDS 病的进展。
- 接受无症状 HTLV－Ⅰ感染病人器官的移植患者能够发展为骨髓病/热带麻痹（HAM/TSP）。
- HTLV－Ⅱ流行于静脉药瘾患者。大多数为无症状感染。
- HTLV－Ⅱ不一定引起人类疾病。
- 病毒学诊断通常通过血清检查获得。

感染部位

- CD_4^+ T 细胞是 HTLV－Ⅰ病毒感染的主要靶细胞。
- 在成人 T 淋巴细胞白血病患者中，循环的单克隆的转化 CD_4^+ T 细胞含有 HTLV－Ⅰ前病毒。
- HTLV－Ⅱ感染外周血单核细胞。

治疗

人 T 细胞白血病

- 应该在肿瘤科医生的指导下给予治疗。通常为化学治疗。
- 规模较小的前瞻性Ⅱ期临床研究支持使用齐多夫定 AZT(1 g PO，每天 1 次）和 α 干扰素治疗（900 万单位皮下注射，每 24 小时 1 次）。
- 骨髓病/热带麻痹（HAM/TSP）
- 糖皮质激素，环磷酰胺，α 干扰素，静脉用丙种球蛋白，血浆置换，达纳唑治疗获得了不一致的治疗结果。
- 齐多夫定（1~2 g，每天 1 次）或拉米夫定（150 mg，每天 2 次）单药治疗，或齐多夫定（250 mg，每天 2 次）和拉米夫定（150 mg，每天 2 次）在三个规模较小的研究中采用。能够观察到 HTLV-1 前病毒载量下降，大多数病人没有获得症状缓解。

- 无症状 HTLV- Ⅰ /HTLV- Ⅱ感染
- 没有证据支持治疗。

其他信息

- >95% 血清学阳性的 HTLV- Ⅰ型病人不会出现疾病表现。
- HTLV- Ⅱ型不一定能够引起疾病。
- CDC 证明没有症状的感染者不哺乳，不献血，不与他人共用针头，性生活时应该使用安全套。
- 无症状的感染不需要治疗。HTLV 基因整合到宿主 DNA，因此很难清除感染。
- 发展为骨髓病 / 热带麻痹（HAM/TSP），与较高的病毒载量相关。

更多信息

- 成人 T 淋巴细胞白血病和骨髓病 / 热带麻痹（HAM/TSP）被认为与整合了前病毒的 CD_4^+ T 细胞的单克隆扩增相关，使用抗逆转录酶的齐多夫定和拉米夫定能够降低强病毒载量表明活动性的病毒复制在疾病发病中起重要的作用。由于成人 T 淋巴细胞白血病使用干扰素和齐多夫定治疗后复发率较高，需要观察给予持续高效抗逆转录病毒治疗的疾病反应的研究。

推荐依据

Centers for Disease Control and the U.S.P.H.S. Working Group. Guidelines for counseling persons infected with human T-lymphotropic virus type I (HTLV-I) and type II (HTLV-II). Centers for Disease Control and Prevention and the U.S.P.H.S.Working Group. Ann Intern Med, 1993; Vol. 118; pp. 448 - 54.

注释：来自于 CDC 的治疗指南。

人乳头瘤病毒 (HPV)

Noreen A. Hynes, MD, MPH

微生物学

- 无包膜的 DNA 病毒。
- 人乳头瘤病毒在世界范围内广泛存在。
- >80 种被认为有能力引起人类感染并且在感染后有特异的临床表现。
- 人乳头瘤病毒依靠人皮肤和黏膜的细胞系（如口腔、生殖道、肛门、呼吸道）增殖。
- 一些血清型有引起肿瘤的风险。

临床信息

- 肛门生殖器疣（尖锐湿疣）：新鲜的病变为灰色；无蒂的或较短、宽基底状；光滑的至锯齿状的，长尖的病变为“低风险”病毒种类引起（无致肿瘤性）。男性：未环切的——85%~90% 位于包皮腔内；环切的——大多数在阴茎体部；1%~25% 累及尿道口近端 3 cm。肛周疣多见于男 - 男同性恋者，腔内疣同样可见。女性：病变部位多样，可以在阴道口、大阴唇、小阴唇、阴蒂。总的来说，会阴处、阴道、肝门、宫颈、尿道均可见病变。诊断：在某些情况下通过直视下观察以及活检确定，包括对治疗无反应或在治疗情况下疾病进展，病人为免疫缺陷者，有色素沉着的疣，有溃疡、固定、出血或质地较硬的疣。新的 HPV-DNA 的检测方法不能用于可见疣的诊断。使用 3%~5% 的醋酸能够使 HPV 感染的黏膜变为白色，但是这种方法作为筛查的检测手段的敏感性和特异性均不确定。因为疣和继发梅毒病变（湿疣）非常相似，因此应该在存在这种性传播疾病的地区筛查高危梅毒患者。

- 没有明显疣状物形成的子宫颈感染：通常没有感染的临床症状。“高危”（促肿瘤形成）病毒株与 99.7% 的子宫颈癌相关，但是大多数的感染并不导致子宫颈癌。新的间断筛查指南建议使用 HPV-DNA 检测方法 (Hybrid Capture-2 TM High Risk DNA Test,Digene, Gaithersburg,MD) 联合细胞学方法检测年龄 >29 岁妇女和所有细胞学检测存在无确定意义的不典型鳞状上皮细胞的女性的方法，在阴道镜检查后和上皮内新生物 3 期分级治疗前检测。
- 肛门周围和肛门腔内没有明显疣状物形成的 HPV 感染：促肿瘤性的 HPV-16 和 HPV-18 是引起肛门直肠周围鳞状细胞癌和肛门上皮内新生物的最主要原因。肛门边缘的细胞移行区域较直肠周围区域的其他黏膜表面更容易感染。每年使用肛门巴氏涂片对高危人群进行筛查不作为常规推荐，但是可能是非常有意义的。
- 黏膜疣（常见于足底，平坦）：多见于儿童 / 青少年，但是屠夫、渔夫、肉类批发商具有职业高危因素。由没有促肿瘤活性的基因型（HPV-1,-2,-4, 和 -27 是最常见的）引起。通常没有症状，除非在承重部位，经常摩擦部位。50%~90% 病人能够在 1~5 年自发缓解。尽管给予治疗，有明显疣的病人症状持续 >18 个月很可能与 HLA- 表型 DQA1*301 相关。
- 寻常疣（verruca vulgaris）：最常见的黏膜疣，在较小的儿童更为长尖。通常分布于双手。棕色，向外生长的，过度角化的丘疹。疣在 50%~90% 病人 1~5 年内自发缓解。
- 足底疣 (verruca plantaris): 第二常见的疣；常见于青少年和青年患者。削皮下的血栓性血管炎可用于与床上后的愈合组织区分。50%~90% 病人在 1~5 年内自发缓解。
- 扁平疣（verruca plana）：常见于儿童。发生于面部、颈部、胸部、前臂和双腿的曲侧。50%~90% 病人在 1~5 年内自发缓解。
- 反复呼吸道乳头状瘤病：咽部起病的疾病。两种形式：少年发病（出生时经 HPV 感染的母亲经产道传播）成人起病型，被认为是一种性传播疾病。通常病人主诉声音改变或快速生长的病变而被发现，然后出现呼吸困难。
- 其他不常见类型：布 - 勒二氏瘤（巨大湿疣），鲍恩样丘疹病（肛门生殖器周围的新鲜至红色丘疹），Bowen 病（逐渐增大，边界清楚，通常单发，10%~20% 多发，红斑丘疹，边界不规则，表面坚硬或结痂。通常位于下肢。凯腊（氏）增殖性红斑（阴茎头的原位癌）（形态上与 Bowen 病病变相似），具有癌变的潜质。怀疑此病的病例应该到皮肤病医生处就诊。

更多临床信息

- 肛门生殖器疣：生殖器 HPV 感染在世界范围内均是最常见的性传播疾病；美国的获得性有症状的疣发病率为 50 万人 / 年；可见的疣通常与致癌类型无关。肛门生殖器周围可见疣的转归有 3 种：
  - 自发缓解：10%~30% 在 3 月内自发缓解。
  - 保持不变。
  - 进展为肛门生殖器周围疣的异形 DDX：包括湿疣（继发梅毒），传染性软疣，脂溢性角化病，扁平苔癣，“粉红色珍珠状阴茎丘疹”，和肿瘤性病变。复发性呼吸道乳头瘤病：能够导致呼吸道梗阻，婴儿 / 儿童威胁生命。在成人的表现通常不像婴儿/儿童那样攻击性强。主要有非致肿瘤性的 HPV 基因型所致，HPV~6 和 HPV-11 多见。

HPV 相关的不常见情况

- 疣状表皮发育不良：少见；可能为常染色体隐形遗性（性基因联合同样有过报道）；播散性（躯干、双手，上下肢体，面部是最具特点的受累部位）早期表现为扁平或疣状突起，红色－褐色丘疹，有进展为鳞状细胞癌的风险，发生于年龄大于 30 岁时，首先发生于光照部位。多种 HPV 类型往往同时存在。在与 HPV 相关的鳞状细胞癌病人中，90% 能够分离出 HPV-5 和 HPV-8.，怀疑此病的病人应该至皮肤肿瘤科医生处确诊和治疗。鉴别诊断包括鳞状细胞癌，寻常疣，扁平疣，花斑癣，良性乳头瘤。
- 布－勒二氏瘤（巨大湿疣）：慢生长疣状病变，高度破坏周围组织；通常发生于龟头，较少转移。大多数位于龟头（没经过环切术的男性）> 其他肛门生殖器周围黏膜表面，包括阴道口、阴道、直肠、阴囊和膀胱。常见的基因型为 6 型和 11 型，16 型和 18 型偶尔可见；54 型较少见。美国 5%~24% 龟头癌和 0.3%~0.5% 的男性恶性肿瘤与此相关。龟头以外部位的巨大湿疣不常见。膀胱病变与吸虫病（如血吸虫病）相关。怀疑巨大湿疣的病人应该至皮肤病医生处治疗。
- 鲍恩样丘疹病（BP）：HPV（通常为基因型 16）——导致独特组织病理类型的丘疹（如果发生于肛门生殖器区域意外称为博文氏病，也可见于皮肤局部的高度增生、异形和原位鳞状细胞癌证据的凯腊（氏）增殖性红斑。没有种族，性别差异；在性生活活跃的年轻人常见，平均发病年龄 31 岁。
- 博文病(BD)：逐渐增大的，边界较清楚的，通常单发（多发见于 10%~20% 病例）红斑样丘疹，边界不规则，表面较硬或出现皮肤结痂。可发生于任何年龄的成年人，较少在 30 岁以前发病（60~70 岁为高发年龄）。感染部位包括下肢（60%~85%）；其他部位（15%~40%）。女性病例高达 85%。怀疑 BD 的病人应该至专业的皮肤病医生处就诊。HPV 是其可能的病因，但是尚没有确定的证据。
- 凯腊（氏）增殖性红斑（阴茎头的原位癌）：病变在形态上与博文病相似，通常发生于龟头和包皮下，在没有经过包皮环切术的病人基本能够排除诊断。组织病理表现为上皮内的新生物形成。怀疑 BD 的病人应该至皮肤科就诊。HPV 是此病可能的致病原因，但是没有确实的证据。

感染部位

- 皮肤表面，足底疣，寻常疣。
- 黏膜：外生殖器和性交摩擦部位，肛门职场周围区域，口腔，宫颈。
- 喉部：呼吸道乳头瘤病。

治疗

外肛门生殖器疣——普通治疗

- 治疗的反应不同，没有某种病人自主的或医生提供的治疗方案更优。对于个体来说，可以尝试不同的治疗方案。
- 病人自主的治疗：普达非洛 0.5% 溶液或凝胶。使用棉棒（溶液）或手指（凝胶）涂抹于可见疣处，每天 2 次，疗程 3 天，停药 4 天。然后重复这种治疗循环 4 个周期。每天用量不要超过 0.5 mg。治疗面积不要超过 10 cm^2。
- 病人自主的治疗：5% 咪喹莫特乳膏。使用手指擦拭于患处，每周 3 次，疗程 16 周。然后使用弱肥皂水洗 6~10 小时。
- 医生提供的治疗：使用液氮或冷疗探针的冰冻治疗。每 1~2 周重复治疗。

- 医生提供治疗：黄色树脂 10%~25% 符合安息香酊剂。在每个疣上放置少量药物，自然风干。每天最多用量 0.5 ml，使用面积小于 10 cm^2，1~4 小时内冲洗。
- 治疗者提供：使用正切、剔除、刮除或电切手术切除。
- 可替换的医生提供的治疗：病变内注射干扰素治疗。
- 可替换的医生提供的治疗：射线手术。
- 肛门生殖器疣——特殊考虑
- 孕妇：液氮治疗是唯一推荐的治疗方案。避免咪喹莫特、黄色树脂剂、鬼臼毒素治疗。
- 宫颈疣：必须由专家提供治疗。应该在治疗前排除高度的上皮内鳞化。
- 阴道疣：TCA 或 BCA 80%~90% 仅用于疣的数量较少时，让其干至白色“霜冻”样，然后使用滑石粉或碳酸氢钠干粉覆盖取出未反应的酸。有需要时，每周重复 1 次。
- 免疫抑制病人：使用与免疫正常病人相同的治疗方法。由于治疗反应差或无治疗反应，可能需要更长时间或更为频繁的治疗。
- 没有外生性疣的亚临床生殖器 HPV 感染：常规使用 3%~5% 醋酸溶液来鉴别这些疾病是不推荐的。没有梅毒共感染的情况下，不推荐治疗。
- 原位鳞状细胞癌：在专家的指导下治疗。
- 尿道疣：医生提供的治疗（病毒治疗或 10%~25% 的黄色树脂剂治疗）或病人自主的治疗（普达非洛 0.5% 的溶液或凝胶或 5% 咪喹莫特乳膏）能够适用于肛门生殖器周围疣的治疗（数据有限）。
- 口腔疣：医生提供的冰冻治疗后手术切除治疗。

皮肤疣

- 大多数能够自发缓解。
- 手部疣：水杨酸－乳酸－火棉胶剂 1：1：4 配置药物，每天使用，疗程最多 12 周（治愈率大约 70%）。
- 手部疣：冰冻治疗每周 1 次，治疗 3 周（70% 治愈）。
- 足疣：40% 水杨酸原位覆盖几日，然后用冰冻或腐蚀剂处理，如果疣仍然是潮湿的使用清创术清创（30% 三氯乙酸）。
- 足疣：直接使用二氧化碳射线、酸破坏。丝状疣使用切碎术或刮除术治疗作为替代。
- 扁平疣：维 A 酸（0.05% 维 A 酸乳膏）每天 1 次联合或使用局部使用 5% 苯甲酰过氧化物或局部使用 5% 水杨酸乳膏，直至治愈。
- 扁平疣：局部使用 5－氟尿嘧啶乳膏（1% 或 5%）每天 1 次，直至病情缓解。

治疗建议

- 宫颈疣，直肠黏膜疣，口腔疣，疑似咽部疣。
- 可疑肿瘤性病变。
- 疣状表皮发育不良。
- 博文病和鲍恩样丘疹病。
- 布－勒二氏瘤。
- 凯腊（氏）增殖性红斑。

其他信息

- 没有一种治疗肛门生殖器 HPV 感染的方案更优；治疗后复发很常见。如果肛门生殖器周围疣的疣体大于 10 cm^2 时，不应该选择局部治疗。

- 间断的子宫颈癌筛查指南：可以使用 HPV-DNA 检测方法联合细胞学方法作为年龄大于 29 岁妇女的子宫癌的筛查手段。如果两种方法检测均为阴性，每 3 年重复检查。如果 HPV-DNA 检测结果为高危血清型，而细胞学检查阴性，每 8~12 月检测 1 次。两种检查的结果有一个重复阳性或涂片检查存在不明意义的鳞状细胞，则应该行阴道镜检查。自第 1 次性生活开始 3 年后或 21 岁开始，小于 30 岁的妇女应该每年检查 1 次。美国肿瘤协会建议如果使用液体为基础的介质进行 Pap 涂片，由于其敏感性提高，可以每 2 年检测 1 次。

更多信息

- 肛门生殖器疣和致癌的 HPV 类型。
- >30 种 HPV 基因型能够感染生殖道。
- 可见疣通常由 HPV-6 和 HPV-11 引起，这两种基因型与肿瘤的形成没有很强的关联。没有证据支持对于可见疣需要使用基因型特异性的 HPV 核酸检测方法作为常规的诊断方法。因此，疣的治疗通常是美容性的；复发率较高。治疗可见疣并不能改变进展为宫颈癌的风险。
- 其他肛门生殖系周围 HPV 基因型（16、18、31、33、35）与肿瘤的形成相关，但是不容易引起可见疣。有时这些基因型引起可在阴道口、龟头和肛门引起可见的改变，活检中可见新生物的形成。
- 间断的宫颈癌筛查指南
- 3 个组织提出了相似的指南：美国癌症协会，美国妇产科学会和美国公共健康服务预防指南 (www.acs.org;www.acog.org;www.cancer.org)。
- 使用四价 HPV 疫苗（Gardasil）。
- 疫苗组成：Gardasil，预防能引起 70% 宫颈癌的 4 种 HPV 基因型的感染（高危类型 16 和 18）和 90% 的生殖器疣（低危类型 6 和 11）。
- 预防策略：事实上，疫苗应该在初次性生活前接种，女性应该接受全免疫。性生活活动期的女性能够从疫苗接种中获益。已经感染了一种或多种 HPV 病毒型的女性仍然应该接受疫苗从而保护其不受其他种类的疫苗感染。很少年轻女性感染疫苗中所有 4 种 HPV 病毒型。通常，没有一种检测手段用于临床检测一个妇女是否有 4 种疫苗中的一种还是全部 4 种 HPV 病毒型感染。HPV 疫苗可以给予宫颈涂片检查介于中间的或异常的患者，Hybrid Capture II 高危实验阳性，或生殖器疣的女性。然而，这些女性应该被告知，疫苗不能对于已经出现的宫颈涂片异常，已经存在的 HPV 感染或生殖器疣产生任何的治疗作用。哺乳期妇女可以接受 HPV 疫苗。由于疾病或药物治疗所致的免疫缺陷妇女，可以接受此疫苗。然而，疫苗接种的免疫反应和疫苗的有效性较免疫正常人群低。不建议给予妊娠期妇女接种。疫苗与妊娠期不良反应或对于发展中的胎儿的不良反应是否有关，尚不清楚。然而，给予妊娠妇女此种疫苗接种的数据尚少。任何妊娠期妇女意外接种疫苗应该向妊娠期疫苗接种登记处报告（800-986-8999）。对于存在急性酵母菌过敏反应或任何疫苗成分过敏反应病史的病人，禁用此疫苗。
- 建议接种人群：a）11~12 岁女性，可以将接种年龄降低至 9 岁和 b）13~26 岁女性，尚没有接受或完成疫苗接种者。
- 接种方式：0、1、6 月，单个剂量肌肉注射。可以在接种其他疫苗的同时接种，例如 Tdap，破伤风白喉疫苗（Td），MCV4 和乙型肝炎疫苗。
- 疫苗接种妇女的宫颈癌筛查：对于接种了 HPV 疫苗的妇女仍然建议行规律的宫颈癌筛查。

推荐依据

American Academy of Pediatrics Committee on Infectious Diseases. Recommended immunization schedules for children and adolescents—United States, 2007. Pediatrics, 2007; Vol. 119; pp. 207 - 8, 3 p following 208.

注释：2007 年 1 月，美国儿科学会建议对于女性儿童和青少年 12 岁时接受广泛的疫苗接种（或者在一些病例推荐 9 岁接受疫苗接种），而对于其他没有接受过 HPV 疫苗免疫的女孩或女性进行“捕获”免疫（2006 年首次经 FDA 批准）。这些建议反映了疫苗实践和建议组织的建议，反映了2006年11月CDC的精神。尚没有最终的公开发表的建议指南。

Centers for Disease Control and Prevention, Workowski KA, Berman SM. Sexually transmitted diseases treatment guidelines, 2006. MMWR Recomm Rep, 2006; Vol. 55; pp. 1 - 94.

注释：2006 年 CDC 关于性传播疾病的治疗指南明确的指出对于宫颈 HPV 感染的 HPVDNA 的检测应该基于美国癌症协会和其他学术组织提出的对于间断筛查建议。生殖器疣的治疗被明确的阐述和解释。这些指南在新的 4 价 HPV 疫苗被批准前发表。

Wright TC, Schiffman M, Solomon D, et al. Interim guidance for the use of human papillomavirus DNA testing as an adjunct to cervical cytology for screening. Obstet Gynecol, 2004; Vol. 103; pp. 304 - 9.

注释：FDA 目前已经批准 HPVDNA 检测用于宫颈癌的细胞学筛查的补充检查手段。不能替代宫颈癌的细胞学检查。一致意见的指南是在相同的赞助公司下发表的：NIH/NCI(国立卫生研究院 / 国立癌症研究所)，ACS（美国外科医生学会）和 ASCCP（美国阴道镜检查与子宫颈病理学会）。指南推荐医生可以对于年龄大于 29 岁的女性联合使用 HPVDNA 和宫颈细胞学检查。如果两个检测均为阴性，每 3 年重复检查；如果宫颈细胞学检查阴性，HPVDNA 检查阳性并且是高危的 HPV 血清型，每 6~12 个月重复检查。如果任何一个检查阳性，可以行阴道镜检查。宫颈细胞学检查阳性，HPVDNA 检查阴性，12 个月重复细胞学检查。如果宫颈细胞学检查发现不明意义的鳞状上皮细胞且 HPVDNA 检查阳性或宫颈细胞学检查的结果重于不明意义的临床上皮细胞，应该行阴道镜检查。HPVDNA 检测（theHybridCapture~2test）仅需要高危病毒探针。

JC/BK 病毒

Khalil G. Ghanem, MD

微生物学

- BK 和 JC 病毒是 DNA 多瘤病毒属。
- 属于 DNA 肿瘤病毒家族成员，均为引起啮齿类动物肿瘤的病毒；在人类是否引起肿瘤尚不明确。

临床信息

- 引起出血性膀胱炎（BK 病毒）和进展性多灶性脑白质病（PML，JC 病毒），主要致病人群为免疫缺陷病人（如 AIDS 患者，糖皮质激素使用者，移植病人）。
- 在儿童期或青少年期感染，60%~80% 成人血清学阳性。病毒在肾脏持续存在，免疫抑制人群（约 50%）和妊娠病人（3%）多表现为无症状的病毒尿。传播：涎液、胎盘、尿液、血液和性途径。
- 临床表现：原发感染通常没有症状。BK 病毒感染者中约 30% 病人会出现轻度的上呼吸道感染症状。
- 诊断：JC 病毒脑脊液 PCR 检测，BK 和 JC 病毒的尿液 PCR 检测。尿液上皮细胞学检测可能出现（“诱饵细胞 decoy cell”）。脑 MRI 检查多灶性脑白质病表现为 T2 信号的加强；确诊：JC 病毒脑活检，BK 病毒（肾脏活检免疫组化）。

- 临床诊断（免疫抑制病人 + 临床症状）+ 影像学表现（多灶性脑白质病变）+ 有意义的实验室检查（PCR/ 尿细胞学）。血清学检查帮助不大。推荐肾脏活检明确 BK 病毒感染诊断。

感染部位

- JC：中枢神经系统［多灶性脑白质病：轻偏瘫（42%），认知障碍（36%），共济失调，失语症，颅神经受累，感觉神经异常］；中枢神经系统肿瘤，可能相关。
- BK：泌尿生殖系统（血尿、出血性膀胱炎、输尿管硬化、间质性肾炎）。
- 肺部：上呼吸道感染。
- 眼：视网膜炎。
- 肝脏：肝炎。
- 中枢神经系统或肿瘤与 BK 病毒的关系不确定。

治疗

BK 病毒

- 无症状：不需要治疗。有症状的感染：没有有效的治疗，如果可能，减轻免疫抑制。
- 西多福韦：在一些个案报道的治疗中有效，但是肾毒性是一个显著的问题。

JC 病毒

- 无症状感染：无需治疗。多灶性脑白质病：没有好的治疗方法；AIDS 病人：抗逆转录病毒治疗可能有帮助。
- 西多福韦（5 mg/kg 基础，每周 1 次或每 2 周 1 次）；效果不明（见 DeLuca ref，AIDS 病人无效）。

其他信息

- 对于两种病毒来说，不能以 PCR 的检查结果来明确诊断。需要联合临床，影像学和实验室检查结果。
- 有争议的问题：多灶性脑白质病的最佳治疗。建议 AIDS 病人给予 HAART 治疗。关于西多夫韦的治疗效果目前仍在观察，且得出的结论为冲突的。没有前瞻性的随机研究。
- 那他珠单抗和多灶性脑白质病的关系，那他珠单抗是一种 α4 整合素的单克隆抗体，其用于治疗多发性硬化症，可能与利妥昔单抗相关。
- 偶尔，没有免疫缺陷基础的病人罹患多灶性脑白质病。

推荐依据

De Luca A, Ammassari A, Pezzotti P, et al. Cidofovir in addition to antiretroviral treatment is not effective for AIDS associated progressive multifocal leukoencephalopathy: a multicohort analysis. AIDS, 2008; Vol. 22; pp. 1759 - 67.

注释：370 例 HIV 感染合并多灶性脑白质病病人接受抗逆转录病毒治疗联合或不联合西多福韦治疗。联合的抗逆转录病毒治疗 PML 病人，家用西多福韦并不影响多发性脑白质病变相关的死亡率和残留的功能障碍 (HR0.93,0.66 - 1.32)。

Trofe J, Hirsch HH, Ramos E. Polyomavirus-associated nephropathy: update of clinical management in kidney transplant pts. Transpl Infect Dis, 2006; Vol. 8; pp. 76 - 85.

注释：使用来氟米特、静脉用免疫球蛋白和氟喹诺酮类抗菌药物移植相关的 BK 病毒肾病的小样本量研究的综述。

Marra CM, Rajicic N, Barker DE, et al. A pilot study of cidofovir for progressive multifocal leukoencephalopathy in AIDS. AIDS, 2002; Vol. 16; pp. 1791 - 7.

注释：24 例 AIDS 合并多灶性脑白质病病人接受西多福韦 5mg/kg 静脉治疗，每周 1 次或每 2 周 1 次。西多福韦并不改变治疗 8 周时的神经系统检查评分。然而，在入组治疗时具有较低的 HIV-1RNA 水平的病人的评分较好，可能是控制了 HIV-1 病毒本身或西多福韦起作用的结果。

麻疹病毒

Paul G. Auwaerter, MD

微生物学

- 麻疹病毒属，副粘病毒科的 RNA 病毒，经呼吸道传播后出现病毒血症。
- 相关的副粘病毒——偏肺病毒和亨德拉病毒是新发现的引起呼吸道疾病的病毒；尼帕病毒引起脑炎。

临床信息

- 在进行常规免疫接种前，麻疹病毒是儿童时期传染性最高的疾病。
- 仍然是一个世界范围内的问题，在发展中国家，每年因麻疹感染的死亡率为 100 万人。尽管国际卫生组织做出了相当的努力，清除该病毒十分困难。
- 整个病程持续 10 天。病人通常在出疹后体温降至正常。病人可能出现腹泻、呕吐、淋巴结肿大、腹痛、咽峡炎、脾肿大、白细胞减少和血小板减少。
- 诊断：通常临床表现为急性发热性疾病，以典型的皮疹和 Koplik 斑（颊黏膜的不规则红色斑点并小蓝白色点）。
- 麻疹酶联免疫吸附法检测 IgM 抗体有助于急性感染的诊断，而 IgG 用来作为免疫状态的筛查。
- 组织 / 分泌物可能作为培养病毒的标本或使用免疫荧光测定病毒。鼻咽部吸出物的免疫荧光检测能够快速诊断。
- 继发并发症：中耳炎，支气管肺炎，义膜性喉炎，支气管炎。大多数的死亡病例为营养不良的儿童罹患麻疹肺炎。

感染部位

- 皮肤 / 系统：典型的疾病进展 – 前驱症状为发热、咳嗽、鼻炎、结膜炎，随后出现扁平丘疹融合成片，先出现在胸部 / 躯干部位，然后播散至四肢。
- 肺部：肺炎（巨细胞肺炎）。不典型麻疹，现在较少，以肺炎为特征性表现，伴有如接受了灭活的麻疹疫苗的病人暴露于天然麻疹出现高敏反应样表现。
- 中枢神经系统：感染后脑炎发生率为 1:1 000，死亡率 15%。亚急性硬化性全脑炎非常少见，发病率 <1:300 000，通常发生于麻疹感染很多年后。

治疗

治疗（儿童）

- 大多数儿童不需要任何干预可自行缓解。
- 如果病人病情较重需要住院治疗（6 个月 -2 岁儿童），病人罹患神经系统 / 眼综合征，营养不良或免疫抑制病人，推荐补充维生素 A。
- 维生素 A 200 000 IU PO， 2 天。
- 如果罹患眼疾病可在 4 周时重复补充维生素 A。

治疗（成人）

- 支持治疗。病情较儿童人群更为严重。
- 使用静脉用利巴韦林（20~35 mg/(kg·d)，疗程 7 天）治疗儿童严重肺炎有一定经验（CID1994;19(3):454），同样可获得气溶胶制剂，口服制剂 – 但是在麻疹治疗的应用中少有数据。
- 注意：静脉用利巴韦林目前仅在婴儿重症护理处（仅用于出血热）才能获得：800–556–1937。

预防

- 美国儿童使用两次接种剂量：常规在 12 月接种麻疹、腮腺炎、风疹疫苗 MMR（如果母体缺乏抗体），在 4~6 岁时加强接种
- 麻疹、腮腺炎、风疹疫苗可能在 4~6 岁前接种，因为在第 1 次接种 4 周后以及两个剂量均在 12 月或略长时间摄入，其可能失活。
- 麻疹疫苗与自闭症、多发性硬化和炎症性肠病不相关。
- 出生晚于 1957 年应该接受了至少 1 次的麻疹疫苗，除非已经得过麻疹获得免疫。疫苗可以作为麻疹、腮腺炎、风疹疫苗给予，也可以麻疹风疹疫苗给予。一些病人有获得麻疹的高危因素——大学生，跨国旅游者，医护人员，麻疹暴发时的暴露者，上述人群均应该接受两个剂量的麻疹疫苗，并且两次疫苗接种时间不能超过 1 个月。
- 1957 年前出生的人，被认为存在麻疹免疫，因为这个人群大多被自然感染。
- 暴露：如果年龄 <1 岁，孕妇，免疫缺陷病人或为易感人群，给予健康病人标准的免疫球蛋白预防治疗，剂量：0.25 ml/kg，免疫缺陷病人 0.5 mg/kg，最大剂量 15 ml。
- 疑似暴露（如接触了已知病人），且为易感病人：如果没有禁忌证，在暴露 72 小时内给予疫苗免疫 = 疾病预防。
- 如果接受 γ 球蛋白治疗，在 6 个月后接受疫苗免疫，以避免抗体中和疫苗。
- 因为疫苗（MMR 或 Attenuvax）均为获得减毒疫苗，禁忌证：孕妇，免疫缺陷，淋巴瘤 / 白血病，AIDS。
- 如果需要麻疹疫苗免疫的 HIV 病人，CD_4^+ T 细胞 >200/ml，可以给予疫苗免疫。

其他信息

- 因为大量的病例输入，发生过大流行后，美国从 1997 年后，未再发生过麻疹流行。Koplik 斑能够作为麻疹与流感等其他发热性疾病的早期鉴别诊断依据，因为其常在前驱症状时、早于皮疹出现。
- HIV 感染者，免疫抑制，肿瘤病人或维生素 A 缺乏 / 营养不良均是严重麻疹的高危因素。
- 麻疹病例（疑似病例或确诊病例）应该向地方的公共卫生组织报告。
- 疫苗免疫可能变弱，但是保护性能够达到 95%；尽管自从 1989 年开始，两个剂量的疫苗接种降低了 2%~5% 的 1 次接种难以达到血清学转换的病人感染的风险。
- 大量的研究表明 MMR 疫苗与自闭症、哮喘等无明确关联。

更多信息

- 自 2001 年来，美国的麻疹病例（537 例）是最少的。然而，麻疹仍是世界范围内的年龄 <5 岁儿童中列第 5 位的死亡原因。世界范围内，2 000 年共有 3 100 万人罹患麻疹，77.7 万人死亡。大多数的麻疹死亡病例发生在非洲（45 200 例），

东南亚（202 000 例），地中海东部（81 000 例）。世界卫生组织努力希望在 2005 年前降低 50% 麻疹死亡率和感染率。值得注意的是，早在 19 世纪 90 年代，世界卫生组织和泛美卫生组织就提出在 2000 年希望彻底清除麻疹，但是在现在的疫苗努力下难以完成，这需要维持一个疫苗供应链来确保完全免疫，非常困难并且话费巨大。目前的控制努力是政府推广的两次免疫，并控制暴发流行。

推荐依据

Centers for Disease Control. Recommended Immunization Schedules for Persons Aged 0 - 18 yrs—United States 2007. MMWR Recomm Rep, 2007; Vol. 55; pp. 51 and 52.

注释：目前免疫计划。

Watson JC, Hadler SC, Dykewicz CA, et al. Measles, mumps, and rubella—vaccine use and strategies for elimination of measles, rubella, and congenital rubella syndrome and control of mumps: recommendations of the Advisory Committee on Immunization Practices (ACIP). MMWR Recomm Rep, 1998; Vol. 47; pp. 1 - 57.

注释：目前建议的基础。

American Academy of Pediatrics Committee. American Academy of Pediatrics Committee on Infectious Diseases: Vitamin A treatment of measles. Pediatrics, 1993; Vol. 91; pp. 1014 - 5.

注释：给予病情较重的儿童和营养不良病人、免疫缺陷病人以及出现并发症病人治疗会获益的研究，是指南剔除的基础。高剂量的维生素 A 能够引起暂时性头痛或恶心。

传染性软疣

Christopher J. Hoffmann MD, MPH

微生物学

- 传染性软疣病毒是一种大的，方块形或椭圆形的双联 DNA 病毒，属于软疣痘病毒属，痘病毒科。
- 两种亚型，MCV Ⅰ 和 MCV Ⅱ，导致无法区分的病变。
- 病毒颗粒位于脐样病变的中心。

临床信息

- 三种人群受累：1）儿童的自限性疾病；2）成人的性传播疾病；3）AIDS 病人。
- 通过皮肤 - 皮肤接触传播，较少通过污染物传播。
- 在热带天气下，其发病率升高。
- 临床表现 2~3 mm（最大 1 cm），单个或多发，坚硬，脐状，珍珠样丘疹，腊样表面。通常无症状。不常见的表现：在免疫缺陷病人表现为较大的，并生的病变（大软疣）。
- 症状包括：瘙痒和相关的皮炎（尤其是存在遗传性过敏症的病人）。
- 诊断：通常依赖于临床诊断。如果诊断存在问题，活检 / 组织病理能够确诊。外观上同 AIDS 病人皮肤组织胞浆菌病和隐球菌病相似。
- 组织病理：软疣体（Henderson-Patterson 小体），在上皮细胞胞浆内可见。
- 一些研究证明其在 CD_4^+ T 细胞 <50/mm^3 发病率高，在 HAART 治疗的前两个月的免疫重建阶段，直到 CD_4^+ T 细胞升高至 250/mm^3 以上时才能恢复。
- 鉴别诊断（免疫健全病人）：应与疣（寻常疣）、痣、环状丘疹性肉芽肿、脓性肉芽肿鉴别。
- 鉴别诊断（AIDS）：应与皮肤隐球菌病和组织胞浆菌病鉴别。

感染部位

- 局限于皮肤。
- 儿童：病变常在皮肤皱褶部位和生殖区域。
- AIDS：典型病变长在面颈部，或可能为播散性。
- 可能出现较大的毁损面容，真菌样生长的病变（大的软疣）。
- 过敏性皮炎病人或免疫抑制病人：病变可能在过敏性皮炎的斑疹中播散，尤其是那些使用局部免疫抑制剂治疗的病人，如他克莫司和吡美莫司。

治疗

儿童的治疗

- 通常为自限性疾病，无需特殊治疗，大多数的病例在6~9月缓解。
- 如果需要治疗：刮除，手工压出，液氮治疗，三氯醋酸，角质层离解，咪喹莫特、类视黄醇、电脱水法、磁条法、激光或斑蝥素（多种治疗方法可联合使用）。
- 仅有两个对照研究证明了治疗组与安慰剂组比较，确实存在治疗效果。多个非对照研究证明了有创性治疗手段的有效性。
- 上述提到的治疗方法均来自于小样本量，开放队列研究。
- 唯一的双盲研究检测了咪喹莫特和鬼臼毒素的作用，两个结果与安慰剂比较均较明显的改善了治愈率。
- 首选：5%咪喹莫特乳膏夜间使用12小时，每周3次，疗程4~6周，或直到临床症状缓解。0.05%维甲酸每小时使用1次。
- 近期的证据证明12%水杨酸乳膏每周使用2次和10%氢氧化钾每天2次，与安慰剂比较，有较好效果效果。
- 湿疹性疣是使用局部用神经钙蛋白抑制剂治疗传染性软疣病毒感染的病变皮肤，进展形成的。停止使用吡美莫司和他克莫司是治疗的第一步。
- 应该尽可能减少其他的非特异性的侵袭性方法的使用频率，如每隔一个月治疗1次。

免疫抑制病人治疗

- 非复杂的疣是一种令人讨厌的事情，在AIDS病人群体中可能是一个严重影响美观和生活质量的问题。
- 局部侵袭性的方法和免疫调节剂的使用的主要目标是控制播散。
- 局限、最小化疾病：刮除，冷冻治疗，电切术，氢氧化钾溶液，三氯醋酸，斑蝥素，咪喹莫特乳膏，光动力疗法和可视光活化ALA治疗。
- 保持小病变容易控制，规律的冰冻治疗，随后给予病人自主的咪喹莫特乳膏。较大的成簇病变，三滤醋酸/光动力疗法是必须的。
- 巨大疣对于已知的所有治疗手段无效。冰冻疗法，二氧化碳射线治疗，维甲酸和三滤醋酸治疗，可能均无效。
- 病变通常自发缓解或在HAART治疗后CD_4^+ T细胞升高至200~250/mm^3以上时缓解。
- 咪喹莫特剂量应该从每周3次调整至每小时1次，应该更频繁的给予有创性治疗，保持感染在可控制情况下。
- 对于难以控制的感染，尤其是免疫抑制病人的感染，联合治疗可能优于任何一种治疗单独使用。

随访

- 对于儿童来说，最重要的是确定地告诉家长传染性软疣在儿童期是一种良性疾病，能够自发缓解。

其他信息

- 儿童感染，通常不需要治疗，有创性的治疗手段可能引起瘢痕形成。
- AIDS 病人，播散性隐球菌病和组织胞浆菌病病同样可以表现为质地较硬的脐样丘疹，类似疣。
- AIDS 病人，保持病变在可控的情况下是非常重要的，否则可能进展为巨大疣，这时治疗就非常困难了。
- 对于成人疣的治疗使用刮除 / 冰冻治疗是首选地初始治疗方法。回家后联合使用咪喹莫特能够改善预后，在病变较多的情况下是必要的治疗。

推荐依据

van der Wouden JC, Menke J, Gajadin S, et al. Interventions for cutaneous molluscum contagiosum. Cochrane Database Syst Rev, 2006; Vol. CD004767.

注释：治疗非 AIDS 病人感染接触性软疣病毒的综述包括没有一种治疗方案被认为是具有优势的。仅有有限的研究符合随机对照研究（137 病人）包括 5 个研究，3 个评价同种疗法，其他的评价水杨酸、聚维碘酮 + 水杨酸和氢氧化钾。

Silverberg N. Pediatric molluscum contagiosum: optimal treatment strategies. Paediatr Drugs, 2003; Vol. 5; pp. 505 - 12.

注释：这是一个相当完整的关于目前可获得的儿童人群疣的治疗方案和通常意义的治疗方法的综述。

腮腺炎

Paul G. Auwaerter, MD

微生物学

- 副粘病毒科（腮腺炎病毒属，单链 RNA 病毒），经过呼吸道传播，临床症状出现于暴露 12~25 天后。
- 急性病毒性疾病，呼吸道传播。

临床信息

- 美国 2006 年流行前，平均发病率 <300~1000 例 / 年。大多数病人年龄为 5~14 岁，但是在年轻成年人和大学生的发病率升高。
- 青春期和成年男性可能出现睾丸疼痛 / 睾丸炎（约 30%）。
- 在世界的发展中国家可能出现地方流行。英国 2004-2006 年大流行。美国中西部在 05 年 12 月在 18~24 岁的疫苗接种人群中发生了暴发流行。
- 前驱症状包括低热，乏力，头痛，厌食，咳嗽，继而出现涎腺肿胀（大多数出现托腮痛）。
- 高达 $^1/_3$ 的病人为亚临床感染。
- 严重并发症（脑炎、脑膜炎）在成人发生率高于儿童。
- 鉴别诊断（托腮痛）：肠道病毒感染，副流感病毒 3，流感病毒 A，急性 HIV，细菌感染（金黄色葡萄球菌，G^- 杆菌），药物反应，肿瘤，干燥综合征，结节病。
- 诊断（血清学是最容易获得的方法）：IgM 阳性或 4 倍以上的 IgG 升高表示急性感染或恢复期病人。在起病 5 天内应该进行抗体滴度和 IgM 检测。如果阴性，也可能是延迟的 IgM 反应，所以推荐在症状出现后 2~3 周重复 IgM 检查。
- 诊断：鼻咽部分离病毒，但是腮腺导管拭子是最好的用于培养和 PCR 检测的标本。

不推荐尿检检查。很多实验室可能没有确立诊断的试剂。

- 实验室检查阴性不能排除早期接受过疫苗接种的病人的诊断，所以那些有相符合的临床表现的病人可以作为疑似病例报告。

感染部位

- 涎腺：腮腺 > 舌下腺，下颌腺。疼痛。多瘤的，正面观呈鼠样。通常发生于单侧，但是 2~3 天内累及双侧。在感染病人的 30%~40% 发展。
- 泌尿生殖系统（在托腮痛出现 7~10 天），可能影响 >30% 的青春期后男性，30% 双侧受累；较少影响生育。可见卵巢炎症。如果在怀孕早期感染可能引起自然流产。
- 中枢神经系统：脑膜炎（无菌性，发生于高达 50%~60% 病人；成人的发生率高于儿童），脑炎（少见，通常感染后出现，发病率 2/100 000）。通常在初始临床症状出现后 1 周左右出现。
- 消化道：胰腺炎。
- 耳：耳聋的发生率为 1:20 000。
- 心脏：3%~15% 病人会出现心电图改变；严重的心肌炎少见。胸骨区水中不常见（6% 病例），但是可见于腮腺炎和涎腺炎病人。
- 关节：游走性关节炎 / 大小关节痛。

治疗

- 自限性疾病，病程 10~14 天。
- 止痛药和 NSAIDs 类药物可用来治疗托腮痛和中耳炎疼痛。糖皮质激素的作用尚不清楚。
- 麻疹 – 风疹 – 腮腺炎疫苗可以保护病人免受再次暴露感染的风险。
- 需要报告的疾病，应该通知地方的健康管理部门。

预防

- 病人在症状出现前 6 天和症状消失后 9~10 天均具有传染性。在没有出现任何症状的病人仍然存在脱壳的呼吸道病毒。
- 1957 年前出生的成人被认为具有免疫。
- MMR 通常作为腮腺炎病毒感染的疫苗（ACIP）。
- 婴儿在 12~15 月时接受疫苗免疫，4~6 岁补种，补种时间不能晚于 11~12 岁。
- 单剂量的麻疹 ~ 风疹 ~ 腮腺炎疫苗能够使 79%~91% 的年龄大于 12 月的易感者有反应。第二次补种可能增加反应率，第二次加强接种的时间与第 1 次疫苗接种的时间不要小于 28 天。
- 对于离开美国的旅游者建议再次给予麻疹 – 风疹 – 腮腺炎疫苗接种（离开前）包括育龄期妇女，高危病人（大学生，医护人员，军队服役人员）。
- 1998 年 ACIP 建议的修订（2006 年 5 月）：（1）可接受的假定免疫 – 确保学龄儿童或高危病人（如前述）给予 2 次 MMR 疫苗接种。（2）常规给予 HCW 疫苗接种——1957 年以后出生的人群（2 剂）；1957 年以前出生的人群给予 1 剂腮腺炎疫苗接种；（3）对于暴发流行期——1~4 岁儿童和低危险因素成人考虑 2 次加强腮腺炎疫苗接种；1957 年以前出生的病人，没有免疫证据存在时，考虑给予两次 HCW 加强的腮腺炎疫苗接种。
- 隔离腮腺炎病人 (MMWR, 2008 Oct 10;57(40):1103–5): 从腮腺炎发病开始隔离病人 5 天，包括社区或健康医疗部门。同时应该进行标准的呼吸道预防。

其他信息

- 自 1968 年美国美国引入广泛的疫苗接种以前，每年的发病率大于 250 000 人，目前通常每年的发病人数小于 1000 例。
- 死亡率低，1980~1999 年间年死亡率小于 1 人。
- 在发展中国家常见，大多数的发达国家的暴发流行同接受 1 次剂量的 MMR 疫苗的人群相关。
- 在腮腺炎起病后 1 周左右会出现中耳炎，同时伴随高热，头痛，寒战，恶心 / 呕吐和腹痛。临床症状可能同阑尾炎难以鉴别。
- 近期的美国的腮腺炎爆发主要是血清型 G 引起，通常能够被 MMR 疫苗覆盖。

更多信息

CDC 病例标准：

- 急性疾病 >2 天，伴有腮腺肿胀伴有或单纯涎腺并且没有其他病因可以解释。
- 确诊病例 = 病例定义 + 实验室确诊或接触确诊病例。
- 疑似病例 = 符合病例定义，但是没有支持的实验室检查证据，没有相关的流行病学史。

推荐依据

Centers for Disease Control and Prevention (CDC). Notice to readers: updated recommendations of the Advisory Committee on Immunization Practices (ACIP) for the control and elimination of mumps. MMWR, 2006; Vol. 55; pp. 629 - 30.

注释：1 次剂量 MMR 疫苗接种能够保护 78%~91% 病人，因此需要两次剂量的疫苗接种。间来自于 ACIP 的对与疫苗接种建议的修订。

Centers for Disease Control and Prevention (CDC). Brief report: update: mumps activity—United States, January 1–October 7, 2006. MMWR, 2006; Vol. 55; pp. 1152 - 3.

注释：2006 年 5 月的暴发流行覆盖了 45 个州，总共确诊病例 5783 例，疑似病例 2597 例。指出了目前常用的诊断建议。

诺瓦克病毒

Christopher J. Hoffmann, MD, MPH

微生物学

- 诺沃克病毒是 5 种嵌杯病毒科成员之一。沙波病毒是其家族的另一成员，同诺沃克病毒一样引起急性胃肠炎。
- 诺沃克病毒以基因型分为几组（Ⅰ型，Ⅱ型，Ⅳ型引起人类感染），进一步根据基因簇分型。
- 小的，无包膜的，单链正义 RNA 病毒。
- 曾经被称为“诺瓦克样病毒”。

临床信息

- 美国最常见的食物中毒性疾病，可以散发起病或引起流行（90% 的流行性胃肠炎发生于饭店，勘察船，学校和医疗护理单位），由于污染的食物传播（牡蛎，冰冻红莓），主要是食物处理不当或水源污染引起（通常为井水）。
- 很强的传染性：传染剂量 <10~100 微粒。
- 传播途径：粪口传播，人 – 人传播，人接触污染物传播或空气溶胶传播（呕吐物）；暴露后 25 小时即可出现病毒脱壳，在恢复 2 周后停止。

- 暴露后潜伏期较短，12~48 小时，自限性疾病病程 12~60 小时。
- 30% 感染是无症状的；感染的敏感性包括抗感染基因和获得性免疫。
- 症状：急性起病，表现为呕吐，恶心，腹部绞痛，乏力，非血性腹泻。其他症状包括头痛，发热，小于 50% 病人寒战且通常在 24 小时内消失。
- 儿童和成人均可出现腹泻；单纯呕吐或联合腹泻在儿童较成人更为常见。小于 1 岁儿童主要表现为腹泻。
- 诊断：通常为临床诊断，有明确的流行病学史和在其他的潜在的病因除外后。RT-PCR 方法是最可靠的，尽管尽在国家级健康机构的实验室或 CDC 才可获得。其他可获得的检查方法：血清学检查（急性和恢复期感染），酶联免疫吸附法（敏感性较低）。
- 预防：餐前洗手，避免使用可能污染的食物和水。
- 鉴别诊断：其他感染性或毒素介导的胃肠炎（轮状病毒，其他嵌环病毒，腺病毒），弯曲杆菌属，产气荚膜梭菌，艰难梭菌，志贺菌属，产生肠毒素的大肠杆菌（ETEC）。

感染部位

- 消化道，多可能感染十二指肠和空肠连接处的上皮细胞；其引起的临床症状产生的机制尚不明确。

治疗

总体推荐

- 治疗：支持治疗。
- 婴幼儿和老年人是产生严重脱水的高危病人，可能需要口服或静脉液体疗法。
- 缺乏抑制动力药物有益的证据（应该避免抑制动力药物在儿童的应用）。

随访

- 免疫：50% 感染后的病人能够获得针对特殊病毒株的短期免疫。没有证据证明在不同株之间存在较交叉免疫。
- 疑似诺沃克病毒感染的病例应该向地方健康组织汇报，如果病人在医疗护理机构，应该对病人进行隔离。
- 暴发流行中的疑似诺沃克病毒感染的病人应该进行严密的隔离看护。
- 诺沃克病毒在环境中非常稳定（在冰冻和蒸煮中均能存活），仅在次氯酸钙溶液中失活。需要使用次氯酸钙溶液作为基础的消毒剂对于所有的平面、地板进行严格充分的消毒。
- 传染性可在最后一个症状出现后持续 3 天，所以应该确保疑似感染的厨师和医务工作者休假至没有传染性。

其他信息

- 诺沃克病毒 II 型及 IV 型被认为是引起世界范围内暴发流行的主要菌株。
- 诺沃克病毒结合在胃十二指肠上皮细胞和涎腺的组织 - 血簇抗原，从而引起感染。
- 人组织 - 血簇抗原影响诺沃克病毒感染的易感性，B 型 HBGA 是保护因素。

推荐依据

Parashar U, Quiroz ES, Mounts AW, et al. “Norwalk-like viruses”. Public health consequences and outbreak management.MMWR Recomm Rep, 2001; Vol. 50; pp. 1 - 17.

注释：这篇文章对于诺沃克病毒感染和暴发流行是控制的建议给予了总结。

病原体

Centers for Disease Control and Prevention. Norovirus in Healthcare Facilities Fact Sheet. http://www.cdc.gov/ncidod/dhqp/id_norovirusFS.html.
注释：CDC 网站对于健康卫生监管给予建议。

副流感病毒

John G. Bartlett, MD

微生物学

- RNA 包膜病毒（单链，负义），有 5 种抗原特异性的表型（人副流感病毒，HPIV，HPIV-1，HPIV-2，HPIV-3，HPIV-4A/4B。
- 为副粘病毒家族成员，有两个不同的基因型，HPIV-1 和 HPIV-3，属于呼吸道病毒属，HPIV-2 和 HPIV-4 属于腮腺炎病毒属。

临床信息

- 感染呼吸道，尤其是上呼吸道，具有季节性。儿童 40%~50% 感冒、10%~15% 支气管炎由副流感病毒引起。支气管炎常见，但是肺炎不常见。
- 主要感染儿童，大多数严重感染发生于儿童和免疫抑制病人。
- 成人：健康成人大约 10% 上呼吸道感染由其引起；并发症见于存在免疫缺陷囊性纤维化，慢性阻塞性肺病病人。
- 1 型：大流行，秋季，奇数年 -03，05，07。
- 2 型：10~11 月。
- 3 型：5~6 月。
- 4A/4B 型：较为少见。
- 诊断：培养（金标准），PCR 可能是最敏感的检查方法，目前在很多实验室均可进行。直接荧光抗体检查和酶联免疫抗体检查同样可用于诊断。

感染部位

- 呼吸道：上呼吸道，咽峡炎（85% 副流感病毒病例），鼻窦炎，支气管炎，中耳炎，肺炎。
- 免疫抑制病人会出现支气管周围阶段节段。
- 中枢神经系统：无菌性脑膜炎。
- 播散性疾病：见于严重免疫抑制病人。

治疗

- 大多数病例为轻症感染，自限性病程（病毒性呼吸道感染）。可能引起肺炎，尤其是在移植病人。
- 上呼吸道感染：支持治疗，更多的信息见“上呼吸道感染”。
- 实验药物：雾化激素联合或不联合系统性激素治疗（在儿童感冒有效）。
- 实验治疗：对于实体器官移植和骨髓移植合并严重肺炎病人，利巴韦林治疗。可以经雾化给予，也可以口服（35~45 mg/(kg・d)）。疗效不确定。

其他信息

- 副流感病毒常见的仅引起呼吸道感染。较少的引起无菌性脑膜炎和免疫抑制病人的播散性感染。
- 成人约 10% 上呼吸道感染由副流感病毒引起。肺炎常见于儿童，老年和免疫抑制人群。

- 在儿童和肿瘤 / 移植病人可出现人 – 人传播。
- 对于常规感染无特异性治疗。在成人感染时，血清学诊断意义不大。

推荐依据

Hall CB. Respiratory syncytial virus and parainfl uenza virus. N Engl J Med, 2001; Vol. 344; pp. 1917 - 28.

注释：副流感病毒和呼吸道合胞病毒是中药的呼吸道病毒。副流感病毒引起 60% 成人上呼吸道感染那和 5%~10% 的老年和免疫抑制病人的肺炎 – 尤其是骨髓和实体器官移植的病人。其中最重要的是副流感病毒 1 和 2，呈季节性流行。

微小病毒 B19

Khalil G. Ghanem, MD

微生物学

- 单链 DNA 病毒，微小病毒科成员

临床信息

- 引起儿童传染性红斑（第 5 病），急性发热性疾病伴皮疹。
- 可引起纯红细胞性贫血（镰状细胞贫血，免疫抑制病人），关节病和胎儿水肿。
- 传播：呼吸道，血液，母婴；高危接触（感染率）：学生（50%），教师（30%），看护（9%），家政（9%），其他女性（4%）。高峰时间为冬春交界。
- 感染红系祖细胞；主要的免疫反应为体液免疫；IgG 抗体具有保护作用。
- 诊断：>85% 的传染性红斑和再生障碍性贫血病人 IgM 阳性，3 个月内转为阴性，IgG 在感染后两周出现，持续终身），PCR 是最敏感的诊断方法（不仅作为诊断用）。骨髓和血液中发现巨原红细胞具有诊断意义。
- 免疫抑制病人的血清学检查可为阴性。

感染部位

- 皮肤：传染性红斑（第 5 病）引起面部红斑（“呈打耳光样面颊红斑”），口周苍白圈（感染 18 天后），网状红斑（躯干和四肢）。
- 关节：60% 女性，30% 男性，10% 儿童会出现关节不适的主诉。受累关节包括：掌指关节 (75%), 双膝关节（65%），腕关节（55%），踝关节（40%）。关节不适由免疫介导，持续时间 >1 月，尤其是女性病人。
- 骨髓：暂时性再生障碍性贫血（病人可出现地中海贫血，溶血性贫血），慢性纯红细胞性贫血（免疫抑制病人，尤其是 HIV 病人，移植病人，镰状细胞贫血病人），嗜血细胞综合征（大多数见于免疫抑制病人）。
- 胎儿：胎儿水肿（妊娠期急性感染，风险约 1.6%。怀孕 11~23 周风险最高），贫血，血小板减少。
- 其他：中枢神经系统（脑病），肝脏（肝炎），心脏（心肌炎）。

治疗

免疫健全病人

- 无需特殊治疗，可给予支持治疗
- 关节疼痛可给予 NSAIDs 类药物对症治疗
- 暂时性再生障碍性贫血的病人可给予输血治疗
- 妊娠期感染的病人每周行 B 超检查，对于胎儿水肿者给予脐穿刺和子宫内输血治疗。

免疫抑制病人

- 慢性纯红细胞性贫血：静脉用丙种球蛋白 0.4 g/（kg・d），疗程 5 天，或 1 g/（kg・d），疗程 2~3 天。
- 可能需要每月使用 1 次

其他信息

- 一旦出现皮疹，病人即不具有传染性。
- 如果妊娠期妇女暴露，检查 IgG 水平。如果阳性，确定病人具有免疫性。如果隐形，风险较小，但是一旦感染，每周行超声检查。
- 妊娠期妇女在暴发流行时（教师，幼师）应该休假，避免暴露。
- 微小病毒 B19 可出现如类风湿性关节炎一样的对称性关节炎。微小病毒 B19 引起的关节炎没有破坏性，但类风湿因子可以为阳性。
- 微小病毒 B19DNA 的存在并不能诊断急性感染。DNA 可在血液和关节液中存在数月 - 数年。诊断依靠临床表现和实验室检查结果。

推荐依据

Frickhofen N, Abkowitz JL, Safford M, et al. Persistent B19 parvovirus infection in pts infected with human immunodefi -ciency virus type 1 (HIV-1): a treatable cause of anemia in AIDS. Ann Intern Med, 1990; Vol. 113; pp. 926 - 33.

注释：7 个 HIV 和 B19 感染后慢性再生障碍性贫血的病人队列：6 人使用静脉用丙种球蛋白治疗，4 人治愈，2 人复发，但是在增加了剂量后治疗成功。

狂犬病

Khalil G. Ghanem, MD

微生物学

- 单链 RNA，有包膜的狂犬病毒属，引起狂犬病，一种引起人和其他哺乳类动物的致命性脑炎的病毒。
- 家养狗是世界范围内的主要宿主。在美国，浣熊，狐狸，蝙蝠，臭鼬也能被感染。

临床信息

- 美国总人狂犬病病例：1~2 例 / 年。蝙蝠是最常见的感染来源，在过去的 50 年，39 例病人经蝙蝠感染（51% 病人没有蝙蝠咬伤病史）。美国蝙蝠的感染率为 4%~15%。
- 潜伏期：1~3 月（范围：数天至数年）。
- 症状（1）：前驱期（4~10 天）——发热，头痛，不适，人格改变，咬伤部位的疼痛 / 感觉异常和肌肉水肿。
- 症状（2）：两种——狂怒的（80%：恐水症，谵妄，精神激动，癫痫，气流恐怖）和瘫痪型（20%：上行性麻痹，假性脑膜炎，意识错乱）。
- 两种表现均导致昏迷，发生于第 1 次症状出现的 2~14 天内，然后死亡。
- 诊断：发际以上颈背部皮肤活检的直接荧光抗体检测（第一周 50% 阳性，之后阳性率变高）。组织或涎液的 RT-PCR。脑脊液（5~30 淋巴细胞，寡克隆区带）中和抗体（第 8 天 50% 阳性，第 15 天 100% 阳性）。MRI 早期常为阴性。
- 鉴别诊断：单纯疱疹性脑膜炎，破伤风，番木鳖碱或其他毒素中毒，急性炎症性多神经病变，横惯性脊髓炎，脊髓灰质炎，进展性多灶性脑白质病变。
- 狂犬病的上行性麻痹与脊髓灰质炎难以鉴别。

感染部位

- 中枢神经系统：幻觉，意识错乱，紧张，咬人，恐水症，自主功能障碍，抗利尿激素分泌不当综合征。
- 外周神经系统和四肢：疼痛，感觉异常，上行性麻痹，肌肉水肿。
- 循环系统：心律失常，心肌炎，慢性心力衰竭。
- 消化道：出血，恶心/呕吐，肠梗阻。

治疗

暴露前预防

- 宠物疫苗接种。
- 疫苗免疫那些具有高危感染风险着（兽医，实验室工作人员，业余性质的洞窟探勘者，到高流行地区的旅游者）：3 次（1 ml）肌肉注射或皮内注射（第 0，7，21 或 28 天），每 2~3 年加强注射，如果感染的风险持续存在。
- 4 种批准的狂犬病疫苗：具有相同的安全性和有效性。中和抗体会在疫苗接种后 7~10 天出现，持续存在 2~3 年。
- 可以通过复查血清抗体状态指导加强疫苗。对于非免疫缺陷的病人治疗后无需再次确定血清状态。
- 特异性的暴露前预防建议和疫苗信息：CDC/ACIP 建议——网址 http://www.cdc.gov/mmwr/preview/mmwrhtml/00056176.htm。

暴露后预防（PEP）

- 外伤伤口使用 20% 肥皂水清洁，再使用聚维碘酮溶液冲洗（感染的风险降低 90%）。
- 与地方的健康组织立即联系，如果是健康的狗/猫，观察 10 天。如果宠物出现症状，检测狂犬病毒直接荧光抗体。如果阳性，有症状的病人（见下述）。如果是臭鼬、蝙蝠、浣熊咬伤，会立即出现症状。
- 在美国，主要的问题是蝙蝠咬伤，以为美国所有的并率均为蝙蝠咬伤所致，而且蝙蝠咬伤可能别没有被注意到。
- 松鼠、地鼠、沙鼠、几内亚猪、兔、小鼠、金花鼠、野兔几乎都不需要暴露后预防，但是应该咨询地方的健康组织。
- 暴露后预防：兔免疫球蛋白 RIG（20 IU/kg）（如果可能的话，进行局部伤口处理，如果不可能，在咬伤部位进行肌肉注射，而不是在疫苗接种部位）和疫苗接种：1 ml 三角肌肌肉注射，在第 0，3，7，14，28 天。
- 如果病人在 3 年内进行过疫苗免疫，可不需要给予狂犬病兔免疫球蛋白预防，仅给予伤口清理和第 0，3 天疫苗接种。如果免疫状态不确定，使用三种预防措施完全处理伤口。
- 在狂犬病流行区域：小的暴露（舔破损皮肤/较小的皮肤擦伤，无出血）：给予疫苗接种，并观察动物情况。较大的暴露（舔黏膜/经皮咬伤）：同时给予狂犬病兔免疫球蛋白和疫苗预防。

治疗

- 支持治疗。没有有效的抗病毒治疗。所有的病人通常在 14 天使出现症状，尽管给予支持治疗（50% 病人可能持续终生，如 30 天）。
- 疫苗 + 药物诱导的昏迷/呼吸机支持治疗和利巴韦林治疗不接种疫苗可能是标准的治疗方案，基于完全回复的个案报道（见 NEJM 推荐依据）；这个方案在其他两个患者的治疗中没有证明有效性。

病原体

更多治疗

- 狂犬病流行地区的暴露后预防。世界卫生组织狂犬病专家学会的第八次报告。技术性报告编号 824 Geneva,WHO,1992。

其他信息

- 通常的情况下，在咬伤 / 抓伤 / 暴露后早期诊断困难（通常是蝙蝠传播）。
- 大多数美国病例是蝙蝠传播的；所有的美国前 10 年由于狗 / 猫途径传播的病例均为输入性的。也有经过器官移植传播的病例（见推荐依据）。
- 咬伤的部位影响狂犬病毒感染的风险：脸部咬伤的感染风险高于四肢。再起缝合可能是有害的（尤其是面部伤口）。
- 狂犬病毒能够从病人的涎液中分离，因此理论上存在人 – 人传播的风险。暴露后预防建议在被狂犬病人咬伤、抓伤以及性接触后给予。
- 美国仅批准皮内疫苗作为狂犬病读暴露前预防。

推荐依据

Manning SE, Rupprecht CE, Fishbein D, et al. Human rabies prevention—United States, 2008: recommendations of the Advisory Committee on Immunization Practices. MMWR Recomm Rep, 2008; Vol. 57; pp. 1 - 28.

注释：没有新的关于狂犬病毒的生物学进展，没有对于疫苗接种的新的建议调整。然而。然而，目前在狂犬病毒暴露后和暴露前预防中，已不可获得吸附的狂犬病疫苗（RVA,Bioport Corporation），皮内暴露前预防不再推荐，因为在美国不能获得该疫苗。

Willoughby RE, Tieves KS, Hoffman GM, et al. Survival after treatment of rabies with induction of coma. N Engl J Med,2005; Vol. 352; pp. 2508 - 14.

注释：15 岁的女孩在被蝙蝠咬伤后 1 个月出现狂犬病临床症状，她存活下来。治疗包括诱导昏迷，等待天然免疫成熟；没有给予狂犬病疫苗。病人使用氯胺酮、咪达唑仑、利巴韦林和金刚烷胺治疗。

World Health Organization. World Health Organization: Expert Committee on Rabies. Eighth Report. Technical report series 824. Geneva, WHO, 1992.

注释：暴露后预防的基础。

呼吸道合胞病毒

John G. Bartlett, MD

微生物学

- 负义，单链，包膜的 RNA 副粘病毒。
- 同麻疹病毒和腮腺炎病毒一样，为副粘病毒科成员。呼吸道合胞病毒是肺炎病毒的亚家族成员。

临床信息

- 人呼吸道疾病的致病原。主要引起的婴儿和免疫抑制病人的严重疾病，尤其是肺移植病人。
- 流行病学：通常在儿科 –11 月至次年 5 月。园内获得 – 儿科病房，护理部门以及移植和肿瘤病房。
- 儿科：可以引起感染：中耳炎，感冒，肺炎，哮喘。
- 成人（将抗）：上呼吸道感染，合并或不合并发热，鼻窦炎，哮喘，中耳炎，慢性妻管严急性加重。

- 能够引起 4% 成人肺炎。老年人、移植病人、肿瘤化疗病人和使用肿瘤坏死因子抑制剂病人的发病率升高。
- 诊断：病毒培养（敏感性 60%~90%，3~7 天）；RT–PCR 在很多实验室均可进行，作为呼吸道病毒检测盒的一部分。

感染部位

- 上呼吸道：可能发生或不发生鼻窦炎，中耳炎。
- 支气管：支气管炎，细支气管炎和哮喘。
- 肺：肺炎。
- 中枢神经系统：脑膜炎，脑炎（少见）。
- 心脏：心肌炎（少见）。
- 皮肤：皮疹（少见）。

抗病毒治疗

- 对于大多数的健康成人和儿童，通常只给予支持治疗。
- 儿童和一些严重的免疫缺陷患者：利巴韦林用于病情较重者，有时联合使用呼吸道合胞病毒免疫球蛋白和或帕丽珠单抗。
- 免疫抑制病人的实验用药：如果开始较早，使用利巴韦林（30~45 mg/(kg・d)）口服治疗（在骨髓移植和干细胞移植的病人中使用的治疗作用较弱）。
- 利巴韦林：可以通过气雾剂方式给药，也可以口服或静脉治疗。
- 实验用药：呼吸道合胞病毒抗体 1.5 g/kg，有较高的呼吸道合胞病毒抗体滴度的静脉用丙种球蛋白。

预防

- 感染控制：洗手，隔离衣和手套。
- 帕丽珠单抗（人单克隆抗体）对于儿童建议用于适合使用的婴儿的免疫预防。

其他信息

- 肺炎常见于老年，器官移植病人，HIV 感染者，肿瘤化疗病人。
- 成人的诊断方法（培养，直接荧光抗体检测，PCR），PCR 作为首选。
- 在肿瘤和移植病人具有较高的致死率 – 可靠率利巴韦林单独使用或联合呼吸道合胞病毒免疫球蛋白（两种药物均为实验药物）。

推荐依据

Hall CB. Respiratory syncytial virus and parainfl uenza virus. N Engl J Med, 2001; Vol. 344; pp. 1917 - 28.

注释：关于呼吸道合胞病毒作为儿童主要的呼吸道流行的致病菌的综述：5%~40% 肺炎，50%~90% 住院治疗的细支气管炎。成人 – 主要的疾病为上呼吸道感染（10%），或合并鼻窦炎，发热，中耳炎和肺炎，通常发生于细胞免疫缺陷的病人（器官移植病人，肿瘤病人和接受化疗治疗的病人）及老年人。

鼻病毒属

Paul G. Auwaerter, MD

微生物学

- 单链，无包膜，正义 RNA 病毒，小核糖核酸病毒科成员。
- 多大 105 个病毒血清型。
- 鼻病毒通过上呼吸道结合于呼吸道上皮细胞系的 ICAM–1（细胞间黏附分子 –1）受体进入宿主。化学趋化因子和细胞引起引起炎症反应，作为病毒感染的结果，从而导致局部症状的产生。
- 潜伏期较短，在症状出现前仅 8~10 小时。

临床信息

- 主要引起常见的感冒，大约 50% 的感冒是鼻病毒引起的。
- 儿童的普通感冒由鼻病毒引起更为常见，可能由于部分免疫的影响，成人逐渐降低。
- 是引起气道高反应性（哮喘）和慢性支气管炎急性加重的主要原因。
- 普通感冒时出现鼻窦内的反应性改变非常常见（>80%）。
- 可导致细菌性继发感染，导致细菌性鼻窦炎和中耳炎。
- 两种传播方式：气溶胶微粒传播和手 – 手接触传播。

感染部位

- 上呼吸道。

治疗

- 支持治疗，详见“上呼吸道感染”相关部分。
- 普来可那立可以缩短与普通感冒相关的症状，但是作用较弱，没有被 FDA 批准。
- 没有疫苗。

其他信息

- 摄入含锌的制剂能够加速普通感冒的缓解，尚没有确切证据。
- 给志愿者实验性注入鼻病毒后，感冒症状可在几个小时内出现。
- 在人的医生中可以有多种鼻病毒株的多次感染。
- 春秋季节好发。
- 在家庭看护中二次感染率能够达到 75%。

推荐依据

作者的观点。

注释：目前没有关于鼻病毒感染的相关指南。

风疹

Paul G. Auwaerter, MD

微生物学

- RNA 被膜病毒，风疹病毒属。
- 世界范围内的感染，人类是已知的唯一宿主。

临床信息

- 也被称为德国麻疹，通过呼吸道传播，引起发热和皮疹，关节痛 / 关节炎，淋巴结肿大，结膜炎。
- 比麻疹略重，通常称为“3 日麻疹”。
- 中度传染性。大多数的感染伴随出疹，但是病毒脱壳可能在感染起病后持续 7 天。
- 潜伏期 12~23 天，20%~50% 病人可能为亚临床感染。主要的公共健康威胁：先天性风疹综合征（CRS）。
- 自 1993 年来，美国的年发病率小于 300 例，至 2001 年，年发病率小于 25 例。大多数（87%）病人为年龄在 15~39 岁。大多数病例为出生在各地的西班牙人，没有经过常规疫苗免疫。
- 鉴别诊断包括麻疹，猩红热，细小病毒感染，传染性单核细胞增多症。
- 诊断通常需要抗风疹病毒 IgM 证明，能够在呼吸道和脑脊液中培养出病毒。
- 细小病毒、EB 病毒感染或病人有循环类风湿因子阳性时，可出现抗风疹病毒 IgM 假阳性。

感染部位

- 皮肤：斑丘疹开始出现于面部，然后发展至四肢末端，为典型的出疹顺序，儿童常常没有前驱症状。其他表现可有发热，不适，淋巴结肿大和上呼吸道感染症状。皮疹较麻疹感染轻，且没有融合。
- 淋巴结：典型的为耳后淋巴结和颈后淋巴结。可能在皮疹你即增大，持续数周。
- 口咽：可见软腭淤点（Forscheimer 斑），但是不是风疹特异性的。
- 关节痛 / 关节炎：成人多件，儿童少见。70% 成人女性病人可能合并关节疼痛，包括手，腕，膝关节。关节症状持续时间 <1 个月，慢性关节炎少见。鉴别诊断包括微小病毒 B19。
- 脑炎：发生率约 1:5000，成人 > 儿童，死亡率高达 50%。进展性全脑炎是较少见的晚期并发症。
- 血液系统：可能的并发症为血小板减少伴紫癜，消化道或中枢神经系统出血。儿童发生率 > 成人，1:3000。

中耳炎

- 神经炎：视神经炎，同样被认为与风疹疫苗免疫相关。
- 先天性风疹综合征：怀孕早期感染风险最高。可能引起胎儿死亡，早产。耳聋最常见，也可以出现眼，心脏，神经缺陷。

预防

- 风疹疫苗在 1969 年通过批准，为活减毒疫苗（Meruvax Ⅱ）。除了母乳喂养外，疫苗没有传染性。
- 尽管可以单独给予疫苗免疫，ACIP 推荐任何有麻疹、风疹、腮腺炎病毒感染风险的个体采用 MMR 三联疫苗。

- 如果病人年龄大于 12 月，>95% 的病人在第一剂疫苗接种后出现血清学阳性。90% 会 15 岁时仍为血清学阳性。单次疫苗注射即可保护终身。
- 推荐作为 MMR 的部分，给予两次风疹疫苗注射。目前的接种计划为 1 岁时接种 MMR，然后在 4~6 岁时加强注射 1 次 MMR。
- 接种疫苗的指征：年龄大于 12 月的幼儿，易感的青少年和成人（1957 年后出生），应该对于非妊娠的育龄女性给予关注，尤其是出生于美国以外的其他地方的。
- 大多数的疫苗的不良反应是由 MMR 中的麻疹疫苗成分所致。发热或皮疹发生率为 5%~15%，短暂的关节症状的发生率为 25%，如接种疫苗的成人。
- 禁忌证：既往存在疫苗过敏史，妊娠或计划 4 周内怀孕，免疫抑制，已经存在严重疾病，近期接受过免疫球蛋白治疗。
- 妊娠病人的暴露后预防：如果没有免疫者暴露于风疹，如果出现风疹，不需要终止妊娠，一些专家建议给与免疫球蛋白治疗，尽管对于这种治疗的数据尚少。
- 原发感染（德国麻疹）。
- 通常症状较轻，无需治疗。
- 发热，可以使用扑热息痛或其他 NSAIDs 类药物对症治疗关节症状。

其他信息

- 在已经开展计划免疫的国家，大多数的病例为没有接受免疫的十几岁的青少年和青壮年。这些病人通常为西班牙人和输入病例。
- 1957 年前出生的人群或临床诊断风疹者不能作为仍要生育妇女评估免疫状态的可靠方法，推荐对这类人群进行血清学评估。
- CDC 声明自 2004 年，美国不再有风疹流行。

推荐依据

Banatvala JE, Brown DW. Rubella. Lancet, 2004; Vol. 363; pp. 1127 - 37.

注释：综述概括了关于风疹的问题，尤其是其仍然是发展中国家引起先天风疹综合征的重要原因，同时近期欧洲的风疹病例在不断升高。同时概述了新的检测风疹感染的方法如 RT-PCR 和检测涎液风疹特异性的 IgG 和 IgM。

Centers for Disease Control and Prevention (CDC). Recommended adult immunization schedule—United States, 2002 - 2003. MMWR Morb Mortal Wkly Rep, 2002; Vol. 51; pp. 904 - 8.

带状疱疹病毒

Paul G. Auwaerter, MD

微生物学

- 疱疹病毒科的 DNA 病毒。
- 人类是已知的唯一宿主。
- 原发感染经呼吸道途径播散，并在神经中潜伏。
- 成年时 90%~95% 被感染过（在疫苗接种前）。

临床信息

- 原发感染 = 水痘 = 发热 <103 °F，在成批出疹（斑丘疹，水痘，结痂）前可出现不适。主要特点为各个阶段的病变可同时存在。
- 免疫抑制的病人（白血病）：皮肤岁还增加，通常伴有出血。内脏受累和播散的风险增加（35%~50%）。

- 中枢神经系统并发症更为严重。小脑共济失调儿童 <15（1:4000），通常呈良性预后。大脑炎发生率为 0.1%~0.2%，成人（5%~10% 死亡率）。肺炎在免疫抑制成人病人更为常见。
- 带状疱疹 = 带状疱疹 = 潜伏在脊神经根神经节的病毒复活。一生中的发生率为 20%，主要发生于老年人；免疫缺陷患者的发生率增高。单侧皮肤出疹，胸腰部更为常见。
- 水痘和带状疱疹的诊断常为临床诊断。鉴别诊断包括天花（鉴别点为水痘带状疱疹病毒感染的皮疹为各个阶段同时存在），A 群链球菌引起的脓疱型皮疹，单纯疱疹病毒感染；肠病毒感染引起的水泡形成。
- 如果诊断不明，可行水泡 Tzanck 涂片（多核巨细胞）病毒培养，体液和组织病理的免疫荧光染色，PCR。水痘 IgM 抗体与原发感染相关。

感染部位

- 皮肤（原发或反应性 / 继发）。
- 中枢神经系统：共济失调（原发）；脑炎（原发或继发）；脑血管眼（继发）；脑膜炎，横惯性脊髓炎，Reye 综合征。
- 肺炎（原发）。
- 眼部带状疱疹（CNV）角膜炎，虹膜睫状体炎（继发）。急性视网膜坏死，主要是 HIV 感染者（继发）。应该请眼科专业医生治疗。
- 拉姆齐亨特综合征（耳部带状疱疹）：面瘫，耳部水痘，嗅觉异常（舌前 1/3）（继发）。
- 播散性感染（内脏受累，伴或不伴皮肤受累）：原发感染较潜伏于体内的病毒再次激活引起播散的死亡率增加。

治疗

原发疾病（水痘）

- 正常儿童 / 青少年（无并发症）不需要抗病毒治疗。避免抓挠皮肤，抓挠皮肤可能继发细菌感染 / 蜂窝组织炎。不使用阿司匹林治疗，有导致 Reye 综合征的风险。
- 正常成人：出疹 24 小时内治疗，以达到治疗效果。阿昔洛韦 800 mg 口服，每天 4 次，疗程 5 天。
- 水痘肺炎：阿昔洛韦 10~12 mg/kg 每 8 小时 1 次，或缬阿昔洛韦 1 g 口服每天 3 次或泛昔洛韦 500 mg PO，每天 3 次，疗程均为 7~10 天。

免疫抑制成人水痘。

- 阿昔洛韦 10 mg/kg 静脉治疗每 8 小时 1 次，疗程 7~10 天。
- 一些医生可能会使用生物利用度高的口服治疗以避免住院治疗，例如，缬阿昔洛韦 1 g PO，每天 3 次或泛昔洛韦 500 mg PO，每天 3 次，疗程 7~10 天。
- 水痘肺炎：阿昔洛韦 10~12 mg/kg，每 8 小时 1 次，或缬阿昔洛韦 1g PO，每天 3 次，泛昔洛韦 500 mg PO，每天 3 次，疗程 7~10 天。

带状疱疹

- 正常人去（年龄 >50 岁，中度 – 重度疼痛 / 皮疹或没有躯体出疹）：缬阿昔洛韦 1 g 口服每天 3 次或泛昔洛韦 500 mg PO，每天 3 次，阿昔洛韦 800 mg，每天 5 次或 10 mg/kg 每 8 小时 1 次，疗程 7~10 天。最好在皮疹出现 72 小时内给予治疗。一些研究指出早期给予治疗能够降低 PHN 的程度。
- 播散性疱疹病毒感染或免疫抑制病人：阿昔洛韦 10 mg/kg，每 8 小时 1 次，疗程 7 天，尽管一些专家给予情况较为稳定的病人缬阿昔洛韦 1g PO，每天 3 次或泛昔洛韦 500 mg PO，每天 3 次。

- 阿昔洛韦耐药的水痘带状疱疹：膦甲酸 40 mg/kg，每 8 小时 1 次，静脉治疗，疗程 10 天。大多数阿昔洛韦耐药的水痘带状疱疹病毒株同样对更昔洛韦和泛昔洛韦耐药。
- 对于正常免疫状态的病人，出疹 72 小时后给予治疗没有明显的疗效。治疗的执政同样包括疼痛，年龄大于 50 岁，免疫抑制病人或播散感染。
- 正常病人：两个研究指出如果出疹 72 小时内使用抗病毒治疗，疼痛能够减轻 >2 倍。可以给予强的松每天 60 mg，逐渐减量，疗程 10~21 天，能够减轻急性带状疱疹疼痛，能够减少麻醉药用量，在激素毒性风险的病人中，能够快速的恢复正常状态，不影响睡眠。
- 治疗急性疼痛的方法包括非甾体类抗炎药，但是通常需要联合麻醉药物治疗或曲马多。
- 预防（带状疱疹）：带状疱疹疫苗（Zostavax）证明能够减少发病率和带状疱疹的严重程度和带状疱疹后遗神经痛。批准用于年龄大于 60 岁，但在年龄更大的人群如 70~80 岁或 80 岁以上者，疫苗接种带来的益处较小，但是即使在更老的年龄组病人中，仍能够减少感染后出现的神经系统表现。单次注射。活的减毒疫苗需要在使用前冰冻保存。
- 预防免疫抑制病人的水痘带状疱疹病毒感染（例如 HSCT）：阿昔洛韦 800 mg PO，每天 5 次，缬阿昔洛韦 1 000 mg PO，每天 3 次，泛昔洛韦 500 mg PO，每天 3 次。

治疗后神经痛

- 定义为疼痛在皮疹出现后持续大于 120 天。疼痛 <30 天 = 急性疱疹性神经痛；30~120 天 = 亚急性疱疹性神经痛。
- 带状疱疹后遗神经痛更容易发生于老年人，那些在出疹时就出现严重疼痛者。20% 病人 >50 岁，尽管在早期给予抗带状疱疹病毒治疗，疼痛仍持续大于 6 月。
- 4 种一线治疗方案，没有一种更优。通常使用联合治疗，但是联合治疗的效果尚没有研究评估，且增加了不良反应。
- 加巴喷汀：100~300 mg 每小时 1 次开始或 100 mg，每天 3 次，逐步增加 100 mg 剂量每天 3 次，如果病人能够耐受。研究推荐剂量为每天 1800~3600 mg。不良反应：困倦，眩晕，步态不稳，认知障碍。替代治疗：普瑞巴林（Lyrica）75 mg 口服，每天 2 次，可以加量至 300 mg，每天 2 次。
- 利多卡因贴片（Lidoderm）：使用至多每天 12 小时，最多 3 贴。不要在开放性伤口处使用。最小的利多卡因吸收量，不良反应为轻度皮疹。通常 2 周可缓解。
- 阿片类药物：羟考酮控释剂（至多每天 60 mg）或吗啡（至多每天 240 mg）均有临床研究的数据。一些短效或长效制剂均可获得。
- 三环抗抑郁药：很多药物在老年人中耐受良好，除了去甲替林。从 10~25 mg 每小时 1 此，逐渐加量至 75~150 mg。一个研究中，阿米替林 25mg，每天 1 次，疗程 3 月，从出疹开始使用，能够降低 50% 带状疱疹后遗神经痛（JPainSymptomManage1997;13:327）。多种不良反应：心血管，抗胆碱能，通过 P4502D6 通路。如果剂量 >100 mg，需要监测血药浓度。
- 对于难治性疾病的其他治疗方案：辣椒碱乳膏 0.025%~0.075% 每天 4 次，神经阻断，脊髓刺激，鞘内注射甲基强的松龙治疗（上述治疗均没有被 FDA 批准）。

预防水痘

- 水痘带状疱疹免疫球蛋白（Vari ZIG）用于高危因素的病人（母亲在生产前 5 天和生产后两天出现水痘症状和体征生产的新生儿，大于 28 周的未早产儿在新生儿期间暴露与水痘带状疱疹病毒，且母亲没有免疫力；小于 28 周的早产儿，或出生时体重小于 1 000 g，不论母亲免疫状态如何，暴露于水痘带状疱疹者，以及任何年龄的没有免疫的白血病或其他免疫抑制病人、没有免疫的妊娠妇女，暴露于 VZV 者。
- VZIG 由于停产已经无法获得。VariZIG 作为一种替代目前可以从扩大的服务系统的获得（如下文）。标准的 IVIG（400 mg/kg，1 次）可能作为一种替代治疗。
- VariZIG，一种 VZIG 的替代治疗，可从 IND 扩大的服务申请获得。联系 FF 公司（1-800-843-7477）。
- 风险 = 暴露于水痘 / 带状疱疹 + 没有水痘病史或血清学阴性。给予 VariZIG 125 U/10 kg（625 U，最大 5 瓶）使用 96 小时，最好在暴露 48 小时内给予。在严重感染时没有数据支持这种治疗有效。
- 暴露后预防应该在暴露 3 日内给予，并且可以包括阿昔洛韦（40~80 mg/kg）或疫苗接种（如果没有禁忌证），能够达到 70%~80% 有效性，VZIG 的有效性能够达到 90%。
- 水痘疫苗：成人 0.5 ml 两剂，间隔 4~8 周。能够保护 70%~90% 不受感染和 95% 无严重感染。
- 易感性的提示：医务工作者，免疫抑制病人的看护，住宿者的和军队服役的年轻人，育龄女性未妊娠妇女，易感的十几岁青少年和成人。
- 疫苗禁忌证：妊娠，免疫抑制状态，活动性 TB 感染，近期血液制品输入包含血浆（被动免疫问题），明胶或新霉素过敏史。
- 成人通常对于之前是否有水痘病史不适非常确定。70%~90% 水痘带状疱疹血清学阳性成人认为其没有得过水痘，怀疑有免疫力的人群应在疫苗免疫前明确血清学状态医院内暴露与 VZV 的易感人群包括，局部带状疱疹病人应该避免接触高危病人，在暴露后至少 8~21 天。

更多治疗方法

- 溴夫定 125 mg，每天 1 次，疗程 7 天，可作为带状疱疹的口服抗病毒治疗（美国没有此药）。此药不推荐用于肿瘤免疫抑制病人因为其存在严重的与 5- 氟尿嘧啶和 5- 氟嘧啶的相互作用。

其他信息

- 没有美国专业的学会组织制订了控制带状疱疹感染指南。
- 带状疱疹只有在出疹 72 小时内、疼痛联合皮疹，年龄大于 50 岁，免疫抑制病人或播散性疾病时，治疗才能获益。症状出现 72 小时后开始治疗，是否能够获益不确定，但是如果仍有新的水泡出现，可能会获益。
- VZIG 目前已不可获得。推荐给予 VariZIG 治疗。静脉用丙种球蛋白可能作为高危病人的预防治疗的替代资料，但是关于其是否有效，目前的数据仍有限。
- 原发水痘带状疱疹病毒感染的死亡率在儿童低于成人。
- 局部的抗病毒治疗对于治疗带状疱疹和水痘的效果有限，不推荐使用。

更多信息

- 母亲水痘可能引起婴儿先天水痘；但是，没有任何数据证明母亲带状疱疹能够引起胎儿异常。

推荐依据

Harpaz R, Ortega-Sanchez IR, Seward JF, et al. Prevention of herpes zoster: recommendations of the Advisory Committee on Immunization Practices (ACIP). MMWR Recomm Rep, 2008; Vol. 57; pp. 1 - 30; quiz CE2 - 4.

注释：ACIP 提供的第一个关于带状疱疹预防的指南。同时对于流行病学、生物学、疱疹后神经痛和治疗干预也做了很好的综述。

Dworkin RH, Johnson RW, Breuer J, et al. Recommendations for the management of herpes zoster. Clin Infect Dis, 2007;Vol. 44 Suppl 1; pp. S1 - 26.

注释：文章同时对于带状疱疹（包括并发症和特殊人群的感染）和疱疹后神经痛的处理做了阐述。

No authors listed. VariZIG for prophylaxis after exposure to varicella. Med Lett Drugs Ther, 2006; Vol. 48; pp. 69 - 70.

注释：推荐使用 VariZIG。

西尼罗河病毒

John G. Bartlett, MD

微生物学

- 蚊虫传播的黄病毒感染。
- 引起流行性脑炎，目前在美国呈地方流行。
- RNA 病毒，是日本脑炎病原复合病毒中的一份子。
- 在热带和高温地区，人主要通过感染了的蚊虫叮咬而获得此感染，病毒主要存在于鸟类，也可在狗、猫、马、蝙蝠、金花鼠和其他啮齿类动物中存在。

临床信息

- 西尼罗河病毒感染：80% 无症状；20% 有发热，淋巴结肿大，消化道症状，肌痛，头痛，皮疹。中枢神经系统症状通常发生率为 1:150。
- 风险：地方流行地区，7~10 月，暴露于蚊虫叮咬。老年，免疫抑制，抗肿瘤坏死因子 α 药物 - 有神经系统并发症倾向。也有通过输血和器官移植传播的报道（目前血液通过核酸检测方法进行筛查）。
- 中枢神经系统症状（通常为重叠出现的）：脑炎（发热，精神状态改变，麻痹性痴呆，帕金森样症状，癫痫）和（或）无菌性脑膜炎，（头痛 + 脑膜刺激征）和（或）脊髓炎（迟缓性瘫痪）。
- 非对称性的迟缓性瘫痪，类似于脊髓灰质炎样；脑脊液淋巴细胞增多帮助与格林巴利综合征区分。
- 实验室检查：血浆 / 脑脊液：酶联免疫吸附法检测 IgM 抗体，斑点减少中和实验；RNA PCR- 敏感性较弱。典型的脑脊液蛋白 100~1 000 mg/dl，脑脊液白细胞数 5~15 000/mm^3，淋巴细胞或单核细胞为主。
- CDC 定义（详细内容见 www.cdc.gov/ncidod/dvbid/westnile/index.htm）。
- 西尼罗河热：蚊虫叮咬后 2~6 天出现发热，头痛，关节痛，皮疹（20%），持续 2~7 天。
- 西尼罗河病毒中枢神经系统感染：a）脑膜炎：发热，头痛，颈项强直，脑脊液白细胞增多；b）脑炎：发热，头痛，意识状态改变，轻瘫，癫痫，感觉神经缺陷，运动异常。
- 支持疾病诊断：（1）酶联免疫吸附发检测西尼罗河病毒 IgM 和西尼罗河中和抗

体（2）西尼罗河病毒抗原或 PCR 阳性（任何标本）。
- 诊断中枢神经系统感染：（1）脑脊液酶联免疫吸附法检测 IgM(诊断)；（2）抗体 4 倍升高（血液，急性和恢复期样本）；（3）IgM+ 中和抗体（血液），或（4）西尼罗河病毒抗原或 PCR（脑脊液或血液）。需要注意 IgM 可持续数月。

更多临床信息
- 血常规分析：正常或偏低。
- 脑脊液：典型的白细胞计数在 40~400/ml；多为单核细胞，但是早期可为多核细胞；蛋白数升高（100~1 000）。
- 血清学：2~5 周时阳性；酶联免疫吸附法检测 IgG；血凝抗原≥ 1:132 或酶联免疫吸附法检测 IgM；脑脊液酶联免疫吸附法 IgM 或 PCR。
- 培养：血培养仅前 5 天可阳性（使用生物安全）。

感染部位
- 病毒血症（第一周）。
- 中枢神经系统；脑炎，脑膜炎，脊神经根炎。
- 其他：腹泻，皮疹，淋巴结肿大（通常累及颈部淋巴结）。

治疗
侵袭中枢神经系统
- 原则：在流行季节应该怀疑到此病的可能，病人有发热（头痛，精神状态异常），无菌性脑膜炎（脑膜刺激征）和（或）脊髓炎（急性延髓和腰部迟缓性瘫痪）。
- 仅给予支持治疗，没有证明确实有效的抗病毒治疗。
- 诊断：血清学（IgG 和 IgM）+ 病毒检测，包括病毒培养，抗原检测或 PCR；向地方健康管理组织报告阳性结果。

实验性治疗
- 利巴韦林(最大剂量静脉用药 4g/d)，干扰素 α 2b(300 mU/d)或高免疫球蛋白(以色列和国立卫生研究院可获得该药)。
- 国立卫生研究院推荐高免疫球蛋白治疗：见 www.casg.uab.edu。

预防
- 传播机制：库蚊，输血，器官移植，经胎盘传播，哺乳。
- 使用避蚊胺或 KBR3203 驱蚊，加强浓度(24%)的避蚊胺保护 5 小时，5% 保护 1.5 小时。
- 衣物上使用扑灭司林喷雾。
- 引流静止水。
- 对于献血者的血液和移植器官供体进行筛查（目前在美国常规进行）。

其他信息
- 建议：见 CDC 更新的关于西尼罗河病毒监测和控制的信息；URL:www.cdc.gov/ncidod/dvbid/westnileforsurveillanceandcontrol.
- 大多数感染的个体为无症状的血清学阳性者或呈自限性的“流感”症状 – 发热，头痛，肌痛，有或没有皮疹；中枢神经系统表现为脑炎，脊髓炎，发病率为 1：150，尤其是在老年人（2002 年平均年龄 55 岁）。
- 线索：流行病学史，症状 – 发热 + 意识错乱，轻瘫，反射减弱。
- 应该除外单纯疱疹病毒感染（MRI/CT 表现为颞叶受累？，脑脊液 PCR 检测单纯疱疹病毒）- 应该立即给予静脉用阿昔洛韦治疗，等待检测结果；其他病毒性脑炎没有特异性的抗病毒治疗，包括西尼罗河病毒脑炎。

推荐依据

Davis LE, DeBiasi R, Goade DE, et al. West Nile virus neuroinvasive disease. Ann Neurol, 2006; Vol. 60; pp. 286 - 300.

注释：自从 1999 年，美国确诊的西尼罗河病毒感染病例大于 20 000，可能感染总人数大于 1 百万人。西尼罗河病毒神经系统疾病（脑膜炎，脑炎和迟缓性瘫痪）：（1）中枢神经系统影像学检查可能为正常的或在基底节、海马、小脑和脑干出现改变。（2）脑脊液表现为白细胞增高，主要以单核细胞升高为主，单核细胞比例大于 50%。（3）脑脊液中检测到病毒特异性的 IgM 抗体能够明确诊断。（4）治疗 - 没有证明有效的治疗。（5）预后 - 中枢神经系统的改变恢复较慢，且可能不能完全恢复。

第三部分
治疗

发热

慢性疲劳综合征见 76 页诊断章节

发热和中性粒细胞减少证

Khalil G. Ghanem, MD

定义

- 发热：单次口腔温度 >38.3℃（101 °F）或体温 >38℃（100.4 °F）超过 1 小时。
- 中性粒细胞减少症：中性粒细胞绝对计数（ANC）<500/mm^3 或 <1 000/mm^3。
- 但可预见将 <500/mm^3（推荐依据 ;CID2002）。

病原体

- 革兰阴性杆菌（假单胞菌属，肠杆菌科菌等）；需要考虑抗生素耐药的革兰阴性杆菌（如 ESBLs）。
- 金黄色葡萄球菌（包括 MRSA）和凝固酶阴性葡萄球菌。
- 草绿色链球菌（提示为重要病原菌特别是在恶性肿瘤和黏膜炎的病人中）。
- 肠球菌属。
- 杰氏棒杆菌（在病人导管相关感染中并非罕见）。
- 芽孢杆菌属。
- 丙酸杆菌属。
- 厌氧菌：少见（如牙周或肛周脓肿，腹腔内感染）。
- 念珠菌属。
- 曲霉菌属和其他丝状真菌（如镰刀菌属）。

诊断

- 详细的病史和病人检查（见下）。
- 获得 2 套血培养，最好 2 套外周血培养 +1 套导管血培养。
- 常规和肝肾功能等检查，血细胞计数和分类，肝功能实验，电解质。
- 痰涂片和培养，若呼吸道症状持续严重时考虑做支气管镜 / 肺泡灌洗。
- CXR，针对症状和体征进行扫描 (CT，US，MRI)。

临床信息

- 详细病史，近期暴露，疾病接触。
- 危险因素，白细胞减少的程度（ANC 严重程度：<100/mm^3 或 <500/mm^3 或 <1 000/mm^3），白细胞快速减少。
- 癌症有无减轻，白细胞减少的持续时间，其他共患病；中心导管是否存在。
- 联系发热产生日期和细胞毒性治疗开始日期来预测中性粒细胞缺乏的持续时间（最低为治疗后 10~14 天）。
- 病人检查：进行病人体检特别是牙周，咽部，肺部，会阴 / 肛门，皮肤，眼睛，血管穿刺入口，骨髓活检穿刺点。

治疗

治疗方法

- 获得病史、体检结果和实验室检查结果（培养）后，评估病人的危险因素并且决定使用口服（低危险病人，见下）或静脉治疗。
- 开始进行至少 3~5 天的抗生素治疗（单药或联合），如果没有新的培养结果或临床症状出现则不要改变治疗方案。
- 决定是否需要覆盖革兰阳性球菌。
- 持续发热（3~5 天）：进行临床重新评估包括抗生素使用和扫描。决定是否继续抗生素治疗（若病人稳定）或者改变 / 增加抗生素（加入疾病有进展或万古霉素使用指征出现）或增加抗真菌药物。
- 发热性中性粒细胞减少症 5 天后，即使治疗已经覆盖多种病原菌并且没有真菌的病原学证据，也应常规增加抗真菌药物：两性霉素 B（或脂质体）；伏立康唑或泊沙康唑（尽管尚未研究透彻）；卡泊芬净（其他棘白菌素类如阿尼芬净、米卡芬净，但对发热性中性粒细胞减少症尚未研究透彻；仅卡泊芬净获得 FDA 批准）
- 在抗真菌药物启用前，真菌感染的病情评估必须完全：评估病人和临床因素，对任何可疑的皮肤损伤进行活检，对肺部和腹部进行 CT，窦道，鼻内镜检查（如有提示），如有必要进行培养，进行半乳甘露聚糖的酶联免疫检测。
- 如果胸部 CT 显示结节状病理改变 +/– 晕轮征，则优选两性霉素 B 和伏立康唑。
- 两性霉素 B 0.5~1 mg/(kg・d) IV 或两性霉素 B 脂质体 3 mg/(kg・d), 伏立康唑 6 mg/kg IV，q12h × 2 然后 4 mg/kg IV q12h, 泊沙康唑 200 mg PO q6h × 7 天然后 400 mg PO q12h, 卡泊芬净 70 mgIV × 1 然后 50mg IV q24h。
- 常规无需进行抗病毒治疗除非有疱疹样病变或水痘带状疱疹病毒病变（使用阿昔洛韦）。巨细胞病毒罕见除非在骨髓移植病人（使用更昔洛韦）。
- 集落刺激因子（G–CSF）：可以缩短中性粒细胞减少的时间但不能缩短发热时间和降低感染死亡率。不推荐常规使用。
- 当病人有严重的中性粒细胞减少并且对正确的抗菌药物不起反应时，或可疑骨髓恢复过长延迟时，可以考虑使用 G–CSF。
- 若有中央导管，并且血培养阳性检出金黄色葡萄球菌，假单胞菌属，窄食单胞菌属，杰克棒杆菌，芽孢杆菌属，念珠菌属或快生长非典型分支杆菌时，尽量拔除导管。

口服抗生素治疗

- 低危险度成人可以使用：环丙沙星 + 阿莫西林 / 克拉维酸。需保证病人得到密切观察以及随时可以获得适当的医疗护理。
- 更低危险度的病人 :ANC>100 mm^3，单核细胞绝对计数 >100100 mm^3，CXR 正常，肝功能和肌酐正常，无临床静脉位置隧道 / 出口位置感染，体温 <39℃。并且没有腹部疼痛，骨髓恢复延迟和其他共患病。中性粒细胞减少预计 <10 天。
- 口服治疗：环丙沙星 500 mg PO，每天 2 次和阿莫西林 / 克拉维酸 500 mg PO q8h。

单药和联合静脉抗生素治疗

- 对于不复杂的发热性中性粒细胞减少症，联合治疗和单药治疗没有差别。单药治疗会潜在增加抗生素耐药（特别是使用头孢菌素时）。
- 经验治疗的选择：需基于病史和体检，抗生素过敏史，既往的细菌培养结果（如可获得），近期抗生素暴露，本地耐药谱。
- 单药治疗：头孢吡肟，头孢他啶或碳青霉烯类（亚胺培南 / 美罗培南）FDA 批准。若 ESBL 发生率较高则优先使用碳青霉烯类（避免使用头孢菌素）。

- 联合治疗：氨基糖苷类或氟喹诺酮类（环丙沙星，左氧氟沙星）+[抗假单胞菌PCN（哌拉西林/他唑巴坦）或头孢吡肟或头孢他啶或碳青霉烯类]。两种抗假单胞菌 β–内酰胺类（不推荐）。
- 联合给药的潜在优势：对革兰阴性杆菌的协同效应并且降低耐药菌的发生率。平衡药物的肾毒性和耳毒性。
- 头孢他啶 2 g IV q8h 或头孢吡肟 2 g IV q12h 或亚胺培南 1 g IV q6h(对于肾功能不全的病人应谨慎使用以防癫痫发作)或美罗培南 2 g IV q8h。
- 添加氨基糖苷类药物进行联合治疗：庆大霉素或妥布霉素 2 mg/kg q8h 或 5 mg/kg q24h（优选每天 1 次：更低毒性）或阿米卡星 15 mg/(kg·d) 或分次 q8~12h。
- 万古霉素：当临床怀疑严重的导管相关感染、已知 MRSA 定植、血培养检出革兰阳性球菌但未出最终鉴定报告以及低血压时需要考虑使用。否则按照早期的培养结果进行治疗，必要时增加万古霉素。也可选择利奈唑胺，但不适用于严重过高等级的菌血症。
- 其他使用的药物：万古霉素 15 mg/kg IV q12h, 利奈唑胺 600 mg IV/PO q12h, 达托霉素 6~8 mg/kg IV q24h。
- 喹诺酮类不推荐用于常规初始单药治疗因为缺乏前瞻性的数据，并且使用喹诺酮作为常规预防用药在很多医院中导致耐药。

疗程

- 假如感染源已确定，则持续目标抗生素治疗至少一个标准疗程。
- 若病人在 3~5 天内无发热：若 ANC>500 mm^3，且无感染灶则停用抗生素；若 ANC<500 mm^3, 则继续用抗生素至少 7 天或理想状态下 ANC>500 mm^3 或可疑感染源清除（假如病人处于高危险因素）。考虑更换至口服环丙沙星 + 阿莫西林/克拉维酸或停用抗生素假如病人无发热 >7 天（病人为低危险度）。
- 持续发热：假如 ANC>500 mm^3，则 ANC>500 mm^3 后停用抗生素 4~5 天，然后再评估；假如 ANC<500 mm^3，则持续用抗生素 14 天，然后再评估。
- 是否停用抗生素的最关键因素是中性粒细胞技术是否恢复。

其他信息

- 低于 50% 的发热性中性粒细胞减少症患者有明确的感染并且 $^1/_5$ 的 ANC<100/mm^3 的病人有菌血症。
- 中性粒细胞减少的病人可能没有如下症状和体征（硬化、红斑、脓疱、胸部 X 线浸润、脑脊液淋巴细胞异常增多）。
- 病人得到正确治疗后退热的平均时间为 5 天（范围 2~7 天）。不要更改初始抗生素除非临床恶化或有新的培养结果提示。
- 鼻窦炎应尽快诊断和治疗因为中性粒细胞减少症时侵袭性霉菌感染的危险因素。

推荐依据

Walsh TJ, Teppler H, Donowitz GR, et al. Caspofungin versus liposomal amphotericin B for empirical antifungal therapy in pts with persistent fever and neutropenia. N Engl J Med, 2004; Vol. 351; p. 1391.

注释：比较卡泊芬净和脂质体两性霉素 B 经验治疗发热性中性粒细胞减少症的重要文献。该研究显示出两种药物相似的治疗成功率、真菌感染的突破和退热效果。

Hughes WT, Armstrong D, Bodey GP, et al. 2002 guidelines for the use of antimicrobial agents in neutropenic pts with cancer. Clin Infect Dis, 2002; Vol. 34 ; pp. 730 - 51.

注释：以上危险为关于中性粒细胞减少性发热的目前 IDSA 最新诊断和治疗指南。

不明原因发热 (FUO)

John G. Bartlett, MD

定义

- 最新定义：体温 >38.3℃持续 3 周以上而未确诊。

病原菌 / 病因

- 所有病例（典型的 FUO（不明原因发热））：感染 36%, 炎症 / 风湿病 35%, 恶性肿瘤 15%, 混杂因素 20%。
- 特殊病例
- 院内感染或术后感染：难辨梭菌肠炎，药物热，静脉炎，肺栓塞或者手术相关感染。
- AIDS(CD_4<200/ml)：鸟分枝杆菌复合体，巨细胞病毒，结核分枝杆菌，淋巴瘤，卡氏肺孢子菌肺炎。
- 老年人：恶性肿瘤，颞动脉炎 / 风湿性多肌痛。
- 发热超过 1 年：淋巴瘤，正常变异（良性高体温或慢性不明原因发热），人为因素，肉芽肿性肝炎。
- 其他：假性发热，正常体温变异，遗传性（阶段性发热），肺栓塞。

临床表现

- 确定发热 – 定义为核心体温 >38°C(100.4°F), 某些学者采用 38.3℃).
- 正常体温：平均 36.8°C(98.2°F), 下午 4~6 点为高峰，早晨 6 点为最低值，波动范围 +/−0.9°F（0.5℃）。
- 彻底检查包括口腔、颞动脉（年龄 >50 岁）、腹部、脾脏、肝脏、皮肤、淋巴结。
- 实验室检查：CBC,C 反应蛋白，血沉，生化指标，胸部 X 射线，超声，抗核抗体，血培养 3 次 ,HIV.
- 射线检测：CT 检测 / 腹部（其他：WBC 扫描 ?, 镓扫描 ?, 胆道超声 ?）。新：FDG–PET/CT 扫描可能有帮助。
- 下一步测试：假如肝功能实验异常，考虑肝活检；假如 CBC 异常，考虑骨髓活检 + 培养（抗酸杆菌，真菌），假如病人 >50 岁，考虑颞动脉活检。
- 对于病情稳定的病人，尽量避免没有拟诊的经验用抗生素。
- 经验用药：淋巴瘤 – 萘普生；Stills 病 – 水杨酸；可疑心内膜炎 – 萘夫西林 / 苯唑西林 / 万古霉素 + 庆大霉素；TB– 四种药物（异烟肼，利福平，乙胺丁醇，比嗪酰胺）。

感染性疾病考虑因素

- 腹腔脓肿：CT 扫描，抗生素 + 引流。
- 结核分枝杆菌和非典型分枝杆菌：结核菌素实验，胸部 X 线，痰抗酸杆菌培养，LP, 肝活检，骨髓活检 – 合并风湿性肉芽肿。用 4 种药物方案治疗结核。
- 培养阴性的心内膜炎：考虑 HACEK 菌群，营养变异链球菌；巴尔通体，Q 热，军团菌，布氏杆菌（血清学），真菌。诊断：超声（经食管），抗生素 – 经验用，见心内膜炎章节。
- 单核细胞增多综合征：约 80%EBV(非典型淋巴细胞 + 单点实验)；其他原因包括巨细胞病毒、弓形体、急性 HIV。

肉芽肿或胶原蛋白血管疾病

- 颞动脉：年龄 >50 岁，血沉 >50 mm/h，体重减低，PMR 综合征，Vision 综合征。诊断—动脉活检。处方：尽快给予泼尼松 60 mg/d 以防止失明并在一周内尽快进行颞动脉活检以防止泼尼松影响活检结果。
- 风湿性多肌痛：年龄 >50 岁，血沉 >50 mm/h，伴疼痛（颈部、肩部、骨盆）。临床诊断。处方：泼尼松 20 mg/d(用药 1~5 天内症状明显减轻则支持诊断)。
- Still 病：关节痛 / 关节炎，轻微短暂的发疹，LN, 白细胞增多，贫血，ANA 阴性，弛张热，高 ESR/CRP, 铁蛋白。处方：水杨酸 /NSAID 或有效的皮质类固醇。
- 肉瘤样病：胸部 X 线，组织活检 – 常提示非干酪样肉芽肿。排除结核、淋巴瘤。
- Crohn 病：通过内镜和活检来诊断。
- 肉芽肿性肝炎：血沉 >50 mm/h，碱性磷酸酶升高，体重减低。诊断：肝活检；排除结核。处方：类固醇。

肿瘤 / 混杂因素

- “Omas”：淋巴瘤，骨髓瘤，肾上腺瘤。诊断：CT 扫描，血清免疫球蛋白，血清蛋白电泳 / 尿蛋白电泳，活检。
- 何杰金 / 非何杰金淋巴瘤：间歇发热，LN，肝脾肿大，萘普生反应。诊断：LN，肝或骨髓活检。
- 实体组织肿瘤：CT 扫描，肝功能实验以检测肝代谢。诊断：活检。
- 药物热：与心动过缓相关的体温相似。典型发生于用药（苯妥英、磺胺、β – 内酰胺类药物、巴比妥、克林霉素、氨苯砜、两性霉素 B）后 1~3 周。停止使用 = 反应后 48 h。
- 肺栓塞：呼吸急促或呼吸困难，水肿，肺不张或渗出。诊断：V/Q 扫描或血管造影(慢性肺栓塞不能用 CT 较好诊断）。处方：抗凝剂。
- 家族性地中海发热：犹太人，亚美尼亚人，土耳其人。发热但没有原因，伴或不伴浆膜炎和淀粉样变。处方：秋水仙碱。
- 自身诱发：欺骗行为，可见混合型菌血症，常见于年轻人。
- 人为的：欺骗行为常发生于健康的年轻人，实验室检查阴性，ESR 正常。没有昼行性体温变化，尿液温度正常。处方：对峙。

其他信息

- 最常见的诊断：感染性疾病 – 结核，心内膜炎。结缔组织病 –Stills 病，GCA/PMR, 血管炎。肿瘤 – 淋巴瘤。其他 – 肉芽肿性肝炎，药物热，人为因素。
- 20%~40% 的病人无法诊断。他们的预后一般较好。

推荐依据

Mackowiak PA, Durack DT. Fever of unknown origin. In Mandell, Douglas, Dolin eds. Principles and Practice of InfectiousDiseases. Churchill Livingstone, pp. 622 – 633.

注释：权威综述—强调病房、年龄和病人状态的不同。分类包括：典型的：体温 >38℃ ×3 周 +20PD 访问或住院 3 天；院内获得：体温 >38℃ ×3 天 + 入院时无发热；免疫缺陷：体温 >38℃ ×3 天 + 发热 48h 病原菌培养阴性；HIV：体温 >38℃ >3 周 + 住院 3 天以上。

作者观点。

注释：由于个体化差异，目前尚无指南或固定的推荐流程。

处置

门诊抗生素治疗 (OPAT)

James De Maio, MD

定义

- 在院外静脉用抗生素。药物注射可通过病人、病人家属或专业医务人员在家中或者急诊护理环境中进行。

病原体

- 中枢神经系统感染—病人状态稳定时 OPAT 是安全的。但在治疗的 7~10 天内医生应至少每隔一天看望病人。
- 心内膜炎（非肠球菌的链球菌）院内治疗一周然后 OPAT。
- 心内膜炎（金黄色葡萄球菌）——并发症风险高；在 OPAT 治疗前两周内需每天 1 次或每隔一天 1 次随访。
- 骨髓炎 / 败血性关节炎—适合 OPAT 以避免长时间住院；头孢曲松疗效同头孢唑啉，并且对 MSSA 比万古霉素好。
- 莱姆病——以头孢曲松为基础的 OPAT 对于中枢神经系统疾病（除外面神经瘫痪）和三度心传导阻滞是可靠的。对于晚期莱姆病关节炎，若口服治疗无效则需采用 OPAT。

病人选择标准

- 以下标准需用于病人选择：
- 病人医学状态稳定；并发症风险低；病人 / 注射药物者必须能够胜任注射药物的工作。
- 须有充足的运输工具、电话交流和冷藏装置。
- 在之前 12 个月没有静脉药物使用史。
- 告知患者此种方式的经济负担。某些病人有较大比例的自付费。

治疗

静脉通道选择

- 外周通道：需要好的静脉，处方疗程 <2 周，非刺激性药物，若没有红斑或压痛则可以留置 7 天。
- 中线导管：对于疗程 1~3 周者有效，必须是非刺激性药物。
- 经外周静脉置入的中心静脉导管（PICC）：外周通道差时可选择，疗程 >2 周或刺激性药物。
- 非隧道式中心静脉导管（如 Hohn）：若已植入，则可使用疗程 <4 周。与 PICC 比无优势。
- 隧道式中心静脉导管：用于肾病患者以保护外周静脉；需要外科植入；昂贵。常放置 >4 周。

药物传送系统

- 重力袖珍袋：最便宜，便于操作，可使用液流调节器，若每天 >2 次剂量则会增大劳动量。

- 弹力或机械输液泵：较贵，便于操作，病人接受度高，若每天 >2 次剂量则会增大劳动量。
- 电子注射泵：便于操作，仅可输少量液体（<100 ml），药物在高浓度时需稳定。
- 电子输液泵：支持多次间断或持续输液，泵比较贵，许多需要特殊的管。

实验室检测和随访

- 医生至少每周随访 1 次。对于心内膜炎、中枢神经系统感染和败血症推荐早期进行更频繁的随访（每天 1 次或每隔 1 天 1 次）。
- 血细胞计数：对于更昔洛韦和喷他米丁，每周 2 次。对于所有其他药物每周 1 次。
- BMP/ 生化 -7—对于阿昔洛韦、氨基糖苷类和两性霉素 B，每周 2 次。对于所有其他药物每周 1 次。
- 肝功能实验：对于两性霉素 B、卡泊芬净和苯唑西林，每周 1 次。
- 肌酸磷酸激酶：对于达托霉素，每周 1 次。
- 镁离子水平：对于阿昔洛韦和两性霉素 B，每周 1 次。
- 万古霉素谷浓度：在第四次剂量之前；如果肾功能稳定则每隔 1 周 1 次。
- 氨基糖苷类：为协同给药目的则每周检测峰浓度（庆大霉素峰浓度 =3）。为每天给药目的则检测谷浓度（浓度 =0）。
- 假如病人正在接受氨基糖苷类药物治疗，则每次病人随访时询问是否有听力改变或头晕目眩。假如病人提示有此类症状则停药。

药物相关建议

- 两性霉素 B：普通的脱氧胆酸两性霉素 B 和脂质体两性霉素 B 均可通过 OPAT 给予。每周检查 BMP/ 生化 -7 两次。每周检查血细胞计数、肝功能实验和镁离子 1 次。我常在办公室为病人输注此类药物，从不在病人家中。
- 氨苄西林 + 舒巴坦：室温下药物稳定性有限。难以在 OPAT 中使用。病人可以在输液前预先用 ADD-Vantage（注册商标）系统混匀。不过这有些耗费体力。
- 氨曲南：很稳定，可用于注射泵或电子输液泵。
- 醋酸卡泊芬净：可用于 OPAT。用药时每周监测 CBC、生化 -7/BMP 和肝功能。
- 头孢唑啉：室温下稳定。可用于注射泵或电子输液泵。有限的证据表明在丙磺舒（输液前 1 小时给予 1g）的作用下可以每天 1 次给药。
- 头孢吡肟：室温下稳定。可用于注射泵或电子输液泵。假如肌酐清除率 <60 ml/min 则可每天 1 次给药。这样减少给药频率可为铜绿假单胞菌感染的病人提供每天 1 次给药的选择。
- 头孢他啶：室温下稳定。可用于注射泵或电子输液泵。
- 头孢曲松：OPAT 的理想药物。每天 1 次给药。对于金黄色葡萄球菌引起的骨髓炎高度有效。可在重力袖珍袋中冷冻保存—这种剂型避免了使用前混匀的需要。
- 克林霉素：吸收较佳。在门诊病人中极少需通过静脉给予。假如静脉给予，则室温下稳定，可用于注射泵或电子输液泵。
- 达托霉素：因其每天 1 次给药故较适于 OPAT。每周检测 CPK。较昂贵—需保证病人的自付费不超支。病人用此药时我一般给予他汀类。
- 多利培南：难以在 OPAT 中使用。室温下稳定时间 <8 h。若冷藏则稳定 24 h。
- 厄他培南：每天 1 次给药。广谱覆盖病原菌，可用于多细菌感染（如腹腔 / 盆腔感染）。但其不覆盖假单胞菌。以我的经验，较多病人都会抱怨服药后产生恶心。
- 庆大霉素：服用任何一种氨基糖苷类药物均需要密切的实验室和临床观察。每周检查 CBC1 次，每周检查生化 -7/BMP 两次。检查峰浓度（理想值 =3）以确定协同剂量和谷浓度（理想值 =0）以确定每天剂量。每次随访时需询问病人是否有听力改变和头晕目眩。由于有较大的医疗风险，我在万不得已时才使用氨基糖苷类药物。

- 亚胺培南 / 西司他丁：室温下不稳定。难以在 OPAT 中使用。病人可以在输液前用 ADD-Vantage 系统配液，不过这项工作比较耗费体力。
- 左氧氟沙星：吸收好。门诊病人中极少需要静脉给药。
- 利奈唑胺：吸收好。门诊病人中极少需要静脉给药。
- 美罗培南：室温下不稳定。难以在 OPAT 中使用。病人可以在输液前用 ADD-Vantage 系统配液，不过这项工作比较耗费体力。
- 苯唑西林：室温下极其稳定。最适于用于电子输液泵。假如疗程较长则易出现中性粒细胞减少。每周检查 CBC，生化 -7 和肝功能。刺激性药物—首选 PICC。
- 青霉素：室温下稳定，可用于电子注射泵。
- 哌拉西林 / 他唑巴坦：室温下稳定，可用于电子输液泵。由于每天需多次给药，通过重力袖珍袋或注射泵给药常常较费力。
- 替加环素：室温下不稳定时间。若冷藏则最多稳定 24 h。
- 万古霉素：适用于 OPAT。输注速度不应快于 1 g/h。以我的经验，在严密监测万古霉素谷浓度（目标 =15~20 mcg/ml）的情况下使用是安全的。

其他信息

- OPAT 相对较昂贵。在开始 OPAT 前需常常考虑是否有合适且费用更低廉的口服药物。
- 由 PICC 导致的深静脉血栓常被忽视。在 PICC 任一端发生的疼痛、肿胀或并行血管均需进行多普勒检查。
- 有限的数据认为万古霉素每天 1 次给药（最大 2 g）。以我的经验，在严密监测万古霉素谷浓度（目标 =15~20 mcg/ml）的情况下使用是安全的。某些医生在治疗中枢神经系统感染和肺炎时使用 q12h 的剂量。
- 以下病人避免用丙磺舒：对阿司匹林过敏，对磺胺过敏，有肾衰或肾结石 / 痛风病史。
- 对于皮肤和软组织感染，假如给予丙磺舒（输液前 1 h 给予 1 g）则头孢唑啉可每天 1 次给药。

推荐依据

Tice AD, Rehm SJ, Dalovisio JR, et al. Practice guidelines for outpatient parenteral antimicrobial therapy. IDSA guidelines. Clin Infect Dis, 2004; Vol. 38; pp. 1651 - 72 .

注释：上述文献包括了大量、最新的关于门诊抗菌药物处方的指南。

Andrews MM, von Reyn CF. Pt selection criteria and management guidelines for outpatient parenteral antibiotic therapy for native valve infective endocarditis. Clin Infect Dis, 2001; Vol. 33 ; pp. 203 - 9 .

注释：上述文献陈述的内容虽然保守，但更符合心内膜炎门诊抗感染治疗的需要。

旅行

从热带地区旅行回来获得的发热

Noreen A. Hynes, MD, MPH

病原体

- 大约 30% 旅行后求医的病人有发热症状，在这些发热的病人中，35% 的病人为全身性发热而无局部特征。其他包括 15% 的急性腹泻，14% 的呼吸系统疾病，4% 的泌尿系统疾病，4% 的皮肤疾病，4% 的不伴腹泻的胃肠疾病。
- 疟原虫（疟疾）：最首要的导致发热的病原体，占所有发热的 21%，所有全身性发热的 59%，也是旅行导致住院和病死的首位因素。其种属包括：恶性疟原虫（如果不治疗，是首位的致死性病原）、间日虐原虫、卵形疟原虫、三日疟原虫、诺氏疟原虫（东南亚导致猴子疟疾的病原体，极少传播给人类，有潜在的致死性）。
- 腹泻/痢疾：占所有发热的 7%，沙门氏菌、志贺氏菌和弯曲菌属是最常见的病原体，阿米巴痢疾的病人仅 10% 有发热症状。
- 登革热病毒：占所有发热的 6%，所有全身性发热的 18%。
- 肠道沙门菌：占所有发热的 2%，所有全身发热的 6%。
- 立克次体：占所有发热的 2%，所有全身性发热的 5%，大于 5% 的此类感染是经蜱传播的。是导致蜱咬热的病原体，尤其常见于在南非旅行后。
- 尿路感染/肾盂肾炎：占所有发热的 3%。
- 结核病：不到所有发热的 1%。
- 基孔肯亚病毒：一种经蚊虫传播的疾病，最初见于南亚，而最近在包括南亚和撒哈拉沙漠以南的地区不断增加，此种病原体可能与发热有关，但它常常引起严重的关节疼痛。
- 不常见的系统性疾病：由钩端螺旋体、阿米巴脓肿、病毒性脑膜炎、复发引起的发热。

临床

- 病史是诊断旅行相关疾病的关键：23% 的旅行者归来时有发热，许多感染的热型和临床症状相似。另外，详细的旅行经历和暴露史（包括潜在可能的暴露），接种史和治疗史也是必需的，对于去过疟疾疫区的病人一定要考虑疟疾。
- 体格检查：尝试确定特征症状会帮助诊断。在旅行者中，全身性发热是最大的挑战。对于到过疟疾疫区的病人，不管症状是否典型均应考虑疟原虫感染。特异性症状可以帮助对病人病情的评估，如仔细观察病人是否有皮疹、肝脾肿大等。
- 全身性发热，潜伏期 <2 周：如果病人曾经去过疫区，那么是疟疾最主要的诊断。因为恶性疟原虫对于免疫力低下的病人来说是致命性的，并且药物预防并不是 100% 有效的，此外还有登革热、斑疹伤寒、立克次体、伤寒和副伤寒引起的发热。同时也要考虑不太常见的疾病如布氏杆菌病、钩端螺旋体病、急性 HIV 感染、蜱咬热复发、兔咬热以及非热带病（传染性单核细胞增多症、心内膜炎、淋巴瘤等）。
- 发热伴出血，潜伏期 <2 周：脑膜炎球菌血症、钩端螺旋体病、登革热、刚果、克里米亚出血热、南美出血热、非洲出血热（埃博拉病毒，马尔堡病毒、拉萨热病毒）。
- 发热伴随中枢神经系统症状，潜伏期 <2 周：疟疾、脑膜炎球菌引起的脑膜炎，许多细菌/真菌/病毒、非洲锥虫病（昏睡病），经蜱传播的脑炎、乙型脑炎、

尼罗河脑炎、狂犬病、脊髓灰质炎等。

- 有呼吸系统症状的发热，潜伏期 <2 周：季节性流感、禽流感、肺炎链球菌引起的肺炎、军团菌、Q 热、急性组织胞浆菌病、急性球孢子菌病、汉坦病毒呼吸综合征、衣原体、冠状病毒等。
- 全身性发热，潜伏期 2 周 ~2 月：疟疾（如果病人去过疫区，那么疟疾是首要的诊断），以上提到的许多病也可能潜伏期 >2 周。包括许多出血性发热和真菌感染、布氏杆菌病、伤寒、钩端螺旋体病、非洲昏睡症、阿米巴肝脓肿、甲型或戊型肝炎、急性血吸虫病、急性弓形虫病、巴尔通体病，推荐咨询热带病专家。
- 潜伏期 >2 月：疟疾（如果病人去过疫区，疟疾是首要诊断）、乙型肝炎、结核杆菌、黑热病、肝吸虫病以及许多发热期较短的病原体，推荐咨询热带病专家。
- 旅行地点（全身性发热）：撒哈拉沙漠南部的非洲：疟疾以及其他病原体；非洲东南部：登革热、疟疾以及其他病原体；印度：疟疾、伤寒和副伤寒等；拉丁美洲 / 加勒比海地区：登革热、疟疾等。
- 病毒性出血热：主要由 4 种不同的 RNA 病毒引起（沙粒病毒、萌芽病毒、丝状病毒、黄病毒），它们大部分是生物安全 4 级微生物。如果怀疑此几种病原体，应立即报告上级卫生主管部门。这些病毒在自然界中主要寄生在一些动物或昆虫体内，它们在地理上的分布取决于宿主情况。人类不是它们的自然宿主，这些病毒均为零散的引起疾病，并且常常不易于预防。

更多的临床依据

暴露史能提供诊断依据的病原体

暴露史	病原体
动物或动物产品	炭疽 布氏杆菌 Q 热 鼠疫
血液或体液	巨细胞病毒 甲、乙、丙、丁型肝炎病毒 HIV 梅毒
狗、猫、蝙蝠、猴子（咬伤或唾液）	狂犬病 乙型肝炎病毒（猴子）
淡水	钩端螺旋体 血吸虫
摄食	
生的蔬菜和水生植物	肝吸虫
生的或未煮熟的肉类	弯曲菌属 O157 ：H7 大肠埃希菌 弓形虫 旋毛虫
生的或未煮熟的鱼	华支睾吸虫 甲型肝炎病毒 戊型肝炎病毒 肺吸虫 弧菌属
未经高温消毒的牛奶或牛奶制品	布氏杆菌

暴露史	病原体
	沙门氏菌
	结核杆菌
啮齿类动物	汉坦病毒
	流行性出血热
	鼠疫
	兔咬热
徒步旅行	蜱咬热（南非）
	恙虫病（东亚、南太平洋）

诊断

- 初步评估：如果去过疟疾疫区，不管是否进行过药物预防，均应用厚薄血涂片评估是否为疟原虫感染、血培养、如果尿中存在异常沉渣则进行尿培养以及代表肝功能的酶类。
- 疟疾：所有从疟疾疫区回来，不管是否进行过药物预防，均应进行厚薄血涂片；快速检测 HRP（富组氨酸蛋白）抗原检测，非常特异但没有厚薄涂片灵敏。5 个种可以感染人类：恶性疟原虫（可以致命，必须尽快治疗）、间日虐原虫、三日疟原虫、卵形疟原虫、诺氏疟原虫（可以致命，必须尽快治疗），在东南亚诺氏疟原虫常感染猴子，很少感染人类，涂片中常被误认为三日疟原虫。如果大于 2.5% 的红细胞被感染，应考虑三日疟原虫，做确定性诊断需要用 PCR 鉴别。旅行回来后 2 周内发热的 65% 为恶性疟原虫，27% 为间日虐原虫，60% 的间日疟原虫感染回来后 2 个月以上才发热。
- 登革热：在回来后 14 天内病人发热，额骨面头痛，肌痛伴或不伴皮肤瘀点或斑丘疹。66% 的病人在回来后 7 天内，血清学检测，病毒培养（仅研究型实验室），PCR。
- 立克次体感染：可能出现焦痂，培养是最敏感、最特异的检测方法，但仅限于参考实验室，由于生物安全的问题。全血、血清或活检组织可以在专门的实验室进行 PCR 检测，焦痂是最好的活检组织，特异性的血清学方法是最常用的诊断手段，但不能鉴定到种，由于交叉反应。不过可以通过病人所处的地理位置来推断立克次体的种属。
- 肠热症（伤寒或副伤寒）疑似病例：血培养和粪便培养；血清学检验缺乏敏感性和特异性；骨髓培养的敏感度为 90%，即使抗生素已应用 5 天也不会影响其敏感性。目前用于预防伤寒的减毒和灭活伤寒疫苗仅有 60%~70% 的有效性。
- 出血热：一些相关的病原体会引起医院内传播！在私人房间建立无菌隔离层知道有传染性的病原体被去除。任何有出血热表现的旅行归来者都必须紧急干预。找一位感染病学顾问，通知感染控制并与位于美国亚特兰大的 CDC 病毒性疾病部门的特殊病原体分支取得联系以获得援助。
- 发热和中枢神经系统病变：如果到疟疾疫区旅行，需要做疟疾的厚、薄血涂片，腰穿，血培养。
- 发热及肺部体征：取呼吸道分泌物做病毒和细菌培养；胸部 X 线检查。
- 稽留热或回归热：对疟疾和疏螺旋体属做厚、薄血涂片，血培养。
- 钩端螺旋体病疑似病例：血清学检验（推荐 MAT，在 CDC 可行），从尿液，血液，脑脊液（警报实验室，并需要特殊材料）中分离微生物。
- 阿米巴肝脓肿疑似病例：肝部超声及内变形虫属血清学检验。经皮肝穿刺（若血清学检验可行则不作此项检查）。血清学检验有 95% 的灵敏性。

- 病毒性脑膜炎疑似病例：对虫媒病毒和和肠病毒感染做腰穿，培养及 PCR.

治疗

非复杂性恶性疟原虫

- NB: 在实验室确证为疟原虫感染之前，不应对疟疾采取治疗。在极端情况（强烈的临床怀疑，严重的疾病，不可能及时得到实验室确证）下，缺乏实验室确证前提下的既定治疗应该保守。如果患者曾用过预防疟疾的药物，则应选择另一种不同的药物用于治疗。
- 若患者曾在旅行后诊断为恶性疟疾并应用抗疟疾的药物，为避免耐药的可能性，此次应采用另一种不同的药物或药物联合治疗。
- 氯喹敏感地区（巴拿马运河西部的中美洲，海地，多明尼加共和国，中东的大部分地区）：立即口服氯喹磷酸盐 600 mg，之后分别于 6h，24h 和 48h PO 300 mg。总药量：1500 mg。
- 氯喹耐药或其他不明耐药情况下的一些选择：（1）硫酸奎宁加以下任意一种药：强力霉素，丁卡因，克林霉素。硫酸奎宁：542 mg PO，每天 3 次，3~7 天，强力霉素：100 mg PO，每天 2 次，7 天，或丁卡因 250 mg PO，每天 4 次，7 天，或克林霉素 20 mg/(kg·d)， PO，每天 3 次，7 天；（2）阿托喹酮 – 氯胍（马拉隆成人片剂 =250 mg 阿托喹酮 /100mg 氯胍，每天口服 4 片成人片剂，3 天，与牛奶或油脂性食物同服；（3）甲福奎 684mg 口服作为初始剂量，之后 6~12h 口服 456 mg。总药量：1250 mg。
- 蒿甲醚（20 mg）与苯芴醇（120 mg）口服固定片剂（复方蒿甲醚）。这种药物于 2009 年 3 月底获批准。但依据 FDA 黄皮书，这一药物的说明书还不可用。复方蒿甲醚不能用于严重的疟疾治疗。
- 在前苏联解体后新独立的国家及韩国获得的疟疾，都由间日虐原虫引起，因此应作氯喹敏感性治疗。
- 中东地区存在氯喹耐药的恶性疟原虫的国家包括伊朗，阿曼，沙特阿拉伯及也门。

非复杂性疟疾（全球）

- 优先使用：氯喹磷酸盐立即口服600 mg，之后分别于6h，24h和48h口服300 mg。总药量：1500 mg。
- 选择性使用：羟化氯喹 620 mg 立即口服，之后分别于 6h，24h 和 48h 口服 310 mg。总药量：1550 mg。

非复杂性间日虐和卵形虐

- 氯喹敏感地区：氯喹磷酸盐 1 g PO 1 次，6 h 后 500 mg，24 h 和 48 h 后 500 mg。既氯喹治疗后开始应用伯氨喹：每天口服 30 mg，14 天。应用伯氨喹治疗该种感染的肝脏损害之前必须检测是否存在 G6PD 的缺乏。妊娠和哺乳期妇女禁用伯氨喹。
- 在氯喹耐药的恶性疟原虫与间日虐原虫共同传播的地区，考虑采用上述用于非复杂性恶性虐的口服药物治疗方案。
- 氯喹耐药的间日疟原虫（巴布亚新几内亚和印度尼西亚）：硫酸奎宁加强力霉素或丁卡因加伯氨喹或甲氟奎加伯氨喹。药物剂量见上述。

妊娠妇女的非复杂性疟疾治疗选择

- 氯喹敏感地区：目前认为氯喹可安全用于妊娠妇女，但仅可用于对其敏感的疟疾种类。治疗方案同非妊娠妇女。

- 氯喹耐药的恶性疟原虫：硫酸奎宁加克林霉素。硫酸奎宁：542 mg PO，每天 3 次，3~7 天；克林霉素：20 mg/(kg·d)，PO，每天 3 次，7 天。硫酸奎宁持续时间的差异取决于获得此感染的地区不同：东南亚 7 天，其他地区 3 天。
- 氯喹耐药的间日虐（缅甸，印度）：硫酸奎宁 650 mg PO，每天 3 次，7 天。
- 不推荐甲氟奎用于妊娠妇女，因可能增加死产几率；但如果甲氟奎是唯一的治疗选择或潜在的益处大于潜在的危险，则可使用。

复杂性 / 重症恶性虐或口服治疗不耐受（全球）

- 葡萄糖酸奎尼丁：10 mg/kg 静脉注射负荷量（最大 600 mg）于盐水中，1~2 h，然后 0.02 mg/(kg·min) 持续静滴，直到疟原虫血症〈1% 或口服葡萄糖酸奎尼丁配伍强力霉素 100 mg IV/PO 葡萄糖酸奎尼丁每天 2 次。
- 重要提示：采用奎尼丁静脉注射时需应用遥测装置以严密监测患者心电图的变化（QT 延长和心室率失常），低血糖和低血压。
- 考虑使用此药时，请拨打礼来客服电话：800-821-0538 或 317-276-2000。
- 青蒿琥酯（静脉制剂）销售热线：770-485-7788（东部时间 8am-4:30pm），此时间之外请拨打：770-488-7100。2007 年 6 月 21 日，美国 FDA 通过了青蒿琥酯作为抗疟治疗的一种新药，这使得青蒿素类药品首次在美国成为一种新的抗疟药物。
- 青蒿琥酯使用时须搭配以下药物：马拉隆，多西环素（怀孕妇女用克林霉素）或美尔奎宁。
- 若寄生虫密度 >5%~10%，则应考虑换血疗法。

发热性腹泻 / 痢疾

- 非伤寒沙门菌属：严重腹泻（大便 9~10 次 / 天）但仍具有免疫能力，高热，或需要住院治疗的病人，应接受抗生素治疗。单独的腹泻症状不是治疗非伤寒性肠胃炎的指征。
- 抗生素的耐药机制应用于指导治疗或修正经验性治疗。氟喹诺酮类耐药呈全球性增长趋势。
- 经验性治疗：头孢曲松 1~2 g 静脉注射，每天 1 次或头孢噻肟每 8 h 静脉注射 2g。根据耐药机制更换为其他药物。
- 所有的免疫抑制病人（器官移植，AIDS，接受糖皮质激素或免疫抑制治疗），镰状细胞性贫血，血红蛋白病，肝硬化，癌症或淋巴组织增生性疾病的患者，不论症状的严重程度，都应采取治疗。
- 志贺菌属：对于健康的成年人，大多数的纸盒菌感染都是自限性的，但从公共卫生的角度考虑，所有粪便培养阳性的人都应接受治疗，以减少病原菌的排泄及人与人间的传播。对抗生素耐药很普遍。对于以下人群，在报告细菌培养结果之前应给与经验性治疗：〉64 岁，营养不良，所有 HIV 感染者无论 CD_4 细胞的数量及病毒量，菌血症者，从事餐饮及食品行业的人。
- 经验性治疗：环丙沙星 500 mg PO，每天 2 次，5 天（免疫抑制的病人考虑用 7~10 天）。其他喹诺酮类药物也可应用。根据培养及敏感性结果采取最终治疗。
- 弯曲菌属：伴有发热或痢疾者被认为是病情严重者，应接受抗生素治疗。年应超过 64 岁者，妊娠和免疫抑制的病人同样应接受治疗。弯曲菌属的耐药现象很普遍。
- 首选：红霉素 500 mg PO，每天 2 次，5 天，或用阿奇霉素。
- 阿米巴痢疾 / 结肠炎：甲硝唑 500~750 mg，每天 2 次，10 天，或替硝唑

600 mg PO，每天 2 次，5 天，之后杀阿米巴作用的药物治疗阿米巴囊肿，包括双碘喹啉 650 mg PO，每天 3 次，20 天或巴龙霉素 25~35 mg/(kg·d)，每天 3 次，7 天或二氯尼特（美国不使用）500 mg PO，每天 3 次，10 天。

肠热症（伤寒或副伤寒）

- 感染于南亚或东亚：非复杂性感染口服头孢克肟，10~15 mg/kg，每天 2 次，7~14 天；或阿奇霉素 1 g PO，5 天。复杂感染者应用头孢曲松钠静脉注射，1~2 g，每天 1 次，7~14 天；或应用头孢噻肟，每 8h 静脉注射 1~2 g，7~14 天。
- 感染于东欧，中东，南美或撒哈拉以南的非洲：非复杂性感染可口服环丙沙星，250~500 mg，每天 2 次，7~14 天或每 12h 口服氧氟沙星 200~400 mg，7~10 天。复杂性感染者，静脉注射环丙沙星 500 mg，每 12 h 1 次，10~14 天或应用氧氟沙星，IV/PO 400 mg，每 12 h 1 次，10~14 天。
- 感染地区不详或感染于东南亚：环丙沙星 250~500 mg PO，每天 2 次，7~14 天或 7~10 天；或口服氧氟沙星，200~400 mg，每 12h 1 次，7~10 天。复杂性感染：头孢曲松钠静脉注射，1~2 g，每天 1 次，7~14 天；或应用头孢噻肟，每 8h 静脉注射 1~2g，7~14 天，加用环丙沙星 500 mg 静脉注射，每 12h 1 次，10~14 天或氧氟沙星 400 mg 静脉注射，每 12h1 次，10~14 天。
- 地塞米松的保守性治疗可能会降低重症伤寒的致死率，重症伤寒有谵妄，昏迷，迟钝或麻木的表现。
- 在发达国家，所有的伤寒病人都咨询或经过感染病专家的治疗，因此伤寒在发达国家的流行率很低。若怀疑肠穿孔或肠出血应咨询外科医生。回肠穿孔常发生于发热的第三周。
- 1%~6% 的具有免疫能力的患者会发生伤寒的复发，常在症状消失后的 2~3 周发生。

登革热

- 无特异性治疗。
- 通常是一种自限性疾病，仅需支持治疗。
- 避免应用 NSAIDs（非甾体类抗炎药物），阿司匹林和类固醇药物。
- 密切观察具有肠穿孔相关症状的患者：心动过速，微血管再灌注时间延长，青紫或花斑状皮肤，循环血量减少，脉搏细速，高血压，红细胞压积升高或血小板数量减少。此种病人应住院补充血容量并进行病情监控。
- 若怀疑为登革出血热，应及时咨询专家。

立克次体感染

- 如果怀疑，立即开始经验性治疗，因为许多检验结果往往需要太多的时间。
- 首选（门诊病人）：多西环素 100 mg，每天口服 2 次，5 天 1 个疗程或直到退热后 48 h。
- 首选（严重的或住院病人）：多西环素 100 mg，每天静脉注射 2 次，直到退热后 24 h，然后改为口服 100 mg，每天 2 次直到退热后 5 天，多西环素 200 mg 为负荷剂量。
- 怀孕妇女：如果严重到威胁生命，应使用多西环素，应咨询感染性疾病的专家。

尿路感染 / 肾盂肾炎

- 急性细菌性膀胱炎：见单独的章节。
- 肾盂肾炎：见单独的章节。

- 怀孕妇女的尿路感染：见单独章节。

治疗规则

严重的疟疾病人如果血涂片阳性或最近有接触史，并且有以下所列的一条或以上，认为是严重的疟疾：

- 意识障碍。
- 严重的贫血。
- 肾衰竭。
- 肺水肿。
- 急性呼吸窘迫综合征。
- 循环性休克。
- 弥散性血管内凝血。
- 自发性出血。
- 酸中毒。
- 血红蛋白尿。
- 黄疸。
- 反复抽搐。
- 感染红细胞 >5%。
- 严重疟疾一般由恶性疟原虫引起。
- 诊断为严重疟疾的病人应积极采用外周循环抗疟治疗。
- 一旦诊断疟疾，应尽快静脉注射奎尼丁治疗。
- 严重疟疾的病人应静脉给予负荷剂量，除非病人在之前 48h 接受过多于 40 mg/kg 的奎尼丁或在之前的 12h 接受过甲氟奎治疗，奎尼丁治疗时应咨询心脏病专家和有经验的疟疾治疗医师。奎尼丁治疗时应监测血压（防止低血压）和监测心脏（会扩大 QRS 波群，延长 QTs 间隔），此外还应周期性监测血糖。心脏并发症如果严重应暂时停止用药或减慢药物在静脉内的扩散。
- 如果感染红细胞 >10% 或者病人精神状态改变，肺水肿，肾脏并发症应考虑换血疗法。寄生虫密度可以通过检查薄血片上单层红细胞而确定，涂片应选择单个视野大约 400 个红细胞的地方。寄生虫密度可通过感染红细胞的比例来确定，应该 12 h 监测 1 次。换血疗法应该持续到寄生虫密度 <1%，换血疗法的同生死不应该推迟奎尼丁治疗，应在换血疗法的同时给予奎尼丁治疗。
- 严重感染疟疾的孕妇应积极采用外周循环抗疟治疗。

其他的信息

- 旅行归来的全身性发热，可疑疟疾、肠热病、出血热或神经系统症状应尽快咨询感染性疾病或热带病专家。

呼吸道感染：旅游归来者

病原体

- 病毒：鼻病毒，冠状病毒；副流感病毒；呼吸道合胞病毒；腺病毒，A 和 B 型流感病毒；柯萨奇病毒；艾克病毒；单纯疱疹病毒，1 型和 2 型；EB 病毒；巨细胞病毒；人类偏肺病毒（hMPV）；新型人类冠状病毒（非典型肺炎的病原体）。
- 细菌：A 群，C 群，G 群链球菌；肺炎支原体，肺炎衣原体，鹦鹉热衣原体，淋球菌，溶血隐秘杆菌，白喉棒状杆菌，小肠结肠炎耶尔森菌；鼠疫菌，类鼻疽伯克氏菌；

土拉弗朗西斯菌。

- 真菌：皮炎芽生菌；粗球孢子菌；新型隐球菌；荚膜组织胞浆菌。
- 寄生虫：蛔虫；粪类圆线虫；棘球蚴颗粒体；多房棘球蚴；肺吸虫；溶组织阿米巴。

临床意义

- 呼吸道疾病是旅游归来者第六常见的病因，是旅游归来者在系统性发热性疾病和急性腹泻病后发热性疾病的第三常见的原因。急性病毒性鼻炎和急性发热性病毒性呼吸道感染在世界各地都有发生，包括在热带地区，它与发生在旅游归来者或旅游期间或旅游刚回来的人的大多数急性呼吸系统疾病都有关系。疾病很少是由于热带独有的病原体引起。
- 旅游地点和接触史是不常见的呼吸道疾病诊断不同的关键；免疫接种史需要考虑进来。
- 潜伏期：潜伏期短（≤ 7~10 天）：急性病毒性鼻炎相关感染，白喉，急性组织胞浆菌病，流感，退伍军人病，麻疹，类鼻疽，脑膜炎双球菌咽炎，百日咳，肺鼠疫，鹦鹉热。潜伏期中等（1 月内）：风疹。潜伏期长（> 3 个月）：类鼻疽，青霉菌病，肺结核。
- 急性病毒性鼻炎：鼻炎，打喷嚏，流泪，鼻咽部的激惹，寒冷，委靡不振持续 2~7 天；发热非常罕见。
- 急性鼻窦炎：鼻充血和阻塞，脓涕，面部疼痛 / 在弯腰时加剧，头痛，发烧，咳嗽，嗅觉减退或嗅觉丧失，耳鸣，口臭。急性细菌性鼻窦炎：症状≥ 7 天，任何以下内容：脓性鼻涕，单侧上颌牙齿或面部疼痛，单侧上颌窦压痛，初步改善后症状恶化。因复视或失明，眼眶周围水肿，精神状态改变而紧急转诊 / 住院。
- 急性咽炎：在成年人中，约 50% 由于病毒，10% 由于 A 群 β – 溶血性链球菌（GABHS）。怀疑 GABHS：突然发病，咽痛，发热，头痛，恶心，呕吐，腹痛，咽和扁桃体炎症，斑片状和不连续的渗液，柔软的和肿大的颈前淋巴结。与 GABHS 类似的症状有可能是单核细胞增多症，急性 HIV 感染，口咽淋病。怀疑是由常见的病毒引起：结膜炎，流涕，干咳，偶然腹泻。
- 流感样疾病：咳嗽，发烧，寒战或畏寒，发热，虚脱或柔弱，广泛的咽部和鼻腔黏膜红斑，与类似疾病有密切接触史。胸骨后咳嗽，发烧，肌肉酸痛或疲劳是病毒感染流感的最常见的预兆，尤其是有接触史。诊断可能还要考虑其他一些旅游经历的情况，包括芽生菌，球孢子菌病，隐球菌，组织胞浆菌病；鹦鹉热，类鼻疽（生态旅游和探险旅行者）和寄生虫感染（迁徙阶段或原发感染部位）。

更多信息临床

更常见的考虑

- A 群链球菌：关键是鉴定和治疗以防止主要的非化脓性并发症—风湿热。化脓性并发症包括扁桃体或扁桃体周围脓肿。
- C 群和 G 群链球菌：这些链球菌与急性风湿性发热是不相关的。
- 肺炎衣原体：通常咽炎伴随急性支气管炎，偶尔肺炎。
- 白喉棒状杆菌：由轻度咽炎伴随咽部红斑而缓慢起病，可能发展为标志性的牢固地附着的灰色膜状物，在试图去除它时就会出血（见于 $^1/_3$ 的病例）；咽炎，全身乏力，低烧。膜状物可能会导致呼吸衰竭。免疫接种史是关键。
- 流感：在旅客中是最常见的疫苗可预防的疾病。因适合在发病 48 小时内处理所以必须认识到。在热带地区常年发病。
- 原发艾滋病毒：急性逆转录病毒综合征经常与 EB 病毒单核细胞增多类似。有危险的接触史是关键。发热，消瘦，淋巴结肿大，脾大很常见；淋巴细胞和转氨酶

治疗

增加；mono spot 是阴性；HIV 病毒载量检测 > 10 000/ml 具有诊断意义。

- 单核细胞增多症：大部分单核细胞增多综合征由 EB 病毒（EBV）和巨细胞病毒（CMV）引起。由艾滋病毒引起的急性逆转录病毒综合征也可以导致这种情况。此外还有咽炎有或无分泌物（EBV，CMV），有不同程度的全身症状包括淋巴结肿大（在 EBV 中柔软的颈前淋巴结），脾大，肝炎，体重减轻。单核细胞增多症是一种全身性疾病，往往与脾大，淋巴结肿大，持续性疲劳，体重减轻和肝炎有关。
- 淋球菌：咽炎的少见病因；可治疗的但必须使用敏感的，能渗透 Waldeyers 环的抗生素。
- 肺炎支原体：伴随急性支气管炎的咽炎。

寄生虫病与呼吸系统表现

- 溶组织阿米巴—通过污染的食物或者水获得；在世界范围内发生特别是在卫生条件差的地方。怀疑的对象是肝阿米巴伴随抬高的右侧横隔和因胆小管瘘而排除的“凤尾鱼糊”分泌物。胸腔积液是肝脓肿的常见症状，可能是无菌的（炎症反应）或表示脓胸。
- 蛔虫—通过污染的食物或水获得；在世界范围内发生特别是在卫生条件差的地方。怀疑的对象是出现发烧，咳嗽，咳痰，嗜酸性粒细胞增多，胸片或胸部 CT 示斑片状肺泡渗出物但 10 日之内变清晰；证实在痰中有幼虫或者粪便中有虫卵。
- 粪类圆线虫—可以发生在免疫功能正常的人群，也可以发生在免疫功能低下的人群（引起更严重的疾病）。怀疑的对象是发热，嗜酸性粒细胞增多（在免疫功能低下的人可能缺乏），支气管痉挛或支气管炎，腹痛和腹泻。明显的，斑片状的，移行的空域整合在 7~10 天内可以解决。明确的诊断是在痰中发现有幼虫。高度感染可以导致反应强烈的急性呼吸窘迫综合征。
- 细粒棘球绦虫—有犬齿的接触史。潜伏期长；在几年内可能无症状。棘球蚴囊肿发现在肝脏 > 肺部 > 其他器官。肺部疾病引起咳嗽，咯血，气胸，肺脓肿，寄生虫肺栓塞。明确的诊断需要病理组织学诊断。术前 ELISA 和腹部超声是有用的。强烈建议与传染病专家和外科医生咨询。
- 多房棘球蚴—有犬齿的接触史，在土耳其，东欧，地中海，中国，南美，澳大利亚，新西兰，俄罗斯，日本，加拿大，阿拉斯加。潜伏期长，5~15 年。肝通常受累。肺部引起咳嗽，乏力，体重减轻，咯血，胸壁瘤样入侵，“转移。”诊断依据病理组织学或血清学（CDC 可以得到），再加上成像上的特点；强烈建议与传染病专家和外科医生咨询。
- 肺吸虫—暴露在东南亚，亚洲，拉丁美洲（主要是秘鲁），非洲（主要是尼日利亚）。肺部是吸虫的主要靶器官。发热，胸痛，慢性咳嗽，咯血，并在痰，粪便，胸膜积液中发现有虫卵。常常在胸片上被误认为是结核病。警惕实验室检查因为痰和胸膜积液的结核抗酸染色会损害虫卵。

诊断

- 流感样疾病：鼻咽拭子或新型 H1N1 的吸取物和季节性流感病毒（培养，RT-PCR 法或快速检测法），其他呼吸道病毒；如果怀疑罕见或者外来的感染，可考虑咨询热带医学专家。
- 咳嗽：痰革兰染色和培养，胸部 X 光检查；推荐的其他检查包括旅游史及接触史。
- 急性鼻窦炎：脓性鼻漏伴随鼻塞或面部压痛 / 疼痛。培养和影像学检查通常并不提示。
- 咽炎：30% 的病例没有发现病原体；快速链球菌抗原检测；喉咙分泌物培养；单

核细胞增多症筛查；艾滋病毒检测（在暴露史检查）；淋球菌培养（在暴露史检查；需要特殊培养基——不能检测核酸）。抗链球菌溶血素（ASO），抗脱氧核糖核酸酶 B（DNaseB）或其他链球菌抗体检测是没有用的，因为结果出现得晚。

- 发热性呼吸系统疾病：血培养；胸部 X 光（或胸部 CT）；痰革兰染色，培养和敏感性。
- 咳嗽：胸部 X 光检查；痰革兰染色，培养和敏感性；痰涂片抗酸染色和细菌培养（在流行病学时检查）；痰涂片找卵子和寄生虫（如果有指针的话）。
- 异常听诊检查：胸部 X 射线（或胸部 CT）；嗜酸性粒细胞计数另加标准的实验室评估。
- 如果你怀疑一种不常见的或者外来的感染，建议咨询热带医学专家。

治疗

一般建议

- 参见个人模块（比如社区获得性肺炎）或者基于怀疑的或者已证实的病原体的特异性治疗，可参见下面所列的或者单独的模块。

旅游归来者的皮肤疾病

Noreen A Hynes, MD, MPH, DT Mand H

病原体

- 丘疹：疥螨，盘尾丝虫；非人类血吸虫（比如禽流感）；爱德华线形幼虫（海葵）；爱德华氏幼虫（海蜇）；臭虫；跳蚤。
- 结节 / 皮下肿胀：由人皮蝇幼虫，人皮肤杆菌和钻潜蚤引起的蛆病；罗阿丝虫；布氏锥虫和布氏罗德西亚锥虫（结节更常见）。
- 溃疡：金黄色葡萄球菌（MRSA，MSSA 伴有或不伴有杀白细胞素）；A 群链球菌；利什曼原虫复合体；海分支杆菌；立克次氏体；非洲立克次体；东方恙虫病；杜克雷嗜血杆菌；沙眼衣原体 L 血清型；克雷伯菌肉芽肿；梅毒螺旋体；单纯疱疹病毒。
- 地理迁徙和线性皮损（1）非人类线虫幼虫，巴西钩虫，犬绦虫，颚口属，类圆线虫，（2）人类线虫幼虫粪类圆线虫；（3）洄游蛆；（4）线虫成虫，罗阿丝虫；麦地那龙线虫；（5）吸虫幼虫，片形吸虫；（6）螨，疥螨。
- 皮疹：登革热病毒血清 1 型，2 型，3 型和 4 型；基孔肯雅病毒；非洲立克次氏体；康氏立克次体；其他地方特异性的节肢动物传播的立克次体病。
- 其他的发生在旅游者身上与皮肤病灶相关的全身性感染：（1）杆菌状巴尔通体（奥罗亚热发热，秘鲁疣；腐肉病）；（2）布鲁氏菌；（3）埃利希氏体属；（4）肠道病毒；（5）淋病奈瑟菌；（6）急性艾滋病毒感染；（7）利什曼（内脏利什曼病）；（8）钩端螺旋体菌；（9）莱姆病螺旋体（莱姆病）；（10）麻疹；（11）伯克霍尔德鼻疽；（12）脑膜炎奈瑟菌；（13）细小病毒；（14）念珠状链杆菌（鼠咬热）；（15）小螺菌（鼠咬热）；（16）回归热螺旋体（虱传回归热）；（17）赫氏疏螺旋体（蜱传回归热）；（18）克氏锥虫（美洲锥虫病）；（19）球孢子菌；（20）巴西芽生菌；（21）皮肤癣菌（身体表皮角化区域的真菌感染）。

临床

- 旅游归来者皮肤状况的主要原因：（1）昆虫叮咬（有或无继发感染）；（2）钩虫有关的皮肤幼虫移行 [HR-CLM 的，通常是由于十二指肠钩虫和美洲钩虫引起]；（3）皮肤过敏性反应；（4）皮肤脓肿，痈肿和毛囊炎。

- 一些情况在特定的地区更容易发生：动物咬伤—东南亚，HR-CLM—加勒比海，皮肤利什曼病—美洲中部和南部，蝇蛆病—美洲中部和南部。
- 丘疹：（1）臭虫和跳蚤—非常瘙痒，线性丘疹或成团；（2）疥疮–有性接触史；（3）海水洗澡者的爆发（lineata，海葵幼虫，L. unguinculata，嵌环水母），瘙痒，红斑性黄斑或丘疹性皮炎，伴随或不伴随荨麻疹，发生在暴露在亚热带或者热带的咸海水中泳衣覆盖的皮肤区域（4）游泳者的痒，暴露在淡水中后的禽流血吸虫引起的瘙痒的黄斑样丘疹爆发。（5）盘尾丝虫（河盲症的病因），瘙痒，丘疹，嗜酸性粒细胞增多，发生在去国外旅游或者长期去非洲撒哈拉地区，美洲的6个国家的重点地区（危地马拉，墨西哥，委内瑞拉，巴西，哥伦比亚，厄瓜多尔）旅游者身上；盘尾丝虫病的症状通常需要黑蝇属的大量入侵和反复接触史，通常 > 3个月；症状在离开流行地区几个月至几年后出现。
- 皮下肿胀和结节：（1）疖子：痛苦，凸出的，红斑，往往发生在一个潮湿或易受刺激的区域，通常是金黄色葡萄球菌；（2）蝇蛆病幼虫包括非洲的人皮蝇和果蝇，拉丁美洲的人皮肤杆菌和牛蝇；病灶像烫伤样，中间有点状的开口（呼吸通道）并有血液流出，幼虫可能通过它出来；可能会瘙痒；病人可能会感觉那个地方有爬行感；（3）由穿皮潜蚤引起的潜蚤病，雌性沙砾跳蚤；侵犯拉丁美洲和印度旅客的脚趾甲和脚掌；疼痛，（4）罗阿丝虫病可发生在长期寄居国外或者移民者回来后的几年后，有眼丝虫或者迁徙的血管神经性水肿（卡拉巴尔肿胀）；（5）急性非洲人类锥虫病（HAT）无痛，硬结，可能会溃烂的红斑病灶，易被误认为是蜂窝织炎病灶；如果不治疗的话就会发展到致命的昏睡病，东非的形式进展很快，西非的形式进展缓慢一些。
- 溃疡（1）脓皮病（臁疮）：旅客皮肤溃疡中最常见的原因；疼痛，化脓性，浅溃疡；通常昆虫叮咬或皮肤创伤后；金黄色葡萄球菌和A群链球菌是最常见的病原菌；（2）皮肤利什曼病：无痛，无瘙痒；缓慢的演变为溃疡，边缘凸起，底部为结痂或者肉芽肿；偶然的孤立的淋巴结肿大或孢子丝菌病类似的形式。由于巴西利什曼原虫可以演变成高度破坏性的皮肤黏膜形式，所以如果获得的是新世界，就必须确定物种；（3）在节肢动物感染的部位小，无痛焦痂（通常 < 1cm），伴随立克次体引起的非洲蜱咬热，地中海斑疹热，或恙虫病；可能表现为发热性疾病，必须寻找焦痂（黑斑）；（4）生殖器溃疡提示性传播感染；梅毒的无痛溃疡和性病性淋巴肉芽肿的第一阶段；疼痛，不规则的，污秽底部的软下疳溃疡；痛苦，浅溃疡，生殖器疱疹多见。
- 地理迁徙和线性皮损：（1）HR-CLM是旅游归来者因钩虫爬行所致匐行性皮损（匍匐样出疹）最常见的原因；在热带/亚热带地区皮肤直接接触受污染的沙子或土壤后可以看到；3 mm×15~20 cm，瘙痒，往往伴有局部水肿；可能有水泡大泡疹；其他症状可能包括毛囊炎，嗜酸性粒细胞性肺炎；（2）肛周匍行疹是一个快速移动的（每小时5 cm）匐行轨迹，通常在肛周，是由粪类圆线虫所致；（3）大片吸虫：在躯干皮肤或者其他异位感染的区域出现的迁徙性的红斑。
- 热疹：> 60%的病例由登革热，基孔肯雅病和非洲蜱咬热所致。（1）典型的登革热由蚊子传播；潜伏期3~14天；突然发作的发烧，剧烈头痛，肌痛，关节痛；淋巴结肿大；出现在正常皮肤的弥漫性，有时瘙痒的黄斑或者斑丘疹，在浅肤色人群中最常见；白细胞减少，中性粒细胞减少，血小板减少很常见；可以看到轻微的出血倾向包括瘀斑和鼻出血；大的出血比如便血提示登革出血热（2）基孔肯雅病常出现类似登革热病毒感染的皮疹；也伴有高烧，严重的关节痛，淋巴细胞减少，突出的淋巴结肿大，恢复期持续很长；潜伏期3~12天；阿弗他样的溃疡和水泡大泡疹病变的病例也有过报道；（3）非洲蜱咬热（R.africae）—在蜱咬的伤口处出现多个小的（2~5 mm）的黑斑，周围有水肿；通常一般的病例出现斑丘疹或水泡；阿费他炎常见；发热要比其他立克次体病中少见；潜伏期5~10天；有去南部撒哈拉非洲和列斯群岛旅游史是关键；（4）南欧斑疹热：轻度或者严重的病例通常在疾病的第4~5天，在手掌和脚掌上出现焦痂和斑丘疹；发热持续两天以上；在非洲，印度和中东广泛分布，通过蜱传播；潜伏期一般为5~7天。

- 其他地方特异性的蜱传播的立克次体病：（1）昆士兰蜱斑疹伤寒：澳大利亚立克次体，澳大利亚昆士兰州，新南威尔士州，塔斯马尼亚州，维多利亚东部沿海地区；（2）北亚蜱发热：西伯利亚立克次体；中国北方；蒙古；俄罗斯的亚洲地区；（3）蜱传淋巴结肿大（TIBOLA）：斯洛伐克立克次体；欧洲和亚洲；（4）远东蜱传立克次体病：R.beilongjiangensis；俄罗斯远东地区和中国北方；（5）东方斑疹热：日本；（6）斑点感染：波切里立克次体；南美洲包括阿根廷，乌拉圭，巴西部分地区；美国沿海东南风；（7）泰国蜱斑疹伤寒：博内伊立克次体；泰国，澳大利亚，塔斯马尼亚；弗林德斯岛（8）澳大利亚斑疹热：马尔莫尼立克次体；澳大利亚。

诊断

- 化脓性病变，包括脓肿/痈/疖：将切开引流或自发排出的脓性分泌物进行培养和敏感实验。通常由金黄色葡萄球菌引起的（MSSA或MRSA）。
- 立克次体病：南欧斑疹热血清学检测，PCR或活检组织标本免疫染色；其他一些怀疑的情况在血清学检查中可能出现交叉反应，需要送到流行区特殊实验室进行确认实验；立克次氏体被认为有生物危害，如果你订购了培养就必须在实验室里标明警示。如果怀疑，在寻找实验室依据的同时给予多西环素经验性治疗。
- 匍行疹：（1）钩虫相关的匍行疹，这是一个临床诊断；（2）幼虫匍行疹，鉴定粪圆线虫幼虫是用浓缩的粪便标本，或者在新鲜粪便标本，琼脂平板，十二指肠引流液，偶尔痰标本中看到移动的幼虫；依据幼虫抗原的血清学检查有80%~85%的感染者是阳性；（3）片形吸虫：在粪便或者十二指肠胆汁引流液中检查虫卵；血清学结果有提示作用但不具有诊断意义。
- 虫害：牛蝇和皮蛆瘤蝇病；潜蚤病和疥疮是最常见的基于旅游史和暴露史做出的临床诊断。马胃蝇蛆和皮蛆瘤蝇通过外观就可诊断，特点是疖子样病灶，中间有一个开口，幼虫通过它来呼吸；皮肤直接镜检（皮肤镜）有助于确定人类跳蚤的典型特征：中央不规则的棕色斑疹，中间有一个开口或者灰蓝色斑疹；疥螨可以在数字网络空间制造线形的隧道具有诊断意义。
- 利什曼病（皮肤和皮肤黏膜）：世卫组织给出的的定义是："一个人，表现利什曼病的临床症状和寄生虫学依据，和（或）者对于只有黏膜利什曼病的血清学诊断。"显微镜检查病灶染色标本中的无动力的，细胞内形式（无鞭毛体）；在合适的培养基上（比如从CDC获得的NNN培养基）培养有动力的细胞外形式（鞭毛体）；在黏膜形成时，抗体通常是可以检测的，间接免疫荧光和酶联免疫实验有作用；形态是基于生物，免疫学，分子和生化标准。强烈建议就热带医学经验方面咨询传染病专家。
- 罗阿丝虫病：短暂的，经常性卡拉巴尔肿胀，发生在暴露于（通常＞2周）非洲雨林里遭遇鹿虻咬伤的人，尤其是在中部非洲的雨林和刚果河流域；微丝蚴出现在白天采集的外周血涂片或者厚膜血涂片中，伴随嗜酸性粒细胞减少；血中的DNA检测作为一种研究工具有时是可取的。
- 盘尾丝虫病：将新鲜的表皮组织行显微镜检查，加入水或者生理盐水进行孵育，观察微丝蚴的出现；在淋巴结（如果存在的话）中发现成虫；由于丝虫和蠕虫在血清学上有交叉反应，所以抗体检测应用受限。

- 生殖器溃疡：根据地区和接触史，检测适当的性传播疾病包括梅毒，软下疳，性病性淋巴肉芽肿，腹股沟肉芽肿或肉芽肿（克雷伯菌肉芽肿）和单纯疱疹。
- 非洲人类锥虫病（HAT）：在血液，淋巴或最终脑脊液中发现锥虫。寄生虫浓集技术需要用在冈比亚锥虫检测中，在罗得西亚锥虫中用得少。

治疗

化脓性感染：疖，痈，脓肿

- 经验性治疗：小的疖子—保暖的按压促进排脓通常是有效的治疗；较大的疖子，所有的痈，以及所有的脓肿都需要切开引流，并把引流液送去做培养和药物敏感实验。心内膜炎的高危人群应该在操作之前静滴万古霉素 1g，60 分钟。
- 经验性口服抗生素：通常适用于病灶伴随全身症如发热或者明显的周围组织蜂窝织炎。如果需要的话，假定存在 MRSA 和使用以下 7~14 天的任一方案：第一个方案：TMP-SMX-2ds PO，每天 2 次，或者多西环素或者二甲胺四环素 100mg PO，每天 2 次或克林霉素 300 至 450 mg PO，每 6 至 8 小时 1 次。替代疗法：利奈唑胺 600 mg PO，每天 2 次。
- 后续：在 24 至 48 小时的门诊经验口服抗生素治疗后重复评估病情；对治疗的临床反应可以指导抗生素持续时间；缺乏反应需要考虑可能存在耐药微生物或者存在更深的更严重的感染。

蜱传播的立克次体病

- 首选：四环素 500 mg，口服，每天 4 次，或者多西环素 100 mg，口服，每天 2 次，连用 5~7 天。
- 替代方案（只在那些不能服用四环素的时候考虑）：阿奇霉素 500 mg，口服，每天 4 次，或者克拉霉素 500 mg，口服，每天 2 次（四环素为落基山斑疹热首选）。
- 氯霉素 500 mg，口服，每天 4 次，连用 7~10 天（口服制剂在美国不能用）。对于落基山脉斑疹热不能使用（病死率比使用多西环素要增加）。

虫害

- 疖子蝇蛆病：皮蛆瘤蝇—在侧面按压时可能会导致自发地将蛆弹射出来；对于皮蛆瘤蝇和马胃蝇蛆，通过在开口处填塞矿物油，凡士林，熏肉脂肪使之窒息可能在几个小时后会导致蛆的自发现身。如果这些方法失败，那么就需要外科切除。
- 潜蚤病：使用一个消毒的针头去提取怀孕的跳蚤是具有诊断意义和治疗意义的；清洗提取区域；用外用抗生素覆盖那个区域；如果还未到成熟时就需要注射破伤风制剂。
- 疥疮（首选）：伊维菌素 200 mg/kg PO，1 次，或菊酯霜（5%）：适用于颈部以下身体的各个部位，8~14 小时后洗净。替代方案：林旦（1%）使用 1 盎司。洗剂或 30 克霜涂薄层到颈部以下身体的各个部位。8 小时后彻底清洗。老年人，< 50 kg，癫痫病史，儿童都避免使用。

匍行疹

- 钩虫相关的皮肤幼虫移行：伊维菌素单剂量 200 mg/kg，或阿苯达唑 400~800 mg/d，连用 3 天。
- 幼虫匍行疹（粪类圆线虫，首选）：伊维菌素 200 mg/(kg · d) × 2 天（由于自体感染风险的存在，所以不管虫体多少所有的感染都要治疗）；替代方案：阿苯达唑 400 mg，每天 1 次或 2 次，连续 3 天。可能需要重复的疗程。
- 大片吸虫（首选）：三氯苯达唑 10 mg/kg PO，1 次或 2 次（存在可用性问题）。替代方案：硫双二氯酚 10~15 mg/kg，10~15 份剂量，隔天服用或硝唑尼特

500 mg PO，每天 2 次，共 7 天。

皮肤和皮肤黏膜利什曼病

- 皮肤（首选）：葡萄糖酸锑钠 20 mg/(kg・d)，静滴或者肌注，连用 20 天，或者葡甲胺锑的 20 mg/(kg・d)，静滴或者肌注，连用 20 天，或米替福新 2.5 mg/(kg・d)，口服（最大 150 mg/d）×28 天（疾病预防控制中心可以帮助获得这种药物。电话：白天 404-639-3670；晚上，周末，节假日：404-770-7100）。替代方案：巴龙霉素外用，每天 2 次，连用 10~20 天，或者喷他脒 2~3 mg/kg，静滴或肌注，每天 1 次或每 2 天 1 次，连用 4~7 天。
- 黏膜：葡萄糖酸锑钠 20 mg/(kg・d)，静滴或肌注，连用 28 天，或者葡甲胺锑 20 mg/(kg・d)，静滴或肌注，连用 28 天，或两性霉素 B 0.5 mg/kg，静滴，每天 1 次或者每两天 1 次，最多 8 周，或者米替福辛 2.5 mg/(kg・d)，口服（最大 150 mg/d），连用 28 天。

丝虫感染与皮肤表现

- 罗阿丝虫病：乙胺（DEC）6 mg/(kg・d) PO，12天三份剂量。存在药物可用性问题。
- 盘尾丝虫病：伊维菌素 150 mg/kg PO，1次；每6~12个月重复1次，直到无症状。

“热带”生殖器溃疡病

- 原发或继发（有传染性）的梅毒（首选）：苄星青霉素 2.4 mU IM，1 次。替代方案（青霉素过敏和非怀孕的）：多西环素 100 mg PO，每天 2 次，连用 14 天。
- 软下疳：阿奇霉素 1 g PO，1 次，或头孢三嗪 250 mg IM，1 次，或环丙沙星 500 mg，PO，每天 2 次，连用 3 天，或红霉素碱 500 mg PO，每天 4 次，连用 7 天。
- 性病性淋巴肉芽肿（首选）：多西环素 100 mg，PO，每天 2 次，最少 21 天。替代方案：红霉素碱 500 mg PO，每天 4 次，最少 21 天。
- 肉芽肿（腹股沟肉芽肿）：多西环素 100 mg PO，每天 2 次，或者阿奇霉素 1 g PO，每天 1 次，或者环丙沙星 750 mg PO，每天 2 次，治疗 3 周或者直至病灶愈合。

非洲人类锥虫病

- 依据症状和实验室结果开始治疗 ASAP。
- 参见锥虫病章节以查询更多的细节和联合用药方案。
- 罗得西亚锥虫病血液淋巴液阶段：苏拉明，联系疾病预防控制中心药物服务中心获得这种新的研究药物（电话：404-639-3670；白天，晚上，周末，假期：404-770-7100）。早期：苏拉明，100~200 mg 实验剂量，静滴，然后在第 1，3，7，14，21 天给予 1g，静滴。晚期阶段（见下文）。
- 冈比亚锥虫血液淋巴液阶段：第一个方案：喷他脒羟乙基磺酸钠 4 mg/(kg・d)，肌注，连用 7 天。替代方案：苏拉明，联系疾病预防控制中心药物服务中心获取这种新的研究药物（电话：404-639-3670；白天，晚上，周末，节假日：404-770-7100）。
- 罗得西亚锥虫病晚期阶段伴随中枢神经系统受累：硫胂密胺 2~3.6 mg/(kg・d)，静滴，连用 3 天；7 天后，3.6 mg/(kg・d)，连用 3 天；7 天后再重复。
- 冈比亚锥虫病晚期阶段伴随中枢神经系统受累：依洛尼塞 400 mg/(kg・d)，静滴，4 份剂量，连用 14 天（供应非常有限；只能直接从世界卫生组织那里获得）或硫胂密胺 2.2 mg/(kg・d)，静滴，连用 10 天。

第四部分
抗菌药物

抗菌药物

阿米卡星

Paul A.Pham, PharmD and John G. Bartlett, MD

FDA 批准的适应证

- 硫酸阿米卡星用于由敏感细菌引起的严重感染的短期治疗（除单纯性尿路感染外，氨基糖苷类药物一般与其他药物联合，用于治疗由铜绿假单胞菌引起的感染）。
- 细菌性败血症（包括新生儿败血症）。
- 呼吸系统感染。
- 骨和关节感染。
- 中枢神经系统感染。
- 皮肤和软组织感染。
- 腹腔感染。
- 烧伤。
- 术后感染。
- 复发性尿路感染。

非 FDA 批准的适应证

- 医院获得性肺炎（联合使用 β－内酰胺类药物，β－内酰胺 / 酶抑制剂或三代 / 四代头孢菌素）。

商品名	商品形式	价格 *
阿米卡星（通用）	静脉针剂 1000 mg/4ml	16.05 美元
	静脉针剂 100 mg/ml	8.13 美元
	静脉针剂 500 mg/ml	8.13 美元

* 以上价格为全球平均价格

成人常规剂量

- 每天 1 次：静脉注射 15~20 mg/kg，一般不推荐进行治疗药物浓度监测，但对 ICU 病人，老年人，肾功能不全者有肾毒性的风险。谷浓度应小于 4 mcg/ml，对肾功能不稳定的病人 Crcl<60 ml/min，心内膜炎患者，脑膜炎患者或血容量增加的患者（怀孕，腹水，水肿）勿采用一天 1 次给药。
- 常规剂量（中等程度感染）：首次饱和剂量 8 mg/kg，然后 7 mg/kgq8h 静脉滴注或者 7.5~10 mg/kgq12h 静脉滴注（目标峰浓度 >20~30 mcg/ml，谷浓度 <10 mcg/ml）。
- 常规剂量(重度感染)：首次饱和剂量 8~12 mg/kg，然后 8 mg/kgq8h 静脉滴注(目标峰浓度 >25~35mcg/ml）。
- 在重度感染（+/- 弥散性水肿，腹水，休克，烧伤，怀孕等）中，为了获得病人的药代动力学参数，可以采用较高的负荷剂量，这样在第一个剂量后就可以获得峰浓度和谷浓度，剂量应该根据病人肾功能的变化或者药物分布体积的改变而调整。
- 在达到谷浓度（一般在第 3 个剂量后）后应立即给予下一剂量。
- 对于肥胖患者：采用标准体重加上 40% 超标的体重，剂量体重（DBW）= 理想体重（IBW）+0.4（实际体重 ~ 理想体重）。

- 心室内或鞘内用药：阿米卡星 15mgq24h（范围 10~50mg），说明：单独保存会使阿米卡星失去活性，硫酸阿米卡星会增加病人神经毒性的风险（无菌性脑膜炎，神经疼痛等）。因此尽在细菌对庆大霉素和妥布霉素（二者可单独保存）耐药的情况下才使用阿米卡星。

肾功能不全时的调整剂量

- 肾小球滤过率 50~80 的剂量：对各级肾功能的负荷剂量：肾小球滤过率 >70 ml/min，采用标准剂量；肾小球滤过率 50~69 ml/min，计算剂量 =GFR × 0.18 mg/kgq12h（如 GFR56 ml/min:56 × 0.18=10 mg/kg q12h），监测峰浓度和谷浓度。
- 肾小球滤过率 10~50 ml/min 的剂量：对各级肾功能的负荷剂量：GFR 40~49 ml/min，计算剂量 =GFR × 0.18 mg/kg q12h（如对于 GFR 45 ml/min：45 × 0.18=8 mg/kgq12h）；GFR 20~39 ml/min：计算剂量 =GFR × 0.36 mg/kg q24h，监测峰浓度和谷浓度。
- 肾小球滤过率 <10 ml/min 的剂量：对各级肾功能的剂量：GFR<20 ml/min 10 mg/kg × 1, 当血药浓度 <2 mcg/ml 时给予下一剂量，监测峰浓度和谷浓度。
- 血液透析病人的剂量：先给予标准负荷剂量，然后 HD 过后 8 mg/kg，2 小时后达到峰浓度（25~35 mcg/ml），谷浓度在下一 HD 之前，取决于剩余肾功能，目标浓度 12~16 mcg/ml。
- 腹膜透析的剂量：9~20 mg/L 透析液，对于接受腹膜透析的病人，延长使用氨基糖苷类药物会增加耳毒性的风险。
- 终末期尿毒症的剂量：负荷剂量 10~12 mg/kg，然后 8 mg/kg q24~48h，12 小时后监测浓度（目标浓度 25~35 mcg/ml），进行 24 小时血药浓度监测。

药物不良反应

常见

- 肾功能障碍（一般是可逆的）：风险因子包括：老年病人，肝病，血容量减少，大剂量使用损害肾功能的药物（包括万古霉素）和治疗时间（最重要）。有争议的是谷浓度也许和肾毒性的发生有关系。

偶见

- 不可逆的前庭毒性（4%~6%）：大部分病人都有视物或感觉方面的征兆，注意头晕，呕吐，眼球震颤和眩晕（黑暗中加重）。
- 不可逆的耳蜗毒性（3%~14%）：风险因子包括重复给药（剂量累积或在治疗当中），基因遗传倾向，肾功能减弱，氨基糖苷类药物的特异性为链霉素 > 庆大霉素 > 妥布霉素 > 阿米卡星 > 奈替米星，老年人，菌血症，血容量减少，体温升高，肝功能紊乱，62% 在 9 千赫兹以上丧失听力的病人，他们的平均治疗时间为 9 天。
- 基因遗传可能在一些前庭和耳蜗毒性的情况下发生，注意病人对氨基糖苷类耳毒性的家族遗传倾向。
- 对于接受 3 天以上氨基糖苷类药物治疗的病人应监测耳毒性的发生。前庭毒性监测：用 Snellen 卡片检查病人看基线的灵敏性，氨基糖苷类药物治疗 3 天以上出现看一条水平线时出现摇头，病人丧失看 2 条线的灵敏性都是耳毒性的早期征兆，监测龙贝格闭目难立综合征。用听力学指标监测病人的耳毒性。

罕见

- 神经阻滞症状（特别是注射大剂量氨基糖苷类药物后出现肌无力或帕金森综合征）。
- 过敏反应（次于硫酸盐反应）。

药物相互作用

- 青霉素类：同时使用可使二者均失去活力，因此勿在同一瓶中混匀使用。
- 头孢菌素类：二者同时使用可增加肾毒性。
- 肌肉弛缓剂（阿曲库铵，潘库溴铵，箭毒素等）：可加强肌肉松弛效果，从而导致呼吸抑制。
- 袢利尿剂（布美他尼，呋塞米，依他尼酸，托拉塞米）：耳毒性（特别是依他尼酸），避免二者同时使用。其他增加肾毒性的药物（如膦甲酸，西多福韦）：会增加肾毒性，避免同时使用。
- 万古霉素：增加肾毒性的风险。

阿米卡星抗菌谱附录 II 见第 948 页

耐药性

- 对肠杆菌科细菌和非发酵菌的判定折点为 16 mcg/ml。

药理学

机制氨基糖苷类药物药物通过不可逆的结合在核糖体 30S 亚基上而抑制细菌蛋白合成。阿米卡星有一个 2- 氨基 4- 羟丁酰基侧链，从而不被细菌产生的耐药酶灭活。

药代动力学参数

- 吸收：氨基糖苷类药物可通过肌肉注射而快速吸收，胸膜和腹膜给药也可快速吸收，口服吸收效果差。
- C_{max}：7.5 mg/kg 给药 1~2 小时后可达 17~25 mcg/ml，除了剂量，蜂浓度也会受药物分布体积的影响。
- 分布：0.2~0.4 L/kg（在怀孕，腹水，水肿，败血症和烧伤病人中可能更高），主要分布在细胞外液，腹水，心包积液，胸水，关节液，淋巴液等，在胆汁，支气管分泌物，痰和脑脊液中分布较少。
- 蛋白结合率：0%~10%。
- 代谢 / 排泄：氨基糖苷类药物不在肝脏代谢，而以原型从尿中排出。
- $T_{1/2}$：2~4 小时（注：膀胱纤维化病人的病人的半衰期更短，1~2 小时。烧伤和发热病人亦可加速氨基糖苷类药物的清除）。

肝功能不全者药物用法

- 没有固定的剂量，但可能增加肾毒性和耳毒性的风险，使用时要进行严密的血药浓度监测。

孕期用药

- 至今还没有使用阿米卡星导致先天畸形的报告，子宫内使用阿米卡星导致新生儿耳毒性的现象也未曾报道。然而使用其他氨基糖苷类药物（卡那霉素和链霉素）导致新生儿第 8 脑神经毒性的现象是广泛被认同的。阿米卡星也有潜在的可能性。

哺乳期用药

- 只有痕量的阿米卡星会出现在通过母乳喂养的新生儿体内，因为氨基糖苷类药物吸收较差，很少出现全身性毒性，但可能改变新生儿肠道的正常菌群。

总结

- 阿米卡星是一种氨基糖苷类药物，它对庆大霉素和妥布霉素耐药的革兰阴性菌仍然有效，这种药物对铜绿假单胞菌尤其有效。阿米卡星应该仅在其他氨基糖苷类药物出现耐药的情况下使用，峰浓度 25~35mcg/ml（对严重感染，肺炎应该有更高的峰浓度）。

推荐依据

American Thoracic Society, Infectious Diseases Society of America. Guidelines for the management of adults with hospital-acquired, ventilator-associated, and healthcare-associated pneumonia. Am J Respir Crit Care Med, 2005;Vol. 171; pp. 388 - 416.

Baron EJ, Young LS. Amikacin, ethambutol, and rifampin for treatment of disseminated Mycobacterium avium-intracellulare infections in pts with acquired immune defi ciency syndrome. Diagn Microbiol Infect Dis, 1986; Vol. 5; pp. 215 - 20.

阿莫西林

Paul A. Pham, ParmD and John G.Bartlett, MD

FDA 批准的适应证

- 支气管肺炎。
- 尿路感染（膀胱炎，肾盂肾炎）。
- 幽门螺杆菌引起的十二指肠溃疡（联合使用克拉霉素和一种 PPI）。
- 急性细菌性鼻窦炎。
- 单纯性淋病。
- 中耳炎（不产 β – 内酰胺酶的流感嗜血杆菌）。
- 奇异变形杆菌引起的感染。
- 下呼吸道感染（青霉素敏感的社区获得性肺炎：CAP）。
- 皮肤及软组织感染。

非 FDA 批准的适应证

- 莱姆病。
- 肠球菌。
- A 组链球菌。

商品名	商品形式	价格 *
阿莫西林（通用）	口服胶囊 250 mg；500 mg	0.27 美元；0.6 美元
	口服胶囊 875 mg	1 美元
	口服片剂 200 mg	0.5 美元
	口服片剂 400 mg	0.6 美元
	口服溶液 125 mg/5ml	0.11 美元 /5 ml
	口服溶液 250 mg/ml	0.24 美元 /5 ml
	口服溶液 400 mg/ml	0.54 美元 /5 ml
	静脉针剂 250 mg；500 mg；1 000 mg	美国未上市

* 以上价格为全球平均价格

成人常规剂量

- 社区获得性肺炎 500mg 胶囊 q8h（对敏感的肺炎链球菌）；1 000 mg 胶囊 q8h（潜在可能耐药的肺炎链球菌）加上一种大环内酯类药物。
- 对开始就耐药的肺炎链球菌感染推荐采用更高的剂量（3~4 g/d）。

- 单纯性尿路感染：250~500 mg 胶囊 q8h。
- 皮肤和软组织感染：250~500 mg 胶囊 q8h。

肾功能不全时的调整剂量

- GFR 50~80 ml/min 的剂量：250~500 mg q8h。
- GFR 10~50 ml/min 的剂量：250~500 mg q12~24h。
- GFR<10 ml/min 的剂量：250~500 mg q12~24h。
- 血液透析的剂量：250~500 mg q12~24h。
- 腹膜透析的剂量：250 mg q12h。
- 血液过滤的剂量：没有数据，可能为 500 mg q12h。

药物不良反应

常见

- 一般都能耐受。

常见的不良反应

- 皮疹（特别对于传染性单核细胞增多症）。

偶见

- 腹泻。
- 难辨梭菌引起的肠炎。
- 超敏反应。
- 螺旋体感染后的赫氏反应。
- 药物热。

罕见

- Coombs 反应阳性的溶血性贫血。
- 白细胞减少。
- 血小板减少。
- 中枢神经系统：痉挛、抽搐（特别容易发生在对肾功能障碍的病人使用较高的剂量）。
- 间质性肾炎。
- LFT 升高。

药物相互作用

- 别嘌呤醇：和阿莫西林合用会增加皮疹的风险。
- 四环素：体外会拮抗阿莫西林，在 2 个关于肺炎球菌引起的脑膜炎的 79 例病人的研究中，一部分病人合用四环素和阿莫西林，一部分病人单用阿莫西林治疗。在联合用药治疗中的致死率为 79%~85%，而单使用青霉素治疗时死亡率为 30%~33%。在脑膜炎的治疗中，药物的相互作用会引起较高的治疗失败率。

耐药性

- 肺炎链球菌：青霉素（PCN）耐药率为 10.3%（耐药折点 MIC 为 2 mcg/ml），1.2%（非脑膜性感染时 IVPCN 的 MIC 为 8 mcg/ml）。无脑膜感染时，肺炎链球菌的 MIC 为 2 mcg/ml 或更低时，可用大剂量的 PCN 或阿莫西林 (3~4 g/d)。
- 肺炎链球菌折点（非脑膜感染，口服治疗用 PCN）：≤ 0.06 mcg/ml（敏感）；4 mcg/ml（中介）；≥ 8 mcg/ml（耐药）。
- 肺炎链球菌折点（仅脑膜感染时，PCN）：≤ 0.06 mcg/ml（敏感）；≥ 2 mcg/ml

（耐药）。

- DRSP（肺炎链球菌发生耐药的危险因素）：慢性心、肺、肝或肾的疾病；糖尿病；酒精中毒；恶病质；无脾；免疫抑制状态或应用免疫抑制剂；前 3 个月应用抗菌药物。

药理学机制

β－内酰胺类抗生素能抑制细菌细胞壁中黏肽的合成，造成细菌细胞壁缺陷，渗透性增强，细菌易于溶解。

药代动力学参数

- 吸收率：74%~92%。
- 最大药物浓度 4~5 mcg/ml（应用 250mg 药量后）。
- 药物分布 0.36 L/kg；分布于水泡、尿液、腹水、胸水、中耳液、小肠黏膜、骨、胆囊、肺女性生殖器官、胆汁和感染的脑膜。
- 蛋白结合率：20%。
- 代谢 / 排泄：用药量的 10% 左右经肝脏代谢，药物原型及其代谢产物均经肾小球滤过和肾小管分泌排出。
- 药物的半衰期：1.3 h。

肝功能不全者药物用法

常规用量。

孕期用药

几项综合的产科实验报告表明，妊娠前三个月接触青霉素衍生物与胚胎畸形、缺陷无相关性。实验对象为妊娠前三个月暴露与青霉素衍生物的 12000 以上的孕妇。

哺乳期用药

- 药物在乳汁中浓度低。美国儿科学会认为阿莫西林可以用于哺乳期。

评价

- 氨基青霉素衍生物与氨苄西林相比，对革兰阳性菌和革兰阴性菌拥有相当的抗菌谱，但口服用药时前者吸收率更大，胃肠道不良反应更小。对于所有的感染这是首选的青霉素，可能不包括 A 组链球菌引起的咽炎（首选 PCN）和志贺菌痢（首选氨苄西林）。若在应用阿莫西林治疗传染性单核细胞病时发生皮疹，这不是真正的过敏反应，因此在以后的用药中该药不作为忌用药。

推荐依据

Doern GV, Richter SS, Miller A, et al. Antimicrobial resistance among Streptococcus pneumoniae in the United States: have we begun to turn the corner on resistance to certain antimicrobial classes? Clin Infect Dis, 2005; Vol. 41; pp. 139－48.

阿莫西林 / 克拉维酸

Paul A. Pham, ParmD and John G.Bartlett, MD

FDA 批准的适应证

- 淋巴腺炎。
- 乳腺炎。
- 中耳炎。
- 咽炎。
- 社区获得性肺炎（XR 剂型）。
- 急性细菌性鼻窦炎（IR 剂型）。
- 皮肤及皮肤结构的感染（痈，蜂窝织炎，皮下脓肿）。
- 扁桃体炎。
- 尿道感染。

非 FDA 批准的适应证

- 急性鼻窦炎。
- 脓胸。
- 脓性肌炎。
- 咬伤（人，狗，猫）。

商品名	剂型	价格
Augmentin	口服悬液 125 mg/31.25 mg/5 ml	1.50 美元 /5 ml
	口服悬液 250 mg/62.5 mg/5 ml	2 美元 /5 ml
	口服悬液 400 mg/57 mg/5 ml	3.52 美元 /5 ml
	口服悬液 600 mg/42.9 mg/5 ml	2.95 美元 /5 ml
	口服咀嚼片 125：31	1.5 美元
	口服咀嚼片 250：62	3 美元
	口服片剂 250：125；口服片剂 500：125	3 美元；4.39 美元
	口服片剂 875：125	5 美元
	静脉针剂 500：100	在美国不可使用
	静脉针剂 1000：200	在美国不可使用
Augmentin ES	口服悬液 600 mg/42.9 mg/5 ml（5 ml，125 ml，200 ml）	3.26 美元 /5ml
Augmentin XR	口服片剂，XR 1000 mg/62.5 mg	4.10 美元

价格为平均批发价

成人常规剂量

- 250~1 000 mg PO，每天 3 次。
- 875/125 mg PO，每天 2 次。
- XR：2 片（2 000 mg：125 mg） PO，每天 2 次。

肾功能不全时的调整剂量

- GFR 50~80 ml/min 时用药量 : 常规剂量
- GFR 10~50 ml/min 时 用 药 量 :GFR 10~30 ml/min,0.25~0.5 g q12h; GFR > 30 ml/min：常规剂量
- GFR<10 ml/min: 0.25~0.5 g q24h。

- 血液透析：0.25~0.5 g q24h（XR 产品不建议用于血液透析）。
- 腹膜透析：常规疗程治疗。
- 血液过滤：无推荐依据认为 0.5 g q12h。

药物不良反应

常见

- 胃肠道反应和腹泻。
- 皮疹（特别适用于传染性单核细胞增多症的治疗时）。

偶见

- 艰难梭菌性大肠炎。
- 过敏反应。
- 赫氏反应，钩端螺旋体引起。
- 药物热。

罕见

- Coombs 实验阳性，溶血性贫血。
- 白血病和血小板减少症。
- 癫痫发作和抽搐（大剂量用于肾衰的病人时）。
- 间质性肾炎。
- LFTs 升高。

药物相互作用

- 别嘌呤醇：可能会增加皮疹的发生率。
- 口服避孕药：可能会降低口服避孕药的疗效。可使用其他剂型的避孕药。
- 四环素：避免两者同时使用。在 2 项研究中，79 名肺炎链球菌引起的脑膜炎的病人经两药合用或单独使用潘尼西林，前者致死率为 79%~85%，后者为 30%~33%。但在治疗肺炎球菌肺炎时，两种方法的致死率相当。

耐药性

- 肺炎链球菌：PCN 耐药率为 10.3%（耐药折点 MIC 为 2 mcg/ml），1.2%（非脑膜性感染时 IVPCN 的 MIC 为 8 mcg/ml）。无脑膜感染时，肺炎链球菌的 MIC 为 2 mcg/ml 或更低时，可用大剂量的 PCN 或阿莫西林 (3~4 g/d)。
- 肺炎链球菌折点（非脑膜感染，口服治疗用 PCN）：≤ 0.06 mcg/ml（敏感）；0.12~1.0 mcg/ml（中介）；≥ 2 mcg/ml（耐药）。
- 肺炎链球菌折点（非脑膜感染，注射用 PCN）：≤ 2 mcg/ml（敏感）；4 mcg/ml（中介）；≥ 8 mcg/ml（耐药）。
- 肺炎链球菌折点（仅脑膜感染时，PCN）：≤ 0.06 mcg/ml（敏感）；≥ 2 mcg/ml（耐药）。

药理学机制

- β – 内酰胺类抗生素能抑制细菌细胞壁中黏肽的合成，造成细菌细胞壁缺陷，渗透性增强，细菌易于溶解。克拉维酸可抑制 β – 内酰胺酶。当与 β – 内酰胺类抗生素结合时，结合物对产 β – 内酰胺酶的微生物的抗菌活性增强，否则会耐药。

药代动力学参数

- 吸收率 75%。
- 最大药物浓度 12 mcg/ml（阿莫西林）及 2 mcg/ml（克拉维酸）（应用

875/125 mg 药量后）。
- 药物分布 0.36 L/kg；分布于水泡、尿液、腹水、胸水、中耳液、小肠黏膜、骨、胆囊、肺女性生殖器官、胆汁和感染的脑膜。
- 蛋白结合率 20%（阿莫西林）/30%（克拉维酸）。
- 代谢 / 排泄：用药量的 10% 左右经肝脏代谢。药物原型及其代谢产物均经肾小球滤过和肾小管分泌排出。
- 药物的半衰期：1.3 h。

肝功能不全者药物用法
- 无推荐依据，考虑标准用量。

孕期用药
- 在一项对密歇根州医疗补助受试者的严密监督研究中，556 名新生儿于妊娠前三个月接触克拉维酸 / 盘尼西林，结果显示与胚胎畸形、缺陷无相关性。

哺乳期用药
- 无针对克拉维酸的相关研究。

评价
- 口服 β – 内酰胺类抗生素用于常见的产 β – 内酰胺酶的细菌，如流感嗜血杆菌，MSSA，摩拉克氏菌属及所有耐 PCN 的厌氧菌。克拉维酸和阿莫西林引发腹泻很常见。当发生厌氧菌或流感嗜血杆菌感染时，IDSA 建议使用阿莫西林 / 克拉维酸。对于中度耐药的肺炎球菌，阿莫西林克拉维酸钾片和阿莫西林（口服 1 g q8h）效果相当，因为肺炎球菌表面的青霉素结合蛋白（PBP）发生了改变，使肺炎球菌对青霉素敏感性降低。因此加用克拉维酸，即一种 β – 内酰胺酶抑制剂，对大剂量的阿莫西林无益。

推荐依据
Henry DC, Riffer E, Sokol WN, et al. Randomized double-blind study comparing 3-and 6-day regimens of azithromycin with a 10-day amoxicillin-clavulanate regimen for treatment of acute bacterial sinusitis. Antimicrob Agents Chemother,2003;Vol.47; pp.2770-4.
Siquier B, Sanchez-Alvarez J, Garcia-Mendez E, et al.Efficacy and safety of twice daily pharmacokinetically enhancde amoxicillin /clavulanate(2000 / 125 mg) in the treatment of adults with community-acquired pneumonia in a country with a high prevalence of penicillin-resistant StreptocOccus pneunoniae. J Antimicrob Chemother,2006;Vol.57;pp.536-45pp.

氨苄西林

Paul A. Pham, ParmD and John G. Bartlett, MD

FDA 批准的适应证
- 链球菌感染（A 组链球菌咽炎，B 组链球菌）。
- 中耳炎（β – 内酰胺酶阴性的流感嗜血杆菌）。
- 憩室炎（与甲硝唑合用）。
- 淋病（与丙磺舒合用，但因治疗无效率较高目前不推荐使用）。
- 肠道感染（变形杆菌感染，沙门氏菌病，志贺氏菌病）。
- 尿道感染。

· 细菌性阴道炎，心内膜炎，脑膜炎，呼吸道感染及败血病。

非 FDA 批准的适应证

· 急性社区获得性细菌性脑膜炎。
· 腹腔内脓肿（联合使用庆大霉素和甲硝唑）。
· 肠球菌性心内膜炎（联合使用庆大霉素）。
· 肠球菌。
· 肠道感染。

商品名	剂型	价格 *
氨苄西林	静脉针剂 250 mg，2 g，3 g，10 g 口服悬液 125/5 ml（100 ml） 口服悬液 125/5 ml（100 ml） 口服片剂 500 mg；250 mg 口服悬液 250 mg/5 ml（100 ml 和 200 ml）；（100 ml）（200 ml）	4 美元，9 美元，17 美元，67 美元 每瓶 5.04 美元 < 1~2 美元；< 1~2 美元 7.83 美元；14.86 美元

* 价格为平均批发价

成人常规剂量

· 口服：250~500 mg q6h。
· 注射（常规剂量）：1~2 g IV q4~6h。
· 心内膜炎或脑膜炎：2 g IV q4h。

肾功能不全时的调整剂量

· GFR 50~80 ml/min 时用药量 :1~2 g IV q4~6h。
· GFR 10~50 ml/min 时用药量 :1~2 g IV q6~8h（口服用药时不做剂量调整）。
· GFR<10 ml/min:1~2 g IV q8~12h。（口服用药时不做剂量调整）。
· 血液透析：1~2 g IV q8~12h。透析期间及透析后用药。
· 腹膜透析：250~2000 mg q12h。
· 血液过滤：CVVH：2 g q6~12h。CVVHD：2 g q6h。

药物不良反应

常见

· 口服用药时，胃肠道反应和腹泻（较阿莫西林更常见）。
· 皮疹（特别适用于传染性单核细胞增多症的治疗时）。

偶见

· 过敏反应。
· 斑丘疹（非荨麻疹）。
· 药物热。
· 赫氏反应，钩端螺旋体引起。
· 穿刺位点的静脉炎，IM 处的无菌性脓肿。

罕见

· Coombs 实验阳性，溶血性贫血。
· 白血病和血小板减少症。
· 癫痫发作和抽搐（大剂量用于肾衰的病人时）。
· 间质性肾炎。

· LFTs 升高。

药物相互作用

· 别嘌呤醇：两者合用时皮疹的发生率上升至 14%~22%，而单独使用氨苄西林或别嘌呤醇时皮疹发生率分别为 6%~8% 和 2%。

· 口服避孕药：可能会降低口服避孕药的疗效。可使用其他剂型的避孕药。

· 四环素：避免两者同时使用。在 2 项研究中，79 名肺炎链球菌引起的脑膜炎的病人经两药合用或单独使用潘尼西林，前者致死率为 79%~85%，后者为 30%~33%。但在治疗肺炎球菌肺炎时，两种方法的致死率相当。

耐药性

· 肺炎链球菌的耐药折点：肺炎链球菌性脑膜炎为 ≥ 0.12 mcg/ml，但肺炎链球菌性肺炎和非脑膜炎感染为 ≥ 2 mcg/ml（PO），≥ 8 mcg/ml(注射)

· 感染性心内膜炎：8 mcg/ml。

· 肠球菌：8 mcg/ml。

药理学机制

· β－内酰胺类抗生素能抑制细菌细胞壁中黏肽的合成，造成细菌细胞壁缺陷，渗透性增强，细菌易于溶解。

药代动力学参数

· 吸收率 40%。

· 最大药物浓度 3~6 mcg/ml（应用 500 mg 口服药量后）；47 mcg/ml （2 g 注射用量后）。

· 药物分布 0.29 L/kg；分布于水泡、尿液、腹水、胸水、中耳液、小肠黏膜、骨、胆囊、肺女性生殖器官、胆汁和感染的脑膜。

· 蛋白结合率 20%。

· 代谢 / 排泄用药量的 10% 左右经肝脏代谢，药物原型及其代谢产物均经肾小球滤过和肾小管分泌排出。药物的经胆管排泄造成其在胆汁中有较高浓度。

· 药物的半衰期 10 h。

肝功能不全者药物用法

· 无调整本品剂量要求。

孕期用药

· 几项综合的产科实验报告表明，妊娠前三个月接触青霉素衍生物与胚胎畸形、缺陷无相关性。实验中超过 12 000 的受试者妊娠前三个月暴露与青霉素。

哺乳期用药

· 药物在乳汁中浓度很低。

· 评价口服和注射用 β－内酰胺。因机体对氨苄西林吸收较差，因此口服用羟氨苄西林已代替口服用氨苄西林用于除细菌性痢疾的所有感染。IV 氨苄西林可用于包括对氨苄西林敏感的肠球菌感染的治疗。

建议来源内容：头孢噻肟、头孢曲松或 IV 氨苄西林与大环内酯类联用是治疗非 ICU 住院病人中社区获得性肺炎的较好方案。

推荐依据

Bennish ML, Salam MA, Haider R, et al. Therapy for shigellosis. II. Randomized, double-blind comparison of ciprofloxacin and ampicillin. J Infect Dis, 1990; Vol.

162; pp. 711－6.

氨苄西林 / 舒巴坦

Paul A. Pham, ParmD and John G.Bartlett, MD

FDA 批准的适应证

- 由产 β－内酰胺酶的大肠杆菌属和拟杆菌属（包括－）引起的产科感染。
- 由产 β－内酰胺酶的大肠杆菌属、克雷伯菌属（包括肺炎克雷伯菌）。

非 FDA 批准的适应证

- 会厌炎。
- 阑尾炎。
- 胆囊炎。
- 胆管炎（轻度病变）。
- 憩室炎。
- 腹膜炎（自发的细菌性的或继发性的）。
- 肝脓肿（轻度病变）。
- 糖尿病足（轻度的浅层溃疡）。
- 吸入性肺炎。
- 咬伤（埃肯菌属，巴斯德菌属）。

商品名	剂型	价格 *
	Ⅳ针剂 1 g:0.5 g; Ⅳ针剂 2 g:1 g5.00	美元；10.00 美元

* 价格为平均批发价

成人常规剂量

- 中度感染：1.5 g（1 g 氨苄西林、0.5 g 舒巴坦）IV q6h。
- 重度感染：3 g（2 g 氨苄西林、1 g 舒巴坦）IV q6h。
- 不动杆菌属 MDR（日最低浓度）：3g（2g 氨苄西林、1 g 舒巴坦）IV q4d 达到每天 18~24 g 氨苄西林、9~12 g 舒巴坦有效（舒巴坦是抗不动菌属的活性集团）。

肾功能不全时的调整剂量

- GFR50~80 ml/min 时用药量：1.5~3.0 g q6h。
- GFR10~50 ml/min 时 用 药 量：GFR>30 ml/min,1.5~3.0 g q6h；GFR 15~29 ml/min，1.5~3.0 g q12h。
- GFR<10 ml/min：GFR<15 ml/min，1.5~3.0 g q24h。HD：1.5 g q12h 及透析后氨苄西林 2 g。
- 血液透析：1.5 g q12h 及透析后氨苄西林 2 g。
- 血液过滤：CVVH：3 g q12h；CVVHD：3 g q8h。

药物不良反应

- 基本可以耐受：常见皮疹（特别适用于传染性单核细胞增多症时）。

偶见

- 斑丘疹（不是荨麻疹）。
- 过敏反应。
- 药物热。

- 赫氏反应，钩端螺旋体引起。
- 穿刺位点的静脉炎，IM 处的无菌性脓肿。

罕见

- Coombs 实验阳性，溶血性贫血。
- 白血病和血小板减少症。
- 癫痫发作和抽搐（大剂量用于肾衰的病人时）。
- 间质性肾炎。
- LFTs 升高。

药物相互作用

- 别嘌呤醇：两者合用时皮疹的发生率上升至 14%~22%，而单独使用氨苄西林或别嘌呤醇时皮疹发生率分别为 6%~8% 和 2%。
- 四环素：避免两者同时使用。在 2 项研究中，79 名肺炎链球菌引起的脑膜炎的病人经两药合用或单独使用氨苄西林，前者致死率为 79%~85%，后者为 30%~33%。

药物抗菌谱见附录 II 第 948 页

耐药性

- 一般对柠檬酸菌属，肠杆菌属，变形菌属，假单胞菌，铜绿假单胞菌和黏质沙雷菌不敏感。

药理学机制

- β－内酰胺类抗生素能抑制细菌细胞壁中黏肽的合成，造成细菌细胞壁缺陷，渗透性增强，细菌易于溶解

药代动力学参数

- 最大药物浓度：109~150 mcg/ml（2 g 氨苄西林和 1 g 舒巴坦用药后）
  药物分布 0.29 L/kg；分布于水泡、尿液、腹水、胸水、中耳液、小肠黏膜、骨、胆囊、肺女性生殖器官、胆汁和感染的脑膜。
- 蛋白结合率 28%。
- 代谢 / 排泄：用药量的 10% 左右经肝脏代谢，药物原型及其代谢产物均经肾小球滤过和肾小管分泌排出。药物的经胆管排泄造成其在胆汁中有较高浓度。
- 药物的半衰期 1.2 h。

肝功能不全者药物用法

- 数据有限，认为可使用标准剂量。

孕期用药

- 几项综合的产科实验报告表明，妊娠前三个月接触青霉素衍生物与胚胎畸形、缺陷无相关性。实验中超过 12 000 的受试者妊娠前三个月暴露与青霉素。

哺乳期用药

- 药物在乳汁中浓度很低。

评价

- 注射用 β－内酰胺 / β－内酰胺酶抑制剂。舒巴坦可增加氨苄西林的活性，但诱导产生 β－内酰胺酶的柠檬酸菌属，肠杆菌属，变形菌属，假单胞菌，铜绿

假单胞菌和黏质沙雷菌不被舒巴坦抑制。在一些机构中耐药的大肠杆菌生长率>50%。流感嗜血杆菌，MSSA，大多数的厌氧菌和许多革兰阴性杆菌（但耐药性差别很大）几乎所有的不动杆菌属对舒巴坦敏感。含有 Na+5Meq/1.5g。

推荐依据

Harkless L, Boghossian J, Pollak R, et al. An open-label, randomized study comparing effi cacy and safety of intravenous piperacillin/tazobactam and ampicillin/sulbactam for infected diabetic foot ulcers. Surg Infect (Larchmt), 2005;Vol. 6; pp. 27 - 40.

Mandell LA, Wunderink RG, Anzueto A, et al. Community-acquired pneumonia in adults: guidelines for management. CID 2007; Vol. 44; pp. S27 - S72

阿奇霉素

Paul A. Pham, ParmD and John G.Bartlett, MD

FDA 批准的适应证

- 轻度的社区获得性肺炎（20%~30% 肺炎链球菌对阿奇霉素耐药，但临床意义不确定）。
- COPD 的机型细菌性恶化。
- 治疗和预防传染性鸟 - 胞内复合梭杆菌（治疗需与乙酰胺合用）。
- 简单的皮肤和皮肤结构性的感染。
- 尿道炎和子宫颈炎（由 GC 和沙眼衣原体引起）。
- 生殖器溃疡。

非 FDA 批准的适应证

- 弓形体病（与息虐定合用）。
- 脑膜炎球菌性脑膜炎的预防。

商品名	剂型	价格 *
	口服 Z-Pak 250 mg×6	每盒 47.72 美元
	口服 Tri-pack 6~250 mg(500 mg×3d)	每盒 47.72 美元
	口服片剂 250 mg；口服片剂 500，600 mg	8 美元；16 美元；19 美元
	静脉针剂 500 mg	35.83 美元
	口服袋装粉剂 1 g	34.50 美元
	口服悬液 100 mg/5 ml；200 mg/5 ml（15 ml，22.5 ml，30 ml）	44.90 美元
	口服 Zmax（SR 悬液）2g/60 ml	63.49 美元

* 价格为平均批发价

成人常规剂量

- CAP: 第一天 Z-pack 500 mg，之后 250 mg/d 连用 4 天；500 mg IV /d 或 Zmax2 g 用 1 天或 Tri-pak 500 mg/d 连用 3 天（未经 FDA 批准，但有效）。
- 急性细菌性鼻窦炎；慢性支气管炎的急性恶化：口服 Tri-pak500 mg/d 连用 3 天或第一天 Z-pack 500 mg，之后 250 mg/d 连用 4 天或 Zmax 2 g 1 天 1 次。
- 预防性用药的 MAC：每周口服 1 200 mg（2 片 600mg 服用或悬液）。
- 治疗性 MAC：600 mg/d+ 乙胺丁醇 15 mg/(kg · d)。

- 弓形体病：口服 900~1 200 mg/d+ 口服息虐定 200 mg，每天 1 次，之后口服 50~75 mg/d+ 甲酰四氢叶酸 10~20 mg/d，六周，然后药量减半直到免疫恢复。
- 淋球菌性阴道炎或子宫颈炎：2 g PO，每天 1 次（仅 GI 耐受，作为二线治疗）。
- 生殖器溃疡（软下疳）或非淋球菌性阴道炎（沙眼衣原体）或子宫颈炎：口服 1 g，每天 1 次。
- 早期梅毒：口服 2 g，每天 1 次（仅 GI 耐受）San Francisco 报道过对大环内酯类高度耐药。
- 脑膜炎奈瑟菌性脑膜炎的预防：500 mg，每天 1 次（>15 岁），10 mg/kg（<15 岁）每天 1 次。因有报道对奎诺酮耐药，利福平，头孢曲松和阿奇霉素在北达科他州和明尼苏达州的一些地区建议应用。
- 肥胖的病人：500~600 mg/d。

肾功能不全时的调整剂量

- GFR 50~80 ml/min 时用药量：常规剂量。
- GFR 10~50 ml/min 时用药量：无数据。常规剂量很可能造成胆管高排泄率。
- GFR <10 ml/min: 无数据。常规剂量很可能造成胆管高排泄率。
- 血液透析：HD：无数据。但可用常规剂量。
- 腹膜透析：常规治疗。
- 血液过滤：无数据。

药物不良反应

- 通常：GI 不耐受：4% 的患者出现腹泻，恶心和腹痛，但药物用量为 2 000 mg 可能会达到 17%。
- 偶然发生：平均用量为 59 g 时，5% 的患者出现药物依赖性的可逆的听力丧失。

罕见

- 丘斑多星形细胞瘤，阴道炎，转氨酶升高，艰难梭菌性大肠炎。

药物相互作用

- 与其他大环内酯类抗生素不同，阿奇霉素不显著抑制 CYP3A4。相比之下药物的相互作用比较少见。
- 与抗逆转录病毒药物无明显相互作用。

耐药性

- 流感嗜血杆菌的折点：≥ 4 mcg/ml。
- 链球菌属的折点：≤ 0.5 mcg/ml（敏感）；1 mcg/ml（中介）；≥ 2 mcg/ml（耐药）。

药理学机制

- 大环内酯类抗生素通过与细菌核糖体中 50S 大亚基结合，从而抑制肽酶的翻译和多肽链的合成。内酯环上 9 号位上 N 原子的加入提高了阿奇霉素对酸的抵抗力，增加了组织穿透力和抗革兰阴性菌的能力，同时也延长了半衰期。

药代动力学参数

- 吸收率：37%（尽管食物会提高对药物的耐受性，但服用 600 mg 1 片和 1 g 粉末状剂型可以不考虑食物的影响）。
- 最大药物浓度：0.4 mcg/ml（口服 500 mg 药量 2 h 后）；3.63 mcg/ml（500 mg IV 药量 1 h 后）药物分布全身分布，细胞内聚集，从而使细胞内的浓度为血清中浓度的 10~100 倍。在成纤维细胞和吞噬细胞中高度聚集。基本不能进入中枢神经系统。

- 蛋白结合率：10%~50%（依赖于浓度大小，血清中浓度越低，蛋白结合率愈高。
- 代谢 / 排泄：35% 的药物经甲基化成为无功能的代谢产物，其中 10% 是相同的。经胆汁可以排泄诱惑性及无活性的代谢产物。
- 药物的半衰期：血清中 12 h；细胞内 68 h。

肝功能不全者药物用法

- 无调整本品剂量要求。

孕期用药

- 动物实验显示对胎儿没有影响，尚无人类实验数据。

哺乳期用药

- 药物在乳汁中聚集。美国儿科学会认为使用红霉素时可进行哺乳。对阿奇霉素还没有得到认可。

评价

- 每天 1 次口服或注射大环内酯类药物。与红霉素和克拉霉素相比，阿奇霉素抗菌谱更广，对流感嗜血杆菌的作用更强，且不与经 CYP3A4 代谢的药物相互作用。新 Zmax（2 000 mg×1）组成对社区获得性肺炎和急性鼻窦炎可采用 DOT（直接观察治疗），但伴有高发生率的 GI 副作用。肺炎链球菌（约 25%）对大环内酯类耐药性的上升对门诊治疗呼吸道感染的意义上不明确。

推荐依据

D' Ignazio J, Camere MA, Lewis DE, et al. Novel, single-dose microsphere formulation of azithromycin versus 7-days levofl oxacin therapy for treatment of mild to moderate community-acquired pneumonia in adults. Antimicrob Agents Chemother, 2005; Vol. 49; pp. 4035 - 41.

Saha D, Karim MM, Khan WA, et al. Single-dose azithromycin for the treatment of cholera in adults. N Engl J Med, 2006; Vol. 354; pp. 2452 - 62.

氨曲南

Paul A. Pham, ParmD and John G.Bartlett, MD

FDA 批准的适应证

- 革兰阴性菌引起的肺炎。
- 皮肤和软组织的感染（由革兰阴性杆菌引起）。
- 复杂和非复杂的尿路感染。
- 腹腔内感染（与甲硝唑合用）。
- 败血症（由革兰阴性杆菌引起）。
- 产科感染（常合并厌氧菌感染）。

非 FDA 批准的适应证

- 骨髓炎（由革兰阴性杆菌引起）。
- 糖尿病足（常合并厌氧菌合格兰阳性菌感染）。

商品名	剂型	价格 *
	静脉针剂 1000 mg	39.33 美元

	静脉针剂 2000 mg	78.50 美元

* 价格为平均批量价格

成人常规剂量

- 革兰阴性杆菌感染：1~2 g IV q8h。
- 尿路感染：0.5~1 g IV q8~12h。
- 重症感染和脑膜炎：2 g IV q6~8h。
- 肥胖患者：考虑 2 g IV q6h，但无资料数据存在。

肾功能不全时的调整剂量

- GFR 50~80 ml/min 时用药量 :1~2.g q8h。
- GFR 10~50 ml/min 时用药量：GFR：30~50 ml/min，2 g IV q12h；GFR 10~30 ml/min，1~2 g q12h。
- GFR <10 ml/min：1~2 g q24h。
- 血液透析：1~2 g q24h。透析中采用 HD 后用量或补充 250 mg 透析后用量。
- 腹膜透析：1~2 g 附加剂量，之后 250~500 mg q8h。可用腹腔内途径给药：附加剂量 1g，之后每升置换 250 mg。
- 血液过滤：CVVH：1~2 g q12h；CVVHD：1 g q8h–2 g q12h。
- 药物的不良反应：一般均可耐受常见暂时性嗜酸性粒细胞增多症（药物可安全用于 PCN 过敏患者）。

偶见

- 穿刺点的静脉炎。
- 皮疹。
- 腹泻。
- 恶心。
- LFT 升高。

罕见

- 艰难梭菌性大肠炎。
- 血小板减少症。
- 癫痫发作。
- 味觉改变。

药物相互作用

丙磺舒：可增加血清中氨曲南的浓度，临床意义不确定。

耐药性

- 肠杆菌的 MIC 折点：≤ 8 mcg/ml（敏感）；16 mcg/ml（中介）；≥ 32 mcg/ml（耐药）。
- 革兰阴性非发酵乳糖菌，包括铜绿假单胞菌 MIC 折点：≤ 8 mcg/ml（敏感）；16 mcg/ml（中介）；≥ 32 mcg/ml（耐药）。
- 产 ESBL 的克雷伯菌属和大肠杆菌在临床上可能对氨曲南耐药，尽管在体外仅有此倾向。

药理学机制

- 单环内酰胺类抗生素抑制细菌细胞壁上黏肽的合成（通过特异性的与革兰阴性菌

PBP3 结合），造成细菌细胞壁缺陷，渗透性增强，细菌易于溶解。

药代动力学参数

- 吸收率口服吸收率 <1%，快速吸收依赖于 IM 用量。
- 最大药物浓度 125 mcg/ml（应用 1 g IV 药量后）。
- 药物分布 0.11~0.22 L/kg；全身广泛分布，包括房水，前列腺组织，受感染的脑膜。
- 蛋白结合率 56%（依赖于浓度大小，血清中浓度越低，蛋白结合率愈高。
- 代谢 / 排泄：用药量中仅 1%~7% 左右经肝脏代谢，排泄主要经肾小球滤过和肾小管分泌以原型排泄。
- 药物的半衰期 2 h。

肝功能不全者药物用法

- 有人推荐在标准剂量上减少 20%~25%，但严重感染者应用标准剂量。

孕期用药

- 动物实验显示对胎儿没有影响，尚无人类实验数据。

哺乳期用药

- 药物在乳汁中浓度低。美国儿科学会认为使用氨曲南时可进行哺乳。

评价

- 注射单环内酰胺类抗生素治疗革兰阴性菌引发的感染可用于对青霉素过敏的患者。在头孢他啶过敏的患者中可发生交叉反应。抗菌谱包括假单胞菌属，对革兰阳性菌和厌氧菌无作用
- 再用氨曲南经验性治疗严重的铜绿假单胞菌感染之前查看当地细菌倾向的型别，使很多机构中耐药率上升。

推荐依据

Breedt J, Teras J, Gardovskis J, et al. Safety and effi cacy of tigecycline in treatment of skin and skin structure infections: results of a double-blind phase 3 comparison study with vancomycin-aztreonam. Antimicrob Agents Chemother, 2005;Vol. 49; pp. 4658 - 66 .

Cavallo JD, Hocquet D, Plesiat P, et al. Susceptibility of Pseudomonas aeruginosa to antimicrobials: a 2004 French multicentre hospital study. J Antimicrob Chemother, 2007; Vol. 59 ; pp. 1021 - 4

杆菌肽

Paul A. Pham, ParmD and John G.Bartlett, MD

FDA 批准的适应证

- 预防小的切割伤，擦伤和烧伤的感染（局部用药）。
- 眼部表浅感染（眼部用药剂型）。
- 治疗婴幼儿肺炎和脓胸（IM 杆菌肽）。

非 FDA 批准的适应证

- 冲洗液组成成分。

商品名	剂型	价格 *
杆菌肽	肌肉针剂 50000 U	19.80 美元

抗菌药物

	局部用软膏 500 U/g	0.04~0.24 美元 / 克
	眼用软膏 500 U/g	1.34 美元 / 克

* 价格为平均批发价

常规成人用药量

- 局部用药：涂抹患处 1~5 次 / 天。
- 口服：25 000 U q6h（对于大肠炎不作为一线用药）。
- 注射：10 000~25 000 U IM q6h（注射可能会有疼痛）。

肾功能不全时的调整剂量

- GFR 50~80 ml/min 时用药量：避免系统性用药。
- GFR 10~50 ml/min 时用药量：避免系统性用药。
- GFR <10 ml/min 时用药量：避免系统性用药。
- 血液透析：无参考数据。
- 腹膜透析：无参考数据。
- 血液过滤：无参考数据。

药物不良反应

常见

- IM 应用产生中毒性肾损害（蛋白尿，少尿，氮质血症）。
- IM 应用时注射部位疼痛。

药物相互作用

- 杆菌肽通过抑制肽聚糖和脂多糖的合成，阻断细菌细胞壁的合成。

药代动力学参数

- 吸收率口服不吸收，肌肉注射吸收迅速且完全，腹腔、纵隔灌洗可系统性吸收。
- 最大药物浓度注射用药后治疗浓度为 2 U/ml。
- 药物分布：全身广泛分布，包括腹膜和胸膜。
- 蛋白结合率蛋白结合率低。
- 代谢 / 排泄：口服后经粪便排出，注射用药大约 10%~40% 经肾小球滤过排泄。
- 药物的半衰期：24h；肾小球滤过率 10%~40%。

肝功能不全者药物用法

- 无参考数据

孕期用药

- 一项报告列举了 18 位在妊娠前三个月应用杆菌肽的病人（用药途径不限制），显示不会引起胎儿畸形。

哺乳期用药

- 无参考数据。

评价

- 在治疗艰难梭菌引起的大肠炎时，应用杆菌肽 25 000 U q6h 比口服万古霉素和甲硝唑更加经济有效。但目前对杆菌肽的研究并没有像其他药物深入，而且在美国口服剂型已不再使用。常用于伤口的局部用药，但多数的作者不认为局部用抗生素对促进伤口愈合，预防感染或治疗感染有价值。因杆菌肽会引发中毒性肾损害，故不建议系统性应用。

推荐依据

Freiler JF, Steel KE, Hagan LL, et al. Intraoperative anaphylaxis to bacitracin during pacemaker change and laser lead extraction. Ann Allergy Asthma Immunol, 2005; Vol. 95; pp. 389 - 93.

Leyden JJ, Bartelt NM. Comparison of topical antibiotic ointments, a wound protectant, and antiseptics for the treatment of human blister wounds contaminated with Staphylococcus aureus. J Fam Pract, 1987; Vol. 24; pp. 601 - 4 .

头孢克洛

Paul A. Pham, ParmD and John G.Bartlett, MD

FDA 批准的适应证

- 由肺炎性链球菌，流感嗜血杆菌，葡萄球菌及化脓性链球菌引起的中耳炎。
- 下呼吸道的感染，包括由肺炎性链球菌，流感嗜血杆菌，链球菌引起的肺炎（作者评价：不是一线用药）。
- 由化脓性链球菌引起的咽炎和扁桃体炎（首选青霉素）。
- 由肠埃希菌，变形杆菌，克雷伯菌属，凝固酶阴性的葡萄球菌引起的肾盂肾炎和膀胱炎。（作者评价：不是一线用药）。
- 由 MSSA 和化脓性链球菌引起的皮肤和皮肤结构性的感染。

非 FDA 批准的适应证

- 慢性支气管炎，急性加重。

商品名	剂型	价格 *
Raniclor(Ranbaxy 和其他通用制造商)	口服片，咀嚼 250 mg;	1.99 美元;
	口服片，咀嚼 375 mg	2.98 美元
	口服片，SR 500 mg	3.79 美元
Ceclor(各种通用制造商)	口服 pulvules 250 mg;	1.99 美元；3.89 美元
	口服 pulvules 500 mg;	
	口服 susp 125 mg/5 ml;	2.28 美元 /150 ml;
	口服 susp187 mg/5 ml;	1.50 美元 /5 ml;
	口服 susp250 mg/5 ml;	51.80 美元 /150 ml;
	口服 susp375 mg/5 ml;	1.80 美元 /100 ml;

* 价格为平均批发价

成人使用剂量

250~500 mg PO，每 6~8 小时 1 次（规律服用）。缓释片：375 mg 或 500 mg PO，每 12 小时 1 次，饭后服用。

肾功能不全时的调整剂量

- 肾小球滤过率 50~80 ml/min：常用剂量。
- 肾小球滤过率 10~50 ml/min：常用剂量。
- 肾小球滤过率 <10 ml/min：常用剂量的 50%。
- 血液透析：常用剂量的 50%，透析后加 250~500 mg。

- 腹膜透析：常用剂量。
- 血液滤过：暂无数据，考虑标准剂量。

药物不良反应

常见

- 普遍能很好地接受。

偶见

- 过敏反应（嗜酸性粒细胞增多）。
- 腹泻或结肠炎。
- Coombs 实验阳性（无溶血性贫血）。
- 血清病（比其他头孢菌素更常见）。

罕见

- 药物热。
- 中性粒细胞减少症和血小板减少症。
- 肝炎。
- 溶血性贫血（理论上，有病例报道发生在头孢曲松，头孢替坦，头孢西丁，头孢孟多，头孢他啶，头孢噻吩）。
- 过敏反应。
- 中枢神经系统：惊厥（高剂量与肾功能衰竭），精神错乱，神志不清，和幻觉。

药物相互作用

- 丙磺舒：因其可抑制肾小管分泌，故增加头孢菌素血药浓度。对终末期肾病患者需要密切监测药品不良反应。

抗菌谱见附件 II 第 942 页

耐药性

- β－内酰胺酶阴性，氨苄青霉素耐药的流感嗜血杆菌菌株尽管在体外药敏中表现为明显敏感但仍应考虑为对头孢克洛耐药。
- 肺炎链球菌属的 MIC 折点：1 mcg/ml。
- 葡萄球菌属的 MIC 折点：8 mcg/ml。
- 嗜血杆菌属的 MIC 折点：8 mcg/ml。

药理学机制

- 像所有的 β－内酰胺类抗生素的头孢类抗生素一样，其通过抑制细菌细胞壁中肽聚糖的合成，导致细菌的细胞壁缺陷和渗透压不稳定，易于裂解。

药代动力学参数

- 吸收：93%的吸收。
- 最大药物浓度 8~9 mcg/ml，出现在口服 500 mg 后。
- 分布：很容易扩散到软组织间质液中。头孢克洛能在中耳达到良好。
- 的治疗浓度。其痰液中的浓度通常很低。
- 蛋白结合率：25%~50%。
- 代谢 / 排泄：在尿中排出不变。
- 半衰期：0.8 小时。

肝功能不全者药物用法

- 常用剂量。

孕期用药

- 头孢类抗生素通常被认为在怀孕期间使用是安全的。

哺乳期用药

- 在母乳中以低浓度排出。美国儿科科学院认为可以在母乳喂养期间使用头孢类抗生素。

注释

- 因为口服的第二代头孢菌素对肺炎链球菌的抗菌活性差，因此，在治疗呼吸道感染时他不是一个理想的药物。这种药物比较适合儿科患者，因为它的口感较好。相对于其他的头孢菌素来说，其报告的血清病发生率较高。头孢克洛缓释片应在饭后食物服用。

推荐依据

Turik MA, Johns D. Comparison of cefaclor and cefuroxime axetil in the treatment of acute otitis media with effusion in children who failed amoxicillin therapy. J Chemother, 1998; Vol. 10; pp. 306 - 12.

头孢羟氨苄

Paul A. Pham, ParmD and John G.Bartlett, MD

FDA 批准的适应证

- 链球菌咽炎，扁桃体炎。
- 由金黄色葡萄球菌和（或）链球菌引起的皮肤和软组织感染（作者的建议：只有在无并发症的情况下使用）。
- 由大肠杆菌大肠杆菌，奇异变形杆菌，克雷伯菌属引起尿路感染。

非 FDA 批准的适应证

- 疖 / 痈（甲氧西林敏感的金黄色葡萄球菌）。
- 脓肿。
- 化脓性汗腺炎。

商品名	剂型	价格 *
Duricef(WarnerChilcott, Incand 和其他通用制造商）	口服片，500 mg	3.72 美元
	口服片，1000 mg	7.14 美元
	口服 susp 250 mg/5 ml;	30.42 美元 /50 ml;
	口服 susp 500 mg/5 ml;	63.13 美元 /50 ml;

* 价格为平均批发价

成人使用剂量

- 非复杂性软组织感染：0.5 g PO，每天两次或 1 g PO，每天 1 次。
- 咽炎：0.5 g PO，每天 2 次或 1g PO，每天 1 次共 10 天。
- 尿路感染：1 g PO，每天 1 次或 1 g PO，每天 2 次。

肾功能不全时的调整剂量

- 肾小球滤过率 50~80 ml/min：常用剂量。
- 肾小球滤过率 10~50 ml/min：0.5 g, 每 12~24 小时。

- 肾小球滤过率 <10 ml/min：0.5 g，每 36 小时。
- 血液透析：透析后 0.5~1.0 g。
- 腹膜透析：常用剂量每天 0.5 g。
- 血液滤过：暂无数据。

药物不良反应

偶见

- 过敏反应。
- 腹泻或结肠炎。
- 嗜酸性粒细胞增多。
- Coombs 实验阳性。

罕见

- 中枢神经系统：精神错乱，神志不清，和幻觉。
- 药物热。
- 中性粒细胞减少症和血小板减少症。
- 肝炎。
- 间质性肾炎。
- 过敏反应。

药物相互作用

- 丙磺舒：因其可抑制肾小管分泌，故增加头孢菌素血药浓度。对终末期肾病患者需要密切监测血药浓度（不需要调整剂量）。

抗菌谱见附件 II 第 942 页

药理学机制

- 像所有的 β－内酰胺类抗生素的头孢类抗生素一样，其通过抑制细菌细胞壁中肽聚糖的合成，导致细菌的细胞壁缺陷和渗透压不稳定，易于裂解。

药代动力学参数

- 吸收：90%的吸收。
- 最大药物浓度：16 mcg/ml，出现在口服 500 mg 后。
- 分布：很容易扩散到组织和体液中，包括胸膜液，滑膜液和骨骼。中枢神经系统中低浓度。
- 蛋白结合率：25%~50%。
- 代谢 / 排泄：70%~90%在尿液中排出，24 小时内排泄率不变。
- 半衰期：1.5 小时。

肝功能不全者药物用法

- 暂无数据，可能是常用剂量。

孕期用药

- 头孢类抗生素通常被认为在怀孕期间使用是安全的。

哺乳期用药

- 在母乳中以低浓度排出。美国儿科科学院认为可以在母乳喂养期间使用头孢类抗生素。

注释

- 因为口服的第一代头孢菌素具有良好的生物利用度和较长的半衰期，允许 1 天 1 次或 1 天 2 次，但比同类药更昂贵（例如头孢氨苄）。

推荐依据

Bucko AD, Hunt BJ, Kidd SL, et al. Randomized, double-blind, multicenter comparison of oral cefditoren 200 or 400 mg

BID with either cefuroxime 250 mg BID or cefadroxil 500 mg BID for the treatment of uncomplicated skin and skin-structure infections. Clin Ther, 2002; Vol. 24; pp. 1134 - 47.

Tanrisever B, Santella PJ. Cefadroxil. A review of its antibacterial, pharmacokinetic and therapeutic properties in com-parison with cephalexin and cephradine. Drugs, 1986; Vol. 32 Suppl 3; pp. 1 - 16.

头孢唑啉

Paul A. Pham, ParmD and John G.Bartlett, MD

FDA 批准的适应证

- 由肺炎链球菌，金黄色葡萄球菌（MSSA）和化脓性链球菌引起的呼吸道感染。
- 由大肠杆菌和奇异变性杆菌所致的尿路感染，前列腺炎和附睾炎。
- 由金黄色葡萄球菌（MSSA），化脓性链球菌和其他群链球菌引起的皮肤和皮肤组织感染。
- 由大肠杆菌，多种肠球菌，奇异变形杆菌和金黄色葡萄球菌（MSSA）引起的胆道感染。
- 由金黄色葡萄球菌（MSSA 引起的骨和关节感染。
- 由肺炎链球菌，金黄色葡萄球菌(MSSA)，奇异变形杆菌，大肠杆菌引起的败血症。
- 由金黄色葡萄球菌（MSSA）和化脓性链球菌引起的感染性心内膜炎。
- 围手术期预防。

非 FDA 批准的适应证

- 腮腺炎（MSSA）。
- 其他金黄色葡萄球菌（MSSA）感染。
- 其他化脓性链球菌（A 组）感染。

商品名	剂型	价格 *
Ancef (GlaxoSmithKline 和其他通用制造商）	1 g IV/IM; 10 g IV/IM; 20 g IV/IM; 0.5 g/50 ml IV; 0.1 g/50 ml IV	1.81 美元； 2.62 美元； 3.03 美元 12.6 美元 / 袋； 12.6 美元 / 袋

* 价格为平均批发价

成人使用剂量

- 成人常规剂量：0.5~1 g IV，每 6~8 小时 1 次。
- 尿路感染：1 g IV，每 12 小时 1 次。

- 严重感染：1~2 g IV，每 6 小时 1 次。
- 对于肥胖患者：考虑 2 g IV，每 6 小时 1 次。
- 手术预防：手术前静脉推注 2 g，如果手术持续 4 小时以上，重复注射。对于肥胖患者：应静脉注射至少 2 g。

肾功能不全时的调整剂量

- 肾小球滤过率 50~80 ml/min：肾小球滤过率 >35 ml/min：1~2 g，每 8 小时 1 次。
- 肾小球滤过率 10~50 ml/min：肾小球滤过率 11~34 ml/min：0.5~1.0 g，每 12 小时 1 次。
- 肾小球滤过率 <10 ml/min：0.5~1 克，每天 1 次。
- 血液透析：0.5~1 g，每天 1 次，透析后加 1.0 g（或者在透析当天剂量给予透析后剂量）。
- 便民门诊治疗：在星期一，星期三透析后 2 g（约 20 mg/kg），在星期五透析后 3g。
- 腹膜透析：0.5 g，每 12 小时 1 次。
- 血液滤过：中心静脉血液滤过：1~2 g，静脉注射，每 12 小时 1 次；中心静脉血液透析，2 g，静脉注射，每 12 小时 1 次（对于中度中期感染患者，1 g，静脉注射，每 12 小时 1 次）。

药物不良反应

偶见

- 在输液部位的小静脉炎。
- 过敏反应（嗜酸性粒细胞增多）。
- 腹泻或结肠炎。
- Coombs 实验阳性（无溶血性贫血）。

罕见

- 中枢神经系统：惊厥（高剂量与肾功能衰竭），精神错乱，神志不清和幻觉。
- 药物热。
- 中性粒细胞减少症和血小板减少症。
- 肝炎。
- 过敏反应。
- 溶血性贫血（理论上，有病例报道发生在头孢曲松，头孢替坦，头孢西丁，头孢孟多，头孢他啶，头孢罗新）。

药物相互作用

- 丙磺舒：可增加头孢菌素血药浓度。对终末期肾病患者需要密切监测药品不良反应。
- 可增强华法林抗凝效果。密切监视 INR 值。

抗菌谱见附件 II 第 942 页

耐药性

- 肠杆菌科的 MIC 拐点：≤ 8 mcg/ml（敏感）；16 mcg/ml（中介）；≥ 32 mcg/ml（耐药）。

- 金黄色葡萄球菌的 MIC 拐点：≤ 8 mcg/ml（敏感）；16 mcg/ml（中介）；≥ 32 mcg/ml（耐药）。

药理学

机制

- 像所有的 β－内酰胺类抗生素的头孢类抗生素一样，其通过抑制细菌细胞壁中肽聚糖的合成，导致细菌的细胞壁缺陷和渗透压不稳定，易于裂解。

药代动力学参数

- 吸收——
- 最大药物浓度 :188 mcg/ml，出现在静脉注射 1 g 后。
- 分布 : 扩散到组织和体液中，包括胸膜液，滑膜液和骨骼。在脚趾伤口分泌物和因周围血管疾病所致的愈合溃疡中也可以达到治疗浓度。难以渗透到中枢神经系统。
- 蛋白结合率 :70%~90%。
- 代谢 / 排泄 :80%~100% 在尿液中排出，24 小时内排泄率不变。
- 半衰期 :1.9 h。

肝功能不全者药物用法

- 暂无数据，可能是常用剂量。

孕期用药

- 头孢类抗生素通常被认为在怀孕期间使用是安全的。

哺乳期用药

- 在母乳中以低浓度排出。美国儿科科学院认为可以在母乳喂养期间使用头孢类抗生素。

注释

- 肠外第一代头孢菌素具有相对较长的半衰期，可以静脉注射或者肌肉注射。对于甲氧西林敏感金黄色葡萄球菌和多种形式的单药治疗针对大肠癌的手术预防，头孢替坦，头孢西丁或头孢唑啉 + 甲硝唑是首选。

推荐依据

Bratzler DW, Houck PM, Surgical Infection Prevention Guidelines Writers Workgroup, et al. Antimicrobial prophylaxis
for surgery: an advisory statement from the National Surgical Infection Prevention Project. Clin Infect Dis, 2004; Vol. 38; pp. 1706 - 15.

Marx MA, Frye RF, Matzke GR, et al. Cefazolin as empiric therapy in hemodialysis-related infections: effi cacy and blood
concentrations. Am J Kidney Dis, 1998; Vol. 32; pp. 410 - 4 .

头孢地尼

Paul A. Pham, ParmD and John G.Bartlett, MD

FDA 批准的适应证

- 由流感嗜血杆菌，副流感嗜血杆菌，肺炎链球菌（青霉素敏感菌株）和卡他莫拉引起的社区获得性肺炎。

- 由流感嗜血杆菌，副流感嗜血杆菌，肺炎链球菌（青霉素敏感菌株）和卡他莫拉引起的慢性支气管炎急性发作。
- 由流感嗜血杆菌，肺炎链球菌（青霉素敏感菌株）和卡他莫拉引起的急性上颌窦炎。由化脓性链球菌引起的咽炎，扁桃体炎。
- 由金黄色葡萄球菌和肺炎链球菌引起的皮肤和软组织感染。
- 由流感嗜血杆菌，肺炎链球菌（青霉素敏感菌株）和卡他莫拉引起的急性中耳炎。

商品名	剂型	价格 *
Omnicef(Abbott 和其他通用制造商）	口服胶囊 300 mg； 口服 125 mg/5 ml； 口服 250 mg/5 ml；	5.11 美元 51.01 美元 /60 ml； 80.78 美元 /100 ml； 99.48 美元 /60 ml； 157.54 美元 /100 ml；

* 价格为平均批发价

成人使用剂量

- 社区获得性肺炎：300 mg PO，每天 2 次，疗程为 10 天。
- 慢性支气管炎急性发作，咽炎，扁桃体炎：300 mg PO，每天 2 次，5~10 天或 600 mg PO，每天 1 次 ×10 天。
- 软组织感染：300 mg PO，每天 2 次，10 天或者 600 mg PO，每天 1 次，10 天。
- 急性鼻窦炎：300 mg PO，每天 2 次，共 10 天或 600 mg PO，每天 1 次，共 10 天。

肾功能不全时的调整剂量

- 肾小球滤过率 50~80 ml/min：常用剂量。
- 肾小球滤过率 10~50 ml/min：<30 ml/min：300 mg/24h。
- 肾小球滤过率 <10 ml/min：300 mg/24h。
- 血液透析：透析清除；透析后剂量。
- 腹膜透析：暂无数据。
- 血液滤过：暂无数据。

药物不良反应

常见

- 普遍能很好地接受。

偶见

- 过敏反应（嗜酸性粒细胞增多）。
- 腹泻。
- 嗜酸性粒细胞增多。
- Coombs 实验阳性。
- 结肠炎。

罕见

- 中枢神经系统：惊厥，定向障碍和幻觉。
- 过敏反应。
- 药物热。
- 中性粒细胞减少症和血小板减少症。

- 肝炎。
- 间质性肾炎。

药物相互作用

- 丙磺舒：可增加头孢菌素血药浓度（无需调整剂量）。

抗菌谱见附件 II 第 942 页

耐药性

- 肺炎链球菌的 MIC 折点：0.5 mcg/ml。
- 葡萄球菌属的 MIC 折点：1 mcg/ml。
- 嗜血杆菌属的 MIC 折点：1 mcg/ml。

药理学机制

像所有的 β－内酰胺类抗生素的头孢类抗生素一样，其通过抑制细菌细胞壁中肽聚糖的合成，导致细菌的细胞壁缺陷和渗透压不稳定，易于裂解。

药代动力学参数

- 吸收：20%~25%的吸收。
- 最大药物浓度：1.60 mcg/ml，出现在 300 mg 后；2.87 mcg/ml，出现在 600 mg 后。
- 分布：扩散到组织和体液中，包括胸膜液，滑膜液和骨骼。
- 蛋白结合率：60%~73%。
- 代谢 / 排泄：不被代谢。12%~18%在尿液中排出，24 小时内排泄率不变。
- 半衰期：1.7 h。

肝功能不全者药物用法

- 暂无数据。

孕期用药

- 头孢类抗生素通常被认为在怀孕期间使用是安全的。

哺乳期用药

- 在母乳中以低浓度排出。美国儿科科学院认为可以在母乳喂养期间使用头孢类抗生素。

注释

口服的第三代头孢菌素，对许多革兰阴性菌有生物活性，但对肠杆菌和假单胞菌无活性。对革兰阳性菌的活性有活性，类似头孢，包括活对 MSSA 和化脓性链球菌有较强的活性，但对多达 23.5%的肺炎链球菌表现为耐药，虽然这是基于旧的拐点标准。

推荐依据

Doern GV, Richter SS, Miller A, et al. Antimicrobial resistance among Streptococcus pneumoniae in the United States: hav we begun to turn the corner on resistance to certain antimicrobial classes? Clin Infect Dis, 2005; Vol. 41; pp. 139 - 48.

Tack KJ, Littlejohn TW, Mailloux G, et al. Cefdinir versus cephalexin for the treatment of skin and skin-structure infec tions. The Cefdinir Adult Skin Infection Study Group. Clin Ther,1998; Vol. 20;pp. 244 - 56.

头孢吡肟

Paul A. Pham, ParmD and John G.Bartlett, MD

FDA 批准的适应证

- 由肺炎链球菌引起的肺炎，包括与铜绿假单胞菌，肺炎克雷伯菌，肠杆菌属并发感染引起的菌血症。
- 发热性中性粒细胞减少（经验性治疗）。
- 由大肠杆菌，肺炎克雷伯菌，奇异变形杆菌引起的简单和复杂性尿路感染，包括肾盂肾炎（革兰阳性或阴性引起的菌血症）。
- 由甲氧西林敏感金黄色葡萄球菌（MSSA）和化脓性链球菌引起的单纯性皮肤和皮肤组织感染。
- 由大肠杆菌，链球菌，铜绿假单胞菌，肺炎克雷伯菌，肠杆菌属或脆弱杆菌引起的复杂腹内感染（与甲硝唑联合）。

非 FDA 批准的适应证

- 分流感染，中枢神经系统。
- 阑尾炎（与甲硝唑合联合）。
- 憩室炎（与甲硝唑合联合）。
- 腹腔脓肿（与甲硝唑合联合）。
- 急性骨髓炎。
- 慢性骨髓炎。
- 糖尿病足感染（与甲硝唑或克林霉素联合）。
- 化脓性关节炎。
- 慢性支气管炎急性加重。

商品名	剂型	价格 *
Maxipime (Elan)	静脉注射 500 mg； 静脉注射 1000 mg； 静脉注射 2000 mg	9 美元； 20.33 美元； 40.36 美元

* 价格为平均批发价

成人使用剂量

- 虽然制造商建议除了尿路感染每 12 小时给药 1 次，笔者建议每 8 小时给药 1 次，因其有更好的药效学特性（较长时间维持最小抑菌浓度以上）。
- 轻度至中度泌尿道感染：0.5~1 g，静脉注射或者肌肉注射，每 12 小时 1 次。
- 经验性治疗发热性中性粒细胞减少：2 g，静脉注射，每 8 小时 1 次，疗程为一周，或直至中性粒细胞减少得以改善。

肾功能不全时的调整剂量

- 肾小球滤过率 50~80 ml/min：肾小球滤过率 >60 ml/min：常用剂量（1~2 g，每 8 小时 1 次）。
- 肾小球滤过率 10~50 ml/min：肾小球滤过率 30~60 ml/min：1 g，每 24 小时 1 次（对于假单胞菌，1 g，每 12 小时 1 次，对于中枢神经系统感染，2 g，每

12 小时 1 次）；肾小球滤过率 <29 ml/min：0.5 g，每 24 小时 1 次（对于假单胞菌，1 g，每 24 小时 1 次，对于中枢神经系统感染，2 g，每 24 小时 1 次）。

- 肾小球滤过率 <10 ml/min：0.5g，每 24 小时 1 次（对于假单胞菌，1 g，每 24 小时 1 次，对于中枢神经系统感染，2 g，每 24 小时 1 次）。
- 血液透析：0.5 g，每 24 小时 1 次（对于假单胞菌，1 g，每 24 小时 1 次，对于中枢神经系统感染，2 g，每 24 小时 1 次），透析后加 1.0 g（或者在透析当天剂量给予透析后剂量）。
- 腹膜透析：0.5 g，每 48 小时 1 次。
- 血液滤过：中心静脉血液滤过：1~2 g，每 12 小时 1 次；中心静脉血液透析，若透析流速≥ 1.5 L/h，1~2 g，每 12 小时 1 次（对于严重和中枢感染患者，2 g，每 12 小时 1 次）。若透析流速 < 1.5 L/h，1~2 g，每 24 小时 1 次（对于严重和中枢感染患者，2 g，每 24 小时 1 次）。

药物不良反应

常见

- 普遍能很好地接受。

偶见

- 在输液部位的小静脉炎。
- 过敏反应（嗜酸性粒细胞增多）。对 PCN 的交叉过敏低于第一代头孢菌素。
- 腹泻或结肠炎。
- Coombs 实验阳性（无溶血性贫血）。

罕见

- 中枢神经系统：惊厥（高剂量与肾功能衰竭），肝性脑病，肌阵挛，精神错乱，神志不清和幻觉。
- 药物热。
- 中性粒细胞减少症和血小板减少症。
- 肝炎。
- 过敏反应。
- 溶血性贫血（理论上，有病例报道发生在头孢曲松，头孢替坦，头孢西丁，头孢孟多，头孢他啶，头孢噻吩）。
- 药物相互作用。
- 丙磺舒：可增加头孢菌素血药浓度。在联合用药时需要密切监测药品不良反应（尤其对于肾衰竭患者）。

抗菌谱见附件 II 第 942 页

耐药性

- 有报道说其对肠杆菌属有耐药性出现。
- 肠杆菌科和非乳糖发酵革兰阴性菌的 MIC 折点是 8 mcg/ml。MIC 是 8 mcg/ml 有更高的抗菌率（抗生素试剂与化学方法 2007;51:4390）但是这个至今有争议。对于 MIC 是 8 mcg/ml 的菌株，头孢吡肟，2 克，静脉注射，每 8 小时 1 次（考虑连续输液或者联合氨基糖苷类药物）。
- 肺炎链球菌的 MIC 折点：≤ 0.5 mcg/ml（脑膜炎）；≤ 1 mcg/ml（非脑膜炎）。
- β – 溶血性链球菌的 MIC 折点：≤ 0.5 mcg/ml（敏感）。

- 草绿色链球菌的MIC折点：≤ 1 mcg/ml（敏感）；2 mcg/ml（中介）；≥ 4 mcg/ml（耐药）。

药理学机制

- 正如所有β-内酰胺类抗生素，头孢类抗生素抑制细菌细胞壁的粘肽合成，导致细菌细胞壁结构缺陷，不稳定渗透性的细胞结构对抗生素溶菌作用易感。

药代动力学

- 吸收
- C_{max}（最大血药浓度）：2 g 静脉输注后蜂浓度达 193 mcg/ml。
- 分布：分布至水泡，支气管黏膜，前列腺，在动物研究中可穿透炎性脑膜进入中枢系统。
- 蛋白结合率：20%。
- 代谢/排泄：85% 原型从尿液中排出，7% 经肝脏代谢成为 N-甲基吡咯脱酸-N-氧化物。
- 半衰期：2 h。

肝功能不全者药物用法

- 无需调整剂量。

孕期用药

- B 类药物，头孢类抗生素通常在孕期使用被视为安全用药。

哺乳期用药

- 乳汁中分泌的药物浓度很低。美国儿科协会将头孢类抗生素分类级别定为哺乳期可用药品。

评价

- 注射用第 4 代头孢菌素，和头孢他啶一样对绿脓杆菌有效，同时和头孢噻肟钠一样对 G^+ 细菌有效。尽管能对抗某些超广谱β-内酰胺酶（ESBLs）的水解，对于产 ESBL 的革兰阴性菌仍建议使用碳青霉烯类抗生素。
- 一项荟萃分析（参见 Yahavref) 发现头孢吡肟有高达 26% 的全因死亡率，较其他β-内酰胺类抗生素高；然而，最近一项 FDA 的分析并未发现头孢吡肟有更高的风险。针对 MIC 8 mcg/ml 的细菌，推荐头孢吡肟用量 2gq8h 静脉输注（持续静脉输注并且（或）联合应用氨基糖苷类抗生素）

推荐依据

American Thoracic Society, Infectious Diseases Society of America. Guidelines for the management of adults with hospital-acquired, ventilator-associated, and healthcare-associated pneumonia. Am J Respir Crit Care Med, 2005;
Vol. 171; pp. 388 - 416.

Yahav D, Paul M, Fraser A, et al. Effi cacy and safety of cefepime: a systematic review and meta-analysis. Lancet Infect
Dis, 2007; Vol. 7; pp. 338 - 48.

头孢克肟

Paul A. Pham, Pharm D and JohnG. Bartlett, MD

适应证

FDA 批准的适应证

- 由于流感嗜血杆菌、卡他莫拉菌、化脓性链球菌引起的中耳炎。
- 由化脓性链球菌引起的咽炎和扁桃体炎（青霉素类药物是首选药物）。
- 由肺炎链球菌（活性低的肺炎链球菌）、流感嗜血杆菌引起的急性支气管炎和慢性支气管炎急性加重。
- 由于大肠埃希菌、奇异变形杆菌引起的非复杂泌尿系感染。
- 非复杂性淋病（宫颈炎和尿道炎）。

非 FDA 批准的适应证

- 急性鼻窦炎（非一线用药）。
- 急性化脓性关节炎，社区获得性（由 GC 淋球菌感染导致）。
- 性相关反应性关节炎 SARA（由淋球菌导致）。

商品名	规格	费用 *
Suprax，世福素 (Lupin Pharmaceuticals Inc.)	口服糖浆 100 mg/5 ml（每瓶 50 ml、100 ml）； 口服糖浆 200 mg/5 ml（每瓶 50 ml、100 ml） 口服片剂 400 mg	$119.43/50 ml； $241.88/100 ml； $223.04/50 ml； $299.36/100 ml $11.43

* 价格为平均批发价

成人常规剂量

- 400 mg PO, 每天 1 次。
- 非复杂性淋球菌感染：400 mg PO × 1 次。

肾功能不全时的调整剂量

- GFR 50~80 ml/min：常规剂量。
- GFR 10~50 ml/min:300 mg/d；GFR<10 ml/min：200 mg/d。
- 血液透析患者用药：透析日在血液透析后给予 300 mg/d。
- 腹膜透析患者用药：200 mg/d。
- 血滤患者用药：无相关数据。

药物不良反应

整体

- 总体上该药耐受良好。

常见

- 腹泻。
- 恶心。

偶见

- 过敏反应（嗜酸细胞增多）：与青霉素类有交叉过敏，但发生率低于第一代头孢。
- 腹泻和难辨梭菌感染结肠炎。
- Coombs 实验阳性。

罕见

- 中枢神经系统：意识模糊，定向力障碍，幻觉。
- 药物热。

- 中性粒细胞减少和血小板减少。
- 肝炎。
- 过敏反应。
- 间质性肾炎。
- 溶血性贫血。

药物相互作用

丙磺舒：丙磺舒可通过抑制头孢菌素类药物在肾小管的排泌而增加头孢菌素血药浓度。

抗菌谱见附件 II 第 942 页

耐药性

- 对嗜血杆菌属 MIC 折点：1 mcg/ml。

药理学机制

- 正如所有 β－内酰胺类抗生素，头孢类抗生素抑制细菌细胞壁的黏肽合成，导致细菌细胞壁结构缺陷，不稳定渗透性的细胞结构对抗生素溶菌作用易感。

药代动力学

- 吸收：30%~50% 吸收率。
- 代谢 / 排泄：24h 内 7%~41% 药物原形自尿液排出。超过 60% 通过肾外途径排泄（动物实验中 10% 自胆汁排泄）。
- 蛋白结合率：65%。
- C_{max}：口服 400 mg 剂量后 3~5 mcg/ml。
- 半衰期：3.1 h。
- 分布：尚无明确研究，目前知道可分布在胆囊、扁桃体、上颌窦、中耳和前列腺液。对咽淋巴环（韦氏环）穿透性差。

肝功能不全者药物用法

- 无研究数据。通常给予正常剂量。

孕期用药

- B 类：头孢类抗生素通常孕期内给药被视为安全。

哺乳期用药

- 乳汁中分泌的药物浓度极低。美国儿科协会将头孢类抗生素归类为哺乳期准用药物。

评价

- 头孢克肟是口服三代头孢。对 MSSA 和肺炎链球菌效果差。因此针对呼吸道感染不可经验性选用头孢克肟。头孢克肟是非复杂淋球菌感染的一线口服用药，由于头孢克肟对咽淋巴环的穿透性差，其不能用于治疗任何有口腔～生殖暴露的淋病。

推荐依据

Portilla I, Lutz B, Montalvo M, et al. Oral cefixime versus intramuscular ceftriaxone in pts with uncomplicated gonococcal infections. Sex Transm Dis, 1992; Vol. 19; pp. 94－8.

Raz R, Rottensterich E, Leshem Y, et al. Double-blind study comparing 3-day regimens of cefixime and ofloxacin in treatment of uncomplicated urinary tract infections in women. Antimicrob Agents Chemother, 1994; Vol. 38; pp. 1176－7.

头孢噻肟

Paul A. Pham, Pharm D and John G. Bartlett, MD

适应证

FDA 批准的适应证

- 下呼吸道感染包括肺炎。
- 泌尿生殖系感染。
- 妇科感染（包括盆腔感染感染性疾病，子宫内膜炎和盆腔蜂窝组织炎）。
- 菌血症和败血症。
- 腹腔内感染包括腹膜炎。
- 骨关节感染。
- 中枢神经系统感染包括脑膜炎和脑室炎。

非 FDA 批准的适应证

- 脑脓肿（合用甲硝唑）。
- 脓胸（合用甲硝唑）。
- 莱姆病（晚期莱姆关节炎和神经莱姆病）。
- 性传播疾病（淋病奈瑟氏菌感染）。

商品名	规格	价格
凯福隆 (Sanofi aventis U.S)	静脉粉针（500 mg/ 支，1 g/ 支，2 g/ 支，10 g/ 支）	$7；$10；$20；$88
头孢噻肟（一般厂商）	静脉制剂（1 g/50 ml；2 g/50 ml）	$17.90k；$31.63
	静脉粉针（500 mg/ 支，1g/ 支，2 g/ 支，10 g/ 支，20 g/ 支）	$4.38 $4.89，$6.99 $41.54，$170.00

* 价格为批发价

常规成人用量

- 中重度感染：1~2 g IV q8h。
- 脑膜炎和败血症：2 g IV q4~6h。
- 淋病（尿道炎和宫颈炎）：500 mg IM 1 次。
- 淋病（男性直肠感染）：1 g IM 1 次。
- 淋病（女性直肠感染）：500 mg IM 1 次。
- 肥胖患者：建议 2 g IV q4h。

肾功能不全时的调整剂量

- GFR 50~80 ml/min：常规剂量。
- GFR10~50 ml/min:1 g~2 g q8h~12h（中重度感染）或 2 g q8h（中枢神经系统感染）。
- GFR<10 ml/min：1 g~2 g q12h~24h（中重度感染）或 2 g q12h（中枢神经系统感染）。

- 血液透析患者用药：1~2 g qd（透析日在血液透析后用药或透析后追加 1 g）。
- 腹膜透析患者用药：0.5~2 g qd。
- 血滤患者用药：CVVH 1~2 g q12h；CVVHD 2 g q12h。

药物不良反应

整体

- 总体上该药耐受良好。

偶见

- 输注部位的轻微静脉炎。
- 过敏反应（嗜酸细胞增多症）：与 PCN 有交叉过敏反应，但发生率较一代头孢低。
- 腹泻和难辨梭菌感染结肠炎。
- Coombs 实验（+）。

罕见

- 中枢神经系统：抽搐（肾功能衰竭时使用高剂量），意识模糊，定向力障碍，幻觉。
- 药物热。
- 中性粒细胞减少和血小板减少。
- 药物性肝炎。
- 过敏反应。
- 溶血性贫血。
- 间质性肾炎。

药物相互作用

- 丙磺舒：丙磺舒可通过抑制头孢菌素类药物在肾小管的排泌而增加头孢菌素血药浓度（无需调整药物剂量）。

抗菌谱见附件 II 第 942 页

耐药性

- 对肺炎链球菌 MIC 折点：≤ 0.5 mcg/ml（脑膜炎）和≤ 1 mcg/ml（非脑膜炎）
- 对金黄色葡萄球菌：≤ 8 mcg/ml（敏感）；16~328 mcg/ml（中介）；≥ 64 mcg/ml（耐药）。
- 对 β – 溶血性链球菌 MIC 折点：≤ 0.5 mcg/ml。
- 对草绿色气球菌 MIC 折点：：≤ 1 mcg/ml（敏感）；2 mcg/ml（中介）；≥ 4 mcg/ml（耐药）。
- 对大肠杆菌和其他 G^- 非大肠杆菌 MIC 折点：≤ 8 mcg/ml（敏感）；16~32 mcg/ml（中介）；≥ 64 mcg/ml。

药理学机制

- 正如所有 β – 内酰胺类抗生素，头孢类抗生素抑制细菌细胞壁的黏肽合成，导致细菌细胞壁结构缺陷，不稳定渗透性的细胞结构对抗生素细胞溶菌作用易感。

药代动力学参数

- C_{max}：1 g IV 后为 100 mcg/ml。
- 分布：广泛分布于全身组织及体液，包括胸腔积液、滑膜液，长骨。大剂量使用可通过炎性脑膜达到治疗浓度。
- 蛋白结合率：30%~50%

- 代谢 / 排泄：24% 头孢噻肟可代谢为去乙酰基活性代谢产物。活性代谢产物与药物原型均可通过肾小管排泌自尿液排出。
- 半衰期：1.5 h。

肝功能不全者药物用法

给予正常剂量。

孕期用药

B 类：头孢类抗生素通常孕期内给药被视为安全。

哺乳期用药

- 乳汁中分泌的药物浓度很低。美国儿科协会将头孢类抗生素归类为哺乳期准用药物。

评价

- 头孢噻肟是注射用三代头孢，当剂量使用达 2g IV q4h 时其具有可靠的中枢透过性。头孢噻肟（Cefotaxime）和头孢曲松是针对严重肺炎球菌感染的推荐静脉用头孢类抗生素，但仍有 3%~5% 的耐药率。尽管用药频率欠方便，头孢噻肟的疗效与头孢曲松相当。

推荐依据

Garber GE, Auger P, Chan RM, et al. A multicenter, open comparative study of parenteral cefotaxime and ceftriaxone in the treatment of nosocomial lower respiratory tract infections. Diagn Microbiol Infect Dis, 1992; Vol. 15; pp. 85 - 8.

Pfi ster HW, Preac-Mursic V, Wilske B, et al. Randomized comparison of ceftriaxone and cefotaxime in Lyme neuroborreliosis.J Infect Dis, 1991; Vol. 163; pp. 311 - 8.

头孢替坦

Paul A. Pham, Pharm D and John G. Bartlett, MD

适应证

FDA 批准适应证

- 泌尿系感染。
- 下呼吸道感染。
- 皮肤及皮肤附属器官感染。
- 妇科感染包括盆腔感染疾病（对沙眼衣原体不敏感）。
- 腹腔内感染（如阑尾炎、胆囊炎、憩室炎；作者评价：不建议使用，对脆弱拟杆菌有很高耐药率）。
- 骨关节感染（作者评价；通常用于轻度感染）。
- 外科预防用药（如剖宫产术，经腹或经阴道子宫切除术，经尿道手术，胆道手术，胃肠道手术）。

非 FDA 批准的适应证

- 静脉窦血栓。
- 胆管炎（现不再推荐）。
- 外科伤口感染。
- 奈瑟氏菌感染淋病。

- 脆弱拟杆菌感染。
- 拟杆菌属感染（对于腹腔内感染不再推荐）。

商品名	规格	价格
头孢替坦（一般厂商，APP 医药品）	静脉粉针（1 g/ 支，2 g/ 支，10 g/ 支）	$14.23；$28.46；$140.86

* 价格为批发价

常规成人用量

- 尿路感染：0.5~1 g IV 或 IM q12h。
- 轻中度感染：1 g IV q12h。
- 严重感染：2~3 g IV q12h（最大剂量 6g/24h）。
- 外科预防用药：术中 1h 内使用 2 g IV。

肾功能不全时的调整剂量

- GFR 50~80 ml/min：常规剂量。
- GFR 10~50 ml/min：1 g~2 g q24h。
- GFR<10 ml/min：1 g~2 g q48h。
- 血液透析患者用药：0.5~1 g qd，透析日在血液透析后追加 1 g）。
- 腹膜透析患者用药：1 g qd。
- 血滤患者用药：无数据。

药物不良反应

整体

- 总体上该药耐受良好。

常见

- 输注部位静脉炎。

偶见

- 过敏反应。
- 低凝血酶原血症。
- 腹泻。
- 难辨梭菌感染结肠炎。
- 嗜酸细胞增多症。
- Coombs 实验（+），无溶血性贫血。

罕见

- 溶血性贫血。
- 过敏反应。
- 中枢神经系统：抽搐（肾功能衰竭时使用高剂量），意识模糊，定向力障碍，幻觉。
- 中性粒细胞减少和血小板减少。
- 药物热。
- 间质性肾炎。
- 药物性肝炎。

药物相互作用

- 酒精：甲巯四氮唑酯抑制醛脱氧酶从而导致乙醛堆积、出现类似戒酒反应。故应避免同时使用。

- 丙磺舒：丙磺舒可能会增加头孢替坦血清浓度；临床意义未明；无需调整药物剂量。
- 华法林：可能会增加 INR 值（密切监测）。

抗菌谱见附件 II 第 942 页

耐药性

- 对大肠杆菌 MIC 折点：16 mcg/ml（非脑膜炎）

药理学机制

- 正如所有 β－内酰胺类抗生素，头孢类抗生素抑制细菌细胞壁的粘肽合成，导致细菌细胞壁结构缺陷，不稳定渗透性的细胞结构对抗生素溶菌作用易感。

药代动力学参数

- 吸收——
- C_{max}：1 g IV 后为 124 mcg/ml。
- 分布：广泛分布于全身组织及体液，包括胸腔积液、滑膜液，骨组织。中枢神经系统透过率差。
- 蛋白结合率：80%~90%。
- 代谢 / 排泄：49%~81% 药物原形在 24h 内通过肾小球滤过（还有少部分自肾小管排泌）自尿液中排出。20% 通过胆道排泌。
- 半衰期 4.2 h。

肝功能不全者药物用法

- 无研究数据。通常给予正常剂量。

孕期用药

- B 类：头孢类抗生素通常孕期内给药被视为安全。

哺乳期用药

- 乳汁中分泌的药物浓度低。美国儿科协会将头孢类抗生素归类为哺乳期准用药物。

评价

- 对厌氧菌有效的二代头孢菌素，但高达 44% 拟脆弱杆菌对其耐药（而仅 5.8% 对头孢西丁耐药）。头孢替坦半衰期较头孢西丁长，故头孢替坦可 q12h 用药。副作用包括可导致延长的低凝血酶原和酒精戒断样反应。

推荐依据

Bratzler DW, Houck PM, Surgical Infection Prevention Guidelines Writers Workgroup, et al. Antimicrobial prophylaxis for surgery: an advisory statement from the National Surgical Infection Prevention Project. Clin Infect Dis, 2004;Vol. 38 ; pp. 1706－15 .

Snydman DR, Jacobus NV, McDermott LA, et al. National survey on the susceptibility of Bacteroides Fragilis Group: report and analysis of trends for 1997 - 2000. Clin Infect Dis, 2002; Vol. 35; pp. S126 - 34 .

头孢西丁（CEFOXITIN）

Paul A. Pham, Pharm D and John G. Bartlett, MD

适应证

FDA 批准的适应证

- 下呼吸道感染包括肺炎和肺脓肿。
- 泌尿系感染。
- 腹腔内感染包括腹膜炎和腹腔内脓肿（作者评价；仅限于轻微感染）。
- 妇科感染包括子宫内膜炎，盆腔蜂窝组织炎，和盆腔炎性疾病。
- 由肺炎链球菌、金黄色葡萄球菌（MSSA），大肠杆菌、克雷伯菌、拟杆菌属包括拟脆弱杆菌等造成的菌血症（作者评价：并非最佳选择，使用前应确认敏感性）
- 骨和关节感染（作者评价：仅用于轻中度感染）。
- 皮肤和皮肤附属器官感染。

非 FDA 批准适应证

- 糖尿病足感染（仅适用于轻中度感染）。
- 外科手术预防用药（消化道、经腹子宫切除术、经阴道子宫切除术，剖宫产术）。

商品名	规格	价格 *
美福仙（默克公司及一般厂商）	静脉针剂（1 g/50 ml，2 g/50 ml，10 g/ 支，1 g/50 ml，2g/50 ml）	11.23 美元，22.50 美元，112.25 美元，307.44 美元，564 美元

* 价格为批发价

常规成人用量

- 泌尿系感染或轻度，非复杂性感染：1 g IV 或 IM q6~8h。
- 中度感染：2 g IV q6h。
- 严重感染（通常不推荐使用）：2 g IV q4h 或 3 g q6h（最大剂量 12 g/24h）。

肾功能不全时的调整剂量

- GFR 50~80 ml/min：1~2 g q6h。
- GFR 10~50 ml/min：GFR 30~49 ml/min，1~2 g q8~12h。GFR10~29 ml/min，1 g~2 g q12~24h。
- GFR<10 ml/min：0.5 g~1 g q24h。
- 血液透析患者用药：1 g q24h（透析日在血液透析后给药或在透析追加 1 g）。
- 腹膜透析患者用药：1 g qd。
- 血滤患者用药：CVVHD 1 g IV q12h。

药物不良反应

整体

- 总体上该药耐受良好。

偶见

- 输注部位轻微静脉炎。
- 过敏反应（嗜酸细胞增多症）：与 PCN 有交叉过敏反应，但较第一代头孢发生率低。

- 腹泻和难辨梭菌感染结肠炎。
- 嗜酸细胞增多症。
- Coombs 实验实验（+）。

罕见

- 中枢神经系统：抽搐（肾功能衰竭时使用高剂量），意识模糊，定向力障碍，幻觉。
- 药物热。
- 药物性肝炎。
- 过敏反应。
- 溶血性贫血。

药物相互作用

- 丙磺舒：丙磺舒可能会增加头孢西丁血清浓度；无需调整药物剂量，但在终末期肾病患者需严密监测。
- 华法林：可能会增加华法令的抗凝作用（密切监测）。

抗菌谱见附件 II 第 942 页

耐药性

- 对大肠杆菌 MIC 折点：8 mcg/ml。

药理学机制

- 正如所有 β－内酰胺类抗生素，头孢类抗生素抑制细菌细胞壁的粘肽合成，导致细菌细胞壁结构缺陷，不稳定渗透性的细胞结构对抗生素溶菌作用易感。

药代动力学参数

- 吸收——
- C_{max}：1g IV 后为 110 mcg/ml。
- 分布：广泛分布于全身组织及体液，包括胸腔积液、滑膜液，骨组织。盆腔内可达治疗浓度。中枢神经系统透过率差。
- 蛋白结合率：65%~80%
- 代谢 / 排泄：只有 2% 药物通过去氨基甲酰化代谢为无活性代谢产物。药物原形主要通过肾小球滤过及肾小管分泌排泄。
- 半衰期 0.8 h

肝功能不全者药物用法

- 无研究数据。通常给予正常剂量。

孕期用药

- B 类：头孢类抗生素通常孕期内给药被视为安全。

哺乳期用药：

- 乳汁中分泌的药物浓度低。美国儿科协会将头孢类抗生素归类为哺乳期准用药物。

评价

- 对厌氧菌效果好的（包括拟脆弱杆菌，但也有 5.8% 或稍高的耐药率）肠道外二代头孢菌素。针对拟脆弱杆菌感染，相比头孢替坦为更佳的选择，缺点是使用频率较高。

推荐依据

Snydman DR, Jacobus NV, McDermott LA, et al. National survey on the susceptibility of Bacteroides Fragilis Group: report and analysis of trends for 1997 - 2000. Clin Infect

Dis, 2002; Vol. 35 ; pp. S126 - 34.
Talan DA, Summanen PH, Finegold SM. Ampicillin/sulbactam and cefoxitin in the treatment of cutaneous and other soft tissue abscesses in pts with or without histories of injection drug abuse. Clin Infect Dis, 2000; Vol. 31; pp. 464 - 71.

头孢泊肟酯

Paul A. Pham, Pharm D and John G. Bartlett, MD

适应证

FDA 批准的适应证

- 上呼吸道感染包括急性中耳炎，咽炎，扁桃体炎，慢性支气管炎急性加重，以及急性上颌窦炎。
- 奈瑟氏淋球菌导致的急性非复杂性尿路、宫颈、直肠肛门（女性）感染。
- 由金黄色葡萄球菌（MSSA）或化脓性链球菌导致的非复杂皮肤或皮肤附属器感染。
- 由大肠杆菌、肺炎克雷伯杆菌、P.mirabilis、腐生葡萄球菌导致的非复杂性泌尿系感染。
- 由肺炎链球菌或流感嗜血杆菌导致的社区获得性肺炎。

商品名	规格	价格 *
Vantin（辉瑞公司及一般厂商）	口服片剂（100 mg、200 mg） 口服糖浆（50 mg/5 ml，100 mg/5 ml）	4.85 美元、6.41 美元 28.75 美元 /50 ml， 54.72 美元 /50 ml

* 价格为批发价

常规成人用量

- 社区获得性肺炎（轻度）：200 mg 每天 2 次 ×14 天。当病人停止发热 48~72h 可采用较短的治疗疗程（最短可为 5 d）。
- 软组织感染 ;400 mg 每天 2 次 ×7~14 天。
- 非复杂 GC：200 mg PO×1 次。
- 咽炎和（或）扁桃体炎：100 mg q12h×5~10 天。
- 慢性支气管炎急性加重：200 mg q12h×10 天。
- 急性细菌性鼻窦炎：200 mg q12h×10 天。尿路感染或轻度，非复杂性感染：1 g IV 或 IM q6~8h.

肾功能不全时的调整剂量

- GFR 50~80 ml/min：200 mg~400mg q12h。
- GFR 10~50 ml/min：200 mg~400mg q16~24h。
- GFR<10 ml/min：200 mg~400mg q24~48h。
- 血液透析患者用药：每次 200~400 mg，每周 3 次，仅在透析后给药。
- 腹膜透析患者用药：200~400 mg q24h。
- 血滤患者用药：无数据。

药物不良反应

整体

- 总体上该药耐受良好。

偶见

- 过敏反应。
- 腹泻和难辨梭菌感染结肠炎。
- 嗜酸细胞增多症。
- Coombs 实验（+）。

罕见
- 中枢神经系统：意识模糊，定向力障碍，幻觉。
- 药物热。
- 中性粒细胞减少和血小板减少。
- 药物性肝炎。
- 间质性肾炎。
- 过敏性反应。

药物相互作用
丙磺舒：丙磺舒会增加头孢菌素血清浓度；无需调整药物剂量。

抗菌谱见附件 II 第 942 页

耐药性
- 对肺炎链球菌 MIC 折点：0.5 mcg/ml。
- 对金黄色葡萄球菌 MIC 折点：2 mcg/ml。
- 对嗜血杆菌 MIC 折点：2 mcg/ml。

药理学机制
- 正如所有 β－内酰胺类抗生素，头孢类抗生素抑制细菌细胞壁的粘肽合成，导致细菌细胞壁结构缺陷，不稳定渗透性的细胞结构对抗生素溶菌作用易感。

药代动力学参数
- 吸收：46% 被吸收。
- C_{max}：200 mg PO 后为 3 mcg/ml。
- 分布：广泛分布于全身组织及体液，包括胸腔积液、滑膜液，骨组织。
- 蛋白结合率：40%。
- 代谢 / 排泄：12h 内 29%~33% 药物以原形自尿液中排出。同时经胆汁排泌。
- 半衰期：2~3 h。

肝功能不全者药物用法
- 无数据。通常给予正常剂量。

孕期用药
- B 类：头孢类抗生素通常孕期内给药被视为安全。

哺乳期用药
- 乳汁中分泌的药物浓度低。美国儿科协会将头孢类抗生素归类为哺乳期准用药物。

评价
- 口服的三代头孢，对非复杂淋病效果良好。但相比之下，头孢克肟具有更广泛的临床数据。超过 21% 的肺炎链球菌对头孢泊肟耐药，但此数据的临床意义需要进一步明确。

推荐依据

Doern GV, Richter SS, Miller A, et al. Antimicrobial resistance among Streptococcus pneumoniae in the United States: have we begun to turn the corner on resistance to certain antimicrobial classes? Clin Infect Dis, 2005; Vol. 41; pp. 139 - 48.
Mandell LA, Wunderink RG, Anzueto A, et al. Infectious Diseases Society of America/ American Thoracic Society Consensus Guidelines on the Management of Community-Acquired Pneumonia in Adults. Clin Infect Dis, 2007; Vol. 44 Suppl 2; pp. S27 - 72.

头孢丙烯

Paul A. Pham, Pharm D and John G. Bartlett, MD

适应证

FDA 批准的适应证

- 上呼吸道感染（急性支气管炎、慢性支气管炎急性加重，中耳炎、咽炎、急性鼻窦炎、扁桃体炎）。
- 由肺炎链球菌、流感嗜血杆菌、卡他莫拉菌引起的急性支气管炎、慢性支气管炎急性加重的继发细菌感染。
- 由金黄色葡萄球菌（MSSA）和化脓性链球菌造成的非复杂性皮肤及皮肤附属器感染。

非 FDA 批准的适应证

- 社区获得性肺炎。

商品名	规格	价格 *
施复捷（百时美施贵宝及一般厂商）	口服片剂（250 mg、500 mg） 口服糖浆（125 mg/5 ml，250 mg/5 ml）	4.38 美元，8.92 美元 41.84 美元 /100 ml，75.83 美元 /100 ml

* 价格为平均批发价

常规成人用量

- 泌尿系感染及非复杂性软组织感染：250~500 mg q12h × 10 d。
- 社区获得性肺炎：500 mg q12h。疗程建议最少为 5 天，病人需停止发热 48~72h。
- 对于患有苯丙酮酸尿症的患者避免使用头孢丙烯口服液，因为其每 5 ml 含 28 mg 苯基丙氨酸。

肾功能不全时的调整剂量

- GFR50~80 ml/min：正常剂量。
- GFR10~50 ml/min：0.25~0.5 g q24h。
- GFR<10 ml/min：0.25 g q12~24h。
- 血液透析患者用药：透析后给药 250~500 mg。
- 腹膜透析患者用药：0.25 g q12~24h。
- 血滤患者用药：无数据。

药物不良反应

整体

- 总体上该药耐受良好。

偶见

- 过敏反应。
- 腹泻和难辨梭菌感染结肠炎。
- 嗜酸细胞增多症。
- Coombs 实验（+）。

罕见

- 中枢神经系统：意识模糊，定向力障碍，幻觉。
- 药物热。
- 中性粒细胞减少和血小板减少。
- 药物性肝炎。
- 间质性肾炎。
- 过敏性反应。
- 患有苯丙酮酸尿症的患者：避免使用头孢丙烯口服液，因为其每 5 ml 含 28 mg 苯基丙氨酸。

药物相互作用

- 丙磺舒：丙磺舒会增加头孢丙烯血清浓度（无需调整药物剂量）。

抗菌谱见附件 II 第 942 页

耐药性

- 对肺炎链球菌 MIC 折点：2 mcg/ ml。
- 对金黄色葡萄球菌 MIC 折点：8 mcg/ ml。
- 对嗜血杆菌 MIC 折点：8 mcg/ ml。

药理学机制

正如所有 β－内酰胺类抗生素，头孢类抗生素抑制细菌细胞壁的粘肽合成，导致细菌细胞壁结构缺陷，不稳定渗透性的细胞结构对抗生素溶菌作用易感。

药代动力学参数

- 吸收：95% 被吸收
- C_{max}：500 mg 口服后为 10.5 mcg/ml。
- 分布：广泛分布于全身组织及体液，包括胸腔积液、滑膜液，骨组织。对扁桃体及腺状组织有良好组织穿透性。中枢系统透过性差。
- 蛋白结合率：65%。
- 代谢 / 排泄：60%~70% 药物自尿液中排出。
- 半衰期：1.3~1.8 h。

肝功能不全者药物用法

- 无数据。通常给予正常剂量。

孕期用药

- B 类：头孢类抗生素通常孕期内给药被视为安全。

哺乳期用药

- 乳汁中分泌的药物浓度低。美国儿科协会将头孢类抗生素归类为哺乳期准用药物。

评价

- 口服的二代头孢，抗肺炎链球菌效果良好；其是 IDSA~ATS 推荐的用于治疗由对 PCN 敏感的肺炎链球菌引起的社区获得性肺炎的二代头孢。但并非是 FDA 推荐用药。

推荐依据

Mandell LA, Wunderink RG, Anzueto A, et al. Infectious Diseases Society of America/ American Thoracic Society Consensus Guidelines on the Management of Community-Acquired Pneumonia in Adults. Clin Infect Dis, 2007; Vol. 44 Suppl 2; pp. S27 - 72.

头孢他啶

Paul A. Pham, PharmD and John G. Bartlett, MD

适应证

FDA 批准的适应证

- 下呼吸道感染，包括由绿脓杆菌和其他假单胞菌引起的肺炎；流感嗜血杆菌、克雷伯杆菌、大肠杆菌、P.mirabilis、沙门菌、枸橼酸杆菌、肺炎链球菌和金黄色葡萄球菌 MSSA。(对于肺炎链球菌感染推荐使用头孢噻肟和头孢曲松)。
- 由绿脓杆菌、克雷伯菌、大肠杆菌、变形杆菌(包括 P.mirabilis 和吲哚阳性的变形杆菌)，沙门菌、金黄色葡萄球菌(MSSA)和化脓性链球菌造成的皮肤及皮肤附属器感染。
- 由绿脓杆菌、大肠杆菌、变形杆菌(包括 P.mirabilis 和吲哚阳性的变形杆菌)，克雷伯菌造成的复杂及非复杂泌尿系感染。
- 由绿脓杆菌、克雷伯菌、流感嗜血杆菌、大肠杆菌、沙门菌、肺炎链球菌、金黄色葡萄球菌(MSSA)导致的败血症(对于肺炎链球菌感染推荐使用头孢噻肟和头孢曲松)。
- 腹腔内感染，包括由绿脓杆菌、克雷伯菌、MSSA 导致的腹膜炎；以及有多种需氧、厌氧菌造成的多种菌株感染(同时合用甲硝唑)。
- 中枢神经系统感染，包括由流感嗜血杆菌、脑膜炎奈瑟氏菌、绿脓杆菌、肺炎链球菌、金黄色葡萄球菌导致的脑膜炎。(对于肺炎链球菌感染推荐使用头孢噻肟和头孢曲松)。
- 由金黄色葡萄球菌(MSSA)和化脓性链球菌造成的非复杂性皮肤及皮肤附属器感染。

非 FDA 批准的适应证

分流感染

- 糖尿病足感染(与林可霉素合用)。

商品名	规格	价格 *
复达欣(葛兰素史克公司及一般厂商)	静脉注射或肌注(500 mg、6 g)	7.41 美元，54.14 美元
Tazicef(Hospira)	静脉注射或肌注(1 g、2 g、6 g)	9.05 美元；19.97 美元；54.14 美元

* 价格为平均批发价

常规成人用量

- 轻中度感染：1 g IV q8~12h。
- 非复杂性尿路感染：500 mg IV q12h。

- 复杂性尿路感染：500 mg IV q8~12h。
- 严重感染或脑膜炎：2 g IV q8h（每天最大用量 8g）。
- 骨和关节感染：2 g IV q12h。
- 囊性纤维化患者绿脓杆菌感染：2g IV q6~q8h。

肾功能不全时的调整剂量

- GFR 50~80 ml/min：正常剂量。
- GFR 10~50 ml/min：GFR>30~50 ml/min：1 g q12h（中枢神经系统感染或严重感染 2 g q12h）GFR 10~29 ml/min：1 g q24h（中枢神经系统感染或严重感染 2 g q24h）。
- GFR<10 ml/min：0.5g q24~48h(中枢神经系统感染或严重感染 1 g q24h）。
- 血液透析患者用药：负荷剂量 1g，透析后给药 1g。
- 腹膜透析患者用药：负荷剂量 0.5~1.0g，每 2 L 腹透液置换后再给予 250 mg。
- 血滤患者用药：CVVH：1~2 g q12h。CVVHD（流量 1L/h）：1~2 g q24h（中枢神经系统感染或严重感染 2 g q24h）。

药物不良反应

整体

- 总体上该药耐受良好。

偶见

- 输注部位静脉炎。
- 过敏反应（与 PCN 有交叉过敏反应，但较第一及第二代头孢发生率低）。
- 腹泻和难辨梭菌感染结肠炎。
- 嗜酸细胞增多症。
- Coombs 实验（+）。

罕见

- 过敏反应。
- 溶血性贫血。
- 中枢神经系统：抽搐（肾功能衰竭时大剂量应用），意识模糊，定向力障碍，幻觉。
- 药物热。
- 中性粒细胞减少和血小板减少。
- 药物性肝炎。
- 间质性肾炎。

药物相互作用

- 丙磺舒：丙磺舒会通过抑制肾小管的排泌从而增加头孢他啶血清浓度，但无需调整药物剂量。肾功能受损患者两药合用需谨慎。

抗菌谱见附件 II 第 942 页

耐药性

- 对大肠杆菌和 G^- 非发酵细菌，包括绿脓杆菌 MIC 折点：8 mcg/ml。

药理学机制

- 正如所有 β－内酰胺类抗生素，头孢类抗生素抑制细菌细胞壁的粘肽合成，导致细菌细胞壁结构缺陷，不稳定渗透性的细胞结构对抗生素溶菌作用易感。

药代动力学参数

- 吸收——
- C_{max}：1 g 静脉点滴后为 60 mcg/ml。
- 分布：广泛分布于全身组织及体液，包括胸腔积液、滑膜液，骨组织。可通过炎性脑膜达到治疗浓度。对脑脓肿有很好的穿透性。
- 蛋白结合率：<10%。
- 代谢 / 排泄：不代谢，80%~90% 药物在 24h 内以原形通过肾小球滤过方式自尿液中排出。
- 半衰期：1.8 h。

肝功能不全者药物用法

- 无数据。通常给予正常剂量。

孕期用药

- B 类：头孢类抗生素通常孕期内给药被视为安全。

哺乳期用药

- 乳汁中分泌的药物浓度低。美国儿科协会将头孢类抗生素归类为哺乳期准用药物。

评价

- 头孢他啶是胃肠外应用三代头孢菌素，对绿脓杆菌有良好效果，但耐药率也高达 20%~25%。Acinetobacter 显示对头孢他啶的耐药率正逐步上升（60%~70% 耐药率）。Cefepime 与头孢他啶比较，对 GNS 包括绿脓杆菌均有效，但前者对 G^+ 球菌有更好的效力。

推荐依据

American Thoracic Society, Infectious Diseases Society of America . Guidelines for the management of adults with hospital- acquired, ventilator-associated, and healthcare-associated pneumonia. Am J Respir Crit Care Med, 2005;Vol. 171; pp. 388 - 416 .

Gaynes R, Edwards JR, National Nosocomial Infections Surveillance System. Overview of nosocomial infections caused by Gram-negative bacilli. Clin Infect Dis, 2005; Vol. 41; pp. 848 - 54.

头孢曲松

Paul A. Pham, PharmD and John G. Bartlett, MD

适应证

FDA 批准的适应证

- 下呼吸道感染。
- 急性中耳炎。
- 皮肤及皮肤附属器感染。
- 尿路感染。
- 非复杂性淋病。
- 盆腔感染性疾病。

- 败血症。
- 骨和关节感染。
- 腹腔内感染。
- 脑膜炎和外科预防性用药。

非 FDA 批准适应证

- 脑脓肿（合用甲硝唑）。
- 阑尾炎（合用甲硝唑）。
- 腹膜炎（自发性或继发性细菌感染）。
- 心内膜炎。
- 糖尿病足感染（合用甲硝唑或克林霉素）。
- 莱姆病：晚期莱姆关节病和神经莱姆病。
- 脑膜炎球菌感染脑膜炎预防性用药：单次 125mg（<15y）；单次 250mg（>15y）。因为氟喹诺酮的耐药报道，在北部达科达地区和明尼苏达州推荐使用利福平、头孢曲松和阿齐霉素（MMWR2008；57：173~175）。
- 神经梅毒。
- 播散性 GC。

商品名	规格	价格 *
罗氏芬（罗氏公司及一般厂商）	静脉针剂（250 mg、500 mg、1 g、2 g、10 g、1 g/50 ml、2 g/50 ml）	3.0 美元，2.68 美元，4.60 美元，9.14 美元，53.50 美元，6.96 美元，15.0 美元

* 价格来自平均整体批发价

常规成人用量

- 大部分感染：1~2 g IM 或 IV q24h（最大剂量 4 g/d）。
- 脑膜炎：2 g IV q12h。
- 非复杂性淋球菌感染：250mg IM × 1 次。
- 外科预防性应用：手术前 1h 内 1g IV。
- 肥胖患者：可应用 2g q12h。

肾功能不全时的调整剂量

- GFR 50~80 ml/min：正常剂量。
- GFR 10~50 ml/min：正常剂量。
- GFR<10 ml/min：正常剂量。
- 血液透析患者用药：1~2 g IV q24h（透析后无需加量使用）。
- 腹膜透析患者用药：正常剂量。
- 血滤透患者用量：正常剂量。

药物不良反应

整体

- 总体上该药耐受良好。

偶见

- B 超可见胆囊泥沙样物沉积形成胆囊假性结石。
- 输注部位的轻微静脉炎。

- 过敏反应（嗜酸细胞增多）：与 PCN 有交叉过敏反应，但较第一代头孢发生率低。
- 腹泻和难辨梭菌感染结肠炎。
- Coombs 实验（+）。

罕见

- 中枢神经系统：抽搐（肾功能衰竭时大剂量应用），意识模糊，定向力障碍，幻觉。
- 药物热。
- 中性粒细胞减少和血小板减少。
- 药物性肝炎。
- 过敏反应。
- 溶血性贫血。
- 胆囊炎。
- 间质性肾炎。

药物相互作用

- 钙剂：和钙剂联合应用时，头孢曲松可沉积在肺、肾组织内，并且可使新生儿早熟。
- 含钙溶液：头孢曲松不应该与与含钙溶液混合或同时 /48 h 内与含钙溶液使用。
- 丙磺舒：丙磺舒会通过抑制肾小管的排泌从而增加头孢曲松血清浓度。
- 华法林：可增强华法林的抗凝作用。

抗菌谱见附件 II 第 942 页

耐药性

- 对大肠杆菌和 G^- 非大肠埃希菌 MIC 折点：≤ 8 mcg/ml（敏感），16~32 mcg/ml（中介），≥ 64 mcg/ml（耐药）。
- 对金黄色葡萄球菌 MIC 折点：≤ 8 mcg/ml（敏感），16~32 mcg/ml（中介），≥ 64 mcg/ml（耐药）。
- 对绿色链球菌 MIC 折点：≤ 1 mcg/ml（敏感），2 mcg/ml（中介），≥ 4 mcg/ml（耐药）。
- 对肺炎链球菌 MIC 折点：≤ 0.5 mcg/ml（脑膜炎）和≤ 1 mcg/ml（非脑膜炎）。
- 对 β 溶血链球菌 sppMIC 折点：≤ 0.5 mcg/ml。

药理学机制

- 正如所有 β－内酰胺类抗生素，头孢类抗生素抑制细菌细胞壁的黏肽合成，导致细菌细胞壁结构缺陷，不稳定渗透性的细胞结构对抗生素溶菌作用易感。

药代动力学参数

- C_{max}：1 g 静脉点滴后为 150 mcg/ml。
- 分布：广泛分布于全身组织及体液，包括胸腔积液、滑膜液，骨组织。大剂量应用时可通过炎性脑膜达到治疗浓度。
- 蛋白结合率：85%~95%；因为大剂量单次应用可使蛋白结合率下降，所以 2 g IV q24h 应用比 1g IV q12h 应用能达到更好的组织浓度。
- 代谢 / 排泄：33%~67% 药物以原形通过肾小球滤过方式自尿液中排出。其余的通过胆道自粪便中排出。
- 半衰期：8 h。

肝功能不全者药物用法

- 严重肝肾功能受损患者每天最大用量为 2 g。

孕期用药

- B 类：头孢类抗生素通常孕期内给药被视为安全。

哺乳期用药

- 乳汁中分泌的药物浓度低。美国儿科协会将头孢类抗生素归类为哺乳期准用药物。

评价

- 头孢曲松是胃肠外应用三代头孢菌素，因每天应用 1 次使用便捷，故多用于门诊患者的静脉用药治疗。头孢噻肟与其临床疗效相当，但每天需 q6h 用药。头孢曲松自胆道和尿路排泌，可能导致胆汁淤积和胆囊炎。头孢噻肟和头孢曲松是针对严重肺炎球菌感染的优选头孢类抗生素（脑膜炎和肺炎），但是 1.6%~5% 的菌株耐药。

推荐依据

Doern GV, Richter SS, Miller A, et al. Antimicrobial resistance among Streptococcus pneumoniae in the United States: have we begun to turn the corner on resistance to certain antimicrobial classes? Clin Infect Dis, 2005; Vol. 41; pp. 139 - 48 .
Fallon BA, Keilp JG, Corbera KM, et al. A randomized, placebo-controlled trial of repeated IV antibiotic therapy for Lyme encephalopathy. Neurology, 2008; Vol. 70; pp. 992 - 1003 .

头孢呋辛

Paul A. Pham, PharmD and John G. Bartlett, MD

适应证

FDA 批准的适应证

- 由大肠杆菌或肺炎克雷伯菌导致的非复杂性尿路感染（口服或静脉使用）。
- 由金黄色葡萄球菌、化脓性链球菌（口服或静脉使用）或大肠杆菌、克雷伯菌属、肠杆菌属（静脉使用）导致的非复杂性皮肤及皮肤附属器感染。
- 由奈氏淋球菌导致的非复杂性尿路、宫颈、直肠肛周淋病（女性）（口服或静脉使用）。
- 上呼吸道感染包括急性中耳炎、急性上颌窦炎、慢性支气管炎急性加重、以及继发的急性支气管炎（口服用药）。
- 由伯氏疏螺旋体导致的早期莱姆病（游走性红斑）。
- 下呼吸道感染包括社区获得性肺炎（静脉用药）。
- 由金黄色葡萄球菌、肺炎链球菌、大肠杆菌、流感嗜血杆菌、肺炎克雷伯菌属导致的败血症（仅限静脉使用）。
- 由肺炎链球菌、流感嗜血杆菌、脑膜炎奈瑟氏菌和金黄色葡萄球菌（MSSA）导致的脑膜炎(仅限于静脉应用)。作者评价：对 MSSA 导致的脑膜炎优选萘夫西林。

非 FDA 批注的适应证

- 晚期莱姆病关节炎。
- 社区获得性肺炎（口服用药）

商品名	规格	价格 *
头孢呋辛酯（葛兰素威尔康及一般厂商）	口服片剂（250 mg、500 mg） 口服悬液（125 mg/5 ml，250 mg/5 ml）	4.38 美元；7.88 美元； 68.51 美元 /100ml； 116.61 美元 /100ml
头孢呋辛酯（葛兰素威尔康及一般厂商）	静脉针剂 750 mg，1.5 g，7.5 g	3.75 美元；7.38 美元；30 美元

* 价格为平均批发价

常规成人用量

- 胃肠外用量（轻到中度感染）：0.75 g IM 或 IV q8h。
- 骨 / 关节或严重感染：1.5 g IV q8h 或 q6h。
- 口服剂量：250~500 mg 口服，每天 2 次。
- 社区获得性肺炎：治疗最短疗程必须达到 5 天并且患者停止发热 48~72 h。
- 非复杂性 GC：100 mg 1 次（建议优选头孢克肟）或者 1.5 g IM 同时加用丙磺舒 1 g 1 次（建议优选头孢曲松）。
- 外科预防用药：1.5 g IV 1 次。
- 肥胖患者：建议 1.5 g IV q6h。

肾功能不全时的调整剂量

- GFR 50~80 ml/min：正常剂量。
- GFR 10~50 ml/min：0.75~1.5 g IV q8~12h; 口服用药无需调整剂量。
- GFR<10 ml/min：0.75 g IV q24h；250 mg 口服 q24h。
- 血液透析患者用药：750 mg q24h（透析日透析后使用）。
- 腹膜透析患者用药：750 mg q24h。
- 血滤透患者用量：无数据。建议 1.5 g IV q12h。

药物不良反应

偶见

- 输注部位静脉炎。
- 过敏反应。
- 腹泻和难辨梭菌感染结肠炎。
- 嗜酸细胞增多症。
- Coombs 实验（+）。

罕见

- 药物热。
- 中枢神经系统：抽搐（肾功能衰竭时大剂量应用），意识模糊，定向力障碍，幻觉。
- 中性粒细胞减少和血小板减少。
- 药物性肝炎。
- 间质性肾炎。
- 过敏反应。
- 溶血性贫血。

药物相互作用

- 丙磺舒：丙磺舒会通过抑制肾小管的排泌从而增加头孢呋辛血药浓度（无需调整剂量）。

抗菌谱见附件 II 第 942 页

耐药性

- 对肺炎链球菌 MIC 折点：0.5 mcg/ml（静脉用药）和 1 mcg/ml（口服用药）。

机理

- 正如所有 β-内酰胺类抗生素，头孢类抗生素抑制细菌细胞壁的粘肽合成，导致细菌细胞壁结构缺陷，不稳定渗透性的细胞结构对抗生素溶菌作用易感。

药代动力学参数

- 吸收口服吸收 52%。
- C_{max}：1.5 g 静脉点滴后为 100 mcg/ml；口服 250 mg 后为 4 mcg/ml。
- 分布：广泛分布于全身组织及体液，包括胸腔积液、滑膜液，骨组织。大剂量应用时可通过炎性脑膜达到治疗浓度，但通常不作为一线用药。
- 蛋白结合率：30%~50%。
- 代谢 / 排泄：不代谢。90%~100% 药物在 24h 内以原形通过肾小球滤过和肾小管分泌方式自尿液中排出。
- 半衰期：1.5 h。

肝功能不全者药物用法

- 无数据。通常使用常规剂量。

孕期用药

- B 类：头孢类抗生素通常孕期内给药被视为安全。

哺乳期用药

- 乳汁中分泌的药物浓度低。美国儿科协会将头孢类抗生素归类为哺乳期准用药物。

评价

- 头孢呋辛是可静脉及口服使用的二代头孢，每次 2 次用药很方便。它是 IDSA-ATS 推荐的可应用于对 PCN 敏感的肺炎链球菌导致的社区获得性肺炎的二代头孢。

推荐依据

Mandell LA, Wunderink RG, Anzueto A, et al. Infectious Diseases Society of America/American Thoracic Society consensus guidelines on the management of community-acquired pneumonia in adults. Clin Infect Dis, 2007; Vol. 44 Suppl 2;pp. S27 - 72.

Scott LJ, Ormrod D, Goa KL. Cefuroxime axetil: an updated review of its use in the management of bacterial infections.Drugs, 2001; Vol. 61; pp. 1455 - 500.

头孢氨苄

Paul A. Pham, PharmD and John G. Bartlett, MD

适应证

FDA 批准的适应证

- 肺炎链球菌和化脓性链球菌导致的呼吸道感染（作者评价：一般不推荐）
- 肺炎链球菌、流感嗜血杆菌、MSSA、化脓性链球菌和卡他摩拉菌导致的中耳炎。
- 化脓性链球菌和金黄色葡萄球菌（MSSA）导致的皮肤和皮肤附属器感染。
- 骨髓炎：MSSA 和（或）P.mirabilis（作者评价：并非一线用药）。

- 尿路感染包括大肠杆菌，P.mirabilis 和肺炎克雷伯菌导致的急性前列腺炎。（作者评价：并非一线用药）。

非 FDA 批准的适应证

- 疖疮 / 痈（MSSA）。
- 脓疱疮。
- 蜂窝组织炎 / 丹毒。
- 毛囊炎（MSSA）。
- 急性，非复杂性，细菌性膀胱炎。
- 乳腺炎。

商品名	规格	价格 *
头孢氨苄（南新公司）	口服 250 mg、500 mg	1.14 美元 ;2.25 美元
先锋 IV（AdvantusPharm）	口服 250 mg、500 mg 750 mg 胶囊 口服悬液 125 mg/5 ml，250 mg/5 ml	0.69 美元 ;1.21 美元 ; 3.12 美元 8.93 美元 /100 ml; 18.90 美元 /100 ml

* 价格为平均批发价

成人常规剂量

- 轻度皮肤感染（链球菌性咽炎与非复杂性膀胱炎）：500 mg，口服，q12h。
- 轻到中度感染：250 mg PO q6h。
- 严重感染：考虑静脉输注头孢菌素。

肾功能不全时的调整剂量

- GFR 50~80 ml/min：常规剂量。
- GFR 10~50 ml/min：0.25~1.0 g，q8~12h。
- GFR < 10 ml/min：0.25~1.0 g，q24~48h。
- 血液透析时的剂量：0.25~1 g，q24h，透析后加 0.25~1.0 g。
- 腹膜透析时的剂量：0.25 g，3 次 / 天。
- 血液滤过的剂量：没有资料，建议 1 g，q12h。

药物不良反应

常见

- 通常耐受良好。

偶见

- 过敏反应（嗜酸细胞增多症）。
- 腹泻和难辨梭菌杆菌感染结肠炎。
- Coombs 实验阳性（无溶血性贫血）。

罕见

- 药物热。
- 中性粒细胞减少症与血小板减少。
- 药物性肝炎。
- 过敏反应。

- 中枢神经系统：惊厥（肾衰时大剂量应用），意识模糊，定向力障碍，幻觉。
- 溶血性贫血（理论上存在可能性、有关于头孢曲松、头孢替坦、头孢西丁、头孢孟多、头孢他啶、头孢噻吩导致溶血性贫血的个案报道）。

药物相互作用

- 丙磺舒：由于阻止了肾小管的分泌而增加了头孢菌素血清浓度，无需剂量调整，但推荐终末期肾病患者应密切监测。

抗菌谱见附件 II 第 942 页

药理学机制

- 头孢菌素像所有的 β 内酰胺类抗生素一样抑制黏肽的合成而阻止细菌细胞壁的合成，这使得细胞壁存在缺陷无法维持渗透压，致使细菌细胞破裂。

药代动力学参数

- 吸收：90% 吸收。
- C_{max}：1 次 500 mg 口服给药后的血清最大浓度为 18~38 mcg/ml。
- 分布：广泛分布于组织与体液中，包括胸水、关节液与骨组织。在支气管炎症脓痰中浓度高。中枢神经系统透过性差。
- 蛋白结合率：5%~15%
- 代谢 / 排泌：主要通过肾小球滤过与肾小管分泌在尿中以原形排泄。小部分通过胆汁排除。
- 半衰期：1 h。

肝功能不全者药物用法

- 使用常规剂量。

孕期用药

- B 类：头孢菌素在孕期使用通常被认为是安全的。

哺乳期用药

- 乳汁中分泌的药物浓度低。美国儿科协会将头孢类抗生素归类为哺乳期准用药物。

评价

- 头孢氨苄是吸收良好的一代头孢，有良好的 G^+ 细菌覆盖率以及低廉的价格。但 q6~8h 的给药可能会降低病人依从性。随着社区获得性 MRSA 软组织感染的增加，使用头孢氨苄治疗中重度感染应该有敏感性数据指导。

推荐依据

Blaser M J, Klaus BD, Jacobson JA, et al. Comparison of cefadroxil and cephalexin in the treatment of community-acquired pneumonia. Antimicrob Agents Chemother, 1983; Vol. 24; pp. 163 - 7.

Stevens DL, Bisno AL, Chambers HF, et al. Practice guidelines for the diagnosis and management of skin and soft-tissue infections. Clin Infect Dis, 2005; Vol. 41; pp. 1373 - 406.

氯霉素

Paul A. Pham, PharmD and John G. Bartlett, MD

适应证

FDA 批准的适应证

- 注意：只有在严重感染时其他副作用更小的药物无效或禁用时应用。
- 伤寒杆菌引起的急性感染。
- 由沙门氏菌，流感嗜血杆菌，特殊的脑膜感染、立克次体、鹦鹉热衣原体淋巴肉芽肿、不同的革兰氏阴性杆菌感染导致的严重菌血症及脑膜炎。
- 部分肺囊性纤维化当其他药物无效或禁用时。
- 眼部感染（滴眼液或是眼膏）。

非 FDA 批准的适应证

- 肺脓肿。
- 气性坏疽(用于对 PCN 过敏的患者)。
- 脑脓肿。
- 副伤寒。
- Q 热（Q 热立克次体）。
- 洛杉矶斑点热以及其他由立克次体引起的地方性伤寒(鼠伤寒或丛林斑疹伤寒)。
- 粒系无形体。
- 脑膜炎(用于对 PCN 过敏的患者)。

商品名	规格	价格 *
氯霉素 Monarch	IV1000 mg	29.94 美元
氯霉素（多家非美国制造商）	口服 250 mg 0.5% 滴眼液 1% 滴眼液	

* 价格为平均批发价

成人常规剂量

- 50 mg/kg 分 4 次静脉注射(最大剂量 100 mg/(kg・d))。
- 250–500 mg PO q6h(通常剂量为 500 mg PO q6h，美国无口服剂型)。
- 副伤寒：热退后继续给药 8~10 天以减少复发率。

肾功能不全时的调整剂量

- GFR 50~80 ml/min：普通剂量。
- GFR 10~50 ml/min：普通剂量。
- GFR < 10 ml/min：普通剂量，监测血药浓度。
- 血液透析时的剂量：普通剂量，透析后追加 500 mg，监测血药浓度。
- 腹膜透析时的剂量：普通剂量。
- 血液滤过的剂量：资料有限，也许能被血滤清除。监测血药浓度。

药物不良反应

偶见

- 口服胃肠道不耐受。
- 骨髓抑制(大于 4 g 每天或血药浓度大于 25 mcg/ml 时易于发生)。

罕见
- 致命性的再生障碍性贫血（与用量无关），发生率为 1/40 000。
- 伴有紫绀与循环衰竭的“灰婴综合征”。
- 视神经炎。
- 周围神经病。
- 发热。
- 过敏反应。
- 难辨梭状芽孢杆菌感染结肠炎。

药物相互作用
- HIV 蛋白酶抑制剂（例如阿扎那韦，印地那韦）：可能增加氯霉素血清浓度。使用时需密切监测骨髓抑制情况。
- 苯巴比妥：可能会降低氯霉素血清浓度。
- 利福平：可能会降低氯霉素血清浓度。
- 磺脲类药物（氯磺丙脲，甲苯磺丁脲）：氯霉素可能抑制某些磺脲类药物的肝脏代谢导致其半衰期的延长以及由此产生的低血糖。
- 维生素 B_{12}：可导致维生素 B_{12} 治疗恶性贫血的血液学效果下降。
- 华法林：可能增加华法林的抗凝效果。同时使用应密切监测 INR。

抗菌谱见附件 II 第 956 页

药理学机制
- 氯霉素通过与核糖体 50S 亚基结合抑制 tRNA 与氨基酸的结合从而阻止多肽的合成及进一步的蛋白合成。

药物动力学参数
- 吸收 80% 被吸收。
- C_{max} 最大血清浓度：1 g 口服给药后达 11~18 mcg/ml。
- 分布：广泛分布于组织与体液中，包括肝脏、肾脏、唾液、腹腔积液、胸腔积液、关节液以及玻璃体液中。脑膜炎时有良好的中枢神经系统穿透率。
- 蛋白结合率：60%。
- 代谢 / 排泄在肝脏通过葡萄糖醛酸转移酶代谢。代谢物以及 30% 药物原形通过肾小球滤过自尿液排出。
- 半衰期：1.5~3.5 h。

肝功能不全者药物用法
- 肝肾功能下降时应谨慎使用；监测血药浓度在 5~20 mcg/ml。

孕期用药
- C 级：一个围产期协作项目监测 98 例在围产期前三个月以及 348 例在孕期任何时期存在氯霉素用药史的孕产妇，没有发现氯霉素与畸形有关系的证据。虽然对胎儿没有明显影响，氯霉素也不应该在足月时使用以防止“灰婴综合征”。

哺乳期用药
- 在母乳中排泄：美国儿科学会将氯霉素划分为对婴儿副作用未知、但因为有潜在骨髓抑制作用特性、故可能有害的药物。

评价

- 氯霉素为口服或胃肠外给药的广谱药物，在美国由于有罕见的致再生障碍性贫血的副作用(1:40 000, 口服发生几率较大)以及存在替代药物，故使用较少。也许作为二线药物与万古霉素联用经验性治疗对头孢菌素过敏患者的细菌性脑膜炎。美国没有口服剂型。

推荐依据

Lennard ES, Minshew BH, Dellinger EP, et al. Stratifi ed outcome comparison of clindamycin-gentamicin vs

chloramphenicol-gentamicin for treatment of intra-abdominal sepsis. Arch Surg, 1985; Vol. 120; pp. 889 - 98.

Peltola H, Anttila M, Renkonen OV. Randomised comparison of chloramphenicol, ampicillin, cefotaxime, and ceftriaxone

for childhood bacterial meningitis. Finnish Study Group. Lancet, 1989; Vol. 1; pp. 1281 - 7.

环丙沙星

Paul A. Pham, PharmD and John G. Bartlett, MD

适应证

FDA 批准的适应证

- 非复杂性尿路感染（环丙沙星控释片和环丙沙星），复杂尿路感染（环丙沙星）。
- 暴露后预防性用药预防炭疽热。根据体外活性结果，CDC 推荐和其他 1~2 种药物联合应用作为一线用药。（对于吸入性炭疽热，参见“生物防御炭疽热”章节）。
- 复杂性腹腔内感染（与甲硝唑联合应用）。
- 感染性腹泻。
- 由奈氏淋球菌感染导致的宫颈、尿道感染（注意：夏威夷和加利福尼亚州有高耐药率报导）。
- 对中性粒细胞减少发热的经验性用药（与哌拉西林联合用药）；伤寒。
- 院内获得性肺炎。
- 前列腺炎。
- 急性鼻窦炎。
- 皮肤和软组织感染；骨和关节感染；细菌性结膜炎（眼软膏剂）；细菌性结膜炎和角膜溃疡（滴眼液），急性外耳炎（滴耳混悬液）。

非 FDA 批准适应证

- 结核分枝杆菌，MAI 和其他 MOTT 感染（二线或三线用药）。
- 经验性治疗中性粒细胞减少发热（与阿莫西林 ~ 克拉维酸钾联合应用）的低危患者（定义为在肿瘤化疗过程中预计粒细胞减少持续不会超过 10 天的患者）。

成人常规剂量

- 非复杂尿路感染：250 mg PO，每天 2 次，或环丙沙星控释片 500 mg 每天 1 次 ×3 天。
- 复杂尿路感染：500 mg PO，每天 2 次 7~10 天。
- 院内获得性肺炎（绿脓杆菌）：400 mg IV q8h，继之 750 mg PO，每天 2 次 ×10~14 天。

- 沙门氏菌感染：对于轻症感染 500~750 mg PO，每天 2 次或 400 mg IV 每天 2 次 ×7~14 天（注意：对于 CD_4^+ 细胞计数 <200 的 HIV 患者和（或）菌血症患者治疗疗程 4~6 周）。
- 旅行者腹泻：500 mg PO，每天 2 次 ×3 天。
- 结核分枝杆菌 /MAI 和其他 MOTT：750 mg PO，每天 2 次。
- 急性外耳炎：受感染的耳朵每次滴 4 滴（环丙沙星 / 地塞米松），每天 2 次 ×7 d。
- 细菌性结膜炎：醒时受感染眼睛结膜囊每次滴入 1~2 滴，每 2 h 滴 1 次 ×2 天，继之每次 1~2 滴，每 4 h 滴 1 次 ×5 天。
- 成人预防流行性脑脊髓膜炎：500 mg×1 次。鉴于氟喹诺酮耐药报道，在北达科达州和明尼苏达州部分县区推荐使用利福平、头孢曲松和阿奇霉素。
- 炭疽热：见特殊章节。
- 肥胖患者：400 mg IV q8h。

肾功能不全时的调整剂量

- GFR 50~80 ml/min：常规剂量。
- GFR 10~50 ml/min：GFR>30 ml/min：400 mg IV q12h(250~500 mg PO q12h)。GFR<30 ml/min：400 mg IV q24h(250~500 mg PO q12h)。
- GFR<10 ml/min：400 mg IV q24h(250 mg~500 mg PO q12h)。
- 血液透析时的剂量：200~400 mg IV q24h（250~500 mg PO q24h）。透析日透析后给药。
- 腹膜透析时的剂量：200~400 mg IV q24h（250~500 mg PO q24h）。
- 血液滤过的剂量：CVVH：200 mg IV q12h。CVVHD：400 mg q12h。

药物不良反应

- 通常耐受良好。

偶见

- 消化道不耐受：恶心和腹泻。
- 中枢神经系统：头痛，疲乏，失眠，焦躁和头晕。
- 念珠菌性阴道炎。
- 腹泻和难辨梭菌杆菌感染结肠炎。

罕见

- 肌腱断裂（尤其在 60 岁以上老人、合并使用皮质激素、肾脏、心、肺移植患者发生率增加）。
- 光过敏 / 光毒性反应（可非常严重）。
- 过敏反应。
- QT 间期延长。
- 转氨酶增高，罕见病例发生肝衰竭。
- 周围神经病。
- 结晶尿。
- 癫痫发作。
- 严重过敏反应（TEN，Stevens-Johnsons 综合征，过敏性肺炎，肝炎，以及骨髓抑制）。
- 间质性肾炎。

药物相互作用见附件Ⅲ第 961 页药物相互作用列表。

- 牛奶或乳制品：可减少环丙沙星 36%~47% 的消化道吸收。在食用乳制品前 2h 应用环丙沙星。

抗菌谱见附件Ⅱ第 950 页

耐药性

- 绿脓假单胞菌，不动杆菌属，肠杆菌属和其他非肠杆菌属，折点≤ 1 mcg/ml(敏感)；2 mcg/ml（中介）；≥ 4 mcg/ml（耐药）。
- 葡萄球菌和肠球菌属，折点≤ 1 mcg/ml(敏感)；2 mcg/ml（中介）；≥ 4 mcg/ml（耐药）。

药理学机制

- 氟喹诺酮通过与 DNA 酶复合体结合从而抑制 DNA 拓构酶（DNA 促旋酶和拓构酶 4），因此干扰细菌 DNA 复制和信使核糖核酸形成、修复、再结合、移位等各方面。

药代动力学参数

- 吸收 50%~85% 被吸收。不受食物明显影响。
- C_{max} 最大血清浓度：750 mg 口服给药后达 2.5~4.3 mcg/ml；400 mg IV 给药后达 4.6 mcg/ml。
- 分布：广泛分布于组织与体液中，在肾脏、胆囊、妇科子宫附件组织、肝脏、肺、前列腺、吞噬细胞、尿液、唾液、胆汁、皮肤、脂肪、肌肉、骨以及软骨中可达到高浓度。脑膜通过率 11%~67%（中枢神经系统感染使用高剂量 400 mg IV q8h）。肥胖患者 Vd(容积分布率）增加，组织透过性降低。
- 蛋白结合率：13%~43%。
- 代谢/排泄 10%~15% 代谢为 desethylene,sulfo,oxo,N-formyl 等活性代谢产物。代谢物和 15%~50% 药物原形通过肾小球滤过和肾小管分泌方式自尿液排出。20%~40% 主要通过胆汁自粪便中排泄。
- 半衰期：4 小时。

肝功能不全者药物用法

- 无数据，一般给予常规剂量。

孕期用药

- C 级：一项由欧洲畸胎学信息服务协助组（ENTIS）进行的前瞻性研究发现，666 例在孕期存在氟喹诺酮接触史的孕妇（大部分为孕期头 3 月接触）的先天性畸形发生率为 4.8%。与之前的流行病学数据比较，4.8% 这一数值并不高于人群整体畸形发生率。动物研究数据表明用药后未成熟动物可发生关节软骨侵蚀关节病。由于上述动物研究数据，以及可选用其他抗生素替代，氟喹诺酮类药物在孕期使用为禁忌。

哺乳期用药

- 由于潜在的关节病发生可能（基于动物实验数据），氟喹诺酮类药物在哺乳期不推荐使用。

评价

- 氟喹诺酮类药物为口服或胃肠外给药的无论是临床数据还是体外实验均对铜绿假单胞菌有良效的药物，但近年来气耐药率有上升。针对院内获得性肺炎、骨髓炎、中性粒细胞减少发热、旅行者腹泻、慢性前列腺炎和 UTIs 其用药经验广泛及效果良好。肺炎链球菌感染时倾向使用其他氟喹诺酮类药物（例如，左氧氟沙星和莫西沙星）。环丙沙星可作为艾滋病患者的 MDR（多重耐药）结核和 MAC（鸟分支杆菌？）感染的三线或四线用药。同其他喹诺酮类抗生素一样，环丙沙星可导致阿片类药物筛查假阳性（JAMA 2001；286：3115-9）。对淋菌感染不再推荐应用因为不断上升的 FQ 耐药率。

推荐依据

Henry DC, Bettis RB, Riffer E, et al. Comparison of once daily extended-release ciprofloxacin and conventional twice daily

ciprofloxacin for the treatment of uncomplicated urinary tract infection in women. Clin Ther, 2002; Vol. 24; pp. 2088 - 104.

Ho PL, Que TL, Chiu SS, et al. Fluoroquinolone and other antimicrobial resistance in invasive pneumococci, Hong Kong,1995 - 2001. Emerg Infect Dis, 2004; Vol. 10; pp. 1250 - 7.

克拉霉素

Paul A. Pham, PharmD and John G. Bartlett, MD

适应证

FDA 批准的适应证

- 咽炎和扁桃体炎。
- 急性上颌窦炎（克拉霉素和克拉霉素 XL）。
- 慢性支气管炎急性细菌感染加重（克拉霉素和克拉霉素 XL）。
- 社区获得性肺炎（克拉霉素和克拉霉素 XL）。
- 急性中耳炎。
- 非复杂性皮肤及皮肤附属器感染。
- 由鸟分枝杆菌导致的播散性分支杆菌感染的治疗。
- 鸟分支枝菌感染预防用药。
- 幽门螺旋杆菌感染相关活动性十二指肠溃疡治疗（联合应用奥美拉唑或雷尼替丁枸橼酸铋。

非 FDA 批准适应证

- 巴尔通体。

成人常规剂量

- 社区获得性肺炎，咽炎，扁桃体炎，中耳炎，和非复杂性软组织感染：250~500 mg PO，每天 2 次或 1000 mg XL PO，每天 1 次 ×7 d。
- 流感嗜血杆菌和副流感嗜血杆菌感染：500 mg PO，每天 2 次 ×7~14 d。
- 急性细菌性鼻窦炎：500 mg PO，每天 2 次（快速释放剂型）或 1000 mg PO，每天 1 次与食物同服？（XL 剂型）×7 天。
- 鸟分支杆菌感染治疗：500 mg PO，每天 2 次或 1000 mg XL 口服每天 1 次（联合使用乙胺丁醇）*1 年并且直至免疫重建（CD_4>100×6 mos）。
- 鸟分支杆菌感染预防用药：500 mg PO，每天 2 次（推荐使用阿奇霉素 1200 mg qw）。
- 幽门螺旋杆菌感染导致消化道溃疡：500 mg PO（联合应用 PPI 和阿莫西林）每天 2 次 ×10~14 天。

抗菌药物

肾功能不全时的调整剂量

- GFR 50~80 ml/min：常规剂量。
- GFR 10~50 ml/min：Ccr<30 ml/min，给予 50% 剂量（500 mg 每天 1 次口服），尤其。
- 同时应用 HIV 蛋白酶抑制剂时。
- GFR<10 ml/min：250~500 mg q24h。
- 血液透析时的剂量：500 mg q24h，透析日透析后给药。
- 腹膜透析时的剂量：无数据。建议 250~500 mg PO q24h。
- 血液滤过的剂量：无数据。建议 500 mg PO q24h。

药物不良反应

偶见

- 消化道不耐受（腹泻，恶心，呕吐）。
- 金属味。
- 转氨酶增高。

罕见

- 头痛。
- 可逆性听力丧失和耳鸣。
- 难辨梭菌杆菌感染结肠炎。
- 皮疹。

药物相互作用见附件Ⅲ第 961 页见药物相互作用列表。

- 克拉霉素是一种酶作用物，是 CYP3A4 的抑制剂，故可能增加经 CYP3A4 代谢的药物浓度。CYP3A4 抑制剂科增加克拉霉素药物浓度。CYP3A4 诱导剂科降低克拉霉素的血药浓度。

抗菌谱见附件Ⅱ第 952 页

耐药性

- 肺炎链球菌大环内酯类药物的耐药率约 26% 但此数据的临床意义尚不明确（尤其中介耐药）；并非持续有治疗失败的报道。
- 克拉霉素单药治疗鸟分枝杆菌感染与耐药率增加相关。推荐联合治疗（通常联合应用乙胺丁醇 +/– 利福布汀）。药物敏感实验可帮助指导治疗但其临床意义尚不明确。

药理学机制

- 大环内酯类药物通过与 50s 核糖体亚单位结合从而抑制蛋白合成，抑制肽链置换，抑制多肽合成。克拉霉素在内酯环 6 位上甲基化，这可最小化克拉霉素的酸催化降解。

药代动力学

- 吸收：55% 被吸收。
- C_{max}：500 mg 口服后达 2~3 mcg/ml。
- 分布：克拉霉素和 14– 羟基克拉霉素具有高细胞内浓度，可使组织浓度高于血清浓度。中枢通过性差。
- 蛋白结合率：42%~72%。

- 代谢 / 排泄：克拉霉素具有强首过效应，代谢为活性 14 羟基代谢物。活性代谢物和药物原形通过尿液（38%）和粪便（40%）排泄。
- 半衰期：5~7 h。

肝功能不全者药物用法

- 无需调整剂量。伴随有肾功能不全是需调整剂量（Chu J Clin Pharmacol 1993；33:480）。

孕期用药

- C 级：在猴子进行的研究证实用药后存在生长延迟。费城致畸信息服务组报道 34 例在孕早期或中期使用克拉霉素与未接触克拉霉素人群致畸率相当。

哺乳期用药

- 在母乳中排泄。美国儿科学会将红霉素划分哺乳期可用药物。哺乳期使用克拉霉素的风险可能很小。

评价

- 克拉霉素为口服大环内酯类药物，对流感嗜血杆菌体外抗菌性有争议。然而，临床实验所显示的体内流感嗜血杆菌病菌的消除，支持克拉霉素对流感嗜血杆菌具有体内抗菌性。克拉霉素是幽门螺旋杆菌、鸟结核分支杆菌和其他 MOTT 感染的治疗重要组分。其 XL 剂型与其快速释放剂型比较，疗效和毒性相当，但价格却贵许多。

推荐依据

Benson CA, Williams PL, Currier JS, et al. A prospective, randomized trial examining the effi cacy and safety of clarithromycin in combination with ethambutol, rifabutin, or both for the treatment of disseminated Mycobacterium avium complex disease in persons with acquired immunodefi ciency syndrome. Clin Infect Dis, 2003; Vol. 37 ; pp. 1234 - 43 .

Hoban DJ and Zhanel GG. Clinical implications of macrolide resistance in community–acquired respiratory tract infections.Expert Rev Anti Infect Ther, 2006; Vol. 4; pp. 973 - 80.

林可霉素

Paul A. Pham, PharmD and John G. Bartlett, MD

适应证

FDA 批准的适应证

- 链球菌、葡萄球菌和厌氧菌导致的皮肤及软组织感染。
- 盆腔感染（子宫内膜炎，非淋菌性的输卵管卵巢脓肿，盆腔蜂窝织炎，术后阴道断端感染）。
- 腹腔内感染比如厌氧菌导致的腹膜炎、腹腔内脓肿（注意：因为拟脆弱杆菌耐药率的增加，IDSA 不再推荐使用林可霉素）。
- 肺炎链球菌感染（脓胸，肺炎以及肺脓肿）。
- 败血症（不再推荐）。
- 寻常痤疮（局部软膏）。

非 FDA 批准适应证

- PCP 治疗联合应用伯氨喹。
- 中枢弓形体感染联合应用乙胺嘧啶和亚叶酸。
- CA-MRSA 软组织感染。
- CA-MRSA 肺炎（严重病例建议联合应用万古霉素以减少毒性产物）。
- 放线菌病。
- 骨髓炎。
- 急性细菌性鼻窦炎。

成人常规剂量

- 软组织感染：300~450 mg PO，q6h 或 600 mg IV q8h × 14 d 然后再评估。
- 盆腔感染：900 mg IV q8h（联合应用庆大霉素）× 14 d。
- 骨髓炎：600 mg IV q8h × 6~8 周然后再评估。
- 急性细菌性鼻窦炎：300 mg 口服 q6h × 2~3w。
- 细菌性阴道炎：100mg 睡时使用阴道栓剂 × 3~7d。
- 痤疮：1~2 每天局部应用。
- 放射菌病：600 mg IV q8h × 2~6 周，随后林可霉素 300 mg PO，q6h × 6~12 月。
- PCP：林可霉素 600 mg IV q6h~q8h 或 300 mg~450 mg PO，q6~8h+ 伯氨奎 15~30 mg（基础）口服每天 1 次 +/- 泼尼松（建议当 PaO_2<70 mm Hg 使用）× 21 d。
- 中枢弓形体病：林可霉素 600 mg IV q6h 或林可霉素 450 mg~600 mg 口服 q6h+ 乙胺嘧啶 200 mg 口服复合剂量，随后 50~75 mg 口服每天 + 亚叶酸 10~20 mg 每天直至免疫重建（HAART 治疗 6~12 月后 CD_4>200）。
- 林可霉素胶囊应该用整杯水服进以避免食道刺激。

肾功能不全时的调整剂量

- GFR 50~80 ml/min：常规剂量。
- GFR 10~50 ml/min：常规剂量。
- GFR <10 ml/min：常规剂量。
- 血液透析时的剂量：常规剂量。
- 腹膜透析时的剂量：常规剂量。
- 血液滤过的剂量：常规剂量。

药物不良反应

常见

- 腹泻（10%~30% 并非由难辨梭状芽孢杆菌感染造成）。
- 消化道不耐受：恶心，呕吐和食欲不振。

偶见

- 泛发皮疹。
- 6% 患者出现难辨梭菌杆菌感染结肠炎。

罕见

- Stevens-Johnson 综合征。
- 对阿司匹林高敏患者出现过敏样反应（包括支气管哮喘）（75 mg 和 150 mg 胶

囊内可见酒石黄）。

药物相互作用

- 红霉素：在体外有拮抗作用。临床意义尚不明确。避免联合应用。
- 瓷土－果胶：可减少林可霉素的吸收。
- 洛哌丁胺和苯乙哌啶 / 阿托品：可增加腹泻风险和难辨梭状杆菌感染结肠炎。避免与林可霉素同时使用。
- 非去极化肌松药（泮库溴铵，筒箭毒碱）：林可酰胺类抗生素可增加非去极化肌松药的作用。使用去极化肌松药的病人应用林可霉素时需要小心。

抗菌谱见附件 II 第 952 页

耐药性

- 葡萄球菌 MIC 折点为 0.5 mcg/ml。

药理学机制

- 通过与 50 s 核糖体亚单位结合从而抑制蛋白合成，干扰转肽和早期链中止。

药代动力学

- 吸收：90% 被吸收。
- C_{max}：600 mg IV 后达 10 mcg/ml；150 mg IV 及 PO 后可达 2.5 mcg/ml。
- 分布：广泛分布于组织及体液中，包括腹水、胸水、滑膜液、骨、胆汁和唾液。中枢通过性差。
- 蛋白结合率：85%~94%。
- 代谢 / 排泄：代谢为亚岚和二甲基乙酰胺。24 h 内只有 10% 自尿液中排出。大部分以非活性代谢物自粪便和胆汁中排泄。
- 半衰期：2.4 h。

肝功能不全者药物用法

- 严重肝功能衰竭建议减量使用。

孕期用药

- B 级：一项密西根 Medicaid（公共医疗救助）接受者的随访研究显示，647 位在孕早期使用过林可霉素的患者其发生出生缺陷比例为 4.8%，此数据不支持林可霉素与先天缺陷存有联系。

哺乳期用药

- 在母乳中排泄。美国儿科学会将林可霉素划分哺乳期可用药物。

评价

- 林可霉素口服和静脉使用对厌氧菌有良好效果；但脆弱拟杆菌对林可霉素耐药率的不断增加使得甲硝唑成为针对腹腔感染的更为可靠的药物。针对个体病人而言，林可霉素是最可能导致难辨梭状杆菌感染结肠炎的抗生素，但是更多病人发生抗生素相关腹泻并无难辨梭状杆菌感染。既往曾有结肠炎的患者给予林可霉素时需多加小心。每天 4 次用药可导致患者用药依从性下降。因为其良好的组织透过性使林可霉素成为 CA-MRSA 软组织感染的一线口服用药（还有其理论上具有的毒素抑制作用），但在菌血症时不应使用。

推荐依据

Smego RA, Nagar S, Maloba B, et al. A meta-analysis of salvage therapy for

Pneumocystis carinii pneumonia . Arch Intern Med, 2001; Vol. 161; pp. 1529 - 33.
Snydman DR, Jacobus NV, McDermott LA, et al. National survey on the susceptibility of Bacteroides Fragilis Group:report and analysis of trends for 1997 - 2000. Clin Infect Dis, 2002; Vol. 35; pp. S126 - 34 .

多黏菌素（黏菌素）

PaulA.Pham,PharmDandJohnG.Bartlett,MD

适应证

FDA 批准的适应证

- 肠炎（大肠杆菌导致）。
- 外耳道感染（联合应用新霉素和氢化可的松）。
- 乳突炎（联合应用新霉素和氢化可的松）。
- 志贺菌性胃肠炎。
- 铜绿假单胞菌的敏感菌株造成的急性或慢性感染；囊性纤维化；G^- 杆菌感染，如产气肠杆菌、大肠杆菌、肺炎克雷伯杆菌。

非 FDA 批准的适应证

- 由多重耐药鲍曼不动杆菌、肺炎克雷伯菌、铜绿假单胞菌引起的感染。

成人常规剂量

- 多重耐药菌造成的严重感染：2.5~5 mg/(kg · d) IV，分为 q8~12h 应用（严重感染 5 mg/(kg · d) 分为 q12h 应用）。
- 吸入：75 mg+3 ml 生理盐水雾化吸入每天 2 次。注意：在临吸入前让药房将药物用水浸泡，因为多黏菌素药物前体可转化为生物活性多黏菌素成分，如通过气溶胶形式给药可导致 ARDS。
- 心室内或气管内给药：5 mg q12h, 可增至 10 mg q12h（Falagas EM et al. Int. J. Antimicrobial Agents 2007; Guardado AR et al. JAC 2008)。
- 单位换算：多黏菌素硫酸盐（用于 MIC 测定）1 mg=30000 单位。针对多黏菌素甲磺酸盐（aka CMS, colistimethate, sulphomethate）2.5mg CMS=30 000 单位。
- PKmodeling 建议 ICU 患者给予负荷剂量 5~7.5 mg/kg。若不给予负荷剂量，治疗浓度分别在 24h(MIC=1) 和 60h（MIC=2）达到。
- 耳科手术术前准备：受感染侧耳朵 1~2 滴 q8~6h。

肾功能不全时的调整剂量

- GFR 50~80 ml/min：5 mg/(kg · d) IV 分 2 次应用。
- GFR 10~50 ml/min：GFR 20~50 ml/min：2.5~3.8 mg/(kg · d) 分 2 次应用。GFR 10~20 ml/min：2.5 mg/kg q24h。
- GFR <10 ml/min：1.5 mg/(kg · d)（大约为正常剂量的 1/3）, 每天 1 次。
- 血液透析时的剂量：1.5 mg/(kg · d)（大约为正常剂量的 1/3）, 每天 1 次。血液透析中药物清除有不同数据。透析日于透析后给药。
- 腹膜透析时的剂量：1.5mg/(kg · d)（大约为正常剂量的 1/3）, 每天 1 次。无需另外加量，不经腹透清除。常规剂量。
- 血液滤过的剂量：数据有限。CVVH：2.5 mg/kg q48h。CVVHD 1 L/h 透析液流

速时：2.5 mg/kg q24h（严重感染时推荐 2.5 mg/kg q12h）；CVVHD 透析液流速 > 1 L/h 时：2.5 mg/kg q12h。

药物不良反应

整体

- 局部用药耐受良好。
- 全身用药可导致以下所述副作用但肾毒性或神经毒性的发生较以往文献报道要少。

常见

- 大于 20% 患者可发生剂量相关的可逆性肾毒性。
- 注射部位静脉炎。

偶见

- 神经毒性：口周和外周神经的感觉异常，头昏，共济失调，视力模糊，静脉使用时言语不清。
- 吸入多黏菌素：可能造成支气管痉挛，ARDS（尤其当药物重组后并且未迅速给药可导致给入的为多黏菌素而并非多黏菌素前体药物（参照 McCoyref）。

罕见

- 呼吸抑制。
- 过敏反应。

药物相互作用

- 氨基糖苷类抗生素：可能增加神经肌肉阻滞风险。
- 肾毒性药物（例如，两性霉毒 B，氨基糖苷类抗生素、西多福韦，膦甲酸）：可能增加肾毒性风险。避免联合应用。
- 非去极化肌松药（阿曲库铵，维库溴铵，溴化双哌雄双酯，筒箭毒碱）：肌注或精脉应用时神经肌肉阻滞作用可能会被增强。

抗菌谱见附件 II 第 956 页

耐药性

- 变形杆菌，Providenciaspp，伯克霍尔德菌属和灵杆菌通常耐药；拟脆弱杆菌对其耐药，但多黏菌素对普氏菌属和梭菌属有一些作用。对 G^+ 菌无效。
- 对绿脓杆菌和非肠杆菌的 MIC 折点：≤ 2 mcg/ml（敏感）；4 mcg/ml（中介）；≥ 8 mcg/ml（耐药）。对不动杆菌属 MIC 折点：≤ 2 mcg/ml（敏感）；≥ 4 mcg/ml（耐药）。

药理学机制

- 多黏菌素是水解黏菌素形成。黏菌素通过类似阳离子去除作用结合至细菌细胞质膜性结构中的脂质，从而改变渗透膜屏障，使细胞内必要代谢物渗漏。

药代动力学

- 吸收——
- C_{max}：500 mg IM 后达到 5~7.5 mcg/ml；
- 分布：广泛分布于组织中，滑膜液、胸水、心包积液中的浓度低。中枢系统感染时有 25% 中枢神经系统通过率，无炎症时心室内或气管内给药时仅有 5% 的通过率（AAC2009；53；4907）。
- 蛋白结合率：50%。

- 代谢 / 排泄：水解为多黏菌素和其他代谢产物。多黏菌素和其他代谢产物通过肾小球滤过以原形自尿液中排出。
- 半衰期：1.5~8 h。ICU 患者：7.4~14 h。

肝功能不全者药物用法

- 无数据。通常给予正常剂量。

孕期用药

- C 级：未见多黏菌素与先天缺陷相关的报道，但在动物实验中观察到不良事件。

哺乳期用药

- 在母乳中排泄。血清比率为 0.17。

评价

- 由于历史上关于肾毒性和神经毒性的报道，胃肠外和局部应用多黏菌素罕有作为一线用药。然而，现代研究发现严重副作用发生率较既往低（例如，CID 2003;36:1111,J Infect 2008;56:432）。吸入应用多黏菌素可用于肺囊性纤维化和院内获得性肺炎患者的耐药铜绿假单胞菌或其他 G^- 多重耐药菌感染。黏菌素的雾化给药现无标准。多黏菌素基本上对所有的铜绿假单胞菌和不动杆菌属均有效，但普氏菌属通常对其耐药并可能导致重复感染。多黏菌素是针对 VAP（呼吸机相关肺炎）的二线用药。

推荐依据

Garnacho-Montero J, Ortiz-Leyba C, Jim ê nez-Jim ê nez FJ, et al. Treatment of multidrug-resistant Acinetobacter baumannii ventilator-associated pneumonia (VAP) with intravenous colistin: a comparison with imipenem-susceptible VAP.Clin Infect Dis, 2003; Vol. 36; pp. 1111 - 8.

Jensen T, Pedersen SS, Garne S, et al. Colistin inhalation therapy in cystic fi brosis pts with chronic Pseudomonas aeruginosa lung infection. J Antimicrob Chemother, 1987; Vol. 19; pp. 831 - 8.

Li J, Nation RL, Milne RW, et al. Evaluation of colistin as an agent against multi-resistant Gram-negative bacteria. Int J Antimicrob Agents, 2005; Vol. 25 ; pp. 11 - 25 .

McCoy KS. Compounded colistimethate as possible cause of fatal acute respiratory distress syndrome. N Engl J Med, 2007; Vol. 357; pp. 2310 - 1.

Reina R, Estenssoro E, Saenz G, et al. Safety and effi cacy of colistin in Acinetobacter and Pseudomonas infections: a prospective cohort study. Intensive Care Med, 2005; Vol. 31(8); pp. 1058 - 65 .

达托霉素

Paul A. Pham, PharmD and John G. Bartlett, MD

适应证

FDA 批准的适应证

- 复杂皮肤及皮肤附属器管感染的治疗（由 G 阳性细菌，包括 MSSA 和 MRSA 造成的感染）。
- 金黄色葡萄球菌菌血症，包括由 MSSA 和 MRSA 造成的右房、右室心内膜炎。

非 FDA 批准的适应证

- 脾脓肿。
- 外科伤口感染。
- 肝脓肿。
- 急性骨髓炎。
- 慢性骨髓炎。
- 糖尿病足感染。
- 社区获得性的脓毒性关节炎。

成人常规剂量

- 软组织感染：4 mg/(kg・d) IV。菌血症和心内膜炎：6 mg/(kg・d) IV。严重感染时可增加剂量至 10 mg/(kg・d)，但需密切监测肌病的发生可能。

肾功能不全时的调整剂量

- GFR 50~80 ml/min：软组织感染：4 mg/kg IV q24h。菌血症和心内膜炎：6~10 mg/kg IV q24h。
- GFR 10~50 ml/min：CrCL〉30 ml/min：4 mg/kg IV q24h。IE：6~10 mg/kg IV q24h。CrCL<30 ml/min:4 mg/kg IV q48h。IE：6~10 mg/kg IV q48h。
- GFR<10 ml/min：软组织感染 4 mg/kg IV q48h。IE：6~10 mg/kg IV q48h。
- 血液透析时的剂量：4 mg/kg IV q48h。菌血症和 IE：6~10 mg/kg IV q48h（少量自血透排出，4h 血透后排出 15%）。
- 腹膜透析时的剂量：4 mg/kg IV q48h。菌血症和 IE：6~10 mg/kg IV q48h（少量自腹透排出，48h 腹透后排出 11%）。
- 血液滤过的剂量：数据有限。建议 4 mg/kg IV q48h。菌血症和 IE：6~10 mg/kg IV q48h。

药物不良反应

整体

- 整体上耐受良好。
- 杂质 2- 硫醇基苯并噻唑（MBT）曾自 Cardinal Health 生产的储存于医用人造橡胶注射容器内的再造达托霉素内分离出。而 MBT 与皮肤光敏性增加和肿瘤风险增加相关（见于啮齿类动物慢性应用后研究数据）。在针剂药瓶装的达托霉素上未检出杂质。

偶见

- 肝功能检查，碱性磷酸酶、乳酸脱氢酶增高。
- 剂量相关性的可逆性肌酶增高可伴 / 不伴肌病。据报道，使用 4mg/kg q12h 剂量时有更高的的肌病发生率。

罕见

- 神经病。
- 黄疸。
- 难辨梭状杆菌相关结肠炎。

药物相互作用

- 达托霉素不是细胞色素 P450 酶的阻滞剂或诱导剂。

- 包括氨曲南，妥布霉素，华法林（单剂量研究），辛伐他汀和丙磺舒的药物代谢动力学和药效相互作用研究表明上述药物与达托霉素联用无相互作用。
- 生长抑素：达托霉素应用期间建议停止生长抑素使用。

抗菌谱见附录 II 第 958 页

耐药性

- 对于持续或复发菌血症患者，9/20（45%）患者应用达托霉素治疗过程中 MIC 值上升至 >1 mcg/ml。正因为此，8 例患者临床治疗失败。
- 对葡萄球菌的 MIC 折点：1 mcg/ml；对肠球菌的 MIC 折点：4 mcg/ml。

药理学机制

- 达托霉素结合至细菌细胞膜并且导致膜电压的快速去极化，从而阻滞了蛋白、DNA、RNA 的合成，造成细胞的快速死亡。

药代动力学

- 吸收动物研究提示口服吸收差。
- C_{max}（血药浓度峰值）：58 mcg/ml，药时曲线下面积 494 mcg hr/ml。
- 分布：Vd(表观分布容积)=0.096 L/kg；不透过血脑屏障（动物研究数据）。骨组织透过性差（动物研究数据，临床意义尚不明确）（AAC1989;33:689）。
- 蛋白结合率：92%。
- 代谢 / 排泄：主要以药物原形自肾脏排出（78%），极少量代谢为无活性代谢产物。
- 半衰期：8.1 h。

肝功能不全者药物用法

- 4 mg/kg IV q24h(中度肝功能受损 Child 分期 B 级)。

孕期用药

- B 级：动物研究中使用 3~6 倍成人常规剂量未发现致畸性。无人类数据。

哺乳期用药

- 无数据。

评价

- 达托霉素对几乎所有 G 阳性细菌包括金黄色葡萄球菌（包括 MRSA）和粪肠球菌 / 屎肠球菌包括 VRE 耐万古霉素肠球菌（但其 MIC 最低抑菌浓度较金黄色葡萄球菌高）均有效。达托霉素用于治疗 VRE 心内膜炎效果差（Pharmacotherapy 2006;26:347). 达托霉素不应用于肺炎因其有较高的失败率（药物结合至肺泡表面活性物质）。新近的一项 RCT 研究表明，235 例金黄色葡萄球菌菌血症和心内膜炎患者，使用达托霉素治疗与使用万古霉素或半合成 PCN 治疗并无劣势。

推荐依据

Fowler VG, Boucher HW, Corey GR, et al. Daptomycin versus standard therapy for bacteremia and endocarditis caused by Staphylococcus aureus. N Engl J Med, 2006; Vol. 355; pp. 653 - 65.

Pertel PE, Bernardo P, Fogarty C, et al. Effects of prior effective therapy on the effi cacy of daptomycin and ceftriaxone for the treatment of community-acquired pneumonia. Clin Infect Dis, 2008; Vol. 46; pp. 1142 - 51.

双氯青霉素

Paul A. Pham, PharmD and John G. Bartlett, MD

适应证

FDA 批准的适应证

- 呼吸道感染（咽炎和肺炎）。
- 葡萄球菌感染（MSSA）。
- 链球菌感染。
- 皮肤和软组织感染。

非 FDA 批准适应证

- 疖 / 痈。
- 脓疱病。
- 蜂窝织炎 / 丹毒。
- 毛囊炎。
- 化脓性汗腺炎。

成人常规剂量

- 轻微感染：125 mg PO q6h。
- 中到重度感染：250~500 mg PO q6h（严重感染时推荐胃肠外给药）。

肾功能不全时的调整剂量

- GFR 50~80 ml/min：常规剂量。
- GFR 10~50 ml/min：常规剂量。
- GFR<10 ml/min：正常剂量。
- 血液透析时的剂量：常规方案。
- 腹膜透析时的剂量：常规方案。
- 血液滤过的剂量：无数据。通常给予常规剂量。

药物不良反应

常见

- 超敏性反应和皮疹。

偶见

- 药物热。
- Coombs 实验（+），而无溶血性贫血。
- 肝功能异常。
- 胃肠道不耐受和腹泻。
- 赫克斯海默 (herxheimer) 反应。
- 难辨梭状杆菌相关结肠炎。

罕见

- 过敏反应。
- 溶血性贫血。
- 血小板减少症。
- 白细胞减少症。

- 间质性肾炎。

药物相互作用

- 四环素类药：在体外当同时应用时有拮抗作用。在体内青霉素类抗生素的抗细菌活性可能被削弱，故避免同时应用。

抗菌谱见附录 II 第 948 页

药理学机制

- β－内酰胺类抗生素抑制细菌细胞壁粘肽合成，从而使细胞壁成分缺陷，渗透性不稳，对细胞溶菌作用易感。

药代动力学参数

- 吸收 35% 被吸收，血清浓度 2 倍于邻氯氰霉素。
- C_{max}（血药浓度峰值）：500 mg 口服后可达 7~18 mcg/ml。
- 分布：分布于水泡、尿液，腹水，胸水，中耳液，肠黏膜，骨，胆囊，肺，女性生殖器官，胆汁和炎性脑膜。
- 蛋白结合率：95%~98%
- 代谢 / 排泄：小于 30% 自肝脏代谢。药物原形和代谢产物通过肾小球滤过和肾小管分泌排泄。10% 自胆汁排泄。
- 半衰期：0.6~0.8 h。

肝功能不全者药物用法

- 无数据。通常给予常规剂量（小于 30% 经肝脏代谢）。

孕期用药

- B 级：多项围产期合作研究报道，合计超过 12000 例在孕早期接触青霉素衍生物，未发现青霉素衍生物与出生缺陷有联系。

哺乳期用药

- 极低浓度自乳汁中排泄。迄今无不良反应报道。

评价

- 较邻氯霉素有更佳抗葡萄球菌活性的口服青霉素类药物。但每天 4 次用药可能降低病人用药依从性。

推荐依据

Marcy SM, Klein JO. The isoxazolyl penicillins: oxacillin, cloxacillin, and dicloxacillin. Med Clin North Am, 1970; Vol. 54;pp. 1127 - 43.

Stevens DL, Smith LG, Bruss JB, et al. Randomized comparison of linezolid (PNU-100766) versus oxacillin-dicloxacillin for treatment of complicated skin and soft tissue infections. Antimicrob Agents Chemother, 2000; Vol. 44; pp. 3408 - 13.

多尼培南

Paul A. Pham, PharmD

适应证

FDA 批准的适应证

- 复杂腹腔内感染。

- 复杂泌尿系(UTI)感染。

非 FDA 批准适应证
- 皮肤和软组织感染（并非由 MRSA 造成）。
- 院内获得性肺炎包括 VAP 呼吸机相关肺炎。

成人常规剂量
- 500 mg IV q8h（输注时间大于 1h）。
- 使最优化 PK/PD，输注时间应大于 4h。

肾功能不全时的调整剂量
- GFR50~80 ml/min：500 mg IV q8h。
- GFR10~50 ml/min：30~50 ml/min：250 mg IV q8h；10~30 ml/min：250 mg IV q12h。
- GFR<10 ml/min：无数据；需要减量使用。
- 血液透析时的剂量：无数据，但可自血透排出。
- 腹膜透析时的剂量：无数据。
- 血液滤过的剂量：CVVHD 连续性静脉－静脉血液透析：无数据，但可自血透排出。

药物不良反应
整体
- 耐受性良好。
- 在临床实验中 ARDS 发生与左氧氟沙星、美罗培南相当。

偶见
- 恶心。
- 腹泻。
- 头痛。
- 静脉炎。
- 超敏性反应，尤其有青霉素过敏史患者。
- 难辨梭状杆菌相关结肠炎。

罕见
- 过敏反应。
- 间质性肺炎（发生于吸入多尼培南）。
- Stevens-Johnson 综合征，中毒性表皮坏死松解症。
- 惊厥：与亚胺培南比较，在动物研究中多尼培南不导致脑电图改变和惊厥（Horiuchi M, et al. Toxicology 2006;222:114 - 24）。然而，在临床实验中，多尼培南和亚胺培南分别有 1.1% 和 3.8% 的惊厥发生率。

药物相互作用
- 在体外，多尼培南不是细胞色素 P450 酶的阻滞或诱导剂。
- 丙磺舒：与丙磺舒同时使用时，多尼培南血清浓度可能增加。
- 丙戊酸：可能能降低丙戊酸血清浓度。当同时使用时需密切监测丙戊酸血清浓度。

耐药性
- 嗜麦芽窄食单胞菌，金黄色葡萄球菌（MRSA），屎肠球菌通常耐药。

- 在体外多尼培南是碳青霉烯 (carbapenem) 类抗生素中具有最强抗突变能力的抗生素 (Sakyo S et al. J Antibiot (Tokyo) 2006;59:220 - 8)。
- 标准化的 MIC 折点尚未确立。

药理学机制

- 多尼培南通过与数种青霉素结合蛋白（PBP2，PBP3，PBP4）结合从而阻止细胞壁的生物合成。

药代动力学参数

- C_{max}（血药浓度峰值）：500 mg IV 后峰浓度可达 23 mcg/ml；药物曲线下面积为 36.3 mcg h/ml。
- 分布：表观分布容积 =16.8 L（8~55 L）；腹膜后液体、胆汁、尿液中浓度高。胆囊透过程度有限。
- 蛋白结合率：8%。
- 代谢 / 排泄：大约 18% 通过脱氢肽酶 –I 转化为开环非活性代谢产物。活性药物和代谢产物主要通过肾小球滤过和肾小管分泌自尿液排泄。
- 半衰期：1 h。

肝功能不全者药物用法

- 无数据。通常给予常规剂量。

孕期用药

- B 级 : 无人类数据。在动物研究中未发现致畸性。

哺乳期用药

- 无数据，可能自乳汁排泌。

评价

- 多尼培南是一新型甲基化碳青霉烯类抗生素，其与亚胺培南和美罗培南有相似抗菌谱。多尼培南对所有厌氧菌和大部分革兰氏阴性杆菌敏感，包括铜绿假单胞菌，诱导型 β - 内酰胺酶，产 ESBL 细菌。在体外实验中观察到的其对绿脓杆菌有较低的 MIC，以及较低的介导耐药发生的优势有待临床研究进一步评价。

推荐依据

Chastre J, Wunderink R, Prokocimer P. et al. Effi cacy and safety of intravenous infusion of doripenem versus imipenem in ventilator-associated pneumonia: A multicenter, randomized study. Critical Care Medicine, 2008; Vol. 36; pp. 1089 - 1096.

FDA. FDA approved labeling, 2007.

强力霉素 / 多西环素

PaulA.Pham,PharmDandJohnG.Bartlett,MD

适应证

FDA 批准的适应证

- 因炭疽芽孢杆菌导致的炭疽热，包括暴露后吸入性炭疽热。CDC 推荐其为一线用药 +1–2 体外实验中具有活性的辅助药物（关于吸入性炭疽热，见“生物防备 – 炭疽热”）。

- 由肉芽肿荚膜杆菌引起的腹股沟肉芽肿。
- 如果青霉素类药物过敏：由淋病奈瑟氏菌引起的非复杂性淋病，由梅毒螺旋体引起的梅毒，由雅司螺旋体引起的雅司病；由产单核细胞李斯特菌属引起的李斯特菌病；由梭状芽胞杆菌属引起的感染。
- 由鹦鹉热衣原体引起的鹦鹉热。
- 肺炎支原体肺炎。
- 由立克次体引起的落矶山斑点热，斑疹伤寒，Q 热，立克次体痘，蜱热。
- 由沙眼衣原体引起的非复杂性尿道、子宫颈或直肠感染；由解脲支原体引起的非淋菌性尿道炎；由衣原体引起的性病淋巴肉芽肿。
- 沙眼，包括由沙眼衣原体引起的结膜炎。
- 由杜克嗜血杆菌、鼠疫耶尔森菌、土伦杆菌、霍乱弧菌、胎儿弯曲菌、布鲁氏菌属、杆菌状巴尔通体、肉芽肿荚膜杆菌引起的 G 阴性细菌感染。

非 FDA 批准适应证

- 莱姆病。
- 预防疟疾。

成人常规剂量

- 呼吸道感染（社区获得性肺炎，中耳炎，鼻窦炎）：100 mg 口服每天 2 次与食物同服 ×7~14 天。
- 沙眼衣原体（替代阿奇霉素）：100 mg 口服每天 2 次与食物同服 ×7 天；
- 非淋菌感染非复杂性尿道、子宫颈或直肠感染：100 mg 口服每天 2 次 ×7 天。
- 细菌性血管瘤病：100 mg 每天 2 次与食物同服，> 3 月；对于未使用 ART 达到免疫重建的患者，建议终生使用以避免复发。

药物不良反应

整体

- 8 岁以上儿童牙齿染色及变形。

偶见

- 消化道不耐受（剂量相关）。
- 光过敏。

罕见

- 念珠菌生长过度（阴道炎和食管炎）。
- 肾功能衰竭患者氮质血症加重。
- 皮疹。
- “黑舌”综合征；良性真菌感染，通常可逆如停止使用药物。
- 食管溃疡。
- 肝功能异常。
- 赫克斯海默氏反应。
- 难辨梭状杆菌相关结肠炎（与头孢菌素类、碳青霉烯类、氟喹诺酮类抗生素比较发生率低）。

耐药性

- 肺炎链球菌：血流感染和肺炎耐药率分别为 12% 和 27%。与青霉素耐药的肺炎链球菌有交叉耐药，仅 60% 敏感。

- 大多数 CA-MRSA 菌属对多西环素敏感，但在体外实验中米诺环素有更佳的抗菌活性并在体内实验中得以证实。
- 对肠杆菌、葡萄球菌属和肠球菌属 MIC 折点为≤ 4 mcg/ml（敏感）；8 mcg/ml（中介）；≥ 16 mcg/ml（耐药）。
- 对四环素敏感的细菌同样对多西环素和米诺环素敏感。然而，对四环素中介及耐药的细菌可能对多西环素或米诺环素敏感。

药物相互作用见附件 Ⅲ 第 965 页药物相互作用列表。

抗菌谱见附录 Ⅱ 第 956 页

药理学机制

- 主要通过与 30S 核糖体亚基结合，阻止氨酰基 t-RNA 结合，从而抑制蛋白合成。

药代动力学

- 吸收：90% 被吸收。
- C_{max}（血药浓度峰值）：1.5~2.1 mcg/ml。
- 分布：广泛分布于组织和体液包括胸水，支气管分泌物，痰液，腹水，滑膜液，玻璃体液和前列腺液。同四环素比较，有更佳的中枢神经系统透过性（26% 的血清浓度）
- 蛋白结合率：25%~91%
- 代谢 / 排泄：主要通过非肾脏途径排泄。可能经肝脏代谢，肠道失活。20%~26% 自尿液中排出，20%~40% 自粪便中排出。
- 半衰期：18 h。

肾功能不全时的调整剂量

- GFR 50~80 ml/min：常规剂量。
- GFR 10~50 ml/min 时：常规剂量。
- GFR<10 ml/min：常规剂量。
- 血液透析时的剂量：常规剂量。
- 腹膜透析时的剂量：常规剂量。
- 血液滤过的剂量：常规剂量。

肝功能不全者药物用法

- 无数据。

孕期用药

- D 级：阻滞骨骼发育和骨生长，使胎儿牙齿釉质发育不全、牙齿变色，孕期使用为禁忌；另有报道称可导致孕妇肝损伤。

哺乳期用药

- 极低浓度的药物自乳汁排泌。理论上存在牙齿着色和抑制骨生长可能，但接触四环素乳儿的血清血药浓度低于 0.05 mcg/ml。

评价

- 多西环素因为其每天 2 次用药便捷、与食物无相互干扰，故是较佳的四环素衍生物，推荐用于肾功能衰竭患者。是立克次体和弧菌属感染的治疗用药。由 CA-MRSA 引起的轻中度感染治疗可选用米诺环素，但需注意四环素类抗生素针对链球菌属的抗菌活性有限。

推荐依据

Cunha BA. Methicillin-resistant Staphylococcus aureus: clinical manifestations and antimicrobial therapy. Clin Microbiol Infect, 2005; Vol. 11. Suppl 4; pp. 33 - 42.

Jones RN, Sader HS, Fritsche TR. Doxycycline use for community-acquired pneumonia: contemporary in vitro of activity against Streptococcus pneumoniae (1999 - 2002). Diagn Microbiol Infect Dis, 2004; Vol. 49; pp. 147 - 9.

厄他培南

Paul A. Pham, PharmD and John G. Bartlett, MD

适应证

FDA 批准的适应证

- 复杂腹腔内感染。
- 社区获得性肺炎。
- 复杂泌尿系统感染。
- 复杂皮肤及皮肤附属器管感染，包括不伴随骨髓炎的糖尿病足感染。
- 择期结直肠手术预防用药。
- 急性盆腔感染（产后子宫肌内膜炎，感染性流产，术后妇科感染）。
- 厄他培南目前是儿科患者（3 月 ~17 岁）上述感染的 FDA 推荐用药。

非 FDA 批准的适应证

- 不需要引流或外科手术的轻中度腹腔内感染（胆囊炎，胆管炎，憩室炎，脾和肝脓肿，腹膜炎）。

成人常规剂量

- 社区获得性肺炎，复杂泌尿系感染，复杂软组织感染，腹腔内感染：1 g IV 或 IM q24h × 10~14 d。
- 肥胖患者：1 g q24h 用量不够（AAC 2006；50：1222）。建议更高剂量或更换为其他抗生素。

肾功能不全时的调整剂量

- GFR 50~80 ml/min：常规剂量。
- GFR 10~50 ml/min：常规剂量。
- GFR<10 ml/min：<30 ml/min 500 mg q24h。
- 血液透析时的剂量：500 mg q24h。透析日透后给药。如果在透析前 6h 内药，透后补充 150 mg。
- 腹膜透析时的剂量：无数据。
- 血液滤过的剂量：CVVH 或 CVVHD：无数据。严重感染时不推荐应用厄他培南。建议使用美罗培南 1~2 g IV q12h。

药物不良反应

整体

- 整体上耐受良好。

偶见

- 腹泻。
- 难辨梭状杆菌感染结肠炎。
- 轻微静脉炎。
- 头痛。
- 恶心和呕吐。
- ALT 升高。

罕见

- 惊厥（报道发生于 0.5% 患者；肾功能不全患者和（或）中枢神经系统障碍患者惊厥发生风险增加）。

药物相互作用

- 厄他培南与细胞色素 P450 酶多种异构体（1A2,2C9,2C19,2D6,2E1,3A4）或 P-糖蛋白无交互作用。
- 丙磺舒：增加厄他培南 AUC25%。
- 丙戊酸：可能增加丙戊酸血清浓度。两者联用时密切监测其药物浓度。
- 与葡萄糖不相容（不要与葡萄糖或其他药物同时输注）。

抗菌谱见附录 II 第 942 页

耐药性

- 与亚胺培南 -1 金属 - β 内酰胺酶和 SME-1 碳青霉烯酶微生物可见交叉耐药（AAC 2001;45(10):2831 - 7）。
- 肠杆菌 MIC 折点：≤ 2 mcg/ml(敏感)；4 mcg/ml(中介)；≥ 8 mcg/ml(耐药)。
- 无标准化 MIC 折点针对 G^- 非乳糖发酵菌。

药理学机制

- 碳青霉烯类抗生素，阻止细菌细胞壁黏肽合成，导致细胞壁结构缺陷和渗透性不稳定，从而对细胞溶菌易感。

药代动力学

- 吸收肌注后 90% 被吸收。
- C_{max}（血药浓度峰值）：155 mcg/ml。1 g IV 后 24 h 后达 C_{min}（血药谷浓度）1 mcg/ml。
- 分布：分布良好，表观分布容积 Vd=8.2 L/kg。中枢系统透过性数据不全。13%~19% 骨组织透过性和 41% 滑膜液透过性 (BoselliEetal. JAC2007;60:893)。
- 蛋白结合率：85%~95%。
- 代谢 / 排泄：水解 β - 内酰胺环。代谢产物和原型药物自肠道排出。
- 半衰期：4 h。

肝功能不全者药物用法

- 1 g q24h（常规剂量）。

孕期用药

- B 级：动物研究中未见致畸性。无人类研究数据。

哺乳期用药

- 自乳汁排泌。只在存在明确适应证时应用。

评价

- 厄他培南对所有厌氧菌和除了绿脓杆菌和鲍曼不动杆菌以外的许多 G 阴性杆菌均有抗菌活性。在临床实验中其惊厥发生风险报道为 0.5%。半衰期为 4~5 h 提示在严重感染患者(如菌血症和(或)ICU 患者)q24h 频率用药时需小心。虽然厄他培南对许多产 ESBL 细菌均有抗菌活性，但用于治疗此类细菌感染造成的严重肺炎或软组织感染时临床数据有限。针对轻中度感染，厄他培南每天 1 次用药，是门诊患者的便捷选择。

推荐依据

Goff DA, Mangino JE. Ertapenem: no effect on aerobic Gram-negative susceptibilities to imipenem. J Infect, 2008; Vol. 57;pp. 123 - 7.

Itani KM, Wilson SE, Awad SS, et al. Ertapenem versus cefotetan prophylaxis in elective colorectal surgery. N Engl J Med,2006; Vol. 355; pp. 2640 - 51 .

红霉素

Paul A. Pham, PharmD and John G. Bartlett, MD

适应证

FDA 批准的适应证

- 术前肠道准备(联合新霉素)。
- 梅毒螺旋体引起的梅毒(用于对青霉素类抗生素过敏患者,但推荐使用阿奇霉素)。
- 慢性支气管炎和鼻窦炎的急性加重。
- 急性中耳炎和咽炎。
- 白喉棒状杆菌由引起的白喉，作为抗毒素的辅助用药。
- 由溶组织内阿米巴引起的肠道阿米巴病。
- 由沙眼衣原体引起的新生儿结膜炎。
- 军团菌病。
- 风湿热预防性用药，化脓性链球菌、肺炎链球菌、流感嗜血杆菌(应与足量磺胺的同时应用)引起的上呼吸道感染，由化脓性链球菌或肺炎链球菌、李斯特菌引起的下呼吸道感染，皮肤和软组织感染，由肺炎支原体引起的呼吸道感染，红癣，急性盆腔炎症，由沙眼衣原体引起的非复杂性尿道、子宫颈或直肠感染。

成人常规剂量

- 红霉素 250~500 mg PO q6~8h。
- 依托红霉素 250~500 mg PO q6h。
- 琥乙红霉素 400~800 mg PO q6h 或 0.5~1 g IV q6h。
- 肠道准备：手术前 1 日分别于 1 pm,2 pm 和 11 pm 予 1 g PO(联合使用新霉素)。

肾功能不全时的调整剂量

- GFR 50~80 ml/min：常规剂量。
- GFR 10~50 ml/min：常规剂量。
- GFR<10 ml/min：常规剂量。

- 血液透析时的剂量：常规方案。
- 腹膜透析时的剂量：常规方案。
- 血液滤过的剂量：无数据，通常给予常规方案。

药物不良反应

常见

- 消化道不耐受（口服剂量相关），腹泻。
- 静脉使用时静脉炎。

偶见

- 口炎。
- 胆汁淤积性肝炎（发生率为 1:1 000，尤其应用依托红霉素剂型时，可逆）。
- 泛发皮疹。
- QT 间期延长（尤其静脉大剂量应用时）。
- 转氨酶增高。
- 皮疹。
- 可逆性的耳毒性（尤其静脉大剂量应用时）。

罕见

- 难辨梭状杆菌感染结肠炎。
- 尖端扭转型室速（尤其见于妇女）。
- 低体温。
- 重症肌无力症状加重以及有报道可见新发肌无力综合征。

药物相互作用见附件 III 第 964 页药物相互作用列表。
CYP3A4 作用底物和 CYP3A4、CYP1A2 的强效阻滞剂。

抗菌谱见附件 II 第 952 页

药理学机制

- 大环内酯类药物通过结合至 50s 核糖体亚基抑制蛋白合成，阻止肽酶易位和多肽合成。

药代动力学

- 吸收 20%~50% 被吸收。
- C_{max}（血药浓度峰值）：口服 500 mg（红霉素，硬脂酸盐，琥珀酸乙酯）后达 0.1~2 mcg/ml。口服 500 mg（依托红霉素）后达 2 mcg/ml。500 mg IV 后达 3~4 mcg/ml。
- 分布：广泛分布于大部分组织及体液。中枢系统透过性差（仅为血清浓度的 2%~13%）。
- 蛋白结合率：70%~90%
- 代谢 / 排泄：部分代谢为去甲基化代谢产物。主要以药物原型自粪便和代谢产物自胆汁中排泄。只有少量自尿液排泄。
- 半衰期：1.4~2.0 h。

肝功能不全者药物用法

- 无数据。当严重肝功能不全时可能需要调整剂量。

孕期用药

- B级：根据密西根医学中心一项随访研究，6972位在孕早期曾使用红霉素的患者，最终发生出生缺陷的比例为4.6%，这一数据不支持红霉素与先天畸形存在联系。CDC推荐孕期衣原体感染使用红霉素。

哺乳期用药

- 自乳汁排泌。美国儿科协会认为哺乳期可使用红霉素。

评价

- 口服和胃肠外大环内酯类药物通常会引起消化道不适，尤其口服应用时。其针对肺炎链球菌的活性正渐下降，并且其通过P450代谢故有复杂的药物相互作用。它是具有导致QT间期延长的最高风险抗菌药物（尤其在大剂量使用红霉素时）。推荐使用耐受性好、药效相当的大环内酯类药物如阿奇霉素和克拉霉素。

推荐依据

Iannini PB. Cardiotoxicity of macrolides, ketolides and fl uoroquinolones that prolong the QTc interval. Expert Opin Drug Saf, 2002; Vol. 1; pp. 121 - 8 .

Ray WA, Murray KT, Meredith S, et al. Oral erythromycin and the risk of sudden death from cardiac causes. N Engl J Med,2004; Vol. 351; pp. 1089 - 96.

磷霉素

PaulA.Pham,PharmDandJohnG.Bartlett,MD

适应证

FDA批准的适应证

- 治疗由大肠杆菌和粪肠球菌引起的非复杂性泌尿系感染。

非FDA批准适应证

- 治疗不伴随菌血症的复杂泌尿系感染。

成人常规剂量

- 非复杂性泌尿性感染：3 g×1次伴或不伴食物口服。
- 复杂性泌尿性感染：3 g口服每2~3天（应用大于21天），推荐空腹服用。
- 将药粉溶于120 ml凉水直至其溶解。

肾功能不全时的调整剂量

- GFR 50~80 ml/min：常规剂量。
- GFR 10~50 ml/min：无数据，建议调整剂量。3 g×1次（非复杂性泌尿系感染）。复杂性泌尿系感染建议每3天使用3 g。
- GFR<10 ml/min：无数据，半衰期延长建议调整剂量或因肾脏排泄减少避免应用。
- 血液透析时的剂量：透析后重新给药，因为药物可经血液透析排出。
- 腹膜透析时的剂量：1 g q36h。
- 血液滤过的剂量：CVVH77%药物可经CVVH排出。

药物不良反应

偶见

- 消化道不耐受：腹泻（10%），恶心和消化不良。

- 头痛和眩晕。
- 阴道炎。
- 肌无力。

罕见

- 难辨梭状杆菌感染结肠炎。

药物相互作用

- 抗酸药（碳酸钙）：减少磷霉素的吸收。食物减少磷霉素的吸收。

抗菌谱见附录 II 第 958 页

药理学机制

- 磷霉素通过抑制 enolpyruvyl 转移酶(此酶是二磷酸 N- 乙酰尿嘧啶合成的催化酶，而二磷酸 N- 乙酰尿嘧啶合成是细菌细胞壁合成的第一步）易位从而干扰细菌细胞壁的合成。

药代动力学参数

- 吸收与食物同服时吸收 30%，不与食物同服时吸收 37%。
- C_{max}（血药浓度峰值）：3 g 口服后，血清浓度峰值达 64~128 mcg/ml；尿液中浓度达 3 000 mcg/ml。
- 分布：分布于膀胱壁、肾脏、前列腺和贮精囊。
- 蛋白结合率：不与蛋白结合。
- 代谢 / 排泄：转化为游酸磷霉素。主要自尿液中排泄。18% 自粪便中排泄。
- 半衰期：5.7h。

肝功能不全者药物用法

- 无数据。通常给予常规剂量。

孕期用药

- B 级：动物实验数据未发现致畸效应。有数个关于孕期各阶段口服磷霉素安全性和有效性的研究，发表的研究结果显示磷霉素对胎儿无害。

哺乳期用药

- 无数据，但鉴于磷霉素的低分子量，其极可能自乳汁排泌。

评价

- FDA 批准磷霉素口服只可用于非复杂性泌尿系感染。其具有广泛抗菌谱，对所有常见泌尿系感染致病菌均有效。在随机双盲研究中，其单剂量治疗方案（3g）与诺氟沙星 7 天疗法疗效相当。如肾功能良好，其可能用于泌尿系统 VRE 感染。鉴于其吸收率有限，磷霉素不应用于严重肾盂肾炎和尿脓毒症。

推荐依据

Bayrak O, Cimentepe E, IneglÖl, et al. Is single-dose fosfomycin trometamol a good alternative for asymptomatic bacteriuria in the second trimester of pregnancy? Int Urogynecol J Pelvic Floor Dysfunct, 2007; Vol. 18; pp. 525 - 529.

Minassian MA, Lewis DA, Chattopadhyay D, et al. A comparison between single-dose fosfomycin trometamol (Monuril) and a 5-day course of trimethoprim in the treatment of uncomplicated lower urinary tract infection in women. Int J Antimicrob Agents, 1998; Vol. 10; pp. 39 - 47.

庆大霉素

Paul A. Pham, PharmD and John G. Bartlett, MD

适应证

FDA 批准的适应证

- 由敏感病原菌引起的严重感染。除了非复杂性泌尿系感染，氨基糖甙类抗生素通常与其他药物联合应用。
- 细菌性菌血症，包括新生儿败血症。
- 皮肤，骨和软组织感染（包括烧伤）。
- 脑膜炎（其中枢透过性差）。
- 泌尿系感染。
- 呼吸道感染（透过性差）。
- 消化道感染（包括腹膜炎）。
- 对皮质激素敏感的眼科炎症（眼软膏和滴眼液）。

非 FDA 批准适应证

- 院内获得性肺炎（联合应用 β – 内酰胺或 β – 内酰胺 / β – 内酰胺酶抑制剂类抗生素，或第三代 / 第四代头孢菌素）。
- 腹腔内感染（联合应用可覆盖 G 阳性菌和厌氧菌的抗生素）。
- 肠球菌感染心内膜炎（联合应用氨苄西林）。
- 盆腔感染性疾病（PID）（联合应用克林霉素）。
- 假单胞菌感染(联合应用 β – 内酰胺或 β – 内酰胺 / β – 内酰胺酶抑制剂类抗生素，或第三代 / 第四代头孢菌素）。
- 布鲁氏菌病。

成人常规剂量

- 每天 1 次用量：5~7 mg/kg IV。不常规推荐进行药物治疗浓度监测。但有肾毒性高风险的患者（ICU 患者、老年人和合并应用其他肾毒性药物）需进行药物谷浓度监测。目标谷浓度为 <1 mcg/ml。对肾功能不稳定、肌酐清除率 <60 ml/min, 心内膜炎、脑膜炎或表观分布容积增加（怀孕、腹水、水肿）的患者，不应使用每天 1 次剂量用法。
- 传统剂量（轻 – 度感染）：负荷剂量 2 mg/kg，继而 1.7~2 mg/kg IV q8h（目标峰浓度 >6 mcg/ml, 谷浓度 <2 mcg/ml）。
- 传统剂量（严重感染，例如假单胞菌感染肺炎）：负荷剂量 3 mg/kg，继而 2 mg/kg IV q8h（目标峰浓度 >8 mcg/ml, 谷浓度 <2 mcg/ml）。
- 针对 G^+ 菌感染联合应用 β 内酰胺类抗生素：1 mg/kg IV q8h（目标峰浓度 3~5 mcg/ml）。对于牛链球菌或浅绿气球菌建议联合用药时使用 3 mg/kg 每天 1 次用法（仅当 MIC<0.5 mcg/ml 时）。
- 严重感染时建议更高的负荷剂量并在首剂后测量峰及谷浓度（+/– 弥漫水肿，腹水、休克、烧伤、囊性纤维化和怀孕）以用于计算患者个体化药代参数所需用药量。用药剂量应根据变化的肾功能和（或）体液容积状态进行调整。
- 谷浓度应当在下次用药前测量（通常 3 次用药后）。
- 峰浓度应当在 30 min 静脉输液结束后 30 min 测量（通常在 3 次用药后）。
- 对于肥胖患者：应用去脂体重 +40% 多余脂肪(剂量体重 DBW)= 理想体重(IBW)

+0.4（实际体重 – 理想体重 IBM）。
- 理想体重 (IBW)=50 kg（男性）或 45.5 kg（女性）+（2.3× 身高超出 5 英尺的英寸数）。
- 心室内或蛛网膜下腔内用药：加入防腐剂的游离庆大霉素 5 mg q24h（剂量范围 4~10 mg）。

肾功能不全时的调整剂量

- GFR 50~80 ml/min：均给予标准负荷剂量，GFR>70 ml/min: 使用标准剂量。
- GFR 50~69 ml/min，计算 GFR×0.045= “mg/kg” q12h（例如，GFR 若为 56 ml/min，则给予 56×0.045= “2.5” mg/kg q12h）。监测峰及谷浓度。
- GFR10~50 ml/min：均给予标准负荷剂量，GFR40~49 ml/min：计算 GFR×0.045= “mg/kg” q12h（例如，GFR 若为 45 ml/min，则给予 45×0.045= “2” mg/kg q12h）。GFR 20~39 ml/min，计算 GFR×.09= “mg/kg” q12h。监测峰及谷浓度。
- GFR<10 ml/min：均给予标准负荷剂量。GFR<10 ml/min 时，2~2.5mg/kg×1，继之当血药浓度 <2 mcg/ml 时，再次给予相同剂量。监测峰浓度与谷浓度。
- 血液透析时的剂量：给予标准负荷剂量，继之在透析后给予 1.7~2 mg/kg（治疗剂量）或 1.0 mg/kg（联合用药时）。峰浓度（透析后 2h 测量）目标为 7~10 mcg/ml；谷浓度（下次透析前，决定于残余肾功能）目标为 3~5 mcg/ml。
- 腹膜透析时的剂量：每天每升腹透液中加入 2~4 mg。持续腹膜透析患者接受长疗程氨基糖苷类抗生素治疗，可增加耳毒性发生率。
- 血液滤过的剂量：CVVH 或 CVVHD：负荷剂量 3 mg/kg，接着 2 mg/kg q24~48h（在透析后 2h 监测峰浓度，目标值 7~10 mcg/ml）。24h 后监测血药浓度，若 <2 mcg/ml, 重复用药。

药物不良反应

常见

- 肾功能衰竭（通常可逆）。高危因素：老年患者，有肝肾疾患者，容量不足，传统 q8h 用药，大剂量用药，同时使用肾毒性药物（包括万古霉素），长疗程治疗（非常重要）。争议观点认为谷浓度可能与肾毒性有关。

偶见

- 不可逆的前庭毒性（4%~6%）。大部分患者以视力、本体感受来代偿。监测恶心、呕吐、眼球震颤、眩晕（在黑暗中加重）症状。
- 不可逆的耳蜗毒性（3%~14%）。高危因素：反复接触（累积剂量和疗程），基因易感性，肾脏损伤，氨基糖苷类的各种药物肾毒性有所区别（新霉素 > 链霉素 > 庆大霉素 > 妥布霉素 > 阿米卡星 > 奈替米星）；高龄，菌血症，低血容量，体温升高程度，肝功能不全（JID1984：149：23~30）。62% 的听力丧失发生在大于 9kHz 频率范围内（高音调），在平均疗程为 9 天时（JID1992：165：1026–1032）。
- 前庭和耳蜗毒性的发生在一些病例中体现了基因易感性。检查家族史中有无氨基糖甙类抗生素耳毒性发生。
- 对任何使用氨基糖苷类抗生素超过 3 天的患者监测耳毒性。前庭毒性监测：使用 snellen 视力检查口袋卡片检查视敏度。用药 3 天后，让患者逐行阅读时左右摇头；若患者遗漏 2 行则为早期耳毒性的征象。检查平衡体征。耳蜗毒性监测：听力检查。

罕见

- 神经肌肉阻滞（特别应用在重症肌无力或帕金森病患者，快速大剂量应用氨基糖苷类抗生素时）。
- 过敏反应（继发于一些剂型中的亚硫酸盐）。

药物相互作用

- 头孢噻吩：增加肾毒性风险。
- 袢利尿剂（布美他尼、呋塞米、依他尼酸、托塞米）：耳蜗毒性（尤其是联合应用依他尼酸），避免同时使用。
- 非去极化肌松药（阿曲库铵、泮库溴胺、筒箭毒碱、弛肌碘）：增加非去极化肌松药药效，可能导致呼吸抑制。
- 其他肾毒性药物（例如：两性霉素 B，膦甲酸、西多福韦和静脉造影增强剂）：增加肾毒性。避免同时使用。
- 青霉素：在体外失活。不要在同一试管内混合。
- 万古霉素：增加肾毒性风险。

抗菌谱见附录 II 第 950 页

耐药性

- 针对肠杆菌和 G^- 非乳糖发酵菌包括铜绿假单胞菌，MIC 折点为 4 mcg/ml。
- 若 MIC<500 mcg/ml, 对肠球菌联合应用氨苄西林。若 >500 mcg/ml, 检测链霉素敏感性。

药理学机制

- 氨基糖苷类抗生素通过不可逆地与 30 s 核糖体亚基结合从而阻止蛋白合成。

药代动力学参数

- 吸收：肌注后快速吸收。胸腔内和腹腔内用药后亦快速吸收。口服用药吸收差。
- C_{max}（血药浓度峰值）：1.5 mg/kgIV 后可达 6 mcg/ml。除外用药剂量，蜂浓度亦受分布容积影响。
- 分布：0.2~0.4 L/kg(在怀孕、腹水、水肿、败血症、烧伤患者可能更高)。分布至细胞外液、脓肿、腹水、心包积液、胸水、滑膜液、淋巴液和腹膜液。胆汁、房水、支气管分泌物、脓胸、痰液、中枢神经系统分布不佳。
- 蛋白结合率：0%~10%。
- 代谢 / 排泄：不经肝脏代谢，以药物原型自尿液排泄。
- 半衰期：2~4 h（注意：囊性纤维化患者半衰期可能更短，为 1~2 h；烧伤和发热患者氨基糖苷类抗生素的清除可能会增加）。

肝功能不全者药物用法

- 无需调整剂量，但可能增加肾毒性和耳毒性风险。使用时需密切监测。

孕期用药

- D 级：动物研究发现剂量相关性肾毒性。有报道，11 例患者羊膜腔内注入庆大霉素未对新生儿造成伤害。孕期子宫内接触庆大霉素未有报道发生胎儿耳毒性；然而，众所周知，接触其他氨基糖甙类抗生素（卡那米星和链霉素）可导致胎儿第 8 颅神经损伤；庆大霉素可能存在同样的潜在毒性。

哺乳期用药

- 自乳汁低浓度排泌。

评价

- 肠球菌心内膜炎和兔热病是庆大霉素具有明确治疗的为数不多的疾病中的 2 个。庆大霉素与妥布霉素比较，具有更多的肾毒性、更少的耳毒性。监测肾功能，警惕耳毒性发生（听力和前庭功能）。对肾功能不稳定、CrCl<60 ml/min, 心内膜炎、脑膜炎或表观分布容积增加（例如怀孕、腹水、水肿）患者不要使用每天 1 次用法。

推荐依据

American Thoracic Society, Infectious Diseases Society of America. Guidelines for the management of adults with hospital-acquired, ventilator-associated, and healthcare-associated pneumonia. Am J Respir Crit Care Med, 2005;Vol. 171; pp. 388 - 416.

Olaison L, Schadewitz K, Swedish Society of Infectious Diseases Quality Assurance Study Group for Endocarditis. Enterococcal endocarditis in Sweden, 1995 - 1999: can shorter therapy with aminoglycosides be used? Clin Infect Dis, 2002;Vol. 34; pp. 159 - 66.

亚胺培南 / 西司他丁

Paul A. Pham, PharmD and John G. Bartlett, MD

适应证

FDA 批准的适应证

- 细菌性心内膜炎（由 MSSA 引起的）。
- 败血症。
- 皮肤、软组织感染（非 MRSA 引起）。
- 下呼吸道感染（例如，院内获得性肺炎）。
- 妇科感染。
- 腹腔内感染。
- 多病原感染。
- 非复杂性和复杂性泌尿系统感染（肾盂肾炎）。

非 FDA 批准的适应证

- 气性坏疽。
- 糖尿病足感染。
- 骨 / 关节感染。

成人常规剂量

- 泌尿系统感染：250~500 mg IV q6h。
- 轻中度感染：500 mg IV q6~8h。
- 严重或假单胞菌感染：1 g IV q6~8h。
- 肥胖患者：建议 1 g IV q6h，但无临床数据。

肾功能不全时的调整剂量

- GFR 50~80 ml/min：GFR〉70 ml/min 0.5 g q6~8h（中度感染）或 1 g q6~8h（严重感染）
- GFR 10~50 ml/min：GFR20~49 ml/min 0.5 g q8h（中度感染）或 0.5 g q6h（严重感染）。

- GFR10~19 ml/min：0.25 g q6h（中度感染）或 0.5 g q8h（严重感染）。建议使用美罗培南。
- GFR<10 ml/min：GFR<10 ml/min 0.25 g q12h（中度感染）或 0.5 g q12h（严重感染）。建议使用美罗培南。
- 血液透析时的剂量：0.25 g IV q12h, 透析日透后给 0.25 g。建议使用美罗培南。腹膜透析时的剂量：0.25 g IV q12h。建议使用美罗培南。
- 血液滤过的剂量：CVVH：0.25 g IV q6h,CVVHD 当透析液流量 <1.5 L/h 时，500 mg IV Q12h；CVVHD 当透析液流量 2 L/h 时，500 mg IV q8h。建议使用美罗培南。

药物不良反应

偶见

- 输注部位静脉炎。
- 过敏反应（与青霉素类有交叉过敏反应，发生率 >50%；但具有临床意义的过敏发生率低（参见 Romano 推荐依据）。
- 消化道不耐受（恶心，呕吐和腹泻）。
- 转氨酶增高。
- 嗜酸细胞增多症。
- 惊厥（多见于老年人，有惊厥史患者，高剂量应用时和肾功能不全患者）。
- 药物热。

罕见

- 静脉注射时短暂性低血压。
- 肌阵挛。
- 难辨梭状杆菌感染结肠炎。
- 骨髓抑制。
- 过敏反应。

药物相互作用

- 丙磺舒：增加亚胺培南 / 西司他丁血药浓度。对肾功能衰竭或有惊厥史患者应避免或小心应用。
- 丙戊酸：可能降低丙戊酸血清浓度。两者联用时密切监测其药物浓度。

抗菌谱见附录 II 第 942 页

耐药性

- MRSA，嗜麦芽窄食单胞菌、洋葱伯克霍尔德菌、屎肠球菌通常对亚胺培南 / 西司他丁耐药。
- 针对肠杆菌 MIC 折点：≤ 4 mcg/ml(敏感)；8 mcg/ml（中介）；≥ 16 mcg/ml（耐药）。
- 针对 G^- 非乳糖发酵菌包括假单胞菌和不动杆菌属：MIC 折点：≤ 4 mcg/ml(敏感)；8 mcg/ml（中介）；≥ 16 mcg/ml（耐药）。

药理学机制

- 碳青霉烯类抗生素，阻止细菌细胞壁粘肽合成，导致细胞壁结构缺陷和渗透性不稳定，从而对细胞溶菌易感。西司他丁是脱氢肽酶 -1 抑制酶。脱氢肽酶存在近端肾小管细胞刷状缘，可通过水解 β- 内酰胺环使亚胺培南失活。

药代动力学

- 吸收：无数据
- C_{max}（血药浓度峰值）：500 mg IV 后达 40 mcg/ml。
- 分布：在胸水、肠液、腹膜液、胰腺组织和生殖器官具有高浓度分布。低浓度分布在痰液、胆汁、房水和中枢神经系统。
- 蛋白结合率：15%~25%
- 代谢 / 排泄：10h 内 70%~76% 药物通过肾小球滤过和肾小管分泌自尿液排出。其余 20%~25% 以非肾脏途径排泄，具体不详。只有 1%~2% 通过胆汁自粪便排出。
- 半衰期：1 h。

肝功能不全者药物用法

- 无数据。通常给予常规剂量。

孕期用药

- C 级：动物研究（猴子）中见胚胎形成过程的缺失和孕妇不耐受增加。无人类研究数据。

哺乳期用药

- 自乳汁排泌。

评价

- 胃肠外应用的碳青霉烯抗生素，具有非常广泛的抗菌谱，包括所有厌氧菌、大部分 G^- 杆菌（包括绿脓杆菌、诱导 β－内酰胺酶、产 ESBL 菌）；但不包括 MRSA、VRE 或嗜麦芽窄食单胞菌。惊厥发生率波动于 0.2%（无中枢系统或肾脏疾病的患者给予适当剂量时）到 33%（当具有中枢系统疾患或肾功能不全患者给予高于推荐剂量时）。

推荐依据

American Thoracic Society, Infectious Diseases Society of America. Guidelines for the management of adults with hospital-acquired, ventilator-associated, and healthcare-associated pneumonia. Am J Respir Crit Care Med, 2005;Vol. 171; pp. 388 - 416.

Romano A, Gueant-Rodrigues R, Gaeta F, et al. Imipenem in pts with immediate hypersensitivity to penicillins NEJM, 2006; Vol. 354; p. 26.

左氧氟沙星

Paul A. Pham, PharmD and John G. Bartlett, MD

适应证

FDA 批准的适应证

- 慢性支气管炎急性细菌感染加重（ABECB），急性细菌性鼻窦炎。
- 社区获得性肺炎（包括对青霉素类抗生素抵抗的肺炎链球菌感染）以及院内获得性肺炎。
- 吸入性炭疽（暴露后）。
- 非复杂性及复杂性皮肤软组织感染（非 MRSA 导致）。
- 非复杂性及复杂性泌尿系感染。
- 细菌性结合膜炎（0.5% 眼药水），角膜溃疡（1.5% 眼药水）。

· 慢性细菌性前列腺炎。

商品名	规格	价格（美元）
Levaquin	口服片剂 250 mg	13.35 美元
	口服片剂 500 mg	15.3 美元
	口服片剂 750 mg	28.65 美元
	静脉注射 500 mg	45.65 美元
	静脉注射 750 mg	60.59 美元
Quixin	眼药水 0.5%	73.5 美元
Iquix	眼药水 1.5%	73.5 美元

* 此处价格指平均整体批发价格

成人常规剂量

· 社区获得性肺炎：500 mg IV/PO，1 次 / 天，7~14 天。
· 社区获得性肺炎：750 mg IV/PO，1 次 / 天，5 天。
· 复杂性皮肤性感染及皮肤附属器官感染：750mg，静脉滴注或口服，1 次 / 天，7~14 天。
· 院内获得性肺炎：750 mg，静脉滴注或口服，1 次 / 天，7~14 天。
· ABECB:500 mg PO，1 次 / 天，共 7 天。
· 急性细菌性鼻窦炎：500 mg PO，1 次 / 天，7~14 天。
· 泌尿系感染（非复杂性）：250 mg PO，1 次 / 天，3 天。
· 泌尿系感染（复杂性）：250 mg PO，1 次 / 天，10 天。
· 慢性前列腺炎：500 mg PO，1 次 / 天，28 天。
· 炭疽：见炭疽章节。
· 细菌性结膜炎：0.5% 眼药水，患眼每次 1~2 滴，2 小时 1 次（最多用 8 次 / 天），共 2 天，然后是醒时 4 小时 1 次（最多每天 4 次），共 5 天。
· 角膜溃疡：1.5% 眼药水，1~2 天，清醒时每 30 分钟到 2 小时滴患眼，睡眠时 4~6 小时 1 次，然后清醒时每 4~6 小时 1 次滴患眼直到疗程结束。
· 肥胖者：750 mg IV/PO 1 次 / 天。

肾功能不全时的调整剂量

· GFR 50~80 ml/min：500~750mg,1 次 / 天。
· GFR 10~50 ml/min: GFR 20~49 ml/min 500~750 mg,1 次，随之 250 mg/d 或者 750 mg/48h；GFR10~19 ml/min 500~750 mg,1 次，随之 250~500 mg/48h。
· GFR<10 ml/min：500~750 mg,1 次，随后 250~500 mg/48 小时。
· 血液透析患者用药：500~750 mg,1 次，随后 250~500 mg/48 小时。
· 腹膜透析患者用药：500~750 mg,1 次，随后 250~500 mg/48 小时。
· 血滤患者用药：CVVHD 500~750 mg,1 次，随之 250 mg/d 或者 500 mg/48h。

药物不良反应

· 一般能很好耐受

偶见

· 胃肠道反应：腹泻。
· 中枢神经系统：头痛、乏力、失眠、不宁、眩晕。
· 过敏反应。

- 光过敏 / 光损伤（可很严重）。
- 难辨梭状杆菌结肠炎（是针对 NAP-1 难辨梭状杆菌的重要药物）。

罕见

- 周围神经病。
- 转氨酶升高。
- QT 间期延长（老年人可能更易发生）。
- 肌腱断裂（老年人同时使用皮质激素者发生率增加）。
- 惊厥。
- 严重的过敏反应（TEN，Stevens-Johnsons 综合征，过敏性肺炎，肝炎，骨髓抑制）。
- 间质性肾炎。
- 肝炎（严重者发生在 14 天之内，大多数发生在 6 天内）。

药物相互作用

- 二价或三价阳离子（例如抗酸剂，硫酸盐，缓冲的 DDI，维生素，矿物质）：干扰左氧氟沙星吸收。不能共服或在使用阳离子 2h 前应用左氧氟沙星。
- 低钾血症、显著心动过缓，心肌病患者避免同时应用左氧氟沙星和其他延长 QT 间期的药物，包括 Ia 类及 III 类抗心律失常药物。
- 与 HIV 蛋白酶抑制剂（奈非那韦）及非核酸反转录酶（奈韦拉平）无显著相互作用。
- NSAID：可能增加中枢神经系统副作用（临床意义未明）。
- 司维拉姆可能增加左氧氟沙星吸收，避免同时应用或使用 2 h 前应用左氧氟沙星。
- 华法林：同时使用可能增加 INR，需密切监测。

抗菌谱见附录 II 第 952 页

耐药性

- 青霉素类耐药的肺炎链球菌对左氧氟沙星有较低（<3%）但是逐步增加的耐药性。
- 针对铜绿假单胞菌、不动杆菌属、肠杆菌属及其他非肠杆菌属 MIC 折点：≤ 2mcg/ml（敏感），和 4 mcg/ml（中介）；≥ 8 mcg/ml（耐药）。
- 葡萄球菌属 MIC 折点：≤ 1 mcg/ml（敏感）；2 mcg/ml（中介）；≥ 4 mcg/ml（耐药）
- 肺炎链球菌以及肠球菌 MIC 折点：≤ 2 mcg/ml（敏感）；4 mcg/ml（中介）；≥ 8 mcg/ml（耐药）。

药理学机制

- 氟喹诺酮类药物通过与 DNA 复合物结合从而抑制 DNA 拓扑异构酶（DNA 旋转酶及拓扑异构酶 4），干扰细菌 DNA 复制、转录、修复、重组、转运。

药代动力学参数

- 吸收：98% 吸收，用药不受食物干扰。
- C_{max}：500 mg 静脉给药后蜂浓度达 6.2 mcg/ml；500 mg 口服给药后蜂浓度达 5.7 mcg/ml。
- 分布：平均表观分布容积 74~112 L，广泛分布于肾、胆囊、生殖系统组织、肝、肺、前列腺组织、巨噬细胞、尿、痰、水泡液、胆汁。炎性脑膜炎患者脑脊液中浓度可达血清浓度的 30%~50%。
- 蛋白结合率：24%~38%。

- 代谢 / 排泄：微量肝脏代谢。87% 以原型在 48 小时内通过肾小球滤过以及肾小管分泌自尿液中排泄。
- 半衰期：7 h。

肝功能不全者药物用法

- 通常给予常规剂量。

孕期用药

- C 级：在一项由欧洲畸胎学信息协作中心(ENTIS)进行的一项前瞻性随访研究中，666 例孕期接触氟喹诺酮药物（大部分在孕早期接触）的孕妇，最终先天畸形发生率为 4.8%。根据既往流行病学数据，4.8% 这一数值未超过背景数值。动物研究数据表明，未成熟动物发生关节软骨损伤的关节病变。鉴于动物研究数据，以及可选替代性抗生素，孕期禁忌使用氟喹诺酮类抗生素。

哺乳期用药

- 鉴于动物研究数据提示可能导致关节病，母乳喂养期间不推荐应用氟喹诺酮类抗生素。

评价

- 左氧氟沙星是氧氟沙星的左旋体，在体外和临床应用中对肺炎链球菌和非典型致病菌感染肺炎均有良效。其主要应用于下呼吸道感染和 FDA 批准用于对青霉素类耐药的肺炎链球菌感染、院内获得性肺炎。针对社区获得性肺炎治疗效果与莫西沙星相当。

推荐依据

Mandell LA, Wunderink RG, Anzueto A, et al. Infectious Diseases Society of America/American Thoracic Society consensus guidelines on the management of community-acquired pneumonia in adults. Clin Infect Dis, 2007; Vol. 44 Suppl 2;pp. S27 - 72.

注释 :IDSA 推荐“呼吸喹诺酮”（左氧氟沙星、莫西沙星）用于社区肺炎的门诊治疗以及合并基础疾病需要住院（非 ICU）的患者；入住 ICU 的社区肺炎患者头孢噻肟或头孢曲松应与“呼吸喹诺酮”联合应用。

推荐依据

Ho PL, Que TL, Chiu SS, et al. Fluoroquinolone and other antimicrobial resistance in invasive pneumococci, Hong Kong,1995 - 2001. Emerg Infect Dis, 2004; Vol. 10; pp. 1250 - 7.

West M, Boulanger BR, Fogarty C, et al. Levofl oxacin compared with imipenem/cilastatin followed by ciprofl oxacin in adult pts with nosocomial pneumonia: a multicenter, prospective, randomized, open-label study. Clin Ther, 2003;Vol. 25; pp. 485 - 506.

利奈唑胺

Paul A. Pham, PharmD and John G. Bartlett, MD

适应证

FDA 批准的适应证

- 由 MRSA，MSSA 及肺炎链球菌引起的院内获得性肺炎。一般用于 MRSA 引起者。
- 由肺炎链球菌、MSSA 引起的社区获得性肺炎。并非社区获得性肺炎的首选药物，除非是 MRSA 引起的严重感染。
- 由耐万古霉素屎肠球菌（VRE）引起的感染，伴或不伴血流感染。
- 复杂或非复杂皮肤以及皮肤附属器官感染包括糖尿病足溃疡（不伴有骨髓炎）。

非 FDA 批准的适应证

- 导管相关性的脓毒血症（一般不推荐）。
- 手术伤口感染。
- 疖 / 痈。
- 蜂窝织炎 / 丹毒。
- 急性骨髓炎（二线用药）。
- 慢性骨髓炎（二线用药）。
- 社区获得性化脓性关节炎（资料有限）。
- 人工关节化脓性感染（资料有限）。

商品名	规格	价格 *
斯沃	600 mg，口服	86.9 美元
	混悬液 100 mg/5 ml	434.5 美元 /150ml
	静脉制剂 600 mg	111.35 美元

* 此处价格指平均批发价格

成人常规剂量

- 600 mg，静脉滴注 / 口服，2 次 / 天。
- 非复杂皮肤软组织感染推荐使用低剂量（400 mg，口服，2 次 / 天）。
- 肥胖患者：600 mg，q8h，用于严重感染。

肾功能不全时的调整剂量

- GFR 50~80 ml/min：600 mg 2 次 / 天。
- GFR 10~50 ml/min: 600 mg 2 次 / 天。
- GFR<10 ml/min：600 mg 2 次 / 天。
- 血液透析患者用药：600 mg,2 次 / 天（血透当天在血透后用药）。
- 腹膜透析患者用药：没有资料，建议 600 mg 2 次 / 天。
- 血滤患者用药：资料有限，600 mg 2 次 / 天。

药物不良反应

偶见

- 可逆性骨髓抑制（血小板减少以及贫血），特别是疗程大于 2 周时。中性粒细胞减少亦有报道。在一开放标签研究中，在中位治疗时间为 7~8 周后，血小板减少以及贫血的发生率为 4.7% 以及 5.8%(Eur J Clin Microbiol Infect Dis. 2007;26:353)。
- 胃肠道不耐受（恶心、呕吐、腹泻）。

・头痛。

罕见

・与选择性 5- 羟色胺再吸收抑制剂（SSRI）联合应用时有报道发生血清素综合征。
・乳酸酸中毒。
・难辨梭状杆菌感染。
・视神经炎或周围神经病（特别是长期用药时）。
・药物热。
・皮疹。
・眩晕。

药物相互作用

・利奈唑胺是一种可逆的，非选择性的单胺氧化酶抑制剂。酪氨酸丰富的食物，肾上腺素，SSRI 药物与利奈唑胺存在潜在相互作用，可引起不宁腿，肌阵挛、意识状态改变，故应该避免联合应用。建议在使用利奈唑胺 2 周前停用肾上腺素以及 SSRI。与 CYP3A4 无相互作用。
・丁螺环酮 : 避免共同给药。
・杜冷丁：避免共同给药。
・5- 羟色胺受体拮抗剂（曲坦类药物）：避免共同给药。

抗菌药物

・选择性 5- 羟色胺再摄取抑制剂（如氟西汀）：避免同时给药（见 Taylor 等）。
・三环类抗抑郁药（如去甲替林，阿米替林）：避免同时给药。

抗菌谱见附录 II 第 958 页

耐药性

・甲氧西林耐药金黄色葡萄球菌（MRSA）和万古霉素耐药肠球菌（VRE）耐药。已报道出现对利奈唑胺耐药（Potoskietal.EmergInfectDisVol.8,No.12December2002.BirminghametalCID2003;36:159）
・葡萄球菌 MIC 折点是 4 μg/ml，肠球菌 MIC 折点是 2 μg/ml。

药理学机制

・利奈唑胺与核糖体 f-met-t-RNA-mRNA-30s 亚基结合，从而抑制蛋白合成的第一步。

药动学参数

・吸收：100% 吸收（给药时间与食物无关）。
・C_{max}：口服单次剂量 600 mg，峰浓度为 12.7 μg/ml。
・分布：分布容积为 50 L，广泛分布。具有好的中枢神经系统穿透能力（动物数据）。治疗骨髓炎，动物模型显示其效果低于头孢唑啉（AAC2000;44:3438），但骨中可达到治疗药物浓度（6~9 μg/ml）（JAC2002;50:73）；然而，骨髓抑制作用限制利奈唑胺治疗时间不宜超过 2 周。
・蛋白结合：蛋白结合低，为 31%。
・代谢 / 排泄：在肝脏经氧化代谢，约 30% 经肾排泄和 70% 经非肾途径排泄。
・半衰期：半衰期为 4.2~5.4 小时。

肝功能不全者药物用法

- 无需进行剂量调整。

孕期用药

- C 级：动物研究显示无致畸性。

哺乳期用药

- 可通过乳汁分泌（乳汁药物浓度与母体血浆药物浓度相似）。

简介

- 利奈唑胺几乎对所有抗生素耐药的革兰氏阳性菌都有抗菌活性，短期使用，不良反应少。一项回顾性研究显示，利奈唑胺治疗 MRSA 引起的医源性肺炎患者的生存率和治愈率显著优于万古霉素，需要进一步的前瞻性研究来证实上述结论。利奈唑胺可考虑用于万古霉素治疗失败或不耐受引起的 MRSA 感染。因仅有极少的数据支持利奈唑胺治疗 MRSA 心内膜炎（Birmingham et al. CID 2003;36:159. Stevens et al. CID 2002;34:1481.Howden et al. CID 2004;38:521－8），治疗万古霉素失败或耐药的心内膜炎，优先选择达托霉素。对所有 MRSA 和 VRE 分离菌株，均应进行利奈唑胺敏感性实验。

推荐依据

Adembri C, Fallani S, Cassetta MI, et al. Linezolid pharmacokinetic/pharmacodynamic profi le in critically ill septic pts:intermittent versus continuous infusion. Int J. Antimicrob Agents, 2008; Vol. 31; pp. 122.

Taylor JJ, Wilson JW, Estes LL. Linezolid and serotonergic drug interactions: a retrospective survey. Clin Infect Dis, 2006;Vol. 43; pp. 180－7 .

美罗培南

Paul A. Pham, PharmD and John G. Bartlett, MD

适应证

FDA 批准的适应证

- 草绿色链球菌，大肠杆菌，肺炎克雷伯菌，铜绿假单胞菌，脆弱拟杆菌，多形拟杆菌和消化链球菌引起的腹腔感染（阑尾炎和腹膜炎）。
- 肺炎链球菌，流感嗜血杆菌和脑膜炎奈瑟氏菌引起的脑膜炎（3个月或以上患儿）。
- 金黄色葡萄球菌（仅限 MSSA），化脓性链球菌，无乳链球菌，草绿色链球菌，粪肠球菌（不是 VRE），铜绿假单胞，大肠杆菌，奇异变形杆菌，脆弱拟杆菌和消化链球菌引起的复杂皮肤和软组织感染。

非 FDA 批准的适应证

- 脑脓肿。
- 分流器感染。
- 其他腹腔感染（胆囊炎，胆管炎，憩室炎，脾脓肿，肝脓肿）。

成人常用剂量

- 轻－中度感染：静脉给药，1 次 1 g，每 8 小时给药 1 次。
- 严重感染和中枢神经系统感染：静脉给药，1 次 2 g，每 8 小时给药 1 次。
- 为了提高 PK/PD 参数，一些专家推荐采用延长输注（4 小时以上）的方法治疗严重感染和（或）治疗中度耐药的微生物（与氨基糖苷类联合用药）。

- 肥胖患者：静脉给药，1 次 2 g，每 8 小时给药 1 次（数据有限）。

肾功能不全时的调整剂量

- GFR 50~80 ml/min：同常用剂量。
- GFR 10~50 ml/min：GFR26~50 ml/min，静脉给药，1 次 1 g，每 12 小时给药 1 次（轻 – 中度感染）或静脉给药，1 次 1 g，每 8 小时给药 1 次（严重感染或中枢神经系统感染）。GFR10~25 ml/min：静脉给药，1 次 0.5 g，每 12 小时给药 1 次（轻 – 中度感染）或静脉给药，1 次 1 g，每 12 小时给药 1 次（严重感染或中枢神经系统感染）。
- GFR<10 ml/min：1 次 0.5 g，每 24 小时给药 1 次（轻 – 中度感染）或 1 次 1 g，每 24 小时给药 1 次（严重感染或中枢神经系统感染）。
- 血液透析：1 次 0.5~1 g，每 24 小时给药 1 次。在血液透析日，透析后给药。
- 腹膜透析：静脉给药，1 次 0.5 g，每 24 小时给药 1 次。
- 血液滤过：连续静脉 – 静脉血液透析（CVVH）：静脉给药，1 次 1 g，每 8~12 小时给药 1 次。连续静脉 – 静脉血液滤过（CVVHD）：静脉给药，1 次 1~2 g，每 12 小时给药 1 次。对于严重感染或中枢神经系统感染，静脉给药，1 次 2 g，每 12 小时给药 1 次。

药物不良反应

偶见

- 过敏反应（与青霉素存在交叉过敏皮肤实验发生率可达 50%，但报道的具有临床意义的交叉过敏反应很少，见 Romano 推荐依据）。
- 胃肠道不耐受（恶心、呕吐和腹泻）。

罕见

- 癫痫（动物研究表明，癫痫发生率低于亚胺培南）。
- 难辨梭状芽胞杆菌结肠炎。
- 血小板减少症。
- 过敏反应。
- 药物热。

药物相互作用

- 丙磺舒：可增加美罗培南血清药物浓度。肾衰患者应避免使用或慎用。
- 丙戊酸：可降低丙戊酸血清药物浓度。同时给药时，密切监测血清药物浓度。

抗菌谱见附录 II 第 943 页

耐药性

- 甲氧西林耐药金黄色葡萄球菌（MRSA），嗜麦芽窄食单胞菌，洋葱伯克霍尔德菌和屎肠球菌通常对美罗培南耐药。
- 肠科杆菌 MIC 折点：≤ 4 μg/ml（敏感）；8 μg/ml（中介）；≥ 16 μg/ml（耐药）。
- 非发酵革兰阴性菌包括铜绿假单胞菌和不动杆菌属 MIC 折点：≤ 4 μg/ml（敏感）；8 μg/ml（中介）；≥ 16 μg/ml（耐药）。

药理学机制

- 碳青霉烯类抗生素抑制细菌细胞壁黏肽的合成，形成细胞壁缺损和渗透压不稳定，从而引起细胞溶解。

抗菌药物

药动学参数

- C_{max}：静脉给予 500 mg 本品，峰浓度为 26 μg/ml。
- 分布：可在体内大多数组织和体液中分布，包括胰腺组织和脑脊液中。
- 蛋白结合：2%。
- 代谢 / 排泄：主要经肾小球滤过和肾小管分泌以原形排泄。
- 半衰期：1.0 h。

肝功能不全者药物用法

- 没有数据，可能同常用剂量。

孕期用药

- B 级：动物数据显示没有风险，人类尚无数据。通常认为碳青霉烯类抗生素在围产期（例如孕 28 周或更晚）使用是很安全的，美罗培南也是如此。围产期之前该药对胎儿的影响目前尚不清楚。

哺乳喂养相容性

- 没有数据。

简介

- 与亚胺培南的抗菌谱相似，包括铜绿假单胞菌和可诱导产生染色体 β 内酰胺酶和产 ESBL 的病原菌。美洛培南对腹腔感染和软组织感染治疗效果与亚胺培南相似。与亚胺培南相比，美罗培南治疗脑膜炎方面具有优势，每天最大给药剂量可达 6 g，同时癫痫并发症的发生率最低。费用高于亚胺培南。

推荐依据

American Thoracic Society, Infectious Diseases Society of America. Guidelines for the management of adults with hospital- acquired, ventilator-associated, and healthcare-associated pneumonia. Am J Respir Crit Care Med, 2005; Vol.171; pp. 388 - 416 .

Romano A, Viola M, Gu é ant-Rodriguez RM, et al. Brief communication: tolerability of meropenem in pts with IgE-mediated hypersensitivity to penicillins. Ann Intern Med, 2007; Vol. 146; pp. 266 - 9.

马尿酸乌洛托品

Paul A. Pham, PharmD and John G. Bartlett, MD

适应证

FDA 批准的适应证

- 预防或抑制治疗频发的复发性泌尿道感染。在其他适宜抗菌药物治愈感染后使用该药。
- 慢性泌尿道感染。

非 FDA 批准的适应证

- 无并发症泌尿道感染。
- 菌尿。

成人常用剂量

- 口服马尿酸乌洛托品，1 次 1g，每天 2 次。
- 肾功能不全患者给药剂量。
- GFR 50~80 ml/min：常用剂量。
- GFR 10~50 ml/min：由于尿中药物浓度低和血清达中毒浓度，应避免使用。
- GFR<10 ml/min：由于尿中药物浓度低和血清达中毒浓度，应避免使用。
- 血液透析：由于尿中药物浓度低和血清达中毒浓度，应避免使用。
- 腹膜透析：由于尿中药物浓度低和血清达中毒浓度，应避免使用。
- 血液滤过：没有数据。应避免使用。
- 甲硝唑

药物不良反应

偶见

- 恶心和消化不良。
- 皮疹。

罕见

- 结晶尿（大剂量使用时）。
- 肝功能实验升高。

药物相互作用

- 尿液碱化剂（碳酸氢钠，醋酸钠，乳酸钠，枸橼酸钠）会增加尿液的 pH，可减少乌洛托品在尿液中的水解成甲醛和氨，引起疗效降低。避免使用尿液碱化剂。

耐药性

- 产气肠杆菌

药理学机制

- 乌洛托品可通过酸（扁桃酸或马尿酸）水解成甲醛和氨。甲醛发挥乌洛托品防腐和杀菌作用。

药动学参数

- 吸收：吸收迅速。
- C_{max}：在血液和血清中无活性。口服 1 g 乌洛托品，尿液中甲醛浓度为 18~60 μg/ml。
- 分布：可分布于体内各组织和体液中，但体内不会水解成甲醛和氨（由于 pH 高于 6.8）。
- 代谢 / 排泄：通过肾小球滤过和肾小管分泌，在尿液中水解成甲醛和氨。
- 半衰期：4.3 小时。

肝功能不全者药物用法

- 没有数据。可能是常用剂量。

孕期用药

- C 级：一项密西根医疗救助患者监测报道，共有 209 名在妊娠期的头 3 个月暴露于乌洛托品患者。3.8% 的出生缺陷不支持乌洛托品和先天性缺陷之间存在关联。

哺乳期用药

- 乌洛托品可以通过乳汁分泌。

简介

- 口服泌尿系统防腐药，可预防或治疗无并发症泌尿道感染，但磺胺甲基异噁唑是该类药物的选择。

推荐依据

Cronberg S, Welin CO, Henriksson L, et al. Prevention of recurrent acute cystitis by methenamine hippurate: double blind controlled crossover long term study. Br Med J (Clin Res Ed), 1987; Vol. 294; pp. 1507 - 8.

Lee B, Bhuta T, Craig J, et al. Methenamine hippurate for preventing urinary tract infections. Cochrane Database Syst Rev, 2002; Vol. CD003265.

甲硝唑

Paul A. Pham, PharmD and John G. Bartlett, MD

适应证

FDA 批准的适应证

- 厌氧菌感染：腹腔感染，皮肤及皮肤组织感染，骨和关节感染。
- 细菌性败血症；心内膜炎（拟杆菌引起的）。
- 妇科感染（子宫内膜炎，子宫肌内膜炎，输卵管 - 卵巢脓肿和术后阴道穹窿感染）。
- 下呼吸道感染（与另外一种具有抗微需氧链球菌的抗菌药物联合使用）。
- 抗菌药物。
- 与幽门螺杆菌相关的胃炎和十二指肠溃疡的辅助治疗。
- 中枢神经系统感染（脑膜炎和脑脓肿）。
- 治疗急性肠内阿米巴和阿米巴肝脓肿。
- 治疗有症状的和无症状的滴虫病。
- 细菌性阴道病（阴道用凝胶）。
- 红斑痤疮（局部用凝胶）。

非 FDA 批准的适应证

- 抗生素相关的结肠炎（难辨梭状芽胞杆菌）。
- 治疗贾第虫病和龙线虫病。
- 牙周病。
- 择期结直肠手术（分类归于污染或潜在污染手术）。
- 择期结肠手术的预防（与具有抗大肠杆菌活性的药物联合使用）。

成人常用剂量

- 敏感的厌氧菌感染：口服，1 次 250~500 mg，每 8 小时给药 1 次或静脉给药，1 次 500 mg，每 6 小时给药 1 次（厂家推荐）或考虑采用口服，1 次 0.5~1 g，每 12 小时给药 1 次（根据药动学数据）。
- 难辨梭状芽胞杆菌引起的结肠炎：口服，1 次 500 mg，每天 4 次，治疗 10~14 天。
- 细菌性阴道病：口服，1 次 500 mg，每天 2 次，治疗 7 天或口服甲硝唑缓释制剂（商品名 Flagyl ER），1 次 750 mg，每天 1 次，治疗 7 天。

- 滴虫病：口服，单次给药 2g 或口服给药，每次给药 500 mg，每天 2 次，治疗 7 天（替代方案）。
- 阿米巴病：口服给药，每次 750 mg，每 8 小时给药 1 次，治疗 5~10 天。
- 贾第虫病：口服给药，每次 250 mg，每 8 小时给药 1 次，治疗 5~10 天。

肾功能不全时的调整剂量

- GFR 50~80 ml/min：常用剂量。
- GFR 10~50 ml/min：常用剂量。
- GFR<10 ml/min：常用剂量。
- 血液透析：常用方案。
- 腹膜透析：常用方案。
- 血液滤过：没有数据。可能是常用剂量。

药物不良反应

常见

- 胃肠道不耐受。
- 金属味。
- 头痛。
- 深色尿（对人体无害）。

偶见

- 外周神经痛（长期使用，通常是可逆的）。
- 注射部位静脉炎。

甲硝唑

- 与酒精合用，可发生双硫仑样反应。
- 失眠。
- 口炎。

罕见

- 癫痫。

药物相互作用

- 巴比妥类：可降低甲硝唑血药浓度。
- 双硫仑：禁忌使用。
- 乙醇：恶心、呕吐，头痛，腹部痉挛和潮红。可发生急性精神病或精神错乱（避免联合使用）。避免使用乙醇，双硫仑停药 2 周后方可使用甲硝唑。
- 锂：可增加锂的血药浓度。
- 洛匹那韦溶液：双硫仑样反应（避免同时使用）。
- 苯妥英：可增加苯妥英的血药浓度。
- 利托那韦溶液：由于利托那韦溶液制剂中含有乙醇，因此可发生双硫仑样反应（避免同时使用）。
- 替拉那韦胶囊：双硫仑样反应（避免同时使用）。
- 华法林：可增加 INR。

抗菌谱见附录 II 第 958 页

抗菌药物

药理学机制

- 准确作用机理尚不明确，但甲硝唑还原后可产生极性代谢物，干扰 DNA 和抑制核苷酸的合成。

药动学参数

- 吸收：口服给药，90% 可被吸收（只有口服给药是禁忌时方可采用静脉给药）。
- C_{max}：口服或静脉 500 mg，峰浓度可达 20~25 μg/ml。
- 分布：可分布在唾液，胆汁，精液，骨骼，肝脏及肝脓肿，肺和阴道分泌物中。具有好的中枢神经系统穿透力（脑脊液中药物浓度可达血清药物浓度的 30%~100%）。
- 蛋白结合：20%
- 代谢 / 排泄：30%~60% 的甲硝唑经肝脏羟化，氧化和葡萄糖醛酸化结合形成活性代谢物（2- 羟基甲硝唑）。服药 5 天内，77% 的原形和甲硝唑代谢物经尿排泄，14% 通过粪便排泄。
- 半衰期：6~14 小时。

肝功能不全者药物用法

- 严重肝功能不全患者应降低剂量。

孕期用药

- B 级：动物数据（啮齿类）显示致癌风险。妊娠期使用甲硝唑存在争议，人类数据也存在矛盾（但多数研究显示没有风险）。厂家和疾病预防控制中心（CDC）认为在妊娠期前 3 个月禁忌使用甲硝唑。

哺乳期用药

- 可通过乳汁分泌。美国儿科学会建议慎用甲硝唑，建议服药后停止喂养 12~24 小时，以便药物排出体外。

简介

- 甲硝唑是治疗厌氧菌的金标准药物。除放射菌属，短小棒状杆菌和乳酸杆菌外，几乎对所有厌氧菌具有活性。治疗需氧菌 / 厌氧菌感染时，应联合使用其他抗生素。治疗贾第虫病，毛滴虫病和阿米巴病的一线药物。治疗轻度（而不是严重）难辨梭状芽胞杆菌结肠炎，口服万古霉素和甲硝唑具有相似的反应率和复发率。

推荐依据

Bartlett JG. Narrative review: the new epidemic of Clostridium difficile –associated enteric disease. Ann Intern Med,2006; Vol. 145; pp. 758 - 64 .

Chaudhry R, Mathur P, Dhawan B, et al. Emergence of metronidazole–resistant Bacteroides fragilis , India. Emerg Infect Dis, 2001; Vol. 7; pp. 485 - 6.

米诺环素

Paul A. Pham, PharmD and John G. Bartlett, MD

适应证

FDA 批准的适应证

- 肺炎支原体引起的肺炎。
- 肉芽肿荚膜杆菌引起的腹股沟肉芽肿。
- 支原体引起的性病淋巴肉芽肿。

- 鹦鹉热衣原体引起的鹦鹉热。
- 立克次体引起的洛矶山斑疹热，斑疹伤寒，立克次体热和 Q 热，立克次（氏）体痘和其他蜱热。
- 回归热螺旋体引起的复发热。
- 杜克雷嗜血杆菌引起的软下疳。
- 霍乱弧菌引起的霍乱。
- 非淋球菌性尿道炎（尿素分解尿素原体和沙眼衣原体引起）。
- 雅司螺旋体引起的雅司病。鼠疫耶尔森菌引起的鼠疫。土拉热弗郎西丝菌引起的土拉菌病。胎儿弯曲菌引起的胎儿弯曲菌感染。布氏杆菌引起的布氏杆菌病（与链霉素联合使用）。杆菌状巴尔通体引起的巴尔通体病。肉芽肿荚膜杆菌引起的腹股沟肉芽肿。轻 – 中度寻常痤疮（12 岁以上，仅限使用米诺环素缓释制剂）。

非 FDA 批准的适应证

- 假体相关的（Hardware-associated）脓毒性关节炎。
- 寻常痤疮（辅助治疗）。
- 斑疹伤寒感染。

成人常用剂量

- 口服给药，1 次 100 mg，每天 2 次。
- 寻常痤疮：米诺环素缓释制剂（年龄 >12 岁），口服给药，剂量为 1mg/(kg · d)。

肾功能不全时的调整剂量

- GFR 50~80 ml/min：常用剂量
- GFR 10~50 ml/min：常用剂量，有的推荐延长给药间隔。优先选择多西环素。
- GFR<10 ml/min：尽管推荐延长给药间隔，但可使用常规剂量。优先选择多西环素。
- 血液透析：常用剂量。不推荐补充给药。优先选择多西环素。
- 腹膜透析：常用剂量。优先选择多西环素。
- 血液滤过：没有数据。常用剂量可能性大。优先选择多西环素。

药物不良反应

常见

- 眩晕和共济失调。
- 胃肠道不耐受（剂量相关），恶心和呕吐。
- 8 岁以下儿童牙齿染色和畸形。

偶见

- 加重氮质血症（肾衰患者发生率增加）。肾功能不全患者，优先考虑多西环素。
- 肝毒性（剂量相关，特别是妊娠妇女，肾功能不全患者和使用了过期药物）。
- 食管溃疡。
- 念珠菌病（鹅口疮和阴道炎）。
- 光敏反应。
- 有报道长期治疗可引起皮肤色素沉着（深蓝色）。

罕见

- 过敏反应。
- 视觉障碍。

- 重症肌无力加重（钙可逆转）。
- 难辨梭状芽胞杆菌结肠炎（发生率低于头孢类，碳青霉素类和氟喹诺酮类）。
- 溶血性贫血。
- 良性颅内高压，视神经乳头水肿。
- 范科尼综合征（使用了过期药品）。
- 高敏反应（过敏反应，血管神经性水肿，荨麻疹，皮疹和瘙痒）。
- 报道可发生 Stevens–Johnson 综合征和多形性红斑。
- 表现为关节痛和肌痛的狼疮样症状。

耐药性

- 肠科杆菌，葡萄球菌属和肠球菌属的 MIC 折点：<4 μg/ml（敏感）；8 μg/ml（中介）；>16 μg/ml（耐药）。
- 对四环素敏感的分离菌株通常认为对多西环素和米诺环素敏感。然而，对四环素中介或耐药的分离菌株可能对多西环素或米诺环素敏感。

药物相互作用见附录 Ⅲ 第 972 页药物相互作用列表。

抗菌谱见附录 Ⅱ 第 954 页

药理学机制

- 四环素类药物主要通过与核糖体 30S 亚基结合，阻断与转录 –RNA 氨酰基结合，从而抑制蛋白合成。

药动学参数

- 吸收：90% 可被吸收。
- C_{max}：静脉给药 200 mg，峰浓度为 4.2 μ g/ml。口服给予 200 mg，峰浓度为 2~3.5 μ g/ml。
- 分布：广泛分布于组织和体液，包括胸膜液，支气管分泌物，痰，滑膜液，房水和玻璃体以及前列腺液。
- 蛋白结合：55%~88%。
- 代谢 / 排泄：可能通过肝脏代谢，4%~14% 经尿液排泄，20%~34% 经粪便排泄。
- 半衰期：16 h。

肝功能不全者药物用法

- 没有蓄积。常规剂量。

孕期用药

- D 级：四环素类药物会延缓骨骼和骨的发育，因此妊娠期禁用。胎儿会造成釉质发育不全和胎儿牙齿染色。有报道会引起母体肝脏毒性。

哺乳期用药

- 四环素类药物可通过乳汁分泌，乳汁中药物浓度很低。理论上，会对牙齿染色和抑制骨的生长，但暴露于四环素类药物婴儿体内的药物浓度小于 0.05 μ g/ml。

简介

- 口服四环素可以替代多西环素，但某些患者可出现令人麻烦的头晕。食物对吸收没有显著影响。四环素对大多数葡萄球菌具有活性，但对链球菌的活性有限。可与利福平联合使用，对骨和关节假体感染的长期抑制治疗。

推荐依据

Barnes EV, Dooley DP, Hepburn MJ, et al. Outcomes of community-acquired, methicillin-resistant Staphylococcus aureus ,soft tissue infections treated with antibiotics other than vancomycin. Mil Med, 2006; Vol. 171; pp. 504 - 7.

Keency RE, Seamans ML, Russo RM, et al. The comparative effi cacy of minocycline and penicillin-V in Staphylococcus aureus skin and soft tissue infections. Cutis, 1979; Vol. 23; pp. 711 - 8.

莫西沙星

Paul A. Pham, PharmD and John G. Bartlett, MD

适应证

FDA 批准的适应证

- 慢性支气管炎急性发作。急性细菌性鼻窦炎。
- 社区获得性肺炎 （包括多重耐药菌引起的）。
- 无并发症皮肤和皮肤组织感染（口服给药，不包括 MRSA）。复杂皮肤和皮肤组织感染，包括糖尿病足感染（口服和静脉给药，不包括 MRSA）。
- 复杂腹腔感染，包括多种微生物感染，例如脓肿。作者观点：由于脆弱拟杆菌存在潜在耐药，仅用于轻度－中度腹腔感染。严重感染，考虑加用甲硝唑。
- 细菌性结膜炎（滴眼剂）。

非 FDA 批准的适应证

- 治疗结核分枝杆菌。
- 治疗鸟型胞内分枝杆菌。

成人常用剂量

- 社区获得性肺炎：静脉或口服给药，1 次 400 mg，每天 1 次，治疗 7~14 天。
- 无并发症皮肤和皮肤组织感染（非 MRSA）：口服给药，1 次 400 mg，每天 1 次，治疗 7 天。复杂皮肤和皮肤组织感染：静脉给药，1 次 400 mg，每天 1 次，治疗 7~21 天。
- 急性鼻窦炎：口服给药，1 次 400 mg，每天 1 次，治疗 5~10 天。
- 慢性支气管炎急性发作：口服给药，1 次 400 mg，每天 1 次，治疗 5 天。
- 轻－中度腹腔感染，包括多微生物感染：静脉或口服给药，1 次 400 mg，每天 1 次，治疗 5~21 天。
- 严重腹腔感染，考虑联合甲硝唑。
- 细菌性结膜炎：滴患眼，1 次一滴，每 8 小时 1 次，治疗 7 天。
- 肥胖患者：没有数据，考虑 1 次 600 mg，每天 1 次（根据剂量范围研究的药动学数据）

肾功能不全时的调整剂量

- GFR 50~80 ml/min：常规剂量。
- GFR 10~50 ml/min：常规剂量。
- GFR<10 ml/min：常规剂量。
- 血液透析：没有数据，可能是常规剂量。

- 腹膜透析：没有数据，常规剂量。
- 血液滤过：没有数据，常规剂量。

药物不良反应

偶见

- 通常胃肠道耐受良好，可发生腹泻。
- 中枢神经系统：头痛，全身乏力，失眠，烦躁不安，头晕。中枢神经系统混乱患者慎用，特别是老年人。
- 转氨酶升高。
- 光敏反应 / 光毒性反应（可能很严重）。
- 难辨梭状芽胞杆菌结肠炎。

罕见

- 过敏反应。
- QTc 延长。
- 肌腱断裂。氟喹诺酮类药物作用。60 岁以上老年患者，联合使用糖皮质激素，肾脏、心脏和肺移植患者肌腱断裂发生率会增加。若患者出现疼痛或肌腱断裂，应停药。
- 外周神经病变。
- 癫痫。
- 严重过敏反应（中毒性表皮坏死松懈症，Stevens-Johnsons 综合征，过敏性肺炎，肝炎和骨髓抑制）。
- 间质性肾炎。

药物相互作用

- 任何二价和三价阳离子（如抗酸药，多种维生素，锌，钙，铁，硫糖铝和去羟肌苷缓释剂等）：显著降低莫西沙星的血清药物浓度。避免联合使用或二价 / 三价阳离子服用前 4 小时或服用后 8 小时方可口服莫西沙星。
- IA 类（例如奎尼丁，普鲁卡因胺）或 Ⅲ 类（例如胺碘酮，索他洛尔）抗心律失常药：已知 QT 间隔延长患者和未校正的低血钾会加重 QT 间隔患者避免使用。其他潜在的会引起 QT 间隔延长的药物应慎用。
- 司维拉姆可降低莫西沙星的吸收。应避免联合使用或在使用司维拉姆前 2 小时使用莫西沙星。

抗菌谱见附录 Ⅱ 第 953 页

- 耐药性对新型氟喹诺酮类耐药的肺炎链球菌仍很少（Clin MicrobiolInfect. 2004;10:645－51），但应关注耐药的肺炎链球菌（drug resistant S. pneumoniae，DRSP）。
- 肺炎链球菌 MIC 折点：≤ 1 μg/ml（敏感）；2 μg/ml（中介）；≥ 4 μg/ml（耐药）。
- 葡萄球菌属 MIC 折点：≤ 0.5 μg/ml（敏感）；1 μg/ml（中介）；≥ 2 μg/ml（耐药）。

药理学机制

- 通过与 DNA- 酶复合物结合，抑制 DNA 拓扑异构酶（DNA 螺旋酶和拓扑异构酶 4），因此干扰细菌 DNA 复制和转录、修复、重组和转位（transposition）等方面。

药动学参数

- 吸收：90%。可与或不与食物同服。
- C_{max}：每天给药 400 mg 达稳态时，峰浓度 4.5 μg/ml，AUC 为 48 μg/ml/h。

- 分布：Vd 为 2.7~3.5 L/kg；分布广泛。
- 蛋白结合率：48%。
- 代谢 / 排泄：在肝脏中代谢成无活性代谢物。CYP450 酶不参与莫西沙星的代谢，也不受莫西沙星的影响。
- 半衰期：13 小时。

肝功能不全者药物用法

- 没有数据。

孕期用药

- C 级：莫西沙星没有数据。欧洲致畸信息服务网（European Network of Teratology Information Services，ENTIS）进行的一项前瞻性随访研究，666 名使用过氟喹诺酮（大多数是怀孕的前三个月）病例显示先天性畸形的发生率为 4.8%。

抗菌药物

- 从以前的流行病学数据来看，4.8% 并没有超过背景发生率。动物数据显示未成年动物发生关节炎和关节软骨的侵蚀。由于动物实验数据以及有可替代的抗微生物药物，妊娠期禁忌使用氟喹诺酮类药物。

哺乳期用药

- 没有数据。由于潜在的关节病，哺乳期不推荐使用莫西沙星。

简介

- 口服和静脉使用莫西沙星的抗菌谱活性与左氧氟沙星类似（包括对肺炎链球菌活性增强）。在喹诺酮类药物中，莫西沙星对厌氧菌和分支杆菌活性最强。与环丙沙星和左氧氟沙星相比，对假单胞菌活性较差。在尿液中药物浓度低，因此复杂泌尿道感染中不应使用莫西沙星。可引起阿片筛选实验假阳性 (JAMA.2001;286:3115 - 3119)。

建议的依据

Mandell LA, Wunderink RG, Anzueto A, et al. Infectious Diseases Society of America/American Thoracic Society consen-sus guidelines on the management of community-acquired pneumonia in adults. Clin Infect Dis,2007; Vol. 44 Suppl 2; pp. S27 - 72.

简介：美国感染病协会（IDSA）指南推荐患有多种病的社区获得性肺炎门诊患者或需要住院治疗的患者（非 ICU 患者）使用呼吸氟喹喏酮类（如左氧氟沙星，莫西沙星或吉米沙星）。社区获得性肺炎的 ICU 患者，头孢噻肟或头孢曲松应联合使用一种呼吸氟喹喏酮。

推荐依据

Ho PL, Que TL, Chiu SS, et al. Fluoroquinolone and other antimicrobial resistance in invasive pneumococci, Hong Kong, 1995 - 2001. Emerg Infect Dis, 2004; Vol. 10; pp. 1250 - 7.

Malangoni MA, Song J, Herrington J, et al. Randomized controlled trial of moxifl oxacin compared with piperacillintazobactam and amoxicillin-clavulanate for the treatment of complicated intra-abdominal infections. Ann Surg, 2006;Vol. 244; pp. 204 - 11.

莫匹罗星

Paul A. Pham, PharmD and John G. Bartlett, MD

适应证

FDA 批准的适应证

- 鼻腔 MRSA 定植菌的清除（鼻软膏）。
- 治疗敏感金黄色葡萄球菌和化脓性链球菌引起的创伤性皮肤损伤继发性感染。
- 化脓性链球菌和金黄色葡萄球菌引起的脓疱病。

成人常用剂量

- 鼻腔葡萄球菌定植：局部使用（每个鼻孔涂药使用 1/2 鼻软膏），每天 2 次，治疗 5 天。
- 皮肤感染：少量使用，涂患处，每天 3 次，治疗 3~5 天。若无改善，需对病情重新评估。
- 软膏中含有聚乙二醇，它可从受损的皮肤中吸收。大剂量使用时，需注意护理，避免全身吸收，特别是中度 ~ 重度肾功能损害患者。

肾功能不全时的调整剂量

- GFR 50~80 ml/min：常规剂量。
- GFR 10~50 ml/min：常规剂量。
- GFR<10 ml/min：常规剂量。
- 血液透析：常规剂量。
- 腹膜透析：常规剂量。
- 血液滤过：常规剂量。

药物不良反应

偶见

- 局部刺激：灼烧感，刺感（黏膜刺激），疼痛，瘙痒和皮疹。

药物相互作用

- 无

药理学机制

莫匹罗星与细菌异亮氨酸 -tRNA 连接酶（异亮氨酸 -tRNA 合成酶）结合，通过干扰异亮氨酸与多肽链结合，从而阻止细菌核糖体 RNA 的翻译。

药动学参数

- 吸收：局部使用，无全身吸收。
- 蛋白结合率：>97%
- 半衰期：0.4~0.8 小时（根据一项静脉给药研究）。

肝功能不全者药物用法

常规剂量。

孕期用药

- 动物数据显示没有风险。人类无数据。

哺乳期用药

- 没有数据。

简介

- 局部用药，可以用于鼻腔金黄色葡萄球菌（包括 MRSA）的短暂清除。莫匹罗星治疗结束后 4 周内，约 30% 可重新定植。

推荐依据

Kluytmans JA, Wertheim HF. Nasal carriage of Staphylococcus aureus and prevention of nosocomial infections. Infection,2005; Vol. 33; pp. 3－8.Mupirocin Study Group. Nasal mupirocin prevents Staphylococcus aureus exit-site infection during peritoneal dialysis.Mupirocin Study Group. J Am Soc Nephrol, 1996; Vol. 7; pp. 2403－8.

萘夫西林

Paul A. Pham, PharmD and John G. Bartlett, MD

适应证

FDA 批准的适应证

- 葡萄球菌感染（非 MRSA）。

非 FDA 批准的适应证

- 腮腺炎（MSSA）。
- 脑脓肿（MSSA）。
- 脓胸（MSSA）。
- 化脓性肌炎（MSSA）。
- 急性骨髓炎（MSSA）。
- 慢性骨髓炎（MSSA）。
- 糖尿病足感染（轻－中度感染）
- 社区获得性脓毒性关节炎（MSSA）
- 假体相关脓毒性关节炎（治疗 MSSE 的二线药物；考虑联合使用利福平）。
- 心内膜炎（MSSA）。
- 脑膜炎（MSSA）。
- 败血症（MSSA）。
- 皮肤和软组织感染（MSSA，链球菌属）。

成人常用剂量

- 链球菌或 MSSA 自体瓣膜心内膜炎，菌血症：静脉给药，1 次 2 g，每 4 小时给药 1 次（联合或不联合氨基糖苷类）。
- 软组织感染：静脉给药，1 次 1~2 g，每 4~6 小时给药 1 次。
- 肥胖患者：静脉给药，1 次 2 g，每 4 小时给药 1 次或静脉给药，1 次 3 g，每 6 小时给药 1 次。

肾功能不全时的调整剂量

- GFR50~80 ml/min：常规剂量。
- GFR10~50 ml/min：常规剂量。
- GFR<10 ml/min：常规剂量。
- 血液透析：常规剂量，不需要追加剂量。
- 腹膜透析：常规剂量。
- 血液滤过：没有数据。可能是常规剂量。

药物不良反应

常见

- 注射部位静脉炎。

偶见

- 中性粒细胞减少症。
- 高敏反应。
- 皮疹（发生率可达 10%）。
- 无溶血性贫血，但 Coombs 实验阳性。
- 肌内注射引起无菌性脓肿。
- 外渗后组织坏死。
- 赫克斯海默反应（梅毒或其他螺旋体感染时）。
- 间质性肾炎。
- 难辨梭状芽孢杆菌结肠炎。

罕见

- 肝炎。
- 溶血性贫血。
- 血小板减少症。
- 中性粒细胞缺乏症。

药物相互作用

- 四环素类：体外具有拮抗作用，可降低萘夫西林体内的有效性。避免联合使用。
- 华法林：可显著降低华法林作用（降低患者 INR 值）。联合使用时密切监测 INR。

抗菌谱见附录 II，第 948 页。

耐药性

- 金黄色葡萄球菌 MIC 折点是 2 μg/ml，表皮葡萄球菌 MIC 折点是 0.25 μg/ml。据报道，表皮葡萄球菌存在异质耐药性（应慎用）。

药理学机制

β – 内酰胺类抗生素抑制细菌细胞壁黏肽的合成，导致细胞壁缺损和渗透压不稳定，从而引起细胞溶解。

药动学参数

- C_{max}：静脉给药 500 mg，峰浓度为 40~57 μg/ml。
- 分布：分布于水泡液中，尿液，腹膜液，胸膜液，中耳液，肠黏膜，骨骼，胆囊，肺，女性生殖组织，胆汁，可穿过有炎症的脑膜。
- 蛋白结合率：90%
- 代谢 / 排泄：给药剂量的 60% 经肝脏代谢。原型药物和代谢物均经肾小球滤过和肾小管分泌排泄。可经胆汁分泌，因此胆汁中药物浓度高。
- 半衰期：0.5 小时。

肝功能不全者药物用法

仅对严重肝功能不全合并肾功能不全患者需要降低剂量。

孕期用药

- B 级：超过 12000 名在妊娠期前 3 个月接触青霉素类的多个联合的围产期研究未发现青霉素类与出生缺陷之间存在关联。

哺乳期用药

- 乳汁分泌的药物浓度低。无不良反应报道。

简介

- 肠外使用抗葡萄球菌的青霉素与苯唑西林具有相同的治疗作用。萘夫西林肝炎和皮疹的发生率似乎低于苯唑西林，可用于苯唑西林引起的肝炎患者，但萘夫西林中性粒细胞缺乏症发生率高于苯唑西林。

推荐依据

ACC/AHA 2006 guidelines for the management of pts with valvular heart disease: a report of the American College of Cardiology/American Heart Association Task Force on Practice Guidelines (writing committee to revise the 1998 Guidelines for the Management of Pts With Valvular Heart Disease): developed in collaboration with the Society of Cardiovascular Anesthesiologists: endorsed by the Society for Cardiovascular Angiography and Interventions and the Society of Thoracic Surgeons. Circulation, 2006; Vol. 114(5); pp. e84 - 231

注释：心内膜炎指南。萘夫西林或苯唑西林 (2g IV q4h) 联合或不联合庆大霉素方案推荐治疗 MSSA 引起的自体瓣膜心脏病。

推荐依据

Maraqa NF, Gomez MM, Rathore MH, et al. Higher occurrence of hepatotoxicity and rash in pts treated with oxacillin,compared with those treated with nafcillin and other commonly used antimicrobials. Clin Infect Dis, 2002; Vol. 34;pp. 50 - 4 .

新霉素

Paul A. Pham, PharmD and John G. Bartlett, MD

适应证

FDA 批准的适应证

- 膀胱灌洗。
- 肠道准备（择期结肠手术需联合红霉素）。
- 轻微皮肤感染（预防）。
- 眼部感染(角膜结膜炎，角膜炎，结膜炎，睑缘结膜炎，睑炎，使用滴眼剂和混悬剂)
- 门 – 体循环脑病。

成人常用剂量

- 肠道准备：口服给药，在手术前 19 小时，18 小时和 9 小时分别服用 1 g 新霉素(联合使用红霉素)。
- 肝性脑病：口服给药，1 次 1~4 g，每天 3 次（通常每天 4~12g）。
- 浅表眼部感染：滴患眼，每次 1~2 滴（滴眼剂），每 3~4 小时滴 1 次。
- 外耳道炎：滴患耳，1 次 4 滴（眼用混悬剂），每 6~8 小时滴 1 次。

肾功能不全时的调整剂量

- GFR 50~80 ml/min：常规剂量。

抗菌药物

- GFR 10~50 ml/min：长期治疗，1 次 1~4 g，每 12~18 小时给药 1 次。
- GFR<10 ml/min：长期治疗，1 次 1~4 g，每 18~24 小时给药 1 次。
- 血液透析：没有数据，长期治疗可能需要调整剂量。
- 腹膜透析：没有数据，长期治疗可能需要调整剂量。
- 血液滤过：没有数据，长期治疗可能需要调整剂量。

药物不良反应

罕见

- 肾功能衰竭。
- 肾小球率过滤率降低患者口服给药可引起体内药物蓄积，发生前庭和听神经损害。

药物相互作用

- 地高辛：口服新霉素可改变肠道菌群，增加地高辛血清药物浓度。监测地高辛毒性和血清药物浓度。可能需要减少地高辛剂量。
- 袢利尿药（布美他尼，呋塞米，依他尼酸，托塞米）：会增加耳毒性，正常肾功能患者口服给药发生率低。
- 肾毒性药物（如两性霉素 B，膦甲酸，西多福韦）：可增加肾毒性，正常肾功能患者口服给药发生率低。

药理学机制

氨基糖苷类类药物不可逆的与核糖体 30S 亚基结合，抑制蛋白合成。

药动学参数

- 吸收：口服给药，吸收差。
- 分布：0.2~0.4 L/kg；吸收差，达不到全身治疗浓度。
- 代谢 / 排泄：氨基糖苷类类药物不经肝脏代谢，以原形从尿液中排出。
- 半衰期：2~3 小时。

孕期用药

- C 级：子宫内暴露药物未出现耳毒性报道，但暴露其他氨基糖苷类药物（卡那霉素和链霉素），会对胎儿第 8 对脑神经有毒性，新霉素有潜在风险。在一项包括 30 名妊娠前 3 个月暴露新霉素的研究显示新霉素和先天性缺陷之间没有关联。

哺乳期用药

- 没有数据。

简介

- 耳蜗毒性限制了新霉素肠道外用药。它主要用于治疗肝性脑病。也可联合红霉素可作为择期结肠手术患者的肠道准备，虽然该用法已经没有优势。尽管通常是局部使用，但若大量使用时可发生全身作用。

推荐依据

Shah VH, Kamath P. Management of portal hypertension. Postgrad Med, 2006; Vol. 119 ; pp. 14 - 8.

Song F, Glenny AM. Antimicrobial prophylaxis in colorectal surgery: a systematic review of randomized controlled trials.Br J Surg, 1998; Vol. 85 ; pp. 1232 - 41.

呋喃妥因

Paul A. Pham, PharmD and John G. Bartlett, MD

适应证

FDA 批准的适应证

- 治疗无并发症泌尿道感染。

非 FDA 批准的适应证

- 复发性泌尿道感染（女性）。
- 妊娠期泌尿道感染。
- 泌尿道感染的预防。

制剂

成人常用剂量

- 无并发症泌尿道感染（肾功能正常患者）：口服给药，1 次 50~100 mg，每 6 小时给药 1 次或呋喃妥因一水合物 / 多水合物，口服给药，1 次 100 mg，每天 2 次。
- 该药不适合泌尿道感染的短期治疗。治疗至少 7 天。
- 抑制泌尿道感染：口服给药，1 次 50~100 mg，每天给药 1 次。

肾功能不全时的调整剂量

- GFR 50~80 ml/min：常规剂量。
- GFR 10~50 ml/min：尿液中药物浓度低，而血清中具有中毒药物浓度风险，应避免使用。
- GFR<10 ml/min：尿液中药物浓度低，而血清中具有中毒药物浓度风险，应避免使用。
- 血液透析：尿液中药物浓度低，而血清中具有中毒药物浓度风险，应避免使用。
- 腹膜透析：尿液中药物浓度低，而血清中具有中毒药物浓度风险，应避免使用。
- 血液滤过：应避免使用。

药物不良反应

常见

- 胃肠道不耐受（粗粒结晶的制剂耐受性较好）。

偶见

- 伴随急性肺部症状的高敏反应：发烧、咳嗽，伴有浸润和嗜酸粒细胞增多的呼吸困难。可在服药后几小时或几周内发生。
- 狼疮样反应。
- 皮疹。

罕见

- 高铁蛋白血症和溶血性贫血（G6PD 酶缺乏患者）。
- 合并或不合并胆汁淤积性黄疸的肝炎。
- 外周神经痛。
- 胰腺炎。
- 长期使用导致肺纤维化。
- 乳酸性酸中毒。

- 三叉神经痛。
- 腮腺炎。

药物相互作用

- 避免与可引起外周神经痛的药物（如甲硝唑，司他夫定，去羟肌苷，利奈唑胺）同时使用。
- 诺氟沙星：可能具有拮抗作用，避免同时使用。

药理学机制

呋喃妥因可被黄素蛋白（细菌中的酶）还原成活性中间体，后者可灭活或损伤核糖体蛋白和其他大分子，包括 DNA/RNA。

药动学参数

- 吸收：吸收迅速并且完全（与食物同服，可使其生物利用度增加 40%）。
- C_{max}：口服给药 100 mg，尿液中浓度可达 50~150 μg。
- 分布：尿液和肾脏中药物浓度高，而血清中药物浓度很低。
- 蛋白结合率：20%~60%。
- 代谢 / 排泄：66% 经肝脏迅速代谢。20%~44% 以原形药物经肾小球滤过和肾小管排泄到尿液中。
- 半衰期：0.4 小时。

肝功能不全者药物用法

没有数据。

孕期用药

- B 级：一项密西根医疗救助患者的监测研究显示，1292 名暴露于呋喃妥因的患者出生缺陷发生率是 4%。该数据不支持呋喃妥因和先天性缺陷之间存在关联。

哺乳期用药

可经乳汁分泌。理论上可对 G6PD 缺乏患者造成溶血性贫血。美国儿科学会认为母乳喂养和呋喃妥因是相容的。

简介

- 无并发症泌尿道感染的杀菌药。G6PD 缺乏患者应慎用。肌酐清除率小于 40 ml/min 的患者疗效降低，而不良反应增加，应避免使用。短期使用，会发生急性过敏性肺炎；长期使用有报道发生间质性纤维化。大肠杆菌对呋喃妥因耐药率低，呋喃妥因可作为氟喹诺酮类的一种好的替代药物，治疗无并发症泌尿道感染。

推荐依据

Iravani A, Klimberg I, Briefer C, et al. A trial comparing low-dose, short-course ciprofl oxacin and standard 7 days therapy with co-trimoxazole or nitrofurantoin in the treatment of uncomplicated urinary tract infection. J Antimicrob Chemother, 1999; Vol. 43 Suppl A; pp. 67 - 75.

Kahlmeter G. Prevalence and antimicrobial susceptibility of pathogens in uncomplicated cystitis in Europe. The ECO.SENS study. Int J Antimicrob Agents, 2003; Vol. 22 Suppl 2; pp. 49 - 52.

诺氟沙星

Paul A. Pham, PharmD and John G. Bartlett, MD

适应证

FDA 批准的适应证。

- 无并发症子宫颈内和尿道淋病。
- 大肠杆菌引起的前列腺炎。
- 无并发症或复杂泌尿道感染。
- 粪肠球菌，大肠杆菌，肺炎克雷伯菌，奇异变形杆菌，铜绿假单胞菌，表皮葡萄球菌，腐生葡萄球菌，弗氏柠檬酸杆菌，产气肠杆菌，阴沟肠杆菌，普通变形杆菌，金黄色葡萄球菌或无乳链球菌引起的无并发症泌尿道感染（包括膀胱炎）。
- 粪肠球菌，大肠杆菌，肺炎克雷伯菌，奇异变形杆菌，铜绿假单胞菌或粘质沙雷氏菌引起的复杂泌尿道感染。

非 FDA 批准的适应证

- 自发性腹膜炎的预防
- 伴有恶性血液肿瘤的中性粒细胞减少症患者的抗生素预防

成人常用剂量

- 泌尿道感染：口服给药，1 次 400 mg，每天 2 次。
- 无并发症淋球菌：800 mg，给药 1 次。
- 自发细菌性腹膜炎：口服给药，1 次 400 mg，每天 1 次。
- 前列腺炎：口服给药，1 次 400 mg，每天 2 次。
- 中性粒细胞缺乏症患者的预防：口服给药，1 次 400 mg，每天 2 次。

肾功能不全时的调整剂量

- GFR 50~80 ml/min：常规剂量。
- GFR 10~50 ml/min：400 mg，每 12~24 小时给药 1 次。
- GFR<10 ml/min：400 mg，每天给药 1 次。
- 血液透析：血液透析对药物清除无影响，每天给药 400 mg。
- 腹膜透析：400 mg，一天给药 1 次。
- 血液滤过：没有数据。考虑 400 mg，每 12~24 小时给药 1 次。

药物不良反应

常见

- 通常耐受性好。

偶见

- 胃肠道不耐受：腹泻，消化不良和腹胀。
- 中枢神经系统：头痛，全身乏力，失眠，坐立不安，头晕。
- 光敏反应。
- 难辨梭状芽孢杆菌结肠炎。

罕见

- 肝功能实验升高。
- QT 间期延长。

- 癫痫。
- 肌腱断裂（特别是 60 岁以上患者，同时使用糖皮质激素，肾脏，心脏和肺移植受者发生率增加）

药物相互作用

- 抗心律失常药物（具有 QT 间隔延长）：低血钾，显著心律失常或心肌病患者避免同时使用其他可延长 QT 间隔的药物如 Ⅰ a 或 Ⅲ 类抗心律失常药物。
- 二价或三价金属阳离子（如抗酸药，硫糖铝，去羟肌苷缓释剂，维生素和矿物质）：干扰诺氟沙星的吸收。避免联合使用或服用诺氟沙星 2 小时后方可服用阳离子药物。
- 呋喃妥因：可能有拮抗作用，避免同时使用。
- 华法林：合用可增加患者 INR。密切监测。

抗菌谱见附录 Ⅱ 第 952 页。

药理学机制

- 氟喹诺酮类药物通过与 DNA 酶复合物结合，抑制 DNA 拓扑异构酶（DNA 螺旋酶和拓扑异构酶 4），因此干扰细菌 DNA 的复制以及转录、修复、重组和转座。

药动学参数

- 吸收：30%~40% 可被吸收。
- C_{max}：口服给药 400 mg 后，峰浓度为 1.4~1.8 μg/ml。
- 分布：分布于肾实质，胆囊，肝脏，前列腺组织，睾丸，精液，痰，上颌窦黏膜，扁桃体，水泡液，子宫，输卵管，子宫颈和阴道组织，胆汁中药物浓度高。
- 蛋白结合率：10~15%。
- 代谢 / 排泄：经肝代谢成部分活性代谢物。原形药物和代谢物经肾小球滤过和肾小管分泌经尿液排出。有 30% 药物经胆汁途径或未吸收经粪便排泄。
- T1/24 小时。

肝功能不全者药物用法

- 常规剂量。肝功能不全患者血清药物浓度没有发生改变。

孕期用药

- C 级：欧洲致畸信息服务网（European Network of Teratology Information Services，ENTIS）进行的一项前瞻性随访研究，666 例暴露于氟喹诺酮类药物（大多数是在妊娠期前 3 个月）显示先天性畸形的发生率是 4.8%。从以前的流行病学数据来看，4.8% 没有超过背景发生率。动物数据显示未成年动物发生关节炎和关节软骨的侵蚀。由于动物实验数据以及有可替代的抗微生物药物，妊娠期禁忌使用氟喹诺酮类药物。

哺乳期用药

由于潜在的关节病（根据动物数据），哺乳期不推荐使用氟喹诺酮类。

简介

- 与其他大多数口服氟喹诺酮类药物相比，诺氟沙星吸收较差。它主要用于预防自发细菌性腹膜炎和中性粒细胞缺乏患者发热。

推荐依据

Gafter-Gvili A, Fraser A, Paul M, et al. Meta-analysis: antibiotic prophylaxis reduces mortality in neutropenic pts. Ann Intern Med, 2005; Vol. 142; pp. 979 - 95.

Grangé JD, Roulot D, Pelletier G, et al. Norfl oxacin primary prophylaxis of bacterial infections in cirrhotic pts with ascites:a double-blind randomized trial. J Hepatol, 1998; Vol. 29; pp. 430 - 6.

氧氟沙星

Paul A. Pham, PharmD and John G. Bartlett, MD

适应证

FDA 批准的适应证

- 慢性支气管炎急性发作（AECB）和社区获得性肺炎（CAP）。
- 盆腔炎性疾病（PID）。宫颈管和尿道淋病（备注：美国和世界范围高度耐药率，不再推荐）以及沙眼衣原体引起的衣原体感染，非淋菌性尿道炎和宫颈炎。
- 无并发症和复杂泌尿道感染。
- 大肠杆菌引起的前列腺炎。
- 皮肤和软组织感染。
- 外耳道炎，慢性化脓性中耳炎，中耳炎（滴耳剂）。
- 结膜炎，角膜炎和角膜溃疡（滴眼剂）。

非 FDA 批准的适应证

- 自发细菌性或继发性腹膜炎。
- 直肠炎（性传播）。
- 性病相关的反应性关节炎（SARA）。

成人常用剂量

- 社区获得性肺炎，皮肤组织感染和慢性支气管炎急性发作：口服给药，1 次 400 mg，每天 2 次。
- 无并发症泌尿道感染：口服给药，1 次 200 mg，每天 2 次，治疗 3~7 天。
- 非淋菌性宫颈炎 / 尿道炎：口服给药，1 次 300 mg，每天 2 次，治疗 7 天。
- 结膜炎，角膜炎：滴眼，1 次 1~2 滴，每 2~4 小时给药 1 次，2 天后改成每 6 小时给药 1 次，总治疗 7~10 天。
- 角膜溃疡：滴眼，1 次 1~2 滴，患者醒着时每 30 分钟给药 1 次治疗 2 天，第 3~9 天改成每 1 小时给药 1 次，然后改成每天 4 次（咨询眼科医生）。
- 外耳道炎：滴患耳，1 次 10 滴（滴耳剂），每天 1 次，治疗 7 天。

肾功能不全时的调整剂量

- GFR 50~80 ml/min：常规剂量
- GFR 10~50 ml/min：200~400 mg，每 24 小时给药 1 次。
- GFR<10 ml/min：100~200 mg，每 24 小时给药 1 次。
- 血液透析：首次 200 mg，然后 100 mg，每 24 小时给药 1 次。
- 腹膜透析：100~200 mg，每 24 小时给药 1 次。
- 血液滤过：没有数据。考虑 400 mg，每 24 小时给药 1 次。

药物不良反应

常见

- 通常耐受良好。

偶见
- 胃肠道：腹泻。
- 中枢神经系统：头痛，乏力，失眠，坐立不安，头晕。
- 过敏反应：皮疹，荨麻疹。
- 难辨梭状杆菌结肠炎。
- 光敏反应和光毒性（可能很严重）。

罕见
- 跟腱断裂（同时使用糖皮质激素的老年患者发生率增加）。
- 肝功能升高。
- 外周神经病变。
- QTc 间期延长。
- 癫痫。
- 严重过敏反应(中毒性表皮坏死松解症，Stevens-Johnsons 综合征，过敏性肺炎，肝炎和骨髓抑制）。
- 间质性肾炎。
- 难辨梭状杆菌结肠炎。

药物相互作用
- 抗心律失常药物（QTc 间期延长的药物包括Ⅰa 类或Ⅲ类）：避免使用，特别是低血钾，显著心律失常或心肌病患者。
- 二价或三价金属阳离子(如抗酸药，硫糖铝，去羟肌苷缓释剂，维生素和矿物质)：干扰氧氟沙星的吸收。不要合用或服用氧氟沙星 2 小时后方可服用阳离子药物。
- 非甾体类抗炎药：可增加中枢神经系统不良反应(临床意义尚不明确)。密切监测。
- 普鲁卡因胺：普鲁卡因胺血药浓度可能会增加。若同时服用，密切监测。
- 华法林：若同时服用，可使 INR 升高。密切监测。

药理学机制
- 氟喹诺酮类药物通过与 DNA 酶复合物结合，抑制 DNA 拓扑异构酶（DNA 螺旋酶和拓扑异构酶 4），因此干扰细菌 DNA 复制以及转录、修复、重组和转座等。

药动学参数
- 吸收：98% 可被吸收。
- C_{max}：口服 400 mg 后，峰浓度为 4.6 μg/ml。静脉给药 400 mg，峰浓度为 5.2~7.2 μg/ml。
- 分布：氟喹诺酮类广泛分布于大多数体液和组织；可在肾，胆囊，妇科组织，肝脏，肺，前列腺组织，吞噬细胞，尿液，痰和胆汁中达到高的药物浓度。
- 蛋白结合率：98%。
- 代谢 / 排泄：小于 10% 的经肝脏代谢。约 68%~90% 以原形经尿液排出。4%~8% 经粪便排泄。
- 半衰期：7 小时。

肝功能不全者药物用法
- 没有数据。可能是常规剂量。

孕期用药

- C级：欧洲致畸信息服务网（European NetworkofTeratologyInformationServices，ENTIS）进行的一项前瞻性随访研究显示，666名使用过氟喹诺酮类（大多数是怀孕前三个月内使用）患者先天性畸形的发生率为4.8%。从以前的流行病学数据来看，4.8%没有超过背景发生率。动物数据显示未成年动物发生关节炎和关节软骨的侵蚀。由于动物实验数据以及有可替代的抗微生物药物，妊娠期禁忌使用氟喹诺酮类药物。

哺乳期用药

- 由于潜在的关节病（根据动物数据），哺乳期不推荐使用氟喹诺酮类药物。

简介

- 大部分口服氟喹诺酮药已被左氧氟沙星替代，左旋体更有活性。氧氟沙星已没有静脉制剂。氧氟沙星滴眼剂和环丙沙星滴眼剂治疗角膜溃疡疗效相似。优先选择氧氟沙星滴眼剂，因为环丙沙星滴眼剂引起的上皮细胞损害，结晶尿的发生率高达20%。

推荐依据

Gafter-Gvili A, Fraser A, Paul M, et al. Meta-analysis: antibiotic prophylaxis reduces mortality in neutropenic pts. Ann Intern Med, 2005; Vol. 142; pp. 979 - 95.

Grangé JD, Roulot D, Pelletier G, et al. Norfl oxacin primary prophylaxis of bacterial infections in cirrhotic pts with ascites:a double-blind randomized trial. J Hepatol, 1998; Vol. 29 ; pp. 430 - 6.

苯唑西林

Paul A. Pham, PharmD and John G. Bartlett, MD

适应证

FDA批准的适应证

- 葡萄球菌感染（MSSA）。

非FDA批准的适应证

- 腮腺炎（MSSA）。
- 脓胸（MSSA）。
- 血管移植物感染（MSSE的2线治疗药物；考虑加用利福平）。
- 肝脓肿（MSSA）。
- 化脓性肌炎（MSSA）。
- 糖尿病足感染（轻－中度感染）。
- 社区获得性，化脓性关节炎(MSSA)。
- 假体相关的化脓性关节炎（MSSE的二线治疗药物；考虑加用利福平）。
- 心内膜炎(MSSA)。
- 治疗细菌性败血症(MSSA)。
- 皮肤和软组织感染(MSSA)。

成人常用剂量

- 蜂窝组织炎和其他软组织感染：静脉给药，1次1~2 g，每4~6小时给药1次。
- MSSA引起的自体瓣膜心内膜炎：静脉给药，1次2 g，每4小时给药1次（联

合或不联合使用氨基糖苷类药物)
- 肥胖患者:静脉给药,1 次 2 g,每 4 小时给药 1 次

肾功能不全时的调整剂量
- GFR 50~80 ml/min:常规剂量。
- GFR 10~50 ml/min:常规剂量。
- GFR<10 ml/min:常规剂量。
- 血液透析:常规方案。
- 腹膜透析:常规方案。
- 血液滤过:没有数据,可能是常规方案

药物不良反应
常见
- 皮疹(发生率高达 32%)。
- 肝炎(发生率高达 22%)。
- 输液部位静脉炎

偶见
- 难辨梭状芽孢杆菌相关结肠炎。
- 无溶血性贫血,但 Coombs 实验阳性。
- 药物热。
- 雅里施–赫克斯海默反应(梅毒或其他螺旋体感染时)。

罕见
- 过敏反应,使用青霉素过程过敏反应的发生率是 0.004%~0.015%。
- 溶血性贫血。
- 血小板减少症。
- 中性粒细胞减少症。
- 间质性肾炎。

药物相互作用
- 四环素类:体外具有拮抗作用;避免联合使用。青霉素的体内杀菌作用可能会减弱。2 个总数为 79 名肺炎球菌脑膜炎患者的研究显示青霉素联合四环素治疗组的死亡率(79%~85%)高于青霉素治疗组(30%~33%)[Arch Intern Med1951:88:489;Ann Intern Med1961;55:545]。但治疗肺炎球菌引起的肺炎,青霉素联合四环素治疗组和单用青霉素治疗组的死亡率没有显著性差异 [Arch Intern Med1953;91:197]。

抗菌谱见附录 II,见 948 页

耐药性
- 金黄色葡萄球菌的 MIC 折点是 2 μg/ml,表皮葡萄球菌的折点是 0.25 μg/ml。据报道,表皮葡萄球菌具有异质性耐药。

药理学机制
- β–内酰胺类抗生素抑制细菌细胞壁粘肽的合成,导致细胞壁缺损和渗透压不稳定,从而引起细胞溶解。

药动学参数
- 吸收:30% 可被吸收。

- C_{max}：静脉给药 500 mg，峰浓度为 40~57 μg/ml。
- 分布：分布于水泡液，尿液，腹膜液，胸膜液，中耳液，肠黏膜，骨，胆囊，肺，女性生殖组织，胆汁和有炎症的脑膜炎。
- 蛋白结合率：90%。
- 代谢 / 排泄：给药剂量的 49% 经肝脏代谢。原形药物和代谢物经肾小球滤过和肾小管分泌排泄。10% 经胆汁排泄。
- 半衰期：0.5 小时。

肝功能不全者药物用法

- 慎用。考虑使用萘夫西林。

孕期用药

- B 级 : 超过 12000 名在妊娠期前 3 个月接触青霉素类的多个联合的围产期研究未发现青霉素类药物与出生缺陷之间存在关联性。

哺乳期用药

- 乳汁中药物浓度低。未有发生药物不良反应的报道。

简介

- 抗葡萄球菌活性与萘夫西林相似，但本品更容易引起可逆的肝炎和皮疹。
- 推荐依据

American College of Cardiology/American Heart Association Task Force on Practice Guidelines, Society of Cardiovascular Anesthesiologists, Society for Cardiovascular Angiography and Interventions, et al. ACC/AHA 2006 guidelines for the management of pts with valvular heart disease: a report of the American College of Cardiology/American Heart Association Task Force on Practice Guidelines (writing committee to revise the 1998 Guidelines for the Management of Pts With Valvular Heart Disease): developed in collaboration with the Society of Cardiovascular Anesthesiologists: endorsed by the Society for Cardiovascular Angiography and Interventions and the Society of Thoracic Surgeons. Circulation, 2006; Vol. 114; pp. e84 - 231.

Maraqa NF, Gomez MM, Rathore MH, et al. Higher occurrence of hepatotoxicity and rash in pts treated with oxacillin, compared with those treated with nafcillin and other commonly used antimicrobials. Clin Infect Dis, 2002; Vol. 34;pp. 50 - 4.

青霉素

Paul A. Pham, PharmD and John G. Bartlett, MD

适应证

FDA 批准的适应证

- 心内膜炎。
- 皮肤和软组织感染 (丹毒和类丹毒) 。
- 鼠咬热。
- 梅毒。
- 奋森氏梭菌螺旋体病 (奋森氏牙龈炎和咽炎) 。
- 普鲁卡因青霉素：炭疽芽孢杆菌炭疽，包括吸入性炭疽 (暴露后) 。但是，由于可产生 β - 内酰胺酶，疾病预防中心 (CDC) 没有把它作为一线药物 (见“生化防御 - 炭疽”第 2 页) 。

- 放线菌病。
- 脓胸。
- 巴斯德菌属感染。
- 肺炎，上呼吸道感染，中耳炎，性病感染（苄星青霉素混悬剂），风湿热预防，舞蹈病的预防，细菌性上呼吸道感染，梅毒和神经梅毒，肾小球肾炎的预防。风湿性心脏病、风湿性舞蹈病预防风湿热。

非 FDA 批准的适应证

- 脑脓肿。
- 肺脓肿。
- 心内膜炎（草绿色链球菌）。
- 坏死性筋膜炎（化脓性链球菌）。
- 气性坏疽。
- 莱姆关节炎。
- 奈瑟球菌脑膜炎。
- 神经梅毒（苍白密螺旋体）。

成人常用剂量

- 肠道外：青霉素 G 注射液：静脉给药，每次 2~4 mU，每 4 小时给药 1 次。
- 感染性心内膜炎（IE）：静脉给药，每次 4 mU，每 4 小时给药 1 次（根据耐药性选择治疗疗程）。
- 敏感性链球菌引起的皮肤和软组织感染（很少使用）：苄星青霉素 / 普鲁卡因（Bicilin C–R），2.4 mU，肌内注射 1 次。
- 口服：青霉素 VK：口服给药，每次 250~500 mg，每 6 小时给药 1 次（阿莫西林的生物利用度好，通常优先选择）。链球菌引起的扁桃体炎可以考虑每次给药 2 次。
- 梅毒：包括原发，继发和隐匿性梅毒。苄星青霉素（Bicillin L–A）2.4 百万国际单位，给药 1 次。备注：请勿与 Bicilin C–R 混淆。
- 晚期（隐匿性）梅毒。苄星青霉素（Bicillin L–A）2.4 mU，每 7 天给药 1 次，治疗 3 次。备注：请勿与 BicilinC–R 混淆。
- 神经梅毒或眼梅毒：青霉素 G 注射液：静脉给药，每次 3~4 百万国际单位，每 4 小时给药 1 次，治疗 14 天。替代方案：普鲁卡因青霉素每 24 小时给药 2.4 百万国际单位，同时口服丙磺舒。1 次 500 mg，每 6 小时给药 1 次，治疗 14 天。
- 备注：苄星青霉素（Bicillin L–A，治疗梅毒）和苄星青霉素 / 普鲁卡因（Bicilin C–R，治疗皮肤 / 软组织感染）之间不可相互替换。

肾功能不全时的调整剂量

- GFR 50~80 ml/min：常规剂量。
- GFR 10~50 ml/min：神经梅毒，心内膜炎或严重感染：静脉给药，每次 2~3 mU，每 4 小时给药 1 次。轻 – 中度感染静脉给药，每次 1~1.5 mU，每 4 小时给药 1 次。
- GFR<10 ml/min：神经梅毒，心内膜炎或严重感染：静脉给药，每次 2 mU，每 4~6 小时给药 1 次。轻 – 中度感染：静脉给药，每次 1 mU，每 6 小时给药 1 次。口服青霉素不需要调整剂量。
- 血液透析：神经梅毒，心内膜炎或严重感染：透析日透析后静脉给药，每次 2 mU，每 4~6 小时给药 1 次或透析后补充 50 mU。轻 – 中度感染：静脉给药，每次 1 mU，每 6 小时给药 1 次。

- 腹膜透析：神经梅毒，心内膜炎或严重感染：静脉给药，每次 2 mU，每 4~6 小时给药 1 次。轻 – 中度感染：静脉给药，每次 1 mU，每 6 小时给药 1 次。
- 血液滤过：没有数据。连续静脉 – 静脉血液透析（CVVH）：严重感染，2~3 mU，每 6 小时给药 1 次。连续静脉 – 静脉血液滤过（CVVHD）：严重感染，3 mU，每 4 小时给药 1 次。轻 – 中度感染：静脉给药，每次 1.5 mU，每 6 小时给药 1 次。

药物不良反应

偶见

- 无过敏反应的超敏反应。最常见的反应是特发性斑丘疹样或麻疹样皮疹，青霉素的发生率为 1%~4%，阿莫西林的发生率为 5.2%~9.5%（Lancet 1969;2:969;JAMA1976;235:918.）。
- 胃肠道不耐受（口服给药时）。
- 药物热。
- 无溶血性贫血，但 Coombs 实验阳性。
- 输液部位发生静脉炎，肌内注射部位发生无菌性脓肿。
- 赫克斯海默反应（梅毒或其他螺旋体感染时）。
- 难辨梭状杆菌相关结肠炎。

罕见

- 过敏反应：报道的青霉素过敏反应发生率为 0.004%~0.015%。
- 溶血性贫血。
- 血小板减少症。
- 中性粒细胞减少症。
- 间质性肾炎。
- 肝炎。
- 癫痫（肾衰患者高剂量使用时）。

药物相互作用

- 丙磺舒：使青霉素血清药物浓度增加(如果需要高的血清药物浓度时能带来益处)。肾衰患者避免联合使用。
- 四环素类：体外具有拮抗作用；避免联合使用。青霉素的体内杀菌作用可能会减弱。2 个总数为 79 名肺炎球菌脑膜炎患者的研究显示青霉素联合四环素治疗组的死亡率（79%~85%）高于青霉素治疗组（30%~33%）（Arch Intern Med1951:88:489;Ann Intern Med1961;55:545）。但治疗肺炎球菌引起的肺炎，青霉素联合四环素治疗组和单用青霉素治疗组的死亡率没有显著性差异（Arch Intern Med1953;91:197）。

抗菌谱见附录 II，第 948 页。

耐药性

- 肺炎链球菌：青霉素的耐药率为 10.3%（耐药性折点为 2 μg/ml），若不包括脑膜炎，使用 MIC 折点 8 μg/ml 时，耐药率只有 1.2%（MMWR 2008;57:1353）。MIC 在 2 μg/ml 或以下的肺炎链球菌可以使用高剂量的青霉素或阿莫西林（3~4 g/d; CID2005;41:139 - 48）治疗。
- 肺炎链球菌折点（非脑膜炎，青霉素口服给药治疗）：≤ 0.06 μg/ml（敏感）；0.12~1.0 μg/ml（中介）；≥ 2.0 μg/ml（耐药）。

- 肺炎链球菌折点（非脑膜炎，青霉素肠外给药治疗）：≤ 2 μg/ml（敏感）；4 μg/ml（中介）；≥ 8 μg/ml（耐药）。
- 肺炎链球菌折点（脑膜炎分离菌，青霉素）：≤ 0.06 μg/ml（敏感）；≥ 0.12 μg/ml（耐药）。
- 草绿色链球菌和牛链球菌引起的心内膜炎，MIC ≤ 0.12 μg/ml：青霉素单药治疗，治疗 4 周或青霉素联合庆大霉素，治疗 2 周（仅适合于无并发症患者的短期治疗）。
- 草绿色链球菌和牛链球菌引起的心内膜炎 ,0.12 ≤ MIC<0.5 μg/ml：青霉素治疗 4 周，同时庆大霉素治疗 2 周。
- 草绿色链球菌和牛链球菌引起的心内膜炎 ,MIC>0.5 μg/ml：青霉素治联合庆大霉素，治疗 4 周。

药理学机制

- β – 内酰胺类抗生素抑制细菌细胞壁粘肽的合成，导致细胞壁缺损和渗透压不稳定，从而引起细胞溶解。

药动学参数

- 吸收：15%。
- C_{max}：口服 500 mg，峰浓度为 5~6 μg/ml。肌内注射苄星青霉素 G 1.2 mU，峰浓度为 0.15 μg/ml。每天注射 12 mU，注射后浓度为 20 μg/ml。
- 分布：分布于泡液，尿液，腹膜液，胸膜液，中耳液，小肠黏膜，骨，胆囊，肺，女性生殖组织，胆汁和有炎症的脑膜。
- 蛋白结合率：65%。
- 代谢 / 排泄：约小于 30% 的给药剂量经肝代谢。原形药物和代谢物经肾小球滤过和肾小管排泌。可经胆汁排泄，胆汁中药物浓度高。
- 半衰期：0.5 小时。

肝功能不全者药物用法

- 只有严重肝肾功能不全患者需要降低剂量

孕期用药

- B 级：超过 12000 名在妊娠期前 3 个月接触青霉素类的多个联合的围产期研究未发现青霉素类药物与出生缺陷之间存在关联性。

哺乳期用药

- 乳汁药物浓度低。未有发生药物不良反应的报道。

简介

- 青霉素是治疗 A 组链球菌感染和梅毒的金标准。不推荐使用青霉素 G 苄星青霉素仿制药。
- 青霉素皮肤实验：它仅对 I 型青霉素过敏有效。皮肤实验需要主要决定簇（商品名为 PrePen）和次要决定簇（美国没有商业供应）。单独使用主要决定簇潜可检出 75%~95% 潜在的阳性反应；同时使用主要决定簇和次要决定簇可检出 99% 潜在的阳性反应（NEJM 1971;285:22）。一项先前研究显示，80%~90% 的报道青霉素过敏的患者皮肤实验会出现阴性结果。具有 I 型反应的青霉素过敏史的患者若需使用 β – 内酰胺类，则应进行皮肤实验，当同时使用主要决定族和次要决定族皮肤实验反应为阴性时，患者将有 98% 的可能性不会出现过敏反应。皮肤阳性患者使用头孢菌素出现过敏反应的发生率是 5.6%，对于具有青霉素过敏史但皮肤实验阴性的患者使用头孢菌素出现过敏反应的发生率是 1.7%(Allergy ClinNAm1991;11:611)。

推荐依据

Adam D, Scholz H, Helmerking M. Short-course antibiotic treatment of 4782 culture-proven cases of group A streptococcal tonsillopharyngitis and incidence of poststreptococcal sequelae. J Infect Dis, 2000; Vol. 182; pp. 509 - 16.

Centers for Disease Control and Prevention (CDC). Inadvertent use of Bicillin C-R to treat syphilis infection—Los Angeles, California, 1999 - 2004. MMWR Morb Mortal Wkly Rep, 2005; Vol. 54; pp. 217 - 9.

哌拉西林

Paul A. Pham, PharmD and John G. Bartlett, MD

适应证

FDA 批准的适应证

- 骨和关节感染。
- 淋球菌感染。
- 妇科感染。
- 腹腔感染。
- 下呼吸道感染。
- 败血病。
- 皮肤和软组织感染。
- 外科手术预防（腹腔内操作，经阴道子宫切除术，腹式子宫切除术，剖腹产）。
- 泌尿道感染。

成人常用剂量

- 中度至重度感染：静脉给药，1 次 3 g，每 4~6 小时给药 1 次（每天最大剂量 24 g）。
- 肺炎和假单胞菌感染：静脉给药，1 次 3 g，每 4 小时给药 1 次或 1 次 4 g，每 6 小时给药 1 次。

肾功能不全时的调整剂量

- GFR 50~80 ml/min：GFR>40 ml/min：1 次 3 g，每 6 小时给药 1 次。严重感染或假单胞菌感染时，1 次 3 g，每 4 小时给药 1 次或 1 次 4 g，每 6 小时给药 1 次。
- GFR10~50 ml/min：GFR20~40 ml/min：1 次 2g，每 6 小时给药 1 次。严重感染或假单胞菌感染时，1 次 4g，每 8 小时给药 1 次。
- GFR<10 ml/min：GFR<20 ml/min：1 次 2 g，每 8 小时给药 1 次或 1 次 3 g，每 12 小时给药 1 次。严重感染或假单胞菌感染时，1 次 4 g，每 12 小时给药 1 次。
- 血液透析：1 次 2g，每 8 小时给药 1 次，透析后追加 1 g。严重感染，1 次 3 g，每 8 小时给药 1 次，透析后追加 1g。
- 腹膜透析：1 次 2 g，每 8 小时给药 1 次。严重感染，1 次 3 g，每 8 小时给药 1 次。
- 血液滤过：连续静脉 – 静脉血液透析（CVVH）：1 次 2 g，每 6 小时给药 1 次。连续静脉 – 静脉血液透过（CVVHD）：1 次 2~3 g，每 6 小时给药 1 次。严重感染，静脉给药，1 次 3 g，每 6~8 小时给药 1 次。

药物不良反应

常见

- 通常耐受良好。

偶见

- 胃肠道不耐受。
- 输液部位静脉炎。
- 赫克斯海默反应（梅毒或其他螺旋体感染时）。
- 难辨梭状芽孢杆菌结肠炎。
- 肝功能升高，有临床意义的肝炎罕见。
- 高敏反应。
- 皮疹。

罕见

- 药物热。
- 伴有溶血性贫血 ,Coombs 实验阳性。
- 间质性肾炎。
- 中性粒细胞减少症和血小板减少症。
- 血小板凝集异常，出血倾向。
- 中枢神经系统：癫痫和颤搐（肾功能衰竭患者大剂量使用时）。
- 肝炎。
- 过敏反应。

药物相互作用

- 甲氨喋呤：血清药物浓度可能会升高。监测甲氨喋呤诱导的毒性。
- 丙磺舒：可延长哌拉西林的半衰期。肾衰患者可引起显著蓄积。
- 四环素类：同时使用时，体外具有拮抗作用。青霉素的体内杀菌作用会减弱。建议管理策略：避免同时使用。2 个总数为 79 名肺炎球菌脑膜炎患者接受青霉素联合四环素或单用青霉素，结果显示青霉素联合四环素治疗组死亡率（79%~85%）高于青霉素治疗组（30%~33%）[Arch Intern Med1951:88:489;Ann Intern Med1961;55:545]。但治疗肺炎球菌引起的肺炎，青霉素联合四环素治疗组和单用青霉素治疗组的死亡率没有显著性差异（Arch Intern Med1953;91:197)。

抗菌谱见附录 II，第 948 页。

耐药性

- 肠科杆菌和革兰阴性非发酵菌 MIC 的折点是 16 μ g/ml（铜绿假单胞菌除外）。
- 目前，铜绿假单胞菌 MIC 的折点是 64 μg/ml（部分原因是哌拉西林通常联合氨基糖苷类），但对于 MIC 为 32 和 64 μg/ml 的菌株，哌拉西林的药动学并不是最佳。上述情况避免使用哌拉西林或应联合使用氨基糖苷类。

药理学机制

- β – 内酰胺类抗生素抑制细菌细胞壁粘肽的合成，导致细胞壁缺损和渗透压不稳定，从而引起细胞溶解。

药动学参数

- C_{max}：静脉给药 4 g，峰浓度为 400 μg/ml。

- 分布：0.23 L/kg；分布于水泡液，尿液，腹膜液，胸膜液，中耳液，小肠黏膜，骨，胆囊，肺，女性生殖组织，胆汁。脑膜存在炎症时，中度的中枢神经系统穿透力，对铜绿假单胞菌可能无效。
- 蛋白结合率：16%~45%。
- 代谢 / 排泄：给药剂量的 30% 以下经肝脏代谢。原形药物和代谢物经肾小球滤过和肾小管分泌排泄。可经胆汁排泄，胆汁中药物浓度高。
- 半衰期：1 小时。

肝功能不全者药物用法

- 代谢有限。考虑标准剂量。

孕期用药

- B 级 : 超过 12000 名在妊娠期前 3 个月接触青霉素类的多个联合的围产期研究未发现青霉素类药物与出生缺陷之间存在关联性。

哺乳期用药

- 乳汁药物浓度低。未有发生药物不良反应的报道。

简介

- 与替卡西林相比，肠道外应用哌拉西林具有很好的抗铜绿假单胞菌活性。由于革兰阴性菌产生的质粒介导的 β－内酰胺酶发生率高，对于医源性感染，不推荐单独使用哌拉西林而不联合他唑巴坦。若铜绿假单胞菌对哌拉西林敏感，哌拉西林可有优于哌拉西林 / 他唑巴坦，因为他唑巴坦并没有增加抗铜绿假单胞菌活性。

推荐依据

Combes A, Luyt CE, Fagon JY, et al. Impact of piperacillin resistance on the outcome of Pseudomonas ventilator- associated pneumonia. Intensive Care Med, 2006; Vol. 32; pp. 1970 - 8.

Mattoes HM, Capitano B, Kim MK, et al. Comparative pharmacokinetic and pharmacodynamic profi le of piperacillin/tazobactam 3.375 G Q4H and 4.5 G Q6H. Chemotherapy, 2002; Vol. 48; pp. 59 - 63

哌拉西林 / 他唑巴坦

Paul A. Pham, PharmD and John G. Bartlett, MD

适应证

FDA 批准的适应证

- 妇科感染（盆腔炎性疾病，产后子宫内膜炎）。
- 腹腔感染（腹膜炎，阑尾炎，胆囊炎，胆管炎，憩室炎）。
- 皮肤和软组织感染（包括糖尿病足感染）。
- 社区获得性肺炎。
- 医源性肺炎。

非 FDA 批准的适应证

- 肺脓肿。
- 脓胸。
- 呼吸机相关肺炎。

成人常用剂量

- 静脉给药，1 次 3.375 g，每 6 小时给药 1 次。
- 医源性肺炎，假单胞菌感染或严重感染：静脉给药，1 次 3.375 g，每 4 小时给药 1 次或 1 次 4.5 g，每 6 小时给药 1 次。

肾功能不全时的调整剂量

- GFR 50~80ml/min：GFR>40 ml/min：3.375 g，每 6 小时给药 1 次（假单胞菌感染或严重感染，1 次 4.5 g，每 6 小时给药 1 次）。
- GFR 10~50：GFR 20~40 ml/min：2.25g，每 6 小时给药 1 次，严重感染或假单胞菌感染，1 次 4.5 g，每 8 小时给药 1 次。
- GFR<10：GFR<20 ml/min：2.25 g，每 8 小时给药 1 次或 3.375 g，每 12 小时给药 1 次。严重感染或假单胞菌感染，1 次 4.5 g，每 12 小时给药 1 次。
- 血液透析：2.25 g，每 8~12 小时给药 1 次，透析后追加 0.75 g。严重感染或假单胞菌感染，1 次 2.25 g，每 8 小时给药 1 次，透析后追加 0.75 g。
- 腹膜透析：1 次 2.25 g，每 8~12 小时给药 1 次。严重感染或假单胞菌感染，1 次 2.25 g，每 8 小时给药 1 次。
- 血液滤过：连续静脉 – 静脉血液透析（CVVH）：1 次 2.25 g，每 6 小时给药 1 次。连续静脉 – 静脉血液滤过（CVVHD）：静脉给药，1 次 2.25~3.375 g，每 6 小时给药 1 次；严重感染：静脉给药，1 次 3.375g，每 6~8 小时给药 1 次。

药物不良反应

常见

- 总体耐受良好。。

偶见

- 胃肠道不耐受。
- 输液部位静脉炎。
- 赫克斯海默反应（梅毒或其他螺旋体感染时）。
- 难辨梭状芽孢杆菌结肠炎。
- 肝功能升高，有临床意义的肝炎罕见。
- 高敏反应。
- 皮疹。

罕见

- 药物热
- 伴有溶血性贫血 ,Coombs 实验阳性。
- 间质性肾炎。
- 中性粒细胞减少症和血小板减少症。
- 血小板凝集异常，出血倾向。
- 中枢神经系统：癫痫和颤搐（肾功能衰竭患者大剂量使用时）。
- 肝炎。
- 过敏反应。

药物相互作用

- 甲氨喋呤：血清药物浓度可能会升高。监测甲氨喋呤诱导的毒性。

- 丙磺舒：可延长哌拉西林的半衰期。肾衰患者可引起显著蓄积。
- 四环素类：联合使用时，体外研究具有拮抗作用。青霉素的体内杀菌作用会减弱。建议对策：避免同时使用。2 个总数为 79 名肺炎球菌脑膜炎患者接受青霉素联合四环素或单用青霉素，结果显示青霉素联合四环素治疗组死亡率（79%~85%）高于青霉素治疗组（30%~33%）（ArchInternMed1951:88:489;Ann Intern Med1961;55:545）。但治疗肺炎球菌引起的肺炎，青霉素联合四环素治疗组和单用青霉素治疗组的死亡率没有显著性差异（Arch Intern Med1953;91:197）。

抗菌谱见附录 II 第 948 页。

耐药性

- 肠科杆菌和革兰阴性非发酵菌 MIC 的折点分别是 16 μg/ml 和 4 μg/ml（铜绿假单胞菌除外）。
- 目前，铜绿假单胞菌 MIC 的折点是 64 μg/ml（部分原因是哌拉西林通常联合使用氨基糖苷类），但对于 MIC 为 32 和 64 μ g/ml 的菌株，哌拉西林的药动学并不是最佳。上述情况避免使用哌拉西林或联合使用氨基糖苷类。

药理学机制

- β－内酰胺类抗生素抑制细菌细胞壁粘肽的合成，导致细胞壁缺损和渗透压不稳定，从而引起细胞溶解。
- 他唑巴坦是 β－内酰胺酶抑制剂，使质粒和染色体介导的 β－内酰胺酶灭活。

药动学参数

- 吸收——
- C_{max}：静脉给药 3.375 g 后，峰浓度为 209 μg/ml。
- 分布：0.23 L/kg；分布于水泡液，尿液，腹膜液，胸膜液，中耳液，小肠黏膜，骨，胆囊，肺，女性生殖组织，胆汁。脑膜存在炎症时，中度的中枢神经系统穿透力，对铜绿假单胞菌可能无效。
- 蛋白结合率：16%~45%。
- 代谢 / 排泄：给药剂量的 30% 以下经肝脏代谢。原形药物和代谢物经肾小球滤过和肾小管分泌排泄。可经胆汁排泄，胆汁中药物浓度高。
- 半衰期：1 小时。

肝功能不全者药物用法

- 代谢有限。考虑标准剂量。

孕期用药

- B 级：动物实验显示没有风险，人类数据缺乏。

哺乳期用药

- 哌拉西林可乳汁分泌，但药物浓度低。他唑巴坦是否可通过乳汁分泌尚不明确。

简介

- β－内酰胺 / β－内酰胺酶抑制剂肠道外给药具有广谱活性，包括大多数铜绿假单胞菌，肠科杆菌，肠球菌和所有的厌氧菌。对于严重的假单胞菌属引起的肺部感染，建议采用更频繁的给药间隔（静脉给药，1 次 3.375 g，每 4 小时给药 1 次）或高的给药剂量（静脉给药，1 次 4.5 g，每 6 小时给药 1 次）。MIC 为 32 μg/ml 和 64 μg/ml 的铜绿假单胞菌分离株引起的感染具有较高的死亡率。上述病例避免使用哌拉西林 / 他咗巴坦，或联合使用氨基糖苷类。使用哌拉西

林 / 他唑巴坦患者进行半乳甘露聚糖抗原分析，可引起假阳性结果，尽管目前药物制剂技术提高，这种情况已较少出现。众所周知，铜绿假单胞菌可以单独使用哌拉西林治疗，因为他唑巴坦并不增加铜绿假单胞菌活性，铜绿假单胞菌耐药性通常不是 β – 内酰胺酶引起的。

推荐依据

American Thoracic Society, Infectious Diseases Society of America. Guidelines for the management of adults with hospitalacquired,ventilator-associated, and healthcare-associated pneumonia. Am J Respir Crit Care Med, 2005; Vol. 171;pp. 388 - 416.

Re’ a-Neto A, Niederman M, Lobo SM, et al. Effi cacy and safety of doripenem versus piperacillin/tazobactam in nosocomial pneumonia: a randomized, open-label, multicenter study. Curr Med Res Opin, 2008; Vol. 24; pp. 2113 - 26.

多黏菌素 B

Paul A. Pham, PharmD and John G. Bartlett, MD

适应证

FDA 批准的适应证

- 铜绿假单胞菌，流感嗜血杆菌，大肠杆菌，产气气杆菌（A.aerogenes）和肺炎克雷伯菌引起的严重感染，且其他治疗药物禁忌时。
- 眼部感染使用或不使用激素（如细菌性结膜炎和睑结膜炎，滴眼剂）。
- 脑膜炎（鞘内给药）

非 FDA 批准的适应证

- 预防浅表皮肤感染（局部使用）。
- 膀胱的灌洗（辅助治疗）。

成人常用剂量

- 全身给药：静脉给药，每次 0.75~1.25 mg/kg(7500~12500 U/kg)，每 12 小时给药 1 次。
- 局部用药：（皮肤用药或滴眼）：滴患眼或皮肤局部使用，1 次 1 滴，每 3 小时给药 1 次（每天最多给药 6 次），治疗 7~10 天。
- 鞘内给药：鞘内给药，5 mg（50000 U），每天给药 1 次，治疗 3~4 天，然后每隔一天使用 50000 U。
- 注：1 mg=10000 U。

肾功能不全时的调整剂量

- GFR 50~80: CrCL50 - 80 ml/min: 2.5 mg/kg(第 1 天), 然后 1~1.5 mg/(kg·d)。若患者肾功能受损，避免使用。
- GFR 10~50: CrCL30 - 50 ml/min: 2.5 mg/kg(第 1 天), 然后 1~1.5 mg/(kg·d)。若 CrCL<30 ml/min：2.5 mg/kg（第 1 天），然后每 2~3 天 1 mg/(kg · d)。若可能，避免使用。
- GFR<10 ml/min：若 CrCL<30 ml/min：2.5 mg/kg（第 1 天），然后每 2~3 天给药 1~1.5 mg/(kg · d)。
- 血液透析：数据有限，可部分清除。2.5 mg/kg（第 1 天），然后每 5~7 天给药 1 mg/(kg · d)ay。血液透析后给药。

- 腹膜透析：数据有限，可部分清除。2.5 mg/kg（第 1 天），然后每 5~7 天给药 1 mg/(kg·d)。
- 血液滤过：数据有限。连续静脉－静脉血液滤过 (CVVHD)：2.5 mg/kg（第 1 天），然后第 4 天和第 8 天给药 1 mg/kg，随后每天 0.8 mg/kg。危重患者考虑高剂量。

药物不良反应

常见

- 局部给药总体耐受性好。

偶见

- 肾毒性（全身给药）。
- 神经毒性（全身给药：口唇和外周感觉异常，头晕，眩晕，共济失调，视觉模糊，语言模糊）。
- 肌内注射时注射部位严重疼痛（通常不推荐）。

罕见

- 神经肌肉阻滞。

药物相互作用

- 多黏菌素全身给药时，非去极化肌松剂效果可能会增强。避免联合使用。若需要联合用药，逐渐缓慢滴定非去极后肌肉松弛剂剂量，密切监测神经肌肉功能。

耐药性

- 对变形菌，粘质沙雷菌，普罗威登斯菌，伯克霍尔德氏菌，革兰阴性球菌，所有革兰阳性菌，或厌氧菌没有活性。

药理学机制

- 多黏菌素 B 是阳离子去污剂，与细菌胞质细胞膜中脂质结合，引起细胞膜渗透压屏障改变，引起细胞内代谢物和核苷的外渗。

药动学参数

- 吸收：可忽略不计
- C_{max}：静脉给药 30000 U/kg 后，峰浓度为 1~8 μg/ml。
- 分布：数据较少，中枢神经系统穿透能力差。
- 蛋白结合率：低
- 代谢 / 排泄：没有数据。
- 半衰期：4.3~6.0 小时。

肝功能不全者药物用法

- 没有数据。

孕期用药

- B 级：7 名在妊娠期前 3 个月暴露于多黏菌素的患者没有发现与先天性缺陷存在关联。

哺乳期用药

- 没有数据。

简介

- 对铜绿假单胞菌和其他革兰氏阴性杆菌具有活性。由于肾毒性和有限的临床数据，很少使用全身给药，但可作为耐药假单胞菌感染的最后选择（1mg=10000U）。与多黏菌素抗菌活性相似，包括铜绿假单胞菌，孢曼不动杆菌，多药耐药的革兰阴性菌，产碳青酶烯的肠科杆菌。可鞘内给药和吸入给药。多黏菌素E(colistin,colistimethate) 应用更广泛。

推荐依据

Arnold TM, Forrest GN, Messmer KJ. Polymyxin antibiotics for Gram-negative infections. Am J Health Syst Pharm, 2007;Vol. 64; pp. 819 - 26.

Robert PY, Adenis JP. Comparative review of topical ophthalmic antibacterial preparations. Drugs, 2001; Vol. 61;
pp. 175 - 85.

奎奴普丁 / 达福普汀

PaulA.Pham,PharmDandJohnG.Bartlett,MD

适应证

FDA 批准的适应证

- 治疗耐万古霉素的屎肠菌（VREF）引起的严重或威胁生命的感染。
- 金黄色葡萄球菌或化脓性链球菌引起的复杂皮肤和皮肤组织感染

FDA 未批准用法

- 心内膜炎（由于对菌血症的清除较差，一般不推荐使用）

成人常用剂量

- 复杂皮肤和皮肤组织感染：静脉给药，1 次 7.5 mg/kg，每 12 小时给药 1 次。
- 万古霉素耐药屎肠球菌感染：静脉给药，1 次 7.5 mg/kg，每 8 小时给药 1 次。
- 注解：本品对粪肠球菌无效。
- 经中心静脉导管输液给药。

肾功能不全时的调整剂量

- GFR 50~80 ml/min：常规剂量。药动学参数没有显著性改变。
- GFR 10~50 ml/min：常规剂量。药动学参数没有显著性改变。
- GFR<10 ml/min：没有数据。可能是常规剂量。
- 血液透析：没有数据。
- 腹膜透析：没有数据。
- 血液滤过：没有数据。

药物不良反应

常见

- 注射部位剂量依赖的输液相关反应（5 mg/kg 给药时发生率 10%，10~15 mg/kg 给药时发生率 68%/），例如疼痛，瘙痒和灼烧感。
- 关节痛 / 肌痛（15%）。
- 无症状的高胆红素血症（可达 25%）。

偶见

- 血栓性静脉炎（5%）。
- 肝功能升高。

- 恶心。
- 头痛。

罕见

- 难辨梭状芽孢杆菌相关结肠炎。

药物相互作用

- CYP3A4 底物（如芬太尼，多非利特，奎尼丁，依立替康，他克莫司，西罗莫司，环孢菌素，克拉霉素，三唑仑，二氢吡啶钙通道阻滞剂（非洛地平，氨氯地平，硝苯地平），麦角胺，胺碘酮，辛伐他汀和洛伐他汀）：可增加 CYP3A4 底物浓度。使用时密切监测。

抗菌谱见附录 II 第 958 页

耐药性

- 葡萄球菌和肠球菌 MIC 的折点是 1 μg/ml。

药理学机制

- 奎奴普丁和达福普汀与核糖体 50 S 亚单位的不同位置结合，导致蛋白合成中断。

药动学参数

- C_{max}：静脉给药，7.5 mg/kg，峰浓度为 5 μg/ml。
- 分布：组织穿透能力强。水泡液穿透性好。
- 蛋白结合率：50%~56%。
- 代谢 / 排泄：广泛代谢成 RP12536（普那霉素 II A 衍生物，活性代谢物）和其他活性和非活性代谢物。主要经粪便排泄，小于 20% 的经尿排泄。
- 半衰期：1.5 小时。

肝功能不全者药物用法

- 没有数据。

孕期用药

- 没有数据 – 厂家目前不建议妊娠期推荐使用。

哺乳期用药

- 没有数据。

简介

- 肠道外用药，对大多数革兰氏阳性菌包括青霉素耐药的肺炎链球菌，万古霉素中介或耐药的金黄色葡萄球菌，表皮葡萄球菌和万古霉素耐药的屎肠球菌具有活性。对粪肠球菌没有活性。每天费用约为 $300~$400。可引起伤残性肌痛，阻止继续使用。必须经中心静脉管输液。

推荐依据

Raad I, Hachem R, Hanna H, et al. Prospective, randomized study comparing quinupristin–dalfopristin with linezolid in the treatment of vancomycin–resistant Enterococcus faecium infections. J Antimicrob Chemother, 2004; Vol. 53; pp. 646 - 9.

Simonsen GS, Bergh K, Bevanger L, et al. Susceptibility to quinupristin–dalfopristin and linezolid in 839 clinical isolates of Gram–positive cocci from Norway. Scand J Infect Dis, 2004; Vol. 36; pp. 254 - 8

瑞他莫林

Paul A. Pham, PharmD

适应证

FDA 批准的适应证

- 局部使用治疗金黄色葡萄球菌（MSSA）或化脓性链球菌引起的脓疱病（9 个月以上患者）。

非 FDA 批准的适应证。

- 体外具有抗 MRSA 活性，但没有临床数据。

成人常用剂量

- 涂患处（最大 100 cm^2），每天 2 次，治疗 5 天。

肾功能不全时的调整剂量

- GFR 50~80 ml/min：常规剂量。
- GFR 10~50 ml/min：常规剂量。
- GFR<10 ml/min：常规剂量。
- 血液透析：常规剂量。
- 腹膜透析：常规剂量。
- 血液滤过：常规剂量。

药物不良反应

常见

- 通常耐受良好。

偶见

- 用药部位瘙痒和湿疹。

药物相互作用

- 酮康唑和其他 CYP3A4 抑制剂（如 HIV 蛋白酶抑制剂和大环内酯类）：可增加瑞他莫林血清药物浓度，但由于瑞他莫林局部使用，全身吸收有限，因此无临床显著意义。

耐药性

- 早期临床实验未发现耐药性，但体外研究显示，核糖体蛋白 L3 突变或外排泵可使瑞他莫林产生耐药性。

药理学机制

选择性抑制细菌核糖体 50S 亚基。

药动学参数

- 吸收：全身吸收有限。仅 11% 的接收治疗的患者可以检测出药物，浓度为 0.8 ng/ml。
- 蛋白结合率“94%
- 代谢 / 排泄经：CYP3A4 代谢。
- 半衰期——

肝功能不全者药物用法

- 全身吸收有限。可能是常规剂量。

孕期用药

- B 级：动物研究没有致畸性。人类没有数据。

哺乳期用药

- 没有数据。

简介

- 与莫匹罗星相似，瑞他莫林治疗脓疱病有效。瑞他莫林每天给药 2 次，优于莫匹罗星每天给药 3 次；但其费用高于莫匹罗星（$88/15 g/ 管 vs$40/15 g/ 管）。与莫匹罗星不同，由于缺乏临床数据，目前并不推荐鼻内使用瑞他莫林。

推荐依据

Free A, Roth E, Dalessandro M, et al. Retapamulin ointment twice daily for 5 days vs oral cephalexin twice daily for 10 days for empiric treatment of secondarily infected traumatic lesions of the skin. Skinmed, 2006; Vol. 5; pp. 224 - 32.

利福平

Paul A. Pham, PharmD and John G. Bartlett, MD

适应证

FDA 批准的适应证

- 治疗活动期结核。
- 治疗奈瑟菌脑膜炎无症状携带者，消除鼻咽部脑膜炎球菌。

非 FDA 批准的适应证

- 治疗隐匿性结核（二线治疗药物）。

成人常用剂量

- 治疗结核（联合其他抗结核药物）：10 mg/(kg · d)（每天最大剂量 600 mg，口服或静脉给药，每天 1 次）。[成人常规剂量]。直接面视下治疗（DOT）：600 mg，治疗 2~3 周。HIV 感染患者 CD_4<100/mm^3 应接受 DOT 治疗 3 周（不推荐 2 周治疗，因利福平更易产生耐药性）。
- 利福平和异烟肼复方制剂（Rifamate）：每次 2 粒胶囊（600 mg 利福平 /300 mg 异烟肼），每天 1 次，饭前 1 小时或饭后 2 小时给药。
- 利福平 – 异烟肼 – 吡嗪酰胺复方制剂（Rifater，卫非特）：≥ 44 kg，每天 4 片；45~54 kg，每天 5 片；≥ 55 kg，每天 6 片。饭前 1 小时或饭后 2 小时给药。
- 治理隐匿性的结核：10 mg/kg（最大 600 mg），每天给药 1 次，治疗 4 个月（异烟肼的替代药物，用于不耐受异烟肼或异烟肼耐药的患者）。
- 预防脑膜炎球菌：600 mg，每 12 小时给药 1 次，治疗 2 天。由于报道氟喹诺酮具有耐药性，在北达科他州和明尼苏达特定地区推荐使用利福平 (MMWR 2008;57:173)。
- 人工瓣膜心内膜炎：1 次 300 mg，每天 3 次（与其他药物联合使用）。
- 由于耐药性可迅速出现，本品不用于单药治疗。
- 肥胖患者：每天剂量 900~1200 mg，分 2 次给药。

肾功能不全时的调整剂量

- GFR 50~80 ml/min：常规剂量。

- GFR 10~50 ml/min：常规剂量。
- GFR<10 ml/min：常规剂量。也有推荐使用 50% 剂量。
- 血液透析：300~600 mg，每天 1 次。
- 腹膜透析：300~600 mg，每天 1 次。
- 血液滤过：没有数据。可能常规剂量。

药物不良反应

常见

- 尿液，泪液和汗液呈桔黄色。

偶见

- 治疗第 1 个月发生胆汁淤积型肝炎（与其他抗结核药物联合使用，发生率 2.7%）；黄疸。
- 胃肠道不耐受。
- 流感样症状（利福平使用 2 周，发生率为 0.4~0.7%）：症状包括发烧和寒战，头痛，头晕，骨痛，腹部疼痛和泛发性瘙痒症。

罕见

- 高敏反应（0.07%~0.3%）。
- 血小板减少症和溶血性贫血。
- 头疼和头晕。

抗菌谱见附录 II 第 958 页。

耐药性

- 广泛耐药结核（XDRTB）：至少对一线抗结核药物异烟肼和利福平，以及任何一种氟喹诺酮类和至少三种二线注射抗结核药物之一耐药。
- 葡萄球菌属 MIC 折点：≤ 1 μg/ml（敏感）；2 μg/ml（中介）；≥ 4 μg/ml（耐药）。

药理学机制

- 抑制 DNA 依赖的 RNA 聚合酶，从而抑制 RNA 合成链形成的起始环节。

药动学参数

- 吸收：吸收很好
- C_{max}：口服 600 mg，峰浓度为 7~9 μg/ml。静脉给药 600 mg，峰浓度为 17.5 μg/ml。
- 分布：广泛分布于大多数组织和体液，包括肝脏，肺，胆汁，胸膜液，前列腺，精液，骨和唾液。脑膜炎时，药物在中枢神经系统中可达治疗浓度。
- 蛋白结合率：75%。
- 代谢 / 排泄：经肝脏代谢成活性去乙酰化代谢物。本品是强的 CYP3A4 诱导剂，易与多种药物产生药物相互作用。原形药物和活性代谢物经胆汁排泄。原形药物有肠肝循环。3%~30% 以原形药物和代谢物的形式经尿液排出。
- 半衰期：2~5 小时。

肝功能不全者药物用法

- 清除率可能会受损。使用时应密切监测。

孕期用药

- C 级：妊娠期使用通常认为是安全的。动物数据显示先天畸形：颚裂，脊柱裂，胚胎毒性。妊娠期后期使用可引起产后出血。某些综述认为利福平没有被证实是致畸物，若临床需要，推荐联合使用利福平，异烟肼和乙胺丁醇。

哺乳期用药

- 可经乳汁分泌。美国儿科学会认为利福平和母乳喂养是相容的。

简介

- 利福平口服和静脉给药可治疗活动性和隐匿性结核，治疗和预防非结核性分支杆菌（MOTT），预防脑膜炎球菌以及偶尔用于金黄色葡萄球菌引起的感染。可显著减少 CYP3A4 底物的药物血清浓度（例如 HIV 蛋白酶抑制剂，唑类抗真菌药物和其他若干药物）。尽管数据有限，利福平具有生物被膜穿透能力，是一种理想治疗假体装置相关感染的的候选药物（与其他抗生素联合使用）。

推荐依据

Boulle A, Van Cutsem G, Cohen K, et al. Outcomes of nevirapine- and efavirenz-based antiretroviral therapy when coad-ministered with rifampicin-based antitubercular therapy. JAMA, 2008; Vol. 300; pp. 530 - 9.

Centers for Disease Control and Prevention (CDC). Managing Drug Interactions in the Treatment of HIV-Related Tuber-culosis. http://www.cdc.gov/tb/TB_HIV_Drugs/default.htm, 2008.

利福昔明

Paul A. Pham, PharmD and John G. Bartlett, MD

适应证

FDA 批准的适应证

- 治疗非侵袭性大肠肝菌引起的旅行者腹泻。

非 FDA 批准的适应证

- 难辨梭状杆菌相关的腹泻；口服万古霉素延长治疗后复发性。
- 肝性脑病。
- 小肠细菌过度生长。
- 肠易激综合征。

成人常用剂量

- 旅行者腹泻：口服给药，每次 200 mg，每天 3 次，可与或不与食物同服，治疗 3 天。
- 难辨梭状杆菌相关的腹泻：口服给药，每次 400 mg，每天 2 次，治疗 14 天或口服给药，每次 200 mg，每 8 小时给药 1 次，治疗 14 天。
- 肝性脑病：口服给药，每次 400 mg，每天 3 次，治疗 5~10 天。
- 小肠细菌过度生长：每次 400 mg，每天 3 次，治疗 7 天。

肾功能不全时的调整剂量

- GFR 50~80 ml/min：常规剂量。
- GFR 10~50 ml/min：可能是常规剂量。
- GFR<10 ml/min：可能是常规剂量。
- 血液透析：可能是常规剂量。
- 腹膜透析：可能是常规剂量。

- 血液滤过：可能是常规剂量。

药物不良反应

常见

- 通常耐受良好。

偶见

- 胃肠道：腹胀，恶心和呕吐，但在临床实验中与安慰剂发生率相似。

罕见

- 皮疹。

药物相互作用

- 在体外，利福昔明是 CYP3A4 诱导剂，但因为它全身不吸收，与 CYP3A4 底物无药物相互作用。
- 炔雌醇 / 诺孕酯：无显著相互作用。
- 咪达唑仑：无显著相互作用。

药理学机制

- 利福昔明是利福平的结构类似物，通过与细菌 DNA 依赖的 RNA 螺旋酶 β – 亚单位结合，抑制 RNA 的合成。

药动学参数

- 吸收：无吸收估计 0.4% 可被吸收。
- 代谢 / 排泄：无代谢物，97% 经粪便排泄。
- 半衰期：没有数据。

肝功能不全者药物用法

- 常规剂量

孕期用药

- C 级：人类无数据。因为利福昔明无全身吸收，因此其风险低。大鼠实验显示，当剂量是人类剂量的 2~33 倍时，利福昔明具有致畸性。

哺乳期用药

没有数据。

简介

- 利福昔明治疗大肠肝菌引起的无并发症旅行者腹泻耐受良好，并且有效。对于侵袭性空肠弯曲菌引起的旅行者腹泻，利福昔明无效。利福昔明用于治疗志贺军属和沙门菌属引起的腹泻尚无相关研究。利福昔明全身不吸收，因此不用于治疗复杂旅行者腹泻。利福昔明对治疗难辨梭状芽孢杆菌引起的腹泻似乎有效，但与甲硝唑相比，利福昔明的花费大。耐药性是一个主要需要考虑的问题，对于治疗万古霉素延长治疗仍复发的疾病方面的数据有限（“the rifaximin chaser”）。

推荐依据

DuPont HL, Jiang ZD, Okhuysen PC, et al. A randomized, double-blind, placebo-controlled trial of rifaximin to prevent traveler's diarrhea. Ann Intern Med, 2005; Vol. 142; pp. 805 - 12.

Johnson S, Schriever C, Galang M, et al. Interruption of recurrent Clostridium dif flcile-associated diarrhea episodes by serial therapy with vancomycin and rifaximin.

Clin Infect Dis, 2007; Vol. 44; pp. 846 - 8.

链霉素

Paul A. Pham, PharmD and John G. Bartlett, MD

适应证

FDA 批准的适应证

- 结核分枝杆菌（二线药物）。
- 耶尔森菌鼠疫。
- 土拉热弗朗西斯氏菌。
- 布鲁杆菌病。
- 肉芽肿杆菌（腹股沟肉芽肿，腹股沟肉芽菌）。
- 杜克雷嗜血杆菌（软下疳）；流感嗜血杆菌。
- 泌尿道感染（不是一线药物）。
- 草绿色链球菌引起的心内膜炎（与青霉素联合使用），粪肠球菌引起的心内膜炎（与氨苄西林联合使用）。
- 革兰阴性杆菌引起的菌血症（与其他抗菌药物同时使用）（11），肺炎克雷伯肺炎。

成人常用剂量

- 结核：肌肉注射，1 次 15 mg/(kg · d)（最大剂量 1g），每次用药 1 次。
- 结核直接面视下治疗（DOT）方案：肌肉注射，1 次 25~30 mg/kg，治疗 2~3 周。
- 肠球菌性心内膜炎（若对庆大霉素耐药而对链霉素敏感，联合氨苄西林具有协同效应）：肌肉注射，1 次 7.5 mg/kg，每 12 小时用药 1 次（每天最大剂量是 2 g，肌内注射 1 小时后目标峰浓度为 20 μg/ml，谷浓度 <10 μg/ml）。

肾功能不全时的调整剂量

- GFR 50~80 ml/min：结核：15 mg/kg，每 24~72 小时给药 1 次（监测血清药物浓度；目标谷浓度 <10 μg/ml）；肠球菌性心内膜炎协同作用：7.5 mg/kg，每 12~24 小时给药 1 次（监测血清药物浓度；目标谷浓度 <10 μg/ml）。
- GFR 10~50 ml/min：结核：15 mg/kg，每 72~96 小时给药 1 次（监测血清药物浓度；目标谷浓度 <10 μg/ml）；肠球菌性心内膜炎协同作用：7.5 mg/kg，每 24~72 小时给药 1 次（监测血清药物浓度；目标谷浓度 <10 μg/ml）。
- GFR<10 ml/min：结核和肠球菌性心内膜炎协同作用：7.5 mg/kg，每 72~96 小时给药 1 次（监测血清药物浓度；目标谷浓度 <10 μg/ml）。
- 血液透析：结核：12~15 mg/kg，治疗 2~3 周（监测血清药物浓度；目标谷浓度 <10 μg/ml）；肠球菌性心内膜炎协同作用：7.5 mg/kg，每 96 小时给药 1 次（监测血清药物浓度；目标谷浓度 <10 μg/ml）。
- 腹膜透析：每天透析液药物浓度 20~40 mg/L（监测血清药物浓度；目标谷浓度 <10 μg/ml）。
- 血液滤过：15 mg/kg，每 24~72 小时给药 1 次（根据血清药物浓度调整剂量；目标谷浓度 <10 μg/ml）

药物不良反应

偶见

- 肾衰。
- 听力 / 前庭损伤：本品在所有氨基糖苷类药物中，耳毒性最强。峰浓度不得超过

20~25 μg/ml。

罕见

- 视神经功能障碍。
- 外周神经炎。
- 蛛网膜炎。
- 神经肌肉阻滞。
- 脑病。

药物相互作用

- 非去极化肌松药（如阿曲溴胺，泮库溴胺，筒箭毒碱，三碘季铵酚）：大剂量使用可增加神经肌肉阻断风险。使用时密切监测。
- 袢利尿剂（特别是与依他尼酸合用时）：耳毒性会叠加。避免与链霉素同时使用。
- 肾毒性药物（如西多福韦，膦甲酸，喷他脒和两性霉素 B）：可增加肾毒性。避免与链霉素同时使用。

抗菌谱见附录 II 第 950 页。

耐药性

- 若 MIC<1000 μg/ml，与氨苄西林合用，对肠球菌具有协同效应。

药理学机制

氨基糖苷类可与核糖体 30 S 亚单位不可逆结合，抑制蛋白的合成。

药动学参数

- 吸收：肌内注射，氨基糖苷类药物迅速吸收。胸膜内和腹膜内注射吸收迅速。口服给药，吸收差。
- C_{max}：肌内注射 1 g，峰浓度为 25~50 μg/ml。
- 分布：0.2~0.4 L/kg；分布于细胞外液，脓肿，腹水液，心包液，胸膜液，滑液，淋巴液和腹膜液。胆汁，房水，器官分必物，痰和脑脊液中药物分布不佳。
- 蛋白结合率：0%~10%。
- 代谢 / 排泄：氨基糖苷类不经肝脏代谢，以原形从尿液中排出。
- 半衰期：2~4 小时（备注：囊性纤维病患者的半衰期可能会变短，为 1~2 小时；烧伤和发热患者氨基糖苷类药物的清除可能会增加）。

肝功能不全者药物用法

- 常规剂量，但终末期肝病患者需要监测肝 – 肾综合征。

孕期用药

- 妊娠期禁忌使用。D 级：子宫内暴露链霉素会引起第 8 对脑神经的损害。

哺乳期用药

可通过乳汁分泌。美国儿科学会认为链霉素和哺乳是相容的。

简介

- 静脉使用氨基糖苷类药物的潜在耳毒性最大。通常仅限于用于治疗多药耐药的结核菌（MDRTB），但在耐药高发的国家中，链霉素的耐药率高。也用于不常见的感染：鼠疫，兔热病和布氏菌病。对庆大霉素耐药的肠球菌心内膜炎，联合氨苄西林可能具有协同效益。

推荐依据

Ariza J, Gudiol F, Pallares R, et al. Treatment of human brucellosis with doxycycline plus rifampin or doxycycline plus streptomycin. A randomized, double-blind study. Ann Intern Med, 1992; Vol. 117; pp. 25 - 30.

Enderlin G, Morales L, Jacobs RF, et al. Streptomycin and alternative agents for the treatment of tularemia: review of the literature. Clin Infect Dis, 1994; Vol. 19 ; pp. 42 - 7.

磺胺嘧啶

Paul A. Pham, PharmD and John G. Bartlett, MD

适应证

FDA 批准的适应证

- 中枢神经系统和眼弓形体病（与乙胺嘧啶联合使用）；诺卡菌病。
- 氯奎耐药的疟原虫引起的疟疾（与乙胺嘧啶和奎宁联合使用）。
- 泌尿道感染 (FDA 批准治疗肾盂肾炎，但通常保留用于无并发症泌尿道感染)，优先选择 SMX-TMP。
- FDA 批准的，但通常不推荐：软下疳，沙眼，包涵体结膜炎。
- FDA 批准的，但通常不推荐：若氨苯磺胺敏感的 A 组流行时，脑膜炎球菌的预防。嗜血流感菌引起的脑膜球菌脑膜炎和急性中耳炎（联合使用青霉素），预防风湿热的复发（青霉素的替代药物），嗜血流感菌脑膜炎（联合使用链霉素）。

成人常用剂量

- 中枢神经系统和眼弓形体病（诱导期）：磺胺嘧啶，口服给药，每次 1~1.5 g，每 6 小时给药 1 次（联合甲酰四氢叶酸和乙胺嘧啶：甲酰四氢叶酸，口服给药，每次 10~20 mg，每天 1 次。乙胺嘧啶，口服给药，负荷剂量 100~200 mg，然后 50~100 mg，每天 1 次，治疗 6 周）。
- 中枢神经系统和眼弓形体病（维持期）：磺胺嘧啶，口服给药，每次 500mg，每 6 小时给药 1 次（联合甲酰四氢叶酸和乙胺嘧啶：甲酰四氢叶酸，口服给药，每次 10~20 mg，每天 1 次。乙胺嘧啶，口服给药，25~50 mg，每天 1 次）。直至免疫重建（CD_4 计数 >200/ mm^3，连续 6 个月，接受稳定 HARRT 治疗）。
- 眼弓形体病：磺胺嘧啶，每次 1g，每 6 小时给药 1 次（联合甲酰四氢叶酸和乙胺嘧啶：甲酰四氢叶酸，口服给药，每次 15 mg，每天 1 次。乙胺嘧啶，口服给药，每次 100 mg，每天 1 次，然后每天口服 50 mg。）治疗 4 周。若患者出现眼前异物漂浮感，或上述两种情况都存在，延长治疗时间（AmJOphthalmol.2002;134(1):34 - 40）。
- 诺卡菌：口服给药，每次 1.5 g，每 6 小时给药 1 次，治疗 6 个月以上。[优先选择 SMX-TMP(CID1996;22(6):891 - 903)。目标血清浓度：100~150 g/ml（给药后 2 小时）。
- 无并发症泌尿道感染：口服给药，每次 500 mg，每 6 小时给药 1 次（优先选择 SMX-TMP）。
- 疟疾（与奎宁和乙胺嘧啶联合使用）：口服给药，每次 500~1000 mg，每 6 小时给药 1 次。
- 严重感染，考虑治疗药物监测：目标浓度为 120~150 μg/ml。浓度 >200 μg/ml，药物不良反应发生率会升高。

肾功能不全时的调整剂量

- GFR 50~80 ml/min：口服给药，每次 0.5~1.5 g，每 6 小时给药 1 次。
- GFR 10~50 ml/min：口服给药，每次 0.5~1.5 g，每 8~12 小时给药 1 次（约 1/2 剂量）。
- GFR<10 ml/min：口服给药，每次 0.5~1.5 g，每 12~24 小时给药 1 次（约 1/3 剂量）。
- 血液透析：没有数据，考虑口服给药，每次 0.5~1.5 g，每 12~24 小时给药 1 次，血液透析后给药。
- 腹膜透析：没有数据，考虑口服给药，每次 0.5~1.5 g，每 12~24 小时给药 1 次。
- 血液滤过：没有数据，考虑口服给药，每次 0.5~1.5 g，每 8~12 小时给药 1 次。

药物不良反应

常见

- 胃肠道不耐受，恶心和呕吐。
- 皮疹和瘙痒。

偶见

- 骨髓抑制（贫血，血小板减少症，中性粒细胞减少症）。
- 血清病和药物热。
- 伴有氮质血症的结晶尿，尿石症，少尿等可以通过充分水化（每天尿排出量 >1500 ml）和碱化尿液使 pH>7.15 避免发生。
- 光敏反应。
- 肝炎。

罕见

- 中毒性表皮坏死松解症和 Stevens-Johnson 综合征。
- 脑病。
- 胰腺炎。

药物相互作用

- 环孢素：可降低环孢素血清药物浓度。密切监测；可增加药物剂量。
- 对－氨基苯甲酸（PABA）和衍生物（例如苯佐卡因、普鲁卡因、丁卡因）：理论上具有拮抗作用。避免同时使用。
- 苯妥英：可增加苯妥英血清药物浓度。同时使用时，监测苯妥英游离药物浓度。
- 卟吩姆：可增加光敏反应。避免同时使用。
- 磺脲类：可增加低血糖风险。同时使用时，应密切监测。
- 华法林：可增加 INR。密切监测。

药理学机制

- 对氨苯甲酸（PABA）结构类似物；竞争性抑制二氢叶酸的合成，阻止对氨苯甲酸转化成叶酸。

药动学参数

- 吸收：吸收好。
- C_{max}：100~150 μg/ml。
- 分布 0.29 L/kg，40%~60% 可穿透中枢神经系统。

- 蛋白结合：38~48%。
- 代谢/排泄：在肝脏广泛代谢成乙酰化代谢物。30~44% 以原形药物从尿液中排泄，15%~40% 以乙酰化代谢物排出。肾脏排泄依赖尿液的 pH。
- 半衰期：母体药物 7~17 小时。

肝功能不全者药物用法

- 没有数据。考虑口服给药，每次 0.5~1.0g，每 6 小时给药 1 次。

孕期用药

- C 级：潜在的可导致新生儿核黄疸，围产期禁忌使用。

哺乳期用药

- 可通过乳汁分泌。母乳喂养通常不建议同时服用氨苯磺胺。

简介

- 由于很好的中枢神经系统穿透能力和大量的临床数据，它可作为治疗弓形体病的药物（与乙胺嘧啶联合使用）。与其他磺胺类药物相比，其结晶尿的发生率高。该给药方案也可用于 PCP 的预防。

推荐依据

Dannemann B, McCutchan JA, Israelski D, et al. Treatment of toxoplasmic encephalitis in pts with AIDS. A randomized trial comparing pyrimethamine plus clindamycin to pyrimethamine plus sulfadiazine. The California Collaborative Treatment Group. Ann Intern Med, 1992; Vol. 116; pp. 33 - 43.

Katlama C, De Wit S, O' Doherty E, et al. Pyrimethamine-clindamycin vs. pyrimethamine-sulfadiazine as acute and longterm therapy for toxoplasmic encephalitis in pts with AIDS. Clin Infect Dis, 1996; Vol. 22; pp. 268 - 75.

磺胺甲噁唑

Paul A. Pham, PharmD and John G. Bartlett, MD

适应证

FDA 批准的适应证

- 泌尿道感染（TMP/SMX）。
- 急性中耳炎（TMP/SMX）。
- 成人慢性支气管炎急性发作（TMP/SMX）。
- 成人旅行者腹泻（TMP/SMX）。
- PCP 肺炎和志贺菌病的预防和治疗（TMP/SMX）。

成人常用剂量

- 美国只有磺胺甲噁唑与甲氧嘧啶的复方制剂（如 Bactrim 或 Septra 制剂）。
- 旅行者腹泻：口服给药，TMP-SMX 双强度片。（Double Strength,160 mg/800 mgTMP/SMX），每天 2 次。
- 卡氏肺孢子虫肺炎：口服给药，TMP-SMX 双强度片。（Double Strength, 160 mg/800 mgTMP/SMX）或 TMP-SMX 单强度片。（Single Strength, 80 mg/400 mgTMP/SMX），每天 1 次（预防）；静脉给药，1 次 25 mg/kg, 每 8 小时给药 1 次（按 SMX 组分计，治疗）。

肾功能不全时的调整剂量

- GFR 50~80：1 g，每 12 小时给药 1 次。
- GFR 10~50：1 g，每 18 小时给药 1 次。
- GFR<10：1 g，每 24 小时给药 1 次。
- 血液透析：透析后给药 1 g，每 24 小时给药 1 次。
- 腹膜透析：1 g，每 24 小时给药 1 次。
- 血液滤过：没有数据。

药物不良反应

常见

- 过敏反应（皮疹，瘙痒伴或不伴发热）

偶见

- 胃肠道不耐受。
- 光敏反应。
- 肝炎（特别是高剂量时）。
- 骨髓抑制（特别是高剂量时）。
- G6PD 缺乏患者出现溶血性贫血。
- 结晶尿（特别是高剂量时）。

罕见

- Stevens-Johnson 综合征，中毒性表皮坏死松解症。
- 结节性动脉周围炎。
- 血清病。
- 无菌性脑膜炎。

药物相互作用

- 环孢素：可降低环孢素代谢。同时使用时，密切监测环孢素血清药物浓度。
- 对－氨基苯甲酸（PABA）衍生物（例如苯佐卡因、普鲁卡因、丁卡因）：理论上可拮抗磺胺类药物的抗菌活性。避免同时使用。
- 苯妥英：可增加苯妥英血清药物浓度。同时使用时，监测苯妥英游离药物浓度。
- 卟吩姆：可增加光敏反应。卟吩姆使用 30 天内避免阳光照射。
- 磺脲类：可增加磺脲类药物低血糖风险。同时使用时，密切监测血糖。
- 华法林：可增加其抗凝作用。同时使用时，密切监测 INR。

药理学机制

- 磺胺类药物是对氨苯甲酸的结构类似物，竞争性抑制二氢叶酸的合成，阻止对氨苯甲酸转化成叶酸。

药动学参数

- 吸收：迅速且完全。
- 分布：好的脑脊液穿透力（脑脊液中药物浓度是血清药物浓度的 80%），对大肠杆菌可能没有杀菌活性。
- 蛋白结合率：90%。
- 代谢 / 排泄：小于 5% 药物经肝脏代谢。主要从尿液中排泄。
- 半衰期：1.5 小时。

肝功能不全者药物用法

- 慎用。

孕期用药

- C 级：动物数据显示，高剂量时可发生腭裂和骨骼异常。人类使用广泛，除出现一例粒细胞缺乏症外，无并发症发生。由于可导致新生儿出现潜在的脑核性黄疸，磺胺类药物在围产期及孕期的后三个月应避免使用。

哺乳期用药

- 可通过乳汁分泌。美国儿科学会认为磺胺吡啶，磺胺异噁唑和磺胺甲噁唑与母乳喂养是相容的。高胆红素血症和 G6PD 缺乏患者避免使用。

简介

- 在美国，口服和静脉使用磺胺类药物只有与甲氧嘧啶的复方制剂。

推荐依据

Smith L. Evaluation of a new sulfonamide, sulfamethoxazole (gantanol). JAMA, 1964; Vol. 187 ; pp. 142.

特拉万星

Paul A. Pham, PharmD

适应证

FDA 批准的适应证

- 敏感革兰阳性菌（甲氧西林敏感的金黄色葡萄球菌，甲氧西林耐药的金黄色葡萄球菌，化脓性链球菌，无乳链球菌，咽峡尖链球菌，万古霉素敏感的粪肠球菌）引起的复杂皮肤和皮肤组织感染。

非 FDA 批准的适应证

- 医院获得性肺炎和呼吸机相关肺炎（与覆盖革兰阴性菌的抗菌药物联合使用）。

成人常用剂量

- 软组织感染：静脉给药，每次 10 mg/kg，每天给药 1 次（输注时间大于 1 小时），治疗 7~14 天。
- 医院获得性肺炎和呼吸机相关肺炎：静脉给药，每次 10 mg/kg，每天给药 1 次（输注时间大于 1 小时）。

肾功能不全时的调整剂量

- GFR 50~80 ml/min：静脉给药，10 mg/kg，每 24 小时给药 1 次。
- GFR 10~50 ml/min：CrCl50~30 ml/min：静脉给药，每次 7.5mg/kg，每 24 小时给药 1 次；10 ml/min<CrCl<30 ml/min：静脉给药，每次 10mg/kg，每 48 小时给药 1 次。注：CrCl<50 ml/min 患者，疗效会降低（75%vs63%），慎用。
- GFR<10 ml/min：可能需要减小剂量，但有关剂量调整的临床数据不充分。注：CrCl<50 ml/min 患者，疗效会降低（75%vs63%），慎用。
- 血液透析：数据有限。约 6% 的药物可被血液透析清除。血液透析患者半衰期可增加到 19.7 ± 5 小时。
- 腹膜透析：没有数据。
- 血液滤过：数据有限。连续静脉 – 静脉血液滤过（CVVHD）：使用聚砜血液过

抗菌药物

滤器（流速是 1 L/h），药物清除率 7.1 ± 2.35 ml/min（约是健康人清除率的一半左右）（Churchwell MD et al.ECC Microbiology and ID,2006）。

药物不良反应

常见

- 总体耐受性好，但与接受万古霉素治疗组患者比较，接受特拉万星治疗患者的轻度味觉紊乱，恶心，呕吐和肾功能不全的发生率高。
- 味觉紊乱（33%）。
- 恶心（27%）和呕吐（14%）。
- 失眠。

偶见

- 快速输注（<1 小时）时，可出现红人综合征（躯干上部潮红，荨麻疹，瘙痒或皮疹）。
- 头痛和头晕。
- 泡沫尿（13%）。
- 腹泻。
- 校正 QTc 间期平均延长 4 毫秒。
- 肾毒性（6% 的患者血清肌酐超过 1.5 mg/dl，而接受万古霉素治疗的患者血清肌酐超过 1.5 mg/dl 发生率为 2%）。

罕见

- 难辨梭状芽孢杆菌相关腹泻。
- 1.5% 的接受特拉万星治疗患者 QTc 间期显著延长 60 毫秒，而万古霉素治疗组的发生率为 0.6%。

药物相互作用

- 特拉万星不是 CYP450 同工酶的底物或抑制剂。不太可能发生 I 相氧化反应相关的药物 – 药物显著相互作用。
- 避免可使 QTc 间期延长的药物联合应用（如莫西沙星，克拉霉素，匹莫齐特等）。
- 与咪达唑仑，氨曲南和哌拉西林 / 他唑巴坦之间无显著药物相互作用。(J Clin Pharmacol.2009;49:816)。
- 特拉万星与阿米卡星，氨曲南，头孢吡肟，头孢曲松，环丙沙星，庆大霉素，亚胺培南，美罗培南，苯唑西林，哌拉西林 / 他唑巴坦，利福平和复方新诺明（TMP/SMX）联合使用，体外无拮抗效应。

耐药性

- 无 CLSI 折点，但 FDA 批准对万古霉素敏感粪肠球菌，甲氧西林敏感金黄色葡萄球菌和甲氧西林耐药金黄色葡萄球菌的折点是 <1 μg/ml。对于化脓性链球菌，无乳链球菌，咽峡炎链球菌 MIC 的折点是 <0.12 μg/ml。
- 万古霉素 MIC 高的万古霉素耐药肠球菌可与特拉万星存在交叉耐药，但特拉万星对某些 VanB 菌株仍有活性（万古霉素耐药，替考拉宁敏感）。(AAC2008;52:2383)
- 60 株 CA–MRSA 分离菌株特拉万星 MIC 范围是 0.25~1 μg/ml。(JAC2007;60:406)
- 在体外，特拉万星对 26 株万古霉素中介的金黄色葡萄球菌具有活性，但可产生耐药性 (AAC2009;53:4217)。

药理学机制

- 特拉万星是半合成，脂糖肽类抗生素。与万古霉素相似，特拉万星通过干扰肽多糖的交链和聚合。另外，特拉万星可使细菌细胞膜去极化，干扰其屏障功能。

药动学参数

- 吸收：没有数据。
- C_{max}： 以 10 mg/kg 给 药， 稳 态 时 峰 浓 度 为 108±26μg/ml；AUC=780±125μg/ml。特拉万星具有浓度依赖性杀菌活性，抗生素后效应 4~6 小时。与 MRSA 杀菌活性相关的药效学参数是特拉万星游离 AUC/MIC 比值在 50~100 之间。
- 分布：Vd=0.133 L/kg。水泡液液体穿透力约为 40%。肺穿透力好（（肺泡上皮表层液中药物浓度是血浆药物浓度的 73%）[AAC2008;52:2300]。
- 蛋白结合：90%
- 代谢 / 排泄：特拉万星主要经肾排泄，76% 的给药剂量由尿液排泄。
- 半衰期：8±1.5 小时。

肝功能不全者药物用法

- 中度肝功能损害（Child-PughB）：常规剂量。严重肝功能损害：没有数据，但可能是常规剂量。

孕期用药

- C 级：根据动物数据，特拉万星可引起胎儿损伤。妊娠期避免使用。育龄妇女需进行血清妊娠实验。妊娠登记管理（1-888-658-4228）。

哺乳期用药

- 没有数据。

简介

- 治疗革兰阳性敏感菌引起的复杂软组织感染和医源性肺炎，特拉万星不比万古霉素差。特拉万星的抗菌谱与万古霉素相似，但对某些万古霉素耐药的肠球菌株（VanB）仍有活性。与万古霉素相比，特拉万星具有低的 MRSA 最小抑菌浓度和好的肺穿透力，其临床意义仍需要进一步明确。

推荐依据

Stryjewski ME, Graham DR, Wilson SE, et al. Telavancin versus vancomycin for the treatment of complicated skin and skin-structure infections caused by Gram-positive organisms. Clin Infect Dis, 2008; Vol. 46; p. 1683.

Rubinstein E, Corey GR, Stryjewski ME, et al. Telavancin for Treatment of Hospital-Acquired Pneumonia (HAP) Caused by MRSA and MSSA: the ATTAIN studies. 48th Interscience Conference on Antimicrobial Agents and Chemotherapy, 2008, Vol. abstract K-530.

泰利霉素

Paul A. Pham, PharmD and John G. Bartlett, MD

适应证

FDA 批准的适应证

- 肺炎链球菌（包括多药耐药的分离菌株），流感嗜血杆菌，卡他莫拉菌，肺炎衣原体或肺炎支原体引起的轻－中度严重社区获得性肺炎。

非 FDA 批准的适应证

- 急性鼻窦炎（由于低的收益－风险，FDA 撤销了该适应证）。
- 慢性支气管炎的急性发作（由于低的收益－风险，FDA 撤销了该适应证）。

成人常用剂量

- 社区获得性肺炎：口服给药，1 次 800 mg，每天 1 次，可与或不与食物同服，治疗 7~10 天。

肾功能不全时的调整剂量

- GFR 50~80 ml/min：常规剂量。
- GFR 10~50 ml/min：常规剂量。
- GFR<10 ml/min：严重肾功能不全患者，AUC 增加 1.9 倍。对于伴有肝衰患者，考虑减少给药剂量。
- 血液透析：常规剂量（口服给药，1 次 800 mg，每天 1 次，数据有限）
- 腹膜透析：没有数据（考虑口服给药，1 次 800 mg，每天 1 次）
- 血液滤过：没有数据。可能是常规剂量。

药物不良反应

常见

- 恶心 / 腹泻（7%~10%）。

偶见

- 头痛，头晕。
- 呕吐。
- 肝功能升高 / 肝炎。
- 1.1% 的患者发生可逆的视力模糊，聚焦困难和复视（40 岁以下妇女风险增加）

罕见

- QTc 间期延长。
- 严重肝炎，有致死性病例报道。
- 意识丧失。

药物相互作用见附录 Ⅲ，第 982 页，药物药物相互作用表。

- 泰利霉素是 CYP3A4 的底物和抑制剂。若与 CYP3A4 底物，诱导剂和抑制剂合用时应慎用。

抗菌谱见附录 Ⅱ 第 954 页。

药理学机制

- 与大环内酯类相似，酮内酯类与核糖体 50s 亚基（Ⅱ 结构域和 V 结构域）双重结合，抑制细菌蛋白合成。V 结构域甲基化可引起耐药性，由于和 Ⅱ 结构域结合，泰利霉素对革兰阳性球菌出现的上述耐药性仍有活性。

药动学参数

- 吸收：生物利用度为 57%
- C_{max}：2~2.9 μg/ml(800 mg 给药后 1 小时；最低药物浓度 0.07~0.2 μg/ml)。
- 分布：Vd: 分布容积大，为 2.9 L/kg, 泰利霉素组织中（例如支气管黏膜，肺泡上皮表层液，肺泡巨噬细胞）药物浓度是血浆浓度的 2~8 倍。
- 蛋白结合率：60~70%。
- 代谢 / 排泄：总剂量的 70% 经 CYP3A4 和非 CYP3A4 代途径谢，代谢物和原形药物由尿液（13%）和粪便 (7%) 排出。
- 半衰期：10 小时。

肝功能不全者药物用法

慎用。（Child Pugh 分级为 A、B 和 C）标准剂量：口服给药，1 次 800 mg，每天 1 次

孕期用药

- C 级：动物实验没有显示具有致畸性。人类无数据。

哺乳期用药

- 没有数据。

简介

- 由于报道有罕见，但十分严重甚至致命性的肝坏死，FDA 不再批准用于治疗支气管急性发作和急性鼻窦炎。在治疗中度－重度的青霉素耐药的肺炎链球菌引起的社区获得性肺炎方面，可以考虑本品代替氟喹诺酮类（左氧氟沙星和莫西沙星）。不利之处：仅有口服制剂，胃肠道不耐受发生率高，可逆的视觉紊乱，意识丧失，某些情况会出现明显的药物相关的严重肝炎。与 CYP3A4 底物存在很多药物之间的相关作用。重症肌无力患者禁忌使用本品。

推荐依据

Clay KD, Hanson JS, Pope SD, et al. Brief communication: severe hepatotoxicity of telithromycin: three case reports and literature review. Ann Intern Med, 2006; Vol. 144; pp. 415 - 20.

Ross DB. The FDA and the case of Ketek. N Engl J Med, 2007; Vol. 356; pp. 1601 - 4

四环素

Paul A. Pham, PharmD and John G. Bartlett, MD

适应证

FDA 批准的适应证

- 青霉素过敏患者的替代治疗：梅毒，雅司病，奋森氏感染以及淋球菌，炭疽杆菌，单核细胞增生李斯特菌，放线菌和梭状芽孢杆菌引起的感染。
- 泌尿道感染和下呼吸道感染；皮肤和软组织感染；腹股沟肉芽肿；鹦鹉衣原体引起的鹦鹉热。
- 斑疹伤寒感染，洛矶山斑疹热，立克次体感染和 Q 热。
- 沙眼衣原体感染。

- 泌尿道感染。
- 包柔氏螺旋体属，杆菌状巴尔通体，杜克雷嗜血杆菌，土拉热弗朗西氏菌，鼠疫杆菌，霍乱弧菌，布鲁氏杆菌属，胎儿弯曲菌引起的感染。
- 溶组织内阿米巴引起的肠阿米巴病的辅助治疗。
- 大肠杆菌，产气肠杆菌，志贺菌属，孢曼不动菌，克雷伯菌属和拟杆菌属等敏感菌引起的感染。

非 FDA 批准的适应证

- 幽门螺旋杆菌相关的溃疡性疾病（与碱式水杨酸铋和甲硝唑联合使用）
- 牙龈炎 / 牙周炎。
- 寻常痤疮。

成人常用剂量

- 口服给药，每次 250~500 mg，每天 4 次，空腹服药。

肾功能不全时的调整剂量

- GFR 50~80 ml/min：常规剂量。
- GFR 10~50 ml/min：避免四环素，使用多西环素。
- GFR<10 ml/min：避免四环素，使用多西环素。
- 血液透析：避免四环素，使用多西环素。
- 腹膜透析：避免四环素，使用多西环素。
- 血液滤过：避免四环素，使用多西环素。

药物不良反应

常见

- 胃肠道不适和腹泻。
- 8 岁以下儿童牙齿致畸和染色。
- 静脉输液，严重静脉炎（美国市场已不再供应注射剂）。

偶见

- 肝毒性（剂量相关，特别是孕妇和肾功能不全患者或使用了过期药品）。
- 氮质血症加重（肾衰患者发生率增加）。肾功能不全患者优先选择多西环素。
- 食管溃疡。
- 念珠菌病（鹅口疮和阴道炎）。
- 光敏反应。

罕见

- 过敏反。应
- 视觉障碍。
- 重症肌无力加重。
- 难辨梭状芽孢杆菌结肠炎（发生率小于头孢菌素类，碳青霉烯类和氟喹诺酮类）。
- 溶血性贫血。
- 良性颅内压升高，视乳头水肿。
- 范科尼综合征（使用了过期药物）。

药物相互作用见附录Ⅲ，第 985 页，药物药物相互作用表。

抗菌谱见附录Ⅱ，第 956 页。

耐药性

- 肠杆菌，葡萄球菌和肠球菌 MIC 折点≤ 4 μg/ml（敏感），8 μg/ml（中介）；≥ 16 μg/ml（耐药）。
- 四环素敏感的分离菌株通常认为对多西环素和米诺环素也敏感。而四环素中介或耐药的分离菌株对多西环素或米诺环素也可能敏感。

药理学

机理

- 四环素类与核糖体 30S 亚基结合，阻断转移核糖核酸氨酰基结合，从而抑制蛋白质合成。

药动学参数

- 吸收：60%~80% 可被吸收。空腹时给药。
- C_{max}：口服 250 mg，峰浓度为 1.5~2.2 μg/ml。
- 分布：广泛分布于体内组织和体液中，包括胸膜液，支气管分泌物，痰，腹水，滑液，房水和玻璃体液和前列腺液。中枢神经系统穿透力差。
- 蛋白结合：20%~67%。
- 代谢 / 排泄：主要通过肾小球滤过以原形排出；也经胆汁和非胆道途径排到消化道内。
- 半衰期：6~11 小时。

肝功能不全者药物用法

- 严重肝功能不全患者避免使用。

孕期用药

- D 级：由于延缓骨骼发育和骨的生长，妊娠期禁忌使用四环素类；胎儿釉质发育不全和牙齿染色。也有母体发生肝毒性的报道。

哺乳期用药

- 四环素类可通过乳汁以极低浓度分泌。理论上存在牙齿染色和抑制骨生长的可能性，但暴露四环素的婴儿血中药物浓度小于 0.05 μ g/ml。

简介

- 口服四环素具有广谱活性，优先选择多西环素，因为它给药方便，一天给药两次，并且与食物无关。四环素可治疗敏感菌引起的泌尿道感染，因为与多西环素，米诺环素和替加环素肝代谢物相比，四环素可在尿液中可达到好的药物浓度。

推荐依据

Ariza J, Gudiol F, Pallarés R, et al. Comparative trial of rifampin-doxycycline versus tetracycline-streptomycin in the therapy of human brucellosis. Antimicrob Agents Chemother, 1985; Vol. 28; pp. 548 - 51.

替卡西林 / 克拉维酸

Paul A. Pham, PharmD and John G. Bartlett, MD

适应证

FDA 批准的适应证

- 骨和关节感染。
- 腹腔感染（阑尾炎，胆囊炎，胆管炎，憩室炎）。
- 下呼吸道感染。
- 产科 / 妇科感染。
- 败血症。
- 皮肤和软组织感染。
- 泌尿道感染。

非 FDA 批准的适应证

- 医院获得性肺炎。
- 脓胸。
- 糖尿病足感染。

成人常用剂量

- 静脉给药，1 次 3.1 g，每 4~6 小时给药 1 次（每天最大剂量 24 g)。假单胞肺炎和严重感染：静脉给药，1 次 3.1 g，每 4 小时给药 1 次。

肾功能不全时的调整剂量

- GFR 50~80 ml/min：GFR>60 ml/min：静脉给药，1 次 3.1 g，每 4~6 小时给药 1 次（每天最大剂量是 24 g)。假单胞肺炎和严重感染：静脉给药，1 次 3.1 g，每 4 小时给药 1 次。
- GFR10~50 ml/min：<30 ml/min：1 次 2 g，每 8 小时给药 1 次。若 30~60 ml/min: 1 次 2g，每 4 小时给药 1 次。
- GFR<10 ml/min：1 次 2 g，每 12 小时给药 1 次。
- 血液透析：1 次 2 g，每 12 小时给药 1 次，另外透析后给药 3.1 g。
- 腹膜透析：1 次 3.1 g，每 12 小时给药 1 次。
- 血液滤过：连续静脉 ~ 静脉血液透析（CVVH）：1 次 2 g，每 6~8 小时给药 1 次；连续静脉 – 静脉血液滤过（CVVHD）：1 次 3.1 g，每 6 小时给药 1 次。

药物不良反应

常见

- 通常耐受良好。

偶见

- 过敏反应。
- 皮疹。
- 胃肠道反应。
- 输液部位静脉炎。
- 赫克斯海默反应（梅毒或其他螺旋体感染时）。
- 难辨梭状芽孢杆菌结肠炎。

- 肝功能升高，有发生临床肝炎的罕见病例。

罕见

- 药物热。
- 伴有溶血性贫血 ,Coombs 实验阳性。
- 间质性肾炎。
- 中性粒细胞减少症和血小板减少症。
- 血小板凝集异常，具有出血倾向（特别是在肾功能衰竭患者应用较高的剂量时）。
- 中枢神经系统出现癫痫和抽搐（在肾功能衰竭患者应用较高的剂量时）。
- 肝炎。
- 过敏反应。

药物相互作用

- 口服避孕药：同时给药可降低口服避孕药的疗效。考虑增加另外一种避孕方式。
- 丙磺舒：可能会增加哌拉西林的药物浓度。肾功能衰竭病人可能引起显著的药物蓄积。
- 四环素类：同时给药，体外具有拮抗作用。在体内，青霉素的杀菌效果可能会减弱。管理建议：避免同时给药。2 个总数为 79 名肺炎球菌脑膜炎患者的研究显示青霉素联合四环素治疗组死亡率（79%~85%）高于青霉素治疗组 [Arch Intern Med1951:88:489;Ann Intern Med1961;55:545]。但治疗肺炎球菌引起的肺炎，青霉素联合四环素治疗组和单用青霉素治疗组的死亡率没有显著性差异 [Arch Intern Med1953;91:197]。

抗菌谱见附录 II 第 949 页。

药理学

机制

- β－内酰胺类抗生素抑制细菌细胞壁粘肽的合成，导致细胞壁缺损和渗透压不稳定，从而引起细胞溶解。克拉维酸抑制质粒介导的 β－内酰胺酶。

药动学参数

- 吸收——
- C_{max} 静脉给予本品 3.1 g，峰浓度为 324 μg/ml。
- 分布 0.16 L/kg；分布至水泡液，尿，腹膜液和胸膜液，中耳液，肠黏液，骨骼，胆囊，肺，女性生殖组织，胆汁。脑膜存在炎症时，具有中度的中枢神经系统穿透力，对铜绿假单胞菌可能无效。
- 蛋白结合 35~45%。
- 代谢 / 排泄：小于 15% 的给药剂量经肝脏代谢。原型药物及代谢产物通过肾小球滤过和肾小管分泌排泄。可经胆道排泄，胆汁中药物浓度高。
- 半衰期：1.2 小时。

肝功能不全者药物用法

- 肝功能不全和肌酐清除率 <10 ml/min 的患者：静脉给药，每天剂量 2 g，分 1~2 次给药，但对严重感染，可考虑 1 次剂量 2 g，每 12 小时给药 1 次。

孕期用药

- B 级：一项密西根的医疗救助患者的监测研究显示，556 名在怀孕前三个月接触

克拉维酸 / 青霉素的新生儿，其出生缺陷与克拉维酸 / 青霉素没有关联。

哺乳期用药

- 可通过乳汁分泌。临床意义尚不明确。

简介

- 注射用 β – 内酰胺 / β – 内酰胺酶抑制剂的抗菌谱与哌拉西林 / 他唑巴坦的抗菌谱相似，但其抗铜绿假单胞菌、肠球菌和肺炎链球菌活性相对较弱。每克替卡西林含有 4.75mg 当量的钠。对于严重假单胞感染那，建议增加给药频率（每 4 小时给药 1 次）。

推荐依据

Dougherty SH,Sirinek KR,Schauer PR,et al. Ticarcillin/clavulanate compared with clindamycin/gentamicin (with or without ampicillin) for the treatment of intra–abdominal infections in pediatric and adult pts. Am Surg, 1995; Vol. 61; pp. 297 - 303 .

Yellin AE, Johnson J, Higareda I, et al. Ertapenem or ticarcillin/clavulanate for the treatment of intra–abdominal infections or acute pelvic infections in pediatric pts. Am J Surg, 2007; Vol. 194; pp. 367 - 74.

替加环素

Paul A. Pham, PharmD and John G. Bartlett, MD

适应证

FDA 批准的适应证

- 复杂皮肤和皮肤结构感染（包括由耐甲氧西林的金黄素葡萄球菌和万古霉素敏感的粪肠球菌引起的感染）。
- 复杂腹腔感染（作为单药治疗）。
- 由肺炎链球菌（青霉素敏感分离菌株）、流感嗜血杆菌（β－内酰胺酶阴性分离菌株）和嗜肺军团菌引起的社区获得性细菌性肺炎。
- 作者评论：不是一线用药，很少用于社区获得性肺炎。

非 FDA 批准的适应证

- 孢曼不动杆菌和产 KPC 酶的肠杆菌等耐药革兰阴性杆菌引起的多个解剖位置的感染。

成人常用剂量

- 负荷剂量，静脉给药 100 mg，然后 1 次 50 mg，每 12h 给药 1 次，治疗 5~14 天。

肾功能不全时的调整剂量

- GFR 50~80 ml/min：常用剂量。
- GFR 10~50 ml/min：常用剂量。
- GFR ＜ 10 ml/min：常用剂量。
- 血液透析：血液透析不清除药物。不需要进行剂量调整。
- 腹膜透析：没有数据，可能是常规剂量。
- 血液滤过：没有数据，可能是常规剂量。

药物不良反应

常见

- 20%~30% 患者可发生恶心和呕吐。

偶见

- 高胆红素血症（2.3%）。
- 血尿素氮升高（2.1%）。

罕见

- 难辨梭状芽孢杆菌结肠炎（发生率小于头孢菌素、碳青酶烯和和氟喹诺酮类药物）。
- 由于结构相似，可能会发生四环素样的光敏反应。
- 药物相互作用
- 与细胞色素 P450 同工酶（1A2,2C8,2C9,2C19,2D6 和 3A4）无相互作用，因此不太可能出现涉及 CYP450 的药物－药物相互作用。
- 地高辛：无相互作用
- 华法林：替加环素使 R－华法林的 AUC 增加 40%，但不影响 INR。

药理学

药动学参数

- C_{max}：0.87 μg/ml；AUC 为 4.7 μg/（ml · hr）。

抗菌药物

- 分布：广泛分布。表观分布容积（Vd）为 500 到 700L。可在肺泡上皮表层液（是血清药物浓度的 1.32 倍），肺泡巨噬细胞（是血清浓度的 78 倍），胆囊（23 倍）和结肠（2.6 倍）中聚集。单次给药后，滑液中药物浓度是血清药物浓度的 31%~58%，骨中药物浓度是血清药物浓度的 35~41%，脑脊液中药物浓度是血清药物浓度的 11%。
- 蛋白结合率：71%~89%。
- 代谢 / 排泄：代谢较少，59% 的剂量经胆汁 / 粪便排泄，33% 经尿液排泄。
- 半衰期：稳态情况下半衰期为 42 小时。

肝功能不全者药物用法

- 静脉给药，首次 100 mg，然后 25 mg，每 12 小时给药 1 次 (Child PughC 患者)

孕期用药

- D 级：人类尚无数据。妊娠期应避免使用。大鼠和兔的研究显示，会引起胎儿体重降低，未成年骨骼异常的发生率增加。

哺乳期用药

- 可通过乳汁分泌，但替加环素口服生物利用度有限。仅在有明显指征时使用本品。

简介

- 替加环素具有广谱抗菌活性包括厌氧菌、革兰阳性球菌、革兰阴性杆菌，但假单胞菌，变形杆菌和普罗威登斯菌除外。替加环素在治疗腹腔感染、肺炎以及复杂软组织感染方面有效，与亚胺培南、哌拉西林、他唑巴坦相比，替加环素具有更为方便的一天给药 2 次给药方案。主要用于治疗多重耐药的革兰阴性菌感染。血清药物浓度低，治疗菌血症可能存在问题（特别是治疗的病原体敏感性折点较高时，如 2~4 μg/ml）。1/3 的患者可出现恶心和呕吐。.

推荐依据

Babinchak T, Ellis-Grosse E, Dartois N, et al. The ef cacy and safety of tigecycline for the treatment of complicated intraabdominal infections: analysis of pooled clinical trial data. Clin Infect Dis. 2005; Vol. 41 Suppl 5; pp. S354 - 67.

Ellis-Grosse EJ, Babinchak T, Dartois N, et al. The ef cacy and safety of tigecycline in the treatment of skin and skinstructure infections: results of 2 double-blind phase 3 comparison studies with vancomycin-aztreonam. Clin Infect Dis. 2005; Vol. 41 Suppl 5; pp. S341 - 53.

妥布霉素

PaulA.Pham,PharmDandJohnG.Bartlett,MD

适应证

FDA 批准的适应证

- 除了治疗非复杂性泌尿生殖系感染之外，通常与氨基糖苷类合用。
- 败血症，包括严重中枢神经系统感染（与其他抗菌素合用）。
- 下呼吸道感染。
- 复杂性泌尿道感染。
- 腹腔内感染，包括腹膜炎（与其他抗菌素合用）。
- 皮肤，骨骼，以及皮肤结构感染（与其他抗菌素合用）。

- 治疗囊性纤维化，合并铜绿假单胞菌感染（妥布霉素雾化液）。
- 治疗眼部感染（非复杂性结合膜炎眼药水）。

非 FDA 批准的适应证

- 肺炎，院内获得性（与 β – 内酰胺，β – 内酰胺 / β – 内酰胺霉抑制剂，或者一种三 / 四代头孢菌素合用）。
- 假单胞菌感染（与 β – 内酰胺，β – 内酰胺 / β – 内酰胺酶抑制剂，碳氢酶烯类或者一种三 / 四代头孢菌素合用）。

商品名	规格	价格 *
妥布霉素（非专利药厂家）	静脉规格 10 mg/ml（2 ml） 静脉规格 40 mg/ml（30 ml） 眼药水 0.3% 静脉规格 1.2 g	3.68 美元每瓶； 37.50 美元每瓶； 14.25 美元 (5 ml)； 88.56 美元
Tobi（诺华）	雾化安瓿 300 mg/5 ml	76.58 美元每安瓿
	混悬液眼药水 0.3%/0.1% 混悬液眼药水 0.3%/0.5% 眼药膏 0.3%/0.1%	89.38 美元 (5 ml)； 178.75 美元 (10 ml)； 18.43 美元；70.44 美元 (3.5 g)

* 价格为平均批发价格（AWP）

成人常规剂量

- 每天 1 次用量：5~7 mg/kg IV。不推荐进行药物浓度监测。存在潜在肾毒性危害的患者（ICU 患者，高龄，合并肾功能受损者）需监测药物谷浓度。目标谷浓度 <1 mcg/ml。在以下患者中不能每天 1 次给药 / 肾功能不稳定，内生肌酐清除率 <60 ml/min，心内膜炎，脑膜炎，或者 Vd 增加者（孕妇，腹水，水肿）。
- 轻 – 中度感染通用剂量：负荷量 2 mg/Kg，1.7~2 mg/kg IV q8h（目标峰浓度 >6 mcg/ml，谷浓度 <2 mcg/ml）。
- 重度感染通用剂量（假单胞菌，肺炎）：负荷量 3 mg/kg，2 mg/kg IV q8h（目标峰浓度 >8 mcg/ml，谷浓度 <2 mcg/ml）。
- 在重症感染患者（+/– 弥漫水肿，腹水，休克，烧伤，囊性肺纤维化以及孕妇）可考虑加大负荷剂量，并在负荷剂量后检查药物峰浓度与谷浓度以计算出患者相关的药代动力学剂量。应根据患者肾功能和（或）体液容量水平调整药物用量。
- 在下次用药前（通常在 3 剂药物之后）抽取药物谷浓度。
- 在 30 分钟静脉用药后的第 30 分钟抽取药物峰浓度（通常在 3 剂药物之后）。
- 肥胖患者：以计算的瘦身体重 +40% 超重脂肪。如：用药参考体重（DBW）= 理想体重（IBW）+0.4（实际体重 –IBW））。
- IBW = 50 kg（男性）或者 45.5 kg（女性）+（2.3× 在 5 英尺以上的英寸）。
- 气溶胶规格的妥布霉素（雾化液）：80~300 mg q12h~24h。
- 心室内或者脑脊髓膜内的给药：应用无防腐剂的妥布霉素 5 mg q24h（范围 4~10 mg）。

肾功能不全时的调整剂量

- GFR 50~80 ml/min：初始予负荷剂量，其后根据 GFR 调整剂量；GFR > 70 ml/min，使用常规剂量；GFR50~69 ml/min 计算公式为：GFR × 0.045=mg/kg q12h（例如：

GFR 为 56 ml/min，则 56×0.045=2.5 mg/kg q12h），监测峰浓度及谷浓度。

- GFR 10~50 ml/min：初始予负荷剂量，其后根据 GFR 调整剂量；GFR40~49 ml/min，按下述公式计算：GFR×0.045=mg/kgq12h（例如：GFR 为 45 ml/min，则 45×0.045=2 mg/kg q12h）；如 GFR20~39，计算公式为：GFR×0.09=mg/kgq24h。
- GFR < 10 ml/min：初始负荷剂量；GFR < 10 ml/min 时 2~2.5 mg/kg×1，当监测血药浓度 < 2 mcg/ml 再予上述剂量。
- 血液透析：先予标准负荷剂量，透析后 1.7~2 mg/kg。监测血药浓度，目标峰浓度（血液透析后 2 小时采血）7~10 mcg/ml，目标谷浓度（根据残余肾功能调整透析次数，在下次血液透析前采血）3~5 mcg/ml。
- 腹膜透析：腹膜透析液每天交换量为 2~4 mg/L。持续腹膜透析患者长期应用氨基糖苷类，其耳毒性发生率较高。
- 血液滤过：CVVH 或者 CVVHD：负荷剂量 3 mg/kg，此后 2 mg/kg q24~48（用药后 2 小时取血检查峰浓度，目标浓度 7~10 mcg/ml）。监测用药后 24 小时的血药浓度（血药浓度 <2 mcg/ml 时，再次给药）。

药物不良反应

常见

- 肾功能衰竭（通常可逆），危险因素：高龄，既往存在肾脏和肝脏疾病，容量不足，传统的 q8h 用药，大剂量，合用肾损药物（包括万古霉素），以及治疗持续时间（最重要）。谷浓度是否与肾脏损害有关尚存争议。

偶见

- 不可逆前庭毒性（4%~6%）。多数患者通过视觉和本体感觉信号来弥补。监测患者的恶心，呕吐，眼球震颤以及眩晕（黑暗环境时加重）。
- 不可逆耳蜗毒性（3%~14%）：危险因素：重复用药（药物累积剂量和累积用药时间），基因易感性，肾功能不全，各种的氨基糖苷类（新霉素 > 链霉素 > 庆大霉素 > 妥布霉素 > 阿米卡星 > 奈替米星），高龄，菌血症，低容量，温度升高幅度以及肝功能不全（JID1984;149：23~30）62% 的听力丧失位于声音频率 9kHz（高频声音），平均用药时间为 9 天（JID1992;165：1026~1032）。
- 部分病例出现基因易感的前庭与耳蜗毒性。应关注患者氨基糖苷类药物耳毒性的家族史。
- 应用氨基糖苷类药物 >3 天的患者，均需要监测药物的耳毒性。前庭毒性监测：用 Snellen 卡片检测患者基础视敏度。在用氨基糖苷类药物 3 日后，请患者在阅读 Snellen 卡片上线条的同时晃动头部（左右晃动）。出现耳毒性的早期征像是患者丧失了 2 条细线的视敏度。检测患者的 Romberg 征。耳蜗毒性监测：听力学实验。

罕见

- 神经肌肉阻滞（尤其在肌无力或帕金森患者中大剂量快速静脉输注时）。
- 过敏反应（在个别规格中继发于亚硫酸盐）。

药物相互作用

- 先锋霉素：增加肾毒性。

- 袢利尿剂（布美他尼、呋塞米、依地尼酸、托拉塞米）：耳蜗毒性（尤其是依地尼酸），避免合用。
- 非去极化肌松剂（阿曲库铵、泮库溴铵、筒箭毒碱、加拉碘铵）：可能增加非去极化肌肉松弛导致呼吸抑制。
- 肾毒性药物（如两性霉素 B、膦甲酸、西多福韦及造影剂等）：增加肾毒性，避免何用。
- 青霉素：体外实验提示可导致失活，勿混合或在同一通路中使用）。
- 万古霉素：肾毒性增加。

抗菌谱参见附录 II 第 951 页

耐药性

- 肠杆菌科及其他非发酵菌（包括铜绿假单胞菌）的革兰阴性菌的 MIC 折点为 4 mcg/ml。

药理学机制

- 氨基糖苷类抗生素通过不可逆结合 30S 核糖体亚单位抑制蛋白合成。

药代动力学参数

- 吸收：氨基糖苷类抗生素肌注、胸膜内及腹膜内给药吸收迅速，口服吸收欠佳。
- 血药峰浓度：1.5 mg/kg IV 后可达 6 mcg/ml，其他浓度给药峰值浓度受分布容积影响。
- 分布：0.2~0.4 L/kg（在妊娠、腹水、水肿、败血症及烧伤患者中可能更高），分布在细胞外液、脓肿、腹水、心包积液、胸腔积液、滑液、淋巴液及腹膜积液中，在胆汁、房水、支气管分泌物、支气管脓肿、痰液及脑脊液中分布浓度较低。
- 蛋白结合率：0~10%。
- 代谢 / 排泄：氨基糖苷类抗生素不在肝内代谢，从尿中以原形方式排出。
- 半衰期：2~4 小时（注意：囊性纤维化患者的半衰期可能只有 1~2 小时，而在烧伤及发热的患者中清除率增高）。

肝功能不全者药物用法

- 无需剂量调整，但可能增加肝肾毒性，使用时注意密切监测。

孕期用药

- D 级，动物实验未证实有致畸性，但有母亲使用链霉素后其孩子患先天性耳聋（两侧）的个例报道，妥布霉素可能存在同样的风险。

哺乳期用药

- 在婴幼儿中仅发现微量妥布霉素。因吸收较少，系统毒性应不会发生，但在婴幼儿正常肠道菌群中可能发生变异。

简评

- 非口服的氨基糖苷类与庆大霉素相比抗假单胞活增强，肾毒性降低，但耳毒性可能增加。出现下列情况时禁止每天使用：肾功能不稳定或肌酐清除率 < 60 ml/min；心包炎；脑膜炎；出现容量增多的任何病人（如妊娠、烧伤、腹水、水肿、休克等）。氨基糖苷类抗生素单药治疗全身性假单胞菌感染预后不良。

推荐依据：

American Thoracic Society, Infectious Diseases Society of America. Guidelines for the management of adults with hospitalacquired,ventilator-associated, and healthcare-associated pneumonia. Am J Respir Crit Care Med, 2005; Vol. 171;pp. 388 - 416.

Wiesemann HG, Steinkamp G, Ratjen F, et al. Placebo-controlled, double-blind, randomized study of aerosolized tobramycin for early treatment of Pseudomonas aeruginosa colonization in cystic fi brosis. Pediatr Pulmonol, 1998; Vol. 25; pp. 88 - 92.

甲氧苄啶

Paul A. Pham, PharmD and John G. Bartlett, MD

适应证

FDA 批准的适应证

- 由大肠埃希菌、奇异变形杆菌、肺炎克雷伯菌、肠杆菌属及腐生葡萄球菌导致的非复杂尿路感染。

非 FDA 批准的适应证

- 耶氏肺孢子虫肺炎（与氨苯砜合用）。
- 空肠弯曲杆菌。

商品名	规格	价格 *
甲氧苄啶（非专利药厂家）	口服 片剂 100 mg	0.69 美元
Primsol（FSC 实验室）	口服 溶胶 50 mg/5 ml（473 ml）	156.25 美元

* 价格为平均批发价格（AWP）

成人常规剂量

- 非复杂尿路感染：200 mg PO，每天 1~2 次（注意：该适应证下首选甲氧苄啶 / 磺胺甲噁唑，但如对磺胺不能耐受可单独使用甲氧苄啶）。
- 轻中度 PCP：甲氧苄啶 5 mg/kg PO q8h+ 氨苯砜 10 mg PO qd。

肾功能不全时的调整剂量

- GFR 50~80 ml/min：常规剂量。
- GFR 10~50 ml/min：尿路感染：100 mg q24h；PCP 5 mg/kg q8~12h。
- GFR < 10 ml/min：厂商建议避免使用，但对 PCP 患者：5~7.5 mg/(kg · d)（1/2~1/3 常规剂量）联用氨苯砜。
- 血液透析 PCP：5~7.5 mg/(kg · d)，透析当天在透析后 5 mg/kg 联用氨苯砜。
- 腹膜透析腹膜透析并不会有效滤过甲氧苄啶。尿路感染：100~200 mg q48h；PCP：目前无资料，可考虑 5~7.5 mg/(kg · d)；
- 血液滤过目前无资料，可参考甲氧苄啶 / 磺胺甲噁唑。

药物不良反应

常见

- 胃肠道不适（剂量相关）。

偶见

- 巨幼细胞贫血。
- 中性粒细胞减少（症）。
- 血小板减少（症）。
- 高钾血症（大剂量使用时，可逆）。
- 肝酶升高。
- 全血细胞减少。
- 皮疹及瘙痒。

罕见

- 多形性红斑，Steven-Johnson 综合征（重症多形性红斑），中毒性表皮坏死松解症（关系不明）。

药物相互作用

- 氨苯砜：氨苯砜（40%）及甲氧苄啶（48%）浓度均可升高，在治疗 PCP 时有益，无需剂量调整。
- 甲氨蝶呤：因肾清除率下降导致血药浓度可升高，联合用药是注意监测血象谨防全血细胞减少。甲氨蝶呤需减量。
- 苯妥因：因甲氧苄啶可抑制肝脏代谢，苯妥因浓度可升高。联用建议：监测苯妥因毒性（如嗜睡、眼球震颤、构音障碍及震颤）及血药浓度。药物剂量需调整。
- 普鲁卡因胺：继发于两者在肾小管分泌中的竞争性抑制，普鲁卡因胺及乙酰普鲁卡因胺浓度升高。监测普鲁卡因胺及运行频率可以血药浓度，监测 ECG，警惕 QTc 间期延长及心律失常。

药理学机制

- 甲氧苄啶与二氢叶酸还原酶结合，使二氢叶酸不能还原成四氢叶酸。

药代动力学参数

- 吸收：口服后完全吸收。
- 血药峰浓度：200 mg PO 后可达 2 mcg/ml。
- 分布：广泛分布在组织和体液，如房水、中耳、唾液、肺、痰、精液、前列腺液、胆汁及骨组织。血液浓度的 13~44% 可达脑脊液。
- 蛋白结合率：45%。
- 代谢 / 排泄：代谢为氧化物及羟化物。以药物原形及代谢物形式从尿中排出。少量通过胆汁分泌从粪便排出。
- 半衰期：8~10 小时。

肝功能不全者药物用法

- 暂无资料，可参考甲氧苄啶 / 磺胺甲噁唑。

孕期用药

- C 级：动物实验证实 40 倍人类剂量时有致畸性。妊娠 3 月内（重要器官成形期）避免使用。妊娠中使用需权衡风险。如使用本品，需补充含叶酸的多种维生素制剂。

哺乳期用药

- 可在乳汁中分泌。美国儿科学会认为哺乳期妇女用药期间可使用本品。

简评

- 常与磺胺甲噁唑合用。单用仅用于非复杂尿路感染。轻中度 PCP 治疗中甲氧苄啶 / 氨苯砜可替代甲氧苄啶 / 磺胺甲噁唑，但不可用于重症 PCP。

推荐依据

Safrin S, Finkelstein DM, Feinberg J, et al. Comparison of 3 regimens for treatment of mild to moderate Pneumocystis carinii pneumonia in pts with AIDS. A double-blind,randomized, trial of oral trimethoprim-sulfamethoxazole, dapsone-trimethoprim, and clindamycin-primaquine. ACTG 108 Study Group. Ann Intern Med, 1996; Vol. 124;pp. 792 - 802 .

甲氧苄啶 / 磺胺甲噁唑

Paul A. Pham, PharmD and John G. Bartlett, MD

适应证

FDA 批准的适应证

- 急性支气管炎（加重期）。
- 中耳炎。
- 耶氏肺孢子虫肺炎的预防。
- 耶氏肺孢子虫肺炎的治疗。
- 旅行者腹泻；志贺氏菌病。
- 尿路感染。

非 FDA 推荐用药

- 奴卡菌感染。
- 弓形虫病的治疗和预防。
- 细菌性膀胱炎的预防。
- 等孢子球虫属感染。
- 沙门氏菌感染。
- MSSA 及社区获得性 MRSA 的软组织感染。
- 军团菌（二线）。
- 李斯特菌属感染（用于青霉素过敏患者的二线药物）。

商品名	规格	价格 *
Bactrim 和 Septra 和 Sulfatrim（非专利药厂家）	口服片剂 400 mg/80 mg（单效）；	0.67 美元；
	口服片剂 800 mg/160 mg（双效）；	0.91 美元
	静脉制剂 每毫升 80 mg/16 mg（30 ml）；	11.44 美元 /30 ml
	口服悬液 200~40 mg/5 ml（480 ml/ 瓶）	57.95 美元 /480 ml（瓶）

* 价格为平均批发价格（AWP）

成人常规剂量

- PCP 5 mg/kg（甲氧苄啶的量） IV/PO q8h × 21 天（常用双效 5~6 次 / 天，必须以甲氧苄啶的剂量为准）。
- PCP 预防 1 单效或 1 次双效 qd 或 1 双效 tiw（两者任选一项）

- 弓形虫病预防1次双效PO qd。
- 弓形虫病治疗5 mg/kg（以甲氧苄啶的剂量计算）PO或IV q12h×6w，然后半量维持（首选磺胺嘧啶+乙嘧啶）。
- 尿路感染：1次双效PO，每天2次×3~14d（在女性非复杂性膀胱炎中建议使用3天）。
- 旅行者腹泻（沙门氏菌、志贺氏菌、大肠埃希菌及环孢子虫）1次双效PO，每天2次×5~7d。
- 皮肤及软组织感染：1~2次双效PO q12h。
- 奴卡菌：2~3次双效PO，每天2次×6月以上。
- 等孢子球虫：1次双效PO，每天2次×7~10天，然后1次双效tiw。
- 超过6天地逐渐加量的给药方式可增加患者对本品的长期耐受能力，但在部分患者中不太可行。起始剂量予单效的12.5%（甲氧苄啶10 mg），然后每天递增12.5%直到第六天达目标剂量(J Infect Dis. 2001; 184：992－7)。
- 肥胖患者：在重症感染中可考虑使用ABW，但暂无资料支持。

肾功能不全时的调整剂量

- GFR50~80 ml/min: 常规剂量。
- GFR10~50 ml/min:10~30 ml/min：5 mg/kg 静脉注射q12h；口服半量。
- GFR < 10 ml/min: 厂商建议避免使用。在严重PCP或重症感染且GFR < 10的患者中，笔者建议5~7.5 mg/(kg·d)分2~3次使用（1/2~1/3常规剂量）。
- 血液透析：透析后，可考虑5~7.5 mg/(kg·d)，分2~3次使用（透析当天于透析后给药）。PCP预防：可予1次双效口服qd。
- 腹膜透析：不会被滤过。PCP预防：考虑1次双效PO q48h；PCP治疗：5 mg/(kg·d)
- 血液滤过：CVVH：暂无资料；CVVHD：资料有限，可予5 mg/kg IV q8~12h。

药物不良反应

- 免疫功能正常的宿主通常可耐受。HIV感染患者出现甲氧苄啶/磺胺甲噁唑相关不良反应的风险增高。

常见

- 胃肠道不适，如恶心、呕吐（见于20%~50%的接受> 15mg/kg的患者）。
- 皮疹和瘙痒（使用本品后7~14天）。
- 无致残症状时需长期用药。
- 血肌酐假性升高（平均升高18%）（Kaineretal. Chemotherapy. 1981;27：229－32）。

偶见

- 可逆性高钾血症（见于大剂量甲氧苄啶伴或不伴慢性肾功能不全）。
- 骨髓移植（叶酸缺乏的贫血、血小板减少、白细胞减少，大剂量时常见）。
- 血清病和药物热。
- 肝炎（可为胆汁淤积性）。
- 光过敏。
- 高铁血红蛋白血症（在严重G6PD缺乏时），但轻中度G6PD缺乏的非裔美国患者能耐受本品。

罕见

- 尿结晶导致氮质血症、尿石症和少尿（常见于磺胺嘧啶）。
- Steven-Johnson 综合征（重症多形性红斑）或中毒性表皮坏死松解症。
- 无菌性脑膜炎。
- 胰腺炎。
- 神经毒性（震颤、共济失调、情感淡漠及踝阵挛）。
- 间质性肾炎。

药物相互作用见附录Ⅲ第 986 页，药物相互作用表

范围见附录Ⅱ 956 页

耐药性

- 大肠杆菌：（尿中分离的）美国部分地区及全世界 > 20% 耐药。
- 肺炎链球菌：15~30% 耐药。
- 耶氏肺孢子虫：由于耶氏肺孢子虫的二氢叶酸合成酶（DHPS）基因不断突变，耶氏肺孢子虫对磺胺类药和氨苯砜耐药可能与此相关，但一项前瞻性的研究表明，DHPS 突变暂无明显临床意义，因其临床转归并不差于基因突变前 (Lancet.2001;358：545 - 9)。
- 社区获得性 MRSA：耐药率低。
- 甲氧苄啶/磺胺甲噁唑在肠杆菌科及 G~ 肠杆菌的折点 ≤ 2/38 mcg/ml（敏感）；≥ 4/76 mcg/ml（耐药）。
- 甲氧苄啶/磺胺甲噁唑对葡萄球菌属的最低抑菌浓度 ≤ 2/38 mcg/ml（敏感）；≥ 4/76 mcg/ml（耐药）。

药理学机制

- 甲氧苄啶与磺胺甲噁唑协同干扰叶酸代谢：甲氧苄啶与二氢叶酸还原酶结合一直二氢叶酸还原成四氢叶酸，磺胺类药为对氨基苯甲酸（PABA）的结构类似物，竞争性抑制二氢叶酸的合成（而这是 PABA 转化为叶酸的必须步骤）。

药代动力学参数

- 吸收：90%~100% 吸收
- 血药峰浓度：甲氧苄啶 160 mg IV 后可达 3.4 mcg/ml。甲氧苄啶 160 mg IV q8h 给药后稳定峰浓度可达 9 mcg/ml。
- 分布：TMP2.0L/kg；SMX 360 ml/kg。能透过血脑屏障。
- 蛋白结合率：SMZ（70%），TMP（44%~62%）。
- 代谢/排泄：SMZ 绝大多数经肝脏代谢为 N- 乙酰基和 N- 葡萄糖醛基等代谢物。10~30% 的 SMZ 和 50%~70% 的 TMP 经尿排泄。
- 半衰期：TMP 11h，SMX9h。

肝功能不全者药物用法

- 暂无资料。可考虑常规剂量下密切监测。

孕期用药

- C 级：在一项密歇根医疗补助计划的调查研究中，2296 名孕妇在妊娠 3 月内接受 SMX-TMP，有 5.5% 的先天缺陷。药物可能与先天缺陷（心血管方面）相关，但也可能还有母亲罹患疾病却同时服用药物等因素。妊娠的头三个月及后三个月

禁用。

哺乳期用药

- 母乳中浓度很低。美国儿科学会认为哺乳期妇女用药期间可使用本品。

简评

- PCP 预防和治疗的一线药物，对其他病原体（如弓形虫、李斯特菌、军团菌、70% 肺炎链球菌、多数金黄色葡萄球菌，包括社区获得性 MRSA）有活性。可用于 CAP 及软组织感染。社区获得性 MRSA 软组织感染的一线用药。在绝大多数免疫正常的宿主中可耐受，但在 HIV 感染的患者中，因不能耐受停用的比例较高。

推荐依据

- 美国国立卫生研究院（NIH），疾病控制中心（CDC），美国感染学会的艾滋病医学会（HIVMA/IDSA）。成人与青少年 HIV 感染者防治机会性感染指南。

推荐依据

Green H, Paul M, Vidal L, et al. Prophylaxis of Pneumocystis pneumonia in immunocompromised non-HIV-infected pts:systematic review and meta-analysis of randomized controlled trials. Mayo Clin Proc., 2007; Vol. 82; pp. 1052 - 9.

Safrin S, Finkelstein DM, Feinberg J, et al. Comparison of three regimens for treatment of mild to moderate Pneumocystis carinii pneumonia in pts with AIDS. A double-blind, randomized, trial of oral trimethoprim-sulfamethoxazole, dapsone-trimethoprim, and clindamycin-primaquine. ACTG 108 Study Group. Ann Intern Med, 1996; Vol. 124; pp. 792 - 802 .

万古霉素

Paul A. Pham, PharmD and John G. Bartlett, MD

适应证

FDA 批准的适应证

- 骨关节感染。
- 肺炎。
- 败血症。
- 心内膜炎的治疗和预防（用于对青霉素过敏的患者）。
- 口服万古霉素用于由难辨梭状芽胞杆菌导致的抗生素相关性伪膜性结肠炎和金黄色葡萄球菌（包括 MRSA）导致的抗生素相关性小肠结肠炎。

非 FDA 批准的适应证

- 火器伤感染。

商品名	规格	价格 *
万古霉素、盐酸万古霉素（专利药厂家：礼来，藤泽公司，Schein 及其他）	静脉制剂 500 mg，1000 mg	4.70 美元；9.65 美元
万古霉素（Viropharma）	口服 胶囊 125 mg；250 mg	17.70 美元；35.66 美元

* 价格为平均批发价格（AWP）

成人常规剂量

- 由 MRSA 及其他耐药 G^+ 菌导致的全身感染且 MIC ≤ 1:15 mg/kg IV q12h（根

抗菌药物

据实际体重最高剂量为 20 mg/kgq8h）。在危重患者可予 25~30 mg/kg×1 的负荷剂量；中枢神经系统感染 22.5 mg/kg IV q12h。
- MRSA 感染且 MIC ≥ 2 考虑其他药物治疗（尤其在肺炎及脑膜炎患者）
- 谷浓度 15~20 mcg/ml 用于心内膜炎、骨髓炎、肺炎及中枢神经系统感染；有人推荐中枢神经系统感染谷浓度需达 20 mcg/ml；10~15 mcg/ml 用于 MRSA 的轻症感染且 MIC 较低时。
- 难辨梭状芽胞杆菌 125 mg PO q6h×7~10 天。肠梗阻或严重病例可考虑 250~500 mg PO q6h（必要时联用甲硝唑静脉注射）。
- 口服制剂不被全身吸收，仅对对难辨梭状芽胞杆菌性结肠炎和金黄色葡萄球菌小肠结肠炎有效。而胃肠外制剂对难辨梭状芽胞杆菌伪膜性结肠炎及葡萄球菌小肠结肠炎无效。
- 葡萄球菌小肠结肠炎 500~2000 mg 分 3~4 次 PO qd×7~10d。
- 难辨梭状芽胞杆菌结肠炎中万古霉素的静脉制剂可用于的口服以降低成本（5 美元 vs.80 没羣 /d）
- 心室内或鞘内给药万古霉素 20 mgq24h（最高 30mg）。使用无防腐剂的万古霉素 1g 制剂，以利恢复。

肾功能不全时的调整剂量
- GFR 50~80 ml/min：GFR > 60 ml/min：15 mg/kg IV q12h（监测血药浓度，目标谷浓度 10~20mcg/ml）。
- GFR 10~50 ml/min：GFR30~59 ml/min：15 mg/kg q24h；GFR 15~29 ml/min：15 mg/kg IV q48h（监测血药浓度，目标谷浓度 10~20 mcg/ml）。
- GFR < 10 ml/min：15 mg/kg IV，监测血药浓度，当谷浓度 < 10~20 mcg/ml 时重复给药。
- 血液透析：15 mg/kg IV，监测血药浓度，当谷浓度 < 10~20 mcg/ml 时重复给药；通常需要每周 2 次，根据残余肾功能决定给药频次。
- 腹膜透析：0.5~1.0g IV/ 周监测血药浓度，当谷浓度 < 10~20 mcg/ml 时重复给药），根据残余肾功能决定给药频次。
- 血液滤过：CVVH 15 mg/kg q48h；CVVHD 15 mg/kg IV q24h（监测血药浓度，当谷浓度 < 10~20 mcg/ml 时重复给药）。

药物不良反应
- 总体上耐受性好。

偶见
- 红人综合征：脸部、胸部泛红（伴或不伴低血压）、瘙痒（ > 60 min 慢速滴注可避免，使用前予抗组胺药可减轻症状）。红人综合征并不是真正的过敏。
- 静脉炎。
- 肾功能损害（联用氨基糖苷类时更常见）。近期制剂中少见，发病率为 1.4%~5%。

罕见
- 中性粒细胞减少。
- 嗜酸性粒细胞增多。
- 药物热。
- 过敏反应伴皮疹。
- 组织激惹。

- 耳毒性。
- 血小板减少。

药物相互作用

- 非去极化型肌松药（琥珀酰胆碱、阿曲库铵、维库溴铵、泮库溴铵、筒箭毒碱）：有增强神经肌肉阻滞的个案报道，联用时密切监测。
- 消胆胺：可与口服的万古霉素结合，避免联用；可考虑联用甲硝唑和消胆胺。
- 氨基糖苷类：联用是增加肾毒性。

抗菌谱见附录 II 第 958 页

耐药性

- 万古霉素耐药的金黄色葡萄球菌（VRSA）：MIC=16 mcg/ml（迄今报告 7 株）
- 万古霉素中间产物耐药的金黄色葡萄球菌（VISA）：MIC 4~8 mgc/ml。
- 不均一耐药的金黄色葡萄球菌（不均一 VISA）：MIC=4 mcg/ml（包含 MIC 4~8mcg/ml 的亚群）。
- 万古霉素敏感的金黄色葡萄球菌：MIC=2 mcg/ml 或更低（之前的折点为 4 mcg/ml）。
- 粪肠球菌：MIC 折点为 4 mcg/ml

药理学机制

通过结合 D- 丙氨酰 -D- 丙氨酸前体阻止肽聚糖聚合而抑制细菌细胞壁的合成

药代动力学参数

- 吸收：口服不能吸收（故不能用于全身性感染）。
- 血药峰浓度：静滴 1.0 g 后峰浓度为 20~50 mcg/ml，谷浓度为 10 mcg/ml。
- 分布：胃肠外给药后广泛分布在组织及体液中，在心包、胸膜腔、腹水及滑液中分布良好，在炎性脑脑膜中亦有较低浓度（大剂量时血药浓度的 1%~53% 可达炎性脑膜）。
- 蛋白结合率：50%~60%。
- 代谢 / 排泄：经肾小球滤过后原形从尿中排出。
- 半衰期：4~6 小时

肝功能不全者药物用法

- 常规剂量。

孕期用药

- C 级：厂商收到的报告中妊娠妇女使用本品对胎儿无明显不良反应。

哺乳期用药

- 可通过乳汁分泌。

简评

- 万古霉素可用于：1）用于 β- 内酰胺酶耐药的 G^+ 菌的严重感染；2）对 β- 内酰胺酶类药物过敏的 G^+ 菌感染的患者；3）抗生素相关结肠炎甲硝唑治疗无效时或中重度且危及生命的抗生素相关结肠炎；4）美国心脏协会推荐，可用于有心内膜炎高危因素的患者相关处理后的预防用药；5）如存在 MRSA 或甲氧西林耐药的表皮葡萄球菌感染风险的一些假体置入手术（如房室操作及全髋置换），万古霉素作为预防用药，术前给药 1 次即可，如手术时间超过 6 小时，可重复给药 1 次，但预防用药总剂量不能超过 2 次。

推荐依据

Hidayat LK, Hsu DI, Quist R, et al. High-dose vancomycin therapy for methicillin-resistant Staphylococcus aureus infections: efficacy and toxicity. Arch Intern Med, 2006; Vol. 166; pp. 2138 - 44.

2、Zar FA, Bakkanagari SR, Moorthi KM, et al. A comparison of vancomycin and metronidazole for the treatment of Clostridium difficile-associated diarrhea, stratified by disease severity. Clin Infect Dis, 2007; Vol. 45; p. 302.

抗真菌药

两性霉素 B

Paul A. Pham, PharmD and John G. Bartlett, MD

适应证

FDA 批准的适应证

- 曲菌病。
- 芽生菌病。
- 播散性念珠菌病。
- 利什曼病。
- 隐球菌病。
- 球孢子菌属、念珠菌、孢子丝菌或曲菌属所致的脑膜炎。
- 球孢子菌病。
- 播散性孢子丝菌病。

商品名	规格	价格 *
两性霉素 B（sandoz 通用制造商）	静脉制剂 50 mg	24.50/50 mg 美元，每瓶

* 价格为平均批发价格（AWP）

成人常规剂量

- 剂量范围：0.3~1.5 mg/(kg・d) IV（> 2~4 小时输入）；已无口服制剂。
- 侵袭性肺内或肺外曲菌病：1.0~1.5 mg/kg qd（首选伏立康唑，如不能耐受伏立康唑，两性霉素 B 脂质体优于两性霉素 B）。
- 重症肺芽生菌病或播散性芽生菌病：0.7~1.0 mg/kg qd（两性霉素 B 总量 2.0~2.5 g）。
- 念珠菌性食管炎：0.3~0.7 mg/kg IV q24h（用于唑类耐药的食管炎）。
- 念珠菌血症或播散性深部器官感染：0.7~1.0 mg/kg；心内膜炎联用氟胞嘧啶 100 mg/(kg・d)，分 4 次用药；念珠菌性脑膜炎及眼内炎亦可联用氟胞嘧啶。
- 严重肺球孢子菌病或进展性球孢子菌病：0.5~0.7 mg/(kg・d)（两性霉素 B 总剂量 7~20 mg/kg）。球孢子菌性脑膜炎首选氟康唑，但氟康唑无效可采用两性霉素 B 鞘内注射。
- 隐球菌性脑膜炎：0.7 mg/kg IV q24h+ 氟胞嘧啶 25 mg/kg PO q6h × 2 周，继以氟康唑 400 mg PO q24h × 8 周。维持治疗可采用氟康唑 200 mg PO q24h。
- 播散性组织胞浆菌病：0.7~1.0 mg/(kg・d) 直到病情稳定，调整为伊曲康唑。脑膜炎患者推荐总剂量为 35 mg/kg，如治疗失败或复发可考虑两性霉素 B 鞘内注射。
- 接合菌病（根霉属、毛霉菌、犁头霉属）：1.0~1.5 mg/(kg・d)（总剂量为 30~40 mg/kg）。首选泊沙康唑及脂质体两性霉素 B。
- 肥胖患者：采用实际体重计算。

肾功能不全时的调整剂量

- GFR 50~80 ml/min：常规剂量。
- GFR 10~50 ml/min：常规剂量。

- GFR < 10 ml/min：考虑脂质体规格。
- 血液透析：常规剂量，透析后无需增补。
- 腹膜透析：常规剂量。
- 血液滤过：暂无资料，可考虑常规剂量。

药物不良反应

常见

- 肾毒性：伴或不伴肾钙质沉着症。充分水化、盐负荷（输注两性霉素 B 前及后 500 ml 生理盐水）同时避免与其他肾毒性药物一起使用可减少其发生。
- 肾小管酸中毒。
- 电解质紊乱：低钾血症、低镁血症、低钙血症。
- 发热及寒战：输注时加用哌替啶或氢化可的松 10~50 mg 可控制该症状，或者可在使用本品前加用哌替啶或布洛芬。
- 贫血（正常细胞正常色素性）。
- 静脉炎（输注时加用 1000 U 肝素可减轻该症状）。

偶见

- 低血压。
- 恶心、呕吐。
- 口中金属味。
- 头痛。

药物相互作用

- 地高辛：由于低钾血症可能增加洋地黄毒性（可予补钾处理）。
- 利尿剂及皮质类固醇：可加重低钾血症。
- 肾毒性药物（如膦甲酸、西多福韦、氨基糖苷类及谎报霉素等）：加重肾损害。

耐药性

- 部分尖孢镰菌、茄病镰刀菌及大多数波伊德假霉样真菌。
- 葡萄牙加斯酵母菌。

药理学机制

与麦角固醇结合，破坏真菌的细胞膜，从而使其内容物外漏而杀菌。

药代动力学参数

- 吸收：胃肠道不吸收。
- 血药峰浓度：0.4~0.7 mg/kg IV 后可达 0.5~3.5 mcg/ml。
- 分布：分布容积（Vd）=4 L/kg。广泛分布在组织及体液中，如炎性胸膜，腹膜，滑膜，房水，玻璃体液和心包液中。血脑屏障通透度低（仅血药浓度的 3% 到达脑脊液），但治疗隐球菌性脑膜炎有效。
- 蛋白结合率：90%。
- 代谢 / 排泄：代谢途径不明，经肾脏缓慢排泄。
- 半衰期：24 小时（最高可达 15 天）。

肝功能不全者药物用法

- 暂无资料。

孕期用药

- B–A 级：围产期协作项目（Collaborative Perinatal Project）在 9 例妊娠头 3 月内适用两性霉素 B，未发现对胎儿有不良反应。动物实验证实两性霉素对妊娠无害。

哺乳期用药

- 暂无资料

简评

- 因输注率高，剂量依赖性不良反应（如贫血、电解质失衡和肾衰）让本品的使用较为复杂。如患者有肾衰的高危因素或血肌酐升高至任意阈值（霍普金斯采用 > 2.5 为阈值），建议改用脂质体规格（脂质体两性霉素 B）。输注相关副作用比 Ambisome 和 Abelcet 高，但是低于 Amphotec。如有适应证，念珠菌血症亦可考虑卡泊芬净或脂质体两性霉素 B 治疗。

推荐依据：

Pappas PG, Rex JH, Sobel JD, et al. Guidelines for treatment of candidiasis. Clinical Infectious Diseases, 2004; Vol. 38;pp. 161 - 189.
Walsh TJ, Anaissie EJ, Denning DW, et al. T reatment of aspergillosis: clinical practice guidelines of the Infectious Diseases Society of America. Clinical Infectious Diseases, 2008; Vol. 46; pp. 327 - 60.

两性霉素 B 胆固醇硫酸酯复合物（ABCD）

Paul A. Pham, PharmD and John G. Bartlett, MD

适应证

FDA 批准的适应证

- 不能耐受或对两性霉素 B 脱氧胆酸盐耐药的侵袭性曲霉菌病

商品名	规格	价格 *
Amphotec（三河制药）	静脉制剂 50 mg	93.00 每瓶

* 价格为平均批发价格（AWP）

成人常规剂量

- 3~4 mg/(kg · d)（最高为 7.5 mg/kg）。
- 侵袭性曲菌病：6 mg/(kg · d)（伏立康唑为一线治疗，如不能耐受伏立康唑，Ambisome 或 Abelcet 可考虑）。
- 肥胖患者：使用理想体重计算（资料有限）。

肾功能不全时的调整剂量

- GFR 50~80 ml/min：常规剂量。
- GFR 10~50 ml/min：常规剂量，密切监测肾功能，谨防肾功能恶化。
- GFR < 10 ml/min：常规剂量。
- 血液透析：常规剂量。不能通过透析清除，透析后无需增补给药。
- 腹膜透析：常规剂量。
- 血液滤过：常规剂量。

药物不良反应

常见

- 输液反应：发热（27%），寒战（53%），静脉炎，输注部位疼痛。在两性霉素所有产品中，Amphotec 的输注输液反应发生率最高。
- 预处理（氢化可的松、NSAID、ASA、APAP、哌替啶等）可减轻输液反应。

偶见

- 肌酐升高 > 2 倍基线值（见于约 25% 使用 ABCD 的病例）。
- 贫血。
- 电解质流失：低钾血症、低镁血症、低钙血症。
- 恶心、呕吐、腹泻、腹痛。
- 口中金属味。
- 头痛、失眠。
- 低血压。
- 转氨酶升高。
- 胆红素升高（ > 1.5 倍基线值）。

罕见

- 皮疹和瘙痒。

药物相互作用

- 地高辛：继发于血钾丢失，增加洋地黄毒性，使电位升高。联用时注意密切监测血钾水平。
- 利尿剂：加重低钾血症，密切监测血钾水平。
- 肾毒性药物（如氨基糖苷类、西多福韦、膦甲酸、戊烷脒）：可加重肾毒性，避免联合使用或密切监测肾功能。
- 戊烷脒：加重低钙血症和（或）肾毒性，避免联用。
- 神经肌松剂：可因低钾血症增加神经肌松剂（如筒箭毒碱）的类箭毒效应，联用时密切监测血钾水平。

药理学机制

- 与麦角固醇结合，破坏真菌的细胞膜，导致细胞膜屏障作用消失，细胞内容物外漏。脂质体制剂可减少两性霉素与哺乳类的细胞膜结合而减少其毒性。

药代动力学参数

- 吸收：胃肠道不吸收。
- 血药峰浓度：4 mg/kg IV 后可达 2~9 mcg/ml。
- 分布血药浓度：低，但分布容积（Vd=4L/kg）大（与常规两性霉素 B 比较）。增加肝脾摄取，降低在肾脏中的浓度。在脂肪中分布少（动物实验数据）。
- 蛋白结合率：暂无资料。
- 代谢 / 排泄：暂无资料。
- 半衰期：25 小时。

肝功能不全者药物用法

- 暂无资料。轻中度肝功能不全时可考虑常规剂量。

孕期用药

- B 级：目前适应本品在妊娠期用药风险中的资料有限，故需权衡利弊后使用。

哺乳期用药

- 暂无资料

简评

- 本品与标准的两性霉素 B 及其他脂质体两性霉素制剂相比价格最便宜，但胃肠外途径给药输液反应最重。Ambisome 和 Abelcet 较 Amphotec 更常用。

推荐依据

Bowden R, Chandrasekar P, White MH, et al. A double-blind, randomized, controlled trial of amphotericin B colloidal dispersion versus amphotericin B for treatment of invasive aspergillosis in immunocompromised pts. Clin Infect Dis,2002; Vol. 35; pp. 359 - 66.

Walsh TJ, Anaissie EJ, Denning DW, et al. Treatment of aspergillosis: clinical practice guidelines of the Infectious Diseases Society of America. Clin Infect Dis, 2008; Vol. 46; pp. 327 - 60.

两性霉素 B 脂质复合物（ABLC）

Paul A. Pham, PharmD and John G. Bartlett, MD

适应证

FDA 批准的适应证

- 无法耐受常规两性霉素 B 治疗或其治疗无效的曲菌感染。

非 ADA 推荐的适应证

- 抗下列真菌正处于研究中：曲菌、念珠菌、接合菌、镰刀菌。

规格

商品名	规格	价格 *
Abelcet(Enzon)	静脉制剂 100 mg（5 mg/ml 20 ml）	240.00 美元，每瓶

* 价格为平均批发价格（AWP）

成人常规剂量

- 5 mg/(kg · d) IV
- 肥胖患者：根据理想体重计算（资料有限）

肾功能不全时的调整剂量

- GFR 50~80 ml/min：常规剂量
- GFR 10~50 ml/min：常规剂量。
- GFR < 10 ml/min：常规剂量。
- 血液透析：常规剂量。不能通过透析清除，透析后无需增补给药。
- 血液滤过：暂无资料。

药物不良反应

常见

- 输液反应：发热、寒战、静脉炎、输注部位疼痛。输液反应发生率高于 ambisome，但低于两性霉素 B。
- 预处理（氢化可的松、NSAID、ASA、APAP、哌替啶）可减轻输液反应。

偶见

- 肌酐升高 > 2 倍基线值（小剂量的 Abelcet），发生率约 8%。
- 贫血。
- 电解质丢失：低钾血症、低镁血症、低钙血症。
- 恶心、呕吐、腹泻、腹痛。
- 口中金属味。
- 头痛、失眠。
- 低血压。
- 转氨酶升高。
- 胆红素升高 > 1.5 倍基线值。

罕见

- 皮疹及瘙痒。

药物相互作用

- 地高辛：继发于血钾丢失，增加洋地黄毒性，使电位升高。联用时注意密切监测血钾水平。
- 利尿剂：加重低钾血症，密切监测血钾水平。
- 肾毒性药物（如氨基糖苷类、西多福韦、膦甲酸、戊烷脒）：可加重肾毒性，避免联合使用或密切监测肾功能。
- 戊烷脒：加重低钙血症和（或）肾毒性，避免联用。
- 神经肌松剂：可因低钾血症增加神经肌松剂（如筒箭毒碱）的类箭毒效应，联用时密切监测血钾水平。

药理学机制

- 与麦角固醇结合，破坏真菌的细胞膜，导致细胞膜屏障作用消失，细胞内容物外漏。脂质体制剂可减少两性霉素与哺乳类的细胞膜结合而减少其毒性。

药代动力学参数

- 吸收：胃肠道不吸收。
- 血药峰浓度：5 mg/kg IV 后可达 0.9~2.5 mcg/ml。
- 分布：血药浓度低，但分布容积（Vd=4 L/kg）大（与常规两性霉素 B 比较）。增加肝脾摄取，降低在肾脏中的浓度。在脂肪中分布少（动物实验数据）。
- 蛋白结合率：暂无资料。
- 代谢 / 排泄：经肾脏缓慢排泄。约 0.9% 在第一天排泄。
- 半衰期：7.2 天。

肝功能不全者药物用法

- 暂无资料

孕期用药

- B 级：目前本品在妊娠期用药的资料有限，使用时请权衡利弊。

哺乳期用药

- 暂无资料。

简评

- Abelcet 价格与 Amphotec 相仿，但输液反应与后者相比更易耐受。与 Ambisome 相比，Abelcet 价格便宜，但肾毒性及输液反应较剧。

推荐依据

Fleming RV, Kantarjian HM, Husni R, et al. Comparison of amphotericin B lipid complex (ABLC) vs. ambisome in the treatment of suspected or documented fungal infections in pts with leukemia. Leuk Lymphoma, 2001; Vol. 40; pp. 511 - 20.

2、Walsh TJ, Anaissie EJ, Denning DW, et al. Treatment of aspergillosis: clinical practice guidelines of the Infectious Diseases Society of America. Clin Infect Dis, 2008; Vol. 46; pp. 327 - 60.

脂质体两性霉素 B

Paul A. Pham, PharmD and John G. Bartlett, MD

适应证

FDA 批准的适应证

- 曲菌病（ABCD 治疗无效或对 ABCD 不耐受）。
- 念珠菌病（ABCD 治疗无效或对 ABCD 不耐受）。
- 隐球菌（ABCD 治疗无效或对 ABCD 不耐受）。
- 中性粒细胞减少的发热患者中疑诊真菌感染的经验性治疗。
- 内脏性利什曼病（治疗有效率约 12%，在免疫功能不全的患者中复发率高）。

非 FDA 批准的适应证

- 接合菌及其他费侵袭霉菌。

规格

商品名	规格	价格 *
AmBisome (Astellas)	静脉制剂 50 mg	196.00 美元，每瓶

* 价格为平均批发价格（AWP）

成人常规剂量

- 在中性粒细胞减少的发热患者对抗生素治疗无效的经验性治疗：3 mg/(kg · d) IV，当中性粒细胞减少 > 10 天，有真菌感染证据和（或）临床不稳定，可考虑 5 mg/(kg · d) 的大剂量。
- 隐球菌性脑膜炎（可替代 ABCD）：4 mg/kg IV qd。
- 念珠菌血症：5 mg/kg qd。临床稳定的患者可考虑小剂量（3 mg/(kg · d)）。
- 侵袭性曲菌病：5 mg/kg IV qd。
- 接合菌病：在难治性接合菌感染的患者中，可考虑大剂量（最高可达 10~15 mg/kg IV q24h），但目前支持使用该剂量的资料有限。
- 肥胖患者：使用理想体重计算（资料有限）。

肾功能不全时的调整剂量

- GFR 50~80 ml/min：常规剂量。
- GFR 10~50 ml/min：常规剂量。
- GFR < 10 ml/min：常规剂量。
- 血液透析：可考虑常规剂量（资料有限，药代动力学参数不变）。
- 腹膜透析：暂无资料。
- 血液滤过：可考虑常规剂量（资料有限，药代动力学参数不变）。

药物不良反应

常见

- 输液反应：发热（8%），寒战（18%），静脉炎，输注部位疼痛。输液反应低于其他两性霉素 B 产品。
- 预处理（氢化可的松、NSAID、ASA、APAP、哌替啶）可减轻输液反应。

偶见

- 肌酐升高 > 2 倍基线值，发生率约为 19%。
- 贫血。
- 电解质丢失：低钾血症、低镁血症、低钙血症。
- 恶心、呕吐、腹泻、腹痛。
- 口中金属味。
- 头痛、失眠。
- 低血压。
- 转氨酶升高（累计剂量 > 2000 mg 时可 > 2 倍正常值上限）。
- 胆红素升高 > 1.5 倍基线值。

罕见

- 皮疹及瘙痒。
- 药物相互作用。
- 地高辛：继发于血钾丢失，增加洋地黄毒性，使电位升高。联用时注意密切监测血钾水平。
- 利尿剂：加重低钾血症，联用时密切监测血钾水平。
- 肾毒性药物（如氨基糖苷类、西多福韦、膦甲酸、戊烷脒）：可加重肾毒性，避免联合使用或密切监测肾功能。
- 戊烷脒：加重低钙血症和（或）肾毒性，避免联用。
- 神经肌松剂：可因低钾血症增加神经肌松剂（如筒箭毒碱）的类箭毒效应，联用时密切监测血钾水平。

药理学机制

- 与麦角固醇结合，破坏真菌的细胞膜，导致细胞膜屏障作用消失，细胞内容物外漏。脂质体制剂可减少两性霉素与哺乳类的细胞膜结合而减少其毒性。

药代动力学参数

- 吸收胃肠道不吸收。
- 血药峰浓度：2.5 mg/kg IV 后可达 13~49 mcg/ml。
- 分布：血药浓度低，但分布容积（Vd=4 L/kg）大（与常规两性霉素 B 比较）。增加肝脾摄取，降低在肾脏中的浓度。在脂肪中分布少（动物实验数据）。

- 蛋白结合率：暂无资料。
- 代谢 / 排泄：暂无资料。
- 半衰期：100~153 小时。

肝功能不全者药物用法

- 暂无资料，可考虑常规剂量。

孕期用药

- B 级：目前本品在妊娠期用药的资料有限，使用时请权衡利弊。

哺乳期用药

- 暂无资料。

简评

- 唯一的脂质体两性霉素 B，但也是最昂贵的（不同机构的价格不同）。与 Abelcet 相比，Ambisome 的肾毒性较小且输液反应少。除 AIDS 患者罹患播散性组织胞浆菌病外，与其他两性霉素 B 类药物相比有效性无明显区别，但通常因其毒性小而首选本品（价格是另一需考虑的因素）。

推荐依据

1、Cornely OA, Maertens J, Bresnik M, et al. Liposomal amphotericin B as initial therapy for invasive mold infection: a randomized trial comparing a high-loading dose regimen with standard dosing (AmBiLoad trial). Clin Infect Dis,2007; Vol. 44(10); pp. 1289 - 97.
2、Walsh TJ, Anaissie EJ, Denning DW, et al. Treatment of Aspergillosis: Clinical Practice Guidelines of the Infectious Diseases Society of America. Clin Infect Dis, 2008; Vol. 46; p. 327.

阿尼芬净

Paul A. Pham, PharmD and John G. Bartlett, MD

适应证

FDA 批准的适应证

- 念珠菌血症和其他念珠菌感染（腹腔脓肿、腹膜炎）。在心内膜炎、骨髓炎及脑膜炎（血脑屏障通过率低）暂无使用本品的研究。
- 食管念珠菌病。

非 FDA 批准的适应证

- 曲菌病（联用或不联用伏立康唑），暂无资料。

剂型

商品名	规格	价格 *
Eraxis(辉瑞)	静脉制剂 50 mg 静脉制剂 100 mg	112.50 美元； 225.00 美元

* 价格为平均批发价格（AWP）

成人常规剂量

- 念珠菌血症：200 mg IV × 1(dl)，然后 100 mg IV 至从最后 1 次培养阳性后 14 天。
- 食管念珠菌病：100 mg IV × 1(dl)，然后 50 mg IV q24h × 7~14 直至症状消失。
- 输注速率需小于 1.1 mcg/min。

肾功能不全时的调整剂量

- GFR50~80 ml/min：常规剂量。
- GFR10~50 ml/min：常规剂量。
- GFR < 10 ml/min：常规剂量。
- 血液透析：常规剂量。不能通过透析滤过，故透析后无需增补剂量。
- 腹膜透析：暂无资料，可考虑常规剂量。
- 血液滤过：暂无资料，可考虑常规剂量。

药物不良反应

常见

- 与氟康唑相比，其不良反应较能耐受。

偶见

- 组胺介导的症状，包括皮疹，荨麻疹，皮肤发红，瘙痒，呼吸困难和低血压。当输注速率 < 1.1 mg/min 时发生率低。
- 静脉炎。
- 发热。
- 腹泻。
- 低钾血症。
- 肝酶升高。

药物相互作用

- 非 CYP 450 同工酶的底物、诱导剂或抑制剂。
- 与伏立康唑、他克莫司、ambisome 和利福平无明显的相互作用。
- 环孢霉素：联用时本品（标准剂量）曲线下面积（AUC）增加 22%。与卡泊芬净不同的是，肝酶无明显升高。

耐药性

- 体外实验未发生明显耐药性。
- 新型隐球菌对棘白霉素类（如阿尼芬净）天然耐药。

药理学机制

- 本品为 β（1,3）β–D– 葡聚糖合成酶（此酶为真菌细胞壁多糖形成的关键酶）的非竞争性抑制剂。

药代动力学参数

- 血药峰浓度：8.6 mcg/ml；AUC：111.8 mcg/ml hr（负荷量 200 mg，然后稳态下 100 mg qd）。
- 分布：Vd=30~50 L，血脑屏障通透性差。
- 蛋白结合率：84%。
- 代谢 / 排泄：未见经肝代谢。经缓慢化学降解后经粪便排出（9 天后排出 30%）。
- 半衰期：52 小时。

肝功能不全者药物用法

- Child–PughA、B、C 级：常规剂量。

孕期用药

- C 级：暂无人类资料；动物研究：在老鼠胚胎中发现骨骼改变，幼仔体重减轻。

哺乳期用药

- 可从乳汁中分泌，使用需谨慎。

简评

- 本品为棘白霉素类抗真菌药，抗菌谱与卡泊芬净与米泊芬净相同，包括念珠菌属及曲菌属。对食管性念珠菌病和念珠菌血症随机对照实验（RCT）有限，食管性念珠菌病在唑类耐药时可考虑使用本品，而念珠菌血症在无中性粒细胞减少且疾病严重度评分（APACHE II score）< 20 可考虑。对其他棘白霉素类及两性霉素缺乏前瞻性对照研究。IDSA 推荐用于伴或不伴中性粒细胞减少的念珠菌血症患者中（AIII 推荐）。暂无本品使用于侵袭性曲菌病的评估。平均批发价（AWP）低于卡泊芬净，但购买时价格常相当。

推荐依据

1、Pappas PG, Kauffman CA, Andes D, et al. Clinical practice guidelines for the management of candidiasis: 2009 update by the Infectious Diseases Society of America. Clin Infect Dis, 2009; Vol. 48(5); pp. 503 - 35.

2、Reboli AC, Rotstein C, Pappas PG, et al. Anidulafungin versus fl uconazole for invasive candidiasis. N Engl J Med, 2007;Vol. 356(24); pp. 2472 - 82.

乙酸卡泊芬净

Paul A. Pham, PharmD and John G. Bartlett, MD

适应证

FDA 批准的适应证

- 用于对其他抗真菌药耐药或不能耐受的侵袭性曲菌病的患者。
- 念珠菌血症及下列念珠菌感染：腹腔脓肿，腹膜炎和胸膜炎。在由念珠菌导致的心内膜炎、骨髓炎及脑膜炎（因其血脑屏障通透性低）缺乏使用本品的充分研究。
- 食管念珠菌病（笔者建议：可用于唑类耐药病例）。
- 用于中性粒细胞减少的发热患者的经验性治疗。

商品名	规格	价格 *
Cancidas(默克公司)	静脉制剂 50 mg 静脉制剂 70 mg	442.14 美元 438.60 美元

* 价格为平均批发价格（AWP）

成人常规剂量

- 第一天 70 mg 负荷量，其后 50 mg IV q24h（输注 > 1 小时）。
- Child-Pugh 评分 7~9 分时：第一天 70 mg 负荷量，其后 35 mg q24h。当 Child-Pugh 评分 > 9 时慎用。
- 肥胖患者：70 mg IV q24h。
- 与卡泊芬净及 CYP 酶诱导剂联用时：70 mg IV q24h（参见药物相互作用）。

肾功能不全时的调整剂量

- GFR 50~80 ml/min：常规剂量。
- GFR 10~50 ml/min：常规剂量。

- GFR < 10 ml/min：常规剂量。
- 血液透析：常规剂量。不能通过透析滤过，故透析后无需增补剂量。
- 腹膜透析：暂无资料，可考虑常规剂量。
- 血液滤过：暂无资料，可考虑常规剂量。

药物不良反应

常见

- 通常能耐受。

偶见

- 组胺介导的症状，包括皮疹，颜面肿胀，瘙痒和热敏感（输注速率相关，可考虑抗组胺药拮抗）。
- 肝酶 / 胆红素升高（留取基线水平，每 1~2 周监测其水平）。
- 碱性磷酸酶升高。

罕见

- 发热。
- 静脉炎。
- 恶心 / 呕吐。
- 头痛。
- 蛋白尿。
- 低钾血症。

药物相互作用

- 卡泊芬净并非细胞色素 P450 系统的诱导剂或抑制剂，是 CYP450 酶的弱底物。其药代动力学参数并不会因联用伊曲康唑、两性霉素 B、霉酚酸、奈非那韦、他克莫司而改变，且霉酚酸代谢产物中的有活性部分也不会因联用卡泊芬净受到影响。
- 卡马西平：可降低卡泊芬净的浓度，注意监测治疗效果，卡泊芬净调整为 70 mg qd 或可考虑使用阿尼芬净或米卡芬净。
- 环孢霉素：可使本品的 AUC 增加 35%，避免联用，联用时密切监测肝酶。
- 地塞米松：可降低本品的血药浓度，观察临床反应。可调整本品剂量至 70 mg qd 或使用阿尼芬净或米卡芬净。
- 依法韦仑：可降低本品的血药浓度，观察临床反应。可调整本品剂量至 70 mg qd 或使用阿尼芬净或米卡芬净。
- 依曲韦林：可降低本品的血药浓度，观察临床反应。可调整本品剂量至 70 mg qd 或使用阿尼芬净或米卡芬净。
- 奈韦拉平：可降低本品的血药浓度，观察临床反应。可调整本品剂量至 70 mg qd 或使用阿尼芬净或米卡芬净。
- 苯巴比妥：可降低本品的血药浓度，观察临床反应。可调整本品剂量至 70 mg qd。
- 利福布汀：可降低本品的血药浓度，观察临床反应。可调整本品剂量至 70 mg qd 或使用阿尼芬净或米卡芬净。
- 利福平：可使本品 AUC 降低 30%。联用时可调整本品剂量至 70 mg qd 或使用阿尼芬净或米卡芬净。
- 利福喷汀：可降低本品的血药浓度，观察临床反应。可调整本品剂量至 70 mg qd

或使用阿尼芬净或米卡芬净。

- 他克莫司：联用时可使他克莫司 AUC 下降 20%，注意监测他克莫司的血药浓度。

耐药性

- 新型隐球菌：对本品天然耐药。
- 与其他棘白霉素类一样，本品对接合菌属、毛孢子菌属、镰刀菌属活性不高。

药理学机制

- 本品抑制真菌细胞壁组分 β（1,3）β-D- 葡聚糖合成。

药代动力学参数

- 血药峰浓度 9.39 mcg/ml，血药谷浓度：2.01 mcg/ml
- 分布：36~48 小时候广泛分布在组织中，尿路及血脑屏障通透性差。
- 蛋白结合率：97%。
- 代谢 / 排泄：通过 N~ 乙酰化及水解作用代谢。自发化学降解。35% 和 41% 的代谢产物分别通过粪便或尿排出。
- T1/2：beta 半衰期为 9~11 小时。

肝功能不全者药物用法

- Child-Pugh 评分 7~9 分：第一天予 70 mg 负荷剂量，其后 35 mg q24h。

孕期用药

- C 级：无人类资料。动物实验：使用相当于人类 70 mg 剂量时可导致头颅、躯干、颈肋、跟 / 距骨不完全骨化。应首选两性霉素 B。

哺乳期用药

- 暂无资料。

简评

- 对侵袭性曲菌病的伏立康唑、两性霉素 B 等的一线治疗耐药或患者无法耐受时，可考虑使用本品。本品可用于对唑类耐药的念珠菌性食管炎和侵袭性念珠菌病。本品可作为多数念珠菌感染的二线治疗，且在对唑类耐药的白色念珠菌、光滑念珠菌、热带念珠菌、克柔念珠菌中有可靠疗效，因此，是侵袭性念珠菌感染经验治疗的首选药物。本品较阿尼芬净及米卡芬净平均批发价格高（AWP），实际购买价格可能相当。

推荐依据

Caillot D, Thiébaut A, Herbrecht R, et al. Liposomal amphotericin B in combination with caspofungin for invasive aspergillosis in pts with hematologic malignancies: a randomized pilot study (Combistrat trial). Cancer, 2007; Vol. 110;pp. 2740 - 6.

Pappas PG, Kauffman CA, Andes D, et al. Clinical practice guidelines for the management of candidiasis: 2009 update by the Infectious Diseases Society of America. Clin Infect Dis, 2009; Vol. 48(5); pp. 503 - 35.

克霉唑

Paul A. Pham, PharmD and John G. Bartlett, MD

适应证

FDA 批准的适应证

- 口腔念珠菌病（鹅口疮）。
- 阴道念珠菌病。
- 皮肤真菌病。

商品名	剂型	价格 *
Mycelex(非专利药长家)	口服片剂 10 mg	1.60 美元
Alpharma;Ivax(非专利药厂家)	阴道用软膏 1%（45g） 阴道用片剂 200 mg（3） 阴道用片剂 500 mg（1） 外用软膏（1%）15 g 和 30 g 每管 外用洗剂（1%）10 ml 和 30 ml	12.00 9.00; 13.88 8.29/15 g 6.00/10 mLa

* 价格为平均批发价格（AWP）

成人常规剂量

- 鹅口疮：10 mg 片剂，一日 5 次（含漱）。
- 念珠菌阴道炎：100 mg 置于阴道内 bid × 3 天（首选）或 100 mg qd × 7 天或 500 mg × 1 天。
- 皮肤念珠菌病：感染部位使用膏剂、洗剂 bid × 2~8 周。

肾功能不全时的调整剂量

- GFR50~80 ml/min：常规剂量。
- GFR10~50 ml/min：常规剂量。
- GFR ＜ 10 ml/min：常规剂量
- 血液透析：常规剂量。
- 腹膜透析：常规剂量。
- 血液滤过：常规剂量。

药物不良反应

常见

- 通常能耐受。

偶见

- 灼热感、瘙痒、红斑（阴道内给药或外用时）。
- 恶心呕吐（锭剂）。

罕见

- 转氨酶升高。
- 药物相互作用。
- 暂无已知的药物相互作用。

药理学机制

- 与细胞膜磷脂结合改变其通透性导致细胞破坏。

药代动力学参数

- 吸收阴道内给药只有极少量被吸收。锭剂全身吸收情况未明。
- 分布：锭剂溶解后 3 小时在唾液中可达治疗浓度。

肝功能不全者药物用法

- 常规剂量，监测肝功。

孕期用药

- C 级：动物实验中大剂量可导致畸形。锭剂暂无人类资料。在妊娠 3~9 月内阴道内给药未见明显不良反应。

哺乳期用药

- 暂无资料。

简评

- 对口咽念珠菌病较氟康唑有效性稍低（以治愈为标准衡量），但在长期使用氟康唑导致唑类耐药的念珠菌病是可作为一线首选用药。

推荐依据：

Mikamo H, Kawazoe K, Sato Y, et al. Comparative study on the effectiveness of antifungal agents in different regimens against vaginal candidiasis. Chemotherapy, 1998; Vol. 44; pp. 364 - 8.

Pons V, Greenspan D, Debruin M. Therapy for oropharyngeal candidiasis in HIV-infected pts: a randomized, prospective multicenter study of oral fl uconazole versus clotrimazole troches. The Multicenter Study Group. J Acquir Immune Defi c Syndr, 1993; Vol. 6; pp. 1311 - 6.

氟康唑

Paul A. Pham, PharmD and John G. Bartlett, MD

适应证

FDA 批准的适应证

- 念珠菌病的预防（用于接受骨髓移植前行细胞毒药物和（或）放射治疗时）。
- 口咽、食管念珠菌病的治疗。
- 播散性念珠菌病（包括腹膜炎、肺炎、尿路感染）。
- 慢性皮肤黏膜念珠菌病。
- 外阴阴道念珠菌病。
- 播散性隐球菌病。
- 隐球菌性脑膜炎的治疗和控制。

非 FDA 批准的适应证

- 球孢子菌病（亦可用伊曲康唑）。
- 花斑糠疹。
- 组织胞浆菌病（轻中度首选伊曲康唑）。
- 在极危重手术患者念珠菌感染的预防用药。

商品名	规格	价格 *
Diflucan(辉瑞和非专利药厂家)	口服片剂 50 mg； 口服片剂 100 mg； 口服片剂 150 mg； 口服片剂 200 mg； 口服悬液 10 mg/ml； 口服悬液 40 mg/ml； 静脉 piggyback 200 mg； 静脉 piggyback 400 mg	5.77 美元； 9.07 美元； 14.42 美元； 14.80 美元 35~44 美元 / 瓶（35 ml）； 130~160 美元 / 瓶（35 ml）； 107.00 美元； 186 美元

* 价格为平均批发价格（AWP）

成人常规剂量

- 非脑膜的隐球菌感染：400 mg PO， 每天 1 次。
- 隐球菌性脑膜炎：诱导期 800~1200 mg PO/IV qd × 10~12 周 + 氟胞嘧啶 100 mg/(kg · d) × 6 周（首选方案为两性霉素 BIV × 2 周）。
- 隐球菌性脑膜炎：巩固期 400 mg PO， 每天 1 次 × 8 周。
- 隐球菌性脑膜炎维持期 200 mg PO， 每天 1 次（直到 CD_4 > 200 持续 6 个月）。
- 阴道念珠菌病：150 mg PO × 1；反复复发：氟康唑 150 mg PO qw（可考虑唑类外用）。
- 食管性念珠菌病：200 mg PO qd × 14~21 天（或 IV 最大剂量可达 800mg/d）。对复发病例可考虑同样的剂量长期维持治疗。
- 口咽念珠菌病（鹅口疮）：100~200 mg PO，每天 1 次 × 7~14 天（首选克霉唑外用可避免唑类耐药）。
- 球孢子菌病，脑膜炎：400~800 mg IV/PO 。非脑膜炎（弥散性或播散性肺部感染）氟康唑 400~800 mg PO，每天 1 次（首选两性霉素 B），维持 400 mg PO qd。
- 极危重患者念珠菌病的预防治疗：400 mg PO，每天 1 次。

- 念珠菌血症：800 mg × 1，然后 400 mg 每天 1 次（在危重患者中使用前需了解其敏感性）。在危重患者行经验性治疗时首选棘白菌素类或脂质体两性霉素 B。

肾功能不全时的调整剂量

- GFR 50~80 ml/min：常规剂量：200~1200 mg qd（参见适应证）。
- GFR 10~50 ml/min：常规剂量的 50%。
- GFR < 10 ml/min：常规剂量的 25%~50%。
- 血液透析：透析后予 200~400 mg。
- 腹膜透析：常规剂量的 25%~50%，qd。
- 血液滤过：VCCH：200~400 mg qd；CVVHD：400~800 mg qd。

药物不良反应

常见

- 通常能耐受

偶见

- 胃肠道反应（腹胀、恶心、呕吐、腹痛、厌食）。
- 秃头症（可逆，> 400 mg/d 可发生）。
- 转氨酶升高。

罕见

- 肝炎，有严重基础疾病的情况下可发生致命的肝毒性，需监测肝功能。
- 眩晕。
- 头痛。
- 低钾血症。

药物相互作用见附录 Ⅲ 第 968 页，药物相互作用列表。

耐药性

- 30%~40% 的光滑念珠菌对氟康唑耐药；白色念珠菌的耐药与长期使用有关，克柔念珠菌及葡萄牙念珠菌对本品耐药。

药理学机制

- 三唑类通过抑制 C-14α 羊毛固醇去甲基化酶干扰了麦角固醇合成，增加细胞通透性和关键成分的漏出而影响真菌细胞膜功能。

药代动力学参数

- 吸收：不依赖于胃液酸度，> 90% 吸收。
- 血药峰浓度：400 mg PO 后可达 6.72 mcg/ml，100 mg IV × 6 天可达 3.9~5 mcg/ml。
- 分布：广泛分布于组织及体液中，如肾脏、皮肤、唾液、痰、指甲、水泡液、前列腺。血脑屏障通透性好（血药浓度的 50%~94% 可达脑脊液）。
- 蛋白结合率：11%~12%。
- 代谢 / 排泄：部分代谢。代谢物（11%）和药物原形（60%~80%）从尿中排出。
- 半衰期：30 小时。

肝功能不全者药物用法

- 慎用。

孕期用药

- C 级：动物实验中可见致畸作用。有 3 例报道了妊娠头三个月大剂量应用本品后出现颅面、肢体、心脏缺陷。小剂量间断使用未行完全评估，其不良反应似乎较小。

哺乳期用药

- 氟康唑可从乳汁高浓度分泌（可达血药浓度的 83%），但氟康唑治疗期间未发现婴儿有明显药物诱导的毒性，其哺乳期妇女用药的毒性可能比较弱。

简评

- 此类药物口服给药有良好的口服生物利用度（不受胃 pH 值影响）。因存在唑类耐药的风险，鹅口疮的治疗和控制并不推荐本品，而首选外用药（如克霉唑）。体外实验表明伊曲康唑在对粗球孢子菌有更好的活性，但是氟康唑能更好地通过血脑屏障，在脑膜炎中推荐使用本品。目前光滑念珠菌的耐药率越来越高，故在危重患者的念珠菌血症中不推荐使用本品经验性治疗（首选棘白霉素类和脂质体两性霉素 B）。

推荐依据

NIH, CDC, and HIVMA/IDSA. Guidelines for Prevention and Treatment of Opportunistic Infections in HIV-Infected Adults and Adolescents. http://aidsinfo.nih.gov/。

简评：指南推荐氟康唑可作为口咽念珠菌病的初始治疗，而复发性口咽或外阴阴道念珠菌病的二级预防不推荐使用本品，因其存在潜在耐药风险。但是，如果复发频繁，或皮肤黏膜念珠菌病十分严重，可考虑在口咽或外阴阴道念珠菌病中使用本品口服。此外，在对氟康唑耐药而对棘白菌素类、伏立康唑、泊沙康唑敏感的口咽或食管性念珠菌病的患者中行二级预防是十分明智的，因为在 ART（抗逆转录病毒）完成免疫重建前，口咽或食管性念珠菌病很容易复发。

推荐依据

Pappas PG, Rex JH, Sobel JD, et al. Guidelines for Treatment of Candidiasis. Clinical Infectious Diseases, 2004; Vol. 38;pp. 161 - 189.

Pelz RK, Hendrix CW, Swoboda SM, et al. Double-blind placebo-controlled trial of fl uconazole to prevent candidal infections in critically ill surgical pts. Ann Surg, 2001; Vol. 233; pp. 542 - 548.

氟胞嘧啶

Paul A. Pham, PharmD and John G. Bartlett, MD

适应证

FDA 批准的适应证

- 隐球菌和光滑念珠菌性心内膜炎（联用两性霉素 B）。
- 隐球菌性脑膜炎（联用两性霉素 B）。
- 隐球菌或念珠菌肺炎（联用两性霉素 B）。
- 隐球菌或念珠菌败血症（联用两性霉素 B）。
- 隐球菌或念珠菌性尿路感染（联用两性霉素 B）。

商品名	规格	价格 *
Ancobon(ICN 药业）	口服胶囊 250 mg	$5.29
	口服胶囊 500 mg	$10.52

* 价格为平均批发价格（AWP）

成人常规剂量

- 25 mg/kg PO q6h。
- 在肾功能不全时推荐行治疗药物监测。
- 服药 2 小时达稳态后目标峰浓度 50~100 mcg/ml。
- 肥胖患者：采用理想体重计算（根据血药浓度调整剂量）。

肾功能不全时的调整剂量

- GFR 50~80 ml/min：25 mg/kg q6h。
- GFR 10~50 ml/min：25 mg/kg q12~24h（监测血常规和血药浓度，以期调整至最佳剂量）。
- GFR ＜ 10 ml/min：25 mg/kg q24~48h（密切监测血常规及血药浓度，以期调整至最佳剂量）。
- 血液透析：25 mg/kg q24~48h。透析当天在透析后给药（监测血常规和血药浓度，以期调整至最佳剂量）
- 腹膜透析：0.5~1.0 g q24h（监测血常规和血药浓度，以期调整至最佳剂量）。
- 血液滤过：CVVH 和 CVVHD：暂无资料，透析速度为 1L/h 时可予 25 mg/kg q24h，透析速率≥ 1.5 L/h 时可予 25 mg/kg q12h（监测血常规和血药浓度，以期调整至最佳剂量）。

药物不良反应

偶见

- 胃肠道反应：腹泻、消化不良、腹痛。
- 骨髓抑制，包括白细胞减少或血小板减少（当浓度＞ 100 mcg/ml 时）。
- 口味异常。
- 瘙痒。

罕见

- 意识模糊。
- 皮疹。
- 肝炎。

抗菌药物

- 周围神经病。
- 光过敏。

药物相互作用

- 阿糖胞苷：相互拮抗（避免联用）。
- 导致骨髓抑制的药物（如脱氧胸苷、更昔洛韦及干扰素）：加重骨髓抑制。

药理学机制

- 氟胞嘧啶在细胞内转化为 5- 氟尿嘧啶（5-FU）后并入真菌的 RNA，干扰蛋白质合成。

药代动力学参数

- 吸收：75%~90%。
- 血药峰浓度：2 g PO 后可达 30~40 mcg/ml。
- 分布：在组织及体液（如肝、肾、脾、心、房水、支气管分泌物）中广泛分布。血脑屏障通透性好（血药浓度的 60%~100% 可达脑脊液）。
- 蛋白结合率：2%~4%。
- 代谢 / 排泄：代谢极少；大部分以原形从尿中排出，未吸收的药物从粪便排出。
- 半衰期：2.5~6 小时。

肝功能不全者药物用法

- 暂无资料，可考虑常规剂量。

孕期用药

- C 级：动物实验中有致畸的报道。3 例报道中妊娠 3~9 个月中使用本品未发现婴儿缺陷。

哺乳期用药

- 暂无资料。哺乳期妇女用药期间不建议使用本品。

简评

- 可联用两性霉素 B 治疗隐球菌性脑膜炎，能更快地杀菌，但联用或不联用氟胞嘧啶临床转归相仿。能耐受的前提下可联用，如存在不良反应可考虑单用两性霉素 B。服药 2 小时达稳态后目标峰浓度 50~100 mcg/ml。密切监测肾功能和血药浓度谨防骨髓抑制。5- 氟胞嘧啶（5-FC）在治疗念珠菌性心内膜炎可联用两性霉素 B（包括手术治疗中）。因本品可迅速发生耐药，除念珠菌性尿路感染外，不应单独使用。

推荐依据

Saag MS, Cloud GA, Graybill JR, et al. A comparison of itraconazole versus fl uconazole as maintenance therapy for AIDSassociated cryptococcal meningitis. National Institute of Allergy and Infectious Diseases Mycoses Study Group. Clin Infect Dis, 1999; Vol. 28; pp. 291 - 6 .

van der Horst CM, Saag MS, Cloud GA, et al. Treatment of cryptococcal meningitis associated with the acquired immunodeficiency syndrome. National Institute of Allergy and Infectious Diseases Mycoses Study Group and AIDS Clinical Trials Group. N Engl J Med, 1997; Vol. 337; pp. 15 - 21.

灰黄霉素

Paul A. Pham, PharmD and John G. Bartlett, MD

适应证

FDA 批准的适应证

- 皮肤真菌病。
- 头癣，体癣，足癣，甲癣，股癣和须癣。

非 FDA 批准的适应证

- 体癣 / 股癣。
- 足癣。
- 头癣 / 须癣。
- 甲真菌病。

商品名	规格	价格 *
灰黄霉素 – 聚乙二醇（非专利药厂家）	口服片 125 mg；口服片 250 mg	1.98 美元 ;2.62 美元
GrifulvinV（非专利药厂家）	口服片 500 mg 口服混悬液 125 mg/5 ml (4 盎司)	3.98 美元； 75.78 美元

* 价格为平均批发价格（AWP）

成人常规用量

- 皮肤真菌病：500~1000 mg（灰黄霉素微粉），一天 1 次或者 375~750 mg（灰黄霉素超微粉）一天 1 次 ×4~6 周。
- 甲癣至少需治疗 4 个月。

肾功能不全时的调整剂量

- GFR 50~80 ml/min 患者：常规剂量。
- GFR 10~50 ml/min 患者：常规剂量。
- GFR<10 ml/min 患者：常规剂量。
- 血液透析患者：没有相关数据，可能仍用常规剂量。
- 腹膜透析患者：没有相关数据，可能仍用常规剂量。
- 血液滤过患者：没有相关数据，可能仍用常规剂量。

药物不良反应

常见

- 胃肠道：恶心，呕吐，腹泻，腹胀以及烧心。
- 头痛。

偶见

- 口角炎。
- 戒酒样反应。
- 光过敏。
- 舌痛。
- 口渴。
- 舌面发黑。

罕见

- 卟啉症。
- 过敏反应（药疹，多形性红斑，中毒性坏死性表皮松解型药疹（TEN）以及 Steven–Johnson 综合征）。
- 中枢神经系统：易激惹，意识障碍，共济失调，视力模糊以及眩晕。
- 长期治疗后出现外周神经炎以及感觉异常。
- 间质性肾炎。
- 蛋白尿。
- 白细胞减少症以及粒细胞缺乏症。
- 肝炎。
- 肌炎。

药物相互作用

- 巴比妥类药物：可降低灰黄霉素的浓度。需要监测治疗反应，可考虑更换为其他抗真菌药物。
- 环孢菌素：血药浓度可能会下降。合用时，需严密监测环孢菌素的血药浓度。
- 口服避孕药：可能降低口服避孕药的疗效。应考虑额外应用屏障式的避孕方式。
- 华法林：可能降低其抗血栓作用。合用时，需严密监测 INR。

药理学作用机制

- 灰黄霉素与角蛋白前体细胞相结合，抵抗真菌的侵入。

药代动力学参数

- 吸收口服吸收缓慢但完全，但也可能存在个体化差异（饭后用药吸收更好）。
- 血药峰浓度口服 500 mg 后，0.8 mcg/ml。
- 分布角质层内药物分布良好
- 代谢/排泄在肝脏内充分代谢为6– 去甲灰黄霉素，药物绝大部分由肝脏代谢清除，仅极少量由肾脏排泄。
- 半衰期：9~22 小时。

肝功能不全者药物用法

- 可能需要减量。

孕期用药

- C 级：不推荐使用，婴儿可能出现发育不全的心力衰竭，可能出现联体儿，流产，颚裂等。

哺乳期用药

- 没有资料。

简评

- 灰黄霉素是一抗真菌的老药，治疗由小孢子菌属、表面癣菌属、毛癣菌属等导致的皮肤真菌病的疗效与唑类抗真菌药物相当（但对白色念珠菌无效）。

推荐依据

Faergemann J, Mörk NJ, Haglund A, et al. A multicentre (double–blind) comparative study to assess the safety and effi cacy of fluconazole and griseofulvin in the treatment of tinea corporis and tinea cruris. Br J Dermatol, 1997; Vol. 136; pp. 575 - 7.

Wingfi eld AB, Fernandez-Obregon AC, Wignall FS, et al. Treatment of tinea imbricata: a randomized clinical trial using griseofulvin, terbinafi ne, itraconazole and fl uconazole. Br J Dermatol, 2004; Vol. 150; pp. 119 - 26.

伊曲康唑

PaulA.Pham,PharmDandJohnG.Bartlett,MD

适应证

FDA 批准的适应证

- 用于对两性霉素 B 不耐受或者治疗无效的曲霉菌病患者。
- 免疫缺陷或免疫力正常患者肺部或者肺外芽生菌病。
- 口咽部以及食管念珠菌病（口服液）。
- 组织胞浆菌病，包括慢性肺空洞性病变以及播散性非脑膜炎性组织胞浆菌病。
- 粒细胞缺乏患者发热，疑似存在真菌感染（口服液）。甲真菌病（口服胶囊）。

非 FDA 批准的适应证

- 球孢子菌病。
- 隐球菌（推荐氟康唑）。
- 青霉菌病。
- 孢子丝菌病。
- 念珠菌阴道炎。
- 氟康唑耐药的食管念珠菌病。

商品名	剂型	价格 *
斯皮仁诺（原生物技术产品非专利药厂家）	口服胶囊 100 mg； 口服液 10 mg/ml（150 ml）； 静脉用药瓶 10 mg/ml（250mg）	1.98 美元 180.40 美元（150 ml） 美国没有静脉剂型

* 价格为平均批发价格（AWP）

成人常规用量

- 曲霉菌病：200 mg 每天 2 次。伏立康唑为侵袭性曲霉菌病首选的唑类抗真菌药。变态反应性支气管肺曲霉菌病：伊曲康唑 200 mg 每天 2 次 ×16 周。
- 牙生菌病：200 mg 每天 1 次或 2 次。伊曲康唑推荐用于治疗非脑膜炎的患者，氟康唑推荐用于脑膜炎患者。初始治疗首选两性霉素 B。
- 念珠菌性食管炎：200 mg 伊曲康唑液漱口后咽下，每天 1 次 ×14 天（推荐氟康唑或泊沙康唑）。
- 念珠菌性阴道炎：200 mg 每天 1 次 ×3 天或者 200 mg q12h × 1 天（推荐氟康唑）。
- 组织胞浆菌病：200 mg q8h × 3 天（负荷量），此后 200 mg PO，每天 2 次。推荐应用唑类抗真菌药物，但对于严重播散性疾病患者，初始治疗推荐两性霉素 B。
- 甲真菌病：脉冲治疗，200 mg 每天 2 次 ×1 周 / 月 ×2 月（手指甲）。脚趾甲 200 mg 每天 1 次 ×3 月。注意：心功能不全患者不推荐上述治疗。
- 球孢子菌病：200~400 mg PO，每天 2 次（非脑膜炎性球孢子菌病快速治疗），此后 200 mg PO，每天 2 次维持治疗。推荐伊曲康唑用于非脑膜炎性球孢子菌病的治疗（脑膜炎性球孢子菌病推荐氟康唑治疗）。

- 隐球菌性脑膜炎：200 mg 每天 1 次维持治疗（经两星期两性霉素 B 以及 400 mg/d×8 周氟康唑治疗后，不能耐受氟康唑的患者）。
- 非脑膜炎性隐球菌病：200 mg 每天 2 次 ×8 周，此后 200 mg 每天 1 次维持（推荐氟康唑）。
- 青霉菌病：200 mg PO，每天 2 次（+ 两性霉素 B 0.7 mg/kg×1~2 周），此后 200 mg 每天 2 次维持（推荐唑类）。
- 孢子丝菌病：200 mg 每天 2 次 ×3~6 月，推荐唑类治疗淋巴皮肤感染患者。两性霉素 B 推荐治疗播散性感染患者。
- 粒细胞缺乏患者发热，疑似存在真菌感染者：不再推荐常规用于疑似侵袭性真菌感染（IFI）患者的快速治疗，但在一些机构仍用于 IFI 的预防治疗，200 mg 每天 2 次。（推荐应用两性霉素 B 脂质体以及卡泊芬净）。
- 用药注意：胶囊需与饮食及酸性饮料（可口可乐）同服，药物吸收与酸度有关。避免 PPIs 以及 H_2 受体拮抗剂，会减低胃内酸度。
- 制备的口服液生物活性增加，需空腹服用（食物可减少 30% 的口服液药物吸收）。
- 绝大多数研究都以胶囊剂型为对象，如果药物血浆浓度未能达标，需考虑应用口服液。
- 目标血浆药物浓度（稳态浓度时血药峰浓度）：>1 mcg/ml 服药后 2 小时（连续 5 日治疗后）。
- 负荷量：胶囊 200 mg q8h×3 天，对于每例严重系统性感染患者，均需要监测药物血浆浓度。
- 从胶囊剂型转换为口服液：200 mg 胶囊 =100 mg 口服液（血药浓度变异率大，因此推荐进行血药浓度监测）。

肾功能不全时的调整剂量

- GFR 50~80 ml/min 患者：常规剂量。
- GFR 10~50 ml/min 患者：常规剂量。
- GFR<10 ml/min 患者：常规剂量，有人推荐减量 50%。
- 血液透析患者：100 mg q12~24h。
- 腹膜透析患者：100 mg q12~24h。
- 血液滤过患者：没有相关数据。

药物不良反应

常见

- 胃肠道不耐受（恶心和呕吐）。

偶见

- 头痛。
- 皮疹。
- 转氨酶增高。

罕见

- 低血钾。
- 心血管毒性（负性肌力作用）。
- 严重肝炎。
- 神经变性病。

- 肾上腺功能不全（通常在长期大剂量使用伊曲康唑后出现）。
- 阳痿。
- 男性乳房增生症。
- 大剂量治疗时出现下肢水肿（>800 mg）。

药物相互作用参见附录Ⅲ第 969 页，药物相互作用列表。

药理学作用机制

- 三唑类通过抑制 C-14α 去甲基化酶而抑制麦角甾醇的合成以此改变真菌细胞膜功能，导致真菌细胞通透性增加，重要成分漏出。

药代动力学参数

- 吸收：变异率大且与胃内酸度相关（胃酸缺乏症患者吸收降低，常见于 AIDS）；口服液吸收率增高（空腹服用）；胶囊（与食物同服）。
- 血药峰浓度：在 200 mg 每天 2 次后达到稳态浓度时为 2 mcg/ml，单用 100 mg 后为 0.5~1.1 mcg/ml。
- 分布组织穿透性好包括（皮肤，肝脏，骨骼，脂肪组织，子宫内膜，子宫颈黏膜）。指甲及支气管衬液药物分布良好。血脑屏障穿透性差，脑脊液浓度可以忽略，但是，也有治疗隐球菌以及球孢子菌脑膜炎成功的病例报道。
- 蛋白结合率 90% ~99%。
- 代谢 / 排泄在肝脏内充分代谢为有活性（羟基化伊曲康唑）以及无活性代谢物。有活性与无活性代谢物，55%经由胆汁排泄，35%由肾脏排泄。
- 半衰期：56~64 小时。

肝功能不全者药物用法

- 用药需慎重。小规模的临床研究可能推荐常规用量。考虑监测血药浓度。

孕期用药

- C 级：动物实验发现致畸作用。通常不推荐孕妇使用。但也有一些研究证实在孕妇中能安全用药。

哺乳期用药

- 乳汁中药物浓度高（相当于 177% 的血浆药物浓度）。由于新生儿中的用药安全性未能得到验证，哺乳期应避免使用伊曲康唑。

简评

- 口服胶囊的吸收且与胃内酸度相关，因此，应避免与 H_2 受体拮抗剂，PPIs，以及其他抑酸药同服。胃内酸性环境时吸收率增加（可口可乐）。口服液吸收率增高，可能更应推荐，但是多数的临床研究对象都是口服胶囊。伊曲康唑是 CYP3A4 的底物以及抑制剂，潜在与多种药物存在的交叉反应。在美国没有胃肠外用药的剂型。

推荐依据

Pappas PG, Rex JH, Sobel JD, et al. Guidelines for treatment of candidiasis. Clin Infect Dis, 2004; Vol. 38; pp. 161 - 89.

Walsh TJ, Anaissie EJ, Denning DW, et al. Treatment of aspergillosis: clinical practice guidelines of the Infectious Diseases Society of America. Clin Infect Dis, 2008; Vol. 46; pp. 327 - 60.

酮康唑

Paul A. Pham, PharmD and John G. Bartlett, MD

适应证

FDA 批准的适应证

- 治疗严重的顽固的（对皮肤局部用药或口服灰黄霉素无反应）皮肤霉菌感染（体癣和股癣）。
- 治疗念珠菌病，皮肤黏膜念珠菌病（食管炎，鹅口疮）念珠菌尿。
- 治疗牙生菌病，球孢子菌病，组织胞浆菌病，着色真菌病以及类球孢子菌病。

商品名	规格	价格 *
仁山利舒（杨森及非专利药厂家）	口服片 200 mg	4.74（品牌） 3.03(非专利药厂)
仁山利舒洗发水（McNeil 及非专利药厂家）	洗发水 2%（120 ml）	$27.75
Nizoralcream(非专利药厂)	局用乳剂 2%(15 g)	$16.45

* 价格为平均批发价格（AWP）

成人常规用量

- 鹅口疮：200 mg PO，q12~24h × 7~10 天（建议局部用克霉唑）。
- 念珠菌食管炎：200~400 mg PO，一天 2 次（推荐氟康唑），× 2~3 周。
- 念珠菌阴道炎：200~400 mg/d × 7 天，或 400 mg/d × 3 天。
- 非脑膜炎牙生菌病：400~800 mg/d>6 个月（推荐伊曲康唑）。
- 非脑膜炎球孢子菌病：400 mg/d>1 年（推荐伊曲康唑或氟康唑）。
- 组织胞浆菌病：通常不推荐使用（推荐伊曲康唑）。
- 着色真菌病：通常不推荐使用（推荐伊曲康唑）。
- 体股癣：200 g 口服一天 1 次 × 2~4 周。
- 口服药物的吸收与胃内酸度相关，在高龄，应用抑酸治疗以及晚期 HIV 疾病的人群中吸收减少。建议与酸性饮料同时服用（橙汁，可乐等等）

肾功能不全时的调整剂量

- GFR 50~80 ml/min 患者：常规剂量。
- GFR 10~50 ml/min 患者：常规剂量。
- GFR<10 ml/min 患者：常规剂量。
- 血液透析患者：不被血透清除，常规剂量。
- 腹膜透析患者：不被腹透清除，常规剂量。
- 血液滤过患者：没有相关数据，可能仍用常规剂量。

药物不良反应

常见

- 胃肠道不适以及腹痛。
- 一过性转氨酶增高。

偶见

- 皮质激素以及睾酮合成下降，通常见于长期大剂量应用 (>600 mg/d)。阳痿，男性乳房肥大，精液减少，性欲下降，以及由于激素合成减少导致的月经异常。
- 中枢神经系统：头痛，失眠，眩晕，畏光。
- 肝炎（比其他唑类药物更多见）。
- 乏力。

罕见
- 肝坏死。
- 骨髓抑制。
- 幻觉。
- 甲状腺功能低下。

药物相互作用参见附录Ⅲ第972页，药物相互作用列表。
- 是CYP3A4的底物以及潜在抑制剂，可能与多种药物存在的交叉反应。

禁用药（禁止合用）
- 特非拉丁。
- 阿司咪唑。
- 西沙必利。
- 匹莫齐特。
- 咪达唑仑。
- 三唑仑。
- 奎尼丁。

药理学作用机制
- 咪唑类通过抑制抑制麦角甾醇的合成而改变真菌细胞膜功能，导致真菌细胞通透性增加，重要成分漏出。

药代动力学参数
- 吸收：变异率大。与胃内酸度相关。胃酸缺乏症患者吸收降低（常见于AIDS）。
- 血药峰浓度：口服200 mg后为4.2 mcg/ml。
- 分布：在肝脏，垂体，肾上腺，肺，肾脏，膀胱，骨髓，心肌中组织浓度高，在多种腺体组织中也有分布。脑脊液浓度低，且难以预测。
- 蛋白结合率84%~99%。
- 代谢/排泄：部分被代谢。主要以原形排泄，代谢物通过胆汁分泌到粪便中排泄。仅有少量通过尿液排泄。
- 半衰期：8小时

肝功能不全者药物用法
- 慎用或避免使用。

孕期用药
- C级：动物实验发现致畸作用。通常不推荐孕妇使用。密西根医疗辅助计划接受者的监测研究中，在妊娠的前三个月曾暴露于口服酮康唑的20例新生儿中，均未发现出生缺陷。此后，FDA收到了6例肢体缺陷的报道。

哺乳期用药
- 哺乳动物乳汁中可能有分泌。对婴儿的作用不详。

简评

- 口服唑类的吸收与胃内酸度相关。胃内酸性环境时吸收率增加，应避免与质子泵抑制剂，H_2受体拮抗剂及其他抑酸药同服。药物价格可能比氟康唑便宜，但由于氟康唑吸收更好，更有效，更少的药物相互作用，因此推荐用氟康唑治疗念珠菌食管炎。

推荐依据

de Repentigny L, Ratelle J. Comparison of itraconazole and ketoconazole in HIV–positive pts with oropharyngeal or esophageal candidiasis. Human Immunodefi ciency Virus Itraconazole Ketoconazole Project Group. Chemotherapy,1997; Vol. 42; pp. 374 - 83.

Pappas PG, Rex JH, Sobel JD, et al. Guidelines for treatment of candidiasis. Clin Infect Dis, 2004; Vol. 38; pp. 161 - 89.

米卡芬净

Paul A. Pham, PharmD and John G. Bartlett, MD

适应证

FDA 批准的适应证

- 造血干细胞移植患者（HSCT）预防念珠菌感染。
- 念珠菌食管炎（作者观点：为唑类耐药者保留米卡芬净）。
- 治疗念珠菌血症患者，急性播散性念珠菌病，念珠菌腹膜炎以及脓肿。

非 FDA 批准的适应证

- 侵袭性曲霉菌病（现有的资料来自开放药物临床研究）。

商品名	规格	价格 *
米开民（阿斯特拉制药公司）	静脉用药瓶 50 mg; 静脉用药瓶 100 mg	116.88 美元 233.75 美元

* 价格为平均批发价格（AWP）

成人常规用量

- 念珠菌食管炎：IV，每天 1 次
- 侵袭性念珠菌病：100~150 mg IV，每天 1 次（150 mg 用于重症感染）。
- HSCT 中预防念珠菌病：50 mg IV，每天 1 次。

肾功能不全时的调整剂量

- GFR 50~80 ml/min 患者：常规剂量。
- GFR 10~50 ml/min 患者：常规剂量。
- GFR<10 ml/min 患者：常规剂量。
- 血液透析患者：常规剂量。药物不被血透清除，因此无需在透析后补充用药。
- 腹膜透析患者：没有相关数据，可能仍用常规剂量。
- 血液滤过患者：没有相关数据，可能仍用常规剂量。

药物不良反应

常见

- 药物耐受性好，不良反应类似卡泊芬净与氟康唑。
- 与两性霉素 B 相比，米卡芬净发热，寒颤，后背疼，肾功能衰竭的发生率更低。

偶见：
- 组胺介导的症状，包括皮疹，面部肿胀，瘙痒以及血管扩张。
- 局部静脉炎。
- 发热，寒颤。
- 转氨酶增高。
- 腹泻，恶心，呕吐。
- 低钾血症。
- 血小板减少症。
- 头痛。

罕见
- 超敏反应。
- 溶血性贫血。

药物相互作用
- 与麦考酚酸酯，环孢菌素，他克莫司，强的松，氟康唑，两性霉素 B，利托那韦以及利福平均没有明显的药物相互作用。
- 伊曲康唑：与米卡芬净合用时 AUC 增加 11%。
- 硝苯地平：与米卡芬净合用时 AUC 增加 18%。
- 西罗莫司：与米卡芬净合用时 AUC 增加 21%。两药合用时，需监测西罗莫司的血浆药物浓度。

耐药性
- 白地霉：对包括米卡芬净的棘白菌素类抗真菌药物天然耐药。

药理学机制
- 脂多肽。β-1,3 葡聚糖和 β-D- 葡聚糖是真菌细胞壁的必要组分，被米卡芬净抑制。

药代动力学参数
- 血药峰浓度：16.4 mcg/ml；AUC：167 mcg/ml h（达到稳态浓度后 150 mg 每天 1 次）。
- 分布：Vd=0.39±0.11 L/kg。中枢神经系统及骨骼穿透性有限。
- 蛋白结合率：>99%。
- 代谢 / 排泄代谢为甲基化以及羟化代谢物，主要经粪便排泄。
- 半衰期：13~17 小时。

肝功能不全者药物用法
- Child-Pugh 评分 7~9：无需调整用药剂量。没有严重肝功能损坏时的用药资料。

孕期用药
- C 级：缺乏人类的数据。动物实验发现脏器发育异常以及流产。

哺乳期用药
- 哺乳动物乳汁中可能有分泌。哺乳期慎用。

简评
- 米卡芬净属于棘白菌素类抗真菌药，与卡泊芬净以及阿尼芬净有相似的抗真菌活性，对绝大多数念珠菌以及曲霉菌有效。临床研究数据推荐用于念珠菌食管炎，造血干细胞移植患者的念珠菌感染预防以及侵袭性念珠菌病。药费（AWP）远低于卡泊芬净，但是实际价格常常与其类似。

推荐依据

Pappas PG, Kauffman CA, Andes D, et al. Clinical practice guidelines for the management of candidiasis: 2009 update by the Infectious Diseases Society of America. Clin Infect Dis, 2009; Vol. 48(5); pp. 503 - 35.
Pappas PG, Rotstein CM, Betts RF, et al. Micafungin versus caspofungin for treatment of candidemia and other forms of invasive candidiasis. Clin Infect Dis, 2007; Vol. 45(7); pp. 833 - 93.

制霉菌素

Paul A. Pham, PharmD and John G. Bartlett, MD

适应证

FDA 批准的适应证

- 咽喉念珠菌病。
- 外阴阴道念珠菌病。
- 皮肤念珠菌病。

商品名	规格	价格 *
制霉菌素（非专利厂家（(Paddock, Teva 等等））	口服片 500 000 U 阴道片 100 000 U	0.68 美元 0.47 美元
米可定（非专利厂家（(Apothecon,Bristol –MyersSquibb 等等））	口服悬液 100 000 U/ml(60 ml or 480 ml) 外用粉剂 100 000 U/g 外用乳剂或油膏 100 000 U/g(15 g,30 g)	1.66 美元 per 5 ml 5.50 美元 4.25 美元 (15 g) 6.50 美元 (30 g)

* 价格为平均批发价格（AWP）

成人常规用量

- 鹅口疮：500 000~100 0000 单位（1~2 片或者 5~10 ml）含服 3~5 次 / 天。倒 1/2 混悬液在左侧嘴里，在嘴里保留足够长时间后再吞下。右侧嘴巴也重复上述过程。
- 食管炎：阴道片剂每天 1 片，×2 周。
- 局部念珠菌病：感染局部涂抹乳剂或者油膏，每天 2 次。

肾功能不全时的调整剂量

- GFR 50~80 ml/min 患者：常规剂量。
- GFR 10~50 ml/min 患者：常规剂量。
- GFR<10 ml/min 患者：常规剂量。
- 血液透析患者：常规剂量。
- 腹膜透析患者：常规剂量。
- 血液滤过患者：常规剂量。

药物不良反应

常见

- 口感很差。

偶见

- 消化道不适包括恶心，呕吐以及腹泻。
- 皮肤刺激症状。

药物相互作用

- 无。

药理学作用机制

- 与真菌细胞膜的甾醇相结合导致细胞膜失功能。

药代动力学参数

- 吸收：口服不吸收。
- 血药峰浓度：吸收极少。用药后 1 小时，唾液中药物浓度 1000 μ g/ml。
- 分布：在唾液腺集聚。
- 代谢 / 排泄：不会被代谢。
- 半衰期：4 小时。

肝功能不全者药物用法

- 常规剂量。

孕期用药

- B 级：未发现对胎儿有害。

哺乳期用药

- 哺乳期可以用药。

简评

- 可导致消化道副作用，由于极苦的味道以至很难在口腔内含服足够长时间，因此疗效可能不如克霉唑。频繁应用后药物附着力差（混悬液）。疗效取决于与黏膜接触的时间。多数患者更愿意使用克霉唑锭剂。局部应用克霉唑治疗体癣的疗效比局部应用制霉菌素更好。

推荐依据

美国国立卫生研究院（NIH），疾病控制中心（CDC），美国感染学会的艾滋病医学会（HIVMA/IDSA）。成人与青少年 HIV 感染者防治机会性感染指南。http://AIDSinfo.nih.gov/,2008.

建议：首次发作的咽喉部念珠菌病，可以用局部治疗，如克霉唑喉片或者制霉菌素混悬液。

Pappas PG, Rex JH, Sobel JD, et al. Guidelines for treatment of candidiasis. Clin Infect Dis, 2004; Vol. 38; pp. 161 - 89.

Pons V, Greenspan D, Lozada-Nur F, et al. Oropharyngeal candidiasis in pts with AIDS: randomized comparison of fluconazole versus nystatin oral suspensions. Clin Infect Dis, 1997; Vol. 24; pp. 1204 - 7.

喷他脒

Paul A. Pham, PharmD and John G. Bartlett, MD

适应证

FDA 批准的适应证

- 治疗和预防 PCP。

商品名	规格	价格 *
Pentam300(非专利厂家)	静脉剂型瓶 300 mg	98.75 美元
NebuPent(非专利厂家)	吸入粉剂 300 mg	98.75 美元

* 价格为平均批发价格(AWP)

成人常规用量

- PCP 治疗：4 mg/kg，静脉，每天 1 次 ×21 日(推荐 TMP-SMX 或者克林霉素 / 伯氨喹)。
- PCP 预防：300 mg 喷他脒气雾剂(AP)每月 1 次(推荐 TMP-SMX 或者氨苯砜)。300 mg 稀释到 6 ml 无菌水中，通过 Respigard II 雾化仪以 6 L/min 速度雾化。
- 喷他脒气雾剂不能用于 PCP 治疗。

肾功能不全时的调整剂量

- GFR 50~80 ml/min 患者：常规剂量。
- GFR 10~50 ml/min 患者：4 mg/kg q24~36h。
- GFR<10 ml/min 患者：考虑调整剂量到 4 mg/kg q48h。
- 血液透析患者：透析不会显著增加药物的清除，无需调整剂量。
- 腹膜透析患者：没有相关数据，无需补充剂量。
- 血液滤过患者：没有相关数据。

药物不良反应

常见

- 肾毒性(25%~50%)：停药后通常可逆，但有可能会进展到急性肾功能衰竭。
- 低血糖：通常在治疗 5~7 天后出现，但可发生于任何时候，包括整个治疗结束后(静脉葡萄糖和(或)二氮嗪)。
- 高血糖以及胰岛素依赖的糖尿病。
- 消化道不耐受：食欲下降，腹痛，味觉障碍，恶心以及呕吐。
- 注射局部静脉炎。
- 使用气雾剂时出现咳嗽与哮喘：在用药前预先使用 β_2 激动剂。

偶见

- 低血压：可通过平卧位注射，用药时间 >60 分钟来减少发作风险。
- 骨髓抑制：白细胞减少以及血小板减少症。
- 电解质异常：低钙血症，低镁血症，低钾血症；建议进行监测。

罕见

- 胰腺炎。
- 尖端扭转型室性心动过速。
- 发热。

- 皮疹，包括中毒性坏死性表皮松解型药疹（TEN）。
- 眩晕与意识障碍。
- 肝炎。
- 喉炎，胸痛，以及应用气雾剂时呼吸困难。

药物相互作用

- 两性霉素 B 和膦甲酸钠：可能增加严重低钾血症的发生风险。
- 双去氧肌苷（ddI）可能增加胰腺炎的发生风险。
- 肾毒性药物（氨基糖苷类，膦甲酸钠，西多福韦，两性霉素 B）：可能增加肾毒性的发生风险。

药理学作用机制

- 喷他脒的作用机制尚不明确，也许与影响核苷酸转变为 RNA 及 DNA 有关，也可能与抑制氧化磷酸化，以及抑制 DNA，RNA，蛋白和磷脂的生物合成有关。

药代动力学参数

- 吸收：不适用。
- C_{max}：在 4 mg/kg 静脉用药后，血药峰浓度 0.5~3.4mcg/ml。
- 分布：在肝脏、肾脏，肾上腺，脾脏内药物浓度高。中枢神经系统穿透性慢，在用药后 30 天才能在脑脊液中检出。肺脏内浓度也高。
- 蛋白结合率：69%。
- 代谢 / 排泄：代谢途径不清楚。4%~17% 经尿液排泄，由于最终的半衰期很长，尿液排泄可能在最后用药后还持续 8 周。
- 半衰期：7 小时（最终的半衰期长达 4 周）。

肝功能不全者药物用法

- 没有相关数据，可能仍用常规剂量 .

孕期用药

- C 级：生产厂家与疾控中心均不推荐孕妇用药。可能出现自发流产，虽然两者之间的关系还未确定。

哺乳期用药

- 没有相关数据。

简评

- 胃肠外应用喷他脒用于治疗 TMP-SMX 或者治疗无效或不耐受的严重的 PCP 患者。喷他脒气雾剂用在 TMP-SMX 或者氨苯砜不耐受时预防 PCP 感染。药物毒性如低血压，低血糖以及肾功能损坏限制了喷他脒胃肠外的应用。在静脉用药时，应密切监测患者的生命体征以及血糖水平。避免与肾毒性药物合用以减少肾毒性副作用的发生率。尚不明确喷他脒气雾剂是否会增加肺外感染以及气胸的发生率。使用喷他脒气雾剂时可能会增加医护人员感染 TB 的风险，因此，疑似结核感染者不要应用喷他脒气雾剂。

推荐依据：

美国国立卫生研究院（NIH），疾病控制中心（CDC），美国感染学会的艾滋病医学会（HIVMA/IDSA）。成人与青少年 HIV 感染者防治机会性感染指南。http://AIDSinfo.nih.gov/2008.

建议：当前骨质疏松（OI）治疗指南。中重度 PCP 的替代治疗方法是克林霉素 / 伯氨喹或者静脉应用喷他脒，但是，通常情况下，静脉喷他脒是治疗严重患者的第二选择。

推荐依据

Bozzette SA, Finkelstein DM, Spector SA, et al. A randomized trial of three antipneumocystis agents in pts with advanced human immunodefi ciency virus infection. NIAID AIDS Clinical Trials Group. N Engl J Med, 1995; Vol. 332; pp. 693 - 9 .

Klein NC, Duncanson FP, Lenox TH, et al. Trimethoprim-sulfamethoxazole versus pentamidine for Pneumocystis carinii pneumonia in AIDS pts: results of a large prospective randomized treatment trial. AIDS, 1992; Vol. 6; pp. 301 - 5.

泊沙康唑

Paul A. Pham, PharmD and John G. Bartlett, MD

适应证

FDA 批准的适应证

- 用于免疫功能不全患者（如造血干细胞移植受者伴移植物抗宿主病或因化疗长期中性粒细胞减少的血液恶性肿瘤患者）侵袭性曲菌病或播散性念珠菌病的预防。
- 口咽念珠菌病对伊曲康唑或氟康唑耐药时的治疗。

非 FDA 批准的适应证

- 曲菌属、念珠菌属和接合菌（如根毛霉属、汉霉属、犁头霉属）所致侵袭性真菌感染的治疗。

商品名	规格	价格 *
Noxafil(Schering 公司	口服悬液 40 mg/ml（105 ml）	650.40 美元 / 瓶 105 ml

* 价格为平均批发价格（AWP）

成人常规剂量

- 注意：餐后服用。食物有助于药物吸收。
- 预防侵袭性真菌感染：200 mg（5 ml）PO q8h。
- 治疗侵袭性真菌感染：200 mg PO q8h PO q6h 或 400 mg PO q12h。
- 口咽念珠菌病：100 mg q12h × 2（第一天负荷剂量），然后 100 mg q24h × 13 天。因价格昂贵且有其他备选药物（如克霉唑外用），临床并不推荐。
- 对伊曲康唑和（或）对氟康唑耐药的口咽及食管念珠菌病：400 mg q12h（根据临床治疗效果调整疗程）。

肾功能不全时的调整剂量

- GFR 50~80 ml/min：标准剂量。
- GFR 10~50 ml/min：标准剂量。因药代动力学参数变异度大（CV=96%），当 CCr（肌酐清除率）< 20 ml/min 时，建议密切监测，谨防爆发性感染。
- GFR < 10 ml/min：常规剂量。当 CCr（肌酐清除率）< 20 ml/min 时，建议密切监测，谨防感染无法控制。
- 血液透析：暂无资料，可考虑常规剂量。透析当日在透析后给药。
- 腹膜透析：暂无资料，可考虑常规剂量。
- 血液滤过：暂无资料，可考虑常规剂量。

不良反应

常见

- 与氟康唑的副作用类似，且通常能耐受。

偶见

- 恶心、呕吐、腹泻、腹痛。
- 肝酶升高。
- 胆红素升高。

罕见

- 肾上腺功能不全。
- 超敏反应。
- QTC 间期延长（临床意义未明）。

药物相互作用见附录Ⅲ第 974 页，药物相互作用列表。

- 本品通过 UDP 葡萄糖醛酸化（Ⅱ相酶类）代谢。本品为 P– 糖蛋白外流的底物，是 CYP3A4 的抑制剂，使用本品可使 CYP3A4 底物增加。联用 UDP 葡萄糖醛酸或 P– 糖蛋白诱导剂可是本品血药浓度下降。

药理学机制

- 本品为三唑类，抑制真菌的麦角固醇合成。

药代动力学参数

- 吸收：餐后，包括食物或营养液（如 BoostPlus），吸收良好。餐后本品的平均 AUC 和血药峰浓度约可升高 3~4 倍。酸性饮料可是本品的 AUC 增加 70%。
- 血药峰浓度：餐后 200 mg PO，每天 3 次，达稳态后平均血药浓度为：583~1103 g/ml，平均 CV=65%~67%。
- 分布：广泛分布，Vd 为 1774 L。
- 蛋白结合率：> 98%。
- 代谢 / 排泄：经肝代谢，葡萄糖醛酸化后变为无活性的代谢物。本品主要从粪便排出（91%），其次经肾脏清除（13%）。
- 半衰期：达稳态 7~10 天后可达 35 小时。本品的长半衰期提示可减少给药频次，但给药频次多生物利用度更高。

肝功能不全者药物用法

- 资料有限，可考虑标准剂量。慎用。

孕期用药

- C 级：暂无人类资料。相当于人类剂量的 3~5 倍本品可导致鼠类骨骼畸形，未在兔类发现类似情况。

哺乳期用药

- 暂无人类资料。在鼠类本品可通过乳汁分泌。

简评

- 本品对所有念珠菌属及曲菌属（包括土曲霉）有效，包括对唑类耐药的念珠菌（但有交叉耐药的报道）。在体外实验中镰刀菌属对本品耐药，但亦有临床治疗有效的报道。以下三点可能影响本品在中固定侵袭性真菌感染的临床使用：1、药代动力学参数不稳定（依赖于高脂食物的摄入）；2、缺乏静脉制剂；3、1 周才能达稳态。但鼓舞人心的是，本品对部分接合菌属前期非盲观察性实验证实有效。需开展前瞻性、随机性实验明确本品在清晰性真菌感染中的作用。

推荐依据

- FDA 标记。

简评

- 本品经 FDA 批准上市基于本品与氟康唑的预防用药疗效比较的两个研究：1、在造血干细胞移植受者伴移植物抗宿主病时；2、血液恶性肿瘤化疗后合并长期中性粒细胞减少的患者。在前者，本品的临床无效率约为 33%，与氟康唑相仿（37%）；在后者，本品的无效率与死亡率与氟康唑相比，分别是 27%vs.42%；14%vs.21%，均低于氟康唑或伊曲康唑治疗。其差异可能为，经本品治疗的患者曲菌的突破性感染更少。

推荐依据

Greenberg RN, Mullane K, van Burik JA, et al. Posaconazole as salvage therapy for zygomycosis. Antimicrob Agents Chemother, 2006; Vol. 50; pp. 126 - 33.

饱和碘化钾溶液（SSKI）

Paul A. Pham, PharmD and John G. Bartlett, MD

适应证

FDA 批准的适应证

- 甲亢。
- 预防辐射诱导的甲状腺肿瘤。

非 FDA 批准的适应证

- 皮肤孢子丝菌病

商品名	规格	价格 *
SSKI(Upsher-Smith)	口服口服液 1 g/ml （1 盎司和 8 盎司）	12.10 美元 (1 盎司), 56.31 美元 (8 盎司)

* 价格为平均批发价格（AWP）

成人常规剂量

- 皮肤 / 皮肤淋巴结孢子丝菌病（二线药物，一线为伊曲康唑）：首先 5~10 滴 PO q8h，如能耐受，可逐渐加量至 40~50 滴 q8h（儿童为 20~40 滴）×6~24 周，直到皮肤破损愈合。

肾功能不全时的调整剂量

- GFR 50~80 ml/min：常规剂量。
- GFR 10~50 ml/min：可考虑常规剂量。
- GFR < 10 ml/min：可考虑常规剂量。
- 血液透析：暂无资料。
- 腹膜透析：暂无资料。
- 血液滤过：暂无资料。

药物不良反应

常见

- 口感差。

偶见

- 胃肠道：恶心、腹泻、厌食。
- 腮腺、泪腺增大（剂量依赖性，减低剂量可逆转）。

罕见

- 超敏反应。
- 甲状腺功能减退。
- 甲状腺瘤。

药物相互作用

- 锂：可加重甲状腺功能减退。注意甲状腺功能减退的症状和体征。
- 华法林：可降低抗凝作用，联用时密切监测 INR。

药理学

药代动力学参数

- 吸收：口服吸收良好。

肝功能不全者药物用法

- 暂无资料。

孕期用药

- D 级：使用本品 > 10 天可导致胎儿甲状腺机能减退和甲状腺肿。美国儿科学会认为妊娠期禁用碘剂。

哺乳期用药

- 可从乳汁分泌，但在此类哺乳期妇女用药的婴幼儿中未发现对甲状腺功能有影响，美国儿科学会认为可在哺乳期妇女用药期间服用本品。

简评

- SSKI 对皮肤孢子丝菌病有效。官方推荐首选伊曲康唑为一线治疗药物。SSKI 对皮肤外的孢子丝菌病无效。

推荐依据

Kauffman CA, Hajjeh R, Chapman SW. Practice guidelines for the management of pts with sporotrichosis. For the Mycoses Study Group. Infectious Diseases Society of America. Clin Infect Dis, 2000; Vol. 30 ; pp. 684 - 7.

Tripathy S, Vijayashree J, Mishra M, et al. Rhinofacial zygomycosis successfully treated with oral saturated solution of potassium iodide: a case report. J Eur Acad Dermatol Venereol, 2007; Vol. 21; pp. 117 - 9.

特比萘芬

Paul A. Pham, PharmD and John G. Bartlett, MD

适应证

FDA 批准的适应证

- 甲癣。
- 头癣。
- 体癣。
- 股癣。
- 脚癣

非 FDA 批准的适应证

- 花斑癣。
- 触染性须疮。

商品名	规格	价格 *
Lamisil（诺华）	外用喷剂 1%（30 ml）； 口服片剂 250 mg； 外用软膏 1%（12 g）； 外用软膏 1%（24 g）； 口服颗粒 125 mg； 口服颗粒 187.5 mg	8.15 美元； 15.97 美元； 8.15 美元； 12.23 美元； 8.78 美元； 13.14 美元
Terbinafine(专利药厂家）	口服片剂 250 mg	0.62 美元

* 价格为平均批发价格（AWP）

成人常规剂量

- 甲癣：250 mg PO qd（指甲感染疗程 6 周，趾甲 12 周）。
- 注意：建议长期治疗的患者留取基线肝功能（AST/ALT），有慢性或活动性肝病的患者不推荐使用本品。
- 股癣或体癣：患处使用 1% 膏剂或喷剂 qd × 1 周。
- 体癣股癣和皮肤念珠菌病：外用药治疗为首选。可考虑 250 mg PO qd × 1 周；皮肤念珠菌病首选方案为唑类。

肾功能不全时的调整剂量

- GFR 50~80 ml/min：250 mg qd。
- GFR 10~50 ml/min：暂无资料，避免使用。
- GFR < 10 ml/min：暂无资料，避免使用。
- 血液透析：暂无资料，避免使用。
- 腹膜透析：暂无资料，避免使用。
- 血液滤过：暂无资料，避免使用。

药物不良反应

偶见

- 胃肠道：腹泻、消化不良、腹痛。
- 皮疹、瘙痒。
- 味觉异常。

罕见
- 重症肝炎（FDA 黑框警告）。
- 多形性红斑和 Steven-Johnson 综合征。
- 胆汁淤积性肝炎。
- 中枢神经系统：头痛、嗜睡和镇静。

药物相互作用
- 西咪替丁：可提高本品的血药浓度，如需联用可考虑换用其他 H_2 受体拮抗体（如雷尼替丁或法莫替丁）。
- 环孢霉素：可降低环孢霉素的血药浓度，联用时密切监测环孢霉素浓度。
- 乙醇：可能增加肝毒性，避免同时服用。
- 肝毒性药物（如 HIV 蛋白酶抑制剂，奈韦拉平、INH、泰利霉素等）：增加肝毒性，避免同时使用，密切监测肝酶。
- 利福平：利福平可极大程度地降低本品血药浓度，联用时注意本品的治疗效果。

药理机制
- 具体机制不详，可能为干扰甾醇合成。

药代动力学参数
- 吸收：80%。
- 血药峰浓度：250 mg PO 后可达 0.8~1.5 mg/ml，250 mg qd × 3~18 周后到达指（趾）甲的浓度为 250~550 ng/ml。
- 分布：广泛分布在角质层、真皮层、表皮层及指（趾）甲内。在脂肪中有高浓度。
- 蛋白结合率 99%。
- 代谢 / 排泄：大部分经肝代谢。70% 经肾排泄，其余的从粪便中排出。
- 半衰期：22~26 小时。

肝功能不全者药物用法
- 不建议使用。

孕期用药
- B 级：暂无人类资料，动物实验证实有不良反应。

哺乳期用药
- 可能不安全。厂家不推荐哺乳期使用本品。

简评
- 治疗甲癣时，本品优于脉冲剂量的伊曲康唑。如有肝功能不正常或已有肝病，长期使用本品应检测肝功。目前本品已有非专利药。

推荐依据

Gupta AK, Ryder JE, Lynch LE, et al. The use of terbinafi ne in the treatment of onychomycosis in adults and special populations: a review of the evidence. J Drugs Dermatol, 2005; Vol. 4; pp. 302 - 8.

Sigurgeirsson B, Olafsson JH, Steinsson JB, et al. Long-term effectiveness of treatment with terbinafi ne vs itraconazole in onychomycosis: a 5-yrs blinded prospective follow-up study. Arch Dermatol, 2002; Vol. 138; pp. 353 - 7 .

伏立康唑

Paul A. Pham, PharmD and John G. Bartlett, MD

适应证

FDA 批准的适应证

- 侵袭性曲菌病。
- 对其他治疗不能呢个耐受或耐药的波氏假阿利什菌病（尖端赛多孢子菌）和镰刀菌属（包括茄病镰刀菌）感染。
- 食管念珠菌病。
- 在非中性粒细胞减少的念珠菌血症的治疗。

商品名	规格	价格 *
威凡（辉瑞）	口服片剂 50 mg；200 mg 静脉针剂 200 mg/20 ml 口服悬液 45 g（40 mg/ml 每瓶）	12.09 美元 ;48.38 美元 142.36 美元 830.59/45 g 美元 / 瓶

* 价格为平均批发价格（AWP）

成人常规剂量

- 侵袭性曲菌病（静脉给药）：6 mg/kg IV q12h × 2（负荷剂量），其后 4 mg/kg IV q12h（输注 1~2 小时）。
- 侵袭性曲菌病（口服给药）：200 mg q12h（用于体重 > 40kg 的患者，但在重症患者中需予 300 mg PO q12h）。体重 < 40kg 的患者予 100 mg PO q12h，在重症中可予 150 mg PO q12h。
- 无中性粒细胞减少的念珠菌血症：6 mg/kg IV q12h × 2，其后 3 mg/kg q12h。
- 念珠菌性食管炎（在氟康唑耐药时依然有效）：200 mg PO q12h（ > 40 kg）或 100 mg PO q12h（ < 40kg）× 14 天或症状消失后 7 天。
- 口服给药时应空腹，避免高脂食物。
- 重症患者中检测血药浓度，目标血药峰浓度 > 2.05 mcg/ml（AAC 2006; 50: 1570 - 1572.)。
- 本品谷浓度 < 1 mg/L 可能增加治疗失败风险，而谷浓度 > 5.5 mg/L 时可并发脑病，但目前均缺乏强有力的前瞻性研究证据支持。

肾功能不全时的调整剂量

- GFR50~80 ml/min：常规剂量。
- GFR10~50 ml/min：口服：常规剂量；静脉：因磺丁倍他环糊精钠（SBECD）可能存在毒性，不推荐使用，但曾于重症时使用本品。
- GFR < 10 ml/min：口服：常规剂量；静脉：因磺丁倍他环糊精钠（SBECD）可能存在毒性，不推荐使用，但曾于重症时使用本品。
- 血液透析：可经透析滤过。口服：常规剂量（透析后使用）；静脉：不推荐使用，但曾于重症时使用本品
- 腹膜透析：暂无资料。口服可考虑常规剂量，不推荐静脉给药。
- 血液滤过：CVVHDF：推荐常规剂量（JAC 2007;60:1085 - 90.)。

药物不良反应

常见

- 视觉障碍(视物模糊、颜色改变、视觉增强)，可见于 20.6% 的患者，但仅有 < 1% 需停药。视觉障碍持续时间常少于 30 分钟，通常在给药后 30 分钟出现。

偶见

- 转氨酶（13%）和碱性磷酸酶升高。其中仅 4%~8% 的患者需停药。
- 皮疹（6%）。
- 恶心、呕吐。
- 总胆红素升高。
- 脑病（谷浓度 > 5.5 mcg/ml 时）。

耐药性

- 对氟康唑和（或）伊曲康唑敏感性降低的真菌在本品中可出现 15% 的交叉耐药。而对氟康唑高耐药时，本品的耐药率则可达 50%。
- 对接合菌属（如毛霉菌、根霉菌）的有效性不详。体外实验表明镰刀菌属和根霉菌的耐药性分别 83% 和 60%(Diekema D.J.et al.J Clin Microbiol 2003; 41: 3623)。有对镰刀菌属临床有效的个案报道。

药物相互作用见附录 Ⅲ 第 987 页，药物相互作用列表

药理机制

- 本品为三唑类抗真菌药，抑制麦角固醇合成。

药代动力学参数

- 吸收空腹(饭前 1 小时或饭后 2 小时)可达 96%(CV 13%)，吸收与胃 pH 值无关，但如高脂饮食则可是本品吸收降低 24%。
- 血药峰浓度 2.51~4.6 mcg/ml。
- 分布广泛分布，Vd 为 4.6L/kg。脑脊液：血清 =0.5:1，中枢神经系统：血清 =2:1（动物实验数据）。
- 蛋白结合率 58%（低）。
- 代谢 / 排泄通过 CYP2C19/CYP2C9/CYP3A4 酶代谢为无活性的代谢物（N- 氧化的伏立康唑），从尿中排出。< 2% 以原形从尿中排出。
- 半衰期：半衰期与剂量相关。

肝功能不全者药物用法

- 轻中度肝功能不全（Child-Pugh A 或 B 级）：6 mg/kg q12h × 2（负荷量），其后 2 mg/kg IV q12h，监测血药浓度。

孕期用药

- D 级：避免在孕妇中使用。暂无人类资料，动物实验证实可致畸。

哺乳期用药

- 暂无资料，不推荐。

简评

- 本品对波氏阿利什利霉病、镰刀菌属、念珠菌（包括光滑念珠菌、克柔念珠菌）和曲菌有效。治疗曲菌时，本品治疗 12 周与两性霉素 B 比较，疗效更佳。不良反应方面，20.6% 的患者可有视觉障碍（视物模糊、颜色改变、视觉增强），但

通常可耐受，且可逆。在氟康唑耐药的食管炎中可考虑使用本品。但报道提示，与其他三唑类一样存在高达 50% 的交叉耐药。

推荐依据

National Institutes of Health (NIH), the Centers for Disease Control and Prevention (CDC), and the HIV Medicine Association of the Infectious Diseases Society of America (HIVMA/IDSA). Guidelines for Prevention and Treatment of Opportunistic Infections in HIV-Infected Adults and Adolescents. http://AIDSinfo.nih.gov , 2008.

简评

- 伏立康唑、泊沙康唑、两性霉素 B、阿尼芬净、卡泊芬净和米卡芬净均可用于氟康唑和伊曲康唑耐药的念珠菌性食管炎。

推荐依据：

Herbrecht R, Denning DW, Patterson TF, et al. Voriconazole versus amphotericin B for primary therapy of invasive aspergillosis.N Engl J Med, 2002; Vol. 347; pp. 408 - 15.

Pascual A, Calandra T, Bolay S, et al. Voriconazole therapeutic drug monitoring in pts with invasive mycoses improves efficacy and safety outcomes. Clin Infect Dis, 2008; Vol. 46; pp. 201 - 11.

卷曲霉素

Paul A. Pham, PharmD and John G. Bartlett, MD

适应证

FDA 批准的适应证

- 初始治疗（异烟肼、利福平、吡嗪酰胺、对氨基水杨酸、乙胺丁醇和（或）链霉素）无效的结核分枝杆菌导致的肺结核。

商品名（生产厂家）	规格	价格 *
卷曲霉素（礼来）	静脉针剂 1000 mg/10 ml	26.60 美元

* 价格为平均批发价格（AWP）

成人常规剂量

- 15~30 mg/(kg·d)（最大剂量：1 g/d）IM 或 IV qd 或 2~3 次 / 周。

肾功能不全时的调整剂量

- GFR50~80 ml/min：常规剂量。
- GFR10~50 ml/min：7.5 mg/kg qd 或 qod。
- GFR < 10 ml/min：7.5 mg/kg　2 次 / 周。
- 血液透析：12~15 mg/kg2~3 次 / 周。
- 腹膜透析：透析后哦无需增补剂量。
- 血液滤过：暂无资料。

药物不良反应

常见

- 肾毒性（20%~36%）：肾小管功能不全，氮质血症、蛋白尿。

偶见

- 耳毒性可见于 11% 的患者（前庭 > 听觉），治疗前及治疗中监测前庭功能。
- 电解质紊乱。
- 肌注时在肌注部位出现疼痛、硬结和无菌性脓肿。

罕见

- 过敏反应。
- 白细胞减少或中性粒细胞减少。
- 大剂量静脉给药时可出现神经肌肉阻滞（可予新斯的明拮抗）。
- 肝炎。

药物相互作用

- 与非极化肌松药（阿曲库铵、维库溴铵、泮库溴铵、筒箭毒）联用可加重神经肌肉阻滞。慎用。

药理学机制

- 具体机制不详，可能为通过与核糖体结合抑制蛋白合成。

药代动力学参数

- 吸收：胃肠道不吸收，肌注可吸收。
- 血药峰浓度：暂无资料。
- 分布：无组织分布的资料。在尿中浓度高。
- 蛋白结合率：暂无资料。
- 代谢 / 排泄：50~60% 经肾小球滤过排出。少量经胆汁排出。
- 半衰期：3~6 小时。

肝功能不全者药物用法
常规剂量。

孕期用药

- C 级：动物实验提示有致畸性（予相当于人类剂量 3.5 倍时可出现“波状肋”），孕妇禁用。

哺乳期用药

- 暂无资料。

简评

- 胃肠外的氨基糖苷类是多耐药和广泛耐药结核的二线治疗药物（尤其在链霉素耐药的患者中有效）。主要不良反应为眩晕、耳鸣和听力下降（见于 11% 的患者）。在肾功能受损是慎用。有报道，使用本品的患者中 36% 出现肾小管功能不全和肾小管坏死。

推荐依据

Chan ED, Laurel V, Strand MJ, et al. Treatment and outcome analysis of 205 pts with multidrug-resistant tuberculosis. Am J Respir Crit Care Med, 2004; Vol. 169; pp. 1103 - 9.
Mitnick CD, Shin SS, Seung KJ, et al. Comprehensive treatment of extensively drug-resistant tuberculosis. NEJM, 2008;Vol. 359; pp. 563 - 74.

环丝氨酸

Paul A. Pham, PharmD and John G. Bartlett, MD

适应证
FDA 批准的适应证

- 抗结核治疗的二线药物，用于初始治疗（如吡嗪酰胺、异烟肼、利福平 ± 链霉素）无效时与其他抗结核药联用。
- 用于肠杆菌属和大肠埃希菌导致的急性尿路感染的二线治疗（常不推荐）。

商品名	规格	价格 *
环丝氨酸（TheChaoCenter）	口服胶囊 250 mg	6.25 美元

* 价格为平均批发价格（AWP）

成人常规剂量

- TB：10~15 mg/(kg · d)（最大剂量 1000 mg/d，但多难耐受），常用 500~750 mg qd 分 2 次使用。
- 根据血药浓度调整剂量，1~2 小时的目标峰浓度：20~35 mg/ml。
- 维生素 B_6 100 mg PO q8h 可预防癫痫发生。

肾功能不全时的调整剂量

- GFR50–80 ml/min：常规剂量（监测本品血药浓度）。
- GFR10–50 ml/min：因可出现累积效应，不推荐使用。
- GFR < 10 ml/min：如无透析，不推荐使用。
- 血液透析：250 mg qd 或 500 mg tiw，监测血药浓度。
- 腹膜透析：暂无资料，透析后无需增补剂量。监测血药浓度。
- 血液滤过：暂无资料。监测血药浓度。

药物不良反应

常见

- 中枢神经系统：焦虑、意识模糊、嗜睡、定向力障碍、头痛、幻觉、震颤、反射亢进，抑郁（有自杀倾向），精神障碍。
- 中枢神经系统毒性与血药浓度 > 30 mcg/ml 有关。

偶见

- 脑脊液蛋白和脑脊液压力增加（剂量相关，可逆）。
- 癫痫（剂量依赖，3% 可见于 500 mg qd 的患者而 1000 mg qd 则有 8%），维生素 $B_6$100 mg q8h 可预防癫痫发生。

罕见

- 周围神经病。
- 药物热。
- 皮疹。
- 心力衰竭。

药物相互作用

- 乙硫异烟胺：可增加神经毒性。联用时密切监测。
- 异烟肼：可增加周围神经病的风险，联用时密切监测。
- 苯妥英：可提高苯妥英的血药浓度，苯妥英需调整剂量。

药理学机制

- 在敏感的微生物肽聚糖合成过程中，通过与 D~ 丙氨酸竞争，抑制细胞壁的合成。
- 药代动力学参数。
- 吸收：70%~90%。
- 血药峰浓度 250 mg 口服给药后可达 10 mcg/ml。
- 分布在组织和体液中广泛分布（如肺、胆汁、腹水、胸水、滑液、淋巴结、痰）。血脑屏障通透性好（血药浓度的 80%~100% 可达脑脊液，在炎性脑膜中浓度更高）。
- 蛋白结合率暂无资料。
- 代谢 / 排泄：60%~70% 通过肾小球滤过以原形从尿中排出。少量通过粪便排出。仅有部分代谢。
- 半衰期：10 小时。

肝功能不全者药物用法

- 暂无资料，可考虑常规剂量。

孕期用药

- C 级：CDC 不推荐在孕妇中使用本品。

哺乳期用药

- 暂无资料。

简评

- 因中枢神经系统毒性大（如嗜睡、头痛、震颤、构音障碍、眩晕、意识模糊和癫痫），作为 TB 的二线药物。其中枢神经系统毒性常发生在治疗的前 2 周。本品有急性精神错乱及偏执的不良反应的报道，故有既往罹患精神疾患的患者慎用。在急性肝炎患者中可短期使用。在有癫痫病史的患者中禁用。多备为抗多耐药与广泛耐药的结核药物。目标峰浓度为 20~35mg/l，在一般患者中可达治疗效果。

推荐依据

Chan ED, Laurel V, Strand MJ, et al. Treatment and outcome analysis of 205 pts with multidrug-resistant tuberculosis. Am J Respir Crit Care Med, 2004; Vol. 169 ; pp. 1103 - 9.
Mitnick CD, Shin SS, Seung KJ, et al. Comprehensive treatment of extensively drug-resistant tuberculosis. NEJM, 2008;Vol. 359; p. 563.

乙胺丁醇

Paul A. Pham, PharmD and John G. Bartlett, MD

适应证

FDA 批准的适应证

- 与其他抗结核药联用治疗各类 TB。

非 FDA 批准的适应证

- 治疗鸟分枝杆菌复合物（MAC）感染（与大环内酯类联用）。
- 治疗堪萨斯分枝杆菌感染（与异烟肼与利福平联用）。

商品名	规格	价格 *
Myambutol（Elan）	口服片剂 100 mg 口服片剂 400 mg	0.59 美元； 1.78 美元

* 价格为平均批发价格（AWP）

成人常规剂量

- TB：15~20 mg/kg（最大量 2g）qd（联用 INH、PZA、RFP）。
- DOT 方案：50 mg/kg biw（最大量 4g）或 25~30 mg/kg tiw（最大量 2 g）。
- MAC：15 mg/(kg · d)（联用大环内酯类 ± RFP）。
- 堪萨斯分枝杆菌：15 mg/kd/d（最大量 2.5 g/d）（联用 INH 和 RFP）。

肾功能不全时的调整剂量

- GFR50~80 ml/min：15 mg/kg q24h（根据清除减量，70 ml/min）。
- GFR10~50 ml/min：15 mg/kg q24~36h。密切监测视敏度。
- GFR < 10 ml/min：15 mg/kg q48h。密切监测视敏度。
- 血液透析：透析后给药，15~20 mg/kg tiw。
- 腹膜透析：15 mg/kg q48h。

- 血液滤过：暂无资料，考虑需减量。

药物不良反应

偶见

- 视神经炎：视敏度下降，颜色识别能力减低，视野缩窄，盲点（15 mg/(kg・d) 是很少出现，25 mg/(kg・d) 时风险增加）。使用本品 25 mg/(kg・d) 的患者用药前需留取视力基线值和颜色识别力检查，每月需复查视力。眼部症状停药后基本可逆，但有不可逆性致盲的报道。
- 胃肠道：厌食、恶心、呕吐、腹痛。

罕见

- 周围神经病。
- 超敏反应。
- 意识模糊及眩晕。
- 急性痛风。
- 血液学：白细胞减少、血小板减少、嗜酸性粒细胞减少、中性粒细胞减少和淋巴结病。
- 皮肤：皮疹、瘙痒、皮炎、剥脱性皮炎。
- 间质性肾炎。

药物相互作用

- 乙硫异烟胺：可增加 EMB 的不良反应。

药理学机制

- 尚未完全阐明，可能为干扰 RNA 的合成从而分枝杆菌的抑制。

药代动力学参数

- 吸收 75%~80%。
- 血药峰浓度 25 mg/kg 口服后可达 2~5 mcg/ml。
- 分布广泛分布在大多数组织和体液中，在肾脏、肺、唾液和红细胞中浓度高）。脑脊液中浓度较低（常无法达到治疗浓度）。在炎性时可透过血脑屏障，常作为四联方案药物之一，但本品对 TB 脑膜炎的疗效不详。
- 蛋白结合率 22%。
- 代谢 / 排泄部分经肝代谢。代谢物和药物原形从尿中排泄。未吸收的药物以原形从粪便中排泄。
- 半衰期：3~4 小时。

肝功能不全者药物用法

- 暂无资料。

孕期用药

- B 级：未有先天缺陷的报道，CDC 认为本品在孕妇中安全。

哺乳期用药

- 可从乳汁分泌。美国儿科学会认为本品可在哺乳期妇女中使用。

简评

- 联合用药治疗 MTB、MAC 和堪萨斯分枝杆菌的一线药物。在大剂量（≥ 25 mg/(kg・d)）应用本品的患者注意监测视敏度。

推荐依据：

American Thoracic Society, CDC, Infectious Diseases Society of America. Treatment of tuberculosis. MMWR Recomm Rep, 2003; Vol. 52; pp. 1 - 77.
Ward TT, Rimland D, Kauffman C, et al. Randomized, open-label trial of azithromycin plus ethambutol vs. clarithromycin plus ethambutol as therapy for Mycobacterium avium complex bacteremia in pts with human immunodefi ciency virus infection. Veterans Affairs HIV Research Consortium. Clin Infect Dis, 1998; Vol. 27; pp. 1278 - 85.

异烟肼

Paul A. Pham, PharmD and John G. Bartlett, MD

适应证

FDA 批准的适应证

- TB 的治疗和预防（联合其他抗结核药）。

非 FDA 批准的适应证

- 堪萨斯分枝杆菌的治疗（联用 EMB 和 RFP）。

商品名	规格	价格 *
异烟肼（非专利药厂家 Barr、Eon 和其他）	口服片剂 100 mg；300 mg； 口服糖浆 50 mg/5 ml（16 盎司）	0.09 美元 ,0.34 美元 58.00 美元
Nydrazid(Geneva)	肌注针剂 100 mg/ml（10 ml）	24.90 美元
Rifamate(安内特)	口服胶囊含 INH 150 mg/RFP 300mg	3.71 美元
Rifater(安内特)	口服胶囊含 INH 50 mg/RFP 120 mg/PZA 30 mg	2.32 美元

* 价格为平均批发价格（AWP）

成人常规剂量

- 潜伏 TB 的预防：INH 5 mg/kg(最大 300 mg)PO qd×9 月或 DOT(全程督导疗法)：15 mg/kg（最大 900 mg）biw×9 月。
- 活动性 TB 的治疗（联用其他抗结核药）：5 mg/kg（最大 300 mg）PO qd×6~9 月或 DOT：15 mg/kg（最大 900 mg）biw-tiw×6~9 月。
- 活动性 TB 的疗程：多为 6 月，空洞型肺结核 9 月，骨关节结核 9 月以上，粟粒状结核 9 月，中神经系统结核 9~12 月。
- 与维生素 B_6 50 mg qd 或 100 mg biw 联用可预防神经病变。
- DOT：所有活动性结核的首选。
- 留取血常规及肝功能基线值，并在治疗全程定期复查。每月监测谨防肝炎（hepatitis sx 不详），联用其他肝毒性药物注意每月复查肝功能。
- 餐前 1 小时或餐后 2 小时服药。
- 堪萨斯分枝杆菌的治疗：INH 300 mg qd+ 维生素 B_6 50 mg qd（联用 EMB 和 RFP± 克拉霉素）。

肾功能不全时的调整剂量

- GFR50~80 ml/min：常规剂量。
- GFR10~50 ml/min：常规剂量。
- GFR ＜ 10 ml/min：如为慢乙酰化，予 150 mg PO qd。

- 血液透析：透析当天透析后给药，5 mg/(kg・d)（如为慢速乙酰化可予此剂量的50%）。
- 腹膜透析：透析交换后 5 mg/(kg・d)（如为慢速乙酰化可予此剂量的 50%）。
- 血液滤过：暂无资料。

不良反应

常见

- 转肝酶升高：ALT 升高 10%~20%，如肝酶升高 > 5 正常值上限（ULN）则停药。

偶见

- 胃肠道：服用液体 INH 时可有腹泻，在婴幼儿及儿童中，片剂磨碎服用可耐受。

罕见

- 0.6% 可有肝炎，0.02% 可有致命性肝炎（风险随年龄增大，饮酒、肝病史、联用 RFP 和妊娠而增加）。大多数在药物停用肝酶可恢复正常水平。建议每月监测肝功，教育病人做好肝炎 sx 报告，如有肝损表现则停药，选择无肝毒性或肝毒性较小的药物。只有临床症状及实验室检查提示肝功能恢复正常方可考虑再予本品治疗。再次使用本品时应逐渐加量，如出现任何肝损表现则立即停药。

周围神经病和视神经病（剂量相关，联用维生素 B_6 可预防）

- 超敏反应（皮疹、剥脱性皮炎、荨麻疹、水肿）。
- 发热。
- 中枢神经系统毒性：精神病。
- 关节痛。
- 骨髓抑制。

药物相互作用

- 制酸剂：降低 INH 的吸收（避免联用）。
- 苯二氮䓬类（如地西泮、三唑仑、咪达唑仑等）：可增加苯二氮䓬类血药浓度。可考虑使用奥拉西泮和劳拉西泮。
- 卡马西平：可增加卡马西平的血药浓度，密切监测。
- 环丝氨酸：可增加中枢神经系统毒性。密切监测，如反应严重立即停药。
- 安氟醚：在 INH 快速乙酰化时，很可能出现肾脏功能不全。密切监测。
- 乙醇：可增加肝毒性，避免同时服用。
- 乙硫异烟胺：可增加本平血药浓度。联用是注意家侧毒性（周围神经炎和肝毒性）。
- 酮康唑：可降低酮康唑浓度（个例报道，临床意义不明）。
- 苯妥英：可升高苯妥英的浓度，密切监测。
- 强的松和强的松龙：可增加本品的浓度。监测本品的疗效。
- 利福平：因 INH 次要途径的代谢产物（肼和异烟酸）可能增加肝毒性。其临床意义不明。
- 茶碱：可增加茶碱浓度。需监测茶碱浓度，联用时茶碱需减量。
- 富含酪胺的食物（酒、奶酪等）：可增加一元胺的毒性（避免食用富含酪胺的食物）。
- 华法令：可使 INR 升高，密切监测。

药理学机制

- 抑制分枝菌酸合成，从而丧失抗酸性，破坏其细胞壁；本品可干扰菌蛋白、核酸、脂质和碳水化合物的代谢。

药代动力学参数

- 吸收 90%，迅速吸收。
- 血药峰浓度 300 mg PO 可达 3~7 mcg/ml。
- 分布：0.57~0.76 L/kg。广泛分布在所有组织及体液中，如胸水、腹水、皮肤、痰、唾液、肺、肌肉和干酪样组织中。血脑屏障通透性好（血药浓度的 20%~90% 可达脑脊液），在脑脊液中可达治疗浓度。
- 蛋白结合率：0%~10%。
- 代谢 / 排泄：通过 N~ 乙酰转移酶（乙酰化率是基因决定的）经肝乙酰化。75%~95% 非活性代谢物从肾脏排出（快乙酰化中 90% 的代谢物经肾排泄，慢乙酰化则为 63%）。约 50% 的白人及非裔美国人为慢乙酰化。乙酰化率不影响每天常规剂量的本品及 DOT 治疗的有效性。
- 半衰期：0.5~4 小时。

肝功能不全者药物用法

- 肝损是慎用。有活动性肝病或既往 INH 相关性肝炎的患者禁用。

孕期用药

- C 级：动物实验表明本品有胚胎死亡的效应，但无致畸性。在一项回顾性分析中，超过 4 900 名使用 INH 后无胎儿畸形。活动性 TB 的孕妇需立即治疗。美国儿科学会推荐，PPD 阳性的孕妇，如 HIV（+）、近期接受过 X 线提示陈旧性结核，需接受 INH 治疗。尽可能在妊娠 3 月后开始立即开始。在急性肝炎患者中，潜伏性 TB 的治疗可适当延迟。

哺乳期用药

- 可从乳汁分泌，其浓度不足以治疗活动性或潜伏性 TB。美国儿科学会推荐本品可用于哺乳期妇女用药的妇女中。

简评

- 治疗和预防 TB 的一线药物，因 INH 耐药性频发，对越南、海地及菲律宾移民，强烈推荐联合使用 RFP（NEJM2002;347:1850）。

推荐依据：

American Thoracic Society. Targeted tuberculin testing and treatment of latent tuberculosis infection. This offi cial statement of the American Thoracic Society was adopted by the ATS Board of Directors, July 1999. This is a Joint Statement of the American Thoracic Society (ATS) and the Centers for Disease Control and Prevention (CDC). This statement was endorsed by the Council of the Infectious Diseases Society of America. (IDSA), September 1999, and the sections of this statement. Am J Respir Crit Care Med, 2000; Vol. 161; pp. S221 - 47.

Blumberg HM, Burman WJ, Chaisson RE, et al. American Thoracic Society/Centers for Disease Control and Prevention/Infectious Diseases Society of America: treatment of tuberculosis. Am J Respir Crit Care Med, 2003; Vol. 167;pp. 603 - 62.

吡嗪酰胺

Paul A. Pham, PharmD and John G. Bartlett, MD

适应证

FDA 批准的适应证

- 活动性或潜伏性 TB 的治疗（与其他抗结核药联用）。

商品名	规格	价格 *
吡嗪酰胺（非专利药厂家，如 Stada,UD 等）	口服片剂 500 mg	1.19 美元
卫非特（安内特）	口服胶囊含 PZA 300 mg/INH50mg/RFP 120 mg	1.92 美元

* 价格为平均批发价格（AWP）

成人常规剂量

- 活动性结核（诱导期）：20~25 mg/kg（最大 2 g）qd，联用 RFP、EMB、INH × 8 周。
- 抗分枝杆菌药物。
- DOT 活动性结核病治疗（利福平 + 乙胺丁醇 + 异烟肼联合）：40~55 kg：1500 mg × 3/ 周或 2 000 mg × 2/ 周；56~75 kg：2 500 mg × 3/ 周或 3 000 mg × 2/ 周；76~90 kg：3 000 mg × 3/ 周或 4000 mg × 2/ 周。最大剂量：2 000 mg/d；3 000 mg × 3/ 周；4 000 mg × 2/ 周。
- 患者 CD_4 < 100 时应按照活动性结核病治疗，每天 1 次或 3 次 / 周。
- 由于肝毒性，CDC 不再推荐用吡嗪酰胺 + 利福平 ×2 月治疗 HIV 和非 HIV 感染患者结核菌隐性感染；但后续研究表明，792 例接受利福平 / 吡嗪酰胺治疗的 HIV 感染患者并没有因此死亡或产生严重副反应；治疗 2 月后 AST > 250U/l 的患者仅占 2.1%（CID 2004;39:561）。
- Rifater（利福平 + 异烟肼 + 吡嗪酰胺）联合治疗：体重 < 65 kg，1 片 /10 kg/d；> 65 kg 6 片 /d。

肾功能不全时的调整剂量

- 肾小球滤过率 50~80 ml/min：常用剂量。
- 肾小球滤过率 10~50 ml/min：常用剂量。
- 肾小球滤过率 < 10 ml/min：12~20 mg/(kg · d)。高尿酸血症的风险可能会增加。
- 血液透析：血液透析期在血液透析后采用常用剂量。高尿酸血症的风险可能会增加。
- 腹膜透析：无研究数据。尽可能避免用药。
- 血液过滤：无研究数据。

药物不良反应

- Rifater（利福平 + 异烟肼 + 吡嗪酰胺）联合治疗的不良反应参见异烟肼和利福平。

常见

- 非痛风性多发关节痛（高达 40%，用氨基水杨酸治疗）。
- 无症状的高尿酸血症。

偶见

- 剂量相关性肝炎（25 mg/kg 时发病率 1%，但 > 3 g/d 时发病率高达 15%）。在基线，2，4，6 和 8 周监测 sxs 可提示肝炎。在基线，2，4 和 6 周监测胆红素，

ALT 和 AST。若无症状患者 LFTs > 5 × ULN 或有症状患者任何指标高于正常范围则停止治疗。饮酒增加危险性。

- 胃肠不耐受。

罕见

- 痛风（用别嘌呤醇和丙磺舒治疗）。停止和不重新启动，若高尿酸血症伴有急性痛风性关节炎则停止治疗且不能再重新开始治疗。

药物相互作用

- 对于 Rifater（利福平 + 异烟肼 + 吡嗪酰胺）治疗药物相互作用也参见异烟肼和利福平。
- 乙硫异烟胺：可能会增加肝毒性。

耐药性

- 泛耐药结核菌：对一线抗结核药物异烟肼和利福平耐药，同时对任何一种氟喹诺酮类药物耐药，并且对三个二线注射抗结核药物中至少一个耐药。

药理学机制

- 转换为吡嗪羧酸（敏感菌中）。吡嗪羧酸可降低环境 pH 值使结核分枝杆菌不能生长；也能通过一些未知的机制直接抗分枝杆菌活性。

药代动力学参数

- 吸收：几乎完全吸收。
- 最高浓度：20~25 mg/kg 剂量口服后可达 30~50 mcg/ml。
- 分布：广泛分布到人体组织和体液。在肝脏和肺部分布良好。良好的中枢神经系统渗透性，可达治疗水平（血清水平的 85% ~100%）。
- 蛋白结合率 17%。
- 代谢 / 排泄在肝脏代谢，转化为吡嗪羧酸（活性代谢产物）。代谢产物和小部分未转化的药物经尿液排泄。
- 半衰期：9.5 小时。

肝功能不全者药物用法

- 考虑减量。咨询结核专家。

孕期用药

- C 级：无动物实验数据。无人类相关数据。对怀孕期间的活动性结核病患者，美国疾病预防控制中心的指南是利福平 + 异烟肼 + 乙胺丁醇（无吡嗪酰胺，由于无证明其足够安全的数据）治疗 2 个月。

利福布汀

- 再用异烟肼和利福平治疗 7 个月（共 9 个月）。WHO 在全球推荐对怀孕期间的活动性结核病患者常规应用吡嗪酰胺。

哺乳期用药

- 可从母乳中分泌。

注释

- 一线药物与其他抗结核药物联合治疗结核病。密切监测 LFTs 同时管理利福平的应用；可能是由吡嗪酰胺导致高尿酸血症引起痛风的患者需谨慎应用。

推荐依据

Blumberg HM, Burman WJ, Chaisson RE, et al. American Thoracic Society/Centers for Disease Control and Prevention/Infectious Diseases Society of America: treatment of tuberculosis. Am J Respir Crit Care Med, 2003; Vol. 167; pp. 603 - 62.

Centers for Disease Control and Prevention (CDC). Emergence of mycobacterium tuberculosis with extensive resistance to second-line drugs—worldwide, 2000 - 2004. MMWR, 2007; Vol. 55; pp. 301 - 305.

利福布汀

Paul Pham, PharmD and John G. Bartlett, MD

适应证

FDA 批准的适应证

- AIDS 患者中预防鸟分枝杆菌复合体（MAC）感染。

非 FDA 批准的适应证

- 治疗 AIDS 患者播散性 MAC 感染（与大环内酯类和乙胺丁醇联合治疗）。
- 治疗正在接受 PIs 或 NNRTIs 治疗的 AIDS 患者的结核病。
- 治疗结核菌潜伏感染但对异烟肼不耐受的患者。可考虑利福布汀治疗 4 个月。

商品名	规格	价格 *
Mycobutin（Pfizer）	口服胶囊 150 mg	12.18 美元

* 价格为平均批发价格（AWP）

成人常用剂量

- MAC 预防：300 mg PO，每天 1 次（阿奇霉素首选）。
- MAC 治疗：5 mg/kg（300 mg） PO，每天 1 次，与乙胺丁醇、克拉霉素或阿奇霉素联合应用。
- 接受 HIV 蛋白酶抑制剂（PIs），HIV 非核苷逆转录酶抑制剂，整合酶抑制剂和 CCR5 受体阻滞剂者剂量建议：见药物相互作用章节。

肾功能不全时的调整剂量

- 肾小球滤过率 50~80 ml/min：常用剂量。
- 肾小球滤过率 10~50 ml/min：50%的剂量，每天 1 次，肌酐清除率 < 30 ml/min。
- 肾小球滤过率 < 10 ml/min：50%的剂量，每天 1 次。
- 血液透析时剂量：无研究数据，无需追加。
- 腹膜透析时剂量：无研究数据。
- 血液过滤：无研究数据。

药物不良反应

常见

- 尿液，泪液和汗液颜色变为橙色。

偶见

- 葡萄膜炎：见于高剂量，剂量相关（≥ 600 mg/d 或同时接受 CYP3A4 抑制剂如氟喹诺酮，克拉霉素或大部分 PIs 治疗）。立即停药并咨询眼科医生。

罕见

- 中性粒细胞减少症。
- 肝毒性（1%）。
- 伪黄疸（胆红素正常）。
- 抗分枝杆菌药物。

药物相互作用参见附录Ⅲ第976页，药物相互作用列表。

药理作用机制

- 通过抑制DNA依赖RNA聚合酶来抑制RNA的合成初始链形成的启动。

药代动力学参数

- 吸收20%。
- 最大浓度300 mg后最大浓度为375 ng/ml。
- 分布由于高亲脂性，细胞内摄取多而广泛分布。血药浓度的50%可渗入脑脊液；渗透到有炎症的脑膜。
- 蛋白结合率85%。
- 代谢/排泄广泛的肝脏代谢，通过CYP3A4（25-O-去乙酰基和31-羟基为最主要的代谢产物；活性相当于利福布丁）。CYP3A4诱导剂，虽然效果不如利福平明显。代谢产物从尿中排出。30%的药物也从粪便中排出。少量的药物未经转化以原型从尿和胆汁排出。
- 半衰期：2~4小时。

肝功能不全者药物用法

- 肝功能严重障碍时需减少剂量。谨慎使用。

孕期用药

- B级：动物实验数据显示，骨骼畸形。人类无相关数据。

哺乳期用药

- 无相关数据。

注释

- 采用利福布汀+克拉霉素+乙胺丁醇治疗播散性MAC感染仍有争议。担心药物相互作用不应该阻止临床医生，因为利福布丁可能提高生存率并且能减少大环内酯类抗生素耐药性的产生。对免疫抑制严重，分枝杆菌载量高，或缺乏有效的抗逆转录病毒治疗的患者，应考虑增加利福布汀。需要同时使用高活性抗逆转录病毒疗法（HAART）时，利福布汀是替代利福平治疗活动性和结核菌潜伏感染的很好的选择。

推荐依据

Department of Health and Human Services Centers for Disease Control and Prevention. Managing Drug Interactions in the Treatment of HIV-Related Tuberculosis, 2007.

评论：对利福霉素和抗逆转录病毒药物之间的药物相互作用管理的建议。

推荐依据

Benson CA, Williams PL, Currier JS, et al. A prospective, randomized trial examining the effi cacy and safety of clarithromycin in combination with ethambutol, rifabutin, or both for the treatment of disseminated Mycobacterium avium complex disease in persons with

acquired immunodefi ciency syndrome. Clin Infect Dis, 2003; Vol. 37; pp. 1234 - 43.
Di Mario F, Cavallaro LG, Scarpignato C. 'Rescue' therapies for the management of Helicobacter pylori infection. Dig Dis,2006; Vol. 24; pp. 113 - 30.

利福平见 693 页抗菌药物章节

利福喷丁

Paul A. Pham, PharmD and John G. Bartlett, MD

适应证

FDA 批准的适应证

- 结核病（与其他抗结核药物联合应用）。

商品名	规格	价格 *
Priftin(Aventis)	口服胶囊 150 mg	3.63 美元

* 价格为平均批发价格（AWP）

成人常规剂量

- 初始阶段：600 mg PO，每周 2 次，两个月（免疫功能正常患者，与异烟肼，吡嗪酰胺和乙胺丁醇联合应用）。
- 后续阶段：10 mg/kg（600 mg）PO，每周 1 次（仅艾滋病毒阴性患者后续阶段联用异烟肼），或 600 mg PO，每周 2 次。

肾功能不全时的调整剂量

- 肾小球滤过率 50~80 ml/min：常用剂量。
- 肾小球滤过率 10~50 ml/min：可用常用剂量（只有 17%通过肾脏排泄）。
- 肾小球滤过率 < 10 ml/min：可用常用剂量（只有 17%通过肾脏排泄）。
- 血液透析时剂量：常用剂量，不会被血液透析清除。
- 腹膜透析时剂量：无研究数据；可用常用剂量。
- 血液滤过时剂量：无研究数据；可用常用剂量。

药物不良反应

常见

- 尿液、泪液（隐形眼镜）、汗液变为橙色。

偶见

- 肝炎。
- 流感样综合征。
- 胃肠道不耐受。

罕见

- 超敏反应。
- 血小板减少和溶血性贫血。
- 头痛和头晕。

药物相互作用参见附录 Ⅲ 第 782 页，药物相互作用列表

- CYP3A4 的诱导剂和底物。CYP 2B6，2C8，2C9，2C19 和 2D6，葡萄糖醛酸

基转移酶诱导剂。可显著降低 CYP 3A4，2B6，2C8，2C9，2C19 和 2D6 底物的血清浓度。CYP 3A4 的诱导剂可降低利福喷丁的血药浓度。CYP 3A4 的抑制剂可增加利福喷丁的血药浓度。

药理学机制

- 利福喷丁通过抑制 DNA 依赖的 RNA 聚合酶，以抑制初始时合成 RNA 链的形成。

药代动力学参数

- 吸收：吸收好。
- 最大浓度：600 mg 后平均药 – 时曲线下面积（AUC）可达 325 mcg–hr/m。
- 分布：分布广泛。中枢神经系统渗透：无研究数据。
- 蛋白结合率：93%~97%。
- 代谢 / 排泄：通过肝脏代谢为脱乙酰基活性代谢物。70%通过胆汁排泄。17%从尿液排泄。稳态自身诱导。
- 半衰期：16~19 小时。

肝功能不全者药物用法

- 无研究数据。

孕期用药

- C 级：动物实验数据显示致畸。无足够人类相关数据。在怀孕的最后一周服用，可能会造成产后出血。大多数专家认为，无证据证明利福霉素致畸，建议如有必要，可和异烟肼、乙胺丁醇联合应用。

哺乳期用药

- 无研究数据。

注释

- 口服利福霉素半衰期延长。对无肺空洞的 HIV 阴性患者以及痰涂片阴性、药物敏感的肺结核病人完成初始治疗后，后续阶段可用利福霉素和异烟肼每周 1 次联合治疗。因高复发率和利福霉素已发生耐药，每周 1 次剂量不适合 HIV 感染患者。对结核菌潜伏感染的患者采用异烟肼 + 利福喷丁短疗程（三个月）治疗的研究正在进行。

推荐依据选编

Benator D, Bhattacharya M, Bozeman L, et al. Rifapentine and isoniazid once a wk versus rifampicin and isoniazid twice a wk for treatment of drug–susceptible pulmonary tuberculosis in HIV–negative pts: a randomised clinical trial. Lancet, 2002; Vol. 360; pp. 528 - 34.

Vernon A, Burman W, Benator D, et al. Acquired rifamycin monoresistance in pts with HIV–related tuberculosis treated with once–weekly rifapentine and isoniazid. Lancet, 1999; Vol. 353; pp. 1843 - 47.

链霉素见 697 页抗菌药物章节

抗寄生虫药物

阿苯哒唑

Paul A. Pham, PharmD and John G. Bartlett, MD

适应证

FDA 批准的适应证

- 猪肉绦虫引起的脑囊虫病。
- 细粒棘球绦虫引起的包虫病。

非 FDA 批准的适应证

- 微孢子虫病。
- 鞭虫病。

商品名	规格	价格 *
Albenza(GlaxoSmithKline)	口服片剂 200 mg	1.65 美元
Eskazole;Zentel(非美国品牌)(非美国制造商)	口服片剂 200 mg	无

* 价格为平均批发价格（AWP）

成人常用剂量

- 包虫（棘球绦虫）病：400 mg 口服，每天两次进餐同时服用，服用 28 天后，间隔 14 天，在开始下一周期（服用 28 天，间隔 14 天），共 3 个周期。注：当医学上可行时，可考虑选择手术治疗。
- 脑囊虫病：400 PO，每天两次进餐同时服用，疗程 8 至 30 天，第一周与皮质类固醇类同时应用以防止脑高血压发作。
- 钩虫病：单剂量 400 mg PO。
- 微孢子虫病：400 PO，每天两次进餐同时服用（艾滋病：治疗持续到 CD_4 细胞计数大于 200 mm^3）。
- 弓形虫病：400 PO，每天两次进餐同时服用，疗程 5 天。

肾功能不全时的调整剂量

- 肾小球滤过率 50~80 ml/min：常用剂量。
- 肾小球滤过率 10~50 ml/min：常用剂量。
- 肾小球滤过率 < 10 ml/min：常用剂量。
- 血液透析时剂量：血液透析中不会被清除。使用常规剂量。
- 腹膜透析时剂量：无数据。
- 血液滤过时剂量：无数据。可能使用常用剂量。

药物不良反应

常见

- 一般耐受性良好。

偶见

- 可逆的肝脏毒性（每 2 周监测 1 次肝功能）。
- 胃肠道不耐受：恶心，呕吐，腹泻和腹痛。

罕见

- 骨髓抑制（例如，全血细胞减少症，再生障碍性贫血，粒细胞缺乏症，和白细胞减少症），尤其有肝脏疾病的患者易发生，包括包虫病。
- 头晕、头痛。
- 超敏反应。
- 脱发。
- 药物相互作用
- 地塞米松：一些病例报告描述阿苯哒唑血药谷浓度增加高达 56%。监测阿苯哒唑毒性；可能需要减少剂量。
- 吡喹酮：一些病例报告显示，阿苯达唑的平均血药浓度增加高达 50%。监测阿苯哒唑毒性；可能需要减少剂量。

药理学机制

- 阿苯达唑通过抑制其聚合成微管引起的寄生虫的皮层和肠细胞退行性改变；这使寄生虫在幼虫和成虫期无法摄取葡萄糖。

药代动力学参数

- 吸收：吸收差和吸收不稳定（与高脂肪食物同时服用可增加的 5 倍吸收）。
- 最高浓度：口服 400 mg 后可到 1.3 mg/ml。
- 分布：分布于胆汁，包虫包囊和脑脊液。
- 蛋白结合率：70%。
- 代谢 / 排泄：在肝脏代谢为具活性的亚砜代谢产物后排泄至肝肠循环。代谢产物从尿中排出。仅一小部分在粪便中排泄。
- 半衰期：8~9 小时。

肝功能不全者药物用法

- 无相关数据。

孕期用药

- C 级：实验室动物实验证明致畸性。避免在怀孕前三个月用药。

哺乳期用药

- 未知。

注释

- 口服耐受性良好，广谱抗寄生虫药物。对包括脑炎微孢子虫（Encephalitozoon intestinalis）在内的微孢子虫有效。不幸的是，80%艾滋病患者的微孢子虫病是由 Enterocytozoon bieneusi 引起的，阿苯达唑对这种微孢子虫效果不好。阿苯达唑（400mg 1 次）在治疗蛔虫，钩虫，鞭虫时较甲苯咪唑的治愈率高。对于包虫病，手术被认为是首选治疗方法，因仅约 30%的患者能够靠单纯药物治疗达到临床治愈。

推荐依据

Kelly P, Lungu F, Keane E, et al. Albendazole chemotherapy for treatment of diarrhoea in pts with AIDS in Zambia: a

randomised double blind controlled trial. BMJ, 1996; Vol. 312; pp. 1187 - 91.

Molina JM, Chastang C, Goguel J, et al. Albendazole for treatment and prophylaxis of microsporidiosis due to Encephalitozoon intestinalis in pts with AIDS: a randomized double-blind controlled trial. J Infect Dis, 1998; Vol. 177; pp. 1373 - 7.

青蒿琥酯

Paul A. Pham, PharmD

适应证

FDA 批准的适应证

- FDA 未批准，但在美国对严重的恶性疟疾允许在紧急情况下使用（联系疾病预防控制中心）。

非 FDA 批准的适应证

- 轻度至中度疟疾。

商品名（生产厂家）	规格	价格*
Artesunate (Available through a treatment IND in the U.S. [call the CDC: 1-770-488-7788])	肌注或静脉注射 60 mg	n/a

* 价格为平均批发价格（AWP）

成人常规剂量

- 美国治疗指南（CDC）：青蒿琥酯 2.4 mg/kg，分为 4 等分剂量服用，疗程超过 3 天，接着用阿托伐醌 + 盐酸氯胍，多西环素，克林霉素，或甲氯喹口服治疗（避免出现耐药性）。
- WHO 推荐：静脉注射青蒿琥酯 2.4 mg/kg，静脉注射或肌注给药（时间 =0），然后 12 小时和 24 小时，然后在疟疾低发区或疟疾流行区域以外一天 1 次给药。
- 正在进行治疗重症疟疾的二期实验：青蒿琥酯 2.4 mg/kg 剂量，静脉注射 3 天，分别在 0，12，24，48 和 72 小时给药。对奎宁耐药的恶性疟原虫，与四环素或甲氯喹联合治疗。

肾功能不全时的调整剂量

- 肾小球滤过率 50~80 ml/min：常用剂量。
- 肾小球滤过率 10~50 ml/min：常用剂量。
- 肾小球滤过率 < 10 ml/min：常用剂量。
- 血液透析：常用剂量。
- 腹膜透析：无数据。常用剂量可能合适。
- 血液滤过：无数据。常用剂量可能合适。

药物不良反应

常见

- 一般情况耐受良好。

偶见

- 心动过缓。
- 头晕。
- 恶心和呕吐。

罕见

- 小脑功能障碍（共济失调步态，口齿不清）。
- 超敏反应。

- 抽搐。

药物相互作用

- 没有已知的药物相互作用。然而，青蒿琥酯是 CYP3A4 的底物。
- 克拉霉素，红霉素，泰利霉素：可能会增加青蒿琥酯的血药浓度。
- CYP3A4 诱导剂（如利福平，利福喷丁，利福布丁，苯妥英钠，卡马西平，苯巴比妥）：可降低青蒿琥酯的血药浓度。尽量避免联合用药。密切监测疗效；联合用药时可能需要增加青蒿琥酯的剂量。
- 酮康唑，氟康唑，伊曲康唑，伏立康唑和泊沙康唑，酮康唑：可能会增加青蒿琥酯的血药浓度。
- 蛋白酶抑制剂，艾滋病毒：可能会增加青蒿琥酯的血药浓度。

耐药性

- 引起青蒿素耐药的基因突变很罕见。这些基因突变可能会导致药物敏感性轻度变化，因此该药仍然有效（同导致乙胺嘧啶耐药的 108AsnDHFR 突变相似），或者，较少见的情况，很大程度的减少敏感性以致在可达到的药物浓度药物完全失效（同细胞色素 b 基因突变引起的阿托伐醌耐药性增加相似）。

药理学机制

- 从甜的苦艾植物中提取青蒿素衍生物（本组抗疟药还包括蒿甲醚，蒿乙醚和双氢青蒿素）。抗疟活性依赖于内过氧化物（自由基）与寄生虫内的亚铁血红素相互作用，通过非聚合的氧化还原活性的亚铁血红素络合物的累积导致寄生虫死亡。

药代动力学参数

- 吸收：肌肉注射吸收迅速。
- 最高浓度：青蒿琥酯 / 双氢青蒿素：120 mg 静脉注射后可达 16 mg/ml/2.7 mg/ml。
- 分布：体外数据：双氢青蒿素显著累积在恶性疟原虫感染的红细胞中（红细胞 / 血浆中的比例，300）–VD=0.2 至 1.5 L/kg。
- 蛋白结合率：高
- 代谢 / 排泄：广泛通过血浆和组织中胆碱酯酶水解迅速转化为双氢青蒿素（活性代谢产物）。
- 半衰期：双氢青蒿素为 45 分钟，但肌肉注射时因为吸收延续半衰期时间延长。

肝功能不全者药物用法

- 常用剂量。

孕期用药

- 小规模研究（东南亚 N=44，非洲 N=80）中，无证据表明在孕期前三个月用药会发生身体或神经畸形。WHO 建议青蒿琥酯可作为孕中期和孕晚期的一线药物，而在孕早期的三个月中，直到得到更多证据前，青蒿琥酯和奎宁都可以考虑应用。

哺乳期用药

- 母乳喂养期间未观察到发生身体或神经系统畸形。

注释

- 静脉注射青蒿琥酯为美国临床医生提供了替代静脉注射奎尼丁治疗重症恶性疟疾的方案（在无法用奎尼丁或奎尼丁治疗失败 / 不耐受 / 有禁忌证的情况下）。
- 根据 CDC 治疗指南应用静脉注射青蒿琥酯的适合标准：（1）严重恶性疟疾；（2）

高寄生虫载量（＞5%）；（3）无法采用口服药物；（4）急性呼吸窘迫综合征或严重贫血。此外，对一些患者，会有下列情况之一：（1）青蒿琥酯较奎尼丁可更迅速地获得（如果两种药物可同时获得，主治医生需要咨询 CDC 来决定使用哪种药物）；（2）患者已经奎尼丁治疗失败或不耐受，或（3）有使用奎尼丁的禁忌证。

- 在一个小型随机实验中，静脉注射青蒿琥酯较静脉注射奎宁达到更高的存活率。
- 基于非洲的耐药水平，以青蒿素为基础的联合治疗（蒿甲醚－本芴醇和青蒿琥酯＋阿莫地喹）是目前世界卫生组织推荐的无并发症恶性疟疾的首选治疗方案。

建议的根据

- WHO 疟疾治疗的指南（www.who.int/malaria/docs/TreatmentGuidelines2006.pdf）。

注释

- WHO 疟疾治疗的指南。

推荐依据

Newton P, Angus BJ, Chierkul W, et al. Randomised comparison of intravenous artesunate or quinine in the treatment of severe falciparum malaria. Clin Infect Dis, 2003; Vol. 37; pp. 7 - 16 .

阿托伐醌

Paul A. Pham, PharmD and John G. Bartlett, MD

适应证

FDA 批准的适应证

- 阿托伐醌与氯胍联用预防和治疗由恶性疟原虫（包括氯喹耐药株）引起的成人疟疾和体重 5~11kg 的儿科患者疟疾。
- 用于不耐受复方新诺明的患者预防卡氏肺孢子虫肺炎。
- 口服治疗轻度至中度卡氏肺孢子虫肺炎（二线或三线）。

非 FDA 批准的适应证

- 单独治疗弓形虫病（阿托伐醌 750mg 每天 4 次，数据有限）。
- 与乙胺嘧啶或磺胺嘧啶联合治疗弓形虫病。
- 巴贝虫病。

商品名（生产厂家）	规格	价格 *
Mepron (GlaxoSmithKline)	口服悬液 750 mg/5 ml（210 毫升）	941.96 美元 /210 ml (21 天用量）
Malarone (GlaxoSmithKline)	口服片剂 250 g/100 mg 口服片剂 62.5 mg/25 mg	6.81 美元 ;2.51 美元

* 价格为平均批发价格（AWP）

成人常规剂量

- 治疗轻度至中度的 PCP（肺泡－动脉氧分压差＜35 mm Hg 和动脉血氧分压＞60 mm Hg）：750 mg（5 ml）口服，与食物一起服用，每天两次，疗程 21 天。
- PCP 预防：750 mg 口服，每天 2 次或 1500 mg 口服，每天 1 次，与食物一起服用。
- 恶性疟原虫治疗：Malarone 4 片 /d（1000 mg/400 mg），疗程 3 天，与食物

一起服用。

- 疟疾预防：Malarone1 片（250 mg/100 mg），每天 1 次，与食物一起服用（旅行前 1~2 天开始服用，直到旅行结束后再服用 1 周）。
- 弓形体病（替代乙胺嘧啶 + 磺胺嘧啶或克林霉素）：阿托伐醌 1500 mg 口服每天两次，与食物一起服用，联用乙胺嘧啶 200mg 第 1 次，之后 75 mg/d。
- 巴贝虫病：750 mg 口服每隔 12 小时 1 次，加用阿奇霉素（500 mg 第 1 天，然后 250 mg 每隔 24 小时）疗程 7~10 天。

肾功能不全时的调整剂量

- 肾小球滤过率 50~80 ml/min：常用剂量。
- 肾小球滤过率 10~50 ml/min：常用剂量。
- 肾小球滤过率 < 10 ml/min：常用剂量。
- 血液透析：常用剂量。
- 腹膜透析：常用剂量。
- 血液滤过：无数据。

药物不良反应

一般

- 由于副作用停药率高达 7%~9%（皮疹导致的停药占 4%）。

常见

- 皮疹（20%）。
- 胃肠道的不耐受和腹泻（20%）。

罕见

- 有施佩君（Malarone）引起 Stevens–Johnson 综合征的报道 (CID2003;37E5 – 7)。
- 头痛。
- 发烧。
- 失眠。
- 肝功能实验指标上升和重症肝炎（阿托伐醌 / 氯胍预防性使用）。仅一例需要肝移植的肝功能衰竭的报道。

药物相互作用

- 与食物同时服用时阿托伐醌血药浓度增加 70%，与脂肪食物同服增加达 6 倍。
- 齐多夫定：齐多夫定与阿托伐醌联用时，AUC 增加 31%。临床意义未知。监测齐多夫定相关性贫血。
- 利福布丁：使阿托伐醌的 AUC 降低 34%。
- 利福平：使阿托伐醌的 AUC 降低 50%。避免联合用药。
- 四环素：使阿托伐醌的 AUC 降低 40%。避免联合用药。

耐药性

- 卡氏肺孢子虫，恶性疟原虫（阿托伐醌与氯胍联用时），和弓形虫。

药理学机制

- 尚不能很好地解释，但可能会抑制恶性疟原虫线粒体电子传递链。

药代动力学参数

- 吸收：进餐时服用吸收 47%（液体制剂），有显着性的个体差异。
- 最高浓度：24 mg/ml（悬液）。
- 分布：脑脊液渗透差（< 1%）；VD=0.6 L/kg。
- 蛋白结合率：> 99.9%。
- 代谢 / 排泄：经粪便排泄；0.6%经肾脏排泄。
- 半衰期：2.2~2.9 天。

肝功能不全者药物用法

- 无数据。

孕期用药

- C 级：动物实验中不致畸，人类无研究数据。

哺乳期用药

- 无人类研究数据，动物实验中可经乳汁排泄。

注释

- 优点：PCP 的预防作用相当于氨苯砜。与施佩君联用较每周用甲氟喹预防疟疾有效且耐受良好。
- 缺点：成本高，胃肠道不耐受，并需要与含脂肪的膳食同时服用。治疗卡氏肺孢子虫肺炎效果不如 TMP-SMX。

推荐依据

Chirgwin K, Hafner R, Leport C, et al. Randomized phase II trial of atovaquone with pyrimethamine or sulfadiazine for treatment of toxoplasmic encephalitis in pts with acquired immunodefi ciency syndrome: ACTG 237/ANRS 039 Study. AIDS Clinical Trials Group 237/Agence Nationale de Recherche sur le SIDA, Essai 039. Clin Infect Dis, 2002; Vol. 34 ; pp. 1243 - 50.

Krause PJ, Lepore T, Sikand VK, et al. Atovaquone and azithromycin for the treatment of babesiosis. N Engl J Med, 2000; Vol. 343 ; pp. 1454 - 8.

阿托伐醌 / 氯胍

Paul A. Pham, PharmD and Joseph Vinetz, MD

适应证

FDA 批准的适应证

- 恶性疟原虫疟疾的预防和治疗。

非 FDA 批准的适应证

- 间日疟原虫。

商品名（生产厂家）	规格	价格 *
Malarone (Glaxo SmithKline)	口服片剂 62.5 mg/25 mg; 口服片剂 250 g/100 mg	2.26 美元; 6.12 美元

* 价格为平均批发价格（AWP）

成人常规剂量

- 治疗疟疾：阿托伐醌 1000 mg/ 氯胍 400 mg（4 片，单剂量），口服每天 1 次，疗程 3 天。

- 预防疟疾：阿托伐醌250 mg/氯胍100 mg（1片），旅行前1~2天开始每天1次，直至离开疫区后再持续服用1周。

肾功能不全时的调整剂量

- 肾小球滤过率50~80 ml/min：常用剂量。
- 肾小球滤过率10~50 ml/min：无数据。
- 肾小球滤过率< 10 ml/min：无数据，可能需要减少剂量。
- 血液透析：无数据，不太可能被清除。
- 腹膜透析：无数据，不太可能被清除。
- 血液滤过：无数据。

药物不良反应

常见

- 研究中施佩君的副反应与安慰剂相同。

偶见

- 胃肠道：腹痛、恶心、呕吐、腹泻，厌食症。
- 头痛、衰弱、头晕（通常发生在治疗剂量时）。
- 肝功能指标可逆性升高。

罕见

- Stevens-Johnson综合征。

药物相互作用

- 阿扎那韦/利托那韦：与过去数据相比，阿托伐醌和氯胍与阿扎那韦/利托那韦联用时AUC分别下降33%和74%。与阿扎那韦/利托那韦联用时考虑替换或增加阿托伐醌+氯胍的剂量。
- 依法韦仑：与过去数据相比，阿托伐醌和氯胍与依法韦仑联用时AUC分别下降69%和58%。与依法韦仑联用时考虑替换或增加阿托伐醌+氯胍的剂量。
- 洛匹那韦/利托那韦：与过去数据相比，阿托伐醌和氯胍与洛匹那韦/利托那韦联用时AUC分别下降65%和68%。与洛匹那韦/利托那韦联用时考虑替换或增加阿托伐醌+氯胍的剂量。
- 胃复安：可能会降低阿托伐醌的血药浓度。避免同时服用。
- 氯胍：无已知的药物相互作用。可能与CYP2C19的底物、抑制剂和诱导剂有药物相互作用。
- 利福平：使阿托伐醌血药浓度降低50%。避免同时服用。
- 利福布汀：使阿托伐醌血药浓度降低34%。避免同时服用。
- 四环素：使阿托伐醌血药浓度降低40%。使用其他的四环素类药物。

药理学机制

- 阿托伐醌是一种寄生虫线粒体电子传递选择性抑制剂。氯胍活性代谢物（环氯胍）是二氢叶酸还原酶抑制剂，它会破坏脱氧胸苷酸合成。治疗失败与细胞色素b基因位点突变相关。

药代动力学参数

- 吸收：阿托伐醌仅23%（最好与含脂肪食物同时服用）。氯胍不论是否与食物同时服用吸收均很好。

- 分布：氯胍广泛分布于红细胞内。
- 蛋白结合率：阿托伐醌：> 99%。氯胍：75%。
- 代谢 / 排泄：阿托伐醌：代谢有限，给药剂量的 94% 未经转化经大便排泄。氯胍：通过 CYP2C19 代谢为活性代谢物，40%~60% 经尿液排出。
- 半衰期：阿托伐醌：2~3 天。氯胍：12~21 小时。

肝功能减低时的剂量
- 无数据：肝功能重度损伤时可能需要减少剂量。

孕期用药
- C 级：阿托伐醌：小鼠实验中无致畸作用。孕妇和胎儿毒性（胎儿重量减少、早期胎儿吸收减少和定值后胎儿流产）在兔的研究中有报道。无人类研究数据。氯胍：小鼠实验中无致畸作用。在一项对 200 个尼日利亚孕妇孕早期和孕中期的研究中，氯胍 100 mg/d 可将寄生虫载量从 35% 减低到 2%，可使贫血从 18% 减低至 3%，而且平均出生体重增加 132 g[Lancet1990;335(8680):45]。

哺乳期用药
- 无数据

注释
- 施佩君提供一个替换甲氟喹治疗和预防的氯喹耐药的恶性疟原虫的耐受良好的治疗方案。施佩君的缺点包括价格昂贵和需要每天服用。

推荐依据

Borrmann S, Faucher JF, Bagaphou T, et al. Atovaquone and proguanil versus amodiaquine for the treatment of Plasmodium falciparum malaria in African infants and young children. Clin Infect Dis, 2003; Vol. 37; pp. 1441 - 7.

Camus D, Djossou F, Schilthuis HJ, et al. Atovaquone-proguanil versus chloroquine-proguanil for malaria prophylaxis in nonimmune pediatric travelers: results of an international, randomized, open-label study. Clin Infect Dis, 2004; Vol. 38; pp. 1716 - 23.

氯喹

Paul A. Pham, PharmD and John G. Bartlett, MD

适应证

FDA 批准的适应证
- 疟疾预防与治疗（间日疟原虫，三日疟原虫，卵形疟原虫和氯喹敏感的恶性疟原虫引起的疟疾）。
- 阿米巴肝脓肿。

商品名（生产厂家）	规格	价格 *
磷酸盐氯喹（各种普通制造商）	250 mg 口服片剂；500 mg 口服片剂	$ 2.47；$ 5.42

* 价格表示平均批发价格 (AWP)

成人常规剂量

- 间日疟原虫、卵形疟原虫、三日疟原虫和氯喹敏感的恶性疟原虫：氯喹磷酸盐 1 g（600 mg 有效成分）1 次，然后 6 小时之后 500 mg 盐（300 mg 有效成分），然后分别在 24、48 小时 500 mg。盐酸氯喹 160~200 mg(有效成分)肌注或静滴，每 6 小时 1 次 (静脉注射在美国不适用)。

肾功能不全时的调整剂量

- 肾小球滤过率 50~80 ml/min：常规剂量。
- 肾小球滤过率 10~50 ml/min：常规剂量。
- 肾小球滤过率 <10 ml/min：150~300 mg 口服，每天 1 次。
- 血液透析：无数据。
- 腹膜透析：无数据。
- 血液滤过：无数据。

药物不良反应

偶见

- 视觉障碍。
- 先天性 G6PD 缺乏溶血症。
- 胃肠道不耐受。
- 瘙痒。
- 体重减轻。
- 脱发。

罕见

- 中枢神经系统：头痛、混乱、头晕和精神病。
- 周围神经病。
- 眼周肌肉麻痹。
- QTc 延长。

药物相互作用

- 铝和镁盐：减少氯喹的吸收。在服用抗酸药之前 2~4 小时服用氯喹。
- 西咪替丁：可能增加氯喹的血药浓度。监测药物毒性。
- 任何可延长 QTc 的药物（大环内酯类抗生素，抗精神病药，三环抗抑郁药，胺碘酮，氟喹诺酮类药物，美沙酮……）：与氯喹联用可能会导致 QTc 间期更加延长。避免联合用药。

药理学机制

- 氯喹确切的作用机制尚不完全清楚，但可能与氯喹能与 DNA 结合并改变其特性或干扰寄生虫代谢和利用红细胞血红蛋白的能力有关。

药代动力学参数

- 吸收：89%。
- 最高浓度：26 mg 的氯喹分四次在超过 72 小时的时间内应用，血药浓度可达 > 1 mmol/L 的水平（请注意，平均中毒剂量为 4.7 mg/dl）。
- 分布：广泛分布于身体组织，如眼睛，心脏，肾脏，肝脏和肺。红细胞内达到很高的水平。

- 蛋白结合率：50%~65%。
- 代谢 / 排泄：由肝脏代谢为去乙基代谢产物。47%的药物以原型，7%~12%的代谢产物以原型从尿液中排出。
- 半衰期 4 天至 1 个月。

肝功能不全者药物用法

- 建议降低剂量的 30%~50%。

孕期用药

- C 级：动物研究中显示胚胎毒性和致畸性。一项对 169 个婴儿在子宫内暴露的报道，整个孕期服用氯喹每周 300 mg，没有增加致畸性。氯喹被认为是在怀孕期间可能安全的预防用抗疟药物，没有其他预防用抗疟药物有足够证据显示在怀孕期使用安全，因此应强烈建议孕妇不要去氯喹耐药的疟疾地区旅行。

哺乳期用药

- 剂量的 2.8%从母乳中排出。美国儿科学会认为氯喹与母乳喂养兼容。

注释

- 口服抗疟药物。在墨西哥和巴拿马运河以北的美洲中部能有效预防疟疾。在中东的一些地区氯喹耐药。南美大陆完全耐药。推荐甲氟喹或施佩君为氯喹耐药恶性疟原虫地区旅行的预防用药。
- 抗恶性疟原虫。

推荐依据

Baird JK. Effectiveness of antimalarial drugs. N Engl J Med, 2005; Vol. 352; pp. 1565 - 77.

Laufer MK, Thesing PC, Eddington ND, et al. Return of chloroquine antimalarial effi cacy in Malawi. N Engl J Med, 2006;Vol. 355; pp. 1959 - 66.

氨苯砜

Paul A. Pham, PharmD and John G. Bartlett, MD

适应证

FDA 批准的适应证

- 麻风病。
- 疱疹性皮炎。
- 痤疮（氨苯砜 5%凝胶）。

非 FDA 批准的适应证

- PCP 的预防。

治疗轻度至中度严重的 PCP（与甲氧苄啶联用）

- 弓形虫病的预防（用乙胺嘧啶和亚叶酸联用）。

商品名（生产厂家）	规格	价格 *
Dapsone (Generic manufacturers)	口服片剂 25 mg； 口服片剂 100 mg	$ 0.20; $ 0.21
Aczone (QLT)	5% 外用凝胶（30 g）	tba

* 价格为平均批发价格（AWP）

抗菌药物

成人常规剂量

- 预防卡氏肺孢子虫肺炎：每天口服 100 mg。
- 治疗轻中重度卡氏肺孢子虫肺炎：氨苯砜 100 mg 每天口服 + 甲氧苄啶 5 mg/kg 每 8 小时 1 次，疗程 21 天。
- 卡氏肺孢子虫肺炎和弓形虫病预防：氨苯砜 50 mg 每天口服 + 乙胺嘧啶 50 mg 每周口服 + 亚叶酸 25 mg 每周口服或氨苯砜 200 mg 每周口服 + 乙胺嘧啶 75 mg 每周口服 + 亚叶酸 25 mg 每周口服。
- 多菌型麻风病：氨苯砜 100 mg 每天 1 次联合利福平 600 mg 每月 1 次，加上氯法齐明 300 mg 每月 1 次和每天 50 mg。疗程 12 个月。
- 少菌型的麻风病：氨苯砜 100mg 每天联合利福平：600 mg 每月 1 次。疗程 6 个月。
- 痤疮：氨苯砜 5% 的外用凝胶，用豌豆大小的量途于患处，每天两次。建议使用前评估 G6PD 的水平。

肾功能不全时的调整剂量

- 肾小球滤过率 50~80 ml/min：常用剂量。
- 肾小球滤过率 10~50 ml/min：常用剂量。
- 肾小球滤过率 <10 ml/min：无数据，代谢物经肾脏排出体外，可能需要调整剂量。
- 血液透析用药剂量：无数据。
- 腹膜透析用药剂量：无数据。
- 血液虑析用药剂量：无数据。

药物不良反应

常见

- 恶心和厌食。
- G6PD 缺乏的溶血性贫血。

偶见

- 血液学异常（伴或不伴 G6-PD 缺乏的高铁血红蛋白血症和硫化血红蛋白血症）。
- 肝炎。
- 皮疹。
- 瘙痒。
- 不伴 G6PD 缺乏的剂量依赖性溶血性贫血。

罕见

- 氨苯砜综合征：发热，全身乏力，剥脱性皮炎，肝坏死，全身淋巴结肿大和溶血性贫血伴高铁血红蛋白血症。
- 肾病综合征。
- 中性粒细胞减少症。
- 视力模糊。
- 光敏性。
- 耳鸣。
- 失眠。
- 易怒。
- 头痛。

药物相互作用请参阅附录Ⅲ第 964 页，药物相互作用列表

药理学机制

- 作用机制尚不完全明确，但最有可能与能够抑制二氢叶酸合成酶，破坏叶酸合成有关。

药代动力学参数

- 吸收：完全吸收（胃酸缺乏除外）。
- 最高浓度：100 mg 口服后可达 3.1~3.3 μg/ml。
- 分布：广泛分布于人体组织，包括皮肤，肌肉，肾脏，肝脏和痰。
- 蛋白结合率：50%~90%。
- 代谢 / 排泄：肝肠循环。肝脏代谢为单乙酰和双乙酰代谢产物。药物原型（20%）和代谢物（70%~85%）经尿液排泄。
- 半衰期：30 小时。

孕期用药

- C 级：汉森氏病（麻风病）患者使用氨苯砜没有副反应方面的报道。

哺乳期用药

- 可母乳中排出。美国儿科学会认为氨苯砜与母乳喂养兼容。

注释

- 口服剂用于治疗和预防的 PCP。氨苯砜与利福平和氯法齐明联用是世界卫生组织推荐的多菌型麻风病治疗方案。是一种强氧化剂，推荐进行 G6PD 缺乏筛查（尤其是在高风险的患者包括非洲裔美国男子和地中海男性后裔）。地中海 G6PD 缺乏禁忌使用，而非洲变种 G6PD 缺乏不禁忌。除了溶血性贫血，还可能导致高铁血红蛋白血症和骨髓抑制。

推荐依据

Benson CA, Kaplan JE, Masur HM, et al. Treating Opportunistic Infections Among HIV-Infected Adults and Adolescents.MMWR, 2004; Vol. 53; pp. (RR15); 1 - 112.

National Institutes of Health (NIH), the Centers for Disease Control and Prevention (CDC), and the HIV Medicine Association of the Infectious Diseases Society of America (HIVMA/IDSA). Guidelines for Prevention and Treatment of Opportunistic Infections in HIV-Infected Adults and Adolescents. http://AIDSinfo.nih.gov , 2008.

伊维菌素

Paul A. Pham, PharmD and John G. Bartlett, MD

适应证

FDA 批准的适应证

- 盘尾丝虫病（河盲症）。
- 线虫（消化道）。

非 FDA 批准的适应证

- 人型疥螨（疥疮）。
- 淋巴丝虫。
- 粪类圆线虫。
- 罗阿罗阿线虫。
- 皮肤幼虫移行症。

商品名（生产厂家）	规格	价格 *
Stromectol (Merck)	口服片剂 3 mg	$ 5.44

* 价格表示平均批发价格 (AWP)

成人常规剂量

- 线虫：200 μg/kg × 1（70 kg：15 mg 或 2.5 × 6 mg 片剂）。
- 盘尾丝虫病：150 μg/kg × 1。
- 皮肤幼虫移行症：200 μg/kg × 1（可能需要复治）。
- 丝虫病：150 μg/kg × 1（通常需要复治）。
- 疥疮（免疫缺陷患者的严重陈旧性结痂疥疮）：2 剂量的伊维菌素（每剂 200 μg/kg），间隔 2 周使用。

肾功能不全时的调整剂量

- 肾小球滤过率 50~80 ml/min：常用剂量。
- 肾小球滤过率 10~50 ml/min：常用剂量。
- 肾小球滤过率 < 10 ml/min：常用剂量。
- 血液透析：无数据；可能按常用剂量给药。
- 腹膜透析：无数据；可能按常用剂量给药。
- 血液滤过：无数据；可能按常用剂量给药。

药物不良反应

常见

- 普遍耐受性良好。

偶见

- 在盘尾丝虫病患者发生 Mazzotti 反应：低血压，发热，瘙痒，骨骼和关节疼痛（第 1 次使用者有 10%~15% 发生轻度反应，但有 5% 可发生严重反应）。

药物相互作用

- 无相关报道，但在体外为 CYP3A4 的底物。

药理学机制

・伊维菌素作用的确切机制尚未完全明确，但可能是它起到神经递质 GABA 受体激动剂的作用，扰乱 GABA 介导的中枢神经系统神经突触传输，从而导致寄生虫的中枢神经系统瘫痪和寄生虫死亡。

药代动力学参数

・吸收：吸收良好，空腹给药。

・最高浓度：12 mg 口服给药后可达 46 ng/ml。

・分布：动物研究表明脂肪和肝脏分布多。

・蛋白结合率：93%。

・代谢 / 排泄：在动物实验中证明主要经粪便排泄，在尿液中排泄的不到 2%。

・半衰期：22~28 小时。

肝功能不全者药物用法

・无数据；可能按常用剂量给药。

孕期用药

・动物实验数据显示有致畸的危险。在 203 例暴露于伊维菌素（85%是在前三个月）的病例发现，没有先天畸形的相关性。

哺乳期用药

・从母乳中排出。

注释

・口服剂耐受性良好，是盘尾丝虫病，线虫病，皮肤幼虫移行症的首选治疗方法，并可能有助于治疗严重的疥疮。伊维菌素在治疗丝虫病时相对于乙胺嗪是二线药物。在罗阿罗阿线虫流行地区使用伊维菌素治疗盘尾丝虫病时，建议进行罗阿丝虫病的筛查，以防止严重甚至是致命的脑病。

推荐依据

Bouchaud O, Houze S, Schiemann R, et al. Cutaneous larva migrans in travelers: a prospective study, with assessment of therapy with ivermectin. Clinical Infectious Diseases, 2000; Vol. 31; pp. 493 - 498.

Stolk WA, VAN Oortmarssen GJ, Pani SP, et al. Effects of ivermectin and diethylcarbamazine on microfi lariae and overall microfi laria production in bancroftian fi lariasis. Am J Trop Med Hyg, 2005; Vol. 75; pp. 881 - 7.

甲苯咪唑

Paul A. Pham, PharmD and John G. Bartlett, MD

适应证

FDA 批准的适应证

・蛲虫病（蛲虫）。

・钩虫。

・蛔虫病（蛔虫）。

・鞭虫病（鞭虫）。

非 FDA 批准的适应证

・棘球绦虫（二线药物）。

商品名（生产厂家）	规格	价格 *
Vermox (Generic)	口服咀嚼片剂 100 mg	$ 5.25

* 价格表示平均批发价格 (AWP)

成人常规剂量

- 蛔虫（蛔虫）：100~200 mg 口服，每天 2 次，疗程 5 天或 500 mg 口服 1 次。
- 钩虫：100 mg 口服，每天 2 次，疗程 3 天或 500 mg 口服 1 次。
- 蛲虫：100 mg 口服 1 次（如果感染持续 3 周，可复治）。
- 棘球绦虫：40~50 mg/(kg · d)，分 3 次服用。

肾功能不全时的调整剂量

- 肾小球滤过率 50~80 ml/min：常用剂量。
- 肾小球滤过率 10~50 ml/min：常用剂量。
- 肾小球滤过率 < 10 ml/min：常用剂量。
- 血液透析：透析不影响药物浓度，使用常规剂量。
- 腹膜透析：无数据。
- 血液滤过：无数据。

药物不良反应

偶见

- 腹泻。
- 腹痛。

罕见

- 白细胞减少症。
- 粒细胞缺乏症。
- 肝炎。

药物相互作用

- 卡马西平：可能减少甲苯咪唑的血药浓度。考虑采用丙戊酸共同给药。

药理学机制

· 甲苯咪唑可与 β – 微管蛋白结合，阻止微管组装，并且可抑制葡萄糖摄取；最终导致寄生虫的停止蠕动和死亡。

药代动力学参数

- 吸收：5%~10%被吸收（与高脂肪食物同服可增加吸收）。
- 最高浓度：100 mg PO，每天 2 次，疗程 3 天可达 0.3 μg/ml 峰浓度
- 分布：分布于包囊液，肝脏，大网膜脂肪，盆腔，肺和肝囊肿。
- 蛋白结合率：90%~95%。
- 代谢 / 排泄：经肝脏代谢为不具活性的氨基，羟基，羟氨酸代谢产物。代谢及药物原型主要经粪便排泄。仅 2%~5%的药物以原型或代谢产物经尿液排泄。
- 半衰期：2.5~5.5 小时（肝功能受损时延长至 35 小时）。

肝功能不全者药物用法

- 无相关数据。

孕期用药

- C 级：动物研究中出现胚胎毒性和致畸性。一个制造商报告了 170 例在孕期前三个月暴露结果没有明确的致畸风险。在密歇根州的医疗救助接受者监测研究中，64 例孕期前三个月暴露并未导致致畸风险显著增加。

哺乳期用药

- 在母乳排泄的量未知。

注释

- 口服剂耐受性良好，为广谱驱肠虫药。蛲虫，蛔虫，钩虫感染的平均治愈率 > 95%，鞭虫感染的治愈率为 35%~68%。

推荐依据

Legesse M, Erko B, Medhin G. Effi cacy of albendazole and mebendazole in the treatment of Ascaris and Trichuris infections.Ethiop Med J, 2002; Vol. 40 ; pp. 335 - 43.

甲氟喹

Paul A. Pham, PharmD and John G. Bartlett, MD

适应证

FDA 批准的适应证

- 治疗由氯喹耐药，氯喹敏感，和多重耐药（包括磺胺和乙胺嘧啶耐药）的疟原虫引起的轻度至中度急性疟疾（恶性疟原虫和间日疟原虫）。
- 疟疾（恶性疟原虫和间日疟原虫）预防包括对氯喹耐药的恶性疟原虫引起疟疾的预防。

商品名（生产厂家）	规格	价格 *
Lariam (Roche)	口服片剂 250 mg	$ 12.93
Mefloquine (Generic)	口服片剂 250 mg	$ 10.59

* 价格为平均批发价格

成人常规剂量

- 单纯性疟疾的治疗：1250 mg 口服 1 次或 750mg1 次，然后 12 小时后再服 500 mg。
- 疟疾预防：250 mg 口服，一周 1 次（疟疾预防），出发去流行区前 1 周开始服用，直至离开流行区后继续服用 4 周。
- 注意：在治疗间日疟原虫时，甲氟喹不能消除红细胞外（肝位）的寄生虫；为防止复发，患者随后需要用伯氨喹治疗。

肾功能不全时的调整剂量

- 肾小球滤过率 50~80 ml/min：常用剂量。
- 肾小球滤过率 10~50 ml/min：常用剂量。
- 肾小球滤过率 < 10 ml/min：常用剂量。
- 血液透析：常规剂量，不被血液透析清除。
- 腹膜透析：无数据，不被腹膜透析清除。
- 血液滤过：无数据，可能可以使用常用剂量。

药物不良反应

常见

- 中枢神经系统：眩晕，头晕，做恶梦，头痛，运动功能下降。

- 胃肠道：恶心，腹泻。
- 视觉障碍（剂量相关）。

偶见

- 中枢神经系统：精神病，惊恐发作，癫痫，神志不清（剂量相关，预防剂量罕见）。
- 心脏期外收缩。
- 窦性心动过缓。

罕见

- 自杀念头。
- 呼吸困难继发肺炎（可能因过敏引发）。

药物相互作用

- 避免与任何可能延长 QTc 间期的药物合用（如，氟喹诺酮类，抗心律失常药物（普鲁卡因胺，胺碘酮，索他洛尔），克拉霉素，红霉素 ...)。
- β－受体阻滞剂，奎宁和奎尼丁：可能导致加重心脏传导阻滞。避免联合用药。
- 金化合物：可能潜在加重血液异常。避免联合用药。
- 酮康唑（和其他 CYP3A4 抑制剂如大环内酯类抗生素，艾滋病毒蛋白酶抑制剂 ...)：使甲氟喹血药浓度增加 79%。因可能使 QTc 延长，要避免联合用药。
- 利福平（和其他 CYP3A4 诱导剂如苯巴比妥，苯妥英，卡马西平）：使甲氟喹血药浓度下降 68%。谨慎使用或避免联合用药。

耐药性

- 来自泰国或东南亚其他地区的恶性疟原虫可能对甲氟喹耐药。

药理学机制

- 甲氟喹作用的确切机制尚不完全明确，但可能与能够干扰寄生虫的代谢和利用红细胞血红蛋白的能力有关。

药代动力学参数

- 吸收：85%吸收；吸收缓慢（与食物一起服用可能使吸收增加）。
- 最高浓度：1 克口服后能达到 540~1240 ng/ml。
- 分布：广泛分布于组织。红细胞内浓度高。良好的脑脊液渗透。
- 蛋白结合率：98%~99%。
- 代谢／排泄：经肝脏代谢为羧酸代谢产物。主要由胆汁排泄经粪便排出体外。仅 5% 的剂量经尿液排出体外。
- 半衰期：20 天。

肝功能不全者药物用法

- 无相关数据。

孕期用药

- C 级：动物研究中出现胚胎毒性和致畸性。美国疾病控制预防中心（CDC）认为甲氟喹在孕中期和孕晚期使用是安全有效，建议预防用药时采取避孕措施直至停药后 2 个月。一项涉及 360 位孕妇患者（孕中期）的双盲，安慰剂对照实验发现甲氟喹和安慰剂组死胎的发生率相似（Ann Trop Med Parasitol.1998Sep;92(6):643~53）。

哺乳期用药

• 在母乳中有低浓度的排出。长期暴露于母乳中排出的甲氟喹的影响无研究数据。

注释

• 口服抗疟药物，通常用于预防氯喹耐药的疟疾流行区。可能导致生动的梦境，急性精神病发作，因此，精神疾病和癫痫的患者禁用。因担心其中枢神经系统的副作用，美国旅行者对该药预防使用减少，而目前用施佩君更普遍。

推荐依据

Chen LH, Wilson ME, Schlagenhauf P . Controversies and misconceptions in malaria chemoprophylaxis for travelers.

JAMA, 2007; Vol. 297; pp. 2251 - 63.

Griffi th KS, Lewis LS, Mali S, et al. Treatment of malaria in the United States: a systematic review. JAMA, 2007; Vol. 297;pp. 2264 - 77.

硝唑尼特

Paul A. Pham, PharmD and John G. Bartlett, MD

适应证

FDA 批准的适应证

• 免疫功能正常的儿童由隐孢子虫和贾第虫引起的腹泻（年龄 1 岁或以上）。

• 免疫功能正常的成年人的隐孢子虫病。

非 FDA 批准的适应证

• HIV 感染患者隐孢子虫病。

• 溶组织内阿米巴。

商品名（生产厂家）	规格	价格 *
Alinia(Romark)	口服悬液 100 mg/5 ml（60 ml）; 口服片剂 500 mg	$ 90.75; $ 22.43

* 价格表示平均批发价格 (AWP)

成人常规剂量

• 免疫功能正常的成人：500 mg 口服，每 6~12 小时 1 次，疗程 3 天。

• 免疫功能正常的儿童 4~11 岁：200 mg 口服，每 12 小时 1 次，疗程 3 天

• 免疫功能正常的儿童 1~3 岁：100 mg 口服，每 12 小时 1 次，疗程 3 天

• 多数专家建议免疫功能缺陷患者疗程为 4~6 周。

肾功能不全时的调整剂量

• 肾小球滤过率 50~80 ml/min：无数据，可能可以使用常用剂量。

• 肾小球滤过率 10~50 ml/min：无数据，可能可以使用常用剂量。

• 肾小球滤过率 < 10 ml/min：无数据，可能可以使用常用剂量。

• 血液透析：无数据。

• 腹膜透析：无数据。

• 血液滤过：无数据。

药物不良反应

常见

- 一般耐受良好，反应与安慰剂相似。

偶见

- 胃肠道：腹痛（食物可改善胃肠道的耐受性）。
- 头痛。
- 恶心。

罕见

- 低血压与心动过速。
- 药物相互作用。
- 无数据。

药理学机制

- 硝唑尼特的抗原虫的活性被认为是能够干扰丙酮酸：铁氧化还原蛋白氧化还原酶（PFOR）酶依赖的电子转移反应，即厌氧能量代谢的关键。

药代动力学参数

- 吸收：无数据。
- 蛋白结合率：98%。
- 代谢 / 排泄：经肠壁和肝脏代谢，广泛经胆汁排泄。很少经肾脏排泄（小于10%）。
- 半衰期：1.0~1.6 小时。

肝功能不全者药物用法

- 无数据。

孕期用药

- 无数据。

哺乳期用药

- 无数据。

注释

- 硝唑尼特在治疗免疫功能正常的宿主（成人和儿童）由微小隐孢子虫引起的腹泻很有效。但它在免疫缺陷患者（如 HIV 患者）中的有效性一直令人失望。对阿司匹林或水杨酸(因结构相似)过敏的患者避免使用。曾经有用于难辨梭菌引起腹泻，但缺乏大型实验研究。

推荐依据

Anderson VR, Curran MP. Nitazoxanide: a review of its use in the treatment of gastrointestinal infections. Drugs, 2007;Vol. 67; pp. 1947 - 67.

Musher DM, Logan N, Hamill RJ, et al. Nitazoxanide for the treatment of Clostridium diffi cile colitis. Clin Infect Dis,
2006; Vol. 43; pp. 421 - 7 .

伯氨喹

Paul A. Pham, PharmD and John G. Bartlett, MD

适应证

FDA 批准的适应证

- 预防间日疟原虫和卵形疟原虫所致的疟疾复发，也能有效对抗恶性疟的配子体。

非 FDA 批准的适应证

- 治疗卡氏肺孢子菌（与克林霉素联合应用）。

商品名	规格	成本 *
Primaquine (Sano-Aventis U.S.)	口服片剂 26.3 mg（药物净含量 15 mg）	$ 1.33

* 价格为平均批发价格（AWP）

成人常用剂量

- 用于卡氏肺孢子菌治疗：15~30 mg(药物基料)与食物一起服用，口服每天 1 次(与克林霉素联合应用）。
- 用于清除寄生于肝脏的间日疟和卵形疟的静止期体，30mg 每天 1 次，疗程 2 周。

肾功能不全时的调整剂量

- 肾小球滤过虑 50~80 ml/min 时：常规剂量。
- 肾小球滤过虑 10~50 ml/min 时：常规剂量。
- 肾小球滤过虑 <10 ml/min：常规剂量。
- 血液透析病人用量：无研究数据，拔除透析管后用药。
- 腹透病人：无研究数据。
- 血过滤病人：无研究数据。

药物不良反应

偶见

- 溶血性贫血（常见于 G6PD 酶缺陷病人）。需监测 G6PD 酶缺陷（非洲裔美国人，地中海裔男性）。
- 高铁血红蛋白血症。
- 中性粒细胞减少和白血病（伯氨喹用量超过 30mg 者发生率可能会增高）。
- 胃肠道不适，腹部疼痛，恶心，呕吐。

罕见

- 视力模糊。
- 头痛。
- 瘙痒性皮炎。

药物相互作用

- 骨髓抑制药物（如叠氮胸腺、更昔洛韦、乙胺嘧啶和氟胞嘧啶）：如同时应用，则有潜在加重骨髓抑制作用。

药理学机制

- 确切的药动学尚未完全阐明，但显示其参与嘧啶的合成和线粒体的点传递。

药代动力学参数

- 吸收：吸收良好。
- 最高浓度：口服 30 mg 后达 104 ng/ml，维持稳定浓度。
- 分布：缺少数据，但显示分布广泛。
- 蛋白结合：无研究数据。
- 代谢/排泄：肝脏将其代谢为羧基产物，代谢产物及小部分未代谢原药经尿液排泄。
- 半衰期：5.8 小时。

孕期用药

- 尚无研究可参考。理论上在 G6PD 酶缺乏的胎儿可能会导致溶血性贫血。

哺乳期用药

- 无研究数据。

注释

- 在治疗不耐受复方磺胺类药治疗的轻、中、重度卡氏肺孢子菌感染病人时，伯氨喹与克林霉素联合应用是良好的二线治疗手段。推荐预先监测 G6PD 酶以预防溶血性贫血的发生。

推荐根据

- 美国国立卫生研究院，疾病预防控制中心，美国感染性疾病学会（IDSA）人类免疫缺陷病毒（HIV）医学会。HIV 感染的青少年和成人预防和治疗指南（http://AIDS info.nih.gov.2008）。

注释

- 虽然在治疗严重的卡氏肺孢子感染时，伯氨喹与克林霉素联合用药药效数据并没有四代喷他脒效果那么显著，但机会感染治疗指南仍推荐在治疗卡氏肺孢子菌所致的中重度感染时，伯氨喹与克林霉素联合用药或四代喷他脒可作为 TMP-SMX 的替代药物。

推荐依据

Baird JK, Hoffman SL. Primaquine therapy for malaria. Clin Infect Dis, 2004; Vol.39; pp. 1336 - 45.

Rowland M, Durrani N. Randomized controlled trials of 5- and 14-days primaquine therapy against relapses of vivax malaria in an Afghan refugee settlement in Pakistan. Trans R Soc Trop Med Hyg, 2000; Vol. 93; pp.641 - 3.

乙胺嘧啶

Paul A. Pham, PharmD and John G. Bartlett, MD

适应证

FDA 批准的适应证

- 与磺胺多辛和奎宁联合应用用于氯喹耐药的恶性疟原虫所致的疟疾（急性）。由于全球性普遍耐药，并不推荐作为游客的预防用药。
- 弓形虫感染（联合磺胺嘧啶或克林霉素加甲酰四氢叶酸）。

商品名（生产厂家）	规格	成本 *
Daraprim (GlaxoSmithKline)	口服片剂 25 mg	$ 0.58
Fansidar (Roche)	口服片剂乙胺嘧啶 25 mg+ 磺胺多辛 500 mg	$ 3.92

* 价格为平均批发价格（AWP）

成人常用剂量

- 中枢系统弓形虫病首次治疗用药：每次 200 mg，而后 50~75 mg 每天 1 次（+ 亚叶酸 10~20 mg 每天 + 磺胺嘧啶 1.5 g/6h 或克林霉素 600 mg 静脉滴注 /6h）至少 6 周。
- 中枢系统弓形虫病维持治疗用药：25~50 mg(+ 亚叶酸 15 mg+ 磺胺嘧啶 0.5~1 克 / 每 6h 或克林霉素 300~450 mg/6h) 直至免疫重建 (CD_4>2006 个月，首次治疗完成，且无症状）。若 CD_4+ 计数低于 200/ml，则进行再次维持治疗。
- 弓形虫病预防用药：50 mg/w（+ 亚叶酸 25 mg/w+ 氨苯砜 50~100 mg/d+ 甲酰四氢叶酸 25 mg/w 或阿托伐醌 1500 mg/d+/– 乙胺嘧啶 25 mg/d+ 甲酰四氢叶酸 10 mg/d)。注释：TMP–SMX 应使用两倍浓度。若病人对抗逆转录病毒疗法有效，CD4+ 计数连续三个月以上超过 200/ml，则弓形虫病预防用药可停药，但若 CD4+ 计数降至 100~200/ml，则应继续用药。
- 疟疾急性期：法西达 2~3 片（含乙胺嘧啶 50~75 mg/ 磺胺多辛 1 000~1 500 mg）作为单药剂量。也可与奎宁序列用药，在奎宁治疗最后一天给予 3 片法西达。
- 疟疾预防用药（由于药物性皮疹等发生率较高，一般不推荐使用）：法西达每周 1 片（含含乙胺嘧啶 25mg/ 磺胺多辛 500 mg) 或每隔一周两片。在到达疫区 1~2 天前开始服用，持续服至离开疫区后 4~6 周。

肾功能不全时的调整剂量

- 肾小球滤过虑 50~80 ml/min：常规剂量。
- 肾小球滤过虑 10~50 ml/min：常规剂量。
- 肾小球滤过虑 <10 ml/min：常规剂量。
- 血液透析患者用量：无研究数据，可用常规剂量。（血透管拔除后当天用药）
- 腹透患者：无研究数据，47% 在腹透后被清除掉。
- 血过滤患者：无研究数据，可用常规剂量。

药物不良反应

偶见

- 可逆性全血细胞减少症（巨幼细胞性贫血，白细胞减少症、粒细胞缺乏和血小板减少）：可继发叶酸储备消耗。可同时应用甲酰四氢叶酸以防止血细胞减少的发生。若发现溶血毒性可将甲酰四氢叶酸用量增至 50~100 mg/d。

- 胃肠道耐受性：腹部疼痛，恶心（随进食而加重）。
- 头痛，头晕和失眠。
- 与磺胺药物合用可诱发皮疹和肝炎。

罕见

- 神经系统症状：颤抖、共济失调和癫痫发作。
- 与磺胺药物合用可出现：史帝文生氏 – 強生症候群、毒性表皮溶解症、多形性红斑和过敏反应。

药物相互作用

- 劳拉西泮：可增加肝中毒风险（联合作用不清楚）。
- TMP/SMX, 氨苯砜、更昔洛韦、叠氮胸腺和干扰素：潜在增加骨髓移植作用。

药理学机制

- 与二氢叶酸还原酶结合抑制二氢叶酸还原为四氢叶酸（亚叶酸）。

药代动力学参数

- 吸收：吸收良好。
- 最高浓度口服 25mg 后达 0.13 – 0.31 mcg/ml。
- 分布：可分布至肾脏、肺、肝脏和脾脏，血浆浓度的 13~26% 可渗入脑脊液。
- 蛋白结合率：80%~87%。
- 代谢 / 排泄：肝脏代谢。代谢产物和 20%~30% 的未代谢原药从尿液排出。
- 半衰期：80 – 123 小时（艾滋病人中半衰期 139+/–34;AntimicrobAgentsChemother1996;40:1360 – 5）。

孕期用药

- C 级：动物研究致畸作用。两项治疗孕期弓形虫病的回顾未发现对胚胎的不良反应。若孕期需服用乙胺嘧啶，特别是首次治疗，建议补充叶酸 5 mg/d 以预防胚胎缺陷。

哺乳期用药

- 可从乳汁排出。美国儿科学会认为乙胺嘧啶与哺乳可兼容。

注释

- 治疗中枢系统弓形虫病的选择药物（与乙胺嘧啶和甲酰四氢叶酸合用）。Fansidar（乙胺嘧啶 / 磺胺多辛）由于发生皮疹的高风险性，及有可选用的耐受性好的代替药物（如阿托伐醌 / 氯胍，甲氟奎和强力霉素）而不作为预防疟疾的首选药物。

推荐的依据

美国国立卫生研究院，疾病预防控制中心，美国感染性疾病学会（IDSA）人类免疫缺陷病毒（HIV）医学会。HIV 感染的青少年和成人预防和治疗指南。http://AIDSinfo.nih.gov.2008

注释：中枢系统弓形虫病初始治疗的药物选择：乙胺嘧啶 + 磺胺嘧啶 + 甲酰四氢叶酸

ChenLH,WilsonME,SchlagenhaufP.Preventionofmalariainlong~termtravelers.JAMA,2006;Vol.296;pp.2234 – 44.

KatlamaC,DeWitS,O’DohertyE,etal.Pyrimethamine~clindamycinvs.pyrimethamine~

sulfadiazineasacuteandlongterm
therapyfortoxoplasmicencephalitisinptswithAIDS.ClinInfectDis,1996;Vol.22;pp.268 - 75.

奎尼丁

Joseph Vinetz, MD and Paul Pham, PharmD

适应证

FDA 批准的适应证

- 严重恶性疟疾的治疗。
- 无传染病征兆的：房性和室性心律不齐。

表格

商品名	规格	价格 *
Quinidinegluconate(EliLilly)	静脉滴注用每瓶 800 mg/10 ml	0.58 美元

* 价格为平均批发价格（AWP）

成人常用剂量

- 负荷剂量：前 1~2h 10 mg/kg，随后以 0.02 mg/(kg · min) 的剂量给药 72h 直至疟原虫含量降至小于 1% 或可以口服给药时。
- 开始时强力霉素每天 2 次 100 mg 口服 / 静滴，与奎尼丁合用
- 如果疟原虫含量超过 5%~10%，则考虑更换输液。
- 病人给药后若条件允许应进行心电监测。

肾功能不全时的调整剂量

- 肾小球滤过虑 50~80 ml/min：常规剂量
- 肾小球滤过虑 10~50 ml/min：常规剂量
- 肾小球滤过虑 <10 ml/min：常规剂量的 75%（若有肾衰，给药剂量应提高）。剂量根据临床反应做调整。应分级给药。
- 血液透析病人用量：拔掉透析管才可用药。透析后给予 100~200 mg。应分级给药。
- 腹透病人：无数据支持：可不需拔透析管。剂量根据临床反应做调整。应分级给药。
- 血过滤病人：无数据支持。剂量根据临床反应做调整。应分级给药。

药物不良反应

常见

- 心电图变化（如 QT 段延长和 QRS 波增宽），输液过程中可有心律失常和低血压（建议 ICU 病人进行密切的心脏监测）。

偶见

- 溶血性贫血（G6PD 酶缺乏者）。
- 药物诱导性 SLE。
- 低血糖。

罕见

- PLT 减少。

- 转氨酶升高。
- 皮疹。

药物相互作用

- 可延长 QT 段的抗心律失常药（如红霉素、克拉霉素、胺碘酮、三环类抗抑郁药、氟喹诺酮类药物）：若与奎尼丁联用有增加 QT 段延长到危险，应避免使用或进行密切监测。
- 细胞色素 P450 抑制剂（如大环内酯类药、唑类药、HIV 蛋白酶抑制剂类和西米替丁）：可增高奎尼丁在血浆中的浓度，若与奎尼丁联用，应密切监测奎尼丁的血浆浓度。
- 细胞色素 P450 诱导剂（如利福霉素、奈韦拉平、苯巴比妥、卡马西平和苯妥英）：可降低奎尼丁在血浆中的浓度。应密切监测血浆奎尼丁浓度。
- 与地高辛同时服用可明显增高地高辛的血浆浓度，因此，应减少地高辛的剂量。

药理学机制

- 抑制可将亚铁血红素聚合成疟色素的亚铁血红素聚合酶的活性，抑制可降低血红蛋白的天门冬氨酸和半胱氨酸合成酶，还可碱化疟原虫的食物空泡。

药代动力学参数

- 吸收：口服可吸收 70%~80%。
- 分布：广泛分布容积 2~3 L/kg。肝脏中高水平。
- 蛋白结合率：80%~88%。
- 代谢 / 排泄：50%~90% 经肝脏细胞色素 P4503A4 代谢为几种不同的羟基代谢物并经尿液排出。20%~50% 的未转化原药经肾脏排泄。
- 半衰期：6~8 小时。

肝功能不全者药物用法

- 严重肝功能不全时需减量。

孕期用药

- C 级：孕期不进行治疗的疟疾通常可致命。建议进行治疗。

哺乳期用药

- 可从母乳中分泌

注释

- 注射型奎尼丁（+ 强力霉素）是治疗复杂的恶性疟感染的选择用药。建议密切监视心电图（QT 段延长、低血压和低血糖）。

推荐依据

Stauffer W, Fischer PR . Diagnosis and treatment of malaria in children. Clin Infect Dis, 2003; Vol. 37; pp. 1340 - 8.

奎宁

Paul A. Pham, PharmD and John G. Bartlett, MD

适应证

FDA 批准的适应证

- 口服奎宁是治疗不复杂疟疾的必选药（同时应用四环素、强力霉素、克林霉素，或乙胺嘧啶 + 磺胺多辛，或合用乙胺嘧啶 + 磺胺多辛治疗对氯喹耐药的恶性疟）。
- 注射型奎宁在美国尚未上市。

非 FDA 批准的适应证

- 巴贝斯虫病。

商品名	规格	价格 *
Qualaquin(ARScienticInc.)	口服胶囊 324 mg	5.46 美元

* 价格为平均批发价格（AWP）

成人常用剂量

- 不复杂疟疾：奎宁 650 mg/8h × 3~7d+ 强力霉素 100 mg 2 次 / 天 × 7d 或克拉霉素 450 mg/8h × 7d 或服用奎宁最后一天时乙胺嘧啶 / 磺胺多辛 3 片。
- 巴贝斯虫病：奎宁 650 mg/8h × 7d，口服 + 克拉霉素 600 mg/8h × 7d，口服
- 奎宁盐酸盐：治疗疟疾的经典肠外用药，600 mg/8h 静滴（静滴型在美国并无商业供应）。病人需密切监视心电图变化和血糖水平。
- 若病人有肝肾功能减低，需监测血中奎宁水平，若可能有药物相互作用，亦需监测。

肾功能不全时的调整剂量

- 肾小球滤过率 50~80 ml/min：常用剂量。
- 肾小球滤过率 10~50 ml/min：常用剂量。
- 肾小球滤过率 < 10 ml/min：常用剂量，但有人推荐将用药间隔延长至 24h。推荐监测治疗药物浓度。
- 血液透析：常用剂量，血透后当天用药，推荐监测治疗药物浓度。
- 腹膜透析：650mg/24h。推荐监测治疗药物浓度。
- 血液过滤术：连续性静脉 ~ 静脉血滤：数据有限。用标准剂量并严密监测 (CID2004;39:288 - 289）。推荐监测治疗药物浓度。

药物不良反应

偶见

- 胃肠道不耐受。
- 奎宁中毒（耳鸣、头痛、恶心、上腹部疼痛、视力障碍）。
- 溶血性贫血（G6PD 酶缺陷）。

罕见

- 心律失常。
- 低血糖。
- 肝炎。
- 血小板减少。
- 低血压（见于快速静脉滴注者）。

药物相互作用

- 蛋白酶抑制剂可增加血浆中奎宁水平。
- 细胞色素 P450 诱导剂（利福平、苯妥英、苯巴比妥、非核苷逆转录酶抑制剂…）可降低血浆奎宁水平。

药理学机制

- 尚未明确其作用的确切机制，但显示奎宁可干预疟原虫 DNA 的功能。

药代动力学参数

- 吸收：完全吸收。
- 最高浓度：1 g/d 长期口服后可达 7 μg/ml。
- 分布：广泛分布到人体组织。只有血浆浓度的 2~7% 渗透入脑脊液。
- 蛋白结合率：70~90%。
- 代谢 / 排泄：广泛代谢为羟基代谢物。代谢产物经尿液排泄。有不足 5% 的为转化原药经尿液排泄。
- 半衰期：11~18 小时。

肝功能不全者药物用法

- 常规剂量并进行治疗药物监测。

孕期用药

- X 级：动物实验显示有致畸作用。大剂量用药作为流产药物时，人类报道有死胎和先天畸形发生。CDC 推荐用奎尼丁葡萄糖盐酸来治疗疟疾。

哺乳期用药

- 可从母乳中分泌。美国儿科学会认为奎宁与哺乳兼容。

注释

- 静注型奎宁（在美国无供应）是治疗复杂恶性疟的选择药。病人有肝肾功能减低时应监测血
- 中奎宁水平。就肠外治疗而言，静注型奎尼丁可替代奎宁（见奎尼丁单元）。口服奎宁加强力霉素或乙胺嘧啶 / 磺胺多辛是治疗不复杂疟疾的推荐用药。

推荐依据

Flanagan KL, Buckley-Sharp M, Doherty T, et al. Quinine levels revisited: the value of routine drug level monitoring for those on parenteral therapy. Acta Trop, 2006; Vol. 97; pp. 233 - 7.

Griffi th KS, Lewis LS, Mali S, et al. Treatment of malaria in the United States: a systematic review. JAMA, 2007; Vol. 297;pp. 2264 - 77.

替硝唑

Paul Pham, PharmD and John G. Bartlett, MD

适应证

FDA 批准的适应证

- 滴虫病。
- 贾第虫病（大于 3 岁）。
- 由 E. 阿米巴所致的肠和阿米巴性肝脓肿（大于 3 岁）。
- 细菌性阴道病。

非 FDA 批准的适应证

- 难辨梭菌性肠炎。

商品名	规格	成本 *
Tindamax (Presutti)	口服片剂 250 mg；口服片剂 500 mg	3.29 美元 ;5.88 美元

* 价格为平均批发价格（AWP）

成人常用剂量

成人常规剂量

- 滴虫病：2 g PO × 1，与食物同服。
- 贾第虫病：2 g PO × 1 与食物同服。
- 肠脓肿：每次 2 g，每天 1 次，PO 与食物同服，连服 3 天。
- 肝脓肿：每次 2 g，每天 1 次，PO 与食物同服，连服 3 天。
- 细菌性阴道病：每天 1 次，每次 1g 连服 5 天或每天 1 次，每次 2g，连服 2 天。
- 儿童剂量：大于 3 岁患儿的贾第虫病和脓肿：单次给药 50 mg/kg，与食物同服。

肾功能不全时的调整剂量

- 肾小球滤过率 50~80 ml/min：常用剂量。
- 肾小球滤过率 10~50 ml/min：常用剂量。
- 肾小球滤过率 < 10 ml/min：常用剂量。
- 血液透析：43% 拔掉透析管，拔管后给予 50% 剂量（1g）。
- 腹膜透析：无研究数据。可用通常剂量。
- 血液过滤：无研究数据。可用通常剂量。

药物不良反应

常见

- 通常耐受性好，偶尔有胃肠道不适，但根据临床实验，其发生率低于甲硝唑。

偶见

- 胃肠道不适：恶心（9%），呕吐（3%），金属味或苦味（10%），神经性厌食症 (4.5%)。
- 念珠菌病。

罕见

- 癫痫发作。
- 周围神经病。

- 白细胞减少症和中性粒细胞减少症。

药物相互作用参见附录Ⅲ 986 页，药物相互作用表

药理学机制

- 替硝唑，是一种 5- 硝基咪唑类药物，与甲硝唑的化学结构相关，通过形成可摧毁细胞的活化自由硝基而发挥抗病原物的作用。

药代动力学参数

- 吸收：替硝唑可很快并完全吸收。
- 最高浓度：48 μg/ml。
- 分布：广泛分布 (Vd=50L) 到人体组织和体液包括脑脊液。
- 代谢 / 排泄：通过细胞色素 P~450 代谢，代谢产物 2~ 羟甲基未转化的药物经尿液 (20%~25%) 和粪便 (12%) 排泄。
- 半衰期：12~14h。

肝功能不全者药物用法

- 无研究数据。可发生血浆浓度增高，应给予标准剂量并严密监测。

孕期用药

- C 级：无人类研究数据。动物实验未见任何胚胎致死或致畸作用。

哺乳期用药

- 可从母乳中分泌。无安全数据。

注释

- 替硝唑可作为甲硝唑的替代用药，但比甲硝唑昂贵。因其有更好的胃肠耐受性和更高的药效，在治疗肠阿米巴病和贾第虫病时更受欢迎。

推荐依据

Anjaeyulu R, Gupte SA, Desai DB. Single-dose treatment of trichomonal vaginitis: a comparison of tinidazole and metronidazole.J Int Med Res, 1977; Vol. 5; pp. 438 - 41.

Livengood CH, Ferris DG, Wiesenfeld HC, et al. Effectiveness of two tinidazole regimens in treatment of bacterial vaginosis:a randomized controlled trial. Obstet Gynecol, 2007; Vol. 110; pp. 302 - 9.

抗病毒药

阿昔洛韦

Paul A. Pham, PharmD and John G. Bartlett, MD

适应证

FDA 批准的适应证

- 治疗由疱疹病毒引起的免疫受损病人的原发生殖器疱疹。
- 治疗由疱疹病毒引起的免疫受损病人的单纯性脑炎。
- 治疗由疱疹病毒引起的带状疱疹。
- 治疗免疫受损病人在感染 24 小时内引发的典型水痘（美国儿科学会不推荐用于治疗发生于健康儿童的不复杂水痘）。

商品命	规格	价格 *
Zovirax(Generic Manufacturer)	口服胶囊 200 mg	1.12 美元
	口服片剂 800 mg	4.21 美元
	静注每瓶 500 mg	35 美元
	口服片剂 400 mg	2.17 美元
	局部用软膏 5%	5.71 美元
	口服悬液 200 mg/5 mL	138 美元，每 480 5 ml

* 价格为平均批发价格（AWP）

成人常用剂量

- 有些专家建议对免疫受损病人应提高用量。发昔洛韦或泛昔洛韦因有更好的药代动力学参数和更方便的剂量而更广泛用于口服。
- 轻微的 HSV 唇疱疹（冷疼痛 / 热疱疹）：每次 400 mg，每天 3 次，×7d。
- 轻微的生殖器或直肠周 HSV: 每次 400 mg，每天 3 次，×7d。
- 严重的生殖器或直肠周 HSV：5~10 mg/kg 8 h，静滴，×7~14d。
- HSV 或 VZV 所致脑炎：10 mg/kg 8 h，静滴，×3w。
- 轻微的水痘：800 mg PO 5×d。
- 严重的水痘：10 mg/kg 8h，静滴，×7~10d。
- 严重的皮区或内脏带状疱疹：10 mg/kg 8 h，静滴直至损伤完全修复。
- VZV 所致视网膜坏死：10 mg/kg 8 h，静滴 + 膦甲酸钠 90 mg/kg 12h 静滴。
- 肥胖病人：药厂推荐按理想体重用药，但对严重脑脊液感染可以考虑按公式 [理想体重 +0.4(总体重 – 理想体重)] 计算用药量。

肾功能不全时的调整剂量

- 肾小球滤过率 50~80 ml/min：5~10 mg/kg 8h，静滴；200~800 mg PO ×5 天。
- 肾小球滤过率 10~50 ml/min：肾小球滤过率 25~50 ml/min：5~10 mg/kg 12h。肾小球滤过率 10~24 ml/min：5~10 mg/kg 12h，静滴；200~800 mg/8h，口服。
- 肾小球滤过率 < 10 ml/min：2.5~5 mg/(kg · d)，静滴；200~800 mg/8h，口服。
- 血液透析：2.5~5 mg/(kg · d)，拔管后静滴。
- 腹膜透析：2.5~5 mg/(kg · d)，静滴。
- 血液过滤术：连续性动静脉血液滤过：3.5 mg/(kg · d)。连续性静脉 – 静脉血液滤过：5~10 mg/(kg · d)（带状疱疹和中枢系统感染者 10 mg/(kg · d)）。

药物不良反应

常见

- 通常有很好的耐受性。

偶见

- 刺激性疼痛和注射点的静脉炎（静脉准备时）。
- 恶心、呕吐。
- 皮疹。
- 肾毒性（特别是结晶形成，并快速静脉滴注、与可造成潜在肾疾病，肾损伤的药物合用时）。当水化状态好时可降低肾毒性的发生。

罕见

- 头晕。
- 中枢神经系统症状（特别是肾衰并大剂量用药时）：烦躁、脑病、嗜睡、发抖、一过性软偏瘫、定向力障碍、癫痫、幻觉。
- 贫血，中性粒细胞减少症。
- 转氨酶升高。
- 瘙痒性皮炎。
- 头痛。
- 低血压。

药物相互作用

- 茶碱：可升高茶碱的血浆浓度。
- 哌替啶：可升高去甲哌替啶的血浆浓度。
- 丙磺舒：由于与丙磺舒竞争管道分泌，故阿昔洛韦水平可升高。通常不需要调整剂量。

耐药性

- HSV,VZV 对阿昔洛韦的耐药通常发生于宿主的免疫功能严重受损，并长期使用阿昔洛韦治疗后。
- 常见与更昔洛韦的交叉耐药。可考虑使用膦甲酸或西多福韦。

药理学机制

- 被病毒胸腺核苷激酶转变为活性阿昔洛韦单磷体；细胞过氧化物酶将阿昔洛韦单磷体转变为阿昔洛韦三磷体，后者可竞争性抑制病毒 DNA 合成酶。

药代动力学参数

- 吸收：生物利用度 10%~30%；剂量增加吸收减少。
- 最高浓度：400 mg 剂量口服后可达 1.2 μg/ml；800 mg 剂量口服后可达 1.6 μg/ml；5 mg/kg 静脉滴注后可达 9.8 μg/ml；10 mg/kg 静脉滴注后可达 22.9 μg/ml。
- 分布：肝、肾、肠内高浓度。血清的 50% 渗入脑脊液。也分布于肺、水状体、泪液、肌肉、脾脏、乳汁、子宫、阴道黏膜、精液和羊膜水中。
- 蛋白结合率；9%~33%。
- 代谢 / 排泄：只有 9~14% 的药物代谢为无活性代谢产物。45%~79% 未转化的药物经肾小球滤过和肾小管分泌后经尿液排泄。
- 半衰期：2.5h。

肝功能不全者药物用法

- 无研究数据。可不必减量。

孕期用药

- C级：不是致畸原但大剂量使用时可潜在的造成染色体损伤。CDC推荐使用阿昔洛韦治疗有生命危险的疾病，但不提倡作为生殖器疱疹的预防用药或孕期的治疗用药。

哺乳期用药

- 阿昔洛韦在乳汁中浓缩，浓度高。由于阿昔洛韦用于新生儿HSV感染的治疗并无副作用发生，美国儿科学会认为乳汁喂养是安全的。

注释

- 口服和肠外给药都有良好耐受性的抗病毒活性药物，可治疗HSV和VZV。对于免疫受损的病人，因有更好的药代学参数和更方便调整剂量的规格，偏向于使用发昔洛韦或泛昔洛韦代替口服阿昔洛韦。局部用药物效果。接受大剂量静脉滴注病人出现脱水和（或）肾功能不全时应监测结晶尿。相对于口服阿昔洛韦，口服发昔洛韦或泛昔洛韦可明显减少治疗后神经痛的时间。

推荐依据

Conant MA, Schacker TW, Murphy RL, et al. Valaciclovir versus aciclovir for herpes simplex virus infection in HIV-infected individuals: two randomized trials. Int J STD AIDS, 2002; Vol. 13; pp. 12 - 21.

Spruance SL, Nett R, Marbury T, et al. Acyclovir cream for treatment of herpes simplex labialis: results of two randomized,double-blind, vehicle-controlled, multicenter clinical trials. Antimicrob Agents Chemother, 2002; Vol. 46;pp. 2238 - 43.

阿德福韦

Paul A. Pham, PharmD and John G. Bartlett, MD

适应证

FDA 批准的适应证

- 慢性乙型肝炎（具有拉米夫定临床耐药表现的HBV感染的代偿或失代偿性肝功能损伤的患者）。

商品名	规格	价格*
Hepsera(Gilead)	口服片剂 10 mg	26.82 美元

*价格为平均批发价格（AWP）

成人常用剂量

- 每天1次，每次10 mg（可与食物同服也可不同服），疗程48~92周。

肾功能不全时的调整剂量

- 肾小球滤过率50~80 ml/min：10mg PO，每天1次。
- 肾小球滤过率10~50 ml/min：肾小球滤过率20 - 49 ml/min:10 mg/48h，肾小球滤过率10 - 19 ml/min:10 mg/72h。
- 肾小球滤过率< 10 ml/min：无研究数据。
- 血液透析时剂量：血透后给药，10 mg/7d。

- 腹膜透析时剂量：无研究数据。
- 血液过滤术：持续性静脉－静脉血液过滤：无研究数据，可考虑 10 mg/48h。

药物不良反应

常见

- 通常耐受性良好。

常见

- 虚弱无力。

偶见

- 中毒性肾损害（伴有潜在肾功能不足）。
- 肝炎恶化（未持续用药或发展为 HBV 耐药者）。
- 腹痛，恶心，呕吐，腹泻。
- 咳嗽。
- 瘙痒症。
- 头痛。

罕见

- 乳酸酸中毒，但相对于核苷类逆转录酶抑制剂发生率较低。
- 范可尼综合征（大剂量用药时有报道）。

药物相互作用

- 布洛芬可师阿德福韦 AUC 增加 23%，可抑制导管分泌的药物（如丙磺舒）可增加阿德福韦的血浆浓度。

耐药性

- 在一项评估阿德福韦治疗拉米夫定耐药的 HBV 感染疗效的开放标签实验研究的基因分析中，用低于最适浓度的阿德福韦治疗携带不可控的 HIV~1 型拷贝的病人 12 个月后，并未导致阿德福韦 65 和 70 密码子突变选择，也未导致任何 HIV~1 逆转录酶的特殊耐药性选择（DelaugerreCetal.AAC2002;46:1586）。在交叉耐药发生前应进行更大规模的后续治疗时间更长的包括大病毒样本和小病毒样本的研究分析。
- 另一个有关单用阿德福韦治疗 HBV 耐药的考虑是：HBV 有发展为阿德福韦耐药的潜在可能。到目前为止，还未检测到后续治疗大概 78 周后有耐阿德福韦的 HBV，但更长的后续治疗是需要的。
- 关于不同药物包括干扰素、拉米夫定和阿德福韦联合应用的临床实验正在进行，希望可阻滞耐药突变的进展并改善临床结果。

药理学机制

- 阿德福韦二磷酸盐可抑制在并入病毒 DNA 后可终止 DNA 链延长的 HBVDNA 多聚酶的活性。

药代动力学参数

- 吸收：59%（不会被食物影响）。
- 最高浓度 1：8.4+/6.26 ng/kg。
- 分布：表观分布容积 =393+/−75 ml/kg。
- 蛋白结合率：<4%。

- 代谢 / 排泄：阿德福韦二匹伏酯转化为阿德福韦，阿德福韦经肾小球滤过和肾小管主动分泌后排出体外。
- 半衰期：血清 :1.6h。胞内（二磷酸盐）：16~18h。

肝功能不全者药物用法

- 10 mg，每天 1 次。

孕期用药

- C 级：20 mg/kg（人类全身暴露的 38 倍）肠外给药可导致胚胎毒性和胎儿畸形。无人类研究数据。

哺乳期用药

- 无研究数据，不推荐使用。

注释

- 阿德福韦是治疗慢性 HBV 感染的有效药物，但更易选择恩替卡维、替比夫定和替诺福韦因这些药物有更高的效力。合并 HIV 感染的患者，需考虑小剂量阿德福韦的应用具有发展对类核苷药物和（或）以后对替诺福韦耐药的潜在可能。原始数据没有显示阿德福韦的突变选择。大多数 HBV 专家推荐使用阿德福韦（替诺福韦更好）加拉米夫定治疗 HBV 感染。

推荐依据

Peters MG, Andersen J, Lynch P, et al. Randomized controlled study of tenofovir and adefovir in chronic hepatitis B virus and HIV infection: ACTG A5127. Hepatology, 2006; Vol. 44; pp. 1110 - 6.

Sung JJ, Lai JY, Zeuzem S, et al. Lamivudine compared with lamivudine and adefovir dipivoxil for the treatment of HBeAg-positive chronic hepatitis B. J Hepatol, 2008; Vol. 48; pp. 728 - 35.

金刚烷胺

Paul Pham, PharmD and John G. Bartlett, MD

适应证

FDA 批准的适应证

- A 型流感（预防和治疗：因其在流感病毒中耐药的高发生率，除非明确是每年都敏感的病毒株，不再推荐使用）。
- 帕金森症

商品名	规格	价格 *
Symmetrel(Sandoz)	口服胶囊 100 mg 口服糖浆 50 mg/ 5 ml（16 盎司）	0.73 美元 72.75 美元

* 价格为平均批发价格（AWP）

成人常用剂量

- 流感治疗：口服 100 mg/12h（出现症状 48h 内），共 5 天。注意：只用于已知对本药敏感的流行株。
- 流感预防：暴露或接种疫苗 2~4 周后，口服 100 mg/12h，连续服用至少 10 d。
- 2009 — 2010 年流感季节：大规模流行的甲型 H1N1 流感病毒是流行的主要病毒；

不推荐使用金刚烷胺。2008—2009 年间对奥司他韦耐药的季节性流感病毒是否会再流行尚不明确。登录 CDC 网页以了解推荐是否改变：关于 2009—2010 季流感治疗和预防的抗病毒药物应用最新的临时指南。

肾功能不全时的调整剂量

- 肾小球滤过率 50~80 ml/min：100 mg/24~48h。
- 肾小球滤过率 10~50 ml/min：100 mg/48~72h。
- 肾小球滤过率 < 10 ml/min：100 mg/7d。
- 血液透析时剂量：100 mg/7d，血透后无需追加。
- 腹膜透析时剂量：100 mg/7d，血透后无需追加。
- 血液过滤：无研究数据。

药物不良反应

常见

- 中枢神经系统症状：失眠、昏睡、眩晕、精力不集中。

偶见

- 胃肠不耐受，特别多见恶心。
- 皮疹。
- 抑郁。
- 网状青斑。

罕见

- 中枢神经系统症状：战栗、惶惑、精神不正常、幻视、偏执狂、躁狂、癫痫发作（特别见于有肾功能损伤的老年人或有癫痫发作史的病人）。
- 心功能衰竭，心律失常（高血清浓度时）。
- 湿疹样皮炎和光敏性。
- 眼球旋动和视力突然丧失。
- 直立性低血压。
- 外周性水肿。
- 骨髓移植。
- 尿潴留。

药物相互作用

- 抗胆碱能药（如三环抗抑郁药、苯海拉明）：可提高中枢系统副作用的发生率。
- 丙磺舒：可降低金刚烷胺的肾脏清除率，因此可加重中枢系统的副作用（混乱，震颤，惊厥）。
- 三氨蝶呤：可降低金刚烷胺的肾脏清除率，因此可加重中枢系统的副作用（混乱，震颤，惊厥）。
- 甲氧氨苄嘧啶：可降低金刚烷胺的肾脏清除率，因此可加重中枢系统的副作用（混乱，震颤，惊厥）。

药理学机制

- 干扰甲型流感早期复制（抑制脱壳），抑制 M2 蛋白的离子通道功能。

药代动力学参数

- 吸收：吸收良好。

- 最高浓度：2.5 mg/kg 给药后达 0.3 μg/ml。
- 分布：动物数据显示分布于唾液、鼻涕和肺组织。
- 蛋白结合率：60%~87%。
- 代谢 / 排泄：未转化的药物经尿液排泄。
- 半衰期：24h（范围 9~37h）。

肝功能不全者药物用法

- 100 mg/24h。

孕期用药

- C 级：动物实验研究显示胚胎毒性和致畸作用。一项密西根医疗援助监测中心的研究显示，51 个孕期前三个月暴露于该药的动物中，缺陷的发生率为 9.8%，虽然发生率高，但由于样本量太小，难以得出任何结论。

哺乳期用药

- 可从母乳中分泌较低浓度的药物，有潜在发生尿潴留、呕吐、皮疹的可能。

注释

- 是预防和治疗甲型流感的口服药物（对乙型流感不起作用）。若病毒对金刚烷胺敏感，则该药可预防 70~90% 的甲型流感，但对治疗急性疾病只起一般作用（症状出现 48 小时内给药可在一天内退烧）。中枢系统的副作用则比较麻烦，特别是老年病人或是有肾功能损伤的病人。基于金刚烷胺的中枢系统毒性，青睐使用更昂贵的金刚乙胺或神经氨酸酶抑制剂。当治疗耐奥司他韦耐药的甲型 H1N1 流感时，可作为金刚乙胺的替代药物。

推荐依据

Fiore AE,Shay DK, Broder K,et al. Prevention and control of infl uenza: recommendations of the Advisory Committee on Immunization Practices (ACIP), 2008. MMWR Recomm Rep, 2008; Vol. 57; pp. 1 - 60.

注释：在美国直至敏感性数据重新修订前，金刚烷胺都不能用于甲型流感的治疗或预防。

Bright RA, Shay DK, Shu B, et al. Adamantane resistance among infl uenza A viruses isolated early during the 2005 - 2006 infl uenza season in the United States. JAMA, 2006; Vol. 295; pp. 891 - 4.

T. O. Jefferson, et al. Cochrane Review. The Cochrane Library, Oxford, February 1999 as reviewed in the ACP Journal Club, 1999; Vol. 131; p. 68.

西多福韦

Paul Pham, PharmD and John G. Bartlett, MD

适应证

FDA 批准的适应证

- 治疗艾滋病人的巨细胞病毒性视网膜色素变性。

非 FDA 批准的适应证

- 治疗巨细胞病毒性结肠炎和肺炎（疗效尚未明确）。
- 治疗阿昔洛韦耐药的单纯疱疹病毒。
- 治疗严重免疫功能受损病人的腺病毒感染。
- 治疗结核菌潜伏感染但对异烟肼不耐受的患者。可考虑利福布汀治疗 4 个月。

品牌名称	规格	价格 *
Vistide(Gilead)	静滴小瓶 375 mg（75 mg/ml）	888 美元

* 价格为平均批发价格（AWP）

成人常用剂量

- 巨细胞病毒性视网膜色素变性：初期：5 mg/kg 静滴，静滴时间超过 1 小时，每周 1 次。维持期：5 mg/kg，静滴时间超过 1h，每 2 周 1 次。
- 西多福韦给药 3h 前给予丙磺舒 2g，2 和 8h 注射后给予丙磺舒 1 g（以抑制导管分泌西多福韦）。用多于 1L 到生理盐水水化后立即注射西多福韦。西多福韦稀释于 100 ml 9% 的盐水中。
- 阿昔洛韦耐药的单纯疱疹病毒：西多福韦 1% 乳膏涂抹于患处，每天 1 次 ×5d（必须由药房配制）。

肾功能不全时的调整剂量

- 肾小球滤过率 50~80 ml/min：5mg/kg。
- 肾小球滤过率 10~50 ml/min：血肌酐浓度 >1.5 mg/L 或肌酐清除率 <55 ml/min 时停药。
- 肾小球滤过率 < 10 ml/min：停药。
- 血液透析时剂量：高流量血透时可清除 52%+/11%(Clin Pharm Ther 1999;65:21－8)。血透后用药。
- 腹膜透析时剂量：尚未明确。
- 血液过滤术：无研究数据。

药物不良反应

常见

- 25% 的剂量依赖性肾毒性（蛋白尿、氮质血症、近曲小管功能损伤）。有其他肾毒素时肾毒性增加，预先泡水或与丙磺舒合用可减低肾毒性。每次用药前 48 小时均需检测肾功能。
- 高剂量丙磺舒可致胃肠道不耐受，皮疹，发热，寒战（止吐药、抗组胺药、退烧药和进食可减轻副作用）。
- 粒细胞减少症（15%）：监测中性粒细胞计数。

偶见

- 代谢性酸中毒合并范科尼综合征：蛋白尿、血糖正常的尿糖、血磷酸盐过少和少尿。

罕见

- 眼色素层炎和眼压过低。
- 虚弱。

药物相互作用

- 与其他肾毒性药物合用显示用药不当：氨基糖苷类药、两性霉素 B、膦甲酸、非甾体抗炎药和戊双脒。服用西多福韦前一周建议清除肾毒性药物。丙磺舒抑制肾小管排泌阿昔洛韦、β－内酰胺类抗生素、艾滋病防护药和肿瘤坏死因子；临床效果不明，因没有长期联合应用。

药理学机制

- 西多福韦在胞内被宿主细胞酶转化为西多福韦二磷酸盐，西多福韦二磷酸盐可抑制病毒 DNA 聚合酶。

药代动力学参数
- 吸收：无相关数据。
- 最高浓度：5 mg/kg 用药后可达 19.6 μg/ml。
- 分布：脑脊液中未检出。
- 蛋白结合率：低蛋白结合率（0.5%）。
- 代谢 / 排泄：24 小时内 80~100% 未转化的药物经尿液排泄。
- 半衰期：胞内代谢旺盛时：17~65 小时。

肝功能不全者药物用法
- 无研究数据。可按正常剂量。

孕期用药
- C 级：动物实验显示有致癌、致畸和导致精子减少作用，无人类研究数据。

哺乳期用药
- 无研究数据。由于有严重毒性应避免使用。

注释
- 由于更昔洛韦可眼内注入用药和口服用药，西多福韦目前只考虑作为治疗巨细胞病毒性色素性视网膜炎的二线或三线药物。优势是可每隔一周用药及对更昔洛韦耐药的巨细胞病毒株有活性，但其肾毒性及丙磺舒的副作用（30~50% 的病人并发寒战、发热、头痛、皮疹及恶心）限制了该药的常规使用。西多福韦静滴和（或）局部用药可考虑治疗阿昔洛韦耐药的单纯疱疹。偶尔可用于治疗严重免疫抑制患者腺病毒感染（参见 Neofytos ref）。

推荐依据
Lalezari JP, Holland GN, Kramer F, et al. Randomized, controlled study of the safety and effi cacy of intravenous cidofovir for the treatment of relapsing cytomegalovirus retinitis in pts with AIDS. J Acquir Immune Defi c Syndr Hum Retrovirol,1998; Vol. 17; pp. 339 - 44.

Neofytos D, Ojha A, Mookerjee B, et al. Treatment of adenovirus disease in stem cell transplant recipients with cidofovir.Biol Blood Marrow Transplant, 2007; Vol. 13; pp. 74 - 81.

恩替卡韦

Paul A. Pham, PharmD and John G. Bartlett, MD

适应证

FDA 批准的适应证
- 治疗慢性乙肝病毒感染的成年患者病毒活动期（活性病毒复制，ALT 或 AST 的增高或具有活动期的组织学证据）。

商品名	规格	价格 *
Baraclude (Bristol–MyersSquibb)	口服片剂 0.5 mg，1 mg 口服溶液 0.05 mg/ml（210ml）	28.41 美元 596.7 美元 /210 ml

* 价格为平均批发价格（AWP）

抗菌药物

成人常用剂量

- 核苷类似物初治患者：空腹口服 0.5 mg/d（饭前或饭后 2 小时）。
- 耐拉米夫定 (3TC) 患者：空腹口服 1 mg/d（饭前或饭后 2 小时）。

肾功能不全时的调整剂量

- 肾小球滤过率 50~80：常用剂量。
- 肾小球滤过率 10~50：内生肌酐清除率 30~49 ml/min，NRTI naive:0.25 mg/d，拉米夫定耐药患者：0.5 mg/d。内生肌酐清除率 10~29 ml/min，NRTI naive:0.15mg/d，拉米夫定耐药病人：0.3 mg/d。
- 肾小球滤过率 < 10：内生肌酐清除率 < 10 ml/min，NRTI naive:0.05 mg/d，拉米夫定耐药患者：0.1 mg/d。
- 血液透析时剂量：NRTI naive:0.05mg/d（血透透后当天给药）；拉米夫定耐药病人：0.1 mg/d（血透透后当天给药）。
- 腹膜透析时剂量：NRTI naive:0.05 mg/d，拉米夫定耐药病人：0.1 mg/d。
- 血液过滤：无研究数据，考虑 0.5~10 mg/d。

药物不良反应

常见

- 临床实验显示，副作用较拉米夫定和安慰剂比较，通常恩替卡韦的耐受性良好。

罕见

- 头痛。
- 易疲劳。
- 恶心，腹泻。
- 失眠。
- 乳酸酸中毒可能性小。

药物相互作用

- 恩替卡韦与阿德福韦，替诺福韦或拉米夫定同服未发现相互作用。在体外，恩替卡韦不与阿巴卡为、地达诺新、拉米夫定、脱氧胸腺、替诺福韦或叠氮胸腺拮抗。

耐药性

- 拉米夫定耐药株对恩替卡韦的敏感性降低 8~30 倍，治疗过程中可发生恩替卡韦耐药，但不常见。
- 从病人体内分离的恩替卡韦耐药株对拉米夫定也耐药。
- 耐拉米夫定的感染病人，48 周后发展为恩替卡韦耐药的发生率为 7%。

药理学机制

恩替卡韦是鸟苷类似物，可特异性抑制 HBV 多聚酶，150~3000 倍或更高的恩替卡韦浓度方可抑制人类细胞 DNA 聚合酶。

药代动力学参数

- 吸收：食物可抑制 18%~20% 的吸收。
- 最高浓度最低浓度和曲线下面积：最高浓度 =4.2 ng/ml（服 0.5 mg 时），8.2 纳克 /ml（服 1 mg 时）；与食物同服时可使曲线下面积下降 18%~20%，使最高浓度下降 44%~46%。
- 分布：PK 研究提示该药在组织中广泛分布。
- 蛋白结合率：13%（体外）。
- 代谢 / 排泄：通过肾小球滤过和肾小管排泌由肾脏排泄 63%~73%。

- 半衰期：血浆中：128~149 小时；胞内：15 小时。

肝功能不全者药物用法

- 常规用药。

孕期用药

- C 级：将高于每天最高剂量（1 mg/d）的 28 倍和 212 倍剂量的药物给予老鼠和兔子后未发现胚胎毒性和母方毒性。老鼠和兔子的胚胎毒性是人类药物水平的 3 100 倍。没有人类研究。恩替卡韦的妊娠毒性资料参见 1-800-258-4263。

哺乳期用药

- 无人类研究，动物研究显示可从乳汁分泌，不建议母乳喂养。

注释

- 对于治疗初始治疗或拉米夫定耐药的 HBV 感染病人，恩替卡韦耐受性良好并好于拉米夫定。同阿德福韦和拉米夫定相似，近期的研究显示恩替卡韦有抗 HIV 活性，因此当恩替卡韦作为 HIV 协同感染病人的单一用药时，有 HIV 交叉耐药的结果报道。尽管 FDA 推荐恩替卡韦作为慢性 HBV 感染治疗的单一用药，但大多数 ID 专家建议联合用药。

推荐依据

Gish RG, Lok AS, Chang TT, et al. Entecavir therapy for up to 96 wks in pts with HBeAg-positive chronic hepatitis B. Gastroenterology, 2007; Vol. 133; pp.1437 - 44.

Sherman M, Yurdaydin C, Sollano J, et al. Entecavir for treatment of lamivudine-refractory, HBeAg-positive chronic hepatitis B. Gastroenterology, 2006; Vol. 130; pp. 2039 - 49.

泛昔洛韦

Paul Pham, PharmD and John G. Bartlett, MD

适应证

FDA 批准的适应证

- 免疫活性受损和 HIV 感染病人的复发性生殖器疱疹（抑制或治疗）。
- 带状疱疹的治疗。

商品名	规格	价格 *
Famvir(Norvartis Pharmaceuticals)	口服片剂 125 mg 口服片剂 250 mg 口服片剂 500 mg	5.57 美元 6.06 美元 12.17 美元
Famciclovir(Teva, generic manufacturers)	口服片剂 125 mg 口服片剂 250 mg 口服片剂 500 mg	4.63 美元 5.03 美元 10.13 美元

* 价格为平均批发价格（AWP）

成人常用剂量

- HSV(初发)：250 mg/8 h 或 500 mg 每天 2 次，共 7 天。
- HSV 复发(嘴唇或生殖器疱疹)：125 mg/8 h 或 250~500 mg 每天 2 次，共 7 天。
- 生殖器疱疹复发的抑制：250 mg 每天 2 次（约服 1 年）。
- 带状疱疹：500 mg/8 h，共 7~10 天。

- 泛昔洛韦是喷昔洛韦的前体药物。

肾功能不全时的调整剂量

- 肾小球滤过率 50~80 ml/min：肾小球滤过率 >60 ml/min 时常用剂量。
- 肾小球滤过率 10~50 ml/min：肾小球滤过率 40~49 ml/min 时：500mg/12h。肾小球滤过率 20~39 ml/min 时：125~250mg/h。
- 肾小球滤过率 < 10 ml/min：肾小球滤过率 < 20 ml/min 时 125~250 mg/24h。
- 血液透析时剂量：125~250 mg/48 小时，血透后给药。
- 腹膜透析时剂量：无研究数据。
- 血液过滤术：无研究数据。

药物不良反应

- 通常耐受性良好。

偶见

- 头痛和眩晕
- 胃肠不耐受：恶心和腹泻。

药物相互作用

- 丙磺舒：可升高喷昔洛韦浓度。

药理学机制

转换成喷昔洛韦，一种鸟苷类食物，在 HSV 和 VZV 感染细胞内转变成三磷酸形式以抑制病毒 DNA 聚会酶。

药代动力学参数

- 吸收：77%。
- 最高浓度：单次服用 500 mg 后可达 3.3~4.2 μg/ml。
- 分布：分布组织渗透良好，血 / 血浆比率为 1。
- 蛋白结合率 20%。
- 代谢 / 排泄：脱乙酸并氧化为活性的喷昔洛韦，少于总剂量的 1.5% 代谢为无活性的代谢产物。60~65% 以喷昔洛韦形式由尿液排出；27% 由粪便排出。
- 半衰期：2~3 小时。

肝功能不全者药物用法

- 无研究数据，通常常规用量。

孕期用药

- B 级：动物实验显示有致癌作用，但无胚胎毒性。无人类研究数据。

哺乳期用药

- 无研究数据，但由于有从乳汁分泌的可能性及动物实验显示的致癌作用，当母乳喂养时不建议使用。

推荐依据

Aoki FY, Tyring S, Diaz-Mitoma F, et al. Single-day, patient-initiated famciclovir therapy for recurrent genital herpes: a randomized, double-blind, placebo-controlled trial. Clin Infect Dis, 2006; Vol. 42; pp. 8 - 13.

Romanowski B, Aoki FY, Martel AY, et al. Efcacy and safety of famciclovir for treating mucocutaneous herpes simplex infection in HIV-infected individuals. Collaborative Famciclovir HIV Study Group. AIDS, 2000; Vol. 14; pp. 1211 - 7.

膦甲酸

Paul Pham, PharmD and John G. Bartlett, MD

适应证

FDA 批准的适应证

- 免疫受损病人的巨细胞病毒性色素性视网膜炎。
- 免疫受损病人的阿昔洛韦耐药的皮肤黏膜单纯疱疹病毒(HSV-1 和 HSV-2)感染。

非 FDA 批准的适应证

- 更昔洛韦耐药的巨细胞病毒性色素性视网膜炎。
- 眼外巨细胞病毒感染。

商品名	规格	价格 *
Foscavir (Astra Zeneca and generic manufacturer [Pharmaforce])	静滴型每瓶 24 mg/ml （250 ml，500 ml）	73/250 ml 143.25/500 ml

* 价格为平均批发价格（AWP）

成人常用剂量

- 巨细胞病毒性色素性视网膜炎：诱导用药：灌流泵静滴给药 90 mg/kg 12 小时一小时以上，共 14 天。维持给药：灌流泵静滴给药 90~120 mg/kg 12 小时两小时以上（复发后再诱导用药 :120 mg/(kg · d)）。
- 眼外巨细胞病毒性疾病（如胃肠道，神经系统）：静注 90 mg/kg 12 小时共 14~21 天。尚无维持治疗剂量的标准，但多建议复发后给予维持治疗剂量。
- 阿昔洛韦耐药性单纯疱疹和带状疱疹：静注 60mg/kg 8 小时共 3 周。
- 注释：膦甲酸给药前后 2 小时外需输注 500 ml 生理盐水进行水合作用。
- 肾衰时代剂量调节：>70 mg/(kg · min) 或 >98 ml/min 的体重 70kg 的病人：90 mg/kg 12 h（诱导治疗）；90 mg/(kg · d)（维持治疗）。
- 内生肌酐清除率 1.0~1.4 ml/(kg·min)：70 mg/kg 12h（诱导治疗）；70 mg/(kg·d)（维持治疗）。
- 内生肌酐清除率 0.8~1 ml/(kg·min)：50 mg/kg 12h（诱导治疗）；50 mg/(kg·d)（维持治疗）。
- 内生肌酐清除率 0.6~0.8 ml/(kg · min)：80 mg/(kg · d)（诱导治疗）；80 mg/kg 2 d（维持治疗）。
- 内生肌酐清除率 0.5~0.6 ml/(kg · min)：60 mg/(kg · d)（诱导治疗）；60 mg/kg 2 d（维持治疗）。
- 内生肌酐清除率 0.4~0.5 ml/(kg · min)：50 mg/(kg · d)（诱导治疗）；50 mg/kg 2 d（维持治疗）。
- 通过可控的静脉输注给药（24 mg/ml 时通过中央静脉导管给药，12 mg/ml 通过外周静脉给药）。溶液（标准生理盐水或 5% 葡萄糖）加入膦甲酸 24 小时内必须用完。不能与其他药物同时给药也不能通过同一管道同时加入补充液。

- 内生肌酐清除率 <40 ml/(kg·min)：没有推荐。

肾功能不全时的调整剂量

- 肾小球滤过率 < 10 ml/min：内生肌酐清除率 <20 ml/min 时显示治疗不当（不可逆的肾功能衰竭血透时除外）。
- 血液透析：38% 被清除，血液后给予 60 mg/L（注意监测血清浓度：目标浓度为 500~800 μg/ml）。
- 腹膜透析：剂量同肾小球滤过率 < 10 ml/min 时。
- 血液过滤：无研究数据。

药物不良反应

常见

- 肾功能衰竭（多达 37% 病人的穿心莲浓度达 2 mg/L）；如果早期中断给药，肾衰通常是可逆的；充分水化并监测穿心莲浓度，诱导治疗时每周监测 2~3 次，维持治疗时每周监测 1 次。若穿心莲浓度 >29 mg/L 应中断给药。
- 电解质紊乱（低钙血症、低磷酸盐血症、低镁血症和低钾血症 8%~15%）– 诱导治疗时每周监测 2 次，维持治疗时每周监测 1 次。

偶见

- 继发于电解质紊乱的感觉异常和癫痫发作。
- 阴茎溃疡。
- 恶心、呕吐

罕见

- 发热。
- 皮疹。
- 骨髓抑制。
- 肝功能实验值升高。
- 头痛。

药物相互作用

- 与喷他脒（静滴）同时用药可加重低钙血症，增加肾毒性。
- 与两性霉素 B、氨基糖苷类、西多福韦和其他有肾毒性的药物合用可增加膦甲酸的肾毒性，应避免同时用药。
- 亚胺培南：潜在的增加癫痫发作的危险。

耐药性

- 巨细胞病毒对膦甲酸的交叉耐药极少见。
- 更昔洛韦治疗病人的 DNA 聚合酶基因（无 UL97）发生 UL54 点突变并不常见，但可对膦甲酸产生耐药（N495K）。(Antivir Ther.2006;11:537 - 40)。
- 膦甲酸耐药突变发生在 DNA 聚合酶基因，包括 V787L 和 E756Q，突变与视网膜的进展相关（OR 值，14，P=0.16）(JInfect Dis.2003;187:777 - 84)。
- 用膦甲酸治疗 6 个月，9 个月，12 个月后的耐药率分别为 13%,24% 和 37%。

药理学机制

- 膦酰乙酸类似物焦磷酸盐可直接封锁病毒 DNA 聚合酶的焦磷酸盐结合位点，阻止脱氧核苷三磷酸盐的裂解及病毒 DNA 链的延长。与阿昔洛韦和更昔洛韦不同，膦甲酸不需胸腺嘧啶脱氧核苷激酶的活化。

药代动力学参数

- 吸收：吸收较差，仅 12%~22%（只能静注）。
- 最高浓度：57 mg/kg 剂量给药后可达 575 μg/L。
- 分布：中枢神经系统渗透率 43%，在骨和软骨中积累。
- 蛋白结合率：14%~17%。
- 代谢 / 排泄：不被代谢；约 80%~87% 为转化的药物经肾小球滤过和肾小管分泌后通过尿液排泄。
- 半衰期：3 小时。

肝功能不全者药物用法

- 无研究数据。可按正常剂量给药。

孕期用药

- C 级：动物实验显示有骨骼变形和变异。无人类研究数据；但一些妇产科医生认为对于妊娠妇女所患的威胁视力的巨细胞病毒性色素性视网膜炎，膦甲酸应作为一线药物（基于肾毒性的高风险性，建议产前检查胎儿并严密监测羊水以观察是否有胎儿肾毒性的发生）。

哺乳期用药

- 无研究数据；多数人认为可通过人乳排泄；动物研究发现可通过乳汁排泄。基于膦甲酸可能带来的严重副作用，哺乳期妇女应尽量避免使用膦甲酸。

注释

- 具有抗单纯疱疹病毒（HSV）、带状疱疹病毒（VZV）和巨细胞病毒（CMV）活性的肠外抗病毒药物。考虑到副作用（肾毒性和电解质紊乱），通常作为继更昔洛韦后的巨细胞病毒感染治疗的二线药物。如需要应严密监测电解质水平和肾功能。对更昔洛韦耐药的巨细胞病毒和阿昔洛韦耐药的单纯疱疹病毒和带状疱疹病毒有活性。

推荐依据

Jacobson MA, Wulfsohn M, Feinberg JE, et al. Phase II dose-ranging trial of foscarnet salvage therapy for cytomegalovirus retinitis in AIDS pts intolerant of or resistant to ganciclovir (ACTG protocol 093). AIDS Clinical Trials Group of the National Institute of Allergy and Infectious Diseases. AIDS, 1994; Vol. 8; pp. 451 - 9.

National Institutes of Health (NIH), the Centers for Disease Control and Prevention (CDC), and the HIV Medicine Association of the Infectious Diseases Society of America (HIVMA/IDSA). Guidelines for Prevention and Treatment of Opportunistic Infections in HIV-Infected Adults and Adolescents. http://AIDSinfo.nih.gov , 2008.

更昔洛韦

Paul A. Pham, PharmD and John G. Bartlett, MD

适应证

FDA 批准的适应证

- 治疗免疫功能缺陷患者巨细胞病毒视网膜炎 (IV)。
- 预防和防止艾滋病患者和实体器官移植受者巨细胞病毒疾病的复发（FDA 批准，但目前不推荐的艾滋病毒患者的一线预防药物）。

商品名	规格	价格 *
Cytovene（罗氏）	静脉注射安剖 500 mg	66.80 美元
更昔洛韦（通用）（兰伯西）	口服胶囊 250 mg，500 mg	4.72 美元；9.44 美元
Vitrasert ocular implant (Bausch and Lomb)	眼部注入 4.5 mg	每针 19200.00 美元

* 价格为平均批发价格（AWP）。

成人常规剂量

- 巨细胞病毒性视网膜炎治疗的初始诱导期：5 mg/kg IV，每 12 小时 1 次，疗程 2 周（或用缬更昔洛韦 900 mg PO，每天 2 次，疗程 3 周替代）+ 更昔洛韦眼部注入，然后用缬更昔洛韦维持治疗。
- 巨细胞病毒视网膜炎维持治疗：5mg/kg 静脉注射，每天 1 次，直到免疫重建（CD_4>150/mm^3 3~6 个月后，处于非活动期疾病，眼科医生随诊）。决定停止更昔洛韦维持治疗时应考虑视网膜病变解剖位置的情况，对侧眼的视力，并评估定期眼科监测随诊的可行性。对不能采用口服药物或病情严重的患者可保留静脉置管。外周小病变损伤的患者，单独口服缬更昔洛韦可能已足够。
- 首选的维持治疗方案是缬更昔洛韦（900 mg PO，每天 1 次）。可达到与静脉注射更昔洛韦相当的血药浓度。
- 眼部注入 4.5 mg 眼部注入，每 6~9 个月 1 次（+ 口服缬更昔洛韦）。更昔洛韦眼部注入提供延长的治疗时间以防止复发。许多眼科专家建议最初尽快采用玻璃体内注射更昔洛韦，直到更昔洛韦眼部注射管可留置。
- 巨细胞病毒性脑炎和巨细胞病毒多神经根炎：5 mg/kg IV q12h（考虑与膦甲酸钠联用），然后在 5 mg/kg q24h，直至免疫重建。
- 巨细胞病毒（胃肠道）：5 mg/kg q12h，疗程 3~6 周。更昔洛韦维持治疗的作用尚不明确。在一个开放性实验研究中，初始治疗有反应后，接受维持治疗治疗（16 周）和未接受维持治疗（13 周）的患者之间无显著差异 (Blanshard et al. JInfect Dis.1995;172:622 - 8)。
- 造血干细胞移植的接受者巨细胞病毒性肺炎预防：更昔洛韦 5 mg/kg IV，每 12 小时 1 次，疗程 5 至 7 天（最多 14 天），接着直到移植后 100 天或血中抗原或 PCR 检测阴性，采用 5 mg/kg IV，每天 1 次，每周 5 天。
- 骨髓移植患者巨细胞病毒疾病：若血中抗原 /PCR 检测阳性更昔洛韦静脉注射超过 4 周仍然存在，或 3 周后病毒水平增加，评估耐药性；停止使用更昔洛韦，换用膦甲酸钠。

肾功能不全时的调整剂量

- 肾小球滤过率 50~80 ml/min：诱导剂量：肌酐清除率 > 80 ml/min：5mg/kg，IV q12h;1000 mg PO，每天 3 次。肌酐清除率 50~79 ml/min：2.5mg/kg q12h

或 500 mg PO，每天 3 次。

- 肾小球滤过率 10~50 ml/min：诱导剂量：肌酐清除率 25~49 ml/min：2.5mg/kg，IV q24h 或 1000 mg PO q24h。肌酐清除率 10~25 ml/min：1.25mg/kg IV q24h 或 500 mg PO q24h。
- 肾小球滤过率 < 10 ml/min：诱导剂量：1.25 mg/kg IV，每周三次或 500 mg PO，每周 3 次。
- 血液透析：剂量的 50% 在血液透析 4 小时后清除。诱导剂量：1.25mg/kg，静脉注射，或在血液透析后 500 mg PO，每周 3 次。
- 腹膜透析：无数据，可能会被清除。
- 血液滤析：连续性静脉 – 静脉血液透析（CVVHD）中可被清除。数据有限，考虑 5 mg/kg（诱导期）或 2.5 mg/kg q48h（维持期）。

药物不良反应

常见

- 嗜中性粒细胞减少症（可逆的，粒细胞集落刺激因子的反应）。
- 可逆的血小板减少症。
- 每 2~3 周监测 1 次全血细胞计数，若绝对嗜中性粒细胞 < 500/mm^3 则停药或加用粒细胞集落刺激因子。若血小板 < 25000/mm^3 则停药。

偶见

- 贫血。
- 发烧。
- 皮疹。
- 头痛，癫痫发作，精神错乱，精神状态变化。
- 胃肠道不耐受。

罕见

- 昏迷。
- 肝毒性。

药物相互作用

- 齐多夫定：联合用药会增加嗜中性粒细胞减少症的风险。
- 去羟肌苷（DDI）：与口服更昔洛韦联用时，DDI 的 AUC 增加 111%；与静脉注射更昔洛韦联用时 DDI 的 AUC 增加 50%~70%。避免联用或使用时密切监测由 DDI 引起的毒性。考虑采用其他的核苷类逆转录酶抑制剂（NRTI）。
- 亚胺培南 – 西司他丁：可能发生癫痫全面性发作。
- 乙胺嘧啶，5– 氟胞嘧啶，干扰素：可能发生额外的骨髓抑制。

耐药性

- 检测的巨细胞病毒对更昔洛韦的耐药性（蛋白激酶中 UL97 基因型仅与更昔洛韦耐药相关），在视网膜炎进展过程中该基因型可能增加 4 至 6 倍 (Am J Ohthalmol. 2003; 135:26 – 34)。
- 高风险的实体器官移植的受者接受缬更昔洛韦治疗时，治疗 100 天后未检测到耐药突变株（UL97）(JInfect Dis.2004;189:1615 – 8)。
- DNA 聚合酶基因 UL54 耐药突变株（有或没有 UL97）罕见，但可以获得西多福韦交叉耐药（L545S）和可能的膦甲酸钠耐药（N495K）(Antivir Ther. 2006;11:537 – 40.J Med Virol. 2005; 77:425 – 9)。

药理学机制

- 鸟嘌呤核苷转换为三磷酸腺苷第一个步骤需要胸苷激酶（单纯疱疹病毒 / 水痘带状疱疹病毒）或蛋白激酶（巨细胞病毒），该药可抑制病毒 DNA 聚合酶。

药代动力学参数

- 吸收 5%（空腹）；6%~9%（与食物同服）。
- 最高浓度 5mg/kg 静脉注射后可达 9.5~11.6 mcg/ml。
- 分布中枢神经系统渗透率 7%~67%。眼内渗透良好。
- 蛋白结合率 1%~2%，蛋白结合率低。
- 代谢 / 排泄不代谢，90%~99%以原型经尿液排出。
- 半衰期 2.5~4 小时。

肝功能不全者药物用法

- 无数据：可能可以使用常用剂量。

孕期用药

- C 级：动物研究中发现致畸，致癌，和胚胎发育迟缓；器官发育不全和精子生成缺乏。无人类相关数据，仅在威胁生命的巨细胞病毒感染时使用，并警告患者可能有致畸作用。

哺乳期用药

- 无数据：由于有严重毒性的可能性，母亲应避免母乳喂养。

注释

- 因副反应较膦甲酸钠和西多幅韦小，该药作为巨细胞病毒感染的首选治疗药物。阿昔洛韦耐药的单纯疱疹病毒通常对更昔洛韦交叉耐药。由于吸收不良，高药物负担，可采用口服更昔洛韦替代缬更昔洛韦进行巨细胞病毒视网膜炎维持治疗。中性粒细胞减少（绝对中性粒细胞数 < 500/mm^3）或血小板减少症（ < 25000/mm^3）是初次使用的禁忌证。

推荐依据

Recommendations of the National Institutes of Health (NIH), the Centers for Disease Control and Prevention (CDC), and the HIV Medicine Association of the Infectious Diseases Society of America (HIVMA/IDSA). Guidelines for Prevention and Treatment of Opportunistic Infections in HIV-Infected Adults and Adolescents. http://AIDSinfo.nih.gov, 2008.

注释：缬更昔洛韦，静脉注射更昔洛韦，静脉注射更昔洛韦然后缬更昔洛韦，静脉注射膦甲酸钠，静脉注射西多福韦和更昔洛韦眼内注入 + 缬更昔洛韦治疗巨细胞病毒视网膜炎均有效。

推荐依据

Martin DF, Sierra-Madero J, Walmsley S, et al. A controlled trial of valganciclovir as induction therapy for cytomegalovirus retinitis. N Engl J Med, 2002; Vol. 346; pp. 1119 - 26.

Martin DF, Parks DJ, Mellow SD, et al. Treatment of cytomegalovirus retinitis with an intraocular sustained-release ganciclovir implant. A randomized controlled clinical trial. Arch Ophthalmol, 1994; Vol. 112; pp. 1531 - 9 .

α 干扰素

Paul A. Pham, PharmD and JohnG. Bartlett, MD

适应证

FDA 批准适应证

- 丙型肝炎和艾滋病相关性卡波氏肉瘤（α－干扰素 2a 和 α－干扰素 2b）。
- 慢性粒细胞白血病，多毛细胞白血病（α－干扰素 2a）。
- 乙型肝炎（α 干扰素 2b）。
- 尖锐湿疣，多毛细胞白血病，恶性黑色素瘤，滤泡性淋巴瘤（α 干扰素 2b）。
- 聚乙二醇干扰素（Peg-Intron and Pegasys）：丙型肝炎。仅 Pegasys 加 Copegus 可用于艾滋病毒和丙型肝炎病毒混合感染患者。

成人常规剂量

- 乙型肝炎：10 mU 皮下注射或者肌肉注射每周 3 次或 500 mU，q24h，疗程 16~24 周（乙肝 e 抗原阳性 +）。乙肝 e 抗原阴性的患者疗程可能需要 > 12 个月。
- 卡波西肉瘤：Intron A 或 Roferon A 30~36 mU 每周 3~7 次，直到病变部位恢复。
- 尖锐湿疣：Intron A 1 mU 病灶内注射，每周 3 次。2~4 mU 肌肉注射每周 3 次，疗程 6 周，也可取决于有效性及药物不良反应。
- 丙型肝炎病毒：3 mU 皮下注射或肌肉注射每周 3 次与 Ribavirin 联用，疗程 48 周（首选聚乙二醇干扰素）。
- 丙型肝炎病毒：Peg-Intron 1.5 μg/kg，皮下注射每周 1 次 +Ribavirin 1000 mg（< 75 kg）或 1200 mg（≥ 75kg），疗程 48 周。绝对中性粒细胞数 < 750/mm^3 或血小板 < 80K/mm^3 时，剂量减少到 0.5 g/kg；绝对中性粒细胞数 < 500/mm^3 或血小板 < 50K/mm^3 时停药。单药治疗时 1 μg/kg 每周 1 次和低剂量的 Ribavirin（800mg）与 Peg-Intron 联用是 FDA 指出的但不推荐的方案。
- 丙型肝炎病毒（基因型 I 和 4）：Pegasys 180 μg 皮下注射，每周 1 次 +Ribavirin 1000 mg（< 75kg）或 1200 mg（≥ 75kg），疗程 48 周（基因型 2 和 3 可能需要减少 Ribavirin 的剂量至 800 mg/d 和缩短疗程为 24 周）。绝对中性粒细胞数 < 750/mm^3 时：Pegasys 剂量减少至 135 μg/w。血小板 < 50K/mm^3 时：Pegasys 剂量减少至 90 μg/w。绝对中性粒细胞数 < 500/mm^3 或血小板 < 25K/mm^3 时停药。

肾功能不全时的调整剂量

- 肾小球滤过率 50~80 ml/min：常用剂量。
- 肾小球滤过率 10~50 ml/min：数据有限。可能可以使用常用剂量。
- 肾小球滤过率 < 10 ml/min：数据有限。可能可以使用常用剂量。
- 血液透析：常用剂量。
- 腹膜透析：无数据。可能可以使用常用剂量。
- 血液滤析：无数据。可能可以使用常用剂量。

药物不良反应

- 大多数患者会经历剂量相关的副作用（更常见于 > 18 mU 时）。

常见

- 流感样综合征（50%~98%）：发烧，寒战，疲劳，头痛，关节痛，通常在给药后 6 个小时内出现，持续 2~12 小时。非甾体抗炎药可减轻症状。

- 胃肠道不耐受（20%~65%）：厌食，腹痛，恶心，呕吐，腹泻。
- 神经精神毒性（20%~50%）：烦躁，抑郁，困惑，焦虑。
- 肝炎（接受高剂量治疗的患者发生率高达 40%）。
- 骨髓抑制。
- 皮疹和脱发（高达 25%）。
- 蛋白尿。
- 金属味觉。

偶见

- 呼吸困难和咳嗽。
- 胆红素和碱性磷酸酶升高。
- 失眠。

罕见

- 自杀意念或行为。
- 甲状腺炎伴甲状腺功能亢进或甲状腺功能减退。
- 视网膜病变。
- 皮疹，罕见病例伴有 EM，Stevens-Johnson 综合征和 TEN。
- 注射部位坏死。
- 肌炎。
- 特发性血小板减少性紫癜和血栓性血小板减少性紫癜。

药物相互作用

- ACE 抑制剂（卡托普利和依那普利）：联用时有中性粒细胞减少和血小板减少症的病例报告。密切监测。
- 齐多夫定，更昔洛韦，乙胺嘧啶，癌症化疗，和 5 氟胞嘧啶：与干扰素联用时加重骨髓抑制。密切监测全血细胞计数。
- 苯巴比妥：苯巴比妥血清浓度可能会增加。密切监测其血清浓度。
- 茶碱：茶碱的血药浓度可能会增加。密切监测其血清浓度。

药理学机制

- 糖蛋白细胞因子（细胞内信使），与细胞的 RNA 结合后，使介导抗病毒作用的效应蛋白合成，发挥复杂的免疫调节作用，抗肿瘤和抗病毒活性。

药代动力学参数

- 吸收：通过局部皮下注射和肌肉注射可达 80%的吸收率。
- 最高浓度：平均稳态浓度水平：Peg-IFN-a2a:20 000 pg/ml > Peg-IFN-a2b:1000 pg/ml 小时 > IFN-a：100 pg/ml。
- 分布：无数据。
- 蛋白结合：无数据。
- 代谢 / 排泄干扰素：经过肾小管重吸收时经快速蛋白水解降解，仅很微量经肝脏代谢。完整化合物的重吸收是微乎其微的，母体化合物不会出现在尿液中。Peg-IFN：在肝脏由非特异性蛋白酶代谢（无肾脏代谢）。主要经胆汁排泄（肾清除量很小）。
- 半衰期 Peg-IFN-a2a:77 小时 > Peg-IFN-a2b:40 小时 > > IFN-a：2~5 小时。

肝功能不全者药物用法

· 常规剂量。

孕期用药

· C 级：动物实验研究显示高剂量时导致胎儿流产。孕妇用药的病例报告显示，未出现胎儿显着危险，但由于干扰素的抗增生活性，在妊娠期间应避免使用。

哺乳期用药

· 避免在哺乳期使用。

注释

· 目前，Peg - IFN 为肠外治疗丙型肝炎（与 Ribavirin 联用）的首选，由于其具有较高的有效性和每周用药更加方便。Pegasys 较 Peg-Intron 半衰期更长，达到的血清浓度更高。尽管存在这些差异，2 个产品的有效性相当。在使用 Peg~IFN 治疗 12 周后，若患者丙型肝炎病毒的 DNA 载量下降小于 2 个对数级则说明不可能达到病毒学抑制。若 24 周后丙型肝炎病毒 RNA 检测仍阳性，则考虑停药。监测全血细胞计数和生化指标（基线，2 周后，然后每隔 6 周 1 次）和促甲状腺激素（基线，然后每隔 12 周 1 次）。心脏疾病患者监测心电图（基线和必要时）和有生育可能的妇女监测妊娠实验（4~6 周）。干扰素较拉米夫定治疗乙肝可能更加有效，但副作用：包括流感样症状和抑郁，可能使治疗复杂化。未控制的精神疾病和失代偿性肝脏疾病是干扰素治疗的禁忌证。

· 合并艾滋病毒感染的基因型 1 型较不合并艾滋病毒感染的 2，3 型的持续病毒应答（SVR）率低。治疗 4 周后检测快速病毒应答（RVR）是持续病毒学应答的很好的阳性预测指标（PPV 97%）

推荐依据

Abergel A, Hezode C, Leroy V, et al. Peginterferon alpha-2b plus ribavirin for treatment of chronic hepatitis C with severe fi brosis: a multicentre randomized controlled trial comparing two doses of peginterferon alpha-2b. J Viral Hepat, 2006; Vol. 13; pp. 811 - 20.

Payan C, Pivert A, Morand P, et al. Rapid and early virological response to chronic hepatitis C treatment with IFN alpha2b or PEG-IFN alpha2b plus ribavirin in HIV/HCV co-infected pts. Gut, 2007; Vol. 56; pp. 1111 - 6.

拉米夫定

Paul A. Pham, PharmD and John G. Bartlett, MD

适应证

FDA 批准的适应证

· 与其他抗逆转录病毒药物联合治疗艾滋病毒感染。

· 治疗乙肝病毒 (E pivir HB)。

非 FDA 批准的适应证

· 治疗艾滋病毒 - 乙肝病毒合并感染患者的肝炎。

商品名	规格	价格 *
Epivir (GlaxoSmithKline)	口服片剂 150 mg，300 mg 口服液 10 mg/ml（240 ml）	7.08 美元；14.17 美元 113.34 美元
Epivir HB (for HBV infection) (GlaxoSmithKline)	口服片剂 100 mg 口服液 5 mg/ml（240 ml）	13.55 美元 162.66 美元
Combivir (GlaxoSmithKline)	口服片剂 150 mg3TC/300 mgAZT	15.36 美元

* 价格为平均批发价格（AWP）。

成人常规剂量

- 药物负担：1~2 片，每天 1 次（对艾滋病毒）。乙肝：100 mg，每天 1 次。
- Epivir：3TC 300 mg 口服，每天 1 次，或 150 mg 口服，每天 2 次。
- Combivir 或 Trizivir：1 片口服，每天 2 次。
- Epzicom：1 片 PO，每天 1 次。

肾功能不全时的调整剂量

- 肾小球滤过率 50~80 ml/min：300mg，每天 1 次或 150 mg 口服，每天 1 次。
- 肾小球滤过率 10~50 ml/min：肌酐清除率 30~49 ml/min:150mg 口服，每天 1 次；肌酐清除率 15~29 ml/min：150 mg 1 次，然后 100 mg，每天 1 次。
- 肾小球滤过率 < 10 ml/min：150 mg 1 次，然后 25~50 mg，每天 1 次。
- 血液透析：150 mg × 1 次，然后 25~50 mg，每天 1 次（血液透析后）。
- 腹膜透析：150 mg × 1 次，然后 25~50 mg，每天 1 次（数据有限）。
- 血液滤析：无数据。考虑 150 mg PO，每天 1 次。

药物不良反应

- 耐受性最好的核苷类逆转录酶抑制剂，在肝炎研究中副作用与安慰剂相当。

偶见

- 头痛，恶心，腹泻，腹痛和失眠（关联并不清楚；可能与抗逆转录病毒药物联用有关）。
- 肝炎暴发或暴发性肝炎（乙肝混合感染患者若停用拉米夫定或发生拉米夫定耐药时）。

罕见

- 乳酸酸中毒：为核苷类逆转录酶抑制剂类药物效应，但不太可能由拉米夫定引起。在体外，拉米夫定，泰诺福韦，恩曲他滨和阿巴卡韦，与线粒体毒性无关。
- 胰腺炎（儿科患者中有报道）。

药物相互作用，请参阅附录 Ⅲ 第 973 页，药物相互作用列表。

- 无相关药物的相互作用，是因为它不是 CYP450 及其异构体的底物，抑制剂或诱导剂。

耐药性

- 184V：由拉米夫定选择出，可导致对拉米夫定和恩曲他滨高水平耐药，对去羟肌苷和阿巴卡韦的敏感性略有下降，对齐多夫定，司他夫定和泰诺福韦的敏感性增强。
- TAMs(41L,210W,215Y/F,219Q/E,67N,70R)：多重 TAMs 可产生耐药。
- T69S：高水平耐药。
- Q151M 复合群：高水平耐药。

- K65R：中等水平耐药。
- 44D 和 119I：与 TAMs 组合时对拉米夫定耐药性增加。

药理学机制

- 细胞内磷酸化作用转化为活性拉米夫定三磷酸盐，它能够完全抑制艾滋病毒 DNA 聚合酶。

药代动力学参数

- 吸收 86%。
- 最高浓度 3 μg/ml；细胞内 carbovir 三磷酸盐 100 FM/ 百万个细胞。
- 分布广泛分布。Vd=1.3 L/kg。
- 蛋白结合率 36%。
- 代谢 / 排泄肾脏排泄占 71%。
- 半衰期血清：5~7 小时；细胞内：12 小时。

肝功能不全者药物用法

- 常用剂量。

孕期用药

- C 级：在啮齿类动物研究中未出现致癌性和致畸性。胎盘通过率为 1.0（新生儿：母亲）。怀孕患者耐受性良好。

哺乳期用药

- 无人类研究数据，动物研究发现可从母乳排泄。在美国不建议母乳喂养以避免产后艾滋病病毒传染给可能还没有感染的孩子。

注释

- 优点：耐受性好，对乙肝有效；规格方便获得；每天 1 次用药，药物负担低（每天 1 片）；耐药性（184V 突变株）可增加对齐多夫定，司他夫定和泰诺福韦的敏感性并延迟 TAMs 的积累；拉米夫定或恩曲他滨是所有初始治疗方案中的基本组分；有与齐多夫定 (Combivir)，阿巴卡韦 (Epzicom)，和齐多夫定 + 阿巴卡韦 (Trizivir) 的复方制剂。184V 突变株使适用性下降，可能仅发挥部分的抗病毒活性。
- 缺点：单点突变（184V）高水平耐药；若拉米夫定停药或混合感染的患者发生耐药，则有肝炎爆发或暴发性肝炎的风险；若未与其他抗乙肝的药物（常用泰诺福韦）联用，延长治疗时间时乙肝病毒发生耐药的几率增高；相比恩曲他滨，细胞内半衰期短；在 GS934 研究中，齐多夫定 / 拉米夫定较泰诺福韦 / 恩曲他滨出现 184V 突变更加频繁。

推荐依据

Castagna A, Danise A, Menzo S, et al. Lamivudine monotherapy in HIV-1-infected pts harbouring a lamivudine- resistant virus: a randomized pilot study (E-184V study). AIDS, 2006; Vol. 20; pp. 795 - 803.

Fox Z, Dragsted UB, Gerstoft J, et al. A randomized trial to evaluate continuation versus discontinuation of lamivudine in individuals failing a lamivudine-containing regimen: the COLATE trial. Antivir Ther, 2006; Vol. 11; pp. 761.

奥司他韦

Paul A. Pham, PharmD and Johns G. Bartlett, MD

适应证

FDA 平准的适应证

- 成人甲型和乙型流感病毒感染引起的，出现症状不超过 2 天的非复杂性急性疾病
- 年龄超过 1 岁的人群流感流行 / 暴发期间预防用药（82%有效）。

非 FDA 批准的适应证

- 免疫缺陷患者和住院的老年患者甲型和乙型流感病毒感染引起的严重疾病。

商品名	规格	价格 *
Tamiflu(Roche)	口服胶囊 cap 75 mg	10.17 美元
	口服胶囊 cap 30 mg	10.17 美元
	口服胶囊 cap 45 mg	10.17 美元
	口服悬液 susp12 mg/ml (25 ml)	50.85 美元

* 价格为平均批发价格（AWP）

成人常规剂量

- 治疗流感（成人）：75 mg 口服每 12 小时 1 次，疗程 5 天（症状出现 48 小时内必须开始用药才能有效，仅推荐住院患者或者严重疾病的患者可在 48 小时后使用）。
- 流感预防（成人）：75 mg PO，每天 1 次，至少 7 天，用于密切接触的人群或社区暴发时间长达 6 周时。
- 流感治疗（年龄超过 1 岁的儿童）：< 15 kg=30 mg q12h；15~23 kg=45 mg q12h；23~40 kg=60 mg q12h；> 40 kg=75 mg q12h。
- 流感预防（年龄超过 1 岁的儿童）：< 15 kg=30 mg q24h；15~23 kg=45 mg q24h；23~40 kg=60mg q24h；> 40 kg=75 mg q24h。
- 2009——2010 年：预期会成为是主要的分离株的全国流行的 H1N1 新型流感，或未知型别的流感：使用奥司他韦
- 或吸入扎那米韦。
- 2009——2010 年，乙型流感：奥司他韦单药治疗。
- 注意：奥司他韦耐药的季节性甲型 H1N1 流感是否会在 2009——2010 年重新出现仍未知，参见疾病预防控制中心网址：随时更新的 2009——2010 年流感治疗和预防使用抗病毒药物最新指南。

肾功能不全时的调整剂量

- 肾小球滤过率 50~80 ml/min：常规剂量。
- 肾小球滤过率 10~50 ml/min：10~30 ml/min：75 mg q24h（处理）或 75 mg，隔日 1 次（预防）。
- 肾小球滤过率 < 10 ml/min：无数据。考虑减少剂量。
- 血液透析：数据有限，考虑每次血液透析后用药 30 mg(NephrolDialTransplant2006;21:2556)。
- 腹膜透析：数据有限。考虑 30 mg，每周 1 次 (NephrolDialTransplant2006;21:2556)。

- 血液滤析：无数据；考虑 75 mg，每 12~24 小时 1 次。

药物不良反应

常见

- 胃肠道：高达 10%~20%的患者出现恶心，呕吐，腹泻（一般几天后缓解，食物可能会提高耐受性）。

罕见

- 过敏性反应：皮疹，多形性红斑和 Stevens-Jhohnson。
- 失眠。
- 混乱。
- 肝功能指标增。
- 谵妄与行为错乱，自杀事件，惊恐发作，妄想，抽搐，意识下降，意识丧失（大部分的报告发生在儿童和来自日本的人）。

药物相互作用

- 奥司他韦和华法林，阿莫西林，对乙酰氨基酚，西咪替丁，或抗酸剂（镁和铝的氢氧化物和碳酸钙）之间无显着的相互作用。
- 丙磺舒：联合用药会导致奥司他韦的浓度上升 2.5 倍。这种相互作用的临床意义未知，但供给短缺是允许减少奥司他韦的剂量至 75 mg，每 48 小时 1 次（预防）。

耐药性

- 报道高达 5%的儿童甲型和乙型流感病毒耐药。
- 甲型流感（H1N1）病毒美国和其他地方鉴定的奥司他韦耐药株对扎那米韦保持敏感。
- 2008——2009 年流感季：超过 98%的季节性流感（H1N1）株对奥司他韦耐药，但超过 99%的 2009 年流感大流行甲型流感（H1N1）对奥司他韦敏感。

药理学机制

抑制流感病毒神经氨酸酶，可能改变病毒粒子聚合及释放。

药代动力学参数

- 吸收 75%的生物利用度。
- 最高浓度 75mg，每 12 小时 1 次，多次给药后可达 348 ug（活性药物）。
- 分布：分布广泛，Vd：23~26 L。
- 蛋白结合率：42%。
- 代谢 / 排泄：广泛由肝脏代谢为活性羧酸代谢物。活性代谢产物主要经尿液排泄，低于 20%经粪便排泄。
- 半衰期：6~10 小时。保质期 5 年。

肝功能不全者药物用法

- 中度肝损害患者推荐使用常规剂量 (Snell et al.Br J Clin Pharmacol. 2005; 59: 598－601)。

孕期用药

- C 级：无人类研究数据。动物实验数据显示使用大剂量时导致母体毒性。

哺乳期用药

- 无数据。

评论

- 甲型流感（H1N1）在2008——2009年奥司他韦耐药率高，但在2009——2010年耐药率较低（见疾病预防控制中心更新的耐药性数据），但 > 99%的全国流行的（猪流感）甲型（H1N1）流感株敏感。此药在流感样症状发作48小时以内给药效果最好，但疾病预防控制中心强烈要求对需要住院的任何足够严重的患者都进行治疗。有效预防流感。与金刚乙胺或金刚烷胺相比更加昂贵。胃肠道的副作用可能较麻烦。与金刚乙胺或金刚烷胺不同，奥司他韦对乙型流感和禽流感有效（至少在体外）。

推荐依据

Fiore AE, Shay DK, Broder K, et al. Prevention and control of infl uenza: recommendations of the Advisory Committee on Immunization Practices (ACIP), 2008. MMWR Recomm Rep, 2008; Vol. 57; pp. 1 - 60.

注释：在美国，奥司他韦或扎那米韦仍然被推荐为继续治疗和预防流感的药物。临床医生应经常查询耐药率是否有变化 (http://www.cdc.gov/flu/professionals/antivirals/index.htm。

Fiore AE, Shay DK, Haber P, et al. Prevention and control of infl uenza. Recommendations of the Advisory Committee on Immunization Practices (ACIP), 2007. MMWR Recomm Rep, 2007; Vol. 56; pp. 1 - 54.

注释：来自 ACIP 的现行准则。

推荐依据

McGeer A, Green KA, Plevneshi A, et al. Antiviral therapy and outcomes of infl uenza requiring hospitalization in Ontario, Canada. Clin Infect Dis, 2007; Vol. 45(12); pp. 1568 - 75.

帕拉米韦

Paul A. Pham, PharmD

适应证

FDA 批准的适应证

- FDA 未批准，但在2009年H1N1流感流行季节紧急情况下允许使用授权的治疗方案 (http://emergency.cdc.gov/h1n1antivirals/3.asp)。

非 FDA 批准的适应证

- 治疗住院的成人和需要治疗的儿童患者流感需要采用静脉注射抗流感药物。帕拉米韦可以考虑用于治疗采用目前批准的抗流感药物（如奥司他韦和扎那米韦）治疗失败的患者，但在不能够采取口服或吸入抗病毒药物治疗的患者中容易出现交叉耐药。FDA 的 MedWatch 计划要求强制性报告严重不良反应事件。

商品名（生产厂家）	规格	价格 *
Peramivir(BioCryst Pharmaceuticals,Inc.)	IVvia I200 mg/20 ml (10 mg/ml)	TBA

* 价格为平均批发价格（AWP）。

成人常规剂量

- 600 mg 静脉输注，每天1次，疗程5~10天（用0.9%或0.45% NaCl 溶液稀释输注时间超过60分钟）。

- 无数据，但危重患者，临床未治愈的流感患者，或者持续病毒脱落可以考虑延长治疗时间。
- PEDS：数据有限，仅有 5 至 10 天的治疗期的病例报告。参见表下其他信息。

肾功能不全时的调整剂量

- 肾小球滤过率 50~80 ml/min：每天 1 次 600 mg 静脉输注，疗程 5~10 天。
- 肾小球滤过率 10~50 ml/min：肌酐清除率 31~49 ml/min=150 mg，每天 1 次；肌酐清除率 10~30 ml/min=100 mg，每天 1 次。
- 肾小球滤过率 < 10 ml/min：100 mg1 次，然后 15mg，每天 1 次。
- 血液透析：100 mg 1 次，然后透析后 100 mg（透析后 2 小时给药）。
- 腹膜透析：无数据。
- 血液滤析：连续性静脉 – 静脉血液透析：无数据。有显著的清除的可能。

药物不良反应

总体

- 帕拉米韦通常耐受性良好。在一项超过 1800 例患者的临床实验 2/3 阶段时，帕拉米韦和安慰剂或奥司他韦之间无显着性差异。

常见

- 胃肠道：恶心，呕吐，腹泻（发生率 13% vs. 奥司他韦治疗患者发生率 2%）。
- 嗜中性粒细胞减少症。

偶见

- 精神：包括抑郁，精神错乱，失眠，谵妄，烦躁，焦虑，噩梦，情绪变化，发生率 11%（奥司他韦治疗患者发生率 4%）。
- 高血糖。

罕见

- 基于与其他神经氨酸酶抑制剂的数据，可能有过敏反应，皮疹，神经系统和精神行为症状。
- 奥司他韦和扎那米韦过敏患者避免使用。帕拉米韦和奥司他韦或扎那米韦之间可能出现交叉过敏反应。
- 药物相互作用
- 药物相互作用未知。
- 丙磺舒可能会增加帕拉米韦的血药浓度。

耐药性

- 不能用于 2009 年 H1N1 病毒感染的有记录或高度怀疑奥司他韦耐药（H275Y 突变）的患者，但截至 2009 年 9 月 5 日，来自治疗和未治疗患者分离株的耐药率 < 1%(http://www.cdc.gov/flu/weekly/index.htm#whomap)
- 在有耐药记录的患者（E119D 或 R292K 神经氨酸酶基因突变）或高度怀疑扎那米韦耐哟，帕拉米韦静脉输注的有效性是未知的。

药理学机制

- 抑制甲型流感和乙型流感病毒的神经氨酸酶

肝功能不全者药物用法

- 可能可以使用常规剂量。

孕期用药

- 无数据。

哺乳期用药

- 无数据。

注释

- 到目前为止，4 个涉及到 1891 为患者的临床实验研究评估帕拉米韦的安全性和有效性。对于无并发症的流感，帕拉米韦与其他神经氨酸酶抑制剂相似可在 1 天后减轻症状。在有高危因素（如糖尿病，慢性呼吸系统疾病，免疫抑制）的患者中可获得的数据有限。
- 在一项随机实验中，42 名患者接受 300 mg 或 600 mg 静脉药物，疗程 1~5 天。根据 37 例可评价的患者的情况，多剂量治疗组症状持续的时间缩短，但这项实验的结果需要进一步分析。
- 一项随机研究比较了较低剂量的 peramivir（神经氨酸酶抑制剂，200mg 或 400mg 每天 1 次）和口服奥司他韦 75mg 每天两次共 5 天治疗重症住院流感患者，3 组间在病情稳定时间和住院时间方面没有差异。

推荐依据

FDA.http://www.fda.gov/downloads/DrugsSafety/PostmarketDrugSafetyInformationforPtsandProviders/UCM187811.pdf

注释：供医务人员使用的说明书

其他信息

儿童每天推荐剂量 *

剂量（mg/kg）	年龄
出生到 30 天	6 mg/kg
31 天到 90 天	8 mg/kg
91 天到 180 天	10 mg/kg
181 天到 5 岁	12 mg/kg
6 岁到 17 岁	10 mg/kg

* 每天最高剂量 600 mg IV

肾功能受损儿童每天推荐剂量

年龄	肌酐清除率 CrCl(ml/min) 50~80 ml/min	31~49 ml/min	10~30 ml/min	<10 ml/min	血液透析 #
出生到 30 天	6 mg/kg，每天 1 次	1.5 mg/kg，每天 1 次	1 mg/kg，每天 1 次	1 mg/kg1 天，然后 0.15 mg/kg 每天 1 次	1 mg/kg1，然后透析后给药
31 天到 90 天	8 mg/kg，每天 1 次	2 mg/kg，每天 1 次	1.3 mg/kg，每天 1 次 0.2 mg/kg，每天 1 次	1.3 mg/kg 1 天，然后 0.25 mg/kg 每天 1 次	1.3 mg/kg1，然后透析后给药
91 天到 180 天	10 mg/kg，每天 1 次	2.5 mg/kg，每天 1 次	1.6 mg/kg，每天 1 次	1.6 mg/kg 1 天，然后 0.25 mg/kg 每天 1 次	1.6 mg/kg1，然后透析后给药
181 天到 5 岁	12 mg/kg，每天 1 次	3.0 mg/kg，每天 1 次	1.9 mg/kg，每天 1 次	1.9 mg/kg 1 天，然后 0.3 mg/kg 每天 1 次	1.9 mg/kg1，然后透析后给药
6 岁到 17 岁	10 mg/kg，每天 1 次	2.5 mg/kg，每天 1 次	1.6 mg/kg，每天 1 次	1.6 mg/kg 1 天，然后 0.25 mg/kg 每天 1 次	1.6 mg/kg1，然后透析后给药

静脉 Peramivir 需在透析完成 2 小时后给药

利巴韦林

Paul A. Pham, PharmD and John G. Bartlett, MD

适应证

FDA 批准的适应证

- 丙型肝炎（与干扰素或聚乙二醇化干扰素联合）
- 呼吸道合胞病毒（RSV）感染（包括支气管炎合肺炎）

非 FDA 批准的适应证

- 与牛痘免疫球蛋白（VIG）联合治疗进展性牛痘 (Kesson AM et al. CID 1997;25:911)。
- 治疗出血热。

商品名（生产厂家）	规格	价格 *
Virazole (Valeant Pharmaceutica)	吸入剂 6 g 每支	15,570 美元 (4 支)
Rebetol(Schering)	口服胶囊 200 mg 口服液 40 mg/ml	11.04 美元 242.50 美元 (4 盎司)
RibaPak (ThreeRiverPharmaceutics)	口服片剂 800 mg 口服片剂 1000 mg 口服片剂 1200 mg	17.35 美元 21.76 美元 26.13 美元
Copegus(Roche)	口服片 200 mg	12.52 美元
利巴韦林（Ribavirin）（不同非品牌厂商）	口服胶囊 200 mg	9.93 美元

* 价格为平均批发价（AWP）

成人常规剂量

- 丙型肝炎（基因 1 型）：利巴韦林 1200 mg/d（>75 kg）或 1000 mg/d（<75 kg）或 800 mg/d（<40kg）48 周 + 聚乙二醇化干扰素。基因 II 和 III 型丙型肝炎：利巴韦林 800 mg/d+ 聚乙二醇化干扰素 24 周。
- 在没有心血管疾病的患者：如果血红蛋白 <10g/dl，可将剂量减为 600 mg/d，如血红蛋白 <8.5 g/dl 需停药。可以考虑应用促红细胞生成素。
- 在有心血管疾病的患者：如果血红蛋白下降≥ 2 g/dl，可将剂量减为 600 mg/d。如果在利巴韦林减量 4 周后血红蛋白仍 <12 g/dl，需停用利巴韦林。也可以考虑应用促红细胞生成素。
- 出血热（病人数量可从容应对时）：30 mg/kgIV（负荷量），然后每 6 小时 16 mg/kg（最多 1000 mg）4 天，以后每 8 小时 8 mg/kg（最多 500 mg）6 天。
- 出血热（大量病人时）：2000 mg 口服（负荷量），然后体重 70 kg 以上 1 200 mg/d 分 2 次服用；体重 70 kg 以下 1000 mg/d 分 2 次服用 10 天。
- 欲获得静脉利巴韦林可致电 Valent Pharmaceutical（正式名为 ICN）：1-800-548-5100。

肾功能不全时的调整剂量

- 肾小球滤过率 50~80 ml/min：常规剂量。
- 肾小球滤过率 10~50 ml/min：无资料，生产厂家不推荐应用。可以考虑降低剂量并密切观察下应用。
- 肾小球滤过率 <10 ml/min：无资料，生产厂家不推荐应用。可以考虑降低剂量并密切观察下应用。
- 血液透析时的剂量：无资料，生产厂家不推荐应用。可以考虑降低剂量并密切观察下应用。透析可以清除小部分；应于透析后给药。
- 腹膜透析：无资料。不推荐应用。
- 血液滤过：无资料。不推荐应用。

药物不良反应

常见

- 溶血性贫血（剂量相关且可逆。用药 2~4 周内发生，血红蛋白平均下降 2.5~5 g/dl）。可考虑同时应用促红素。
- 干咳。
- 呼吸困难。

少见

- 疲劳。
- 消化不良（可能对抑酸药有反应）。
- 头痛。
- 失眠。
- 支气管痉挛（雾化吸入利巴韦林）。
- 食欲减退。
- 恶心。
- 痛风。

罕见

- 乳酸酸中毒（尤其与去羟肌苷合用时）。

药物相互作用

- 阿巴卡韦：潜在拮抗作用。避免合用。
- 去羟肌甘（DDI）：增加 DDI 的细胞内浓度；会增加乳酸酸中毒（或）胰腺炎的风险。避免合用。
- 齐多夫定（AZT）、氨苯砜、乙胺嘧啶、更昔洛韦、两性霉素 B：会增加贫血风险，合用时需监测；如发生贫血可换用其他核苷类逆转录酶抑制剂或应用促红素。

药理学机制

- 人工合成的鸟嘌呤核苷类似物，干扰三磷酸鸟苷合成从而抑制核酸合成。也可以抑制一些病毒的 RNA 聚合酶。

药代动力学参数

- 吸收度 64%（随高脂餐服用会增加）。
- 峰浓度：5.1 mmol/L（600 mg 剂量）。
- 分布：分布容积很大（表观分布容积 Vd:802L）。血浆、气道分泌物和红细胞中浓度高。长时间给药后中枢神经系统可达到较高浓度（可达到血浓度的 67%）。
- 蛋白结合率：无显著蛋白结合。
- 代谢 / 排泄：通过去磷酸化和去核糖基化代谢。代谢物从尿中排出。
- 半衰期：吸入—9.5 小时；静脉或口服—0.5~2 小时；红细胞内半衰期 40 天。

肝功能不全者药物用法

常规剂量

孕期用药

- X 级对所有动物显示胚胎毒性和致畸性。生产厂家和疾控中心建议妊娠女性及其男性伴侣禁用。育龄女性在用药期间和用药后 6 个月必须采取有效避孕措施。

哺乳期用药

- 无资料。

评价

- 与聚乙二醇化干扰素联合治疗丙型肝炎的首选。在治疗初期的数周内要密切监测溶血性贫血的发生。对溶血性贫血的处理，优先考虑加用促红素而不是降低利巴韦林剂量，因为标准剂量的利巴韦林（1000~1200 mg）有更高的持续病毒学应答率（SVR）。禁用于妊娠期，不能与去羟肌苷合用。警示患者致畸的风险并采取充分的避孕措施。避免用于肾功能衰竭和有血红蛋白病的患者。合并 HIV 感染者 SVR 较低。

推荐依据

Borio L; Inglesby T; Peters, C. J. et al. Hemorrhagic Fever Virus as Biological Weapons. JAMA, 2002; Vol. 287; pp.2391-205

注释：推荐利巴韦林用于出血热的治疗。

推荐依据

Hadziyannis SJ, Sette H, Morgan TR, et al. Peginterferon-alpha2a and ribavirin combination therapy in chronic hepatitis C: a randomized study of treatment duration and ribavirin dose. Ann Intern Med, 2004; Vol. 140 ; pp. 346 - 55.

Payan C, Pivert A, Morand P, et al. Rapid and early virological response to chronic hepatitis C treatment with IFN alpha2b or PEG-IFN alpha2b plus ribavirin in HIV/HCV co-infected pts. Gut, 2007; Vol. 56 ; pp. 1111 - 6.

金刚乙胺

Paul A. Pham, PharmD and John G. Bartlett, MD

适应证

FDA 批准的适应证

- 甲型流感（预防和治疗）。

商品名（生产厂家）	规格	价格 *
Flumadine(非品牌厂家)	口服片 100 mg	1.83 美元
	口服液 50 mg/ml（8 盎司）	55.79 美元

* 价格为平均批发价（AWP）

成人常规剂量

- 预防：100 mg PO，每天 2 次。
- 治疗：100 mg PO，每天日 2 次，症状出现 48 小时内用药，疗程 7 天。
- 严重肝功能异常、肾衰竭和老年病人需减低剂量。
- 2009#–2010 年流感流行季节：主要流行毒株为甲型 H1N1 流感病毒，不推荐应用金刚乙胺。不清楚 2008–2009 年出现的耐奥司他韦的季节性 H1N1 流感病毒是否会出现。推荐意见的任何改变可参见疾控中心（CDC）网站：2009~2010 年流感预防和治疗抗病毒药物应用的临时性建议更新。

肾功能不全时的调整剂量

- 肾小球滤过率 50~80 ml/min：100mg，每天 2 次。
- 肾小球滤过率 10~50 ml/min：100mg，每天 2 次。
- 肾小球滤过率 <10 ml/min：100mg，每天 2 次。
- 血液透析时的剂量：透析不能清除，100 mg，每天 1 次（血液透析不能清除）。
- 腹膜透析：无资料。
- 血液透析：无资料。可考虑 100 mg，每天 1 次。

药物不良反应

少见

- 胃肠道不耐受。
- 中枢神经系统：轻度头痛、失眠、精神难以集中和神经质（4%~8%，约为金刚烷胺发生率的 1/2，多见于老年和肾衰竭患者）。

罕见

- 癫痫发作（在有癫痫史患者有报道）。
- 震颤。
- 心律失常可见于血药浓度高者。

药物相互作用

- 无。

药理学机制

- 干扰甲型流感病毒复制的早期步骤(抑制病毒脱壳)和抑制 M2 蛋白离子通道功能。

药代动力学参数

- 吸收度：96%。

- 峰浓度：血浆 0.25 g/ml；黏膜 0.42 g/ml。
- 分布：分布容积大，呼吸道分泌物浓度高。
- 蛋白结合率：40%。
- 代谢 / 排泄：绝大部分在肝脏代谢。代谢产物经尿排出。不足 1% 原型药由尿排出。
- 半衰期：6~9 小时。

肝功能不全者药物用法

- 严重肝功能不全：100 mg，每天 1 次。

孕期用药

- C 级

哺乳期用药

- 无数据。

评价

治疗甲型流感的口服药物，较金刚烷胺贵，但中枢神经系统不良反应较少。较扎那米韦和奥司他韦便宜（参见 http://www.cdc.gov/flu/professionals/antivirals/index.htm，临时推荐可能会变化）。

推荐依据

Fiore AE,Shay DK,Broder K,et al. Prevention and control of infl uenza: recommendations of the Advisory Committee on Immunization Practices (ACIP), 2008. MMWR Recomm Rep, 2008; Vol. 57; pp. 1 - 60.

注释：在美国金刚乙胺不能用于预防和治疗甲型流感，除非有证据证实其敏感。

推荐依据

CDC; Antiviral medication for infl uenza; www.cdc.gov/fl u/professionals/treatment/ ; accessed 2/20/09. Jefferson TO, et al.

三氯乙酸（TCA）和双氯乙酸（BCA）

Paul A. Pham, PharmD and John G. Bartlett, MD

适应证

FDA 批准的适应证

非 FDA 批准的适应证

人乳头瘤病毒（HPV）

商品名（生产厂家）	规格	价格 *
三氯乙酸（多个不同厂家）	外用溶液 80%（15 ml） 外用结晶 4 盎司	51.25 美元 30.75 美元

* 价格为平均批发价

成人常规剂量

- 涂少量于疣上待其干燥。如果需要每周重复应用（注意：首选冷冻治疗）。

肾功能不全时的调整剂量

- 肾小球滤过率 50~80 ml/min：常规剂量。

- 肾小球滤过率 10~50 ml/min：常规剂量。
- 肾小球滤过率 <10 ml/min：常规剂量。
- 血液透析时的剂量：常规剂量。
- 腹膜透析：常规剂量。
- 血液透析：常规剂量。

药物不良反应
常见
- 用药局部红斑和刺激症状。

药物相互作用
- 未知。

药理学机制
- 腐蚀和收敛剂，用于快速腐蚀疣。

药代动力学参数
- 吸收——

肝功能不全者药物用法
- 常规剂量。

孕期用药
- 无资料，但通常认为在妊娠情况下可以安全用于疣的治疗。

哺乳的相容性
- 无资料。

评价
- 尽管不像有些方法一样有效，三氯乙酸和双氯乙酸最适合用于小面积的疣以避免正常皮肤的反应。有效率最高约 60%，这也是为什么更倾向于选择冷冻疗法。

推荐依据
Sherrard J, Riddell L. Comparison of the effectiveness of commonly used clinic-based treatments for external genital warts. Int J STD AIDS, 2007; Vol. 18; pp. 365 - 8.
Wiley DJ, Douglas J, Beutner K, et al. External genital warts: diagnosis, treatment, and prevention. Clin Infect Dis, 2002; Vol. 35; pp. S210 - 24.

替比夫定

Paul A. Pham, PharmD and Chloe Thio, MD

适应证
FDA 批准的适应证
- 治疗病毒复制活跃且转氨酶升高或者有组织学活动证据的慢性乙型肝炎（HBeAg 阴性或阳性）。

商品名（生产厂家）	规格	价格 *
Tyzeka(诺华制药)	口服片剂 600 mg	25.77 美元 / 片

* 价格为平均批发价（AWP）

成人常规剂量

- 600mg 口服，每天 1 次，空腹或餐后均可。

肾功能不全时的调整剂量

- 肾小球滤过率 50~80 ml/min（肾小球滤过率 >50 ml/min）：600 mg，每天 1 次。
- 肾小球滤过率 10~50 ml/min：GFR 30~49 ml/min：600 mg，隔日 1 次；GFR<30 ml/min（非透析）600mg，每 72 小时 1 次。
- 肾小球滤过率 <10 ml/min：GFR<30 ml/min（非透析）600 mg，每 72 小时 1 次。
- 血液透析时的剂量：终末期肾病（透析）600 mg，每 96 小时 1 次（透析日需透析后给药）。
- 腹膜透析：无资料。
- 血液滤过：无资料。

药物不良反应

常见

- 通常耐受良好，不良反应与拉米夫定和阿德福韦类似。

少见

- 同拉米夫定相比，肌酸激酶升高更常见（9% VS 3%）。
- 停药后乙型肝炎急性加重的风险

罕见

- 虽然没有应用替比夫定后发生乳酸酸中毒和肝大及严重脂肪变的报道，但核苷类似物有导致这些潜在致命性不良反应的风险。

药物相互作用

- 不是细胞色素酶 P450 的底物、诱导剂或抑制剂。
- 与蛋白酶抑制剂和非核苷类逆转录酶抑制剂无明确相互作用。
- 体外观察与其他核苷类逆转录酶抑制剂无拮抗作用。未观察到与拉米夫定、阿德福韦、环孢菌素以及聚乙二醇化干扰素有显著相互作用。

耐药性

- 74%~94% 的耐药突变为 M204I（Gastro2006;130:A765;Standring,etal. EASL2006）。其他突变包括 L180I/V，L180M，L229W/V。
- 一项 2 年的随访中，替比夫定治疗 HBeAg 阴性和阳性的乙肝患者耐药发生率分别为 8.6% 和 21.6%。尽管总体耐药率高，但在治疗 24 周时病毒被抑制到测不出水平的患者中，耐药率只有 2%~4%。这一发现的临床意义尚不明确，但部分专家建议只有在 24 周病毒载量达到不可检测水平者才适合继续单药巩固治疗。对已经有拉米夫定或阿德福韦耐药的乙肝病毒，替比夫定的有效性还不确定。在体外，替比夫定对仅 M204V 突变的拉米夫定耐药毒株有效，但对 L180M/M204V 双重突变或 M204I 突变的毒株无效。在体内是否如此目前还不清楚。
- A181V 突变的阿德福韦耐药毒株敏感性下降 3~5 倍。

药理学机制

- 替比夫定是人工合成的胸腺嘧啶类似物，通过与天然底物 5’~ 三磷酸胸腺嘧啶竞争抑制乙肝病毒 DNA 聚合酶的逆转录。

药代动力学参数

- 吸收：良好。
- 峰浓度：3.69 mcg/ml，曲线下面积（AUC）为 26.1 mcghr/ml PO 600mg，每天 1 次稳态谷浓度（Cmin）为 0.2~0.3 mcg/ml。
- 分布：分布广泛。
- 蛋白结合率：低（3.3%）。
- 代谢 / 排泄：不代谢，主要经肾小球滤过排出。
- 半衰期：终末半衰期 40~49 小时。

肝功能不全者药物用法

- 600 mg，每天 1 次

孕期用药

- B 级动物实验无致畸性。无人类资料。

哺乳期用药

- 药物会排泌到乳汁中（动物资料）

评价

- 治疗慢性乙型肝炎，替比夫定比拉米夫定和阿德福韦更有效。在体外对 M204V 突变的耐拉米夫定毒株有效，但因耐药突变的相似性，有些专家不建议应用替比夫定治疗拉米夫定耐药的情况。与拉米夫定相比，耐药发生较低且慢。另外，针对其特有的耐药突变（M204I），有可替代的治疗药物。不同于替诺夫韦、恩替卡韦、阿德福韦、拉米夫定和恩曲他滨，替比夫定对 HIV 无活性。需要进一步的与更强效药物（如恩替卡韦）的头对头比较、联合治疗研究以及评价序贯治疗策略的研究以确定替比夫定的定位。其对 HIV 无活性使之适用于 HIV 感染不需要治疗情况下的 HBV 和 HIV 共感染。

推荐依据

Chan HL, Heathcote EJ, Marcellin P, et al. Treatment of hepatitis B e antigen positive chronic hepatitis with telbivudine or adefovir: a randomized trial. Ann Intern Med, 2007; Vol. 147; pp. 745 - 54.

Lai CL, Gane E, Liaw YF, et al. Telbivudine versus lamivudine in pts with chronic hepatitis B. N Engl J Med, 2007; Vol. 357;pp.2576–88

替诺福韦酯

Paul A. Pham, PharmD and John G. Bartlett, MD

FDA 批准的适应证

- 和其他抗逆转录病毒药物联合治疗 HIV 感染
- 治疗 HBV 感染

非 FDA 批准的适应证

- 治疗 HIV–HBV 共感染患者的肝炎。

商品名（生产厂家）	规格	价格 *
Viread(GlieadSciences)	口服片 300 mg	23.00 美元
Truvada(GlieadScience)	口服片 300/200 mg	35.00 美元
Atripla(Bristol-MyersandGilead)	口服片依非韦伦 600 mg+ 替诺福韦 300 mg+ 恩曲他滨 200 mg	55.10 美元

* 价格为平均批发价（AWP）

成人常规剂量

- 药物负担：每天 1 片
- 替诺福韦：每天 1 片，无需考虑进餐影响。脂肪餐会提高 40% 的吸收度（临床意义不明但通常认为意义不大）。
- 替诺福韦 / 恩曲他滨（Truvada）：每天 1 片，无需考虑进餐影响。
- 依非韦伦 / 替诺福韦 / 恩曲他滨（Atripla）每天 1 片。治疗初期建议晚间空腹服用以减少依非韦伦相关的副反应。

肾功能不全时的调整剂量

- 肾小球滤过率 50~80 ml/min：常规剂量。
- 肾小球滤过率 10~50 ml/min：GFR 30~49 ml/min：替诺福韦 300 mg，每 48 小时 1 次或者 Truvada(替诺福韦 / 恩曲他滨复方制剂)1 片，每 48 小时 1 次；GFR<30 ml/min，替诺福韦 300 mg，每 72~96 小时 1 次。Atripla（依非韦伦 / 替诺福韦 / 恩曲他滨复方制剂）不推荐在 GFR <50 ml/min 时应用。
- 肾小球滤过率 <10 ml/min：替诺福韦 300 mg，每 7 天 1 次。Atripla（依非韦伦 / 替诺福韦 / 恩曲他滨复方制剂）不推荐在 GFR <50 ml/min 时应用。
- 血液透析时的剂量：替诺福韦 300 mg，每 7 天 1 次，透析后给药（如果每次透析 4 小时，每周透析超过 3 次可能需要提高剂量）。Atripla（依非韦伦 / 替诺福韦 / 恩曲他滨复方制剂）不推荐在 GFR<50 ml/min 时应用。
- 腹膜透析：无资料。需要降低剂量 Atripla（依非韦伦 / 替诺福韦 / 恩曲他滨复方制剂）不推荐在 GFR<50 ml/min 时应用。
- 血液滤过：无资料。需要降低剂量。

药物不良反应

常见

- 通常耐受良好。对于 Atripla，参见依非韦伦的副反应。

少见

- 腹胀、恶心和呕吐。无症状肌酸激酶升高 12%，转氨酶升高 4%~5%。中性粒细胞减少 3%，淀粉酶升高 9%。
- 存在肾功能不全或有导致肾功能不全因素的患者肾毒性增加。

罕见

- 个案报道发生以 Fanconi 综合征为特征的肾脏毒性（低磷血症、低尿酸血症、蛋白尿和正常血糖糖尿），特别是在既往应用阿德福韦出现 Fanconi 综合征的患者中。
- 乳酸酸中毒和肝脏脂肪变性：相关性不确定。体外实验中，替诺福韦是线粒体毒性最小的核苷类逆转录酶抑制剂之一。在一项临床实验中，司他夫定导致高乳酸血症（>2.2 mmol/l）明显较替诺福韦多 (27%vs4%，P<0.0001)。

药物相互作用见附录Ⅲ第 984 页，药物相互作用列表

- 替诺福韦不是细胞色素酶3A4的底物、抑制剂或诱导剂，因此与蛋白酶抑制剂（除阿扎那韦和洛匹那韦）和非核苷类抗逆转录病毒药物相互作用很少。

耐药性

- 胸腺嘧啶脱氧核苷类似物突变（TAMs：M41L，L210W，T215Y/F，K219Q/E，67N，K70R）：包含M41L和L210W在内的3个以上的TAMs表现出高水平耐药。
- K65R：替诺福韦选择产生，导致中度替诺福韦耐药，以及对去羟肌苷、拉米夫定和恩曲他滨中度耐药，对阿巴卡韦并可能对司他夫定低水平耐药。齐多夫定保持敏感（可能超级敏感）。
- M184V：敏感性增加；可部分逆转 65R 或 TAMs 介导的耐药。
- T69 插入：在已出现多种核苷类耐药情况下对替诺福韦中度耐药。
- Q151M 复合物：替诺福韦保持敏感。
- L74V：替诺福韦敏感性增加（临床意义未知）。

药理学机制

- 替诺福韦通过与天然底物——5- 三磷酸 - 脱氧腺苷酸竞争导致 DNA 链终止，从而抑制逆转录酶活性。

药代动力学参数

- 吸收：口服吸收度：30%（空腹）和 40%（随脂肪餐同服）。
- 峰浓度：平均峰浓度 =296 ± 90 ng/ml；AUC=2287 ± 685 ngh/ml。
- 分布：表观分布容积（Vd）=1.2 ± 4 L/kg。
- 蛋白结合率：<7.2%。
- 代谢 / 排泄：肾脏排泄，通过肾小球滤过以及肾小管 MRP4 主动分泌。
- 半衰期血清：11~14 小时；细胞内：12~50 小时。

肝功能不全者药物用法

- 无资料。似可用常规剂量。

孕期用药

- B 级在恒河猴的研究显示胎儿发育正常，但观察到体重减轻、胰岛素样生长因子和胎儿骨质疏松（JAIDS2002;29:207）。妊娠后 3 个月较产后阶段需要降低替诺福韦暴露。因为缺乏人妊娠期间应用替诺福韦的资料并担心潜在的对胎儿骨骼的影响，只有在充分权衡后才能将其用于妊娠期间的抗逆转录病毒治疗。自 2007 年 7 月以来登记的妊娠头三个月用药数据显示出生缺陷率 6/380（1.6%），比预期要低。

哺乳期用药

- 不推荐。

评价

- 优点：每天 1 次用药；耐受良好，很少的短期不良反应，没有明确的线粒体毒性和其他长期毒性；很少的药物相互作用；对一些其他核苷类抗逆转录病毒药物耐药的毒株有效；细胞内半衰期比绝大多数核苷类药物长；对乙肝病毒有活性。有复方制剂，包括每天 1 片，每天 1 次的配方。
- 缺点：潜在肾毒性；选择产生 K65R 耐药。

推荐依据

Arribas JR, Pozniak AL, Gallant JE, et al. Tenofovir DF, emtricitabine, and efavirenz compared with zidovudine, amivudine, and efavirenz in treatment-naive pts. 144-Wk Analysis. J Acquir Immune Defi c Syndr, 2008; Vol. 47; p. 75.

Jemsek J, Hutcherson P, Harper E. Poor virologic response and early emergence of resistance in treatment naive, HIV-infected pts receiving a once daily triple nucleoside regimen of ddI, 3TC, and TDF. 11th CROI. San Francisco, California, 2004. Abstract 51, 2004.

伐昔洛韦

Paul A. Pham, PharmD and John G. Bartlett, MD

适应证

FDA 批准的适应证

- 治疗首次发作的免疫力健全成人的生殖道疱疹。
- 抑制免疫力健全和 HIV 感染者生殖道疱疹的复发。
- 治疗免疫健全成人的生殖道疱疹复发。
- 治疗免疫健全成人的带状疱疹。
- 治疗口唇疱疹。

非 FDA 批准的适应证

治疗免疫缺陷患者的生殖道疱疹的初次发作和复发。

- 治疗免疫缺陷患者的带状疱疹。
- 治疗肛周和其他形式的播散性单纯疱疹。
- 预防实体器官抑制患者的巨细胞病毒病。

商品名（生产厂家）	规格	价格 *
Valtrex(葛兰素史克)	口服片 500 mg；1000 mg	7.45 美元；13.29 美元

* 价格为平均批发价

成人常规剂量

- 皮肤带状疱疹：1 g PO，每 8 小时 1 次，7~10 天。
- 治疗生殖道单纯疱疹的首次发作：1g PO，每天 2 次，7~10 天。
- 治疗生殖道单纯疱疹复发：500 mg PO，每天 2 次（严重时 1 g PO，每天 2 次）。
- 生殖道疱疹的抑制性治疗：500 mg PO，每天 2 次。
- 口唇疱疹：2 g PO，每 12 小时 1 次共 1 天。
- 治疗成人水痘：可以 1 g PO，每天 2 次，出疹后 24 小时内开始用药 [伐昔洛韦无资料但阿昔洛韦有效 (Ann Intern Med.1992;117(5):358~63)]。

肾功能不全时的调整剂量

- 肾小球滤过率 50~80 ml/min：常规剂量。
- 肾小球滤过率 10~50 ml/min: GFR 30~49 ml/min: 1000 mg PO，每 12 小时 1 次; GFR 10~29 ml/min，1000 mg，每天 1 次。
- 肾小球滤过率 <10 ml/min：500 mg，每天 1 次。
- 血液透析时的剂量：500 mg，每天 1 次，血液透析可清除 33%。透析日透后给药。

- 腹膜透析：500 mg 口服 每 24 或 48 小时 1 次，不需要评价剂量（Nephron.2002;91:164）。
- 血液滤过：不能有效清除。可以考虑 500 mg PO，每天 1 次。

药物不良反应

常见

- 通常耐受良好。

少见

- 恶心呕吐。
- 皮疹。

罕见

- 激惹、头晕、头痛、意识不清、幻觉、癫痫发作。
- 转氨酶升高。
- 贫血、中性粒细胞缺乏。
- 低血压。
- 血栓性血小板减少性紫癜 / 溶血尿毒综合征（TTP/HUS）有报道发生于每天接受 8 g 伐昔洛韦的免疫缺陷患者。

药物相互作用

- 丙磺舒：会增加阿昔洛韦浓度。不需要调整剂量。

药理学机制

- 经缬氨酸水解酶裂解为阿昔洛韦。阿昔洛韦经病毒胸腺嘧啶激酶（TK）转化为活性阿昔洛韦单磷酸盐；细胞内过氧化氢酶再将阿昔洛韦单磷酸盐转换为三磷酸盐，阿昔洛韦三磷酸盐具有完全的活性，能抑制病毒 DNA 聚合酶。

药代动力学参数

- 吸收度：54%（同口服阿昔洛韦相比生物利用度提高 3~5 倍）。
- 峰浓度：给药 500 mg 后 3.3~3.7 mcg/ml；AUC：18~20 hr/mcg/ml。C_{max}：口服 1 g 后 4.6~5.5 mcg/ml.
- 分布肾、肝和肠道浓度高。脑脊液浓度为血浆浓度的 50%。肺、浆膜腔液、泪液、肌肉、脾脏、乳汁、尿液、阴道黏膜、精液和羊水均有分布。
- 蛋白结合率：14%~18%。
- 代谢 / 排泄：经肠道和肝脏的首过效应迅速代谢为阿昔洛韦。阿昔洛韦经乙醇乙醛脱氢酶转化为无活性代谢产物。80%~89% 的阿昔洛韦以原型经尿排出。
- 半衰期：2.5~3.3 小时。

肝功能不全者药物用法

- 无资料。通常无需减量。

孕期用药

- B 级动物实验无致畸性。没有人类的资料，但应和阿昔洛韦类似。不推荐妊娠期预防性用药。

哺乳期用药

- 无资料：很大程度上如阿昔洛韦会分布到乳汁中。与新生儿问题无关系。

评价

- 阿昔洛韦前体药物，吸收度更佳，血浓度更高，较口服阿昔洛韦用药更方便。阿昔洛韦和泛昔洛韦可互为替代药物。在免疫健全者缓解疱疹后的神经痛较阿昔洛韦更有效。

推荐依据

Hodson EM, Barclay PG, Craig JC, et al. Antiviral medications for preventing cytomegalovirus disease in solid organ transplant recipients. Cochrane Database Syst Rev, 2005; Vol. 4; pp. CD003774.

MacDougall C, Guglielmo BJ. Pharmacokinetics of valaciclovir. J Antimicrob Chemother, 2004; Vol. 53; pp. 899 - 901.

缬更昔洛韦

Paul A. Pham, PharmD and John G. Bartlett, MD

适应证

FDA 批准的适应证

- 治疗 AIDS 患者的巨细胞病毒视网膜炎。
- 预防高危（如供者阳性而受者）的肾、心脏和胰腺肾联合移植患者的 CMV 病。肝移植患者非适应证。

非 FDA 批准的适应证

- 预防缬更昔洛韦眼内植入患者对侧眼的播散性巨细胞病毒病。

商品名（生产厂家）	规格	价格 *
Valcyte（罗氏）	口服片 450 mg	42.83 美元

* 价格为平均批发价

成人常规剂量

- 巨细胞病毒视网膜炎（诱导治疗）：900 mg PO q12h，随食物同服，疗程 3 周（联合更昔洛韦植入）。
- 巨细胞病毒视网膜炎（维持治疗）：900 mg PO，每天 1 次与食物同服直到免疫重建（CD_4>150 mm^3 × 3~6 个月且眼科会诊确定缓解）。
- 胃肠道巨细胞病毒病：900 mg q12h，与食物同服，疗程 3~6 周（重症或者复发病例需考虑维持治疗）。
- 预防高危（如供者阳性而受者）的肾、心脏和胰腺肾联合移植患者的 CMV 病：900 mg 口服每天 1 次与食物同服，在移植 10 天内开始用药直到移植后 100 天
- 每 2~3 周监测血常规。如果中性粒细胞 <500 mm^3 需停药并加用粒细胞集落刺激因子（G-CSF）。如血小板 <25000/mm^3 或血红蛋白 <8g/dL 也应停药。

肾功能不全时的调整剂量

- 肾小球滤过率 50~80 ml/min：>60 ml/min，900 mg，每天 2 次（诱导治疗）；900 mg，每天 1 次（维持治疗）。
- 肾小球滤过率 10~50 ml/min：GFR 40~59 ml/min：450 mg，每天 2 次（诱导治疗），然后 450 mg 每天 1 次（维持治疗）。GFR 25~39 ml/min：450 mg 每天 1 次（诱导治疗），然后 450 mg 隔日 1 次（维持治疗）。GFR 10~24 ml/min：450 mg 隔日 1 次（诱导治疗），然后 450 mg 每周 2 次（维持治疗）。

- 肾小球滤过率 <10 ml/min：生产厂家不推荐时应用。
- 血液透析时的剂量：生产厂家不推荐应用（血液透析清除约 50% 的更昔洛韦）。可考虑 900 mg 每 48 小时 1 次（诱导治疗）或 450 mg 每 48 小时 1 次（维持治疗）。
- 腹膜透析：无资料。
- 血液滤过：无资料。可考虑 900 mg 每 48 小时 1 次（诱导治疗）或 450 mg 每 48 小时 1 次（维持治疗）。

药物不良反应

常见

- 中性粒细胞缺乏（可逆，G-CSF 有效）。停药或减量 3~7 天内恢复。
- 可逆性血小板减少
- 腹泻和恶心

少见

- 贫血。
- 发热。
- 皮疹。
- 头痛。
- 意识不清。
- 精神状态改变。

罕见

- 肝毒性。
- 癫痫发作。

药物相互作用

- 骨髓抑制药物（如齐多夫定、5 氟胞嘧啶和乙胺嘧啶等）：可能增强血液系统毒性。合用时密切监测。可考虑替代药物或应用 G-CSF 支持。
- 去羟肌苷（DDI）：缺乏与缬更昔洛韦合用的研究，可能导致 DDI 浓度升高。更昔洛韦与 DDI 合用的药代动力学研究结果显示 DDI 的曲线下面积（AUC）增加 111%，更昔洛韦的 AUC 下降 21%。密切监测 DDI 毒性。考虑降低 DDI 剂量或使用其他核苷类逆转录酶抑制剂替代。
- 丙磺舒：会提高更昔洛韦血浓度。密切监测更昔洛韦毒性。
- 甲氧苄啶：会提高更昔洛韦血浓度。密切监测更昔洛韦毒性。

耐药性

- 检测到巨细胞病毒对更昔洛韦耐药（蛋白激酶基因型 UL97 只与更昔洛韦耐药相关）会使视网膜炎进展的危险性增加 4~6 倍。（Am J Ophthalmol. 2003; 135:26-34）。
- 高危的实体器官移植者接受缬更昔洛韦治疗 100 天后，未检测到耐药突变（UL97）（JInfect Dis.2004;189:1615-8）。
- DNA 聚合酶基因 UL54 耐药突变（伴或不伴 UL97）不常见但可能诱发西多福韦交叉耐药（L545S）和膦甲酸钠耐药（N495K）（Antivir Ther.2006;11:537-40.J Med Virol.2005;77:425-9）。

药理学机制

- 更昔洛韦的前体药物，生物利用度较佳。人工合成的 2- 脱氧鸟苷类似物。经磷酸化变为三磷酸更昔洛韦，能抑制病毒 DNA 合成。

药代动力学参数

- 吸收度 60%（吸收良好，应与食物同服）。
- 峰浓度：口服 900 mg（餐中）时为 5.61 mcg/ml。用药 900 mg 后（相当于 5 mg/kg 更昔洛韦静脉用药）AUC=29 mcghr/ml。
- 分布：表观分布容积 =0.7 L/kg。
- 蛋白结合率 1%~2%。
- 代谢 / 排泄：快速水解为更昔洛韦，经肾小球滤过和肾小管主动排泌排出。
- 半衰期：4 小时（血清），18 小时（细胞内）。

肝功能不全者药物用法

- 无资料。常规剂量。

孕期用药

- C 级动物实验有致畸、致癌和胚胎毒性，导致精子生成不良；生长发育迟滞；器官萎缩。无人类资料，仅限于危及生命的巨细胞病毒感染，并应警示患者可能的致畸作用。建议采取有效的避孕措施。

哺乳期用药

- 无资料。因潜在严重毒性可能，用药期间避免哺乳。

评价

- 口服时，缬更昔洛韦的吸收度较更昔洛韦高 10 倍。口服 900mg 的缬更昔洛韦的 AUC 相当于静脉应用更昔洛韦 5 mg/kg。治疗 HIV 阳性患者的巨细胞病毒视网膜炎，口服缬更昔洛韦与静脉更昔洛韦疗效相当，因口服缬更昔洛韦给药方便更优选。生产厂家给出的禁忌证包括严重中性粒细胞缺乏（中性粒细胞 <500/dl），血小板减少症（<25 000/dl），严重贫血（Hgb<8 g/dl），和肾功能衰竭。粒细胞缺乏和贫血通常应用 G-CSF 和促红细胞生成素可改善。

推荐依据

国立卫生研究院（NIH）、疾病预防控制中心（CDC）和美国感染性疾病学会 HIV 药物协会（HIVMA/IDSA）的推荐 (Guidelines for Prevention and Treatment of Opportunistic Infections in HIV-Infected Adults and Adolescents http://aidsinfo.nih.gov/. , 2008)。

注释：在可以口服的患者，推荐口服缬更昔洛韦 + 更昔洛韦植入治疗巨细胞病毒视网膜炎。

推荐依据

Khoury JA, Storch GA, Bohl DL, et al. Prophylactic versus preemptive oral valganciclovir for the management of cytomegalovirus infection in adult renal transplant recipients. Am J Transplant, 2006; Vol. 6; pp. 2134 - 43.

Lalezari J, Lindley J, Walmsley S, et al. A safety study of oral valganciclovir maintenance treatment of cytomegalovirus retinitis. J Acquir Immune Defi c Syndr, 2002; Vol. 30; pp. 392 - 400.

扎那米韦

Paul A. Pham, PharmD and John G. Bartlett, MD

适应证

FDA 批准的适应证

- 治疗无合并症的急性甲型或乙型流感（患者年龄 >7 岁且出现症状 <48 小时）。
- 5 岁以上人群的流感的预防

非 FDA 批准的适应证

- 急性无合并症的支气管炎（流感导致）。
- 慢性支气管炎急性加重（流感导致）。
- 禽流感。

商品名（生产厂家）	规格	价格 *
Relenza(葛兰素史克)	吸入干粉 5 mg	16.80 美元

* 价格为平均批发价（AWP）

成人常规剂量

- 治疗：2 支 5 mg 吸入，每天 2 次，共 5 天（须出现症状后 2 日内用药）。
- 预防：1 支 5 mg 吸入，每 24 小时 1 次（有效率 84%）。
- 2009#–2010 年流感季节：如果没有其他基础呼吸道疾病的禁忌，吸入扎那米韦可以作为奥司他韦的替代用于 H1N1
- 甲型流感或其他流感。
- 现行的大多数治疗推荐参见 CDC 网站：2009#~2010 年流感预防和治疗抗病毒药物应用的临时性建议更新。

肾功能不全时的调整剂量

- 肾小球滤过率 50~80 ml/min：资料有限。因全身吸收有限可用常规剂量。
- 肾小球滤过率 10~50 ml/min：资料有限。因全身吸收有限可用常规剂量。
- 肾小球滤过率 <10 ml/min：资料有限。因全身吸收有限可用常规剂量。
- 血液透析时的剂量：无资料，因全身吸收有限可用常规剂量。
- 腹膜透析：无资料，可用常规剂量。
- 血液透析：无资料，可用常规剂量。

药物不良反应

常见

- 支气管痉挛，尤其在 COPD 和哮喘患者中易发生。应避免或慎重在这些人群中使用。

少见

- 咳嗽。

罕见

- 头痛。
- 恶心、呕吐、腹泻。
- 头晕。
- 肝功异常。

- 过敏反应。
- 谵妄和行为异常（包括自杀倾向）在接受包括扎那米韦在内的神经氨酸酶抑制剂患者中有报道（主要在日本）。

药物相互作用

- 无已知的药物相互作用。

药理学机制

- 抑制流感病毒神经氨酸酶并可能改变病毒颗粒的聚集和释放。

药代动力学参数

- 吸收度吸收很差只有 4%~17% 全身吸收。
- 峰浓度：血清峰浓度变化很大，用药 10 mg 后 1~2 小时，范围 17~142 ng/ml。
- 分布：主要在肺。
- 蛋白结合率：小于 10%。
- 代谢 / 排泄：原型从尿中排出。
- 半衰期：2.5~5.1 小时。

肝功能不全者药物用法

- 无资料，可用正常剂量。

孕期用药

- B 级动物实验中没有生长发育毒性、母体毒性或胚胎毒性。无人类资料。

哺乳期用药

- 无人类资料。动物数据乳汁中有排泌。

评价

- 雾化吸入的抗流感药物，对甲型和乙型流感均有效。奥司他韦耐药的甲型（H1N1）流感扎那米韦仍有效。用药需要一定的熟练度。因有导致支气管痉挛的危险，在有 COPD 或哮喘的患者应避免使用或慎用（手边要备有支气管扩张剂）。基于慈善的基础，CDC 备有静脉制剂以供紧急情况使用。

推荐依据

Fiore AE, Shay DK, Broder K, et al. Prevention and control of infl uenza: recommendations of the Advisory Committee on Immunization Practices (ACIP), 2008. MMWR Recomm Rep, 2008; Vol. 57; pp. 1 - 60.

注释：在美国，奥司他韦和扎那米韦一直是治疗和预防流感的推荐药物。临床医生可以参考耐药率的更新 (http://www.cdc.gov/flu/professionals/antivirals/index.htm)。

LalezariJ,CampionK,KeeneO,etal.ZanamivirforthetreatmentofinfluenzaAandBinfectioninhigh~riskpts:apooledanalysisofrandomizedcontrolledtrials.ArchInternMed,2001;Vol.161;pp.212 - 7.

注释：作者回顾了 1998~1999 年流感季节扎那米韦临床实验的经验。共 2571 例患者，其中 321 例为高危（COLD、心血管疾病、年龄 >65 岁）中的 151 例随机接受扎那米韦治疗。结果显示，扎那米韦治疗组和对照组相比，中位症状减轻时间为 2.5 天（P=0.015），恢复正常日常活动的中位时间少 3 天（P=0.02），并减少了 43% 的抗生素使用（P=0.05）。

推荐依据

Centers for Disease Control and Prevention (CDC). Oseltamivir–resistant novel infl uenza A (H1N1) virus infection in two immunosuppressed pts—Seattle, Washington,

2009. MMWR Morb Mortal Wkly Rep, 2009; Vol. 58; pp. 893 - 6.

Harper SA, Fukuda K, Uyeki TM et al. Prevention and control of infl uenza. Recommendations of the Advisory Committee on Immunization Practices (ACIP). MMWR Recomm Rep, 2005; Vol. 54; pp. 1 - 40.

Moscona A. Neuraminidase inhibitors for infl uenza. N Engl J Med, 2005; Vol. 353; pp. 1363 - 73.

生物制剂

替加色罗

Paul A. Pham, PharmD and John G. Bartlett, MD

Drotrecoginalpha（替加色罗 a，一种纤维蛋白原拮抗剂活性成分，目前已撤市。译者注）

适应证

FDA 批准的适应证

- Drotrecogin 适用于降低高死亡危险（比如根据 APACHE II 评分）的严重脓毒症（脓毒症伴有急性器官功能障碍）患者的死亡率。
- 不适用于儿科患者（一项随机对照实验的中期分析表明，Drotrecogin 和安慰剂相比，没有改善主要终点—“器官衰竭完全恢复的总体时间”，而出血风险增加）

商品名（生产厂家）	规格	价格 *
Xigris（礼来）	静脉针剂 5 mg 静脉针剂 20 mg	364 美元 1456 美元

* 价格为平均批发价（AWP）

成人常规剂量

- 禁忌证：活动性内出血、新近的出血性卒中（3 个月内）、近期的颅内或脊髓手术偶然严重头部创伤、伴有高度危及生命出血风险的创伤、硬膜外留置导管以及有脑疝征象的颅内肿瘤或占位病变。
- 24 mcg/kg/h × 96h，如果输注中断可以再次开始 24 mcg/kg/h 输注（不推荐负荷剂量）。

肾功能不全时的调整剂量

- 肾小球滤过率 50~80 ml/min：资料有限。常规剂量：24 mcg/kg/h × 96h。
- 肾小球滤过率 10~50 ml/min：资料有限。常规剂量：24 mcg/kg/h × 96h。
- 肾小球滤过率 <10 ml/min：资料有限。常规剂量：24 mcg/kg/h × 96h。
- 血液透析时的剂量：资料有限。常规剂量：24 mcg/kg/h × 96h。
- 腹膜透析：资料有限。常规剂量：24 mcg/kg/h × 96h。
- 血液透析：无资料。可用常规剂量：24 mcg/kg/h × 96h。

药物不良反应

常见

- 出血，报道在 Drotrecogin 治疗患者中发生率 25%，而安慰剂组为 18%。严重出血事件 Drotrecogin 组为 3.5%，安慰剂组为 2%（P=0.06）。颅内出血报道发生率 0.2%~2.5%。
- 警告：下列情况会增加出血风险以致被排除在 3 期临床实验以外。应用 Drotrecogin 前一定要小心评估出血风险。
- 血小板计数 <30 000/mm^3，即使输注后血小板计数增加。凝血酶原时间 INR>3.0。严重慢性肝病。
- 近期的消化道出血（6 周内）。
- 近期的缺血性卒中（3 个月内）。

- 颅内动脉畸形或动脉瘤。
- 已知的出血素质。

药物相互作用

- 因增加出血风险需避免下述药物：溶栓治疗（3 天内）、华法林（7 天内）、糖蛋白 IIb/IIIa 抑制剂、阿司匹林（3 天内）、抗凝血酶 III（12 小时内）、低分子肝素和静脉普通肝素。

药理学机制

- 脓毒症导致血栓形成、纤溶受损并诱发炎症反应。活化的蛋白 C 通过抑制因子 Va 和 VIIIa，增强纤溶活性，并且在体内抑制肿瘤坏死因子合成。

药代动力学参数

- 吸收度——
- 峰浓度：平均稳态浓度：45 ng/ml。
- 代谢 / 排泄 Drotrecogin 被内源性蛋白酶抑制剂灭活。
- 半衰期约 30 分钟

肝功能不全者药物用法

- 资料有限。常规剂量：24 mcg/kg/h × 96h。

孕期用药

- C 级无资料

评价

- 应为严重出血的风险以及在 APACHE II 评分 <25 的患者中未表现出益处，推荐应用的标准：（1）严重脓毒症患者，APACHE II 评分 >25，怀疑或已证实病因为感染，具有 3 个或以上的全身炎症反应的征象（参见脓毒症单元）；和（2）脓毒症导致的 1 个以上的器官功能障碍。在有出血危险的患者应用 Drotrecogin 是相对禁忌。

推荐依据

Abraham E, Laterre PF, Garg R, et al. Drotrecogin alfa (activated) for adults with severe sepsis and a low risk of death. N Engl J Med, 2005; Vol. 353; pp. 1332 - 41.

其他

林旦

Paul A. Pham, PharmD and John G. Bartlett, MD

适应证

FDA 批准的适应证

- 用于患者对更安全的一线虱病或疥疮治疗药物（如氯菊酯）不耐受或治疗失败的情况下疥螨（疥疮）的治疗
- 非 FDA 批准的适应证
- 虱病。

商品名（生产厂家）	规格	价格 *
林旦（通用名）	外用溶液 1%（60 ml） 外用香波 1%（2 盎司）	5.43 美元 5.16 美元

* 价格为平均批发价（AWP）

成人常规剂量

- 虱：1 盎司 1% 的香波涂于头发和头皮（保持至少 4 分钟）。
- 疥疮：1% 的外用软膏涂布全身（至少保留 6~12 小时再冲洗）。在流行地区或者用药 2 周后仍可发现活虱，推荐再次用药。

肾功能不全时的调整剂量

- 肾小球滤过率 50~80 ml/min：常规剂量。
- 肾小球滤过率 10~50 ml/min：无资料，可用常规剂量。
- 肾小球滤过率 <10 ml/min：无资料，可用常规剂量。
- 血液透析时的剂量：无资料
- 腹膜透析：无资料。
- 血液透析：无资料。

药物不良反应

常见

- 瘙痒。

少见

- 神经毒性（多见于体重 <50 kg、少年儿童和老年患者）：癫痫发作、头痛、淡漠、幻觉、抽搐、感觉异常和肌阵挛。

罕见

- 反复长期用药有因癫痫发作致死的报道。

药物相互作用

- 未知

药理学机制

- 一种环状氯化碳氢化合物，能刺激节肢动物的神经系统，导致癫痫发作和死亡。

药代动力学参数

- 吸收：吸收度局部用药全身吸收 9%。
- C_{max}：局部用药后 3~28 ng/ml。
- 分布：分布于脂肪组织。
- 代谢 / 排泄：肝脏代谢。

・半衰期：17.9~21.4 小时

肝功能不全者药物用法

・避免长时间暴露。

孕期用药

・B 级无人类资料。动物研究无致畸性。因为潜在神经毒性，氯菊酯是更安全的选择。

哺乳期用药

・无资料。因为潜在神经毒性，氯菊酯是更安全的选择。

评价

・氯菊酯和林旦相比，疗效相似而神经毒性更低，因而是治疗疥疮的首选(Schultzetal.ArchDermatol1990;126:167 - 70)。禁用于新生儿、有癫痫的患者和挪威疥（结痂性疥疮）。因神经毒性危险增加，避免用于体重 <50kg 者。

推荐依据

Schultz MW, Gomez M, Hansen RC, et al. Comparative study of 5% permethrin cream and 1% lindane lotion for the treatment of scabies. Arch Dermatol, 1990; Vol. 126 ; pp. 167 - 70.

Singal A, Thami GP . Lindane neurotoxicity in childhood. Am J Ther, 2006; Vol. 13; pp. 277 - 80.

马拉松

Paul A. Pham, PharmD and John G. Bartlett, MD

适应证

FDA 批准的适应证

・头虱，4 岁以上儿童适用

商品名（生产厂家）	规格	价格 *
Ovide(Taro)	0.5% 外用溶液	133.73 美元 / 2 盎司
* 价格为平均批发价		

成人常规剂量

・适量用于干发使之充分湿润，保留至自然干燥，8~12 小时后用洗发液洗去。用细齿梳除去死掉的虱子和卵。如果仍可发现虱子一周内可再重复 1 次。一项随机研究提示马拉松保留 20 分钟疗效相当。

肾功能不全时的调整剂量

・肾小球滤过率 50~80 ml/min：常规剂量。

・肾小球滤过率 10~50 ml/min：常规剂量。

・肾小球滤过率 <10 ml/min：无资料，可用常规剂量。

・血液透析时的剂量：无资料，可用常规剂量。

・腹膜透析：无资料，可用常规剂量。

・血液透析：无资料，可用常规剂量。

药物不良反应

少见

・局部皮肤刺激。

・警告：易燃溶液。

罕见

· 仅推荐外用。有报道误服（蓄意投毒）可致死（误服建议按有机磷中毒处理）。

药物相互作用

· 未知。

药理学机制

· 马拉松是一种具抗胆碱酯酶活性的有机磷杀虫剂。虱及其幼虫直接接触 3 秒即可致死。

药代动力学参数

· 吸收：吸收度全身吸收不足 10%，快速代谢和排泄。

· 代谢 / 排泄：快速代谢和排泄。

· 半衰期：内服 7.6 小时。

肝功能不全者药物用法

· 无资料。可用常规剂量。

孕期用药

· B 级动物实验无致畸性。

哺乳期用药

· 无资料

评价

· 马拉松治疗头虱安全有效。不像林旦或氯菊酯，马拉松需要保留用药 8~10 小时，但新近研究显示保留用药 20 分钟也有效。

推荐依据

Meinking TL, Vicaria M, Eyerdam DH, et al. Effi cacy of a reduced application time of Ovide lotion (0.5% malathion) compared to Nix creme rinse (1% permethrin) for the treatment of head lice. Pediatr Dermatol, 2004; Vol. 21; pp. 670 - 4.

氯菊酯

Paul A. Pham, PharmD and John G. Bartlett，MD

适应证

FDA 批准的适应证

· 虱病。

· 疥疮（疥螨）。

非 FDA 批准的适应证

· 虱。

商品名（生产厂家）	规格	价格 *
Elimite(Allergan)	5% 外用乳膏（60 g）	72.45 美元
氯菊酯（Alpharma 和其他厂商）	1% 外用溶液（60 ml） 0.5% 外用喷雾剂（5 盎司） 5% 外用乳膏（60 g）	8.18 美元 5.12 美元 29.25 美元

* 价格为平均批发价（AWP）

成人常规剂量

· 头虱：1% 乳膏涂抹于头发和头皮，保留至少 10 分钟。用梳子除去虫卵和幼虫；

治疗 7 天后如果还能发现活虱可重复使用。
- 疥疮：5% 外用乳膏涂抹全身；保留 8~12 小时后再洗去。在流行区或用药 2 周后仍能发现活虫，建议再次用药。

肾功能不全时的调整剂量
- 肾小球滤过率 50~80 ml/min：常规剂量。
- 肾小球滤过率 10~50 ml/min：常规剂量。
- 肾小球滤过率 <10 ml/min：常规剂量。
- 血液透析时的剂量：常规剂量。
- 腹膜透析：常规剂量。
- 血液透析：无资料，可用常规剂量。

药物不良反应
一般
- 通常耐受良好。

常见
- 瘙痒。

少见
- 烧灼感和刺痛。

药物相互作用
- 未知。

药理学机制
- 是寄生虫的神经毒素，通过对神经细胞膜去极化发挥作用。

药代动力学参数
- 吸收度：很少或无全身吸收。
- 代谢 / 排泄：代谢为无活性产物经尿排出。

肝功能不全者药物用法
- 无资料，可用常规剂量。

孕期用药
- B 级：无人类资料。动物研究无致畸性。CDC 认为氯菊酯可作为妊娠期间用药选择。

哺乳期用药
- 无人类资料；动物研究显示乳汁中有分泌。CDC 认为氯菊酯可作为哺乳期间用药选择。
- 评价
- 氯菊酯与林旦相比，疗效相当，神经毒性更低，更适于治疗疥疮 Schultzetal. ArchDermatol1990;126:167 - 70。

推荐依据

Schultz MW, Gomez M, Hansen RC, et al. Comparative study of 5% permethrin cream and 1% lindane lotion for the treatment of scabies. Arch Dermatol, 1990; Vol. 126; pp. 167 - 70.

第五部分
疫苗

疫苗

炭疽疫苗

Paul A. Pham, PharmD and John G. Bartlett, MD

疫苗类型

- 炭疽疫苗（AVA，BIOTHRAX），灭活疫苗，制备自经培养毒力减低的炭疽杆菌菌株的无芽孢无细胞滤液，不含活或死的菌体（前苏联曾制备减毒活疫苗，但应用时间很短）。

适应证

预防接种咨询委员会（ACIP）建议

- 炭疽疫苗的常规接种适用下述人群：a）工作中接触炭疽杆菌培养产物和 b）接触高危的气溶胶产物。常规处理临床标本的实验室人员，采取生物安全 2 级防护措施，暴露于炭疽杆菌芽孢的危险并不高。
- 在美国并不推荐兽医常规接种炭疽疫苗，因为动物发病率很低。在炭疽流行高危地区处理可能感染动物的高危人群应考虑接种。
- 不推荐常规接种疫苗以防范生物恐怖主义（如第一反应者、联邦负责人、医务人员和普通市民），但公民生物防范工作组推荐生物袭击暴露后应接种疫苗并联合应用抗生素 60 天。
- ACIP 建议如果联合应用暴露后的疫苗接种和预防性抗生素治疗，慎重起见抗生素应用至接种第三剂疫苗后 7~14 天。

其他信息

- 暴露后预防：一项在灵长类中进行的研究显示单用炭疽疫苗无效。疫苗和有抗炭疽活性的抗生素同时应用才有效。对于未预防接种的人群，暴露后预防性抗生素的疗程如果单用青霉素需 60 天。
- 作为对延长暴露后抗生素预防的补充，国防部已经授命美军可以为所有现役和预备役军人进行暴露前的疫苗接种。
- 一些高危人群也应考虑暴露前的疫苗接种

商品名	剂型	费用 *
BioThrax(BioportCorp,Lansing, Michigan)	皮下注射针剂 10 剂 / 支	900 美元 / 支

* 价格为平均批发价

病原体针对性保护

- 炭疽杆菌

剂量 / 用法

首次接种

- 剂量（暴露前预防）：0.5 ml 皮下注射 6 剂（0，2，4 周然后 6，12 和 18 个月）。应用 6 剂是因为这一用法在 20 世纪 50 年代的注册实验获得 FDA 批准（Brachman）。

加强接种

- 复种：需要每年加强注射 1 剂（0.5 ml）以维持免疫力

不良反应

一般原则

- 无长期后遗症的报道
- 通常耐受良好

常见

- 注射部位结节：最常报道的局部反应，在女性更常见（60%)vs 男性 (30%），原因不明。
- 约4% 发展大面积的红斑肿胀可以扩展到肘前窝——经常被误诊为细菌性蜂窝织炎。

偶见

- 头痛（0.4%）
- 肌肉关节疼痛
- 头痛
- 乏力

罕见

- 过敏

疫苗 / 药物相互作用

无已知的药物相互作用。

禁忌证

- 疫苗过敏史。既往的炭疽感染（注：曾接种过炭疽疫苗或有炭疽病史者严重不良事件多发）。

免疫应答

- 免疫力和抗体定量水平的关系还有待评价。保护起效：在接种第二剂（第一剂后 3~4 周）后约 7 天抗体滴度升高 3~4 倍，明确的最低的有效抗体应答尚未确立，但看起来到抗生素停用时已经足以预防发病。估计 83% 的人在接种第二剂疫苗后诱发出免疫应答，95% 以上在第三剂疫苗后抗体滴度有 4 倍以上升高。

临床效果

- 安慰剂对照的人体实验显示对皮肤炭疽有效。灵长类动物模型显示抗生素可以预防吸入性炭疽，但不能防止再次感染。
- 无论如何，所有动物实验表明疫苗加上抗生素能防止再感染 (Friedlanderetal. JID1993;167:1239)。

其他信息

- 疫苗只适用有于吸入性炭疽的危险时，当然同样能预防皮肤炭疽。在有足够的疫苗储备以前，可靠的保护必须依靠抗生素。
- 工作中接触动物皮革、骨肉、毛发、毛织物等感染的危险性因工业标准的变化和进口限制已经降低。暴露前的预防接种只推荐用于那些标准和限制不健全，不足以防止接触到炭疽孢子的人。
- 妊娠安全性：D 类。1998 到 1999 年，在服役于世界范围内的美军女性中进行的一项未公开的研究提示，疫苗与出生缺陷增加有关。然而，在一项公开发表的，纳入 4092 女性的队列研究中，未发现疫苗对妊娠和新生儿有不良影响 Wiesen ARetal.JAMA2002;287:1556。

有暴露可能的人要观察发热等疾病的征象。

推荐依据

Advisory Committee on Immunization Practices. Use of anthrax vaccine in the United States. MMWR Recomm Rep, 2000; Vol. 49; pp. 1 - 20.

注释：ACIP 的推荐 .

疾病控制和预防中心(CDC).Use of anthrax vaccine in response to terrorism: supplemental recommendations

of the Advisory Committee on Immunization Practices. MMWR Morb Mortal Wkly Rep, 2002; Vol. 51; pp. 1024 - 6.

注释：ACIP 的推荐。

白喉疫苗

John G. Bartlett, MD and Paul A. Pham

疫苗类型

- Td，DT 和 Tdap（白喉类毒素加破伤风和（或）百日咳疫苗）

适应证

ACIP 推荐

- 对于 a）产后妇女，b）密切接触 12 个月以下的新生儿（最晚接触前 2 周接种），以及 c）所有接触患者的医护人员。推荐在 Td 免疫接种 2 年后立即接种 Tdap。
- 在没有 Tdap 接种史的 65 岁以下的成年人，Tdap 可以取代 Td。（这是一种单剂 1 次性接种的疫苗；否则继续用 Td 加强。）
- 有百日咳病史的成人应接种 Tdap。
- 10 年未接种 Td 的妊娠妇女。
- 不能明确以前是否系列完整接种了含破伤风和白喉类毒素疫苗的成人，应按首次免疫完成系列接种。（参见剂量推荐下得“成人 Td，初次系列”）。

其他信息

- 旅游者：如果感染白喉的危险高应预防接种

商品名	剂型	费用 *
ADACEL（Sanofipasteur）	肌注针剂 2~2.5~5/0.5 ml	46.90 美元
Infanrix(GlaxoSmithKline)	肌注针剂(预充)25~58~10/0.5 ml 肌注针剂 25~58~10/0.5 ml	26.24 美元 26.20 美元
DECAVAC(Sanofipasteur)	肌注针剂（预充） 5~2 LFU/0.5 ml 肌注针剂 5~2 LFU	23.55 美元 23.55 美元
DT(Sanofipasteur)	肌注针剂 0.5 ml	29.00 美元
BOOSTRIX(GlaxoSmithKline)	肌注针剂（预充） 2.5~8~5/0.5 ml 肌注针剂 2.5~8~5/0.5 ml	45.31 美元 5.31 美元
Pediarix(GlaxoSmithKline)	肌注针剂（预充） 10~25~25/0.5 ml 肌注针剂每支 0.5 ml	83.71 美元 83.71 美元
DADPTACEL(Sanofipasteur)	肌注针剂 2~2.5~5/0.5 ml	46.23 美元
TriHIBit 只供强化用 (Sanofipasteur)	肌注针剂套装 6.7~46~8.5	52.86 美元
Tripedia(Sanofipasteur)	针剂 6.7~46~8.5	26.18 美元

* 价格为平均批发价

剂量 / 用法

首次接种

- ADACEL（成人白喉 / 破伤风 / 百日咳三联疫苗）：1 剂（0.5 ml）肌肉注射。DECAVAC（成人破伤风白喉疫苗）：0.5 ml，3 剂；第一剂和第二剂间隔 4 到 8 周，第二剂和第三剂间隔 6 到 12 个月。INFANRIX（儿童白喉 / 破伤风 / 百日咳三联疫苗）：0.5 ml（5 剂），2、4、6 月龄时肌肉注射，15 到 20 月龄以及 4 到 6 岁时分别加强 1 剂。DT（儿童白喉 / 破伤风疫苗）：6 周时开始，共用 3 剂 0.5 ml，每剂间隔 4 到 8 周，第三剂后 6 到 12 个月以再用 1 剂。PEDIATRIX（儿童 Tdap+ 灭活的脊髓灰质炎疫苗）：0.5 ml，肌肉注射，2 月龄开始，间隔 8 周，共用 3 剂。DADPTACEL（儿童 Tdap）：0.5ml，肌肉注射。

加强接种

- 推荐每 10 年加强接种 1 次。成人：ADACEL（1 次）或 DECAVAC 0.5 ml 肌注每 10 年 1 次。儿童：DT（4 到 6 岁间的儿童）0.5 ml 肌注。那些 4 岁前已经接受完整 4 剂疫苗接种的儿童可以在入幼儿园或小学前加强接种 1 次。如果之前的第 4 剂接种是在 4 岁以后，则不需要再加强。然而，成年人需要每 10 年接受破伤风和白喉吸附毒素类疫苗的常规加强免疫。7 岁以上的人不应在接受 DT（儿童用）免疫。BOOSTRIX：10 到 18 岁者单剂 0.5 ml 肌肉注射。TriHIBit（Tdap+Hib）：0.5 ml 肌肉注射。

不良反应

一般原则

- 通常耐受良好。

常见

- 注射部位疼痛和压痛；发生率随剂量增加而增多。

罕见

- 过敏。
- 脑病。
- 关节痛。
- 发热。
- 格林巴利综合征。
- 阿瑟氏（Arthus）反应（严重疼痛、肿胀、硬化、水肿、出血和局部坏死）。

疫苗 / 药物相互作用。

- 同时接种 DT，MMR，OPV 或灭活脊髓灰质炎疫苗（IPV）以及嗜血杆菌 b 偶联疫苗（HbCV）是可行的。
- 免疫抑制治疗，包括放疗、抗代谢药物、烷化剂、细胞毒药物和糖皮质激素（超过生理剂量应用），会降低对疫苗的免疫应答。

禁忌证

- 对疫苗成分过敏的病史。
- 百日咳疫苗接种后 7 天内发生脑病者不应接种 Tdap。
- 有格林巴利综合征病史者（含破伤风毒素疫苗接种 6 周内）应慎用，严重疾病的急性或稳定期、不稳定的神经疾病或阿瑟氏过敏反应。

免疫应答

- 通常应答良好，老年人群应答下降。抗破伤风应答：几乎 100% 抗破伤风抗体水平 >0.1 IU/ml，加强免疫应答率 90~93%。抗白喉应答：99.9% 血清保护性抗白喉抗体水平 >0.1 IU/ml，加强免疫应答率 91~96%。针对百日咳抗原的抗百日咳应答率 89%，加强免疫为 95%。

临床效果

- 疫苗非常有效
- 1999 年美国无一例白喉发生。

其他信息

- Td 更适合成人（局部反应少）和妊娠期
- DT：适于儿童，7 岁以上禁用。
- ADACEL 和 DAPTACEL（儿童 DTaP）含有相同的破伤风毒素、白喉毒素和 5 种白喉抗原，但 ADACEL 配方中白喉和减毒的百日咳毒素剂量较低。

推荐依据

Kretsinger K, Broder KR, Cortese MM, et al. Preventing tetanus, diphtheria, and pertussis among adults: use of tetanus toxoid, reduced diphtheria toxoid and acellular pertussis vaccine recommendations of the Advisory Committee on Immunization Practices (ACIP) and recommendation of ACIP, supported by the Healthcare Infection Control Practices Advisory Committee (HICPAC), for use of Tdap among health-care personnel. MMWR Recomm Rep, 2006; Vol. 55; pp. 1 - 37.

注释：ACIP 的推荐在 2006 年有所变化，将 Tdap 纳入了 65 岁以下人群的单剂量单次免疫疫苗。

ACIP. Recommended Adult immunization schedule. United States, October 2007. September 2008. MMWR, 2007; Vol. 56; p. 41.

注释：ACIP 推荐成人接种。

流感嗜血杆菌（HIB）疫苗

Paul A. Pham, PharmD and John G. Bartlett, MD

疫苗类型

- B 型流感嗜血杆菌偶联疫苗

适应证

ACIP 推荐

- 所有儿童都应接种，通常 2 月龄时开始。

其他信息

- 建议如果可能，在脾切除之前 2 周接种。

商品名	剂型	费用 *
Comvax（Merk）	肌注针剂 5~7.5~125/0.5 ml	52.58 美元 / 支
PedvaxHIB（Merk）	肌注针剂 7.5mcg/0.5 ml	27.53 美元 / 支

* 价格为平均批发价

病原体针对性保护

- B 型流感嗜血杆菌

剂量 / 用法

首次接种

- Comvax：HBsAg 阴性母亲的新生儿应肌注 3 剂 0.5 ml，理想时间是在 2、4 和 12~15 月龄。HBsAg 阳性性母亲的新生儿出生后应接种乙肝疫苗和乙肝免疫球蛋白并完成乙肝系列疫苗接种。PedvaxHIB：2 到 14 月龄的新生儿应接种 0.5 ml 的疫苗，理想时间是在 2 月龄接种第一剂，2 月后再接种 1 剂 0.5 ml。如果开始的 2 剂都在 12 月龄以前完成，需要加强一剂。

加强接种

- 对 12 个月前完成初始 2 剂的儿童，在 12 到 15 月龄间需加强 1 剂（0.5 ml），但不能早于第二剂后 2 个月。

不良反应

一般原则

- 通常耐受良好，不良反应与安慰剂类似。

偶见

- 发热（第二剂后 3%~4.3%）。
- 注射部位反应（第二剂后红斑 0.7%~1.2%，肿胀和硬结 0.9%~3.7%）。
- 激惹。
- 嗜睡。

罕见

- 过敏反应。

疫苗 / 药物相互作用

- 可以与 DTP、DTaP、脊髓灰质炎口服活疫苗（OPV）、MMR、乙肝疫苗和灭活脊髓灰质炎疫苗（IPV）同时接种。
- 免疫抑制治疗，包括放疗、抗代谢药物、烷化剂、细胞毒药物和糖皮质激素（超过生理剂量应用），会降低对疫苗的免疫应答。

禁忌证

- 对疫苗成分过敏

免疫应答

- 接种疫苗后血清抗体水平 >1.0 mcg/ml 与针对 b 型流感嗜血杆菌疾病的长期保护相符合。ActHIB 疫苗诱导的平均抗 PRP 抗体水平，在 90% 的初次接种的新生儿和 98% 的加强免疫者可以 >1.0mcg/ml。

临床效果

- 随机安慰剂对照实验显示有效率 93%。观察性研究报道有效率达 100%。

推荐依据

作者未注明。Haemophilus b conjugate vaccines for prevention of Haemophilus infl uenzae type b disease among infants and children two mos of age and older. Recommendations of the immunization practices advisory committee (ACIP). MMWR Recomm Rep, 1991; Vol. 40; pp. 1 - 7.

注释：ACIP 推荐。

甲型肝炎疫苗（HAV）

Paul A. Pham, PharmD and John G. Bartlett, MD

疫苗类型

福尔马林灭活的死疫苗

适应证

ACIP 推荐

- 适于 12 月龄以上人群的常规免疫接种以预防甲型肝炎病毒导致的疾病。
- 高危人群包括：男同性恋者、静脉药瘾者、凝血功能障碍者、慢性肝病如慢性乙型或丙型肝炎者、处理甲肝病毒或研究非人类的灵长类动物的实验室人员
- 旅行：要去甲肝流行区域的旅行者（参见 http://wwwn.cdc.gov/travel/content Diseases.aspx）。到北欧和西欧、新西兰、澳大利亚、加拿大和日本不需要接种甲肝疫苗

品种规格

商品名	剂型	费用 *
Havrix（葛兰素史克）	肌注针剂 1440 U/ml	74.93 美元
	肌注预充针剂 720 U 0.5/ml	35.93 美元
	肌注针剂 1440 U/ml	74.93 美元
	肌注预充针剂 7200 U/0.5ml	35.93 美元
VAQTA（Merk）	肌注针剂 50 U/ml	74.80 美元
	肌注针剂 25 U/0.5ml	37.78 美元
Twinrix(HBV+HAVvaccines)	肌注针剂 20 mcg~720 U	106.18 美元
（葛兰素史克）	肌注预充针剂 20 mcg~720U	106.18 美元

* 价格为平均批发价

病原体针对性保护

- 甲型肝炎病毒

剂量 / 用法

首次接种

- Harvix1440ELISA 单位（1 ml）1，推荐 6 到 12 个月之间加用 1 次以获得持久免疫力。Harvix720 单位 /0.5 ml 肌注 1（12 个月龄 ~18 岁），6~12 个月后重复 1 次。成人：VAQTA 肌注 50 单位 /1 ml 1，6~18 个月后再用 1 次。儿童：VAQTA 肌注 25 单位 /0.5 ml 1（12 月龄到 18 岁），16~18 个月后再用 25 单位 /0.5 ml。Twinrix（甲肝 / 乙肝复合疫苗）1 ml（720 单位甲肝疫苗 /20 mcg 乙肝疫苗）肌注 0、1、6 月龄或替代方案 0、7、21~30 天，然后 12 个月各接种 1 剂。三角肌区注射。TWINRIX 不应在臀肌注射；此部位注射会造成应答不理想。成人初次免疫包括 3 剂，分别在第 0、1 和 6 个月给药。Twinrix 未获准用于 18 岁以下人群。

加强接种

- 保护时间：最低 10 年（不推荐加强）。初次接种 8 年后保护性抗体水平大于 20 mU/ml。

不良反应

常见

- 局部反应高达 56%（注射部位的溃疡、压痛和疼痛）。

偶见
- 发热（4%）。
- 头痛（14%）。
- 乏力（7%）。
- 儿童可见激惹、嗜睡和食欲下降。

罕见
- 过敏
- 格林巴利综合征（每 100,000 人年 0.2 例。不高于本底发生率）。

疫苗 / 药物相互作用
- 免疫抑制治疗降低疫苗应答。

禁忌证
- 对疫苗的任何组分过敏，包括新霉素（Twinrix 和 Harvix 中含有）。

免疫应答
- 血清转换 80% 于 15 天内发生，>96% 于 30 天内出现。第二剂后几乎 100% 产生免疫应答。抗甲肝病毒抗体水平超过 10~20 mU/ml 有保护作用。

临床效果
- 在儿童，对甲型肝炎的保护率，HAVRIX 是 94%，VAQTA 是 100%。
- 在成人，97% 接受 1 剂 VAQTA 后抗甲肝病毒抗体水平超过 10 mU/ml。
- 起效时间：15~30 天。
- 为获得充分保护，甲肝疫苗须在预期暴露前 2 周接种。对预计 2 周内去往流行区的旅行者，建议应用混合免疫球蛋白替代。
- 不推荐用于暴露后预防；如果最后 1 剂疫苗接种于暴露前 30 天以上，不需应用免疫球蛋白。

其他信息
- 关于甲肝病毒的详细情况参见甲型肝炎病原体模型。
- 妊娠危险性：C。无动物或人类资料。仅在有明确适应证时应用。
- 免疫抑制者可能不会产生抗体或可能需要额外的加强接种。

随访
- 免疫期已知至少长达 8 年。
- 不推荐加强免疫。

推荐依据

Advisory Committee on Immunization Practices (ACIP), Fiore AE, Wasley A, et al. Prevention of hepatitis A through active or passive immunization: recommendations of the Advisory Committee on Immunization Practices (ACIP). MMWR Recomm Rep, 2006; Vol. 55; pp. 1 - 23.

乙型肝炎疫苗（HBV）

Paul A. Pham, PharmD and John G. Bartlett, MD

疫苗类型

RecombivaxHB：酿酒酵母（面包师酵母）产生的重组疫苗。Engerix-B：重组疫苗，也由酿酒酵母产生。Twinrix：二价疫苗，同时提供对甲型和乙型肝炎的保护：甲肝疫苗（720ELISA 单位 /ml）和乙肝疫苗（20mcg HBsAg/ml）。

适应证

ACIP 推荐

- 年龄 12 岁以下的所有新生儿和儿童。
- 从事危险职业者（如医务人员）；有高危生活方式者（如静脉毒瘾、性传播疾病史、同性恋或双性恋的男性以及过去 6 个月中有 1 个以上性伴侣者）；教养所人员。
- 血液透析、血友病、慢性肝病和 HIV 感染者。
- 环境危险因素：密切接触乙肝病毒携带者，性伴侣患慢性乙肝病毒感染，发育残疾机构的工作人员。
- 乙肝病毒和妊娠：（1）所有孕妇应检测 HBsAg。（2）HBsAg 阳性母亲的新生儿，应接受高效价乙肝免疫球蛋白（HBIG 0.5 ml）肌注 1 和乙肝疫苗（0.5 ml）肌注 1（在出生后 12 小时内）；新生儿在 1 和 6 月龄应完成系列乙肝疫苗（0.5 ml）肌注（5 mcg Recombivax 或 10 mcg Engerix-B）。HBIG 应该用至出生后 7 天。（3）如果母亲 HBsAg 状况不明，新生儿应于出生 12 小时内接种乙肝疫苗，如接下来 HBsAg 检测回报阳性，应于 7 天内给予 HBIG。如果新生儿早产且体重低于 2000 g，因这种情况下乙肝疫苗效果降低，应于 12 小时内给予 HBIG。（4）HBsAg 阴性母亲的新生儿行常规乙肝疫苗接种（乙肝疫苗（0.5 ml）肌注 3（5mcg Recombivax 或 10 mcg Engerix-B）分别与出生后 0,1,6 个月）。

其他信息

- 旅行者：在计划到乙肝患病率 >2% 的地区居住 6 个月以上，并且和当地居民有密切接触者需考虑接种（参见 http://wwwn.cdc.gov/travel/contentDiseases.aspx.htm）。
- 职业或非职业暴露后应预防接种

商品名	剂型	费用 *
Engerix-B（葛兰素史克）	肌注针剂 20 mcg/ml	64.69 美元
	肌注针剂 10 mcg/0.5 ml	26.77 美元
	肌注预充针剂 20 mcg/ml	64.69 美元
	肌注预充针剂 10 mcg/0.5 ml	26.71 美元
RecombivaxHB（Merk）	肌注针剂 10 mcg/ml	74.44 美元 / 支
Comvax（Merk）	肌注针剂 5~7.5~125/o.5 ml	53.32 美元
Twinrix（葛兰素史克）	肌注预充针剂 20 mcg~720	106.18 美元
	肌注针剂 20 mcg~720	106.18 美元

* 价格为平均批发价

病原体针对性保护

- 乙型肝炎病毒

剂量 / 用法

首次接种

- Recombivax HB（标准剂量）：10 mcg/ml，分别于0,1,6月肌注。Recombivax HB（高剂量）：用于血液透析（和可能其他免疫低下者），40 mcg/ml，分别于0,1,6月肌注。Engerix-B：20 mcg（1 ml），分别于0,1,6月肌注（或者0，1,2和12月以更快诱导免疫）。血液透析者剂量加倍（Engerix-B2剂20 mcg/ml）。注意：如果接种计划被打断，间隔2个月以上重新开始第二剂和第三剂也有良好效果。Comvax：HBsAg阴性母亲的新生儿应接种三剂0.5 ml的Comvax，最理想应在2,4和12~15月龄接种。Twinrix：1ml（20 mcg~720 U）肌注，按0,1,6月计划接种或者替代方案分别在0,7,21~30天以及12个月时接种。

加强接种

- 再次接种：有争议，因抗体水平不能反映免疫记忆；无论抗体水平如何，已证实免疫保护持续12年以上。如果再次接种，3剂的应答率30~50%。

不良反应

一般原则

- 无证据表明与多发性硬化的发病和复发相关。
- 通常耐受良好。在同时接种乙肝疫苗和DTP的儿童，观察到轻微不良反应，和单独接种DTP的儿童相比并未增加。

常见

- 注射部位反应（硬结、疼痛、红斑）发生率3%~29%

偶见

- 发热>37.7C（1~6%），和安慰剂相当

罕见

- 过敏
- 与格林巴利综合征无关

疫苗 / 药物相互作用

- 无已知的药物相互作用。
- 可以和DTP同时接种。

禁忌证

- 对疫苗的任何成分包括酵母过敏。

免疫应答

- 保护生效：第三剂后1个月。应答率：青年健康成人>95%。以下情况会导致应答率降低年龄大于40岁（86%），特定的HLA单体型、吸烟、肥胖、糖尿病（70~80%）、CD4<200的HIV感染（18~72%），血液透析、肾和肝功能不全（60~70%）。

临床效果

- 在同性恋男性保护率80~95%，实际上100%产生保护性抗体（>10 mU/ml）。

其他信息

- 对那些应答率低者（如HIV感染者）和需根据此情况进行下一步的处理者（如卫生从业人员和血液透析者）建议行接种疫苗后的血清检测。

- 有效的免疫应答定义为 HBsAb>10 mU/ml，接种第三剂后 1 个月检测。
- 乙肝疫苗注射入脂肪而不是肌肉中会导致应答率较低，因此注射针头足够长非常重要。
- 60~90 公斤的女性和男性：使用 2.5 cm 长的针头。>90 公斤的男性和女性：需 3.8 cm 的针头。<60 公斤的女性：1.6 cm 长的针头。
- 妊娠安全性：C 类。除非患者妊娠期间有高度感染风险，绝大多数专家建议乙肝疫苗延迟到产后接种。
- 血液透析和 HIV 感染者用双倍剂量（40 mcg）更有效。

推荐依据

Mast EE, Margolis HS, Fiore AE, et al. A comprehensive immunization strategy to eliminate transmission of hepatitis B virus infection in the United States: recommendations of the Advisory Committee on Immunization Practices (ACIP) part 1: immunization of infants, children, and adolescents. MMWR Recomm Rep, 2005; Vol. 54; pp. 1 - 31.

注释：ACIP 推荐。

人乳头瘤病毒（HPV）疫苗

Paul A. Pham, PharmD and Khalil G. Ghanem, MD

疫苗类型

四价（6,11,16,18 型）重组疫苗。不含遗传物质—所以不具有传染性的病毒样颗粒（VLP）。

适应证

ACIP 推荐

- 推荐女性接种疫苗的年龄为 11~12 岁。疫苗接种年龄可小至 9 岁。对之前未接种过的女性建议 13~26 岁间补种。

其他信息

- FDA 批准的适应证：9~26 岁的女孩和妇女预防 6、11、16 和 18 型人乳头瘤病毒导致的宫颈、外阴（VIN）和阴道肿瘤（VaIN）。
- FDA 批准用于 9~26 岁男性预防 6 和 11 型人乳头瘤病毒导致的生殖器疣。

商品名	剂型	费用 *
Gardasil（Merk）	肌注针剂 20~40 mcg/0.5 ml	156.43 美元
	肌注预充针剂 20~40 mcg/0.5 ml	158.86 美元

* 价格为平均批发价

病原体针对性保护

- 人乳头瘤病毒 6、11、16 和 18 型。

剂量 / 用法

首次接种

- 0.5 ml 分别于 0、2 和 6 月肌注共 3 剂。注射于三角肌或大腿部位。第一剂和第二剂的最小间隔为 4 周。第二剂和第三剂最小间隔为 12 周。

不良反应

一般原则

- 疫苗的严重不良事件与安慰剂组相当。
- 通常耐受良好。

常见

- 轻到中度注射部位的反应——红斑（25%），疼痛（84%）和肿胀（25%）。上述不良反应发生率与注射含铝的安慰剂相比轻微升高。

偶见

- 瘙痒（3%）。
- 发热（10%）。

罕见

- 晕厥。
- 头痛（0.03%）、胃肠炎（0.03%）、阑尾炎（0.02%）和盆腔炎（PID）（0.02%）。不确定是否有 HPV 疫苗相关。

疫苗 / 药物相互作用

- HPV 疫苗可以和乙肝疫苗同时接种。没有和其他疫苗同时接种的资料。
- 激素类避孕药不影响 HPV 疫苗的效果。
- 免疫抑制治疗可能会降低疫苗效果。

禁忌证

- 不推荐妊娠妇女接种。妊娠分级：B 类。动物研究无致畸性。在临床实验中，暴露的 1115 名妊娠妇女的不良反应和或致畸性与安慰剂相当。如果无意中给妊娠妇女接种需报告 CDC（1-800-986-8999）。
- 对酵母或其他疫苗组分严重过敏。

免疫应答

- 应答率：99.5% 的女孩和妇女接种 3 剂一个月后血清抗体阳性。预防 HPV6、11、16、18 型临床疾病所需的最低抗体水平还未确定。

临床效果

- HPV6、11、16 和 18 型血清阴性者：预防宫颈上皮内瘤样病变和（CIN）（任何分级）和原位癌（CIS）的有效率 95.2%。
- 预防 HPV16 或 18 型相关的 2/3 级 CIN 或 CIS 有效率 100%
- 如果已经感染疫苗中包含的一种或多种 HPV 类型，在接种疫苗对上述型的 HPV 感染无作用，但对疫苗中其他型的 HPV 仍有保护作用。
- 免疫缺陷（如 HIV 感染）或服用免疫抑制剂者疫苗应答率降低

其他信息

- 50 岁左右的女性，至少 80% 会有生殖道 HPV 感染。
- 尽管高达 91% 的 HPV 感染可在 2 年内自发清除，特定的 HPV 型别（如 16 和 18）更容易持续感染并会显著增加宫颈癌的风险。
- 67.7% 的宫颈癌与 HPV16 和 18 型有关（BoschFX，etal.）。
- 四价 HPV 疫苗可以有效预防宫颈癌和生殖器疣，同时也可预防 HPV6、11、16 和 18 型导致的 CIS、1~3 级 CIN、2/3 级外阴上皮内瘤样病变（VIN）、2/3 级阴道上皮内瘤样病变（VaIN）。

- 可以给免疫缺陷人群接种（包括 CD4 细胞计数 <200/L 的 HIV 感染者）。

随访

- 接种过疫苗的女性必须继续按照未接种疫苗的筛查计划定期行巴氏涂片检查。
- 接种过疫苗的女性如果性生活活跃建议使用安全套保护。

推荐依据

Markowitz LE, Dunne EF, Saraiya M, et al. Quadrivalent human papillomavirus vaccine: recommendations of the Advisory Committee on Immunization Practices (ACIP). MMWR Recomm Rep, 2007; Vol. 56; pp. 1 - 24.

注释：ACIP 推荐。

Kim JJ, Goldie SJ. Health and economic implications of HPV vaccination in the United States. N Engl J Med, 2008; Vol. 359; pp. 821 - 32.

Villa LL, Costa RL, Petta CA, et al. Prophylactic quadrivalent human papillomavirus (types 6, 11, 16, and 18) L1 virus-like particle vaccine in young women: a randomised double-blind placebo-controlled multicentre phase II effi cacy trial. Lancet Oncol, 2005; Vol. 6; pp. 271 - 8.

流感疫苗

John G. Bartlett, MD and Paul A. Pham, PharmD

三价灭活纯化裂解流感病毒制剂（TIV，肌注制剂）；三价减毒活疫苗（LAIV，鼻内应用制剂）；2009 年新 H1N1 流感裂解病毒疫苗已有供应，包括由死病毒制备的注射剂型和减毒活病毒的鼻内喷剂。注意这些疫苗间有交叉保护作用。

适应证

ACIP 推荐

- 高危人群：>50 岁，居家护理者、慢性心肺疾病和其他慢性疾病患者（糖尿病，慢性肺、肝、心及肾脏疾病，哮喘，免疫抑制，镰刀红细胞贫血）。妊娠：如果遇流感流行，妊娠的第二或第三个三个月可以接种。
- 对高危人群有传播危险者：服务于高危人群的医护人员，高危人群的家庭成员。
- 所有人：包括学龄儿童，希望降低患流感或者将流感传播给他人的危险，应接种疫苗。
- 需考虑接种的人群：HIV 感染者、无脾者、任何想接种者或提供基本服务者。旅行者：到热带地区的高危人群（任何年龄），或者在 4 月到 9 月间道南半球者。现在年龄 5~18 岁的所有儿童在 9 月份开始接种。6 个月到 4 岁的儿童应优先接种，接下来是年龄稍大但是有某些情况使得他们容易出现流感并发症的儿童。
- 优先考虑接种 2009 年新型 H1N1 流感病毒疫苗的人群：（1）孕妇，（2）照料或者与 6 个月以下的儿童共同生活者（如父母、兄弟姐妹和保姆），（3）卫生保健和急诊医护人员，（4）年龄在 6 个月到 24 岁之间者以及（5）年龄在 25~64 岁之间但是有某些医学情况使得他们容易出现流感并发症者。

其他信息

- FluMist：减毒的活病毒；禁用于免疫缺陷、孕妇、哮喘、慢性肺病、<2 岁或

>49 岁者。没有人传人的报道。

- TIV 和 LAIV 均可用于年龄 2~49 岁的健康人

商品名	剂型	费用 *
Fluvirin(McKessonMedSurgical)	肌注针剂 45 mcg/0.5ml	10.98 美元
Flumist(Medimmune)	鼻内注射剂 1 剂	22.74 美元
Flulaval(只适用于成人)(GSK)	肌注针剂 45 mcg/0.5ml	tba
Afluria(CLSlimited)	肌注预充针剂 0.5 ml 肌注多剂量针剂 5 ml/ 支	tba tba
甲型 H1N1 流感疫苗 (NovartisVaccineandDiagnosticsLimited)	肌注预充针剂 0.5 ml 肌注多剂量针剂 5 ml/ 支	tba tba
2009 年甲型 H1N1 流感单价疫苗 (Medimmune,LLC)	鼻内注射剂 1 剂	tba

* 价格为平均批发价

剂量 / 用法

首次接种

- Fluvirin (儿童) ：<4 岁不推荐；4~8 岁：0.5 ml × 1 剂 (如果以前未接种过 1 个月后再用第二剂) ；<9 岁者在上个季节初次接种，但只接受 1 剂者：为预防流感需间隔至少 4 周接种两剂；>8 岁：0.5 ml × 1 剂。ACIP 推荐用 Fluzone，年龄 6~35 个月者 0.25 ml，年龄 ≥ 3 岁者 0.5 ml。FluLaval (成人) ：0.5 ml 肌注每年 1 次。Flumist (LAIV) ：以前未接种过的 5~8 岁的健康儿童：0.5 ml (0.25 ml/ 鼻孔) 鼻内接种 2 剂，间隔 6 周，流感流行高峰季节 (通常 12 月前) 前接种。曾接种过的 5~8 岁健康儿童，8~17 岁儿童和成人 (年龄 <45 岁) ：0.5 ml (0.25 ml/ 鼻孔) 每季 1 次。诺华的甲型 H1N1 流感疫苗：4~9 岁儿童：0.5 ml 肌注，间隔约 1 月接种 2 剂；Sanofi Pasteur 的 H1N1 流感疫苗：6~35 月龄：0.25 ml，间隔 1 月接种 2 剂。3~9 岁的儿童：0.5 ml，间隔 1 月接种 2 剂。10~17 岁的儿童和成人：SanofiPasteur 或诺华的甲型 H1N1 流感疫苗，0.5 ml 肌注 ×1。鼻内接种的 H1N1 流感活疫苗：2~9 岁：2 剂 (每个鼻孔 0.2ml，间隔大约 1 个月) 。>9 岁：1 剂 (0.2 ml) 。

加强接种

- 每个流行季节。

不良反应

一般原则

- 新 H1N1 流感疫苗通常耐受良好。早期临床实验中最常报告的不良反应是注射部位轻到中度反应 (46%) 和头痛 (45%) 。
- 年龄 24 个月以下的儿童不推荐接种鼻内疫苗，因为喘息和住院的危险增加。

常见

- 注射部位疼痛 (对于 TIV) 。发生率约 30% 的，持续常 >2 天。
- LAIV：流涕 / 鼻塞；头痛、咳嗽和咽痛，发生率和安慰剂相当。

偶见

- 发热和乏力。
- 接种 LAIV 可见喘息 (尤其在 6~11 月龄的儿童) 。因可能导致气道反应性疾病 (如复发性喘息和喘息发作) ，5 岁一下儿童禁用 Flumist。

罕见

- 格林巴利综合征（自 1993~94 年度起未有与流感疫苗有关的报道）。
- 过敏：荨麻疹、血管性水肿、哮喘。

疫苗 / 药物相互作用

- 免疫抑制治疗（糖皮质激素、烷化剂、抗代谢药物和放疗）：不能同时应用。会增加感染播散的危险。
- 可以和肺炎球菌疫苗同时应用。
- 有报道流感疫苗抑制华法林、茶碱和苯妥英的清除，但对照研究结果不一致。
- 减毒鼻内流感疫苗应在停用金刚乙胺 48 小时后方可使用，接种鼻内减毒流感疫苗 2 周内也不宜应用金刚乙胺。

禁忌证

- 肌注疫苗（灭活疫苗）：对鸡蛋过敏或严重过敏反应史、发热 >40C；如果以前只是接种局部反应不是禁忌。
- 减毒活疫苗：对疫苗成分过敏史，包括鸡蛋或鸡蛋的成分，正在应用阿司匹林的儿童和少年（5~17 岁），有格林巴利综合征史者和免疫缺陷者。
- 6~12 月龄的儿童如接种 FluMist 发生喘息和需要住院的比例较高。

免疫应答

- 6 个月 ~8 岁：2 剂后 86% 产生抗体，而 1 剂只有 27%（ACIP 强调了对没从未种过任何流感减毒活疫苗（间隔 >6 周）或三价流感灭活疫苗（间隔 >4 周）的 6 个月 ~8 岁儿童接种 2 剂疫苗的重要性）。

临床效果

- 年轻成人和健康老年：约 70%。养老院中的老年人：30~40%，但能降低流感相关的死亡 80%。疫苗的有效性取决于疫苗所用病毒株与过去 14 到 16 年中流行的毒株的符合性。
- 疫苗有效性在老年和免疫抑制人群会降低。
- 在小孩（6 到 59 个月大），鼻内接种减毒活疫苗比肌注灭活疫苗更有效，经培养证实的流感病例数减少 54.9%。
- 在成人，在疫苗毒株与季节性流行毒株匹配很差的情况下，鼻内接种流感减毒活疫苗减少了 40.9% 的发热性上呼吸道疾病。（NicholKLetal.JAMA1999）。

其他信息

- 对估计疫苗覆盖率 <50% 的特定人群推荐常规每年接种疫苗，包括具有发生流感合并症危险的儿童和成人、卫生保健人员和孕妇。
- 流感——是美国最主要的致死的感染性疾病；几乎对所有老年、住在养老院和有慢性疾病者都是如此。
- 疫苗对健康成年人通常可以减少上呼吸道感染病减少缺勤；效费比的数据不一致。卫生保健从业人员——接种疫苗可以保护病人和其他健康同事；卫生保健人员接种 FluMist 后 7 天内不能接触病人。
- LAIV 必须冷冻保存。解冻后须保存在 36~46 华氏度冰箱内且时间不能超过 60 小时。
- 呼吸道疾病再活动的儿童，有基础疾病以致高危出现流感并发症者，6~23 个月龄的儿童和年龄 >49 岁者不应接种 FluMist。

- 已报道的新 H1N1 流感疫苗的应答率：16~64 岁成人 96%，>65 岁 56%（Sanofi-aventis 疫苗）。年龄 <65 岁和 >65 岁者分别为 80% 和 65%，与 CSLBiotherapeutic’s 的疫苗相当。
- 现有的 H1N1 疫苗不含硫柳汞。

推荐依据

Use of infl uenza A (H1N1) 2009 monovalent vaccine. Recommendations of the Advisory Committee on Immunization Practices (ACIP), 2009. MMWR, 2009; Vol. 58;(Early Release) pp. 1 - 8.

注释：ACIPH1N1 流感疫苗的推荐。

Belshe RB, Edwards KM, Vesikari T, et al. Live attenuated versus inactivated infl uenza vaccine in infants and young children. N Engl J Med, 2007; Vol. 356; pp. 685 - 96.

Monto AS, Ohmit SE, Petrie JG, et al. Comparative effi cacy of inactivated and live attenuated infl uenza vaccines. N Engl J Med, 2009; Vol. 361; pp. 1260 - 67.

日本脑炎疫苗

Paula. Pham, PharmD and John G. Bartlett, MD

疫苗类型

- 两种类型：（1）单价或多价疫苗，由鱼精蛋白沉淀脂质然后福尔马林灭活病毒处理的被感染的鼠脑制备（史称 JE-VAX 疫苗，预期于 2009 年消耗完毕），（2）新的在 Vero 细胞生长的灭活病毒（Ixiaro）疫苗。

适应证

ACIP 推荐

- 到蚊子传播的病毒性疾病流行区域（如远东和东南亚；尤其是出产水稻的地区）旅行或居住者（>1 个月）。
- 有日本脑炎病毒暴露危险的实验室工作人员。
- 到流行区旅行 <1 个月，但在有稻田的郊区户外活动密集者也应考虑。同时应警告避免暴露于蚊子。

商品名	剂型	费用 *
JE-VAX（Sanofipasteur）	皮下注射针剂 1 ml	N/A
Ixiaro（Intercell）	皮下注射针剂	TBA

* 价格为平均批发价

剂量 / 用法

首次接种

- 成人：0,7,30 天分别皮下注射 1 ml。3 岁或更大的儿童：单剂，1 ml。1~3 岁的儿童：单剂，0.5 ml。

加强接种

- 再次接种：初次接种后仍处于高危者，每 2 年予加强剂量 1ml。

不良反应

常见

- 注射部位压痛、发红和肿胀（20%）。

偶见

- 全身不良反应（发热、头痛、乏力、皮疹、头晕、肌痛和腹痛）（10%）。

罕见

- 疫苗相关的脑炎、脑病或脑脊髓炎，报道发生率（在鼠来源的疫苗）每百万次疫苗接种 1~2.3 例。
- 全身荨麻疹、游走性红斑和血管性水肿（相对而言平均发生在接种后 12 小时，以及第一和第二剂后 3 小时，但从数分钟到 2 周都有发生）。
- 低血压。
- 癫痫发作。

疫苗 / 药物相互作用

- 可以和 DTP 同时接种。

禁忌证

- 对硫柳汞过敏。有荨麻疹病史的人对 JE 疫苗发生严重过敏反应的危险增加。
- 妊娠危险性：C 级。CDC 不推荐妊娠妇女接种日本脑炎疫苗，除非感染日本脑炎的风险非常高。
- 不建议 <1 岁者接种。

免疫应答

- 保护起效：免疫接种后 60 天内中和抗体达到有效滴度。活跃免疫一般持续 6~24 个月。应答：根据动物实验，中和抗体滴度≥ 1:10 有保护性。新的日本脑炎疫苗（Ixiaro）免疫原性与老疫苗（JE-VAX）相当。

临床效果

- 有效性：有效率 80%~91%。

其他信息

- 粗略估计美国旅行者日本脑炎发生率≤百万之一人年。
- 日本脑炎死亡率约 25%，存活者 30% 留下精神神经方面的后遗症。
- 接种最后以剂疫苗后 10 天内不应开始旅行，以使得有足够时间产生抗体并且观察迟发的不良反应。
- 疫苗接种后应观察30分钟并警惕迟发荨麻疹和颜面及气道血管性水肿的可能性。
- 新的源自 vero 细胞的 Ixiaro 疫苗基于血清学反应的有效性和安全性看来与 JE-VAX 疫苗相当，局部不良反应似乎更轻。

推荐依据

未注明作者。Inactivated Japanese encephalitis virus vaccine. Recommendations of the Advisory Committee on Immunization Practices (ACIP). MMWR Recomm Rep, 1993; Vol. 42; pp. 1 - 15.

注释：ACIP 推荐。

Duggan ST, Plosker GL. Japanese encephalitis vaccine (inactivated, adsorbed) [Ixiaro]. Drugs, 2009; Vol. 69; pp. 115 - 22. Tauber E, Kollaritsch H, Korinek M, et al. Safety and immunogenicity of a Vero-cell-derived, inactivated Japanese encephalitis vaccine: a non-inferiority, phase III, randomised controlled trial. Lancet, 2007; Vol. 370; pp. 1847 - 53.

麻疹疫苗

Paul A. Pham, PharmD

疫苗类型

- 麻疹病毒减毒活疫苗。

适应证

ACIP 推荐

- 所有成人和儿童应于 12~15 月龄（第一剂麻疹 / 腮腺炎 / 风疹混合疫苗，MMR）和 4~6 岁（第二剂 MMR）常规接种。
- 所有卫生保健机构的工作人员必须确保有免疫力。
- 所有 1957 年以前出生的成年人应当接受 >1 剂的 MMR，除非有医学禁忌，有记录接种过 >1 剂疫苗，有经医疗机构诊断的麻疹病史或者实验室检查证实已有免疫力。
- 第二剂MMR推荐以下成人接种：（1）近期暴露于麻疹或者所在机构爆发麻疹，（2）1963~1967 年间接种过麻疹死疫苗或接种过未知类型的麻疹疫苗，（3）高中后教育学校的学生，（4）在卫生保健机构工作，或者（5）计划进行国际旅行。

其他信息

- 推荐易感的国际旅行者在离开美国时接种疫苗。
- 暴露于自然麻疹后接种，如果疫苗在暴露后 3 天以内接种可以提供保护。
- 高危、易感人群应在暴露后 6 天内接受麻疹免疫球蛋白。HIV 感染的儿童和青少年不论免疫状态如何都应接受麻疹免疫球蛋白。

商品名	剂型	费用 *
ProQuad（Chion）	皮下注射针剂 3~4.3~3	160.38 美元
M-M-RII（Merk）	皮下注射针剂 12500/0.5	59.83 美元
Attenuvax（Merk）	皮下注射针剂 1 支	21.30 美元

* 价格为平均批发价

病原体针对性保护

- 麻疹。

剂量 / 用法

首次接种

- M-M-RII 或 ProQuad：0.5 ml，12~15 月龄时皮下注射（推荐初中入学前再次接种 M-M-RII）。第二剂和第一剂必须至少间隔 4 周。Attenuvax（麻疹）：6~11 月龄的儿童如果需要旅行，予 0.5 ml 皮下注射，但必须再接种 2 剂 M-M-R。如果以前没有接种过，7~18 岁的人也应接种 2 剂 M-M-R（第二剂至少间隔 4 周）。

不良反应

常见

- 发热（与麻疹疫苗成分有关，发生率约 5%）。
- 一过性皮疹（5%）。
- 注射部位的荨麻疹或水泡和红斑。
- 注射部位疼痛。

偶见

- 一过性淋巴结肿大。
- 关节痛和一过性关节炎（与风疹成分有关）。

罕见

- 腮腺炎。
- 过敏反应。
- 血小板减少。
- 高热惊厥（接种 MMRV 疫苗者 9/10 000vs. 接种 MMR+ 水痘疫苗者 4/10 000；调整后为 2.3）。
- 无菌性脑膜炎（与浦部（Urabe）株的麻疹疫苗有关）。
- 脑炎。
- 格林巴利综合征（不比本底发病率高）。

疫苗 / 药物相互作用

- MMRII 可以和水痘疫苗和 b 型流感嗜血杆菌联合疫苗同时接种，需用不同注射器在不同部位注射。
- 尽管关于同时接种推荐的全系列疫苗（如 DTaP、IPV[或者 OPV]、流感嗜血杆菌疫苗和或不和乙肝疫苗、水痘疫苗）的资料有限，众多研究数据显示常规推荐在儿童期接种的疫苗（无论活疫苗、减毒疫苗或是死疫苗）间无相互影响。
- 疫苗接种 3 个月内避免应用免疫球蛋白。
- 在接受免疫球蛋白后麻疹疫苗的接种需推迟 3~12 个月（来源：AAP 红皮书 2006）。

禁忌证

- 免疫抑制者（如血质不调、白血病、淋巴瘤、骨或淋巴系统恶性肿瘤、细胞免疫功能缺陷、低丙种球蛋白血症、异常丙种球蛋白血症）。
- 对疫苗成分严重过敏（包括新霉素和明胶）。
- 严重发热性疾病。
- 妊娠（接种疫苗后 30 天应避孕）。
- 有癫痫发作和血小板减少症病史者应慎用。
- 鸡蛋过敏不是禁忌（对 M–M–R 严重反应的危险极低）。
- HIV 感染者如果免疫力不是严重低下（CD4%<15%）可以接种，但是免疫应答可能不充分。

免疫应答

- 免疫应答的评价是应用 ELISA 法检测血清中麻疹抗体的存在。对麻疹保护性的抗体反应滴度应大于 255 mU/ml。在几项随机实验中，12~23 月龄的儿童，接种单剂 ProQuad，获得的免疫应答如下：对麻疹 97.4%，对腮腺炎 95.8% 到 98.8%，对风疹 98.5%。

临床效果

- 自从 MMR 应用以来，报道的麻疹、腮腺炎和先天性风疹综合征的病例数量已经下降超过 99%。

其他信息

- 近期美国几乎所有的麻疹病例都是由同一输入性病毒株导致，该病毒株由易感的旅行者或移民携带而来（MMWR，2008/57(29);796-799）。

推荐依据

ACIP. Recommended Adult immunization schedule—United States, October 2007 - September 2008. MMWR, 2007; Vol. 56; p. 41.

注释：ACIP 推荐成人接种。

Watson JC, Hadler SC, Dykewicz CA, et al. Measles, mumps, and rubella—vaccine use and strategies for elimination of measles, rubella, and congenital rubella syndrome and control of mumps: recommendations of the Advisory Committee on Immunization Practices (ACIP). MMWR Recomm Rep, 1998; Vol. 47; pp. 1 - 57.

注释：ACIP 推荐。

脑膜炎球菌疫苗

Paul A. Pham, PharmD and John G. Bartlett, MD

疫苗类型

- Menactra（MCV4）是一种偶联疫苗。Menomune（MPSV4）是一种脑膜炎球菌多糖疫苗（A、C、Y 和 W-135 组联合）：是老的疫苗类型，血清应答率可能较新型偶联疫苗低。

适应证

ACIP 推荐

- ACIP 对一般人群关于脑膜炎球菌疫苗的推荐：MCV4（Menactra），11~12 岁或高中入学时接种（大约 15 岁）。
- 高危人群：2~10 岁：ACIP 新的建议表示 MCV4 优于 MPSV4。如果以前接种过 MPSV4 并仍然处于高危，在接种 MPSV4 的 3 年后接种 MCV4.。如果接种 MPSV4 已经超过 3 年并仍处于高危，应尽快接种 MCV4。如果终生都处于高危，需要继续接种 MCV4。如果有格林巴利综合征 (GBS) 的病史，可以考虑改用 MPSV4。疫苗制造商建议给感染 HIV 的 2~10 岁儿童接种疫苗；但 MCV4 在 HIV 感染儿童中得有效性未知。
- 高危人群：住集体宿舍的大学新生、有职业暴露危险的微生物学家、部队新兵、爆发区域的人、补体缺乏和无脾者
- 旅行：如到流行区旅行，推荐接种，特别是流行季节（12 月到 6 月）到非洲亚撒哈拉地区。
- C 型脑膜炎奈瑟菌疾病的爆发；发生在大学新生集体宿舍。

其他信息

- 现有的商业化疫苗没有覆盖 B 血清型的脑膜炎球菌。
- 不推荐 2~10 岁的儿童常规接种，但在高危人群应考虑。

商品名	剂型	费用 *
Menactra(Sanofipasteur)	肌注针剂 4 mcg/0.5 ml	117.15 美元
Menomune-A/C/Y/W-135 (Sanofipasteur)	肌注针剂 1 支	119.41 美元

* 价格为平均批发价

病原体针对性保护

- 脑膜炎奈瑟菌（血清型 A、C、Y 和 W–135）。Menactra 的免疫应答有改善（尤其在青少年），但仍未覆盖 B 组菌。

剂量 / 用法

首次接种

- Menomune(MPSV4)：0.5 ml 肌注 1（适于年龄 2~10 岁的高危人群和 >55 岁者）。Menactra（MCV4）：0.5 ml 肌注 1（更适合年龄 11~15 岁以上，但可以用 Menomune 替代）。ACIP 推荐 MCV4 用于有发生侵袭性脑膜炎球菌感染高危的 2~10 岁儿童。于三角肌部位注射。Menactra 可以和伤寒疫苗及破伤风 / 白喉疫苗同时接种。

加强接种

- 高危人群在初次接种后 2~3 年有指征再次接种，尤其是接种 MPSV4 疫苗和距第 1 次接种疫苗已至少过去 4 年的儿童。

不良反应

一般原则

- 通常耐受良好
- 注射部位的轻到中度疼痛、肿胀、硬结和发红，MCV4（Menactra）发生率较高。

偶见

- 注射部位的红斑（4%）。
- 小儿可见激惹（6%）。
- 疲劳。
- 头痛。
- 乏力。
- 关节痛。

罕见

- 感觉异常。
- 过敏反应 +/–。
- 癫痫发作。
- 发热。
- 格林巴利综合征（GBS），在接种 MCV4 疫苗者中有 5 例报道（MMWR October 6,2005/54(Dispatch);1~3）。现有证据不足以得出 MCV4 导致 GBS 的结论。

疫苗 / 药物相互作用

- 免疫抑制治疗，包括放疗、抗代谢药物、烷化剂、细胞毒药物和皮质激素（用量超过生理量），会降低疫苗的免疫应答

禁忌证

- 对硫柳汞过敏

免疫应答

- 这类多糖疫苗的血清转换率 >90%。年龄 <2~4 对的儿童中 A 和 C 组脑膜炎球菌的血清转换率较低。

临床效果

- 随不同脑膜炎球菌血清型和人群有所不同；接种疫苗后再成年新兵中脑膜炎球菌性脑膜炎减少 87%。儿童有效率较低（在 <4 岁儿童 <30%）。

其他信息。

- Menactra：$117/ 剂；Menomune：$119/ 剂。
- 保护起效：接种 7~10 天后抗体水平具有保护性。2~3 年后抗体水平逐渐下降。
- Menactra 是一种新型脑膜炎球菌（A、C、Y 和 W-135 组）多糖和白喉类毒素联合疫苗，82%~97% 的青少年（11~18 岁）接种后抗体滴度有 4 倍以上升高。
- 2 岁一下儿童因免疫力低并且缺乏针对 B 组脑膜炎球菌的疫苗，在日托中心即使有疫苗保护的情况下也推荐药物预防继发性病例。
- 已有 B 组脑膜炎球菌的疫苗，但在美国尚未注册，并且不是完全有效。
- 脑膜炎球菌疫苗不应与完整细胞的百日咳或伤寒疫苗同时接种，但可以和其他疫苗同时应用。
- 妊娠危险性：C 类。34 例妊娠期间接种疫苗的母亲的新生儿中，未发现致畸或生长发育异常。(Letson GW et al. Pediatr Infect Dis J 1998;17:261.)

推荐依据

Bilukha OO, Rosenstein N, National Center for Infectious Diseases, Centers for Disease Control and Prevention (CDC). Prevention and control of meningococcal disease. Recommendations of the Advisory Committee on Immunization Practices (ACIP). MMWR Recomm Rep, 2005; Vol. 54; pp. 1 - 21.

注释：ACIP 推荐用于预防脑膜炎球菌疾病。

Centers for Disease Control and Prevention (CDC). Report from the Advisory Committee on Immunization Practices (ACIP): decision not to recommend routine vaccination of all children aged 2 - 10 yrs with quadrivalent meningococcal conjugate vaccine (MCV4). MMWR, 2008; Vol. 57; pp. 462 - 465.

注释：不推荐 2~10 岁的儿童常规接种，在高危者应考虑。

Centers for Disease Control and Prevention (CDC). Recommendation from the Advisory Committee on Immunization Practices (ACIP) for use of quadrivalent meningococcal conjugate vaccine (MCV4) in children aged 2 - 10 yrs at increased risk for invasive meningococcal disease. MMWR Morb Mortal Wkly Rep, 2007; Vol. 56; pp. 1265 - 1266.

注释：预防脑膜炎球菌疾病推荐的更新。MCV4 疫苗是具有侵袭性脑膜炎球菌疾病危险的年龄 2~10 岁儿童的首选。

Centers for Disease Control and Prevention (CDC). Guillain-Barr é syndrome among recipients of menactra meningococcal conjugate vaccine—United States, June-July 2005. MMWR Morb Mortal Wkly Rep, 2005; Vol. 54; pp. 1023 - 5.

流行性腮腺炎疫苗

PaulA.Pham,PharmD

疫苗类型

流行性腮腺炎病毒活疫苗

适应证

ACIP 推荐

- 所有成人和儿童应常规接种，分别在 12~15 个月（第一剂 MMR）和 4~6 岁（第二剂 MMR），间隔至少 4 周。
- 所有卫生保健机构的工作人员应确保有免疫力。
- 出生在 1957 年或以后的成人应接种 1 剂 MMR，除非有医学禁忌，或有医疗机构诊断的腮腺炎病史，或有实验室证据表明有免疫力。
- 以下成人推荐接种第二剂 MMR：（1）在腮腺炎爆发期间处于受影响的年龄组；（2）初中以后的教育机构的学生；（3）在卫生保健机构工作；或（4）准备国际旅行。1957 年以前出生，未接种过疫苗的卫生保健人员，如果没有其他对麻疹有免疫力的证据，应考虑常规接种 1 剂，如在腮腺炎流行期间，则强烈建议接种第二剂。

其他信息

- 易感的旅行者推荐在离开美国时接种疫苗。

商品名	剂型	费用 *
M-M-RII（Merk）	皮下注射针剂 20000/0.5	57.62 美元
Mumpsvax（Merk）	皮下注射针剂 0.5 ml	27.61 美元
ProQuad（Chiron）	皮下注射针剂 3~4.3~3	154.71 美元

* 价格为平均批发价

病原体针对性保护

- 流行性腮腺炎病毒。

剂量 / 用法

首次接种

- M-M-RII 或者 ProQuad：0.5 ml 在 12~15 个月时皮下注射（推荐在高中入学前再次接种 M-M-RII）。Mumpsvax：任何年龄均为 0.5 ml 皮下注射（注意：推荐首次接种疫苗的年龄为 12~15 个月，并于高中入学前再次接种 M-M-RII）。

不良反应

常见

- 发热（与麻疹疫苗成分相关，约 5%）。
- 一过性皮疹（5%）。
- 注射部位的荨麻疹或水泡。
- 注射部位疼痛。

偶见

- 一过性淋巴结肿大。
- 关节痛和一过性关节炎（与风疹疫苗成分有关）。

罕见

- 腮腺炎。
- 过敏反应。
- 血小板减少。
- 癫痫发作。
- 无菌性脑膜炎（与浦部株麻疹疫苗有关）。
- 脑炎。
- 格林巴利综合征（不比本底发生率高）。

疫苗 / 药物相互作用

- M-M-RII 可以和水痘疫苗以及 b 型流感嗜血杆菌疫苗用不同的注射器在不同部位同时接种。
- 尽管关于同时接种推荐的全系列疫苗（如 DTaP、IPV[或者 OPV]、流感嗜血杆菌疫苗和或不和乙肝疫苗、水痘疫苗）的资料有限，众多研究数据显示常规推荐在儿童期接种的疫苗（无论活疫苗、减毒疫苗或是死疫苗）间无相互影响。
- 疫苗接种 3 个月内避免应用免疫球蛋白。
- 在接受免疫球蛋白后，疫苗的接种需推迟 3~12 个月（来源：美国儿科学会 (AAP) 红皮书 2006）。

禁忌证

- 免疫抑制者（如血质不调、白血病、淋巴瘤、恶心骨和淋巴肿瘤、细胞免疫功能缺陷、低丙种球蛋白血症、异常丙种球蛋白血症）。
- 对疫苗成分严重过敏（包括新霉素和明胶）。
- 严重发热性疾病。
- 妊娠（接种疫苗后 30 天应避孕）。
- 有癫痫发作和血小板减少症病史者应慎用。
- 鸡蛋过敏不是禁忌（对 M-M-R 严重反应的危险极低）。
- HIV 感染者如果免疫力不是严重低下（CD4%<15%）可以接种，但是免疫应答可能不充分。

免疫应答

- 免疫应答的评价是应用 ELISA 法检测血清中麻疹抗体的存在。保护性的抗体反应滴度应大于 10ELISA 单位 /ml。在几项随机实验中，12~23 月龄的儿童，接种单剂 ProQuad，获得的免疫应答如下：对麻疹 97.4%，对腮腺炎 95.8% 到 98.8%，对风疹 98.5%。

临床效果

- 自从 MMR 应用以来，报道的麻疹、腮腺炎和先天性风疹综合征的病例数量已经下降超过 99%。

其他信息

- 近期（2004-2005）美国的麻疹爆发可能归于大学学生的免疫力下降，但不确定。
- 暴露后接种疫苗不能防止发病，但可以防止继发暴露。

推荐依据

ACIP. Recommended Adult immunization schedule—United States, October 2007 - September 2008. MMWR, 2007; Vol. 56; p. 41.

注释：ACIP 推荐成人接种。

Watson JC, Hadler SC, Dykewicz CA, et al. Measles, mumps, and rubella—vaccine use and strategies for elimination of measles, rubella, and congenital rubella syndrome and control of mumps: recommendations of the Advisory Committee on Immunization Practices (ACIP). MMWR Recomm Rep, 1998; Vol. 47; pp. 1 - 57.

注释：ACIP 的推荐。

肺炎球菌疫苗

Paul A. Pham, PharmD and John G. Bartlett，MD

疫苗类型

- Pneumovax：23 价多糖疫苗，包含的抗原覆盖 87% 的导致菌血症的以及大多数青霉素耐药的血清型。Prevnar：7 价偶联疫苗(白喉 CRM197 蛋白)覆盖血清型 4、9V、14、18C、19F、23F 和 6B。

适应证

ACIP 推荐

- 成人推荐——年龄：>65 岁
- 慢性疾病：肺 / 心疾病、酗酒、肝硬化、糖尿病、肾衰、肾脏疾病。
- 免疫缺陷宿主：HIV 感染、霍奇金病、器官或骨髓移植、医源性的免疫移植。
- 有适应证的住院病人：考虑于适当的时机接种。
- 特殊人群：土生美国人、无家可归者、脑脊液漏、耳蜗植入物、土生阿拉斯加人、长期住护理院。

其他信息

- HIV 感染：CD4>200 时应答最佳。
- 旅行：非适应证。
- 妊娠：非禁忌证。
- 儿童：Prevnar 被推荐用于所有年龄 2~23 个月的儿童以及 24~59 个月大但有肺炎球菌疾病高危的儿童（如镰刀形红细胞贫血、HIV 感染和其他面议缺陷或者慢性疾病）。所有其他年龄 24~59 个月的儿童都可以考虑接种 Prenvar，要优先考虑 a）年龄 24~35 个月，b）阿拉斯加土生儿童、美洲印第安儿童和非洲裔美国儿童以及 c）看护中心的儿童。
- 补救性免疫计划：对任何未完全免疫接种的 24~59 个月大的儿童给予 1 剂疫苗。
- 有某些疾病状况的儿童的补救性免疫计划：如果以前接种过不足 3 剂 Prevnar，须给予 2 剂，至少间隔 8 周；如果以前接种过 3 剂，可给予 1 剂 Prevnar。

商品名	剂型	费用 *
Pneumovax（Merk）	肌注针剂 25mcg/0.5 ml	46.29 美元
Prevnar（Wyth）	肌注针剂 0.5 ml	14.74 美元

* 价格为平均批发价

剂量 / 用法

首次接种

- Pneumovax：0.5 ml 肌注。如果可能最后在脾脏切除前 2 周或免疫抑制前尽可能长的时间。Prevnar（只适用于儿童）：3 剂 0.5 ml 肌注，每剂间隔约 2 个月

（2 月龄时开始），然后在 12~15 月龄时接种第四剂。

加强接种

- 再次接种，Pneumovax（5 岁时）：如 >5 岁并且免疫抑制、无脾、>65 岁、透析、CD4 从 <200 增加到 >200（对 HIV 感染者）。

不良反应

一般原则

- 再次接种（Pneumovax）：局部反应增加 3.3 倍；严重反应无增加。
- Prevnar 在儿童通常耐受良好，只是偶尔有注射局部的反应和发热。

常见

- 注射部位疼痛和红斑，发生率约 50%。

偶见

- 发热、肌痛、严重局部反应 <4%。

罕见

- 过敏反应：百万分之五

疫苗 / 药物相互作用

- 流感疫苗可以和 Pneumovax 同时接种；需在不同部位注射。
- Prevnar 可以和 DTaP 同时接种。
- 免疫抑制治疗，包括放疗、抗代谢药物、烷化剂、细胞毒药物和皮质激素（用量超过生理量），会降低疫苗的免疫应答

禁忌证

- Pneumovax 禁用于年龄 <13 个月者（不良反应增加）。
- 对疫苗的任何成分过敏（如 Prevnar 中得白喉类毒素）

免疫应答

- 大多数成人接种 2~3 周时型特异性抗体升高 2 倍；免疫抑制者应答率较低。

临床效果

- 成人：最好的资料显示可以预防肺炎球菌菌血症，但不能预防肺炎。

其他信息

- 保护性：2 周内起效；持续 >9 年；保护所需滴度——有争议。
- 最优先接种：无脾、脑脊液漏、肾功能衰竭；以及那些可能有菌血症高危者——如吸烟者（作者的观点）。
- 益处：有很好的证据 Pneumovax 减少了肺炎球菌菌血症的发生。
- Pneumovax 减少肺炎和肺炎球菌感染的证据不尽一致。
- 蛋白偶联疫苗（Prevnar）在儿科人群效果良好，其预防在 <2 岁儿童侵袭性肺炎球菌疾病以及预防尤其是 >65 岁成人的肺炎球菌感染上有很大作用。这被认为是群体免疫的结果。问题出现在 Prevnar~7，作为“替代菌株”出现的尤其是血清型 19A，未包含在 Prevnar 中，成为侵袭性肺炎球菌感染的主要原因并且对抗生素相对耐药。Prevnar~13 包括了血清型 19A，正在成人中实验。
- 目前不充分的资料推荐蛋白偶联疫苗（Prevnar）用于成人患者。

推荐依据

Modlin JF, et al. Preventing Pneumococcal Disease Among Infants and Young Children. MMWR, 2000; Vol. 49(RR09); pp. 1 - 38.

注释：ACIP 的推荐

未注明作者 .PreventionofpneumococcaldiseaserecommendationsoftheAdvisory CommitteeonImmPrevention of pneumococcal disease: recommendations of the Advisory Committee on Immunization Practices (ACIP). MMWR Recomm Rep, 1997; Vol. 46; pp. 1 - 24.

Comments: Guidelines based on this document. Revaccination recommended for persons _65 yrs who were vaccinated when <65 and previously vaccinated persons who are immunocompromised.

注释：指南即依据此文件。如果 65 岁以前或更早接种疫苗者有免疫缺陷，建议 >65 岁应接种疫苗。

Jefferson T, Demicheli V. Polysaccharide pneumococcal vaccines. BMJ, 2002; Vol. 325; pp. 292 - 3.

Kyaw MH, Lynfi eld R, Schaffner W, et al. Effect of introduction of the pneumococcal conjugate vaccine on drug-resistant Streptococcus pneumoniae. N Engl J Med, 2006; Vol. 354; pp. 1455 - 63.

Vila-C ó rcoles A, Ochoa-Gondar O, Hospital I, et al. Protective effects of the 23-valent pneumococcal polysaccharide vaccine in the elderly population: the EVAN-65 study. Clin Infect Dis, 2006; Vol. 43; pp. 860 - 8.

脊髓灰质炎疫苗

Paul A. Pham, PharmD

疫苗类型

- 脊髓灰质炎病毒灭活疫苗（IPV，美国常规使用）。口服脊髓灰质炎疫苗（OPV，只在流行地区使用）。

适应证

ACIP 推荐

- 在美国，儿童常规接种脊髓灰质炎疫苗。所有儿童应接受 4 剂 IPV，分别在 2、4、6~18 个月和 4~6 岁。
- 因为有导致麻痹性脊髓灰质炎的风险，口服脊髓灰质炎疫苗（OPV）只推荐用于流行国家地区消灭脊髓灰质炎。
- 未接种疫苗的危险人群：到流行区的旅行者、处理脊髓灰质炎病毒的实验室工作人员、和可能排出脊髓灰质炎野生病毒密切接触的义务人员以及其孩子在服用口服脊髓灰质炎疫苗而自身未接种过疫苗的成人。

其他信息

- 如果从 1 剂或多剂 OPV 开始的脊髓灰质炎疫苗系列接种，应该接受 IPV 以完成全系列接种。
- 在 SabinOPV 覆盖较低的地区，疫苗来源的脊髓灰质炎病毒可以导致疾病爆发（MMWR2009;58:1002）。口服疫苗只能用于流行区域。

商品名	通用名	制造商	剂型	费用 *
I 口服 L	Plio（灭活）	SanofiPasteur	肌注或皮下注射针剂（多剂量）5 ml	28.30 美元 / 剂

* 价格为平均批发价

病原体针对性保护
- 脊髓灰质炎病毒：1 型（Mahoney），2 型（MEF–1）和 3 型（Saukett）。

剂量 / 用法
首次接种
- 儿童：3 剂 0.5 ml 肌肉或皮下注射，分别在 2、4 和 6 到 18 个月（必须至少间隔 4 周）。第一剂必须尽早在 6 周以前接种。有危险的成人：2 剂 IPV 肌肉后皮下注射，间隔 ~8 周；第二剂后 6~12 个月在接种第三剂。

加强接种
4~6 岁时予加强剂量，除非第三剂接种于 4 岁以后。

不良反应
一般原则
- 通常耐受良好。

偶见
- 注射部位压痛。
- 激惹和疲劳。

罕见
- 疫苗相关的麻痹性脊髓灰质炎（VAPP）只见于口服疫苗（2,400,000 疫苗接受者发生 1 例）。

疫苗 / 药物相互作用
- IPV 可以和 DTP、DTaP、流感嗜血杆菌疫苗、乙肝疫苗、水痘疫苗和麻疹 – 腮腺炎 – 风疹疫苗同时接种。
- 无已知的药物相互作用

禁忌证
- 对疫苗的成分严重过敏，包括链霉素、多黏菌素 B 和新霉素。
- OPV 禁用于免疫抑制人群（推荐 IPV）。

免疫应答
- IPV：2 剂 IPV 后，90%~100% 的儿童对所有三种类型的脊髓灰质炎病毒产生保护性抗体，3 剂后保护性抗体产生率达 99%~100%。免疫抑制者应答率较低。OPV：3 剂 OPV 后，>95% 的接种者产生长期持续的保护。OPV 持续诱发胃肠道的免疫反应对脊髓灰质炎病毒（包括野生病毒）的再感染提供牢固的抵抗力。IPV 和 OPV 均可诱导胃肠道的黏膜免疫，OPV 更强。

临床效果
- 在消灭脊髓灰质炎上很有效。1986~1987 年塞内加尔的 1 型脊髓灰质炎病毒爆发流行中，接种 1 剂 IPV 保护有效率为 36%；2 剂为 89%。

推荐依据
Modlin JF et al. Poliomyelitis Prevention in the United States. Updated Recommendations of the Advisory Committee on Immunization Practices (ACIP) MMWR 2000 49(RR05);1–22

注释：ACIP 的推荐。

狂犬病疫苗

Paul A. Pham, PharmD and John G. Bartlett, MD

疫苗类型

- Imovax 狂犬病疫苗：人二倍体细胞（HDCV）。RabAvert 狂犬病疫苗：纯化的鸡胚细胞 (PCEC)。

适应证

ACIP 推荐

- 暴露前接种：应用于高危人群，如兽医、动物管理员和特定的实验室工作人员。其他一些人群，其从事的活动可能频繁接触狂犬病毒或潜在狂犬病毒感染的蝙蝠、浣熊、臭鼬、猫、狗或其他有狂犬病危险的物种，也应考虑接种。暴露前的预防使得无需再用狂犬病免疫球蛋白（RIG）并减少了疫苗需要接种的剂数，另外，受保护人群暴露后的治疗也可以延迟。

其他信息

- 主要危险：在美国和欧洲是蝙蝠，发展中国家是狗咬伤。未预防接种被感染的犬类咬伤的风险：36~57%。
- 1958~2000 年间 32/35 例狂犬病是与蝙蝠相关，尽管 26/32 没有蝙蝠咬伤史。
- 狗 / 猫咬伤（美国）：应检疫 10 天，如果宠物有狂犬病症状——开始预防接种并对动物行尸体解剖。宠物逃跑——咨询卫生机构，在美国感染风险低。
- 臭鼬、浣熊和狐狸咬伤：即使尸检阴性也要考虑狂犬病；考虑立即接种疫苗预防，但因此导致人狂犬病罕见。
- 家畜、啮齿类（沙鼠、老鼠、大鼠、豚鼠）、兔子、海狸等——基本不会导致狂犬病，但应咨询卫生机构。
- 严重暴露应联合应用疫苗和狂犬病免疫球蛋白，为获得 RIG 可致电：800-822-2463 或 800288-8370.

品种规格

商品名	剂型	费用 *
RabAvert（Chiron）	皮内注射套装 2.5 单位 1 ml	247.50

* 价格为平均批发价

病原体针对性保护

- 狂犬病毒

剂量 / 用法

首次接种

- 暴露前预防（高危人群的初次接种）：1.0 ml 分别于 0、7、21 或 28 天肌注。暴露后预防（之前未接种过）：Imovax 狂犬病疫苗（HDCV）1 ml 分别于 0、3、7 和 14 天在三角肌部位肌注。RabAvert（PCEC）1 ml 分别于 0、3、7 和 14 天皮内注射。暴露后预防（之前曾接种）：2 剂疫苗（每剂 1.0 ml）肌注，1 剂暴露后立即，另一剂 3 天后。如果之前未接种疫苗且为严重暴露：伤口部位应用狂犬病免疫球蛋白（RIG）20 IU/kg 并注射疫苗。（注：免疫球蛋白要在疫苗注射部位的远端应用）。

加强接种

- 高危人群：需加强接种以维持有效的抗体滴度，即用狂犬病荧光聚集抑制实验（RFFIT）1:5 稀释的血清仍由完全中和能力。

不良反应

常见

- 注射部位的反应（如红斑、硬结和疼痛）。

偶见

- 流感样症状（如疲劳、发热、头痛、肌痛、头晕、无力、关节痛）。
- 淋巴结肿大。

罕见

- 过敏反应。

疫苗 / 药物相互作用

- 放疗、抗疟药和免疫抑制治疗（如抗代谢药物、烷化剂、细胞毒药物和糖皮质激素（超过生理剂量）：可以降低疫苗的免疫应答。

禁忌证

- 对疫苗的任何成分过敏（相对）；然而，暴露后预防的益处通常大于风险。
- 免疫应答。
- 对疫苗的应答：7~10 天产生中和抗体，持续 >2 年。1 年时 88~100% 抗体水平有保护性。皮内接种比肌注抗原反应更好。

临床效果

- 暴露前预防接种 100% 有效。

其他信息

- 最重要：立即用杀病毒剂清洁伤口可使感染率降低 50%。更多信息参见狂犬病处理规范。
- 伤口：立即用肥皂清洗；用杀病毒剂如聚维酮、碘酒等冲洗。
- 在美国主要应注意：蝙蝠，许多暴露在睡眠中不知情下发生。
- 旅行者主要应注意：流行区狗咬伤（发展中国家）。
- 狂犬病预防用药指南：保守、昂贵（$1500）、严格（5 次注射），并有不良反应。因职业原因需考虑（兽医、动物管理员）。
- 妊娠或 HIV 感染：无区别，常规推荐。
- HIV 感染：CD4 低时应当不佳；应用双倍剂量或用皮内途径给药。
- 近期研究提示 4 次接种已经足够而不需要以前推荐的总共 5 次。

随访

- 抗体反应，如果缺乏在高危人群指导再次接种。

推荐依据

[未列出作者]。Human rabies prevention—United States, 2008. Recommendations of the Advisory Committee on Immunization Practices (ACIP).MMWR Recomm Rep, 2008; Vol.57;pp.RR - 3.

注释：2006 年，美国家养动物中共报道 79 例狂犬病，但没有一例是动物疫源性性狗到狗的传播，以及 3 例人类病例。2 例病人是因蝙蝠暴露，另一例与狗咬伤有关（当地犬类的狂犬病是动物疫源性）。没有一例 2006 年的狂犬病来源于家养动物。

推荐依据

CDC. Compendium of animal rabies prevention and control. MMWR, 2006; Vol. 55; pp. RR1 - 8.

Messenger SL, Smith JS, Rupprecht CE. Emerging epidemiology of bat-associated cryptic cases of rabies in humans in the United States. Clin Infect Dis, 2002; Vol. 35; pp. 738 - 47.

Morris J, Crowcroft NS. Pre-exposure rabies booster vaccinations: a literature review. Dev Biol (Basel), 2006; Vol. 125; pp. 205 - 15.

Warrell MJ, Warrell DA. Rabies and other lyssavirus diseases. Lancet, 2004; Vol. 363; pp. 959 - 69.

Willoughby RE, Tieves KS, Hoffman GM, et al. Survival after treatment of rabies with induction of coma. N Engl J Med, 2005; Vol. 352; pp. 2508 - 14.

风疹疫苗

Paul A. Pham, PharmD

疫苗类型

- 风疹病毒减毒活疫苗。

适应证

ACIP 推荐

- 所有成人和儿童应常规接种，分别在 12~15 个月（第一剂 MMR）和 4~6 岁（第二剂 MMR），间隔至少 4 周。
- 所有卫生保健机构的工作人员应确保有免疫力。
- 女性如风疹疫苗接种史不明确或者没有实验室证据表明有免疫力，应接种 1 剂 MMR 疫苗。

其他信息

- 易感的旅行者推荐在离开美国时接种疫苗。
- 暴露于自然麻疹后，如果在 3 天内接种疫苗，可以保护免于发病。

商品名	剂型	费用 *
ProQuad（Chiron）	皮下注射针剂 3~4.3~3	154.71 美元
M-M-RII（Merk）	皮下注射针剂 20 000/0.5	57.62 美元
Meruvax（Merk）	皮下注射针剂 0.5 ml	23.75 美元

* 价格为平均批发价

病原体针对性保护

- 风疹

剂量 / 用法

首次接种

- M-M-RII 或 ProQuad：0.5 ml 在 12~15 个月时皮下注射（推荐入小学前再次接种）。Meruvax：0.5 ml 皮下注射 1 剂。

不良反应

常见

- 发热（与麻疹疫苗成分相关，约 5%）。
- 一过性皮疹（5%）。
- 注射部位的荨麻疹或水泡。

偶见

- 一过性淋巴结肿大
- 关节痛和一过性关节炎（与风疹疫苗成分有关）。

罕见

- 腮腺炎。
- 过敏反应。
- 血小板减少。
- 癫痫发作。
- 无菌性脑膜炎（与浦部株麻疹疫苗有关）。
- 脑炎。
- 格林巴利综合征（不比本底发生率高）。

疫苗 / 药物相互作用

- M–M–RII 可以和水痘疫苗以及 b 型流感嗜血杆菌疫苗用不同的注射器在不同部位同时接种。
- 尽管关于同时接种推荐的全系列疫苗（如 DTaP、IPV[或者 OPV]、流感嗜血杆菌疫苗和或不和乙肝疫苗、水痘疫苗）的资料有限，众多研究数据显示常规推荐在儿童期接种的疫苗（无论活疫苗、减毒疫苗或是死疫苗）间无相互影响。
- 疫苗接种 3 个月内避免应用免疫球蛋白。
- 在接受免疫球蛋白后，疫苗的接种需推迟 3~12 个月（来源：AAP 红皮书 2006）。

禁忌证

- 免疫抑制者（如血质不调、白血病、淋巴瘤、恶心骨和淋巴肿瘤、细胞免疫功能缺陷、低丙种球蛋白血症、异常丙种球蛋白血症）。
- 对疫苗成分严重过敏（包括新霉素）。
- 严重发热性疾病。
- 妊娠（接种疫苗后 30 天应避孕）。
- 有癫痫发作和严重血小板减少症病史者应慎用。
- 鸡蛋过敏不是禁忌（对 M–M–R 严重反应的危险极低）。
- HIV 感染者如果免疫力不是严重低下（CD4%<15%）可以接种。

免疫应答

- 免疫应答的评价是应用 ELISA 法检测血清中麻疹抗体的存在。保护性的抗体反应滴度应大于 10ELISA 单位 /ml。在几项随机实验中，12~23 月龄的儿童，接种单剂 ProQuad，获得的免疫应答如下：对麻疹 97.4%，对腮腺炎 95.8% 到 98.8%，对风疹 98.5%。

临床效果

- 自从 MMR 应用以来，报道的麻疹、腮腺炎和先天性风疹综合征的病例数量已经下降超过 99%。

其他信息

- 育龄妇女，无论生育年龄，常规检测对风疹的免疫力并告知其关注先天风疹综合征。没有免疫力的妇女在卫生保健机构完成妊娠和分娩前应接种 MMR。

推荐依据

ACIP. Recommended Adult immunization schedule—United States, October 2007 - September 2008. MMWR, 2007; Vol. 56; p. 41.

注释：ACIP 的推荐。

Watson JC, Hadler SC, Dykewicz CA, et al. Measles, mumps, and rubella—vaccine use and strategies for elimination of measles, rubella, and congenital rubella syndrome and control of mumps: recommendations of the Advisory Committee on Immunization Practices (ACIP). MMWR Recomm Rep, 1998; Vol. 47; pp. 1 - 57.

注释：ACIP 的推荐。

破伤风疫苗

Paul A. Pham, PharmD and John G. Bartlett, MD

疫苗类型

- 破伤风及白喉类毒素吸附疫苗（Td，破伤风 + 白喉类毒素）。Tdap（Td+ 无细胞百日咳疫苗）。其他类型见品种规格。

适应证

ACIP 推荐

- 预防破伤风伤口处理：以前接种 <3 剂，接种史不明，接种 Td>10 年或严重创伤 + 接种 Td>5 年。
- 对于 a）产后妇女，b）密切接触 12 个月以下的新生儿（最晚接触前 2 周接种），以及 c）所有接触患者的医护人员。推荐在 Td 免疫接种 2 年后立即接种 Tdap。
- 在没有 Tdap 接种史的 65 岁以下的成年人，Tdap 可以取代 Td。（这是一种单剂 1 次性接种的疫苗；否则继续用 Td 加强）。
- 不能明确以前是否系列完整接种了含破伤风和白喉毒素疫苗的成人，应按首次免疫完成系列接种。（参见剂量推荐下得“成人 Td，初次系列”）。
- 已经至少 10 年未接种破伤风类毒素疫苗的妊娠妇女，推荐常规接种。

品种规格

商品名	剂型	费用 *
ADACEL（Sanofipasteur）	肌注针剂 2~2.5~5/0.5 ml	46.90 美元
Infanrix(GlaxoSmithKline)	肌注针剂（预充)25~58~10/0.5 ml 肌注针剂 25~58~10/0.5 ml	26.24 美元 26.20 美元
DECAVAC(Sanofipasteur)	肌注针剂（预充）5~2LFU/0.5 ml 肌注针剂 5~2 LFU	23.55 美元 23.55 美元
DT(Sanofipasteur)	肌注针剂 0.5 ml	29.00 美元

商品名	剂型	费用 *
BOOSTRIX(GlaxoSmithKline)	肌注针剂（预充）2.5~8~5/0.5 ml 肌注针剂 2.5~8~5/0.5 ml	45.31 美元 5.31 美元
Pediarix(GlaxoSmithKline)	肌注针剂（预充）10~25~25/0.5 ml 肌注针剂每支 0.5 ml	83.71 美元 83.71 美元
DADPTACEL(Sanofipasteur)	肌注针剂 2~2.5~5/0.5 ml	46.23 美元
TriHIBit 只供强化用(Sanofipasteur)	肌注针剂套装 6.7~46~8.5	52.86 美元
Tripedia(Sanofipasteur)	针剂 6.7~46~8.5	26.18 美元

* 价格为平均批发价

病原体针对性保护

- 破伤风梭状芽孢杆菌；破伤风

剂量 / 用法

首次接种

- ADACEL（成人白喉 / 破伤风 / 百日咳三联疫苗）：1 剂（0.5 ml）肌肉注射。DECAVAC（成人破伤风白喉疫苗）：0.5 ml，3 剂；第一剂和第二剂间隔 4 到 8 周，第二剂和第三剂间隔 6 到 12 个月。INFANRIX（儿童白喉 / 破伤风 / 百日咳三联疫苗）：0.5 ml（5 剂），2、4、6 月龄时肌肉注射，15 到 20 月龄以及 4 到 6 岁时分别加强 1 剂。DT（儿童白喉 / 破伤风疫苗）：6 周时开始，共用 3 剂 0.5 ml，每剂间隔 4 到 8 周，第三剂后 6 到 12 个月以再用 1 剂。PEDIATRIX（儿童 Tdap+ 灭活的脊髓灰质炎疫苗）：0.5 ml，肌肉注射，2 月龄开始，间隔 8 周，共用 3 剂。DADPTACEL（儿童 Tdap）：0.5 ml，肌肉注射。12 月龄前接种第一剂疫苗的 7~18 岁者，其补救性接种需 4 剂，第二和第三剂间至少间隔 4 周（不是 8 周）。

加强接种

- 推荐每 10 年加强接种 1 次。成人：ADACEL（1 次）或 DECAVAC 0.5 ml 肌注每 10 年 1 次。儿童：DT（4 到 6 岁间的儿童）0.5 ml 肌注。那些 4 岁前已经接受完整 4 剂疫苗接种的儿童可以在入幼儿园或小学前加强接种 1 次。如果之前的第 4 剂接种是在 4 岁以后，则不需要再加强。然而，成年人需要每 10 年接受破伤风和白喉吸附毒素类疫苗的常规加强免疫。7 岁以上的人不应在接受 DT（儿童用）免疫。BOOSTRIX：10 到 18 岁者单剂 0.5 ml 肌肉注射。TriHIBit（Tdap+Hib）：0.5 ml 肌肉注射。

不良反应

一般原则

- 通常耐受良好。

常见

- 注射部位疼痛和压痛；发生率随剂量增加而增多。

罕见

- 过敏。
- 脑病。
- 关节痛。
- 发热。
- 格林巴利综合征。

· 阿瑟氏反应（严重疼痛、肿胀、硬化、水肿、出血和局部坏死）。

疫苗 / 药物相互作用

· 同时接种 DT，MMR，OPV 或灭活脊髓灰质炎疫苗（IPV）以及嗜血杆菌 b 多价疫苗（HbCV）是可行的。

· 免疫抑制治疗，包括放疗、抗代谢药物、烷化剂、细胞毒药物和糖皮质激素（超过生理剂量应用），会降低对疫苗的免疫应答。

禁忌证

· 对疫苗成分过敏的病史。

· 百日咳疫苗接种后 7 天内发生脑病者。

· 有格林巴利综合征病史者（含破伤风毒素疫苗接种 6 周内）应慎用，严重疾病的急性或稳定期、不稳定的神经疾病或阿瑟氏过敏反应。

免疫应答

· 通常应答良好，老年人群应答下降。抗破伤风应答：几乎 100% 抗破伤风抗体水平 >0.1 IU/ml，加强免疫应答率 90~93%。抗白喉应答：99.9% 血清保护性抗白喉抗体水平 >0.1 IU/ml，加强免疫应答率 91~96%。针对百日咳抗原的抗百日咳应答率 89%，加强免疫为 95%。

临床效果

· 疫苗非常有效。疫苗明确的有效性：对百日咳 92%。对破伤风：1999 年美国共发生 40 例；白喉：1999 年美国无一发病。

其他信息

· 需求：>75 岁的美国人约 25% 有破伤风保护性抗体。

· 大多数美国病例发生于老年人群；估计是由于免疫力降低或缺失。

后续

· Td 更适于成人（局部反应少）和妊娠期。成人的初次接种、加强和伤口处理都应接种 1 剂 Tdap。

· 伤口，轻微：之前接种 <3 剂 Td 或不清楚——予 Td；以前接种 >3 剂但如果接种最后 1 剂超过 10 年，应予 Td。

· 伤口，严重或者污染：之前接种 <3 剂 Td，Td+TIG；以前接种 >3 剂但如果接种最后 1 剂超过 5 年，应予 Td。

· TIG：破伤风免疫球蛋白，如果之前接种疫苗 <3 剂 Td 或不清楚，且为污染伤口（污物、粪便、唾液、土壤）、挤压伤、烧伤或冻疮。

· DT：儿童剂型，禁用于 7 岁以上者。

· TIG：破伤风免疫球蛋白 500 单位肌注（预防），或 3000~10000 单位（活动性破伤风）。

· ADACEL 与 DAPTACEL（儿童 DTaP）含相同的破伤风类毒素、白喉类毒素和 5 中百日咳抗原，但 ADACEL 所含的白喉类毒素和和百日咳灭毒毒素的量较少。

推荐依据

ACIP. Recommended Adult immunization schedule. United States, October 2007. September 2008. MMWR, 2007; Vol. 56; p. 41.

注释：ACIP 推荐成人接种

Kretsinger K, Broder KR, Cortese MM, et al. Preventing tetanus, diphtheria, and pertussis among adults: use of tetanus toxoid, reduced diphtheria toxoid and acellular pertussis vaccine recommendations of the Advisory Committee on Immunization Practices (ACIP) and recommendation of ACIP, supported by the Healthcare Infection Control Practices Advisory Committee (HICPAC), for use of Tdap among health-care personnel. MMWR Recomm Rep, 2006; Vol. 55; pp. 1 - 37.

注释：ACIP 的推荐 2006 年有所变化，纳入 Tdap 为 <65 岁者的单剂接种疫苗。

Gergen PJ, McQuillan GM, Kiely M, et al. A population-based serologic survey of immunity to tetanus in the United States. N Engl J Med, 1995; Vol. 332; pp. 761 - 6.

伤寒疫苗

Paul A. Pham, PharmD and John G. Bartlett, MD

疫苗类型

两种类型：（1）口服减毒活菌苗（Ty21a，Vivotif），（2）肌注多糖疫苗（Typhim Vi）。

适应证

ACIP 推荐

- 预防伤寒沙门菌感染
- 要到流行区的旅行者；预计会频繁接种伤寒沙门菌的实验室微生物学家
- 旅行：伤寒流行区域（尤其秘鲁、印度、巴基斯坦和智利）的乡村地区或正在有伤寒爆发的地区。

其他信息

- 免疫抑制：Vivotif 是一种活菌疫苗；免疫抑制人群应接受 Typhim Vi（尽管应答率可能较低）

品种规格

商品名	剂型	费用 *
TyphimVi（Sanofipasteur）	肌注针剂 25 mcg/0.5	56.94 美元
	肌注预充针剂 25 mcg/0.5	56.94 美元
Vivotif（BernaProduct）	口服胶囊 1 粒	12.06 美元

* 价格为平均批发价

病原特异性免疫

- 伤寒沙门氏菌

剂量 / 用法

首次接种

- Vivotif：6 岁以上儿童及成人隔日服用胶囊 1 粒，连服 4 次（至少于旅行前 2 周开始）。2 周内不宜服用抗疟药或抗菌素，否则将降低有效性。TyphimVi:0.5 ml（25 mcg）于三角肌或股外侧肌行肌肉注射，单次（适用于 2 岁以上儿童或成人）。

加强接种

- 再次接种疫苗：对于存在持续暴露于伤寒沙门氏菌风险者，建议 TyphimVi 每 2 年、Vivotif 口服疫苗每 5 年加强 1 次。

不良反应

一般原则

- Ty21a（口服疫苗）较之 ViCPS（肌肉注射疫苗）不良反应更少。
- 对肠外疫苗存在过敏反应者可能对口服疫苗耐受。
- 妊娠：口服及肌肉注射的多糖疫苗皆为 C 类。无明确数据。ACOG（160 号公告建议）只建议密切持续暴露或到流行区旅行的孕妇使用。

常见

- 加热 – 酚灭活全细胞疫苗（市场上不再有售）具有较高的系统性不良反应发生率（发热、头痛、注射局部痛）。目前的肌注型（Typhim Vi）通常耐受性较好。

偶发

- 口服型：恶心、呕吐、腹部不适（与安慰剂组类似）。
- 肌注型：大于等于 1cm 的红斑或硬结（接种者的 7% 可发生）。

罕见

- 口服疫苗：发热、头痛，皮疹或风疹，但与安慰剂类似。
- 肌注型：发热（发生率 0%~1%）及头痛（1.5%~3%）。

疫苗 / 药物相互作用

- 抗生素：可降低口服疫苗的效果，避免 2 周内同时使用。
- 抑制免疫力的治疗，包括放疗、抗代谢药、烷化剂、细胞毒性药物及皮质类固醇类激素都可能减低免疫应答，而增加因活疫苗导致感染的风险（口服 TY21 疫苗）。

禁忌证

- 口服伤寒疫苗：急性发热性疾病、呼吸系统或胃肠道疾病、免疫缺陷状态，同时应用抗生素（特别是磺胺类抗生素）可能会削弱所需的免疫应答。

免疫应答

- 出现保护作用：最后 1 剂给药后 1 周内。

临床效果

- 美国流行区部队新兵采用肠溶型口服伤寒疫苗有效率为 67%。
- 多糖类肌肉疫苗的保护率为 77.4%

其他信息

- 口服伤寒疫苗更好，因其与肠外疫苗相比效力相当，而保护时间更长（5 年：2 年）（Lancet1990;336:891）。
- 许多旅游诊所推荐肌注疫苗，因其简便易行，许多旅行者不能完成 4 剂口服疫苗的接种。
- 口服疫苗不耐热，应储存于阴凉处，过热（如夏日的车厢内）会降低疫苗的作用。

推荐依据

疾病预防控制中心 . 免疫接种咨询委员会 (ACIP) 关于伤寒疫苗的免疫接种建议，MMWR,1994;Vol.43;pp.1 - 7.

水痘疫苗

Paul A. Pham, PharmD and John G. Bartlett, MD

疫苗类型

· 减毒活疫苗

适应证

ACIP 建议

· 12~18 个月的幼儿给予首次剂量，以预防原发水痘、带状疱疹。

· 所有年龄 >13 岁的健康人如无具有免疫力的证据都应常规接种

商品名	规格	价格 *
Varivax(Merck)	0.5 ml/ 瓶	96.70 美元

* 价格为平均批发价

病原特异性免疫

· 水痘带状疱疹病毒

· 本疫苗通常不用于带状疱疹的预防，因有更为适宜的带状疱疹疫苗（Zostavax）可针对 14 种以上的病毒

剂量 / 用法

首次接种

· 成人：0.5 ml SC × 2，间隔 4~8 周。儿科（ACIP 建议）：12~18 个月的儿童给予首次剂量（0.5 ml），4~6 岁给予第二剂（0.5 ml）。第二剂水痘疫苗推荐用于所有儿童、青少年及接受过第一剂的成人。

加强接种

· 有人推荐 9~10 年后加强 1 次。

不良反应

常见

· 注射部位局部反应（0~2 天内 30% 出现）

偶见

· 发热 >38℃ (10%)

· 注射局部水痘样皮疹（3%）

· 全身性水痘疹：在 7~21 天内出现（通常损害小于 10 处，持续时间大于 3 天，可能成为水痘 – 带状疱疹病毒潜在的传染源）。

罕见

· 一千五百万水痘接种者中曾报道 3 起疫苗毒株传播事件。(MMWR 48(R–6),1999).

· 疫苗 / 药物相互作用

· 免疫抑制剂：可能增加严重疫苗相关性感染的风险。

禁忌证

· 怀孕或 1 个月内可能怀孕。

· 免疫抑制患者。

· 活动性肺结核患者。

- 6 个月内曾输注血液制品者。
- 对凝胶和新霉素过敏者。

免疫应答

- 接种 4~8 周后，单剂给药 78%、两次给药 99% 血清阳转；7~10 年内可使 70%~90% 的接种者免于感染，95% 的接种者免于出现严重感染。97% 的婴儿和 1~12 岁儿童在单剂注射后可检测到抗体。普遍认为疫苗产生的免疫力可长时间维持。

临床效果

- 年龄小于 20 岁的人群中，接种疫苗群体的带状疱疹发病率为 2.6/100,000 人 . 年，而普通人群的发病率则为 68/100,000 人 . 年。
- 疫苗的有效性评估显示可以避免 90% 的水痘 ~ 带状疱疹病毒感染和 95% 的严重感染。

其他信息

- 疫苗的储存温度应为≤ 5℃，一旦复溶则必须在 30 分钟内使用。
- 当前 90% 的成年人很可能在儿童期感染过水痘 (疫苗前时代)，因而不再需要接种水痘疫苗。
- 15 岁以上人口中 10% 对水痘易感，成人提供的临床水痘病史通常不可靠，水痘血清学抗体水平可能逐年降低。如考虑其可能易感，应进行血清学检测(如为阴性，则进行免疫)
- 一例发生于日托中心的暴发事件显示，疫苗的有效率仅为 44%[GalilK,etal. NEJM2002;347:1909].
- 新 ACIP(2007) 也建议出生前评估及产后接种；感染 HIV 的儿童若其 CD4T 淋巴细胞水平在特定年龄值的 15%~24% 以及 CD4T 淋巴细胞水平≥ 200 的青少年及成人也可接种水痘疫苗；也应确认初中、高中及大学入学者的免疫需求；
- 具备如下之一可认为该成人对水痘有免疫力：(1)间隔 4 周以上接种 2 剂水痘疫苗；(2) 在美国 1980 年前出生 (注意：孕妇、医务人员、免疫受损的患者其免疫性应具备实验室证据)；(3) 医疗机构确认的水痘或带状疱疹病史；(4) 免疫力的实验室证据。

推荐依据

Marin M, G ü ris D, Chaves SS, et al. Prevention of varicella: recommendations of the Advisory Committee on Immunization Practices (ACIP). MMWR Recomm Rep, 2007; Vol. 56; pp. 1 - 40.

注释 :ACIP 目前推荐儿童两剂接种的方案是由于使用 1 次接种的策略会发生很高的突破性感染率。其他新建议有：监督非晚期 HIV 感染者接种，确认大学入学者进行过免疫，所有年龄大于 13 岁者常规接种及所有仅接种过 1 次水痘疫苗者应补种。

推荐依据

Chaves SS, Gargiullo P, Zhang JX, et al. Loss of vaccine-induced immunity to varicella over time. N Engl J Med, 2007; Vol. 356; pp. 1121 - 9.

黄热病疫苗

Paul A. Pham, PharmD and John G. Bartlett, MD

疫苗类型

减毒活疫苗，由 17D 黄热病病毒株制成

适应证

ACIP 建议

- 建议到流行区旅行者接种：热带南美洲及位于南北 15 纬度之间的大部分非洲
- 可考虑为存在暴露风险的 4~9 个月婴儿接种；
- 到一些国家旅行必须接种疫苗

商品名	规格	价格 *
YF–VAX（赛诺菲 – 巴斯德，仅在美国指定的黄热病疫苗中心提供）	0.5 ml/ 瓶	62 美元

* 价格为平均批发价

病原针对性保护

- 黄热病病毒

剂量 / 用法

首次接种

- 黄热病疫苗：0.5 ml SC × 1(成人及 9 个月以上儿童）

加强接种

- 再次接种：如仍存在感染风险应每 10 年加强 1 次

不良反应

一般原则

- 孕妇：C 类建议，除非暴露于黄热病不可避免，否则应禁忌。101 例接种了黄热病疫苗的孕妇未显示出黄热病疫苗对胎儿有显著伤害。

常见

- 局部反应 : 包括注射局部水肿、过敏、疼痛或包块。

偶见

- 头痛
- 肌肉痛
- 低热

罕见

- 过敏，发生率 1:116 000（可采用脱敏方法）
- 脑炎
- 肝炎
- ACIP 曾报道 7 例注射 17D 黄热病疫苗后出现多器官功能衰竭，所有病例均在注射疫苗后 2~5 天发病，6 例死亡 (MMWR2001;50 - 643)
- 可能导致严重的脑炎和肝炎并发症，特别是免疫抑制者及 65 岁以上的老人。疫苗带来的风险通常超过旅行。

疫苗 / 药物相互作用

- 免疫抑制药物：可增加发生感染类并发症的风险；
- 黄热病疫苗可与下列疫苗同时给药而不会影响功效：麻疹、天花、卡介苗及甲肝、乙肝疫苗、伤寒疫苗（Typhim Vi），脑膜炎疫苗 (Menomune)

禁忌证

- 已知对蛋类、鸡肉及凝胶过敏
- 小于 4 个月的婴儿（增加脑炎的风险）
- 孕妇（相对而言）：如到流行区旅行不可避免及暴露的风险增加则应接种疫苗
- 免疫抑制，包括 CD4 值 <200/mm^3 的 HIV 感染者（因其为活菌疫苗）
- 年龄大于 65 岁属于相对禁忌。

免疫应答

- 接种者中 95% 以上产生免疫。孕妇免疫（39%），无症状 HIV 感染者（77%）及 HIV 感染的婴儿（17%）应答率低。正常人保护作用可持续 10 年。

临床效果

- 事实上随着 1941 年强制免疫运动的执行，黄热病已经在非洲法语国家地区消失；
- 超过 95% 的人产生中和抗体。

其他信息

- 产生保护作用：10 天。
- 如暴露不能避免，应为孕妇及 HIV 感染者接种疫苗，在小样本的研究中未报告不良反应。

推荐依据

Cetron MS, Marfi n AA, Julian KG, et al. Yellow fever vaccine. Recommendations of the Advisory Committee on Immunization

Practices (ACIP), 2002. MMWR Recomm Rep, 2002; Vol. 51; pp. 1 - 11; quiz CE1 - 4.

注释：ACIP 建议

Chadwick DR, Geretti AM. Immunization of the HIV infected traveller. AIDS, 2007; Vol. 21; pp. 787 - 94.

Khromava AY, Eidex RB, Weld LH, et al. Yellow fever vaccine: an updated assessment of advanced age as a risk factor for serious adverse events. Vaccine, 2005; Vol. 23; pp. 3256 - 63.

带状疱疹疫苗

Paul A. Pham, PharmD and John G. Bartlett, MD

疫苗类型

- 减毒活疫苗。现有 Oka 水痘疫苗的改良版，14× 更有效。

适应证

ACIP 建议

- 用于预防 60 岁及以上老年人带状疱疹的发生。

其他信息

- 也会减少带状疱疹后神经痛的发生率

商品名	规格	价格 *
Zostavax(Merck)	瓶，19400 BV U/6.5 ml，皮下注射	192.41 美元

* 价格为平均批发价

病原针对性保护

- 水痘带状疱疹病毒

剂量 / 用法

首次接种

- 疫苗小瓶内容物(0.65 ml)于三角肌区皮下注射，在复溶后30分钟内完成。注意：带状疱疹疫苗应冷冻保存，复溶后应立即从冰箱内移出。稀释液应储存于室温或冰箱冷藏室内。

加强接种

- 已证实接种后的 4 年都有效力。尚不清楚 4~5 年后是否应该加强。

不良反应

一般原则

- 通常耐受性较好
- 在全部的研究群体中，疫苗组与安慰剂组的严重不良反应发生率相当。

常见

- 1/3 的接种者出现轻度的注射局部反应（红斑、疼痛 / 触痛、肿胀）

偶见

- 瘙痒（6.6%）
- 血肿（1.4%）
- 局部发热（1.5%）
- 头痛（1.4%）

罕见

- 呼吸系统感染，发热，流感样综合征，腹泻、鼻炎、皮肤病、呼吸道功能紊乱及衰弱，皆不常见，发生率低于 2%。疫苗接种者与对照组相比发生率高 0.1%~0.3%。
- 在不良反应监测的亚组研究中，接种疫苗组心血管不良反应的发生率较之对照组高 0.2%. 这一差异在临床上是否有显著意义尚不明确 .

疫苗 / 药物相互作用

- 免疫抑制治疗，包括大剂量的皮质类固醇激素：由于疫苗属于活毒株并有潜在造成带状疱疹播散风险，因而禁忌免疫抑制剂与疫苗同时使用。

禁忌证

- 免疫抑制的患者或正在进行免疫抑制剂治疗的患者
- 对新霉素、凝胶或其他疫苗成分过敏者
- 患有活动性、未治疗的肺结核者
- 怀孕或一个月内可能怀孕的女性

免疫应答

- 针对带状疱疹的特异性保护性抗体尚未确定。水痘 ~ 带状疱疹病毒抗体水平在接种疫苗后 6 周相对于安慰剂组有 1.7 倍升高 (95%CI:1.6to1.8）。

临床效果

- 预防带状疱疹的全人群有效率为 51%，预防疱疹后神经痛的全人群有效率：39%
- 预防带状疱疹的亚组有效率：60~69 岁人群为 64%；70~79 岁人群为 41%；>80 岁人群为 18%（无统计学差异）。
- 预防疱疹后神经痛：60~69 岁人群无效；70~79 岁人群为 55%；>80 岁人群为 26%（无统计学差异）。

其他信息

- 对于 80 岁以上的老人，疫苗的有效率较低，只能降低 18% 的带状疱疹发生率，每个质量调整寿命年可节省 191，000 美元。
- 虽然尚无减毒活疫苗后造成播散的报道，但与发生水痘样疹的接种者进行易密切接触有可能会造成传播。
- 带状疱疹疫苗可为一半接种者提供保护，并降低出现疱疹后神经痛综合征的风险。
- 不应与水痘疫苗 (Varivax)（aka 水痘疫苗）混淆，不可与水痘疫苗互换，不能给儿童接种。
- 带状疱疹疫苗较之水痘疫苗含有更多的 Oka/Merck 水痘病毒噬菌斑形成单位（PFU）（至少 19,400PFU：至少 1350PFU）。
- 疫苗必须冷冻储存。
- 所有 60 岁以上的老人，包括曾有过带状疱疹病史者及患有慢性基础疾病者都推荐进行带状疱疹疫苗接种。只要没有使用中 ~ 大量免疫抑制剂者都可接种（如每天 <20 mg）。
- 无需询问水痘病史，无需通过血清学检测其水痘免疫水平。

随访

- 尚不明确 4~5 年后是否需要加强。

推荐依据

Advisory Committee on Immunization Practices (ACIP). Prevention of Herpes Zoster. MMWR, 2008; Vol. 57; pp. 1 - 30.

注释 :ACIP 建议所有没有禁忌证的 60 岁以上老人接种带状疱疹疫苗。

推荐依据

Oxman MN, Levin MJ, Johnson GR, et al. A vaccine to prevent herpes zoster and postherpetic neuralgia in older adults.N Engl J Med, 2005; Vol. 352; pp. 2271 - 84.

Rothberg MB, Virapongse A, Smith KJ. Cost-effectiveness of a vaccine to prevent herpes zoster and postherpetic neuralgiain older adults. Clin Infect Dis, 2007; Vol. 44; pp. 1280 - 8.

附件 I
特定诊断及病原体的治疗用表

表 1. 感染性心内膜炎的诊断定义，依据 DUKE 标准

确诊的感染性心内膜炎

病理学标准

微生物：在发生栓塞的赘生物或心内脓肿中经培养或组织学检查证实有微生物，或

病理改变：存在赘生物或心内脓肿，经组织学证实有活动性心内膜炎。

临床标准，具体标准见表 2

1. 符合 2 项主要标准 或
2. 符合 1 项主要标准加 3 项次要标准 或
3. 符合 5 项次要标准

疑似的感染性心内膜炎

有感染性心内膜炎的表现，不符合感染确诊标准，但也不能排除

排除 IE 的标准

1、 临床表现符合其他疾病而不是 IE 的诊断，或

2、 有 IE 临床表现，但在应用抗生素≤ 4 天已完全缓解，或

3、 应用抗生素≤ 4，外科手术或活检已无 IE 的病理证据

* 术语见表 2

引 自：Durack DT, Lukes AS, Bright DK. New criteria for diagnosis of infective endocarditis: utilization of specifi cechocardiographic fi ndings: Duke Endocarditis Service. Am J Med. 96:200 - 209, 1994. Reprinted with permission.

表 2.DUKE 标准中使用的术语定义

主要诊断标准

1. 血培养阳性

（1）两次血培养获得同样的典型微生物，如草绿色链球菌、* 牛链球菌、# HACEK 组菌；

（2）或在无原发病灶下，培养出金黄色葡萄球菌或肠球菌，或

（3）持续血培养阳性，指在下列情况下找到 IE 病原体

1）采集的血标本间隔时间 12h 以上

2）所有送检的 3 个或 4 个或更多的标本中，全部或大部阳性，且第一个标本与最后一个标本间隔至少 1h 以上

2. 有心内膜受累的证据

（1）超声心动图检查阳性

1）在心瓣膜或瓣下结构，或反流血液冲击处，或在置入人工瓣膜上见有摆动的心内团块，且不能以其他变化来解释，或

2）心内脓肿，或

3）新出现的人工瓣膜部分裂开，或

（2）新出现的瓣膜返流（之前就存在的心脏杂音增大或改变尚不是充分证据）

次要标准

1. 易致 IE 的基础疾病，包括基础心血管病或静脉注射毒品
2. 发热，体温≥ 38℃
3. 血管损害表现：较大动脉的栓塞、化脓性肺栓塞、细菌性动脉瘤、颅内出血、膜出血、Janeway 结节
4. 免疫学现象：肾小球肾炎、Osler 结节、Roth 斑、风湿热
5. 微生物学证据：血培养阳性但不符合上述主要标准，# # 或血清学证据与可致 IE 的微生物活动性感染相符
6. 超声心动图：与感染性心内膜炎相符，但尚未达到上述主要标准

* 包括营养变异株

HACEK 是指嗜血杆菌属、放线菌属、人心杆菌属、啮蚀艾肯菌属、金氏杆菌属

除外单次凝固酶阴性葡萄球菌培养阳性及不导致心内膜炎的细菌

引　自：Durack DT, Lukes AS, Bright DK. New criteria for diagnosis of infective endocarditis: utilization of specifi c

echocardiographic fi ndings: Duke Endocarditis Service. Am J Med. 96:200 - 209, 1994. Reprinted with permission.

表 3. 多种不明原因发热

病因	诊断线索
常见	
药物热 *	体温、脉搏分裂，嗜酸性粒细胞增多症
血栓栓塞	呼吸困难，胸痛(血气检测可保持正常)。进行骨盆手术的患者或分娩者风险最大。
酒精性肝脏疾病	肝肿大，转氨酶升高
人工性发热	缺乏每天体温波动，口温及肛温相矛盾
隐性血肿	近期有钝性外伤或应用抗凝血剂史
罕见	
隐性牙齿感染	牙列不良，近期有牙科操作史
家族性地中海热	阵发性发热伴随腹痛、腹膜炎、皮疹、关节炎，有家族史
先天性心包炎	胸痛、肋膜炎性表现
亚急性肉芽肿性甲状腺炎	颈部疼痛、咽部肿胀
新病因	
Kikuchi 病	组织细胞坏死性腺炎，白细胞减少，血清转氨酶升高，脾肿大
高 γ - 球蛋白血症	周期性长时间发热，皮疹，大关节炎症

特定诊断及病原体的治疗用表

表 3.(续前表)

* 常见出现药物热的药物情况提示		
常见	少见	罕见
阿托品	别嘌醇	氨基糖甙类
两性霉素 B	硫唑嘌呤	氯霉素
门冬酰胺酶	甲腈咪胺	氯林可霉素
巴比妥	肼酞嗪	皮质类固醇
博来霉素	亚胺培南	大环内酯类
头孢菌素	碘化物	水杨酸盐(治疗剂量)
干扰素	异烟肼	四环素
甲基多巴	甲氧氯普胺	维生素剂
青霉素	硝苯地平	
苯妥英	非甾体类抗炎药	
普鲁卡因	利福平	
喹纳定	链激酶	
水杨酸盐(包括含磺胺成为的泻药)	万古霉素	
磺胺类药		

引自：Johnson DH, et al. Infect Dis Clin North Am. 1996 Mar;10(1):85 - 91.

表 4. 不明原因发热的病史线索

暴露源	可能的诊断
鸟类	沙门氏菌病，鹦鹉热，肺结核
猫	猫抓热、Q 热、弓形体病
狗	细螺旋体病
牛	布鲁氏菌病、Q 热、细螺旋体病
啮齿类动物	细螺旋体病、回归热
虱	艾利希体症、莱姆病
旅行	疟疾、野兔病、肺结核
性行为	HIV、肝炎、淋病、梅毒
洞穴探险	回归热
乳制品	沙门氏菌病、耶尔森鼠疫杆菌感染、布鲁氏菌病、Q 热
鸡肉、猪肉	沙门氏菌病、耶尔森鼠疫杆菌感染
贝类	沙门氏菌病

表 5. 不明原因发热的查体发现

评估	发现	可能的诊断
重要症状	高热而脉缓	伤寒、军团菌病、布鲁氏菌病、人工性发热、药物热
头部	流涕及鼻窦触痛	窦炎
	颞动脉结节或波动感减少	颞动脉炎
	口咽部溃疡	播散型组织胞浆菌病
	牙痛	根尖脓肿
甲状腺 *	增大，触痛	甲状腺炎
眼睛	结膜炎	真菌感染、结核
	Roth 斑	亚急性细菌性心内膜炎、白血病
	黄疸	肝炎、胆汁淤积
淋巴系统	异常或任何结节，包括肱骨内上髁及锁骨上淋巴结	传染性单核细胞增多症、其他系统性感染、淋巴瘤
心脏	杂音或心音改变	心内膜炎
腹部	脾肿大	多种病毒或细菌性疾病，淋巴瘤、淋巴网状肿瘤
	肝大或触痛	肝传染性疾病或腹腔内脓肿
	侧腹触痛或肿胀	肾周或腹腔内脓肿
肛门及直肠	直肠或前列腺压痛或波动感	脓肿
生殖器	附睾结节	播散性肉芽肿病
	睾丸结节	结节性动脉周围炎
	宫颈分泌物或子宫触痛	盆腔感染性疾病
关节	硬、肿、红	风湿性疾病
下肢	深静脉触痛、肿	血栓性静脉炎
皮肤及黏膜	皮疹	药物热、病毒感染
	斑点伴有血管炎（隆起的紫癜样皮损）	胶原血管病
	紫癜伴有斑点	脑膜炎球菌或淋球菌菌血症
	Janeway 斑	亚急性细菌性心内膜炎
	Osler 结节	亚急性细菌性心内膜炎

*Mackowiak PA, Durack DT: Mandell, Douglas, and Bennett’s Principles and Practice of Infectious Edited by Mandell GL, Bennett JE, Dolin R. Philadelphia: Churchill Livingstone; 2000:623 - 33.

表 6. 不明原因发热的常规实验室检查

检测项目	结果	意义
全血细胞分类计数	白细胞增大、白细胞减少、贫血、血小板减少	大范围的潜在疾病
血沉	升高	感染或胶原血管病
肝酶水平（转氨酶或碱性磷酸酶）	升高	肝炎、肝脓肿或肿瘤，胆汁淤积
梅毒血清学检查	阳性	梅毒
HIV 检测	阳性	HIV 感染（需要确证实验）
尿培养	发现病原菌	尿路感染
血培养	出现病原菌	菌血症，特别注意细菌性心内膜炎
便检查	寄生虫或虫卵	寄生虫感染
结合菌素皮肤实验	阳性	结核
胸片	浸润	肺结核或恶性肿瘤

表 7. 流感用药对比

	金刚烷胺 *	金刚乙胺 *	扎那米韦 *	奥丝米韦
获 FDA 批准年份	1966	1993	1999	1999
抗流感病毒活性	A	A	A&B	A&B
FDA 批准				
治疗	+	+	+	+
预防	+	+	+	+
功效				
治疗	+	+	+	+
高危患者研究	+	~	~	+
开始用药时间	48 小时	48 小时	48 小时	48 小时
症状缓解时间	1~1.5 天	1~1.5 天	1~1.5 天	1~1.5 天
预防的功效	+	+	+	+
治疗持续时间	5 天	7 天	5 天	5 天
治疗剂量				
14~64 岁	100 mg BID	100 mg BID	10 mg BID	75 mg BID
年龄 >65 岁	100 mgBID	100 mg BID	10 mg BID	75 mg BID
肾衰竭	调整	标准	10 mg BID	调整
肝衰竭	标准	标准	无数据	无数据
副作用	中枢神经系统	中枢神经系统	支气管痉挛	GI
5 天平均批发费用	$7	$18	$168	$101.70

*2009–2010 季不推荐使用

图 8. 识别风险因素 I 类患者预测原则

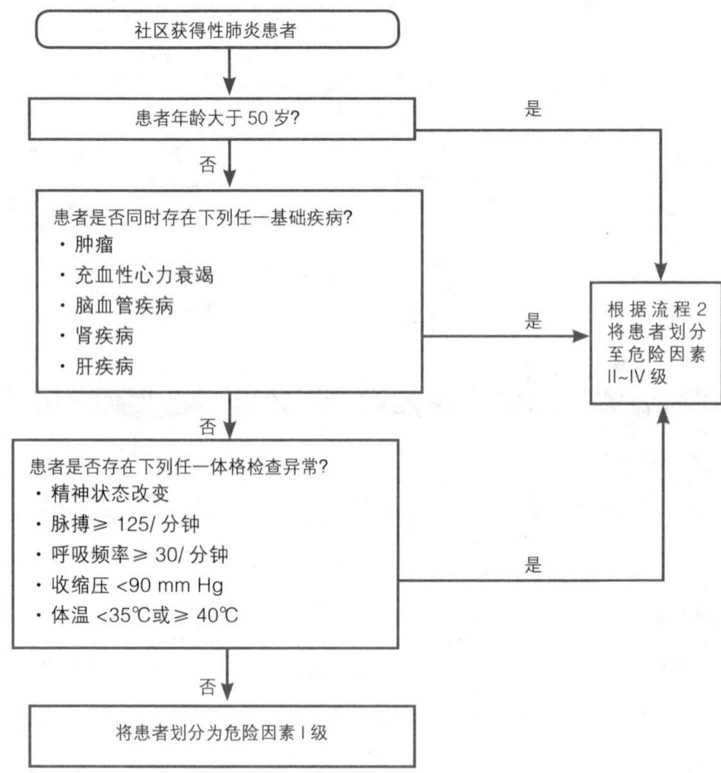

在预测原则的第一步，下列因素属于致死率的独立危险因素：年龄大于 50 岁，5 项基础疾病（肿瘤、充血性心力衰竭、脑血管疾病、肾疾病、肝疾病），5 项体格检查异常（精神状态改变、脉搏≥ 125/ 分钟、呼吸频率≥ 30/ 分钟、收缩压 <90 mm Hg、体温 <35℃或≥ 40℃）。在推荐依据的队列研究中，1372 名患者（9.7%）不具备上述 11 项危险因素中的任何一项，被划分为 I 类。剩下的 12,827 例患者根据第二步预测流程分别划分为 II 、III、IV 及 V 级风险因素（见表 10）。

推荐依据：

Fine MJ, Auble TE, Yealy DM, et al. N Enlg J Med. 1997;336(4):243 - 250.

表 9. 第二步中将患者划分为 II 、III、IV 及 V 级风险因素的评分系统

患者特征	指定分值 *
人口学资料	
年龄（1 分 / 年）	
男性	年龄
女性	年龄 ~10
在疗养院居住	+10
基础疾病 #	
肿瘤	+30
肝脏疾病	+20
充血性心力衰竭	+10
脑血管疾病	+10
肾脏疾病	+10
体格检查发现	
精神状态改变 ##	+20
呼吸频率≥ 30/ 分钟	+20
收缩压 <90 mm Hg	+20
体温 <35℃或≥ 40℃	+15
脉搏≥ 125/ 分钟	+10
实验室检查发现	
PH<7.35	+30
血尿素氮 >10.7 mmol/L	+20
血钠 <130 mEq/L	+20
血糖 >13.9 mmol/L	+10
血细胞比容 <30%	+10
口服 2<60 mm Hg（或 SaO2<90%)ş	+10
胸膜渗出	+10

* 总分是将患者年龄（如为女性，年龄 ~10）及每项的分数进行加和得到的。每个预测变量的权重得分是依据对第二步预测规则建立 logistic 回归模型得到的。

肿瘤定义为任一癌症，但不包括评价时正处于活动期或评价时诊断 1 年内的皮肤基底或扁平细胞癌。肝脏疾病定义为肝硬化或其他形式的慢性肝脏疾病，如慢性活动性肝炎。充血性心力衰竭是指通过病史、体格检查、胸片、超声心动、MUGA 扫描或左心室造影证实存在心室收缩或舒张功能不良。脑血管疾病定义为：临床诊断为中风或短暂性脑缺血发作，或通过 CT、核磁共振证实的中风。肾脏疾病定义为慢性肾病史或血尿素氮水平异常及血肌酐升高。

精神状态改变定义为对人、场所、时间定向力丧失，不明确是慢性基础病或昏迷。

ş 在肺炎的病例队列研究中，经脉搏 – 氧饱和度仪测定氧饱和度 <90%，或入院前气管插管都被认定为异常。

推荐依据：

Fine MJ, Auble TE, Yealy DM, et al. N Enlg J Med. 1997;336(4):243 - 250.

特定诊断及病原体的治疗用表

表 10. **推导和验证队列中不同危险因素分级间病死率比较**

危险因素分级（得分）#	疾病严重程度分类（MedisGroups）推导队列		疾病严重程度分类（MedisGroups）确证队列		疾病严重程度分类（MedisGroups）确证队列					
					住院患者		门诊患者		所有患者	
	患者数	死亡百分比	患者数	死亡百分比	患者数	死亡百分比	患者数	死亡百分比	患者数	死亡百分比
I	1372	0.4	3034	0.1	185	0.5	587	0	772	0.1
II(≤ 70)	2412	0.7	5778	0.6	233	0.9	244	0.4	477	0.6
Ⅲ（71~90）	2632	2.8	6790	2.8	254	1.2	72	0	326	0.9
IV（91~130）	4697	8.5	13104	8.2	446	9	40	12.5	486	9.3
V	3086	31.1	9333	29.2	225	27.1	1	0	226	27
合计	14199	10.2	38039	10.6	1343	8	944	0.6	2287	5.2

* 各危险因素分级内部，全人群病死率、疾病严重程度分类（MedisGroups）推导队列、疾病严重程度分类（MedisGroups）确证队列间的死亡率皆不存在统计学上的显著差异。危险因素各级内统计检验的 P 值如下：I 级：P=0.22；II 级 P=0.67；III 级 P=0.12，IV 级 P=0.69；V 级 P=0.09。

危险因素 I 级是由不符合上述预测流程图中所有相关确定因素得出的。而 II、III、IV、V 的区分是根据危险因素评分得来的，危险因素评分的计算依据如表 8 的评分系统所示。

引自：Fine MJ, Auble TE, Yealy DM, et al. N Enlg J Med. 1997;336(4):243 - 250.

表 11. 葡萄球菌中毒性休克综合征诊断标准

1. 发热 >38.8℃
2. 成人收缩压 <90 mm Hg，儿童收缩压低于第五百分位数，或从卧位至立位舒张压降低 >15 mm Hg, 或直立时出现头晕 / 晕厥
3. 皮疹呈弥漫性斑疹，随后出现脱屑。
4. 下列多脏器损害达 3 项：
   - 肝脏：胆红素、AST、ALT 值≥正常值上限两倍血液系统
   - 血小板 <100 000/mm^3
   - 肾脏：BUN 或血肌酐≥正常值上限两倍，或无泌尿系感染时出现脓尿
   - 黏膜：结膜、口咽、阴道黏膜充血
   - 胃肠道：呕吐或腹泻
   - 肌肉：严重肌痛或 CPK ≥正常值上限两倍
   - 中枢神经系统：意识丧失或意识水平下降，缺乏低血压、发热或局灶性神经功能缺陷的表现
5. 麻疹、细螺旋体病、落基山斑疹热血清学检查阴性，血、CSF 培养除金黄色葡萄球菌外未发现其他病原菌

AST= 天门冬氨酸转氨酶 ;ALT= 丙氨酸转氨酶 ;BUN= 血尿素氮 ;CPK= 磷酸肌酸激酶 ;CSF= 脑脊液

引自：MMWR.1980;29:229.

表 12. 链球菌中毒性休克综合征诊断标准

1. 分离出 A 族链球菌
   - 无菌部位分离出 – 确诊病例
   - 非无菌部位分离出 – 疑似病例
2. 临床标准 – 低血压及下列两项
   - 肾功能不全
   - 红斑疹
   - 肝脏受累
   - 软组织坏疽

引自：JAMA.1993;269:390.

图 13. 坏死性筋膜炎的治疗原则

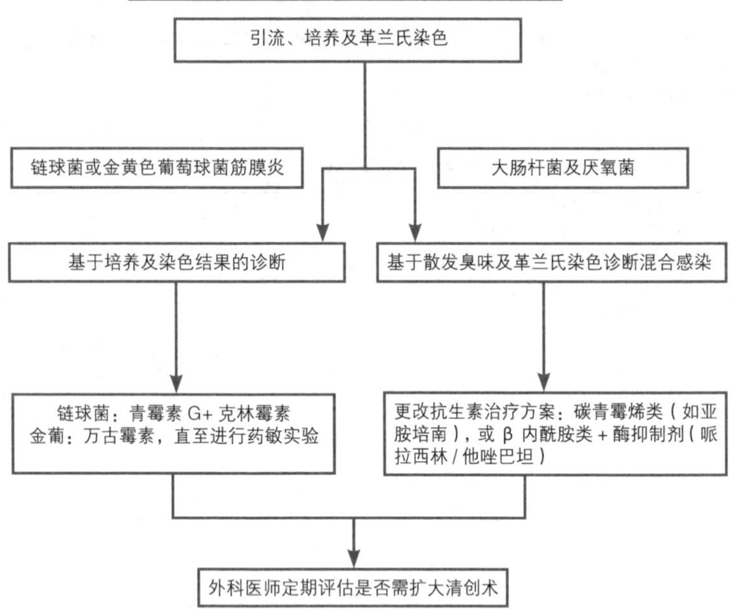

图 14.

成人免疫接种推荐时间表

注意：脚注中所包含的剂量、间隔时间及其他重要信息，应连同建议一同阅读。

图 1 成人免疫接种推荐时间表（疫苗种类及年龄组）

疫苗 \ 年龄组	19~26 岁	27~49 岁	50~59 岁	60~64 岁	≥ 65 岁
破伤风、白喉、百日咳（白破 / 白百破）1，*	百白破替代白破加强 1 次，之后每 10 年采用白破强化 1 次				白破疫苗，每 10 年强化 1 次
HPV2，*	3 剂（女性）				
水痘 3，*	2 次				
带状疱疹 4				1 次	
麻疹、风疹、腮腺炎（MMR）5，*	1~2 次		1 次		
流感 6，*	每年 1 次		每年 1 次		
肺炎（多聚糖）7,8	1~2 次				1 次
甲肝 9，*	2 次				
乙肝 10，*	3 次				
流行性脑脊髓膜炎 11，*	1 或多次				

* 疫苗伤害补偿计划覆盖范围内

所有处于该年龄层而没有具备免疫力证据（如缺乏曾进行免疫的证明文件及缺乏既往感染的证据）者都需接种

（灰色）建议存在其他危险因素者（如身体状况、职业、生活习惯者）接种

（白色）没有推荐

向疫苗不良反应报告系统报告所有有临床意义的疫苗注射后不良事件，报告格式及报告说明见 www.vaers.his.gov 或电话联系：800~822~7967.

获得疫苗伤害补偿计划相关信息可登陆 www..hrsa.gov/vaccinecompensation，或致电 800~338~2382.

图 2. **成人接种建议，根据医学和其他指征**

疫苗 \ 指征	怀孕	免疫力低下（不包括 HIV 感染）3–5,13	HIV 感染 CD4T 淋巴细胞计数 <200/ul	HIV 感染 CD4T 淋巴细胞计数 ≥ 200/ul	HIV 感染 CD4T 淋巴细胞计数 3–5,12,13 糖尿病，心脏病，慢性肺病，慢性酒精中毒	无脾 12（包括择期脾切除术及持续性补体缺陷病）	慢性肝病	肾衰竭，肾病终末期，进行血透	医务人员
破伤风、白喉、百日咳（白破 / 白百破）1，*	白破	百白破替代白破加强 1 次，之后每 10 年采用白破强化 1 次							
HPV2，*		女性用三剂直至 26 岁							
水痘 3，*		禁忌	禁忌	2 剂					
带状疱疹 4		禁忌	禁忌	1 剂					
麻疹、风疹、腮腺炎（MMR）5，*		禁忌	禁忌	1~2 剂					
流感 6，*	每年 1 次三价灭活流感疫苗（TIV）								每年 1 次 TIV 或 LAIV（减毒活流感疫苗）
肺炎（多聚糖）7,8		1–2 次							
甲肝 9，*	2 次								
乙肝 10，*			3 次						
流行性脑脊髓膜炎 11，*	1 次或多次								

* 疫苗伤害补偿计划覆盖范围内

图例	说明
（白框内文字）	所有处于该年龄层而没有具备免疫力的证据（如缺乏曾进行免疫的证明文件及缺乏既往感染的证据）者都需接种
（灰色）	建议存在其他危险因素者（如身体状况、职业、生活习惯者）接种
（空白框）	没有推荐

上述表格主要针对 19 岁及以上人群，根据年龄分组和身体状况提供的特许疫苗接种建议，自 2010 年 1 月 1 日开始执行。对于特许的联合疫苗，当有注射其中某种疫苗的指证而对所含其他疫苗成分不禁忌时，都应使用。对于全部疫苗的详细建议，包括主要针对旅行者的疫苗或当年发布的疫苗，可参考生产厂商的药品说明，及疫苗实践咨询委员会 (ACIP) 的完整说明 (www.cdc.gov/vaccines/pubs/ACIP~list.htm.)。

本建议得到了美国 CDC 疫苗实践咨询委员会 (ACIP)、美国家庭医师学会（AAFP）、美国妇产科医师学会（ACOG）及美国医师学会的认可。

表 14 脚注

成人免疫推荐表 ~ 美国，2010

如需更多信息，访问 www.cdc.gov/vaccines/pubs/ACIP~list.htm.

图 14.

成人免疫接种推荐时间表

注意：脚注中所包含的剂量、间隔时间及其他重要信息，应连同建议一同阅读

1. 破伤风、白喉和无细胞百日咳疫苗（Td/Tdap）

对于之前没有接种过百白破三联疫苗的 19~64 岁人群，应该用 1 剂百白破疫苗替代白破疫苗。

对于破伤风和白喉含类毒素疫苗的首次接种体系不确定或不完整的成年人，应重新开始或继续完成首次接种。首次接种的成年人免疫程序包括 3 次破伤风和白喉含类毒素疫苗；最初 2 剂至少应间隔 4 周，第三剂在第二剂接种后 6~12 个月进行。百白破三联疫苗可替代基础免疫的 3 次中任 1 次白破疫苗。

对于已经完成了基础免疫的成年人，在距最后 1 次接种的时间已经≥ 10 年，可采用白破疫苗进行加强。百白破疫苗及白破疫苗可在有指征时使用。

如果孕妇距离最后 1 次接种白破疫苗的时间≥ 10 年，则应在孕中晚期注射白破疫苗。如果孕妇距离最后 1 次接种白破疫苗的时间 <10 年，则应在产后立即接种白百破疫苗。产后女性、与小于 12 月龄的婴儿密切接触者、所有直接接触病人的医务人员如之前没有接种过百白破疫苗，建议接种 1 次百白破疫苗。百白破疫苗与最后 1 次接种白破疫苗的推荐间隔为 2 年，更短的间隔亦可。白破疫苗在孕期可延缓使用，并在产后立即接种百白破疫苗，或在孕期用百白破疫苗替代白破疫苗。

对于伤口预防性给予白破疫苗的建议，可咨询 ACIP。

2. 人类乳头瘤病毒疫苗 (HumanPapillomavirusVaccine,HPV)

HPV 疫苗可用于 11~12 岁女性接种，也可用于 13 ~ 26 岁女性补种。

理想情况下，应在有性行为，即在具有 HPV 暴露潜在风险前接种 HPV。性活跃期的女性，也应接种并遵循基于年龄的接种建议。性活跃期的女性，未感染 HPV4 个型（6、11、16、18 型是 HPV4 所预防的）或 2 个型（16、18 型是 HPV2 所预防的）中任意一个型，将会从接种疫苗中充分受益。如已经感染 HPV 疫苗中的一个或多个型的病毒，接种 HPV 的效益将大打折扣。对有生殖器疣病史，巴氏实验异常，或 HPV 的 DNA 检测阳性者，可接种 HPV4 或 HPV2，因

具有上述情况并不能表明该患者已经感染了 HPV 疫苗所包含的所有病毒类型。

可为 9~26 岁男性接种 HPV4，以减少其感染生殖器疣的可能性。在通过性接触暴露于人乳头瘤病毒之前，接种 HPV4 最为有效。

完整 HPV4 或 HPV2 接种程序皆为 3 剂。应在接种第 1 剂 1~2 个月后给予第二剂，应在接种第 1 剂 6 个月后接种第 3 剂。

虽然在表 2 中未指出有医学指征人群接种 HPV 的特别建议，“HPV 可用于有医学或其他指征的成人”，由于 HPV 不是活病毒疫苗，因此可进行接种。有表 2 中所描述的有医学指征的人群其免应答疫和疫苗效力可能要比不具备表 2 中的医学指征或免疫正常的人群要低。

该病毒对医务人员来说不会因职业暴露而增加感染风险，因此医务人员只需遵循基于年龄的接种建议即可。

3. 水痘疫苗 (VaricellaVaccine)

所有无医学禁忌证、无水痘免疫力的成人都应接种 2 剂单抗原水痘疫苗，如果只接种了 1 剂，应补种第 2 剂。

下列人群尤其应该考虑：①与重症病人密切接触者（如医务人员，与免疫功能低下者密切接触的家庭成员）。②具有暴露或传播高风险的人群（如教师、托幼机构工作人员、在集体单位居住者或工作人员，包括教养机构、大学生、军人、与儿童共同居住的青少年和成人；未怀孕的育龄妇女及国际旅行者。

成人满足下列任一条件，可认为其具有水痘免疫力：1）有 2 剂水痘疫苗的接种记录并且 2 剂接种间至少间隔 4 周 ;2）1980 年以前在美国出生（医务人员和孕妇在 1980 年以前出生不应作为有免疫力的证据）;3）医疗机构诊断或确定的水痘病史（对于非典型病例和（或）轻型病例，医疗机构应能确定其与典型水痘病例 / 实验室确诊病例间具有流行病学关联或在急性期获得的实验室证据）;4）医疗机构诊断或确认的带状疱疹病史 ;5）免疫力或患病的实验室证据。

需评定妊娠期女性对水痘免疫的证据，如无证据表明具有免疫力，应在完成或结束妊娠后、出院前接种第 1 剂水痘疫苗。第二剂应在第一剂接种后 4~8 周接种。

4. 带状疱疹疫苗

60 岁及以上的老人无论是否曾患带状疱疹，均推荐进行单剂带状疱疹疫苗接种，除有禁忌证外，患有慢性疾病的人群也可接种。

5. 麻风腮疫苗（Measles,mumps,rubella(MMR)vaccination）

普遍认为 1957 年前出生的人对麻疹和腮腺炎具有免疫力。

麻疹:1957 年及以后出生的人应接种 1 剂或多剂 MMR, 除非具有 1）医学禁忌证 2）证实有 MMR1 剂或多剂的接种史 3) 实验室证实对麻疹存在免疫力 4）医生诊断的麻疹病史。

第二剂麻疹疫苗应在接种第一剂 4 周后进行，下列成人建议接种第 2 剂 MMR：1）近期暴露于麻疹或处于爆发区 2）曾接种过麻疹灭活疫苗 3）1963~1967 年接种过未知类型麻疹疫苗 4）大专院校学生 5）医疗机构工作人员 6）准备进行国际旅行者。

腮腺炎部分:1957 年及以后出生的人应接种 1 剂 MMR，除非具有：1）医学禁忌证 2）证实有 MMR1 剂或多剂的接种史 3) 实验室证实对腮腺炎存在免疫力 4）医生诊断的腮腺炎病史。

第二剂腮腺炎疫苗应在接种第一剂 4 周后进行，下列成人建议接种：1）近期暴露于腮腺炎或处于爆发区，且处于易感年龄段；2）大专院校学生 3）医疗机构工作人员 4）准备进行国际旅行者

风疹：不具备风疹接种证明或风疹免疫证据的女性建议接种 1 剂 MMR。所有育龄期女性都要进行风疹免疫，预防先天性风疹综合征。对于无免疫力的女性，应在妊娠结束后出院前接种 MMR。

1957 年前出生的医务人员：如此部分医务人员缺乏具备对麻疹、腮腺炎、和（或）风疹免疫的证据，或实验室证实的病史，医疗机构应考虑，间隔适当时间分别为其接种 2 次 MMR 疫苗（针对麻疹和腮腺炎）和 1 次 MMR（针对风疹）。麻疹或流行性腮腺炎爆发中，医疗机构应建议上述医务人员以适当的时间间隔接种 2 剂 MMR，在风疹爆发中接种 1 剂 MMR。

要查阅有关免疫力证据的更多信息，可登陆：www.cdc.gov/vaccines/recs/provisional/default.htm.

6. 季节性流行性感冒（流感）疫苗 (SeasonalInfluenzaVaccine)

所有年龄 ≥ 50 岁的人群及想降低流感感染风险的青壮年都应接种流感疫苗。19~49 岁群体，如具备下列指征也应进行接种：

身体状况：患心血管系统或肺部慢性疾患（包括哮喘）、慢性代谢性疾病（包括糖尿病）、肝或肾功能不全，血红蛋白疾病，免疫抑制（包括因药物或 HIV 感染所致），认知、神经或神经肌肉功能障碍，及流感流行季节妊娠。无证据显示脾功能低下者患严重流感的危险性会增加，但可能会加大继发细菌性感染的危险性。

职业因素：所有医务人员，包括在长期护理及生活救助机构及看护 5 岁以下儿童者。

其他指征：居住在养老院、长期护理及生活救助机构的人，可能向高危人群传播流感者（如下列人群的家人及保姆：5 岁以下儿童、50 岁及以上老人、各年龄段具备高危因素者）

50 岁以下的非孕健康人群，如不接触严重免疫抑制的病人，可以选择接种流感减毒活疫苗 (Live,Attenuated InfluenzaVirusVaccine,LAIV) 或三价流感灭活疫苗（T irival ent Inactivated Inf lun enzw Vacine, TIV, 其他人需要接种 TIV。

7. 肺炎球菌多糖疫苗 (PneumococcalPolysaccharideVaccine,PPSV)

有下列指征的人建议接种 PPV:

身体状况：慢性肺病（包括哮喘），慢性心血管疾病，糖尿病，慢性肝脏疾病，肝硬化慢性酒精中毒，功能性或结构性无脾 [如镰状红细胞疾病或脾切除术（如择期进行脾切除术，应在至少手术两周前进行疫苗接种）] 免疫抑制状态（包括慢性肾衰竭或肾病综合征），人工耳蜗植入术和脑脊液漏，人类免疫缺陷病毒 (HumanImmunadeficienceyVirus,HIV) 感染者应尽早接种。

其他：在疗养院或长期护理机构居住的人员及吸烟者。不推荐美籍印第安人 / 阿拉斯加原住民或年龄 < 65 岁的人群常规接种，除非具有潜在危险因素，具有接种 PPSV 的指征。。但卫生机构可考虑建议对年龄在 50~64 岁，居住在罹患侵袭性肺炎球菌疾病危险增加地区的美籍印第安人 / 阿拉斯加原住民接种 PPSV。

8.PPSV 的再次接种

对于患慢性肾功能衰竭或肾病综合征的人、功能或结构性无脾的病人（如镰状细胞疾病或脾切除术）、以及免疫抑制状态者，建议 5 年以后再接种 1 次。65 岁

及以上者，若距离接种第 1 剂时间≥ 5 年，且基础免疫时 < 65 岁的人，建议复种 1 剂。

9 甲型肝炎（甲肝）疫苗 (HepatitsAVaccine)

具备下列指征者及想避免发生甲肝感染者均应注射甲肝疫苗。

行为因素：男性同性恋者及静脉吸毒者；

职业因素：与感染甲肝的灵长类动物共同工作或在甲肝研究实验室工作；

身体因素：慢性肝病患者及使用凝血因子者

其他：到 HAV 高度或中度流行的国家工作或旅行者（国家名单见 wwwn.cdc.gov/travel/contentdiseases.aspx）。

未接种疫苗者中，预期与来自 HAV 高度或中度流行国家的被收养人密切接触（如家庭生活或常规看护儿童）者，应在被收养人抵达美国 60d 内接种疫苗。应按计划尽早全程接种 2 剂甲肝疫苗，最好在被收养人到达前≥ 2 周接种。

单一抗原疫苗 2 剂的免疫程序可为 0 和 6 ~ 12 个月（Havrix），或 0 和 6 ~ 18 个月（Vaqta）。如使用甲肝和乙肝联合疫苗（Twinrix），可按 0、1、6 月接种 3 剂。此外，也可采用 4 剂的免疫程序，于 0、第 7d、第 21 ~ 30d 接种，在第 12 个月进行加强免疫。

10. 乙型肝炎（乙肝）疫苗（HepatitisBVaccine）

具备下列指征者及想避免发生乙肝感染者均应注射甲肝疫苗。

行为因素：不能保证长期、双方皆单一性伴侣者（如在近 6 个月内有≥ 1 个性伴侣的人），进行性传播疾病（SexuallyTransmittedDisease，STD）的检测或治疗的人，当前或近期静脉吸毒者，男同性恋。

职业因素：医务人员，可接触血液或其他具有潜在感染性体液的工作人员。

身体因素：肾脏疾病终末期患者，包括接受血液透析者；HIV 感染者；慢性肝病患者。

其他因素：与慢性 HBV 感染者接触者及其性伴侣，在康复机构住院的进行性残障人和工作人员，去慢性 HBV 感染高度或中等程度流行的国家旅行的人。（国家名单见 wwwn.cdc.gov/travel/contentdiseases.aspx）

建议以下机构中的所有成人接种乙肝疫苗：STD 治疗机构，HIV 检测和治疗机构，为静脉吸毒者和男同性恋者提供医疗服务的机构，教养机构；肾脏疾病终末期和长期血液透析患者治疗的机构，为残疾人设置的机构，包括非居住的日托机构。

未接种或未完成 3 剂 HepB 全程免疫的人，应补充完成 3 剂。第 2 剂应在第 1 剂接种 1 个月后，第 3 剂应在第 2 剂接种后至少 2 个月（距离第 1 剂至少 4 个月）。如使用甲肝和乙肝联合疫苗（Twinrix），可按 0、1、6 个月接种 3 剂。此外，也可采用 4 剂的免疫程序，于 0、第 7d、第 21 ~ 30d 接种，在第 12 个月进行加强免疫。

接受血液透析的成人患者或与其他免疫功能低下者，在 3 剂免疫程序中，应接种 1 剂 40μg/ml（微克 /ml）（Recombivax）的疫苗，或在 4 剂免疫程序（0、1、2、6 个月）中，接种 2 剂 20μg/ml（Engerix~B）的疫苗。

11. 脑膜炎球菌疫苗 (Meningococcal Vaccine,)

符合以下指征者建议接种脑膜炎球菌疫苗：

身体因素：功能性或结构性无脾，持续性补体成分缺乏。

其他因素：住在宿舍的大一新生，经常暴露于病原的微生物学家，军人，在高发或流行地区 (如：干旱季节(12 月到次年 7 月)撒哈拉沙漠以南的非洲"脑膜炎带") 旅行或居住者，特别是与当地居民有长时间接触，均推荐接种 1 剂 MenV。沙特阿拉伯政府要求每年麦加朝圣的所有旅行者均需接种。

≤ 55 岁具备上述任一指征的成人，首选接种 MCV4；脑膜炎球菌多糖疫苗 (Meningococcal Polysaccharide Vaccine，MPSV4) 对 ≥ 56 岁成人更为合适。对之前曾接种过 MCV4 或 MPSV4，但仍有感染危险 (如有解剖性或功能性无脾，或持续补体缺乏) 的成人，推荐每 5 年复种 1 剂 MCV4。

12. 选择接种 b 型流感嗜血杆菌疫苗 (Haemophi lus influenzae type b Vaccine, Hib) 的某些条件

5 岁及以上通常不推荐注射 Hib 疫苗。没有支持 5 岁以上儿童及成人使用 Hib 疫苗建议的有效数据。然而研究提示患有镰状细胞病、白血病、HIV 感染或有脾切除手术者可产生很好的免疫力，如之前未接种过 Hib，上述高危人群应考虑接种 1 剂。

13　免疫功能低下的情况

通常可以接种灭活疫苗 (如 PenV、MenV、流感灭活疫苗)，对有免疫缺陷或免疫功能低下的人，一般避免接种活疫苗。更多信息可登陆 www.cdc.gov/vaccines/pubs/acip-list.htm。

表 15. 军团菌属

	军团菌病	庞蒂亚克热
感染类型	肺炎	流感样疾病，缺乏肺炎变现
潜伏期	2~10 天	24~48 小时
症状及体征	寒战、发热、呼吸困难	寒战、发热、头疼、肌痛
诊断依据	培养，呼吸道分泌物，尿抗原，血清学	血清学、共同来源培养
流行病学	散发或流行	流行
危险因素	年龄 >40 岁，吸烟、免疫功能受损者	易感率 >90%，包括青少年及健康人 (Attach >90% including young and healthy)
预后	病死率 15%~25%	一周内恢复

注：嗜肺军团菌血清 I 型更应得到重视，引起即可引起军团菌病，也可引起庞蒂亚克热 (Pontiac fever)

表 16. 疟疾预防

抗疟药的用药剂量、疗程及注意事项
为了获得最好的效果，建议患者精确按照推荐疗程用药，不要漏服，服药应持续到旅行结束后，这样才能实现完整的保护。抗疟药应在旅行前准备好，在美国之外购买的药品可能并非按照美国的标准生产的，有效性也不能得到保障。而且还可能有害，含有错误的药物成分、活性成分剂量错误或被污染。
Halofantrine (Halfan) 在国外广泛用作治疗疟疾的药物。美国 CDC 不推荐使用该药，因其可产生严重的心血管并发症，甚至死亡。建议旅行者尽量避免使用该药，除非已被诊断为可能致命的疟疾而除该药外没有其他能及时得到的药物。
过量服用抗疟药可能致命。须将此类药物盛放在儿童不能打开的容器内，放置在儿童无法接触到的地方。

用于预防疟疾				
药物	用法	成人剂量	儿童剂量	不良反应，并发症及注释
阿托伐醌 / 氯胍（马拉隆 Malarone）	用于氯喹耐药或甲氟喹耐药恶性疟原虫地区的初级预防	成人片含有 250 mg 阿托伐醌和 100 mg 氯胍。成人每天一片，口服	儿童片含有 62.5 mg 阿托伐醌和 25 mg 氯胍，日剂量根据体重确定： 5~8 kg：1/2 片 >8~10 kg:3/4 片 11~20 kg：1 片	严重肾功能损害者禁用（肌酐清除率 <30 ml/min） 阿托伐醌 / 氯胍应与食物或乳制品同服。不建议 <5xkg 儿童、孕妇及为 <5kg 体重婴儿哺乳者使用。 旅行开始前 1~2 天开始服药，直至离开疟疾流行区 7 天。
氯喹（Aralen® 和通用名）	用于氯喹敏感或甲氟喹耐药恶性疟原虫地区的初级预防	300 mg 基质（500mg 盐），口服，每周 1 次	5 mg/kg 基质（8.3 mg/kg 盐），口服，每周 1 次，最大剂量为 300 mg 基质	可加重银屑病，旅行开始前 1~2 周开始服用，直至离开疟疾流行区 4 周后
强力霉素（很多商品名及通用名）	用于氯喹耐药或甲氟喹耐药恶性疟原虫地区的初级预防	100 mg，每天口服	≥ 8 岁：2 mg/kg, 最大剂量为 100 mg/d	< 8 岁儿童及孕妇禁忌 旅行前 1~2 周开始服用，直至离开疟疾流行区后 4 周
硫酸羟氯喹（(Plaquenil）	用于氯喹敏感或甲氟喹耐药恶性疟原虫地区的初级预防，可作为氯喹的替代品使用	310 mg 基质（400 mg 盐），口服，每周 1 次	5 mg/kg 体重（6.5 mg/kg 盐），每周 1 次，最高剂量为 310 mg 基质	可加重银屑病，旅行开始前 1~2 周开始服用，直至离开疟疾流行区 4 周后

用于预防疟疾				
药物	用法	成人剂量	儿童剂量	不良反应，并发症及注释
甲氟喹（Lariam 及通用名）	用于氯喹敏感或甲氟喹耐药恶性疟原虫地区的初级预防	228 mg 基质（250 mg 盐），口服，每周 1 次	根据体重定量给药： ≤ 9 kg：4.6 mg/kg 基质，每周 1 次 9–19 kg：1/4 片，口服，每周 1 次 >19~30 kg:1/2 片，口服，每周 1 次 >31~45 kg：3/4 片，口服，每周 1 次	对本品过敏者、活动性抑郁症或曾有抑郁症病史者、泛焦虑症、精神分裂症、及其他主要精神障碍疾病患者禁用。不推荐传导异常的患者使用。旅行开始前 1–2 周开始服用，直至离开疟疾流行区 4 周后
伯氨喹	特殊情况下初级预防用药的另一选择。致电疟疾热线（770–488–7788）可获得更多信息。作为终末预防间日疟、卵形疟或二者混合感染的复发。用于延长暴露于上述疟原虫后的人群。	30 mg 基质（52.6 mg 盐）自离开疫源地之日起每天 1 次口服，连服 7 天。注意：伯氨喹的终极预针对成人的建议剂量已从 15 mg 增加为 30 mg。最高为 T4d	0.5 mg/kg 基质（0.8 mg/kg 盐）直至成人剂量，自离开疫源地之日起每天 1 次口服，连服 7 天。注意：伯氨喹的终极预针对儿童的建议剂量已从 0.3 mg/kg 增加为 0.6 mg/kg。最高为 T4d	葡萄糖 –6– 磷酸脱氢酶（G6PD）缺乏者禁用。孕妇及哺乳期妇女禁用，除非有证据证实该接收母乳的婴儿 G6PD 水平正常。使用前应咨询相关专家。开始旅行前 1~2 天及离开疟疾疫源地后 7 天用药。

初级预防：指使用抗疟药预防红内期感染相关症状，此部分药物应在进入疟疾流行区前、间、后服用。

终末预防：指使用伯氨喹用以降低间日疟或卵形疟肝内期感染复发的风险。在离开疫源地后服用。

附件 II
常用治疗用表

表1. 抗菌药物治疗时间

感染部位	诊断 / 病原菌	治疗时间	本指南中的参考文献（页数）
放线菌病	颈颜面部	4~6 周，IV，之后口服 6~12 个月	265
关节炎（脓毒性）	脓毒性关节炎 – 金黄色葡萄球菌	4~6 周	11,19,393
	脓毒性关节炎 – 革兰阴性菌	4~6 周	11,19
	脓毒性关节炎 – 链球菌	2 周	11,19
	脓毒性关节炎 – 流感嗜血杆菌	2 周	19，326
	脓毒性关节炎 – 淋球菌	1 周	19
菌血症	革兰阴性菌	10~14 天 *	377
	金黄色葡萄球菌 – 来源部位明确	2 周（控制源头后，需考虑超声心动检查）	393
	金黄色葡萄球菌 – 来源不明	4~6 周（需排除心内膜）	393
	管路相关菌血症：金黄色葡萄球菌	14 天（导管拔除后）	215,394
	管路相关菌血症：凝固酶阴性葡萄球菌	5~7 天（导管拔除后）或 14 天（导管保留）	215
	管路相关菌血症：粪肠球菌	10~14 天（管路拔除后）	215
	管路相关菌血症：凝固酶阴性菌	10~14 天（管路拔除后）	215
		14 天（拔除管路且第 1 次培养阴性后）	
	管路相关菌血症：真菌	考虑需考虑超声心动检查	215
	血管移植	4 周（去除后）	254
骨	骨髓炎（急性）	4~6 周，IV(也可考虑 2 周 IV，然后 4~6 周口服）	15
	骨髓炎（慢性）	≥ 3 个月，直至 ESR/CRP 正常	17
支气管	慢性支气管炎急性发作	7~10 天	191
布氏杆菌	布氏杆菌病	6 周	282
粘液囊炎	金黄色葡萄球菌	10~14 天或直道临床缓解	393
中枢神经系统	脑脓肿	至少 4~6 周，IV	172
	脑膜炎 – 李斯特菌属	≥ 21 天	169,336
	脑膜炎 – 脑膜炎奈瑟菌	7 天	169,364
	脑膜炎 – 肺炎链球菌	10~14 天	169,401
耳	急性中耳炎	5~10 天	151
胃肠道	腹泻：艰难梭菌	10~14 天	109,300
	空肠弯曲菌	7 天	109,286
	溶组织阿米巴	5~10 天	109,460

感染部位	诊断 / 病原菌	治疗时间	本指南中的参考文献（页数）
	贾第鞭毛虫	5~7 天	109,462
	沙门氏菌	14 天（对于有并发症或免疫抑制的患者可以考虑延长治疗时间）	109,385
	志贺氏菌	3~5 天或单剂	109,389
	旅行者的腹泻	3 天	115
	幽门螺杆菌胃炎	10~14 天	118
	伤寒症	5~14 天	385
	热带口炎性腹泻	6 个月	
	惠普尔病	1 年	413
心	心内膜炎：青霉素敏感（MIC ≤ 0.12）的草绿色链球菌	14 天（简单病例可以 PCN 与庆大霉素联合应用，或 PCN 单用 28 天）	24
	心内膜炎：青霉素中敏（0.12<MIC ≤ 0.5）的草绿色链球菌 ,B 族、C 族、G 族链球菌	28 天（开始两周庆大霉素与青霉素联合应用）	
	心内膜炎：青霉素耐药的草绿色链球菌（MIC>0.5），或肠球菌		24
	心内膜炎：金黄色葡萄球菌	6 周	24,393
	心内膜炎：HACEK 菌	4 周	24
	人工瓣膜置换后心内膜炎	6 周（从血培养显示清除后开始）	27
	心包炎（化脓性）	14~42 天（通常为源头控制后 1 个月）	34
腹腔	胆囊炎（复杂性）	对于复杂性胆囊炎 +/– 菌血症治疗 5~14 天。一旦梗阻缓解或胆囊切除术后患者情况稳定即可停止抗生素	236
	胆管炎	7~14 天（如发生梗阻则引流胆汁）	235
	憩室炎	7~14 天	116
	原发性腹膜炎	10~14 天	243
腹腔	继发性腹膜炎（继发于腹膜透析）	10~14 天	243
	继发性腹膜炎	复杂病例在适当的源头控制或临床缓解后 5~7 天	243
	腹腔脓肿	外科手术后≤ 7 天	241
	感染性胰腺坏死	2 周（同时适当的控制感染源）	122,241
关节	脓毒性关节炎，淋球菌	7 天（化脓性关节炎可能需要 2 周）	19
	化脓性，非淋球菌	3~4 周（冲洗后）	19

感染部位	诊断 / 病原菌	治疗时间	本指南中的参考文献（页数）
	植入关节	抗生素持续时间依赖于置换关节成形术与病原菌的毒力	11
肝	肝脓肿	4~16 周或引流后 2 周	238
	阿米巴	10 天（杀组织内阿米巴药）续以 7~20 天（杀肠道阿米巴药）	239
肺	肺炎：肺炎嗜衣原体	10~14 天	201,294
	军团菌	7~10 天（免疫抑制或危重疾病者 14~21 天）	201,333
	支原体	10~14 天	201,359
	诺卡氏菌属	6~12 个月，对于持续免疫抑制的患者可以考虑二级预防性给药	366
	肺炎球菌	5~7 天或至退热后 48~72 小时，且临床情况稳定	201,401
	肺孢子虫	21 天	
	葡萄球菌	≥ 14 天（对于坏死性 PNA 和 / 或菌血症的患者至少 14 天）	393
	肺结核	6~9 个月（如为肺空洞或治疗 2 个月后依然培养阳性则应治疗 9 个月）	205
	肺脓肿	直至 X 线显示清除或仅余小而稳定的病灶，通常 >3 个月	198
	HAP/VAP	8 天 *	203
奴卡菌	奴卡菌病	6~12 个月。持续免疫抑制的患者考虑二级预防	366
咽部	咽炎 –A 族链球菌引起	10 天（PCN）	146
	咽炎，淋球菌性	1 次给药	146
	白喉	14 天	146
前列腺	急性前列腺炎	4 周	87
	慢性前列腺炎	3 周 ~4 个月（尚不清楚治疗持续 1 个月以上是否更有效）	90
软组织	蜂窝织炎	7~10 天	72
	咬伤	7 天	218
	气性坏疽	持续时间根据外科术后遗留情况而定	220
	淋巴管炎	10~14 天	402
	坏死性筋膜炎	持续时间不定	221
	化脓性肌炎	14~28 天（清创或引流术后）	223

常用治疗表

感染部位	诊断 / 病原菌	治疗时间	本指南中的参考文献（页数）
性病	软下疳	7 天（红霉素） 或 1 次（阿奇霉素 或头孢曲松）	324
	衣原体	7 天（强力霉素） 或 1 次（阿奇霉素）	291
	淋病（播散性）	>7 天	362
	淋病（子宫颈炎）	1 次给药	126，362
	淋病（尿道炎）	1 次给药	100,362
	单纯疱疹（不包括中枢系统受累）	7~14 天（严重疾 病及免疫抑制患者 14 天）	499
	性病性淋巴肉芽肿	21 天	338
	盆腔炎性疾病	14 天	130
	梅毒（一期、二期或早期隐形）	1 次（苄星青霉素）或 14 天（强力霉素）	407
	梅毒（晚期隐形）	3 次（苄星青霉素 间隔 1 周）或 28 天 （强力霉素）	410
	梅毒（神经梅毒或眼部梅毒）	10~14 天	410
窦	急性窦炎	10~14 天	157
	慢性窦炎	持续时间不定	159
系统性	布氏菌	≥ 6 周	282
	李斯特菌属：宿主免疫抑制	3~6 周	337
	晚期莱姆关节炎	28 天	13
	脑膜炎球菌血症	7~10 天	365
	落基山斑疹热	热退后 7 天或 3 天	312
	沙门氏菌病	10~14 天	385
	菌血症	≥ 3~4 周	
	AIDS 患者	4~6 周	
	带菌状态	6~9 月	
	结核 – 肺外	9 月	
	土拉热弗朗西斯菌	10 天（庆大霉素）。二线药物需持续更 长时间	322
泌尿系	膀胱炎	3 天	85
	肾盂肾炎	14 天	97
阴道炎	细菌性阴道炎	7 天	133
	白色念珠菌	氟康唑单次给药	424
	滴虫病	7 天或灭滴灵 1 次	474

* 很多专家建议对于沙门氏菌属、假单胞菌、不动杆菌属、柠檬酸杆菌属和肠杆菌属最少治疗 14 天。

图 2. 病原菌分类：革兰阴性菌

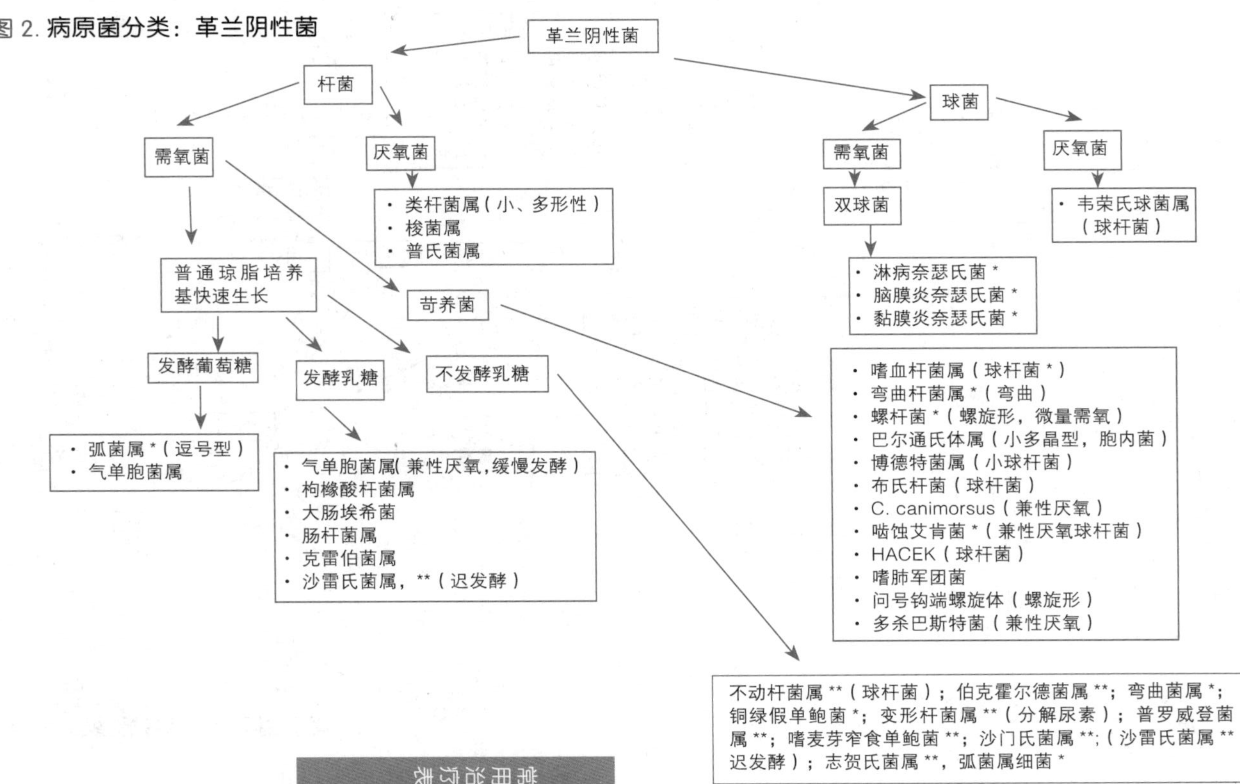

常用治疗表

图 3. 病原菌分类：革兰阳性菌

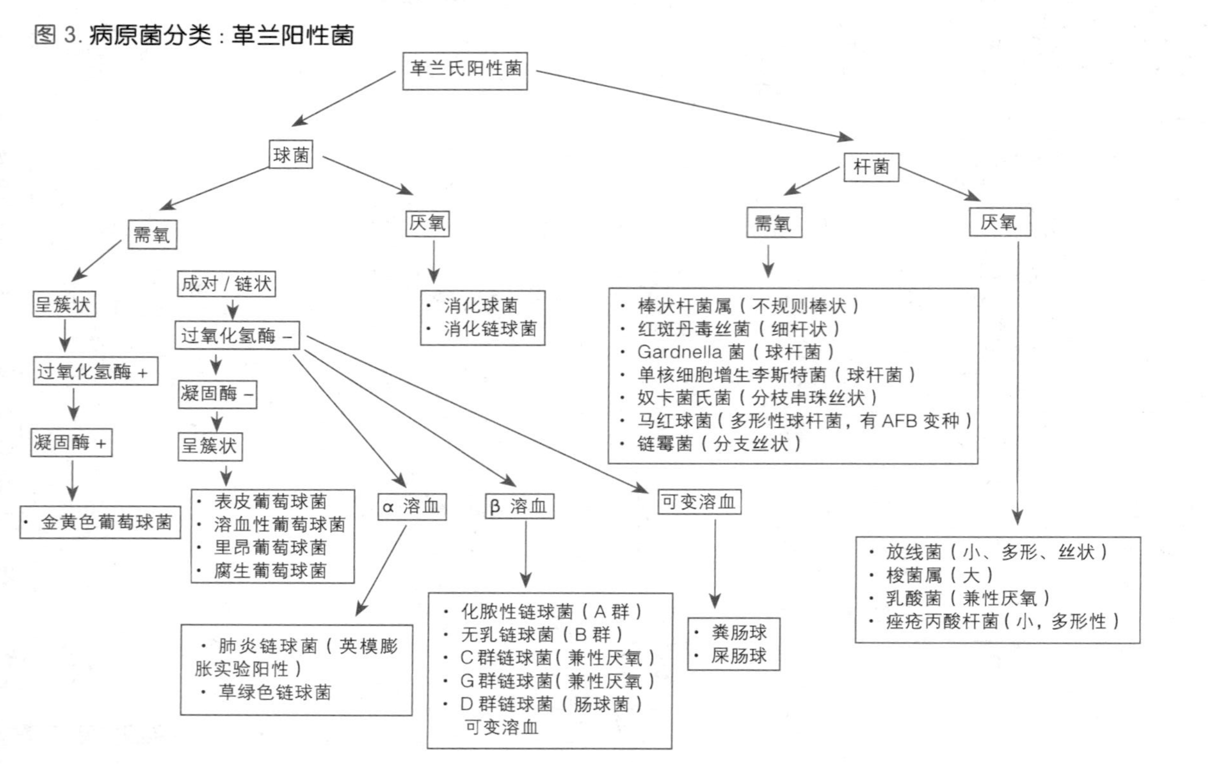

图 4. 真菌的分类

临床常见真菌
酵母菌
双态性真菌
霉菌（丝状真菌）
假丝酵母菌
隐球菌（狭义芽殖）
组织胞浆菌（狭义芽殖）
芽生菌（广义芽殖）
球孢子菌
副球孢子菌
芽管
阳性
阴性
· 白色念珠菌
· 光滑念珠菌
· 季也蒙念珠菌
· 克柔念珠菌
· 乳酒念珠菌
· 葡萄球念珠菌
· 近平滑念珠菌
· 热带念珠菌
接合菌（宽大、无隔膜、无色、球根部膨胀和分支）
· 毛霉菌
· 根霉属菌（最常见）
· 根毛霉属
· 腐化米霉菌
· 小克银汉霉属
· 瓶霉
足放线病菌属（薄壁、有隔膜、分支菌丝）
镰刀菌（无色透明分隔菌丝、分支成锐角）
曲霉菌（通常为分隔菌丝，分支成 40 度角）

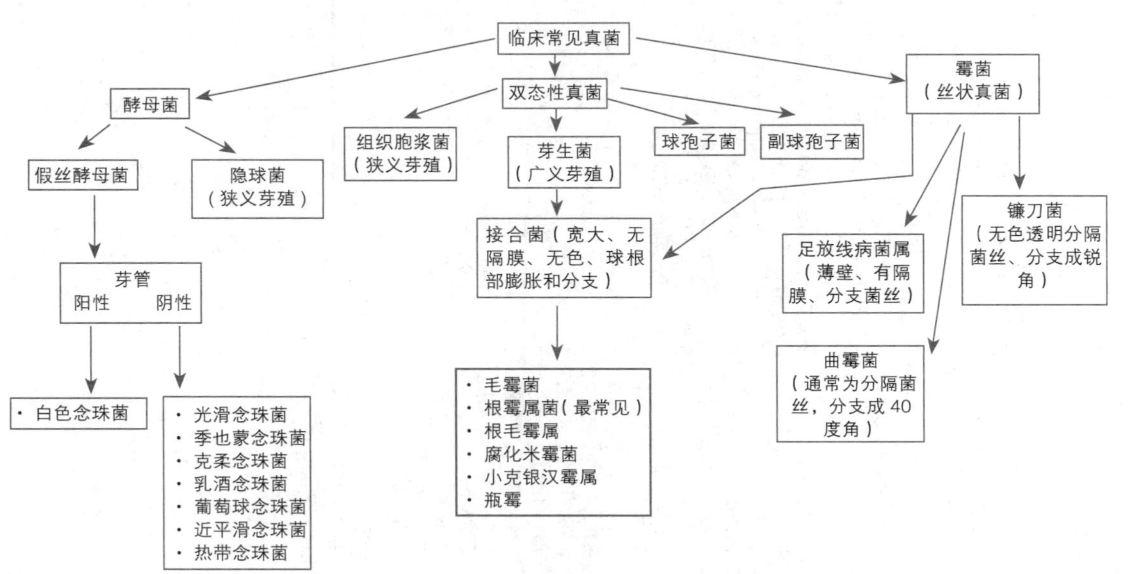

表 7.APACHE Ⅱ评分系统

APACHE Ⅱ评分（将 A、B、C 三部分加和）

	分值
A　APS 得分	______
B　年龄得分	______
C　慢性疾病得分	______

APACHE Ⅱ评分表

评分注释

0–4= ~ 4% 死亡率	20–24= ~ 40% 死亡率
5–9= ~ 8% 死亡率	25–29= ~ 55% 死亡率
10–14= ~ 15% 死亡率	30–34= ~ 75% 死亡率
15–19= ~ 25% 死亡率	>34= ~ 85% 死亡率

A. 整体急性生理学指标评分（APS）

参照急性生理学指标评分（表 8）

Glasgow 昏迷分级

（适当的应答）

睁眼反应（Eyes opening）	语言反应（Verbal response，未插管患者）
4 分：自然睁眼	5 分：说话有条理且连贯
3 分：呼唤会睁眼	4 分：可应答，但有答非所问的情形
2 分：有刺痛会睁眼	3 分：可说出不恰当的单字
1 分：对于刺激无反应	2 分：可发出声音，但非语言
	1 分：无任何反应

运动应答（Motor response）	语言反应（插管患者）
6 分：可依指令动作	5 分：定向力好
5 分：施以刺激时，可定位出疼痛位置	3 分：介于两者之间
4 分：对疼痛刺激有反应，肢体会回缩	1 分：无反应
3 分：对疼痛刺激有反应，肢体会弯曲	
2 分：对疼痛刺激有反应，肢体会伸直	
1 分：无任何反应	

B. 年龄得分

原则如下：	分值
≤ 44 岁	0
45–54 岁	2
55–64 岁	3
65–75 岁	5
≥ 75 岁	6

C. 慢性病得分
如果患者存在严重的器官系统功能不全或免疫抑制，应按如下标准评分：
a. 非手术或急诊手术后患者——5 分；
b. 择期术后患者 –2 分
定义
器官功能不全或免疫功能抑制状态必须在此次入院前即存在，并符合下列标准：
肝脏：活检证实肝硬化，明确的门静脉高压，既往有门脉高压造成的上消化道出血史；或既往发生过肝脏功能衰竭或肝性脑病或肝昏迷；
心血管：纽约心脏学会分级 IV 级
呼吸系统：慢性限制性、阻塞性或血管性疾病，导致严重的运动受限，如不能上楼或进行家务劳动；或明确的慢性缺氧、高碳酸血症、继发性红细胞增多症、严重的肺动脉高压（>40mmHg），或呼吸机依赖。
肾脏：长期接受透析治疗
免疫抑制剂：患者接受的治疗能够抑制对其对感染的耐受，如免疫抑制剂治疗、放疗、化疗、进来长期使用大剂量类固醇激素，或患有足以抑制对感染耐受的疾病，如白血病、淋巴瘤、艾滋病。
慢性病得分 = —

引 自：Source: Knaus WA, Draper EA, Wagner DP, et al, “APACHE II: A Severity of Disease Classifi cation System,” Crit Care Med. 1985;13(10):818 - 829. Reprinted with permission.

表 8. APACHE Ⅱ评分

物理指标	急性生理评分总和（评估最近 24 小时内的最差值）高于正常值					低于正常值			
	+4	+3	+2	+1	0	+1	+2	+3	+4
体温（直肠温，℃）	≥ 41	39~40.9	—	38.5~38.9	36~38.4	34~35.9	32~33.9	30~31.9	≤ 29.9
平均动脉压（mm Hg）	≥ 160	130~159	110~120	—	70~109	—	50~69	—	≤ 40
心率（心室应答）	≥ 180	140~179	110~139	—	70~109	—	55~69	40~54	≤ 39
呼吸频率（无论是否使用机械通气）	≥ 50	35~49	—	25~34	12~14	10~11	6~9	—	≤ 5
氧合 :A–aDO_2 或 PaO_2（mm Hg）									
a.FiO_2 ≥ 0.5，根据 A–aDO_2 进行评分	≥ 500	350~499	200~349	—	< 200	—	—	—	—
b.FiO_2 < 0.5，根据 PaO2 进行评分	—	—	—	—	PO_2 > 70	PO_2=61~70	—	PO_2=55~60	PO_2 < 55
动脉血 PH*（如无动脉血气时在最后一行记录血清 HCO_3 值）	≥ 7.7	7.6~7.69	—	7.5~7.59	7.33~7.49	—	7.25~7.32	7.15~7.24	< 7.15
血清 Na（mmol/L）	≥ 180	160~179	155~159	150~154	130~149	—	120~129	111~119	≤ 110
血清 K（mmol/L）	≥ 7	6~6.9	—	5.5~5.9	3.5~5.4	3~3.4	2.5~2.9	—	< 2.5
血清肌酐（mg/dL）（对于急性肾衰竭患者应将得分加倍）	≥ 3.5	2~3.4	1.5~1.9	—	0.6~1.4	—	< 0.6	—	—
血球压积 (%)	≥ 60	—	50~59.9	46~49.9	30~45.9	—	20~29.9	—	< 20
11.WBC 计数	≥ 40	—	20~39.9	15~19.9	3~14.9	—	1~2.9	—	< 1
Glasgow 昏迷评分	15– 实际得分（见表 7）								
急性生理评分总分	加和上述十二项分数								
血清 HCO_3（mmol/L）（非首选，无血气时用）	≥ 52	41~51.9	—	32~40.9	23~31.9	—	18~21.9	15~17.9	< 15

引自：Knaus WA, Draper EA, Wagner DP, et al, “APACHE II: A Severity of Disease Classifi cation System,” Crit Care Med. 1985;13(10):818–829. Reprinted with permission.

表 9.GFR 及 MDRD 计算

IBW	男性	50.0 + (2.3 × 5 英尺以上部分身高的英寸数)
	女性	45.5 + (2.3 × 5 英尺以上部分身高的英寸数)
CrCl	男性	$\frac{(140-\text{年龄})\times \text{IBW (kg)}}{\text{Scr (mg/dL)}\times 72}$
	女性	上述评估公式 ×0.85
BSA	0.007187 × 身高 $(cm)^{0.725}$ × 体重 $(kg)^{0.425}$	
GFR	0.81 × CrCl × 1.73/(BSA)	
MDRD	186 × Scr $(mg/dL)^{1.154}$ × 年龄 $(yrs)^{-0.203}$ × 1.212(如为黑人)× 0.742(如为女性)× 1.73/BSA	

IBW，ideal body weight：理想体重；CrCl，creatinine clearance: 肌酐清除率；BSA，body surface area：身体表面积；GFR，glomerular fi ltration rate：肾小球滤过率；MDRD：modification of diet in renal disease，肾病饮食改良

表 10. Aa 梯度

$Aa = (BP - pH_2O) \times FiO_2 - (1.25 \times PaCO_2) - PaO_2$
在海平面及室内 : $Aa = 150 - (1.25 \times PaCO_2) - PaO_2$

BP：大气压；pH_2O：在体温时的水分压（37℃时为 47 mm Hg），FiO_2：吸入氧浓度

常用治疗表

表 11. 抗菌药物敏感性：碳青霉烯类 / β – 内酰胺类

	氨曲南	厄他培南	亚胺培南 / 西司他丁钠	美罗培南
鲍曼不动杆菌	3		1	1
放线菌			2	2
嗜水气单鲍菌	2	3	2	2
炭疽芽孢杆菌				
脆弱拟杆菌		1	1	1
汉赛巴尔通体				
博德氏菌属		3	3	3
洋葱伯克霍尔德菌		3	3	2
空肠弯曲菌				
肺炎衣原体				
沙眼衣原体				
枸橼酸杆菌属	2	1	1	1
艰难梭菌				
梭菌属		2	2	2
贝纳特氏立克次体				
埃立克体属 / 微粒孢子虫属				
肠杆菌属	2	2	1	1
粪肠球菌		3	2	3
屎肠球菌			3	
屎肠球菌（VRE）				
大肠埃希氏菌	2	2	2	2
野兔热弗朗西丝（氏）菌				
流感嗜血杆菌	2	2	2	2
克雷伯菌属				
军团菌属				
肾脏钩端螺旋体				
单核细胞增多性李司忒氏菌			3	3
卡他莫拉菌	2	2	2	2
摩氏摩根菌	2	2	2	2
鸟结核分支杆菌（非 HIV）				
肺炎霉浆菌				
淋病奈瑟氏菌	3		3	3
脑膜炎奈瑟氏菌	2		2	2
奴卡氏菌			2	
多杀巴斯德菌			2	2
奇异变形杆菌	2	2	2	2
普通变形杆菌	2	2	2	2
斯氏普罗威登斯菌	2	2	2	2
铜绿假单胞菌	1		1	1
立克次体				
沙门氏菌属	2	2	2	2
沙雷氏菌属	2	2	2	2
志贺菌属				

表 11.（续）

	氨曲南	厄他培南	亚胺培南 / 西司他丁钠	美罗培南
金黄色葡萄球菌（MRSA）				
金黄色葡萄球菌（MSSA）		2	2	2
表皮葡萄球菌		2	2	2
表皮葡萄球菌（MRSE）				
嗜麦寡养食单胞菌				
肺炎链球菌 †		2	2	2
肺炎链球菌 §		2	2	2
链球菌（A,B,C,E,F,G 群）		2	2	2
链球菌		2	2	2
苍白螺旋体（梅毒）				
创伤弧菌				
小肠结肠炎耶尔森菌	2			
鼠疫耶尔森菌				

1– 一线推荐用药；2– 二线推荐用药；3–；体外数据结果可接受，某些菌属敏感；空白：无活性或活性差，或尚不明确。

†PCN 敏感；MIC ≤ 1.0 mcg/mL.

§ PCN 耐药；MIC ≥ 2.0 mcg/mL.

表 12. **抗菌药物敏感性：头孢菌素**

	头孢克洛	头孢拉定	头孢唑林	头孢地尼	头孢吡肟	头孢克肟	先锋美他醇
鲍曼不动杆菌					2		3
放线菌							3
嗜水气单鲍菌					2	2	2
炭疽芽胞杆菌							
脆弱拟杆菌					3	2	
汉赛巴尔通体							
博德氏菌属							
洋葱伯克霍尔德菌							
空肠弯曲菌					3		3
肺炎衣原体							
沙眼衣原体							
枸橼酸杆菌属					1		2
艰难梭菌							
梭菌属	3		3		3		3
贝纳特氏立克次体							
埃立克体属 / 微粒孢子虫属							
肠杆菌属					1		3
粪肠球菌							
屎肠球菌							
屎肠球菌（VRE）							
大肠埃希氏菌	2	1	1	2	2	2	1
野兔热弗朗西丝（氏）菌							
流感嗜血杆菌	2			1	2	2	1
克雷伯菌属	3	2	2	2	2	2	1
军团菌属							
肾脏钩端螺旋体							
单核细胞增多性李司忒氏菌							
卡他莫拉菌	1	3	3	1	2	2	1
摩氏摩根菌					2		1
鸟结核分支杆菌（非 HIV）							
肺炎霉浆菌							
淋病奈瑟氏菌	3				2	1	2
脑膜炎奈瑟氏菌					2	3	2
奴卡氏菌							2
多杀巴斯德菌			3	2	2	2	2
奇异变形杆菌	2	2	2	1	2	2	1
普通变形杆菌					2	2	1
斯氏普罗威登斯菌					1		1
铜绿假单胞菌					1		
立克次体							

头孢替坦	头孢西丁	头孢泊肟酯	头孢罗齐	头孢他啶	头孢丁烯	头孢唑肟	头孢曲松	头孢呋辛酯	头孢氨苄
				2	3	3	3		
						3	3		
2	3			2		2	2	3	
						3			
				2		3			
							3		
3				2		2	2	3	
2	2		3	3		3	3	3	
3				2		2	2		
2	2	2	1	2	2	2	1	2	1
2	2	1	2	2	2	1	1	2	
2	2	2	2	2	2	1	1	2	2
							2		
2	3	1	1	3	1	1	1	2	3
3	3			2	2	1	1	3	
3	2	2	3	3	2	2	1	2	
3	3			3		2	2	2	
							2	3	
		2		2	2	2	2	2	3
2	2	1	1	2	1	1	1	1	2
3	3	3			3	1	1	2	
3	3	3		1	3	1	1	3	
				1					

表 12.（续）

	头孢克洛	头孢拉定	头孢唑林	头孢地尼	头孢吡肟	头孢克肟	先锋美他醇
沙门氏菌属							1††
沙雷氏菌属				3	1	3	1
志贺菌属				3	2		2
金黄色葡萄球菌（MRSA）							
金黄色葡萄球菌（MSSA）	3	1	1	2	2		2
表皮葡萄球菌	3	2			3		3
表皮葡萄球菌（MRSE）							
嗜麦寡养食单胞菌							
肺炎链球菌 †	2	2	2	2	2	2	2
肺炎链球菌 §					3		1
链球菌（A,B,C,E,F,G 群）	2	2	2	2	2	2	2
链球菌	2	2	2	2	2	2	2
苍白螺旋体（梅毒）							2
创伤弧菌							2
小肠结肠炎耶尔森菌				2	2	2	2
鼠疫耶尔森菌							3

1– 一线推荐用药；2– 二线推荐用药；3–；体外数据结果可接受，某些菌属敏感；空白：

†PCN 敏感；MIC ≤ 1.0 mcg/mL.

§ PCN 耐药；MIC ≥ 2.0 mcg/mL.

†† 对于伤寒沙门氏菌是二线药物无活性或活性差，或尚不明确。

头孢替坦	头孢西丁	头孢泊肟酯	头孢罗齐	头孢他啶	头孢丁烯	头孢唑肟	头孢曲松	头孢呋辛酯	头孢氨苄
							1		
3	3	3		2		1	1		
3	3	2	3	2	3	2	2	2	
3	3	2	3	3	3	2	2	2	2
3	3	3	2			3	3	2	2
				3					
3	3	2	2	3	3	2	2	2	2
		3				2	1		
3	3	2	2	3	3	2	2	2	2
3	3	2	2	3	3	3	2	2	2
						3	2		
				1					
3	3	2		2	2	2	2	3	
							3		

表 13. 抗菌药物敏感性：青霉素

	阿莫西林	阿莫西林+克拉维酸	氨苄西林	氨苄西林+舒巴坦	双氯西林	萘夫西林/苯唑西林	青霉素	哌拉西林	哌拉西林+他唑巴坦	替卡西林	替卡西林+克拉维酸
鲍曼不动杆菌				2				3	2	3	2
放线菌	1	2	1	2			1				
嗜水气单鲍菌								3	3	3	3
炭疽芽胞杆菌	2	3	2	3			2				
脆弱拟杆菌		1		1				3	1		1
汉赛巴尔通体											
博德氏菌属											
洋葱伯克霍尔德菌									3		3
空肠弯曲菌	2	3									3
肺炎衣原体											
沙眼衣原体											
枸橼酸杆菌属								2	2	2	2
艰难梭菌											
梭菌属	2	2	2	2			1	2	2	2	2
贝纳特氏立克次体											
埃立克体属 / 微粒孢子虫属											
肠杆菌属								2	2	2	2
粪肠球菌	1	2	1	2			1	2	2		
屎肠球菌	3	3	3	3			3	3	3		
屎肠球菌（VRE）											
大肠埃希氏菌	1	2	1	2				2	2	2	2
野兔热弗朗西丝（氏）菌											
流感嗜血杆菌	3	1	3	2					2		2
克雷伯菌属		2		2				2	2		2
军团菌属											
肾脏钩端螺旋体	2		1				1				
单核细胞增多性李司忒氏菌	1	2	1	2			2	2	2	2	2
卡他莫拉菌		1		2					2		2
摩氏摩根菌								2	2	2	2
鸟结核分支杆菌（非 HIV）											
肺炎霉浆菌											
淋病奈瑟氏菌		2		2					2		2
脑膜炎奈瑟氏菌	3	2	2	2			1	2		2	
奴卡氏菌	3	2	3	2							
多杀巴斯德菌	2	1	2	2			1	2	2	2	2
奇异变形杆菌	1	2	1	2				2	2	2	2

表 13.（续）

	阿莫西林	阿莫西林+克拉维酸	氨苄西林	氨苄西林+舒巴坦	双氯西林	萘夫西林/苯唑西林	青霉素	哌拉西林	哌拉西林+他唑巴坦	替卡西林	替卡西林+克拉维酸
普通变形杆菌								2	2	2	2
斯氏普罗威登斯菌								2	2	2	2
铜绿假单胞菌								1	1	3	
立克次体											
沙门氏菌属	3	2	2	3				2	2	2	2
沙雷氏菌属											
志贺菌属	2	2	2	3				3	3	3	3
金黄色葡萄球菌（MRSA）											
金黄色葡萄球菌（MSSA）		2		2	1	1			2		2
表皮葡萄球菌		2		2	1	1			2		2
表皮葡萄球菌（MRSE）											
嗜麦寡养食单胞菌								3	3	3	2
肺炎链球菌[†]	1	2	2	2	3	3	1	2	2	2	2
肺炎链球菌[§]	2	2	2	2			2	3	3	3	3
链球菌（A,B,C,E,F,G 群）	1	3	1	3	3	3	1	3	3	3	3
链球菌	1	3	2	3	3	3	1	2	3	2	3
苍白螺旋体（梅毒）	2		2				1				
创伤弧菌				2					2		
小肠结肠炎耶尔森菌				2				2	2	3	2
鼠疫耶尔森菌	3	3	3								

1- 一线推荐用药；2- 二线推荐用药；3-；体外数据结果可接受，某些菌属敏感；空白：无活性或活性差，或尚不明确。

†PCN 敏感；MIC ≤ 1.0 mcg/mL.

§ PCN 耐药；MIC ≥ 2.0 mcg/mL.

†† 对于伤寒沙门氏菌是二线药物

表 14. 抗菌药物敏感性：氨基糖甙类

	阿米卡星	庆大霉素	链霉素	妥布霉素
鲍曼不动杆菌	2	3		2
放线菌				
嗜水气单鲍菌	2	2		2
炭疽芽胞杆菌				
脆弱拟杆菌				
汉赛巴尔通体		2		
博德氏菌属				
洋葱伯克霍尔德菌				
空肠弯曲菌		3		
肺炎衣原体				
沙眼衣原体				
枸橼酸杆菌属	2	2		1
艰难梭菌				
梭菌属				
贝纳特氏立克次体				
埃立克体属 / 微粒孢子虫属				
肠杆菌属	1	1		1
粪肠球菌		2	2	
屎肠球菌		3	3	
屎肠球菌(VRE)		3	3	
大肠埃希氏菌	3	2		2
野兔热弗朗西丝(氏)菌		1	1	3
流感嗜血杆菌	3	3		3
克雷伯菌属	2	2		2
军团菌属				
肾脏钩端螺旋体				
单核细胞增多性李司忒氏菌	3	3		3
卡他莫拉菌	3	3		3
摩氏摩根菌	2	2		2
鸟结核分支杆菌（非 HIV ）	2		3	
肺炎霉浆菌				
淋病奈瑟氏菌				
脑膜炎奈瑟氏菌				
奴卡氏菌	2			
多杀巴斯德菌				
奇异变形杆菌	2	1		2
普通变形杆菌	2	1		2

表 14.（续）

	阿米卡星	庆大霉素	链霉素	妥布霉素
斯氏普罗威登斯菌	2	2		2
铜绿假单胞菌	1	1		1
立克次体				
沙门氏菌属				
沙雷氏菌属	2	2		2
志贺菌属	3	3		3
金黄色葡萄球菌（MRSA）				
金黄色葡萄球菌（MSSA）				
表皮葡萄球菌			3	
表皮葡萄球菌（MRSE）			3	
嗜麦寡养食单胞菌				
肺炎链球菌 †				
肺炎链球菌 §				
链球菌（A,B,C,E,F,G 群）				
链球菌		3		
苍白螺旋体（梅毒）				
创伤弧菌				
小肠结肠炎耶尔森菌	2	2		2
鼠疫耶尔森菌		2	1	3

1- 一线推荐用药；2- 二线推荐用药；3-；体外数据结果可接受，某些菌属敏感；空白：无活性或活性差，或尚不明确。

†PCN 敏感；MIC ≤ 1.0 mcg/mL.

§ PCN 耐药；MIC ≥ 2.0 mcg/mL.

†† 对于伤寒沙门氏菌是二线药物

常用治疗表

表 15. 抗菌药物敏感性：氟喹诺酮类

	环丙沙星	吉米沙星	左氧氟沙星	莫西沙星	诺氟沙星	氧氟沙星
鲍曼不动杆菌	2		2	3		3
放线菌				3		
嗜水气单胞菌	1		1	1	3	1
炭疽芽胞杆菌	1		2	2		2
脆弱拟杆菌				3		
汉赛巴尔通体	3					
博德氏菌属	3		3	3		
洋葱伯克霍尔德菌	2		3	3		
空肠弯曲菌	1		2	1	2	2
肺炎衣原体	2	2	2	2		2
沙眼衣原体			2	2		2
枸橼酸杆菌属	2		2	3	3	3
艰难梭菌						
梭菌属				3		
贝纳特氏立克次体	2		2			2
埃立克体属 / 微粒孢子虫属	3		3			3
肠杆菌属	2		2	2	2	2
粪肠球菌	3		2	2	3	3
屎肠球菌	3		3	3		3
屎肠球菌（VRE）						
大肠埃希氏菌	2		2	2	1	2
野兔热弗朗西丝（氏）菌	2					
流感嗜血杆菌	2	2	2	2		2
克雷伯菌属	2	3	2	2	2	2
军团菌属	1	2	1	1		1
肾脏钩端螺旋体						
单核细胞增多性李司忒氏菌						
卡他莫拉菌	2	2	2	2		2
摩氏摩根菌	2		2	3	2	3
鸟结核分支杆菌（非 HIV）	2		2	2		2
肺炎霉浆菌	2	2	2	2		2
淋病奈瑟氏菌	1		1	2	3	1
脑膜炎奈瑟氏菌	2		2	2		2
奴卡氏菌						
多杀巴斯德菌	2		3			3
奇异变形杆菌	2		2	2	1	2
普通变形杆菌	2		2	2	1	2
斯氏普罗威登斯菌	2		2	3	2	3
铜绿假单胞菌	1		1	1	2	2
立克次体	2		2	3		2

表15.（续）

	环丙沙星	吉米沙星	左氧氟沙星	莫西沙星	诺氟沙星	氧氟沙星
沙门氏菌属	1	2††	1	3		1
沙雷氏菌属	1		1	2	2	2
志贺菌属	1		1	1	1	1
金黄色葡萄球菌（MRSA）						
金黄色葡萄球菌（MSSA）	3	2	2	2	3	3
表皮葡萄球菌	3		3	3	3	3
表皮葡萄球菌（MRSE）	3		3	3		3
嗜麦寡养食单胞菌	3		3	2	3	3
肺炎链球菌 †	3	2	2	2		3
肺炎链球菌 §	3	1	1	1		3
链球菌（A,B,C,E,F,G 群）	3	3	3	3		3
链球菌						
苍白螺旋体（梅毒）						
创伤弧菌	3		3	3		
小肠结肠炎耶尔森菌	2		2	2	2	2
鼠疫耶尔森菌	3		3			

1- 一线推荐用药；2- 二线推荐用药；3-；体外数据结果可接受，某些菌属敏感；空白：无活性或活性差，或尚不明确。

†PCN 敏感；MIC ≤ 1.0 mcg/mL.

§ PCN 耐药；MIC ≥ 2.0 mcg/mL.

†† 对于伤寒沙门氏菌是二线药物

表16. 抗菌药物敏感性：大环内脂类 & 林可霉素

	阿奇毒素	克拉霉素	克林霉素	红霉素	泰利霉素
鲍曼不动杆菌					
放线菌	2	2	2	2	
嗜水气单鲍菌					
炭疽芽胞杆菌		3	2	3	
脆弱拟杆菌			2		
汉赛巴尔通体	1	1		1	
博德氏菌属	1	1		1	2
洋葱伯克霍尔德菌					
空肠弯曲菌	1	1	2	1	
肺炎衣原体	1	1		1	2
沙眼衣原体	1	2	2	2	
枸橼酸杆菌属					
艰难梭菌					
梭菌属			2		
贝纳特氏立克次体				3	
埃立克体属 / 微粒孢子虫属					
肠杆菌属					
粪肠球菌					
屎肠球菌					
屎肠球菌（VRE）					
大肠埃希氏菌					
野兔热弗朗西丝（氏）菌					
流感嗜血杆菌	2	2		3	2
克雷伯菌属					
军团菌属	1	1		2	2
肾脏钩端螺旋体				2	
单核细胞增多性李司忒氏菌				2	
卡他莫拉菌	1	1		2	2
摩氏摩根菌					
鸟结核分支杆菌（非HIV）	2	1			
肺炎霉浆菌	1	1		1	2
淋病奈瑟氏菌	2			3	
脑膜炎奈瑟氏菌					
奴卡氏菌					
多杀巴斯德菌	3				
奇异变形杆菌					
普通变形杆菌					
斯氏普罗威登斯菌					
铜绿假单胞菌					
立克次体				3	3

表 16.（续）

	阿奇毒素	克拉霉素	克林霉素	红霉素	泰利霉素
沙门氏菌属	2				
沙雷氏菌属					
志贺菌属	3				
金黄色葡萄球菌（MRSA）			2		
金黄色葡萄球菌（MSSA）	2	2	2	3	2
表皮葡萄球菌	3	3	2	3	
表皮葡萄球菌（MRSE）	3	3	2	3	
嗜麦寡养食单胞菌					
肺炎链球菌[†]	2	2	2	2	2
肺炎链球菌[§]			2		1
链球菌（A,B,C,E,F,G 群）	2	2	2	2	2
链球菌	2	2	2	2	
苍白螺旋体（梅毒）	3			3	
创伤弧菌					
小肠结肠炎耶尔森菌					
鼠疫耶尔森菌					

1- 一线推荐用药；2- 二线推荐用药；3-；体外数据结果可接受，某些菌属敏感；空白：无活性或活性差，或尚不明确。

†PCN 敏感；MIC ≤ 1.0 mcg/mL.

§ PCN 耐药；MIC ≥ 2.0 mcg/mL.

†† 对于伤寒沙门氏菌是二线药物

表 17. 抗菌药物敏感性：磺胺类及四环素类

表 17. 抗菌药物敏感性：磺胺类及四环素类

	磺胺类	四环素类		
	TMP/SMX	强力霉素	米诺环素	四环素
鲍曼不动杆菌	3	2	2	2
放线菌		2	2	2
嗜水气单鲍菌	2	2	2	2
炭疽芽胞杆菌		2		2
脆弱拟杆菌		3		3
汉赛巴尔通体		1	2	2
博德氏菌属	2	3		3
洋葱伯克霍尔德菌	1		2	
空肠弯曲菌		2	2	2
肺炎衣原体		1	1	1
沙眼衣原体		1	1	1
枸橼酸杆菌属	3			
艰难梭菌	2			
梭菌属		3		3
贝纳特氏立克次体		1	1	1
埃立克体属 / 微粒孢子虫属		1		1
肠杆菌属	2			
粪肠球菌		3	3	3
屎肠球菌				
屎肠球菌（VRE）		3	3	3
大肠埃希氏菌	1	3	3	3
野兔热弗朗西丝（氏）菌		2	2	2
流感嗜血杆菌	1	2	2	2
克雷伯菌属	1**	3	3	3
军团菌属	2	2	2	2
肾脏钩端螺旋体		2	2	2
单核细胞增多性李司忒氏菌	2	3	3	3
卡他莫拉菌	2	2	2	2
摩氏摩根菌		2	2	2
鸟结核分支杆菌（非 HIV）				
肺炎霉浆菌		2	2	2
淋病奈瑟氏菌		3	3	3
脑膜炎奈瑟氏菌		3	3	3
奴卡氏菌	1	2	2	3
多杀巴斯德菌	2	2		2
奇异变形杆菌	2	3	3	3
普通变形杆菌	2	3	3	3
斯氏普罗威登斯菌	2			
铜绿假单胞菌				
立克次体		1	1	1

表 17.（续）

	磺胺类	四环素类		
	TMP/SMX	强力霉素	米诺环素	四环素
沙门氏菌属	2	3	3	3
沙雷氏菌属	3			
志贺菌属	2	3	3	3
金黄色葡萄球菌（MRSA）	2	2	2	3
金黄色葡萄球菌（MSSA）	2	2	2	3
表皮葡萄球菌	2	2	2	2
表皮葡萄球菌（MRSE）	2	2	2	2
嗜麦寡养食单胞菌	1		3	
肺炎链球菌 †	2	2	2	2
肺炎链球菌 §		3	3	3
链球菌（A,B,C,E,F,G 群）	2	3	3	3
链球菌	2	3	3	3
苍白螺旋体（梅毒）		2	2	2
创伤弧菌		1	1	1
小肠结肠炎耶尔森菌	1			
鼠疫耶尔森菌	3	2	2	2

1– 一线推荐用药；2– 二线推荐用药；3–；体外数据结果可接受，某些菌属敏感；空白：无活性或活性差，或尚不明确。

†PCN 敏感；MIC ≤ 1.0 mcg/mL.

§ PCN 耐药；MIC ≥ 2.0 mcg/mL.

†† 对于伤寒沙门氏菌是二线药物

表 18. 抗菌药物敏感性：其他种类抗菌药物

	氯霉素	黏菌素	达托霉素	磷霉素	利奈唑胺	甲硝唑	呋喃妥因	喹奴普丁/达福普汀	利福平	万古霉素
鲍曼不动杆菌		2							3	
放线菌								3		3
嗜水气单胞菌	3									
炭疽芽胞杆菌	2								2	2
脆弱拟杆菌	2					1		3		
汉赛巴尔通体	3								2	
博德氏菌属	3								3	
洋葱伯克霍尔德菌	2								3	
空肠弯曲菌	2									
肺炎衣原体								3	3	
沙眼衣原体							3		3	
枸橼酸杆菌属	3	3		3			2			
艰难梭菌					3	1			3	2
梭菌属	2				3	2		3		3
贝纳特氏立克次体	3								2	
埃立克体属/微粒孢子虫属	2								2	
肠杆菌属		3		3						
粪肠球菌	3			2	2		2		3	2
屎肠球菌	2		2	2	1		2	2	3	1
屎肠球菌（VRE）	2		2	3	1		2	1	3	
大肠埃希氏菌	3	3		2			2		3	
野兔热弗朗西丝（氏）菌	2									
流感嗜血杆菌	2							3	3	
克雷伯菌属	3	3		3						
军团菌属								3	2	
肾脏钩端螺旋体										
单核细胞增多性李司忒氏菌	2				3			3	2	3
卡他莫拉菌	2							3	3	
摩氏摩根菌				3			3			
鸟结核分支杆菌（非 HIV）					3				2	
肺炎霉浆菌								3		
淋病奈瑟氏菌				3				3	2	
脑膜炎奈瑟氏菌	2							3	2	
奴卡氏菌					3					
多杀巴斯德菌									3	
奇异变形杆菌				2			2		3	

表 18.（续）

	氯霉素	黏菌素	达托霉素	磷霉素	利奈唑胺	甲硝唑	呋喃妥因	喹奴普丁/达福普汀	利福平	万古霉素
普通变形杆菌				3			3		3	
斯氏普罗威登斯菌	3			3			2			
铜绿假单胞菌		2								
立克次体	2								3	
沙门氏菌属	2	3								
沙雷氏菌属	3			3			3		3	
志贺菌属	2	3								
金黄色葡萄球菌（MRSA）	3		2		2		3	2	2	1
金黄色葡萄球菌（MSSA）	3		2		2		2	2	2	2
表皮葡萄球菌	3		2		2		2	2	2	1
表皮葡萄球菌（MRSE）	3		2		2		3	2		1
嗜麦寡养食单胞菌	3									
肺炎链球菌 †	3		2		2			2	2	2
肺炎链球菌 §	3		2		2			2	2	1
链球菌（A,B,C,E,F,G 群）	3		3		2			2	3	2
链球菌	3		3		2			3	3	2
苍白螺旋体（梅毒）	2									
创伤弧菌										
小肠结肠炎耶尔森菌	2									
鼠疫耶尔森菌	2									

1– 一线推荐用药；2– 二线推荐用药；3–；体外数据结果可接受，某些菌属敏感；空白：无活性或活性差，或尚不明确。

†PCN 敏感；MIC ≤ 1.0 mcg/mL

§ PCN 耐药；MIC ≥ 2.0 mcg/mL

†† 对于伤寒沙门氏菌是二线药物

附录Ⅲ
药物相互作用表

药物相互作用—阿奇霉素

药物	药物相互作用	考虑 / 评价
环孢素	可能增加环孢素的血药浓度	密切监测血药浓度。据报道阿奇酶素对环孢素无影响
匹莫奇特	可能增加匹莫奇特的血药浓度	避免合用，以防产生 Q-T 间期延长及心律失常
他克莫司	可能增加他克莫司的血药浓度	有报道合用阿奇酶素，他克莫司血药浓度增加
茶碱	可能增加茶碱的血药浓度	合用时需监测茶碱血药浓度
华法林	合用时，INR 值可能增加	密切监测 INR 值

药物相互作用—环丙沙星

药物	药物相互作用	备注
抗酸剂（镁，铝，钙，铝 - 镁缓冲剂），维生素类，无机物	阳离子与环丙沙星结合，使环丙沙星吸收减少，疗效降低	避免合用，应间隔至少两小时后服用该类药物
2'，3'- 双脱氧肌苷（缓冲性制剂）	抗酸缓冲液与环丙沙星结合，使环丙沙星吸收减少，疗效降低	避免合用，应间隔至少两小时后服用该类药物。与 ddI EC 无作用。
格列苯脲	可能引起高血糖或是低血糖	密切监测血糖
甲氨蝶呤	可能增加甲氨蝶呤的血药浓度	监测甲氨蝶呤毒性
美西律	环丙沙星可能抑制 CYP1A2 代谢，增加美西律的血药浓度	合用时，监测美西律的血药浓度
非甾体类抗炎药	有引发癫痫风险	有癫痫史者避免合用
丙磺舒	丙磺舒干扰环丙沙星肾小管分泌，使得环丙沙星血药浓度增加 50%	无需调整剂量
司维拉姆	环丙沙星的吸收显著降低	避免合用。间隔两小时后服用司维拉姆
硫糖铝	降低环丙沙星的吸收	避免合用，间隔至少两小时后服用该类药物
茶碱	茶碱血药浓度可增加 17%~257%	合用时，监测茶碱血药浓度
华法林	环丙沙星抑制 R- 华法林的代谢，有报道华法林抗凝作用增强	合用时，监测 INR

药物相互作用—克拉霉素

药物	药物相互作用	备注
阿呋唑嗪	可能会显著增加阿呋唑嗪的血药浓度	禁忌
阿普唑仑	可能增加阿普唑仑的血药浓度	服用选择性苯二氮䓬类药物(如劳拉西泮，奥沙西泮，替马西泮)
胺碘酮	可能增加胺碘酮的血药浓度	剂量适宜，密切监测
阿扎那韦	克拉霉素 AUC 增加 94%。合用时，致 Q-T 间期延长	合用时，克拉霉素剂量减半。考虑考虑改用阿奇霉素。中—重度肾功不全及晚期肾病者需调整剂量，无特定指南。肾清除率 30~60ml\min 250mg 1 天 1 次；不应超过 30 ml\min,250mg 2 天 1 次
卡马西平	卡马西平 AUC 增加 60%，克拉霉素血药浓度可能降低	避免合用或是密切监测拉马西平水平。监测克拉霉素疗效。
丙吡胺	可能增加 Q-T 间期延长风险	密切监测
地高辛	有报道地高辛中毒	合用时密切监测
依法韦仑	合用时克拉霉素 AUC 减少	合用时密切监测克拉霉素血药浓度
麦角生物碱类	可能显著增加麦角碱的血药浓度	避免合用
表皮生长因子抑制剂	克拉霉素 AUC 减少 39%，活性羟化克拉霉素增加 21%，表皮生长因子抑制剂 AUC 增加 42%。	治疗鸟型分支杆菌复合群感染时，考虑改用阿奇霉素
芬太尼	可能显著增加芬太尼血药浓度	避免合用，可用吗啡。
人免疫缺陷病毒蛋白酶抑制剂	克拉霉素血药浓度可能显著增加。合用茚地那韦，克拉霉素 AUC 增加 53%，茚地那韦增加 29%。	晚期肾病者克拉霉素剂量减半，考虑改用阿奇霉素。
洛伐他汀	可能显著增加洛伐他汀的血药浓度	合用克拉霉素时，考虑改用普伐他汀钠或瑞舒伐他汀。
马拉维若	克拉霉素血药浓度不受影响，马拉维若浓度可能增加	剂量：马拉维若 150 mg 1 天 2 次
奈韦拉平	合用时克拉霉素血药浓度可能减少	考虑改用阿奇霉素
匹莫齐特	可能显著增加克拉霉素血药浓度，可能增加 Q-T 间期延长风险	禁忌
奎尼丁	可能增加 Q-T 间期延长风险	密切监测
雷特格韦(raltegravir)	无相互作用	服用标准剂量
雷诺嗪	可能显著增加克拉霉素血药浓度	禁忌
利福布汀	克拉霉素 AUC 减少 44%，14- 去氧克拉霉素增加 57%	14- 去氧代谢产物对鸟型分支杆菌杀菌作用不强， 利福布汀 AUC 增加 56%，考虑改用阿奇霉素
利福平	可能著降低克拉霉素血药浓度	禁忌
斯伐他汀	可能显著增加斯伐他汀血药浓度	合用时考虑改用普伐他汀钠或瑞舒伐他汀
西罗莫司	可能显著增加西罗莫司血药浓度	密切监测，按需调整剂量
他克莫司	可能显著增加他克莫司血药浓度	密切监测，按需调整剂量
特非那定	可能显著增加特非那定血药浓度	禁忌
茶碱	可能显著增加茶碱血药浓度	剂量适宜，密切监测
三唑仑	可能增加三唑仑的血药浓度	服用选择性苯二氮䓬类药物(如劳拉西泮，奥沙西泮，替马西泮)
华法林	可能增加华法林的抗凝作用	密切监测 INR

药物相互作用—氨苯砜

药物	药物相互作用	备注
铋	可能减少氨苯砜吸收	避免合用，至少间隔 2 小时后服用该类药
西咪替丁	可能减少氨苯砜吸收	避免合用，至少间隔 2 小时后服用该类药
2'，3'- 双脱氧肌苷（缓冲剂型）	氨苯砜溶解性降低，吸收减少	临床意义不清（一项药代学研究未发向两者相互作用）。用 2'，3'- 双脱氧肌苷恩特 riccoated）
埃索美拉唑	可能减少氨苯砜吸收	避免合用
法莫替丁	可能减少氨苯砜吸收	避免合用，至少间隔 2 小时后服用该类药
兰嗦拉唑	可能减少氨苯砜吸收	避免合用
尼扎替丁	可能减少氨苯砜吸收	避免合用，至少间隔 2 小时后服用该类药
奥美拉唑	可能减少氨苯砜吸收	避免合用
泮托拉唑	可能减少氨苯砜吸收	避免合用
伯氨喹	可能增加溶血风险，尤其是葡萄糖 -6- 磷酸酶缺乏者	避免合用或是密切监测
丙磺舒	可能增加氨苯砜的血药浓度	合用时监测贫血程度
乙胺嘧啶	可能增加贫血风险	监测
雷贝拉唑	可能减少氨苯砜吸收	避免合用
雷尼替丁	可能减少氨苯砜吸收	避免合用，至少间隔 2 小时后服用该类药
利巴韦林	可能增加溶血风险	避免合用或是密切监测
利福平	氨苯砜血药浓度减少 85%~90%	避免合用
硫糖铝	可能减少氨苯砜吸收	避免合用，至少间隔 2 小时后服用该类药
甲氧苄啶	甲氧苄啶血药浓度增加 48%，氨苯砜增加 40%。有报道合用时出现高铁血红蛋白血症	临床意义不清，但有报道仅耐受氨苯砜的患者合用两药时出现高铁蛋白血症
齐多夫定	可能增加贫血风险	监测

药物相互作用—多西环素

药物	药物相互作用	备注
阿维 a	可能增加颅内压	禁忌
铋剂(bismuth subsalicylate-pepto-bismol)	铋盐可与四环素发生螯合，减少四环素吸收	至少间隔 2 小时后服用该类药
卡马西平	合用时可能减少四环素的血药浓度	避免合用。密切监测四环素疗效
考来烯胺	合用时可能减少四环素的吸收	避免合用
考来替泊	合用时可能显著减少四环素的吸收	避免合用
2', 3'-双脱氧肌苷(缓冲剂型)含阳离子	多价金属阳离子与四环素螯合，四环素吸收减少，血药浓度下降	间隔 4 小时后服该类药
地高辛	合用可能增加地高辛的血药浓度(每个患者平均约 10%)	监测地高辛水平及有无中毒
甲氧氟烷	有报道合用出现肾衰	避免合用
非去极化神经肌肉阻滞剂(如：维库溴铵，泮库溴铵，罗库溴铵)	可能激活非去极化神经肌肉阻滞剂	密切监测
口服避孕药	四环素可能降低口服避孕药的疗效	考虑改用其他避孕药
青霉素类	体外拮抗作用，体内青霉素杀菌作用可能消失。	避免合用
苯巴比妥	合用可能减少四环素的血药浓度	避免合用。密切监测四环素疗效。
苯妥英	合用可能减少四环素的血药浓度	避免合用。密切监测四环素疗效。
多价金属阳离子(铝，锌，镁，铁，钙[牛奶])	多价金属阳离子与四环素螯合，四环素吸收减少，血药浓度下降	间隔 4 小时后服该类药
奎钠普利	镁赋形剂可能减少四环素吸收	避免合用
利福布汀	合用可能减少四环素的血药浓度	避免合用。密切监测四环素疗效。
利福平	合用可能减少四环素的血药浓度	避免合用。密切监测四环素疗效。
尿液碱化剂(乳酸钠,碳酸氢钠)	合用导致四环素随尿液排出增加 24%~65%	避免合用
华法林	合用可能增加 INR 值	密切监测 INR

药物相互作用—红霉素

药物	药物相互作用	备注
阿普唑仑	可能增加阿普唑仑的血药浓度	考虑改用劳拉西泮，奥沙西泮，替马西泮
胺碘酮	可能增加胺碘酮的血药浓度	避免合用，可能增加 Q-T 间期延长风险
阿米替林	可能增加 Q-T 间期延长风险	避免合用
阿莫沙平	可能增加 Q-T 间期延长风险	避免合用
阿司咪唑	可能增加 Q-T 间期延长风险	禁忌
阿扎那韦	可能增加红霉素 AUC，增加 Q-T 间期延长风险	避免合用
溴苄胺	可能增加 Q-T 间期延长风险	避免合用
布地奈德	可能增加布地奈德的血药浓度	监测
卡马西平	卡马西平的血药浓度可能增加，红霉素的血药浓度可能降低	避免合用或监测血药浓度
西沙必利	可能增加 Q-T 间期延长风险	禁忌
环孢菌素	可能增加环孢菌素血药浓度	避免合用
地西泮	可能增加地西泮血药浓度	考虑改用劳拉西泮，奥沙西泮，替马西泮
地高辛	可能增加地高辛血药浓度	监测
地尔硫䓬	地尔硫䓬及红霉素血药浓度均可能增加，增加心脏猝死风险	避免合用，考虑改用阿奇酶素
丙吡胺	可能增加 Q-T 间期延长风险	避免合用
多非利特	多非利特血药浓度可能增加，可能增加 Q-T 间期延长风险	避免合用
多赛平	可能增加 Q-T 间期延长风险	避免合用
达芦那韦 darunavir	可能增加红霉素 AUC，增加 Q-T 间期延长风险	避免合用
依法韦伦	可能减少红霉素的血药浓度	考虑改用阿奇酶素
麦角生物碱类	可能增加麦角中毒风险	避免合用
芬太尼	可能增加芬太尼血药浓度	考虑改用吗啡
氟替卡松	可能增加氟替卡松整体暴露水平	考虑改用倍氯米松
呋山那韦	可能增加红霉素 AUC，增加 Q-T 间期延长风险	避免合用
依布利特	可能增加 Q-T 间期延长风险	避免合用
茚地那韦	可能增加红霉素 AUC，增加 Q-T 间期延长风险	避免合用
丙咪嗪	可能增加 Q-T 间期延长风险	避免合用
伊利替康	可能增加伊利替康血药浓度	避免合用
伊曲康唑	伊曲康唑及红霉素血药浓度均可能增加，增加心脏猝死风险	避免合用，考虑改用阿奇霉素
酮康唑	酮康唑及红霉素血药浓度均可能增加，增加心脏猝死风险	避免合用，考虑改用阿奇霉素
洛伐他汀	可能增加洛伐他汀血药浓度	考虑改用普伐他丁
洛匹那韦	可能增加红霉素 AUC，增加 Q-T 间期延长风险	避免合用
美沙酮	可能增加美沙酮血药浓度，增加 Q-T 间期延长风险	监测美沙酮镇静疗效，按需减少剂量
甲泼尼龙	可能增加甲泼尼龙血药浓度	监测
咪达唑仑	可能增加咪达唑仑血药浓度	考虑改用劳拉西泮，奥沙西泮，替马西泮

红霉素（续）

药物	药物相互作用	备注
奈非那韦	可能增加红霉素 AUC，增加 Q–T 间期延长风险	避免合用
去甲替林	可能增加 Q–T 间期延长风险	避免合用
奈韦拉平	可能降低红霉素血药浓度	考虑改用阿奇霉素
奥氮平	可能增加奥氮平血药浓度	监测
苯巴比妥	可能降低红霉素血药浓度	考虑改用阿奇霉素
苯妥英	可能降低红霉素血药浓度	考虑改用阿奇霉素
匹莫齐特	可能增加 Q–T 间期延长风险	禁忌
伯沙康唑	伯沙康唑及红霉素血药浓度均可能增加，增加心脏猝死风险	避免合用，考虑改用阿奇霉素，监测伯沙康唑血药浓度
泼尼松	可能增加泼尼松血药浓度	监测
普罗替林	可能增加 Q–T 间期延长风险	避免合用
普鲁卡因胺	可能增加 Q–T 间期延长风险	避免合用
奎尼丁	可能增加奎尼丁血药浓度，增加 Q–T 间期延长风险	避免合用
利福布汀	利福布汀的血药浓度可能增加，红霉素的血药浓度可能降低	考虑改用阿奇霉素
利福平	利福平 AUC 可能增加，红霉素可能减少	避免合用，考虑改用阿奇霉素
利福喷汀	红霉素血药浓度可能降低	考虑改用阿奇霉素
利托那韦	可能增加红霉素 AUC，增加 Q–T 间期延长风险	避免合用
西地那非	西地那非血药浓度可能增加	监测，减少西地那非剂量
斯伐他汀	斯伐他汀血药浓度可能增加	避免合用
西罗莫司	可能显著增加西罗莫司血药浓度	监测
索他洛尔	可能增加 Q–T 间期延长风险	避免合用
沙奎那韦	可能增加红霉素 AUC，增加 Q–T 间期延长风险	避免合用
他克莫司	可能显著增加他克莫司血药浓度	监测
他达拉非	可能增加他达拉非血药浓度	监测，减少他达拉非剂量
特非那定	可能增加 Q–T 间期延长风险	禁忌
茶碱	可能增加茶碱血药浓度	监测
替拉那韦	可能增加红霉素 AUC，增加 Q–T 间期延长风险	避免合用
曲米帕明	可能增加曲米帕明血药浓度	考虑改用劳拉西泮，奥沙西泮，替马西泮
醋竹桃酶素	红霉素血药浓度可能增加，增加心脏猝死风险	避免合用
伐地那非	可能增加伐地那非血药浓度	监测，减少伐地那非剂量
维拉帕米	维拉帕米及红霉素血药浓度均可能增加，增加心脏猝死风险	避免合用，考虑改用阿奇霉素
伏立康唑	伏立康唑及红霉素血药浓度均可能增加，增加心脏猝死风险	避免合用，考虑改用阿奇霉素。监测伏立康唑血药浓度
华法林	抗凝作用可能增强	监测 INR

药物相互作用—氟康唑

药物	药物相互作用	备注
阿司米唑	可能增加阿司米唑德血药浓度	禁忌
苯二氮䓬类（阿普唑仑，地西泮，咪达唑仑，三唑仑）	可能增加苯二氮䓬类血药浓度	慎用。减少苯二氮唑类剂量。考虑改用劳拉西泮。
西沙必利	可能增加西沙必利血药浓度	禁忌
环孢菌素	可能显著增加环孢菌素血药浓度	密切监测环孢菌素血药浓度。可能需要减少环孢菌素剂量。
依法韦仑	无显著相互作用	常用剂量
依曲韦林(依曲韦林)	可能增加 血药浓度	具体不清。合用时观察有无 LFTS 及皮疹
芬太尼	可能显著增加芬太尼血药浓度	慎用。可能需要减少芬太尼剂量。
洛伐他汀	可能增加洛伐他汀血药浓度	考虑改用普伐他丁或瑞舒伐他汀
马拉维诺 马拉韦罗	可能增加马拉韦罗血药浓度	具体不清，给予常用剂量。
奈韦拉平	奈韦拉平清除率下降 2 倍	合用时密切监测 LFTs
口服降糖药	可能增加低血糖风险	密切监测
苯妥英	苯妥英 AUC 增加 88%	合用时密切监测苯妥英血药浓度
雷特格韦	无相互作用	给予标准剂量
利福平	可能显著减少酮康唑血药浓度	避免合用，考虑改用利福布汀
斯伐他汀	可能增加斯伐他汀血药浓度	考虑改用普伐他丁或瑞舒伐他汀
西罗莫司	可能显著增加西罗莫司血药浓度	密切监测西罗莫司血药浓度，可能需要显著减少剂量
他克莫司	可能显著增加他克莫司血药浓度	密切监测他克莫司血药浓度，可能需要显著减少剂量
特非那定	可能显著增加特非那定血药浓度	禁忌
华法林	可能显著增加 INR 值	合用时密切监测 INR
齐多夫定	齐多夫定 AUC 增加 74%	监测有无 AZT 相关毒性

药物相互作用—伊曲康唑

药物	药物相互作用	备注
阿氟唑嗪	可能显著增加阿氟唑嗪血药浓度，导致低血压	避免合用。考虑改用多沙唑嗪或特拉唑嗪治疗良性前列腺增生（同时密切监测）
阿普唑仑	可能增加阿普唑仑血药浓度	避免合用，考虑改用劳拉西泮，奥沙西泮，替马西泮
抗酸药	减少伊曲康唑血药浓度	避免合用
阿司咪唑	可能增加 Q–T 间期延长风险	禁忌
铋剂	减少伊曲康唑吸收	避免合用
卡马西平	可能减少伊曲康唑血药浓度	合用时密切监测伊曲康唑血药浓度。考虑改用丙戊酸或左乙拉西坦。
西咪替丁	减少伊曲康唑吸收	避免合用
西沙必利	可能增加 Q–T 间期延长风险	禁忌
2'，3'– 双脱氧肌苷（缓冲型制剂）	减少伊曲康唑吸收	考虑改用氟康唑或间隔至少 2 小时服用。与 EC2'，3'– 双脱氧肌苷无作用
地西泮	可能增加地西泮血药浓度	避免合用，考虑改用劳拉西泮，奥沙西泮，替马西泮
地高辛	可能增加地高辛血药浓度	合用时监测地高辛血药浓度
地尔硫䓬	可能增加地尔硫䓬血药浓度	监测
达芦那韦	可能增加伊曲康唑血药浓度	有些建议伊曲康唑剂量不应超过 200 mg；建议监测伊曲康唑血药浓度，调整剂量。Pis 血药浓度可能增加（临床意义不清）
多非利特	Q–T 间期延长	禁忌
依法韦仑	可能减少伊曲康唑血药浓度	合用时密切监测伊曲康唑血药浓度。
麦角生物碱类	可能增加麦角生物碱血药浓度	避免合用。禁忌
埃索美拉唑	减少伊曲康唑吸收	避免合用
依曲韦林	可能减少伊曲康唑血药浓度	合用时密切监测伊曲康唑血药浓度。
法莫替丁	减少伊曲康唑吸收	避免合用
呋山那韦	可能增加伊曲康唑血药浓度	有些建议伊曲康唑剂量不应超过 200 mg；建议监测伊曲康唑血药浓度，调整剂量。Pis 血药浓度可能增加（临床意义不清）
格列美脲	可能增加低血糖风险	监测
格列吡嗪	可能增加低血糖风险	监测
格列苯脲	可能增加低血糖风险	监测
茚地那韦	茚地那韦及伊曲康唑血药浓度均可能增加	有些建议伊曲康唑剂量不应超过 200m g；建议监测伊曲康唑血药浓度，调整剂量。Pis 血药浓度可能增加，茚地那韦结石风险增加
异烟肼	可能减少伊曲康唑血药浓度	避免合用
兰索拉唑	减少伊曲康唑吸收	避免合用
左醋美沙朵	Q–T 间期延长	禁忌
洛匹那韦	可能增加伊曲康唑血药浓度	有些建议伊曲康唑剂量不应超过 200 mg；建议监测伊曲康唑血药浓度，调整剂量。Pis 血药浓度可能增加（临床意义不清）
洛伐他汀	可能增加洛伐他汀血药浓度	避免合用

伊曲康唑（续）

药物	药物相互作用	备注
马拉韦罗	可能显著增加马拉韦罗血药浓度	剂量：马拉韦罗 150 mg 1 天 2 次
咪达唑仑	可能增加咪达唑仑血药浓度	避免合用，考虑改用劳拉西泮，奥沙西泮，替马西泮
尼扎替丁	减少伊曲康唑吸收	避免合用
奈韦拉平	伊曲康唑及奈韦拉平血药浓度均可能增加	合用时密切监测伊曲康唑血药浓度
奥美拉唑	减少伊曲康唑吸收	避免合用
泮托拉唑	减少伊曲康唑吸收	避免合用
匹莫奇特	可能增加 Q-T 间期延长风险	禁忌
苯巴比妥	可能减少伊曲康唑血药浓度	合用时密切监测伊曲康唑浓度，考虑改用丙戊酸或左乙拉西坦
苯妥英	可能减少伊曲康唑血药浓度	合用时密切监测伊曲康唑浓度，考虑改用丙戊酸或左乙拉西坦
奎尼丁	可能增加 Q-T 间期延长风险	禁忌
雷贝拉唑	减少伊曲康唑吸收	避免合用
雷特格韦	无相互作用	服用常用剂量
雷尼替丁	减少伊曲康唑吸收	避免合用
雷诺嗪	可能显著增加雷诺嗪血药浓度	避免合用
利福布汀	利福布汀血药浓度可能增加，伊曲康唑 AUC 减少 70%	避免合用
利福平	可能显著减少伊曲康唑血药浓度	避免合用
利托那韦	可能增加伊曲康唑血药浓度	有些建议伊曲康唑剂量不应超过 200 mg；建议监测伊曲康唑血药浓度，调整剂量。Pis 血药浓度可能增加（临床意义不清）
西地那非	可能增加西地那非血药浓度	密切监测。有些建议 48 小时服用剂量不应超过 200 mg
西罗莫司	可能增加西罗莫司血药浓度	合用时密切监测西罗莫司血药浓度
沙奎那韦	可能增加伊曲康唑血药浓度	有些建议伊曲康唑剂量不应超过 200 mg；建议监测伊曲康唑血药浓度，调整剂量。Pis 血药浓度可能增加（临床意义不清）
斯伐他汀	可能增加斯伐他汀血药浓度	避免合用
他达拉非	可能增加他达拉非血药浓度	起始剂量为 5 mg，同时密切监测。有些建议 72 小时内不应超过 10 mg
特非那定	可能增加 Q-T 间期延长风险	禁忌。改用：非索非那定
三唑仑	可能增加三唑仑血药浓度	避免合用。考虑改用劳拉西泮，奥沙西泮，替马西泮
甲苯磺丁脲	可能增加低血糖风险	监测
替拉那韦	可能增加伊曲康唑血药浓度	有些建议伊曲康唑剂量不应超过 200 mg；建议监测伊曲康唑血药浓度，调整剂量。Pis 血药浓度可能增加（临床意义不清）
伐地那非	可能增加伐地那非血药浓度	密切监测，有些建议 24 小时剂量不应超过 2.5 mg
维拉帕米	可能增加维拉帕米血药浓度	监测
华法林	抗凝作用可能增强	合用时密切监测 INR

药物相互作用—酮康唑

药物	药物相互作用	备注
阿普唑仑	可能增加阿普唑仑血药浓度	增加镇静风险。考虑改用劳拉西泮，奥沙西泮，替马西泮
阿司咪唑	可能增加 Q-T 间期延长风险	禁忌
氨普那韦	酮康唑 AUC 增加 44%	不建议酮康唑一天剂量等于或超过 400 mg
阿扎那韦	无显著相互作用	无需剂量调整
酒精	可能发生双硫仑反应	避免合用
抗酸药	可能显著减少酮康唑血药浓度	两药服用间隔至少大于 2 小时
抗酸药	减少酮康唑血药浓度	避免合用
卡马西平	可能减少酮康唑血药浓度	观察疗效；酮康唑可能需要增加剂量
西咪替叮	可能减少酮康唑血药浓度	避免合用
西沙必利	可能增加 Q-T 间期延长风险	禁忌
克拉霉素	克拉霉素及酮康唑血药浓度均可能增加	肾清除率 <30 mL/min 时考虑调整剂量。与酮康唑合用，考虑改用阿奇霉素
环孢菌素	可能显著增加环孢菌素血药浓度	监测环孢菌素血药浓度，按需调整剂量
地西泮	地西泮的血药浓度可能增加	增加镇静风险。考虑改用劳拉西泮，奥沙西泮，替马西泮
2'，3'- 双脱氧肌苷（缓冲型制剂）	酮康唑的血药浓度可能降低	考虑改用氟康唑或间隔至少 2 小时服用。
多非利特	可能增加 Q-T 间期延长风险	避免合用
地瑞拉韦	地瑞拉韦谷浓度增加 50%	临床意义不清，服用标准剂量
达芦那韦	DRVAUC 增加 42%，酮康唑增加 300%。	不建议酮康唑剂量超过 200 mg
依非维伦	依非维伦血药浓度可能增加，酮康唑降低	观察疗效及依非维伦中枢系统的不良反应
麦角生物碱类	可能增加麦角碱的血药浓度	避免合用
埃索美拉唑	酮康唑的血药浓度可能降低	避免合用
依曲韦林	酮康唑的血药浓度可能降低	观察疗效
法莫替丁	酮康唑的血药浓度可能降低	避免合用
夫沙那韦	酮康唑 AUC 增加 44%（APV 研究所得）	不建议酮康唑 1 天剂量超过或等于 400 mg
英地那韦	英地那韦 AUC 增加 68%	英地那韦 600 mg 每 8 小时 1 次
异烟肼	酮康唑的血药浓度可能降低	观察疗效，可能需要增加酮康唑的剂量
兰索拉唑	酮康唑的血药浓度可能降低	避免合用
左醋美沙朵	可能增加 Q-T 间期延长风险	避免合用
洛伐他汀	显著增加洛伐他汀血药浓度	避免合用
洛匹那韦	酮康唑 AUC 增加 300%	不建议酮康唑剂量超过 200 mg
马拉韦罗	可能增加马拉韦罗血药浓度	剂量：马拉韦罗 150 mg
一天两次		
甲泼尼龙	甲泼尼龙代谢降低 50%	合用时，超过 7 天后调整甲泼尼龙剂量
咪达唑仑	可能增加咪达唑仑的血药浓度	禁忌。考虑改用劳拉西泮，奥沙西泮，替马西泮
尼非那韦	尼非那韦 AUC 增加 36%	无需调整剂量
尼扎替丁	酮康唑血药浓度可能降低	避免合用

酮康唑（续）

药物	药物相互作用	备注
奈韦拉平	酮康唑 AUC 减少 63%	避免合用
奥美拉唑	酮康唑血药浓度可能降低	避免合用
泮托拉唑	酮康唑血药浓度可能降低	避免合用
苯巴比妥	酮康唑血药浓度可能降低	监测
苯妥英	酮康唑血药浓度可能降低	观察疗效，可能需要增加酮康唑剂量
匹莫齐特	可能增加 Q-T 间期延长风险	禁忌
奎尼丁	可能显著增加奎宁丁血药浓度	禁忌
雷贝拉唑	酮康唑血药浓度可能降低	避免合用
雷特格韦	无相互作用	服用标准剂量
雷尼替丁	酮康唑血药浓度可能降低	避免合用
利福布汀	利福布汀的血药浓度可能增加，酮康唑的血药浓度可能降低	观察酮康唑疗效及利福布汀毒性
利福平	酮康唑血药浓度减少 50%	避免合用，考虑改用利福布汀
利托纳韦	酮康唑 AUC 增加 300%	不建议酮康唑剂量超过 200 mg
斯伐他汀	显著增加斯伐他汀血药浓度	避免合用
西罗莫司	西罗莫司的血药浓度可能显著增加	密切监测西罗莫司血药浓度，按需调整剂量
沙奎那韦	沙奎那韦 AUC 增加 300%	无需调整剂量
他克莫司	他克莫司的血药浓度可能显著增加	密切监测他克莫司血药浓度，按需调整剂量
特非那定	可能增加 Q-T 间期延长风险	禁忌
三唑仑	三唑仑的血药浓度可能增加	禁忌，考虑改用劳拉西泮，奥沙西泮，替马西泮
茶碱	茶碱的血药浓度可能增加	监测茶碱血药浓度，按需调整剂量
替拉那韦 (TPV)	酮康唑的血药浓度可能增加	不建议酮康唑剂量超过 200 mg
华法林	抗凝作用可能增强	密切监测 INR

药物相互作用—拉米夫定

药物	药物相互作用	备注
阿巴卡韦	拉米夫定 AUC 减少 15%，峰浓度下降 35%	无临床意义。服用标准剂量
美沙酮	无报道有相互作用；美沙酮无改变	无临床意义。两者服用标准剂量均可
奈非那韦	对拉米夫定 AUC 无影响	无临床意义。两者均可服用标准剂量
甲氧苄定 / 磺胺甲噁唑	拉米夫定 AUC 增加 44%	无临床意义。两者均可服用标准剂量

泊沙康唑（续）

药物	药物相互作用	备注
ral	无相互作用	给予标准剂量
雷尼替汀	无显著临场意义	无需调整剂量
利福布汀	利福布汀 AUC 增加 72%，泊沙康唑下降 49%	权衡利弊，避免合用；观察葡萄膜炎指征
利福平	可能显著减少泊沙康唑的血药浓度	避免合用
利托那韦	可能增加利托那韦血药浓度	利托那韦一天 100~200 mg 时无需调整泊沙康唑的剂量
西地那非	西地那非的血药浓度可能增加	避免合用或合用时密切监测
斯伐他汀	斯伐他汀的血药浓度可能增加	考虑改用普伐他丁，阿托伐他汀或瑞舒伐他汀
西罗莫司	西罗莫司的血药浓度可能增加	禁忌。合用时考虑改用他克莫司
他达拉非	他达拉非的血药浓度可能增加	避免合用或合用时密切监测
特非那定	可能增加 Q–T 间期延长风险	禁忌
特非那定	可能增加 Q–T 间期延长风险	禁忌
替拉那韦 / 利托那韦 (TPV/r)	泊沙康唑的血药浓度可能减少	合用时密切观察疗效
三唑仑	三唑仑的血药浓度可能增加	考虑改用劳拉西泮，奥沙西泮，替马西泮
伐地那非	伐地那非的血药浓度可能增加	避免合用或合用时密切监测
维拉帕米	维拉帕米的血药浓度可能增加	避免合用或合用时密切监测
长春碱	长春碱的血药浓度可能增加	避免合用或合用时密切观察神经病有无。考虑调整剂量
长春新碱	长春新碱的血药浓度可能增加	避免合用或合用时密切观察神经病有无。考虑调整剂量
华法林	可能增加 INR	密切监测 INR

药物相互作用—利福布汀

药物	药物相互作用	备注
阿扎那韦	合用阿扎那韦一天150mg，利福布汀AUC增加110%，谷浓度增加243%；阿扎那韦AUC增加191%	推荐剂量：阿扎那韦400 mg 1天1次或阿扎那韦300mg，利托那韦100 mg 1天1次，利福布汀150 mg每周3次
比索洛尔	合用时，利福布汀可能降低合用药的血药浓度	根据疗效递加剂量
克拉霉素	利福布汀的AUC增加56%，克拉霉素减少50%	因克拉霉素更可能分布于细胞间故临床意义不清。观察有无无葡萄膜炎指征。考虑该用阿奇霉素
皮质醇类	合用时，利福布汀可能降低合用药的血药浓度	皮质醇类剂量可能需要增加
环孢菌素	合用时，利福布汀可能降低合用药的血药浓度	合用时密切监测环孢菌素的血药浓度，必要时需要增加剂量
地瑞拉韦	利福布汀的血药浓度可能增加。合用地瑞拉韦/r 600/100 mg 1天2次时，利福布汀300 mg 1天1次与150 mg每隔1天1次药动学参数无显著变化	剂量：利福布汀剂量减少（合用地瑞拉韦/r，利福布汀150mg每隔1天1次）
地拉韦定	利福布汀的AUC增加100%，地拉韦定减少80%	禁忌
地西泮	合用时，利福布汀可能降低合用药的血药浓度	根据疗效递加剂量
地高辛	合用时，利福布汀可能降低合用药的血药浓度	合用时监测地高辛的血药浓度
丙吡胺	合用时，利福布汀可能降低合用药的血药浓度	观察疗效
多西环素	合用时，利福布汀可能降低合用药的血药浓度	考虑改用选择性抗生素
依法韦伦	利福布汀的AUC减少38%，依法韦伦的无变化	推荐剂量：合用依法韦伦600 mg qhs增加利福布汀的剂量至450 mg1天或600 mg每周3次，
依曲韦林	ETR的AUC及谷浓度分别减少37%，35%；利福布汀AUC减少17%。	临床意义不清。剂量：ETR200 mg 1天2次，合用利福布汀300 mg 1天1次。为防产生其他疾病，避免用利福布汀及ETR时合用DRV或沙奎那韦
氟康唑	氟康唑可使利福布汀AUC增加80%，自身不受影响	监测葡萄膜炎指征
茚地那韦	利福布汀AUC增加204%，茚地那韦增加32%	推荐剂量：利福布汀150 mg每隔1天1次（或每周3次）合用茚地那韦800 mg、利托那韦100 mg1天2次（仅是推荐）；利福布汀150 mg 1天1次（或300 mg每周3次）合用茚地那韦100 mg 8小时1次（更倾向于加利托那韦1天2次）
伊曲康唑	利福布汀可能减少合用药的血药浓度	合用时监测伊曲康唑血药浓度及葡萄膜炎指征
酮康唑	利福布汀可能减少酮康唑的血药浓度，而后者可能增加前者的浓度	合用时监测葡萄膜炎指征
左甲状腺素	利福布汀可能减少合用药的血药浓度	合用时监测T3/T4

利福布汀（续）

药物	药物相互作用	备注
洛匹那韦	利福布汀 AUC 可能增加 203%，洛匹那韦增加 20%	推荐剂量：洛匹那韦 2 片，1 天 2 次合用利福布汀 150 mg 每隔 1 天 1 次（或 150 mg 每周 3 次）
马拉韦罗	马拉韦罗的血药浓度可能减少	无数据；剂量：马拉韦罗 600 mg 1 天 2 次
美沙酮	无显著相互作用	服用标准剂量
美托洛尔	利福布汀可能减少合用药的血药浓度	根据疗效递加剂量
美西律	利福布汀可能减少合用药的血药浓度	观察疗效
咪达唑仑	利福布汀可能减少合用药的血药浓度	根据疗效递加剂量
奈非那韦	奈非那韦 AUC 减少 32%，利福布汀血药浓度增加 207%	推荐剂量：奈非那韦 1000 mg 1 天 3 次合用利福布汀 150 mg 1 天 1 次（或 300 mg 每周 3 次）
奈韦拉平	利福布汀 AUC 增加 16%，奈韦拉平五无变化	无显著临床意义
口服避孕药及雌激素	利福布汀可能减少合用药的血药浓度	合用时考虑改用其他避孕药
泊沙康唑	利福布汀 AUC 增加 72%, 泊沙康唑减少 49%	避免合用
心得安	利福布汀可能减少合用药的血药浓度	根据疗效递加剂量
奎尼丁	利福布汀可能减少合用药的血药浓度	监测疗效
奎宁	利福布汀可能减少合用药的血药浓度	监测疗效
雷特格韦	无显著临床意义	给予标准剂量
利托那韦	利托那韦的 AUC 增加 400%	推荐剂量：合用标准剂量利托那韦时，利福布汀 150 mg 每隔一天 1 次（或 150 mg 每周 3 次）
沙奎那韦	沙奎那韦 AUC 减少 43%	禁忌沙奎那韦与利福布汀单独合用。推荐剂量：利托那韦 400 mg+ 沙奎那韦 400 mg+ 利福布汀 150 mg 每隔 1 天 1 次（无数据，但更易达到充分的血药浓度）
西罗莫司	利福布汀可能显著减少西罗莫司的血药浓度	合用时密切监测西罗莫司血药浓度，可能需要增加剂量
他克莫司	利福布汀可能显著减少他克莫司的血药浓度	合用时密切监测他克莫司血药浓度，可能需要增加剂量
茶碱	利福布汀可能减少合用药的血药浓度	合用时监测茶碱的血药浓度
替拉那韦	利福布汀 AUC 增加 190%，替拉那韦无显著变化	利福布汀剂量减少至 150 mg 每隔 1 天 1 次
妥卡尼	利福布汀可能减少合用药的血药浓度	监测疗效
三唑仑	利福布汀可能减少合用药的血药浓度	根据疗效递加剂量
维拉帕米	利福布汀可能减少合用药的血药浓度	根据疗效递加剂量
伏立康唑	利福布汀可能显著减少伏立康唑合用药的血药浓度	禁忌
华法林	利福布汀可能减少合用药的血药浓度	合用时密切监测 INR，可能需要减少华法林剂量

药物相互作用—利福喷汀

药物	药物相互作用	备注
含铝抗酸药	尚有争论，但是可能减少利福喷汀吸收；有研究发现无影响	建议间隔 4 小时后再服用此药
氨基水杨酸类	粘性赋形剂可能破坏氨基水杨酸类吸收	建议间隔 8~12h 后再服用此药
胺碘酮	胺碘酮的血药浓度可能显著减少	合用时监测心电图，可能需要增加胺碘酮的剂量
氨氯地平	氨氯地平的血药浓度可能显著减少	根据疗效递加剂量
阿瑞匹坦	阿瑞匹坦的血药浓度可能显著减少	可能需要增加阿瑞匹坦的剂量
阿扎那韦	阿扎那韦的谷浓度减少 60%~93%	禁忌。合用时改用利福布汀
阿托伐他汀	阿托伐他汀减少 80%	根据疗效递加剂量，普伐他汀或瑞舒伐他汀与利福喷汀不易发生作用
阿托伐醌	阿托伐醌 AUC 大约减少 50%	避免合用，考虑用喷他咪预防肺囊虫肺炎
比索洛尔	比索洛尔的血药浓度可能显著减少	可能需要增加比索洛尔的剂量
波生坦	波生坦 AUC 减少 60%	可能需要增加波生坦的剂量
丁丙诺啡	丁丙诺啡的血药浓度可能减少	根据疗效递加丁丙诺啡剂量
卡泊芬净	卡泊芬净的谷浓度可能减少 30%	合用时卡泊芬净剂量为 70 mg
氯磺丙脲	氯磺丙脲的血药浓度可能减少达 50%	合用时监测血糖，考虑改用作用更短的降血糖药
克拉霉素	克拉霉素的血药浓度可能显著减少	考虑改用阿奇霉素
环孢菌素	环孢菌素的血药浓度可能显著减少	合用时密切监测环孢菌素血药浓度，可能需要增加环孢菌素剂量
氨苯砜	氨苯砜的血药浓度可能减少	为预防肺囊虫肺炎，若不能耐受甲氧苄啶 / 磺胺甲噁唑，考虑喷他咪
达芦那韦 / 利托那韦	达芦那韦的血药浓度可能显著减少	禁忌，合用时改用利福布汀
达沙替尼 (dasatinib)	达沙替尼的 AUC 减少 82%	建议平稳期达沙替尼给予更高剂量
地拉韦啶	地拉韦啶 AUC 减少 96%	禁忌
地塞米松	地塞米松的血药浓度可能显著减少	地塞米松可能需要增加剂量
地西泮	地西泮的血药浓度可能显著减少	根据疗效递加剂量
地高辛	地高辛的血药浓度可能减少 30%~60%	合用时监测地高辛的血药浓度
地尔硫䓬	地尔硫䓬的血药浓度可能显著减少	根据疗效递加剂量
丙吡胺	丙吡胺的半衰期缩短 40%	合用时监测心电图，丙吡胺可能需要增加剂量
多西环素	多西环素的血药浓度可能减少	临床意义不清
依法韦仑	依法韦仑的 AUC 减少 26%，利福平无变化	推荐剂量：依法韦仑 600-800mg\ 天合用利福平 600 mg 1 天 1 次（监测依法韦仑中枢神经系统毒性）。若依法韦仑 800 mg 不能耐受，可降至 600 mg/d
厄洛替尼	厄洛替尼的 AUC 减少大约 67%~80%	厄洛替尼可能需要增加剂量
依曲韦林	依曲韦林的血药浓度可能显著减少	研究清楚前避免合用

利福喷汀（续）

药物	药物相互作用	备注
依维莫司	依维莫司的 AUC 减少 58%	合用时密切监测依维莫司的血药浓度，可能需要增加剂量
氟康唑	氟康唑的血药浓度可能减少 23%~56%	合用时考虑改用利福布汀
呋山那韦	无数据，但是可以显著减少氨普那韦血药浓度。研究氨普那韦时，AUC 减少 82%，谷浓度减少 92%	禁忌，合用时改用利福布汀
格列美脲	格列美脲的血药浓度可能显著减少	合用时监测血糖
格列苯脲	格列苯脲的血药浓度可能显著减少	合用时监测血糖
茚地那韦	茚地那韦 AUC 减少 89%	禁忌，合用时改用利福布汀
伊曲康唑	伊曲康唑的血药浓度可能显著减少	避免合用，合用时监测伊曲康唑血药浓度及葡萄膜炎指征，考虑改用利福布汀
酮康唑	酮康唑的血药浓度减少 50%	避免合用，考虑改用利福布汀
拉莫三嗪	拉莫三嗪的 AUC 减少大约 40%	根据疗效递加剂量
左甲状腺素	左甲状腺素的血药浓度可能显著减少	监测促甲状腺激素，合用时可能需要增加左甲状腺素剂量
利奈唑胺	有报道合用时利奈唑胺的血药浓度显著减少	避免或慎用
洛匹那韦 / 利托那韦	洛匹那韦的 AUC 减少 75%，谷浓度减少 99%	不建议合用。虽然服用洛匹那韦\利托那韦 400/100 mg 1 天 2 次合用利托那韦 300 mg1 天 2 次或洛匹那韦 / r3-4 片 1 天 2 次 ，可克服这中相互作用，但是恶心、呕吐、4 级 LFTs 等高频发生。考虑利福布汀与洛匹那韦合用
洛伐他汀	洛伐他汀的血药浓度可能显著减少	根据疗效递加剂量，普伐他汀或瑞舒伐他汀与利福平不易发生作用
马拉维若	马拉维若的 AUC 减少 63%	与利福平合用时增加马拉维若剂量至 600mg 1 天 2 次
甲氯喹	甲氯喹的 AUC 减少 68%	考虑改用选择性抗疟药
美沙酮及其他阿片类激动剂	阿片类激动剂的血药浓度可能显著减少，美沙酮 AUC 减少 30%~65%	根据疗效递加剂量，观察撤药指征
美托洛尔	美托洛尔的血药浓度减少 33%	根据疗效递加剂量
美西律	美西律半衰期缩短 5~9h	合用时监测心电图，可能需要增加美西律剂量
咪达唑仑	咪达唑仑的血药浓度可能显著减少	根据疗效递加剂量
孟鲁司特	孟鲁司特的 AUC 减少 40%	孟鲁司特可能需要增加剂量
吗啡	吗啡的 AUC 减少 45%	根据疗效递加剂量
莫西沙星	莫西沙星的血药浓度减少大约 30%	监测疗效，考虑改用左氧氟沙星
麦考酚酯吗乙	麦考酚酯的 AUC 减少 67%	麦考酚酯可能需要增加剂量
奈非那韦	奈非那韦的 AUC 减少 82%	禁忌，合用时改用利福布汀
奈韦拉平	奈韦拉平的谷浓度减少 37%~68%，AUC 减少 37%~58%，利福平 AUC 增加 11%(不明显)	避免合用
硝苯地平	硝苯地平的血药浓度可能减少达 70%	根据疗效递加剂量

药物相互作用表

利福喷汀（续）

药物	药物相互作用	备注
尼洛替尼 (nilotinib)	尼洛替尼的 AUC 减少 80%	避免合用
口服避孕药	炔雌醇谷浓度减少 79%，炔诺酮减少 89%	考虑改用其他避孕药。虽然存在相互作用，但所有人未测到孕酮提示仍不能排卵，
苯妥英	苯妥英的血药浓度可能减少	合用时密切监测苯妥英的血药浓度
吡格列酮	吡格列酮的 AUC 减少 54%	合用时监测血糖，可能需要增加吡格列酮剂量
泊沙康唑	泊沙康唑的血药浓度可能显著减少	禁忌。权衡利弊，可用利福布汀。合用时，密切监测泊沙康唑及葡萄膜炎指征
吡喹酮	吡喹酮的血药浓度可能显著减少	避免合用
泼尼松	泼尼松的血药浓度减少 60%	泼尼松的剂量可能需要增加
普罗帕酮	普罗帕酮的血药浓度可能显著减少	合用时监测心电图，普罗帕酮的剂量可能需要增加
普萘洛尔	普萘洛尔的血药浓度可能显著减少	根据疗效递加剂量
奎尼丁	奎尼丁的血药浓度可能显著减少	监测奎尼丁的血药浓度，可能需要增加剂量
奎宁	奎宁的血药浓度可能显著减少	奎宁的剂量可能需要增加
雷特格韦	雷特格韦的 AUC 减少 40%，谷浓度减少 61%，雷特格韦剂量增加至 800 mg 一天 2 次，AUC 正常，谷浓度减少 52%	雷特格韦剂量增加至 800 mg 1 天 2 次，密切监测 virologic 指征。合用时考虑改用利福布汀
雷诺嗪	雷诺嗪的 AUC 减少 95%	禁忌
瑞格列奈	瑞格列奈的 AUC 减少 57%	根据疗效递加剂量
利托那韦	利托那韦的 AUC 减少 35%	制药商建议给予利托那韦标准剂量，但避免与利福平合用
罗格列酮	罗格列酮 AUC 减少 54%	合用时监测血糖
沙奎那韦	沙奎那韦 AUC 减少 70%（不含利托那韦的沙奎那韦软胶囊）	沙奎那韦 1000 mg+ 利托那韦 100 mg 1 天 2 次致肝炎频发尚有争议
斯伐他汀	斯伐他汀的血药浓度减少 56~94%	根据疗效递加剂量，普伐他汀或瑞舒伐他汀与利福喷汀不易发生作用
西罗莫司	西罗莫司的血药浓度减少 82%	合用时密切监测西罗莫司的血药浓度，可能需要增加剂量
他克莫司	他克莫司的血药浓度可能显著减少	合用时密切监测他克莫司的血药浓度，可能需要增加剂量
他莫昔芬	他莫昔芬 AUC 减少 86%	可能需要更高剂量
泰利霉素	泰利霉素 AUC 减少 79%	避免合用
茶碱	茶碱 AUC 减少 18%	监测茶碱的血药浓度，可能需要增加剂量
替拉那韦 / 利托那韦	可能显著减少替拉那韦的血药浓度	禁忌，合用时改用利福布汀
妥卡尼	妥卡尼 AUC 减少 28%	妥卡尼可能需要增加剂量
甲苯磺丁脲	甲苯磺丁脲的血药浓度可能显著减少	合用时密切监测血糖
三唑仑	三唑仑的血药浓度可能显著减少	根据疗效递加剂量

利福喷汀（续）

药物	药物相互作用	备注
维拉帕米	维拉帕米的血药浓度可能显著减少	根据疗效递加剂量
伏立康唑	伏立康唑的血药浓度可能显著减少	禁忌
华法林	华法林的血药浓度可能显著减少	密切监测 INR，可能需要增加华法林剂量
齐多夫定	齐多夫定 AUC 减少 47%，细胞间浓度未测	考虑改用利福布汀

药物相互作用—泰利霉素

药物	药物相互作用	备注
胺碘酮	可能显著增加胺碘酮的血药浓度	慎用，考虑改用选择性抗生素
阿扎那韦	可能显著增加阿扎那韦的血药浓度	慎用，密切监测有无肝炎指征
阿托伐他汀	显著增加阿托伐他汀血药浓度	避免合用，若用泰利霉素，治疗过程中备好抑制剂。可以考虑改用普伐他汀或氟伐他汀（或瑞舒伐他汀）
卡马西平	可能显著减少泰利霉素的血药浓度	避免或慎用
西沙必利	可能增加 Q-T 间期延长风险	禁忌
环孢菌素	可能显著增加环孢菌素的血药浓度	密切监测环孢菌素的血药浓度
地拉韦啶	可能显著增加泰利霉素的血药浓度	慎用，密切监测有无肝炎指征
达芦那韦	可能显著增加泰利霉素的血药浓度	慎用，密切监测有无肝炎指征
地高辛	合用时地高辛峰浓度增加 73%	合用时密切监测
多非利特	可能显著增加多非利特的血药浓度	禁忌
依法韦仑	可能显著减少泰利霉素的血药浓度	避免或慎用
麦角胺	可能显著增加麦角胺的血药浓度	禁忌
依曲韦林	可能减少泰利霉素的血药浓度	避免或慎用
芬太尼	可能显著增加芬太尼的血药浓度	避免合用，考虑改用吗啡
氟康唑	可能增加 Q-T 间期延长风险	慎用
呋山那韦	可能显著增加泰利霉素的血药浓度	慎用，密切监测有无肝炎指征
茚地那韦	可能显著增加泰利霉素的血药浓度	慎用，密切监测有无肝炎指征
伊曲康唑	可能显著增加泰利霉素的血药浓度	慎用，密切监测有无肝炎指征
酮康唑	可能显著增加泰利霉素的血药浓度，慎用	慎用，密切监测有无肝炎指征
洛匹那韦	可能显著增加泰利霉素的血药浓度	慎用，密切监测有无肝炎指征
洛伐他汀	可能显著增加洛伐他汀的血药浓度	避免合用，若用泰利霉素，治疗过程中备好抑制剂。可以考虑改用普伐他汀或氟伐他汀（或瑞舒伐他汀）
美托洛尔	美托洛尔的峰浓度可能增加 38%	有充血性心衰患者慎用
咪达唑仑	可能显著增加咪达唑仑的血药浓度	避免合用，考虑改用劳拉西泮
奈非那韦	可能显著增加泰利霉素的血药浓度	慎用，密切监测有无肝炎指征
奈韦拉平	可能显著减少泰利霉素的血药浓度	避免或慎用
口服避孕药	合用时，左炔诺孕酮浓度增加 50%，但是未观察到对炔雌醇影响	监测左炔诺孕酮增加引起的不良反应
苯巴比妥	可能显著减少泰利霉素的血药浓度	避免或慎用
苯妥英	可能显著减少泰利霉素的血药浓度	避免或慎用
匹莫齐特	可能增加 Q-T 间期延长风险	禁忌
泊沙康唑	可能显著增加泰利霉素的血药浓度	慎用，密切监测有无肝炎指征
普鲁卡因胺	显著增加普鲁卡因胺血药浓度	禁忌
奎尼丁	显著增加奎尼丁血药浓度	禁忌
雷诺嗪	可能显著增加雷诺嗪血药浓度	避免合用
利福布汀	可能显著减少泰利霉素的血药浓度	合用时密切监测疗效，考虑该用选择性抗生素
利福平	可能显著减少泰利霉素的血药浓度	禁忌
利托那韦	可能显著增加泰利霉素的血药浓度	慎用，密切监测有无肝炎指征
沙奎那韦	可能显著增加泰利霉素的血药浓度	慎用，密切监测有无肝炎指征
西地那韦	可能显著增加西地那韦血药浓度	慎用，48 小时内西地那韦剂量不超过 25 mg

泰利霉素（续）

药物	药物相互作用	备注
斯伐他汀	可能显著增加斯伐他汀血药浓度	避免合用，若用泰利霉素，治疗过程中备好抑制剂。可以考虑改用普伐他汀或氟伐他汀（或瑞舒伐他汀）
西罗莫司	可能显著增加西罗莫司血药浓度	密切监测西罗莫司血药浓度
圣约翰草 (st johns wort)	可能显著减少泰利霉素的血药浓度	避免
他克莫司	可能显著增加他克莫司血药浓度	密切监测他克莫司血药浓度
他达拉非	可能显著增加他达拉非血药浓度	慎用，72 小时内他达拉非剂量不超过 10 mg
三唑仑	可能显著增加他克莫司血药浓度	避免合用，考虑改用劳拉西泮
伐地那非	可能显著增加伐地那非血药浓度	慎用，24 小时内伐地那非剂量不超过 2.5 mg
伏立康唑	可能显著增加泰利霉素的血药浓度	慎用，密切监测有无肝炎指征
华法林	合用时泰利霉素可能增加 INR	合用时密切监测

药物相互作用—2'，3'- 双脱氧肌苷 / 替诺福韦酯（DF）

药物	药物相互作用	备注
阿霉素，卡氮芥，环磷酰胺	无药物相互作用	每天 1 次 ABC+TDF+ 3TC 的病毒抑制效果不理想，究其原因可能是增加了对 K65R 耐药选择性而非相互作用。分析发现，每天 2 次 AZT/ABC/3TC + TDF 方案的临床效果较好，但是否优于单用 AZT/ABC/3TC 尚不清楚。如没有 PI 或脱氧胸苷类似物，避免联用 AZT/ABC/3TC。
阿扎那韦 atv	含利托那韦的复方可使阿扎那韦的 AUC 下降 25%，Cmin 下降 26%；不含利托那韦的复方，使阿扎那韦的 AUC 下降 25%、Cmin 下降 40%；tenofovir AUC 增加 24%。	与利托那韦 -boosted 阿扎那韦复方制剂（阿扎那韦 300 mg+ 利托那韦 100 mg 每天 1 次）合用。 避免未 boosted 阿扎那韦。
ddI（2',3'- 双脱氧肌苷）	空腹时 ddI EC 的 AUC 增加 48%，进食后 ddI EC 的 AUC 增加 60%。Tenofonir 无变化。	与 TDF 合用时，建议体重大于 60 kg 者，ddI EC 的剂量为 250 mg 每天 1 次；体重在 60 kg 以下者，ddI EC 的剂量为 200 mg 每天 1 次； 用 ddI + TDF +3TC 每天 1 次治疗的患者中，占 91% 的用药患者效果不理想。不宜用 ddI +TDF +3TC 作为三联治疗方案。
依曲韦林	ETR 的 AUC 下降 19%，而 TDF 的 AUC 增加 15%。	服用标准剂量。
食物	食物可增加生物利用度（AUC 增加 60%），尤其是高脂饮食。在空腹状态血液浓度适宜。	用或不用餐时服药均可。
恩曲他滨（FTC）	无显著药物相互作用	服用标准剂量。
洛匹那韦	2'，3'- 双脱氧肌苷的 AUC 增加 34%	似乎无显著临床意义。2'，3'- 双脱氧肌苷及洛匹那韦服用标准剂量
诺孕酯 \ 雌炔醇	无显著药物相互作用	服用标准剂量
丙磺舒	由于丙磺舒抑制肾小管分泌，2'，3'- 双脱氧肌苷的血药浓度可能增加	临床意义不清

药物相互作用—四环素

药物	药物相互作用	备注
阿维 A	可能增加颅内压	禁忌
铋剂（bismuth subsalicylate-pepto-bismol）	铋盐可与四环素发生螯合，减少四环素吸收	至少间隔 2 小时后服用该类药
卡马西平	合用时可能减少四环素血药浓度	避免合用，密切监测四环素疗效
考来烯胺	合用时显著减少四环素的吸收	避免合用
考来替泊	合用时显著减少四环素血药浓度	避免合用
2'，3'- 双脱氧肌苷（缓冲剂型）含阳离子	多价金属阳离子与四环素螯合，四环素吸收减少，血药浓度下降	间隔 4 小时后服该类药
地高辛	合用时地高辛血药浓度增加（大约 10%）	监测血药浓度及地高辛中毒指征
甲氧氟烷	有报道合用时导致肾衰	避免合用
非去极化神经肌肉阻滞剂（如：维库溴铵，泮库溴铵，罗库溴铵）	可能激活非去极化神经肌肉阻滞剂	密切监测
口服避孕药	四环素可能降低口服避孕药的疗效	考虑改用其他避孕药
青霉素类	体外拮抗作用，体内青霉素杀菌作用可能消失。	避免合用
苯巴比妥	合用可能减少四环素的血药浓度	避免合用。密切监测四环素疗效。
苯妥英	合用可能减少四环素的血药浓度	避免合用。密切监测四环素疗效。
多价金属阳离子（铝，锌，镁，铁，钙［牛奶］）	多价金属阳离子与四环素螯合，四环素吸收减少，血药浓度下降	间隔 4 小时后服该类药
奎钠普利	镁赋形剂可能减少四环素吸收	避免合用
利福布汀	合用可能减少四环素的血药浓度	避免合用。密切监测四环素疗效。
利福平	合用可能减少四环素的血药浓度	避免合用。密切监测四环素疗效。
尿液碱化剂（乳酸钠，碳酸氢钠）	合用导致四环素随尿液排出增加 24%~65%	避免合用
华法林	合用可能增加 INR 值	密切监测 INR

药物相互作用—替硝唑

药物	药物相互作用	备注
酒精及丙二醇	可能发生双硫仑反应	避免合用
考来烯胺	可能减少替硝唑吸收	避免合用或间隔 2 小时后服用该药
环孢菌素	替硝唑可能增加环孢菌素的血药浓度（基于某些报道）	密切监测替硝唑血药浓度
CYP3A4 诱导剂（如利福平、奈韦拉平、依法韦仑、苯妥英、苯巴比妥、卡马西平）	可能减少替硝唑血药浓度	监测替硝唑疗效
CYP3A4 抑制剂（如大环内酯类、抗真菌唑类、HIV 蛋白酶抑制剂…）	可能增加替硝唑血药浓度	剂量一般同单用剂量
氟尿嘧啶	替硝唑可能增加氟尿嘧啶血药浓度及毒性	合用时监测氟尿嘧啶毒性指征
磷苯妥英	替硝唑可能延长磷苯妥英的半衰期，磷苯妥英可能减少替硝唑血药浓度	监测苯妥英血药浓度及替硝唑疗效
锂	替硝唑可能增锂血药浓度	合用时监测锂血药浓度及毒性指征
他克莫司	替硝唑可能增加他克莫司的血药浓度（基于某些报道）	密切监测他克莫司血药浓度
华法林	替硝唑可能增加华法林的抗凝作用	合用时密切监测 INR

药物相互作用—甲氧苄啶 / 磺胺甲噁唑

药物	药物相互作用	备注
环孢菌素	可能减少环孢菌素的血药浓度	监测环孢菌素血药浓度
亚叶酸	可能拮抗	避免合用
对氨基苯甲酸和诱导剂（如苯佐卡因、普鲁卡因、丁卡因）	拮抗作用	避免合用
苯妥英	可能增加苯妥英血药浓度	合用时监测游离型苯妥英血药浓度
卟菲尔钠	可能增加光过敏风险	避免合用
磺酰脲	可能引起低血糖	合用时密切监测
华法林	可能增加 INR	合用时密切监测

药物相互作用—伏立康唑

药物	药物相互作用	备注
阿普唑仑	可能增加阿普唑仑的血药浓度	考虑改用劳拉西泮，奥沙西泮，替马西泮
氨氯地平	氨氯地平的血药浓度可能增加	监测
阿司咪唑	可能增加 Q–T 间期延长风险	禁忌
阿扎那韦	阿扎那韦浓度低时可能无作用。伏立康唑 AUC 可能减少	合用阿扎那韦时进行伏立康唑治疗药物浓度监测
阿奇霉素	无明显相互作用	无需剂量调整
卡马西平	伏立康唑血药浓度可能减少	禁忌
西咪替丁	无明显相互作用	无需剂量调整
西沙必利	可能增加 Q–T 间期延长风险	禁忌
环孢菌素	环孢菌素 AUC 增加 70%	环孢菌素剂量减半并密切进行治疗药物浓度监测
地拉那韦	伏立康唑的血药药物浓度可能增加	合用地拉那韦时进行伏立康唑治疗药物浓度监测（谷浓度 >2.05 mcg/mL，峰浓度 <6 mcg/mL）
地西泮	地西泮的血药浓度可能增加	考虑改用劳拉西泮，奥沙西泮，替马西泮
地高辛	无明显相互作用	无需剂量调整
地尔硫䓬	地尔硫䓬的血药浓度可能显著增加	避免或慎用
达芦那韦	伏立康唑血药浓度可能减少	避免合用，合用时进行伏立康唑治疗药物浓度监测（谷浓度 >2.05 mcg/mL）
依法韦仑	依法韦仑 AUC 增加 44%，伏立康唑稳态时血药浓度减少 77%	标准剂量时避免合用。合用时推荐伏立康唑 400 mg 1 天 2 次加上依法韦仑 300 mg qhs
麦角胺	麦角胺血药浓度可能增加	禁忌
红霉素	无药动学影响	无需剂量调整，但须监测 Q–T 间期
依曲韦林	可能增加伏立康唑血药浓度	合用时进行伏立康唑治疗药物浓度监测（谷浓度 >2.05 mcg/mL，峰浓度 <6 mcg/mL）
非洛地平	非洛地平的血药浓度可能增加	监测
呋山那韦	可能增加伏立康唑血药浓度	避免合用。合用时进行伏立康唑治疗药物浓度监测（谷浓度 >2.05 mcg/ml）
格列美脲	可能增加低血糖风险	合用时密切监测血糖
格列吡嗪	可能增加低血糖风险	合用时密切监测血糖
格列苯脲	可能增加低血糖风险	合用时密切监测血糖
茚地那韦	茚地那韦浓度低时可能无作用	茚地那韦浓度低时无需调整剂量。合用时。合用时进行伏立康唑治疗药物浓度监测
洛伐他汀	可能显著增加洛伐他汀的血药浓度	可以考虑改用普伐他汀或氟伐他汀或瑞舒伐他汀
洛匹那韦	伏立康唑血药浓度可能减少	避免合用。合用时进行伏立康唑治疗药物浓度监测（谷浓度 >2.05 mcg/ml）
马拉韦罗	可能增加马拉韦罗血药浓度	具体不清，合用时推荐马拉韦罗 150 或 300 mg 1 天 2 次。
美沙酮	R– 美沙酮 AUC 可能增加 47%	合用时监测出现的镇静作用，可能需要调整剂量

伏立康唑（续）

药物	药物相互作用	备注
甲泼尼龙	无显著作用	无需剂量调整
咪达唑仑	可能增加咪达唑仑血药浓度	考虑改用劳拉西泮，奥沙西泮，替马西泮
霉酚酸	无显著作用	无需剂量调整
奈韦拉平	伏立康唑的血药浓度可能减少	合用时考虑进行伏立康唑治疗药物浓度监测（谷浓度 >2.05 mcg/ml）
硝苯地平	硝苯地平的血药浓度可能增加	监测
尼索地平	尼索地平的血药浓度可能增加	监测
奥美拉唑	奥美拉唑的 AUC 增加 400%，伏立康唑增加 40%	奥美拉唑剂量减半，考虑进行伏立康唑治疗药物浓度监测
戊巴比妥	伏立康唑的血药浓度可能减少	禁忌
苯巴比妥	伏立康唑的血药浓度可能减少	禁忌
苯妥英	苯妥英的 AUC 增加 80%，伏立康唑减少 70%	伏立康唑 400 mg 口服每 12 小时或 5 mg/kg 静推 每 12 小时
匹莫齐特	可能增加 Q-T 间期延长风险	禁忌
奎尼丁	可能增加 Q-T 间期延长风险	禁忌
雷特格韦	无相互作用	给予标准剂量
雷尼替丁	无显著作用	无需剂量调整
雷诺嗪	可能显著增加雷诺嗪血药浓度	避免合用
利福布汀	利福布汀血药浓度可能增加。伏立康唑可能减少	禁忌
利福平	伏立康唑的血药浓度可能减少	禁忌
利托那韦	利托那韦 400mg 每 12 小时，伏立康唑 AUC 减少 82%；利托那韦 100mg 每 12 小时，伏立康唑 AUC 减少 39%	利托那韦 400 mg 每 12 小时：禁忌；利托那韦 100 mg 每 12 小时，避免或合用时密切监测伏立康唑谷浓度（>2 mcg/ml）。为防止疾病恶化，考虑伏立康唑 400 mg 1 天 2 次
司可巴比妥	伏立康唑的血药浓度可能减少	禁忌
斯伐他汀	可能增加斯伐他汀血药浓度	可以考虑改用普伐他汀或氟伐他汀或瑞舒伐他汀）
西罗莫司	可能增加西罗莫司血药浓度	禁忌，合用时考虑进行伏立康唑治疗药物浓度监测
他克莫司	他克莫司 AUC 增加 300%	合用时进行伏立康唑治疗药物浓度监测，他克莫司剂量减少至原剂量 1/3
特非那定	可能增加 Q-T 间期延长风险	禁忌
替潘那韦 (TPV)	伏立康唑血药浓度可能减少	避免合用。合用时进行伏立康唑治疗药物浓度监测（谷浓度 >2.05 mcg/ml）
三唑仑	三唑仑的血药浓度可能增加	考虑改用劳拉西泮，奥沙西泮，替马西泮
维拉帕米	维拉帕米的血药浓度可能增加	监测
长春碱	长春碱的血药浓度可能增加	密切监测不良事件指征，考虑剂量调整
长春新碱	长春新碱的血药浓度可能增加	密切监测不良事件指征，考虑剂量调整
华法林	抗凝剂的血药浓度可能增加	密切监测 INR